BKI Baukosten 2018 Neubau
Teil 2

Statistische Kostenkennwerte
für Bauelemente

raumbüro architektur
Matthias Seiberlich, Dipl.-Ing. (FH)
Von-Essen-Str. 60
D-22081 Hamburg
T. 040 59 456 117, info@raumbuero.com

BKI Baukosten 2018 Neubau
Statistische Kostenkennwerte für Bauelemente

BKI Baukosteninformationszentrum (Hrsg.)
Stuttgart: BKI, 2018

Mitarbeit:
Hannes Spielbauer (Geschäftsführer)
Klaus-Peter Ruland (Prokurist)
Michael Blank
Anna Bertling
Annette Dyckmans
Heike Elsäßer
Sabine Egenberger
Brigitte Kleinmann
Wolfgang Mandl
Thomas Schmid
Sibylle Vogelmann
Jeannette Wähner

Fachautoren:
Dr. Ing. Frank Ritter
Univ.-Prof. Dr.-Ing. Wolfdietrich Kalusche und Dipl.-Ing. Anne-Kathrin Kalusche
bauforumstahl e.V.

Layout, Satz:
Hans-Peter Freund
Thomas Fütterer

Fachliche Begleitung:
Beirat Baukosteninformationszentrum
Stephan Weber (Vorsitzender)
Markus Lehrmann (stellv. Vorsitzender)
Prof. Dr. Bert Bielefeld
Markus Fehrs
Andrea Geister-Herbolzheimer
Oliver Heiss
Prof. Dr. Wolfdietrich Kalusche
Martin Müller

Alle Rechte vorbehalten.
© Baukosteninformationszentrum Deutscher Architektenkammern GmbH

Anschrift:
Bahnhofstraße 1, 70372 Stuttgart
Kundenbetreuung: (0711) 954 854-0
Baukosten-Hotline: (0711) 954 854-41
Telefax: (0711) 954 854-54
info@bki.de
www.bki.de

Für etwaige Fehler, Irrtümer usw. kann der Herausgeber keine Verantwortung übernehmen.

Vorwort

Die Planung der Baukosten bildet einen wesentlichen Bestandteil der Architektenleistung und ist nicht weniger wichtig als räumliche, gestalterische oder konstruktive Planungen. Auf der Kostenermittlung beruhen weitergehende Leistungen wie Kostenvergleiche, Kostenkontrolle und Kostensteuerung. Den Kostenermittlungen in den verschiedenen Planungsphasen kommt insbesondere auch seitens der Bauherrn und Auftraggeber eine große Bedeutung zu.

Kompetente Kostenermittlungen beruhen auf qualifizierten Vergleichsdaten und Methoden. Das Baukosteninformationszentrum BKI wurde 1996 von den Architektenkammern aller Bundesländer gegründet, um aktuelle Daten bereitzustellen. Auch die Entwicklung und Vermittlung zielführender Methoden zur Kostenplanung gehört zu den zentralen Aufgaben des BKI.

Wertvolle Baukosten-Erfahrungswerte liegen in Form von abgerechneten Bauleistungen oder Kostenfeststellungen in den Architekturbüros vor. Oft fehlt die Zeit, diese qualifiziert zu dokumentieren, um sie für Folgeprojekte zu verwenden oder für andere Architekten nutzbar zu machen. Diese Dienstleistung erbringt BKI und unterstützt damit sowohl die Datenlieferanten als auch die Nutzer der BKI Datenbank.

Die Fachbuchreihe „BAUKOSTEN" erscheint jährlich. Dabei werden alle Kostenkennwerte auf Basis neu dokumentierter Objekte und neuer statistischer Auswertungen aktualisiert. Die neuen Objekte seit der letzten Ausgabe werden auf bebilderten Übersichtsseiten zu Beginn der Bücher dargestellt. Die Kosten, Kostenkennwerte und Positionen dieser neuen Objekte tragen in allen drei Bänden zur Aktualisierung bei. Dabei wird auch die unterschiedliche regionale Baupreis-Entwicklung berücksichtigt. Mit den integrierten BKI Regionalfaktoren 2018 können die Bundesdurchschnittswerte an den jeweiligen Stadt- bzw. Landkreis angepasst werden.

Die Fachbuchreihe BAUKOSTEN Neubau 2018 (Statistische Kostenkennwerte) besteht aus den drei Teilen:
Baukosten Gebäude 2018 (Teil 1)
Baukosten Bauelemente 2018 (Teil 2)
Baukosten Positionen 2018 (Teil 3)

Die Bände sind aufeinander abgestimmt und unterstützen die Anwender in allen Planungsphasen. Am Beginn des jeweiligen Fachbuchs erhalten die Nutzer eine ausführliche Erläuterung zur fachgerechten Anwendung. Weitergehende Praxistipps und wertvolle Hinweise zur sicheren Kostenplanung werden auch in den BKI-Workshops vermittelt.

Der Dank des BKI gilt allen Architektinnen und Architekten, die Daten und Unterlagen zur Verfügung stellen. Sie profitieren von der Dokumentationsarbeit des BKI und unterstützen nebenbei den eigenen Berufsstand. Die in Buchform veröffentlichten Architekten-Projekte bilden eine fundierte und anschauliche Dokumentation gebauter Architektur, die sich zur Kostenermittlung von Folgeobjekten und zu Akquisitionszwecken hervorragend eignet.

Zur Pflege der Baukostendatenbank sucht BKI weitere Objekte aus allen Bundesländern. Bewerbungsbögen zur Objekt-Veröffentlichung von Hochbauten und Freianlagen werden im Internet unter www.bki.de/projekt-veroeffentlichung zur Verfügung gestellt. Auch die Bereitstellung von Leistungsverzeichnissen mit Positionen und Vergabepreisen ist jetzt möglich, mehr Info dazu finden Sie unter www.bki.de/lv-daten. BKI berät Sie gerne auch persönlich über alle Möglichkeiten, Objektdaten zu veröffentlichen. Für die Lieferung von Daten erhalten Sie eine Vergütung und weitere Vorteile.

Besonderer Dank gilt abschließend auch dem BKI-Beirat, der mit seinem Expertenwissen aus der Architektenpraxis, den Architekten- und Ingenieurkammern, Normausschüssen und Universitäten zum Gelingen der BKI-Fachinformationen beiträgt.

Wir wünschen allen Anwendern der neuen Fachbuchreihe 2018 viel Erfolg in allen Phasen der Kostenplanung und vor allem eine große Übereinstimmung zwischen geplanten und realisierten Baukosten im Sinne zufriedener Bauherren. Anregungen und Kritik zur Verbesserung der BKI-Fachbücher sind uns jederzeit willkommen.

Hannes Spielbauer   Klaus-Peter Ruland
Geschäftsführer   Prokurist

Baukosteninformationszentrum
Deutscher Architektenkammern GmbH
Stuttgart, im Mai 2018

Inhalt	Seite

Vorbemerkungen und Erläuterungen

Einführung	9
Benutzerhinweise	9
Neue BKI Neubau-Dokumentationen 2017-2018	14
Erläuterungen zur Fachbuchreihe BKI BAUKOSTEN	36
Erläuterungen der Seitentypen (Musterseiten)	
Lebensdauer von Bauelementen	46
Gebäudearten-bezogene Kostenkennwerte	48
Kostengruppen-bezogene Kostenkennwerte	50
Ausführungsarten-bezogene Kostenkennwerte	52
Auswahl kostenrelevanter Baukonstruktionen und Technischer Anlagen	54
Häufig gestellte Fragen	
Fragen zur Flächenberechnung	56
Fragen zur Wohnflächenberechnung	57
Fragen zur Kostengruppenzuordnung	58
Fragen zu Kosteneinflussfaktoren	59
Fragen zur Handhabung der von BKI herausgegebenen Bücher	60
Fragen zu weiteren BKI Produkten	62
Abkürzungsverzeichnis	64
Gliederung in Leistungsbereiche nach STLB-Bau	65

Lebensdauer von Bauteilen und Bauelementen

Fachartikel von Dr. Frank Ritter

	„Lebensdauer von Bauteilen und Bauelementen"	68
320	Gründung	78
330	Außenwände	80
340	Innenwände	89
350	Decken	93
360	Dächer	99

Grobelementarten

Fachartikel von Univ.-Prof. Dr.-Ing. Wolfdietrich Kalusche und Dipl.-Ing. Anne-Kathrin Kalusche

„Kostenermittlung der Baukonstruktionen nach Grobelementarten (mit Anforderungsklassen in der 2. Ebene der Kostengliederung)"	106
Büro- und Verwaltungsgebäude	111
Gebäude für Forschung und Lehre	112
Pflegeheime	113
Schulen und Kindergärten	114
Sport- und Mehrzweckhallen	115
Ein- und Zweifamilienhäuser	116
Mehrfamilienhäuser	117
Seniorenwohnungen	118
Gaststätten und Kantinen	119
Gebäude für Produktion	120
Gebäude für Handel und Lager	121
Garagen	122
Gebäude für kulturelle Zwecke	123
Gebäude für religiöse Zwecke	124

Kosten im Stahlbau
Fachartikel von bauforumstahl e.V.

„Kosten im Stahlbau"	130
Tragwerk: Rahmenkonstruktion	132
Tragwerk: Decken	133
Einbauten: Treppen	134
Oberflächenbehandlung: Korrosionsschutz	135
Brandschutz	136

Kostenkennwerte für Bauelemente (3. Ebene DIN 276)

Sortiert nach Gebäudearten

1 Büro- und Verwaltungsgebäude

Büro- und Verwaltungsgebäude, einfacher Standard	144
Büro- und Verwaltungsgebäude, mittlerer Standard	146
Büro- und Verwaltungsgebäude, hoher Standard	148

2 Gebäude für Forschung und Lehre

Instituts- und Laborgebäude	150

3 Gebäude des Gesundheitswesens

Medizinische Einrichtungen	152
Pflegeheime	154

4 Schulen und Kindergärten

Schulen

Allgemeinbildende Schulen	156
Berufliche Schulen	158
Förder- und Sonderschulen	160
Weiterbildungseinrichtungen	162

Kindergärten

Kindergärten, nicht unterkellert	
Kindergärten, nicht unterkellert, einfacher Standard	164
Kindergärten, nicht unterkellert, mittlerer Standard	166
Kindergärten, nicht unterkellert, hoher Standard	168
Kindergärten, Holzbauweise, nicht unterkellert	170
Kindergärten, unterkellert	172

5 Sportbauten

Sport- und Mehrzweckhallen

Sport- und Mehrzweckhallen	174
Sporthallen (Einfeldhallen)	176
Sporthallen (Dreifeldhallen)	178
Schwimmhallen	180

6 Wohngebäude

Ein- und Zweifamilienhäuser

Ein- und Zweifamilienhäuser, unterkellert	
Ein- und Zweifamilienhäuser, unterkellert, einfacher Standard	182
Ein- und Zweifamilienhäuser, unterkellert, mittlerer Standard	184
Ein- und Zweifamilienhäuser, unterkellert, hoher Standard	186
Ein- und Zweifamilienhäuser, nicht unterkellert	
Ein- und Zweifamilienhäuser, nicht unterkellert, einfacher Standard	188
Ein- und Zweifamilienhäuser, nicht unterkellert, mittlerer Standard	190
Ein- und Zweifamilienhäuser, nicht unterkellert, hoher Standard	192

6 Wohngebäude (Fortsetzung)

Ein- und Zweifamilienhäuser, Passivhausstandard
Ein- und Zweifamilienhäuser, Passivhausstandard, Massivbau	194
Ein- und Zweifamilienhäuser, Passivhausstandard, Holzbau	196

Ein- und Zweifamilienhäuser, Holzbauweise
Ein- und Zweifamilienhäuser, Holzbauweise, unterkellert	198
Ein- und Zweifamilienhäuser, Holzbauweise, nicht unterkellert	200

Doppel- und Reihenhäuser

Doppel- und Reihenendhäuser
Doppel- und Reihenendhäuser, einfacher Standard	202
Doppel- und Reihenendhäuser, mittlerer Standard	204
Doppel- und Reihenendhäuser, hoher Standard	206

Reihenhäuser
Reihenhäuser, einfacher Standard	208
Reihenhäuser, mittlerer Standard	210
Reihenhäuser, hoher Standard	212

Mehrfamilienhäuser

Mehrfamilienhäuser, mit bis zu 6 WE
Mehrfamilienhäuser, mit bis zu 6 WE, einfacher Standard	214
Mehrfamilienhäuser, mit bis zu 6 WE, mittlerer Standard	216
Mehrfamilienhäuser, mit bis zu 6 WE, hoher Standard	218

Mehrfamilienhäuser, mit 6 bis 19 WE
Mehrfamilienhäuser, mit 6 bis 19 WE, einfacher Standard	220
Mehrfamilienhäuser, mit 6 bis 19 WE, mittlerer Standard	222
Mehrfamilienhäuser, mit 6 bis 19 WE, hoher Standard	224

Mehrfamilienhäuser, mit 20 und mehr WE
Mehrfamilienhäuser, mit 20 und mehr WE, mittlerer Standard	226
Mehrfamilienhäuser, mit 20 und mehr WE, hoher Standard	228
Mehrfamilienhäuser, Passivhäuser	230

Wohnhäuser, mit bis zu 15% Mischnutzung
Wohnhäuser, mit bis zu 15% Mischnutzung, einfacher Standard	232
Wohnhäuser, mit bis zu 15% Mischnutzung, mittlerer Standard	234
Wohnhäuser, mit bis zu 15% Mischnutzung, hoher Standard	236
Wohnhäuser, mit mehr als 15% Mischnutzung	238

Seniorenwohnungen
Seniorenwohnungen, mittlerer Standard	240
Seniorenwohnungen, hoher Standard	242

Beherbergung
Wohnheime und Internate	244

7 Gewerbe, Lager und Garagengebäude

Gaststätten und Kantinen
Gaststätten, Kantinen und Mensen	246

Gebäude für Produktion
Industrielle Produktionsgebäude, Massivbauweise	248
Industrielle Produktionsgebäude, überwiegend Skelettbauweise	250
Betriebs- und Werkstätten, eingeschossig	252
Betriebs- und Werkstätten, mehrgeschossig, geringer Hallenanteil	254
Betriebs- und Werkstätten, mehrgeschossig, hoher Hallenanteil	256

Gebäude für Handel und Lager
Geschäftshäuser, mit Wohnungen	258
Geschäftshäuser, ohne Wohnungen	260
Verbrauchermärkte	262

7	**Gewerbegebäude (Fortsetzung)**	
	Autohäuser	264
	Lagergebäude, ohne Mischnutzung	266
	Lagergebäude, mit bis zu 25% Mischnutzung	268
	Lagergebäude, mit mehr als 25% Mischnutzung	270
	Garagen	
	Einzel-, Mehrfach- und Hochgaragen	272
	Tiefgaragen	274
	Bereitschaftsdienste	
	Feuerwehrhäuser	276
	Öffentliche Bereitschaftsdienste	278
8	**Bauwerke für technische Zwecke**	
9	**Kulturgebäude**	
	Gebäude für kulturelle Zwecke	
	Bibliotheken, Museen und Ausstellungen	280
	Theater	282
	Gemeindezentren	
	Gemeindezentren, einfacher Standard	284
	Gemeindezentren, mittlerer Standard	286
	Gemeindezentren, hoher Standard	288
	Gebäude für religiöse Zwecke	
	Sakralbauten	290
	Friedhofsgebäude	292

Kostenkennwerte für Bauelemente (3. Ebene DIN 276)

Sortiert nach Kostengruppen

310	Baugrube	296
320	Gründung	304
330	Außenwände	320
340	Innenwände	338
350	Decken	352
360	Dächer	360
370	Baukonstruktive Einbauten	370
390	Sonstige Maßnahmen für Baukonstruktionen	376
410	Abwasser-, Wasser-, Gasanlagen	394
420	Wärmeversorgungsanlagen	402
430	Lufttechnische Anlagen	410
440	Starkstromanlagen	420
450	Fernmelde- und informationstechnische Anlagen	434
460	Förderanlagen	448
470	Nutzungsspezifische Anlagen	450
480	Gebäudeautomation	464
490	Sonstige Maßnahmen für Techniche Anlagen	472

Kostenkennwerte für Ausführungsarten

210	Herrichten	484
310	Baugrube	488
320	Gründung	493
330	Außenwände	512
340	Innenwände	543
350	Decken	562
360	Dächer	582
370	Baukonstruktive Einbauten	599
390	Sonstige Maßnahmen für Baukonstruktionen	603
410	Abwasser-, Wasser-, Gasanlagen	610
420	Wärmeversorgungsanlagen	619
430	Lufttechnische Anlagen	624
440	Starkstromanlagen	626
450	Fernmelde- und informationstechnische Anlagen	632
460	Förderanlagen	638
470	Nutzungsspezifische Anlagen	639
510	Geländeflächen	641
520	Befestigte Flächen	643
530	Baukonstruktionen in Außenanlagen	650
540	Technische Anlagen in Außenanlagen	653
550	Einbauten in Außenanlagen	654
570	Pflanz- und Saatflächen	655

Anhang

Regionalfaktoren	664

Einführung

Dieses Fachbuch wendet sich an Architekten, Ingenieure, Sachverständige und sonstige Fachleute, die mit Kostenermittlungen von Hochbaumaßnahmen befasst sind.

Es enthält Kostenkennwerte für „Bauelemente", worunter die Kostengruppen der 3. Ebene DIN 276 verstanden werden, gekennzeichnet durch dreistellige Ordnungszahlen. Diese Kostenkennwerte werden für 75 Gebäudearten angegeben. Es enthält ferner Kostenkennwerte für Ausführungsarten von einzelnen Bauelementen. Diese Kostenkennwerte werden ohne Zuordnung zu bestimmten Gebäudearten angegeben. Damit bietet dieses Fachbuch aktuelle Orientierungswerte, die für differenzierte, über die Mindestanforderungen der DIN 276 hinausgehende Kostenberechnungen sowie für Kostenanschläge im Sinne der DIN 276 benötigt werden.

Alle Kennwerte sind objektorientiert ermittelt worden und basieren auf der Analyse realer, abgerechneter Vergleichsobjekte, die derzeit in der BKI-Baukostendatenbank verfügbar sind.

Dieses Fachbuch erscheint jährlich neu, so dass der Benutzer stets aktuelle Kostenkennwerte zur Hand hat. Das Baukosteninformationszentrum ist bemüht, durch kontinuierliche Datenerhebungen in allen Bundesländern die in dieser Ausgabe noch nicht aufgeführten Kostenkennwerte für einzelne Kostengruppen oder Gebäudearten in den Folgeausgaben zu berücksichtigen.

Mit dem Ausbau der Datenbank werden auch weitere Kennwerte für jetzt noch nicht enthaltene Ausführungsarten verfügbar sein. Der vorliegende Teil 2 baut auf Teil 1 „Statistische Kostenkennwerte für Gebäude" auf, der die für Kostenschätzungen und Kostenberechnungen benötigten Kostenkennwerte zu den Kostengruppen der 1. und 2. Ebene DIN 276 enthält.

Benutzerhinweise

1. Definitionen

Als **Bauelemente** werden in dieser Veröffentlichung diejenigen Kostengruppen der 3. Ebene DIN 276 bezeichnet, die zur Kostengruppe 300 „Bauwerk-Baukonstruktionen" bzw. Kostengruppe 400 „Bauwerk-Technische Anlagen" gehören und mit dreistelligen Ordnungszahlen gekennzeichnet sind.

Ausführungsarten (AA) sind bestimmte, nach Konstruktion, Material, Abmessungen und sonstigen Eigenschaften unterschiedliche Ausführungen von Bauelementen. Sie sind durch eine 7-stellige Ordnungszahl gekennzeichnet, bestehend aus
– Kostengruppe DIN 276 (KG): 3-stellig
– Ausführungsklasse nach BKI (AK): 2-stellig
– Ausführungsart nach BKI (AA): 2-stellige, BKI-Identnummer

Kostenkennwerte sind Werte, die das Verhältnis von Kosten bestimmter Kostengruppen nach DIN 276 : 2008-12 zu bestimmten Bezugseinheiten darstellen.

Die Kostenkennwerte für die Kostengruppen der 3. Ebene DIN 276 sind auf Einheiten bezogen, die in der DIN 277-3 : 2005-04 Teil 3 (Mengen und Bezugseinheiten) definiert sind.

Die Kostenkennwerte für Ausführungsarten sind auf nicht genormte, aber kostenplanerisch sinnvolle Einheiten bezogen, die in den betreffenden Tabellen jeweils angegeben sind.

2. Kostenstand und Mehrwertsteuer

Kostenstand aller Kennwerte ist das 1. Quartal 2018. Alle Kostenkennwerte enthalten die Mehrwertsteuer. Die Angabe aller Kostenkennwerte dieser Veröffentlichung erfolgt in Euro. Die vorliegenden Kostenkennwerte sind Orientierungswerte, Sie können nicht als Richtwerte im Sinne einer verpflichtenden Obergrenze angewendet werden.

3. Datengrundlage

Grundlage der Tabellen sind statistische Analysen abgerechneter Bauvorhaben. Die Daten wurden mit größtmöglicher Sorgfalt vom BKI bzw. seinen Dokumentationsstellen erhoben. Dies entbindet den Benutzer aber nicht davon, angesichts der vielfältigen Kosteneinflussfaktoren die genannten Orientierungswerte eigenverantwortlich zu prüfen und entsprechend dem jeweiligen Verwendungszweck anzupassen. Für die Richtigkeit der im Rahmen einer Kostenermittlung eingesetzten Werte können daher weder Herausgeber noch Verlag eine Haftung übernehmen.

4. Betrachtung der Kostenauswirkungen aktueller Energiestandards

Gerade im Hinblick auf die wiederholte Verschärfung gesetzgeberischer Anforderungen an die energetische Qualität, insbesondere von Neubauten, wird von Kundenseite die Frage nach dem Energiestandard der statistischen Fachbuchreihe BKI BAUKOSTEN gestellt. BKI hat Untersuchungen zu den kostenmäßigen Auswirkungen der erhöhten energetischen Qualität von Neubauten vorgenommen. Die Untersuchungen zeigen, dass energetisch bedingte Kostensteigerungen durch Rationalisierungseffekte größtenteils kompensiert werden.

BKI dokumentiert derzeit ca. 200 neue Objekte pro Jahr, die zur Erneuerung der statistischen Auswertungen verwendet werden. Etwa im gleichen Maße werden ältere Objekte aus den Auswertungen entfernt. Mit den hohen Dokumentationszahlen der letzten Jahre wurde die BKI-Datenbank damit noch aktueller.

In nahezu allen energetisch relevanten Gebäudearten sind zudem Objekte enthalten, die über den nach EnEV geforderten energetischen Standard hinausgehen. Diese über den geforderten Standard hinausgehenden Objekte kompensieren einzelne Objekte, die den aktuellen energetischen Standard nicht erreichen. Insgesamt wird daher ein ausgeglichenes Objektgefüge pro Gebäudeart erreicht.

Obwohl BKI fertiggestellte und schlussabgerechnete Objekte dokumentiert, können durch die Dokumentation von Objekten, die über das gesetzgeberisch geforderte Maß energetischer Qualität hinausgehen, Kostenkennwerte für aktuell geforderte energetische Standards ausgewiesen werden. Die Kostenkennwerte der Fachbuchreihe BKI BAUKOSTEN 2017 entsprechen somit dem aktuellen EnEV-Niveau.

5. Anwendungsbereiche

Die Kostenkennwerte sind als Orientierungswerte konzipiert; sie können bei Kostenberechnungen und Kostenanschlägen angewendet werden. Die formalen Mindestanforderungen hinsichtlich der Darstellung der Ergebnisse einer Kostenermittlung sind in DIN 276 : 2008-12 unter Ziffer 3 Grundsätze der Kostenplanung festgelegt. Die Anwendung des Bauelement-Verfahrens bei Kostenermittlungen setzt voraus, dass genügend Planungsinformationen vorhanden sind, um Qualitäten und Mengen von Bauelementen und Ausführungsarten ermitteln zu können.

a. Gebäudearten-bezogene Kostenkennwerte für die Kostengruppen der 3. Ebene DIN 276 dienen primär als Orientierungswerte für die Plausibilitätsprüfung von Kostenanschlägen, die mit Kostenkennwerten für einzelne Ausführungsarten differenziert aufgestellt worden sind. Darüber hinaus dienen diese Kostenkennwerte während der Entwurfs- bzw. Genehmigungsplanung als Orientierungswerte für differenzierte, über die formalen Mindestanforderungen der DIN 276 hinausgehende Kostenberechnungen. Kostenberechnungen, die bereits bis zur 3. Ebene DIN 276 untergliedert werden und insofern bereits die formalen Mindestanforderungen an einen Kostenanschlag erfüllen, erfordern einen erheblich höheren Mengenermittlungsaufwand. Andererseits steigen die Anforderungen der Bauherrn an die Genauigkeit gerade von Kostenberechnungen. Kostenberechnungen auf der 3. Ebene DIN 276 ermöglichen differenziertere Bauelementbeschreibungen und eine genauere Ermittlung der entwurfsspezifischen Elementmengen und deren Kosten. Die in den Tabellen genannten Prozentsätze geben den durchschnittlichen Anteil der jeweiligen Kostengruppe an der Kostengruppe 300 „Bauwerk-Baukonstruktionen" (KG 300 = 100%) bzw. Kostengruppe 400 „Bauwerk-Technische Anlagen" (KG 400 = 100%) an.

Diese von Gebäudeart zu Gebäudeart oft unterschiedlichen Prozentanteile machen die kostenplanerisch relevanten Kostengruppen erkennbar, bei denen z. B. die Entwicklung von kostensparenden Alternativlösungen primär

Erfolg verspricht unter dem Aspekt der Kostensteuerung bei vorgegebenem Gesamtbudget.

b. Ausführungsarten-bezogene Kostenkennwerte dienen als Orientierungswerte für differenzierte, über die formalen Mindestanforderungen der DIN 276 hinausgehende Ermittlungen zur Aufstellung von Kostenanschlägen im Sinne der DIN 276.

Um die Kostenkennwerte besser beurteilen und die Ausführungsarten untereinander abgrenzen zu können, wird der jeweilige technische Standard nach den Kriterien „Konstruktion", „Material", „Abmessungen" und „Besondere Eigenschaften" näher beschrieben. Diese Beschreibung versucht, diejenigen Eigenschaften und Bauleistungen aufzuzeigen, die im Wesentlichen die Kosten der Ausführungsart eines Bauelementes bestimmen.

Über die Ausführungsarten von Bauelementen können Ansätze für die Vergabe von Bauleistungen und die Kostenkontrolle während der Bauausführung ermittelt werden. Die Ausführungsarten lassen sich den Leistungsbereichen des Standardleistungsbuches (StLB) zuordnen und damit in eine vergabeorientierte Gliederung überführen. Zu diesem Zweck sind die Kostenanteile der Leistungsbereiche in Prozent der jeweiligen Ausführungsart angegeben.

6. Geltungsbereiche
Die genannten Kostenkennwerte spiegeln in etwa das durchschnittliche Baukostenniveau in Deutschland wider. Die Geltungsbereiche der Tabellenwerte sind fließend. Die „von-/bis-Werte" markieren weder nach oben noch nach unten absolute Grenzwerte.

In den Tabellen „Gebäudearten-bezogene Kostenkennwerte für die Kostengruppen der 3. Ebene DIN 276" wurden der Vollständigkeit halber alle Kostengruppen aufgeführt, auch dann, wenn die statistische Basis häufig noch zu gering ist, um für Kostenermittlungszwecke Kostenkennwerte angeben zu können. Dies trifft besonders für Kostengruppen zu, die im Regelfall ganz entfallen oder von untergeordneter Bedeutung sind, bei einzelnen Baumaßnahmen aber durchaus auch kostenrelevant sein können, z. B. die Kostengruppen 313 Wasserhaltung, 393 Sicherungsmaßnahmen, 394 Abbruchmaßnahmen, 395 Instandsetzungen, 396 Materialentsorgung, 397 Zusätzliche Maßnahmen, 398 Provisorische Baukonstruktionen, sowie alle Kostengruppen mit dem Zusatz „..., sonstiges". Auch bei breiterer Datenbasis würden sich bei diesen Kostengruppen aufgrund der objektspezifischen Besonderheiten immer sehr große Streubereiche für die Kostenkennwerte ergeben. Liegen hierfür weder Erfahrungswerte aufgrund früherer Ausschreibungen im Büro vor, noch können diese durch Anfrage bei den ausführenden Firmen erfragt werden, so empfiehlt es sich, beim BKI die Kostendokumentationen einzelner Objekte zu beschaffen, bei denen die betreffenden Kostengruppen angefallen und qualitativ beschrieben sind.

Bei den zuvor genannten Kostengruppen können die Tabellenwerte dieses Buches jedoch einen Eindruck vermitteln, welche Größenordnung die Kostenkennwerte im Einzelfall bei einer Betrachtung über alle Gebäudearten hinweg annehmen können.

7. Kosteneinflüsse
In den Streubereichen (von-/bis-Werte) der Kostenkennwerte spiegeln sich die vielfältigen Kosteneinflüsse aus Nutzung, Markt, Gebäudegeometrie, Ausführungsstandard, Projektgröße etc. wider.
Die Orientierungswerte können daher nicht schematisch übernommen werden, sondern müssen entsprechend den spezifischen Planungsbedingungen überprüft und ggf. angepasst werden. Mögliche Einflüsse, die eine Anpassung der Orientierungswerte erforderlich machen, können sein:

– besondere Nutzungsanforderungen,
– Standortbedingungen (Erschließung, Immission, Topographie, Bodenbeschaffenheit),
– Bauwerksgeometrie (Grundrissform, Geschosszahlen, Geschosshöhen, Dachform, Dachaufbauten),
– Bauwerksqualität (gestalterische, funktionale und konstruktive Besonderheiten),
– Quantität (Bauelement- und Ausführungsartenmengen),
– Baumarkt (Zeit, regionaler Baumarkt, Vergabeart).

8. Normierung der Kosten

Grundlage der BKI Regionalfaktoren, die auch der Normierung der Baukosten der dokumentierten Objekte auf Bundesniveau zu Grunde liegen, sind Daten aus der amtlichen Bautätigkeitsstatistik der statistischen Landesämter. Zu allen deutschen Land- und Stadtkreisen sind Angaben aus der Bautätigkeitsstatistik der statistischen Landesämter zum Bauvolumen (m³ BRI) und Angaben zu den veranschlagten Baukosten (in Euro) erhältlich. Diese Informationen stammen aus statistischen Meldebögen, die mit jedem Bauantrag vom Antragsteller abzugeben sind. Während die Angaben zum Brutto-Rauminhalt als sehr verlässlich eingestuft werden können, da in diesem Bereich kaum Änderungen während der Bauzeit zu erwarten sind, müssen die Angaben zu den Baukosten als Prognosen eingestuft werden. Schließlich stehen die Baukosten beim Einreichen des Bauantrages noch nicht fest. Es ist jedoch davon auszugehen, dass durch die Vielzahl der Datensätze und gleiche Vorgehensweise bei der Baukostennennung brauchbare Durchschnittswerte entstehen. Zusätzlich wurden von BKI Verfahren entwickelt, um die Daten prüfen und Plausibilitätsprüfungen unterziehen zu können.

Aus den Kosten und Mengenangaben lassen sich durchschnittliche Herstellungskosten von Bauwerken pro Brutto-Rauminhalt und Land- oder Stadtkreis berechnen. Diese Berechnungen hat BKI durchgeführt und aus den Ergebnissen einen bundesdeutschen Mittelwert gebildet. Anhand des Mittelwertes lassen sich die einzelnen Land- und Stadtkreise prozentual einordnen. (Diese Prozentwerte wurden die Grundlage der BKI Deutschlandkarte mit „Regionalfaktoren für Deutschland und Europa"). Anhand dieser Daten lässt sich jedes Objekt der BKI Datenbank normieren, d.h. so berechnen, als ob es nicht an seinem speziellen Bauort gebaut worden wäre, sondern an einem Bauort der bezüglich seines Regionalfaktors genau dem Bundesdurchschnitt entspricht. Für den Anwender bedeutet die regionale Normierung der Daten auf einen Bundesdurchschnitt, dass einzelne Kostenkennwerte oder das Ergebnis einer Kostenermittlung einfach mit dem Regionalfaktor des Standorts des geplanten Objekts multipliziert werden können. Die landkreisbezogenen Regionalfaktoren finden sich im Anhang des Buches.

9. Urheberrechte

Alle Objektinformationen und die daraus abgeleiteten Auswertungen (Statistiken) sind urheberrechtlich geschützt. Die Urheberrechte liegen bei den jeweiligen Büros, Personen bzw. beim BKI. Es ist ausschließlich eine Anwendung der Daten im Rahmen der praktischen Kostenplanung im Hochbau zugelassen. Für eine anderweitige Nutzung oder weiterführende Auswertungen behält sich das BKI alle Rechte vor.

Neue BKI Neubau-Dokumentationen 2017-2018

Fotopräsentation der Objekte

1300-0230 Bürogebäude (144 AP), Gastronomie, TG
Büro- und Verwaltungsgebäude, hoher Standard
⌂ dt+p Architekten und Ingenieure GmbH
  Bremen

1300-0233 Büro- und Ausstellungsgebäude (32 AP)
Büro- und Verwaltungsgebäude, hoher Standard
⌂ fmb architekten Norman Binder,
  Andreas-Thomas Mayer, Stuttgart

1300-0235 Bürogebäude (12 AP) - Effizienzhaus ~60%
Büro- und Verwaltungsgebäude, mittlerer Standard
⌂ MIND Architects Collective
  Bischofsheim

1300-0237 Bürogebäude (30 AP) - Effizienzhaus ~76%
Büro- und Verwaltungsgebäude, mittlerer Standard
⌂ crep.D Architekten BDA
  Kassel

1300-0238 Bürogebäude, Lagerhalle - Effizienzhaus 70
Büro- und Verwaltungsgebäude, mittlerer Standard
⌂ Eis Architekten GmbH
  Bamberg

1300-0239 Technologiezentrum - Effizienzhaus ~62%
Büro- und Verwaltungsgebäude, mittlerer Standard
⌂ Wagner + Günther Architekten
  Jena

Fotopräsentation der Objekte

1300-0241 Entwicklungs- und Verwaltungszentrum
Büro- und Verwaltungsgebäude, hoher Standard
Kemper Steiner & Partner Architekten GmbH
Bochum

2100-0001 Hörsaalgebäude - Effizienzhaus ~69%
Sonstige Gebäue (ohne Gebäudeartzuordnung)
Eßmann l Gärtner l Nieper Architekten GbR
Leipzig

2200-0049 Bioforschungszentrum
Instituts- und Laborgebäude
Grabow + Hofmann Architektenpartnerschaft BDA
Nürnberg

2200-0050 Forschungsgebäude, Rechenzentrum (215 AP)
Instituts- und Laborgebäude
BHBVT Gesellschaft von Architekten mbH
Berlin

3100-0024 Praxishaus (7 AP)
Medizinische Einrichtungen
RoA RONGEN ARCHITEKTEN PartG mbB
Wassenberg

3100-0025 Arztpraxis
Medizinische Einrichtungen
Planungsbüro Beham BIAV
Bairawies

Fotopräsentation der Objekte

3100-0028 Ärztehaus (5 Praxen), Apotheke
Medizinische Einrichtungen
Junk & Reich Architekten BDA
Planungsgesellschaft mbH, Weimar

3200-0025 Zentrum f. Neurologie u. Geriatrie (220 Betten)
Medizinische Einrichtungen
Kossmann Maslo Architekten
Planungsgesellschaft mbH + Co.KG, Münster

3200-0026 Geriatrische Klinik
Medizinische Einrichtungen
HDR GmbH
Berlin

4100-0167 Oberschule (2 Klassen, 40 Schüler) Modulbau
Allgemeinbildende Schulen
Bosse Westphal Schäffer Architekten
Winsen/Luhe

4100-0168 Realschule (400 Schüler) - Effizienzhaus ~66%
Allgemeinbildende Schulen
KBK Architektengesellschaft Belz | Lutz mbH
Stuttgart

4100-0177 Grundschule (10 Klassen, 280 Schüler)
Allgemeinbildende Schulen

Fotopräsentation der Objekte

4100-0178 Gymnasium (6 Kl), Sporthalle (Einfeldhalle)
Allgemeinbildende Schulen
⌂ Dohse Architekten
  Hamburg

4100-0179 Gymnasium, Sporthalle - Plusenergiehaus
Allgemeinbildende Schulen
⌂ Hermann Kaufmann ZT GmbH & Florian Nagler
  Architekten GmbH "ARGE Diedorf", München

4100-0183 Mittelschule (5 Klassen, 125 Schüler)
Allgemeinbildende Schulen
⌂ ABHD Architekten Beck und Denzinger
  Neuburg a. d. Donau

4100-0188 Grundschule (10 Klassen, 240 Schüler), Mensa
Allgemeinbildende Schulen
⌂ Werkgemeinschaft Quasten-Mundt
  Grevenbroich

4300-0023 Sonderpädagogisches Förderzentrum
Förder- und Sonderschulen
⌂ ssp - planung GmbH
  Waldkirchen

4400-0288 Kinderkrippe (1 Gruppe, 12 Kinder) Modulbau
Kindergärten, nicht unterkellert, mittlerer Standard
⌂ Bosse Westphal Schäffer Architekten
  Winsen/Luhe

17

Fotopräsentation der Objekte

4400-0289 Kindergarten (1 Gruppe, 12 Kinder) Modulbau
Kindergärten, nicht unterkellert, mittlerer Standard
⌂ Bosse Westphal Schäffer Architekten
   Winsen/Luhe

4400-0294 Kindertagesstätte (125 Ki) - Effizienzhaus ~62%
Kindergärten, nicht unterkellert, mittlerer Standard
⌂ Stricker Architekten BDA
   Hannover

4400-0296 Kindertagesstätte (3 Gruppen, 75 Kinder)
Kindergärten, nicht unterkellert, einfacher Standard
⌂ architekturbüro raum-modul
   Stephan Karches Florian Schweiger, Ingolstadt

4400-0297 Kindertagesstätte (6 Gruppen, 126 Kinder)
Kindergärten, nicht unterkellert, einfacher Standard
⌂ raum-z architekten gmbh
   Frankfurt am Main

4400-0299 Kindertagesstätte (108 Ki) - Effizienzhaus ~79%
Kindergärten, nicht unterkellert, mittlerer Standard
⌂ wittig brösdorf architekten
   Leipzig

4400-0300 Kindertagesstätte (102 Ki) - Effizienzhaus ~61%
Kindergärten, nicht unterkellert, mittlerer Standard
⌂ wittig brösdorf architekten
   Leipzig

Fotopräsentation der Objekte

4400-0301 Kindertagesstätte (1 Gruppe, 25 Kinder)
Kindergärten, nicht unterkellert, mittlerer Standard
⌂ Bosse Westphal Schäffer Architekten
  Winsen/Luhe

4400-0302 Kindertagesstätte (6 Gruppen, 85 Kinder)
Kindergärten, nicht unterkellert, hoher Standard
⌂ LANDHERR / Architekten und Ingenieure GmbH
  Hoppegarten

4400-0303 Kindertagesstätte (3 Gruppen, 58 Kinder)
Kindergärten, nicht unterkellert, mittlerer Standard
⌂ acollage architektur urbanistik
  Hamburg

4400-0305 Kindertagesstätte (125 Kinder) - Passivhaus
Kindergärten, nicht unterkellert, hoher Standard
⌂ VOLK architekten Roland Volk Architekt
  Bensheim

4400-0308 Kindertagesstätte (75 Kinder)
Kindergärten, nicht unterkellert, hoher Standard
⌂ kleyer.koblitz.letzel.freivogel ges. v. architekten mbh
  Berlin

4400-0309 Kindertagesstätte (100 Ki) - Effizienzhaus ~ 55%
Kindergärten, nicht unterkellert, hoher Standard
⌂ ZOLL Architekten Stadtplaner GmbH
  Stuttgart

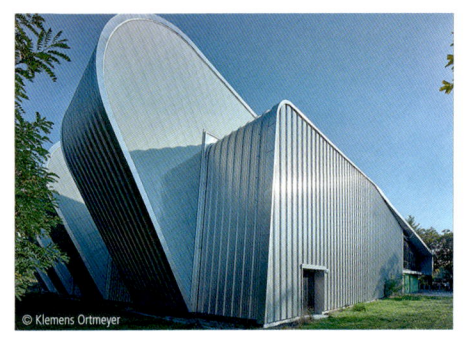

Fotopräsentation der Objekte

5100-0116 Sporthalle (Dreifeldhalle) - Effizienzhaus ~73%
Sporthallen (Dreifeldhallen)
⌂ Alten Architekten
  Berlin

5100-0118 Sporthalle (1,5-Feldhalle)
Sporthallen (Einfeldhallen)
⌂ wurm architektur
  Ravensburg

6100-1204 7 Reihenhäuser - Passivhausbauweise
Reihenhäuser, mittlerer Standard
⌂ ASs Flassak & Tehrani, Freie Architekten und Stadtplaner, Stuttgart

6100-1251 Mehrfamilienhäuser (16 WE)
Mehrfamilienhäuser, mit 6 bis 19 WE, einfacher Standard
⌂ Plan-R-Architektenbüro Joachim Reinig
  Hamburg

6100-1303 Mehrfamilienhaus (11 WE)
Mehrfamilienhäuser, mit 6 bis 19 WE, hoher Standard
⌂ Druschke und Grosser Architekten BDA
  Duisburg

6100-1310 Mehrfamilienhaus (5 WE) - Effizienzhaus 70
Mehrfamilienhäuser, mit bis zu 6 WE, mittlerer Standard
⌂ Architekturbüro Hermann Josef Steverding
  Stadtlohn

Fotopräsentation der Objekte

6100-1312 Mehrfamilienhaus (5 WE), TG (5 STP)
Mehrfamilienhäuser, mit bis zu 6 WE, hoher Standard
⌂ Reichardt + Partner Architekten
Hamburg

6100-1313 Mehrfamilienhaus (7 WE) - Effizienzhaus 70
Mehrfamilienhäuser, mit 6 bis 19 WE, mittlerer Standard
⌂ büro 1.0 architektur +
Berlin

6100-1314 Wohn- u. Geschäftshaus - Effizienzhaus 70
Wohnhäuser, mit bis zu 15% Mischnutzung, mittl. Standard
⌂ büro 1.0 architektur +
Berlin

6100-1315 Einfamilienhaus
Ein- u. Zweifamilienhäuser, nicht unterkell., mittl. Standard
⌂ Püffel Architekten
Bremen

6100-1317 Wohn- u. Geschäftshäuser (21 WE), 6 Gewerbe
Wohnhäuser, mit mehr als 15% Mischnutzung
⌂ Feddersen Architekten
Berlin

6100-1318 Mehrfamilienhaus (11 WE) - Effizienzhaus 70
Mehrfamilienhäuser, mit 6 bis 19 WE, hoher Standard
⌂ agsta Architekten und Ingenieure
Hannover

Fotopräsentation der Objekte

6100-1319 Mehrfamilienhaus (9 WE)
Mehrfamilienhäuser, mit 6 bis 19 WE, mittlerer Standard
⌂ Kastner Pichler Architekten
  Köln

6100-1320 Mehrfamilienhaus (14 WE)
Mehrfamilienhäuser, mit 6 bis 19 WE, einfacher Standard
⌂ Knychalla + Team
  Neumarkt

6100-1321 Wohnanlage (101 WE), TG - Effizienzhaus 70
Mehrfamilienhäuser, mit 20 oder mehr WE, mittl. Standard
⌂ Thomas Hillig Architekten GmbH
  Berlin

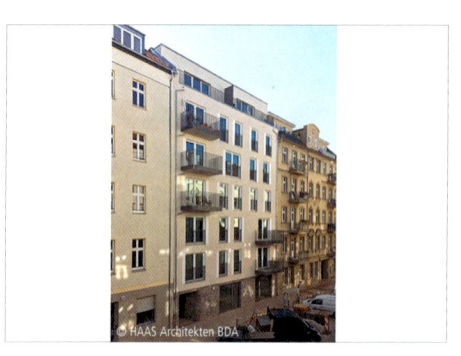

6100-1323 Wohn- u. Geschäftshaus - Effizienzhaus 70
Wohnhäuser, mit bis zu 15% Mischnutzung, mittl. Standard
⌂ HAAS Architekten BDA
  Berlin

6100-1324 Einfamilienhaus
Ein- u. Zweifamilienhäuser, nicht unterkell., mittl. Standard
⌂ Funken Architekten
  Erfurt

6100-1325 Einfamilienhaus - Effizienzhaus 40
Ein- u. Zweifamilienhäuser, Holzbau, nicht unterkellert
⌂ Brack Architekten
  Kempten

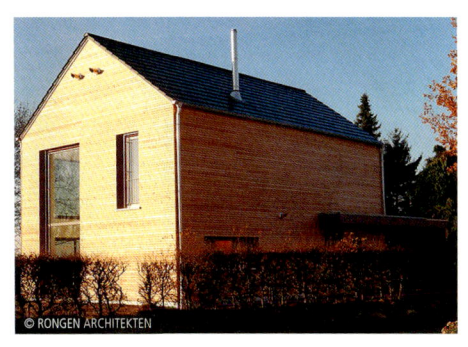

Fotopräsentation der Objekte

6100-1326 Einfamilienhaus, Carport - Passivhaus
Ein- und Zweifamilienhäuser, Passivhausstandard, Holzbau
RoA RONGEN ARCHITEKTEN PartG mbB
Wassenberg

6100-1328 Ferienhaus (Ferienhaussiedlung)
Ein- u. Zweifamilienhäuser, nicht unterkell., mittl. Standard
ARCHITEKT MAURICE FIEDLER
Erfurt

6100-1330 Mehrfamilienhaus, TG - Effizienzhaus ~16%
Wohnhäuser, mit bis zu 15% Mischnutzung, mittl. Standard
foundation 5+ architekten BDA
Kassel

6100-1331 Einfamilienhaus, Garagen - Effizienzhaus ~64%
Ein- und Zweifamilienhäuser, unterkellert, hoher Standard
Architekturbüro VÖHRINGER
Leingarten

6100-1332 Wohn- und Geschäftshaus (1 WE, 6 AP)
Wohnhäuser, mit mehr als 15% Mischnutzung
KILTZ KAZMAIER ARCHITEKTEN
Kirchheim unter Teck

6100-1334 Mehrfamilienhaus (6 WE)
Mehrfamilienhäuser, mit bis zu 6 WE, mittlerer Standard
güldenzopf rohrberg architektur + design
Hamburg

Fotopräsentation der Objekte

6100-1340 Einfamilienhaussiedlung (12 WE)
Ein- u. Zweifamilienhäuser, nicht unterkell., mittl. Standard
⌂ Arnold und Gladisch
Gesellschaft von Architekten mbH, Berlin

6100-1341 Wohn- u. Geschäftshaus - Effizienzhaus ~56%
Wohnhäuser, mit mehr als 15% Mischnutzung
⌂ roedig . schop architekten PartG mbB
Berlin

6100-1342 Wohn- und Geschäftshaus - Effizienzhaus 70
Wohnhäuser, mit mehr als 15% Mischnutzung
⌂ roedig . schop architekten PartG mbB
Berlin

6100-1343 Pfarrhaus, Gemeindebüros
Wohnhäuser, mit mehr als 15% Mischnutzung
⌂ Architekturbüro Ulrike Ahnert
Malchow

6100-1344 Einfamilienhaus - Effizienzhaus ~53%
Ein- u. Zweifamilienhäuser, Holzbau, nicht unterkellert
⌂ bau grün ! energieeffiziente Gebäude
Architekt Daniel Finocchiaro, Mönchengladbach

6100-1347 Mehrfamilienhäuser (12 WE) - Effizienzhaus 55
Mehrfamilienhäuser, mit 6 bis 19 WE, mittlerer Standard
⌂ Architekturbüro Jakob Krimmel
Bermatingen

Fotopräsentation der Objekte

6100-1348 3 Reihenhäuser - Effizienzhaus 55
Reihenhäuser, mittlerer Standard
⌂ Architekturbüro Jakob Krimmel
Bermatingen

6100-1349 Doppelhäuser (2 WE) - Effizienzhaus 55
Doppel- und Reihenendhäuser, mittlerer Standard
⌂ Architekturbüro Jakob Krimmel
Bermatingen

6100-1351 Einfamilienhaus
Ein- u. Zweifamilienhäuser, nicht unterkell., hoher Standard
⌂ mm architekten Martin A. Müller Architekt BDA
Hannover

6100-1352 Einfamilienhaus, Carport
Ein- u. Zweifamilienhäuser, unterkellert, mittlerer Standard
⌂ Architekturbüro Freudenberg
Bad Honnef

6100-1353 Mehrfamilienhaus (8 WE) - Effizienzhaus 70
Mehrfamilienhäuser, mit 6 bis 19 WE, hoher Standard
⌂ Sprenger Architekten und Partner mbB
Hechingen

6100-1354 Einfamilienhaus - Effizienzhaus ~73%
Ein- und Zweifamilienhäuser, unterkellert, hoher Standard
⌂ wening.architekten
Potsdam

Fotopräsentation der Objekte

6100-1356 Mehrfamilienhaus (3 WE) - Effizienzhaus 70
Mehrfamilienhäuser, mit bis zu 6 WE, hoher Standard
⌂ puschmann architektur
Recklinghausen

6100-1357 Reihenendhaus, Garage
Doppel- und Reihenendhäuser, mittlerer Standard
⌂ architektur.KONTOR
Weimar

6100-1358 Einfamilienhaus - Effizienzhaus 70
Ein- u. Zweifamilienhäuser, nicht unterkell., mittl. Standard
⌂ SoHo Architektur
Memmingen

6100-1359 Mehrfamilienhaus (6 WE) - Effizienzhaus 55
Mehrfamilienhäuser, mit bis zu 6 WE, hoher Standard
⌂ BAUSTRUCTURA Architekturbüro Martin Hennig
Stolberg

6100-1360 Einfamilienhaus, Garage - Passivhaus
Ein- und Zweifamilienhäuser, Passivhausstandard, Holzbau
⌂ bau grün ! gmbh Architekt Daniel Finocchiaro
Mönchengladbach

6100-1361 Zweifamilienhaus
Ein- u. Zweifamilienhäuser, nicht unterkell., hoher Standard
⌂ Architekturbüro Beate Kempkens
Xanten

Fotopräsentation der Objekte

6100-1362 Mehrfamilienhäuser (66 WE) - Effizienzhaus 70
Mehrfamilienhäuser, mit 20 oder mehr WE, mittl. Standard
Architekten Asmussen + Partner GmbH
Flensburg

6100-1363 Einfamilienhaus - Effizienzhaus 70
Ein- u. Zweifamilienhäuser, nicht unterkell., mittl. Standard
Romann Architektur
Oberhausen

6100-1364 Einfamilienhaus - Effizienzhaus 55
Ein- u. Zweifamilienhäuser, nicht unterkell., mittl. Standard
Jirka + Nadansky Architekten
Hohen Neuendorf

6100-1365 Einfamilienhaus - Effizienzhaus 40
Ein- und Zweifamilienhäuser, Holzbauweise, unterkellert
Jirka + Nadansky Architekten
Hohen Neuendorf

6100-1366 Mehrfamilienhaus (20 WE) - Effizienzhaus 40
Mehrfamilienhäuser, mit 20 oder mehr WE, mittl. Standard
MMST Architekten GmbH
Hamburg

6100-1370 Mehrfamilienhaus (14 WE), Gewerbe, TG
Wohnhäuser, mit bis zu 15% Mischnutzung, hoh. Standard
Kantstein Architekten Busse + Rampendahl Psg. mbB
Hamburg

Fotopräsentation der Objekte

6200-0076 Studentenappartements - Effizienzhaus 40
Wohnheime und Internate
Heider Zeichardt Architekten
Hamburg

6200-0078 Pflegewohnheim f. Menschen m. Demenz (96 Pl.)
Pflegeheime
Feddersen Architekten
Berlin

6200-0079 Übergangswohnheim für Flüchtlinge (12 WE)
Wohnheime und Internate
pagelhenn architektinnenarchitekt
Hilden

6200-0081 Wohnpflegeheim (16 Betten)
Pflegeheime
Haindl + Kollegen GmbH
München

6200-0082 Wohnheim, Jugendhilfe (3 Gebäude)
Wohnheime und Internate
Parmakerli-Fountis Gesellschaft von Architekten mbH
Kleinmachnow

6200-0084 Wohn- und Pflegeheim (28 Betten)
Pflegeheime
Ecker Architekten
Heidelberg

Fotopräsentation der Objekte

6400-0096 Gemeindezentrum
Gemeindezentren, einfacher Standard
⌂ Studio b2
  Brackel

6400-0097 Gemeindehaus
Gemeindezentren, mittlerer Standard
⌂ AAg Loebner Schäfer Weber BDA
  Freie Architekten GmbH, Heidelberg

6400-0098 Gemeindehaus (199 Sitzplätze)
Gemeindezentren, mittlerer Standard
⌂ Kastner Pichler Architekten
  Köln

6400-0099 Gemeindehaus, Wohnung (1 WE)
Gemeindezentren, mittlerer Standard
⌂ LEPEL & LEPEL Architektur, Innenarchitektur
  Köln

6400-0101 Gemeindehaus
Gemeindezentren, mittlerer Standard
⌂ Dohse Architekten
  Hamburg

6400-0102 Familienzentrum, Kinderkrippe (2 Gr, 24 Ki)
Gemeindezentren, hoher Standard
⌂ THALEN CONSULT GmbH
  Neuenburg

Fotopräsentation der Objekte

6400-0103 Gemeindehaus
Gemeindezentren, mittlerer Standard
⌂ Kemper Steiner & Partner Architekten GmbH
Bochum

6400-0104 Jugendtreff
Gemeindezentren, mittlerer Standard
⌂ ABHD Architekten Beck und Denzinger
Neuburg a. d. Donau

6500-0044 Kantine (199 Sitzplätze) - Effizienzhaus ~75%
Gaststätten, Kantinen und Mensen
⌂ Kastner Pichler Architekten
Köln

6500-0045 Gaststätte (55 Sitzplätze)
Gaststätten, Kantinen und Mensen
⌂ Kastner Pichler Architekten
Köln

6500-0046 Mensa
Gaststätten, Kantinen und Mensen
⌂ tun-architektur T. Müller / N. Dudda PartG mbB
Hamburg

6600-0026 Hotel (94 Betten) - Effizienzhaus ~53%
Sonstige Gebäue (ohne Gebäudeartzuordnung)
⌂ Architekturwerkstatt Ladehoff
Hardebek

Fotopräsentation der Objekte

7100-0053 Laborgebäude (50 AP) - Effizienzhaus ~89%
Instituts- und Laborgebäude
⌂ sittig-architekten
Jena

7100-0054 Laborgebäude (23 AP)
Instituts- und Laborgebäude
⌂ grau. architektur
Wuppertal

7200-0091 Verbrauchermarkt
Verbrauchermärkte
⌂ nhp Neuwald Dulle Architekten - Ingenieure
Seevetal

7300-0090 Bäckerei, Verkaufsraum - Effizienzhaus ~73%
Betriebs- u. Werkstätten, mehrgeschossig, hoh. Hallenanteil
⌂ Ingenieure fürs Bauen Partnerschaftsgesellschaft
Gettorf

7300-0091 Produktionshalle, Büros - Effizienzhaus ~76%
Betriebs- u. Werkstätten, mehrgeschossig, hoh. Hallenanteil
⌂ STELLWERKSTATT architekturbüro
Detmold

7300-0092 Großküche (28 AP)
Betriebs- u. Werkstätten, mehrgeschossig, ger. Hallenanteil
⌂ Iwersen Architekten GmbH
Wilhelmshaven

Fotopräsentation der Objekte

7300-0093 Betriebsgebäude (40 AP)
Betriebs- u. Werkstätten, mehrgeschossig, hoh. Hallenanteil
⌂ IPROconsult GmbH Planer Architekten Ingenieure
Dresden

7500-0025 Sparkassenfiliale (7 AP) - Effizienzhaus ~35%
Bank- und Sparkassengebäude
⌂ Dillig Architekten GmbH
Simmern

7600-0072 Straßenmeisterei (25 AP)
Öffentliche Bereitschaftsdienste
⌂ HOFFMANN.SEIFERT.PARTNER architekten ingenieure
Zwickau

7600-0073 Feuerwehrhaus - Effizienzhaus ~28%
Feuerwehrhäuser
⌂ Plan 2 Architekturbüro Stendel
Ribnitz-Damgarten

7600-0075 Feuerwehrgerätehaus - Effizienzhaus 70
Feuerwehrhäuser
⌂ Eis Architekten GmbH
Bamberg

7600-0076 Feuerwehrgerätehaus, Übungsturm - Passivhaus
Feuerwehrhäuser
⌂ Lengfeld & Wilisch Architekten PartG mbB
Darmstadt

Fotopräsentation der Objekte

7700-0079 Lagergebäude
Lagergebäude, ohne Mischnutzung
Mögel & Schwarzbach Freie Architekten PartmbB
Stuttgart

7700-0081 Lagerhalle
Lagergebäude, ohne Mischnutzung
Andreas Köck Architekt & Stadtplaner
Grafenau

7700-0082 Wirtschaftsgebäude
Lagergebäude, ohne Mischnutzung
Ecker Architekten
Heidelberg

7800-0026 Fahrradparkhaus (450 STP), Laden
Sonstige Gebäue (ohne Gebäudeartzuordnung)
hage.felshart.griesenberg Architekten BDA
Ahrensburg

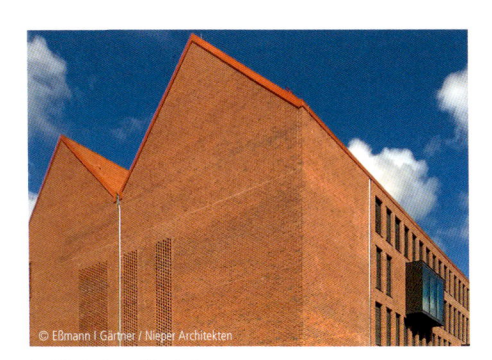

9100-0151 Bibliothek
Bibliotheken, Museen und Ausstellungen
Eßmann I Gärtner I Nieper Architekten GbR
Leipzig

9100-0153 Kreis- und Kommunalarchiv, Bibliothek
Bibliotheken, Museen und Ausstellungen
Haslob Kruse + Partner
Bremen

Fotopräsentation der Objekte

9300-0009 Zoo-Verwaltungsgebäude, Tierklinik, Cafeteria
Sonstige Gebäue (ohne Gebäudeartzuordnung)
agsta Architekten und Ingenieure
Hannover

Erläuterungen zur Fachbuchreihe
BKI Baukosten Neubau

Erläuterungen zur Fachbuchreihe BKI Baukosten Neubau

Die Fachbuchreihe BKI Baukosten besteht aus drei Bänden:
- Baukosten Gebäude Neubau 2018, Statistische Kostenkennwerte (Teil 1)
- Baukosten Bauelemente Neubau 2018, Statistische Kostenkennwerte (Teil 2)
- Baukosten Positionen Neubau 2018, Statistische Kostenkennwerte (Teil 3)

Die drei Fachbücher für den Neubau sind für verschiedene Stufen der Kostenermittlungen vorgesehen. Daneben gibt es noch eine vergleichbare Buchreihe für den Altbau (Bauen im Bestand) gegliedert in zwei Fachbücher. Nähere Informationen dazu erscheinen in den entsprechenden Büchern. Die nachfolgende Schnellübersicht erläutert Inhalt und Verwendungszweck:

BKI FACHBUCHREIHE Baukosten Neubau 2018

BKI Baukosten Gebäude	BKI Baukosten Bauelemente	BKI Baukosten Positionen
Inhalt: Kosten des Bauwerks, 1. und 2. Ebene nach DIN 276 von ca. 75 Gebäudearten	Inhalt: 3. Ebene DIN 276 und Ausführungsarten nach BKI Lebensdauern von Bauteilen Grobelementarten Kosten im Stahlbau	Inhalt: Positionen nach Leistungsbereichsgliederung für Rohbau, Ausbau, Gebäudetechnik und Freianlagen
Geeignet[1] für Kostenrahmen, Kostenschätzung	Geeignet[1] für Kostenberechnung und Kostenanschlag	Geeignet[1] für Kostenanschlag und Kostenfeststellung
HOAI Phasen 1 und 2	HOAI Phasen 3 und 4	HOAI Phasen 5 bis 9

[1] BKI empfiehlt, bereits ab Vorlage erster Skizzen oder Vorentwürfe Kosten in der 2. Ebene nach DIN 276 zu ermitteln (Grobelementmethode). Auch für die weiteren Kostenermittlungen empfiehlt BKI eine Stufe genauer zu rechnen als die Mindestanforderungen der HOAI in Verbindung mit DIN 276 vorsehen.

Die Buchreihe BKI Baukosten enthält für die verschiedenen Stufen der Kostenermittlung unterschiedliche Tabellen und Grafiken. Ihre Anwendung soll nachfolgend kurz dargestellt werden.

Kostenrahmen

Für die Ermittlung der „ersten Zahl" werden auf der ersten Seite jeder Gebäudeart die Kosten des Bauwerks insgesamt angegeben. Je nach Informationsstand kann der Kostenkennwert (KKW) pro m³ BRI (Brutto-Rauminhalt), m² BGF (Brutto-Grundfläche) oder m² NUF (Nutzungsfläche) verwendet werden.

Diese Kennwerte sind geeignet, um bereits ohne Vorentwurf erste Kostenaussagen auf der Grundlage von Bedarfsberechnungen treffen zu können.

Für viele Gebäudearten existieren zusätzlich Kostenkennwerte pro Nutzeinheit. In allen Büchern der Reihe BKI Baukosten werden die statistischen Kostenkennwerte mit Mittelwert (Fettdruck) und Streubereich (von- und bis-Wert) angegeben (Abb. 1; BKI Baukosten Gebäude).

In der unteren Grafik der ersten Seite zu einer Gebäudeart sind die Kostenkennwerte der an der Stichprobe beteiligten Objekte zur Erläuterung der Bandbreite der Kostenkennwerte abgebildet. In allen Büchern wird in der Fußzeile der Kostenstand und die Mehrwertsteuer angegeben. (Abb. 2; BKI Baukosten Gebäude)

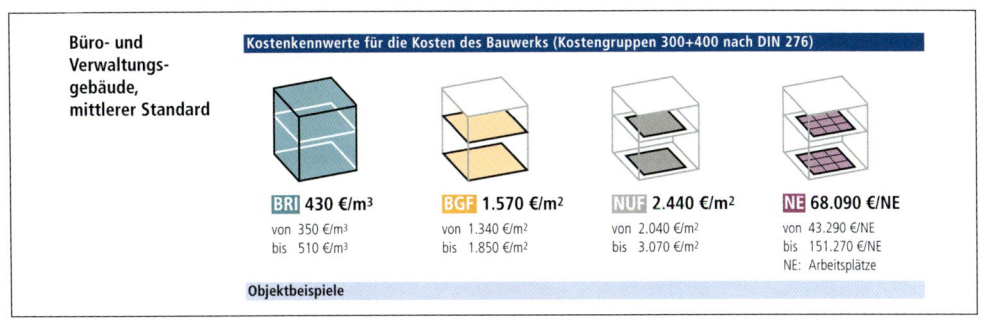

Abb. 1 aus BKI Baukosten Gebäude: Kostenkennwerte des Bauwerks

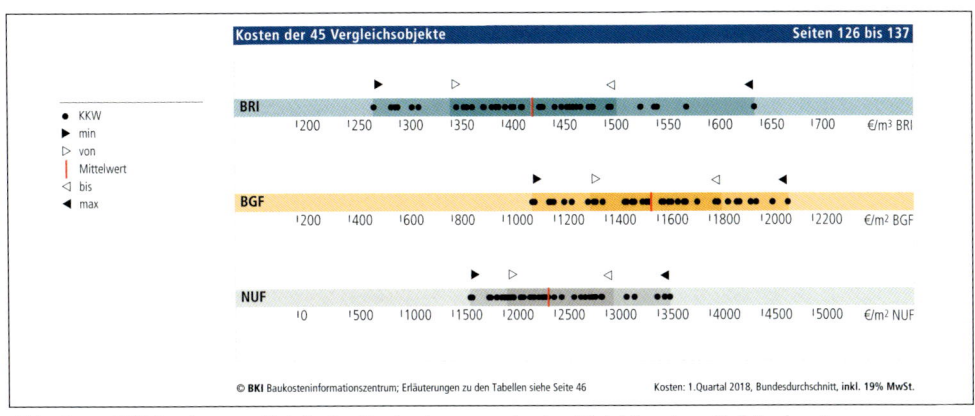

Abb. 2 aus BKI Baukosten Gebäude: Kostenkennwerte der Objekte einer Gebäudeart

Kostenschätzung

Die obere Tabelle der zweiten Seite zu einer Gebäudeart differenziert die Kosten des Bauwerks in die Kostengruppen der 1. Ebene. Es werden nicht nur die Kostenkennwerte für das Bauwerk – getrennt nach Baukonstruktionen und Technische Anlagen – sondern ebenfalls für „Herrichten und Erschließen" des Grundstücks, „Außenanlagen" und „Ausstattung und Kunstwerke" genannt. Für Plausibilitätsprüfungen sind zusätzlich die Prozentanteile der einzelnen Kostengruppen ausgewiesen. (Abb. 3; BKI Baukosten Gebäude)

Um für die Kostenschätzung eine höhere Genauigkeit zu erzielen, empfiehlt BKI zur Kostenermittlung des Bauwerks auf die Kostenkennwerte der 2. Ebene zurückzugreifen. Dazu müssen die Mengen der Kostengruppen 310 Baugrube bis 360 Dächer und die BGF ermittelt werden. Eine Kostenermittlung auf der 2. Ebene ist somit bereits durch Ermittlung von lediglich sieben Mengen möglich. (Abb. 4; BKI Baukosten Gebäude)

In den Benutzerhinweisen am Anfang des Fachbuchs „BKI Baukosten Gebäude, Statistische Kostenkennwerte Teil 1" ist eine „Auswahl kostenrelevanter Baukonstruktionen und Technischer Anlagen" aufgelistet. Sie unterstützen bei der Standardeinordnung einzelner Projekte. Weiterhin gibt die Auflistung Hinweise, welche Ausführungen in den Kostengruppen der 2. Ebene kostenmindernd bzw. kostensteigernd wirken. Dementsprechend sind Kostenkennwerte über oder unter dem Durchschnittswert auszuwählen. Eine rein systematische Verwendung des Mittelwerts reicht für eine qualifizierte Kostenermittlung nicht aus. (Abb. 5; BKI Baukosten Gebäude)

Kostenkennwerte für die Kostengruppen der 1. und 2. Ebene DIN 276

KG	Kostengruppen der 1. Ebene	Einheit	▷	€/Einheit	◁	▷	% an 300+400	◁
100	Grundstück	m² GF	–	–	–	–	–	–
200	Herrichten und Erschließen	m² GF	4	37	238	0,4	1,6	5,6
300	Bauwerk - Baukonstruktionen	m² BGF	1.023	**1.193**	1.391	70,1	**76,0**	81,3
400	Bauwerk - Technische Anlagen	m² BGF	274	**381**	521	18,7	**24,0**	29,9
	Bauwerk (300+400)	m² BGF	1.341	**1.574**	1.845		**100,0**	
500	Außenanlagen	m² AF	36	**127**	433	2,0	**5,2**	8,7
600	Ausstattung und Kunstwerke	m² BGF	10	**46**	188	0,6	**2,8**	11,0
700	Baunebenkosten*	m² BGF	306	**341**	376	19,6	**21,8**	24,0 ◁ NEU

* Auf Grundlage der HOAI 2013 berechnete Werte nach §§ 35, 52, 56. Weitere Informationen siehe Seite 48

Abb. 3 aus BKI Baukosten Gebäude: Kostenkennwerte der 1. Ebene

KG	Kostengruppen der 2. Ebene	Einheit	▷	€/Einheit	◁	▷	% an 300	◁
310	Baugrube	m³ BGI	20	**42**	184	0,7	**1,7**	3,3
320	Gründung	m² GRF	274	**358**	534	7,1	**11,3**	16,8
330	Außenwände	m² AWF	389	**509**	722	28,5	**34,3**	41,5
340	Innenwände	m² IWF	187	**237**	298	11,2	**17,7**	22,1
350	Decken	m² DEF	297	**360**	557	11,8	**17,8**	22,7
360	Dächer	m² DAF	280	**364**	518	7,9	**11,6**	15,5
370	Baukonstruktive Einbauten	m² BGF	9	**25**	49	0,1	**1,1**	3,2
390	Sonstige Baukonstruktionen	m² BGF	34	**53**	87	2,9	**4,6**	7,3
300	**Bauwerk Baukonstruktionen**	m² BGF					**100,0**	
KG	Kostengruppen der 2. Ebene	Einheit	▷	€/Einheit	◁	▷	% an 400	◁
410	Abwasser, Wasser, Gas	m² BGF	43	**54**	74	10,7	**15,6**	23,8
420	Wärmeversorgungsanlagen	m² BGF	61	**89**	147	16,8	**24,3**	37,7
430	Lufttechnische Anlagen	m² BGF	9	**42**	87	1,9	**7,9**	18,1
440	Starkstromanlagen	m² BGF	85	**120**	160	25,0	**32,7**	42,9
450	Fernmeldeanlagen	m² BGF	29	**51**	108	7,9	**13,1**	22,9
460	Förderanlagen	m² BGF	24	**35**	60	0,0	**2,5**	8,6
470	Nutzungsspezifische Anlagen	m² BGF	4	**17**	46	0,1	**1,7**	7,6
480	Gebäudeautomation	m² BGF	29	**41**	53	0,0	**2,3**	8,6
490	Sonstige Technische Anlagen	m² BGF	1	**1**	2	0,0	**0,0**	0,2
400	**Bauwerk Technische Anlagen**	m² BGF					**100,0**	

Abb. 4 aus BKI Baukosten Gebäude: Kostenkennwerte der 2. Ebene

Auswahl kostenrelevanter Baukonstruktionen

310 Baugrube
- kostenmindernd:
  Nur Oberboden abtragen, Wiederverwertung des Aushubs auf dem Grundstück, keine Deponiegebühr, kurze Transportwege, wiederverwertbares Aushubmaterial für Verfüllung
- +kostensteigernd:
  Wasserhaltung, Grundwasserabsenkung, Baugrubenverbau, Spundwände, Baugrubensicherung mit Großbohrpfählen, Felsbohrungen, schwer lösbare Bodenarten oder Fels

320 Gründung
- kostenmindernd:
  Kein Fußbodenaufbau auf der Gründungsfläche, keine Dämmmaßnahmen auf oder unter der Gründungsfläche
- +kostensteigernd:
  Teurer Fußbodenaufbau auf der Gründungsfläche, Bodenverbesserung, Bodenkanäle, Perimeterdämmung oder sonstige, teure Dämmmaßnahmen, versetzte Ebenen

Türen, hohe Anforderungen an Statik, Brandschutz, Schallschutz, Raumakustik und Optik, Edelstahlgeländer, raumhohe Verfliesung

350 Decke
- kostenmindernd:
  Einfache Bodenbeläge, wenige und einfache Treppen, geringe Spannweiten
- +kostensteigernd:
  Doppelboden, Natursteinböden, Metall- und Holzbekleidungen, Edelstahltreppen, hohe Anforderungen an Brandschutz, Schallschutz, Raumakustik und Optik, hohe Spannweiten

360 Dächer
- kostenmindernd:
  Einfache Geometrie, wenig Durchdringungen
- +kostensteigernd:
  Aufwändige Geometrie wie Mansarddach mit Gauben, Metalldeckung, Glasdächer oder Glasoberlichter, begeh-/befahrbare Flachdächer, Begrünung, Schutzelemente wie Edelstahl-Geländer

Abb. 5 aus BKI Baukosten Gebäude: Kostenrelevante Baukonstruktionen

Die Mengen der 2. Ebene können alternativ statistisch mit den Planungskennwerten auf der vierten Seite jeder Gebäudeart näherungsweise ermittelt werden. (Abb. 6; aus BKI Baukosten Gebäude: Planungskennwerte)
Eine Tabelle zur Anwendung dieser Planungskennwerte ist unter www.bki.de/kostensimulationsmodell als Excel-Tabelle erhältlich. Die Anwendung dieser Tabelle ist dort ebenfalls beschrieben.

Die Werte, die über dieses statistische Verfahren ermittelt werden, sind für die weitere Verwendung auf Plausibilität zu prüfen und anzupassen.

In BKI Baukosten Gebäude befindet sich auf Seite 3 zu jeder Gebäudeart eine Aufschlüsselung nach Leistungsbereichen für eine überschlägige Aufteilung der Bauwerkskosten. (Abb. 7; BKI Baukosten Gebäude)

Für die Kostenaufstellung nach Leistungsbereichen existieren zwei unterschiedliche Ansätze:
1. Bereits nach Kostengruppen ermittelte Kosten können prozentual, mit Hilfe der Angaben in den Prozentspalten, in die voraussichtlich anfallenden Leistungsbereiche aufgeteilt werden
2. an Hand der Angaben €/m² BGF können die voraussichtlich anfallenden Leistungsbereichskosten für das Bauwerk einzeln, auf Grundlage der BGF, ermittelt werden.

Die Ergebnisse dieser „Budgetierung" können die positionsorientierte Aufstellung der Leistungsbereichskosten nicht ersetzen. Für Plausibilitätsprüfungen bzw. grobe Kostenaussagen z. B. für Finanzierungsanfragen sind sie jedoch gut geeignet.

Planungskennwerte für Flächen und Rauminhalte nach DIN 277								
Grundflächen			▷	**Fläche/NUF (%)**	◁	▷	**Fläche/BGF (%)**	◁
NUF	Nutzungsfläche			100,0		61,1	64,6	71,2
TF	Technikfläche		3,9	5,2	7,3	2,5	3,4	4,8
VF	Verkehrsfläche		19,7	26,5	39,3	12,4	17,1	21,8
NRF	Netto-Raumfläche		123,7	131,7	144,5	82,3	85,1	87,5
KGF	Konstruktions-Grundfläche		19,1	23,1	28,9	12,5	14,9	17,7
BGF	Brutto-Grundfläche		144,8	154,7	167,7		100,0	
Brutto-Rauminhalte			▷	**BRI/NUF (m)**	◁	▷	**BRI/BGF (m)**	◁
BRI	Brutto-Rauminhalt		5,34	5,72	6,15	3,53	3,72	4,18
Flächen von Nutzeinheiten			▷	**NUF/Einheit (m²)**	◁	▷	**BGF/Einheit (m²)**	◁
Nutzeinheit: Arbeitsplätze			24,08	28,51	58,79	36,65	43,51	84,39
Lufttechnisch behandelte Flächen			▷	**Fläche/NUF (%)**	◁	▷	**Fläche/BGF (%)**	◁
Entlüftete Fläche			48,0	48,0	48,0	24,7	24,7	24,7
Be- und entlüftete Fläche			89,1	89,1	95,6	57,4	57,4	60,6
Teilklimatisierte Fläche			7,5	7,5	7,5	3,9	3,9	3,9
Klimatisierte Fläche			–	2,6	–	–	1,6	–
KG	**Kostengruppen (2. Ebene)**	**Einheit**	▷	**Menge/NUF**	◁	▷	**Menge/BGF**	◁
310	Baugrube	m³ BGI	0,89	1,25	1,93	0,57	0,80	1,19
320	Gründung	m² GRF	0,47	0,58	0,83	0,31	0,38	0,51
330	Außenwände	m² AWF	1,02	1,26	1,46	0,69	0,82	1,02
340	Innenwände	m² IWF	1,06	1,33	1,56	0,70	0,86	0,94
350	Decken	m² DEF	0,84	0,95	1,13	0,55	0,61	0,67
360	Dächer	m² DAF	0,50	0,61	0,87	0,32	0,39	0,54
370	Baukonstruktive Einbauten	m² BGF	1,45	1,55	1,68		1,00	
390	Sonstige Baukonstruktionen	m² BGF	1,45	1,55	1,68		1,00	
300	**Bauwerk-Baukonstruktionen**	**m² BGF**	1,45	1,55	1,68		1,00	

Abb. 6 aus BKI Baukosten Gebäude: Planungskennwerte

Büro- und Verwaltungsgebäude, mittlerer Standard

Kosten: Stand 1.Quartal 2018 Bundesdurchschnitt inkl. 19% MwSt.

Kostenkennwerte für Leistungsbereiche nach StLB (Kosten des Bauwerks nach DIN 276)								
LB	**Leistungsbereiche**		▷	**€/m² BGF**	◁	▷	**% an 300+400**	◁
000	Sicherheits-, Baustelleneinrichtungen inkl. 001		31	48	67	1,9	3,1	4,2
002	Erdarbeiten		13	26	52	0,8	1,6	3,3
006	Spezialtiefbauarbeiten inkl. 005		0	11	82	0,0	0,7	5,2
009	Entwässerungskanalarbeiten inkl. 011		4	10	16	0,2	0,6	1,0
010	Drän- und Versickerungsarbeiten		0	2	7	0,0	0,1	0,5
012	Mauerarbeiten		19	64	170	1,2	4,1	10,8
013	Betonarbeiten		217	303	376	13,8	19,2	23,9
014	Natur-, Betonwerksteinarbeiten		0	8	21	0,0	0,5	1,3
016	Zimmer- und Holzbauarbeiten		0	26	167	0,0	1,7	10,6
017	Stahlbauarbeiten		1	19	145	0,1	1,2	9,2
018	Abdichtungsarbeiten		3	8	15	0,2	0,5	1,0
020	Dachdeckungsarbeiten		0	3	48	0,0	0,2	3,1
021	Dachabdichtungsarbeiten		30	54	84	1,9	3,4	5,3
022	Klempnerarbeiten		5	17	41	0,3	1,1	2,6
	Rohbau		518	601	758	32,9	38,2	48,1
023	Putz- und Stuckarbeiten, Wärmedämmsysteme		13	66	121	0,9	4,2	7,7

Abb. 7 aus BKI Baukosten Gebäude: Kostenkennwerte für Leistungsbereiche

Kostenberechnung

In der DIN 276 wird für Kostenberechnungen festgelegt, dass die Kosten mindestens bis zur 2. Ebene der Kostengliederung ermittelt werden müssen. BKI empfiehlt die Genauigkeit der Kostenberechnung weiter zu verbessern, indem aus BKI Baukosten Bauelemente die Kostenkennwerte der 3. Ebene verwendet werden. Es können somit gezielt einzelne Kostengruppen der 2. Ebene weiter differenziert werden. (Abb. 8; BKI Baukosten Bauelemente)

Für die Kostengruppen 370, 390 und 410 bis 490 ist lediglich die BGF zu ermitteln, da hier sämtliche Kostenkennwerte auf die BGF bezogen sind. Da in der Regel nicht in allen Kostengruppen Kosten anfallen und viele Mengenermittlungen mehrfach verwendet werden können, ist die Mengenermittlung der 3. Ebene ebenfalls mit relativ wenigen Mengen (ca. 15 bis 25) möglich. (Abb. 9; BKI Baukosten Bauelemente)

334 Außentüren und -fenster	Gebäudeart	▷	€/Einheit	◁	KG an 300
	1 Büro- und Verwaltungsgebäude				
	Büro- und Verwaltungsgebäude, einfacher Standard	270,00	**344,00**	392,00	9,1%
	Büro- und Verwaltungsgebäude, mittlerer Standard	390,00	**616,00**	950,00	9,7%
	Büro- und Verwaltungsgebäude, hoher Standard	742,00	**972,00**	2.194,00	8,5%
	2 Gebäude für Forschung und Lehre				
	Instituts- und Laborgebäude	765,00	**1.052,00**	1.871,00	5,3%
	3 Gebäude des Gesundheitswesens				
	Medizinische Einrichtungen	308,00	**467,00**	547,00	7,1%
	Pflegeheime	400,00	**546,00**	786,00	7,7%
	4 Schulen und Kindergärten				
	Allgemeinbildende Schulen	506,00	**868,00**	1.274,00	7,2%
	Berufliche Schulen	662,00	**1.057,00**	1.400,00	4,2%
	Förder- und Sonderschulen	572,00	**840,00**	1.119,00	4,0%
	Weiterbildungseinrichtungen	1.080,00	**1.714,00**	2.348,00	0,8%
	Kindergärten, nicht unterkellert, einfacher Standard	669,00	**709,00**	780,00	6,8%
	Kindergärten, nicht unterkellert, mittlerer Standard	538,00	**725,00**	1.051,00	8,1%

Kosten: Stand 1.Quartal 2018 Bundesdurchschnitt inkl. 19% MwSt.

Abb. 8 aus BKI Baukosten Bauelemente: Kostenkennwerte der 3. Ebene

444 Niederspannungs- installations- anlagen	Gebäudeart	▷	€/Einheit	◁	KG an 400
	1 Büro- und Verwaltungsgebäude				
	Büro- und Verwaltungsgebäude, einfacher Standard	23,00	**39,00**	51,00	20,2%
	Büro- und Verwaltungsgebäude, mittlerer Standard	48,00	**69,00**	101,00	19,0%
	Büro- und Verwaltungsgebäude, hoher Standard	63,00	**83,00**	134,00	12,2%
	2 Gebäude für Forschung und Lehre				
	Instituts- und Laborgebäude	31,00	**69,00**	101,00	8,2%
	3 Gebäude des Gesundheitswesens				
	Medizinische Einrichtungen	62,00	**90,00**	143,00	17,8%
	Pflegeheime	35,00	**58,00**	70,00	9,3%
	4 Schulen und Kindergärten				
	Allgemeinbildende Schulen	35,00	**53,00**	73,00	15,4%
	Berufliche Schulen	64,00	**84,00**	123,00	15,3%
	Förder- und Sonderschulen	59,00	**86,00**	196,00	20,3%
	Weiterbildungseinrichtungen	58,00	**115,00**	228,00	19,9%
	Kindergärten, nicht unterkellert, einfacher Standard	16,00	**27,00**	33,00	11,0%
	Kindergärten, nicht unterkellert, mittlerer Standard	39,00	**54,00**	109,00	19,5%

Kosten: Stand 1.Quartal 2018 Bundesdurchschnitt inkl. 19% MwSt.

Abb. 9 aus BKI Baukosten Bauelemente: Kostenkennwerte der 3. Ebene für Kostengruppe 400

Kostenanschlag

Der Kostenanschlag ist nach Kostenrahmen, Kostenschätzung und Kostenermittlung die vierte Stufe der Kostenermittlungen nach DIN 276. Er dient der Ermittlung der Kosten auf der Grundlage der Ausführungsvorbereitung. Die HOAI-Novelle 2013 beinhaltet der Leistungsphase 6 „Vorbereitung der Vergabe" eine wesentliche Änderung: Als Grundleistung wird hier das „Ermitteln der Kosten auf Grundlage vom Planer bepreister Leistungsverzeichnisse" aufgeführt. Nach der Begründung zur 7. HOAI-Novelle wird durch diese präzisierte Kostenermittlung und Kontrolle der Kostenanschlag entbehrlich. Dies heißt jedoch nicht, dass auf die 3. Ebene der DIN 276 verzichtet werden kann. Die 3. Ebene der DIN 276 und die BKI Ausführungsarten sind wichtige Zwischenschritte auf dem Weg zu bepreisten Leistungsverzeichnissen.

Eine besondere Bedeutung kann der 3. Ebene der DIN 276 beim Bauen im Bestand im Rahmen der Bewertung der mitzuverarbeitenden Bausubstanz zukommen, die in die 7. HOAI-Novelle 2013 wieder in die Verordnung aufgenommen worden ist. Denn erst in der 3. Ebene DIN 276 ist eine Differenzierung der Bauteile in die tragende Konstruktion und die Oberflächen (innen und außen) gegeben. Beim Bauen im Bestand sind häufig die Oberflächen zu erneuern. Wesentliche Teile der Gründung und der Tragkonstruktion bleiben faktisch unverändert, werden planerisch aber erfasst und mitverarbeitet. Deren Kostenanteile werden erst durch die Differenzierung der Kosten ab der 3. Ebene ablesbar. Daher können die Neubaukosten der 3. Ebene oft wichtige Kennwerte für die Bewertung der mitzuverarbeitenden Bausubstanz darstellen.

Abb. 10 aus BKI Baukosten Bauelemente: Kostenkennwerte für Ausführungsarten

Positionspreise

Zum Bepreisen von Leistungsverzeichnissen, Vorbereitung der Vergabe sowie Prüfen von Preisen eignet sich der Band BKI Baukosten Positionen, Statistische Kostenkennwerte (Teil 3). In diesem Band werden Positionen aus der BKI Datenbank ausgewertet und tabellarisch mit Minimal-, Von-, Mittel-, Bis- sowie Maximalpreisen aufgelistet. Aufgeführt sind jeweils Brutto- und Nettopreise. (Abb. 11; BKI Baukosten Positionen)

Die Von-, Mittel-, Bis-Preise stellen dabei die übliche Bandbreite der Positionspreise dar. Minimal- und Maximalpreise bezeichnen die kleinsten und größten aufgetretenen Preise einer in der BKI-Datenbank dokumentierten Position. Sie stellen jedoch keine absolute Unter- oder Obergrenze dar. Die Positionen sind gegliedert nach den Leistungsbereichen des Standardleistungsbuchs. Es werden Positionen für Rohbau, Ausbau, Gebäudetechnik und Freianlagen dokumentiert.

Ergänzt werden die statistisch ausgewerteten Baupreise durch Mustertexte für die Ausschreibung von Bauleistungen. Diese werden von Fachautoren verfasst i.d.R. von Fachverbänden geprüft. Die Verbände sind in der Fußzeile für den jeweiligen Leistungsbereich benannt. (Abb. 12; BKI Baukosten Positionen)

LB 012 Mauerarbeiten

Kosten: Stand 1. Quartal 2018 Bundesdurchschnitt

Nr.	Positionen	Einheit	▶	▷ ø brutto € / ø netto €	◁	◀
1	Querschnittsabdichtung, Mauerwerk bis 11,5cm	m	0,9 / 0,8	2,4 / 2,0	**2,9** / **2,4**	4,7 / 4,0	10 / 8,7
2	Querschnittsabdichtung, Mauerwerk bis 36,5cm	m	2,4 / 2,0	5,2 / 4,4	**6,3** / **5,3**	12 / 10	25 / 21
3	Innenwand, Wandfuß, Kimmstein	m	3 / 3	6 / 5	**8** / **7**	13 / 11	27 / 22
4	Innenwand, Ausgleichsschicht, Decke	m	3 / 3	18 / 15	**18** / **15**	21 / 17	39 / 33
5	Dämmstein, Mauerwerk, 11,5cm	m	15 / 13	28 / 24	**33** / **28**	40 / 33	53 / 44
6	Dämmstein, Mauerwerk, 24cm	m	20 / 17	37 / 31	**44** / **37**	51 / 43	70 / 59
7	Innenwand, Mauerziegel, 11,5cm	m²	40 / 34	55 / 46	**60** / **50**	67 / 57	83 / 70
8	Innenwand, Hlz-Planstein 11,5cm	m²	39 / 32	49 / 41	**54** / **45**	58 / 49	71 / 59

Abb. 11 aus BKI Baukosten Positionen: Positionspreise

LB 012 Mauerarbeiten

Nr.	Kurztext / Langtext				[Einheit]	Ausf.-Dauer	Kostengruppe Positionsnummer
▶	▷ ø netto € ◁			◀			

A 1 Querschnittsabdichtung, Mauerwerk — Beschreibung für Pos. **1-2**
Abdichtung, einlagig, gegen Bodenfeuchte in/unter Mauerwerkswänden, mit seitlichem Überstand und Überdeckung von je mind. 10cm; inkl. Abgleichen der Auflagerfläche.

1 Querschnittsabdichtung, Mauerwerk bis 11,5cm — KG **342**
Wie Ausführungsbeschreibung A 1
Mauerdicke: bis 11,5 cm
Abdichtung: Bitumendichtungsbahn G 200 DD
Angeb. Fabrikat: .....

0,8€   2,0€   **2,4€**   4,0€   8,7€   [m]   ⏱ 0,04 h/m   012.000.093

Abb. 12 aus BKI Baukosten Positionen: Mustertexte

Detaillierte Kostenangaben zu einzelnen Objekten

In BKI Baukosten Gebäude existiert zu jeder Gebäudeart eine Objektübersicht mit den ausgewerteten Objekten, die zu den Stichproben beigetragen haben. (Abb. 13; BKI Baukosten Gebäude)

Diese Übersicht erlaubt den Übergang von der Kostenkennwertmethode auf der Grundlage einer statistischen Auswertung, wie sie in der Buchreihe "BKI Baukosten" gebildet wird, zur Objektvergleichsmethode auf der Grundlage einer objektorientierten Darstellung, wie sie in den "BKI Objektdaten" enthalten ist. Alle Objekte sind mit einer Objektnummer versehen, unter der eine Einzeldokumentation bei BKI bestellt werden kann. Weiterhin ist angegeben, in welchem Fachbuch der Reihe BKI OBJEKTDATEN das betreffende Objekt veröffentlicht wurde.

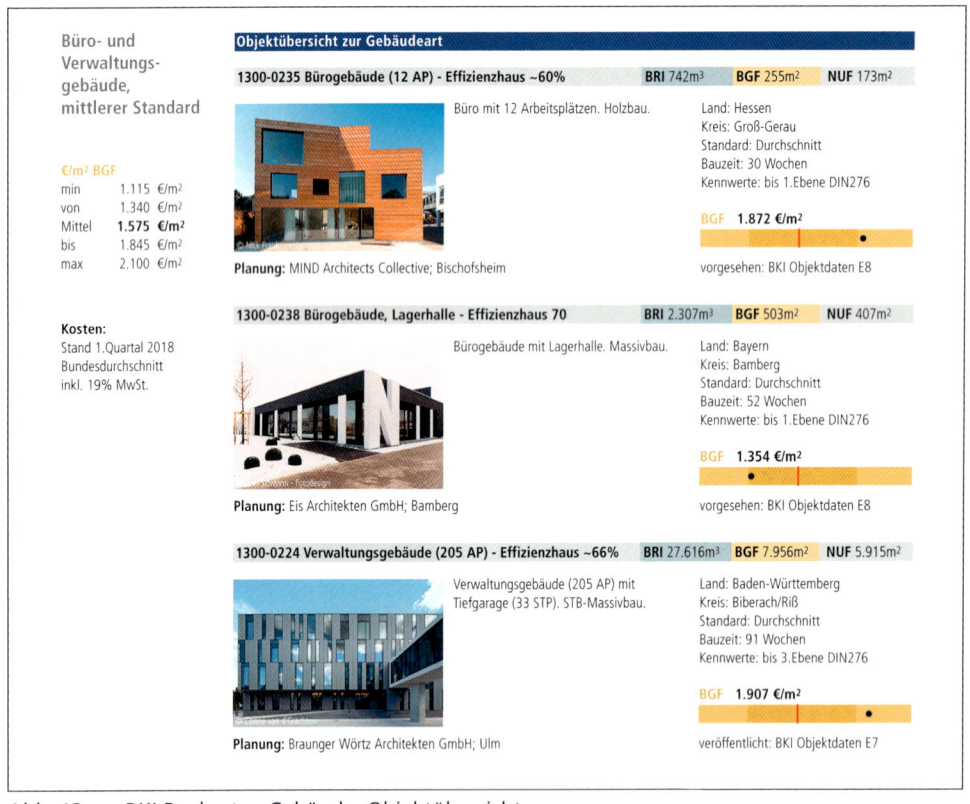

Abb. 13 aus BKI Baukosten Gebäude: Objektübersicht

Erläuterungen

350 Decken

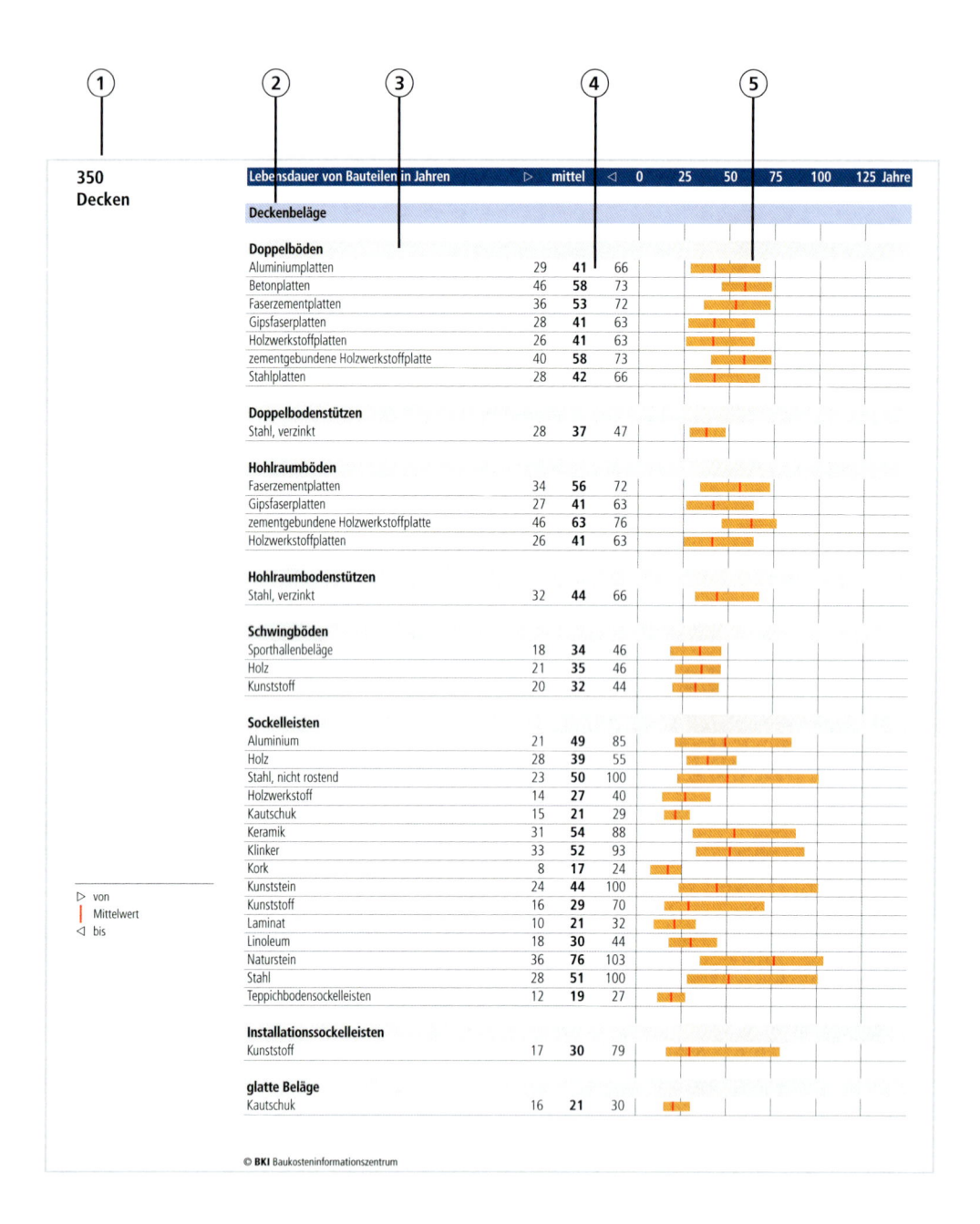

Lebensdauer von Bauteilen in Jahren	▷	mittel	◁

Deckenbeläge

Doppelböden
	von	Mittelwert	bis
Aluminiumplatten	29	**41**	66
Betonplatten	46	**58**	73
Faserzementplatten	36	**53**	72
Gipsfaserplatten	28	**41**	63
Holzwerkstoffplatten	26	**41**	63
zementgebundene Holzwerkstoffplatte	40	**58**	73
Stahlplatten	28	**42**	66

Doppelbodenstützen
Stahl, verzinkt	28	**37**	47

Hohlraumböden
Faserzementplatten	34	**56**	72
Gipsfaserplatten	27	**41**	63
zementgebundene Holzwerkstoffplatte	46	**63**	76
Holzwerkstoffplatten	26	**41**	63

Hohlraumbodenstützen
Stahl, verzinkt	32	**44**	66

Schwingböden
Sporthallenbeläge	18	**34**	46
Holz	21	**35**	46
Kunststoff	20	**32**	44

Sockelleisten
Aluminium	21	**49**	85
Holz	28	**39**	55
Stahl, nicht rostend	23	**50**	100
Holzwerkstoff	14	**27**	40
Kautschuk	15	**21**	29
Keramik	31	**54**	88
Klinker	33	**52**	93
Kork	8	**17**	24
Kunststein	24	**44**	100
Kunststoff	16	**29**	70
Laminat	10	**21**	32
Linoleum	18	**30**	44
Naturstein	36	**76**	103
Stahl	28	**51**	100
Teppichbodensockelleisten	12	**19**	27

Installationssockelleisten
Kunststoff	17	**30**	79

glatte Beläge
Kautschuk	16	**21**	30

© **BKI** Baukosteninformationszentrum

Erläuterung nebenstehender Tabelle

Lebensdauer von Bauelementen aus Literaturrecherchen und Umfragen

①
Gliederung nach DIN 276 (2. Ebene)

②
Gliederung nach DIN 276 (3. Ebene)

③
Elementgruppen (freie Gliederung)

④
Lebensdauer von Bauelementen in Jahren. Angegeben ist jeweils der „von-, mittel- und bis"-Wert. Mittelwerte sind im Fettdruck dargestellt. Die „von- und bis"-Werte sind berechnet wie BKI Kostenkennwerte (mit modifizierter Standardabweichung). Alle Werte sind jeweils auf ganze Jahre gerundet.

Der Von-Wert der Lebensdauer bedeutet nicht automatisch eine generelle Mindestlebensdauer, sondern ist als Richtwert anzusehen, der bei durchschnittlicher Nutzung, Qualität, Umgebungsbedingungen, usw. erreicht wird. Ebenso ist der Bis-Wert der Lebensdauer nicht automatisch eine generelle Höchstlebensdauer, sondern kann bei günstigen Umgebungsbedingungen, guter Pflege, etc. überschritten werden.

⑤
Skala in Jahren (0 bis 150 Jahre) und grafische Darstellung der Lebensdauer.

Weitere Erläuterungen zu Lebensdauer allgemein, Art und Umfang der hier verwendeten Daten und zur Anwendung siehe auch den Fachartikel „Lebensdauer von Bauteilen und Bauelementen" von Dr. Frank Ritter ab Seite 68.

Büro- und Verwaltungsgebäude, mittlerer Standard

Kosten:
Stand 1.Quartal 2018
Bundesdurchschnitt
inkl. 19% MwSt.

▷ von
ø Mittel
◁ bis

Kostengruppen		▷	€/Einheit	◁	KG an 300+400
310	**Baugrube**				
311	Baugrubenherstellung [m³]	16,00	**25,00**	50,00	0,9%
312	Baugrubenumschließung [m²]	96,00	**317,00**	668,00	0,2%
313	Wasserhaltung [m²]	3,60	**13,00**	40,00	0,0%
319	Baugrube, sonstiges [m³]	0,50	**2,20**	5,40	0,0%
320	**Gründung**				
321	Baugrundverbesserung [m²]	9,50	**29,00**	75,00	0,3%
322	Flachgründungen [m²]	48,00	**108,00**	236,00	2,0%
323	Tiefgründungen [m²]	84,00	**251,00**	480,00	0,7%
324	Unterböden und Bodenplatten [m²]	70,00	**101,00**	130,00	2,1%
325	Bodenbeläge [m²]	77,00	**116,00**	154,00	2,7%
326	Bauwerksabdichtungen [m²]	15,00	**28,00**	45,00	0,6%
327	Dränagen [m²]	5,50	**11,00**	19,00	0,1%
329	Gründung, sonstiges [m²]	–	–	–	–
330	**Außenwände**				
331	Tragende Außenwände [m²]	114,00	**157,00**	234,00	4,6%
332	Nichttragende Außenwände [m²]	93,00	**175,00**	282,00	0,4%
333	Außenstützen [m]	126,00	**199,00**	266,00	0,5%
334	Außentüren und -fenster [m²]	390,00	**616,00**	950,00	7,3%
335	Außenwandbekleidungen außen [m²]	101,00	**169,00**	299,00	6,2%
336	Außenwandbekleidungen innen [m²]	20,00	**35,00**	53,00	1,1%
337	Elementierte Außenwände [m²]	534,00	**666,00**	814,00	3,4%
338	Sonnenschutz [m²]	119,00	**207,00**	474,00	1,8%
339	Außenwände, sonstiges [m²]	3,60	**12,00**	36,00	0,3%
340	**Innenwände**				
341	Tragende Innenwände [m²]	86,00	**144,00**	269,00	2,9%
342	Nichttragende Innenwände [m²]	67,00	**84,00**	116,00	2,2%
343	Innenstützen [m]	93,00	**147,00**	236,00	0,4%
344	Innentüren und -fenster [m²]	409,00	**599,00**	773,00	3,7%
345	Innenwandbekleidungen [m²]	22,00	**32,00**	46,00	2,5%
346	Elementierte Innenwände [m²]	247,00	**398,00**	910,00	1,1%
349	Innenwände, sonstiges [m²]	2,30	**4,60**	9,90	0,0%
350	**Decken**				
351	Deckenkonstruktionen [m²]	143,00	**186,00**	368,00	6,8%
352	Deckenbeläge [m²]	104,00	**117,00**	137,00	3,8%
353	Deckenbekleidungen [m²]	41,00	**61,00**	95,00	1,6%
359	Decken, sonstiges [m²]	12,00	**31,00**	107,00	0,9%
360	**Dächer**				
361	Dachkonstruktionen [m²]	97,00	**136,00**	184,00	3,3%
362	Dachfenster, Dachöffnungen [m²]	1.088,00	**1.949,00**	4.297,00	0,5%
363	Dachbeläge [m²]	121,00	**165,00**	273,00	3,9%
364	Dachbekleidungen [m²]	15,00	**42,00**	75,00	0,7%
369	Dächer, sonstiges [m²]	7,30	**23,00**	47,00	0,2%

© BKI Baukosteninformationszentrum

Kosten: 1.Quartal 2018, Bundesdurchschnitt, **inkl. 19% MwSt.**

Erläuterung nebenstehender Tabelle

Alle Kostenkennwerte enthalten die Mehrwertsteuer. Kostenstand: 1.Quartal 2018.
Kosten und Kostenkennwerte umgerechnet auf den Bundesdurchschnitt.

Bauelemente Neubau nach Gebäudearten für die Kostengruppen der 3. Ebene DIN 276

①
Bezeichnung der Gebäudeart

②
Ordnungszahl und Bezeichnung der Kostengruppe nach DIN 276 : 2008-12. In eckiger Klammer wird die Einheit der Menge nach DIN 277-3 : 2005-4 genannt. Die zugehörigen Mengenbenennung werden auf der hinteren Umschlagklappe abgebildet.

③
Kostenkennwerte für Bauelemente (3. Ebene DIN 276) inkl. MwSt. mit Kostenstand 1.Quartal 2018. Kosten und Kostenkennwerte umgerechnet auf den Bundesdurchschnitt. Angabe von Streubereich (Standardabweichung; „von-/bis"-Werte) und Mittelwert (Fettdruck).

④
Durchschnittlicher Anteil der Kosten der jeweiligen Kostengruppe an den Kosten für Baukonstruktionen (Kostengruppe 300) und Technische Anlagen (Kostengruppe 400). Angabe in Prozent.

Bei den Kostenkennwerten für Technische Anlagen sind nicht alle Kostengruppen einzeln aufgeführt. Die Kostenkennwerte der nicht genannten Kostengruppen werden unter „weitere Kosten für Technische Anlagen" in der untersten Zeile zusammengefasst.

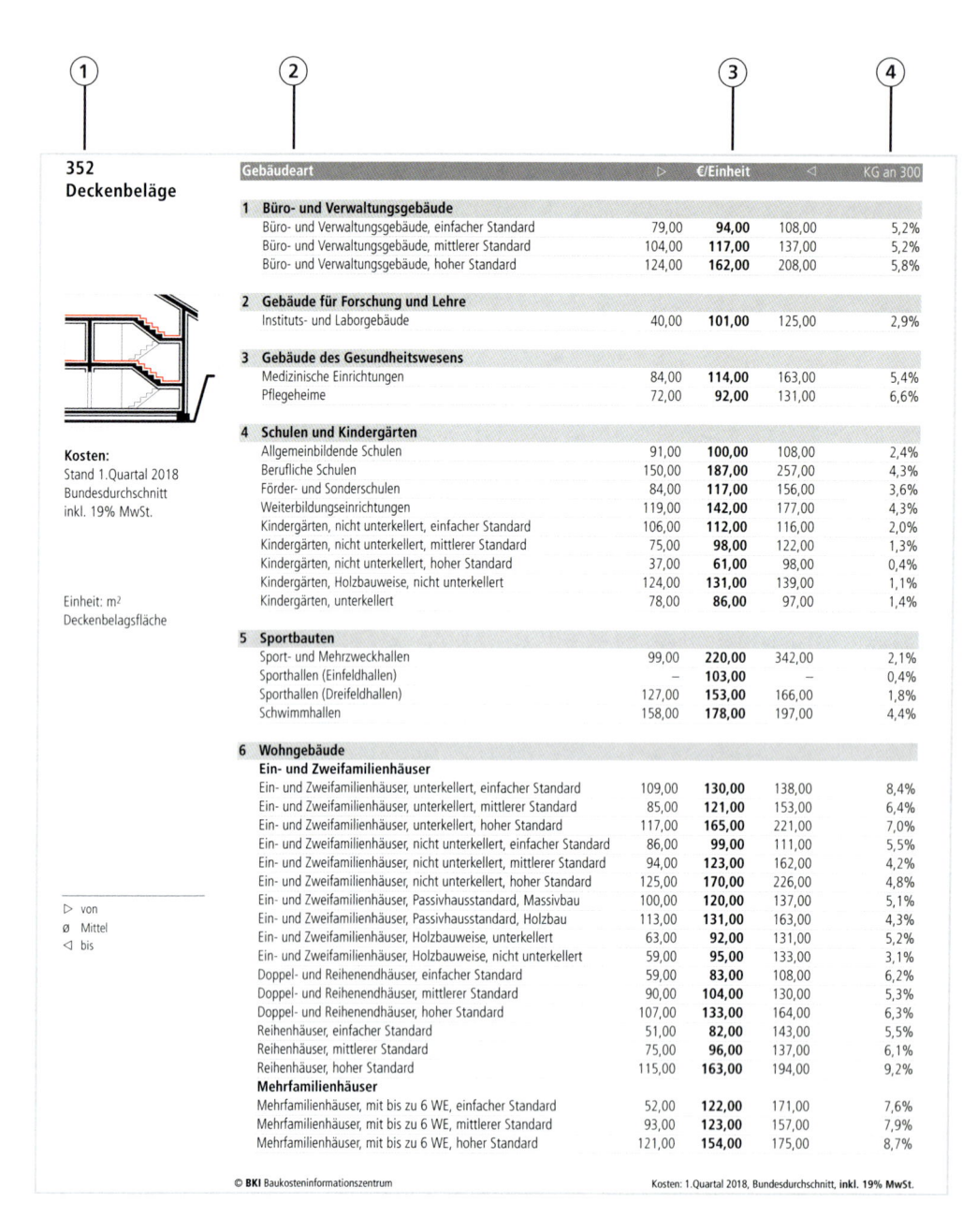

352 Deckenbeläge

Kosten:
Stand 1.Quartal 2018
Bundesdurchschnitt
inkl. 19% MwSt.

Einheit: m² Deckenbelagsfläche

▷ von
ø Mittel
◁ bis

Gebäudeart	▷	€/Einheit	◁	KG an 300
1 Büro- und Verwaltungsgebäude				
Büro- und Verwaltungsgebäude, einfacher Standard	79,00	**94,00**	108,00	5,2%
Büro- und Verwaltungsgebäude, mittlerer Standard	104,00	**117,00**	137,00	5,2%
Büro- und Verwaltungsgebäude, hoher Standard	124,00	**162,00**	208,00	5,8%
2 Gebäude für Forschung und Lehre				
Instituts- und Laborgebäude	40,00	**101,00**	125,00	2,9%
3 Gebäude des Gesundheitswesens				
Medizinische Einrichtungen	84,00	**114,00**	163,00	5,4%
Pflegeheime	72,00	**92,00**	131,00	6,6%
4 Schulen und Kindergärten				
Allgemeinbildende Schulen	91,00	**100,00**	108,00	2,4%
Berufliche Schulen	150,00	**187,00**	257,00	4,3%
Förder- und Sonderschulen	84,00	**117,00**	156,00	3,6%
Weiterbildungseinrichtungen	119,00	**142,00**	177,00	4,3%
Kindergärten, nicht unterkellert, einfacher Standard	106,00	**112,00**	116,00	2,0%
Kindergärten, nicht unterkellert, mittlerer Standard	75,00	**98,00**	122,00	1,3%
Kindergärten, nicht unterkellert, hoher Standard	37,00	**61,00**	98,00	0,4%
Kindergärten, Holzbauweise, nicht unterkellert	124,00	**131,00**	139,00	1,1%
Kindergärten, unterkellert	78,00	**86,00**	97,00	1,4%
5 Sportbauten				
Sport- und Mehrzweckhallen	99,00	**220,00**	342,00	2,1%
Sporthallen (Einfeldhallen)	–	**103,00**	–	0,4%
Sporthallen (Dreifeldhallen)	127,00	**153,00**	166,00	1,8%
Schwimmhallen	158,00	**178,00**	197,00	4,4%
6 Wohngebäude				
Ein- und Zweifamilienhäuser				
Ein- und Zweifamilienhäuser, unterkellert, einfacher Standard	109,00	**130,00**	138,00	8,4%
Ein- und Zweifamilienhäuser, unterkellert, mittlerer Standard	85,00	**121,00**	153,00	6,4%
Ein- und Zweifamilienhäuser, unterkellert, hoher Standard	117,00	**165,00**	221,00	7,0%
Ein- und Zweifamilienhäuser, nicht unterkellert, einfacher Standard	86,00	**99,00**	111,00	5,5%
Ein- und Zweifamilienhäuser, nicht unterkellert, mittlerer Standard	94,00	**123,00**	162,00	4,2%
Ein- und Zweifamilienhäuser, nicht unterkellert, hoher Standard	125,00	**170,00**	226,00	4,8%
Ein- und Zweifamilienhäuser, Passivhausstandard, Massivbau	100,00	**120,00**	137,00	5,1%
Ein- und Zweifamilienhäuser, Passivhausstandard, Holzbau	113,00	**131,00**	163,00	4,3%
Ein- und Zweifamilienhäuser, Holzbauweise, unterkellert	63,00	**92,00**	131,00	5,2%
Ein- und Zweifamilienhäuser, Holzbauweise, nicht unterkellert	59,00	**95,00**	133,00	3,1%
Doppel- und Reihenendhäuser, einfacher Standard	59,00	**83,00**	108,00	6,2%
Doppel- und Reihenendhäuser, mittlerer Standard	90,00	**104,00**	130,00	5,3%
Doppel- und Reihenendhäuser, hoher Standard	107,00	**133,00**	164,00	6,3%
Reihenhäuser, einfacher Standard	51,00	**82,00**	143,00	5,5%
Reihenhäuser, mittlerer Standard	75,00	**96,00**	137,00	6,1%
Reihenhäuser, hoher Standard	115,00	**163,00**	194,00	9,2%
Mehrfamilienhäuser				
Mehrfamilienhäuser, mit bis zu 6 WE, einfacher Standard	52,00	**122,00**	171,00	7,6%
Mehrfamilienhäuser, mit bis zu 6 WE, mittlerer Standard	93,00	**123,00**	157,00	7,9%
Mehrfamilienhäuser, mit bis zu 6 WE, hoher Standard	121,00	**154,00**	175,00	8,7%

© **BKI** Baukosteninformationszentrum

Kosten: 1.Quartal 2018, Bundesdurchschnitt, **inkl. 19% MwSt.**

Erläuterung nebenstehender Tabelle

Alle Kostenkennwerte enthalten die Mehrwertsteuer. Kostenstand: 1.Quartal 2018.
Kosten und Kostenkennwerte umgerechnet auf den Bundesdurchschnitt.

Bauelemente Neubau nach Kostengruppen der 3. Ebene DIN 276

①

Ordnungszahl und Bezeichnung der Kostengruppe nach DIN 276 : 2008-12. Einheit und Mengenbezeichnung der Bezugseinheit nach DIN 277-3 : 2005-04, auf die die Kostenkennwerte in der Spalte „€/Einheit" bezogen sind.

DIN 277-3 : 2005-04: Mengen und Bezugseinheiten

②

Bezeichnung der Gebäudearten, gegliedert nach der Bauwerksartensystematik der BKI-Baukostendatenbank.
Hinweis:
Teil 1 der Fachbuchreihe „BKI Baukosten 2018" mit dem Titel „Kostenkennwerte für Gebäude" enthält zu den hier aufgeführten Gebäudearten die Kostenkennwerte für die Kostengruppen der 1. und 2. Ebene DIN 276.

③

Kostenkennwerte für die jeweilige Gebäudeart und die jeweilige Kostengruppe (Bauelement) mit Angabe von Mittelwert (Spalte: €/Einheit) und Streubereich (Spalten: von-/bis-Werte unter Berücksichtigung der Standardabweichung).
Bei Gebäudearten mit noch schmaler Datenbasis wird nur der Mittelwert angegeben.
Insbesondere in diesen Fällen wird empfohlen, die Kosten projektbezogen über Ausführungsarten bzw. positionsweise zu ermitteln.

④

Durchschnittlicher Anteil der Kosten der jeweiligen Kostengruppe in Prozent der Kosten für Baukonstruktionen (Kostengruppe 300 nach DIN 276 = 100%) bzw. Technische Anlagen (Kostengruppe 400 nach DIN 276 = 100%).

352 Deckenbeläge

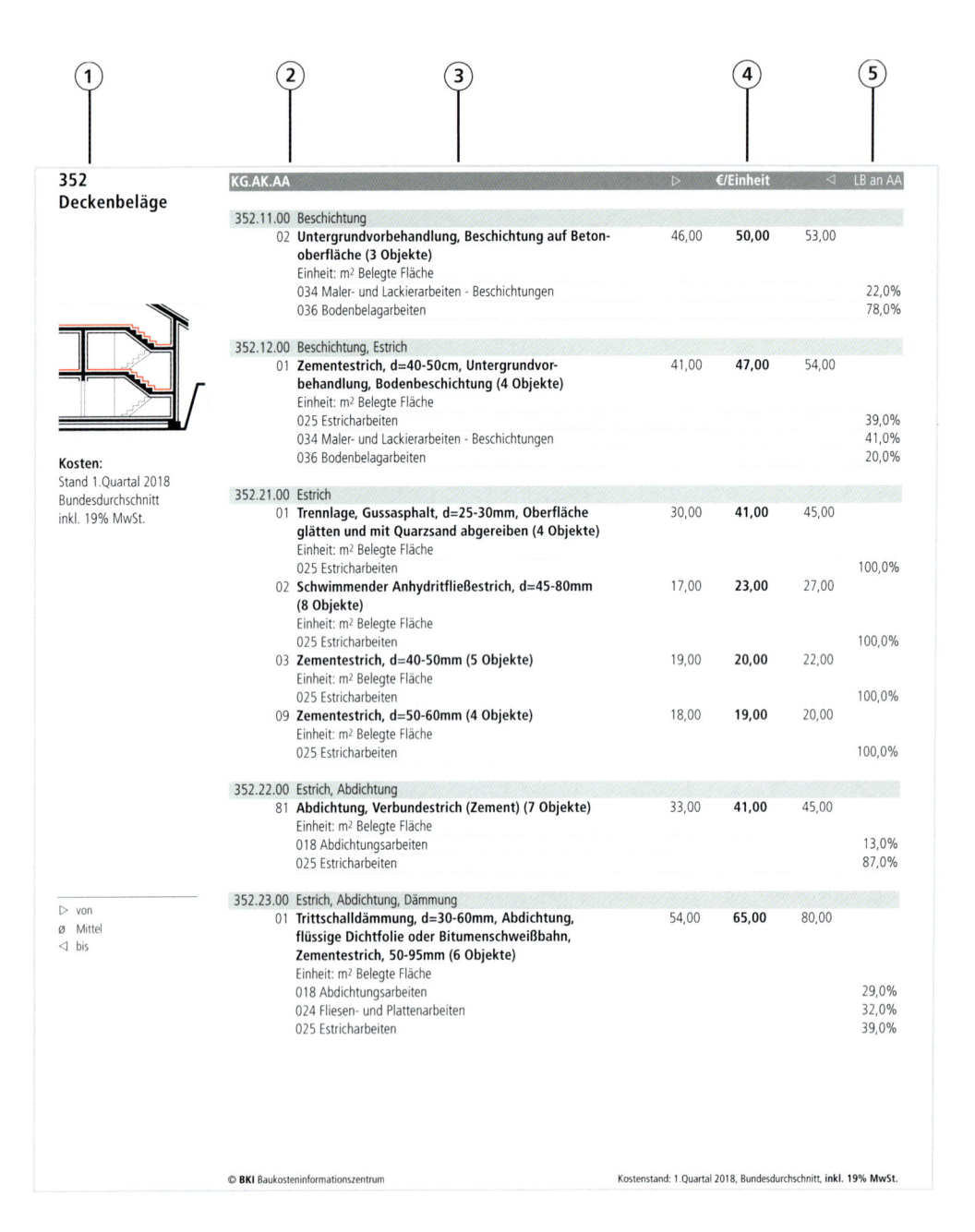

Kosten:
Stand 1.Quartal 2018
Bundesdurchschnitt
inkl. 19% MwSt.

▷ von
ø Mittel
◁ bis

KG.AK.AA		▷	€/Einheit	◁	LB an AA
352.11.00	Beschichtung				
02	**Untergrundvorbehandlung, Beschichtung auf Betonoberfläche (3 Objekte)**	46,00	**50,00**	53,00	
	Einheit: m² Belegte Fläche				
	034 Maler- und Lackierarbeiten - Beschichtungen				22,0%
	036 Bodenbelagarbeiten				78,0%
352.12.00	Beschichtung, Estrich				
01	**Zementestrich, d=40-50cm, Untergrundvorbehandlung, Bodenbeschichtung (4 Objekte)**	41,00	**47,00**	54,00	
	Einheit: m² Belegte Fläche				
	025 Estricharbeiten				39,0%
	034 Maler- und Lackierarbeiten - Beschichtungen				41,0%
	036 Bodenbelagarbeiten				20,0%
352.21.00	Estrich				
01	**Trennlage, Gussasphalt, d=25-30mm, Oberfläche glätten und mit Quarzsand abgereiben (4 Objekte)**	30,00	**41,00**	45,00	
	Einheit: m² Belegte Fläche				
	025 Estricharbeiten				100,0%
02	**Schwimmender Anhydritfließestrich, d=45-80mm (8 Objekte)**	17,00	**23,00**	27,00	
	Einheit: m² Belegte Fläche				
	025 Estricharbeiten				100,0%
03	**Zementestrich, d=40-50mm (5 Objekte)**	19,00	**20,00**	22,00	
	Einheit: m² Belegte Fläche				
	025 Estricharbeiten				100,0%
09	**Zementestrich, d=50-60mm (4 Objekte)**	18,00	**19,00**	20,00	
	Einheit: m² Belegte Fläche				
	025 Estricharbeiten				100,0%
352.22.00	Estrich, Abdichtung				
81	**Abdichtung, Verbundestrich (Zement) (7 Objekte)**	33,00	**41,00**	45,00	
	Einheit: m² Belegte Fläche				
	018 Abdichtungsarbeiten				13,0%
	025 Estricharbeiten				87,0%
352.23.00	Estrich, Abdichtung, Dämmung				
01	**Trittschalldämmung, d=30-60mm, Abdichtung, flüssige Dichtfolie oder Bitumenschweißbahn, Zementestrich, 50-95mm (6 Objekte)**	54,00	**65,00**	80,00	
	Einheit: m² Belegte Fläche				
	018 Abdichtungsarbeiten				29,0%
	024 Fliesen- und Plattenarbeiten				32,0%
	025 Estricharbeiten				39,0%

© **BKI** Baukosteninformationszentrum

Kostenstand: 1.Quartal 2018, Bundesdurchschnitt, **inkl. 19% MwSt.**

Erläuterung nebenstehender Tabelle

Alle Kostenkennwerte enthalten die Mehrwertsteuer. Kostenstand: 1.Quartal 2018.
Kosten und Kostenkennwerte umgerechnet auf den Bundesdurchschnitt.

Kostenkennwerte für Ausführungsarten

(1)

Ordnungszahl und Bezeichnung der Kostengruppe nach DIN 276 : 2008-12

(2)

Ordnungszahl (7-stellig) für Ausführungsarten (AA), darin bedeutet

- **KG** Kostengruppe 3. Ebene DIN 276 (Bauelement):   3-stellige Ordnungszahl
- **AK** Ausführungsklasse von Bauelementen (nach BKI): 2-stellige Ordnungszahl
- **AA** Ausführungsart von Bauelementen: 2-stellige BKI-Identnummer

(3)

Angaben zu Ausführungsklassen und Ausführungsarten in der Reihenfolge von oben nach unten

– Bezeichnung der Ausführungsklasse
– Beschreibung der Ausführungsart
– Einheit und Mengenbezeichnung der Bezugseinheit, auf die die Kostenkennwerte in der Spalte „€/Einheit" bezogen sind (je nach Ausführungsart ggf. unterschiedliche Bezugseinheiten!).
– Ordnungszahl und Bezeichnung der Leistungsbereiche (nach StLB), die im Regelfall bei der Ausführung der jeweiligen Ausführungsart beteiligt sind.

(4)

Kostenkennwerte für die jeweiligen Ausführungsarten mit Angabe von Mittelwert (Spalte: €/Einheit) und Streubereich (Spalten: von-/bis-Werte unter Berücksichtigung der Standardabweichung).

(5)

Anteil der Leistungsbereiche in Prozent der Kosten für die jeweilige Ausführungsart (Kosten AA = 100%) als Orientierungswert für die Überführung in eine vergabeorientierte Kostengliederung. Je nach Einzelfall und Vergabepraxis können ggf. auch andere Leistungsbereiche beteiligt sein und die Prozentanteile von den Orientierungswerten entsprechend abweichen.

Auswahl kostenrelevanter Baukonstruktionen

310 Baugrube
- kostenmindernd:
  Nur Oberboden abtragen, Wiederverwertung des Aushubs auf dem Grundstück, keine Deponiegebühr, kurze Transportwege, wiederverwertbares Aushubmaterial für Verfüllung
+ kostensteigernd:
  Wasserhaltung, Grundwasserabsenkung, Baugrubenverbau, Spundwände, Baugrubensicherung mit Großbohrpfählen, Felsbohrungen, schwer lösbare Bodenarten oder Fels

320 Gründung
- kostenmindernd:
  Kein Fußbodenaufbau auf der Gründungsfläche, keine Dämmmaßnahmen auf oder unter der Gründungsfläche
+ kostensteigernd:
  Teurer Fußbodenaufbau auf der Gründungsfläche, Bodenverbesserung, Bodenkanäle, Perimeterdämmung oder sonstige, teure Dämmmaßnahmen, versetzte Ebenen

330 Außenwände
- kostenmindernd:
  (monolithisches) Mauerwerk, Putzfassade, geringe Anforderungen an Statik, Brandschutz, Schallschutz und Optik
+ kostensteigernd:
  Natursteinfassade, Pfosten-Riegel-Konstruktionen, Sichtmauerwerk, Passivhausfenster, Dreifachverglasungen, sonstige hochwertige Fenster oder Sonderverglasungen, Lärmschutzmaßnahmen, Sonnenschutzanlagen

340 Innenwände
- kostenmindernd:
  Großer Anteil an Kellertrennwänden, Sanitärtrennwänden, einfachen Montagewänden, sparsame Verfliesung
+ kostensteigernd:
  Hoher Anteil an mobilen Trennwänden, Schrankwänden, verglasten Wänden, Sichtmauerwerk, Ganzglastüren, Vollholztüren Brandschutztüren, sonstige hochwertige Türen, hohe Anforderungen an Statik, Brandschutz, Schallschutz, Raumakustik und Optik, Edelstahlgeländer, raumhohe Verfliesung

350 Decke
- kostenmindernd:
  Einfache Bodenbeläge, wenige und einfache Treppen, geringe Spannweiten
+ kostensteigernd:
  Doppelboden, Natursteinböden, Metall- und Holzbekleidungen, Edelstahltreppen, hohe Anforderungen an Brandschutz, Schallschutz, Raumakustik und Optik, hohe Spannweiten

360 Dächer
- kostenmindernd:
  Einfache Geometrie, wenig Durchdringungen
+ kostensteigernd:
  Aufwändige Geometrie wie Mansarddach mit Gauben, Metalldeckung, Glasdächer oder Glasoberlichter, begeh-/befahrbare Flachdächer, Begrünung, Schutzelemente wie Edelstahl-Geländer

370 Baukonstruktive Einbauten
+ kostensteigernd:
  Hoher Anteil Einbauschränke, -regale und andere fest eingebaute Bauteile

390 Sonstige Maßnahmen für Baukonstruktionen
+ kostensteigernd:
  Baustraße, Baustellenbüro, Schlechtwetterbau, Notverglasungen, provisorische Beheizung, aufwändige Gerüstarbeiten, lange Vorhaltezeiten

Auswahl kostenrelevanter Technischer Anlagen

410 Abwasser-, Wasser-, Gasanlagen
- kostenmindernd:
  wenige, günstige Sanitärobjekte, zentrale Anordnung von Ent- und Versorgungsleitungen
+ kostensteigernd:
  Regenwassernutzungsanlage, Schmutzwasserhebeanlage, Benzinabscheider, Fett- und Stärkeabscheider, Druckerhöhungsanlagen, Enthärtungsanlagen

420 Wärmeversorgungsanlagen
+ kostensteigernd:
  Solarkollektoren, Blockheizkraftwerk, Fußbodenheizung

430 Lufttechnische Anlagen
- kostenmindernd:
  Einzelraumlüftung
+ kostensteigernd:
  Klimaanlage, Wärmerückgewinnung

440 Starkstromanlagen
- kostenmindernd:
  Wenig Steckdosen, Schalter und Brennstellen
+ kostensteigernd:
  Blitzschutzanlagen, Sicherheits- und Notbeleuchtungsanlage, Elektroleitungen in Leerrohren, Photovoltaikanlagen, Unterbrechungsfreie Ersatzstromanlagen, Zentralbatterieanlagen

450 Fernmelde- und informationstechnische Anlagen
+ kostensteigernd:
  Brandmeldeanlagen, Einbruchsmeldeanlagen, Video-Überwachungsanlage, Lautsprecheranlage, EDV-Verkabelung, Konferenzanlage, Personensuchanlage, Zeiterfassungsanlage

460 Förderanlagen
+ kostensteigernd:
  Personenaufzüge (mit Glaskabinen), Lastenaufzug, Doppelparkanlagen

470 Feuerlöschanlagen
+ kostensteigernd:
  Feuerlösch- und Meldeanlagen, Sprinkleranlagen, Feuerlöschgeräte

Häufig gestellte Fragen

Fragen zur Flächenberechnung (DIN 277):

1. Wie wird die BGF berechnet?

Die Brutto-Grundfläche ist die Summe der Grundflächen aller Grundrissebenen. Nicht dazu gehören die Grundflächen von nicht nutzbaren Dachflächen (Kriechböden) und von konstruktiv bedingten Hohlräumen (z. B. über abgehängter Decke).
(DIN 277-1: 2016-01)
Weitere Erläuterungen im BKI Bildkommentar DIN 276 / DIN 277 (Ausgabe 2016).

2. Gehört der Keller bzw. eine Tiefgarage mit zur BGF?

Ja, im Gegensatz zur Geschossfläche nach § 20 Baunutzungsverordnung (Bau NVo) gehört auch der Keller bzw. die Tiefgarage zur BGF.

3. Wie werden Luftgeschosse (z. B. Züblinhaus) nach DIN 277 berechnet?

Die Rauminhalte der Luftgeschosse zählen zum Regelfall der Raumumschließung (R) BRI (R). Die Grundflächen der untersten Ebene der Luftgeschosse und Stege, Treppen, Galerien etc. innerhalb der Luftgeschosse zählen zur Brutto-Grundfläche BGF (R). Vorsicht ist vor allem bei Kostenermittlungen mit Kostenkennwerten des Brutto-Rauminhalts geboten.

4. Welchen Flächen ist die Garage zuzurechnen?

Die Stellplatzflächen von Garagen werden zur Nutzfläche gezählt, die Fahrbahn ist Verkehrsfläche.

5. Wird die Diele oder ein Flur zur Nutzungsfläche gezählt?

Normalerweise nicht, da eine Diele oder ein Flur zur Verkehrsfläche gezählt wird. Wenn die Diele aber als Wohnraum genutzt werden kann, z. B. als Essplatz, wird sie zur Nutzungsfläche gezählt.

6. Zählt eine nicht umschlossene oder nicht überdeckte Terrasse einer Sporthalle, die als Eingang und Fluchtweg dient, zur Nutzungsfläche?

Die Terrasse ist nicht Bestandteil der Grundflächen des Bauwerks nach DIN 277. Sie bildet daher keine BGF und damit auch keine Nutzungsfläche. Die Funktion als Eingang oder Fluchtweg ändert daran nichts.

7. Zählt eine Außentreppe zum Keller zur BGF?	Wenn die Treppe allseitig umschlossen ist, z. B. mit einem Geländer, ist sie als Verkehrsfläche zu werten. Nach DIN 277-1:2016-01 gilt: Grundflächen und Rauminhalte sind nach ihrer Zugehörigkeit zu den folgenden Bereichen getrennt zu ermitteln: Regelfall der Raumumschließung (R): Räume und Grundflächen, die Nutzungen der Netto-Raumfläche entsprechend Tabelle 1 aufweisen und die bei allen Begrenzungsflächen des Raums (Boden, Decke, Wand) vollständig umschlossen sind. Dazu gehören nicht nur Innenräume, die von der Witterung geschützt sind, sondern auch solche allseitig umschlossenen Räume, die über Öffnungen mit dem Außenklima verbunden sind; Sonderfall der Raumumschließung (S): Räume und Grundflächen, die Nutzungen der Netto-Raumfläche entsprechend Tabelle 1 aufweisen und mit dem Bauwerk konstruktiv verbunden sind, jedoch nicht bei allen Begrenzungsflächen des Raums (Boden, Decke, Wand) vollständig umschlossen sind (z. B. Loggien, Balkone, Terrassen auf Flachdächern, unterbaute Innenhöfe, Eingangsbereiche, Außentreppen). Die Außentreppe stellt also demnach einen Sonderfall der Raumumschließung (S) dar. Wenn die Treppe allerdings über einen Tiefgarten ins UG führt, wird sie zu den Außenanlagen gezählt. Sie bildet dann keine BGF. Die Kosten für den Tiefgarten mit Treppe sind bei den Außenanlagen zu erfassen.
8. Ist eine Abstellkammer mit Heizung eine Technikfläche?	Es kommt auf die überwiegende Nutzung an. Wenn über 50% der Kammer zum Abstellen genutzt werden können, wird sie als Abstellraum gezählt. Es kann also Gebäude ohne Technikfläche geben.
9. Ist die NUF gleich der Wohnfläche?	Nein, die DIN 277 kennt den Begriff Wohnfläche nicht. Zur Nutzungsfläche gehören grundsätzlich keine Verkehrsflächen, während bei der Wohnfläche zumindest die Verkehrsflächen innerhalb der Wohnung hinzugerechnet werden. Die Abweichungen sind dadurch meistens nicht unerheblich.

Fragen zur Wohnflächenberechnung (WoFIV):

10. Wird ein Hobbyraum im Keller zur Wohnfläche gezählt?	Wenn der Hobbyraum nicht innerhalb der Wohnung liegt, wird er nicht zur Wohnfläche gezählt. Beim Einfamilienhaus gilt: Das ganze Haus stellt die Wohnung dar. Der Hobbyraum liegt also innerhalb der Wohnung und wird mitgezählt, wenn er die Qualitäten eines Aufenthaltsraums nach LBO aufweist.

11.	Wird eine Diele oder ein Flur zur Wohnfläche gezählt?	Wenn die Diele oder der Flur in der Wohnung liegt ja, ansonsten nicht.
12.	In welchem Umfang sind Balkone oder Terrassen bei der Wohnfläche zu rechnen?	Balkone und Terrassen werden von BKI zu einem Viertel zur Wohnfläche gerechnet. Die Anrechnung zur Hälfte wird nicht verwendet, da sie in der WoFIV als Ausnahme definiert ist.
13.	Zählt eine Empore/Galerie im Zimmer als eigene Wohnfläche oder Nutzungsfläche?	Wenn es sich um ein unlösbar mit dem Baukörper verbundenes Bauteil handelt, zählt die Empore mit. Anders beim nachträglich eingebauten Hochbett, das zählt zum Mobiliar. Für die verbleibende Höhe über der Empore ist die 1 bis 2m Regel nach WoFIL anzuwenden: „Die Grundflächen von Räumen und Raumteilen mit einer lichten Höhe von mindestens zwei Metern sind vollständig, von Räumen und Raumteilen mit einer lichten Höhe von mindestens einem Meter und weniger als zwei Metern sind zur Hälfte anzurechnen."

Fragen zur Kostengruppenzuordnung (DIN 276):

14.	Wo werden Abbruchkosten zugeordnet?	Abbruchkosten ganzer Gebäude im Sinne von „Bebaubarkeit des Grundstücks herstellen" werden der KG 212 Abbruchmaßnahmen zugeordnet. Abbruchkosten einzelner Bauteile, insbesondere bei Sanierungen werden den jeweiligen Kostengruppen der 2. oder 3. Ebene (Wände, Decken, Dächer) zugeordnet. Analog gilt dies auch für die Kostengruppen 400 und 500. Wo diese Aufteilung nicht möglich ist, werden die Abbruchkosten der KG 394 Abbruchmaßnahmen zugeordnet, weil z. B. die Abbruchkosten verschiedenster Bauteile pauschal abgerechnet wurden.
15.	Wo muss ich die Kosten des Aushubs für Abwasser- oder Wasserleitungen zuordnen?	Diese Kosten werden nach dem Verursacherprinzip der jeweiligen Kostengruppe zugeordnet Aushub für Abwasserleitungen: KG 411 Aushub für Wasserleitungen: KG 412 Aushub für Brennstoffversorgung: KG 421 Aushub für Heizleitungen: KG 422 Aushub für Elektroleitungen: KG 444 etc., sofern der Aushub unterhalb des Gebäudes anfällt. Die Kosten des Aushubs für Abwasser- oder Wasserleitungen in den Außenanlagen gehören zu KG 540 ff, die Kosten des Aushubs für Abwasser- oder Wasserleitungen innerhalb der Erschließungsfläche in KG 220 ff oder KG 230 ff

16. Wie werden Eigenleistungen bewertet?

Nach DIN 276: 2008-12, gilt:

3.3.6 Wiederverwendete Teile, Eigenleistungen
Der Wert von mitzuverarbeitender Bausubstanz und wiederverwendeter Teile müssen bei den betreffenden Kostengruppen gesondert ausgewiesen werden.

3.3.7 Der Wert von Eigenleistungen ist bei den betreffenden Kostengruppen gesondert auszuweisen. Für Eigenleistungen sind die Personal- und Sachkosten einzusetzen, die für entsprechende Unternehmerleistungen entstehen würden.

Nach HOAI §4 (2) gilt: Als anrechenbare Kosten nach Absatz 2 gelten ortsübliche Preise, wenn der Auftraggeber:

- selbst Lieferungen oder Leistungen übernimmt
- von bauausführenden Unternehmern oder von Lieferanten sonst nicht übliche Vergünstigungen erhält
- Lieferungen oder Leistungen in Gegenrechnung ausführt oder
- vorhandene oder vorbeschaffte Baustoffe oder Bauteile einbauen lässt.

Fragen zu Kosteneinflussfaktoren:

17. Gibt es beim BKI Regionalfaktoren?

Der Anhang dieser Ausgabe enthält eine Liste der Regionalfaktoren aller deutschen Land- und Stadtkreise. Die Faktoren wurden auf Grundlage von Daten aus den statistischen Landesämtern gebildet, die wiederum aus den Angaben der Antragsteller von Bauanträgen entstammen. Die Regionalfaktoren werden von BKI zusätzlich als farbiges Poster im DIN A1 Format angeboten.

Die Faktoren geben Aufschluss darüber, inwiefern die Baukosten in einer bestimmten Region Deutschlands teurer oder günstiger liegen als im Bundesdurchschnitt. Sie können dazu verwendet werden, die BKI Baukosten an das besondere Baupreisniveau einer Region anzupassen.

Die Angaben wurden durch Untersuchungen des BKI weitgehend verifiziert. Dennoch können Abweichungen zu den angegebenen Werten entstehen. In Grenznähe zu einem Land-Stadtkreis mit anderen Baupreisfaktoren sollte dessen Baupreisniveau mit berücksichtigt werden, da die Übergänge zwischen den Land-Stadtkreisen fließend sind. Die Besonderheiten des Einzelfalls können ebenfalls zu Abweichungen führen. Siehe auch Benutzerhinweise, 8. Normierung der Kosten (Seite 12).

18. Standardzuordnung	Einige Gebäudearten werden vom BKI nach ihrem Standard in „einfach", „mittel" und „hoch" unterteilt. Diese Unterteilung wurde immer dann vorgenommen, wenn der Standard als ein wesentlicher Kostenfaktor festgestellt wurde. Grundsätzlich gilt, dass immer mehrere Kosteneinflussfaktoren auf die Kosten und damit auf die Kostenkennwerte einwirken. Einige dieser vielen Faktoren seien hier aufgelistet: • Zeitpunkt der Ausschreibung • Art der Ausschreibung • Regionale Konjunktur • Gebäudegröße • Lage der Baustelle, Erreichbarkeit usw. Wenn bei einem Gebäude große Mengen an Bauteilen hoher Qualität die übrigen Kosteneinflussfaktoren überlagern, dann wird von einem „hohen Standard" gesprochen.
19. Welchen Einfluss hat die Konjunktur auf die Baukosten?	Der Einfluss der Konjunktur auf die Baukosten wird häufig überschätzt. Er ist meist geringer als der anderer Kosteneinflussfaktoren. BKI Untersuchungen haben ergeben, dass die Baukosten bei mittlerer Konjunktur manchmal höher sind als bei hoher Konjunktur.

Fragen zur Handhabung der von BKI herausgegebenen Bücher:

20. Ist die MwSt. in den Kostenkennwerten enthalten?	Bei allen Kostenkennwerten in „BKI BAUKOSTEN" ist die gültige MwSt. enthalten (zum Zeitpunkt der Herausgabe 19%). In „BKI Baukosten Positionen (Neubau und Altbau), Statistische Kostenkennwerte " werden die Kostenkennwerte, wie bei Positionspreisen üblich, zusätzlich ohne MwSt. dargestellt.
21. Hat das Baujahr der Objekte einen Einfluss auf die angegebenen Kosten?	Nein, alle Kosten wurden über den Baupreisindex auf einen einheitlichen zum Zeitpunkt der Herausgabe aktuellen Kostenstand umgerechnet. Der Kostenstand wird auf jeder Seite als Fußzeile angegeben. Allenfalls sind Korrekturen zwischen dem Kostenstand zum Zeitpunkt der Herausgabe und dem aktuellen Kostenstand durchzuführen.

22. Wo finde ich weitere Informationen zu den einzelnen Objekten einer Gebäudeart?	Alle Objekte einer Gebäudeart sind einzeln mit Kurzbeschreibung, Angabe der BGF und anderer wichtiger Kostenfaktoren aufgeführt. Die Objektdokumentationen sind veröffentlicht in den Fachbüchern „Objektdaten" und können als PDF-Datei unter ihrer Objektnummer bei BKI bestellt werden, Telefon: 0711 954 854-41.
23. Was mache ich, wenn ich keine passende Gebäudeart finde?	In aller Regel findet man verwandte Gebäudearten, deren Kostenkennwerte der 2. Ebene (Grobelemente) wegen ähnlicher Konstruktionsart übernommen werden können.
24. Wo findet man Kostenkennwerte für Abbruch?	Im Fachbuch „BKI Baukosten Gebäude Altbau - Statistische Kostenkennwerte" gibt es Ausführungsarten zu Abbruch und Demontagearbeiten. Im Fachbuch „BKI Baukosten Positionen Altbau - Statistische Kostenkennwerte" gibt es Mustertexte für Teilleistungen zu „LB 384 - Abbruch und Rückbauarbeiten". Im Fachbuch „BKI Baupreise kompakt Altbau" gibt es Positionspreise und Kurztexte zu „LB 384 - Abbruch und Rückbauarbeiten". Die Mustertexte für Teilleistungen zu „LB 384 - Abbruch und Rückbauarbeiten" und deren Positionspreise sind auch auf der CD BKI Positionen und im BKI Kostenplaner enthalten.
25. Warum ist die Summe der Kostenkennwerte in der Kostengruppen (KG) 310-390 nicht gleich dem Kostenkennwert der KG 300, aber bei der KG 400 ist eine Summenbildung möglich?	In den Kostengruppen 310-390 ändern sich die Einheiten (310 Baugrube gemessen in m³, 320 Gründung gemessen in m²); eine Addition der Kostenkennwerte ist nicht möglich. In den Kostengruppen 410-490 ist die Bezugsgröße immer BGF, dadurch ist eine Addition prinzipiell möglich.
26. Manchmal stimmt die Summe der Kostenkennwerte der 2. Ebene der Kostengruppe 400 trotzdem nicht mit dem Kostenkennwert der 1. Ebene überein; warum nicht?	Die Anzahl der Objekte, die auf der 1. Ebene dokumentiert werden, kann von der Anzahl der Objekte der 2. Ebene abweichen. Dann weichen auch die Kostenkennwerte voneinander ab, da es sich um unterschiedliche Stichproben handelt. Es fallen auch nicht bei allen Objekten Kosten in jeder Kostengruppe an (Beispiel KG 461 Aufzugsanlagen).

27. Baupreise im Ausland	BKI dokumentiert nur Objekte aus Deutschland. Anhand von Daten der Eurostat-Datenbank „New Cronos" lassen sich jedoch überschlägige Umrechnungen in die meisten Staaten des europäischen Auslandes vornehmen. Die Werte sind Bestandteil des Posters „BKI Regionalfaktoren 2018".
28. Baunutzungskosten, Lebenszykluskosten	Seit 2010 bringt BKI in Zusammenarbeit mit dem Institut für Bauökonomie der Universität Stuttgart ein Fachbuch mit Nutzungskosten ausgewählter Objekte heraus. Die Reihe wird kontinuierlich erweitert. Das Fachbuch Nutzungskosten Gebäude 2017/2018 fasst einzelne Objekte zu statistischen Auswertungen zusammen.
29. Lohn und Materialkosten	BKI dokumentiert Baukosten nicht getrennt nach Lohn- und Materialanteil.
30. Gibt es Angaben zu Kostenflächenarten?	Nein, das BKI hält die Grobelementmethode für geeigneter. Solange Grobelementmengen nicht vorliegen, besteht die Möglichkeit der Ableitung der Grobelementmengen aus den Verhältniszahlen von Vergleichsobjekten (siehe Planungskennwerte und Baukostensimulation).

Fragen zu weiteren BKI Produkten:

31. Sind die Inhalte von „BKI Baukosten Gebäude, Statistische Kostenkennwerte (Teil 1)" und „BKI Baukosten Bauelemente, Statistische Kostenkennwerte (Teil 2)" auch im Kostenplaner enthalten?	Ja, im Kostenplaner Basisversion sind alle Objekte mit den Kosten bis zur 2. Ebene nach DIN 276 enthalten. Im Kostenplaner Komplettversion sind ebenfalls die Kosten der 3. Ebene nach DIN 276 und die vom BKI gebildeten Ausführungsklassen und Ausführungsarten enthalten. Darüber hinaus ermöglicht der BKI Kostenplaner den Zugriff auf alle Einzeldokumentationen von über 3.000 Objekten.

32. Worin unterscheiden sich die Fachbuchreihen „BKI BAUKOSTEN" und „BKI OBJEKTDATEN"

In der Fachbuchreihe BKI OBJEKTDATEN erscheinen abgerechnete Einzelobjekte eines bestimmten Teilbereichs des Bauens (A=Altbau, N=Neubau, E=energieeffizientes Bauen, IR=Innenräume, F=Freianlagen). In der Fachbuchreihe BKI BAUKOSTEN erscheinen hingegen statistische Kostenkennwerte von Gebäudearten, die aus den Einzelobjekten gebildet werden. Die Kostenplanung mit Einzelobjekten oder mit statistischen Kostenkennwerten haben spezifische Vor- und Nachteile:

Planung mit Objektdaten (BKI OBJEKTDATEN):
- Vorteil: Wenn es gelingt ein vergleichbares Einzelobjekt oder passende Bauausführungen zu finden ist die Genauigkeit besser als mit statistischen Kostenkennwerten. Die Unsicherheit, die der Streubereich (von-bis-Werte) mit sich bringt, entfällt.
- Nachteil: Passende Vergleichsobjekte oder Bauausführungen zu finden kann mühsam oder erfolglos sein.

Planung mit statistischen Kostenkennwerten (BKI BAUKOSTEN):
- Vorteil: Über die BKI Gebäudearten ist man recht schnell am Ziel, aufwändiges Suchen entfällt.
- Nachteil: Genauere Prüfung, ob die Mittelwerte übernommen werden können oder noch nach oben oder unten angepasst werden müssen, ist unerlässlich.

33. In welchen Produkten dokumentiert BKI Positionspreise?

Positionspreise mit statistischer Auswertung und Einzelbeispielen werden in „BKI Baukosten Positionen, Statistische Kostenkennwerte Neubau (Teil 3) und Altbau (Teil 5)" und „BKI Baupreise kompakt Neu- und Altbau" herausgegeben. Ausgewählte Positionspreise zu bestimmten Details enthalten die Fachbücher „Konstruktionsdetails K1, K2, K3 und K4". Außerdem gibt es Positionspreise in EDV-Form im „Modul BAUPREISE, Positionen mit AVA-Schnittstelle" für den Kostenplaner und die Software „BKI Positionen".

34. Worin unterscheiden sich die Bände A1 bis A10 (N1 bis N15)

Die Bücher unterscheiden sich durch die Auswahl der dokumentierten Einzelobjekte. Der Aufbau der Bände ist gleich. In der BKI Fachbuchreihe OBJEKTDATEN erscheinen regelmäßig aktuelle Folgebände mit neu dokumentierten Einzelobjekten. Speziell bei den Altbaubänden A1 bis A10 ist es nützlich, alle Bände zu besitzen, da es im Bereich Altbau notwendig ist, mit passenden Vergleichsobjekten zu planen. Je mehr Vergleichsobjekte vorhanden sind, desto höher ist die „Trefferquote". Bände der Fachbuchreihe OBJEKTDATEN sollten deshalb langfristig aufbewahrt werden.

Diese Liste wird laufend erweitert und im Internet unter www.bki.de/faq-kostenplanung.html veröffentlicht.

Abkürzungsverzeichnis

Abkürzung	Bezeichnung
AA	Ausführungsarten (BKI) mit zweistelliger BKI-Identnummer
AK	Ausführungsklassen (BKI), Untergliederung der 3. Ebene DIN 276
AF	Außenanlagenfläche
AWF	Außenwandfläche
BGF	Brutto-Grundfläche (Summe Regelfall (R)- und Sonderfall (S)-Flächen nach DIN 277)
BGI	Baugrubeninhalt
bis	oberer Grenzwert des Streubereichs um einen Mittelwert
BK	Bodenklasse (nach VOB Teil C, DIN 18300)
BRI	Brutto-Rauminhalt (Summe Regelfall (R)- und Sonderfall (S)-Rauminhalte nach DIN 277)
DAF	Dachfläche
DEF	Deckenfläche
DIN 276	Kosten im Bauwesen - Teil 1 Hochbau (DIN 276-1:2008-12)
DIN 277	Grundflächen und Rauminhalte von Bauwerken im Hochbau (Januar 2016)
€/Einheit	Spaltenbezeichnung Mittelwerte zu den Kosten bezogen auf eine Einheit der Bezugsgröße
GF	Grundstücksfläche
GRF	Gründungsfläche
inkl.	einschließlich
IWF	Innenwandfläche
KG	Kostengruppe
KG an 300	Kostenanteil der jeweiligen Kostengruppe in % an der Kostengruppe 300 Bauwerk-Baukonstruktionen
KG an 400	Kostenanteil der jeweiligen Kostengruppe in % an der Kostengruppe 400 Bauwerk-Technische Anlagen
KGF	Konstruktions-Grundfläche
LB	Leistungsbereich
LB an AA	Kostenanteil des Leistungsbereichs in % an der Ausführungsart
NUF	Nutzungsfläche (Summe Regelfall (R)- und Sonderfall (S) - Flächen nach DIN 277)
NRF	Netto-Raumfläche (Summe Regelfall (R)- und Sonderfall (S) - Flächen nach DIN 277)
StLB	Standardleistungsbuch
TF	Technikfläche (Summe Regelfall (R)- und Sonderfall (S)-Flächen nach DIN 277)
VF	Verkehrsfläche (Summe Regelfall (R)- und Sonderfall (S)-Flächen nach DIN 277)
von	unterer Grenzwert des Streubereichs um einen Mittelwert
Ø	Mittelwert
AP	Arbeitsplätze
APP	Appartement
DHH	Doppelhaushälfte
ELW	Einliegerwohnung
ETW	Etagenwohnung
KFZ	Kraftfahrzeug
KITA	Kindertagesstätte
RH	Reihenhaus
STP	Stellplatz
TG	Tiefgarage
WE	Wohneinheit

Gliederung in Leistungsbereiche nach STLB-Bau

Als Beispiel für eine ausführungsorientierte Ergänzung der Kostengliederung werden im Folgenden die Leistungsbereiche des Standardleistungsbuches für das Bauwesen in einer Übersicht dargestellt.

- 000 Sicherheitseinrichtungen, Baustelleneinrichtungen
- 001 Gerüstarbeiten
- 002 Erdarbeiten
- 003 Landschaftsbauarbeiten
- 004 Landschaftsbauarbeiten -Pflanzen
- 005 Brunnenbauarbeiten und Aufschlussbohrungen
- 006 Spezialtiefbauarbeiten
- 007 Untertagebauarbeiten
- 008 Wasserhaltungsarbeiten
- 009 Entwässerungskanalarbeiten
- 010 Drän- und Versickerarbeiten
- 011 Abscheider- und Kleinkläranlagen
- 012 Mauerarbeiten
- 013 Betonarbeiten
- 014 Natur-, Betonwerksteinarbeiten
- 016 Zimmer- und Holzbauarbeiten
- 017 Stahlbauarbeiten
- 018 Abdichtungsarbeiten
- 020 Dachdeckungsarbeiten
- 021 Dachabdichtungsarbeiten
- 022 Klempnerarbeiten
- 023 Putz- und Stuckarbeiten, Wärmedämmsysteme
- 024 Fliesen- und Plattenarbeiten
- 025 Estricharbeiten
- 026 Fenster, Außentüren
- 027 Tischlerarbeiten
- 028 Parkett-, Holzpflasterarbeiten
- 029 Beschlagarbeiten
- 030 Rollladenarbeiten
- 031 Metallbauarbeiten
- 032 Verglasungsarbeiten
- 033 Baureinigungsarbeiten
- 034 Maler- und Lackierarbeiten - Beschichtungen
- 035 Korrosionsschutzarbeiten an Stahlbauten
- 036 Bodenbelagarbeiten
- 037 Tapezierarbeiten
- 038 Vorgehängte hinterlüftete Fassaden
- 039 Trockenbauarbeiten
- 040 Wärmeversorgungsanlagen - Betriebseinrichtungen
- 041 Wärmeversorgungsanlagen - Leitungen, Armaturen, Heizflächen
- 042 Gas- und Wasseranlagen - Leitungen, Armaturen
- 043 Druckrohrleitungen für Gas, Wasser und Abwasser
- 044 Abwasseranlagen - Leitungen, Abläufe, Armaturen
- 045 Gas-, Wasser- und Entwässerungsanlagen - Ausstattung, Elemente, Fertigbäder
- 046 Gas-, Wasser- und Entwässerungsanlagen - Betriebseinrichtungen
- 047 Dämm- und Brandschutzarbeiten an technischen Anlagen
- 049 Feuerlöschanlagen, Feuerlöschgeräte
- 050 Blitzschutz- / Erdungsanlagen, Überspannungsschutz
- 051 Kabelleitungstiefbauarbeiten
- 052 Mittelspannungsanlagen
- 053 Niederspannungsanlagen - Kabel/Leitungen, Verlegesysteme, Installationsgeräte
- 054 Niederspannungsanlagen - Verteilersysteme und Einbaugeräte
- 055 Ersatzstromversorgungsanlagen
- 057 Gebäudesystemtechnik
- 058 Leuchten und Lampen
- 059 Sicherheitsbeleuchtungsanlagen
- 060 Elektroakustische Anlagen, Sprechanlagen, Personenrufanlagen
- 061 Kommunikationsnetze
- 062 Kommunikationsanlagen
- 063 Gefahrenmeldeanlagen
- 064 Zutrittskontroll-, Zeiterfassungssysteme
- 069 Aufzüge
- 070 Gebäudeautomation
- 075 Raumlufttechnische Anlagen
- 078 Kälteanlagen für raumlufttechnische Anlagen
- 080 Straßen, Wege, Plätze
- 081 Betonerhaltungsarbeiten
- 082 Bekämpfender Holzschutz
- 083 Sanierungsarbeiten an schadstoffhaltigen Bauteilen
- 084 Abbruch- und Rückbauarbeiten
- 085 Rohrvortriebsarbeiten
- 087 Abfallentsorgung, Verwertung und Beseitigung
- 090 Baulogistik
- 091 Stundenlohnarbeiten
- 096 Bauarbeiten an Bahnübergängen
- 097 Bauarbeiten an Gleisen und Weichen
- 098 Witterungsschutzmaßnahmen

Lebensdauer von Bauteilen und Bauelementen

von Dr. Frank Ritter

Lebensdauer von Bauteilen und Bauelementen

Ein Beitrag von Dr. Frank Ritter

Einleitung

Die Bedeutung der Lebensdauerermittlung im Bauwesen gewinnt im Rahmen des gestiegenen Nachhaltigkeitsbewusstseins immer mehr an Bedeutung. Kenntnisse über die Lebensdauer eines Gebäudes, sowie die Dauerhaftigkeit einzelner Bauteile und Materialschichten, sind für die Beschreibung des Lebenszyklus eines Bauwerks oder auch die Planung der Instandsetzungsstrategie unabdingbar.

In der Literatur stehen zahlreiche Quellen mit Lebensdauerdaten zur Verfügung. Diese Angaben beruhen zumeist auf Erfahrungswerten aus der Praxis oder vereinzelten Herstellerangaben. Aufgrund zahlreicher Faktoren, komplexer Zusammenhänge und Abhängigkeiten verschiedener Einflussgrößen gibt es große Unterschiede zwischen den einzelnen Angaben (siehe Abb. 1).

Die Gründe für die großen Streubreiten und Abweichungen sind in Faktoren zu suchen, die das Alterungsverhalten der Bauteile beeinflussen. Dazu gehören z. B. die Qualität der Planung und der Ausführung, die Materialgüte und Materialauswahl, Nutzungs- und Umgebungsbedingungen oder die Instandhaltungsqualität.

Im Rahmen einer Forschungsarbeit am Institut für Massivbau der TU Darmstadt wurde eine breite Datenbasis mit praxisnahen Lebensdauern von Bauteilen und Baustoffen geschaffen, die als Grundlage in vielen Bereichen der Lebenszyklusanalyse verwendet werden kann.

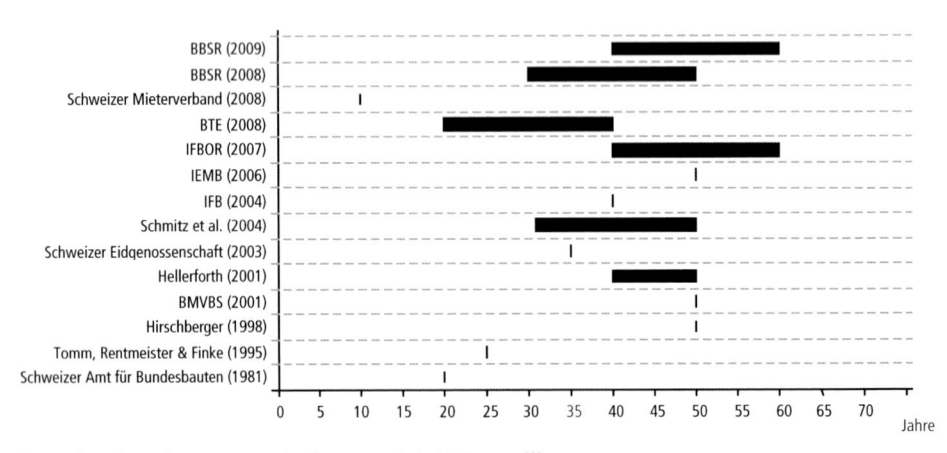

Abb. 1: Lebensdauerschätzungen aus der Literatur am Beispiel Kunststofffenster

2 Grundlagen der Lebensdaueranalyse

2.1 Einführung

Der Weg eines Gebäudes von der ersten Planungsidee bis zu seinem Rückbau wird durch unterschiedliche Entwicklungsphasen charakterisiert. Die Gesamtheit dieser Entwicklungsphasen wird als Lebenszyklus bezeichnet. Gemäß Abbildung 2 lässt er sich grob in die Phasen Bauwerkserstellung, Bauwerksnutzung und Bauwerksbeseitigung unterteilen.

Die Lebensdauer ist somit sowohl für die Beurteilung der Lebenszyklusphasen als auch für die Berechnung von Lebenszykluskosten von zentraler Bedeutung. Dabei wird zwischen der technischen und der wirtschaftlichen Lebensdauer eines Objekts unterschieden, wobei es unerheblich ist, ob damit ein einzelnes Bauelement, eine Bauteilschicht oder ein ganzer Gebäudekomplex gemeint ist.

Die wirtschaftliche Lebensdauer bezeichnet den Zeitraum, in dem es unter den gegebenen Umständen ökonomisch sinnvoll ist, ein Bauteil bzw. das Gebäude zu nutzen oder zu betreiben. Sie unterliegt legislativen, wirtschaftlichen und gesellschaftlichen Einflüssen und ist unabhängig von der technischen Lebensdauer, kann diese jedoch nicht überschreiten. Die wirtschaftliche Lebensdauer ist ein Begriff der wirtschaftlichen Wertermittlung und ist umso größer, je anpassbarer das Gebäude und seine Teile an die geänderten Ansprüche sind. Das Ende der wirtschaftlichen Lebensdauer ist erreicht, wenn die Rentabilität nicht mehr gegeben ist, d. h. die Kosten der Gebäudenutzung die Erträge übersteigen.

Die technische Lebensdauer beschreibt die Zeitspanne zwischen Errichtung und Ausfall. Sie definiert die Lebenserwartung, in der ein Gebäude, Bauteil oder Material – unter Einbeziehung der notwendigen und üblichen Instandhaltungsmaßnahmen und unter Berücksichtigung der Abnutzung – seinen Funktionen und seinem bestimmungsgemäßen Gebrauch voll genügen kann. Mit dem Erreichen der technischen Lebensdauer ist die Funktionsfähigkeit eines Gebäudes bzw. der Gebäudeteile nicht mehr gewährleistet, wohingegen mit dem Ende der wirtschaftlichen Lebensdauer die Qualität nicht mehr den nutzerspezifischen Ansprüchen oder dem Stand der Technik genügt. Beides resultiert schließlich im Austausch oder Abriss einzelner Bauteile oder der Gesamtkonstruktion.

Die Nutzungsdauer von Bauteilen wird in dieser Arbeit als Zeitraum der geplanten Nutzung bei gleichbleibenden Ansprüchen und Wirtschaftlichkeit definiert. Mit Hilfe von Instandhaltung, Instandsetzung und Modernisierung, die auch veränderten Ansprüchen gerecht werden, kann die Nutzungsdauer entsprechend verlängert werden und somit der technischen Lebensdauer gleichgesetzt werden.

Die Lebensdauer eines öffentlichen Gebäudes wird in der Regel mit 40 bis 80 Jahren angenommen. Diese Annahme resultiert aus der wirtschaftlichen Nutzung und ist Grundlage

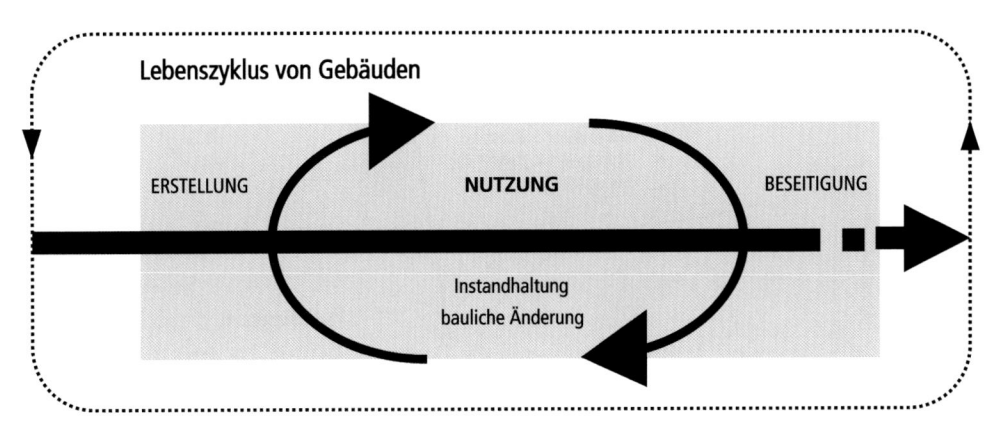

Abb. 2: Lebenszyklus eines Gebäudes nach Reiche (2001)

der Wirtschaftlichkeits- und Finanzierungsüberlegungen. Zudem ist damit der Abschreibungszeitraum formuliert. Da die Nutzungsgewohnheiten heute schnelleren Änderungen unterworfen sind, sollte von einer Referenzzeit von höchstens 50 Jahren ausgegangen werden. Dieser Wert wurde inzwischen auch in die Grundlagen der Tragwerksplanung nach DIN 1055-100 (2001) als Bemessungszeitraum aufgenommen. Eine längere Nutzungsdauer von bis zu 80 Jahren erscheint allenfalls bei Infrastrukturbauwerken angemessen.

2.2 Abnutzung und Alterungsverhalten

Jedes fachgerecht eingebaute Bauteil weist nach dem Einbau, abhängig z.B. von der Herstellung oder der Instandhaltung, eine bestimmte Gebrauchs- oder Funktionsfähigkeit auf. Dieser so genannte Abnutzungsvorrat reduziert sich im Verlauf der Nutzungsphase, kann jedoch durch Instandhaltungsmaßnahmen wiederhergestellt werden. Das in Abbildung 3 dargestellte Modell stellt den theoretischen Abnutzungsverlauf vereinfacht durch eine Kurve dar. Es wird davon ausgegangen, dass ein Bauteil nicht linear altert, sondern dass die Abnutzung im Laufe des Bauteilalters zunimmt. Der Abnutzungsvorrat beträgt bei Inbetriebnahme des Bauteils 100%. Dieser Vorrat wird im Laufe der Zeit durch die Nutzung sowie durch innere und äußere Einflüsse abgebaut, kann aber durch Wartungsmaßnahmen in begrenztem Umfang wiederhergestellt werden. Bei Überschreitung der Schadensgrenze ist der Abnutzungsvorrat so gering (t_{A1}), dass ein Schaden am Bauteil eintritt. Zum endgültigen Ausfall kommt es bei einem Abnutzungsvorrat von 0%, wobei spätestens zu diesem Zeitpunkt der Abnutzungsvorrat durch Maßnahmen der Instandhaltung wiederhergestellt werden muss. Auf Grund von technischen Verbesserungen ist es möglich, den Abnutzungsvorrat über die Grenze von 100% des Ursprungsbauteils zu erweitern.

Grundsätzlich wird bei Bauteilen zwischen materieller und immaterieller Abnutzung unterschieden. Die materielle Abnutzung beschreibt den Abbau des Abnutzungsvorrats durch Verschleiß, Reibung oder sonstige direkte Einflüsse. Bei der immateriellen Alterung wird die Alterungsgrenze nicht durch Materialversagen, sondern durch veränderte Ansprüche und Anforderung der Nutzer erreicht. Dabei kann es durch technischen Fortschritt, durch wirtschaftliche oder ästhetische Gründe zu einem Austausch des Bauteils kommen. Die immaterielle Alterung hat oft zur Folge, dass Bauteile, die ihren Abnutzungsvorrat noch nicht erreicht haben, ersetzt werden, da sich Ansprüche oder Nutzungsart des Gebäudes geändert haben.

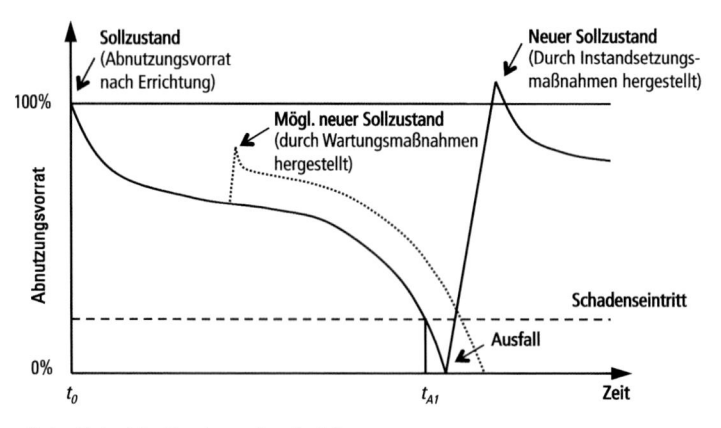

Abb. 3: Theoretischer Verlauf der Abnutzung eines Bauteils

3 Analyse ausgewählter Verfahren zur Lebensdauerermittlung

3.1 Einführung

Die Verfahren zur Vorhersage von Lebensdauern lassen sich grundsätzlich aufteilen in stochastische Methoden und anwendungsorientierte Näherungslösungen.

Die stochastischen Methoden sind meist sehr materialspezifisch und hoch spezialisiert. Das Ziel dieser Methoden ist die möglichst exakte Beschreibung des Alterungsprozesses mithilfe probabilistischer Ansätze, wie z. B. Karbonatisierung und Chloridpenetration bei Stahlbetonbauteilen nach Gehlen (2000). Mit einem enormen Anspruch an Detaillierung und Präzision werden verschiedene Beanspruchungen und die damit verbundenen Schadensbilder analysiert. Aufgrund des beträchtlichen Zeit- und Kostenaufwands sind derartige Methoden bislang eher als Insellösungen in sehr spezifischen Bereichen anzusehen, auf die hier nicht näher eingegangen werden soll.

Die anwendungsorientierten Näherungsmethoden haben zum Ziel die Lebensdauern mithilfe von Annahmen möglichst plausibel abzuschätzen. Aufgrund der fehlenden bzw. marginalen Berücksichtigung relevanter Einflussgrößen sind diese Methoden nur als grobe Näherung zu betrachten.

3.2 Kennwertemethode

Die Kennwertemethode im Bereich der Lebensdauerermittlung basiert auf veröffentlichten Benchmarks zur Lebensdauer von Bauteilen und Bauelementen. Wie bereits angedeutet stehen in der Literatur zahlreiche Quellen mit Lebensdauerdaten zur Verfügung, deren Angaben zumeist auf Erfahrungswerten aus der Praxis oder vereinzelten Herstellerangaben beruhen. Bei den veröffentlichten Lebensdauertabellen handelt es sich fast ausschließlich um Lebensdauerwerte ohne weitere Angaben zu den Randbedingungen, unter denen die Daten gewonnen wurden oder aus welchen Quellen sie stammen. Aufgrund dieser fehlenden Angaben sind noch immer keine Vergleichs- und Beurteilungskriterien vorhanden, da kein einheitlicher Standard existiert, in welcher Form mögliche Lebensdauerdaten zu ermitteln sind.

Bei einem Vergleich der Lebensdauerangaben eines Bauteils zeigen sich aufgrund der verschiedenen Quellen und den unterschiedlichen Randbedingungen zum Teil erhebliche Streuungen der vorhandenen Lebensdauern. Die Abweichungen der Werte verschiedener Quellen wurden beispielhaft bereits in Abbildung 1 für das Bauteil Kunststofffenster dargestellt. Aufgrund der unterschiedlichen gebäudespezifischen Eigenschaften und der verschiedenen Einflussfaktoren, die auf ein Gebäude wirken, entspricht die Lebensdauer eines Bauteils nur selten den Kennwerten aus der Literatur. Die Kennwerte können somit nur als erste Annäherung dienen und sollten in Zukunft durch die Einbeziehung von individuellen Randbedingungen und objektspezifischen Eigenschaften des Gebäudes nachgebessert werden.

3.3 Faktorenmethode nach DIN ISO 15686

Die Normenreihe DIN ISO 15686 gibt generelle Rahmenbedingungen für die Lebensdauerabschätzung von Bauprodukten bzw. Bauteilen vor. Ziel der Normenreihe ist die Bereitstellung harmonisierter Lebensdauerdaten von Bauprodukten bzw. Bauteilen, um zuverlässige und vergleichbare Grundlagen für Lebenszyklusanalysen zu schaffen. Der Schwerpunkt wird dabei auf die Vergleichbarkeit unterschiedlicher Lebensdauerdaten (Erfahrungswerte, Laborkennwerte etc.) bei ähnlichen Randbedingungen (Klima, Nutzungsart etc.) gelegt.

Die in der DIN ISO 15686-4 (2003) definierte Faktorenmethode versucht, die tatsächlichen Umweltbedingungen einzelner Bauteile bei der Bestimmung der spezifischen Lebensdauer zu berücksichtigen. Sie soll nur dann zur Anwendung kommen, wenn keine Lebensdauerdaten für ähnliche Einbaubedingungen vorliegen und eine Adaption für den speziellen Einsatzbereich erforderlich wird. In der Faktorenmethode wird die Lebensdauervoraussage für ein konkretes Bauwerk, eine bauliche Anlage oder eine Komponente mithilfe von Faktoren bestimmt, die verschiedenen Kategorien zugeordnet sind. Diese ermöglichen die Anpassung der Konditionen, unter denen allgemeine Lebensdauerdaten ermittelt wurden, an die Referenzkonditionen des konkreten Bauwerks.

3.4 Erweiterte Faktorenmethode nach Ritter

Das von Ritter entwickelte Vorhersagemodell objektspezifischer Lebensdauern orientiert sich weitestgehend an dem Modell der Faktoren-Methode aus DIN ISO 15686. Ritter hat versucht, die Schwächen der Faktorenmethode auszugleichen und die Anwendung in der Praxis zu erleichtern. Fehlende Angaben zu den Referenzlebensdauern wurden durch eine Datenerhebung aktualisiert um eine ausreichende Anzahl statistisch belastbarer Datensätze zu erhalten. Es wurden Unterschiede in der Relevanz der einzelnen Einflussgrößen durch die Datenerhebung ermittelt, was bei der Faktorenmethode durch ihre gleichmäßige Wichtung aller Faktoren gerne bemängelt wird. Als entscheidende und wichtigste Neuerung wird die Begrenzung der Auswirkungen aus Einflussgrößen angesehen. Eine Begrenzung der berechneten spezifischen Lebensdauer durch die aus der Datenerhebung ermittelten minimalen und maximalen Werte der Lebensdauer führte zu einer erheblichen Verbesserung des Modells und somit zu einer höheren Akzeptanz in der Praxis.

Mit dem entwickelten Verfahren von Ritter kann somit bereits in der Planungsphase die voraussichtliche Lebensdauer von Bauteilen ermittelt werden. Auf Basis der Referenzlebensdauern aus Literatur und Expertenbefragungen lässt sich anhand einer qualitativen Bewertung von sieben Einflusskategorien die spezifische Lebensdauer je nach Kenntnis der Umgebungsbedingungen mit entsprechender Eintrittswahrscheinlichkeit vorhersagen.

4 Auswahl und Gruppierung der Bauteile

4.1 Einführung

Die Grundstruktur der Bauteilgliederung wurde analog zur Gliederung der DIN 276-1 (2006) gewählt. Sämtliche Elemente der dritten Gliederungsebene von Kostengruppe 300 wurden in Haupt- und Untergruppen gegliedert, die zu einer weiteren Spezifizierung des Bauteils beitragen. Die unterste Gliederungsebene ist die Objektebene bzw. die letzte Präzisierung des Bauteils. Mit diesen vier Ebenen lässt sich jedes Bauteil eindeutig beschreiben (siehe Abb. 4).

1. Ebene	2. Ebene	3. Ebene	4. Ebene
Kostengruppe nach DIN 276 (3. Ebene)			
	Hauptgruppe		
		Untergruppe	
			Objekt/ Bauelement

Abb. 4: Gliederung der Bauteile

4.2 Sammlung von Lebensdauerdaten

Neben einer sinnvollen Gliederung der Bauteile war die Durchführung einer umfassenden Literaturrecherche Grundvoraussetzung für die Erlangung von Lebensdauerdaten. Dazu musste zunächst die Fragestellung konkretisiert und abgegrenzt werden. Datensätze zur technischen Lebensdauer von Bauteilen der Kostengruppe 300 nach DIN 276-1 (2006) standen im Vordergrund der Datenerhebung, wobei Angaben zur Nutzungsdauer von Bauelementen ebenfalls akzeptiert wurden, da in der Literatur keine Abgrenzung zur technischen Lebensdauer festgestellt werden konnte.

Im Rahmen der Recherche wurden nicht nur reine Datensammlungen zu Lebensdauern von Bauteilen in elektronischer und papiergebundener Form ausgewertet, sondern auch Normenwerke zu den einzelnen Bauteilen, Arbeiten zu Instandhaltung und Wartung sowie zusammenfassende Bücher über Facility Management und Nachhaltigkeit gesichtet. Hersteller von Bau- und Konstruktionsprodukten verfügen oftmals über interne Informationen zur Lebensdauer und Dauerhaftigkeit ihrer Produkte. Gelegentlich werden diese Daten der Öffentlichkeit z. B. in Produktdeklarationen oder auf Herstellerwebseiten zugänglich gemacht, wobei sich derartige Veröffentlichungen auf einzelne Bauteile beschränken und der Ermittlungsaufwand in keinem Verhältnis zum Mehrwert für diese Arbeit steht. Weitere mögliche Datenquellen stellen z. B. Bauordnungen, Arbeitsdokumente von Gremien, empirische Daten gleichartiger Objekte oder auch Urteile von Fachleuten dar. Grundsätzlich kann jede Informationsquelle genutzt werden, solange mögliche Fehlerquellen der verschiedenen Informationsquellen beachtet und gegebenenfalls dokumentiert werden. Bei der Bewertung der Datensätze ist das Vier-Augen-Prinzip genauso wesentlich wie das festgelegte Procedere bei eventuellen Unstimmigkeiten.

Der Prozess der Datenbeschaffung ist im nachfolgenden Schema (Abb. 5) als Übersicht dargestellt. So können nach DIN ISO 15686-8 (2008) auch allgemeine Datensätze gefunden werden, die erst durch eine zusätzliche Quelle ergänzt werden müssen. Diese müssen anschließend bewertet und je nach Vollständigkeit und Transparenz für akzeptabel oder nicht akzeptabel befunden werden. Nicht akzeptable Datensätze werden gelöscht bzw. nicht in den Datenbestand aufgenommen, akzeptable Datensätze werden aufbereitet und der Bauteilliste zugeführt.

Im Rahmen der durchgeführten Literaturrecherche mussten bisweilen Abstriche hinsichtlich der Datenqualität hingenommen werden, da mehrfach Wiederholungen innerhalb der Quellen festgestellt wurden und Mittelwerte aus bereits bekannten Quellen nur bedingt als neue Werte akzeptiert werden konnten. Trotzdem sind einige dieser redundanten Quellen in die Untersuchung eingeflossen, da sie aufgrund der aktuellen Entwicklungen im Bereich der Lebensdauerforschung als wichtige Datenquellen wissenschaftlich anerkannt sind. Des Weiteren lässt sich nicht bei allen Literaturangaben nachvollziehen, welche Definition der Lebensdauer bzw. welche Randbedingungen der Datensammlung zugrunde liegen, so dass einige Werte aus der Literatur bewusst aussortiert werden mussten. Ein vollständiger Lebensdauerdatensatz enthält, neben einer allgemeinen Beschreibung des Materials (oder der Komponente), konkrete Angaben zur Vorgehensweise der Datenerhebung. Weiterhin sind u. a. die Gebrauchskonditionen, die kritischen Eigenschaften eines Bauteils und dessen jeweilige Leistungsanforderungen von Interesse.

Insgesamt wurden durch die Literaturrecherche ca. 12.500 Datensätze in die Bauteilliste aufgenommen, so dass nahezu allen Komponenten der erstellten Liste bereits aktuelle Lebensdauerwerte zugeordnet werden konnten.

5 Erweiterung der Datengrundlage

5.1 Einführung

Neben einer umfangreichen Literaturrecherche konnte die Erweiterung der Datengrundlage durch praxisnahe Erfahrungswerte zu Lebensdauern auf Basis einer Datenerhebung sichergestellt werden. Unter Berücksichtigung der Zielgruppe (Hersteller, Sachverständige, Dienstleister, FM-Anbieter) und der zeitlichen Randbedingungen wurde eine zweigeteilte Erhebung aus E-Mail-Umfrage und persönlicher Interviews durchgeführt.

5.2 Ergebnisse der Datenerhebung

Die Auswahl der Experten aus verschiedenen Prozessbereichen sollte eine möglichst ausgewogene Einschätzung der Lebensdauern gewährleisten. Nach Prüfung der Ergebnisse auf

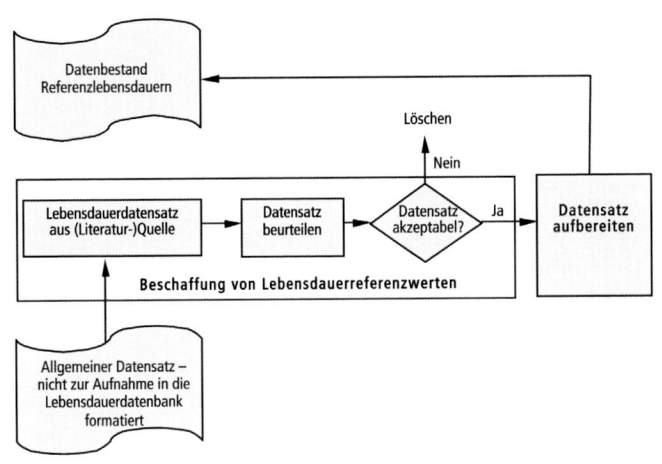

Abb. 5: Prozess der Umformatierung von allgemeinen Daten zu Lebensdauerdaten nach DIN ISO 15686-8 (2008)

Plausibilität konnten die Umfragedaten in die abschließende Lebensdauertabelle aufgenommen werden, so dass sich zusammen mit den Ergebnissen der Literaturrecherche eine Datengrundlage hinlänglicher Breite als Kalkulationsgrundlage ergab. Somit kommen zu den bereits vorhandenen Werten aus der Literaturrecherche, bis auf wenige Ausnahmen, mindestens 15 weitere Lebensdauerangaben je Bauteil hinzu. In der folgenden Abbildung 6 sind beispielhaft Dämmschichten hinterlüfteter Fassaden mit den Werten aus Literatur und Umfragen gegenübergestellt.

Es lässt sich festhalten, dass die Abweichungen zwischen den ermittelten Umfragewerten und den aktuellen Literaturwerten relativ gering sind. Die Tendenz liegt eher bei einer etwas vorsichtigeren Einschätzung durch die Expertengruppen. Bei ca. 80% der Bauteile liegen die Abweichungen im Bereich von ± 30% um den Mittelwert.

5.3 Datenqualität nach DIN ISO 15686-8 (2008)

Nach den bereits genannten Problemen mit der Qualität der Literaturdaten, war es auch bei den Umfragedaten nicht immer möglich, alle erforderlichen Randbedingungen zu berücksichtigen. Trotzdem, auch wenn die verfügbaren Daten z. T. große Streuungen aufweisen, können diese Werte eine wichtige Informationsquelle bilden. Speziell ist dies der Fall, wenn fundierte Daten, die auf Basis von Testverfahren gemäß Teil 2 (2001) der DIN ISO 15686 generiert wurden, nicht zur Verfügung stehen.

Ein Lebensdauerdatensatz bei einer Datenerhebung sollte neben einer allgemeinen Beschreibung des Materials (oder der Komponente) Angaben zur Vorgehensweise der Datenerhebung enthalten. Des Weiteren sind mögliche Gebrauchskonditionen, die kritischen Eigenschaften des Bauteils sowie deren Leistungsanforderungen von Interesse. Diese Daten stehen aber nur in den seltensten Fällen vollständig zur Verfügung.

Vor ihrer Verwendung wurden die gesammelten Lebensdauerdatensätze Qualität und Konsistenz überprüft. So wurde auf die Verwendung eines Datensatzes beispielsweise verzichtet, wenn

– die betrachteten Schädigungsfaktoren nicht vollständig berücksichtigt wurden bzw. nicht den zu untersuchenden Bedingungen entsprechen,

– die Leistungsanforderungen nicht denen des zu untersuchenden Objekts entsprechen,

– die Referenznutzungsbedingungen nicht den objektspezifischen Nutzungskonditionen entsprechen.

Lebensdauer von Bauteilen											
	Anzahl	▶	▷	Jahre	◁	◀	0	20	40	60	80 Jahre
Vorgehängte hinterlüftete Fassade; Dämmschicht											
Alle Varianten											
Erhebung	48	25,0	30,1	**38,2**	47,6	60,0					
Literatur	3	30,0	35,0	**45,0**	55,0	60,0					
Steinwolledämmmatten											
Erhebung	53	20,0	28,1	**37,1**	46,7	50,0					
Literatur	8	30,0	36,9	**45,0**	60,0	70,0					
Schaumglasplatten											
Erhebung	49	30,0	33,2	**43,3**	49,6	50,0					
Literatur	4	30,0	30,0	**50,0**	70,0	70,0					
Mineralschaumplatte											
Erhebung	53	20,0	28,4	**37,3**	46,8	50,0					
Literatur	7	30,0	41,1	**62,8**	78,1	80,0					

▶ min
▷ von
I Mittelwert
◁ bis
◀ max

Abb. 6: Vergleich der mittleren technischen Lebensdauer verschiedener Dämmschichten

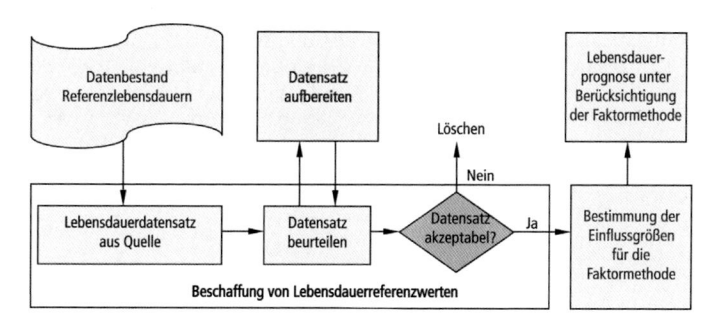

Abb. 7: Prozess der Lebensdauerdatenauswahl gemäß DIN ISO 15686-8 (2008)

6 Resümee und Ausblick

Der vorliegende Fachaufsatz befasst sich mit der Lebensdauerermittlung im Bauwesen. Das Wissen um die Lebenserwartung einer Konstruktion bzw. ihrer Bauteile ist sowohl für die Durchführung von Lebenszyklusanalysen als auch zur Planung von Instandsetzungsstrategien erforderlich. Bisher vorliegende Kataloge zur Lebensdauer von Bauteilen sind häufig veraltet und liefern nur in den seltensten Fällen Angaben zu den Randbedingungen, unter denen die Daten gewonnen wurden. Aussagen zu Einflussgrößen, welche die Lebensdauer der einzelnen Bauteile beeinflussen können, gibt es in der Regel nicht. Anhand einer umfangreichen Datenerhebung bei verschiedenen Expertengruppen wurden Erfahrungswerte über die Lebensdauer von Bauteilen und Baustoffen sowie deren Einflussgrößen gesammelt, wobei im Rahmen dieser Veröffentlichung lediglich auf die Darstellung der gewonnenen Lebensdauerdaten eingegangen wird.

Die aktuell sehr intensive Forschungstätigkeit auf dem Gebiet der Referenzlebensdauern sollte es sich zum Ziel machen, nicht nur die Lebensdauerkataloge aktuell und möglichst umfangreich zu gestalten, sondern auch Referenzbedingungen festlegen, die einen Abgleich der objektspezifischen Einsatzrandbedingungen mit den Referenzbedingungen erlauben. Dies wäre ein erster Schritt zur Erhöhung der Anwendungssicherheit und eine gute Basis für weitere Forschungstätigkeiten im Bereich der Einflussquantifizierung.

Der oft eher zufällige Einsatz von Bauteilen und Baustoffen nach vordergründig wirtschaftlichen Gesichtspunkten sollte zukünftig im Sinne der Nachhaltigkeit und einer langfristigen Wirtschaftlichkeit, die mit geringeren Instandhaltungs- und Instandsetzungskosten einher geht, vermieden werden.

(Die zugehörigen Lebensdauer-Daten finden Sie ab Seite 78.)

Lebensdauer von Bauteilen und Bauelementen

320 Gründung

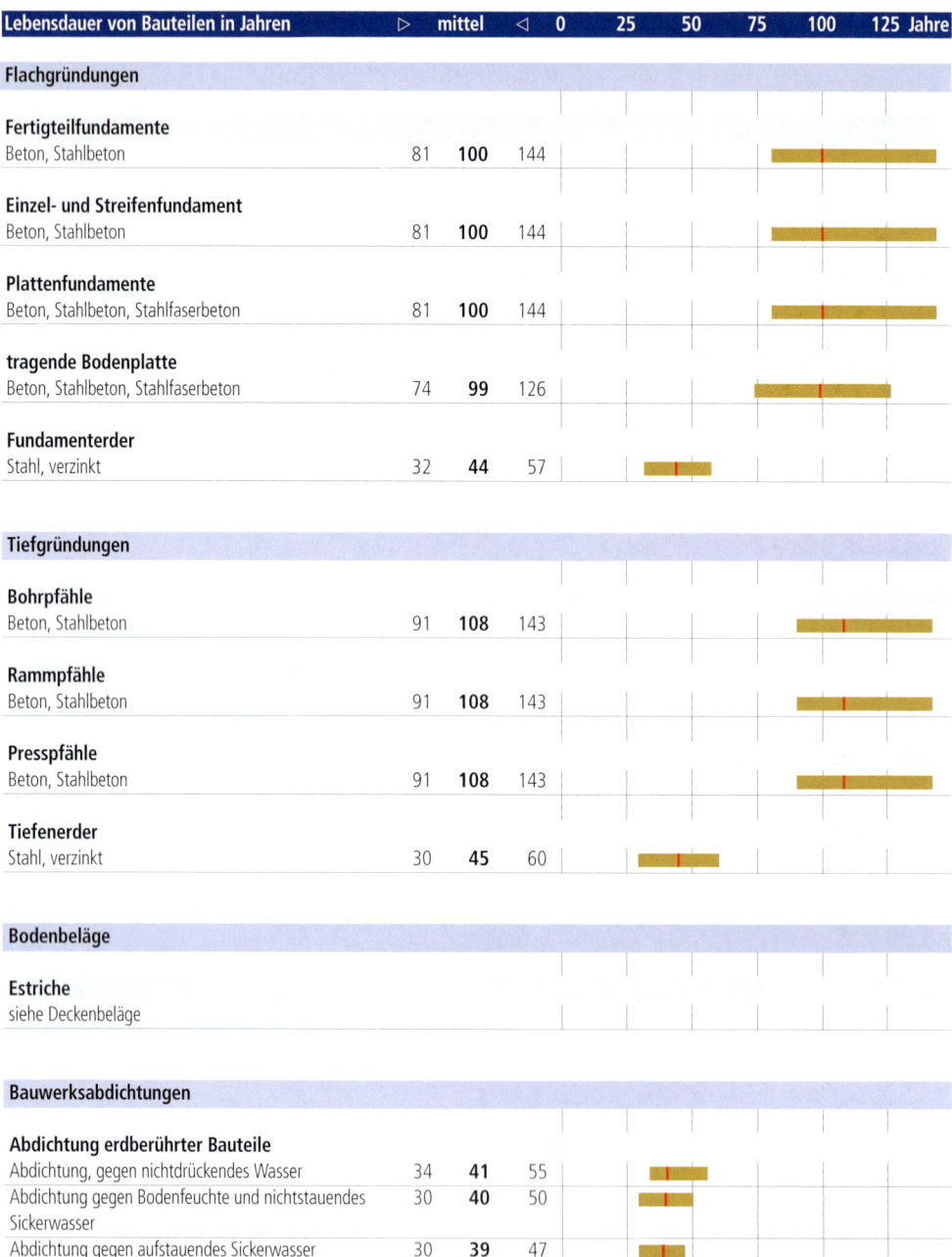

Lebensdauer von Bauteilen in Jahren	von	mittel	bis

Flachgründungen

Fertigteilfundamente
Beton, Stahlbeton — 81 | **100** | 144

Einzel- und Streifenfundament
Beton, Stahlbeton — 81 | **100** | 144

Plattenfundamente
Beton, Stahlbeton, Stahlfaserbeton — 81 | **100** | 144

tragende Bodenplatte
Beton, Stahlbeton, Stahlfaserbeton — 74 | **99** | 126

Fundamenterder
Stahl, verzinkt — 32 | **44** | 57

Tiefgründungen

Bohrpfähle
Beton, Stahlbeton — 91 | **108** | 143

Rammpfähle
Beton, Stahlbeton — 91 | **108** | 143

Presspfähle
Beton, Stahlbeton — 91 | **108** | 143

Tiefenerder
Stahl, verzinkt — 30 | **45** | 60

Bodenbeläge

Estriche
siehe Deckenbeläge

Bauwerksabdichtungen

Abdichtung erdberührter Bauteile

	von	mittel	bis
Abdichtung, gegen nichtdrückendes Wasser	34	**41**	55
Abdichtung gegen Bodenfeuchte und nichtstauendes Sickerwasser	30	**40**	50
Abdichtung gegen aufstauendes Sickerwasser	30	**39**	47
Abdichtung gegen drückendes Wasser	35	**48**	65
Konstruktionen aus wasserundurchlässigem Beton	58	**71**	86
Abichtungen mit Bentonit	32	**45**	58

▷ von
| Mittelwert
◁ bis

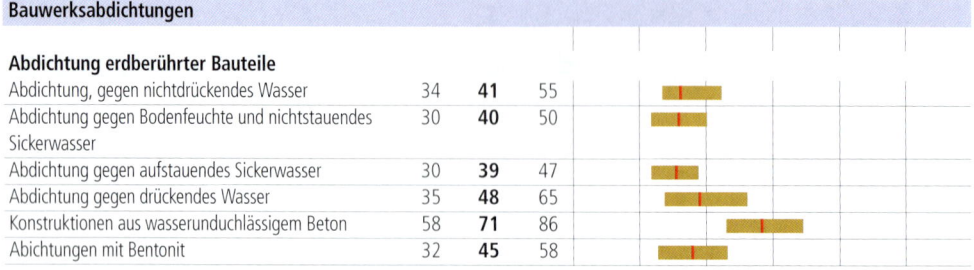

© BKI Baukosteninformationszentrum; Erläuterungen zu den Tabellen siehe Seite 46

320 Gründung

Lebensdauer von Bauteilen in Jahren		mittel		
Bauwerksabdichtungen				
nachträgliche Abdichtungen				
Abdichtungen auf der Innenseite	17	**28**	37	
Abdichtung durch Vergelung oder Schleierinjektion	16	**23**	29	
Querschnittsabdichtung gegen aufsteigende Feuchtigkeit (mechan. Injektion)	33	**41**	50	
Perimeterdämmung				
extrudiertes Polystyrol	38	**52**	72	
Schaumglas	46	**56**	73	
Wellplatten				
faserverstärkt auf Bitumenbasis	20	**30**	40	
faserverstärkt auf Zementbasis	22	**35**	48	
Noppenbahnen				
Polyethylen, Polypropylen	30	**39**	47	
Hartschaumplatten				
Polystyrol	34	**46**	63	
Granulatmatten				
Gummigranulat vulkanisiert	26	**31**	38	
Gummigranulat mit PU-Verklebung	25	**31**	38	
Schutzmauern				
Beton	43	**52**	62	
Ziegel Hartbrandklinker	43	**53**	60	
Dränagen				
Dränanlagen				
Schächte	29	**39**	44	

© BKI Baukosteninformationszentrum; Erläuterungen zu den Tabellen siehe Seite 46

330 Außenwände

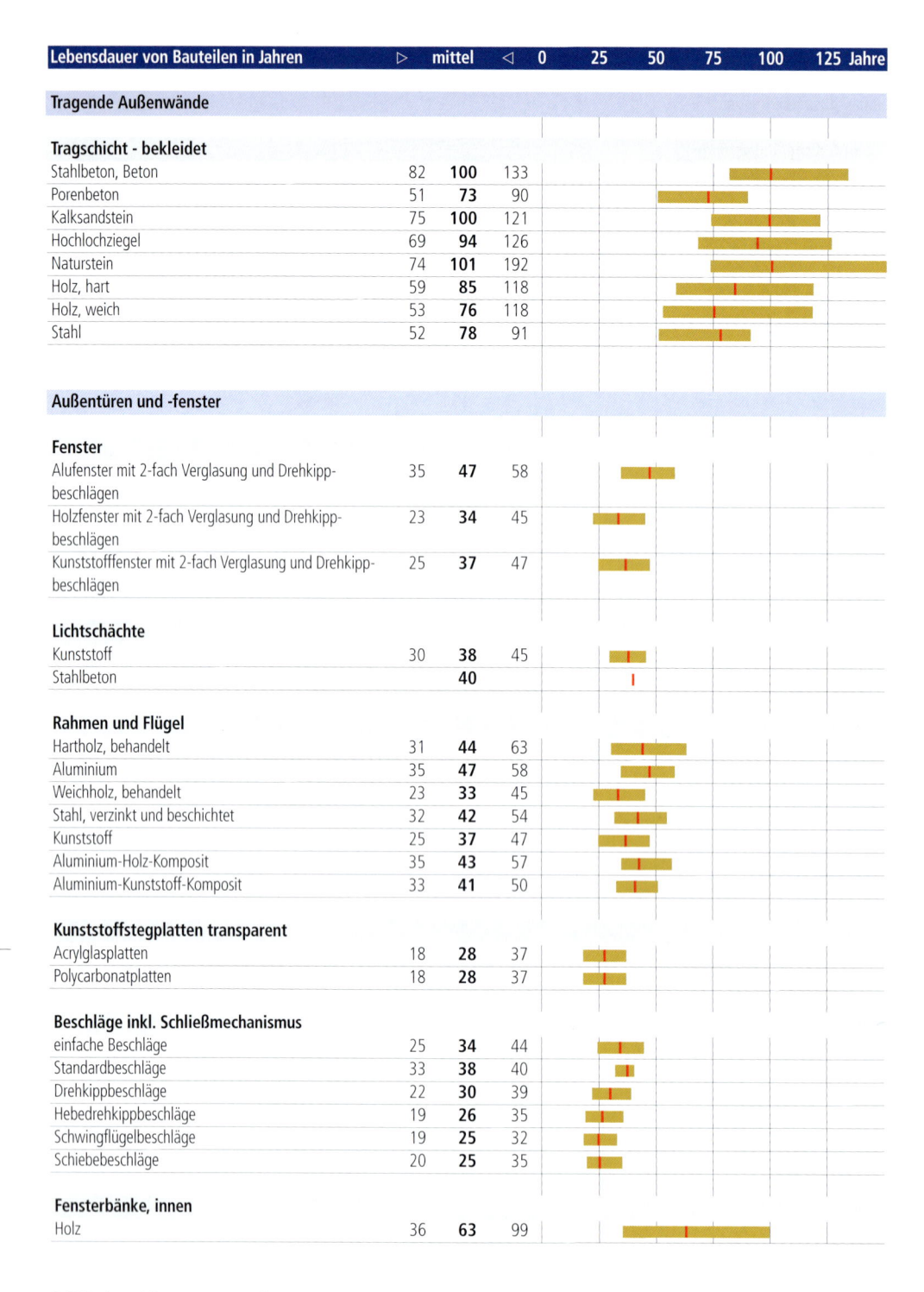

Lebensdauer von Bauteilen in Jahren — von | Mittelwert | bis

Tragende Außenwände

Tragschicht - bekleidet

Material	von	mittel	bis
Stahlbeton, Beton	82	**100**	133
Porenbeton	51	**73**	90
Kalksandstein	75	**100**	121
Hochlochziegel	69	**94**	126
Naturstein	74	**101**	192
Holz, hart	59	**85**	118
Holz, weich	53	**76**	118
Stahl	52	**78**	91

Außentüren und -fenster

Fenster

	von	mittel	bis
Alufenster mit 2-fach Verglasung und Drehkipp-beschlägen	35	**47**	58
Holzfenster mit 2-fach Verglasung und Drehkipp-beschlägen	23	**34**	45
Kunststofffenster mit 2-fach Verglasung und Drehkipp-beschlägen	25	**37**	47

Lichtschächte

	von	mittel	bis
Kunststoff	30	**38**	45
Stahlbeton		**40**	

Rahmen und Flügel

	von	mittel	bis
Hartholz, behandelt	31	**44**	63
Aluminium	35	**47**	58
Weichholz, behandelt	23	**33**	45
Stahl, verzinkt und beschichtet	32	**42**	54
Kunststoff	25	**37**	47
Aluminium-Holz-Komposit	35	**43**	57
Aluminium-Kunststoff-Komposit	33	**41**	50

Kunststoffstegplatten transparent

	von	mittel	bis
Acrylglasplatten	18	**28**	37
Polycarbonatplatten	18	**28**	37

Beschläge inkl. Schließmechanismus

	von	mittel	bis
einfache Beschläge	25	**34**	44
Standardbeschläge	33	**38**	40
Drehkippbeschläge	22	**30**	39
Hebedrehkippbeschläge	19	**26**	35
Schwingflügelbeschläge	19	**25**	32
Schiebebeschläge	20	**25**	35

Fensterbänke, innen

	von	mittel	bis
Holz	36	**63**	99

© BKI Baukosteninformationszentrum; Erläuterungen zu den Tabellen siehe Seite 46

Lebensdauer von Bauteilen in Jahren

Außentüren und -fenster

Fensterbänke, innen

Material	min	mittel	max
Naturstein	61	86	121
Keramik	67	88	124
Kunststoff	35	51	72
Aluminium	43	56	73

Fensterbänke, außen

Material	min	mittel	max
Naturstein	50	75	100
Klinker	57	80	110
Beton	55	69	77
Betonfertigteil	48	68	80
Keramik	54	66	77
Fliesen	46	61	76
Kunststein	30	58	75
Kupferblech	47	64	94
Aluminium	24	42	59
Stahl, verzinkt	26	35	45
Stahl, verzinkt und beschichtet	37	46	56
Faserzement	33	42	56
Kunststoff	18	25	39
Zink	24	32	44

Verglasung

Material	min	mittel	max
Einfachverglasung	43	64	88
2-Scheiben-Wärmeschutz-Isolierglas	22	30	42
3-Scheiben-Wärmeschutz-Isolierglas	20	29	37
angriffhemmendes Isolierglas	24	31	41
Brandschutz-Isolierglas	20	29	38
Schallschutz-Isolierglas	20	30	41
Sicherheits-Isolierglas	24	31	41
Sonnenschutz-Isolierglas	20	30	40
Glasbausteine	28	40	50

Abdichtung

Material	min	mittel	max
Dichtprofile	17	22	28
Dichtstoffe (Silikone)	11	15	22
Verkittung	9	12	18

Türen

Material	min	mittel	max
Vollspantür mit Standardbeschlägen und normalem Schloss	21	29	38
Alutür mit Standardbeschlägen, Türschließer und normalem Schloss	31	46	58
Vollholztür mit Standardbeschlägen und normalem Schloss	31	42	55
Kunststofftür mit Standardbeschlägen und Schließanlage	25	37	47

330 Außenwände

© BKI Baukosteninformationszentrum; Erläuterungen zu den Tabellen siehe Seite 46

330 Außenwände

Außentüren und -fenster

Lebensdauer von Bauteilen in Jahren	von	mittel	bis

Türen
	von	mittel	bis
Glasrahmentür mit Schwingflügelbeschlägen, Türschließer und Schließanlage	37	**48**	61
Standardtüren, außen	33	**44**	53

Standardtüren, außen
	von	mittel	bis
Aluminiumtüren	31	**46**	58
Stahltüren, rostfrei	37	**48**	61
Aluminium-Holz-Komposit	28	**43**	56
Aluminium-Kunststoff-Komposit	31	**44**	57
Hartholz	34	**49**	64
Weichholz	26	**36**	47
Holzwerkstofftüren	21	**29**	38
Kunststofftüren	25	**37**	47
Stahltüren	30	**41**	52
Glastüren/Ganzglastüren	27	**44**	68

Automatiktüren
	von	mittel	bis
Verbund	34	**47**	60
Aluminiumtüren	41	**52**	66
Stahltüren	26	**39**	47
Glastüren/Ganzglastüren	29	**45**	67

Feuchtraumtüren
	von	mittel	bis
Verbund	34	**44**	53
Aluminiumtüren	36	**50**	60
Stahltüren, rostfrei	37	**47**	57
Aluminium-Holz-Komposit	28	**44**	56
Aluminium-Kunststoff-Komposit	31	**42**	56
Hartholz	35	**48**	65
Weichholz	26	**36**	48
Holzwerkstofftüren	20	**26**	32
Kunststofftüren	25	**37**	46
Stahltüren	26	**39**	47
Glastüren/Ganzglastüren	30	**44**	68

Brand-/Schallschutztüren
	von	mittel	bis
Verbund	34	**45**	54
Aluminiumtüren	36	**50**	60
Stahltüren, rostfrei	37	**47**	57
Aluminium-Holz-Komposit	28	**42**	55
Aluminium-Kunststoff-Komposit	31	**42**	56
Hartholz	35	**48**	65
Weichholz	26	**36**	48
Holzwerkstofftüren	20	**26**	32
Kunststofftüren	25	**37**	46
Stahltüren	26	**39**	47
Glastüren/Ganzglastüren	29	**44**	65

▷ von
| Mittelwert
◁ bis

© **BKI** Baukosteninformationszentrum; Erläuterungen zu den Tabellen siehe Seite 46

Lebensdauer von Bauteilen in Jahren — mittel — 0 25 50 75 100 125 Jahre

330 Außenwände

Außentüren und -fenster

Rotationstüren
Bauteil	min	mittel	max
Verbund	34	45	60
Aluminiumtüren	36	50	60
Stahltüren, rostfrei	37	47	57
Stahltüren	26	39	47
Glastüren/Ganzglastüren	28	45	63

Schiebetüren
Bauteil	min	mittel	max
Verbund	32	43	53
Aluminiumtüren	36	50	60
Stahltüren, rostfrei	37	47	57
Aluminium-Holz-Komposit	27	42	55
Aluminium-Kunststoff-Komposit	31	43	55
Hartholz	35	48	65
Weichholz	26	36	48
Holzwerkstofftüren	20	26	32
Kunststofftüren	25	37	46
Stahltüren	26	39	47
Glastüren/Ganzglastüren	29	44	66

Toranlagen
Bauteil	min	mittel	max
Metallische Materialien	35	45	58
Aluminiumtore	36	50	60
Holztore	35	48	65
Kunststofftore	25	37	46
Stahltore	26	39	47

Garagentüren
Bauteil	min	mittel	max
metallische Materialien	29	32	34
Garagentüren Stahlblech	25	31	38
Garagentüren Holz	25	30	37

Türzubehör, außen
Bauteil	min	mittel	max
einfache Beschläge	19	34	49
Standardbeschläge	19	29	44
Schiebebeschläge	18	26	36
Schwingflügelbeschläge	18	25	38
Türschließer	15	20	27
Türschlösser	18	25	36
Schließanlage	15	23	34
Falttürbeschläge	17	26	38
Panikverschlüsse	14	22	33
Türanschlagdämpfer	12	19	29
Türantriebe	11	14	18
Türdichtungen	16	20	35

© BKI Baukosteninformationszentrum; Erläuterungen zu den Tabellen siehe Seite 46

330 Außenwände

Außenwandbekleidungen außen

Konstruktionen mit Wärmedämmung

Bauteil	von	Mittelwert	bis
WDVS bestehend aus Anstrich, Standardputz und Polystyroldämmplatten	27	**40**	49
WDVS bestehend aus Anstrich, Standardputz und Mineralschaumdämmung	31	**43**	61
zweischalige hinterlüftete Konstruktion aus Mauerwerk und Polystyroldämmplatten	30	**41**	56
zweischalige hinterlüftete Konstruktion aus Stahlbeton und Glaswolledämmplatten	29	**38**	47
zweischalige nicht hinterlüftete Konstruktion aus Mauerwerk und Polystyroldämmplatten	31	**43**	67
zweischalige nicht hinterlüftete Konstruktion aus Stahlbeton und Glaswolledämmplatten	31	**42**	68
Pfosten-Riegel-Fassade aus Unterkonstruktion, Stahl-Glasfassade und Abdichtung	28	**36**	49
Pfosten-Riegel-Fassade aus Unterkonstruktion, Beton-Glasfassade, Kerndämmung und Abdichtung	28	**36**	49

Wärmedämmverbundsystem; Dämmschicht

Bauteil	von	Mittelwert	bis
Polystyroldämmplatten	27	**40**	49
Polyurethandämmplatten	28	**40**	51
Steinwolledämmplatten	29	**39**	48
Glaswolledämmplatten	28	**39**	49
Holzfaserdämmplatten	19	**29**	41
Holzwolleleichtbauplatten	23	**31**	47
Korkplatten	19	**30**	42
Mineralschaumdämmplatten	31	**43**	61

hinterlüftete Fassade; Dämmschicht

Bauteil	von	Mittelwert	bis
Steinwolledämmmatten	28	**40**	49
Schaumglasplatten	34	**45**	53
Mineralschaumplatte	31	**44**	62

Kerndämmung

Bauteil	von	Mittelwert	bis
Polystyrol	30	**40**	52
Polyurethan	30	**40**	52
Steinwolle	28	**39**	49
Glaswolle	28	**39**	49
Holzfaserdämmplatten	19	**29**	42
Holzwolleleichtbauplatten	23	**31**	48
Holzwolle	23	**31**	48
Kork	19	**29**	42
Holzspäne	22	**30**	49
Flachs	19	**28**	39
Hanf	19	**29**	42
Schafwolle	19	**29**	42
Zellulose	19	**27**	39
Kokos	19	**29**	42

▷ von
| Mittelwert
◁ bis

© BKI Baukosteninformationszentrum; Erläuterungen zu den Tabellen siehe Seite 46

330 Außenwände

Lebensdauer von Bauteilen in Jahren — mittel

Außenwandbekleidungen außen

Kerndämmung

Bauteil	min	mittel	max
Strohballen	16	**28**	43
Roggengranulat	19	**29**	42
Blähglasgranulat	30	**42**	63
Blähtongranulat	30	**43**	62
Blähschiefergranulat	30	**42**	63
Leichtlehmmischung	20	**29**	44
Vakuumdämmpaneele	13	**30**	41
Polystyroldämmplatten	28	**40**	49
Steinwolledämmplatten	29	**40**	52
Glaswolledämmplatten	29	**40**	53
Vakuumdämmpaneele	14	**29**	38

Dämmschicht

Bauteil	min	mittel	max
Polystyroldämmplatten	27	**39**	48
Polyurethandämmplatten	27	**39**	48
Steinwolledämmplatten	29	**38**	46
Glaswolledämmplatten	29	**38**	47
Vakuumdämmpaneele	16	**29**	37
Polystyrol	31	**43**	67
Polyurethandämmplatten	31	**43**	67
Steinwolle	32	**42**	68
Glaswolle	31	**42**	68
Vakuumdämmpaneele	16	**29**	35
Blähglasgranulat	34	**53**	82
Blähtongranulat	35	**53**	82
Blähschiefergranulat	34	**53**	82

diffusionsoffene druckstabile Dämmung

Bauteil	min	mittel	max
Calciumsilikatplatten	29	**47**	75
Mineralschaumdämmplatten	28	**40**	54

Folien

Bauteil	min	mittel	max
Dampfsperrfolien	21	**35**	46
Kleber zum Fixieren von Dampfsperrfolien	14	**22**	46

Unterdeckung (Bahnen)

Bauteil	min	mittel	max
dampfdiffusionsoffene Kunststofffolien	23	**33**	40

Dampfsperren

Bauteil	min	mittel	max
Kunststofffolien	23	**33**	40

Putz auf monolitischer Tragschicht

Bauteil	min	mittel	max
Luftkalkmörtel	30	**40**	54
Wasserkalkmörtel	30	**40**	54
hydraulischer Kalkmörtel	30	**40**	54
hochhydraulischer Kalkmörtel	30	**40**	54
Mörtel mit Putz- und Mauerbinder	30	**40**	54

© **BKI** Baukosteninformationszentrum; Erläuterungen zu den Tabellen siehe Seite 46

330 Außenwände

Lebensdauer von Bauteilen in Jahren

Außenwandbekleidungen außen

Bauteil	von	Mittelwert	bis
Putz auf monolitischer Tragschicht			
Kalkzementmörtel	30	**40**	54
Zementmörtel mit Zusatz von Luftkalk	27	**40**	54
Zementmörtel	31	**42**	57
Silikatputze	26	**36**	49
Kunstharzputze	24	**32**	43
Silikonharzputze	24	**32**	43
Sanierputzsysteme	25	**34**	45
mineralische Leichtputzsysteme	27	**38**	50
Putz auf Wärmedämmung			
mineralische Putzsysteme	27	**37**	49
Silikatische Putzsysteme	28	**38**	49
Kunstharzputzsysteme	25	**33**	44
Silikonharzputzsysteme	25	**33**	44
Wärmedämmputzsysteme			
mineralischer Binder mit expandiertem Polystyrol als Zuschlag	24	**32**	42
Keramik auf Wärmedämmung			
Fliesen	31	**40**	62
Klinkerriemchen	28	**37**	49
Pfosten-Riegel-Fassade			
Grundkonstruktion	26	**34**	42
Faserzement-Fassade			
Grundkonstruktion	28	**37**	47
Blech-Fassade			
Grundkonstruktion	29	**40**	49
vorgehängte hinterlüftete Fassade			
metallische Materialien	33	**43**	67
Edelstahl	37	**59**	98
Aluminium	33	**45**	64
Holz	24	**32**	42
Holzschindeln	32	**42**	56
Weichholz, behandelt	24	**33**	51
Weichholz, unbehandelt	22	**31**	54
Hartholz, unbehandelt	24	**33**	53
Hartholz, behandelt	25	**40**	63
Holzzement	24	**36**	56
Faserzement	32	**45**	65
Stahl, verzinkt	29	**40**	52
Stahl, verzinkt und beschichtet	25	**38**	49
Stahl, kunststoffummantelt	25	**38**	49

▷ von
| Mittelwert
◁ bis

© BKI Baukosteninformationszentrum; Erläuterungen zu den Tabellen siehe Seite 46

330 Außenwände

Lebensdauer von Bauteilen in Jahren

Außenwandbekleidungen außen	min	mittel	max
vorgehängte hinterlüftete Fassade			
korrosionsreduzierter Stahl	27	**39**	48
Stahl, nicht rostend	34	**42**	57
Kupferblech	34	**47**	68
Zink	33	**42**	61
Naturstein	41	**55**	82
Stein-Leichtelemente	36	**45**	59
HPL-Platten	25	**32**	50
Kunststoff	25	**32**	48
faserverstärkte Harzkompositplatten	20	**29**	35
Glas	30	**46**	79
Tonziegel	45	**61**	96
Aluminium	32	**40**	57
Kunststoffstegplatten transparent			
Acrylglasplatten	31	**40**	52
Polycarbonatplatten	21	**29**	36
Sichtkonstruktion			
Kalksandstein	42	**53**	66
Tonziegel	47	**68**	108
Verfugung Sichtmauerwerk	28	**39**	48
Tonklinker	47	**70**	109
Sichtbeton	41	**60**	80
Fassadenfestverglasung	34	**44**	53
Beschichtung auf Putz			
nachwachsende organische Materialien	9	**15**	20
Kaseinfarbe	7	**11**	17
Weißzementfarbe	12	**16**	22
Dispersionsfarbe	9	**15**	20
Dispersions-Silikatfarbe	9	**15**	20
Silikonharzfarbe	10	**14**	19
Silikatfarbe	10	**15**	23
Polymerisatharzfarben	13	**16**	25
Lasur	4	**6**	11
Beschichtung auf Beton			
Kunststoffbeschichtungen	8	**13**	21
Anstrich	6	**9**	13
Anstrichsysteme			
Antigraffitischutz	5	**7**	10
Beschichtung auf Holz			
Holzschutzmittel	4	**7**	12
Holzlasuren	4	**5**	10
Holzfarben	4	**5**	8

© **BKI** Baukosteninformationszentrum; Erläuterungen zu den Tabellen siehe Seite 46

330 Außenwände

Lebensdauer von Bauteilen in Jahren	▷	mittel	◁	0	25	50	75	100	125 Jahre

Außenwandbekleidungen außen

Beschichtung auf Holz

Holzlacke	4	**6**	10						
Holzöle/-wachse	5	**7**	12						

Sonnenschutz

Jalousien, Rollläden, außenliegend

Holz	19	**26**	38						
Kunststoff	15	**21**	28						
Stahl	15	**24**	34						
Aluminium	19	**29**	40						

▷ von
| Mittelwert
◁ bis

Lebensdauer von Bauteilen in Jahren

340 Innenwände

Tragende Innenwände

monolitischer Aufbau

Material	min	mittel	max
Stahlbeton, Beton	79	**101**	134
Porenbeton	75	**94**	109
Kalksandstein	95	**114**	137
Ziegel	79	**100**	135
Naturstein	71	**93**	120
Holz, hart	57	**88**	121
Holz, weich	47	**66**	85

Nichttragende Innenwände

Ständersysteme

Material	min	mittel	max
Gipskartonplatten	36	**45**	58
Strohleichtbauplatte	32	**42**	56
Hartschaumverbundplatten	35	**44**	56
Holzwerkstoffplatten	38	**53**	75

Unterkonstruktionen

Material	min	mittel	max
Befestigungsmittel	36	**43**	53
Traggerüste für Sanitärobjekte	35	**40**	47
Profile für den Trockenbau (Stahl)	41	**59**	77
Profile für den Trockenbau (Holz)	35	**48**	58

monolitischer Aufbau

Material	min	mittel	max
Beton	64	**81**	115
Leichtbeton	58	**76**	91
Porenbeton	55	**75**	92
Hochlochziegel	64	**81**	106
Kalksandstein	55	**79**	106
Glasbausteine	33	**47**	75
Trennwände, Glas	42	**62**	86
Gipswandbauplatten	43	**54**	70

Innentüren und -fenster

Standardtüren

Material	min	mittel	max
Aluminiumtüren	49	**66**	79
Stahltüren, rostfrei	44	**65**	78
Hartholz	39	**55**	71
Weichholz	36	**55**	70
Holzwerkstofftüren	32	**52**	68
Kunststofftüren	33	**46**	58
Stahltüren	38	**56**	74

Sondertüren

Material	min	mittel	max
Automatiktüren	17	**26**	36

© **BKI** Baukosteninformationszentrum; Erläuterungen zu den Tabellen siehe Seite 46

340 Innenwände

Lebensdauer von Bauteilen in Jahren	von	mittel	bis
Innentüren und -fenster			
Sondertüren			
Feuchtraumtüren	20	**38**	45
Glastüren/Nurglastüren	44	**59**	70
Brandschutztüren	41	**57**	76
Rauchschutztüren	38	**51**	80
Schallschutztüren	37	**56**	74
Karusselltüren/Rotationstüren	24	**35**	46
Schiebetüren	19	**30**	46
Strahlenschutz, Schiebetoranlage		**40**	
Strahlenschutz, Drehflügeltür		**40**	
Strahlenschutz, sonstiges		**40**	
Türen, Zubehör			
Standardbeschläge	21	**37**	58
Schlösser	18	**28**	37
elektromagnetische Offenhaltung (Tür innen)		**19**	
Schiebebeschläge	18	**28**	38
Falttürbeschläge	24	**32**	39
Innenwandbekleidungen			
Standard-Bekleidungen			
Gipskartonplatten	28	**42**	68
Gipskartonverbundplatten	30	**45**	54
Holz	21	**37**	57
Holzwerkstoff	24	**37**	56
Mehrschichtleichtbauplatten	23	**38**	56
keramische Fliesen und Platten			
mineralische Baustoffe	31	**44**	76
keramische Spaltplatten	36	**55**	88
Natursteinbekleidungen			
Natursteine	30	**45**	75
Sedimentgestein		**50**	
Metamorphgestein	54	**78**	108
Magmatisches Gestein	54	**78**	108
Kunststeinbekleidungen			
Betonsteinplatten		**50**	
Kunstharzstein		**50**	
Tapeten			
nachwachsende organische Materialien	9	**12**	17
überstreichbar	6	**11**	14
nicht überstreichbar	7	**12**	16

▷ von
| Mittelwert
◁ bis

Lebensdauer von Bauteilen in Jahren ▷ mittel ◁ 0 25 50 75 100 125 Jahre

340 Innenwände

Innenwandbekleidungen

Sonderkonstruktionen

PVC, PE, PP	14	**26**	44
Glas	37	**58**	76

Metallbekleidungen

Aluminium	37	**58**	76
Stahl, nicht rostend	37	**58**	76
Kupfer	37	**58**	76
Stahl	37	**58**	76
Zink	37	**58**	76

Spezial-Bekleidungen

Brandschutz	15	**22**	44
Schallschutz (Akustikputz)	16	**22**	44
Latentwärmespeicher-Elemente	17	**21**	25
feuchteresistente Bekleidungen	15	**22**	43
Prallwände Turnhallen	15	**20**	35
Rammschutz	10	**13**	17
Rolläden	11	**18**	24
Rolläden in Glas	12	**17**	24

Wandschutzprofile

Aluminium	29	**53**	73
Stahl, nicht rostend	35	**54**	73
Stahl	29	**53**	73
Stahl, verzinkt	29	**53**	73
Holz	12	**19**	27
Holzwerkstoff	12	**19**	27
Kautschuk	6	**10**	13
Kunststoff	4	**8**	13

Standard-Innenputze

Anhydritputz	22	**34**	54
Celluloseputz	13	**23**	51
Gipsputz	21	**36**	54
Kalkputz	24	**38**	55
Kalkgipsputz	21	**36**	55
Kalkzementputz	28	**41**	59
Kunstharzputz	25	**37**	58
Lehmputz	37	**52**	69

mineralische Deckputze

Trasskalkputz	40	**53**	70
Trasszementputz	24	**36**	59
Zementputze	28	**39**	56

Spezialputze

Akustikputz	9	**14**	18

© **BKI** Baukosteninformationszentrum; Erläuterungen zu den Tabellen siehe Seite 46

340 Innenwände

Lebensdauer von Bauteilen in Jahren	von	mittel	bis
Innenwandbekleidungen			
Spezialputze			
Latentwärmespeicherputz	17	**21**	25
Sanierputz/-Systeme		**20**	
Strahlenschutzputze	13	**20**	28
Putzprofile			
Stahl, Glasfaser, Kunststoff	50	**60**	80
Putzträger			
Stahldrahtnetz, Rippenstreckmetall, Kunststoffgewebe	50	**60**	80
Innenanstriche			
Kalkfarbe	7	**11**	17
Leimfarbe	8	**11**	18
Kaseinfarbe	7	**11**	18
Weißzementfarbe	8	**12**	21
Dispersionsfarbe	9	**12**	18
Dispersions-Silikatfarbe	9	**13**	21
Silikonharzfarbe	8	**12**	18
Silikatfarbe	9	**14**	20
Polymerisatharzfarben	8	**15**	23
Lasur	8	**13**	21
Öl- und Lackfarbe	8	**14**	19
Heizkörperlack	9	**13**	19
Elementierte Innenwände			
mobile Wände			
Faltschiebewand / mobile Trennwände	15	**21**	28
Trennvorhänge Turnhalle	10	**15**	20
Sanitärkabinen			
Umkleidekabinen	11	**17**	24
Sanitärtrennwände			
Duschtrennwände	9	**17**	27
Toilettentrennwände	12	**18**	28
Urinaltrennwände	12	**18**	28

▷ von
| Mittelwert
◁ bis

350 Decken

Lebensdauer von Bauteilen in Jahren ▷ mittel ◁   0   25   50   75   100   125 Jahre

Deckenkonstruktionen

massive Konstruktion

Bauteil	min	mittel	max
Vollbetondecke (Betonstahlbewehrung)	72	**95**	123
Vollbetondecke (Spannstahlbewehrung)	74	**99**	124
Gitterträgerdecke	87	**103**	138
Hohlraumdecke (Betonstahlbewehrung)	80	**103**	142
Hohlraumdecke (Spannstahlbewehrung)	72	**99**	126
Stahlverbunddecke	72	**93**	109
Fertigteil-Rippendecke	78	**103**	142
Porenbetondecke	55	**66**	78
Massivholzdecken	57	**78**	107
Holz-Beton-Verbunddecke	61	**78**	92

freistehende Konstruktion

Bauteil	min	mittel	max
Aluminium, beschichtet		**55**	
Stahl, verzinkt	53	**65**	80
Stahl, verzinkt und beschichtet	57	**66**	80
Stahlbeton	59	**72**	86
Weichholz	36	**43**	47
Hartholz	45	**63**	74
Mauerwerk	61	**80**	98

auskragende Konstruktion

Bauteil	min	mittel	max
Stahl, verzinkt und beschichtet	50	**64**	80
Stahlbeton	59	**74**	88
Weichholz	40	**44**	47
Hartholz	40	**56**	72

Brüstung

Bauteil	min	mittel	max
Mauerwerk	40	**54**	76
Stahlbeton	40	**51**	70
Stahlgitterkonstruktion, verzinkt, beschichtet	40	**58**	64
Stahlrahmen, verzinkt, beschichtet, bekleidet mit Platten	40	**58**	64
Holzkonstruktion	23	**34**	43

Tragkonstruktion, innen

Bauteil	min	mittel	max
Beton und Leichtbeton	56	**82**	112
Stahl	71	**87**	105
Holz	44	**72**	98
Aluminium	71	**91**	113
Stahl / Glas	68	**90**	112
Stahl / Holz	71	**91**	113
Stahl, nicht rostend	67	**81**	107
Naturstein	49	**74**	96

Treppenstufen, innen

Bauteil	min	mittel	max
Betonwerkstein	54	**74**	88
Sedimentgestein	72	**87**	120

© **BKI** Baukosteninformationszentrum; Erläuterungen zu den Tabellen siehe Seite 46

350 Decken

Lebensdauer von Bauteilen in Jahren ▷ mittel ◁ 0 25 50 75 100 125 Jahre

Deckenkonstruktionen

Treppenstufen, innen

	von	mittel	bis
Metamorphgestein	78	**90**	126
Magmatisches Gestein	64	**82**	107
Hartholz	38	**53**	81
Weichholz	42	**53**	68

Tragkonstruktion, außen

	von	mittel	bis
Beton	47	**66**	83
Stahl, verzinkt	50	**70**	87
Stahl, verzinkt und beschichtet	55	**73**	87
Stahl, kunststoffummantelt	56	**74**	86
Stahl, nicht rostend	58	**78**	88
Weichholz	26	**42**	71
Hartholz	39	**56**	78
Sedimentgestein	46	**67**	90
Metamorphgestein	46	**67**	90
Magmatisches Gestein	46	**66**	90

Treppenstufen, außen

	von	mittel	bis
Sedimentgestein	47	**79**	107
Metamorphgestein	62	**83**	124
Magmatisches Gestein	47	**77**	98
Betonwerkstein	42	**66**	83
Hartholz, unbehandelt	33	**45**	74
Hartholz, behandelt	34	**44**	71

Deckenbeläge

Treppenbeläge, innen

	von	mittel	bis
textile Beläge	9	**13**	17
Fliesen	27	**45**	63
Kautschuk	11	**17**	23
Kunststoffbeschichtungen	11	**17**	23
Kunststoffbeläge	16	**20**	27

Estriche

	von	mittel	bis
Anhydrit	36	**52**	80
Gussasphalt	37	**53**	79
Steinholz	36	**57**	81
Magnesia	42	**64**	90
Zement	36	**53**	79
Trittschalldämmung	31	**48**	69

Trockenestriche (Systeme)

	von	mittel	bis
Gipsfaserplatten	29	**46**	63
Gipskartonplatten	34	**51**	69
Holzwerkstoffplatten	28	**45**	63

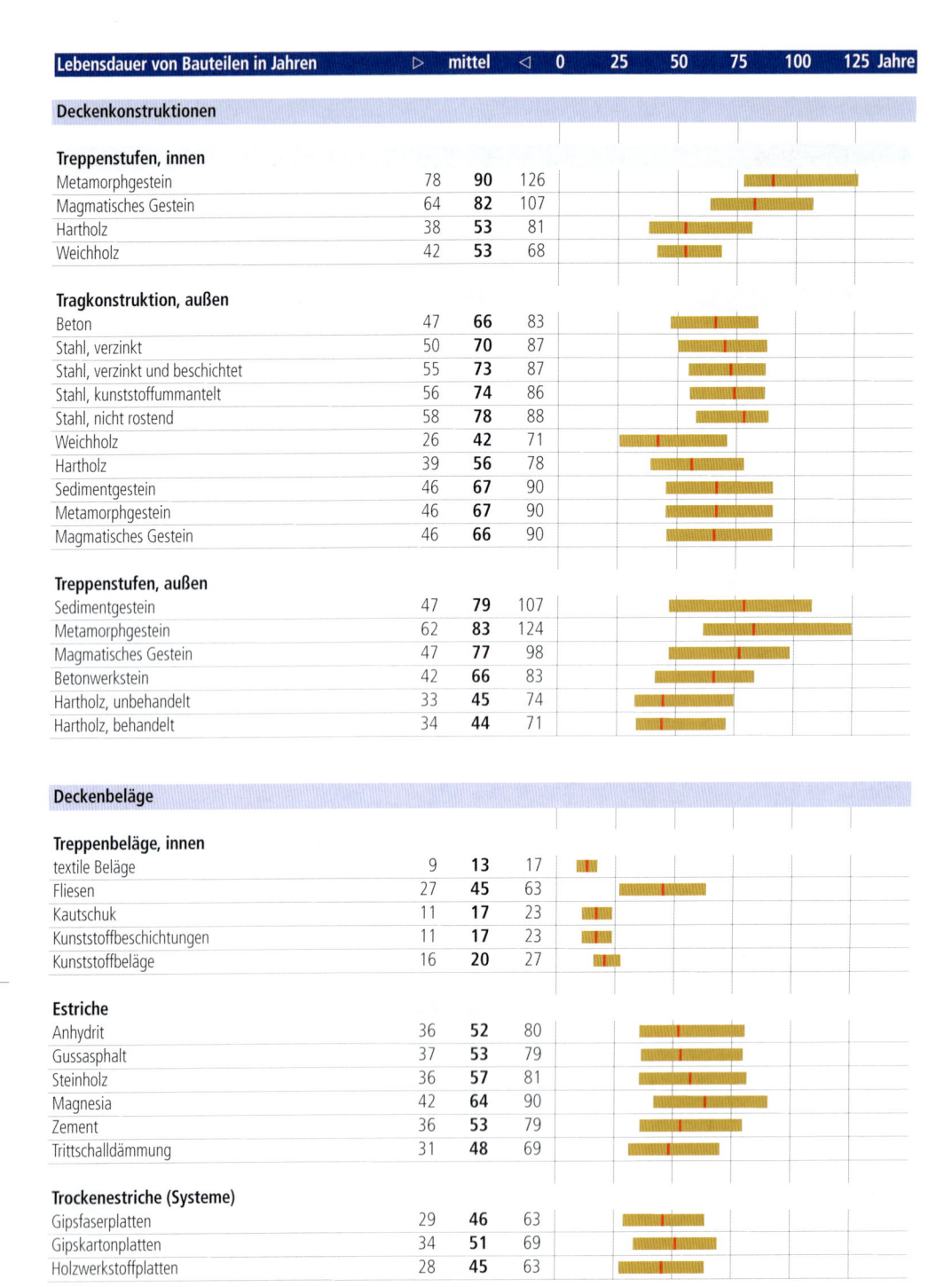

▷ von
| Mittelwert
◁ bis

© BKI Baukosteninformationszentrum; Erläuterungen zu den Tabellen siehe Seite 46

Lebensdauer von Bauteilen in Jahren

Deckenbeläge

Doppelböden

Bauteil	min	mittel	max
Aluminiumplatten	29	41	66
Betonplatten	46	58	73
Faserzementplatten	36	53	72
Gipsfaserplatten	28	41	63
Holzwerkstoffplatten	26	41	63
zementgebundene Holzwerkstoffplatte	40	58	73
Stahlplatten	28	42	66

Doppelbodenstützen

Bauteil	min	mittel	max
Stahl, verzinkt	28	37	47

Hohlraumböden

Bauteil	min	mittel	max
Faserzementplatten	34	56	72
Gipsfaserplatten	27	41	63
zementgebundene Holzwerkstoffplatte	46	63	76
Holzwerkstoffplatten	26	41	63

Hohlraumbodenstützen

Bauteil	min	mittel	max
Stahl, verzinkt	32	44	66

Schwingböden

Bauteil	min	mittel	max
Sporthallenbeläge	18	34	46
Holz	21	35	46
Kunststoff	20	32	44

Sockelleisten

Bauteil	min	mittel	max
Aluminium	21	49	85
Holz	28	39	55
Stahl, nicht rostend	23	50	100
Holzwerkstoff	14	27	40
Kautschuk	15	21	29
Keramik	31	54	88
Klinker	33	52	93
Kork	8	17	24
Kunststein	24	44	100
Kunststoff	16	29	70
Laminat	10	21	32
Linoleum	18	30	44
Naturstein	36	76	103
Stahl	28	51	100
Teppichbodensockelleisten	12	19	27

Installationssockelleisten

Bauteil	min	mittel	max
Kunststoff	17	30	79

glatte Beläge

Bauteil	min	mittel	max
Kautschuk	16	21	30

© BKI Baukosteninformationszentrum; Erläuterungen zu den Tabellen siehe Seite 46

350 Decken

Lebensdauer von Bauteilen in Jahren ▷ mittel ◁ 0 25 50 75 100 125 Jahre

Deckenbeläge

glatte Beläge

Material	von	mittel	bis
PVC	16	**22**	29
Kork	11	**17**	25
Kunststoff-Parkett	12	**19**	26
Linoleum	16	**23**	32
Laminat	8	**13**	19
Sporthallenbeläge	16	**19**	23
Holzparkett	29	**44**	72
Holzdielen	30	**45**	62
Holzpflaster	32	**47**	61

Teppichböden

Material	von	mittel	bis
Baumwolle	8	**11**	17
Jute	8	**11**	16
Kokos	8	**11**	16
Naturfasergemisch	8	**11**	16
Sisal	8	**12**	17
Synthetikfaser	8	**12**	16
Wolle	8	**13**	26

Schmutzfangbeläge

Material	von	mittel	bis
Baumwolle	5	**8**	11
Jute	6	**8**	13
Kokos	6	**8**	13
Kunststoff	6	**9**	14
Sisal	6	**8**	15
Synthetikfaser	6	**9**	14

Natursteinbeläge

Material	von	mittel	bis
Sedimentgestein	38	**64**	97
Metamorphgestein	39	**65**	101
magmatisches Gestein	36	**60**	85

Kunststeinbeläge

Material	von	mittel	bis
Betonstein, Kunstharz und Terrazzoasphalt	32	**52**	79
Klinkerplatten	27	**43**	62
Asphalt	17	**21**	50

fugenlose Bodenbeläge

Material	von	mittel	bis
Kunstharz, Quarz und Terrazzo	21	**37**	67

keramische Fliesen und Platten

Material	von	mittel	bis
keramische Spaltplatten	38	**54**	71
Steingut	36	**50**	69
Steinzeug	35	**50**	69
Terracotta	40	**53**	69
Feinsteinzeug	32	**50**	66
Glasmosaik	36	**54**	71

▷ von
| Mittelwert
◁ bis

© **BKI** Baukosteninformationszentrum; Erläuterungen zu den Tabellen siehe Seite 46

Lebensdauer von Bauteilen in Jahren

Deckenbeläge

keramische Fliesen und Platten

Material	min	mittel	max
Naturstein	35	**51**	73
Silikon	4	**6**	9
Zementmörtel	17	**29**	39

Bodenanstriche

Material	min	mittel	max
Allgemein	5	**8**	11
Versiegelung	5	**8**	11
Imprägnierung	3	**5**	9
Epoxidharzbeschichtung	8	**12**	16

Deckenbekleidungen

Tapeten

Material	min	mittel	max
überstreichbar	7	**10**	15
nicht überstreichbar	8	**11**	16

Putz

Material	min	mittel	max
mineralische Baustoffe	28	**41**	67

Holzbekleidungen

Material	min	mittel	max
nachwachsende organische Materialien	29	**49**	69

Trockenbau

Material	min	mittel	max
mineralische Baustoffe	30	**44**	58

Metallbekleidungen

Material	min	mittel	max
metallische Materialien	28	**42**	66

Sonderkonstruktionen

Material	min	mittel	max
Lichtdecken	17	**23**	28
Kunststoffplatten	14	**24**	44
Brandschutz-Unterdecken	16	**23**	37
Schallabsorber	17	**23**	36
Akustikschaum	12	**18**	32
Akustikdecken	12	**19**	35
Akustikelemente	11	**18**	32
Glas	34	**55**	76
Mineralfaserplatten	26	**39**	52
Kunststoff	17	**32**	51

Unterkonstruktion

Material	min	mittel	max
Holz	40	**55**	70
Metall	45	**63**	80
Wärmedämmung	24	**37**	54

350 Decken

© **BKI** Baukosteninformationszentrum; Erläuterungen zu den Tabellen siehe Seite 46

350 Decken

Lebensdauer von Bauteilen in Jahren ▷ mittel ◁ 0 25 50 75 100 125 Jahre

Decken, sonstiges

Geländer, außen fest montiert

Material	von	mittel	bis
Stahl, nicht rostend	52	**72**	100
Aluminium	38	**58**	74
Stahl, verzinkt	38	**55**	72
Stahl, verzinkt und beschichtet	40	**60**	77
Stahl, kunststoffummantelt	46	**62**	77
Hartholz	28	**48**	76
Weichholz	27	**45**	73
Holzwerkstoff, beschichtet	29	**47**	70

Gitter, außen fest montiert

Material	von	mittel	bis
Stahl, nicht rostend	52	**72**	100
Aluminium	41	**58**	72
Stahl, verzinkt	39	**57**	72
Stahl, verzinkt und beschichtet	46	**62**	77
Stahl, kunststoffummantelt	46	**62**	77
Holzwerkstoff, beschichtet	35	**53**	77

Leitern, außen fest montiert

Material	von	mittel	bis
Stahl, nicht rostend	59	**77**	102
Aluminium	39	**59**	73
Stahl, verzinkt	39	**59**	73
Stahl, verzinkt und beschichtet	55	**66**	83
Holzwerkstoff, beschichtet	35	**53**	77

Roste, außen fest montiert

Material	von	mittel	bis
Stahl, nicht rostend	59	**77**	102
Aluminium	39	**59**	73
Stahl, verzinkt	39	**59**	73
Stahl, verzinkt und beschichtet	55	**66**	83
Stahl, kunststoffummantelt	55	**66**	83

Rollgitter, außen

Material	von	mittel	bis
Aluminium	55	**66**	83
Stahl, nicht rostend, verzinkt, beschichtet, kunststoffummantelt	46	**62**	77

Scherengitter, außen

Material	von	mittel	bis
Aluminium, Stahl	45	**58**	65

▷ von
| Mittelwert
◁ bis

Lebensdauer von Bauteilen in Jahren — mittel — 0 25 50 75 100 125 Jahre

Dachkonstruktionen

massive Konstruktion

Bauteil	min	mittel	max
Vollbetondecke (Betonstahlbewehrung)	72	**94**	127
Vollbetondecke (Spannstahlbewehrung)	80	**106**	142
Gitterträgerdecke	86	**109**	143
Hohlraumdecke (Betonstahlbewehrung)	86	**109**	143
Hohlraumdecke (Spannstahlbewehrung)	80	**106**	142
Stahlverbunddecke	60	**79**	100
Fertigteil-Rippendecke	80	**106**	142
Porenbetondecke	53	**66**	76
Massivholzdecken	66	**86**	134
Holz-Beton-Verbunddecke	63	**79**	94

leichte Konstruktion

Bauteil	min	mittel	max
Holz-Balkendecke	65	**81**	112
Holz-Fertigteilelemente	59	**77**	90
Stahlträgerdecke	58	**73**	87

Fertigteil-Konstruktion

Bauteil	min	mittel	max
Stahlbetonbauweise (Fertigteile und Ortbeton)	83	**104**	142
Porenbetonfertigteile	62	**77**	88
Ziegel-Fertigelemente	60	**80**	90
Polystyrolformelemente mit Betonfüllung	75	**100**	150

Holzkonstruktion

Bauteil	min	mittel	max
Schichtholzkonstruktion	52	**65**	78
zimmermannsmäßige Dachstühle	74	**91**	119
ingenieurmäßige Holzdachkonstruktion	65	**79**	87
Leimbinder	49	**64**	78
Nagelbinder	34	**50**	70

Dachfenster, Dachöffnungen

Dachausstiege und Luken

Bauteil	min	mittel	max
Stahl, verzinkt	30	**40**	57
Kunststoff	22	**32**	55

Dachflächenfenster

Bauteil	min	mittel	max
Stahl, verzinkt	24	**39**	57
Holz, behandelt	20	**29**	38
Kunststoff	26	**33**	46
Aluminium	24	**35**	56
Aluminium-Holz-Komposit	23	**31**	50
Aluminium-Kunststoff-Komposit	23	**30**	45

© **BKI** Baukosteninformationszentrum; Erläuterungen zu den Tabellen siehe Seite 46

360 Dächer

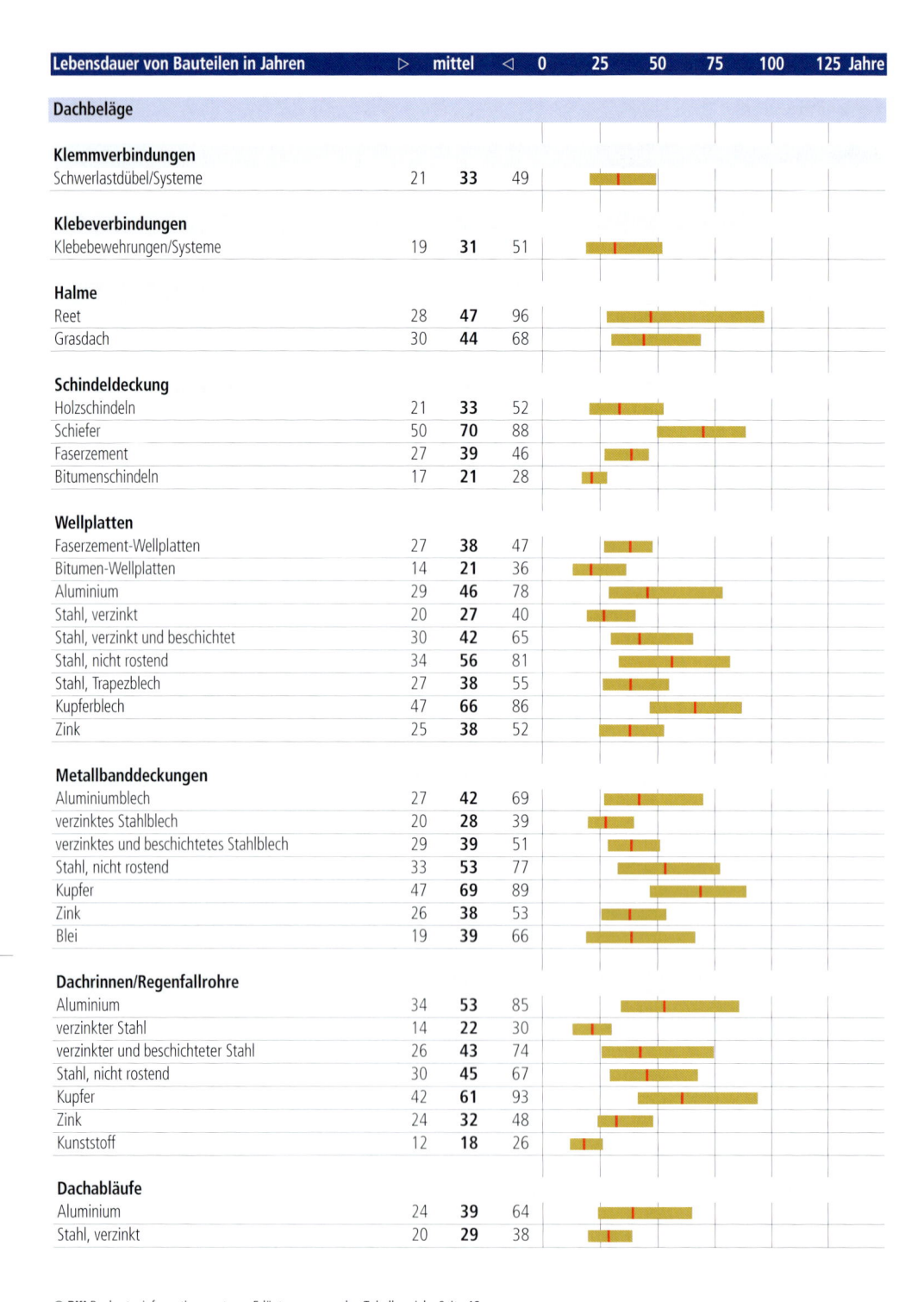

Lebensdauer von Bauteilen in Jahren

▷ von | Mittelwert | ◁ bis

Dachbeläge

	von	mittel	bis
Klemmverbindungen			
Schwerlastdübel/Systeme	21	**33**	49
Klebeverbindungen			
Klebebewehrungen/Systeme	19	**31**	51
Halme			
Reet	28	**47**	96
Grasdach	30	**44**	68
Schindeldeckung			
Holzschindeln	21	**33**	52
Schiefer	50	**70**	88
Faserzement	27	**39**	46
Bitumenschindeln	17	**21**	28
Wellplatten			
Faserzement-Wellplatten	27	**38**	47
Bitumen-Wellplatten	14	**21**	36
Aluminium	29	**46**	78
Stahl, verzinkt	20	**27**	40
Stahl, verzinkt und beschichtet	30	**42**	65
Stahl, nicht rostend	34	**56**	81
Stahl, Trapezblech	27	**38**	55
Kupferblech	47	**66**	86
Zink	25	**38**	52
Metallbanddeckungen			
Aluminiumblech	27	**42**	69
verzinktes Stahlblech	20	**28**	39
verzinktes und beschichtetes Stahlblech	29	**39**	51
Stahl, nicht rostend	33	**53**	77
Kupfer	47	**69**	89
Zink	26	**38**	53
Blei	19	**39**	66
Dachrinnen/Regenfallrohre			
Aluminium	34	**53**	85
verzinkter Stahl	14	**22**	30
verzinkter und beschichteter Stahl	26	**43**	74
Stahl, nicht rostend	30	**45**	67
Kupfer	42	**61**	93
Zink	24	**32**	48
Kunststoff	12	**18**	26
Dachabläufe			
Aluminium	24	**39**	64
Stahl, verzinkt	20	**29**	38

© BKI Baukosteninformationszentrum; Erläuterungen zu den Tabellen siehe Seite 46

360 Dächer

Lebensdauer von Bauteilen in Jahren

Dachbeläge

Dachabläufe

Bauteil	min	mittel	max
Stahl, nicht rostend	24	**33**	47
Kupfer	31	**47**	74
Zink	23	**30**	47
Kunststoff	16	**23**	28
Anstrich Spenglerarbeiten	7	**9**	13

Abdichtungen

Bauteil	min	mittel	max
Asphaltmastix unterhalb der Dämmung	15	**30**	47
Asphaltmastix oberhalb Dämmung mit schwerer Schutzschicht	15	**27**	34
Asphaltmastix oberhalb Dämmung mit leichter Schutzschicht	14	**23**	30
Flüssigabdichtung unterhalb der Dämmung	22	**32**	45
Flüssigabdichtung oberhalb Dämmung mit schwerer Schutzschicht	18	**30**	40
Flüssigabdichtung oberhalb Dämmung mit leichter Schutzschicht	17	**27**	39
Gussasphalt unterhalb der Dämmung	16	**33**	54
Gussasphalt oberhalb Dämmung mit schwerer Schutzschicht	20	**30**	50
Gussasphalt oberhalb Dämmung mit leichter Schutzschicht	17	**26**	47

Abdichtungsbahnen

Bauteil	min	mittel	max
Bitumenbahnen unterhalb der Dämmung	22	**28**	37
Bitumenbahnen oberhalb Dämmung mit schwerer Schutzschicht	17	**25**	36
Bitumenbahnen oberhalb Dämmung mit leichter Schutzschicht	14	**23**	31
Kunststoffbahnen unterhalb der Dämmung	24	**32**	44
Kunststoffbahnen oberhalb Dämmung mit schwerer Schutzschicht	20	**27**	38
Kunststoffbahnen oberhalb Dämmung mit leichter Schutzschicht	19	**25**	37
Elastomerbahnen unterhalb der Dämmung	25	**34**	44
Elastomerbahnen oberhalb Dämmung mit schwerer Schutzschicht	23	**31**	47
Elastomerbahnen oberhalb Dämmung mit leichter Schutzschicht	20	**28**	44
auf Dämmung ohne Kies	18	**22**	27
auf Dämmung mit Kies	26	**31**	43
doppelte Pappdächer	14	**22**	37
3x Bitumenbahnen, Kies	22	**31**	52
2x Polymerbahnen, Kies	19	**30**	47
Anstrichmassen		**15**	
Dachabdichtung (Bitumen, Trapezblech)		**18**	
Aluminiumdach	26	**33**	58

© **BKI** Baukosteninformationszentrum; Erläuterungen zu den Tabellen siehe Seite 46

360 Dächer

Lebensdauer von Bauteilen in Jahren (▷ mittel ◁) 0–125 Jahre

Dachbeläge

Abdichtungsbahnen

Bauteil	von	Mittel	bis
Stehfalzdach	27	**35**	48
Foliendach	14	**23**	34
Synthetische Kuppeln	17	**24**	39

schwere Schutzschicht

Bauteil	von	Mittel	bis
Kies	22	**31**	42
intensive Begrünung	18	**28**	39
extensive Begrünung	18	**30**	41
Verlegeplatten	23	**33**	40

leichte Schutzschicht

Bauteil	von	Mittel	bis
Besplitterung vor Ort	12	**16**	20
werkseitige Bestreuung	12	**16**	20

Dachbekleidungen

dampfdichte Innendämmung

Bauteil	von	Mittel	bis
Dampfsperrfolien	23	**37**	60
Dampfbremse	21	**35**	57
Spezialpapier	18	**33**	42
Kleber zum Fixieren von Dampfsperrfolien	12	**18**	29

Unterdeckung (Bahnen)

Bauteil	von	Mittel	bis
dampfdiffusionsoffene Kunststofffolien	20	**32**	53

Dampfsperren

Bauteil	von	Mittel	bis
Kunststofffolien	33	**47**	71

Winddichtung

Bauteil	von	Mittel	bis
synthetische organische Materialien	22	**36**	49
PVC-Folie	22	**39**	61

Unterdeckung (Platten)

Bauteil	von	Mittel	bis
Bitumen-Holzfaserplatten	34	**45**	56
imprägnierte Faserplatten aus Holz, Hanf, Zellulose		**30**	

Zwischensparrendämmung

Bauteil	von	Mittel	bis
Polystyrol	26	**39**	52
Polyurethan	26	**39**	52
Steinwolle	26	**39**	49
Glaswolle	26	**39**	49
Holzfaserdämmplatten	30	**41**	53
Holzwolleleichtbauplatten	30	**40**	52
Holzwolle	25	**38**	49
Kork	26	**38**	49
Holzspäne	25	**38**	49

▷ von
| Mittelwert
◁ bis

© BKI Bausteninformationszentrum; Erläuterungen zu den Tabellen siehe Seite 46

Lebensdauer von Bauteilen in Jahren — mittel — 0, 25, 50, 75, 100, 125 Jahre

360 Dächer

Dachbekleidungen

Zwischensparrendämmung

Material	min	mittel	max
Seegras	25	**38**	49
Wiesengras	25	**38**	49
Flachs	26	**38**	49
Hanf	26	**38**	49
Schafwolle	27	**39**	49
Zellulose	28	**40**	49
Kokos	26	**38**	49
Strohballen	24	**38**	49
Roggengranulat	26	**39**	49
Blähglasgranulat	32	**44**	62
Blähtongranulat	32	**44**	62
Blähschiefergranulat	32	**44**	62
Leichtlehmmischung	32	**46**	71

Aufdachdämmung

Material	min	mittel	max
Faserplatten aus Holz, Hanf, Zellulose	27	**39**	49
Glaswollplatten	28	**40**	50
Steinwollplatten	27	**39**	49
extrudierte Polystyrolplatten	27	**39**	51
expandierte Polystyrolplatten	27	**38**	51
Polyurethanplatten	30	**42**	57
Schaumglasplatten	32	**44**	59

Dächer, sonstiges

Blitzschutzanlagen
	min	mittel	max
Stahl, verzinkt	22	**33**	48

Taubenvergrämung
	min	mittel	max
Stahl, verzinkt	14	**22**	41

Absturzsicherungen
	min	mittel	max
Stahl, verzinkt	21	**30**	42

Laufflächen (Dach)
	min	mittel	max
Stahl, verzinkt	22	**29**	37

Trittstufen (Dach)
	min	mittel	max
Stahl, verzinkt	22	**29**	37

Laub- und Schneefangvorrichtungen
	min	mittel	max
Stahl, verzinkt	19	**37**	73
Zink	16	**27**	37

Attikaabdeckungen
	min	mittel	max
Aluminium	33	**41**	50

© **BKI** Baukosteninformationszentrum; Erläuterungen zu den Tabellen siehe Seite 46

360 Dächer

Lebensdauer von Bauteilen in Jahren

▷ von | Mittelwert ◁ bis

Dächer, sonstiges

Attikaabdeckungen

Material	von	mittel	bis
Naturstein	60	80	100
Klinker	60	80	100
Beton	53	66	76
Betonfertigteil	53	66	76
Keramik	53	66	76
Fliesen	50	64	76
Kunststein	52	65	78
Faserzement	30	40	50
Kunststoffe	16	23	29
Zementputze	20	25	30
Stahl, verzinkt	27	35	45
Stahl, nicht rostend	50	58	67
Kupfer	44	57	76
Zink	32	37	45

Gesimsverschalung

Material	von	mittel	bis
Holz	20	26	32

Schornsteine über Dach

Material	von	mittel	bis
Stahl	37	59	77
Formsteine	26	47	75
Mauerwerk	28	49	76

Kaminabdeckung

Material	von	mittel	bis
Zinkblech	15	20	27
Bleiblech	15	20	24

Kostenermittlung der Baukonstruktionen nach Grobelementarten (mit Anforderungsklassen in der 2. Ebene der Kostengliederung)

von Univ.-Prof. Dr.-Ing. Wolfdietrich Kalusche
und
Dipl.-Ing. Anne-Kathrin Kalusche

Kostenermittlung der Baukonstruktionen nach Grobelementarten (mit Anforderungsklassen in der 2. Ebene der Kostengliederung)

Ein Beitrag von
Univ.-Prof. Dr.-Ing. Wolfdietrich Kalusche
und Dipl.-Ing. Anne-Kathrin Kalusche

Vorbemerkung

Mit dem vorliegenden Fachaufsatz wird eine einfache Kostenermittlung für die KG 300 Bauwerk-Baukonstruktionen vorgestellt. Sie erlaubt auf der Grundlage skizzenhafter Lösungsversuche (Vorplanung) und der Mengenermittlung von Baukonstruktionen in der 2. Ebene der Kostengliederung – so genannter Grobelemente – eine nach Anforderungsklassen differenzierte Kostenermittlung. Dabei sollen nicht die Kosten den Qualitäten, sondern die Qualitäten den so ermittelten Kosten folgen. Dies entspricht dem Prinzip der Zielkostenrechnung.

Allgemeine Grundlagen der Kostenplanung

Die DIN 276-1:2008-12, Kosten im Bauwesen – Teil 1: Hochbau, regelt den Anwendungsbereich, die Begriffe und die Grundsätze der Kostenplanung sowie die Kostengliederung. Sie enthält ferner Literaturhinweise, insbesondere zu den Bezugseinheiten von Kostenwerten. Die DIN macht grundsätzlich keine Vorgaben zur praktischen Kostenplanung (Kostenermittlung, -kontrolle und -steuerung) und sie enthält auch keine entsprechenden Kennwerte. Die Entwicklung von Verfahren der Kostenplanung und die Erhebung, Auswertung und Erläuterung von Kostenkennwerten erfolgt in der Praxis und wird in besonderer Weise vom Baukosteninformationszentrum Deutscher Architektenkammern (BKI) geleistet.

Grundlage von Kostenermittlungen im Bauwesen sind Kostenkennwerte oder Preise und die Mengen entsprechender Bezugseinheiten. Zu den Bezugseinheiten zählen Nutzeinheiten, Grundflächen und Rauminhalte, Bauteile, Leistungsbereiche und Leistungspositionen sowie Kombinationen aus diesen.

Die Kostenkennwerte geben unter Berücksichtigung zahlreicher Rahmenbedingungen den erforderlichen oder zulässigen Aufwand für die Planung und Ausführung eines Bauwerks oder Bauteils an. Sie können auch Ausdruck für deren Wert sein. Die Kostenkennwerte für Bauwerke, Bauteile und die Preise von Leistungspositionen weisen erfahrungsgemäß eine Streuung auf, die in der statistischen Auswertung mit Von-Bis-Werten und einem Mittelwert angegeben werden können. Die Auswahl und Anwendung von Kennwerten oder Preisen für eine

Kostenermittlung sind in Bezug auf Kosteneinflüsse zu erläutern. Die Unterscheidung von Standards oder Anforderungsklassen soll hierbei eine praktische Hilfe sein.

Unterscheidung von Gebäuden nach Standards

Bisher werden in den BKI-Datensammlungen einzelne Gebäudearten nach drei Standards unterschieden: „einfach", „mittel" und „hoch". In der 1. Ebene der Kostengliederung können damit unterschiedliche Kennwerte für die Bezugseinheiten Brutto-Rauminhalt (BRI), Brutto-Grundfläche (BGF), Nutzungsfläche (NUF) und Nutzeinheit (NE) ausgewiesen werden. Die Unterscheidung von Standards kommt vor allem im Verhältnis Bauwerkskosten (BWK = KG 300 + KG 400 nach DIN 276) zu Brutto-Grundfläche (BGF) als Kostenkennwert €/m² BGF vor. Als Beispiel können die unterschiedlichen Standards nicht unterkellerter Kindergärten genannt werden:

Standard	Kostenkennwert
einfach	1.410 €/m² BGF
mittel	1.660 €/m² BGF
hoch	1.940 €/m² BGF

(Kostenstand 1. Quartal 2018, Bundesdurchschnitt, inkl. 19% MwSt.)

Diese Unterteilung wird vorgenommen, wenn der „Standard als ein wesentlicher Kostenfaktor festgestellt wurde. Grundsätzlich gilt, dass immer mehrere Kosteneinflussfaktoren auf die Kosten und damit auf die Kostenkennwerte einwirken. Einige dieser vielen Faktoren seien hier aufgelistet:

– Zeitpunkt der Ausschreibung
– Art der Ausschreibung
– Regionale Konjunktur
– Gebäudegröße
– Lage der Baustelle, Erreichbarkeit
– ...

Wenn bei einem Gebäude große Mengen an Bauteilen hoher Qualität die übrigen Kosteneinflussfaktoren überlagern, dann wird von einem „hohen Standard" gesprochen."
(nach http://www.bki.de/faq-kostenplanung.html, aufgerufen am 05.03.2016)

Der Anwender hat damit die Möglichkeit, das von ihm geplante Objekt vorzugsweise einem der drei Standards zuzuordnen und mit dem entsprechenden Kostenkennwert eine Kostenermittlung aufzustellen. Dabei ist zu beachten, dass die Kosteneinflüsse der Kennwerte der eigenen Planung soweit wie möglich entsprechen. Die Überprüfung dieser Zusammenhänge und eventuelle Annahmen für die Kostenermittlung oder die Änderungen von Werten bedürfen der Erläuterung und Dokumentation.

Unterscheidung von Bauteilen nach Anforderungsklassen

Bauteile in der 2. Ebene der Kostengliederung werden auch als Grobelemente bezeichnet. Bauteile oder Grobelemente, zum Beispiel Innenwände, können nach zahlreichen Merkmalen unterschieden werden. Dazu gehören unter anderem funktionale, technische, gestalterische, ökologische oder wirtschaftliche Gesichtspunkte. Letzte können, insbesondere auf die Bauwerkskosten bezogen, als Zielwerte (Benchmarks) vorgeben werden. Üblicherweise werden hierfür statistische Kostenkennwerte oder Kostenrichtwerte verwendet.

Für die Differenzierung von Grobelementarten (2. Ebene der Kostengliederung) werden fünf Anforderungsklassen gebildet:

– sehr gering
– gering
– mittel
– hoch
– sehr hoch.

Die Kosten der Grobelementarten werden als Von-Bis-Werte in der Dimension des jeweiligen Bauteils, zum Beispiel €/m³ Baugrubeninhalt (BGI) oder €/m² Dachfläche (DAF), angegeben. Für die Auswahl der Von-Bis-Werte werden Kosteneinflüsse als kostenmindernde oder kostenerhöhende Eigenschaften der Bauelemente angegeben und es werden Bedingungen der Bauausführung benannt. Diese sollen auch bei der Erläuterung der Kostenermittlungen berücksichtigt werden (vgl. Abbildungen 17 bis 19).

Anwendung von Kostenkennwerten der Grobelementarten

In der DIN 276 heißt es allgemein: „Ziel der Kostenplanung ist es, ein Bauprojekt wirtschaftlich und kostentransparent sowie kostensicher zu realisieren. Die Kostenplanung ist auf der Grundlage von Planungsvorgaben (Quantitäten und Qualitäten) oder von Kostenvorgaben kontinuierlich und systematisch über alle Phasen eines Bauprojekts durchzuführen.

Kostenplanung kann nach den folgenden Grundsätzen erfolgen:
– die Kosten sind durch Anpassung von Qualitäten und Quantitäten einzuhalten;
– die Kosten sind bei definierten Qualitäten und Quantitäten zu minimieren."
(DIN 276-1:2008-12)

In den frühen Leistungsphasen, vor allem in der Leistungsphase 2 (Vorplanung), liegt häufig noch keine Entscheidung über die wesentlichen Eigenschaften der Bauteile, z. B. Baustoffe, vor. Es gibt aber in vielen Fällen bereits eine Vorgabe des Auftraggebers in Bezug auf die Kosten des Bauwerks.

Für die entsprechend DIN 276 geforderte „Anpassung von Qualitäten" kann sowohl die Vorgabe eines Standards für das Gebäude, wie auch daraus abgeleitet, von Anforderungen an die Bauteile (Grobelemente) zielführend sein.

In der Praxis ist eine solche Herangehensweise im Hotelbau üblich. Die in der Hotellerie gebräuchlichen Sternekategorien beschreiben die Leistungen eines Hotels einschließlich der Qualität des Hotelgebäudes. Diese werden vom Deutschen Hotel- und Gaststättenverband e.V. (DEHOGA) definiert. Sie sind nicht nur Grundlage der Investitionsplanung (Baukosten) für ein Hotel. Sie stehen auch mit den Erlösen aus dem Hotelbetrieb in einem unmittelbaren Zusammenhang. Sowohl die Betriebs- als auch die Gebäudeplanung werden an den genannten Vorgaben konsequent ausgerichtet. Das gilt auch für die Bauteile und sonstige Elemente eines Hotelgebäudes.

Als weiteres Beispiel dienen die Bauten des Bundes und der Länder. Der Öffentliche Bauherr gibt für die Objektplanung auf der Grundlage differenzierter Kostenrichtwerte einen Kostenrahmen vor, der für die Planung des Architekten maßgeblich ist.

Die oben beschriebenen Herangehensweisen an die Planung eines Gebäudes entsprechen dem Prinzip des Target Costing, übersetzt: Zielkostenrechnung. Diese geht der Frage nach: Was darf ein Produkt kosten? Im Sinne einer Rückwärtsrechnung werden vom Zielwert ausgehend, dessen Kostenbestandteile bestimmt. Herkömmlich stellt die Ermittlung der Bauwerkskosten (und der Nutzungskosten) die schrittweise Addition von Kostenbestandteilen dar. Hierzu ein Zitat aus der Betriebswirtschaftslehre: „Die auch als Target Costing bezeichnete Zielkostenrechnung verfolgt einen zu den traditionellen Kostenrechnungssystemen entgegengesetzten Ansatz und ist dem Kostenmanagement zuzurechnen. [...] Dazu wird ausgehend vom durchsetzungsfähigen Marktpreis (sog. market-into-company-Ansatz) rückwärts gerechnet (retrograde Kalkulation). Zudem wird untersucht, welche Komponenten in welchem Umfang zum Kundennutzen beitragen (welche Eigenschaften und Komponenten des Produkts sind dem Kunden wichtig bzw. für welche ist er bereit, zu zahlen?). Durch die Betrachtung der maximal zulässigen Kosten soll bereits in der Entwicklungsphase eine Beeinflussung der Kosten (Kostenvorgaben) vorgenommen werden.

(nach http://www.welt-der-bwl.de/Zielkostenrechnung, aufgerufen am 04.03.2016)

Grobelemente unterschiedlicher Gebäudearten

Den Kostenkennwerten der Grobelementarten liegt die statistische Auswertung von rund 400 Objekten zugrunde. Diese werden in 14 Gebäudearten unterschieden:

– Büro- und Verwaltungsgebäude
– Gebäude für Forschung und Lehre
– Pflegeheime
– Schulen und Kindergärten
– Sport- und Mehrzweckhallen
– Ein- und Zweifamilienhäuser
– Mehrfamilienhäuser
– Seniorenwohnungen
– Gaststätten und Kantinen
– Gebäude für Produktion
– Gebäude für Handel und Lager
– Garagen
– Gebäude für kulturelle Zwecke
– Gebäude für religiöse Zwecke.

Grobelementarten der Baukonstruktionen in der 2. Ebene der Kostengliederung nach DIN 276 mit Angabe der jeweiligen Bezugseinheit und Dimension sind folgende:

KG	Bezeichnung	Bezugseinheit (Abk.)	Dimension
310	Baugrube	Baugrubeninhalt (BGI)	m^3
320	Gründung	Gründungsfläche (GRF)	m^2
330	Außenwände	Außenwandfläche (AWF)	m^2
340	Innenwände	Innenwandfläche (IWF)	m^2
350	Decken	Deckenfläche (DEF)	m^2
360	Dächer	Dachfläche (DAF)	m^2

Abb. 1: Grobelemente der Baukonstruktionen, 2. Ebene der Kostengliederung

Abb. 2: Grobelemente der Baukonstruktionen, dreidimensional

(Zeichnung: Walter H. A. Weiss. In: Baukosten-Handbuch, Hrsg.: Baukostenberatungsdienst der Architektenkammer Baden-Württemberg – AKBW, Stuttgart 1981, S. 28)

Anwendung der Kostenkennwerte der Grobelementarten

Für welche Stufe der Kostenermittlung können die hier zusammengestellten Kostenkennwerte angewendet werden? Hierzu ein Zitat aus der DIN 276: „In der Kostenberechnung müssen die Gesamtkosten nach Kostengruppen mindestens bis zur 2. Ebene der Kostengliederung ermittelt werden." (DIN 276-1:2008-12)

Damit sind die Anforderungen an eine Kostenberechnung nicht sehr hoch. Für einfache Gebäude, insbesondere Neubauten kann eine so erstellte Kostenberechnung gegebenenfalls ausreichend sein. An dieser Stelle muss aber die Formulierung „mindestens bis zur 2. Ebene der Kostengliederung" hervorgehoben werden. Kostenkennwerte zu Bauteilen, die noch nicht näher erläutert sind, z. B. Außenwandflächen (AWF) müssen in vielen Fällen differenzierter betrachtet werden. Hierzu gehören unter anderem folgende Fragen:

Wie groß ist der Anteil von Bauteilen im Erdreich (Kelleraußenwände) an der gesamten Außenwandfläche?

Wie groß ist der Anteil von Bauteilen über dem Erdreich (Fassade) an der gesamten Außenwandfläche?

Welche Funktionen hat die Fassade hinsichtlich der verkehrlichen Erschließung (Türen und Tore), der Belichtung (Fenster und Sonnenschutz), Energieeinsparung und Schall- sowie Brandschutz (Eigenschaften von Materialien) zu erfüllen?

Welche gestalterischen Besonderheiten sind von Bedeutung (Materialien, Details, Geometrie)?

Die Auswahl eines Kostenkennwertes für zum Beispiel die Außenwand eines Büro- oder Verwaltungsgebäudes mit zum Beispiel 450 €/m^2 AWF (Anforderungen gering) wird häufig nicht angemessen sein oder nur eine mindere Qualität hinsichtlich der Funktion oder der Gestaltung erlauben. Deswegen ist die Entscheidung für eine Anforderungsklasse und einen entsprechenden Kostenkennwert unter Berücksichtigung der Wünsche des Auftraggebers, der Rahmenbedingungen und Kostenrisiken des Projekts bewusst zu treffen und nachvollziehbar zu erläutern.

Die Abbildungen 3 bis 16 zeigen die Kostenkennwerte der Grobelementarten im Bereich der Baukonstruktionen für 14 Gebäudearten in fünf Anforderungsklassen jeweils mit Von-Bis-Werten.

Die in den Abbildungen 17 bis 19 aufgeführten kostenmindernden und kostenerhöhenden Eigenschaften der Grobelementarten berücksichtigen den Zusammenhang mit Grundstück, Baugrund, Funktion, Gestaltung und weiteren Eigenschaften des Gebäudes. Hierbei wird kein Anspruch auf Vollständigkeit erhoben. Die Kosteneinflüsse sind als Hilfe zur Bestimmung einer Anforderungsklasse der Grobelementarten zu verstehen.

Bei der praktischen Anwendung der Grobelementarten mit den jeweils unterschiedlichen Von-Bis-Werten der Kostenkennwerte soll überlegt werden, wie im Rahmen der Anforderungen an ein Grobelement eine kostentransparente und kostensichere Objektplanung geleistet werden kann. So werden je nach Anforderungsklasse

– kostenmindernde Eigenschaften eines Grobelements zu bevorzugen und
– kostenerhöhende Eigenschaften einzuschränken sein.

Büro- und Verwaltungsgebäude

Dazu zählen Büro- und Verwaltungsgebäude einfachen, mittleren und hohen Standards.
Es wurden über 30 Objekte ausgewertet.

310	Baugrube	Anforderungen	von	bis	Kosten/Einheit
		sehr gering	15	23	€/m³ BGI
		gering	23	31	€/m³ BGI
		mittel	31	39	€/m³ BGI
		hoch	39	47	€/m³ BGI
		sehr hoch	47	55	€/m³ BGI

320	Gründung	Anforderungen	von	bis	Kosten/Einheit
		sehr gering	258	314	€/m² GRF
		gering	314	370	€/m² GRF
		mittel	370	426	€/m² GRF
		hoch	426	482	€/m² GRF
		sehr hoch	482	538	€/m² GRF

330	Außenwände	Anforderungen	von	bis	Kosten/Einheit
		sehr gering	370	452	€/m² AWF
		gering	452	534	€/m² AWF
		mittel	534	616	€/m² AWF
		hoch	616	698	€/m² AWF
		sehr hoch	698	780	€/m² AWF

340	Innenwände	Anforderungen	von	bis	Kosten/Einheit
		sehr gering	201	244	€/m² IWF
		gering	244	287	€/m² IWF
		mittel	287	330	€/m² IWF
		hoch	330	373	€/m² IWF
		sehr hoch	373	416	€/m² IWF

350	Decken	Anforderungen	von	bis	Kosten/Einheit
		sehr gering	270	320	€/m² DEF
		gering	320	370	€/m² DEF
		mittel	370	420	€/m² DEF
		hoch	420	470	€/m² DEF
		sehr hoch	470	520	€/m² DEF

360	Dächer	Anforderungen	von	bis	Kosten/Einheit
		sehr gering	273	342	€/m² DAF
		gering	342	411	€/m² DAF
		mittel	411	480	€/m² DAF
		hoch	480	549	€/m² DAF
		sehr hoch	549	618	€/m² DAF

Abb. 3: Kostenkennwerte für Baukonstruktionen, 2. Ebene der Kostengliederung (Grobelemente), hier: Büro- und Verwaltungsgebäude

Gebäude für Forschung und Lehre

Dazu zählen Instituts- und Laborgebäude.
Es wurden bis zu 5 Objekte ausgewertet.

310	Baugrube	Anforderungen	von	bis	Kosten/Einheit
		sehr gering	15	32	€/m³ BGI
		gering	32	49	€/m³ BGI
		mittel	49	66	€/m³ BGI
		hoch	66	83	€/m³ BGI
		sehr hoch	83	100	€/m³ BGI

320	Gründung	Anforderungen	von	bis	Kosten/Einheit
		sehr gering	252	256	€/m² GRF
		gering	256	260	€/m² GRF
		mittel	260	264	€/m² GRF
		hoch	264	268	€/m² GRF
		sehr hoch	268	272	€/m² GRF

330	Außenwände	Anforderungen	von	bis	Kosten/Einheit
		sehr gering	418	487	€/m² AWF
		gering	487	556	€/m² AWF
		mittel	556	625	€/m² AWF
		hoch	625	694	€/m² AWF
		sehr hoch	694	763	€/m² AWF

340	Innenwände	Anforderungen	von	bis	Kosten/Einheit
		sehr gering	280	295	€/m² IWF
		gering	295	310	€/m² IWF
		mittel	310	325	€/m² IWF
		hoch	325	340	€/m² IWF
		sehr hoch	340	355	€/m² IWF

350	Decken	Anforderungen	von	bis	Kosten/Einheit
		sehr gering	392	421	€/m² DEF
		gering	421	450	€/m² DEF
		mittel	450	479	€/m² DEF
		hoch	479	508	€/m² DEF
		sehr hoch	508	537	€/m² DEF

360	Dächer	Anforderungen	von	bis	Kosten/Einheit
		sehr gering	224	245	€/m² DAF
		gering	245	266	€/m² DAF
		mittel	266	287	€/m² DAF
		hoch	287	308	€/m² DAF
		sehr hoch	308	329	€/m² DAF

Abb. 4: Kostenkennwerte für Baukonstruktionen, 2. Ebene der Kostengliederung (Grobelemente),
hier: Gebäude für Forschung und Lehre

Pflegeheime

Dazu zählen Medizinische Einrichtungen.
Es wurden über 5 Objekte ausgewertet.

310	Baugrube	Anforderungen	von	bis	Kosten/Einheit
		sehr gering	8	13	€/m³ BGI
		gering	13	18	€/m³ BGI
		mittel	18	23	€/m³ BGI
		hoch	23	28	€/m³ BGI
		sehr hoch	28	33	€/m³ BGI

320	Gründung	Anforderungen	von	bis	Kosten/Einheit
		sehr gering	198	238	€/m² GRF
		gering	238	278	€/m² GRF
		mittel	278	318	€/m² GRF
		hoch	318	358	€/m² GRF
		sehr hoch	358	398	€/m² GRF

330	Außenwände	Anforderungen	von	bis	Kosten/Einheit
		sehr gering	357	411	€/m² AWF
		gering	411	465	€/m² AWF
		mittel	465	519	€/m² AWF
		hoch	519	573	€/m² AWF
		sehr hoch	573	627	€/m² AWF

340	Innenwände	Anforderungen	von	bis	Kosten/Einheit
		sehr gering	186	191	€/m² IWF
		gering	191	196	€/m² IWF
		mittel	196	201	€/m² IWF
		hoch	201	206	€/m² IWF
		sehr hoch	206	211	€/m² IWF

350	Decken	Anforderungen	von	bis	Kosten/Einheit
		sehr gering	233	250	€/m² DEF
		gering	250	267	€/m² DEF
		mittel	267	284	€/m² DEF
		hoch	284	301	€/m² DEF
		sehr hoch	301	318	€/m² DEF

360	Dächer	Anforderungen	von	bis	Kosten/Einheit
		sehr gering	220	235	€/m² DAF
		gering	235	250	€/m² DAF
		mittel	250	265	€/m² DAF
		hoch	265	280	€/m² DAF
		sehr hoch	280	295	€/m² DAF

Abb. 5: Kostenkennwerte für Baukonstruktionen, 2. Ebene der Kostengliederung (Grobelemente), hier: Pflegeheime

Kosten: 1.Quartal 2018, Bundesdurchschnitt, **inkl. 19% MwSt.**

Schulen und Kindergärten

Dazu zählen Allgemeinbildende und Berufliche Schulen, Förder- und Sonderschulen, Weiterbildungseinrichtungen, Kindergärten nicht unterkellert einfachen, mittleren und hohen Standards sowie Kindergärten unterkellert.
Es wurden über 40 Objekte ausgewertet.

310	Baugrube	Anforderungen	von	bis	Kosten/Einheit
		sehr gering	14	21	€/m³ BGI
		gering	21	28	€/m³ BGI
		mittel	28	35	€/m³ BGI
		hoch	35	42	€/m³ BGI
		sehr hoch	42	49	€/m³ BGI

320	Gründung	Anforderungen	von	bis	Kosten/Einheit
		sehr gering	227	266	€/m² GRF
		gering	266	305	€/m² GRF
		mittel	305	344	€/m² GRF
		hoch	344	383	€/m² GRF
		sehr hoch	383	422	€/m² GRF

330	Außenwände	Anforderungen	von	bis	Kosten/Einheit
		sehr gering	438	503	€/m² AWF
		gering	503	568	€/m² AWF
		mittel	568	633	€/m² AWF
		hoch	633	698	€/m² AWF
		sehr hoch	698	763	€/m² AWF

340	Innenwände	Anforderungen	von	bis	Kosten/Einheit
		sehr gering	204	239	€/m² IWF
		gering	239	274	€/m² IWF
		mittel	274	309	€/m² IWF
		hoch	309	344	€/m² IWF
		sehr hoch	344	379	€/m² IWF

350	Decken	Anforderungen	von	bis	Kosten/Einheit
		sehr gering	309	383	€/m² DEF
		gering	383	457	€/m² DEF
		mittel	457	531	€/m² DEF
		hoch	531	605	€/m² DEF
		sehr hoch	605	679	€/m² DEF

360	Dächer	Anforderungen	von	bis	Kosten/Einheit
		sehr gering	273	312	€/m² DAF
		gering	312	351	€/m² DAF
		mittel	351	390	€/m² DAF
		hoch	390	429	€/m² DAF
		sehr hoch	429	468	€/m² DAF

Abb. 6: Kostenkennwerte für Baukonstruktionen, 2. Ebene der Kostengliederung (Grobelemente),
hier: Schulen und Kindergärten

Sport- und Mehrzweckhallen

Dazu zählen Sport- und Mehrzweckhallen, sowie Sporthallen (Einfeld- und Dreifeldhallen).
Es wurden bis zu 5 Objekte ausgewertet.

310	Baugrube	Anforderungen	von	bis	Kosten/Einheit
		sehr gering	8	12	€/m³ BGI
		gering	12	16	€/m³ BGI
		mittel	16	20	€/m³ BGI
		hoch	20	24	€/m³ BGI
		sehr hoch	24	28	€/m³ BGI
320	Gründung	Anforderungen	von	bis	Kosten/Einheit
		sehr gering	233	251	€/m² AWF
		gering	251	269	€/m² AWF
		mittel	269	287	€/m² AWF
		hoch	287	305	€/m² AWF
		sehr hoch	305	323	€/m² AWF
330	Außenwände	Anforderungen	von	bis	Kosten/Einheit
		sehr gering	403	443	€/m² AWF
		gering	443	483	€/m² AWF
		mittel	483	523	€/m² AWF
		hoch	523	563	€/m² AWF
		sehr hoch	563	603	€/m² AWF
340	Innenwände	Anforderungen	von	bis	Kosten/Einheit
		sehr gering	201	234	€/m² IWF
		gering	234	267	€/m² IWF
		mittel	267	300	€/m² IWF
		hoch	300	333	€/m² IWF
		sehr hoch	333	366	€/m² IWF
350	Decken	Anforderungen	von	bis	Kosten/Einheit
		sehr gering	265	320	€/m² DEF
		gering	320	375	€/m² DEF
		mittel	375	430	€/m² DEF
		hoch	430	485	€/m² DEF
		sehr hoch	485	540	€/m² DEF
360	Dächer	Anforderungen	von	bis	Kosten/Einheit
		sehr gering	321	371	€/m² DAF
		gering	371	421	€/m² DAF
		mittel	421	471	€/m² DAF
		hoch	471	521	€/m² DAF
		sehr hoch	521	571	€/m² DAF

Abb. 7: Kostenkennwerte für Baukonstruktionen, 2. Ebene der Kostengliederung (Grobelemente), hier: Sport- und Mehrzweckhallen

Ein- und Zweifamilienhäuser

Dazu zählen Ein- und Zweifamilienhäuser (unterkellert, nicht unterkellert, Passivhausstandard, Holzbauweise unterkellert und nicht unterkellert), Doppel- und Reihenendhäuser sowie Reihenhäuser.
Es wurden über 130 Objekte ausgewertet.

310	Baugrube	Anforderungen	von	bis	Kosten/Einheit
		sehr gering	15	21	€/m³ BGI
		gering	21	27	€/m³ BGI
		mittel	27	33	€/m³ BGI
		hoch	33	39	€/m³ BGI
		sehr hoch	39	45	€/m³ BGI

320	Gründung	Anforderungen	von	bis	Kosten/Einheit
		sehr gering	179	212	€/m² GRF
		gering	212	245	€/m² GRF
		mittel	245	278	€/m² GRF
		hoch	278	311	€/m² GRF
		sehr hoch	311	344	€/m² GRF

330	Außenwände	Anforderungen	von	bis	Kosten/Einheit
		sehr gering	304	349	€/m² AWF
		gering	349	394	€/m² AWF
		mittel	394	439	€/m² AWF
		hoch	439	484	€/m² AWF
		sehr hoch	484	529	€/m² AWF

340	Innenwände	Anforderungen	von	bis	Kosten/Einheit
		sehr gering	139	159	€/m² IWF
		gering	159	179	€/m² IWF
		mittel	179	199	€/m² IWF
		hoch	199	219	€/m² IWF
		sehr hoch	219	239	€/m² IWF

350	Decken	Anforderungen	von	bis	Kosten/Einheit
		sehr gering	235	266	€/m² DEF
		gering	266	297	€/m² DEF
		mittel	297	328	€/m² DEF
		hoch	328	359	€/m² DEF
		sehr hoch	359	390	€/m² DEF

360	Dächer	Anforderungen	von	bis	Kosten/Einheit
		sehr gering	222	256	€/m² DAF
		gering	256	290	€/m² DAF
		mittel	290	324	€/m² DAF
		hoch	324	358	€/m² DAF
		sehr hoch	358	392	€/m² DAF

Abb. 8: Kostenkennwerte für Baukonstruktionen, 2. Ebene der Kostengliederung (Grobelemente),
hier: Ein- und Zweifamilienhäuser

Mehrfamilienhäuser

Dazu zählen Mehrfamilienhäuser mit bis zu 6 WE, mit 6 bis 19 WE, mit 20 und mehr WE, Mehrfamilienhäuser-Passivhäuser, Wohnhäuser mit bis zu 15% Mischnutzung sowie Wohnhäuser mit mehr als 15% Mischnutzung.
Es wurden über 60 Objekte ausgewertet.

310	Baugrube	Anforderungen	von	bis	Kosten/Einheit
		sehr gering	19	30	€/m³ BGI
		gering	30	41	€/m³ BGI
		mittel	41	52	€/m³ BGI
		hoch	52	63	€/m³ BGI
		sehr hoch	63	74	€/m³ BGI

320	Gründung	Anforderungen	von	bis	Kosten/Einheit
		sehr gering	161	204	€/m² GRF
		gering	204	247	€/m² GRF
		mittel	247	290	€/m² GRF
		hoch	290	333	€/m² GRF
		sehr hoch	333	376	€/m² GRF

330	Außenwände	Anforderungen	von	bis	Kosten/Einheit
		sehr gering	296	342	€/m² AWF
		gering	342	388	€/m² AWF
		mittel	388	434	€/m² AWF
		hoch	434	480	€/m² AWF
		sehr hoch	480	526	€/m² AWF

340	Innenwände	Anforderungen	von	bis	Kosten/Einheit
		sehr gering	137	152	€/m² IWF
		gering	152	167	€/m² IWF
		mittel	167	182	€/m² IWF
		hoch	182	197	€/m² IWF
		sehr hoch	197	212	€/m² IWF

350	Decken	Anforderungen	von	bis	Kosten/Einheit
		sehr gering	225	248	€/m² DEF
		gering	248	271	€/m² DEF
		mittel	271	294	€/m² DEF
		hoch	294	317	€/m² DEF
		sehr hoch	317	340	€/m² DEF

360	Dächer	Anforderungen	von	bis	Kosten/Einheit
		sehr gering	234	283	€/m² DAF
		gering	283	332	€/m² DAF
		mittel	332	381	€/m² DAF
		hoch	381	430	€/m² DAF
		sehr hoch	430	479	€/m² DAF

Abb. 9: Kostenkennwerte für Baukonstruktionen, 2. Ebene der Kostengliederung (Grobelemente), hier: Mehrfamilienhäuser

Seniorenwohnungen

Dazu zählen Seniorenwohnungen mittleren und hohen Standards sowie Gebäude der Beherbergung (Wohnheime und Internate). Es wurden bis zu 10 Objekte ausgewertet.

310	Baugrube	Anforderungen	von	bis	Kosten/Einheit
		sehr gering	16	30	€/m³ BGI
		gering	30	44	€/m³ BGI
		mittel	44	58	€/m³ BGI
		hoch	58	72	€/m³ BGI
		sehr hoch	72	86	€/m³ BGI
320	Gründung	Anforderungen	von	bis	Kosten/Einheit
		sehr gering	158	177	€/m² GRF
		gering	177	196	€/m² GRF
		mittel	196	215	€/m² GRF
		hoch	215	234	€/m² GRF
		sehr hoch	234	253	€/m² GRF
330	Außenwände	Anforderungen	von	bis	Kosten/Einheit
		sehr gering	269	307	€/m² AWF
		gering	307	345	€/m² AWF
		mittel	345	383	€/m² AWF
		hoch	383	421	€/m² AWF
		sehr hoch	421	459	€/m² AWF
340	Innenwände	Anforderungen	von	bis	Kosten/Einheit
		sehr gering	133	147	€/m² IWF
		gering	147	161	€/m² IWF
		mittel	161	175	€/m² IWF
		hoch	175	189	€/m² IWF
		sehr hoch	189	203	€/m² IWF
350	Decken	Anforderungen	von	bis	Kosten/Einheit
		sehr gering	215	235	€/m² DEF
		gering	235	255	€/m² DEF
		mittel	255	275	€/m² DEF
		hoch	275	295	€/m² DEF
		sehr hoch	295	315	€/m² DEF
360	Dächer	Anforderungen	von	bis	Kosten/Einheit
		sehr gering	210	244	€/m² DAF
		gering	244	278	€/m² DAF
		mittel	278	312	€/m² DAF
		hoch	312	346	€/m² DAF
		sehr hoch	346	380	€/m² DAF

Abb. 10: Kostenkennwerte für Baukonstruktionen, 2. Ebene der Kostengliederung (Grobelemente), hier: Seniorenwohnungen

Gaststätten und Kantinen

Dazu zählen Gaststätten, Kantinen und Mensen.
Es wurden bis zu 5 Objekte ausgewertet.

310	Baugrube	Anforderungen	von	bis	Kosten/Einheit
		sehr gering	30	35	€/m³ BGI
		gering	35	40	€/m³ BGI
		mittel	40	45	€/m³ BGI
		hoch	45	50	€/m³ BGI
		sehr hoch	50	55	€/m³ BGI

320	Gründung	Anforderungen	von	bis	Kosten/Einheit
		sehr gering	277	300	€/m² GRF
		gering	300	323	€/m² GRF
		mittel	323	346	€/m² GRF
		hoch	346	369	€/m² GRF
		sehr hoch	369	392	€/m² GRF

330	Außenwände	Anforderungen	von	bis	Kosten/Einheit
		sehr gering	460	503	€/m² AWF
		gering	503	546	€/m² AWF
		mittel	546	589	€/m² AWF
		hoch	589	632	€/m² AWF
		sehr hoch	632	675	€/m² AWF

340	Innenwände	Anforderungen	von	bis	Kosten/Einheit
		sehr gering	186	224	€/m² IWF
		gering	224	262	€/m² IWF
		mittel	262	300	€/m² IWF
		hoch	300	338	€/m² IWF
		sehr hoch	338	376	€/m² IWF

350	Decken	Anforderungen	von	bis	Kosten/Einheit
		sehr gering	379	397	€/m² DEF
		gering	397	415	€/m² DEF
		mittel	415	433	€/m² DEF
		hoch	433	451	€/m² DEF
		sehr hoch	451	469	€/m² DEF

360	Dächer	Anforderungen	von	bis	Kosten/Einheit
		sehr gering	249	307	€/m² DAF
		gering	307	365	€/m² DAF
		mittel	365	423	€/m² DAF
		hoch	423	481	€/m² DAF
		sehr hoch	481	539	€/m² DAF

Abb. 11: Kostenkennwerte für Baukonstruktionen, 2. Ebene der Kostengliederung (Grobelemente), hier: Gaststätten und Kantinen

Kosten: 1.Quartal 2018, Bundesdurchschnitt, **inkl. 19% MwSt.**

Gebäude für Produktion

Dazu zählen Industrielle Produktionsgebäude Massivbauweise und überwiegend Skelettbauweise, Betriebs- und Werkstätten eingeschossig, mehrgeschossig mit geringem Hallenanteil sowie mehrgeschossig mit hohen Hallenanteil.
Es wurden über 20 Objekte ausgewertet.

310	Baugrube	Anforderungen	von	bis	Kosten/Einheit
		sehr gering	11	16	€/m³ BGI
		gering	16	21	€/m³ BGI
		mittel	21	26	€/m³ BGI
		hoch	26	31	€/m³ BGI
		sehr hoch	31	36	€/m³ BGI

320	Gründung	Anforderungen	von	bis	Kosten/Einheit
		sehr gering	145	169	€/m² GRF
		gering	169	193	€/m² GRF
		mittel	193	217	€/m² GRF
		hoch	217	241	€/m² GRF
		sehr hoch	241	265	€/m² GRF

330	Außenwände	Anforderungen	von	bis	Kosten/Einheit
		sehr gering	243	283	€/m² AWF
		gering	283	323	€/m² AWF
		mittel	323	363	€/m² AWF
		hoch	363	403	€/m² AWF
		sehr hoch	403	443	€/m² AWF

340	Innenwände	Anforderungen	von	bis	Kosten/Einheit
		sehr gering	136	167	€/m² IWF
		gering	167	198	€/m² IWF
		mittel	198	229	€/m² IWF
		hoch	229	260	€/m² IWF
		sehr hoch	260	291	€/m² IWF

350	Decken	Anforderungen	von	bis	Kosten/Einheit
		sehr gering	196	237	€/m² DEF
		gering	237	278	€/m² DEF
		mittel	278	319	€/m² DEF
		hoch	319	360	€/m² DEF
		sehr hoch	360	401	€/m² DEF

360	Dächer	Anforderungen	von	bis	Kosten/Einheit
		sehr gering	181	205	€/m² DAF
		gering	205	229	€/m² DAF
		mittel	229	253	€/m² DAF
		hoch	253	277	€/m² DAF
		sehr hoch	277	301	€/m² DAF

Abb. 12: Kostenkennwerte für Baukonstruktionen, 2. Ebene der Kostengliederung (Grobelemente), hier: Gebäude für Produktion

Gebäude für Handel und Lager

Dazu zählen Geschäftshäuser mit und ohne Wohnungen, Verbrauchermärkte, Autohäuser, Lagergebäude ohne Mischnutzung, Lagergebäude mit bis zu 25% Mischnutzung sowie mit mehr als 25% Mischnutzung.
Es wurden bis zu 25 Objekte ausgewertet.

310	Baugrube	Anforderungen	von	bis	Kosten/Einheit
		sehr gering	12	20	€/m³ BGI
		gering	20	28	€/m³ BGI
		mittel	28	36	€/m³ BGI
		hoch	36	44	€/m³ BGI
		sehr hoch	44	52	€/m³ BGI

320	Gründung	Anforderungen	von	bis	Kosten/Einheit
		sehr gering	118	154	€/m² GRF
		gering	154	190	€/m² GRF
		mittel	190	226	€/m² GRF
		hoch	226	262	€/m² GRF
		sehr hoch	262	298	€/m² GRF

330	Außenwände	Anforderungen	von	bis	Kosten/Einheit
		sehr gering	200	264	€/m² AWF
		gering	264	328	€/m² AWF
		mittel	328	392	€/m² AWF
		hoch	392	456	€/m² AWF
		sehr hoch	456	520	€/m² AWF

340	Innenwände	Anforderungen	von	bis	Kosten/Einheit
		sehr gering	175	206	€/m² IWF
		gering	206	237	€/m² IWF
		mittel	237	268	€/m² IWF
		hoch	268	299	€/m² IWF
		sehr hoch	299	330	€/m² IWF

350	Decken	Anforderungen	von	bis	Kosten/Einheit
		sehr gering	176	216	€/m² DEF
		gering	216	256	€/m² DEF
		mittel	256	296	€/m² DEF
		hoch	296	336	€/m² DEF
		sehr hoch	336	376	€/m² DEF

360	Dächer	Anforderungen	von	bis	Kosten/Einheit
		sehr gering	141	175	€/m² DAF
		gering	175	209	€/m² DAF
		mittel	209	243	€/m² DAF
		hoch	243	277	€/m² DAF
		sehr hoch	277	311	€/m² DAF

Abb. 13: Kostenkennwerte für Baukonstruktionen, 2. Ebene der Kostengliederung (Grobelemente),
hier: Gebäude für Handel und Lager

Kosten: 1.Quartal 2018, Bundesdurchschnitt, **inkl. 19% MwSt.**

Garagen

Dazu zählen Einzel-, Mehrfach- und Hochgaragen, Tiefgaragen, Bereitschaftsdienste (Feuerwehrhäuser und Öffentliche Bereitschaftsdienste). Es wurden über 10 Objekte ausgewertet.

310	Baugrube	Anforderungen	von	bis	Kosten/Einheit
		sehr gering	4	8	€/m³ BGI
		gering	8	12	€/m³ BGI
		mittel	12	16	€/m³ BGI
		hoch	16	20	€/m³ BGI
		sehr hoch	20	24	€/m³ BGI

320	Gründung	Anforderungen	von	bis	Kosten/Einheit
		sehr gering	80	109	€/m² GRF
		gering	109	138	€/m² GRF
		mittel	138	167	€/m² GRF
		hoch	167	196	€/m² GRF
		sehr hoch	196	225	€/m² GRF

330	Außenwände	Anforderungen	von	bis	Kosten/Einheit
		sehr gering	160	170	€/m² AWF
		gering	170	180	€/m² AWF
		mittel	180	190	€/m² AWF
		hoch	190	200	€/m² AWF
		sehr hoch	200	210	€/m² AWF

340	Innenwände	Anforderungen	von	bis	Kosten/Einheit
		sehr gering	177	200	€/m² IWF
		gering	200	223	€/m² IWF
		mittel	223	246	€/m² IWF
		hoch	246	269	€/m² IWF
		sehr hoch	269	292	€/m² IWF

350	Decken	Anforderungen	von	bis	Kosten/Einheit
		sehr gering	243	284	€/m² DEF
		gering	284	325	€/m² DEF
		mittel	325	366	€/m² DEF
		hoch	366	407	€/m² DEF
		sehr hoch	407	448	€/m² DEF

360	Dächer	Anforderungen	von	bis	Kosten/Einheit
		sehr gering	154	182	€/m² DAF
		gering	182	210	€/m² DAF
		mittel	210	238	€/m² DAF
		hoch	238	266	€/m² DAF
		sehr hoch	266	294	€/m² DAF

Abb. 14: Kostenkennwerte für Baukonstruktionen, 2. Ebene der Kostengliederung (Grobelemente), hier: Garagen

Gebäude für kulturelle Zwecke

Dazu zählen Bibliotheken, Museen, Ausstellungen, Theater und Gemeindezentren einfachen, mittleren und hohen Standards.
Es wurden über 20 Objekte ausgewertet.

310	Baugrube	Anforderungen	von	bis	Kosten/Einheit
		sehr gering	16	23	€/m³ BGI
		gering	23	30	€/m³ BGI
		mittel	30	37	€/m³ BGI
		hoch	37	44	€/m³ BGI
		sehr hoch	44	51	€/m³ BGI
320	Gründung	Anforderungen	von	bis	Kosten/Einheit
		sehr gering	205	248	€/m² GRF
		gering	248	291	€/m² GRF
		mittel	291	334	€/m² GRF
		hoch	334	377	€/m² GRF
		sehr hoch	377	420	€/m² GRF
330	Außenwände	Anforderungen	von	bis	Kosten/Einheit
		sehr gering	404	471	€/m² AWF
		gering	471	538	€/m² AWF
		mittel	538	605	€/m² AWF
		hoch	605	672	€/m² AWF
		sehr hoch	672	739	€/m² AWF
340	Innenwände	Anforderungen	von	bis	Kosten/Einheit
		sehr gering	228	263	€/m² IWF
		gering	263	298	€/m² IWF
		mittel	298	333	€/m² IWF
		hoch	333	368	€/m² IWF
		sehr hoch	368	403	€/m² IWF
350	Decken	Anforderungen	von	bis	Kosten/Einheit
		sehr gering	233	275	€/m² DEF
		gering	275	317	€/m² DEF
		mittel	317	359	€/m² DEF
		hoch	359	401	€/m² DEF
		sehr hoch	401	443	€/m² DEF
360	Dächer	Anforderungen	von	bis	Kosten/Einheit
		sehr gering	299	358	€/m² DAF
		gering	358	417	€/m² DAF
		mittel	417	476	€/m² DAF
		hoch	476	535	€/m² DAF
		sehr hoch	535	594	€/m² DAF

Abb. 15: Kostenkennwerte für Baukonstruktionen, 2. Ebene der Kostengliederung (Grobelemente),
hier: Gebäude für kulturelle Zwecke

Gebäude für religiöse Zwecke

Dazu zählen Sakralbauten und Friedhofsgebäude.
Es wurden über 5 Objekte ausgewertet.

310	Baugrube	Anforderungen	von	bis	Kosten/Einheit
		sehr gering	23	28	€/m³ BGI
		gering	28	33	€/m³ BGI
		mittel	33	38	€/m³ BGI
		hoch	38	43	€/m³ BGI
		sehr hoch	43	48	€/m³ BGI

320	Gründung	Anforderungen	von	bis	Kosten/Einheit
		sehr gering	281	297	€/m² GRF
		gering	297	313	€/m² GRF
		mittel	313	329	€/m² GRF
		hoch	329	345	€/m² GRF
		sehr hoch	345	361	€/m² GRF

330	Außenwände	Anforderungen	von	bis	Kosten/Einheit
		sehr gering	442	495	€/m² AWF
		gering	495	548	€/m² AWF
		mittel	548	601	€/m² AWF
		hoch	601	654	€/m² AWF
		sehr hoch	654	707	€/m² AWF

340	Innenwände	Anforderungen	von	bis	Kosten/Einheit
		sehr gering	381	409	€/m² IWF
		gering	409	437	€/m² IWF
		mittel	437	465	€/m² IWF
		hoch	465	493	€/m² IWF
		sehr hoch	493	521	€/m² IWF

350	Decken	Anforderungen	von	bis	Kosten/Einheit
		sehr gering	278	348	€/m² DEF
		gering	348	418	€/m² DEF
		mittel	418	488	€/m² DEF
		hoch	488	558	€/m² DEF
		sehr hoch	558	628	€/m² DEF

360	Dächer	Anforderungen	von	bis	Kosten/Einheit
		sehr gering	363	410	€/m² DAF
		gering	410	457	€/m² DAF
		mittel	457	504	€/m² DAF
		hoch	504	551	€/m² DAF
		sehr hoch	551	598	€/m² DAF

Abb. 16: Kostenkennwerte für Baukonstruktionen, 2. Ebene der Kostengliederung (Grobelemente),
hier: Gebäude für religiöse Zwecke

Bestimmung der Anforderungsklasse von Grobelementarten
Kostenmindernde Eigenschaften:

KG Bezeichnung - Eigenschaften der Grobelemente
310 Baugrube – kein Keller- oder Tiefgeschoss – nur Abtrag von Oberboden – leicht lösbare Bodenarten – kurze Wege für den Transport von Aushub – Verwendung von Aushubmaterial auf dem Grundstück – kein schadstoffbelasteter Aushub
320 Gründung – Flachgründung: Fundamentplatte, Einzel- oder Streifenfundamente – Grundwasserstand unterhalb der Gründung – kein oder nur wenig Oberflächenwasser auf Grundstück – weitgehend ebenes Grundstück – einfache Geometrie der Fundamente – keine oder einfache Bodenbeläge
330 Außenwände – erdberührte Bauteile ohne besondere Maßnahmen – einfache Geometrie der Fassade – geringer Anteil an Verglasungen, Außenfenstern, -türen und -toren – einschichtige Außenwandkonstruktionen, Fertigteile – geringe Anforderungen an Schallschutz und Energieeinsparung – ein oder wenige Obergeschosse, geringe Gebäudehöhe
340 Innenwände – geringer Anteil an Verglasungen, Innenfenstern, -türen und -toren – einschalige Innenwandkonstruktionen – keine oder wenige Installationsvormauerungen, Installationswände oder Wandkanäle – keine oder einfache Innenwandbekleidungen – geringe Anforderungen an Schallschutz und Brandschutz – keine oder wenige Nassräume mit Fliesen und Abdichtungen
350 Decken – geringe Deckenspannweiten, keine oder geringe Auskragungen – geringe Verkehrslasten – keine oder wenige Treppen oder Rampen – keine oder einfache Deckenbekleidungen – keine abgehängten Decken oder Doppelböden – einfache Deckenbeläge
360 Dächer – geringe bis mittlere Spannweiten der Dachkonstruktionen oder Auskragungen – einfache Geometrie des Daches ohne Verschneidungen der Dachflächen – kein oder geringer Anteil von Dachgauben oder Lichtkuppeln – einfache Dachbeläge – keine oder einfache Dachbekleidungen – geringe Anforderungen an Schallschutz und Energieeinsparung

Abb. 17: Kostenmindernde Eigenschaften der Grobelemente - Baukonstruktionen

Kostenerhöhende Eigenschaften:

KG Bezeichnung - Eigenschaften der Grobelemente
310 Baugrube + ein oder mehrere Keller- oder Tiefgeschosse + Baugrubenumschließung + Baugrubenverbau mit Trägerbohlwand + Spundwände, Anker, Absteifungen + Böschungssicherung durch Spritzbeton + Wasserhaltung + weite Wege für den Transport von Aushub + schadstoffbelasteter Aushub, Deponiegebühren + schwer lösbare Bodenarten oder Fels **320 Gründung** + Baugrundverbesserung + Bodenplatte mit WU-Beton + Tiefgründung: Pfahlgründung + versetzte Ebenen im unteren Geschoss, Bauen am Hang + Bauwerksabdichtung + Dränagen + Kanäle oder Pumpensumpf in Bodenplatte + Wärme- und Trittschalldämmung + hochwertige Bodenbeläge + mehrere bis viele Obergeschosse **330 Außenwände** + aufwändige Lichtschächte bei Unterschossen + Außenwände von Untergeschossen mit WU-Beton + Geometrie der Fassade mit Erkern, Auskragungen + hoher Anteil an Verglasungen, Außenfenstern, -türen und -toren + mehrschichtige Außenwandkonstruktionen + hohe oder sehr hohe Anforderungen an Schallschutz und Energieeinsparung + hochwertige Außenwandbekleidungen + Sonnenschutzanlagen + Fassadenbefahranlage + mehrere bis viele Obergeschosse, hohes Gebäude, Hochhaus

Abb. 18: Kostenerhöhende Eigenschaften der Grobelemente – Baukonstruktionen – Teil 1

Kostenerhöhende Eigenschaften:

KG Bezeichnung - Eigenschaften der Grobelemente
340 Innenwände + hoher Anteil an Verglasungen, Innenfenstern, -türen und -toren + Sichtmauerwerk + mehrschalige Innenwandkonstruktionen + Installationsvormauerungen, Installationswände oder Wandkanäle + hochwerte Innenwandbekleidungen + versetzbare Trennwände, Schiebewände, Faltwände + Innenstützen + hohe Anforderungen an Schallschutz und Brandschutz + hoher Anteil von Handläufen, Rammschutz + zahlreiche Nassräume mit Fliesen und Abdichtungen **350 Decken** + große Deckenspannweiten oder Auskragungen + hohe Verkehrslasten + versetzte Geschossebenen + Unterzüge + hoher Anteil an Treppen, Falltüren + Rampen + abgehängte Decken + Doppelböden + hochwertige Deckenbekleidungen + hochwertige Deckenbeläge **360 Dächer** + große Spannweiten der Dachkonstruktionen + große Auskragungen der Dachkonstruktionen + aufwändige Geometrie des Daches mit Verschneidungen der Dachflächen + hoher Anteil von Dachgauben oder Lichtkuppeln + Dachbegrünung + begeh- oder befahrbares Dach, Dachterrassen + hochwertige Dachbeläge + hochwertige Dachbekleidungen + hohe Anforderungen an Schallschutz und Energieeinsparung + Absturzsicherungen, Schneefanggitter oder Dachleitern

Abb. 19: Kostenerhöhende Eigenschaften der Grobelemente – Baukonstruktionen – Teil 2

Literatur

Baukosten-Handbuch, Hrsg.: Baukostenberatungsdienst der Architektenkammer Baden-Württemberg – AKBW, Stuttgart 1981

DIN 276-1:2008-12, Kosten im Bauwesen – Teil 1: Hochbau

DIN 277-1: 2016-01, Grundflächen und Rauminhalte im Bauwesen – Teil 1: Hochbau

http://www.bki.de/faq-kostenplanung.html, aufgerufen am 05.03.2016

http://www.welt-der-bwl.de/Zielkostenrechnung, aufgerufen am 04.03.2016

Kosten im Stahlbau

von bauforumstahl e.V.

Kosten im Stahlbau

Ein Beitrag von bauforumstahl e.V.

Datenquelle und Verfasser

Die Preisindikationen für Stahllösungen im Bauwesen basieren auf dem zweijährig erscheinenden Leitfaden „Kosten im Stahlbau" herausgegeben von bauforumstahl.

bauforumstahl ist ein Verein zur Förderung des Bauens mit Stahl und ist ein Forum rund um Architektur, das ressourceneffiziente und wirtschaftliche Planen und Bauen sowie das Normenwesen. Es repräsentiert rd. 500 Mitglieder entlang der gesamten Prozesskette: Stahlhersteller, Stahlhändler, Stahlbauer, Zulieferer, Feuerverzinkungsbetriebe, Rohstoffanbieter und Hersteller von Brandschutzbeschichtungen, Planer sowie Vertreter der Wissenschaft. Die Gemeinschaftsorganisation bietet unabhängige Beratung und Wissenstransfer und ist eine offene Plattform für vielfältigste Aktivitäten.

Die in den folgenden Kapiteln gelisteten Preisdaten stammen aus dem aktuellen Leitfaden „Kosten im Stahlbau 2017" und wurden durch das Institut für Bauökonomie der Universität Stuttgart erhoben. Das CEEC (Conseil Européen des Economistes de la Construction /The European Council of Construction Economists), das RICS (Royal Institute of Chartered Surveyors) und zahlreichen Fachfirmen haben an der Erhebung unterstützend mitgewirkt. Die Kosten wurden für die Veröffentlichung in diesem Buch durch das BKI bezüglich des Baupreisindex aktualisiert und entsprechend dem 1.Quartal 2018, Bundesdurchschnitt, inkl. 19% MwSt. angepasst. Ziel aller Beteiligten war es, eine aktuelle Preisindikation der Komplettleistungen für Stahlbau-Gewerke in €/kg sowie Kostenspannen für verschiedene Gebäudefunktionen in €/m² auf Basis der aktuellen DIN 277-1:2016 bzw. DIN 277-3:2005 anzugeben.

Ansatz über Gebäudefunktionen

Als Arbeitshilfe zum täglichen Gebrauch ermöglichen die hier aufgeführten Daten eine zügige Kostenermittlung auf Grundlage der Gebäudefunktionen, ähnlich wie der Ansatz in der DIN 276-1:2008-12 bzw. der DIN 277, welchen auch die Arbeitshilfen des BKI zu Grunde liegen. Es können sich auf Grund der Konstruktionsmethodik des Stahlbaus teilweise Änderungen zu den bekannten Normen und Publikationen ergeben, die jeweils nachvollziehbar dokumentiert sind. Um dem Konstruieren mit Stahl auch in der Kostenplanung gerecht zu werden, gliedern sich die Angaben in die Hauptfunktionen Tragwerk, Einbauten, Oberflächenbehandlung und Brandschutz.

Randbedingungen und Anwendungsgrenzen

Die Angaben sind gewichtete Mittelwerte, die aus einer Befragung von Fachfirmen resultieren. Sie enthalten alle Material- und Lohnkosten sowie Aufwendungen für eventuelle Geräteeinsätze. Die üblichen Baunebenkosten im Sinne der DIN 276-1:2008-12 sind nicht berücksichtigt.

Im Rahmen der Befragung wurden folgende Annahmen und Vereinfachungen getroffen, die bei der Arbeit mit den Kennwerten zu berücksichtigen sind:
– Die Kosten werden auf Basis „einfacher" Gebäude mit einer durchschnittlichen Gebäudefläche von 800-1.400 m² Brutto-Grundfläche und mit einer gängigen architektonischen Gestaltung ermittelt. Es wird von einem normalen Baugrund und einfacher Zugänglichkeit der Baustelle ausgegangen.
– Die Werte beziehen sich auf Bezugsgrößen der DIN 277 wie beispielsweise Brutto-Grundfläche oder Deckenfläche.
– Es werden die Schneelastzone 2, die Windzone 2 (Binnenland), ein kompaktes Gebäude sowie eine Höhenlage von max. 500m üNN angenommen.

Weitere spezifische Annahmen werden in den einzelnen Kapiteln näher erläutert. Mit Hilfe von weiteren Baukostenindizes oder Regionalfaktoren können die auf den bundesdeutschen Durchschnitt bezogenen Daten auf einzelne Regionen übertragen sowie zeitlich weiter aktualisiert werden.

Ansprechpartner bei bauforumstahl ist Herr Raban Siebers M.Sc.

Tragwerk: Rahmenkonstruktion

Rahmenbedingungen:

Durchschnittswerte für Gebäudefläche von 800-1.400 m² BGF.
- Schneelastzone 2, Geländehöhe max. 500m üNN, Windlastzone 2
- (Binnenland), kompaktes Gebäude.

Hinweise:

- Das Gewicht der Rahmenkonstruktion umfasst Stützen, Träger und alle Verbindungsmittel. Fundamentarbeiten sind nicht enthalten.
- Die Angaben setzen einfache Aussteifungsarten und keine speziellen, kostenintensiven Alternativen voraus.
- Die Angaben beinhalten einen üblichen Korrosionsschutz (genauere Differenzierung siehe Kapitel „Oberflächenbehandlung").
- Die angegebenen Werte sind Richtwerte; im Einzelfall kann durch Variation des Systemabstandes und detaillierte Optimierung des Tragwerks das Stahlgewicht pro m² BGF reduziert werden.
- Die Verbundbauweise beinhaltet die für die Verbundwirkung benötigten Kopfbolzendübel ohne Deckenplatte (siehe Kapitel „Decken").
- Dachpfetten und Fassadenriegel sind nicht enthalten.
- Die leichte Stahlbauweise ermöglicht i. A. eine Einsparung bei den Fundamentkosten von ca. 25%.

Kosten pro Tonnage der Rahmenkonstruktion					
Art des Tragsystems	Asymmetrische Deckenträger[a]	Walzträger	Lochstegträger[b]	Fachwerkträger	Schweissträger
Preisindikation in €/kg[c]	2,25 - 2,88	2,00 - 2,63	2,25 - 3,13	2,38 - 3,25	2,31 - 2,88

Eingeschossige Gebäude (Industrie- oder Geschäftsgebäude, Lager), Achsabstand der Rahmen von ca. 5,5 m - 6,5 m.	Tonnage in kg/m²BGF				
Spannweite		8 m - 18 m	10 m - 35 m	15 m - 45 m	15 m - 45 m
Ohne Hallenkran • bis 6,0 m lichte Höhe • von 6,0 m - 12,0 m lichte Höhe	– –	25 - 35 35 - 55	25 - 40 30 - 50	20 - 35 22 - 40	22 - 33 32 - 53
Mit Hallenkran (ca. 5,0 t Nutzlast) • bis 6,0 m lichte Höhe • von 6,0 m - 12,0 m lichte Höhe	– –	55 - 80 85 - 110	50 - 80 80 - 110	75 - 110 85 - 130	50 - 80 80 - 110
Kultur-, Sport- und ähnliche Gebäude	–	40 - 50	35 - 45	35 - 45	35 - 50
Landwirtschaftliche Gebäude	–	25 - 30	–	20 - 30	20 - 30

Mehrgeschossige Gebäude (Verbundbauweise)	Tonnage in kg/m²BGF				
Spannweite	5 m - 8 m	6 m - 14 m	10 m - 18 m		
Büros, Verwaltungs- und Wohngebäude mit max. Nutzlast bis 3,5 kN/m² mit max. Nutzlast von 3,5 - 7,0 kN/m²	25 - 30 30 - 35	35 - 45 45 - 65	37 - 50 42 - 60	– –	– –

Parkhäuser, offen, frei belüftet	Tonnage in kg/m² BGF				
	20 - 30	18 - 28			

[a] Der Achsabstand der Hauptträger beträgt ca. 12,0 m.
[b] Voraussetzung: biegesteife Einspannung der Rahmenstützen. Das Gewicht von Konstruktionen kann weiter reduziert werden, wenn man die Trägerhöhe weiter erhöht.
[c] Die Angaben beinhalten im Wesentlichen Material-, Anarbeitungs-, und Montagekosten.

Tragwerk: Decken

Rahmenbedingungen:

- Durchschnittswerte für Gebäudefläche von 800-1.400 m² BGF.
- Schneelastzone 2, Geländehöhe max. 500m üNN, Windlastzone 2 (Binnenland), kompaktes Gebäude.

Hinweise:

- Die angegebenen Preise beinhalten Montage, Verschalung, ggf. temporäre Unterstützung, Bewehrung (Stahlmatte oder Fasern) und Beton.
- Die Preise basieren auf einer Ausführung mit einem Feuerwiderstand von REI-90. Preisminderung für geringeren Feuerwiderstand möglich.
- Die Nutzlasten (Verkehrs- und Ausbaulasten) umfassen abgehängte Decken, Bodenbeläge, Trennwände, etc.
- Die Blechstärke der Verbunddecken-Profile werden meist entsprechend den Montagespannweiten gewählt und können von 0,75 mm - 1,25 mm variieren.
- Die Preise werden in €/m² Deckenfläche DEF angegeben.

Deckensysteme	Preisindikation in €/m² DEF			
Nutzlasten:	< 3,50 kN/m²	< 5,00 kN/m²	< 7,50 kN/m²	< 10,00 kN/m²
Verbunddecke				
• Spannweiten von 2,5 m - 3,5 m (ohne temporäre Stützung)	63 - 81	69 - 91	75 - 94	81 - 106
• Spannweiten von 3,5 m - 5,0 m (mit temporärer Stützung)	66 - 94	73 - 105	81 - 115	94 - 138
Mittragende Profilbleche (additive Tragwirkung)[a]				
• Spannweiten von 4,5 m - 6,2 m	59 - 85	75 - 96	–	–
Vorgefertigte Verbundelementdecke				
• Spannweiten von 5,0 m - 7,0 m (mit temporärer Stützung)	68 - 100	73 - 115	–	–
Ortbetondecke				
• Spannweiten von 5,0 m - 8,0 m (mit Schalung und Rüstung)	70 - 100	80 - 106	90 - 119	100 - 131
Mehrpreis für beschichtete Profilbleche[b]	+ 3 bis + 6			

[a] Vorwiegend im Parkhausbau eingesetzt.
[b] Beispielsweise Polyesterbeschichtung von 12 bzw. 25 µm

Einbauten: Treppen

Rahmenbedingungen:

- Durchschnittswerte für Gebäudefläche von 800-1.400 m² BGF.
- Schneelastzone 2, Geländehöhe max. 500m üNN, Windlastzone 2 (Binnenland), kompaktes Gebäude.

Hinweise:

- Preisangaben in €/m vertikale Höhe bei einer angenommenen Stufenhöhe von 17-20 cm.
- Alle Treppen mit Stufen aus Tränen-, Riffelblech oder Gitterrost; ohne Setzstufe bzw. Treppenstoß.
- inklusive notwendiger Podeste bei durchschnittlicher Geschosshöhe.
- inklusive einfacher Geländer und Handläufe.

Treppen	Preisindikation	
	in €/m vertikale Höhe	in €/Stufe
Standardtreppen (inkl. Geländer und Handlauf) Spindeltreppen mit Stufen aus Tränenblech oder Gitterrost, einfacher Austritt ab 0,8 m Laufbreite ab 1,0 m Laufbreite	1.800 - 2.200 2.000 - 2.400	315 - 400 345 - 425
Gerade Industrietreppen mit Stufen aus Tränenblech oder Gitterrost, ohne Setzstufe – Standard-Höhen und -Neigungen gemäß Herstellerangaben ab 0,8 m Laufbreite ab 1,0 m Laufbreite ab 1,4 m Laufbreite	1.950 - 2.400 2.000 - 2.500 2.300 - 2.750	345 - 465 390 - 500 440 - 600
Gerade Industrietreppen mit Stufen aus Tränenblech oder Gitterrost, ohne Setzstufe – projektspezifische Anpassung der Höhen und Neigungen im Rahmen der Herstellerangaben ab 0,8 m Laufbreite ab 1,0 m Laufbreite ab 1,4 m Laufbreite	3.200 - 3.900 3.350 - 4.150 3.800 - 4.700	575 - 725 605 - 775 690 - 875

Oberflächenbehandlung: Korrosionsschutz

Rahmenbedingungen:

- Durchschnittswerte für Gebäudefläche von 800-1.400 m² BGF.
- Schneelastzone 2, Geländehöhe max. 500m üNN, Windlastzone 2 (Binnenland), kompaktes Gebäude.

Hinweise:

- Preisangaben inklusive aller Vorbehandlungen, ohne Transportkosten.
- Korrosivitätskategorie C3 nach DIN EN ISO 12944; Stadt- und Industrieregion mit mäßig aggressiver Atmosphäre.
- Verzinken: Art des Verzinkguts: Sebisty-Stahl; Silizium/Phosphor 0,13 - 0,28%.
- Berechnung in m² mit Übermessen von Hohlräumen.
- Zink unterliegt Preisschwankungen, die von Verzinkerei-Betrieben in der Kalkulation berücksichtigt werden müssen. Resultierende Preiskorrekturen werden i.d.R. über einen gleitenden Metallteuerungszuschlag (bzw. -abschlag) berücksichtigt (Zinkpreisausgleich).
- Abhängig von der Komplexität der Werkstücke, der Zugänglichkeit, der gewünschten Schichtdicke und Struktur sowie der Farbe können konkrete Angebotspreise von den gemachten Angaben abweichen. Für projektspezifische Kalkulationen wird empfohlen, sich mit entsprechenden Fachunternehmen in Verbindung zu setzen.
- Die Preise für Duplex- Beschichtungssysteme setzen sich annähernd aus den Preise für das Verzinken und das anschließende organischen Beschichten zusammen.

Systeme	Spezifische Oberfläche in m²/t	werkseitig Preisindikation in €/t	werkseitig Preisindikation in €/m²	baustellenseitig Preisindikation in €/t	baustellenseitig Preisindikation in €/m²
Nass-Beschichtungen (Rostschutzgrundierung und 2 Deckschichten inklusive vorheriges Strahlen)					
Konstruktionsart:					
• Schwere Profile (HEB 600)	10 - 15	265 - 540	21,0 - 43,0	500 - 1.025	40,0 - 83,8
• Mittelschwere Profile (< IPE 750 / HEB 300)	15 - 20	315 - 650	17,9 - 37,1	665 - 1.440	37,5 - 82,5
• Mittlere Profile (< IPE 450)	20 - 25	365 - 775	16,1 - 34,5	840 - 1.815	37,5 - 81,3
• Mittelleichte Profile (< IPE 330)	25 - 30	415 - 940	15,0 - 33,8	1.030 - 2.250	37,5 - 81,3
• Leichte Profile (< IPE 240)	30 - 40	500 - 1.190	14,3 - 34,1	1.225 - 2.815	35,0 - 80,0
• Leichte Profile mit geringer Massivität (< IPE 160)	40 - 50	625 - 1.500	13,9 - 33,4	1.565 - 3.565	35,0 - 78,8
Verzinken / Feuerverzinken (inklusive Entfetten, Beizen und Fluxen ggf. vorheriges Strahlen)	in m²/t	in €/t	in €/m²		
Konstruktionsart:					
• Schwere Profile (HEB 600)	10 - 15	250 - 365	20,0 - 29,2		
• Mittelschwere Profile (< IPE 750 / HEB 300)	15 - 20	280 - 380	16,1 - 21,9		
• Mittlere Profile (< IPE 450)	20 - 25	315 - 400	13,9 - 18,1		
• Mittelleichte Profile (< IPE 330)	25 - 30	375 - 475	13,6 - 17,3		
• Leichte Profile (< IPE 240)	30 - 40	440 - 550	12,5 - 15,8		
• Leichte Profile mit geringer Massivität (< IPE 160)	40 - 50	565 - 725	13,6 - 16,1		
Einbrennlackierung von Metallbauelementen aus Stahl	in m²/t	in €/t	in €/m²		
Pulverbeschichtung	40 - 50	900 - 1.240	20,0 - 27,5		
Pulverbeschichtung + Zinkgrundierung	40 - 50	1.125 - 1.625	25,0 - 36,3		

Angenommener Zinkpreis* Stand 4. Quartal 2016	€/t
	3.125

* aktueller Zinkpreis unter www.feuerverzinken.com

Brandschutz

Ziel bauaufsichtlicher Bestimmungen in Bezug auf den Brandschutz ist die Abwehr von Gefahren für Menschen, Tiere und Sachwerte. Die Anforderungen in den Bauordnungen unterscheiden sich im Wesentlichen nach der Gebäudehöhe, Zahl und Größe der Nutzungseinheiten sowie der Art der Nutzung. Sie verfolgen damit folgende Zielsetzungen:

- **Gewährleistung von Evakuierungs- und wirksamen Löschmaßnahmen**
  Damit Rettungs- und Löscharbeiten effektiv durchgeführt werden können, müssen eine ausreichende Anzahl und eine geeignete Ausbildung von Rettungswegen sowie eine entsprechende Zugänglichkeit sichergestellt sein.
- **Gewährleistung der Standsicherheit der Konstruktion**
  Gebäude müssen entsprechend ihrer Nutzung den erhöhten Temperaturen im Brandfall ausreichend Widerstand bieten, so dass es nicht zum plötzlichen Versagen des Tragwerks kommt.
- **Vermeidung der Brandausbreitung**
  Raumabschließende Bauteile müssen ihre Funktion unter Brandeinwirkung speziell in Hinblick auf die Dichtheit gegenüber Rauchgasen und der Standfestigkeit gewährleisten. Zudem werden Anforderungen an die Wärmedurchleitung von Bauteilen gestellt, die einen Brandabschnitt begrenzen. Brandwände müssen zudem einer genormten Stoßbeanspruchung standhalten.
- **Brandverhalten von Baustoffen**
  Um einer Brandentstehung und einer Brandausbreitung vorzubeugen, werden Anforderungen an die Brennbarkeit von Baustoffen gestellt.

Stahl ist diesbezüglich ein geeigneter Baustoff, da er nicht brennbar ist und keine giftigen Gase unter Brandeinwirkung freisetzt (Brandklasse A1). In Abhängigkeit der Stahlsorte reduziert sich jedoch die Festigkeit des Werkstoffs Stahl mit zunehmender Temperatur (siehe EN 1993-1-2). Im Allgemeinen kann bei Stahltemperaturen von über 550°C ein Festigkeitsverlust festgestellt werden. In kritischen Fällen ist daher zu prüfen, ob Stahlbauteile im Brandfall durch geeignete Maßnahmen vor einer übermäßigen Durchwärmung geschützt werden müssen. Alternativ können aktive Maßnahmen zur Eindämmung des Brandes bzw. zur Kühlung z. B. durch Sprinklersysteme installiert werden.

In Abhängigkeit der Gebäudeklassen, die in den Bauordnungen definiert werden, und der Funktion der Bauteile werden Anforderungen an die Feuerwiderstandsklassen gestellt (siehe Landesbauordnungen). Deren Bezeichnungen beinhalten zum einen die Feuerwiderstandsdauer in Minuten unter Normbedingungen. Zum anderen wird das altbekannte „F" für „Feuerwiderstand" auf Grund europäischer Regelungen durch aussagekräftigere Kürzel ersetzt, die die Anforderungen genauer beschreiben. Konstruktive Systeme und Bauteile (Bauprodukte, Bauarten und Bausätze), die diese Anforderungen erfüllen, besitzen ein allgemeines bauaufsichtliches Prüfzeugnis (ABP) oder entsprechen technischen Regelwerken (Normen, Richtlinien) auf Grundlage der Bauproduktrichtlinie (BPR – maßgebend für CE-Kennzeichnung) bzw. des Bauproduktgesetzes

Kürzel	Bedeutung	Beschriebene Anforderung
R	„Résistance" (frz.)	Tragfähigkeit
E	„Etanchéité" (frz.)	Raumabschluss, Dichtigkeit im Brandfall
I	„Isolation" (frz./engl.)	begrenzte Wärmedurchleitung im Brandfall
M	„Mechanical" (engl.)	Dynamische Einwirkung, Stoßbeanspruchung

Bauaufsichtliche Bezeichnung	Brandklasse nach DIN EN 13501 Teil 1	Bemerkung
Nicht brennbar	A1	
	A2 - s1 d0	Kein Rauch / kein Abtropfen
Schwer entflammbar	B, C - s1 d0	Kein Rauch / kein Abtropfen
	B, C - s3 d0	kein Abtropfen
	B, C - s1 d2	Kein Rauch
	B, C - s1 d2	
Normal entflammbar	D - s3 d0	kein Abtropfen
	D - s3 d2	
	E - d2	
Leicht entflammbar	F	

(BauPG). Diesbezügliche Zusammenhänge und weitere Informationen (Übereinstimmungs- und Verwendbarkeitsnachweis) sind in der Bauregelliste festgehalten. Zudem kann eine Zustimmung im Einzelfall (ZiE) bei der obersten Bauaufsichtsbehörde beantragt werden, deren Gültigkeit sich auf ein konkretes Bauvorhaben beschränkt. Eine frühzeitige Abstimmung mit den örtlichen Genehmigungsbehörden ist in Sonderfällen zu empfehlen.

Neben den Landesbauordnungen gibt es Richtlinien und Verordnungen für diverse Gebäudetypen, die entsprechend der Nutzung und des Gefahrenrisikos die Anforderungen abmindern bzw. erhöhen. Im Bereich des Industrie- und Gewerbebaus bietet die Industriebau-Richtlinie den rechtlichen Rahmen für effektive und kostengünstige Brandschutzkonzepte mit hohem Sicherheitsniveau.

Weitere Bauvorschriften für bestimmte Gebäudearten:

– Industriebaurichtlinie
– Hochhausrichtlinie
– Verkaufsstätten-Verordnung
– Versammlungsstätten-Verordnung
– Garagen-Verordnung
– Krankenhausbau-Verordnung
– Beherbergungsstätten-Verordnung

Die europäische Normung ermöglicht neben diesen herkömmlichen Betrachtungsweisen die Berücksichtigung des Brandschutzes auf Grundlage des Naturbrandkonzeptes. Ausgehend von Brandlasten, der Geometrie und den resultierenden Belüftungsverhältnis- sen im Gebäude werden mit Hilfe von Computerprogrammen realistische Temperatur-Zeit-Kurven ermittelt, die über die resultierende Stahltemperatur zu konkreten Aussagen über die Versagenswahrscheinlichkeit führen. Dieser Ansatz entspricht dem Sicherheitskonzept des gesamten Europäischen Normenwerks und bietet die Möglichkeit, aktive Maßnahmen wie Sprinkler- und Entrauchungsanlagen zu berücksichtigen.

Letztlich bieten die Gesamtheit der Verordnungen sowie die europäischen Regelungen eine Vielzahl von Möglichkeiten, Stahlbauten mit einem hohen Niveau der Brandschutzsicherheit zu planen, ohne aufwändige Maßnahmen zu ergreifen. In den Fällen, in denen dennoch Stahlbauteile geschützt werden müssen, kann man aus folgenden Maßnahmen auswählen, um zu einem optimierten und angepassten baulichen Brandschutz zu gelangen.

Passive Maßnahmen

Alle Brandschutzmaßnahmen sind von der Massivität der Stahlprofile abhängig, die durch das Verhältnis von Umfang zu Querschnittsfläche ausgedrückt wird. Bei einer Profilauswahl kann durch Berücksichtigung einer entsprechenden Massivität und einer angepassten Dimensionierung schon die ungeschützte Konstruktion einen Feuerwiderstand von 30 Minuten erreichen. Darüber hinaus stehen folgende Maßnahmen zur Verfügung, um die Erwärmung des Stahls über die kritische Temperatur zu verhindern:

– **Verkleidung der Stahlkonstruktion mit Platten aus Gipskarton, aus Fiber- oder Kalziumsilikaten oder Vermiculite**
  Durch die Bekleidung mit porenwasserhaltigen oder kristallwasserhaltigen Baustoffen wird die Durchwärmung der Stahlbauteile verzögert. In Abhängigkeit des Baustoffes ist daher die Bekleidungsdicke vorwiegend für die entsprechende Widerstandsdauer maßgebend. Zum Teil existieren vorgefertigte Verkleidungselemente oder spezielle Befestigungssysteme, die die Applikation solcher Systeme erheblich vereinfachen.
– **Spritzputzbekleidung mit und ohne Putzträger**
  Ähnlich wie die Verkleidung mit Platten verzögern Putzsysteme die Durchwärmung der Stahlbauteile. Neben der Wirkung des eingelagerten Wassers wird die dämmende Wirkung der Spritzputzverkleidung durch die Porosität des Werkstoffs genutzt (Beflocken). Da die Spritzputze meist baustellenseitig aufgebracht werden, sind entsprechende Vorkehrungen zu treffen.
– **Dämmschichtbildender Anstrich**
  Diese Brandschutzanstriche bestehen meist aus drei Schichten: Grundierung inklusive Korrosionsschutz, Dämmschichtbildner und Deckschicht, die eine uneingeschränkte Farbgebung ermöglicht. Moderne Produktsysteme erreichen eine Widerstandsdauer bis zu 90 Minuten und können werkseitig aufgebracht werden. Dies führt zu Kostenvorteilen und zur Vereinfachung des Bauablaufs.

- **Verbundbau**
  Bei Verbundkonstruktionen werden Stahlprofile entweder vollständig einbetoniert oder nur die Kammern von offenen Profilen bzw. Stahlhohlprofilen ausbetoniert und mit Zusatzbewehrung versehen. Unter Berücksichtigung des Ausnutzungsgrads und der Mindestquerschnittswerte kann eine Widerstandsdauer von bis zu 180 Minuten erreicht werden.

Aktive Maßnahmen

Der Einfachheit halber werden hier nur die Maßnahmen angesprochen, die einen Effekt auf die Berechnung der anzusetzenden Brandlast nach Eurocode haben. Andere Maßnahmen, die u.U. nach Absprachen mit den lokalen Behörden zu einem optimierten Brandschutz führen können, bleiben zunächst unberücksichtigt.

- **Sprinklersystem**
  Wasserführendes Leitungssystem, welches bei Brandeinwirkung automatisch Wasser im Bereich des Brandherdes versprüht, um eine Ausbreitung zu vermeiden und das Feuer einzudämmen.
- **Automatische Brandmeldeanlage – Branderkennung durch Hitze oder Rauch**
  Anlagen, die auf Grund der Hitze oder Rauchentwicklung eines Feuers dieses automatisch erkennen und meist einen internen Hausalarm auslösen, der eine Evakuierung des Gebäudes zur Folge hat.
- **Brandmeldezentrale mit automatischer Alarmierung der Feuerwehr**
  Erweiterte Brandmeldeanlage mit automatischer Branderkennung, die zusätzlich die zuständige Feuerwehr alarmiert und weitere Informationen bereitstellt.
- **Rauchabzug**
  Unter Rauchabzügen versteht man Dachöffnungen, die sich durch manuelle oder automatische Betätigung im Brandfall öffnen und so heißen Brandrauch abführen. Sie werden häufig in Industriebauten verwendet oder bei mehrgeschossigen Gebäuden im Treppenraum angebracht, um den „ersten" Rettungsweg rauchfrei zu halten.
- **Werks- oder Betriebsfeuerwehr**
  Ist eine solche Einrichtung im Bereich des zu errichtenden Gebäudes vorhanden, kann dies bei der Planung berücksichtigt werden.
- **Eingebaute Löschgeräte und Klein-Löschmittel (Feuerlöscher/ Wandhydranten)**
  Gerätschaften, um lokale Brände durch anwesende Personen schon in der Entstehungsphase zu löschen.

Die im Folgenden angegebenen Kosten sind Anhaltswerte unter Berücksichtigung der jeweiligen Rahmenbedingungen. Genauere Angaben sind im Einzelfall durch einen Fachplaner zu bestimmen.

Rahmenbedingungen:

- Durchschnittswerte für Gebäudefläche von 800-1.400 m² BGF.
- Schneelastzone 2, Geländehöhe max. 500m üNN, Windlastzone 2
- (Binnenland), kompaktes Gebäude.

Hinweise:

- Passive Brandschutzmaßnahmen werden in €/m² zu applizierender Fläche bzw. €/kg Rahmenkonstruktion angegeben.
- Bei der Verwendung der Angaben in €/kg ist zu beachten, dass meist nur ein Teil der Konstruktion geschützt werden muss.
- Annahme eines Massivitätsfaktors von 140-180; entspricht IPE 300 - IPE 450 und der gesamten HEB-Reihe.
- Aktive Brandschutzmaßnahmen werden in €/m² BGF angegeben.
- Aktive Brandschutzmaßnahmen haben Einfluss auf die Bestimmung der Brandlast gemäß Eurocode 3 (EN 1993).
- Mittlere Brandlast für mehrgeschossige Gebäude ca. 500 MJ/m² (Büro), eingeschossige Gebäude ca. 750 MJ/m².
- Bei den Angaben zur werkseitigen Applikation sind Transportkosten sowie Reparaturen von bis zu 5% enthalten.
- Es wird empfohlen, für alle Preisindikationen von Brandschutzmaßnahmen zusätzlich fachkundige Firmen zu konsultieren.

Passiver Brandschutz €/m²		Preisindikation in €/m² zu applizierende Fläche		
Feuerwiderstand[b] in min		30 min	60 min	90 min[a]
Dämmschichtbildender Anstrich	• Ausführung auf der Baustelle • Ausführung in der Werkstatt	23 - 31 19 - 31	50 - 69 44 - 69	81 - 125 69 - 119
Spritzputzbekleidung	• Standardprodukte (normal) • Hochleistungsprodukte/-systeme	23 - 30 26 - 35	25 - 34 31 - 41	31 - 41 36 - 48
Ummantelung/Beplankung (Hauptstützen und Hauptträger)	• Gipskartonplatten (normal) • spezielle Brandschutzplatten/-systeme	29 - 38 35 - 48	38 - 63 44 - 69	50 - 75 50 - 81

Passiver Brandschutz €/kg		Preisindikation in €/kg zu schützende Konstruktion[c]		
Feuerwiderstand[b] in min		30 min	60 min	90 min[a]
Dämmschichtbildender Anstrich	• Ausführung auf der Baustelle • Ausführung in der Werkstatt	0,40 - 0,75 0,30 - 0,75	0,90 - 1,70 0,80 - 1,65	1,50 - 3,00 1,50 - 2,90
Spritzputzbekleidung	• Standardprodukte (normal) • Hochleistungsprodukte/-systeme	0,30 - 0,55 0,40 - 0,70	0,40 - 0,65 0,45 - 0,75	0,45 - 0,80 0,55 - 0,95
Ummantelung/Beplankung (Hauptstützen und Hauptträger)	• Gipskartonplatten (normal) • spezielle Brandschutzplatten/-systeme	0,45 - 0,70 0,55 - 0,95	0,65 - 1,05 0,70 - 1,05	0,80 - 1,50 0,75 - 1,50

Aktiver Brandschutz	Preisindikation in €/m² BGF
Sprinklersystem[d]	38 - 50
Entrauchungsanlage[e]	13 - 19
Feuermeldeeinrichtung, lokal, über Wärmedetektion	15 - 25
Feuermeldeeinrichtung, lokal, über Rauchdetektion	15 - 25
Brandmeldeanlage mit Branderkennung und autom. Alarmübermittlung	19 - 31

[a] Eine „Bauaufsichtliche Zulassung" ist jeweils zu prüfen; zum Teil bedarf es einer „Zustimmung im Einzelfall", die meist vom Hersteller unterstützt wird.
[b] DIN EN 13501-1 und 13501-2: Klassifizierung von Bauprodukten und Bauarten zu ihrem Brandverhalten.
[c] Diese Werte sollten nur mit einem brandzuschützenden Teil der Gesamttonnage aus Kapitel 1 multipliziert werden. Eine entsprechende Annahme (bspw. 30% oder 60%) sollte getroffen werden.
[d] Eine ausreichende Wasserversorgung über das öffentliche Leitungsnetz wird vorausgesetzt. Ansonsten entstehen Zusatzkosten durch eine komplexere Sprinklerzentrale, Vorratsbehälter etc.
[e] Entrauchungsanlagen, die auf dem Prinzip der freien Entrauchung ohne mechanisch induzierte Luftströmung (Ventilatoren, Turbinen) basieren.

Normen (Auszug)

Korrosion

DIN EN ISO 12944 Teile 1-8
Beschichtungsstoffe - Korrosionsschutz von Stahlbauten durch Beschichtungssysteme
– Teil 1: Allgemeine Einleitung
– Teil 2: Einteilung der Umgebungsbedingungen
– Teil 3: Grundregeln zur Gestaltung
– Teil 4: Arten von Oberflächen und Oberflächenvorbereitung
– Teil 5: Beschichtungssysteme
– Teil 6: Laborprüfungen zur Bewertung von Beschichtungssystemen
– Teil 7: Ausführung und Überwachung der Beschichtungsarbeiten
– Teil 8: Erarbeiten von Spezifikationen für Erstschutz und Instandsetzung
(Teile 3-5 haben keine Anwendung für dünnwandige Stahlblechbauteile)

DIN EN ISO 1461
Durch Feuerverzinken auf Stahl aufgebrachte Zinküberzüge (Stückverzinken)

DIN EN ISO 8501-1
Vorbereitung von Stahloberflächen vor dem Auftragen von Beschichtungsstoffen
- Visuelle Beurteilung der Oberflächenreinheit
– Teil 1: Rostgrade und Oberflächenvorbereitungsgrade von unbeschichteten Stahloberflächen und Stahloberflächen nach ganzflächigem Entfernen vorhandener Beschichtungen

DIN EN ISO 8501-2
Vorbereitung von Stahloberflächen vor dem Auftragen von Beschichtungsstoffen
Visuelle Beurteilung der Oberflächenreinheit
– Teil 2: Oberflächenvorbereitungsgrade von beschichteten Oberflächen nach örtlichem Entfernen der vorhandenen Beschichtungen

DIN EN ISO 8501-3
Vorbereitung von Stahloberflächen vor dem Auftragen von Beschichtungsstoffen
Visuelle Beurteilung der Oberflächenreinheit
– Teil 3: Vorbereitungsgrade von Schweißnähten, Kanten und anderen Flächen mit Oberflächenunregelmäßigkeiten

DIN EN ISO 14713-2
Zinküberzüge - Leitfäden und Empfehlungen zum Schutz von Eisen- und Stahlkonstruktionen vor Korrosion
– Teil 2: Feuerverzinken

DASt 022 Anwendung der DASt-Richtlinie 022:
„Feuerverzinken von tragenden Stahlbauteilen"

DIN EN ISO 8503-1
Vorbereitung von Stahloberflächen vor dem Auftragen von Beschichtungsstoffen Rauheitskenngrößen von gestrahlten Stahloberflächen
– Teil 1: Anforderungen und Begriffe für ISO-Rauheitsvergleichsmuster zur Beurteilung gestrahlter Oberflächen

DIN EN ISO 8503-2
Vorbereitung von Stahloberflächen vor dem Auftragen von Beschichtungsstoffen
- Rauheitskenngrößen von gestrahlten Stahloberflächen
Teil 2: Verfahren zur Prüfung der Rauheit von gestrahltem Stahl – Vergleichsmusterverfahren

Brandschutz

DIN EN 1364 Teile 1-4
Feuerwiderstandsprüfungen für nichttragende Bauteile
– Teil 1: Wände
– Teil 2: Unterdecken
– Teil 3: Vorhangfassaden – Gesamtausführung
– Teil 4: Vorhangfassaden - Teilausführung

DIN EN 13501 Teile 1-6
Klassifizierung von Bauprodukten und Bauarten zu ihrem Brandverhalten
– Teil 1: Klassifizierung mit den Ergebnissen aus den Prüfungen zum Brandverhalten von Bauprodukten
– Teil 2: Klassifizierung mit den Ergebnissen aus den Feuerwiderstandsprüfungen, mit Ausnahme von Lüftungsanlagen
– Teil 3: Klassifizierung mit den Ergebnissen aus den Feuerwiderstandsprüfungen an Bauteilen von haustechnischen Anlagen: Feuerwiderstandsfähige Leitungen und Brandschutzklappen

- Teil 4: Klassifizierung mit den Ergebnissen aus den Feuerwiderstandsprüfungen von Anlagen zur Rauchfreihaltung
- Teil 5: Klassifizierung mit den Ergebnissen aus Prüfungen von Bedachungen bei Beanspruchung durch Feuer von außen
- Teil 6: Klassifizierung mit den Ergebnissen aus den Prüfungen zum Brandverhalten von elektrischen Kabeln

DIN 4102 Teil 4
Brandverhalten von Baustoffen und Bauteilen
- Teil 4: Zusammenstellung und Anwendung klassifizierter Baustoffe, Bauteile und Sonderbauteile; Änderung A1

Bauelemente Neubau nach Gebäudearten

Kostenkennwerte für die Kostengruppen der 3. Ebene DIN 276

Büro- und Verwaltungsgebäude, einfacher Standard

Kosten:
Stand 1.Quartal 2018
Bundesdurchschnitt
inkl. 19% MwSt.

▷ von
ø Mittel
◁ bis

Kostengruppen		▷	€/Einheit	◁	KG an 300+400
310	**Baugrube**				
311	Baugrubenherstellung [m³]	10,00	**19,00**	30,00	1,7%
312	Baugrubenumschließung [m²]	–	–	–	–
313	Wasserhaltung [m²]	–	**1,50**	–	0,0%
319	Baugrube, sonstiges [m³]	–	–	–	–
320	**Gründung**				
321	Baugrundverbesserung [m²]	14,00	**14,00**	15,00	0,1%
322	Flachgründungen [m²]	81,00	**170,00**	310,00	3,2%
323	Tiefgründungen [m²]	–	–	–	–
324	Unterböden und Bodenplatten [m²]	37,00	**70,00**	167,00	2,4%
325	Bodenbeläge [m²]	86,00	**99,00**	146,00	3,9%
326	Bauwerksabdichtungen [m²]	15,00	**20,00**	38,00	0,8%
327	Dränagen [m²]	–	**6,60**	–	0,1%
329	Gründung, sonstiges [m²]	–	**8,00**	–	0,0%
330	**Außenwände**				
331	Tragende Außenwände [m²]	106,00	**117,00**	153,00	6,5%
332	Nichttragende Außenwände [m²]	62,00	**63,00**	64,00	0,1%
333	Außenstützen [m]	115,00	**182,00**	246,00	0,4%
334	Außentüren und -fenster [m²]	270,00	**344,00**	392,00	7,2%
335	Außenwandbekleidungen außen [m²]	57,00	**90,00**	149,00	4,5%
336	Außenwandbekleidungen innen [m²]	21,00	**34,00**	43,00	1,5%
337	Elementierte Außenwände [m²]	–	–	–	–
338	Sonnenschutz [m²]	127,00	**186,00**	266,00	2,1%
339	Außenwände, sonstiges [m²]	3,50	**5,10**	8,10	0,2%
340	**Innenwände**				
341	Tragende Innenwände [m²]	83,00	**111,00**	139,00	2,1%
342	Nichttragende Innenwände [m²]	61,00	**75,00**	96,00	4,5%
343	Innenstützen [m]	79,00	**124,00**	167,00	0,3%
344	Innentüren und -fenster [m²]	183,00	**435,00**	602,00	3,7%
345	Innenwandbekleidungen [m²]	14,00	**19,00**	39,00	3,1%
346	Elementierte Innenwände [m²]	159,00	**352,00**	539,00	1,9%
349	Innenwände, sonstiges [m²]	–	**4,30**	–	0,0%
350	**Decken**				
351	Deckenkonstruktionen [m²]	81,00	**115,00**	161,00	5,8%
352	Deckenbeläge [m²]	79,00	**94,00**	108,00	4,1%
353	Deckenbekleidungen [m²]	15,00	**29,00**	44,00	1,4%
359	Decken, sonstiges [m²]	3,60	**12,00**	29,00	0,4%
360	**Dächer**				
361	Dachkonstruktionen [m²]	48,00	**77,00**	128,00	4,0%
362	Dachfenster, Dachöffnungen [m²]	1.049,00	**1.240,00**	1.430,00	2,1%
363	Dachbeläge [m²]	89,00	**123,00**	229,00	5,5%
364	Dachbekleidungen [m²]	24,00	**54,00**	79,00	2,4%
369	Dächer, sonstiges [m²]	0,50	**12,00**	23,00	0,1%

Büro- und Verwaltungsgebäude, einfacher Standard

Kostengruppen	▷	€/Einheit	◁	KG an 300+400
370 Baukonstruktive Einbauten				
371 Allgemeine Einbauten [m² BGF]	0,50	**2,50**	5,30	0,2%
372 Besondere Einbauten [m² BGF]	–	–	–	–
379 Baukonstruktive Einbauten, sonstiges [m² BGF]	–	–	–	–
390 Sonstige Maßnahmen für Baukonstruktionen				
391 Baustelleneinrichtung [m² BGF]	16,00	**21,00**	36,00	1,9%
392 Gerüste [m² BGF]	6,30	**8,40**	11,00	0,8%
393 Sicherungsmaßnahmen [m² BGF]	–	**0,20**	–	0,0%
394 Abbruchmaßnahmen [m² BGF]	–	**9,30**	–	0,1%
395 Instandsetzungen [m² BGF]	–	–	–	–
396 Materialentsorgung [m² BGF]	–	**5,80**	–	0,1%
397 Zusätzliche Maßnahmen [m² BGF]	3,20	**5,20**	7,10	0,2%
398 Provisorische Baukonstruktionen [m² BGF]	–	–	–	–
399 Sonstige Maßnahmen für Baukonstruktionen, sonst. [m² BGF]	–	–	–	–
410 Abwasser-, Wasser-, Gasanlagen				
411 Abwasseranlagen [m² BGF]	11,00	**24,00**	47,00	2,4%
412 Wasseranlagen [m² BGF]	9,20	**16,00**	21,00	1,5%
420 Wärmeversorgungsanlagen				
421 Wärmeerzeugungsanlagen [m² BGF]	11,00	**17,00**	23,00	1,6%
422 Wärmeverteilnetze [m² BGF]	6,40	**13,00**	24,00	1,3%
423 Raumheizflächen [m² BGF]	14,00	**21,00**	31,00	1,9%
429 Wärmeversorgungsanlagen, sonstiges [m² BGF]	2,60	**4,60**	6,60	0,1%
430 Lufttechnische Anlagen				
431 Lüftungsanlagen [m² BGF]	1,40	**2,30**	4,90	0,1%
440 Starkstromanlagen				
443 Niederspannungsschaltanlagen [m² BGF]	–	**9,70**	–	0,1%
444 Niederspannungsinstallationsanlagen [m² BGF]	23,00	**39,00**	51,00	3,8%
445 Beleuchtungsanlagen [m² BGF]	9,50	**27,00**	37,00	2,6%
446 Blitzschutz- und Erdungsanlagen [m² BGF]	1,20	**2,50**	3,50	0,2%
450 Fernmelde- und informationstechnische Anlagen				
451 Telekommunikationsanlagen [m² BGF]	0,60	**2,30**	4,60	0,1%
452 Such- und Signalanlagen [m² BGF]	0,70	**1,40**	3,30	0,1%
455 Fernseh- und Antennenanlagen [m² BGF]	–	**4,20**	–	0,0%
456 Gefahrenmelde- und Alarmanlagen [m² BGF]	–	**0,20**	–	0,0%
460 Förderanlagen				
461 Aufzugsanlagen [m² BGF]	22,00	**31,00**	40,00	1,2%
470 Nutzungsspezifische Anlagen				
471 Küchentechnische Anlagen [m² BGF]	–	–	–	–
473 Medienversorgungsanlagen [m² BGF]	–	–	–	–
475 Feuerlöschanlagen [m² BGF]	0,70	**2,10**	3,50	0,0%
Weitere Kosten für Technische Anlagen [m² BGF]	8,30	**19,00**	40,00	1,1%

© BKI Baukosteninformationszentrum; Erläuterungen zu den Tabellen siehe Seite 48   Kosten: 1.Quartal 2018, Bundesdurchschnitt, inkl. 19% MwSt.

Büro- und Verwaltungsgebäude, mittlerer Standard

Kosten:
Stand 1.Quartal 2018
Bundesdurchschnitt
inkl. 19% MwSt.

▷ von
ø Mittel
◁ bis

Kostengruppen		▷	€/Einheit	◁	KG an 300+400
310	**Baugrube**				
311	Baugrubenherstellung [m³]	16,00	**25,00**	50,00	0,9%
312	Baugrubenumschließung [m²]	96,00	**317,00**	668,00	0,2%
313	Wasserhaltung [m²]	3,60	**13,00**	40,00	0,0%
319	Baugrube, sonstiges [m³]	0,50	**2,20**	5,40	0,0%
320	**Gründung**				
321	Baugrundverbesserung [m²]	9,50	**29,00**	75,00	0,3%
322	Flachgründungen [m²]	48,00	**108,00**	236,00	2,0%
323	Tiefgründungen [m²]	84,00	**251,00**	480,00	0,7%
324	Unterböden und Bodenplatten [m²]	70,00	**101,00**	130,00	2,1%
325	Bodenbeläge [m²]	77,00	**116,00**	154,00	2,7%
326	Bauwerksabdichtungen [m²]	15,00	**28,00**	45,00	0,6%
327	Dränagen [m²]	5,50	**11,00**	19,00	0,1%
329	Gründung, sonstiges [m²]	–	**–**	–	–
330	**Außenwände**				
331	Tragende Außenwände [m²]	114,00	**157,00**	234,00	4,6%
332	Nichttragende Außenwände [m²]	93,00	**175,00**	282,00	0,4%
333	Außenstützen [m]	126,00	**199,00**	266,00	0,5%
334	Außentüren und -fenster [m²]	390,00	**616,00**	950,00	7,3%
335	Außenwandbekleidungen außen [m²]	101,00	**169,00**	299,00	6,2%
336	Außenwandbekleidungen innen [m²]	20,00	**35,00**	53,00	1,1%
337	Elementierte Außenwände [m²]	534,00	**666,00**	814,00	3,4%
338	Sonnenschutz [m²]	119,00	**207,00**	474,00	1,8%
339	Außenwände, sonstiges [m²]	3,60	**12,00**	36,00	0,3%
340	**Innenwände**				
341	Tragende Innenwände [m²]	86,00	**144,00**	269,00	2,9%
342	Nichttragende Innenwände [m²]	67,00	**84,00**	116,00	2,2%
343	Innenstützen [m]	93,00	**147,00**	236,00	0,4%
344	Innentüren und -fenster [m²]	409,00	**599,00**	773,00	3,7%
345	Innenwandbekleidungen [m²]	22,00	**32,00**	46,00	2,5%
346	Elementierte Innenwände [m²]	247,00	**398,00**	910,00	1,1%
349	Innenwände, sonstiges [m²]	2,30	**4,60**	9,90	0,0%
350	**Decken**				
351	Deckenkonstruktionen [m²]	143,00	**186,00**	368,00	6,8%
352	Deckenbeläge [m²]	104,00	**117,00**	137,00	3,8%
353	Deckenbekleidungen [m²]	41,00	**61,00**	95,00	1,6%
359	Decken, sonstiges [m²]	12,00	**31,00**	107,00	0,9%
360	**Dächer**				
361	Dachkonstruktionen [m²]	97,00	**136,00**	184,00	3,3%
362	Dachfenster, Dachöffnungen [m²]	1.088,00	**1.949,00**	4.297,00	0,5%
363	Dachbeläge [m²]	121,00	**165,00**	273,00	3,9%
364	Dachbekleidungen [m²]	15,00	**42,00**	75,00	0,7%
369	Dächer, sonstiges [m²]	7,30	**23,00**	47,00	0,2%

© BKI Baukosteninformationszentrum; Erläuterungen zu den Tabellen siehe Seite 48   Kosten: 1.Quartal 2018, Bundesdurchschnitt, **inkl. 19% MwSt.**

Büro- und Verwaltungsgebäude, mittlerer Standard

Kostengruppen	▷	€/Einheit	◁	KG an 300+400
370 Baukonstruktive Einbauten				
371 Allgemeine Einbauten [m² BGF]	17,00	**32,00**	52,00	0,7%
372 Besondere Einbauten [m² BGF]	1,80	**3,00**	3,50	0,0%
379 Baukonstruktive Einbauten, sonstiges [m² BGF]	1,90	**2,70**	3,90	0,0%
390 Sonstige Maßnahmen für Baukonstruktionen				
391 Baustelleneinrichtung [m² BGF]	18,00	**32,00**	51,00	2,0%
392 Gerüste [m² BGF]	9,10	**15,00**	22,00	0,9%
393 Sicherungsmaßnahmen [m² BGF]	–	**3,40**	–	0,0%
394 Abbruchmaßnahmen [m² BGF]	–	**1,70**	–	0,0%
395 Instandsetzungen [m² BGF]	–	**2,60**	–	0,0%
396 Materialentsorgung [m² BGF]	–	**–**	–	–
397 Zusätzliche Maßnahmen [m² BGF]	2,90	**6,90**	18,00	0,3%
398 Provisorische Baukonstruktionen [m² BGF]	0,30	**2,40**	6,50	0,0%
399 Sonstige Maßnahmen für Baukonstruktionen, sonst. [m² BGF]	–	**2,30**	–	0,0%
410 Abwasser-, Wasser-, Gasanlagen				
411 Abwasseranlagen [m² BGF]	18,00	**26,00**	40,00	1,6%
412 Wasseranlagen [m² BGF]	20,00	**26,00**	42,00	1,6%
420 Wärmeversorgungsanlagen				
421 Wärmeerzeugungsanlagen [m² BGF]	7,80	**20,00**	58,00	1,2%
422 Wärmeverteilnetze [m² BGF]	17,00	**27,00**	52,00	1,6%
423 Raumheizflächen [m² BGF]	24,00	**38,00**	60,00	2,3%
429 Wärmeversorgungsanlagen, sonstiges [m² BGF]	2,40	**8,80**	32,00	0,2%
430 Lufttechnische Anlagen				
431 Lüftungsanlagen [m² BGF]	4,80	**26,00**	56,00	1,1%
440 Starkstromanlagen				
443 Niederspannungsschaltanlagen [m² BGF]	5,40	**9,30**	14,00	0,1%
444 Niederspannungsinstallationsanlagen [m² BGF]	48,00	**69,00**	101,00	4,6%
445 Beleuchtungsanlagen [m² BGF]	18,00	**33,00**	44,00	1,9%
446 Blitzschutz- und Erdungsanlagen [m² BGF]	2,10	**4,40**	8,30	0,2%
450 Fernmelde- und informationstechnische Anlagen				
451 Telekommunikationsanlagen [m² BGF]	2,30	**6,40**	17,00	0,4%
452 Such- und Signalanlagen [m² BGF]	1,30	**2,60**	7,10	0,1%
455 Fernseh- und Antennenanlagen [m² BGF]	0,20	**1,50**	3,90	0,0%
456 Gefahrenmelde- und Alarmanlagen [m² BGF]	9,70	**22,00**	73,00	1,1%
460 Förderanlagen				
461 Aufzugsanlagen [m² BGF]	23,00	**34,00**	60,00	0,6%
470 Nutzungsspezifische Anlagen				
471 Küchentechnische Anlagen [m² BGF]	1,90	**14,00**	38,00	0,1%
473 Medienversorgungsanlagen [m² BGF]	–	**–**	–	–
475 Feuerlöschanlagen [m² BGF]	1,60	**7,80**	43,00	0,1%
Weitere Kosten für Technische Anlagen [m² BGF]	21,00	**63,00**	123,00	4,0%

© **BKI** Baukosteninformationszentrum; Erläuterungen zu den Tabellen siehe Seite 48   Kosten: 1.Quartal 2018, Bundesdurchschnitt, **inkl. 19% MwSt.**

Büro- und Verwaltungsgebäude, hoher Standard

Kosten:
Stand 1. Quartal 2018
Bundesdurchschnitt
inkl. 19% MwSt.

▷ von
ø Mittel
◁ bis

Kostengruppen		▷	€/Einheit	◁	KG an 300+400
310	**Baugrube**				
311	Baugrubenherstellung [m³]	14,00	**29,00**	45,00	0,8%
312	Baugrubenumschließung [m²]	373,00	**416,00**	458,00	0,6%
313	Wasserhaltung [m²]	0,90	**38,00**	111,00	0,1%
319	Baugrube, sonstiges [m³]	0,00	**0,30**	0,60	0,0%
320	**Gründung**				
321	Baugrundverbesserung [m²]	14,00	**26,00**	58,00	0,1%
322	Flachgründungen [m²]	70,00	**153,00**	281,00	1,2%
323	Tiefgründungen [m²]	153,00	**288,00**	407,00	0,9%
324	Unterböden und Bodenplatten [m²]	60,00	**100,00**	130,00	1,0%
325	Bodenbeläge [m²]	91,00	**167,00**	278,00	2,1%
326	Bauwerksabdichtungen [m²]	25,00	**56,00**	125,00	0,7%
327	Dränagen [m²]	2,20	**20,00**	29,00	0,1%
329	Gründung, sonstiges [m²]	–	**2,40**	–	0,0%
330	**Außenwände**				
331	Tragende Außenwände [m²]	126,00	**167,00**	264,00	2,9%
332	Nichttragende Außenwände [m²]	132,00	**194,00**	354,00	0,2%
333	Außenstützen [m]	105,00	**128,00**	199,00	0,2%
334	Außentüren und -fenster [m²]	742,00	**972,00**	2.194,00	6,2%
335	Außenwandbekleidungen außen [m²]	163,00	**325,00**	720,00	6,9%
336	Außenwandbekleidungen innen [m²]	22,00	**41,00**	57,00	0,7%
337	Elementierte Außenwände [m²]	513,00	**801,00**	989,00	5,0%
338	Sonnenschutz [m²]	214,00	**387,00**	778,00	1,9%
339	Außenwände, sonstiges [m²]	13,00	**24,00**	73,00	0,7%
340	**Innenwände**				
341	Tragende Innenwände [m²]	137,00	**180,00**	281,00	1,6%
342	Nichttragende Innenwände [m²]	75,00	**88,00**	109,00	1,4%
343	Innenstützen [m]	148,00	**197,00**	252,00	0,3%
344	Innentüren und -fenster [m²]	786,00	**954,00**	1.161,00	4,4%
345	Innenwandbekleidungen [m²]	25,00	**42,00**	80,00	1,9%
346	Elementierte Innenwände [m²]	397,00	**657,00**	967,00	4,1%
349	Innenwände, sonstiges [m²]	0,90	**2,40**	5,40	0,0%
350	**Decken**				
351	Deckenkonstruktionen [m²]	139,00	**169,00**	232,00	4,6%
352	Deckenbeläge [m²]	124,00	**162,00**	208,00	4,2%
353	Deckenbekleidungen [m²]	44,00	**73,00**	134,00	1,7%
359	Decken, sonstiges [m²]	11,00	**31,00**	49,00	0,8%
360	**Dächer**				
361	Dachkonstruktionen [m²]	144,00	**198,00**	246,00	3,2%
362	Dachfenster, Dachöffnungen [m²]	1.548,00	**2.174,00**	3.163,00	0,4%
363	Dachbeläge [m²]	144,00	**259,00**	421,00	3,4%
364	Dachbekleidungen [m²]	62,00	**92,00**	158,00	0,9%
369	Dächer, sonstiges [m²]	7,00	**23,00**	61,00	0,3%

Büro- und Verwaltungsgebäude, hoher Standard

Kostengruppen	▷	€/Einheit	◁	KG an 300+400
370 Baukonstruktive Einbauten				
371 Allgemeine Einbauten [m² BGF]	9,90	**35,00**	130,00	1,0%
372 Besondere Einbauten [m² BGF]	–	–	–	–
379 Baukonstruktive Einbauten, sonstiges [m² BGF]	–	–	–	–
390 Sonstige Maßnahmen für Baukonstruktionen				
391 Baustelleneinrichtung [m² BGF]	36,00	**72,00**	104,00	2,9%
392 Gerüste [m² BGF]	7,70	**18,00**	28,00	0,7%
393 Sicherungsmaßnahmen [m² BGF]	–	–	–	–
394 Abbruchmaßnahmen [m² BGF]	2,70	**2,90**	3,00	0,0%
395 Instandsetzungen [m² BGF]	0,50	**0,60**	0,70	0,0%
396 Materialentsorgung [m² BGF]	0,70	**0,80**	1,00	0,0%
397 Zusätzliche Maßnahmen [m² BGF]	15,00	**36,00**	82,00	1,1%
398 Provisorische Baukonstruktionen [m² BGF]	0,90	**2,80**	3,70	0,0%
399 Sonstige Maßnahmen für Baukonstruktionen, sonst. [m² BGF]	–	**2,10**	–	0,0%
410 Abwasser-, Wasser-, Gasanlagen				
411 Abwasseranlagen [m² BGF]	17,00	**24,00**	33,00	1,0%
412 Wasseranlagen [m² BGF]	25,00	**34,00**	48,00	1,4%
420 Wärmeversorgungsanlagen				
421 Wärmeerzeugungsanlagen [m² BGF]	18,00	**37,00**	52,00	1,6%
422 Wärmeverteilnetze [m² BGF]	41,00	**61,00**	86,00	2,5%
423 Raumheizflächen [m² BGF]	11,00	**39,00**	59,00	1,5%
429 Wärmeversorgungsanlagen, sonstiges [m² BGF]	3,20	**4,20**	5,90	0,0%
430 Lufttechnische Anlagen				
431 Lüftungsanlagen [m² BGF]	5,20	**54,00**	112,00	1,6%
440 Starkstromanlagen				
443 Niederspannungsschaltanlagen [m² BGF]	9,90	**15,00**	20,00	0,3%
444 Niederspannungsinstallationsanlagen [m² BGF]	63,00	**83,00**	134,00	3,3%
445 Beleuchtungsanlagen [m² BGF]	58,00	**79,00**	107,00	3,1%
446 Blitzschutz- und Erdungsanlagen [m² BGF]	4,20	**7,10**	15,00	0,2%
450 Fernmelde- und informationstechnische Anlagen				
451 Telekommunikationsanlagen [m² BGF]	3,50	**11,00**	23,00	0,3%
452 Such- und Signalanlagen [m² BGF]	0,90	**3,60**	5,70	0,1%
455 Fernseh- und Antennenanlagen [m² BGF]	1,00	**3,20**	14,00	0,0%
456 Gefahrenmelde- und Alarmanlagen [m² BGF]	21,00	**39,00**	62,00	1,5%
460 Förderanlagen				
461 Aufzugsanlagen [m² BGF]	23,00	**34,00**	52,00	1,0%
470 Nutzungsspezifische Anlagen				
471 Küchentechnische Anlagen [m² BGF]	–	**1,40**	–	0,0%
473 Medienversorgungsanlagen [m² BGF]	–	–	–	–
475 Feuerlöschanlagen [m² BGF]	1,10	**2,20**	5,00	0,0%
Weitere Kosten für Technische Anlagen [m² BGF]	96,00	**169,00**	252,00	6,8%

© BKI Baukosteninformationszentrum; Erläuterungen zu den Tabellen siehe Seite 48   Kosten: 1.Quartal 2018, Bundesdurchschnitt, inkl. 19% MwSt.

Instituts- und Laborgebäude

Kosten:
Stand 1.Quartal 2018
Bundesdurchschnitt
inkl. 19% MwSt.

▷ von
ø Mittel
◁ bis

Kostengruppen		▷	€/Einheit	◁	KG an 300+400
310	**Baugrube**				
311	Baugrubenherstellung [m³]	15,00	**21,00**	26,00	0,1%
312	Baugrubenumschließung [m²]	–	–	–	–
313	Wasserhaltung [m²]	–	**19,00**	–	0,0%
319	Baugrube, sonstiges [m³]	–	–	–	–
320	**Gründung**				
321	Baugrundverbesserung [m²]	0,60	**16,00**	32,00	0,3%
322	Flachgründungen [m²]	77,00	**141,00**	219,00	2,6%
323	Tiefgründungen [m²]	–	–	–	–
324	Unterböden und Bodenplatten [m²]	57,00	**73,00**	82,00	1,4%
325	Bodenbeläge [m²]	75,00	**101,00**	126,00	2,4%
326	Bauwerksabdichtungen [m²]	22,00	**31,00**	55,00	0,9%
327	Dränagen [m²]	–	**6,60**	–	0,0%
329	Gründung, sonstiges [m²]	–	**3,90**	–	0,0%
330	**Außenwände**				
331	Tragende Außenwände [m²]	55,00	**102,00**	148,00	2,8%
332	Nichttragende Außenwände [m²]	–	**155,00**	–	0,1%
333	Außenstützen [m]	174,00	**192,00**	227,00	0,1%
334	Außentüren und -fenster [m²]	765,00	**1.052,00**	1.871,00	3,0%
335	Außenwandbekleidungen außen [m²]	193,00	**264,00**	291,00	8,8%
336	Außenwandbekleidungen innen [m²]	16,00	**35,00**	53,00	0,6%
337	Elementierte Außenwände [m²]	648,00	**1.173,00**	1.699,00	4,5%
338	Sonnenschutz [m²]	176,00	**252,00**	396,00	0,6%
339	Außenwände, sonstiges [m²]	0,40	**5,00**	8,20	0,1%
340	**Innenwände**				
341	Tragende Innenwände [m²]	112,00	**129,00**	144,00	1,0%
342	Nichttragende Innenwände [m²]	61,00	**85,00**	115,00	1,8%
343	Innenstützen [m]	97,00	**179,00**	210,00	0,3%
344	Innentüren und -fenster [m²]	596,00	**816,00**	1.033,00	2,7%
345	Innenwandbekleidungen [m²]	31,00	**45,00**	60,00	1,7%
346	Elementierte Innenwände [m²]	672,00	**809,00**	1.082,00	2,0%
349	Innenwände, sonstiges [m²]	–	–	–	–
350	**Decken**				
351	Deckenkonstruktionen [m²]	165,00	**221,00**	292,00	4,0%
352	Deckenbeläge [m²]	40,00	**101,00**	125,00	1,7%
353	Deckenbekleidungen [m²]	77,00	**166,00**	431,00	1,0%
359	Decken, sonstiges [m²]	35,00	**55,00**	108,00	0,7%
360	**Dächer**				
361	Dachkonstruktionen [m²]	67,00	**93,00**	117,00	2,5%
362	Dachfenster, Dachöffnungen [m²]	847,00	**952,00**	1.126,00	0,3%
363	Dachbeläge [m²]	126,00	**153,00**	185,00	4,1%
364	Dachbekleidungen [m²]	20,00	**44,00**	63,00	0,8%
369	Dächer, sonstiges [m²]	8,90	**19,00**	30,00	0,2%

Instituts- und Laborgebäude

Kostengruppen	▷ €/Einheit	◁	KG an 300+400	
370 Baukonstruktive Einbauten				
371 Allgemeine Einbauten [m² BGF]	0,50	**13,00**	25,00	0,2%
372 Besondere Einbauten [m² BGF]	–	**13,00**	–	0,1%
379 Baukonstruktive Einbauten, sonstiges [m² BGF]	–	**–**	–	–
390 Sonstige Maßnahmen für Baukonstruktionen				
391 Baustelleneinrichtung [m² BGF]	23,00	**35,00**	46,00	1,5%
392 Gerüste [m² BGF]	11,00	**21,00**	52,00	0,9%
393 Sicherungsmaßnahmen [m² BGF]	–	**4,40**	–	0,0%
394 Abbruchmaßnahmen [m² BGF]	–	**0,10**	–	0,0%
395 Instandsetzungen [m² BGF]	–	**–**	–	–
396 Materialentsorgung [m² BGF]	–	**–**	–	–
397 Zusätzliche Maßnahmen [m² BGF]	4,50	**8,20**	13,00	0,3%
398 Provisorische Baukonstruktionen [m² BGF]	–	**–**	–	–
399 Sonstige Maßnahmen für Baukonstruktionen, sonst. [m² BGF]	–	**–**	–	–
410 Abwasser-, Wasser-, Gasanlagen				
411 Abwasseranlagen [m² BGF]	17,00	**37,00**	58,00	1,5%
412 Wasseranlagen [m² BGF]	22,00	**44,00**	110,00	1,7%
420 Wärmeversorgungsanlagen				
421 Wärmeerzeugungsanlagen [m² BGF]	9,70	**56,00**	148,00	1,4%
422 Wärmeverteilnetze [m² BGF]	19,00	**58,00**	98,00	2,3%
423 Raumheizflächen [m² BGF]	16,00	**21,00**	33,00	0,8%
429 Wärmeversorgungsanlagen, sonstiges [m² BGF]	0,90	**9,60**	27,00	0,2%
430 Lufttechnische Anlagen				
431 Lüftungsanlagen [m² BGF]	97,00	**192,00**	248,00	7,3%
440 Starkstromanlagen				
443 Niederspannungsschaltanlagen [m² BGF]	14,00	**58,00**	103,00	1,3%
444 Niederspannungsinstallationsanlagen [m² BGF]	31,00	**69,00**	101,00	3,3%
445 Beleuchtungsanlagen [m² BGF]	28,00	**38,00**	59,00	1,5%
446 Blitzschutz- und Erdungsanlagen [m² BGF]	2,50	**6,70**	10,00	0,3%
450 Fernmelde- und informationstechnische Anlagen				
451 Telekommunikationsanlagen [m² BGF]	2,30	**2,40**	2,40	0,0%
452 Such- und Signalanlagen [m² BGF]	1,60	**4,10**	9,10	0,1%
455 Fernseh- und Antennenanlagen [m² BGF]	–	**–**	–	–
456 Gefahrenmelde- und Alarmanlagen [m² BGF]	4,60	**22,00**	39,00	1,0%
460 Förderanlagen				
461 Aufzugsanlagen [m² BGF]	–	**17,00**	–	0,2%
470 Nutzungsspezifische Anlagen				
471 Küchentechnische Anlagen [m² BGF]	–	**–**	–	–
473 Medienversorgungsanlagen [m² BGF]	38,00	**54,00**	69,00	1,0%
475 Feuerlöschanlagen [m² BGF]	0,40	**1,40**	2,40	0,0%
Weitere Kosten für Technische Anlagen [m² BGF]	207,00	**455,00**	976,00	17,8%

© BKI Baukosteninformationszentrum; Erläuterungen zu den Tabellen siehe Seite 48   Kosten: 1.Quartal 2018, Bundesdurchschnitt, **inkl. 19% MwSt.**

Medizinische Einrichtungen

Kosten:
Stand 1.Quartal 2018
Bundesdurchschnitt
inkl. 19% MwSt.

▷ von
ø Mittel
◁ bis

Kostengruppen	▷	€/Einheit	◁	KG an 300+400
310 Baugrube				
311 Baugrubenherstellung [m³]	14,00	**19,00**	29,00	0,7%
312 Baugrubenumschließung [m²]	–	**257,00**	–	0,4%
313 Wasserhaltung [m²]	–	**69,00**	–	0,2%
319 Baugrube, sonstiges [m³]	–	**0,20**	–	0,0%
320 Gründung				
321 Baugrundverbesserung [m²]	4,90	**14,00**	32,00	0,3%
322 Flachgründungen [m²]	51,00	**147,00**	337,00	2,2%
323 Tiefgründungen [m²]	–	**–**	–	–
324 Unterböden und Bodenplatten [m²]	73,00	**113,00**	194,00	1,4%
325 Bodenbeläge [m²]	80,00	**102,00**	146,00	2,1%
326 Bauwerksabdichtungen [m²]	16,00	**30,00**	39,00	0,6%
327 Dränagen [m²]	–	**2,00**	–	0,0%
329 Gründung, sonstiges [m²]	–	**0,80**	–	0,0%
330 Außenwände				
331 Tragende Außenwände [m²]	96,00	**135,00**	197,00	3,0%
332 Nichttragende Außenwände [m²]	175,00	**343,00**	510,00	0,1%
333 Außenstützen [m]	157,00	**356,00**	738,00	0,1%
334 Außentüren und -fenster [m²]	308,00	**467,00**	547,00	4,9%
335 Außenwandbekleidungen außen [m²]	256,00	**264,00**	278,00	8,1%
336 Außenwandbekleidungen innen [m²]	32,00	**37,00**	44,00	0,8%
337 Elementierte Außenwände [m²]	680,00	**711,00**	741,00	1,1%
338 Sonnenschutz [m²]	119,00	**155,00**	192,00	0,5%
339 Außenwände, sonstiges [m²]	6,70	**9,70**	13,00	0,2%
340 Innenwände				
341 Tragende Innenwände [m²]	86,00	**97,00**	102,00	1,9%
342 Nichttragende Innenwände [m²]	57,00	**79,00**	94,00	4,0%
343 Innenstützen [m]	92,00	**113,00**	154,00	0,3%
344 Innentüren und -fenster [m²]	291,00	**664,00**	855,00	4,0%
345 Innenwandbekleidungen [m²]	24,00	**27,00**	28,00	3,1%
346 Elementierte Innenwände [m²]	750,00	**1.128,00**	1.745,00	1,7%
349 Innenwände, sonstiges [m²]	0,50	**3,00**	5,40	0,1%
350 Decken				
351 Deckenkonstruktionen [m²]	130,00	**146,00**	172,00	6,2%
352 Deckenbeläge [m²]	84,00	**114,00**	163,00	3,7%
353 Deckenbekleidungen [m²]	39,00	**68,00**	83,00	2,2%
359 Decken, sonstiges [m²]	8,90	**11,00**	13,00	0,4%
360 Dächer				
361 Dachkonstruktionen [m²]	66,00	**96,00**	141,00	1,9%
362 Dachfenster, Dachöffnungen [m²]	4.612,00	**8.603,00**	15.648,00	0,2%
363 Dachbeläge [m²]	93,00	**178,00**	222,00	4,0%
364 Dachbekleidungen [m²]	65,00	**73,00**	89,00	1,3%
369 Dächer, sonstiges [m²]	4,70	**16,00**	21,00	0,3%

Medizinische Einrichtungen

Kostengruppen		▷ €/Einheit ◁		KG an 300+400
370	**Baukonstruktive Einbauten**			
371	Allgemeine Einbauten [m² BGF]	18,00 **27,00**	36,00	1,0%
372	Besondere Einbauten [m² BGF]	0,30 **0,60**	0,80	0,0%
379	Baukonstruktive Einbauten, sonstiges [m² BGF]	– **3,20**	–	0,0%
390	**Sonstige Maßnahmen für Baukonstruktionen**			
391	Baustelleneinrichtung [m² BGF]	23,00 **30,00**	44,00	1,9%
392	Gerüste [m² BGF]	14,00 **16,00**	18,00	1,0%
393	Sicherungsmaßnahmen [m² BGF]	– **–**	–	–
394	Abbruchmaßnahmen [m² BGF]	– **0,60**	–	0,0%
395	Instandsetzungen [m² BGF]	– **14,00**	–	0,2%
396	Materialentsorgung [m² BGF]	– **3,50**	–	0,0%
397	Zusätzliche Maßnahmen [m² BGF]	3,80 **9,40**	18,00	0,5%
398	Provisorische Baukonstruktionen [m² BGF]	0,40 **1,00**	1,50	0,0%
399	Sonstige Maßnahmen für Baukonstruktionen, sonst. [m² BGF]	– **–**	–	–
410	**Abwasser-, Wasser-, Gasanlagen**			
411	Abwasseranlagen [m² BGF]	32,00 **39,00**	48,00	2,6%
412	Wasseranlagen [m² BGF]	37,00 **42,00**	50,00	2,7%
420	**Wärmeversorgungsanlagen**			
421	Wärmeerzeugungsanlagen [m² BGF]	8,70 **14,00**	24,00	0,9%
422	Wärmeverteilnetze [m² BGF]	12,00 **15,00**	17,00	1,0%
423	Raumheizflächen [m² BGF]	8,10 **11,00**	15,00	0,7%
429	Wärmeversorgungsanlagen, sonstiges [m² BGF]	0,70 **1,20**	1,70	0,0%
430	**Lufttechnische Anlagen**			
431	Lüftungsanlagen [m² BGF]	– **7,40**	–	0,2%
440	**Starkstromanlagen**			
443	Niederspannungsschaltanlagen [m² BGF]	– **–**	–	–
444	Niederspannungsinstallationsanlagen [m² BGF]	62,00 **90,00**	143,00	5,7%
445	Beleuchtungsanlagen [m² BGF]	50,00 **62,00**	81,00	4,2%
446	Blitzschutz- und Erdungsanlagen [m² BGF]	4,70 **7,20**	8,40	0,4%
450	**Fernmelde- und informationstechnische Anlagen**			
451	Telekommunikationsanlagen [m² BGF]	0,70 **1,90**	4,10	0,1%
452	Such- und Signalanlagen [m² BGF]	3,30 **10,00**	24,00	0,6%
455	Fernseh- und Antennenanlagen [m² BGF]	0,10 **1,10**	1,60	0,0%
456	Gefahrenmelde- und Alarmanlagen [m² BGF]	9,60 **18,00**	32,00	1,1%
460	**Förderanlagen**			
461	Aufzugsanlagen [m² BGF]	17,00 **29,00**	35,00	1,9%
470	**Nutzungsspezifische Anlagen**			
471	Küchentechnische Anlagen [m² BGF]	– **2,20**	–	0,0%
473	Medienversorgungsanlagen [m² BGF]	– **31,00**	–	0,5%
475	Feuerlöschanlagen [m² BGF]	– **3,20**	–	0,0%
	Weitere Kosten für Technische Anlagen [m² BGF]	0,70 **123,00**	197,00	6,9%

© **BKI** Baukosteninformationszentrum; Erläuterungen zu den Tabellen siehe Seite 48   Kosten: 1.Quartal 2018, Bundesdurchschnitt, **inkl. 19% MwSt.**

Pflegeheime

Kosten:
Stand 1.Quartal 2018
Bundesdurchschnitt
inkl. 19% MwSt.

▷ von
Ø Mittel
◁ bis

Kostengruppen		▷	€/Einheit	◁	KG an 300+400
310	**Baugrube**				
311	Baugrubenherstellung [m³]	17,00	**23,00**	27,00	1,4%
312	Baugrubenumschließung [m²]	–	–	–	–
313	Wasserhaltung [m²]	1,60	**9,40**	17,00	0,1%
319	Baugrube, sonstiges [m³]	0,60	**2,30**	5,50	0,1%
320	**Gründung**				
321	Baugrundverbesserung [m²]	1,10	**13,00**	25,00	0,1%
322	Flachgründungen [m²]	73,00	**160,00**	204,00	2,7%
323	Tiefgründungen [m²]	–	–	–	–
324	Unterböden und Bodenplatten [m²]	45,00	**63,00**	81,00	0,4%
325	Bodenbeläge [m²]	88,00	**103,00**	111,00	1,3%
326	Bauwerksabdichtungen [m²]	5,60	**30,00**	44,00	0,5%
327	Dränagen [m²]	–	**17,00**	–	0,0%
329	Gründung, sonstiges [m²]	–	–	–	–
330	**Außenwände**				
331	Tragende Außenwände [m²]	109,00	**146,00**	170,00	2,6%
332	Nichttragende Außenwände [m²]	145,00	**186,00**	227,00	0,1%
333	Außenstützen [m]	–	**164,00**	–	0,0%
334	Außentüren und -fenster [m²]	400,00	**546,00**	786,00	4,6%
335	Außenwandbekleidungen außen [m²]	118,00	**206,00**	266,00	4,0%
336	Außenwandbekleidungen innen [m²]	24,00	**49,00**	100,00	0,6%
337	Elementierte Außenwände [m²]	584,00	**674,00**	763,00	1,7%
338	Sonnenschutz [m²]	189,00	**232,00**	318,00	1,2%
339	Außenwände, sonstiges [m²]	13,00	**19,00**	33,00	0,6%
340	**Innenwände**				
341	Tragende Innenwände [m²]	97,00	**133,00**	151,00	3,5%
342	Nichttragende Innenwände [m²]	44,00	**66,00**	78,00	2,5%
343	Innenstützen [m]	76,00	**109,00**	166,00	0,3%
344	Innentüren und -fenster [m²]	400,00	**492,00**	545,00	4,7%
345	Innenwandbekleidungen [m²]	25,00	**32,00**	35,00	3,5%
346	Elementierte Innenwände [m²]	724,00	**813,00**	867,00	0,5%
349	Innenwände, sonstiges [m²]	5,10	**5,50**	6,40	0,4%
350	**Decken**				
351	Deckenkonstruktionen [m²]	103,00	**114,00**	135,00	5,8%
352	Deckenbeläge [m²]	72,00	**92,00**	131,00	3,9%
353	Deckenbekleidungen [m²]	34,00	**67,00**	89,00	2,7%
359	Decken, sonstiges [m²]	4,70	**8,30**	10,00	0,4%
360	**Dächer**				
361	Dachkonstruktionen [m²]	77,00	**107,00**	122,00	2,0%
362	Dachfenster, Dachöffnungen [m²]	–	**337,00**	–	0,0%
363	Dachbeläge [m²]	109,00	**120,00**	141,00	2,3%
364	Dachbekleidungen [m²]	23,00	**33,00**	53,00	0,4%
369	Dächer, sonstiges [m²]	2,10	**8,60**	21,00	0,1%

Pflegeheime

Kostengruppen	▷	€/Einheit	◁	KG an 300+400
370 Baukonstruktive Einbauten				
371 Allgemeine Einbauten [m² BGF]	0,40	**3,60**	10,00	0,2%
372 Besondere Einbauten [m² BGF]	–	–	–	–
379 Baukonstruktive Einbauten, sonstiges [m² BGF]	–	–	–	–
390 Sonstige Maßnahmen für Baukonstruktionen				
391 Baustelleneinrichtung [m² BGF]	5,80	**12,00**	21,00	0,8%
392 Gerüste [m² BGF]	3,90	**10,00**	21,00	0,6%
393 Sicherungsmaßnahmen [m² BGF]	–	–	–	–
394 Abbruchmaßnahmen [m² BGF]	–	–	–	–
395 Instandsetzungen [m² BGF]	–	–	–	–
396 Materialentsorgung [m² BGF]	–	–	–	–
397 Zusätzliche Maßnahmen [m² BGF]	2,20	**4,20**	8,10	0,2%
398 Provisorische Baukonstruktionen [m² BGF]	–	**0,10**	–	0,0%
399 Sonstige Maßnahmen für Baukonstruktionen, sonst. [m² BGF]	–	**1,80**	–	0,0%
410 Abwasser-, Wasser-, Gasanlagen				
411 Abwasseranlagen [m² BGF]	41,00	**46,00**	55,00	3,1%
412 Wasseranlagen [m² BGF]	42,00	**63,00**	95,00	4,1%
420 Wärmeversorgungsanlagen				
421 Wärmeerzeugungsanlagen [m² BGF]	6,20	**8,00**	9,20	0,5%
422 Wärmeverteilnetze [m² BGF]	22,00	**23,00**	24,00	1,6%
423 Raumheizflächen [m² BGF]	12,00	**13,00**	13,00	0,8%
429 Wärmeversorgungsanlagen, sonstiges [m² BGF]	–	**1,60**	–	0,0%
430 Lufttechnische Anlagen				
431 Lüftungsanlagen [m² BGF]	22,00	**79,00**	109,00	5,1%
440 Starkstromanlagen				
443 Niederspannungsschaltanlagen [m² BGF]	7,60	**8,30**	9,00	0,3%
444 Niederspannungsinstallationsanlagen [m² BGF]	35,00	**58,00**	70,00	3,8%
445 Beleuchtungsanlagen [m² BGF]	40,00	**45,00**	53,00	3,1%
446 Blitzschutz- und Erdungsanlagen [m² BGF]	1,70	**2,80**	3,50	0,1%
450 Fernmelde- und informationstechnische Anlagen				
451 Telekommunikationsanlagen [m² BGF]	10,00	**13,00**	17,00	0,8%
452 Such- und Signalanlagen [m² BGF]	17,00	**18,00**	22,00	1,2%
455 Fernseh- und Antennenanlagen [m² BGF]	2,50	**3,10**	3,40	0,2%
456 Gefahrenmelde- und Alarmanlagen [m² BGF]	14,00	**28,00**	36,00	1,8%
460 Förderanlagen				
461 Aufzugsanlagen [m² BGF]	27,00	**31,00**	38,00	2,1%
470 Nutzungsspezifische Anlagen				
471 Küchentechnische Anlagen [m² BGF]	43,00	**65,00**	108,00	4,4%
473 Medienversorgungsanlagen [m² BGF]	–	–	–	–
475 Feuerlöschanlagen [m² BGF]	–	**0,20**	–	0,0%
Weitere Kosten für Technische Anlagen [m² BGF]	43,00	**97,00**	183,00	7,2%

© BKI Baukosteninformationszentrum; Erläuterungen zu den Tabellen siehe Seite 48   Kosten: 1.Quartal 2018, Bundesdurchschnitt, **inkl. 19% MwSt.**

Allgemeinbildende Schulen

Kosten:
Stand 1. Quartal 2018
Bundesdurchschnitt
inkl. 19% MwSt.

▷ von
Ø Mittel
◁ bis

Kostengruppen		▷	€/Einheit	◁	KG an 300+400
310	**Baugrube**				
311	Baugrubenherstellung [m³]	17,00	**28,00**	41,00	1,8%
312	Baugrubenumschließung [m²]	223,00	**223,00**	223,00	0,0%
313	Wasserhaltung [m²]	–	**1,80**	–	0,0%
319	Baugrube, sonstiges [m³]	–	**0,10**	–	0,0%
320	**Gründung**				
321	Baugrundverbesserung [m²]	7,40	**16,00**	31,00	0,3%
322	Flachgründungen [m²]	68,00	**102,00**	139,00	3,6%
323	Tiefgründungen [m²]	51,00	**70,00**	126,00	0,6%
324	Unterböden und Bodenplatten [m²]	54,00	**77,00**	119,00	3,2%
325	Bodenbeläge [m²]	91,00	**130,00**	161,00	3,7%
326	Bauwerksabdichtungen [m²]	17,00	**42,00**	110,00	0,9%
327	Dränagen [m²]	4,80	**45,00**	126,00	0,3%
329	Gründung, sonstiges [m²]	–	**–**	–	–
330	**Außenwände**				
331	Tragende Außenwände [m²]	131,00	**174,00**	212,00	5,3%
332	Nichttragende Außenwände [m²]	136,00	**139,00**	145,00	0,1%
333	Außenstützen [m]	142,00	**229,00**	315,00	0,3%
334	Außentüren und -fenster [m²]	506,00	**868,00**	1.274,00	5,7%
335	Außenwandbekleidungen außen [m²]	101,00	**165,00**	260,00	3,9%
336	Außenwandbekleidungen innen [m²]	25,00	**52,00**	109,00	0,9%
337	Elementierte Außenwände [m²]	491,00	**702,00**	1.786,00	6,7%
338	Sonnenschutz [m²]	164,00	**253,00**	403,00	1,2%
339	Außenwände, sonstiges [m²]	11,00	**24,00**	39,00	0,5%
340	**Innenwände**				
341	Tragende Innenwände [m²]	127,00	**150,00**	178,00	2,2%
342	Nichttragende Innenwände [m²]	87,00	**107,00**	141,00	1,6%
343	Innenstützen [m]	103,00	**155,00**	260,00	0,3%
344	Innentüren und -fenster [m²]	604,00	**894,00**	1.115,00	3,2%
345	Innenwandbekleidungen [m²]	40,00	**57,00**	68,00	2,4%
346	Elementierte Innenwände [m²]	272,00	**553,00**	917,00	1,4%
349	Innenwände, sonstiges [m²]	0,60	**1,30**	1,80	0,0%
350	**Decken**				
351	Deckenkonstruktionen [m²]	141,00	**161,00**	198,00	3,9%
352	Deckenbeläge [m²]	91,00	**100,00**	108,00	1,9%
353	Deckenbekleidungen [m²]	82,00	**94,00**	105,00	1,6%
359	Decken, sonstiges [m²]	21,00	**27,00**	34,00	0,6%
360	**Dächer**				
361	Dachkonstruktionen [m²]	103,00	**144,00**	194,00	6,0%
362	Dachfenster, Dachöffnungen [m²]	1.963,00	**2.377,00**	4.090,00	0,3%
363	Dachbeläge [m²]	95,00	**142,00**	169,00	5,5%
364	Dachbekleidungen [m²]	33,00	**69,00**	92,00	2,0%
369	Dächer, sonstiges [m²]	2,20	**10,00**	19,00	0,2%

Allgemeinbildende Schulen

Kostengruppen		€/Einheit	KG an 300+400	
370	**Baukonstruktive Einbauten**			
371	Allgemeine Einbauten [m² BGF]	2,70	**9,70**	35,00	0,3%
372	Besondere Einbauten [m² BGF]	4,80	**12,00**	19,00	0,2%
379	Baukonstruktive Einbauten, sonstiges [m² BGF]	–	**0,30**	–	0,0%
390	**Sonstige Maßnahmen für Baukonstruktionen**				
391	Baustelleneinrichtung [m² BGF]	24,00	**46,00**	69,00	2,6%
392	Gerüste [m² BGF]	9,00	**19,00**	29,00	0,9%
393	Sicherungsmaßnahmen [m² BGF]	–	**–**	–	–
394	Abbruchmaßnahmen [m² BGF]	–	**–**	–	–
395	Instandsetzungen [m² BGF]	1,60	**2,10**	2,60	0,0%
396	Materialentsorgung [m² BGF]	0,30	**1,60**	2,30	0,0%
397	Zusätzliche Maßnahmen [m² BGF]	6,90	**13,00**	22,00	0,6%
398	Provisorische Baukonstruktionen [m² BGF]	–	**1,00**	–	0,0%
399	Sonstige Maßnahmen für Baukonstruktionen, sonst. [m² BGF]	0,90	**8,40**	16,00	0,1%
410	**Abwasser-, Wasser-, Gasanlagen**				
411	Abwasseranlagen [m² BGF]	6,20	**25,00**	32,00	1,5%
412	Wasseranlagen [m² BGF]	19,00	**28,00**	34,00	1,7%
420	**Wärmeversorgungsanlagen**				
421	Wärmeerzeugungsanlagen [m² BGF]	7,80	**17,00**	40,00	1,0%
422	Wärmeverteilnetze [m² BGF]	14,00	**23,00**	37,00	1,5%
423	Raumheizflächen [m² BGF]	11,00	**20,00**	41,00	1,3%
429	Wärmeversorgungsanlagen, sonstiges [m² BGF]	–	**1,70**	–	0,0%
430	**Lufttechnische Anlagen**				
431	Lüftungsanlagen [m² BGF]	13,00	**53,00**	116,00	2,9%
440	**Starkstromanlagen**				
443	Niederspannungsschaltanlagen [m² BGF]	15,00	**18,00**	20,00	0,3%
444	Niederspannungsinstallationsanlagen [m² BGF]	35,00	**53,00**	73,00	3,2%
445	Beleuchtungsanlagen [m² BGF]	24,00	**35,00**	45,00	1,9%
446	Blitzschutz- und Erdungsanlagen [m² BGF]	2,80	**4,80**	11,00	0,3%
450	**Fernmelde- und informationstechnische Anlagen**				
451	Telekommunikationsanlagen [m² BGF]	1,30	**1,90**	2,20	0,0%
452	Such- und Signalanlagen [m² BGF]	0,40	**0,60**	1,30	0,0%
455	Fernseh- und Antennenanlagen [m² BGF]	–	**0,40**	–	0,0%
456	Gefahrenmelde- und Alarmanlagen [m² BGF]	2,40	**6,50**	10,00	0,3%
460	**Förderanlagen**				
461	Aufzugsanlagen [m² BGF]	11,00	**17,00**	22,00	0,7%
470	**Nutzungsspezifische Anlagen**				
471	Küchentechnische Anlagen [m² BGF]	9,20	**50,00**	92,00	1,2%
473	Medienversorgungsanlagen [m² BGF]	–	**–**	–	–
475	Feuerlöschanlagen [m² BGF]	0,50	**0,70**	0,90	0,0%
	Weitere Kosten für Technische Anlagen [m² BGF]	3,40	**24,00**	54,00	1,3%

© BKI Baukosteninformationszentrum; Erläuterungen zu den Tabellen siehe Seite 48   Kosten: 1.Quartal 2018, Bundesdurchschnitt, **inkl.** 19% MwSt.

Berufliche Schulen

Kosten:
Stand 1.Quartal 2018
Bundesdurchschnitt
inkl. 19% MwSt.

▷ von
ø Mittel
◁ bis

Kostengruppen		▷	€/Einheit	◁	KG an 300+400
310	**Baugrube**				
311	Baugrubenherstellung [m³]	15,00	**20,00**	31,00	0,8%
312	Baugrubenumschließung [m²]	–	**349,00**	–	0,0%
313	Wasserhaltung [m²]	–	**0,30**	–	0,0%
319	Baugrube, sonstiges [m³]	–	**–**	–	–
320	**Gründung**				
321	Baugrundverbesserung [m²]	–	**28,00**	–	0,5%
322	Flachgründungen [m²]	66,00	**133,00**	375,00	2,2%
323	Tiefgründungen [m²]	–	**188,00**	–	0,0%
324	Unterböden und Bodenplatten [m²]	44,00	**53,00**	80,00	1,8%
325	Bodenbeläge [m²]	40,00	**71,00**	92,00	2,9%
326	Bauwerksabdichtungen [m²]	18,00	**31,00**	58,00	1,4%
327	Dränagen [m²]	–	**2,20**	–	0,0%
329	Gründung, sonstiges [m²]	–	**–**	–	–
330	**Außenwände**				
331	Tragende Außenwände [m²]	130,00	**278,00**	499,00	3,1%
332	Nichttragende Außenwände [m²]	104,00	**150,00**	196,00	0,5%
333	Außenstützen [m]	87,00	**180,00**	334,00	0,4%
334	Außentüren und -fenster [m²]	662,00	**1.057,00**	1.400,00	2,9%
335	Außenwandbekleidungen außen [m²]	89,00	**156,00**	262,00	3,0%
336	Außenwandbekleidungen innen [m²]	22,00	**89,00**	180,00	0,6%
337	Elementierte Außenwände [m²]	365,00	**567,00**	681,00	7,8%
338	Sonnenschutz [m²]	121,00	**179,00**	202,00	0,8%
339	Außenwände, sonstiges [m²]	20,00	**59,00**	98,00	0,6%
340	**Innenwände**				
341	Tragende Innenwände [m²]	93,00	**140,00**	176,00	1,9%
342	Nichttragende Innenwände [m²]	94,00	**143,00**	279,00	1,3%
343	Innenstützen [m]	93,00	**146,00**	202,00	0,3%
344	Innentüren und -fenster [m²]	678,00	**786,00**	1.007,00	2,3%
345	Innenwandbekleidungen [m²]	20,00	**51,00**	76,00	1,9%
346	Elementierte Innenwände [m²]	202,00	**272,00**	383,00	1,6%
349	Innenwände, sonstiges [m²]	0,10	**2,90**	4,40	0,0%
350	**Decken**				
351	Deckenkonstruktionen [m²]	108,00	**198,00**	248,00	3,6%
352	Deckenbeläge [m²]	150,00	**187,00**	257,00	2,9%
353	Deckenbekleidungen [m²]	63,00	**122,00**	153,00	1,6%
359	Decken, sonstiges [m²]	21,00	**109,00**	284,00	0,3%
360	**Dächer**				
361	Dachkonstruktionen [m²]	110,00	**152,00**	217,00	6,3%
362	Dachfenster, Dachöffnungen [m²]	1.164,00	**3.602,00**	12.816,00	1,5%
363	Dachbeläge [m²]	113,00	**183,00**	277,00	6,8%
364	Dachbekleidungen [m²]	37,00	**99,00**	152,00	1,3%
369	Dächer, sonstiges [m²]	19,00	**28,00**	32,00	0,6%

Berufliche Schulen

Kostengruppen	€/Einheit		KG an 300+400	
370 Baukonstruktive Einbauten				
371 Allgemeine Einbauten [m² BGF]	0,60	**13,00**	39,00	0,4%
372 Besondere Einbauten [m² BGF]	2,30	**34,00**	97,00	0,8%
379 Baukonstruktive Einbauten, sonstiges [m² BGF]	–	–	–	–
390 Sonstige Maßnahmen für Baukonstruktionen				
391 Baustelleneinrichtung [m² BGF]	12,00	**43,00**	89,00	2,6%
392 Gerüste [m² BGF]	7,20	**13,00**	32,00	0,6%
393 Sicherungsmaßnahmen [m² BGF]	–	–	–	–
394 Abbruchmaßnahmen [m² BGF]	0,20	**4,00**	7,70	0,0%
395 Instandsetzungen [m² BGF]	–	**1,60**	–	0,0%
396 Materialentsorgung [m² BGF]	–	**1,20**	–	0,0%
397 Zusätzliche Maßnahmen [m² BGF]	5,20	**7,40**	9,70	0,3%
398 Provisorische Baukonstruktionen [m² BGF]	–	–	–	–
399 Sonstige Maßnahmen für Baukonstruktionen, sonst. [m² BGF]	–	–	–	–
410 Abwasser-, Wasser-, Gasanlagen				
411 Abwasseranlagen [m² BGF]	23,00	**35,00**	81,00	1,9%
412 Wasseranlagen [m² BGF]	24,00	**43,00**	107,00	2,2%
420 Wärmeversorgungsanlagen				
421 Wärmeerzeugungsanlagen [m² BGF]	6,70	**21,00**	31,00	0,7%
422 Wärmeverteilnetze [m² BGF]	4,40	**18,00**	24,00	0,6%
423 Raumheizflächen [m² BGF]	6,40	**19,00**	27,00	0,6%
429 Wärmeversorgungsanlagen, sonstiges [m² BGF]	0,90	**1,20**	1,40	0,0%
430 Lufttechnische Anlagen				
431 Lüftungsanlagen [m² BGF]	40,00	**59,00**	85,00	2,2%
440 Starkstromanlagen				
443 Niederspannungsschaltanlagen [m² BGF]	–	**13,00**	–	0,1%
444 Niederspannungsinstallationsanlagen [m² BGF]	64,00	**84,00**	123,00	4,4%
445 Beleuchtungsanlagen [m² BGF]	31,00	**48,00**	54,00	2,2%
446 Blitzschutz- und Erdungsanlagen [m² BGF]	3,60	**9,40**	21,00	0,4%
450 Fernmelde- und informationstechnische Anlagen				
451 Telekommunikationsanlagen [m² BGF]	4,40	**6,30**	8,30	0,1%
452 Such- und Signalanlagen [m² BGF]	0,30	**0,60**	0,80	0,0%
455 Fernseh- und Antennenanlagen [m² BGF]	–	**2,10**	–	0,0%
456 Gefahrenmelde- und Alarmanlagen [m² BGF]	14,00	**15,00**	17,00	0,6%
460 Förderanlagen				
461 Aufzugsanlagen [m² BGF]	12,00	**36,00**	83,00	0,9%
470 Nutzungsspezifische Anlagen				
471 Küchentechnische Anlagen [m² BGF]	19,00	**57,00**	95,00	0,9%
473 Medienversorgungsanlagen [m² BGF]	–	**1,80**	–	0,0%
475 Feuerlöschanlagen [m² BGF]	1,00	**2,30**	5,00	0,0%
Weitere Kosten für Technische Anlagen [m² BGF]	1,50	**37,00**	75,00	2,1%

© **BKI** Baukosteninformationszentrum; Erläuterungen zu den Tabellen siehe Seite 48   Kosten: 1.Quartal 2018, Bundesdurchschnitt, **inkl. 19% MwSt.**

Förder- und Sonderschulen

Kosten:
Stand 1. Quartal 2018
Bundesdurchschnitt
inkl. 19% MwSt.

▷ von
ø Mittel
◁ bis

Kostengruppen		▷	€/Einheit	◁	KG an 300+400
310	**Baugrube**				
311	Baugrubenherstellung [m³]	20,00	**28,00**	49,00	1,2%
312	Baugrubenumschließung [m²]	–	**122,00**	–	0,0%
313	Wasserhaltung [m²]	0,90	**1,30**	1,60	0,0%
319	Baugrube, sonstiges [m³]	–	**0,10**	–	0,0%
320	**Gründung**				
321	Baugrundverbesserung [m²]	5,90	**30,00**	54,00	0,6%
322	Flachgründungen [m²]	48,00	**88,00**	130,00	2,2%
323	Tiefgründungen [m²]	–	**220,00**	–	0,6%
324	Unterböden und Bodenplatten [m²]	62,00	**87,00**	112,00	1,6%
325	Bodenbeläge [m²]	100,00	**118,00**	149,00	2,4%
326	Bauwerksabdichtungen [m²]	19,00	**39,00**	79,00	1,0%
327	Dränagen [m²]	6,70	**14,00**	25,00	0,1%
329	Gründung, sonstiges [m²]	–	**5,00**	–	0,0%
330	**Außenwände**				
331	Tragende Außenwände [m²]	102,00	**172,00**	205,00	3,4%
332	Nichttragende Außenwände [m²]	83,00	**140,00**	196,00	0,1%
333	Außenstützen [m]	113,00	**138,00**	163,00	0,2%
334	Außentüren und -fenster [m²]	572,00	**840,00**	1.119,00	2,9%
335	Außenwandbekleidungen außen [m²]	97,00	**175,00**	222,00	5,2%
336	Außenwandbekleidungen innen [m²]	35,00	**52,00**	93,00	0,7%
337	Elementierte Außenwände [m²]	542,00	**656,00**	786,00	6,7%
338	Sonnenschutz [m²]	122,00	**171,00**	227,00	0,9%
339	Außenwände, sonstiges [m²]	1,60	**9,50**	25,00	0,2%
340	**Innenwände**				
341	Tragende Innenwände [m²]	98,00	**171,00**	209,00	4,9%
342	Nichttragende Innenwände [m²]	92,00	**102,00**	113,00	1,8%
343	Innenstützen [m]	148,00	**203,00**	308,00	0,2%
344	Innentüren und -fenster [m²]	657,00	**777,00**	886,00	4,0%
345	Innenwandbekleidungen [m²]	29,00	**53,00**	109,00	2,5%
346	Elementierte Innenwände [m²]	366,00	**486,00**	697,00	0,5%
349	Innenwände, sonstiges [m²]	0,40	**3,20**	6,20	0,1%
350	**Decken**				
351	Deckenkonstruktionen [m²]	123,00	**166,00**	199,00	5,1%
352	Deckenbeläge [m²]	84,00	**117,00**	156,00	2,7%
353	Deckenbekleidungen [m²]	97,00	**152,00**	301,00	2,5%
359	Decken, sonstiges [m²]	17,00	**35,00**	98,00	0,9%
360	**Dächer**				
361	Dachkonstruktionen [m²]	99,00	**141,00**	185,00	4,4%
362	Dachfenster, Dachöffnungen [m²]	1.200,00	**1.833,00**	3.089,00	0,5%
363	Dachbeläge [m²]	118,00	**138,00**	160,00	4,4%
364	Dachbekleidungen [m²]	68,00	**101,00**	145,00	2,6%
369	Dächer, sonstiges [m²]	4,50	**7,30**	9,80	0,2%

Förder- und Sonderschulen

Kostengruppen		▷ €/Einheit ◁		KG an 300+400
370	**Baukonstruktive Einbauten**			
371	Allgemeine Einbauten [m² BGF]	10,00 **32,00**	83,00	1,7%
372	Besondere Einbauten [m² BGF]	5,90 **22,00**	69,00	0,8%
379	Baukonstruktive Einbauten, sonstiges [m² BGF]	– **–**	–	–
390	**Sonstige Maßnahmen für Baukonstruktionen**			
391	Baustelleneinrichtung [m² BGF]	30,00 **41,00**	61,00	2,3%
392	Gerüste [m² BGF]	12,00 **25,00**	41,00	1,3%
393	Sicherungsmaßnahmen [m² BGF]	1,30 **2,00**	2,80	0,0%
394	Abbruchmaßnahmen [m² BGF]	2,50 **7,00**	12,00	0,1%
395	Instandsetzungen [m² BGF]	– **28,00**	–	0,2%
396	Materialentsorgung [m² BGF]	0,10 **1,00**	1,60	0,0%
397	Zusätzliche Maßnahmen [m² BGF]	2,80 **7,20**	12,00	0,4%
398	Provisorische Baukonstruktionen [m² BGF]	0,40 **1,10**	1,70	0,0%
399	Sonstige Maßnahmen für Baukonstruktionen, sonst. [m² BGF]	2,70 **2,80**	3,00	0,0%
410	**Abwasser-, Wasser-, Gasanlagen**			
411	Abwasseranlagen [m² BGF]	18,00 **26,00**	39,00	1,6%
412	Wasseranlagen [m² BGF]	26,00 **40,00**	68,00	2,3%
420	**Wärmeversorgungsanlagen**			
421	Wärmeerzeugungsanlagen [m² BGF]	8,00 **28,00**	58,00	1,8%
422	Wärmeverteilnetze [m² BGF]	14,00 **26,00**	39,00	1,4%
423	Raumheizflächen [m² BGF]	22,00 **35,00**	50,00	2,1%
429	Wärmeversorgungsanlagen, sonstiges [m² BGF]	4,40 **5,50**	6,50	0,1%
430	**Lufttechnische Anlagen**			
431	Lüftungsanlagen [m² BGF]	12,00 **25,00**	57,00	1,4%
440	**Starkstromanlagen**			
443	Niederspannungsschaltanlagen [m² BGF]	12,00 **12,00**	12,00	0,2%
444	Niederspannungsinstallationsanlagen [m² BGF]	59,00 **86,00**	196,00	4,8%
445	Beleuchtungsanlagen [m² BGF]	24,00 **37,00**	64,00	2,1%
446	Blitzschutz- und Erdungsanlagen [m² BGF]	2,60 **4,40**	8,20	0,2%
450	**Fernmelde- und informationstechnische Anlagen**			
451	Telekommunikationsanlagen [m² BGF]	2,20 **4,80**	17,00	0,2%
452	Such- und Signalanlagen [m² BGF]	0,80 **1,40**	2,30	0,0%
455	Fernseh- und Antennenanlagen [m² BGF]	0,50 **0,80**	1,20	0,0%
456	Gefahrenmelde- und Alarmanlagen [m² BGF]	2,90 **10,00**	14,00	0,6%
460	**Förderanlagen**			
461	Aufzugsanlagen [m² BGF]	13,00 **27,00**	37,00	1,2%
470	**Nutzungsspezifische Anlagen**			
471	Küchentechnische Anlagen [m² BGF]	5,30 **7,80**	10,00	0,1%
473	Medienversorgungsanlagen [m² BGF]	– **–**	–	–
475	Feuerlöschanlagen [m² BGF]	0,50 **0,90**	1,80	0,0%
	Weitere Kosten für Technische Anlagen [m² BGF]	27,00 **48,00**	94,00	2,7%

© **BKI** Baukosteninformationszentrum; Erläuterungen zu den Tabellen siehe Seite 48   Kosten: 1.Quartal 2018, Bundesdurchschnitt, inkl. 19% MwSt.

Weiterbildungseinrichtungen

Kosten:
Stand 1.Quartal 2018
Bundesdurchschnitt
inkl. 19% MwSt.

▷ von
ø Mittel
◁ bis

Kostengruppen	▷	€/Einheit	◁	KG an 300+400
310 Baugrube				
311 Baugrubenherstellung [m³]	16,00	**18,00**	19,00	1,4%
312 Baugrubenumschließung [m²]	–	**271,00**	–	0,0%
313 Wasserhaltung [m²]	–	**–**	–	–
319 Baugrube, sonstiges [m³]	–	**–**	–	–
320 Gründung				
321 Baugrundverbesserung [m²]	–	**–**	–	–
322 Flachgründungen [m²]	67,00	**171,00**	378,00	2,3%
323 Tiefgründungen [m²]	–	**302,00**	–	0,4%
324 Unterböden und Bodenplatten [m²]	77,00	**110,00**	144,00	1,5%
325 Bodenbeläge [m²]	59,00	**110,00**	136,00	2,0%
326 Bauwerksabdichtungen [m²]	50,00	**78,00**	132,00	1,6%
327 Dränagen [m²]	19,00	**30,00**	41,00	0,4%
329 Gründung, sonstiges [m²]	–	**17,00**	–	0,1%
330 Außenwände				
331 Tragende Außenwände [m²]	182,00	**201,00**	237,00	3,3%
332 Nichttragende Außenwände [m²]	–	**568,00**	–	0,0%
333 Außenstützen [m]	123,00	**138,00**	168,00	0,5%
334 Außentüren und -fenster [m²]	1.080,00	**1.714,00**	2.348,00	0,6%
335 Außenwandbekleidungen außen [m²]	234,00	**284,00**	360,00	4,1%
336 Außenwandbekleidungen innen [m²]	14,00	**37,00**	82,00	0,2%
337 Elementierte Außenwände [m²]	607,00	**741,00**	811,00	14,2%
338 Sonnenschutz [m²]	104,00	**128,00**	175,00	0,9%
339 Außenwände, sonstiges [m²]	2,30	**12,00**	32,00	0,4%
340 Innenwände				
341 Tragende Innenwände [m²]	176,00	**211,00**	228,00	2,8%
342 Nichttragende Innenwände [m²]	106,00	**192,00**	359,00	2,6%
343 Innenstützen [m]	141,00	**260,00**	323,00	0,7%
344 Innentüren und -fenster [m²]	732,00	**1.110,00**	1.777,00	3,2%
345 Innenwandbekleidungen [m²]	23,00	**40,00**	73,00	1,1%
346 Elementierte Innenwände [m²]	594,00	**666,00**	804,00	1,0%
349 Innenwände, sonstiges [m²]	–	**8,10**	–	0,1%
350 Decken				
351 Deckenkonstruktionen [m²]	225,00	**262,00**	337,00	7,0%
352 Deckenbeläge [m²]	119,00	**142,00**	177,00	3,2%
353 Deckenbekleidungen [m²]	23,00	**42,00**	56,00	0,7%
359 Decken, sonstiges [m²]	17,00	**61,00**	146,00	1,4%
360 Dächer				
361 Dachkonstruktionen [m²]	141,00	**189,00**	282,00	5,2%
362 Dachfenster, Dachöffnungen [m²]	638,00	**1.268,00**	1.638,00	0,0%
363 Dachbeläge [m²]	148,00	**159,00**	166,00	4,1%
364 Dachbekleidungen [m²]	22,00	**46,00**	83,00	0,4%
369 Dächer, sonstiges [m²]	7,70	**14,00**	18,00	0,4%

Weiterbildungseinrichtungen

Kostengruppen	▷ €/Einheit ◁			KG an 300+400
370 **Baukonstruktive Einbauten**				
371 Allgemeine Einbauten [m² BGF]	36,00	**36,00**	37,00	1,3%
372 Besondere Einbauten [m² BGF]	0,50	**1,30**	2,10	0,0%
379 Baukonstruktive Einbauten, sonstiges [m² BGF]	–	**–**	–	–
390 **Sonstige Maßnahmen für Baukonstruktionen**				
391 Baustelleneinrichtung [m² BGF]	8,90	**38,00**	52,00	2,0%
392 Gerüste [m² BGF]	1,80	**25,00**	41,00	1,0%
393 Sicherungsmaßnahmen [m² BGF]	–	**–**	–	–
394 Abbruchmaßnahmen [m² BGF]	–	**0,20**	–	0,0%
395 Instandsetzungen [m² BGF]	–	**1,30**	–	0,0%
396 Materialentsorgung [m² BGF]	–	**–**	–	–
397 Zusätzliche Maßnahmen [m² BGF]	2,50	**4,80**	7,20	0,1%
398 Provisorische Baukonstruktionen [m² BGF]	–	**0,50**	–	0,0%
399 Sonstige Maßnahmen für Baukonstruktionen, sonst. [m² BGF]	–	**–**	–	–
410 **Abwasser-, Wasser-, Gasanlagen**				
411 Abwasseranlagen [m² BGF]	20,00	**38,00**	55,00	1,3%
412 Wasseranlagen [m² BGF]	20,00	**24,00**	28,00	0,9%
420 **Wärmeversorgungsanlagen**				
421 Wärmeerzeugungsanlagen [m² BGF]	4,90	**10,00**	16,00	0,4%
422 Wärmeverteilnetze [m² BGF]	10,00	**19,00**	28,00	0,7%
423 Raumheizflächen [m² BGF]	13,00	**21,00**	29,00	0,8%
429 Wärmeversorgungsanlagen, sonstiges [m² BGF]	0,50	**0,60**	0,70	0,0%
430 **Lufttechnische Anlagen**				
431 Lüftungsanlagen [m² BGF]	48,00	**61,00**	75,00	2,4%
440 **Starkstromanlagen**				
443 Niederspannungsschaltanlagen [m² BGF]	–	**18,00**	–	0,2%
444 Niederspannungsinstallationsanlagen [m² BGF]	58,00	**115,00**	228,00	5,2%
445 Beleuchtungsanlagen [m² BGF]	19,00	**46,00**	61,00	2,1%
446 Blitzschutz- und Erdungsanlagen [m² BGF]	1,10	**3,70**	5,00	0,2%
450 **Fernmelde- und informationstechnische Anlagen**				
451 Telekommunikationsanlagen [m² BGF]	1,80	**5,30**	8,80	0,1%
452 Such- und Signalanlagen [m² BGF]	–	**2,00**	–	0,0%
455 Fernseh- und Antennenanlagen [m² BGF]	–	**1,80**	–	0,0%
456 Gefahrenmelde- und Alarmanlagen [m² BGF]	0,10	**7,60**	15,00	0,2%
460 **Förderanlagen**				
461 Aufzugsanlagen [m² BGF]	15,00	**31,00**	59,00	1,3%
470 **Nutzungsspezifische Anlagen**				
471 Küchentechnische Anlagen [m² BGF]	3,90	**49,00**	138,00	2,2%
473 Medienversorgungsanlagen [m² BGF]	–	**0,30**	–	0,0%
475 Feuerlöschanlagen [m² BGF]	0,70	**0,90**	1,20	0,0%
Weitere Kosten für Technische Anlagen [m² BGF]	57,00	**80,00**	102,00	2,8%

© BKI Baukosteninformationszentrum; Erläuterungen zu den Tabellen siehe Seite 48   Kosten: 1.Quartal 2018, Bundesdurchschnitt, inkl. 19% MwSt.

Kindergärten, nicht unterkellert, einfacher Standard

Kosten:
Stand 1.Quartal 2018
Bundesdurchschnitt
inkl. 19% MwSt.

▷ von
ø Mittel
◁ bis

Kostengruppen	▷	€/Einheit	◁	KG an 300+400
310 Baugrube				
311 Baugrubenherstellung [m³]	22,00	**39,00**	70,00	1,8%
312 Baugrubenumschließung [m²]	–	–	–	–
313 Wasserhaltung [m²]	–	–	–	–
319 Baugrube, sonstiges [m³]	–	**2,00**	–	0,0%
320 Gründung				
321 Baugrundverbesserung [m²]	8,00	**27,00**	47,00	1,3%
322 Flachgründungen [m²]	58,00	**93,00**	111,00	5,7%
323 Tiefgründungen [m²]	–	–	–	–
324 Unterböden und Bodenplatten [m²]	53,00	**65,00**	77,00	1,9%
325 Bodenbeläge [m²]	89,00	**102,00**	109,00	5,3%
326 Bauwerksabdichtungen [m²]	6,80	**8,60**	10,00	0,3%
327 Dränagen [m²]	–	**2,00**	–	0,0%
329 Gründung, sonstiges [m²]	–	–	–	–
330 Außenwände				
331 Tragende Außenwände [m²]	88,00	**118,00**	174,00	5,0%
332 Nichttragende Außenwände [m²]	–	**163,00**	–	0,3%
333 Außenstützen [m]	–	**143,00**	–	0,0%
334 Außentüren und -fenster [m²]	669,00	**709,00**	780,00	5,6%
335 Außenwandbekleidungen außen [m²]	109,00	**148,00**	167,00	7,8%
336 Außenwandbekleidungen innen [m²]	49,00	**51,00**	54,00	2,2%
337 Elementierte Außenwände [m²]	–	**1.131,00**	–	2,4%
338 Sonnenschutz [m²]	157,00	**205,00**	254,00	0,9%
339 Außenwände, sonstiges [m²]	–	–	–	–
340 Innenwände				
341 Tragende Innenwände [m²]	124,00	**146,00**	190,00	3,9%
342 Nichttragende Innenwände [m²]	63,00	**79,00**	106,00	1,9%
343 Innenstützen [m]	143,00	**191,00**	238,00	0,1%
344 Innentüren und -fenster [m²]	297,00	**399,00**	461,00	2,4%
345 Innenwandbekleidungen [m²]	33,00	**49,00**	58,00	4,3%
346 Elementierte Innenwände [m²]	385,00	**509,00**	743,00	1,9%
349 Innenwände, sonstiges [m²]	–	–	–	–
350 Decken				
351 Deckenkonstruktionen [m²]	268,00	**304,00**	373,00	4,9%
352 Deckenbeläge [m²]	106,00	**112,00**	116,00	1,6%
353 Deckenbekleidungen [m²]	–	**74,00**	–	0,6%
359 Decken, sonstiges [m²]	80,00	**109,00**	153,00	1,4%
360 Dächer				
361 Dachkonstruktionen [m²]	56,00	**78,00**	94,00	4,9%
362 Dachfenster, Dachöffnungen [m²]	490,00	**733,00**	866,00	0,4%
363 Dachbeläge [m²]	74,00	**97,00**	109,00	6,0%
364 Dachbekleidungen [m²]	67,00	**71,00**	74,00	2,6%
369 Dächer, sonstiges [m²]	0,30	**0,90**	1,60	0,0%

Kindergärten, nicht unterkellert, einfacher Standard

Kostengruppen	▷	€/Einheit	◁	KG an 300+400
370 Baukonstruktive Einbauten				
371 Allgemeine Einbauten [m² BGF]	7,60	**21,00**	29,00	1,6%
372 Besondere Einbauten [m² BGF]	–	–	–	–
379 Baukonstruktive Einbauten, sonstiges [m² BGF]	–	**7,80**	–	0,2%
390 Sonstige Maßnahmen für Baukonstruktionen				
391 Baustelleneinrichtung [m² BGF]	2,90	**11,00**	26,00	0,7%
392 Gerüste [m² BGF]	1,20	**3,90**	5,30	0,3%
393 Sicherungsmaßnahmen [m² BGF]	–	–	–	–
394 Abbruchmaßnahmen [m² BGF]	–	–	–	–
395 Instandsetzungen [m² BGF]	–	–	–	–
396 Materialentsorgung [m² BGF]	–	–	–	–
397 Zusätzliche Maßnahmen [m² BGF]	–	–	–	–
398 Provisorische Baukonstruktionen [m² BGF]	–	–	–	–
399 Sonstige Maßnahmen für Baukonstruktionen, sonst. [m² BGF]	–	**1,60**	–	0,0%
410 Abwasser-, Wasser-, Gasanlagen				
411 Abwasseranlagen [m² BGF]	16,00	**18,00**	21,00	1,3%
412 Wasseranlagen [m² BGF]	37,00	**40,00**	43,00	3,0%
420 Wärmeversorgungsanlagen				
421 Wärmeerzeugungsanlagen [m² BGF]	10,00	**14,00**	16,00	1,0%
422 Wärmeverteilnetze [m² BGF]	15,00	**21,00**	25,00	1,6%
423 Raumheizflächen [m² BGF]	34,00	**46,00**	69,00	3,4%
429 Wärmeversorgungsanlagen, sonstiges [m² BGF]	–	–	–	–
430 Lufttechnische Anlagen				
431 Lüftungsanlagen [m² BGF]	3,30	**6,00**	8,80	0,3%
440 Starkstromanlagen				
443 Niederspannungsschaltanlagen [m² BGF]	4,30	**4,90**	5,50	0,2%
444 Niederspannungsinstallationsanlagen [m² BGF]	16,00	**27,00**	33,00	1,9%
445 Beleuchtungsanlagen [m² BGF]	27,00	**32,00**	35,00	2,4%
446 Blitzschutz- und Erdungsanlagen [m² BGF]	5,20	**6,90**	10,00	0,5%
450 Fernmelde- und informationstechnische Anlagen				
451 Telekommunikationsanlagen [m² BGF]	–	**0,80**	–	0,0%
452 Such- und Signalanlagen [m² BGF]	–	**0,50**	–	0,0%
455 Fernseh- und Antennenanlagen [m² BGF]	–	**0,50**	–	0,0%
456 Gefahrenmelde- und Alarmanlagen [m² BGF]	4,20	**5,70**	7,30	0,2%
460 Förderanlagen				
461 Aufzugsanlagen [m² BGF]	–	**11,00**	–	0,2%
470 Nutzungsspezifische Anlagen				
471 Küchentechnische Anlagen [m² BGF]	23,00	**33,00**	44,00	1,5%
473 Medienversorgungsanlagen [m² BGF]	–	–	–	–
475 Feuerlöschanlagen [m² BGF]	–	**1,10**	–	0,0%
Weitere Kosten für Technische Anlagen [m² BGF]	0,40	**1,20**	2,00	0,0%

© BKI Baukosteninformationszentrum; Erläuterungen zu den Tabellen siehe Seite 48   Kosten: 1.Quartal 2018, Bundesdurchschnitt, **inkl. 19% MwSt.**

Kindergärten, nicht unterkellert, mittlerer Standard

Kosten:
Stand 1.Quartal 2018
Bundesdurchschnitt
inkl. 19% MwSt.

▷ von
ø Mittel
◁ bis

Kostengruppen	▷	€/Einheit	◁	KG an 300+400
310 Baugrube				
311 Baugrubenherstellung [m³]	8,20	**12,00**	19,00	0,1%
312 Baugrubenumschließung [m²]	–	–	–	–
313 Wasserhaltung [m²]	–	–	–	–
319 Baugrube, sonstiges [m³]	–	–	–	–
320 Gründung				
321 Baugrundverbesserung [m²]	–	–	–	–
322 Flachgründungen [m²]	47,00	**61,00**	79,00	3,7%
323 Tiefgründungen [m²]	–	–	–	–
324 Unterböden und Bodenplatten [m²]	34,00	**81,00**	116,00	5,2%
325 Bodenbeläge [m²]	77,00	**107,00**	153,00	5,1%
326 Bauwerksabdichtungen [m²]	12,00	**24,00**	46,00	0,6%
327 Dränagen [m²]	–	–	–	–
329 Gründung, sonstiges [m²]	–	–	–	–
330 Außenwände				
331 Tragende Außenwände [m²]	113,00	**137,00**	157,00	8,0%
332 Nichttragende Außenwände [m²]	174,00	**193,00**	212,00	0,2%
333 Außenstützen [m]	127,00	**135,00**	143,00	0,0%
334 Außentüren und -fenster [m²]	538,00	**725,00**	1.051,00	6,6%
335 Außenwandbekleidungen außen [m²]	102,00	**120,00**	176,00	8,0%
336 Außenwandbekleidungen innen [m²]	36,00	**39,00**	51,00	1,9%
337 Elementierte Außenwände [m²]	653,00	**707,00**	760,00	3,5%
338 Sonnenschutz [m²]	129,00	**361,00**	594,00	0,7%
339 Außenwände, sonstiges [m²]	–	**30,00**	–	0,2%
340 Innenwände				
341 Tragende Innenwände [m²]	78,00	**87,00**	96,00	0,9%
342 Nichttragende Innenwände [m²]	59,00	**85,00**	106,00	3,5%
343 Innenstützen [m]	25,00	**103,00**	182,00	0,0%
344 Innentüren und -fenster [m²]	285,00	**584,00**	803,00	3,3%
345 Innenwandbekleidungen [m²]	25,00	**54,00**	158,00	2,5%
346 Elementierte Innenwände [m²]	239,00	**302,00**	403,00	1,4%
349 Innenwände, sonstiges [m²]	–	**1,70**	–	0,0%
350 Decken				
351 Deckenkonstruktionen [m²]	151,00	**168,00**	184,00	1,8%
352 Deckenbeläge [m²]	75,00	**98,00**	122,00	1,0%
353 Deckenbekleidungen [m²]	47,00	**56,00**	65,00	0,6%
359 Decken, sonstiges [m²]	6,40	**9,90**	13,00	0,1%
360 Dächer				
361 Dachkonstruktionen [m²]	61,00	**129,00**	148,00	8,5%
362 Dachfenster, Dachöffnungen [m²]	977,00	**1.281,00**	1.475,00	0,6%
363 Dachbeläge [m²]	57,00	**89,00**	113,00	6,0%
364 Dachbekleidungen [m²]	16,00	**48,00**	71,00	2,0%
369 Dächer, sonstiges [m²]	1,30	**2,80**	4,20	0,0%

Kindergärten, nicht unterkellert, mittlerer Standard

Kostengruppen	▷	€/Einheit	◁	KG an 300+400
370 Baukonstruktive Einbauten				
371 Allgemeine Einbauten [m² BGF]	0,80	**23,00**	36,00	0,9%
372 Besondere Einbauten [m² BGF]	–	–	–	–
379 Baukonstruktive Einbauten, sonstiges [m² BGF]	–	–	–	–
390 Sonstige Maßnahmen für Baukonstruktionen				
391 Baustelleneinrichtung [m² BGF]	16,00	**21,00**	30,00	1,5%
392 Gerüste [m² BGF]	0,60	**10,00**	15,00	0,4%
393 Sicherungsmaßnahmen [m² BGF]	–	–	–	–
394 Abbruchmaßnahmen [m² BGF]	–	**1,90**	–	0,0%
395 Instandsetzungen [m² BGF]	–	–	–	–
396 Materialentsorgung [m² BGF]	–	**11,00**	–	0,1%
397 Zusätzliche Maßnahmen [m² BGF]	–	**5,80**	–	0,0%
398 Provisorische Baukonstruktionen [m² BGF]	–	–	–	–
399 Sonstige Maßnahmen für Baukonstruktionen, sonst. [m² BGF]	–	–	–	–
410 Abwasser-, Wasser-, Gasanlagen				
411 Abwasseranlagen [m² BGF]	17,00	**26,00**	33,00	1,8%
412 Wasseranlagen [m² BGF]	40,00	**57,00**	69,00	4,0%
420 Wärmeversorgungsanlagen				
421 Wärmeerzeugungsanlagen [m² BGF]	37,00	**42,00**	52,00	1,8%
422 Wärmeverteilnetze [m² BGF]	13,00	**17,00**	19,00	0,7%
423 Raumheizflächen [m² BGF]	15,00	**18,00**	20,00	0,8%
429 Wärmeversorgungsanlagen, sonstiges [m² BGF]	–	**2,40**	–	0,0%
430 Lufttechnische Anlagen				
431 Lüftungsanlagen [m² BGF]	–	**5,00**	–	0,0%
440 Starkstromanlagen				
443 Niederspannungsschaltanlagen [m² BGF]	–	**8,20**	–	0,1%
444 Niederspannungsinstallationsanlagen [m² BGF]	39,00	**54,00**	109,00	3,7%
445 Beleuchtungsanlagen [m² BGF]	11,00	**18,00**	38,00	1,0%
446 Blitzschutz- und Erdungsanlagen [m² BGF]	4,20	**11,00**	22,00	0,8%
450 Fernmelde- und informationstechnische Anlagen				
451 Telekommunikationsanlagen [m² BGF]	1,20	**1,30**	1,40	0,0%
452 Such- und Signalanlagen [m² BGF]	1,10	**1,50**	1,80	0,0%
455 Fernseh- und Antennenanlagen [m² BGF]	–	–	–	–
456 Gefahrenmelde- und Alarmanlagen [m² BGF]	1,40	**9,20**	17,00	0,2%
460 Förderanlagen				
461 Aufzugsanlagen [m² BGF]	–	–	–	–
470 Nutzungsspezifische Anlagen				
471 Küchentechnische Anlagen [m² BGF]	–	–	–	–
473 Medienversorgungsanlagen [m² BGF]	–	–	–	–
475 Feuerlöschanlagen [m² BGF]	–	**0,70**	–	0,0%
Weitere Kosten für Technische Anlagen [m² BGF]	0,50	**6,20**	9,30	0,2%

© **BKI** Baukosteninformationszentrum; Erläuterungen zu den Tabellen siehe Seite 48   Kosten: 1.Quartal 2018, Bundesdurchschnitt, inkl. 19% MwSt.

Kindergärten, nicht unterkellert, hoher Standard

Kosten:
Stand 1.Quartal 2018
Bundesdurchschnitt
inkl. 19% MwSt.

▷ von
ø Mittel
◁ bis

Kostengruppen		▷	€/Einheit	◁	KG an 300+400
310	**Baugrube**				
311	Baugrubenherstellung [m³]	4,60	**9,30**	14,00	0,2%
312	Baugrubenumschließung [m²]	–	–	–	–
313	Wasserhaltung [m²]	–	–	–	–
319	Baugrube, sonstiges [m³]	–	–	–	–
320	**Gründung**				
321	Baugrundverbesserung [m²]	24,00	**48,00**	72,00	1,6%
322	Flachgründungen [m²]	7,50	**24,00**	32,00	1,2%
323	Tiefgründungen [m²]	–	–	–	–
324	Unterböden und Bodenplatten [m²]	45,00	**62,00**	72,00	3,2%
325	Bodenbeläge [m²]	88,00	**115,00**	129,00	5,2%
326	Bauwerksabdichtungen [m²]	8,90	**29,00**	39,00	1,4%
327	Dränagen [m²]	–	**7,50**	–	0,1%
329	Gründung, sonstiges [m²]	–	**8,90**	–	0,1%
330	**Außenwände**				
331	Tragende Außenwände [m²]	162,00	**188,00**	240,00	5,0%
332	Nichttragende Außenwände [m²]	–	**160,00**	–	0,1%
333	Außenstützen [m]	175,00	**178,00**	184,00	0,4%
334	Außentüren und -fenster [m²]	485,00	**674,00**	768,00	2,6%
335	Außenwandbekleidungen außen [m²]	102,00	**127,00**	177,00	4,2%
336	Außenwandbekleidungen innen [m²]	31,00	**37,00**	39,00	0,8%
337	Elementierte Außenwände [m²]	505,00	**615,00**	827,00	8,4%
338	Sonnenschutz [m²]	92,00	**283,00**	474,00	1,1%
339	Außenwände, sonstiges [m²]	–	–	–	–
340	**Innenwände**				
341	Tragende Innenwände [m²]	98,00	**154,00**	183,00	5,3%
342	Nichttragende Innenwände [m²]	54,00	**74,00**	103,00	1,0%
343	Innenstützen [m]	17,00	**61,00**	105,00	0,0%
344	Innentüren und -fenster [m²]	438,00	**485,00**	572,00	2,9%
345	Innenwandbekleidungen [m²]	16,00	**30,00**	38,00	2,6%
346	Elementierte Innenwände [m²]	452,00	**534,00**	682,00	2,0%
349	Innenwände, sonstiges [m²]	–	**3,90**	–	0,0%
350	**Decken**				
351	Deckenkonstruktionen [m²]	173,00	**289,00**	367,00	2,1%
352	Deckenbeläge [m²]	37,00	**61,00**	98,00	0,3%
353	Deckenbekleidungen [m²]	44,00	**57,00**	69,00	0,2%
359	Decken, sonstiges [m²]	62,00	**119,00**	230,00	0,8%
360	**Dächer**				
361	Dachkonstruktionen [m²]	97,00	**132,00**	153,00	9,3%
362	Dachfenster, Dachöffnungen [m²]	1.162,00	**1.991,00**	2.410,00	2,3%
363	Dachbeläge [m²]	83,00	**101,00**	111,00	6,9%
364	Dachbekleidungen [m²]	76,00	**105,00**	134,00	3,8%
369	Dächer, sonstiges [m²]	3,60	**8,60**	18,00	0,5%

© BKI Baukosteninformationszentrum; Erläuterungen zu den Tabellen siehe Seite 48

Kosten: 1.Quartal 2018, Bundesdurchschnitt, **inkl. 19% MwSt.**

Kindergärten, nicht unterkellert, hoher Standard

Kostengruppen		▷	€/Einheit	◁	KG an 300+400
370	**Baukonstruktive Einbauten**				
371	Allgemeine Einbauten [m² BGF]	31,00	**50,00**	68,00	1,9%
372	Besondere Einbauten [m² BGF]	–	–	–	–
379	Baukonstruktive Einbauten, sonstiges [m² BGF]	–	–	–	–
390	**Sonstige Maßnahmen für Baukonstruktionen**				
391	Baustelleneinrichtung [m² BGF]	22,00	**28,00**	38,00	1,7%
392	Gerüste [m² BGF]	8,70	**9,70**	11,00	0,3%
393	Sicherungsmaßnahmen [m² BGF]	–	–	–	–
394	Abbruchmaßnahmen [m² BGF]	–	–	–	–
395	Instandsetzungen [m² BGF]	–	**1,20**	–	0,0%
396	Materialentsorgung [m² BGF]	–	–	–	–
397	Zusätzliche Maßnahmen [m² BGF]	1,80	**2,30**	2,80	0,0%
398	Provisorische Baukonstruktionen [m² BGF]	–	–	–	–
399	Sonstige Maßnahmen für Baukonstruktionen, sonst. [m² BGF]	–	–	–	–
410	**Abwasser-, Wasser-, Gasanlagen**				
411	Abwasseranlagen [m² BGF]	12,00	**14,00**	18,00	0,8%
412	Wasseranlagen [m² BGF]	41,00	**53,00**	59,00	3,2%
420	**Wärmeversorgungsanlagen**				
421	Wärmeerzeugungsanlagen [m² BGF]	19,00	**22,00**	29,00	1,3%
422	Wärmeverteilnetze [m² BGF]	9,30	**18,00**	23,00	1,0%
423	Raumheizflächen [m² BGF]	3,20	**40,00**	61,00	2,5%
429	Wärmeversorgungsanlagen, sonstiges [m² BGF]	1,50	**6,50**	12,00	0,2%
430	**Lufttechnische Anlagen**				
431	Lüftungsanlagen [m² BGF]	3,80	**33,00**	90,00	1,9%
440	**Starkstromanlagen**				
443	Niederspannungsschaltanlagen [m² BGF]	–	**6,60**	–	0,1%
444	Niederspannungsinstallationsanlagen [m² BGF]	24,00	**29,00**	33,00	1,8%
445	Beleuchtungsanlagen [m² BGF]	43,00	**54,00**	61,00	3,3%
446	Blitzschutz- und Erdungsanlagen [m² BGF]	2,10	**3,10**	5,20	0,1%
450	**Fernmelde- und informationstechnische Anlagen**				
451	Telekommunikationsanlagen [m² BGF]	2,60	**2,90**	3,20	0,1%
452	Such- und Signalanlagen [m² BGF]	0,60	**2,60**	4,50	0,1%
455	Fernseh- und Antennenanlagen [m² BGF]	–	**3,40**	–	0,0%
456	Gefahrenmelde- und Alarmanlagen [m² BGF]	8,10	**11,00**	14,00	0,4%
460	**Förderanlagen**				
461	Aufzugsanlagen [m² BGF]	–	–	–	–
470	**Nutzungsspezifische Anlagen**				
471	Küchentechnische Anlagen [m² BGF]	–	**27,00**	–	0,5%
473	Medienversorgungsanlagen [m² BGF]	–	–	–	–
475	Feuerlöschanlagen [m² BGF]	0,30	**0,40**	0,50	0,0%
	Weitere Kosten für Technische Anlagen [m² BGF]	0,80	**17,00**	32,00	0,6%

© BKI Baukosteninformationszentrum; Erläuterungen zu den Tabellen siehe Seite 48   Kosten: 1.Quartal 2018, Bundesdurchschnitt, **inkl.** 19% MwSt.

Kindergärten, Holzbauweise, nicht unterkellert

Kosten:
Stand 1.Quartal 2018
Bundesdurchschnitt
inkl. 19% MwSt.

▷ von
Ø Mittel
◁ bis

Kostengruppen	▷	€/Einheit	◁	KG an 300+400
310 Baugrube				
311 Baugrubenherstellung [m³]	18,00	**22,00**	27,00	1,2%
312 Baugrubenumschließung [m²]	–	–	–	–
313 Wasserhaltung [m²]	–	–	–	–
319 Baugrube, sonstiges [m³]	–	–	–	–
320 Gründung				
321 Baugrundverbesserung [m²]	4,20	**34,00**	63,00	0,6%
322 Flachgründungen [m²]	15,00	**48,00**	79,00	2,5%
323 Tiefgründungen [m²]	–	–	–	–
324 Unterböden und Bodenplatten [m²]	76,00	**80,00**	84,00	1,5%
325 Bodenbeläge [m²]	101,00	**138,00**	168,00	5,8%
326 Bauwerksabdichtungen [m²]	11,00	**24,00**	38,00	1,3%
327 Dränagen [m²]	6,30	**14,00**	22,00	0,3%
329 Gründung, sonstiges [m²]	–	**1,40**	–	0,0%
330 Außenwände				
331 Tragende Außenwände [m²]	119,00	**204,00**	263,00	3,2%
332 Nichttragende Außenwände [m²]	–	**115,00**	–	0,1%
333 Außenstützen [m]	–	**15,00**	–	0,0%
334 Außentüren und -fenster [m²]	489,00	**716,00**	941,00	5,4%
335 Außenwandbekleidungen außen [m²]	115,00	**175,00**	242,00	5,4%
336 Außenwandbekleidungen innen [m²]	40,00	**55,00**	70,00	1,3%
337 Elementierte Außenwände [m²]	164,00	**623,00**	785,00	6,4%
338 Sonnenschutz [m²]	182,00	**248,00**	446,00	1,3%
339 Außenwände, sonstiges [m²]	6,30	**49,00**	103,00	2,0%
340 Innenwände				
341 Tragende Innenwände [m²]	92,00	**134,00**	251,00	3,0%
342 Nichttragende Innenwände [m²]	91,00	**102,00**	124,00	1,9%
343 Innenstützen [m]	16,00	**94,00**	136,00	0,0%
344 Innentüren und -fenster [m²]	604,00	**729,00**	890,00	3,7%
345 Innenwandbekleidungen [m²]	27,00	**36,00**	46,00	2,8%
346 Elementierte Innenwände [m²]	254,00	**536,00**	823,00	1,6%
349 Innenwände, sonstiges [m²]	–	–	–	–
350 Decken				
351 Deckenkonstruktionen [m²]	216,00	**502,00**	788,00	1,5%
352 Deckenbeläge [m²]	124,00	**131,00**	139,00	0,9%
353 Deckenbekleidungen [m²]	8,20	**80,00**	153,00	0,0%
359 Decken, sonstiges [m²]	–	**41,00**	–	0,3%
360 Dächer				
361 Dachkonstruktionen [m²]	120,00	**158,00**	258,00	8,4%
362 Dachfenster, Dachöffnungen [m²]	994,00	**1.508,00**	2.323,00	1,1%
363 Dachbeläge [m²]	119,00	**144,00**	214,00	7,6%
364 Dachbekleidungen [m²]	33,00	**65,00**	97,00	2,9%
369 Dächer, sonstiges [m²]	3,10	**5,60**	11,00	0,3%

Kindergärten, Holzbauweise, nicht unterkellert

Kostengruppen	▷	€/Einheit	◁	KG an 300+400
370 Baukonstruktive Einbauten				
371 Allgemeine Einbauten [m² BGF]	52,00	**66,00**	103,00	3,7%
372 Besondere Einbauten [m² BGF]	–	–	–	–
379 Baukonstruktive Einbauten, sonstiges [m² BGF]	–	–	–	–
390 Sonstige Maßnahmen für Baukonstruktionen				
391 Baustelleneinrichtung [m² BGF]	27,00	**33,00**	51,00	1,9%
392 Gerüste [m² BGF]	11,00	**14,00**	21,00	0,8%
393 Sicherungsmaßnahmen [m² BGF]	–	–	–	–
394 Abbruchmaßnahmen [m² BGF]	–	**3,50**	–	0,0%
395 Instandsetzungen [m² BGF]	–	–	–	–
396 Materialentsorgung [m² BGF]	–	–	–	–
397 Zusätzliche Maßnahmen [m² BGF]	2,30	**5,50**	7,60	0,2%
398 Provisorische Baukonstruktionen [m² BGF]	–	**0,50**	–	0,0%
399 Sonstige Maßnahmen für Baukonstruktionen, sonst. [m² BGF]	–	–	–	–
410 Abwasser-, Wasser-, Gasanlagen				
411 Abwasseranlagen [m² BGF]	26,00	**39,00**	51,00	2,1%
412 Wasseranlagen [m² BGF]	35,00	**45,00**	54,00	2,5%
420 Wärmeversorgungsanlagen				
421 Wärmeerzeugungsanlagen [m² BGF]	11,00	**17,00**	23,00	1,0%
422 Wärmeverteilnetze [m² BGF]	8,50	**13,00**	18,00	0,8%
423 Raumheizflächen [m² BGF]	14,00	**20,00**	26,00	1,2%
429 Wärmeversorgungsanlagen, sonstiges [m² BGF]	–	**0,20**	–	0,0%
430 Lufttechnische Anlagen				
431 Lüftungsanlagen [m² BGF]	14,00	**64,00**	118,00	3,4%
440 Starkstromanlagen				
443 Niederspannungsschaltanlagen [m² BGF]	–	–	–	–
444 Niederspannungsinstallationsanlagen [m² BGF]	18,00	**31,00**	45,00	1,7%
445 Beleuchtungsanlagen [m² BGF]	32,00	**38,00**	45,00	2,3%
446 Blitzschutz- und Erdungsanlagen [m² BGF]	3,10	**5,90**	13,00	0,3%
450 Fernmelde- und informationstechnische Anlagen				
451 Telekommunikationsanlagen [m² BGF]	0,20	**2,80**	4,10	0,1%
452 Such- und Signalanlagen [m² BGF]	0,70	**1,30**	1,90	0,0%
455 Fernseh- und Antennenanlagen [m² BGF]	–	**0,60**	–	0,0%
456 Gefahrenmelde- und Alarmanlagen [m² BGF]	6,60	**9,90**	13,00	0,3%
460 Förderanlagen				
461 Aufzugsanlagen [m² BGF]	–	–	–	–
470 Nutzungsspezifische Anlagen				
471 Küchentechnische Anlagen [m² BGF]	–	–	–	–
473 Medienversorgungsanlagen [m² BGF]	–	–	–	–
475 Feuerlöschanlagen [m² BGF]	0,20	**0,30**	0,30	0,0%
Weitere Kosten für Technische Anlagen [m² BGF]	9,40	**34,00**	84,00	1,2%

© BKI Baukosteninformationszentrum; Erläuterungen zu den Tabellen siehe Seite 48   Kosten: 1.Quartal 2018, Bundesdurchschnitt, **inkl. 19% MwSt.**

Kindergärten, unterkellert

Kosten:
Stand 1.Quartal 2018
Bundesdurchschnitt
inkl. 19% MwSt.

▷ von
Ø Mittel
◁ bis

Kostengruppen		▷	€/Einheit	◁	KG an 300+400
310	**Baugrube**				
311	Baugrubenherstellung [m³]	12,00	**25,00**	33,00	1,8%
312	Baugrubenumschließung [m²]	–	**–**	–	–
313	Wasserhaltung [m²]	–	**–**	–	–
319	Baugrube, sonstiges [m³]	0,80	**0,90**	1,10	0,0%
320	**Gründung**				
321	Baugrundverbesserung [m²]	–	**–**	–	–
322	Flachgründungen [m²]	50,00	**82,00**	98,00	3,5%
323	Tiefgründungen [m²]	–	**–**	–	–
324	Unterböden und Bodenplatten [m²]	50,00	**57,00**	64,00	1,5%
325	Bodenbeläge [m²]	117,00	**127,00**	134,00	4,6%
326	Bauwerksabdichtungen [m²]	27,00	**54,00**	108,00	2,4%
327	Dränagen [m²]	–	**–**	–	–
329	Gründung, sonstiges [m²]	–	**–**	–	–
330	**Außenwände**				
331	Tragende Außenwände [m²]	133,00	**139,00**	141,00	5,4%
332	Nichttragende Außenwände [m²]	–	**104,00**	–	0,2%
333	Außenstützen [m]	–	**56,00**	–	0,0%
334	Außentüren und -fenster [m²]	692,00	**810,00**	993,00	7,6%
335	Außenwandbekleidungen außen [m²]	100,00	**128,00**	147,00	6,2%
336	Außenwandbekleidungen innen [m²]	35,00	**36,00**	37,00	1,3%
337	Elementierte Außenwände [m²]	–	**353,00**	–	0,4%
338	Sonnenschutz [m²]	215,00	**227,00**	239,00	1,0%
339	Außenwände, sonstiges [m²]	8,10	**21,00**	28,00	1,0%
340	**Innenwände**				
341	Tragende Innenwände [m²]	81,00	**108,00**	122,00	4,8%
342	Nichttragende Innenwände [m²]	60,00	**100,00**	177,00	0,9%
343	Innenstützen [m]	–	**–**	–	–
344	Innentüren und -fenster [m²]	492,00	**632,00**	702,00	3,3%
345	Innenwandbekleidungen [m²]	22,00	**37,00**	46,00	3,6%
346	Elementierte Innenwände [m²]	179,00	**261,00**	318,00	0,3%
349	Innenwände, sonstiges [m²]	0,30	**1,60**	2,90	0,0%
350	**Decken**				
351	Deckenkonstruktionen [m²]	121,00	**167,00**	254,00	2,3%
352	Deckenbeläge [m²]	78,00	**86,00**	97,00	1,1%
353	Deckenbekleidungen [m²]	27,00	**69,00**	152,00	0,5%
359	Decken, sonstiges [m²]	30,00	**107,00**	185,00	0,5%
360	**Dächer**				
361	Dachkonstruktionen [m²]	72,00	**106,00**	126,00	5,0%
362	Dachfenster, Dachöffnungen [m²]	684,00	**2.765,00**	4.846,00	0,2%
363	Dachbeläge [m²]	114,00	**172,00**	272,00	7,4%
364	Dachbekleidungen [m²]	80,00	**85,00**	88,00	3,7%
369	Dächer, sonstiges [m²]	4,80	**11,00**	17,00	0,2%

Kindergärten, unterkellert

Kostengruppen	€/Einheit	KG an 300+400	
370	**Baukonstruktive Einbauten**				
371	Allgemeine Einbauten [m² BGF]	16,00	**66,00**	92,00	4,1%
372	Besondere Einbauten [m² BGF]	–	**2,70**	–	0,0%
379	Baukonstruktive Einbauten, sonstiges [m² BGF]	–	**–**	–	–
390	**Sonstige Maßnahmen für Baukonstruktionen**				
391	Baustelleneinrichtung [m² BGF]	47,00	**55,00**	67,00	3,3%
392	Gerüste [m² BGF]	11,00	**14,00**	15,00	0,8%
393	Sicherungsmaßnahmen [m² BGF]	–	**–**	–	–
394	Abbruchmaßnahmen [m² BGF]	–	**2,40**	–	0,0%
395	Instandsetzungen [m² BGF]	1,50	**4,30**	7,20	0,1%
396	Materialentsorgung [m² BGF]	–	**3,10**	–	0,0%
397	Zusätzliche Maßnahmen [m² BGF]	3,80	**8,60**	12,00	0,4%
398	Provisorische Baukonstruktionen [m² BGF]	–	**–**	–	–
399	Sonstige Maßnahmen für Baukonstruktionen, sonst. [m² BGF]	–	**–**	–	–
410	**Abwasser-, Wasser-, Gasanlagen**				
411	Abwasseranlagen [m² BGF]	21,00	**30,00**	36,00	1,8%
412	Wasseranlagen [m² BGF]	32,00	**47,00**	75,00	2,7%
420	**Wärmeversorgungsanlagen**				
421	Wärmeerzeugungsanlagen [m² BGF]	9,20	**23,00**	50,00	1,3%
422	Wärmeverteilnetze [m² BGF]	16,00	**18,00**	22,00	1,1%
423	Raumheizflächen [m² BGF]	14,00	**27,00**	33,00	1,6%
429	Wärmeversorgungsanlagen, sonstiges [m² BGF]	1,10	**2,30**	3,50	0,1%
430	**Lufttechnische Anlagen**				
431	Lüftungsanlagen [m² BGF]	3,00	**33,00**	94,00	1,7%
440	**Starkstromanlagen**				
443	Niederspannungsschaltanlagen [m² BGF]	–	**–**	–	–
444	Niederspannungsinstallationsanlagen [m² BGF]	31,00	**61,00**	118,00	3,4%
445	Beleuchtungsanlagen [m² BGF]	29,00	**43,00**	68,00	2,5%
446	Blitzschutz- und Erdungsanlagen [m² BGF]	0,40	**5,90**	9,60	0,3%
450	**Fernmelde- und informationstechnische Anlagen**				
451	Telekommunikationsanlagen [m² BGF]	0,30	**2,70**	4,30	0,1%
452	Such- und Signalanlagen [m² BGF]	1,00	**3,10**	6,90	0,1%
455	Fernseh- und Antennenanlagen [m² BGF]	–	**0,40**	–	0,0%
456	Gefahrenmelde- und Alarmanlagen [m² BGF]	2,10	**4,40**	8,20	0,2%
460	**Förderanlagen**				
461	Aufzugsanlagen [m² BGF]	–	**–**	–	–
470	**Nutzungsspezifische Anlagen**				
471	Küchentechnische Anlagen [m² BGF]	–	**–**	–	–
473	Medienversorgungsanlagen [m² BGF]	–	**–**	–	–
475	Feuerlöschanlagen [m² BGF]	0,80	**0,90**	1,00	0,0%
	Weitere Kosten für Technische Anlagen [m² BGF]	16,00	**29,00**	42,00	1,0%

© **BKI** Baukosteninformationszentrum; Erläuterungen zu den Tabellen siehe Seite 48   Kosten: 1.Quartal 2018, Bundesdurchschnitt, **inkl. 19% MwSt.**

Sport- und Mehrzweckhallen

Kosten:
Stand 1.Quartal 2018
Bundesdurchschnitt
inkl. 19% MwSt.

▷ von
ø Mittel
◁ bis

Kostengruppen		▷	€/Einheit	◁	KG an 300+400
310	**Baugrube**				
311	Baugrubenherstellung [m³]	11,00	**22,00**	38,00	1,4%
312	Baugrubenumschließung [m²]	–	–	–	–
313	Wasserhaltung [m²]	–	–	–	–
319	Baugrube, sonstiges [m³]	–	–	–	–
320	**Gründung**				
321	Baugrundverbesserung [m²]	–	**24,00**	–	0,4%
322	Flachgründungen [m²]	34,00	**60,00**	76,00	2,8%
323	Tiefgründungen [m²]	–	–	–	–
324	Unterböden und Bodenplatten [m²]	46,00	**80,00**	97,00	3,6%
325	Bodenbeläge [m²]	116,00	**136,00**	170,00	5,8%
326	Bauwerksabdichtungen [m²]	7,50	**13,00**	15,00	0,5%
327	Dränagen [m²]	3,40	**5,80**	8,20	0,1%
329	Gründung, sonstiges [m²]	–	–	–	–
330	**Außenwände**				
331	Tragende Außenwände [m²]	149,00	**160,00**	166,00	4,6%
332	Nichttragende Außenwände [m²]	–	**731,00**	–	0,0%
333	Außenstützen [m]	–	**306,00**	–	0,1%
334	Außentüren und -fenster [m²]	374,00	**639,00**	774,00	2,3%
335	Außenwandbekleidungen außen [m²]	64,00	**89,00**	136,00	2,9%
336	Außenwandbekleidungen innen [m²]	6,70	**39,00**	61,00	1,1%
337	Elementierte Außenwände [m²]	590,00	**669,00**	710,00	12,9%
338	Sonnenschutz [m²]	–	**153,00**	–	0,2%
339	Außenwände, sonstiges [m²]	–	–	–	–
340	**Innenwände**				
341	Tragende Innenwände [m²]	75,00	**169,00**	357,00	1,2%
342	Nichttragende Innenwände [m²]	55,00	**98,00**	120,00	0,8%
343	Innenstützen [m]	95,00	**283,00**	472,00	0,1%
344	Innentüren und -fenster [m²]	122,00	**427,00**	593,00	1,6%
345	Innenwandbekleidungen [m²]	20,00	**54,00**	116,00	2,2%
346	Elementierte Innenwände [m²]	101,00	**150,00**	199,00	0,2%
349	Innenwände, sonstiges [m²]	12,00	**20,00**	28,00	0,3%
350	**Decken**				
351	Deckenkonstruktionen [m²]	118,00	**168,00**	218,00	1,5%
352	Deckenbeläge [m²]	99,00	**220,00**	342,00	1,5%
353	Deckenbekleidungen [m²]	64,00	**78,00**	92,00	0,6%
359	Decken, sonstiges [m²]	30,00	**32,00**	34,00	0,2%
360	**Dächer**				
361	Dachkonstruktionen [m²]	114,00	**169,00**	206,00	9,2%
362	Dachfenster, Dachöffnungen [m²]	514,00	**1.403,00**	3.175,00	3,2%
363	Dachbeläge [m²]	109,00	**204,00**	394,00	10,4%
364	Dachbekleidungen	5,40	**50,00**	73,00	3,0%
369	Dächer, sonstiges [m²]	–	**1,10**	–	0,0%

Sport- und Mehrzweckhallen

Kostengruppen	▷	€/Einheit	◁	KG an 300+400
370 Baukonstruktive Einbauten				
371 Allgemeine Einbauten [m² BGF]	–	**21,00**	–	0,3%
372 Besondere Einbauten [m² BGF]	–	**8,20**	–	0,1%
379 Baukonstruktive Einbauten, sonstiges [m² BGF]	–	–	–	–
390 Sonstige Maßnahmen für Baukonstruktionen				
391 Baustelleneinrichtung [m² BGF]	6,70	**24,00**	56,00	1,3%
392 Gerüste [m² BGF]	26,00	**30,00**	34,00	1,1%
393 Sicherungsmaßnahmen [m² BGF]	–	–	–	–
394 Abbruchmaßnahmen [m² BGF]	–	–	–	–
395 Instandsetzungen [m² BGF]	–	**12,00**	–	0,2%
396 Materialentsorgung [m² BGF]	–	–	–	–
397 Zusätzliche Maßnahmen [m² BGF]	1,80	**3,20**	5,30	0,1%
398 Provisorische Baukonstruktionen [m² BGF]	–	–	–	–
399 Sonstige Maßnahmen für Baukonstruktionen, sonst. [m² BGF]	–	–	–	–
410 Abwasser-, Wasser-, Gasanlagen				
411 Abwasseranlagen [m² BGF]	38,00	**43,00**	53,00	2,3%
412 Wasseranlagen [m² BGF]	37,00	**46,00**	62,00	2,5%
420 Wärmeversorgungsanlagen				
421 Wärmeerzeugungsanlagen [m² BGF]	7,20	**24,00**	34,00	1,3%
422 Wärmeverteilnetze [m² BGF]	4,90	**20,00**	29,00	1,1%
423 Raumheizflächen [m² BGF]	10,00	**21,00**	42,00	1,2%
429 Wärmeversorgungsanlagen, sonstiges [m² BGF]	–	**10,00**	–	0,1%
430 Lufttechnische Anlagen				
431 Lüftungsanlagen [m² BGF]	9,70	**52,00**	74,00	2,9%
440 Starkstromanlagen				
443 Niederspannungsschaltanlagen [m² BGF]	–	**9,00**	–	0,1%
444 Niederspannungsinstallationsanlagen [m² BGF]	30,00	**76,00**	168,00	4,2%
445 Beleuchtungsanlagen [m² BGF]	15,00	**36,00**	73,00	2,0%
446 Blitzschutz- und Erdungsanlagen [m² BGF]	3,60	**6,00**	11,00	0,3%
450 Fernmelde- und informationstechnische Anlagen				
451 Telekommunikationsanlagen [m² BGF]	0,50	**1,40**	2,40	0,0%
452 Such- und Signalanlagen [m² BGF]	–	**0,60**	–	0,0%
455 Fernseh- und Antennenanlagen [m² BGF]	0,70	**0,90**	1,00	0,0%
456 Gefahrmelde- und Alarmanlagen [m² BGF]	–	**16,00**	–	0,3%
460 Förderanlagen				
461 Aufzugsanlagen [m² BGF]	–	–	–	–
470 Nutzungsspezifische Anlagen				
471 Küchentechnische Anlagen [m² BGF]	–	**0,80**	–	0,0%
473 Medienversorgungsanlagen [m² BGF]	–	–	–	–
475 Feuerlöschanlagen [m² BGF]	–	**0,40**	–	0,0%
Weitere Kosten für Technische Anlagen [m² BGF]	22,00	**35,00**	48,00	1,3%

© BKI Baukosteninformationszentrum; Erläuterungen zu den Tabellen siehe Seite 48   Kosten: 1.Quartal 2018, Bundesdurchschnitt, **inkl. 19% MwSt.**

Sporthallen (Einfeldhallen)

Kosten:
Stand 1.Quartal 2018
Bundesdurchschnitt
inkl. 19% MwSt.

▷ von
Ø Mittel
◁ bis

Kostengruppen	▷	€/Einheit	◁	KG an 300+400
310 Baugrube				
311 Baugrubenherstellung [m³]	5,20	**15,00**	25,00	1,6%
312 Baugrubenumschließung [m²]	–	–	–	–
313 Wasserhaltung [m²]	–	–	–	–
319 Baugrube, sonstiges [m³]	–	–	–	–
320 Gründung				
321 Baugrundverbesserung [m²]	–	**7,20**	–	0,2%
322 Flachgründungen [m²]	41,00	**64,00**	87,00	2,2%
323 Tiefgründungen [m²]	–	–	–	–
324 Unterböden und Bodenplatten [m²]	50,00	**52,00**	55,00	2,8%
325 Bodenbeläge [m²]	141,00	**145,00**	148,00	6,9%
326 Bauwerksabdichtungen [m²]	13,00	**17,00**	22,00	0,8%
327 Dränagen [m²]	–	**6,40**	–	0,1%
329 Gründung, sonstiges [m²]	–	–	–	–
330 Außenwände				
331 Tragende Außenwände [m²]	101,00	**183,00**	264,00	6,3%
332 Nichttragende Außenwände [m²]	–	–	–	–
333 Außenstützen [m]	–	**252,00**	–	0,7%
334 Außentüren und -fenster [m²]	595,00	**884,00**	1.173,00	4,9%
335 Außenwandbekleidungen außen [m²]	99,00	**129,00**	158,00	6,4%
336 Außenwandbekleidungen innen [m²]	61,00	**72,00**	83,00	2,7%
337 Elementierte Außenwände [m²]	–	–	–	–
338 Sonnenschutz [m²]	–	–	–	–
339 Außenwände, sonstiges [m²]	–	**38,00**	–	0,7%
340 Innenwände				
341 Tragende Innenwände [m²]	54,00	**82,00**	110,00	1,6%
342 Nichttragende Innenwände [m²]	55,00	**62,00**	68,00	1,3%
343 Innenstützen [m]	–	**97,00**	–	0,1%
344 Innentüren und -fenster [m²]	529,00	**635,00**	740,00	2,9%
345 Innenwandbekleidungen [m²]	44,00	**62,00**	80,00	4,0%
346 Elementierte Innenwände [m²]	–	**302,00**	–	0,3%
349 Innenwände, sonstiges [m²]	1,70	**10,00**	19,00	0,3%
350 Decken				
351 Deckenkonstruktionen [m²]	67,00	**178,00**	290,00	1,2%
352 Deckenbeläge [m²]	–	**103,00**	–	0,3%
353 Deckenbekleidungen [m²]	39,00	**50,00**	60,00	0,2%
359 Decken, sonstiges [m²]	–	**23,00**	–	0,0%
360 Dächer				
361 Dachkonstruktionen [m²]	158,00	**200,00**	242,00	13,4%
362 Dachfenster, Dachöffnungen [m²]	281,00	**335,00**	388,00	1,1%
363 Dachbeläge [m²]	77,00	**130,00**	184,00	8,3%
364 Dachbekleidungen [m²]	50,00	**61,00**	72,00	4,2%
369 Dächer, sonstiges [m²]	–	**6,40**	–	0,1%

Sporthallen (Einfeldhallen)

Kostengruppen	▷ €/Einheit ◁			KG an 300+400
370 Baukonstruktive Einbauten				
371 Allgemeine Einbauten [m² BGF]	–	–	–	–
372 Besondere Einbauten [m² BGF]	–	**36,00**	–	0,9%
379 Baukonstruktive Einbauten, sonstiges [m² BGF]	–	–	–	–
390 Sonstige Maßnahmen für Baukonstruktionen				
391 Baustelleneinrichtung [m² BGF]	21,00	**22,00**	23,00	1,3%
392 Gerüste [m² BGF]	20,00	**35,00**	50,00	2,0%
393 Sicherungsmaßnahmen [m² BGF]	–	–	–	–
394 Abbruchmaßnahmen [m² BGF]	–	–	–	–
395 Instandsetzungen [m² BGF]	–	**0,30**	–	0,0%
396 Materialentsorgung [m² BGF]	–	–	–	–
397 Zusätzliche Maßnahmen [m² BGF]	–	**0,20**	–	0,0%
398 Provisorische Baukonstruktionen [m² BGF]	–	–	–	–
399 Sonstige Maßnahmen für Baukonstruktionen, sonst. [m² BGF]	–	–	–	–
410 Abwasser-, Wasser-, Gasanlagen				
411 Abwasseranlagen [m² BGF]	18,00	**24,00**	30,00	1,4%
412 Wasseranlagen [m² BGF]	47,00	**50,00**	53,00	3,1%
420 Wärmeversorgungsanlagen				
421 Wärmeerzeugungsanlagen [m² BGF]	6,50	**11,00**	15,00	0,7%
422 Wärmeverteilnetze [m² BGF]	25,00	**37,00**	48,00	2,1%
423 Raumheizflächen [m² BGF]	9,60	**30,00**	50,00	1,6%
429 Wärmeversorgungsanlagen, sonstiges [m² BGF]	–	**0,90**	–	0,0%
430 Lufttechnische Anlagen				
431 Lüftungsanlagen [m² BGF]	10,00	**26,00**	41,00	1,7%
440 Starkstromanlagen				
443 Niederspannungsschaltanlagen [m² BGF]	–	–	–	–
444 Niederspannungsinstallationsanlagen [m² BGF]	21,00	**23,00**	25,00	1,4%
445 Beleuchtungsanlagen [m² BGF]	33,00	**78,00**	122,00	5,1%
446 Blitzschutz- und Erdungsanlagen [m² BGF]	4,50	**8,40**	12,00	0,5%
450 Fernmelde- und informationstechnische Anlagen				
451 Telekommunikationsanlagen [m² BGF]	–	**0,10**	–	0,0%
452 Such- und Signalanlagen [m² BGF]	–	–	–	–
455 Fernseh- und Antennenanlagen [m² BGF]	–	–	–	–
456 Gefahrenmelde- und Alarmanlagen [m² BGF]	4,30	**6,50**	8,70	0,3%
460 Förderanlagen				
461 Aufzugsanlagen [m² BGF]	–	–	–	–
470 Nutzungsspezifische Anlagen				
471 Küchentechnische Anlagen [m² BGF]	–	–	–	–
473 Medienversorgungsanlagen [m² BGF]	–	–	–	–
475 Feuerlöschanlagen [m² BGF]	–	–	–	–
Weitere Kosten für Technische Anlagen [m² BGF]	0,50	**5,90**	11,00	0,3%

© BKI Baukosteninformationszentrum; Erläuterungen zu den Tabellen siehe Seite 48   Kosten: 1.Quartal 2018, Bundesdurchschnitt, inkl. 19% MwSt.

Sporthallen (Dreifeldhallen)

Kosten:
Stand 1.Quartal 2018
Bundesdurchschnitt
inkl. 19% MwSt.

▷ von
Ø Mittel
◁ bis

Kostengruppen		▷ €/Einheit ◁			KG an 300+400
310	**Baugrube**				
311	Baugrubenherstellung [m³]	13,00	**19,00**	24,00	2,1%
312	Baugrubenumschließung [m²]	–	**742,00**	–	0,0%
313	Wasserhaltung [m²]	–	**2,00**	–	0,0%
319	Baugrube, sonstiges [m³]	0,30	**0,90**	1,90	0,0%
320	**Gründung**				
321	Baugrundverbesserung [m²]	5,10	**5,50**	5,80	0,1%
322	Flachgründungen [m²]	9,70	**28,00**	53,00	1,1%
323	Tiefgründungen [m²]	–	**433,00**	–	0,7%
324	Unterböden und Bodenplatten [m²]	42,00	**62,00**	86,00	2,5%
325	Bodenbeläge [m²]	109,00	**123,00**	156,00	4,7%
326	Bauwerksabdichtungen [m²]	4,80	**28,00**	36,00	1,1%
327	Dränagen [m²]	13,00	**19,00**	37,00	0,8%
329	Gründung, sonstiges [m²]	0,20	**2,60**	5,00	0,0%
330	**Außenwände**				
331	Tragende Außenwände [m²]	69,00	**168,00**	206,00	2,8%
332	Nichttragende Außenwände [m²]	176,00	**185,00**	194,00	0,1%
333	Außenstützen [m]	154,00	**217,00**	270,00	0,4%
334	Außentüren und -fenster [m²]	939,00	**1.290,00**	1.695,00	0,7%
335	Außenwandbekleidungen außen [m²]	64,00	**117,00**	183,00	2,1%
336	Außenwandbekleidungen innen [m²]	40,00	**86,00**	105,00	1,0%
337	Elementierte Außenwände [m²]	459,00	**547,00**	635,00	8,1%
338	Sonnenschutz [m²]	126,00	**152,00**	200,00	0,9%
339	Außenwände, sonstiges [m²]	4,20	**11,00**	17,00	0,3%
340	**Innenwände**				
341	Tragende Innenwände [m²]	106,00	**123,00**	139,00	1,7%
342	Nichttragende Innenwände [m²]	69,00	**86,00**	103,00	0,8%
343	Innenstützen [m]	99,00	**201,00**	339,00	0,2%
344	Innentüren und -fenster [m²]	495,00	**707,00**	953,00	1,6%
345	Innenwandbekleidungen [m²]	55,00	**70,00**	86,00	2,2%
346	Elementierte Innenwände [m²]	232,00	**495,00**	1.273,00	2,2%
349	Innenwände, sonstiges [m²]	2,10	**4,70**	8,40	0,1%
350	**Decken**				
351	Deckenkonstruktionen [m²]	139,00	**159,00**	168,00	1,9%
352	Deckenbeläge [m²]	127,00	**153,00**	166,00	1,4%
353	Deckenbekleidungen [m²]	40,00	**49,00**	58,00	0,4%
359	Decken, sonstiges [m²]	57,00	**74,00**	93,00	0,8%
360	**Dächer**				
361	Dachkonstruktionen [m²]	93,00	**128,00**	143,00	7,9%
362	Dachfenster, Dachöffnungen [m²]	504,00	**695,00**	1.160,00	3,8%
363	Dachbeläge [m²]	89,00	**122,00**	156,00	7,3%
364	Dachbekleidungen [m²]	68,00	**157,00**	203,00	2,4%
369	Dächer, sonstiges [m²]	3,40	**13,00**	33,00	0,5%

Sporthallen (Dreifeldhallen)

Kostengruppen		▷ €/Einheit ◁			KG an 300+400
370	**Baukonstruktive Einbauten**				
371	Allgemeine Einbauten [m² BGF]	13,00	**19,00**	30,00	0,7%
372	Besondere Einbauten [m² BGF]	55,00	**75,00**	89,00	4,0%
379	Baukonstruktive Einbauten, sonstiges [m² BGF]	–	–	–	–
390	**Sonstige Maßnahmen für Baukonstruktionen**				
391	Baustelleneinrichtung [m² BGF]	45,00	**69,00**	96,00	3,7%
392	Gerüste [m² BGF]	9,10	**27,00**	46,00	1,4%
393	Sicherungsmaßnahmen [m² BGF]	–	–	–	–
394	Abbruchmaßnahmen [m² BGF]	–	–	–	–
395	Instandsetzungen [m² BGF]	–	–	–	–
396	Materialentsorgung [m² BGF]	–	**3,50**	–	0,0%
397	Zusätzliche Maßnahmen [m² BGF]	7,10	**27,00**	85,00	1,4%
398	Provisorische Baukonstruktionen [m² BGF]	–	–	–	–
399	Sonstige Maßnahmen für Baukonstruktionen, sonst. [m² BGF]	–	–	–	–
410	**Abwasser-, Wasser-, Gasanlagen**				
411	Abwasseranlagen [m² BGF]	33,00	**37,00**	44,00	1,5%
412	Wasseranlagen [m² BGF]	34,00	**47,00**	56,00	1,9%
420	**Wärmeversorgungsanlagen**				
421	Wärmeerzeugungsanlagen [m² BGF]	–	**54,00**	–	0,7%
422	Wärmeverteilnetze [m² BGF]	–	**27,00**	–	0,3%
423	Raumheizflächen [m² BGF]	–	**37,00**	–	0,4%
429	Wärmeversorgungsanlagen, sonstiges [m² BGF]	–	**5,70**	–	0,0%
430	**Lufttechnische Anlagen**				
431	Lüftungsanlagen [m² BGF]	18,00	**38,00**	58,00	1,0%
440	**Starkstromanlagen**				
443	Niederspannungsschaltanlagen [m² BGF]	–	–	–	–
444	Niederspannungsinstallationsanlagen [m² BGF]	32,00	**33,00**	34,00	0,9%
445	Beleuchtungsanlagen [m² BGF]	35,00	**38,00**	42,00	1,1%
446	Blitzschutz- und Erdungsanlagen [m² BGF]	2,00	**2,50**	3,00	0,0%
450	**Fernmelde- und informationstechnische Anlagen**				
451	Telekommunikationsanlagen [m² BGF]	–	**0,20**	–	0,0%
452	Such- und Signalanlagen [m² BGF]	–	–	–	–
455	Fernseh- und Antennenanlagen [m² BGF]	–	–	–	–
456	Gefahrenmelde- und Alarmanlagen [m² BGF]	–	**5,80**	–	0,0%
460	**Förderanlagen**				
461	Aufzugsanlagen [m² BGF]	–	–	–	–
470	**Nutzungsspezifische Anlagen**				
471	Küchentechnische Anlagen [m² BGF]	–	–	–	–
473	Medienversorgungsanlagen [m² BGF]	–	–	–	–
475	Feuerlöschanlagen [m² BGF]	0,20	**0,60**	0,80	0,0%
	Weitere Kosten für Technische Anlagen [m² BGF]	2,40	**16,00**	42,00	0,6%

© BKI Baukosteninformationszentrum; Erläuterungen zu den Tabellen siehe Seite 48   Kosten: 1.Quartal 2018, Bundesdurchschnitt, inkl. 19% MwSt.

Schwimmhallen

Kosten:
Stand 1.Quartal 2018
Bundesdurchschnitt
inkl. 19% MwSt.

▷ von
Ø Mittel
◁ bis

Kostengruppen		▷	€/Einheit	◁	KG an 300+400
310	**Baugrube**				
311	Baugrubenherstellung [m³]	24,00	**24,00**	25,00	1,3%
312	Baugrubenumschließung [m²]	–	–	–	–
313	Wasserhaltung [m²]	–	**55,00**	–	0,5%
319	Baugrube, sonstiges [m³]	–	–	–	–
320	**Gründung**				
321	Baugrundverbesserung [m²]	–	–	–	–
322	Flachgründungen [m²]	28,00	**29,00**	29,00	0,5%
323	Tiefgründungen [m²]	–	**216,00**	–	1,3%
324	Unterböden und Bodenplatten [m²]	198,00	**272,00**	347,00	4,2%
325	Bodenbeläge [m²]	78,00	**93,00**	108,00	1,8%
326	Bauwerksabdichtungen [m²]	–	–	–	–
327	Dränagen [m²]	–	–	–	–
329	Gründung, sonstiges [m²]	–	–	–	–
330	**Außenwände**				
331	Tragende Außenwände [m²]	215,00	**245,00**	276,00	4,6%
332	Nichttragende Außenwände [m²]	–	–	–	–
333	Außenstützen [m]	–	**115,00**	–	0,2%
334	Außentüren und -fenster [m²]	543,00	**558,00**	574,00	3,1%
335	Außenwandbekleidungen außen [m²]	39,00	**69,00**	99,00	1,3%
336	Außenwandbekleidungen innen [m²]	43,00	**66,00**	90,00	0,8%
337	Elementierte Außenwände [m²]	–	–	–	–
338	Sonnenschutz [m²]	–	–	–	–
339	Außenwände, sonstiges [m²]	0,90	**4,60**	8,20	0,1%
340	**Innenwände**				
341	Tragende Innenwände [m²]	178,00	**202,00**	226,00	2,7%
342	Nichttragende Innenwände [m²]	119,00	**120,00**	120,00	0,8%
343	Innenstützen [m]	164,00	**166,00**	168,00	0,3%
344	Innentüren und -fenster [m²]	791,00	**987,00**	1.184,00	2,1%
345	Innenwandbekleidungen [m²]	76,00	**79,00**	82,00	3,1%
346	Elementierte Innenwände [m²]	247,00	**320,00**	393,00	0,4%
349	Innenwände, sonstiges [m²]	–	**5,10**	–	0,0%
350	**Decken**				
351	Deckenkonstruktionen [m²]	151,00	**212,00**	273,00	3,5%
352	Deckenbeläge [m²]	158,00	**178,00**	197,00	2,6%
353	Deckenbekleidungen [m²]	5,90	**24,00**	42,00	0,3%
359	Decken, sonstiges [m²]	–	**41,00**	–	0,4%
360	**Dächer**				
361	Dachkonstruktionen [m²]	133,00	**142,00**	151,00	3,9%
362	Dachfenster, Dachöffnungen [m²]	630,00	**1.066,00**	1.502,00	0,5%
363	Dachbeläge [m²]	118,00	**149,00**	181,00	3,9%
364	Dachbekleidungen [m²]	97,00	**99,00**	101,00	2,6%
369	Dächer, sonstiges [m²]	–	**15,00**	–	0,2%

Schwimmhallen

Kostengruppen	▷	€/Einheit	◁	KG an 300+400
370 Baukonstruktive Einbauten				
371 Allgemeine Einbauten [m² BGF]	–	–	–	–
372 Besondere Einbauten [m² BGF]	–	–	–	–
379 Baukonstruktive Einbauten, sonstiges [m² BGF]	–	–	–	–
390 Sonstige Maßnahmen für Baukonstruktionen				
391 Baustelleneinrichtung [m² BGF]	19,00	**28,00**	38,00	1,0%
392 Gerüste [m² BGF]	–	–	–	–
393 Sicherungsmaßnahmen [m² BGF]	–	–	–	–
394 Abbruchmaßnahmen [m² BGF]	–	–	–	–
395 Instandsetzungen [m² BGF]	–	–	–	–
396 Materialentsorgung [m² BGF]	–	–	–	–
397 Zusätzliche Maßnahmen [m² BGF]	–	–	–	–
398 Provisorische Baukonstruktionen [m² BGF]	–	–	–	–
399 Sonstige Maßnahmen für Baukonstruktionen, sonst. [m² BGF]	–	–	–	–
410 Abwasser-, Wasser-, Gasanlagen				
411 Abwasseranlagen [m² BGF]	35,00	**77,00**	119,00	2,6%
412 Wasseranlagen [m² BGF]	70,00	**93,00**	116,00	3,5%
420 Wärmeversorgungsanlagen				
421 Wärmeerzeugungsanlagen [m² BGF]	–	–	–	–
422 Wärmeverteilnetze [m² BGF]	–	–	–	–
423 Raumheizflächen [m² BGF]	–	–	–	–
429 Wärmeversorgungsanlagen, sonstiges [m² BGF]	–	–	–	–
430 Lufttechnische Anlagen				
431 Lüftungsanlagen [m² BGF]	–	–	–	–
440 Starkstromanlagen				
443 Niederspannungsschaltanlagen [m² BGF]	–	–	–	–
444 Niederspannungsinstallationsanlagen [m² BGF]	–	–	–	–
445 Beleuchtungsanlagen [m² BGF]	–	**28,00**	–	0,7%
446 Blitzschutz- und Erdungsanlagen [m² BGF]	–	–	–	–
450 Fernmelde- und informationstechnische Anlagen				
451 Telekommunikationsanlagen [m² BGF]	–	–	–	–
452 Such- und Signalanlagen [m² BGF]	–	–	–	–
455 Fernseh- und Antennenanlagen [m² BGF]	–	–	–	–
456 Gefahrenmelde- und Alarmanlagen [m² BGF]	–	–	–	–
460 Förderanlagen				
461 Aufzugsanlagen [m² BGF]	–	–	–	–
470 Nutzungsspezifische Anlagen				
471 Küchentechnische Anlagen [m² BGF]	–	**38,00**	–	1,0%
473 Medienversorgungsanlagen [m² BGF]	–	–	–	–
475 Feuerlöschanlagen [m² BGF]	1,50	**4,10**	6,70	0,1%
Weitere Kosten für Technische Anlagen [m² BGF]	139,00	**499,00**	860,00	16,2%

© BKI Baukosteninformationszentrum; Erläuterungen zu den Tabellen siehe Seite 48   Kosten: 1.Quartal 2018, Bundesdurchschnitt, **inkl. 19% MwSt.**

Ein- und Zwei-familienhäuser, unterkellert, einfacher Standard

Kosten:
Stand 1.Quartal 2018
Bundesdurchschnitt
inkl. 19% MwSt.

▷ von
Ø Mittel
◁ bis

Kostengruppen		▷	€/Einheit	◁	KG an 300+400
310	**Baugrube**				
311	Baugrubenherstellung [m³]	16,00	**24,00**	33,00	3,2%
312	Baugrubenumschließung [m²]	–	–	–	–
313	Wasserhaltung [m²]	0,50	**3,50**	6,50	0,0%
319	Baugrube, sonstiges [m³]	–	–	–	–
320	**Gründung**				
321	Baugrundverbesserung [m²]	–	**2,50**	–	0,0%
322	Flachgründungen [m²]	6,30	**34,00**	62,00	1,1%
323	Tiefgründungen [m²]	–	–	–	–
324	Unterböden und Bodenplatten [m²]	68,00	**78,00**	97,00	2,1%
325	Bodenbeläge [m²]	34,00	**70,00**	104,00	2,0%
326	Bauwerksabdichtungen [m²]	17,00	**22,00**	33,00	0,7%
327	Dränagen [m²]	10,00	**61,00**	111,00	1,1%
329	Gründung, sonstiges [m²]	–	–	–	–
330	**Außenwände**				
331	Tragende Außenwände [m²]	118,00	**132,00**	145,00	11,3%
332	Nichttragende Außenwände [m²]	58,00	**120,00**	182,00	0,1%
333	Außenstützen [m]	–	**79,00**	–	0,1%
334	Außentüren und -fenster [m²]	478,00	**540,00**	594,00	7,0%
335	Außenwandbekleidungen außen [m²]	43,00	**69,00**	143,00	5,9%
336	Außenwandbekleidungen innen [m²]	19,00	**24,00**	27,00	2,0%
337	Elementierte Außenwände [m²]	–	–	–	–
338	Sonnenschutz [m²]	73,00	**263,00**	338,00	1,5%
339	Außenwände, sonstiges [m²]	2,10	**6,00**	10,00	0,6%
340	**Innenwände**				
341	Tragende Innenwände [m²]	79,00	**103,00**	127,00	2,2%
342	Nichttragende Innenwände [m²]	53,00	**72,00**	90,00	2,5%
343	Innenstützen [m]	–	**34,00**	–	0,0%
344	Innentüren und -fenster [m²]	200,00	**238,00**	270,00	2,4%
345	Innenwandbekleidungen [m²]	33,00	**37,00**	46,00	4,6%
346	Elementierte Innenwände [m²]	–	–	–	–
349	Innenwände, sonstiges [m²]	–	**7,50**	–	0,1%
350	**Decken**				
351	Deckenkonstruktionen [m²]	125,00	**137,00**	164,00	9,2%
352	Deckenbeläge [m²]	109,00	**130,00**	138,00	7,2%
353	Deckenbekleidungen [m²]	10,00	**25,00**	42,00	1,1%
359	Decken, sonstiges [m²]	4,90	**16,00**	37,00	0,8%
360	**Dächer**				
361	Dachkonstruktionen [m²]	57,00	**66,00**	74,00	3,9%
362	Dachfenster, Dachöffnungen [m²]	549,00	**844,00**	1.167,00	0,9%
363	Dachbeläge [m²]	68,00	**99,00**	137,00	6,1%
364	Dachbekleidungen [m²]	27,00	**60,00**	95,00	2,6%
369	Dächer, sonstiges [m²]	3,90	**6,70**	9,50	0,2%

Ein- und Zwei-familienhäuser, unterkellert, einfacher Standard

Kostengruppen		▷ €/Einheit ◁		KG an 300+400
370	**Baukonstruktive Einbauten**			
371	Allgemeine Einbauten [m² BGF]	–	**19,00**	–	0,4%
372	Besondere Einbauten [m² BGF]	–	–	–	–
379	Baukonstruktive Einbauten, sonstiges [m² BGF]	–	–	–	–
390	**Sonstige Maßnahmen für Baukonstruktionen**			
391	Baustelleneinrichtung [m² BGF]	4,40	**9,00**	17,00	0,7%
392	Gerüste [m² BGF]	3,50	**5,80**	8,70	0,6%
393	Sicherungsmaßnahmen [m² BGF]	–	–	–	–
394	Abbruchmaßnahmen [m² BGF]	–	–	–	–
395	Instandsetzungen [m² BGF]	–	–	–	–
396	Materialentsorgung [m² BGF]	–	–	–	–
397	Zusätzliche Maßnahmen [m² BGF]	–	–	–	–
398	Provisorische Baukonstruktionen [m² BGF]	–	–	–	–
399	Sonstige Maßnahmen für Baukonstruktionen, sonst. [m² BGF]	–	–	–	–
410	**Abwasser-, Wasser-, Gasanlagen**			
411	Abwasseranlagen [m² BGF]	8,30	**15,00**	22,00	1,6%
412	Wasseranlagen [m² BGF]	26,00	**30,00**	34,00	3,3%
420	**Wärmeversorgungsanlagen**			
421	Wärmeerzeugungsanlagen [m² BGF]	18,00	**22,00**	26,00	2,5%
422	Wärmeverteilnetze [m² BGF]	5,90	**9,10**	12,00	1,0%
423	Raumheizflächen [m² BGF]	11,00	**15,00**	18,00	1,6%
429	Wärmeversorgungsanlagen, sonstiges [m² BGF]	5,80	**10,00**	13,00	0,9%
430	**Lufttechnische Anlagen**			
431	Lüftungsanlagen [m² BGF]	–	**0,30**	–	0,0%
440	**Starkstromanlagen**			
443	Niederspannungsschaltanlagen [m² BGF]	–	**3,60**	–	0,0%
444	Niederspannungsinstallationsanlagen [m² BGF]	19,00	**22,00**	32,00	2,4%
445	Beleuchtungsanlagen [m² BGF]	0,40	**1,20**	2,70	0,1%
446	Blitzschutz- und Erdungsanlagen [m² BGF]	0,70	**1,50**	2,40	0,1%
450	**Fernmelde- und informationstechnische Anlagen**			
451	Telekommunikationsanlagen [m² BGF]	0,60	**1,10**	2,00	0,0%
452	Such- und Signalanlagen [m² BGF]	0,80	**1,40**	1,90	0,1%
455	Fernseh- und Antennenanlagen [m² BGF]	1,20	**2,50**	5,70	0,2%
456	Gefahrenmelde- und Alarmanlagen [m² BGF]	–	**1,20**	–	0,0%
460	**Förderanlagen**			
461	Aufzugsanlagen [m² BGF]	–	–	–	–
470	**Nutzungsspezifische Anlagen**			
471	Küchentechnische Anlagen [m² BGF]	–	–	–	–
473	Medienversorgungsanlagen [m² BGF]	–	–	–	–
475	Feuerlöschanlagen [m² BGF]	–	–	–	–
	Weitere Kosten für Technische Anlagen [m² BGF]	–	**1,00**	–	0,0%

© BKI Baukosteninformationszentrum; Erläuterungen zu den Tabellen siehe Seite 48   Kosten: 1.Quartal 2018, Bundesdurchschnitt, inkl. 19% MwSt.

Ein- und Zweifamilienhäuser, unterkellert, mittlerer Standard

Kosten:
Stand 1.Quartal 2018
Bundesdurchschnitt
inkl. 19% MwSt.

▷ von
Ø Mittel
◁ bis

Kostengruppen		▷	€/Einheit	◁	KG an 300+400
310	**Baugrube**				
311	Baugrubenherstellung [m³]	19,00	**26,00**	38,00	2,8%
312	Baugrubenumschließung [m²]	–	–	–	–
313	Wasserhaltung [m²]	6,70	**47,00**	87,00	0,1%
319	Baugrube, sonstiges [m³]	–	–	–	–
320	**Gründung**				
321	Baugrundverbesserung [m²]	–	**7,50**	–	0,0%
322	Flachgründungen [m²]	33,00	**75,00**	116,00	2,0%
323	Tiefgründungen [m²]	–	–	–	–
324	Unterböden und Bodenplatten [m²]	57,00	**73,00**	90,00	1,5%
325	Bodenbeläge [m²]	47,00	**92,00**	119,00	1,9%
326	Bauwerksabdichtungen [m²]	16,00	**29,00**	55,00	0,8%
327	Dränagen [m²]	7,90	**20,00**	48,00	0,3%
329	Gründung, sonstiges [m²]	–	–	–	–
330	**Außenwände**				
331	Tragende Außenwände [m²]	96,00	**124,00**	170,00	8,7%
332	Nichttragende Außenwände [m²]	95,00	**140,00**	225,00	0,0%
333	Außenstützen [m]	92,00	**137,00**	226,00	0,1%
334	Außentüren und -fenster [m²]	415,00	**509,00**	669,00	7,8%
335	Außenwandbekleidungen außen [m²]	63,00	**111,00**	149,00	8,5%
336	Außenwandbekleidungen innen [m²]	27,00	**35,00**	48,00	2,0%
337	Elementierte Außenwände [m²]	–	**212,00**	–	0,5%
338	Sonnenschutz [m²]	169,00	**254,00**	416,00	1,6%
339	Außenwände, sonstiges [m²]	6,70	**19,00**	51,00	1,4%
340	**Innenwände**				
341	Tragende Innenwände [m²]	63,00	**84,00**	121,00	2,4%
342	Nichttragende Innenwände [m²]	59,00	**69,00**	89,00	1,9%
343	Innenstützen [m]	58,00	**88,00**	115,00	0,0%
344	Innentüren und -fenster [m²]	298,00	**375,00**	451,00	2,5%
345	Innenwandbekleidungen [m²]	32,00	**38,00**	50,00	3,2%
346	Elementierte Innenwände [m²]	–	–	–	–
349	Innenwände, sonstiges [m²]	1,60	**6,50**	11,00	0,0%
350	**Decken**				
351	Deckenkonstruktionen [m²]	135,00	**172,00**	249,00	8,6%
352	Deckenbeläge [m²]	85,00	**121,00**	153,00	5,2%
353	Deckenbekleidungen [m²]	13,00	**26,00**	84,00	0,7%
359	Decken, sonstiges [m²]	5,90	**16,00**	45,00	0,6%
360	**Dächer**				
361	Dachkonstruktionen [m²]	46,00	**73,00**	102,00	2,8%
362	Dachfenster, Dachöffnungen [m²]	752,00	**1.213,00**	1.901,00	0,8%
363	Dachbeläge [m²]	109,00	**138,00**	327,00	5,1%
364	Dachbekleidungen [m²]	29,00	**59,00**	95,00	1,6%
369	Dächer, sonstiges [m²]	3,40	**17,00**	33,00	0,3%

Ein- und Zweifamilienhäuser, unterkellert, mittlerer Standard

Kostengruppen	▷	€/Einheit	◁	KG an 300+400
370 Baukonstruktive Einbauten				
371 Allgemeine Einbauten [m² BGF]	3,80	**16,00**	40,00	0,2%
372 Besondere Einbauten [m² BGF]	–	**5,80**	–	0,0%
379 Baukonstruktive Einbauten, sonstiges [m² BGF]	–	**2,70**	–	0,0%
390 Sonstige Maßnahmen für Baukonstruktionen				
391 Baustelleneinrichtung [m² BGF]	9,10	**20,00**	47,00	1,6%
392 Gerüste [m² BGF]	7,30	**12,00**	16,00	1,0%
393 Sicherungsmaßnahmen [m² BGF]	–	–	–	–
394 Abbruchmaßnahmen [m² BGF]	–	–	–	–
395 Instandsetzungen [m² BGF]	–	–	–	–
396 Materialentsorgung [m² BGF]	–	–	–	–
397 Zusätzliche Maßnahmen [m² BGF]	1,10	**6,90**	15,00	0,1%
398 Provisorische Baukonstruktionen [m² BGF]	–	–	–	–
399 Sonstige Maßnahmen für Baukonstruktionen, sonst. [m² BGF]	–	–	–	–
410 Abwasser-, Wasser-, Gasanlagen				
411 Abwasseranlagen [m² BGF]	12,00	**22,00**	38,00	1,9%
412 Wasseranlagen [m² BGF]	33,00	**44,00**	66,00	3,7%
420 Wärmeversorgungsanlagen				
421 Wärmeerzeugungsanlagen [m² BGF]	21,00	**51,00**	86,00	4,1%
422 Wärmeverteilnetze [m² BGF]	6,60	**12,00**	18,00	1,0%
423 Raumheizflächen [m² BGF]	20,00	**27,00**	37,00	2,3%
429 Wärmeversorgungsanlagen, sonstiges [m² BGF]	8,00	**14,00**	30,00	0,9%
430 Lufttechnische Anlagen				
431 Lüftungsanlagen [m² BGF]	2,70	**18,00**	35,00	0,7%
440 Starkstromanlagen				
443 Niederspannungsschaltanlagen [m² BGF]	–	–	–	–
444 Niederspannungsinstallationsanlagen [m² BGF]	22,00	**33,00**	52,00	2,8%
445 Beleuchtungsanlagen [m² BGF]	1,60	**2,90**	9,40	0,1%
446 Blitzschutz- und Erdungsanlagen [m² BGF]	1,40	**2,40**	4,70	0,2%
450 Fernmelde- und informationstechnische Anlagen				
451 Telekommunikationsanlagen [m² BGF]	0,70	**1,30**	2,80	0,0%
452 Such- und Signalanlagen [m² BGF]	1,20	**2,60**	4,10	0,1%
455 Fernseh- und Antennenanlagen [m² BGF]	2,40	**3,40**	4,50	0,2%
456 Gefahrenmelde- und Alarmanlagen [m² BGF]	0,80	**2,30**	3,80	0,0%
460 Förderanlagen				
461 Aufzugsanlagen [m² BGF]	–	–	–	–
470 Nutzungsspezifische Anlagen				
471 Küchentechnische Anlagen [m² BGF]	–	–	–	–
473 Medienversorgungsanlagen [m² BGF]	–	–	–	–
475 Feuerlöschanlagen [m² BGF]	–	–	–	–
Weitere Kosten für Technische Anlagen [m² BGF]	2,60	**14,00**	82,00	0,4%

© BKI Baukosteninformationszentrum; Erläuterungen zu den Tabellen siehe Seite 48   Kosten: 1.Quartal 2018, Bundesdurchschnitt, **inkl. 19% MwSt.**

Ein- und Zwei-familienhäuser, unterkellert, hoher Standard

Kosten:
Stand 1.Quartal 2018
Bundesdurchschnitt
inkl. 19% MwSt.

▷ von
Ø Mittel
◁ bis

Kostengruppen		▷	€/Einheit	◁	KG an 300+400
310	**Baugrube**				
311	Baugrubenherstellung [m³]	5,40	**19,00**	24,00	2,0%
312	Baugrubenumschließung [m²]	–	–	–	–
313	Wasserhaltung [m²]	–	–	–	–
319	Baugrube, sonstiges [m³]	1,30	**1,40**	1,40	0,0%
320	**Gründung**				
321	Baugrundverbesserung [m²]	9,20	**10,00**	11,00	0,0%
322	Flachgründungen [m²]	46,00	**98,00**	146,00	2,2%
323	Tiefgründungen [m²]	–	–	–	–
324	Unterböden und Bodenplatten [m²]	72,00	**83,00**	101,00	1,3%
325	Bodenbeläge [m²]	57,00	**110,00**	181,00	1,7%
326	Bauwerksabdichtungen [m²]	16,00	**33,00**	45,00	0,8%
327	Dränagen [m²]	10,00	**18,00**	30,00	0,2%
329	Gründung, sonstiges [m²]	–	–	–	–
330	**Außenwände**				
331	Tragende Außenwände [m²]	113,00	**135,00**	166,00	7,9%
332	Nichttragende Außenwände [m²]	86,00	**130,00**	201,00	0,2%
333	Außenstützen [m]	82,00	**111,00**	170,00	0,2%
334	Außentüren und -fenster [m²]	532,00	**665,00**	785,00	8,5%
335	Außenwandbekleidungen außen [m²]	86,00	**110,00**	147,00	7,1%
336	Außenwandbekleidungen innen [m²]	28,00	**40,00**	61,00	1,9%
337	Elementierte Außenwände [m²]	484,00	**746,00**	951,00	2,7%
338	Sonnenschutz [m²]	197,00	**311,00**	629,00	2,5%
339	Außenwände, sonstiges [m²]	10,00	**27,00**	65,00	2,0%
340	**Innenwände**				
341	Tragende Innenwände [m²]	78,00	**93,00**	121,00	2,2%
342	Nichttragende Innenwände [m²]	66,00	**85,00**	129,00	1,8%
343	Innenstützen [m]	90,00	**125,00**	142,00	0,1%
344	Innentüren und -fenster [m²]	322,00	**516,00**	731,00	2,9%
345	Innenwandbekleidungen [m²]	26,00	**40,00**	52,00	3,0%
346	Elementierte Innenwände [m²]	–	**926,00**	–	0,0%
349	Innenwände, sonstiges [m²]	3,30	**19,00**	51,00	0,1%
350	**Decken**				
351	Deckenkonstruktionen [m²]	127,00	**159,00**	197,00	6,4%
352	Deckenbeläge [m²]	117,00	**165,00**	221,00	5,5%
353	Deckenbekleidungen [m²]	22,00	**45,00**	72,00	1,4%
359	Decken, sonstiges [m²]	17,00	**31,00**	112,00	0,7%
360	**Dächer**				
361	Dachkonstruktionen [m²]	55,00	**94,00**	164,00	2,5%
362	Dachfenster, Dachöffnungen [m²]	717,00	**1.123,00**	2.038,00	0,8%
363	Dachbeläge [m²]	94,00	**147,00**	191,00	4,2%
364	Dachbekleidungen [m²]	31,00	**72,00**	119,00	1,6%
369	Dächer, sonstiges [m²]	4,40	**9,70**	17,00	0,1%

Ein- und Zweifamilienhäuser, unterkellert, hoher Standard

Kostengruppen	▷	€/Einheit	◁	KG an 300+400
370 Baukonstruktive Einbauten				
371 Allgemeine Einbauten [m² BGF]	8,10	**24,00**	55,00	0,6%
372 Besondere Einbauten [m² BGF]	9,40	**14,00**	27,00	0,2%
379 Baukonstruktive Einbauten, sonstiges [m² BGF]	4,80	**5,60**	6,40	0,0%
390 Sonstige Maßnahmen für Baukonstruktionen				
391 Baustelleneinrichtung [m² BGF]	12,00	**24,00**	47,00	1,5%
392 Gerüste [m² BGF]	6,60	**10,00**	15,00	0,6%
393 Sicherungsmaßnahmen [m² BGF]	2,10	**7,10**	12,00	0,0%
394 Abbruchmaßnahmen [m² BGF]	3,50	**4,30**	5,20	0,0%
395 Instandsetzungen [m² BGF]	–	**17,00**	–	0,0%
396 Materialentsorgung [m² BGF]	–	**–**	–	–
397 Zusätzliche Maßnahmen [m² BGF]	1,30	**6,00**	13,00	0,1%
398 Provisorische Baukonstruktionen [m² BGF]	–	**0,60**	–	0,0%
399 Sonstige Maßnahmen für Baukonstruktionen, sonst. [m² BGF]	–	**–**	–	–
410 Abwasser-, Wasser-, Gasanlagen				
411 Abwasseranlagen [m² BGF]	21,00	**34,00**	58,00	2,1%
412 Wasseranlagen [m² BGF]	31,00	**54,00**	86,00	3,4%
420 Wärmeversorgungsanlagen				
421 Wärmeerzeugungsanlagen [m² BGF]	36,00	**67,00**	95,00	4,4%
422 Wärmeverteilnetze [m² BGF]	7,70	**15,00**	24,00	0,9%
423 Raumheizflächen [m² BGF]	21,00	**31,00**	39,00	2,0%
429 Wärmeversorgungsanlagen, sonstiges [m² BGF]	7,30	**17,00**	39,00	1,0%
430 Lufttechnische Anlagen				
431 Lüftungsanlagen [m² BGF]	12,00	**28,00**	41,00	0,9%
440 Starkstromanlagen				
443 Niederspannungsschaltanlagen [m² BGF]	–	**–**	–	–
444 Niederspannungsinstallationsanlagen [m² BGF]	29,00	**48,00**	93,00	3,0%
445 Beleuchtungsanlagen [m² BGF]	3,40	**12,00**	33,00	0,5%
446 Blitzschutz- und Erdungsanlagen [m² BGF]	1,60	**3,40**	6,90	0,2%
450 Fernmelde- und informationstechnische Anlagen				
451 Telekommunikationsanlagen [m² BGF]	0,80	**1,90**	3,00	0,1%
452 Such- und Signalanlagen [m² BGF]	1,80	**4,00**	11,00	0,2%
455 Fernseh- und Antennenanlagen [m² BGF]	3,00	**4,10**	5,50	0,2%
456 Gefahrenmelde- und Alarmanlagen [m² BGF]	1,70	**5,70**	9,40	0,0%
460 Förderanlagen				
461 Aufzugsanlagen [m² BGF]	–	**–**	–	–
470 Nutzungsspezifische Anlagen				
471 Küchentechnische Anlagen [m² BGF]	–	**–**	–	–
473 Medienversorgungsanlagen [m² BGF]	–	**–**	–	–
475 Feuerlöschanlagen [m² BGF]	–	**–**	–	–
Weitere Kosten für Technische Anlagen [m² BGF]	3,20	**17,00**	90,00	0,9%

© BKI Baukosteninformationszentrum; Erläuterungen zu den Tabellen siehe Seite 48   Kosten: 1.Quartal 2018, Bundesdurchschnitt, **inkl. 19% MwSt.**

Ein- und Zweifamilienhäuser, nicht unterkellert, einfacher Standard

Kosten:
Stand 1.Quartal 2018
Bundesdurchschnitt
inkl. 19% MwSt.

▷ von
ø Mittel
◁ bis

Kostengruppen		▷	€/Einheit	◁	KG an 300+400
310	**Baugrube**				
311	Baugrubenherstellung [m³]	18,00	**19,00**	19,00	0,8%
312	Baugrubenumschließung [m²]	–	–	–	–
313	Wasserhaltung [m²]	–	–	–	–
319	Baugrube, sonstiges [m³]	–	–	–	–
320	**Gründung**				
321	Baugrundverbesserung [m²]	–	**63,00**	–	1,4%
322	Flachgründungen [m²]	65,00	**79,00**	92,00	3,7%
323	Tiefgründungen [m²]	–	–	–	–
324	Unterböden und Bodenplatten [m²]	42,00	**60,00**	77,00	2,8%
325	Bodenbeläge [m²]	111,00	**115,00**	118,00	3,9%
326	Bauwerksabdichtungen [m²]	10,00	**15,00**	20,00	0,7%
327	Dränagen [m²]	–	–	–	–
329	Gründung, sonstiges [m²]	–	–	–	–
330	**Außenwände**				
331	Tragende Außenwände [m²]	74,00	**93,00**	113,00	8,7%
332	Nichttragende Außenwände [m²]	–	–	–	–
333	Außenstützen [m]	–	–	–	–
334	Außentüren und -fenster [m²]	380,00	**436,00**	493,00	7,4%
335	Außenwandbekleidungen außen [m²]	58,00	**97,00**	136,00	8,9%
336	Außenwandbekleidungen innen [m²]	40,00	**43,00**	45,00	3,0%
337	Elementierte Außenwände [m²]	–	–	–	–
338	Sonnenschutz [m²]	294,00	**359,00**	425,00	2,5%
339	Außenwände, sonstiges [m²]	–	**1,90**	–	0,1%
340	**Innenwände**				
341	Tragende Innenwände [m²]	58,00	**60,00**	62,00	1,5%
342	Nichttragende Innenwände [m²]	56,00	**71,00**	87,00	2,5%
343	Innenstützen [m]	–	–	–	–
344	Innentüren und -fenster [m²]	248,00	**288,00**	328,00	2,3%
345	Innenwandbekleidungen [m²]	37,00	**40,00**	44,00	3,3%
346	Elementierte Innenwände [m²]	–	–	–	–
349	Innenwände, sonstiges [m²]	–	–	–	–
350	**Decken**				
351	Deckenkonstruktionen [m²]	120,00	**130,00**	139,00	8,6%
352	Deckenbeläge [m²]	86,00	**99,00**	111,00	4,4%
353	Deckenbekleidungen [m²]	22,00	**29,00**	36,00	1,6%
359	Decken, sonstiges [m²]	3,50	**5,00**	6,50	0,3%
360	**Dächer**				
361	Dachkonstruktionen [m²]	34,00	**45,00**	56,00	2,8%
362	Dachfenster, Dachöffnungen [m²]	–	**745,00**	–	0,0%
363	Dachbeläge [m²]	74,00	**84,00**	94,00	5,1%
364	Dachbekleidungen [m²]	–	**44,00**	–	0,3%
369	Dächer, sonstiges [m²]	–	–	–	–

Ein- und Zwei-familienhäuser, nicht unterkellert, einfacher Standard

Kostengruppen	▷	€/Einheit	◁	KG an 300+400
370 **Baukonstruktive Einbauten**				
371 Allgemeine Einbauten [m² BGF]	–	–	–	–
372 Besondere Einbauten [m² BGF]	–	–	–	–
379 Baukonstruktive Einbauten, sonstiges [m² BGF]	–	–	–	–
390 **Sonstige Maßnahmen für Baukonstruktionen**				
391 Baustelleneinrichtung [m² BGF]	13,00	**21,00**	28,00	2,5%
392 Gerüste [m² BGF]	13,00	**13,00**	13,00	1,5%
393 Sicherungsmaßnahmen [m² BGF]	–	–	–	–
394 Abbruchmaßnahmen [m² BGF]	–	–	–	–
395 Instandsetzungen [m² BGF]	–	–	–	–
396 Materialentsorgung [m² BGF]	–	–	–	–
397 Zusätzliche Maßnahmen [m² BGF]	–	–	–	–
398 Provisorische Baukonstruktionen [m² BGF]	–	–	–	–
399 Sonstige Maßnahmen für Baukonstruktionen, sonst. [m² BGF]	–	–	–	–
410 **Abwasser-, Wasser-, Gasanlagen**				
411 Abwasseranlagen [m² BGF]	10,00	**20,00**	29,00	2,3%
412 Wasseranlagen [m² BGF]	27,00	**34,00**	41,00	4,0%
420 **Wärmeversorgungsanlagen**				
421 Wärmeerzeugungsanlagen [m² BGF]	16,00	**30,00**	44,00	3,5%
422 Wärmeverteilnetze [m² BGF]	10,00	**13,00**	15,00	1,5%
423 Raumheizflächen [m² BGF]	8,60	**10,00**	12,00	1,2%
429 Wärmeversorgungsanlagen, sonstiges [m² BGF]	–	**14,00**	–	0,8%
430 **Lufttechnische Anlagen**				
431 Lüftungsanlagen [m² BGF]	–	**22,00**	–	1,2%
440 **Starkstromanlagen**				
443 Niederspannungsschaltanlagen [m² BGF]	–	–	–	–
444 Niederspannungsinstallationsanlagen [m² BGF]	19,00	**19,00**	19,00	2,3%
445 Beleuchtungsanlagen [m² BGF]	–	**3,00**	–	0,1%
446 Blitzschutz- und Erdungsanlagen [m² BGF]	1,10	**1,60**	2,20	0,1%
450 **Fernmelde- und informationstechnische Anlagen**				
451 Telekommunikationsanlagen [m² BGF]	–	**0,30**	–	0,0%
452 Such- und Signalanlagen [m² BGF]	0,90	**1,10**	1,20	0,1%
455 Fernseh- und Antennenanlagen [m² BGF]	0,40	**2,50**	4,60	0,2%
456 Gefahrenmelde- und Alarmanlagen [m² BGF]	–	–	–	–
460 **Förderanlagen**				
461 Aufzugsanlagen [m² BGF]	–	–	–	–
470 **Nutzungsspezifische Anlagen**				
471 Küchentechnische Anlagen [m² BGF]	–	–	–	–
473 Medienversorgungsanlagen [m² BGF]	–	–	–	–
475 Feuerlöschanlagen [m² BGF]	–	–	–	–
Weitere Kosten für Technische Anlagen [m² BGF]	–	**5,90**	–	0,3%

© **BKI** Baukosteninformationszentrum; Erläuterungen zu den Tabellen siehe Seite 48   Kosten: 1.Quartal 2018, Bundesdurchschnitt, **inkl.** 19% MwSt.

Ein- und Zweifamilienhäuser, nicht unterkellert, mittlerer Standard

Kosten:
Stand 1.Quartal 2018
Bundesdurchschnitt
inkl. 19% MwSt.

▷ von
Ø Mittel
◁ bis

Kostengruppen		▷	€/Einheit	◁	KG an 300+400
310	**Baugrube**				
311	Baugrubenherstellung [m³]	14,00	**25,00**	50,00	0,7%
312	Baugrubenumschließung [m²]	–	–	–	–
313	Wasserhaltung [m²]	–	–	–	–
319	Baugrube, sonstiges [m³]	–	–	–	–
320	**Gründung**				
321	Baugrundverbesserung [m²]	7,30	**24,00**	30,00	0,2%
322	Flachgründungen [m²]	46,00	**82,00**	236,00	2,5%
323	Tiefgründungen [m²]	–	–	–	–
324	Unterböden und Bodenplatten [m²]	63,00	**79,00**	94,00	2,5%
325	Bodenbeläge [m²]	82,00	**138,00**	176,00	4,8%
326	Bauwerksabdichtungen [m²]	16,00	**30,00**	48,00	1,2%
327	Dränagen [m²]	14,00	**16,00**	18,00	0,1%
329	Gründung, sonstiges [m²]	–	**18,00**	–	0,0%
330	**Außenwände**				
331	Tragende Außenwände [m²]	85,00	**121,00**	160,00	7,4%
332	Nichttragende Außenwände [m²]	73,00	**95,00**	116,00	0,2%
333	Außenstützen [m]	68,00	**113,00**	147,00	0,2%
334	Außentüren und -fenster [m²]	443,00	**589,00**	721,00	9,4%
335	Außenwandbekleidungen außen [m²]	76,00	**104,00**	144,00	7,7%
336	Außenwandbekleidungen innen [m²]	26,00	**41,00**	52,00	2,0%
337	Elementierte Außenwände [m²]	138,00	**272,00**	407,00	0,5%
338	Sonnenschutz [m²]	69,00	**218,00**	421,00	1,0%
339	Außenwände, sonstiges [m²]	7,40	**16,00**	56,00	0,6%
340	**Innenwände**				
341	Tragende Innenwände [m²]	56,00	**75,00**	89,00	2,0%
342	Nichttragende Innenwände [m²]	58,00	**74,00**	84,00	1,9%
343	Innenstützen [m]	100,00	**134,00**	192,00	0,1%
344	Innentüren und -fenster [m²]	255,00	**404,00**	647,00	1,9%
345	Innenwandbekleidungen [m²]	26,00	**39,00**	51,00	3,8%
346	Elementierte Innenwände [m²]	355,00	**493,00**	630,00	0,1%
349	Innenwände, sonstiges [m²]	2,50	**4,50**	5,80	0,0%
350	**Decken**				
351	Deckenkonstruktionen [m²]	111,00	**155,00**	187,00	5,3%
352	Deckenbeläge [m²]	94,00	**123,00**	162,00	3,3%
353	Deckenbekleidungen [m²]	12,00	**28,00**	48,00	0,8%
359	Decken, sonstiges [m²]	7,20	**21,00**	49,00	0,4%
360	**Dächer**				
361	Dachkonstruktionen [m²]	67,00	**82,00**	104,00	4,8%
362	Dachfenster, Dachöffnungen [m²]	804,00	**1.284,00**	1.914,00	0,7%
363	Dachbeläge [m²]	88,00	**118,00**	173,00	6,6%
364	Dachbekleidungen [m²]	23,00	**54,00**	75,00	2,6%
369	Dächer, sonstiges [m²]	2,90	**15,00**	51,00	0,1%

© BKI Baukosteninformationszentrum; Erläuterungen zu den Tabellen siehe Seite 48   Kosten: 1.Quartal 2018, Bundesdurchschnitt, **inkl. 19% MwSt.**

Ein- und Zweifamilienhäuser, nicht unterkellert, mittlerer Standard

Kostengruppen		▷	€/Einheit	◁	KG an 300+400
370	**Baukonstruktive Einbauten**				
371	Allgemeine Einbauten [m² BGF]	35,00	**45,00**	55,00	0,6%
372	Besondere Einbauten [m² BGF]	–	–	–	–
379	Baukonstruktive Einbauten, sonstiges [m² BGF]	–	–	–	–
390	**Sonstige Maßnahmen für Baukonstruktionen**				
391	Baustelleneinrichtung [m² BGF]	6,70	**16,00**	33,00	1,2%
392	Gerüste [m² BGF]	10,00	**15,00**	22,00	1,1%
393	Sicherungsmaßnahmen [m² BGF]	–	–	–	–
394	Abbruchmaßnahmen [m² BGF]	–	**1,00**	–	0,0%
395	Instandsetzungen [m² BGF]	–	–	–	–
396	Materialentsorgung [m² BGF]	–	**0,40**	–	0,0%
397	Zusätzliche Maßnahmen [m² BGF]	0,30	**2,20**	3,50	0,0%
398	Provisorische Baukonstruktionen [m² BGF]	–	**1,20**	–	0,0%
399	Sonstige Maßnahmen für Baukonstruktionen, sonst. [m² BGF]	–	**9,80**	–	0,0%
410	**Abwasser-, Wasser-, Gasanlagen**				
411	Abwasseranlagen [m² BGF]	19,00	**29,00**	48,00	2,3%
412	Wasseranlagen [m² BGF]	43,00	**53,00**	75,00	4,2%
420	**Wärmeversorgungsanlagen**				
421	Wärmeerzeugungsanlagen [m² BGF]	26,00	**46,00**	82,00	3,6%
422	Wärmeverteilnetze [m² BGF]	5,50	**9,50**	15,00	0,6%
423	Raumheizflächen [m² BGF]	21,00	**35,00**	52,00	2,8%
429	Wärmeversorgungsanlagen, sonstiges [m² BGF]	2,60	**11,00**	34,00	0,5%
430	**Lufttechnische Anlagen**				
431	Lüftungsanlagen [m² BGF]	25,00	**32,00**	45,00	1,0%
440	**Starkstromanlagen**				
443	Niederspannungsschaltanlagen [m² BGF]	–	–	–	–
444	Niederspannungsinstallationsanlagen [m² BGF]	27,00	**38,00**	53,00	3,1%
445	Beleuchtungsanlagen [m² BGF]	3,10	**5,10**	18,00	0,2%
446	Blitzschutz- und Erdungsanlagen [m² BGF]	1,30	**2,30**	3,90	0,1%
450	**Fernmelde- und informationstechnische Anlagen**				
451	Telekommunikationsanlagen [m² BGF]	0,50	**1,00**	2,00	0,0%
452	Such- und Signalanlagen [m² BGF]	0,70	**1,60**	2,60	0,1%
455	Fernseh- und Antennenanlagen [m² BGF]	2,70	**4,40**	6,10	0,2%
456	Gefahrenmelde- und Alarmanlagen [m² BGF]	1,90	**7,00**	17,00	0,1%
460	**Förderanlagen**				
461	Aufzugsanlagen [m² BGF]	–	–	–	–
470	**Nutzungsspezifische Anlagen**				
471	Küchentechnische Anlagen [m² BGF]	–	–	–	–
473	Medienversorgungsanlagen [m² BGF]	–	–	–	–
475	Feuerlöschanlagen [m² BGF]	–	–	–	–
	Weitere Kosten für Technische Anlagen [m² BGF]	4,30	**7,60**	17,00	0,4%

© BKI Baukosteninformationszentrum; Erläuterungen zu den Tabellen siehe Seite 48 Kosten: 1.Quartal 2018, Bundesdurchschnitt, inkl. 19% MwSt.

Ein- und Zweifamilienhäuser, nicht unterkellert, hoher Standard

Kosten:
Stand 1.Quartal 2018
Bundesdurchschnitt
inkl. 19% MwSt.

▷ von
ø Mittel
◁ bis

Kostengruppen		▷	€/Einheit	◁	KG an 300+400
310	**Baugrube**				
311	Baugrubenherstellung [m³]	14,00	**24,00**	39,00	1,0%
312	Baugrubenumschließung [m²]	–	–	–	–
313	Wasserhaltung [m²]	–	–	–	–
319	Baugrube, sonstiges [m³]	–	**0,20**	–	0,0%
320	**Gründung**				
321	Baugrundverbesserung [m²]	23,00	**40,00**	59,00	0,7%
322	Flachgründungen [m²]	28,00	**89,00**	158,00	2,4%
323	Tiefgründungen [m²]	–	–	–	–
324	Unterböden und Bodenplatten [m²]	66,00	**103,00**	180,00	2,4%
325	Bodenbeläge [m²]	112,00	**158,00**	211,00	4,0%
326	Bauwerksabdichtungen [m²]	22,00	**39,00**	69,00	1,2%
327	Dränagen [m²]	8,70	**23,00**	50,00	0,2%
329	Gründung, sonstiges [m²]	–	**3,90**	–	0,0%
330	**Außenwände**				
331	Tragende Außenwände [m²]	93,00	**122,00**	185,00	6,9%
332	Nichttragende Außenwände [m²]	108,00	**160,00**	257,00	0,2%
333	Außenstützen [m]	148,00	**261,00**	455,00	0,2%
334	Außentüren und -fenster [m²]	513,00	**586,00**	665,00	10,6%
335	Außenwandbekleidungen außen [m²]	76,00	**102,00**	131,00	6,4%
336	Außenwandbekleidungen innen [m²]	27,00	**33,00**	43,00	1,7%
337	Elementierte Außenwände [m²]	413,00	**516,00**	619,00	0,9%
338	Sonnenschutz [m²]	249,00	**403,00**	507,00	1,1%
339	Außenwände, sonstiges [m²]	4,10	**10,00**	18,00	0,6%
340	**Innenwände**				
341	Tragende Innenwände [m²]	79,00	**95,00**	134,00	1,1%
342	Nichttragende Innenwände [m²]	66,00	**86,00**	106,00	2,2%
343	Innenstützen [m]	88,00	**176,00**	322,00	0,1%
344	Innentüren und -fenster [m²]	362,00	**545,00**	768,00	3,6%
345	Innenwandbekleidungen [m²]	23,00	**32,00**	50,00	2,0%
346	Elementierte Innenwände [m²]	–	**345,00**	–	0,0%
349	Innenwände, sonstiges [m²]	–	**2,90**	–	0,0%
350	**Decken**				
351	Deckenkonstruktionen [m²]	155,00	**197,00**	227,00	6,4%
352	Deckenbeläge [m²]	125,00	**170,00**	226,00	3,9%
353	Deckenbekleidungen [m²]	16,00	**28,00**	38,00	0,6%
359	Decken, sonstiges [m²]	9,40	**24,00**	37,00	0,7%
360	**Dächer**				
361	Dachkonstruktionen [m²]	87,00	**118,00**	159,00	4,4%
362	Dachfenster, Dachöffnungen [m²]	488,00	**916,00**	1.385,00	0,5%
363	Dachbeläge [m²]	134,00	**189,00**	246,00	7,1%
364	Dachbekleidungen [m²]	8,80	**51,00**	84,00	2,1%
369	Dächer, sonstiges [m²]	15,00	**36,00**	98,00	0,5%

Ein- und Zweifamilienhäuser, nicht unterkellert, hoher Standard

Kostengruppen		▷	€/Einheit	◁	KG an 300+400
370	**Baukonstruktive Einbauten**				
371	Allgemeine Einbauten [m² BGF]	12,00	**20,00**	30,00	0,8%
372	Besondere Einbauten [m² BGF]	–	–	–	–
379	Baukonstruktive Einbauten, sonstiges [m² BGF]	–	–	–	–
390	**Sonstige Maßnahmen für Baukonstruktionen**				
391	Baustelleneinrichtung [m² BGF]	8,70	**20,00**	40,00	1,3%
392	Gerüste [m² BGF]	9,20	**13,00**	16,00	0,8%
393	Sicherungsmaßnahmen [m² BGF]	–	–	–	–
394	Abbruchmaßnahmen [m² BGF]	–	**2,70**	–	0,0%
395	Instandsetzungen [m² BGF]	–	**71,00**	–	0,5%
396	Materialentsorgung [m² BGF]	–	–	–	–
397	Zusätzliche Maßnahmen [m² BGF]	–	**5,50**	–	0,0%
398	Provisorische Baukonstruktionen [m² BGF]	–	–	–	–
399	Sonstige Maßnahmen für Baukonstruktionen, sonst. [m² BGF]	–	–	–	–
410	**Abwasser-, Wasser-, Gasanlagen**				
411	Abwasseranlagen [m² BGF]	19,00	**33,00**	56,00	2,0%
412	Wasseranlagen [m² BGF]	33,00	**58,00**	92,00	3,6%
420	**Wärmeversorgungsanlagen**				
421	Wärmeerzeugungsanlagen [m² BGF]	34,00	**80,00**	137,00	5,0%
422	Wärmeverteilnetze [m² BGF]	6,00	**10,00**	19,00	0,5%
423	Raumheizflächen [m² BGF]	30,00	**40,00**	55,00	2,6%
429	Wärmeversorgungsanlagen, sonstiges [m² BGF]	16,00	**24,00**	33,00	1,1%
430	**Lufttechnische Anlagen**				
431	Lüftungsanlagen [m² BGF]	–	–	–	–
440	**Starkstromanlagen**				
443	Niederspannungsschaltanlagen [m² BGF]	–	–	–	–
444	Niederspannungsinstallationsanlagen [m² BGF]	28,00	**44,00**	62,00	2,8%
445	Beleuchtungsanlagen [m² BGF]	0,90	**2,60**	5,00	0,1%
446	Blitzschutz- und Erdungsanlagen [m² BGF]	0,90	**4,20**	9,80	0,2%
450	**Fernmelde- und informationstechnische Anlagen**				
451	Telekommunikationsanlagen [m² BGF]	0,70	**3,60**	8,80	0,1%
452	Such- und Signalanlagen [m² BGF]	1,00	**3,40**	6,50	0,1%
455	Fernseh- und Antennenanlagen [m² BGF]	1,10	**3,80**	7,50	0,2%
456	Gefahrenmelde- und Alarmanlagen [m² BGF]	1,60	**6,70**	17,00	0,1%
460	**Förderanlagen**				
461	Aufzugsanlagen [m² BGF]	–	–	–	–
470	**Nutzungsspezifische Anlagen**				
471	Küchentechnische Anlagen [m² BGF]	–	–	–	–
473	Medienversorgungsanlagen [m² BGF]	–	–	–	–
475	Feuerlöschanlagen [m² BGF]	–	–	–	–
	Weitere Kosten für Technische Anlagen [m² BGF]	2,20	**3,50**	4,60	0,1%

© BKI Baukosteninformationszentrum; Erläuterungen zu den Tabellen siehe Seite 48   Kosten: 1.Quartal 2018, Bundesdurchschnitt, **inkl.** 19% MwSt.

Ein- und Zweifamilienhäuser, Passivhausstandard, Massivbau

Kosten:
Stand 1.Quartal 2018
Bundesdurchschnitt
inkl. 19% MwSt.

▷ von
ø Mittel
◁ bis

Kostengruppen		▷	€/Einheit	◁	KG an 300+400
310	**Baugrube**				
311	Baugrubenherstellung [m³]	11,00	**23,00**	33,00	1,8%
312	Baugrubenumschließung [m²]	–	**181,00**	–	0,5%
313	Wasserhaltung [m²]	–	**99,00**	–	0,1%
319	Baugrube, sonstiges [m³]	–	**–**	–	–
320	**Gründung**				
321	Baugrundverbesserung [m²]	12,00	**36,00**	49,00	0,2%
322	Flachgründungen [m²]	54,00	**94,00**	138,00	1,4%
323	Tiefgründungen [m²]	–	**–**	–	–
324	Unterböden und Bodenplatten [m²]	64,00	**89,00**	126,00	1,5%
325	Bodenbeläge [m²]	63,00	**126,00**	197,00	2,5%
326	Bauwerksabdichtungen [m²]	39,00	**78,00**	137,00	2,2%
327	Dränagen [m²]	3,70	**11,00**	17,00	0,1%
329	Gründung, sonstiges [m²]	–	**–**	–	–
330	**Außenwände**				
331	Tragende Außenwände [m²]	95,00	**110,00**	128,00	7,6%
332	Nichttragende Außenwände [m²]	62,00	**111,00**	160,00	0,1%
333	Außenstützen [m]	105,00	**216,00**	512,00	0,1%
334	Außentüren und -fenster [m²]	530,00	**665,00**	783,00	10,1%
335	Außenwandbekleidungen außen [m²]	98,00	**137,00**	179,00	10,2%
336	Außenwandbekleidungen innen [m²]	35,00	**44,00**	53,00	2,4%
337	Elementierte Außenwände [m²]	–	**254,00**	–	1,0%
338	Sonnenschutz [m²]	165,00	**277,00**	394,00	2,4%
339	Außenwände, sonstiges [m²]	3,40	**9,50**	16,00	0,5%
340	**Innenwände**				
341	Tragende Innenwände [m²]	37,00	**75,00**	97,00	1,5%
342	Nichttragende Innenwände [m²]	60,00	**67,00**	83,00	1,6%
343	Innenstützen [m]	121,00	**148,00**	217,00	0,0%
344	Innentüren und -fenster [m²]	231,00	**292,00**	404,00	1,6%
345	Innenwandbekleidungen [m²]	27,00	**43,00**	66,00	2,9%
346	Elementierte Innenwände [m²]	548,00	**633,00**	718,00	0,2%
349	Innenwände, sonstiges [m²]	–	**4,90**	–	0,0%
350	**Decken**				
351	Deckenkonstruktionen [m²]	127,00	**159,00**	200,00	6,7%
352	Deckenbeläge [m²]	100,00	**120,00**	137,00	3,9%
353	Deckenbekleidungen [m²]	15,00	**22,00**	32,00	0,7%
359	Decken, sonstiges [m²]	7,60	**17,00**	26,00	0,3%
360	**Dächer**				
361	Dachkonstruktionen [m²]	66,00	**98,00**	145,00	3,2%
362	Dachfenster, Dachöffnungen [m²]	1.336,00	**1.466,00**	1.596,00	0,1%
363	Dachbeläge [m²]	111,00	**144,00**	206,00	4,8%
364	Dachbekleidungen [m²]	46,00	**80,00**	138,00	1,9%
369	Dächer, sonstiges [m²]	3,00	**3,70**	4,50	0,0%

Ein- und Zweifamilienhäuser, Passivhausstandard, Massivbau

Kostengruppen	▷	€/Einheit	◁	KG an 300+400
370 Baukonstruktive Einbauten				
371 Allgemeine Einbauten [m² BGF]	4,90	**8,00**	11,00	0,1%
372 Besondere Einbauten [m² BGF]	–	–	–	–
379 Baukonstruktive Einbauten, sonstiges [m² BGF]	–	–	–	–
390 Sonstige Maßnahmen für Baukonstruktionen				
391 Baustelleneinrichtung [m² BGF]	10,00	**20,00**	39,00	1,4%
392 Gerüste [m² BGF]	9,00	**13,00**	20,00	0,9%
393 Sicherungsmaßnahmen [m² BGF]	–	–	–	–
394 Abbruchmaßnahmen [m² BGF]	–	–	–	–
395 Instandsetzungen [m² BGF]	–	–	–	–
396 Materialentsorgung [m² BGF]	–	–	–	–
397 Zusätzliche Maßnahmen [m² BGF]	2,00	**3,80**	5,90	0,1%
398 Provisorische Baukonstruktionen [m² BGF]	–	–	–	–
399 Sonstige Maßnahmen für Baukonstruktionen, sonst. [m² BGF]	–	–	–	–
410 Abwasser-, Wasser-, Gasanlagen				
411 Abwasseranlagen [m² BGF]	14,00	**26,00**	41,00	1,8%
412 Wasseranlagen [m² BGF]	37,00	**53,00**	81,00	3,7%
420 Wärmeversorgungsanlagen				
421 Wärmeerzeugungsanlagen [m² BGF]	22,00	**61,00**	82,00	4,7%
422 Wärmeverteilnetze [m² BGF]	5,60	**9,60**	16,00	0,5%
423 Raumheizflächen [m² BGF]	13,00	**22,00**	26,00	1,5%
429 Wärmeversorgungsanlagen, sonstiges [m² BGF]	–	**8,80**	–	0,0%
430 Lufttechnische Anlagen				
431 Lüftungsanlagen [m² BGF]	43,00	**68,00**	123,00	3,6%
440 Starkstromanlagen				
443 Niederspannungsschaltanlagen [m² BGF]	–	–	–	–
444 Niederspannungsinstallationsanlagen [m² BGF]	29,00	**33,00**	41,00	2,5%
445 Beleuchtungsanlagen [m² BGF]	1,10	**4,50**	6,50	0,1%
446 Blitzschutz- und Erdungsanlagen [m² BGF]	1,40	**2,70**	6,20	0,1%
450 Fernmelde- und informationstechnische Anlagen				
451 Telekommunikationsanlagen [m² BGF]	0,20	**1,10**	2,00	0,0%
452 Such- und Signalanlagen [m² BGF]	1,20	**2,60**	5,00	0,1%
455 Fernseh- und Antennenanlagen [m² BGF]	1,10	**2,80**	4,70	0,1%
456 Gefahrenmelde- und Alarmanlagen [m² BGF]	0,50	**5,00**	8,00	0,0%
460 Förderanlagen				
461 Aufzugsanlagen [m² BGF]	–	–	–	–
470 Nutzungsspezifische Anlagen				
471 Küchentechnische Anlagen [m² BGF]	–	–	–	–
473 Medienversorgungsanlagen [m² BGF]	–	–	–	–
475 Feuerlöschanlagen [m² BGF]	–	–	–	–
Weitere Kosten für Technische Anlagen [m² BGF]	5,60	**33,00**	120,00	1,7%

© **BKI** Baukosteninformationszentrum; Erläuterungen zu den Tabellen siehe Seite 48   Kosten: 1.Quartal 2018, Bundesdurchschnitt, **inkl.** 19% **MwSt.**

Ein- und Zweifamilienhäuser, Passivhausstandard, Holzbau

Kosten:
Stand 1.Quartal 2018
Bundesdurchschnitt
inkl. 19% MwSt.

▷ von
ø Mittel
◁ bis

Kostengruppen		▷	€/Einheit	◁	KG an 300+400
310	**Baugrube**				
311	Baugrubenherstellung [m³]	18,00	**24,00**	32,00	1,1%
312	Baugrubenumschließung [m²]	–	–	–	–
313	Wasserhaltung [m²]	–	**15,00**	–	0,0%
319	Baugrube, sonstiges [m³]	–	–	–	–
320	**Gründung**				
321	Baugrundverbesserung [m²]	13,00	**25,00**	32,00	0,2%
322	Flachgründungen [m²]	25,00	**61,00**	124,00	1,3%
323	Tiefgründungen [m²]	–	–	–	–
324	Unterböden und Bodenplatten [m²]	64,00	**94,00**	153,00	2,5%
325	Bodenbeläge [m²]	67,00	**126,00**	201,00	3,1%
326	Bauwerksabdichtungen [m²]	13,00	**48,00**	103,00	1,3%
327	Dränagen [m²]	7,70	**13,00**	18,00	0,1%
329	Gründung, sonstiges [m²]	–	–	–	–
330	**Außenwände**				
331	Tragende Außenwände [m²]	160,00	**186,00**	238,00	11,7%
332	Nichttragende Außenwände [m²]	–	**82,00**	–	0,0%
333	Außenstützen [m]	91,00	**126,00**	162,00	0,0%
334	Außentüren und -fenster [m²]	620,00	**707,00**	1.135,00	10,0%
335	Außenwandbekleidungen außen [m²]	78,00	**110,00**	152,00	7,1%
336	Außenwandbekleidungen innen [m²]	17,00	**39,00**	54,00	1,8%
337	Elementierte Außenwände [m²]	–	**1.157,00**	–	0,5%
338	Sonnenschutz [m²]	138,00	**208,00**	337,00	2,3%
339	Außenwände, sonstiges [m²]	12,00	**39,00**	97,00	1,5%
340	**Innenwände**				
341	Tragende Innenwände [m²]	85,00	**117,00**	146,00	1,8%
342	Nichttragende Innenwände [m²]	68,00	**95,00**	133,00	2,2%
343	Innenstützen [m]	99,00	**132,00**	186,00	0,0%
344	Innentüren und -fenster [m²]	236,00	**333,00**	438,00	1,6%
345	Innenwandbekleidungen [m²]	21,00	**33,00**	44,00	2,1%
346	Elementierte Innenwände [m²]	–	**691,00**	–	0,0%
349	Innenwände, sonstiges [m²]	–	–	–	–
350	**Decken**				
351	Deckenkonstruktionen [m²]	148,00	**187,00**	250,00	5,5%
352	Deckenbeläge [m²]	113,00	**131,00**	163,00	3,3%
353	Deckenbekleidungen [m²]	18,00	**45,00**	69,00	0,9%
359	Decken, sonstiges [m²]	6,40	**13,00**	22,00	0,2%
360	**Dächer**				
361	Dachkonstruktionen [m²]	123,00	**151,00**	184,00	4,9%
362	Dachfenster, Dachöffnungen [m²]	1.135,00	**1.908,00**	3.451,00	0,2%
363	Dachbeläge [m²]	98,00	**126,00**	168,00	4,2%
364	Dachbekleidungen [m²]	39,00	**60,00**	110,00	1,2%
369	Dächer, sonstiges [m²]	5,00	**9,60**	27,00	0,1%

Ein- und Zweifamilienhäuser, Passivhausstandard, Holzbau

Kostengruppen	▷	€/Einheit	◁	KG an 300+400
370 Baukonstruktive Einbauten				
371 Allgemeine Einbauten [m² BGF]	12,00	**36,00**	71,00	0,7%
372 Besondere Einbauten [m² BGF]	–	–	–	–
379 Baukonstruktive Einbauten, sonstiges [m² BGF]	–	–	–	–
390 Sonstige Maßnahmen für Baukonstruktionen				
391 Baustelleneinrichtung [m² BGF]	15,00	**21,00**	28,00	1,3%
392 Gerüste [m² BGF]	9,20	**13,00**	21,00	0,7%
393 Sicherungsmaßnahmen [m² BGF]	–	–	–	–
394 Abbruchmaßnahmen [m² BGF]	–	**37,00**	–	0,2%
395 Instandsetzungen [m² BGF]	–	–	–	–
396 Materialentsorgung [m² BGF]	–	–	–	–
397 Zusätzliche Maßnahmen [m² BGF]	1,10	**1,80**	2,50	0,0%
398 Provisorische Baukonstruktionen [m² BGF]	–	–	–	–
399 Sonstige Maßnahmen für Baukonstruktionen, sonst. [m² BGF]	–	–	–	–
410 Abwasser-, Wasser-, Gasanlagen				
411 Abwasseranlagen [m² BGF]	19,00	**33,00**	59,00	2,1%
412 Wasseranlagen [m² BGF]	45,00	**69,00**	101,00	4,5%
420 Wärmeversorgungsanlagen				
421 Wärmeerzeugungsanlagen [m² BGF]	51,00	**79,00**	112,00	3,4%
422 Wärmeverteilnetze [m² BGF]	4,70	**7,50**	12,00	0,3%
423 Raumheizflächen [m² BGF]	12,00	**22,00**	35,00	1,1%
429 Wärmeversorgungsanlagen, sonstiges [m² BGF]	11,00	**17,00**	34,00	0,5%
430 Lufttechnische Anlagen				
431 Lüftungsanlagen [m² BGF]	49,00	**74,00**	117,00	4,3%
440 Starkstromanlagen				
443 Niederspannungsschaltanlagen [m² BGF]	–	–	–	–
444 Niederspannungsinstallationsanlagen [m² BGF]	35,00	**49,00**	65,00	3,1%
445 Beleuchtungsanlagen [m² BGF]	1,60	**6,40**	11,00	0,1%
446 Blitzschutz- und Erdungsanlagen [m² BGF]	1,30	**2,20**	5,00	0,1%
450 Fernmelde- und informationstechnische Anlagen				
451 Telekommunikationsanlagen [m² BGF]	0,90	**2,20**	5,50	0,1%
452 Such- und Signalanlagen [m² BGF]	1,80	**3,30**	5,90	0,1%
455 Fernseh- und Antennenanlagen [m² BGF]	2,30	**4,20**	7,00	0,1%
456 Gefahrenmelde- und Alarmanlagen [m² BGF]	0,30	**0,80**	1,30	0,0%
460 Förderanlagen				
461 Aufzugsanlagen [m² BGF]	–	–	–	–
470 Nutzungsspezifische Anlagen				
471 Küchentechnische Anlagen [m² BGF]	–	–	–	–
473 Medienversorgungsanlagen [m² BGF]	–	–	–	–
475 Feuerlöschanlagen [m² BGF]	–	–	–	–
Weitere Kosten für Technische Anlagen [m² BGF]	5,10	**33,00**	109,00	1,5%

© BKI Baukosteninformationszentrum; Erläuterungen zu den Tabellen siehe Seite 48   Kosten: 1.Quartal 2018, Bundesdurchschnitt, inkl. 19% MwSt.

Ein- und Zweifamilienhäuser, Holzbauweise, unterkellert

Kosten:
Stand 1.Quartal 2018
Bundesdurchschnitt
inkl. 19% MwSt.

▷ von
ø Mittel
◁ bis

Kostengruppen		▷	€/Einheit	◁	KG an 300+400
310	**Baugrube**				
311	Baugrubenherstellung [m³]	14,00	**19,00**	26,00	1,9%
312	Baugrubenumschließung [m²]	–	–	–	–
313	Wasserhaltung [m²]	–	**9,60**	–	0,0%
319	Baugrube, sonstiges [m³]	–	–	–	–
320	**Gründung**				
321	Baugrundverbesserung [m²]	–	–	–	–
322	Flachgründungen [m²]	18,00	**71,00**	99,00	1,6%
323	Tiefgründungen [m²]	–	–	–	–
324	Unterböden und Bodenplatten [m²]	48,00	**83,00**	115,00	1,2%
325	Bodenbeläge [m²]	54,00	**83,00**	119,00	1,2%
326	Bauwerksabdichtungen [m²]	17,00	**31,00**	59,00	0,9%
327	Dränagen [m²]	12,00	**27,00**	47,00	0,3%
329	Gründung, sonstiges [m²]	–	**6,40**	–	0,0%
330	**Außenwände**				
331	Tragende Außenwände [m²]	97,00	**146,00**	214,00	11,1%
332	Nichttragende Außenwände [m²]	–	**153,00**	–	0,0%
333	Außenstützen [m]	24,00	**92,00**	119,00	0,4%
334	Außentüren und -fenster [m²]	449,00	**495,00**	607,00	7,4%
335	Außenwandbekleidungen außen [m²]	75,00	**99,00**	128,00	7,2%
336	Außenwandbekleidungen innen [m²]	25,00	**39,00**	49,00	2,4%
337	Elementierte Außenwände [m²]	230,00	**432,00**	634,00	1,5%
338	Sonnenschutz [m²]	127,00	**181,00**	263,00	1,5%
339	Außenwände, sonstiges [m²]	3,80	**15,00**	27,00	1,1%
340	**Innenwände**				
341	Tragende Innenwände [m²]	63,00	**81,00**	103,00	5,4%
342	Nichttragende Innenwände [m²]	61,00	**76,00**	99,00	0,9%
343	Innenstützen [m]	–	**17,00**	–	0,0%
344	Innentüren und -fenster [m²]	240,00	**334,00**	676,00	1,9%
345	Innenwandbekleidungen [m²]	24,00	**33,00**	45,00	3,7%
346	Elementierte Innenwände [m²]	–	**567,00**	–	0,1%
349	Innenwände, sonstiges [m²]	1,50	**2,90**	4,20	0,0%
350	**Decken**				
351	Deckenkonstruktionen [m²]	123,00	**154,00**	206,00	8,7%
352	Deckenbeläge [m²]	63,00	**92,00**	131,00	4,1%
353	Deckenbekleidungen [m²]	23,00	**30,00**	42,00	0,8%
359	Decken, sonstiges [m²]	7,20	**16,00**	31,00	0,3%
360	**Dächer**				
361	Dachkonstruktionen [m²]	68,00	**110,00**	159,00	4,1%
362	Dachfenster, Dachöffnungen [m²]	736,00	**750,00**	770,00	0,4%
363	Dachbeläge [m²]	63,00	**103,00**	127,00	3,9%
364	Dachbekleidungen [m²]	23,00	**55,00**	97,00	1,7%
369	Dächer, sonstiges [m²]	2,70	**12,00**	26,00	0,1%

Ein- und Zweifamilienhäuser, Holzbauweise, unterkellert

Kostengruppen	▷	€/Einheit	◁	KG an 300+400
370 Baukonstruktive Einbauten				
371 Allgemeine Einbauten [m² BGF]	–	**49,00**	–	0,3%
372 Besondere Einbauten [m² BGF]	1,20	**2,30**	3,50	0,0%
379 Baukonstruktive Einbauten, sonstiges [m² BGF]	–	**–**	–	–
390 Sonstige Maßnahmen für Baukonstruktionen				
391 Baustelleneinrichtung [m² BGF]	11,00	**15,00**	26,00	1,3%
392 Gerüste [m² BGF]	8,80	**11,00**	13,00	0,9%
393 Sicherungsmaßnahmen [m² BGF]	–	**–**	–	–
394 Abbruchmaßnahmen [m² BGF]	–	**–**	–	–
395 Instandsetzungen [m² BGF]	–	**–**	–	–
396 Materialentsorgung [m² BGF]	–	**1,90**	–	0,0%
397 Zusätzliche Maßnahmen [m² BGF]	0,80	**1,10**	1,30	0,0%
398 Provisorische Baukonstruktionen [m² BGF]	–	**–**	–	–
399 Sonstige Maßnahmen für Baukonstruktionen, sonst. [m² BGF]	–	**–**	–	–
410 Abwasser-, Wasser-, Gasanlagen				
411 Abwasseranlagen [m² BGF]	16,00	**28,00**	47,00	2,4%
412 Wasseranlagen [m² BGF]	32,00	**47,00**	72,00	4,1%
420 Wärmeversorgungsanlagen				
421 Wärmeerzeugungsanlagen [m² BGF]	27,00	**41,00**	62,00	2,8%
422 Wärmeverteilnetze [m² BGF]	5,90	**11,00**	15,00	0,6%
423 Raumheizflächen [m² BGF]	17,00	**27,00**	44,00	1,6%
429 Wärmeversorgungsanlagen, sonstiges [m² BGF]	9,50	**17,00**	28,00	0,6%
430 Lufttechnische Anlagen				
431 Lüftungsanlagen [m² BGF]	15,00	**27,00**	44,00	1,2%
440 Starkstromanlagen				
443 Niederspannungsschaltanlagen [m² BGF]	–	**–**	–	–
444 Niederspannungsinstallationsanlagen [m² BGF]	24,00	**32,00**	41,00	2,8%
445 Beleuchtungsanlagen [m² BGF]	0,90	**1,50**	3,10	0,0%
446 Blitzschutz- und Erdungsanlagen [m² BGF]	1,50	**2,30**	3,70	0,2%
450 Fernmelde- und informationstechnische Anlagen				
451 Telekommunikationsanlagen [m² BGF]	0,60	**1,30**	2,40	0,0%
452 Such- und Signalanlagen [m² BGF]	0,70	**2,00**	3,00	0,1%
455 Fernseh- und Antennenanlagen [m² BGF]	1,20	**2,60**	4,80	0,2%
456 Gefahrenmelde- und Alarmanlagen [m² BGF]	–	**0,60**	–	0,0%
460 Förderanlagen				
461 Aufzugsanlagen [m² BGF]	–	**–**	–	–
470 Nutzungsspezifische Anlagen				
471 Küchentechnische Anlagen [m² BGF]	–	**–**	–	–
473 Medienversorgungsanlagen [m² BGF]	–	**–**	–	–
475 Feuerlöschanlagen [m² BGF]	–	**–**	–	–
Weitere Kosten für Technische Anlagen [m² BGF]	1,00	**4,10**	8,30	0,2%

© BKI Baukosteninformationszentrum; Erläuterungen zu den Tabellen siehe Seite 48   Kosten: 1.Quartal 2018, Bundesdurchschnitt, **inkl. 19% MwSt.**

Ein- und Zweifamilienhäuser, Holzbauweise, nicht unterkellert

Kosten:
Stand 1. Quartal 2018
Bundesdurchschnitt
inkl. 19% MwSt.

▷ von
Ø Mittel
◁ bis

Kostengruppen	▷	€/Einheit	◁	KG an 300+400
310 Baugrube				
311 Baugrubenherstellung [m³]	12,00	**25,00**	47,00	0,7%
312 Baugrubenumschließung [m²]	–	–	–	–
313 Wasserhaltung [m²]	–	–	–	–
319 Baugrube, sonstiges [m³]	–	–	–	–
320 Gründung				
321 Baugrundverbesserung [m²]	16,00	**45,00**	60,00	0,6%
322 Flachgründungen [m²]	52,00	**103,00**	414,00	2,2%
323 Tiefgründungen [m²]	–	–	–	–
324 Unterböden und Bodenplatten [m²]	57,00	**76,00**	94,00	2,0%
325 Bodenbeläge [m²]	67,00	**123,00**	158,00	3,7%
326 Bauwerksabdichtungen [m²]	14,00	**31,00**	57,00	1,1%
327 Dränagen [m²]	–	**1,20**	–	0,0%
329 Gründung, sonstiges [m²]	–	–	–	–
330 Außenwände				
331 Tragende Außenwände [m²]	91,00	**156,00**	193,00	7,7%
332 Nichttragende Außenwände [m²]	–	**261,00**	–	0,2%
333 Außenstützen [m]	40,00	**111,00**	189,00	0,0%
334 Außentüren und -fenster [m²]	467,00	**556,00**	662,00	7,9%
335 Außenwandbekleidungen außen [m²]	51,00	**80,00**	130,00	6,0%
336 Außenwandbekleidungen innen [m²]	21,00	**36,00**	51,00	2,2%
337 Elementierte Außenwände [m²]	148,00	**387,00**	861,00	5,2%
338 Sonnenschutz [m²]	154,00	**276,00**	408,00	1,1%
339 Außenwände, sonstiges [m²]	4,80	**12,00**	23,00	0,8%
340 Innenwände				
341 Tragende Innenwände [m²]	82,00	**106,00**	155,00	2,7%
342 Nichttragende Innenwände [m²]	42,00	**75,00**	123,00	1,5%
343 Innenstützen [m]	32,00	**48,00**	88,00	0,1%
344 Innentüren und -fenster [m²]	273,00	**380,00**	620,00	2,1%
345 Innenwandbekleidungen [m²]	25,00	**46,00**	77,00	2,5%
346 Elementierte Innenwände [m²]	51,00	**52,00**	52,00	0,6%
349 Innenwände, sonstiges [m²]	–	–	–	–
350 Decken				
351 Deckenkonstruktionen [m²]	134,00	**179,00**	228,00	6,0%
352 Deckenbeläge [m²]	59,00	**95,00**	133,00	2,5%
353 Deckenbekleidungen [m²]	20,00	**37,00**	54,00	0,6%
359 Decken, sonstiges [m²]	4,60	**12,00**	47,00	0,3%
360 Dächer				
361 Dachkonstruktionen [m²]	84,00	**127,00**	149,00	6,3%
362 Dachfenster, Dachöffnungen [m²]	1.014,00	**1.194,00**	1.864,00	1,7%
363 Dachbeläge [m²]	72,00	**142,00**	252,00	6,4%
364 Dachbekleidungen [m²]	25,00	**48,00**	79,00	2,0%
369 Dächer, sonstiges [m²]	0,80	**3,50**	6,40	0,1%

Ein- und Zweifamilienhäuser, Holzbauweise, nicht unterkellert

Kostengruppen		▷ €/Einheit ◁		KG an 300+400	
370	**Baukonstruktive Einbauten**				
371	Allgemeine Einbauten [m² BGF]	0,70	**8,50**	13,00	0,2%
372	Besondere Einbauten [m² BGF]	–	**5,60**	–	0,0%
379	Baukonstruktive Einbauten, sonstiges [m² BGF]	–	**–**	–	–
390	**Sonstige Maßnahmen für Baukonstruktionen**				
391	Baustelleneinrichtung [m² BGF]	5,20	**20,00**	49,00	1,4%
392	Gerüste [m² BGF]	9,00	**12,00**	19,00	0,7%
393	Sicherungsmaßnahmen [m² BGF]	–	**–**	–	–
394	Abbruchmaßnahmen [m² BGF]	–	**44,00**	–	0,4%
395	Instandsetzungen [m² BGF]	–	**–**	–	–
396	Materialentsorgung [m² BGF]	–	**–**	–	–
397	Zusätzliche Maßnahmen [m² BGF]	–	**1,90**	–	0,0%
398	Provisorische Baukonstruktionen [m² BGF]	–	**–**	–	–
399	Sonstige Maßnahmen für Baukonstruktionen, sonst. [m² BGF]	8,20	**9,70**	11,00	0,1%
410	**Abwasser-, Wasser-, Gasanlagen**				
411	Abwasseranlagen [m² BGF]	12,00	**22,00**	39,00	1,7%
412	Wasseranlagen [m² BGF]	24,00	**40,00**	58,00	3,1%
420	**Wärmeversorgungsanlagen**				
421	Wärmeerzeugungsanlagen [m² BGF]	35,00	**60,00**	97,00	4,6%
422	Wärmeverteilnetze [m² BGF]	7,80	**14,00**	25,00	1,1%
423	Raumheizflächen [m² BGF]	14,00	**23,00**	29,00	1,7%
429	Wärmeversorgungsanlagen, sonstiges [m² BGF]	5,80	**12,00**	19,00	0,4%
430	**Lufttechnische Anlagen**				
431	Lüftungsanlagen [m² BGF]	24,00	**31,00**	38,00	1,8%
440	**Starkstromanlagen**				
443	Niederspannungsschaltanlagen [m² BGF]	–	**–**	–	–
444	Niederspannungsinstallationsanlagen [m² BGF]	19,00	**31,00**	35,00	2,4%
445	Beleuchtungsanlagen [m² BGF]	2,80	**6,70**	12,00	0,3%
446	Blitzschutz- und Erdungsanlagen [m² BGF]	1,30	**2,00**	2,70	0,1%
450	**Fernmelde- und informationstechnische Anlagen**				
451	Telekommunikationsanlagen [m² BGF]	2,00	**2,20**	2,50	0,0%
452	Such- und Signalanlagen [m² BGF]	0,20	**1,60**	3,50	0,0%
455	Fernseh- und Antennenanlagen [m² BGF]	2,10	**3,50**	5,70	0,2%
456	Gefahrenmelde- und Alarmanlagen [m² BGF]	–	**1,00**	–	0,0%
460	**Förderanlagen**				
461	Aufzugsanlagen [m² BGF]	–	**–**	–	–
470	**Nutzungsspezifische Anlagen**				
471	Küchentechnische Anlagen [m² BGF]	–	**–**	–	–
473	Medienversorgungsanlagen [m² BGF]	–	**–**	–	–
475	Feuerlöschanlagen [m² BGF]	–	**–**	–	–
	Weitere Kosten für Technische Anlagen [m² BGF]	1,50	**4,00**	6,80	0,2%

© BKI Baukosteninformationszentrum; Erläuterungen zu den Tabellen siehe Seite 48   Kosten: 1.Quartal 2018, Bundesdurchschnitt, inkl. 19% MwSt.

Doppel- und Reihenendhäuser, einfacher Standard

Kosten:
Stand 1. Quartal 2018
Bundesdurchschnitt
inkl. 19% MwSt.

▷ von
Ø Mittel
◁ bis

Kostengruppen	▷	€/Einheit	◁	KG an 300+400
310 Baugrube				
311 Baugrubenherstellung [m³]	10,00	**34,00**	57,00	1,3%
312 Baugrubenumschließung [m²]	–	–	–	–
313 Wasserhaltung [m²]	–	–	–	–
319 Baugrube, sonstiges [m³]	–	–	–	–
320 Gründung				
321 Baugrundverbesserung [m²]	–	–	–	–
322 Flachgründungen [m²]	45,00	**69,00**	92,00	2,9%
323 Tiefgründungen [m²]	–	–	–	–
324 Unterböden und Bodenplatten [m²]	37,00	**46,00**	52,00	1,3%
325 Bodenbeläge [m²]	38,00	**66,00**	119,00	1,7%
326 Bauwerksabdichtungen [m²]	8,00	**23,00**	52,00	0,9%
327 Dränagen [m²]	–	**10,00**	–	0,1%
329 Gründung, sonstiges [m²]	–	–	–	–
330 Außenwände				
331 Tragende Außenwände [m²]	79,00	**89,00**	100,00	9,1%
332 Nichttragende Außenwände [m²]	105,00	**111,00**	116,00	0,1%
333 Außenstützen [m]	69,00	**89,00**	110,00	0,4%
334 Außentüren und -fenster [m²]	287,00	**435,00**	631,00	8,2%
335 Außenwandbekleidungen außen [m²]	65,00	**76,00**	85,00	7,4%
336 Außenwandbekleidungen innen [m²]	7,10	**15,00**	24,00	1,1%
337 Elementierte Außenwände [m²]	–	–	–	–
338 Sonnenschutz [m²]	71,00	**76,00**	81,00	0,7%
339 Außenwände, sonstiges [m²]	2,10	**7,70**	13,00	0,4%
340 Innenwände				
341 Tragende Innenwände [m²]	67,00	**86,00**	108,00	5,9%
342 Nichttragende Innenwände [m²]	57,00	**67,00**	71,00	2,6%
343 Innenstützen [m]	–	**117,00**	–	0,0%
344 Innentüren und -fenster [m²]	164,00	**226,00**	410,00	2,1%
345 Innenwandbekleidungen [m²]	15,00	**19,00**	28,00	3,3%
346 Elementierte Innenwände [m²]	–	**199,00**	–	0,1%
349 Innenwände, sonstiges [m²]	–	–	–	–
350 Decken				
351 Deckenkonstruktionen [m²]	129,00	**144,00**	184,00	12,0%
352 Deckenbeläge [m²]	59,00	**83,00**	108,00	5,1%
353 Deckenbekleidungen [m²]	6,20	**12,00**	28,00	0,8%
359 Decken, sonstiges [m²]	7,70	**19,00**	33,00	1,4%
360 Dächer				
361 Dachkonstruktionen [m²]	48,00	**69,00**	95,00	3,4%
362 Dachfenster, Dachöffnungen [m²]	258,00	**510,00**	880,00	0,6%
363 Dachbeläge [m²]	65,00	**92,00**	116,00	4,6%
364 Dachbekleidungen [m²]	27,00	**62,00**	131,00	1,0%
369 Dächer, sonstiges [m²]	1,90	**10,00**	18,00	0,2%

Doppel- und Reihenendhäuser, einfacher Standard

Kostengruppen	€/Einheit		KG an 300+400	
370 **Baukonstruktive Einbauten**				
371 Allgemeine Einbauten [m² BGF]	–	–	–	–
372 Besondere Einbauten [m² BGF]	–	–	–	–
379 Baukonstruktive Einbauten, sonstiges [m² BGF]	–	–	–	–
390 **Sonstige Maßnahmen für Baukonstruktionen**				
391 Baustelleneinrichtung [m² BGF]	1,90	**7,30**	11,00	0,6%
392 Gerüste [m² BGF]	4,50	**7,80**	11,00	0,9%
393 Sicherungsmaßnahmen [m² BGF]	–	–	–	–
394 Abbruchmaßnahmen [m² BGF]	–	–	–	–
395 Instandsetzungen [m² BGF]	–	–	–	–
396 Materialentsorgung [m² BGF]	–	–	–	–
397 Zusätzliche Maßnahmen [m² BGF]	–	**2,90**	–	0,1%
398 Provisorische Baukonstruktionen [m² BGF]	–	–	–	–
399 Sonstige Maßnahmen für Baukonstruktionen, sonst. [m² BGF]	–	**15,00**	–	0,4%
410 **Abwasser-, Wasser-, Gasanlagen**				
411 Abwasseranlagen [m² BGF]	6,30	**17,00**	21,00	2,0%
412 Wasseranlagen [m² BGF]	24,00	**30,00**	47,00	3,7%
420 **Wärmeversorgungsanlagen**				
421 Wärmeerzeugungsanlagen [m² BGF]	21,00	**38,00**	89,00	4,4%
422 Wärmeverteilnetze [m² BGF]	0,90	**8,60**	13,00	0,7%
423 Raumheizflächen [m² BGF]	13,00	**17,00**	21,00	2,1%
429 Wärmeversorgungsanlagen, sonstiges [m² BGF]	–	**2,70**	–	0,0%
430 **Lufttechnische Anlagen**				
431 Lüftungsanlagen [m² BGF]	–	–	–	–
440 **Starkstromanlagen**				
443 Niederspannungsschaltanlagen [m² BGF]	–	–	–	–
444 Niederspannungsinstallationsanlagen [m² BGF]	12,00	**22,00**	31,00	2,5%
445 Beleuchtungsanlagen [m² BGF]	–	**1,00**	–	0,0%
446 Blitzschutz- und Erdungsanlagen [m² BGF]	0,50	**1,30**	1,70	0,1%
450 **Fernmelde- und informationstechnische Anlagen**				
451 Telekommunikationsanlagen [m² BGF]	–	**0,20**	–	0,0%
452 Such- und Signalanlagen [m² BGF]	0,20	**1,40**	2,20	0,1%
455 Fernseh- und Antennenanlagen [m² BGF]	0,20	**1,30**	3,40	0,1%
456 Gefahrenmelde- und Alarmanlagen [m² BGF]	–	–	–	–
460 **Förderanlagen**				
461 Aufzugsanlagen [m² BGF]	–	–	–	–
470 **Nutzungsspezifische Anlagen**				
471 Küchentechnische Anlagen [m² BGF]	–	–	–	–
473 Medienversorgungsanlagen [m² BGF]	–	–	–	–
475 Feuerlöschanlagen [m² BGF]	–	–	–	–
Weitere Kosten für Technische Anlagen [m² BGF]	3,10	**21,00**	58,00	1,8%

© **BKI** Baukosteninformationszentrum; Erläuterungen zu den Tabellen siehe Seite 48   Kosten: 1.Quartal 2018, Bundesdurchschnitt, inkl. 19% MwSt.

Doppel- und Reihenendhäuser, mittlerer Standard

Kosten:
Stand 1. Quartal 2018
Bundesdurchschnitt
inkl. 19% MwSt.

▷ von
ø Mittel
◁ bis

Kostengruppen		▷	€/Einheit	◁	KG an 300+400
310	**Baugrube**				
311	Baugrubenherstellung [m³]	12,00	**26,00**	61,00	1,2%
312	Baugrubenumschließung [m²]	–	–	–	–
313	Wasserhaltung [m²]	–	**14,00**	–	0,0%
319	Baugrube, sonstiges [m³]	1,10	**2,00**	2,80	0,0%
320	**Gründung**				
321	Baugrundverbesserung [m²]	–	–	–	–
322	Flachgründungen [m²]	54,00	**76,00**	117,00	2,6%
323	Tiefgründungen [m²]	–	–	–	–
324	Unterböden und Bodenplatten [m²]	53,00	**60,00**	68,00	0,7%
325	Bodenbeläge [m²]	14,00	**73,00**	120,00	2,1%
326	Bauwerksabdichtungen [m²]	5,80	**34,00**	52,00	1,2%
327	Dränagen [m²]	–	–	–	–
329	Gründung, sonstiges [m²]	–	**32,00**	–	0,2%
330	**Außenwände**				
331	Tragende Außenwände [m²]	71,00	**100,00**	113,00	6,8%
332	Nichttragende Außenwände [m²]	–	–	–	–
333	Außenstützen [m]	–	**47,00**	–	0,0%
334	Außentüren und -fenster [m²]	441,00	**565,00**	734,00	7,1%
335	Außenwandbekleidungen außen [m²]	78,00	**112,00**	191,00	8,0%
336	Außenwandbekleidungen innen [m²]	22,00	**30,00**	38,00	1,6%
337	Elementierte Außenwände [m²]	–	–	–	–
338	Sonnenschutz [m²]	77,00	**174,00**	238,00	1,6%
339	Außenwände, sonstiges [m²]	5,00	**19,00**	47,00	1,3%
340	**Innenwände**				
341	Tragende Innenwände [m²]	69,00	**101,00**	156,00	3,2%
342	Nichttragende Innenwände [m²]	47,00	**68,00**	78,00	2,8%
343	Innenstützen [m]	130,00	**154,00**	195,00	0,1%
344	Innentüren und -fenster [m²]	215,00	**292,00**	333,00	2,5%
345	Innenwandbekleidungen [m²]	27,00	**38,00**	50,00	4,6%
346	Elementierte Innenwände [m²]	–	–	–	–
349	Innenwände, sonstiges [m²]	2,00	**2,20**	2,40	0,0%
350	**Decken**				
351	Deckenkonstruktionen [m²]	117,00	**172,00**	218,00	8,7%
352	Deckenbeläge [m²]	90,00	**104,00**	130,00	4,1%
353	Deckenbekleidungen [m²]	17,00	**23,00**	36,00	0,9%
359	Decken, sonstiges [m²]	9,40	**23,00**	51,00	1,2%
360	**Dächer**				
361	Dachkonstruktionen [m²]	57,00	**83,00**	106,00	3,8%
362	Dachfenster, Dachöffnungen [m²]	257,00	**773,00**	1.082,00	0,7%
363	Dachbeläge [m²]	73,00	**84,00**	106,00	4,2%
364	Dachbekleidungen [m²]	27,00	**54,00**	68,00	2,0%
369	Dächer, sonstiges [m²]	5,50	**7,20**	10,00	0,2%

Doppel- und Reihenendhäuser, mittlerer Standard

Kostengruppen		▷ €/Einheit	◁	KG an 300+400
370	**Baukonstruktive Einbauten**			
371	Allgemeine Einbauten [m² BGF]	– **53,00**	–	0,9%
372	Besondere Einbauten [m² BGF]	– –	–	–
379	Baukonstruktive Einbauten, sonstiges [m² BGF]	– –	–	–
390	**Sonstige Maßnahmen für Baukonstruktionen**			
391	Baustelleneinrichtung [m² BGF]	4,20 **12,00**	22,00	1,0%
392	Gerüste [m² BGF]	11,00 **15,00**	18,00	1,2%
393	Sicherungsmaßnahmen [m² BGF]	– –	–	–
394	Abbruchmaßnahmen [m² BGF]	– –	–	–
395	Instandsetzungen [m² BGF]	– –	–	–
396	Materialentsorgung [m² BGF]	– –	–	–
397	Zusätzliche Maßnahmen [m² BGF]	1,40 **3,20**	4,10	0,1%
398	Provisorische Baukonstruktionen [m² BGF]	– **0,10**	–	0,0%
399	Sonstige Maßnahmen für Baukonstruktionen, sonst. [m² BGF]	– **10,00**	–	0,1%
410	**Abwasser-, Wasser-, Gasanlagen**			
411	Abwasseranlagen [m² BGF]	19,00 **31,00**	55,00	2,7%
412	Wasseranlagen [m² BGF]	22,00 **39,00**	49,00	3,4%
420	**Wärmeversorgungsanlagen**			
421	Wärmeerzeugungsanlagen [m² BGF]	16,00 **37,00**	56,00	3,1%
422	Wärmeverteilnetze [m² BGF]	16,00 **23,00**	51,00	1,7%
423	Raumheizflächen [m² BGF]	14,00 **23,00**	40,00	2,0%
429	Wärmeversorgungsanlagen, sonstiges [m² BGF]	4,20 **9,70**	20,00	0,6%
430	**Lufttechnische Anlagen**			
431	Lüftungsanlagen [m² BGF]	8,60 **27,00**	35,00	2,4%
440	**Starkstromanlagen**			
443	Niederspannungsschaltanlagen [m² BGF]	– –	–	–
444	Niederspannungsinstallationsanlagen [m² BGF]	33,00 **39,00**	63,00	3,5%
445	Beleuchtungsanlagen [m² BGF]	2,80 **9,80**	17,00	0,3%
446	Blitzschutz- und Erdungsanlagen [m² BGF]	2,10 **2,70**	4,20	0,2%
450	**Fernmelde- und informationstechnische Anlagen**			
451	Telekommunikationsanlagen [m² BGF]	0,50 **0,90**	1,50	0,0%
452	Such- und Signalanlagen [m² BGF]	1,30 **2,40**	4,30	0,2%
455	Fernseh- und Antennenanlagen [m² BGF]	1,80 **4,10**	6,20	0,3%
456	Gefahrenmelde- und Alarmanlagen [m² BGF]	– **2,20**	–	0,0%
460	**Förderanlagen**			
461	Aufzugsanlagen [m² BGF]	– –	–	–
470	**Nutzungsspezifische Anlagen**			
471	Küchentechnische Anlagen [m² BGF]	– –	–	–
473	Medienversorgungsanlagen [m² BGF]	– –	–	–
475	Feuerlöschanlagen [m² BGF]	– –	–	–
	Weitere Kosten für Technische Anlagen [m² BGF]	4,70 **9,10**	21,00	0,5%

© **BKI** Baukosteninformationszentrum; Erläuterungen zu den Tabellen siehe Seite 48   Kosten: 1.Quartal 2018, Bundesdurchschnitt, **inkl. 19% MwSt.**

Doppel- und Reihenendhäuser, hoher Standard

Kosten:
Stand 1. Quartal 2018
Bundesdurchschnitt
inkl. 19% MwSt.

▷ von
Ø Mittel
◁ bis

Kostengruppen	▷	€/Einheit	◁	KG an 300+400
310 Baugrube				
311 Baugrubenherstellung [m³]	20,00	**27,00**	38,00	1,9%
312 Baugrubenumschließung [m²]	–	**4,10**	–	0,0%
313 Wasserhaltung [m²]	–	**–**	–	–
319 Baugrube, sonstiges [m³]	–	**–**	–	–
320 Gründung				
321 Baugrundverbesserung [m²]	–	**–**	–	–
322 Flachgründungen [m²]	50,00	**84,00**	107,00	1,1%
323 Tiefgründungen [m²]	–	**–**	–	–
324 Unterböden und Bodenplatten [m²]	46,00	**76,00**	101,00	1,9%
325 Bodenbeläge [m²]	111,00	**126,00**	171,00	2,2%
326 Bauwerksabdichtungen [m²]	11,00	**25,00**	34,00	0,5%
327 Dränagen [m²]	8,00	**12,00**	19,00	0,1%
329 Gründung, sonstiges [m²]	–	**–**	–	–
330 Außenwände				
331 Tragende Außenwände [m²]	111,00	**124,00**	139,00	7,9%
332 Nichttragende Außenwände [m²]	85,00	**109,00**	158,00	0,1%
333 Außenstützen [m]	75,00	**100,00**	113,00	0,2%
334 Außentüren und -fenster [m²]	418,00	**467,00**	620,00	6,7%
335 Außenwandbekleidungen außen [m²]	101,00	**123,00**	150,00	8,5%
336 Außenwandbekleidungen innen [m²]	36,00	**46,00**	66,00	2,2%
337 Elementierte Außenwände [m²]	160,00	**209,00**	258,00	0,6%
338 Sonnenschutz [m²]	134,00	**169,00**	224,00	1,4%
339 Außenwände, sonstiges [m²]	6,20	**23,00**	51,00	1,1%
340 Innenwände				
341 Tragende Innenwände [m²]	74,00	**88,00**	108,00	3,6%
342 Nichttragende Innenwände [m²]	58,00	**88,00**	142,00	2,2%
343 Innenstützen [m]	36,00	**98,00**	169,00	0,1%
344 Innentüren und -fenster [m²]	179,00	**311,00**	390,00	2,0%
345 Innenwandbekleidungen [m²]	24,00	**41,00**	62,00	4,1%
346 Elementierte Innenwände [m²]	–	**–**	–	–
349 Innenwände, sonstiges [m²]	–	**6,90**	–	0,0%
350 Decken				
351 Deckenkonstruktionen [m²]	136,00	**173,00**	193,00	8,3%
352 Deckenbeläge [m²]	107,00	**133,00**	164,00	5,0%
353 Deckenbekleidungen [m²]	22,00	**26,00**	30,00	0,6%
359 Decken, sonstiges [m²]	11,00	**24,00**	48,00	1,1%
360 Dächer				
361 Dachkonstruktionen [m²]	76,00	**109,00**	149,00	3,8%
362 Dachfenster, Dachöffnungen [m²]	778,00	**1.149,00**	1.525,00	0,8%
363 Dachbeläge [m²]	117,00	**143,00**	201,00	5,5%
364 Dachbekleidungen [m²]	33,00	**48,00**	59,00	1,2%
369 Dächer, sonstiges [m²]	1,10	**5,20**	9,30	0,0%

Doppel- und Reihenendhäuser, hoher Standard

Kostengruppen	▷ €/Einheit ◁		KG an 300+400
370	**Baukonstruktive Einbauten**				
371	Allgemeine Einbauten [m² BGF]	6,60	**15,00**	24,00	0,3%
372	Besondere Einbauten [m² BGF]	–	–	–	–
379	Baukonstruktive Einbauten, sonstiges [m² BGF]	–	–	–	–
390	**Sonstige Maßnahmen für Baukonstruktionen**				
391	Baustelleneinrichtung [m² BGF]	6,00	**23,00**	32,00	1,9%
392	Gerüste [m² BGF]	4,00	**8,00**	13,00	0,6%
393	Sicherungsmaßnahmen [m² BGF]	–	**2,00**	–	0,0%
394	Abbruchmaßnahmen [m² BGF]	–	**4,10**	–	0,0%
395	Instandsetzungen [m² BGF]	–	–	–	–
396	Materialentsorgung [m² BGF]	–	**0,70**	–	0,0%
397	Zusätzliche Maßnahmen [m² BGF]	0,70	**2,50**	5,70	0,0%
398	Provisorische Baukonstruktionen [m² BGF]	–	**0,40**	–	0,0%
399	Sonstige Maßnahmen für Baukonstruktionen, sonst. [m² BGF]	–	–	–	–
410	**Abwasser-, Wasser-, Gasanlagen**				
411	Abwasseranlagen [m² BGF]	21,00	**31,00**	77,00	2,5%
412	Wasseranlagen [m² BGF]	42,00	**54,00**	84,00	4,1%
420	**Wärmeversorgungsanlagen**				
421	Wärmeerzeugungsanlagen [m² BGF]	36,00	**43,00**	66,00	2,4%
422	Wärmeverteilnetze [m² BGF]	14,00	**15,00**	18,00	0,8%
423	Raumheizflächen [m² BGF]	18,00	**24,00**	31,00	1,4%
429	Wärmeversorgungsanlagen, sonstiges [m² BGF]	7,20	**16,00**	19,00	0,9%
430	**Lufttechnische Anlagen**				
431	Lüftungsanlagen [m² BGF]	8,10	**17,00**	28,00	1,1%
440	**Starkstromanlagen**				
443	Niederspannungsschaltanlagen [m² BGF]	–	–	–	–
444	Niederspannungsinstallationsanlagen [m² BGF]	23,00	**40,00**	65,00	3,0%
445	Beleuchtungsanlagen [m² BGF]	2,10	**6,00**	9,70	0,3%
446	Blitzschutz- und Erdungsanlagen [m² BGF]	2,20	**3,50**	5,30	0,2%
450	**Fernmelde- und informationstechnische Anlagen**				
451	Telekommunikationsanlagen [m² BGF]	0,80	**1,40**	1,90	0,0%
452	Such- und Signalanlagen [m² BGF]	1,60	**2,30**	2,60	0,1%
455	Fernseh- und Antennenanlagen [m² BGF]	0,80	**2,50**	5,70	0,1%
456	Gefahrenmelde- und Alarmanlagen [m² BGF]	–	–	–	–
460	**Förderanlagen**				
461	Aufzugsanlagen [m² BGF]	–	–	–	–
470	**Nutzungsspezifische Anlagen**				
471	Küchentechnische Anlagen [m² BGF]	–	–	–	–
473	Medienversorgungsanlagen [m² BGF]	–	–	–	–
475	Feuerlöschanlagen [m² BGF]	–	–	–	–
	Weitere Kosten für Technische Anlagen [m² BGF]	1,00	**2,80**	4,60	0,0%

© BKI Baukosteninformationszentrum; Erläuterungen zu den Tabellen siehe Seite 48   Kosten: 1.Quartal 2018, Bundesdurchschnitt, **inkl. 19% MwSt.**

Reihenhäuser, einfacher Standard

Kosten:
Stand 1. Quartal 2018
Bundesdurchschnitt
inkl. 19% MwSt.

▷ von
ø Mittel
◁ bis

Kostengruppen	▷	€/Einheit	◁	KG an 300+400
310 Baugrube				
311 Baugrubenherstellung [m³]	9,50	**31,00**	53,00	0,5%
312 Baugrubenumschließung [m²]	–	–	–	–
313 Wasserhaltung [m²]	–	–	–	–
319 Baugrube, sonstiges [m³]	–	–	–	–
320 Gründung				
321 Baugrundverbesserung [m²]	–	–	–	–
322 Flachgründungen [m²]	52,00	**67,00**	89,00	2,7%
323 Tiefgründungen [m²]	–	–	–	–
324 Unterböden und Bodenplatten [m²]	–	**54,00**	–	0,8%
325 Bodenbeläge [m²]	42,00	**73,00**	128,00	2,6%
326 Bauwerksabdichtungen [m²]	12,00	**26,00**	41,00	0,7%
327 Dränagen [m²]	–	–	–	–
329 Gründung, sonstiges [m²]	–	–	–	–
330 Außenwände				
331 Tragende Außenwände [m²]	65,00	**92,00**	106,00	7,3%
332 Nichttragende Außenwände [m²]	–	**116,00**	–	0,1%
333 Außenstützen [m]	–	**44,00**	–	0,0%
334 Außentüren und -fenster [m²]	283,00	**365,00**	526,00	6,7%
335 Außenwandbekleidungen außen [m²]	74,00	**86,00**	111,00	5,6%
336 Außenwandbekleidungen innen [m²]	9,90	**34,00**	79,00	1,6%
337 Elementierte Außenwände [m²]	–	–	–	–
338 Sonnenschutz [m²]	75,00	**83,00**	92,00	0,9%
339 Außenwände, sonstiges [m²]	7,20	**11,00**	16,00	0,7%
340 Innenwände				
341 Tragende Innenwände [m²]	70,00	**79,00**	98,00	7,3%
342 Nichttragende Innenwände [m²]	56,00	**71,00**	79,00	3,9%
343 Innenstützen [m]	–	**133,00**	–	0,2%
344 Innentüren und -fenster [m²]	165,00	**293,00**	548,00	2,1%
345 Innenwandbekleidungen [m²]	15,00	**22,00**	34,00	4,1%
346 Elementierte Innenwände [m²]	–	–	–	–
349 Innenwände, sonstiges [m²]	–	–	–	–
350 Decken				
351 Deckenkonstruktionen [m²]	119,00	**127,00**	132,00	12,4%
352 Deckenbeläge [m²]	51,00	**82,00**	143,00	4,4%
353 Deckenbekleidungen [m²]	6,60	**18,00**	40,00	1,6%
359 Decken, sonstiges [m²]	5,80	**12,00**	25,00	1,2%
360 Dächer				
361 Dachkonstruktionen [m²]	33,00	**57,00**	106,00	2,9%
362 Dachfenster, Dachöffnungen [m²]	507,00	**522,00**	538,00	0,5%
363 Dachbeläge [m²]	69,00	**91,00**	107,00	5,1%
364 Dachbekleidungen [m²]	20,00	**62,00**	104,00	0,4%
369 Dächer, sonstiges [m²]	1,90	**2,60**	3,30	0,0%

Reihenhäuser, einfacher Standard

Kostengruppen		▷	€/Einheit	◁	KG an 300+400
370	**Baukonstruktive Einbauten**				
371	Allgemeine Einbauten [m² BGF]	–	**0,80**	–	0,0%
372	Besondere Einbauten [m² BGF]	–	–	–	–
379	Baukonstruktive Einbauten, sonstiges [m² BGF]	–	–	–	–
390	**Sonstige Maßnahmen für Baukonstruktionen**				
391	Baustelleneinrichtung [m² BGF]	1,90	**2,50**	3,10	0,2%
392	Gerüste [m² BGF]	5,40	**7,10**	9,40	0,9%
393	Sicherungsmaßnahmen [m² BGF]	–	–	–	–
394	Abbruchmaßnahmen [m² BGF]	–	**1,50**	–	0,0%
395	Instandsetzungen [m² BGF]	–	–	–	–
396	Materialentsorgung [m² BGF]	–	**0,10**	–	0,0%
397	Zusätzliche Maßnahmen [m² BGF]	2,10	**2,50**	2,80	0,2%
398	Provisorische Baukonstruktionen [m² BGF]	–	–	–	–
399	Sonstige Maßnahmen für Baukonstruktionen, sonst. [m² BGF]	–	–	–	–
410	**Abwasser-, Wasser-, Gasanlagen**				
411	Abwasseranlagen [m² BGF]	6,90	**20,00**	29,00	2,6%
412	Wasseranlagen [m² BGF]	32,00	**36,00**	44,00	4,8%
420	**Wärmeversorgungsanlagen**				
421	Wärmeerzeugungsanlagen [m² BGF]	26,00	**33,00**	45,00	4,3%
422	Wärmeverteilnetze [m² BGF]	1,10	**9,20**	14,00	1,2%
423	Raumheizflächen [m² BGF]	16,00	**19,00**	24,00	2,5%
429	Wärmeversorgungsanlagen, sonstiges [m² BGF]	–	**2,70**	–	0,1%
430	**Lufttechnische Anlagen**				
431	Lüftungsanlagen [m² BGF]	0,90	**2,70**	4,40	0,2%
440	**Starkstromanlagen**				
443	Niederspannungsschaltanlagen [m² BGF]	–	**12,00**	–	0,5%
444	Niederspannungsinstallationsanlagen [m² BGF]	16,00	**21,00**	31,00	2,8%
445	Beleuchtungsanlagen [m² BGF]	–	**0,70**	–	0,0%
446	Blitzschutz- und Erdungsanlagen [m² BGF]	0,50	**0,60**	0,80	0,0%
450	**Fernmelde- und informationstechnische Anlagen**				
451	Telekommunikationsanlagen [m² BGF]	–	–	–	–
452	Such- und Signalanlagen [m² BGF]	1,00	**1,40**	1,80	0,1%
455	Fernseh- und Antennenanlagen [m² BGF]	0,40	**0,70**	1,10	0,0%
456	Gefahrenmelde- und Alarmanlagen [m² BGF]	–	**4,70**	–	0,2%
460	**Förderanlagen**				
461	Aufzugsanlagen [m² BGF]	–	–	–	–
470	**Nutzungsspezifische Anlagen**				
471	Küchentechnische Anlagen [m² BGF]	–	–	–	–
473	Medienversorgungsanlagen [m² BGF]	–	–	–	–
475	Feuerlöschanlagen [m² BGF]	–	–	–	–
	Weitere Kosten für Technische Anlagen [m² BGF]	0,70	**5,80**	8,40	0,7%

© **BKI** Baukosteninformationszentrum; Erläuterungen zu den Tabellen siehe Seite 48   Kosten: 1.Quartal 2018, Bundesdurchschnitt, inkl. 19% MwSt.

Reihenhäuser, mittlerer Standard

Kosten:
Stand 1.Quartal 2018
Bundesdurchschnitt
inkl. 19% MwSt.

▷ von
Ø Mittel
◁ bis

Kostengruppen		▷	€/Einheit	◁	KG an 300+400
310	**Baugrube**				
311	Baugrubenherstellung [m³]	24,00	**35,00**	55,00	2,8%
312	Baugrubenumschließung [m²]	–	–	–	–
313	Wasserhaltung [m²]	–	–	–	–
319	Baugrube, sonstiges [m³]	–	–	–	–
320	**Gründung**				
321	Baugrundverbesserung [m²]	23,00	**23,00**	24,00	0,4%
322	Flachgründungen [m²]	17,00	**54,00**	91,00	0,1%
323	Tiefgründungen [m²]	–	**187,00**	–	0,0%
324	Unterböden und Bodenplatten [m²]	84,00	**90,00**	103,00	3,0%
325	Bodenbeläge [m²]	54,00	**84,00**	141,00	2,0%
326	Bauwerksabdichtungen [m²]	23,00	**33,00**	51,00	0,9%
327	Dränagen [m²]	–	**8,60**	–	0,0%
329	Gründung, sonstiges [m²]	–	–	–	–
330	**Außenwände**				
331	Tragende Außenwände [m²]	97,00	**113,00**	139,00	8,7%
332	Nichttragende Außenwände [m²]	–	–	–	–
333	Außenstützen [m]	–	–	–	–
334	Außentüren und -fenster [m²]	412,00	**618,00**	735,00	10,1%
335	Außenwandbekleidungen außen [m²]	47,00	**74,00**	88,00	6,1%
336	Außenwandbekleidungen innen [m²]	10,00	**29,00**	38,00	1,8%
337	Elementierte Außenwände [m²]	–	**139,00**	–	1,7%
338	Sonnenschutz [m²]	119,00	**125,00**	136,00	1,4%
339	Außenwände, sonstiges [m²]	9,10	**19,00**	36,00	2,0%
340	**Innenwände**				
341	Tragende Innenwände [m²]	67,00	**98,00**	113,00	4,6%
342	Nichttragende Innenwände [m²]	66,00	**81,00**	90,00	3,3%
343	Innenstützen [m]	94,00	**175,00**	219,00	0,2%
344	Innentüren und -fenster [m²]	164,00	**220,00**	257,00	1,3%
345	Innenwandbekleidungen [m²]	23,00	**31,00**	45,00	2,9%
346	Elementierte Innenwände [m²]	–	–	–	–
349	Innenwände, sonstiges [m²]	–	–	–	–
350	**Decken**				
351	Deckenkonstruktionen [m²]	116,00	**134,00**	162,00	8,9%
352	Deckenbeläge [m²]	75,00	**96,00**	137,00	5,0%
353	Deckenbekleidungen [m²]	7,90	**22,00**	49,00	1,0%
359	Decken, sonstiges [m²]	11,00	**15,00**	21,00	0,9%
360	**Dächer**				
361	Dachkonstruktionen [m²]	97,00	**135,00**	157,00	4,0%
362	Dachfenster, Dachöffnungen [m²]	1.309,00	**1.449,00**	1.589,00	0,5%
363	Dachbeläge [m²]	66,00	**117,00**	146,00	4,2%
364	Dachbekleidungen [m²]	6,80	**22,00**	53,00	0,5%
369	Dächer, sonstiges [m²]	0,70	**1,80**	2,80	0,0%

Reihenhäuser, mittlerer Standard

Kostengruppen	€/Einheit			KG an 300+400
370 Baukonstruktive Einbauten				
371 Allgemeine Einbauten [m² BGF]	–	–	–	–
372 Besondere Einbauten [m² BGF]	–	–	–	–
379 Baukonstruktive Einbauten, sonstiges [m² BGF]	–	–	–	–
390 Sonstige Maßnahmen für Baukonstruktionen				
391 Baustelleneinrichtung [m² BGF]	8,60	**13,00**	21,00	1,1%
392 Gerüste [m² BGF]	7,00	**8,10**	9,80	0,7%
393 Sicherungsmaßnahmen [m² BGF]	–	–	–	–
394 Abbruchmaßnahmen [m² BGF]	–	–	–	–
395 Instandsetzungen [m² BGF]	–	–	–	–
396 Materialentsorgung [m² BGF]	–	–	–	–
397 Zusätzliche Maßnahmen [m² BGF]	4,60	**5,60**	6,60	0,3%
398 Provisorische Baukonstruktionen [m² BGF]	–	–	–	–
399 Sonstige Maßnahmen für Baukonstruktionen, sonst. [m² BGF]	–	–	–	–
410 Abwasser-, Wasser-, Gasanlagen				
411 Abwasseranlagen [m² BGF]	18,00	**25,00**	36,00	2,3%
412 Wasseranlagen [m² BGF]	32,00	**43,00**	64,00	4,0%
420 Wärmeversorgungsanlagen				
421 Wärmeerzeugungsanlagen [m² BGF]	31,00	**33,00**	35,00	2,0%
422 Wärmeverteilnetze [m² BGF]	2,90	**11,00**	19,00	0,5%
423 Raumheizflächen [m² BGF]	15,00	**21,00**	27,00	1,4%
429 Wärmeversorgungsanlagen, sonstiges [m² BGF]	3,80	**3,80**	3,80	0,2%
430 Lufttechnische Anlagen				
431 Lüftungsanlagen [m² BGF]	4,20	**35,00**	51,00	3,3%
440 Starkstromanlagen				
443 Niederspannungsschaltanlagen [m² BGF]	–	–	–	–
444 Niederspannungsinstallationsanlagen [m² BGF]	21,00	**26,00**	37,00	2,7%
445 Beleuchtungsanlagen [m² BGF]	0,40	**4,70**	9,00	0,2%
446 Blitzschutz- und Erdungsanlagen [m² BGF]	1,60	**1,80**	2,10	0,1%
450 Fernmelde- und informationstechnische Anlagen				
451 Telekommunikationsanlagen [m² BGF]	1,20	**1,40**	1,70	0,1%
452 Such- und Signalanlagen [m² BGF]	1,10	**1,90**	3,50	0,1%
455 Fernseh- und Antennenanlagen [m² BGF]	1,80	**3,90**	7,90	0,4%
456 Gefahrenmelde- und Alarmanlagen [m² BGF]	–	**1,10**	–	0,0%
460 Förderanlagen				
461 Aufzugsanlagen [m² BGF]	–	–	–	–
470 Nutzungsspezifische Anlagen				
471 Küchentechnische Anlagen [m² BGF]	–	–	–	–
473 Medienversorgungsanlagen [m² BGF]	–	–	–	–
475 Feuerlöschanlagen [m² BGF]	–	–	–	–
Weitere Kosten für Technische Anlagen [m² BGF]	0,50	**4,60**	13,00	0,3%

© **BKI** Baukosteninformationszentrum; Erläuterungen zu den Tabellen siehe Seite 48   Kosten: 1.Quartal 2018, Bundesdurchschnitt, **inkl. 19% MwSt.**

Reihenhäuser, hoher Standard

Kosten:
Stand 1.Quartal 2018
Bundesdurchschnitt
inkl. 19% MwSt.

▷ von
Ø Mittel
◁ bis

Kostengruppen	▷	€/Einheit	◁	KG an 300+400
310 Baugrube				
311 Baugrubenherstellung [m³]	9,70	**25,00**	52,00	1,5%
312 Baugrubenumschließung [m²]	–	–	–	–
313 Wasserhaltung [m²]	–	–	–	–
319 Baugrube, sonstiges [m³]	–	–	–	–
320 Gründung				
321 Baugrundverbesserung [m²]	–	**3,50**	–	0,0%
322 Flachgründungen [m²]	67,00	**202,00**	471,00	1,4%
323 Tiefgründungen [m²]	–	**144,00**	–	1,5%
324 Unterböden und Bodenplatten [m²]	56,00	**63,00**	73,00	1,6%
325 Bodenbeläge [m²]	101,00	**152,00**	202,00	2,0%
326 Bauwerksabdichtungen [m²]	3,60	**9,90**	13,00	0,2%
327 Dränagen [m²]	5,20	**6,20**	7,20	0,0%
329 Gründung, sonstiges [m²]	–	–	–	–
330 Außenwände				
331 Tragende Außenwände [m²]	118,00	**153,00**	206,00	6,9%
332 Nichttragende Außenwände [m²]	–	–	–	–
333 Außenstützen [m]	–	–	–	–
334 Außentüren und -fenster [m²]	403,00	**600,00**	707,00	5,5%
335 Außenwandbekleidungen außen [m²]	87,00	**96,00**	113,00	4,8%
336 Außenwandbekleidungen innen [m²]	9,30	**43,00**	63,00	1,4%
337 Elementierte Außenwände [m²]	–	**295,00**	–	1,5%
338 Sonnenschutz [m²]	–	**122,00**	–	0,4%
339 Außenwände, sonstiges [m²]	3,20	**34,00**	66,00	1,6%
340 Innenwände				
341 Tragende Innenwände [m²]	94,00	**105,00**	126,00	4,8%
342 Nichttragende Innenwände [m²]	74,00	**83,00**	95,00	2,6%
343 Innenstützen [m]	–	**40,00**	–	0,0%
344 Innentüren und -fenster [m²]	322,00	**390,00**	425,00	2,2%
345 Innenwandbekleidungen [m²]	11,00	**32,00**	43,00	3,5%
346 Elementierte Innenwände [m²]	–	**157,00**	–	0,2%
349 Innenwände, sonstiges [m²]	–	–	–	–
350 Decken				
351 Deckenkonstruktionen [m²]	203,00	**216,00**	239,00	11,1%
352 Deckenbeläge [m²]	115,00	**163,00**	194,00	7,2%
353 Deckenbekleidungen [m²]	14,00	**16,00**	20,00	0,7%
359 Decken, sonstiges [m²]	4,70	**5,70**	6,70	0,1%
360 Dächer				
361 Dachkonstruktionen [m²]	77,00	**128,00**	215,00	3,5%
362 Dachfenster, Dachöffnungen [m²]	754,00	**891,00**	1.029,00	0,9%
363 Dachbeläge [m²]	115,00	**157,00**	242,00	4,6%
364 Dachbekleidungen [m²]	7,00	**81,00**	127,00	2,2%
369 Dächer, sonstiges [m²]	4,30	**17,00**	41,00	0,4%

Reihenhäuser, hoher Standard

Kostengruppen	▷	€/Einheit	◁	KG an 300+400
370 Baukonstruktive Einbauten				
371 Allgemeine Einbauten [m² BGF]	–	–	–	–
372 Besondere Einbauten [m² BGF]	–	–	–	–
379 Baukonstruktive Einbauten, sonstiges [m² BGF]	–	–	–	–
390 Sonstige Maßnahmen für Baukonstruktionen				
391 Baustelleneinrichtung [m² BGF]	7,90	**16,00**	21,00	1,2%
392 Gerüste [m² BGF]	9,80	**13,00**	15,00	0,6%
393 Sicherungsmaßnahmen [m² BGF]	–	–	–	–
394 Abbruchmaßnahmen [m² BGF]	–	–	–	–
395 Instandsetzungen [m² BGF]	–	–	–	–
396 Materialentsorgung [m² BGF]	–	–	–	–
397 Zusätzliche Maßnahmen [m² BGF]	–	**7,30**	–	0,2%
398 Provisorische Baukonstruktionen [m² BGF]	–	–	–	–
399 Sonstige Maßnahmen für Baukonstruktionen, sonst. [m² BGF]	–	–	–	–
410 Abwasser-, Wasser-, Gasanlagen				
411 Abwasseranlagen [m² BGF]	25,00	**33,00**	38,00	2,6%
412 Wasseranlagen [m² BGF]	52,00	**62,00**	68,00	4,9%
420 Wärmeversorgungsanlagen				
421 Wärmeerzeugungsanlagen [m² BGF]	34,00	**54,00**	66,00	4,2%
422 Wärmeverteilnetze [m² BGF]	13,00	**22,00**	38,00	1,6%
423 Raumheizflächen [m² BGF]	18,00	**22,00**	30,00	1,7%
429 Wärmeversorgungsanlagen, sonstiges [m² BGF]	–	**43,00**	–	0,9%
430 Lufttechnische Anlagen				
431 Lüftungsanlagen [m² BGF]	30,00	**37,00**	48,00	3,0%
440 Starkstromanlagen				
443 Niederspannungsschaltanlagen [m² BGF]	–	–	–	–
444 Niederspannungsinstallationsanlagen [m² BGF]	25,00	**33,00**	44,00	2,6%
445 Beleuchtungsanlagen [m² BGF]	2,90	**3,40**	3,80	0,1%
446 Blitzschutz- und Erdungsanlagen [m² BGF]	0,80	**1,40**	2,60	0,1%
450 Fernmelde- und informationstechnische Anlagen				
451 Telekommunikationsanlagen [m² BGF]	–	**0,90**	–	0,0%
452 Such- und Signalanlagen [m² BGF]	2,50	**3,00**	3,50	0,1%
455 Fernseh- und Antennenanlagen [m² BGF]	1,30	**2,30**	3,40	0,1%
456 Gefahrenmelde- und Alarmanlagen [m² BGF]	–	–	–	–
460 Förderanlagen				
461 Aufzugsanlagen [m² BGF]	–	–	–	–
470 Nutzungsspezifische Anlagen				
471 Küchentechnische Anlagen [m² BGF]	–	–	–	–
473 Medienversorgungsanlagen [m² BGF]	–	–	–	–
475 Feuerlöschanlagen [m² BGF]	–	–	–	–
Weitere Kosten für Technische Anlagen [m² BGF]	–	**2,50**	–	0,0%

© BKI Baukosteninformationszentrum; Erläuterungen zu den Tabellen siehe Seite 48   Kosten: 1.Quartal 2018, Bundesdurchschnitt, **inkl.** 19% MwSt.

Mehrfamilienhäuser, mit bis zu 6 WE, einfacher Standard

Kosten:
Stand 1.Quartal 2018
Bundesdurchschnitt
inkl. 19% MwSt.

▷ von
ø Mittel
◁ bis

Kostengruppen		▷	€/Einheit	◁	KG an 300+400
310	**Baugrube**				
311	Baugrubenherstellung [m³]	5,00	**13,00**	17,00	1,1%
312	Baugrubenumschließung [m²]	–	–	–	–
313	Wasserhaltung [m²]	–	–	–	–
319	Baugrube, sonstiges [m³]	–	–	–	–
320	**Gründung**				
321	Baugrundverbesserung [m²]	–	**28,00**	–	0,3%
322	Flachgründungen [m²]	77,00	**144,00**	276,00	3,4%
323	Tiefgründungen [m²]	–	–	–	–
324	Unterböden und Bodenplatten [m²]	–	**58,00**	–	0,8%
325	Bodenbeläge [m²]	35,00	**50,00**	78,00	1,1%
326	Bauwerksabdichtungen [m²]	7,40	**14,00**	25,00	0,5%
327	Dränagen [m²]	11,00	**17,00**	22,00	0,4%
329	Gründung, sonstiges [m²]	–	**2,00**	–	0,0%
330	**Außenwände**				
331	Tragende Außenwände [m²]	79,00	**107,00**	122,00	8,0%
332	Nichttragende Außenwände [m²]	–	–	–	–
333	Außenstützen [m]	133,00	**165,00**	198,00	0,2%
334	Außentüren und -fenster [m²]	294,00	**369,00**	415,00	6,1%
335	Außenwandbekleidungen außen [m²]	52,00	**70,00**	79,00	5,3%
336	Außenwandbekleidungen innen [m²]	27,00	**32,00**	40,00	2,1%
337	Elementierte Außenwände [m²]	–	–	–	–
338	Sonnenschutz [m²]	–	**123,00**	–	0,2%
339	Außenwände, sonstiges [m²]	1,50	**3,80**	7,80	0,3%
340	**Innenwände**				
341	Tragende Innenwände [m²]	75,00	**89,00**	97,00	3,3%
342	Nichttragende Innenwände [m²]	62,00	**69,00**	82,00	3,3%
343	Innenstützen [m]	75,00	**124,00**	173,00	0,1%
344	Innentüren und -fenster [m²]	251,00	**337,00**	460,00	3,8%
345	Innenwandbekleidungen [m²]	28,00	**44,00**	68,00	6,5%
346	Elementierte Innenwände [m²]	–	**80,00**	–	0,0%
349	Innenwände, sonstiges [m²]	0,80	**1,40**	2,00	0,1%
350	**Decken**				
351	Deckenkonstruktionen [m²]	143,00	**159,00**	189,00	12,5%
352	Deckenbeläge [m²]	52,00	**122,00**	171,00	6,3%
353	Deckenbekleidungen [m²]	13,00	**15,00**	21,00	0,8%
359	Decken, sonstiges [m²]	11,00	**27,00**	57,00	1,8%
360	**Dächer**				
361	Dachkonstruktionen [m²]	55,00	**90,00**	108,00	4,7%
362	Dachfenster, Dachöffnungen [m²]	546,00	**601,00**	656,00	0,6%
363	Dachbeläge [m²]	61,00	**80,00**	113,00	4,5%
364	Dachbekleidungen [m²]	56,00	**69,00**	83,00	1,5%
369	Dächer, sonstiges [m²]	5,10	**6,90**	8,70	0,2%

Mehrfamilienhäuser, mit bis zu 6 WE, einfacher Standard

Kostengruppen	▷	€/Einheit	◁	KG an 300+400
370 Baukonstruktive Einbauten				
371 Allgemeine Einbauten [m² BGF]	1,70	**2,40**	3,10	0,2%
372 Besondere Einbauten [m² BGF]	–	–	–	–
379 Baukonstruktive Einbauten, sonstiges [m² BGF]	–	–	–	–
390 Sonstige Maßnahmen für Baukonstruktionen				
391 Baustelleneinrichtung [m² BGF]	8,10	**8,20**	8,50	1,0%
392 Gerüste [m² BGF]	2,50	**4,80**	6,10	0,6%
393 Sicherungsmaßnahmen [m² BGF]	–	–	–	–
394 Abbruchmaßnahmen [m² BGF]	–	**0,30**	–	0,0%
395 Instandsetzungen [m² BGF]	–	–	–	–
396 Materialentsorgung [m² BGF]	–	–	–	–
397 Zusätzliche Maßnahmen [m² BGF]	0,70	**3,70**	6,70	0,3%
398 Provisorische Baukonstruktionen [m² BGF]	–	–	–	–
399 Sonstige Maßnahmen für Baukonstruktionen, sonst. [m² BGF]	–	**1,20**	–	0,0%
410 Abwasser-, Wasser-, Gasanlagen				
411 Abwasseranlagen [m² BGF]	15,00	**19,00**	27,00	2,5%
412 Wasseranlagen [m² BGF]	25,00	**32,00**	36,00	4,0%
420 Wärmeversorgungsanlagen				
421 Wärmeerzeugungsanlagen [m² BGF]	5,70	**7,60**	8,80	1,0%
422 Wärmeverteilnetze [m² BGF]	13,00	**18,00**	26,00	2,3%
423 Raumheizflächen [m² BGF]	12,00	**14,00**	17,00	1,8%
429 Wärmeversorgungsanlagen, sonstiges [m² BGF]	2,30	**3,60**	6,30	0,4%
430 Lufttechnische Anlagen				
431 Lüftungsanlagen [m² BGF]	1,20	**2,80**	4,30	0,2%
440 Starkstromanlagen				
443 Niederspannungsschaltanlagen [m² BGF]	1,90	**4,10**	6,20	0,3%
444 Niederspannungsinstallationsanlagen [m² BGF]	18,00	**23,00**	33,00	2,9%
445 Beleuchtungsanlagen [m² BGF]	1,00	**1,60**	2,10	0,1%
446 Blitzschutz- und Erdungsanlagen [m² BGF]	0,50	**1,20**	2,50	0,1%
450 Fernmelde- und informationstechnische Anlagen				
451 Telekommunikationsanlagen [m² BGF]	–	**0,60**	–	0,0%
452 Such- und Signalanlagen [m² BGF]	1,60	**2,00**	2,40	0,1%
455 Fernseh- und Antennenanlagen [m² BGF]	0,60	**1,50**	2,40	0,1%
456 Gefahrenmelde- und Alarmanlagen [m² BGF]	–	–	–	–
460 Förderanlagen				
461 Aufzugsanlagen [m² BGF]	–	–	–	–
470 Nutzungsspezifische Anlagen				
471 Küchentechnische Anlagen [m² BGF]	–	–	–	–
473 Medienversorgungsanlagen [m² BGF]	–	–	--	–
475 Feuerlöschanlagen [m² BGF]	–	**0,20**	–	0,0%
Weitere Kosten für Technische Anlagen [m² BGF]	–	**0,30**	–	0,0%

© **BKI** Baukosteninformationszentrum; Erläuterungen zu den Tabellen siehe Seite 48   Kosten: 1.Quartal 2018, Bundesdurchschnitt, **inkl. 19% MwSt.**

Mehrfamilienhäuser, mit bis zu 6 WE, mittlerer Standard

Kosten:
Stand 1.Quartal 2018
Bundesdurchschnitt
inkl. 19% MwSt.

▷ von
ø Mittel
◁ bis

Kostengruppen		▷	€/Einheit	◁	KG an 300+400
310	**Baugrube**				
311	Baugrubenherstellung [m³]	22,00	**27,00**	34,00	2,7%
312	Baugrubenumschließung [m²]	–	–	–	–
313	Wasserhaltung [m²]	–	**4,10**	–	0,0%
319	Baugrube, sonstiges [m³]	–	–	–	–
320	**Gründung**				
321	Baugrundverbesserung [m²]	8,60	**20,00**	32,00	0,1%
322	Flachgründungen [m²]	54,00	**109,00**	151,00	1,8%
323	Tiefgründungen [m²]	–	–	–	–
324	Unterböden und Bodenplatten [m²]	54,00	**64,00**	89,00	1,1%
325	Bodenbeläge [m²]	34,00	**58,00**	101,00	1,3%
326	Bauwerksabdichtungen [m²]	14,00	**30,00**	66,00	0,7%
327	Dränagen [m²]	7,20	**12,00**	17,00	0,1%
329	Gründung, sonstiges [m²]	–	–	–	–
330	**Außenwände**				
331	Tragende Außenwände [m²]	90,00	**131,00**	174,00	8,1%
332	Nichttragende Außenwände [m²]	–	**60,00**	–	0,0%
333	Außenstützen [m]	52,00	**91,00**	129,00	0,0%
334	Außentüren und -fenster [m²]	307,00	**477,00**	551,00	6,2%
335	Außenwandbekleidungen außen [m²]	54,00	**89,00**	142,00	5,8%
336	Außenwandbekleidungen innen [m²]	21,00	**27,00**	33,00	1,5%
337	Elementierte Außenwände [m²]	187,00	**422,00**	657,00	0,6%
338	Sonnenschutz [m²]	143,00	**205,00**	253,00	0,8%
339	Außenwände, sonstiges [m²]	6,30	**29,00**	64,00	1,8%
340	**Innenwände**				
341	Tragende Innenwände [m²]	64,00	**87,00**	184,00	2,2%
342	Nichttragende Innenwände [m²]	60,00	**69,00**	77,00	3,6%
343	Innenstützen [m]	109,00	**191,00**	399,00	0,3%
344	Innentüren und -fenster [m²]	188,00	**311,00**	374,00	2,5%
345	Innenwandbekleidungen [m²]	19,00	**28,00**	37,00	3,7%
346	Elementierte Innenwände [m²]	–	**169,00**	–	0,0%
349	Innenwände, sonstiges [m²]	–	–	–	–
350	**Decken**				
351	Deckenkonstruktionen [m²]	145,00	**174,00**	234,00	11,5%
352	Deckenbeläge [m²]	93,00	**123,00**	157,00	6,3%
353	Deckenbekleidungen [m²]	11,00	**22,00**	33,00	1,0%
359	Decken, sonstiges [m²]	4,60	**28,00**	43,00	1,4%
360	**Dächer**				
361	Dachkonstruktionen [m²]	67,00	**90,00**	115,00	3,0%
362	Dachfenster, Dachöffnungen [m²]	442,00	**748,00**	1.176,00	1,2%
363	Dachbeläge [m²]	86,00	**138,00**	194,00	4,6%
364	Dachbekleidungen [m²]	55,00	**72,00**	90,00	2,0%
369	Dächer, sonstiges [m²]	3,00	**13,00**	24,00	0,4%

© BKI Baukosteninformationszentrum; Erläuterungen zu den Tabellen siehe Seite 48   Kosten: 1.Quartal 2018, Bundesdurchschnitt, **inkl. 19% MwSt.**

Mehrfamilienhäuser, mit bis zu 6 WE, mittlerer Standard

Kostengruppen	▷	€/Einheit	◁	KG an 300+400
370 Baukonstruktive Einbauten				
371 Allgemeine Einbauten [m² BGF]	–	**1,10**	–	0,0%
372 Besondere Einbauten [m² BGF]	–	–	–	–
379 Baukonstruktive Einbauten, sonstiges [m² BGF]	–	–	–	–
390 Sonstige Maßnahmen für Baukonstruktionen				
391 Baustelleneinrichtung [m² BGF]	8,50	**16,00**	33,00	1,5%
392 Gerüste [m² BGF]	5,70	**7,60**	11,00	0,7%
393 Sicherungsmaßnahmen [m² BGF]	–	–	–	–
394 Abbruchmaßnahmen [m² BGF]	–	–	–	–
395 Instandsetzungen [m² BGF]	–	–	–	–
396 Materialentsorgung [m² BGF]	–	–	–	–
397 Zusätzliche Maßnahmen [m² BGF]	1,50	**3,30**	6,70	0,1%
398 Provisorische Baukonstruktionen [m² BGF]	–	–	–	–
399 Sonstige Maßnahmen für Baukonstruktionen, sonst. [m² BGF]	–	**3,30**	–	0,0%
410 Abwasser-, Wasser-, Gasanlagen				
411 Abwasseranlagen [m² BGF]	16,00	**22,00**	33,00	2,0%
412 Wasseranlagen [m² BGF]	45,00	**53,00**	68,00	5,1%
420 Wärmeversorgungsanlagen				
421 Wärmeerzeugungsanlagen [m² BGF]	15,00	**25,00**	36,00	2,4%
422 Wärmeverteilnetze [m² BGF]	13,00	**19,00**	23,00	1,5%
423 Raumheizflächen [m² BGF]	25,00	**34,00**	42,00	3,2%
429 Wärmeversorgungsanlagen, sonstiges [m² BGF]	3,70	**8,70**	15,00	0,8%
430 Lufttechnische Anlagen				
431 Lüftungsanlagen [m² BGF]	2,60	**13,00**	46,00	0,9%
440 Starkstromanlagen				
443 Niederspannungsschaltanlagen [m² BGF]	–	**3,50**	–	0,0%
444 Niederspannungsinstallationsanlagen [m² BGF]	21,00	**27,00**	35,00	2,6%
445 Beleuchtungsanlagen [m² BGF]	1,10	**1,90**	4,60	0,1%
446 Blitzschutz- und Erdungsanlagen [m² BGF]	1,20	**1,70**	2,60	0,1%
450 Fernmelde- und informationstechnische Anlagen				
451 Telekommunikationsanlagen [m² BGF]	0,30	**0,60**	0,80	0,0%
452 Such- und Signalanlagen [m² BGF]	2,40	**3,50**	6,40	0,2%
455 Fernseh- und Antennenanlagen [m² BGF]	2,20	**3,10**	4,60	0,2%
456 Gefahrenmelde- und Alarmanlagen [m² BGF]	–	**0,50**	–	0,0%
460 Förderanlagen				
461 Aufzugsanlagen [m² BGF]	–	–	–	–
470 Nutzungsspezifische Anlagen				
471 Küchentechnische Anlagen [m² BGF]	–	–	–	–
473 Medienversorgungsanlagen [m² BGF]	–	–	–	–
475 Feuerlöschanlagen [m² BGF]	–	–	–	–
Weitere Kosten für Technische Anlagen [m² BGF]	0,80	**1,60**	2,30	0,0%

© **BKI** Baukosteninformationszentrum; Erläuterungen zu den Tabellen siehe Seite 48   Kosten: 1.Quartal 2018, Bundesdurchschnitt, **inkl. 19% MwSt.**

Mehrfamilienhäuser, mit bis zu 6 WE, hoher Standard

Kosten:
Stand 1.Quartal 2018
Bundesdurchschnitt
inkl. 19% MwSt.

▷ von
Ø Mittel
◁ bis

Kostengruppen		▷	€/Einheit	◁	KG an 300+400
310	**Baugrube**				
311	Baugrubenherstellung [m³]	17,00	**33,00**	59,00	1,9%
312	Baugrubenumschließung [m²]	–	**259,00**	–	0,6%
313	Wasserhaltung [m²]	–	–	–	–
319	Baugrube, sonstiges [m³]	0,70	**0,90**	1,00	0,0%
320	**Gründung**				
321	Baugrundverbesserung [m²]	–	–	–	–
322	Flachgründungen [m²]	64,00	**83,00**	101,00	1,2%
323	Tiefgründungen [m²]	–	**472,00**	–	1,2%
324	Unterböden und Bodenplatten [m²]	58,00	**79,00**	109,00	2,2%
325	Bodenbeläge [m²]	51,00	**92,00**	152,00	1,2%
326	Bauwerksabdichtungen [m²]	13,00	**29,00**	41,00	0,7%
327	Dränagen [m²]	15,00	**18,00**	21,00	0,1%
329	Gründung, sonstiges [m²]	–	–	–	–
330	**Außenwände**				
331	Tragende Außenwände [m²]	103,00	**117,00**	134,00	6,2%
332	Nichttragende Außenwände [m²]	93,00	**224,00**	355,00	0,1%
333	Außenstützen [m]	89,00	**166,00**	197,00	0,3%
334	Außentüren und -fenster [m²]	396,00	**512,00**	586,00	6,4%
335	Außenwandbekleidungen außen [m²]	96,00	**129,00**	249,00	7,5%
336	Außenwandbekleidungen innen [m²]	25,00	**31,00**	35,00	1,3%
337	Elementierte Außenwände [m²]	240,00	**493,00**	784,00	1,6%
338	Sonnenschutz [m²]	120,00	**147,00**	158,00	1,1%
339	Außenwände, sonstiges [m²]	25,00	**35,00**	45,00	2,0%
340	**Innenwände**				
341	Tragende Innenwände [m²]	82,00	**106,00**	122,00	3,1%
342	Nichttragende Innenwände [m²]	51,00	**78,00**	98,00	2,2%
343	Innenstützen [m]	100,00	**147,00**	224,00	0,0%
344	Innentüren und -fenster [m²]	426,00	**699,00**	1.168,00	4,1%
345	Innenwandbekleidungen [m²]	25,00	**33,00**	38,00	3,2%
346	Elementierte Innenwände [m²]	29,00	**46,00**	63,00	0,0%
349	Innenwände, sonstiges [m²]	–	–	–	–
350	**Decken**				
351	Deckenkonstruktionen [m²]	145,00	**174,00**	276,00	9,0%
352	Deckenbeläge [m²]	121,00	**154,00**	175,00	7,1%
353	Deckenbekleidungen [m²]	10,00	**21,00**	28,00	0,8%
359	Decken, sonstiges [m²]	17,00	**33,00**	73,00	1,1%
360	**Dächer**				
361	Dachkonstruktionen [m²]	84,00	**115,00**	184,00	3,2%
362	Dachfenster, Dachöffnungen [m²]	1.073,00	**1.301,00**	1.737,00	0,6%
363	Dachbeläge [m²]	135,00	**187,00**	263,00	5,6%
364	Dachbekleidungen [m²]	32,00	**53,00**	67,00	1,3%
369	Dächer, sonstiges [m²]	2,20	**6,70**	19,00	0,1%

© BKI Baukosteninformationszentrum; Erläuterungen zu den Tabellen siehe Seite 48   Kosten: 1.Quartal 2018, Bundesdurchschnitt, **inkl. 19% MwSt.**

Mehrfamilienhäuser, mit bis zu 6 WE, hoher Standard

Kostengruppen	▷	€/Einheit	◁	KG an 300+400
370 Baukonstruktive Einbauten				
371 Allgemeine Einbauten [m² BGF]	–	**4,10**	–	0,0%
372 Besondere Einbauten [m² BGF]	–	**4,60**	–	0,0%
379 Baukonstruktive Einbauten, sonstiges [m² BGF]	–	–	–	–
390 Sonstige Maßnahmen für Baukonstruktionen				
391 Baustelleneinrichtung [m² BGF]	14,00	**18,00**	24,00	1,4%
392 Gerüste [m² BGF]	6,50	**14,00**	20,00	1,0%
393 Sicherungsmaßnahmen [m² BGF]	–	**4,80**	–	0,0%
394 Abbruchmaßnahmen [m² BGF]	–	–	–	–
395 Instandsetzungen [m² BGF]	–	–	–	–
396 Materialentsorgung [m² BGF]	–	–	–	–
397 Zusätzliche Maßnahmen [m² BGF]	0,10	**3,40**	5,00	0,1%
398 Provisorische Baukonstruktionen [m² BGF]	–	**2,20**	–	0,0%
399 Sonstige Maßnahmen für Baukonstruktionen, sonst. [m² BGF]	–	–	–	–
410 Abwasser-, Wasser-, Gasanlagen				
411 Abwasseranlagen [m² BGF]	20,00	**27,00**	36,00	2,1%
412 Wasseranlagen [m² BGF]	47,00	**52,00**	72,00	4,1%
420 Wärmeversorgungsanlagen				
421 Wärmeerzeugungsanlagen [m² BGF]	18,00	**22,00**	29,00	1,7%
422 Wärmeverteilnetze [m² BGF]	9,20	**18,00**	33,00	1,2%
423 Raumheizflächen [m² BGF]	22,00	**26,00**	33,00	2,0%
429 Wärmeversorgungsanlagen, sonstiges [m² BGF]	1,60	**3,10**	4,80	0,1%
430 Lufttechnische Anlagen				
431 Lüftungsanlagen [m² BGF]	2,00	**6,90**	21,00	0,4%
440 Starkstromanlagen				
443 Niederspannungsschaltanlagen [m² BGF]	–	–	–	–
444 Niederspannungsinstallationsanlagen [m² BGF]	32,00	**39,00**	45,00	3,2%
445 Beleuchtungsanlagen [m² BGF]	2,00	**8,40**	15,00	0,5%
446 Blitzschutz- und Erdungsanlagen [m² BGF]	0,90	**1,40**	2,50	0,1%
450 Fernmelde- und informationstechnische Anlagen				
451 Telekommunikationsanlagen [m² BGF]	0,50	**1,50**	1,80	0,1%
452 Such- und Signalanlagen [m² BGF]	1,40	**5,10**	7,80	0,4%
455 Fernseh- und Antennenanlagen [m² BGF]	1,60	**2,30**	2,70	0,1%
456 Gefahrenmelde- und Alarmanlagen [m² BGF]	–	–	–	–
460 Förderanlagen				
461 Aufzugsanlagen [m² BGF]	36,00	**40,00**	43,00	1,4%
470 Nutzungsspezifische Anlagen				
471 Küchentechnische Anlagen [m² BGF]	–	–	–	–
473 Medienversorgungsanlagen [m² BGF]	–	–	–	–
475 Feuerlöschanlagen [m² BGF]	–	–	–	–
Weitere Kosten für Technische Anlagen [m² BGF]	1,70	**3,70**	4,70	0,1%

© BKI Baukosteninformationszentrum; Erläuterungen zu den Tabellen siehe Seite 48 Kosten: 1.Quartal 2018, Bundesdurchschnitt, inkl. 19% MwSt.

Mehrfamilienhäuser, mit 6 bis 19 WE, einfacher Standard

Kosten:
Stand 1. Quartal 2018
Bundesdurchschnitt
inkl. 19% MwSt.

▷ von
ø Mittel
◁ bis

Kostengruppen		▷	€/Einheit	◁	KG an 300+400
310	**Baugrube**				
311	Baugrubenherstellung [m³]	25,00	**33,00**	41,00	2,2%
312	Baugrubenumschließung [m²]	–	–	–	–
313	Wasserhaltung [m²]	–	**7,70**	–	0,0%
319	Baugrube, sonstiges [m³]	–	–	–	–
320	**Gründung**				
321	Baugrundverbesserung [m²]	–	–	–	–
322	Flachgründungen [m²]	46,00	**64,00**	110,00	1,8%
323	Tiefgründungen [m²]	–	**192,00**	–	1,1%
324	Unterböden und Bodenplatten [m²]	62,00	**74,00**	80,00	1,8%
325	Bodenbeläge [m²]	23,00	**30,00**	37,00	0,4%
326	Bauwerksabdichtungen [m²]	8,20	**17,00**	44,00	0,6%
327	Dränagen [m²]	2,30	**13,00**	26,00	0,3%
329	Gründung, sonstiges [m²]	–	–	–	–
330	**Außenwände**				
331	Tragende Außenwände [m²]	93,00	**116,00**	136,00	6,8%
332	Nichttragende Außenwände [m²]	–	–	–	–
333	Außenstützen [m]	–	–	–	–
334	Außentüren und -fenster [m²]	322,00	**485,00**	690,00	5,5%
335	Außenwandbekleidungen außen [m²]	75,00	**112,00**	152,00	6,4%
336	Außenwandbekleidungen innen [m²]	20,00	**27,00**	32,00	1,4%
337	Elementierte Außenwände [m²]	–	–	–	–
338	Sonnenschutz [m²]	131,00	**186,00**	280,00	1,2%
339	Außenwände, sonstiges [m²]	3,80	**13,00**	33,00	0,8%
340	**Innenwände**				
341	Tragende Innenwände [m²]	76,00	**89,00**	100,00	3,0%
342	Nichttragende Innenwände [m²]	62,00	**71,00**	74,00	3,1%
343	Innenstützen [m]	102,00	**172,00**	237,00	0,5%
344	Innentüren und -fenster [m²]	306,00	**330,00**	340,00	3,1%
345	Innenwandbekleidungen [m²]	21,00	**30,00**	41,00	4,1%
346	Elementierte Innenwände [m²]	54,00	**70,00**	87,00	0,2%
349	Innenwände, sonstiges [m²]	–	**0,80**	–	0,0%
350	**Decken**				
351	Deckenkonstruktionen [m²]	151,00	**161,00**	188,00	12,1%
352	Deckenbeläge [m²]	68,00	**97,00**	120,00	6,3%
353	Deckenbekleidungen [m²]	16,00	**31,00**	72,00	2,1%
359	Decken, sonstiges [m²]	8,30	**23,00**	36,00	1,6%
360	**Dächer**				
361	Dachkonstruktionen [m²]	51,00	**83,00**	109,00	3,2%
362	Dachfenster, Dachöffnungen [m²]	595,00	**828,00**	945,00	0,6%
363	Dachbeläge [m²]	99,00	**125,00**	188,00	4,5%
364	Dachbekleidungen [m²]	29,00	**71,00**	89,00	2,2%
369	Dächer, sonstiges [m²]	1,50	**8,10**	17,00	0,2%

Mehrfamilienhäuser, mit 6 bis 19 WE, einfacher Standard

Kostengruppen		▷ €/Einheit ◁			KG an 300+400
370	**Baukonstruktive Einbauten**				
371	Allgemeine Einbauten [m² BGF]	–	**24,00**	–	0,5%
372	Besondere Einbauten [m² BGF]	–	**–**	–	–
379	Baukonstruktive Einbauten, sonstiges [m² BGF]	–	**–**	–	–
390	**Sonstige Maßnahmen für Baukonstruktionen**				
391	Baustelleneinrichtung [m² BGF]	6,50	**18,00**	51,00	1,8%
392	Gerüste [m² BGF]	4,10	**7,70**	15,00	0,6%
393	Sicherungsmaßnahmen [m² BGF]	–	**1,00**	–	0,0%
394	Abbruchmaßnahmen [m² BGF]	–	**2,30**	–	0,0%
395	Instandsetzungen [m² BGF]	–	**0,80**	–	0,0%
396	Materialentsorgung [m² BGF]	–	**2,60**	–	0,0%
397	Zusätzliche Maßnahmen [m² BGF]	0,90	**4,60**	8,30	0,2%
398	Provisorische Baukonstruktionen [m² BGF]	–	**–**	–	–
399	Sonstige Maßnahmen für Baukonstruktionen, sonst. [m² BGF]	–	**7,50**	–	0,2%
410	**Abwasser-, Wasser-, Gasanlagen**				
411	Abwasseranlagen [m² BGF]	14,00	**20,00**	26,00	2,2%
412	Wasseranlagen [m² BGF]	37,00	**42,00**	57,00	4,7%
420	**Wärmeversorgungsanlagen**				
421	Wärmeerzeugungsanlagen [m² BGF]	3,90	**13,00**	23,00	1,5%
422	Wärmeverteilnetze [m² BGF]	13,00	**16,00**	23,00	1,7%
423	Raumheizflächen [m² BGF]	11,00	**14,00**	18,00	1,6%
429	Wärmeversorgungsanlagen, sonstiges [m² BGF]	1,00	**7,20**	19,00	0,6%
430	**Lufttechnische Anlagen**				
431	Lüftungsanlagen [m² BGF]	3,50	**10,00**	24,00	0,7%
440	**Starkstromanlagen**				
443	Niederspannungsschaltanlagen [m² BGF]	–	**3,10**	–	0,0%
444	Niederspannungsinstallationsanlagen [m² BGF]	23,00	**28,00**	40,00	3,0%
445	Beleuchtungsanlagen [m² BGF]	2,20	**5,20**	12,00	0,5%
446	Blitzschutz- und Erdungsanlagen [m² BGF]	0,70	**1,20**	2,30	0,1%
450	**Fernmelde- und informationstechnische Anlagen**				
451	Telekommunikationsanlagen [m² BGF]	0,60	**0,90**	1,30	0,1%
452	Such- und Signalanlagen [m² BGF]	1,40	**1,70**	2,20	0,1%
455	Fernseh- und Antennenanlagen [m² BGF]	1,20	**2,60**	6,40	0,2%
456	Gefahrenmelde- und Alarmanlagen [m² BGF]	–	**0,90**	–	0,0%
460	**Förderanlagen**				
461	Aufzugsanlagen [m² BGF]	–	**–**	–	–
470	**Nutzungsspezifische Anlagen**				
471	Küchentechnische Anlagen [m² BGF]	–	**–**	–	–
473	Medienversorgungsanlagen [m² BGF]	–	**–**	–	–
475	Feuerlöschanlagen [m² BGF]	–	**–**	–	–
	Weitere Kosten für Technische Anlagen [m² BGF]	–	**7,10**	–	0,1%

© BKI Baukosteninformationszentrum; Erläuterungen zu den Tabellen siehe Seite 48   Kosten: 1.Quartal 2018, Bundesdurchschnitt, **inkl.** 19% MwSt.

Mehrfamilienhäuser, mit 6 bis 19 WE, mittlerer Standard

Kosten:
Stand 1.Quartal 2018
Bundesdurchschnitt
inkl. 19% MwSt.

▷ von
ø Mittel
◁ bis

Kostengruppen		▷	€/Einheit	◁	KG an 300+400
310	**Baugrube**				
311	Baugrubenherstellung [m³]	17,00	**27,00**	51,00	2,4%
312	Baugrubenumschließung [m²]	–	–	–	–
313	Wasserhaltung [m²]	–	**1,40**	–	0,0%
319	Baugrube, sonstiges [m³]	–	–	–	–
320	**Gründung**				
321	Baugrundverbesserung [m²]	–	–	–	–
322	Flachgründungen [m²]	27,00	**68,00**	121,00	1,6%
323	Tiefgründungen [m²]	–	–	–	–
324	Unterböden und Bodenplatten [m²]	38,00	**124,00**	189,00	2,9%
325	Bodenbeläge [m²]	37,00	**53,00**	71,00	0,9%
326	Bauwerksabdichtungen [m²]	11,00	**17,00**	24,00	0,5%
327	Dränagen [m²]	2,30	**6,80**	11,00	0,1%
329	Gründung, sonstiges [m²]	–	–	–	–
330	**Außenwände**				
331	Tragende Außenwände [m²]	111,00	**136,00**	168,00	8,6%
332	Nichttragende Außenwände [m²]	75,00	**147,00**	219,00	0,1%
333	Außenstützen [m]	105,00	**159,00**	190,00	0,0%
334	Außentüren und -fenster [m²]	252,00	**319,00**	366,00	4,6%
335	Außenwandbekleidungen außen [m²]	78,00	**101,00**	116,00	6,2%
336	Außenwandbekleidungen innen [m²]	21,00	**27,00**	32,00	1,3%
337	Elementierte Außenwände [m²]	550,00	**916,00**	1.102,00	0,6%
338	Sonnenschutz [m²]	81,00	**205,00**	674,00	1,3%
339	Außenwände, sonstiges [m²]	9,50	**17,00**	27,00	1,3%
340	**Innenwände**				
341	Tragende Innenwände [m²]	86,00	**98,00**	107,00	5,1%
342	Nichttragende Innenwände [m²]	53,00	**61,00**	66,00	2,5%
343	Innenstützen [m]	94,00	**118,00**	144,00	0,2%
344	Innentüren und -fenster [m²]	241,00	**281,00**	360,00	2,7%
345	Innenwandbekleidungen [m²]	21,00	**28,00**	33,00	4,2%
346	Elementierte Innenwände [m²]	28,00	**43,00**	59,00	0,2%
349	Innenwände, sonstiges [m²]	0,30	**0,70**	1,00	0,0%
350	**Decken**				
351	Deckenkonstruktionen [m²]	106,00	**132,00**	152,00	10,4%
352	Deckenbeläge [m²]	82,00	**104,00**	114,00	6,8%
353	Deckenbekleidungen [m²]	14,00	**20,00**	34,00	1,4%
359	Decken, sonstiges [m²]	14,00	**22,00**	33,00	1,7%
360	**Dächer**				
361	Dachkonstruktionen [m²]	64,00	**83,00**	97,00	3,2%
362	Dachfenster, Dachöffnungen [m²]	751,00	**2.518,00**	6.922,00	0,8%
363	Dachbeläge [m²]	84,00	**110,00**	142,00	4,0%
364	Dachbekleidungen [m²]	36,00	**62,00**	142,00	1,9%
369	Dächer, sonstiges [m²]	2,20	**4,60**	8,00	0,2%

Mehrfamilienhäuser, mit 6 bis 19 WE, mittlerer Standard

Kostengruppen	▷	€/Einheit	◁	KG an 300+400
370 Baukonstruktive Einbauten				
371 Allgemeine Einbauten [m² BGF]	1,80	**5,40**	7,60	0,2%
372 Besondere Einbauten [m² BGF]	–	–	–	–
379 Baukonstruktive Einbauten, sonstiges [m² BGF]	–	–	–	–
390 Sonstige Maßnahmen für Baukonstruktionen				
391 Baustelleneinrichtung [m² BGF]	6,50	**8,70**	13,00	0,9%
392 Gerüste [m² BGF]	6,40	**10,00**	16,00	0,7%
393 Sicherungsmaßnahmen [m² BGF]	–	**0,20**	–	0,0%
394 Abbruchmaßnahmen [m² BGF]	–	**2,30**	–	0,0%
395 Instandsetzungen [m² BGF]	–	–	–	–
396 Materialentsorgung [m² BGF]	–	**0,70**	–	0,0%
397 Zusätzliche Maßnahmen [m² BGF]	1,40	**5,10**	7,00	0,2%
398 Provisorische Baukonstruktionen [m² BGF]	–	**0,10**	–	0,0%
399 Sonstige Maßnahmen für Baukonstruktionen, sonst. [m² BGF]	–	–	–	–
410 Abwasser-, Wasser-, Gasanlagen				
411 Abwasseranlagen [m² BGF]	18,00	**28,00**	35,00	3,0%
412 Wasseranlagen [m² BGF]	28,00	**34,00**	44,00	3,7%
420 Wärmeversorgungsanlagen				
421 Wärmeerzeugungsanlagen [m² BGF]	8,10	**28,00**	48,00	2,3%
422 Wärmeverteilnetze [m² BGF]	4,00	**13,00**	18,00	1,1%
423 Raumheizflächen [m² BGF]	11,00	**14,00**	18,00	1,3%
429 Wärmeversorgungsanlagen, sonstiges [m² BGF]	4,40	**7,10**	8,90	0,3%
430 Lufttechnische Anlagen				
431 Lüftungsanlagen [m² BGF]	1,90	**5,20**	8,30	0,4%
440 Starkstromanlagen				
443 Niederspannungsschaltanlagen [m² BGF]	–	–	–	–
444 Niederspannungsinstallationsanlagen [m² BGF]	21,00	**31,00**	43,00	3,3%
445 Beleuchtungsanlagen [m² BGF]	0,60	**2,70**	5,20	0,2%
446 Blitzschutz- und Erdungsanlagen [m² BGF]	0,40	**0,80**	1,10	0,1%
450 Fernmelde- und informationstechnische Anlagen				
451 Telekommunikationsanlagen [m² BGF]	0,60	**1,00**	1,50	0,0%
452 Such- und Signalanlagen [m² BGF]	1,20	**2,20**	5,80	0,1%
455 Fernseh- und Antennenanlagen [m² BGF]	1,30	**1,80**	2,50	0,1%
456 Gefahrenmelde- und Alarmanlagen [m² BGF]	0,30	**1,10**	1,90	0,0%
460 Förderanlagen				
461 Aufzugsanlagen [m² BGF]	21,00	**35,00**	61,00	1,4%
470 Nutzungsspezifische Anlagen				
471 Küchentechnische Anlagen [m² BGF]	–	–	–	–
473 Medienversorgungsanlagen [m² BGF]	–	–	–	–
475 Feuerlöschanlagen [m² BGF]	–	**0,30**	–	0,0%
Weitere Kosten für Technische Anlagen [m² BGF]	5,60	**8,20**	15,00	0,5%

© **BKI** Baukosteninformationszentrum; Erläuterungen zu den Tabellen siehe Seite 48   Kosten: 1.Quartal 2018, Bundesdurchschnitt, **inkl. 19% MwSt.**

Mehrfamilienhäuser, mit 6 bis 19 WE, hoher Standard

Kosten:
Stand 1.Quartal 2018
Bundesdurchschnitt
inkl. 19% MwSt.

▷ von
ø Mittel
◁ bis

Kostengruppen		▷	€/Einheit	◁	KG an 300+400
310	**Baugrube**				
311	Baugrubenherstellung [m³]	26,00	**34,00**	45,00	2,6%
312	Baugrubenumschließung [m²]	152,00	**184,00**	215,00	0,3%
313	Wasserhaltung [m²]	2,90	**8,10**	13,00	0,0%
319	Baugrube, sonstiges [m³]	–	–	–	–
320	**Gründung**				
321	Baugrundverbesserung [m²]	3,20	**7,80**	10,00	0,1%
322	Flachgründungen [m²]	35,00	**66,00**	89,00	1,3%
323	Tiefgründungen [m²]	44,00	**111,00**	177,00	0,4%
324	Unterböden und Bodenplatten [m²]	49,00	**79,00**	99,00	2,4%
325	Bodenbeläge [m²]	30,00	**42,00**	61,00	0,4%
326	Bauwerksabdichtungen [m²]	11,00	**19,00**	30,00	0,5%
327	Dränagen [m²]	4,40	**9,30**	22,00	0,2%
329	Gründung, sonstiges [m²]	–	–	–	–
330	**Außenwände**				
331	Tragende Außenwände [m²]	104,00	**126,00**	168,00	7,6%
332	Nichttragende Außenwände [m²]	–	**152,00**	–	0,2%
333	Außenstützen [m]	–	**357,00**	–	0,0%
334	Außentüren und -fenster [m²]	269,00	**366,00**	455,00	5,1%
335	Außenwandbekleidungen außen [m²]	75,00	**133,00**	356,00	8,0%
336	Außenwandbekleidungen innen [m²]	20,00	**26,00**	36,00	1,1%
337	Elementierte Außenwände [m²]	907,00	**917,00**	927,00	1,1%
338	Sonnenschutz [m²]	90,00	**168,00**	247,00	0,9%
339	Außenwände, sonstiges [m²]	5,80	**7,40**	12,00	0,5%
340	**Innenwände**				
341	Tragende Innenwände [m²]	80,00	**118,00**	166,00	3,5%
342	Nichttragende Innenwände [m²]	53,00	**63,00**	77,00	3,1%
343	Innenstützen [m]	109,00	**187,00**	230,00	0,6%
344	Innentüren und -fenster [m²]	301,00	**392,00**	450,00	3,1%
345	Innenwandbekleidungen [m²]	24,00	**33,00**	50,00	3,9%
346	Elementierte Innenwände [m²]	–	**104,00**	–	0,0%
349	Innenwände, sonstiges [m²]	–	**1,40**	–	0,0%
350	**Decken**				
351	Deckenkonstruktionen [m²]	124,00	**142,00**	169,00	9,6%
352	Deckenbeläge [m²]	89,00	**102,00**	120,00	5,3%
353	Deckenbekleidungen [m²]	19,00	**23,00**	27,00	1,1%
359	Decken, sonstiges [m²]	15,00	**23,00**	34,00	1,6%
360	**Dächer**				
361	Dachkonstruktionen [m²]	106,00	**125,00**	154,00	3,8%
362	Dachfenster, Dachöffnungen [m²]	285,00	**839,00**	1.407,00	0,5%
363	Dachbeläge [m²]	129,00	**166,00**	190,00	4,5%
364	Dachbekleidungen [m²]	17,00	**32,00**	55,00	0,7%
369	Dächer, sonstiges [m²]	6,20	**21,00**	42,00	0,7%

Mehrfamilienhäuser, mit 6 bis 19 WE, hoher Standard

Kostengruppen		▷ €/Einheit ◁		KG an 300+400	
370	**Baukonstruktive Einbauten**				
371	Allgemeine Einbauten [m² BGF]	4,20	**12,00**	27,00	0,6%
372	Besondere Einbauten [m² BGF]	–	**0,10**	–	0,0%
379	Baukonstruktive Einbauten, sonstiges [m² BGF]	–	**–**	–	–
390	**Sonstige Maßnahmen für Baukonstruktionen**				
391	Baustelleneinrichtung [m² BGF]	14,00	**23,00**	55,00	2,2%
392	Gerüste [m² BGF]	5,20	**9,00**	15,00	0,8%
393	Sicherungsmaßnahmen [m² BGF]	4,10	**12,00**	20,00	0,4%
394	Abbruchmaßnahmen [m² BGF]	–	**3,20**	–	0,0%
395	Instandsetzungen [m² BGF]	–	**–**	–	–
396	Materialentsorgung [m² BGF]	–	**1,50**	–	0,0%
397	Zusätzliche Maßnahmen [m² BGF]	0,90	**2,80**	4,50	0,2%
398	Provisorische Baukonstruktionen [m² BGF]	–	**–**	–	–
399	Sonstige Maßnahmen für Baukonstruktionen, sonst. [m² BGF]	–	**–**	–	–
410	**Abwasser-, Wasser-, Gasanlagen**				
411	Abwasseranlagen [m² BGF]	18,00	**23,00**	29,00	2,2%
412	Wasseranlagen [m² BGF]	31,00	**40,00**	47,00	3,9%
420	**Wärmeversorgungsanlagen**				
421	Wärmeerzeugungsanlagen [m² BGF]	8,60	**12,00**	22,00	1,1%
422	Wärmeverteilnetze [m² BGF]	11,00	**15,00**	17,00	1,4%
423	Raumheizflächen [m² BGF]	11,00	**20,00**	34,00	1,9%
429	Wärmeversorgungsanlagen, sonstiges [m² BGF]	–	**3,70**	–	0,0%
430	**Lufttechnische Anlagen**				
431	Lüftungsanlagen [m² BGF]	5,00	**9,80**	19,00	0,9%
440	**Starkstromanlagen**				
443	Niederspannungsschaltanlagen [m² BGF]	–	**–**	–	–
444	Niederspannungsinstallationsanlagen [m² BGF]	20,00	**28,00**	34,00	2,7%
445	Beleuchtungsanlagen [m² BGF]	1,50	**2,80**	6,40	0,2%
446	Blitzschutz- und Erdungsanlagen [m² BGF]	0,70	**1,10**	1,40	0,1%
450	**Fernmelde- und informationstechnische Anlagen**				
451	Telekommunikationsanlagen [m² BGF]	0,70	**1,90**	2,30	0,1%
452	Such- und Signalanlagen [m² BGF]	2,00	**3,40**	4,80	0,2%
455	Fernseh- und Antennenanlagen [m² BGF]	1,80	**2,50**	3,30	0,2%
456	Gefahrenmelde- und Alarmanlagen [m² BGF]	0,70	**1,80**	2,90	0,0%
460	**Förderanlagen**				
461	Aufzugsanlagen [m² BGF]	28,00	**32,00**	35,00	3,1%
470	**Nutzungsspezifische Anlagen**				
471	Küchentechnische Anlagen [m² BGF]	–	**–**	–	–
473	Medienversorgungsanlagen [m² BGF]	–	**–**	–	–
475	Feuerlöschanlagen [m² BGF]	–	**0,30**	–	0,0%
	Weitere Kosten für Technische Anlagen [m² BGF]	5,70	**6,90**	8,90	0,4%

© **BKI** Baukosteninformationszentrum; Erläuterungen zu den Tabellen siehe Seite 48   Kosten: 1.Quartal 2018, Bundesdurchschnitt, inkl. 19% MwSt.

Mehrfamilienhäuser, mit 20 oder mehr WE, mittlerer Standard

Kosten:
Stand 1.Quartal 2018
Bundesdurchschnitt
inkl. 19% MwSt.

▷ von
Ø Mittel
◁ bis

Kostengruppen		▷	€/Einheit	◁	KG an 300+400
310	**Baugrube**				
311	Baugrubenherstellung [m³]	18,00	**33,00**	85,00	1,9%
312	Baugrubenumschließung [m²]	114,00	**208,00**	368,00	1,1%
313	Wasserhaltung [m²]	2,00	**12,00**	18,00	0,2%
319	Baugrube, sonstiges [m³]	–	**–**	–	–
320	**Gründung**				
321	Baugrundverbesserung [m²]	2,10	**72,00**	142,00	0,6%
322	Flachgründungen [m²]	36,00	**98,00**	182,00	2,8%
323	Tiefgründungen [m²]	–	**–**	–	–
324	Unterböden und Bodenplatten [m²]	58,00	**99,00**	171,00	1,4%
325	Bodenbeläge [m²]	39,00	**67,00**	120,00	1,4%
326	Bauwerksabdichtungen [m²]	10,00	**18,00**	24,00	0,5%
327	Dränagen [m²]	11,00	**13,00**	15,00	0,1%
329	Gründung, sonstiges [m²]	–	**0,30**	–	0,0%
330	**Außenwände**				
331	Tragende Außenwände [m²]	80,00	**120,00**	184,00	5,3%
332	Nichttragende Außenwände [m²]	85,00	**163,00**	242,00	0,4%
333	Außenstützen [m]	87,00	**138,00**	179,00	0,1%
334	Außentüren und -fenster [m²]	241,00	**407,00**	538,00	5,1%
335	Außenwandbekleidungen außen [m²]	80,00	**114,00**	174,00	6,1%
336	Außenwandbekleidungen innen [m²]	19,00	**27,00**	39,00	1,2%
337	Elementierte Außenwände [m²]	512,00	**764,00**	1.129,00	2,3%
338	Sonnenschutz [m²]	114,00	**253,00**	406,00	1,0%
339	Außenwände, sonstiges [m²]	18,00	**33,00**	69,00	1,6%
340	**Innenwände**				
341	Tragende Innenwände [m²]	77,00	**99,00**	170,00	4,1%
342	Nichttragende Innenwände [m²]	52,00	**58,00**	68,00	2,7%
343	Innenstützen [m]	128,00	**178,00**	273,00	0,2%
344	Innentüren und -fenster [m²]	258,00	**336,00**	432,00	3,4%
345	Innenwandbekleidungen [m²]	15,00	**21,00**	30,00	3,0%
346	Elementierte Innenwände [m²]	38,00	**44,00**	49,00	0,2%
349	Innenwände, sonstiges [m²]	1,70	**2,00**	2,30	0,0%
350	**Decken**				
351	Deckenkonstruktionen [m²]	117,00	**154,00**	213,00	11,6%
352	Deckenbeläge [m²]	66,00	**81,00**	109,00	4,8%
353	Deckenbekleidungen [m²]	16,00	**24,00**	34,00	1,3%
359	Decken, sonstiges [m²]	9,40	**32,00**	53,00	2,1%
360	**Dächer**				
361	Dachkonstruktionen [m²]	88,00	**139,00**	182,00	4,0%
362	Dachfenster, Dachöffnungen [m²]	1.036,00	**1.609,00**	2.141,00	0,3%
363	Dachbeläge [m²]	93,00	**109,00**	121,00	3,2%
364	Dachbekleidungen [m²]	8,80	**24,00**	37,00	0,3%
369	Dächer, sonstiges [m²]	3,40	**10,00**	36,00	0,2%

© BKI Baukosteninformationszentrum; Erläuterungen zu den Tabellen siehe Seite 48

Kosten: 1.Quartal 2018, Bundesdurchschnitt, **inkl. 19% MwSt.**

Mehrfamilienhäuser, mit 20 oder mehr WE, mittlerer Standard

Kostengruppen		▷ €/Einheit ◁		KG an 300+400
370	**Baukonstruktive Einbauten**			
371	Allgemeine Einbauten [m² BGF]	1,90	**6,10**	17,00	0,4%
372	Besondere Einbauten [m² BGF]	–	**–**	–	–
379	Baukonstruktive Einbauten, sonstiges [m² BGF]	–	**0,90**	–	0,0%
390	**Sonstige Maßnahmen für Baukonstruktionen**				
391	Baustelleneinrichtung [m² BGF]	14,00	**28,00**	49,00	2,7%
392	Gerüste [m² BGF]	3,00	**7,20**	13,00	0,8%
393	Sicherungsmaßnahmen [m² BGF]	–	**–**	–	–
394	Abbruchmaßnahmen [m² BGF]	–	**2,40**	–	0,0%
395	Instandsetzungen [m² BGF]	0,10	**0,50**	1,00	0,0%
396	Materialentsorgung [m² BGF]	–	**0,20**	–	0,0%
397	Zusätzliche Maßnahmen [m² BGF]	3,00	**6,10**	11,00	0,6%
398	Provisorische Baukonstruktionen [m² BGF]	–	**0,10**	–	0,0%
399	Sonstige Maßnahmen für Baukonstruktionen, sonst. [m² BGF]	–	**1,90**	–	0,0%
410	**Abwasser-, Wasser-, Gasanlagen**				
411	Abwasseranlagen [m² BGF]	14,00	**20,00**	27,00	1,5%
412	Wasseranlagen [m² BGF]	25,00	**31,00**	37,00	2,4%
420	**Wärmeversorgungsanlagen**				
421	Wärmeerzeugungsanlagen [m² BGF]	5,00	**8,80**	11,00	0,5%
422	Wärmeverteilnetze [m² BGF]	11,00	**18,00**	25,00	1,3%
423	Raumheizflächen [m² BGF]	8,70	**12,00**	17,00	0,9%
429	Wärmeversorgungsanlagen, sonstiges [m² BGF]	1,50	**1,70**	1,80	0,0%
430	**Lufttechnische Anlagen**				
431	Lüftungsanlagen [m² BGF]	3,30	**6,80**	16,00	0,5%
440	**Starkstromanlagen**				
443	Niederspannungsschaltanlagen [m² BGF]	–	**–**	–	–
444	Niederspannungsinstallationsanlagen [m² BGF]	32,00	**37,00**	42,00	2,9%
445	Beleuchtungsanlagen [m² BGF]	6,40	**9,20**	16,00	0,7%
446	Blitzschutz- und Erdungsanlagen [m² BGF]	1,60	**2,30**	3,00	0,1%
450	**Fernmelde- und informationstechnische Anlagen**				
451	Telekommunikationsanlagen [m² BGF]	0,70	**1,20**	1,90	0,1%
452	Such- und Signalanlagen [m² BGF]	1,20	**1,50**	1,80	0,1%
455	Fernseh- und Antennenanlagen [m² BGF]	1,40	**4,20**	13,00	0,3%
456	Gefahrenmelde- und Alarmanlagen [m² BGF]	0,70	**1,50**	2,30	0,1%
460	**Förderanlagen**				
461	Aufzugsanlagen [m² BGF]	13,00	**42,00**	57,00	2,5%
470	**Nutzungsspezifische Anlagen**				
471	Küchentechnische Anlagen [m² BGF]	–	**–**	–	–
473	Medienversorgungsanlagen [m² BGF]	–	**–**	–	–
475	Feuerlöschanlagen [m² BGF]	–	**2,00**	–	0,0%
	Weitere Kosten für Technische Anlagen [m² BGF]	5,20	**15,00**	45,00	1,3%

© BKI Baukosteninformationszentrum; Erläuterungen zu den Tabellen siehe Seite 48   Kosten: 1.Quartal 2018, Bundesdurchschnitt, inkl. 19% MwSt.

Mehrfamilienhäuser, mit 20 oder mehr WE, hoher Standard

Kosten:
Stand 1.Quartal 2018
Bundesdurchschnitt
inkl. 19% MwSt.

▷ von
ø Mittel
◁ bis

Kostengruppen		▷	€/Einheit	◁	KG an 300+400
310	**Baugrube**				
311	Baugrubenherstellung [m³]	15,00	**19,00**	27,00	2,3%
312	Baugrubenumschließung [m²]	–	**–**	–	–
313	Wasserhaltung [m²]	2,20	**3,60**	5,00	0,0%
319	Baugrube, sonstiges [m³]	–	**–**	–	–
320	**Gründung**				
321	Baugrundverbesserung [m²]	–	**45,00**	–	0,3%
322	Flachgründungen [m²]	33,00	**62,00**	76,00	1,2%
323	Tiefgründungen [m²]	–	**175,00**	–	0,3%
324	Unterböden und Bodenplatten [m²]	60,00	**106,00**	131,00	2,3%
325	Bodenbeläge [m²]	35,00	**46,00**	61,00	0,8%
326	Bauwerksabdichtungen [m²]	28,00	**37,00**	53,00	0,8%
327	Dränagen [m²]	12,00	**13,00**	15,00	0,2%
329	Gründung, sonstiges [m²]	–	**–**	–	–
330	**Außenwände**				
331	Tragende Außenwände [m²]	80,00	**101,00**	137,00	6,9%
332	Nichttragende Außenwände [m²]	102,00	**127,00**	168,00	0,3%
333	Außenstützen [m]	–	**135,00**	–	0,1%
334	Außentüren und -fenster [m²]	319,00	**396,00**	550,00	5,0%
335	Außenwandbekleidungen außen [m²]	102,00	**106,00**	113,00	7,8%
336	Außenwandbekleidungen innen [m²]	17,00	**26,00**	31,00	1,7%
337	Elementierte Außenwände [m²]	–	**880,00**	–	0,6%
338	Sonnenschutz [m²]	320,00	**493,00**	580,00	2,1%
339	Außenwände, sonstiges [m²]	0,30	**3,60**	5,50	0,2%
340	**Innenwände**				
341	Tragende Innenwände [m²]	71,00	**84,00**	105,00	2,7%
342	Nichttragende Innenwände [m²]	64,00	**72,00**	76,00	3,1%
343	Innenstützen [m]	114,00	**120,00**	126,00	0,0%
344	Innentüren und -fenster [m²]	327,00	**371,00**	454,00	3,3%
345	Innenwandbekleidungen [m²]	24,00	**27,00**	33,00	3,0%
346	Elementierte Innenwände [m²]	–	**122,00**	–	0,3%
349	Innenwände, sonstiges [m²]	–	**–**	–	–
350	**Decken**				
351	Deckenkonstruktionen [m²]	138,00	**165,00**	219,00	10,9%
352	Deckenbeläge [m²]	99,00	**112,00**	138,00	6,8%
353	Deckenbekleidungen [m²]	6,80	**11,00**	14,00	0,6%
359	Decken, sonstiges [m²]	22,00	**39,00**	50,00	2,5%
360	**Dächer**				
361	Dachkonstruktionen [m²]	82,00	**95,00**	108,00	1,6%
362	Dachfenster, Dachöffnungen [m²]	–	**922,00**	–	0,0%
363	Dachbeläge [m²]	203,00	**231,00**	260,00	4,1%
364	Dachbekleidungen [m²]	17,00	**19,00**	22,00	0,3%
369	Dächer, sonstiges [m²]	–	**2,00**	–	0,0%

Mehrfamilienhäuser, mit 20 oder mehr WE, hoher Standard

Kostengruppen		▷ €/Einheit ◁		KG an 300+400
370	**Baukonstruktive Einbauten**			
371	Allgemeine Einbauten [m² BGF]	–	**1,60**	–	0,0%
372	Besondere Einbauten [m² BGF]	–	–	–	
379	Baukonstruktive Einbauten, sonstiges [m² BGF]	–	–	–	
390	**Sonstige Maßnahmen für Baukonstruktionen**				
391	Baustelleneinrichtung [m² BGF]	5,10	**7,90**	13,00	0,7%
392	Gerüste [m² BGF]	6,60	**9,90**	12,00	0,8%
393	Sicherungsmaßnahmen [m² BGF]	–	–	–	
394	Abbruchmaßnahmen [m² BGF]	–	–	–	
395	Instandsetzungen [m² BGF]	–	–	–	
396	Materialentsorgung [m² BGF]	–	–	–	
397	Zusätzliche Maßnahmen [m² BGF]	2,30	**2,60**	2,80	0,1%
398	Provisorische Baukonstruktionen [m² BGF]	–	–	–	
399	Sonstige Maßnahmen für Baukonstruktionen, sonst. [m² BGF]	–	–	–	
410	**Abwasser-, Wasser-, Gasanlagen**				
411	Abwasseranlagen [m² BGF]	15,00	**21,00**	24,00	1,9%
412	Wasseranlagen [m² BGF]	44,00	**59,00**	83,00	5,2%
420	**Wärmeversorgungsanlagen**				
421	Wärmeerzeugungsanlagen [m² BGF]	4,90	**7,80**	14,00	0,6%
422	Wärmeverteilnetze [m² BGF]	7,20	**8,40**	11,00	0,7%
423	Raumheizflächen [m² BGF]	29,00	**44,00**	73,00	3,7%
429	Wärmeversorgungsanlagen, sonstiges [m² BGF]	0,40	**0,80**	1,20	0,0%
430	**Lufttechnische Anlagen**				
431	Lüftungsanlagen [m² BGF]	13,00	**27,00**	56,00	2,6%
440	**Starkstromanlagen**				
443	Niederspannungsschaltanlagen [m² BGF]	–	–	–	
444	Niederspannungsinstallationsanlagen [m² BGF]	28,00	**32,00**	40,00	2,8%
445	Beleuchtungsanlagen [m² BGF]	1,70	**6,10**	14,00	0,6%
446	Blitzschutz- und Erdungsanlagen [m² BGF]	1,40	**2,60**	4,50	0,2%
450	**Fernmelde- und informationstechnische Anlagen**				
451	Telekommunikationsanlagen [m² BGF]	0,90	**1,20**	1,60	0,1%
452	Such- und Signalanlagen [m² BGF]	2,40	**6,40**	14,00	0,6%
455	Fernseh- und Antennenanlagen [m² BGF]	2,10	**4,80**	9,80	0,3%
456	Gefahrenmelde- und Alarmanlagen [m² BGF]	–	**7,10**	–	0,2%
460	**Förderanlagen**				
461	Aufzugsanlagen [m² BGF]	16,00	**18,00**	20,00	1,1%
470	**Nutzungsspezifische Anlagen**				
471	Küchentechnische Anlagen [m² BGF]	–	–	–	
473	Medienversorgungsanlagen [m² BGF]	–	–	–	
475	Feuerlöschanlagen [m² BGF]	–	–	–	
	Weitere Kosten für Technische Anlagen [m² BGF]	2,60	**4,50**	7,70	0,3%

© BKI Baukosteninformationszentrum; Erläuterungen zu den Tabellen siehe Seite 48   Kosten: 1.Quartal 2018, Bundesdurchschnitt, inkl. 19% MwSt.

Mehrfamilienhäuser, Passivhäuser

Kosten:
Stand 1. Quartal 2018
Bundesdurchschnitt
inkl. 19% MwSt.

▷ von
ø Mittel
◁ bis

Kostengruppen		▷	€/Einheit	◁	KG an 300+400
310	**Baugrube**				
311	Baugrubenherstellung [m³]	19,00	**24,00**	37,00	2,0%
312	Baugrubenumschließung [m²]	–	–	–	–
313	Wasserhaltung [m²]	4,50	**11,00**	28,00	0,1%
319	Baugrube, sonstiges [m³]	–	–	–	–
320	**Gründung**				
321	Baugrundverbesserung [m²]	4,50	**12,00**	19,00	0,1%
322	Flachgründungen [m²]	48,00	**88,00**	118,00	1,7%
323	Tiefgründungen [m²]	–	–	–	–
324	Unterböden und Bodenplatten [m²]	72,00	**109,00**	141,00	1,4%
325	Bodenbeläge [m²]	47,00	**82,00**	139,00	1,3%
326	Bauwerksabdichtungen [m²]	13,00	**29,00**	55,00	0,7%
327	Dränagen [m²]	5,60	**13,00**	24,00	0,1%
329	Gründung, sonstiges [m²]	–	–	–	–
330	**Außenwände**				
331	Tragende Außenwände [m²]	88,00	**107,00**	136,00	5,7%
332	Nichttragende Außenwände [m²]	92,00	**173,00**	377,00	0,4%
333	Außenstützen [m]	122,00	**153,00**	209,00	0,2%
334	Außentüren und -fenster [m²]	466,00	**549,00**	719,00	8,5%
335	Außenwandbekleidungen außen [m²]	92,00	**125,00**	196,00	7,3%
336	Außenwandbekleidungen innen [m²]	29,00	**34,00**	50,00	1,3%
337	Elementierte Außenwände [m²]	388,00	**729,00**	1.321,00	0,6%
338	Sonnenschutz [m²]	141,00	**261,00**	512,00	1,9%
339	Außenwände, sonstiges [m²]	6,40	**27,00**	87,00	1,5%
340	**Innenwände**				
341	Tragende Innenwände [m²]	72,00	**102,00**	123,00	2,9%
342	Nichttragende Innenwände [m²]	57,00	**73,00**	96,00	2,7%
343	Innenstützen [m]	91,00	**124,00**	181,00	0,2%
344	Innentüren und -fenster [m²]	228,00	**294,00**	436,00	2,3%
345	Innenwandbekleidungen [m²]	23,00	**31,00**	42,00	3,4%
346	Elementierte Innenwände [m²]	29,00	**140,00**	472,00	0,6%
349	Innenwände, sonstiges [m²]	5,80	**5,80**	5,80	0,1%
350	**Decken**				
351	Deckenkonstruktionen [m²]	130,00	**154,00**	187,00	9,7%
352	Deckenbeläge [m²]	94,00	**116,00**	171,00	5,6%
353	Deckenbekleidungen [m²]	26,00	**29,00**	35,00	1,3%
359	Decken, sonstiges [m²]	5,10	**26,00**	51,00	1,5%
360	**Dächer**				
361	Dachkonstruktionen [m²]	117,00	**154,00**	273,00	4,2%
362	Dachfenster, Dachöffnungen [m²]	–	**1.741,00**	–	0,0%
363	Dachbeläge [m²]	131,00	**168,00**	206,00	4,0%
364	Dachbekleidungen [m²]	14,00	**30,00**	53,00	0,6%
369	Dächer, sonstiges [m²]	8,30	**28,00**	75,00	0,5%

Mehrfamilienhäuser, Passivhäuser

Kostengruppen	▷ €/Einheit ◁			KG an 300+400
370 Baukonstruktive Einbauten				
371 Allgemeine Einbauten [m² BGF]	4,40	**12,00**	19,00	0,2%
372 Besondere Einbauten [m² BGF]	–	–	–	–
379 Baukonstruktive Einbauten, sonstiges [m² BGF]	–	**2,20**	–	0,0%
390 Sonstige Maßnahmen für Baukonstruktionen				
391 Baustelleneinrichtung [m² BGF]	11,00	**18,00**	35,00	1,7%
392 Gerüste [m² BGF]	7,40	**13,00**	19,00	1,0%
393 Sicherungsmaßnahmen [m² BGF]	3,60	**9,50**	15,00	0,2%
394 Abbruchmaßnahmen [m² BGF]	–	**5,20**	–	0,0%
395 Instandsetzungen [m² BGF]	–	–	–	–
396 Materialentsorgung [m² BGF]	–	**2,20**	–	0,0%
397 Zusätzliche Maßnahmen [m² BGF]	1,00	**4,00**	12,00	0,3%
398 Provisorische Baukonstruktionen [m² BGF]	–	**0,50**	–	0,0%
399 Sonstige Maßnahmen für Baukonstruktionen, sonst. [m² BGF]	–	–	–	–
410 Abwasser-, Wasser-, Gasanlagen				
411 Abwasseranlagen [m² BGF]	17,00	**23,00**	39,00	2,1%
412 Wasseranlagen [m² BGF]	32,00	**37,00**	44,00	3,4%
420 Wärmeversorgungsanlagen				
421 Wärmeerzeugungsanlagen [m² BGF]	12,00	**30,00**	79,00	2,0%
422 Wärmeverteilnetze [m² BGF]	6,60	**10,00**	13,00	0,6%
423 Raumheizflächen [m² BGF]	9,60	**17,00**	25,00	1,2%
429 Wärmeversorgungsanlagen, sonstiges [m² BGF]	0,60	**1,30**	2,40	0,0%
430 Lufttechnische Anlagen				
431 Lüftungsanlagen [m² BGF]	23,00	**53,00**	69,00	4,0%
440 Starkstromanlagen				
443 Niederspannungsschaltanlagen [m² BGF]	–	–	–	–
444 Niederspannungsinstallationsanlagen [m² BGF]	30,00	**38,00**	50,00	2,9%
445 Beleuchtungsanlagen [m² BGF]	1,70	**2,80**	3,80	0,1%
446 Blitzschutz- und Erdungsanlagen [m² BGF]	1,40	**1,90**	4,00	0,1%
450 Fernmelde- und informationstechnische Anlagen				
451 Telekommunikationsanlagen [m² BGF]	0,80	**1,30**	1,80	0,1%
452 Such- und Signalanlagen [m² BGF]	1,60	**2,40**	3,30	0,1%
455 Fernseh- und Antennenanlagen [m² BGF]	1,60	**4,10**	6,40	0,3%
456 Gefahrenmelde- und Alarmanlagen [m² BGF]	0,20	**1,00**	1,80	0,0%
460 Förderanlagen				
461 Aufzugsanlagen [m² BGF]	13,00	**23,00**	34,00	0,6%
470 Nutzungsspezifische Anlagen				
471 Küchentechnische Anlagen [m² BGF]	–	–	–	–
473 Medienversorgungsanlagen [m² BGF]	–	–	–	–
475 Feuerlöschanlagen [m² BGF]	–	–	–	–
Weitere Kosten für Technische Anlagen [m² BGF]	1,60	**4,80**	11,00	0,3%

Wohnhäuser, mit bis zu 15% Mischnutzung, einfacher Standard

Kosten:
Stand 1.Quartal 2018
Bundesdurchschnitt
inkl. 19% MwSt.

▷ von
Ø Mittel
◁ bis

Kostengruppen		▷	€/Einheit	◁	KG an 300+400
310	**Baugrube**				
311	Baugrubenherstellung [m³]	27,00	**34,00**	41,00	2,1%
312	Baugrubenumschließung [m²]	–	**314,00**	–	0,2%
313	Wasserhaltung [m²]	7,90	**19,00**	30,00	0,1%
319	Baugrube, sonstiges [m³]	–	**–**	–	–
320	**Gründung**				
321	Baugrundverbesserung [m²]	–	**21,00**	–	0,1%
322	Flachgründungen [m²]	7,00	**84,00**	123,00	0,8%
323	Tiefgründungen [m²]	–	**203,00**	–	0,1%
324	Unterböden und Bodenplatten [m²]	58,00	**115,00**	189,00	2,1%
325	Bodenbeläge [m²]	38,00	**79,00**	117,00	1,1%
326	Bauwerksabdichtungen [m²]	7,70	**17,00**	21,00	0,2%
327	Dränagen [m²]	9,10	**9,40**	9,70	0,0%
329	Gründung, sonstiges [m²]	–	**–**	–	–
330	**Außenwände**				
331	Tragende Außenwände [m²]	91,00	**131,00**	170,00	3,6%
332	Nichttragende Außenwände [m²]	237,00	**299,00**	361,00	0,1%
333	Außenstützen [m]	–	**–**	–	–
334	Außentüren und -fenster [m²]	413,00	**507,00**	628,00	7,6%
335	Außenwandbekleidungen außen [m²]	91,00	**131,00**	165,00	5,2%
336	Außenwandbekleidungen innen [m²]	42,00	**73,00**	156,00	2,4%
337	Elementierte Außenwände [m²]	239,00	**352,00**	577,00	4,0%
338	Sonnenschutz [m²]	92,00	**122,00**	181,00	1,0%
339	Außenwände, sonstiges [m²]	3,30	**49,00**	94,00	1,9%
340	**Innenwände**				
341	Tragende Innenwände [m²]	88,00	**114,00**	138,00	5,4%
342	Nichttragende Innenwände [m²]	57,00	**69,00**	101,00	3,2%
343	Innenstützen [m]	137,00	**171,00**	224,00	0,2%
344	Innentüren und -fenster [m²]	221,00	**265,00**	307,00	2,1%
345	Innenwandbekleidungen [m²]	10,00	**29,00**	36,00	4,5%
346	Elementierte Innenwände [m²]	34,00	**95,00**	155,00	0,1%
349	Innenwände, sonstiges [m²]	–	**0,10**	–	0,0%
350	**Decken**				
351	Deckenkonstruktionen [m²]	141,00	**164,00**	194,00	13,5%
352	Deckenbeläge [m²]	43,00	**62,00**	108,00	3,8%
353	Deckenbekleidungen [m²]	19,00	**26,00**	34,00	1,8%
359	Decken, sonstiges [m²]	11,00	**24,00**	36,00	2,0%
360	**Dächer**				
361	Dachkonstruktionen [m²]	69,00	**138,00**	162,00	2,4%
362	Dachfenster, Dachöffnungen [m²]	718,00	**1.110,00**	1.316,00	0,1%
363	Dachbeläge [m²]	92,00	**155,00**	182,00	2,7%
364	Dachbekleidungen [m²]	22,00	**67,00**	204,00	0,4%
369	Dächer, sonstiges [m²]	1,90	**41,00**	61,00	0,4%

Wohnhäuser, mit bis zu 15% Mischnutzung, einfacher Standard

Kostengruppen		▷ €/Einheit ◁		KG an 300+400
370	**Baukonstruktive Einbauten**			
371	Allgemeine Einbauten [m² BGF]	1,90	**12,00**	23,00	0,6%
372	Besondere Einbauten [m² BGF]	–	–	–	–
379	Baukonstruktive Einbauten, sonstiges [m² BGF]	–	**0,40**	–	0,0%
390	**Sonstige Maßnahmen für Baukonstruktionen**				
391	Baustelleneinrichtung [m² BGF]	8,50	**21,00**	53,00	2,1%
392	Gerüste [m² BGF]	2,60	**7,20**	11,00	0,7%
393	Sicherungsmaßnahmen [m² BGF]	–	–	–	–
394	Abbruchmaßnahmen [m² BGF]	–	**0,20**	–	0,0%
395	Instandsetzungen [m² BGF]	–	**0,10**	–	0,0%
396	Materialentsorgung [m² BGF]	–	–	–	–
397	Zusätzliche Maßnahmen [m² BGF]	0,80	**2,30**	5,10	0,1%
398	Provisorische Baukonstruktionen [m² BGF]	–	–	–	–
399	Sonstige Maßnahmen für Baukonstruktionen, sonst. [m² BGF]	–	**3,10**	–	0,0%
410	**Abwasser-, Wasser-, Gasanlagen**				
411	Abwasseranlagen [m² BGF]	19,00	**25,00**	30,00	2,6%
412	Wasseranlagen [m² BGF]	31,00	**40,00**	48,00	4,3%
420	**Wärmeversorgungsanlagen**				
421	Wärmeerzeugungsanlagen [m² BGF]	8,50	**26,00**	61,00	2,1%
422	Wärmeverteilnetze [m² BGF]	13,00	**13,00**	14,00	0,7%
423	Raumheizflächen [m² BGF]	14,00	**18,00**	25,00	1,3%
429	Wärmeversorgungsanlagen, sonstiges [m² BGF]	0,90	**1,90**	3,00	0,1%
430	**Lufttechnische Anlagen**				
431	Lüftungsanlagen [m² BGF]	0,60	**2,60**	8,80	0,2%
440	**Starkstromanlagen**				
443	Niederspannungsschaltanlagen [m² BGF]	–	–	–	–
444	Niederspannungsinstallationsanlagen [m² BGF]	30,00	**32,00**	35,00	3,4%
445	Beleuchtungsanlagen [m² BGF]	1,00	**4,10**	7,30	0,4%
446	Blitzschutz- und Erdungsanlagen [m² BGF]	0,90	**1,60**	1,80	0,1%
450	**Fernmelde- und informationstechnische Anlagen**				
451	Telekommunikationsanlagen [m² BGF]	–	**0,90**	–	0,0%
452	Such- und Signalanlagen [m² BGF]	0,60	**2,10**	3,60	0,1%
455	Fernseh- und Antennenanlagen [m² BGF]	1,50	**2,20**	2,90	0,2%
456	Gefahrenmelde- und Alarmanlagen [m² BGF]	–	–	–	–
460	**Förderanlagen**				
461	Aufzugsanlagen [m² BGF]	15,00	**22,00**	27,00	1,7%
470	**Nutzungsspezifische Anlagen**				
471	Küchentechnische Anlagen [m² BGF]	–	–	–	–
473	Medienversorgungsanlagen [m² BGF]	–	–	–	–
475	Feuerlöschanlagen [m² BGF]	–	**0,20**	–	0,0%
	Weitere Kosten für Technische Anlagen [m² BGF]	0,70	**2,60**	3,60	0,2%

© **BKI** Baukosteninformationszentrum; Erläuterungen zu den Tabellen siehe Seite 48   Kosten: 1.Quartal 2018, Bundesdurchschnitt, inkl. 19% MwSt.

Wohnhäuser, mit bis zu 15% Mischnutzung, mittlerer Standard

Kosten:
Stand 1.Quartal 2018
Bundesdurchschnitt
inkl. 19% MwSt.

▷ von
ø Mittel
◁ bis

Kostengruppen	▷	€/Einheit	◁	KG an 300+400
310 Baugrube				
311 Baugrubenherstellung [m³]	8,80	**19,00**	24,00	0,8%
312 Baugrubenumschließung [m²]	–	**–**	–	–
313 Wasserhaltung [m²]	–	**–**	–	–
319 Baugrube, sonstiges [m³]	–	**–**	–	–
320 Gründung				
321 Baugrundverbesserung [m²]	–	**–**	–	–
322 Flachgründungen [m²]	39,00	**69,00**	114,00	2,5%
323 Tiefgründungen [m²]	–	**–**	–	–
324 Unterböden und Bodenplatten [m²]	40,00	**72,00**	93,00	3,2%
325 Bodenbeläge [m²]	111,00	**120,00**	136,00	4,5%
326 Bauwerksabdichtungen [m²]	1,70	**21,00**	31,00	0,7%
327 Dränagen [m²]	–	**12,00**	–	0,0%
329 Gründung, sonstiges [m²]	–	**–**	–	–
330 Außenwände				
331 Tragende Außenwände [m²]	103,00	**123,00**	156,00	10,8%
332 Nichttragende Außenwände [m²]	–	**103,00**	–	0,1%
333 Außenstützen [m]	–	**103,00**	–	0,1%
334 Außentüren und -fenster [m²]	428,00	**459,00**	518,00	7,7%
335 Außenwandbekleidungen außen [m²]	91,00	**126,00**	161,00	5,9%
336 Außenwandbekleidungen innen [m²]	13,00	**35,00**	49,00	1,9%
337 Elementierte Außenwände [m²]	–	**–**	–	–
338 Sonnenschutz [m²]	139,00	**166,00**	219,00	2,2%
339 Außenwände, sonstiges [m²]	13,00	**27,00**	35,00	2,2%
340 Innenwände				
341 Tragende Innenwände [m²]	–	**98,00**	–	1,4%
342 Nichttragende Innenwände [m²]	74,00	**86,00**	105,00	3,8%
343 Innenstützen [m]	130,00	**135,00**	140,00	0,2%
344 Innentüren und -fenster [m²]	295,00	**432,00**	661,00	3,6%
345 Innenwandbekleidungen [m²]	14,00	**33,00**	46,00	3,7%
346 Elementierte Innenwände [m²]	–	**–**	–	–
349 Innenwände, sonstiges [m²]	–	**–**	–	–
350 Decken				
351 Deckenkonstruktionen [m²]	72,00	**102,00**	151,00	5,5%
352 Deckenbeläge [m²]	20,00	**86,00**	119,00	3,7%
353 Deckenbekleidungen [m²]	14,00	**25,00**	43,00	1,5%
359 Decken, sonstiges [m²]	2,30	**2,80**	3,40	0,1%
360 Dächer				
361 Dachkonstruktionen [m²]	24,00	**82,00**	140,00	1,7%
362 Dachfenster, Dachöffnungen [m²]	–	**3.921,00**	–	0,1%
363 Dachbeläge [m²]	68,00	**176,00**	285,00	4,0%
364 Dachbekleidungen [m²]	–	**0,00**	–	0,0%
369 Dächer, sonstiges [m²]	–	**16,00**	–	0,1%

© BKI Baukosteninformationszentrum; Erläuterungen zu den Tabellen siehe Seite 48   Kosten: 1.Quartal 2018, Bundesdurchschnitt, **inkl. 19% MwSt.**

Wohnhäuser, mit bis zu 15% Mischnutzung, mittlerer Standard

Kostengruppen	▷ €/Einheit	◁	KG an 300+400
370	**Baukonstruktive Einbauten**				
371	Allgemeine Einbauten [m² BGF]	9,50	**15,00**	21,00	0,9%
372	Besondere Einbauten [m² BGF]	–	–	–	–
379	Baukonstruktive Einbauten, sonstiges [m² BGF]	–	–	–	–
390	**Sonstige Maßnahmen für Baukonstruktionen**				
391	Baustelleneinrichtung [m² BGF]	14,00	**16,00**	19,00	1,0%
392	Gerüste [m² BGF]	–	**7,40**	–	0,2%
393	Sicherungsmaßnahmen [m² BGF]	–	–	–	–
394	Abbruchmaßnahmen [m² BGF]	–	–	–	–
395	Instandsetzungen [m² BGF]	–	–	–	–
396	Materialentsorgung [m² BGF]	–	–	–	–
397	Zusätzliche Maßnahmen [m² BGF]	–	**7,80**	–	0,2%
398	Provisorische Baukonstruktionen [m² BGF]	–	–	–	–
399	Sonstige Maßnahmen für Baukonstruktionen, sonst. [m² BGF]	–	–	–	–
410	**Abwasser-, Wasser-, Gasanlagen**				
411	Abwasseranlagen [m² BGF]	8,10	**24,00**	35,00	2,4%
412	Wasseranlagen [m² BGF]	15,00	**39,00**	54,00	4,0%
420	**Wärmeversorgungsanlagen**				
421	Wärmeerzeugungsanlagen [m² BGF]	22,00	**28,00**	37,00	3,3%
422	Wärmeverteilnetze [m² BGF]	5,50	**11,00**	22,00	1,1%
423	Raumheizflächen [m² BGF]	12,00	**16,00**	26,00	1,8%
429	Wärmeversorgungsanlagen, sonstiges [m² BGF]	–	**2,70**	–	0,0%
430	**Lufttechnische Anlagen**				
431	Lüftungsanlagen [m² BGF]	14,00	**19,00**	23,00	1,1%
440	**Starkstromanlagen**				
443	Niederspannungsschaltanlagen [m² BGF]	–	–	–	–
444	Niederspannungsinstallationsanlagen [m² BGF]	16,00	**27,00**	33,00	2,9%
445	Beleuchtungsanlagen [m² BGF]	0,40	**2,40**	6,60	0,2%
446	Blitzschutz- und Erdungsanlagen [m² BGF]	1,30	**1,90**	3,00	0,2%
450	**Fernmelde- und informationstechnische Anlagen**				
451	Telekommunikationsanlagen [m² BGF]	1,10	**1,20**	1,40	0,1%
452	Such- und Signalanlagen [m² BGF]	0,90	**1,60**	2,40	0,1%
455	Fernseh- und Antennenanlagen [m² BGF]	1,80	**5,40**	12,00	0,5%
456	Gefahrenmelde- und Alarmanlagen [m² BGF]	–	**1,30**	–	0,0%
460	**Förderanlagen**				
461	Aufzugsanlagen [m² BGF]	–	**28,00**	–	0,8%
470	**Nutzungsspezifische Anlagen**				
471	Küchentechnische Anlagen [m² BGF]	–	–	–	–
473	Medienversorgungsanlagen [m² BGF]	–	–	–	–
475	Feuerlöschanlagen [m² BGF]	–	–	–	–
	Weitere Kosten für Technische Anlagen [m² BGF]	–	**33,00**	–	1,0%

© BKI Baukosteninformationszentrum; Erläuterungen zu den Tabellen siehe Seite 48   Kosten: 1.Quartal 2018, Bundesdurchschnitt, inkl. 19% MwSt.

Wohnhäuser, mit bis zu 15% Mischnutzung, hoher Standard

Kosten:
Stand 1.Quartal 2018
Bundesdurchschnitt
inkl. 19% MwSt.

▷ von
Ø Mittel
◁ bis

Kostengruppen	▷	€/Einheit	◁	KG an 300+400
310 Baugrube				
311 Baugrubenherstellung [m³]	24,00	**26,00**	28,00	1,3%
312 Baugrubenumschließung [m²]	–	**553,00**	–	2,1%
313 Wasserhaltung [m²]	–	**44,00**	–	0,1%
319 Baugrube, sonstiges [m³]	–	**–**	–	–
320 Gründung				
321 Baugrundverbesserung [m²]	–	**48,00**	–	0,2%
322 Flachgründungen [m²]	–	**30,00**	–	0,2%
323 Tiefgründungen [m²]	–	**429,00**	–	1,7%
324 Unterböden und Bodenplatten [m²]	46,00	**105,00**	165,00	1,2%
325 Bodenbeläge [m²]	37,00	**55,00**	73,00	0,7%
326 Bauwerksabdichtungen [m²]	12,00	**16,00**	21,00	0,1%
327 Dränagen [m²]	13,00	**32,00**	52,00	0,3%
329 Gründung, sonstiges [m²]	–	**–**	–	–
330 Außenwände				
331 Tragende Außenwände [m²]	144,00	**191,00**	237,00	6,9%
332 Nichttragende Außenwände [m²]	–	**623,00**	–	0,1%
333 Außenstützen [m]	–	**221,00**	–	0,2%
334 Außentüren und -fenster [m²]	682,00	**707,00**	733,00	8,3%
335 Außenwandbekleidungen außen [m²]	52,00	**138,00**	224,00	4,2%
336 Außenwandbekleidungen innen [m²]	39,00	**40,00**	42,00	1,4%
337 Elementierte Außenwände [m²]	–	**–**	–	–
338 Sonnenschutz [m²]	128,00	**195,00**	262,00	1,4%
339 Außenwände, sonstiges [m²]	8,10	**14,00**	20,00	0,6%
340 Innenwände				
341 Tragende Innenwände [m²]	88,00	**108,00**	127,00	2,9%
342 Nichttragende Innenwände [m²]	81,00	**93,00**	104,00	4,4%
343 Innenstützen [m]	102,00	**140,00**	179,00	0,2%
344 Innentüren und -fenster [m²]	332,00	**406,00**	480,00	2,6%
345 Innenwandbekleidungen [m²]	40,00	**41,00**	41,00	4,2%
346 Elementierte Innenwände [m²]	–	**–**	–	–
349 Innenwände, sonstiges [m²]	1,20	**1,40**	1,60	0,1%
350 Decken				
351 Deckenkonstruktionen [m²]	125,00	**150,00**	174,00	7,9%
352 Deckenbeläge [m²]	123,00	**135,00**	147,00	6,5%
353 Deckenbekleidungen [m²]	38,00	**45,00**	52,00	2,2%
359 Decken, sonstiges [m²]	22,00	**25,00**	27,00	1,2%
360 Dächer				
361 Dachkonstruktionen [m²]	96,00	**126,00**	155,00	2,1%
362 Dachfenster, Dachöffnungen [m²]	1.309,00	**1.586,00**	1.863,00	0,7%
363 Dachbeläge [m²]	198,00	**258,00**	317,00	4,4%
364 Dachbekleidungen [m²]	52,00	**59,00**	66,00	1,0%
369 Dächer, sonstiges [m²]	24,00	**143,00**	261,00	1,3%

Wohnhäuser, mit bis zu 15% Mischnutzung, hoher Standard

Kostengruppen		▷	€/Einheit	◁	KG an 300+400
370	**Baukonstruktive Einbauten**				
371	Allgemeine Einbauten [m² BGF]	–	2,30	–	0,0%
372	Besondere Einbauten [m² BGF]	–	–	–	–
379	Baukonstruktive Einbauten, sonstiges [m² BGF]	–	–	–	–
390	**Sonstige Maßnahmen für Baukonstruktionen**				
391	Baustelleneinrichtung [m² BGF]	13,00	38,00	63,00	2,4%
392	Gerüste [m² BGF]	3,40	11,00	20,00	0,7%
393	Sicherungsmaßnahmen [m² BGF]	–	–	–	–
394	Abbruchmaßnahmen [m² BGF]	–	0,40	–	0,0%
395	Instandsetzungen [m² BGF]	–	0,40	–	0,0%
396	Materialentsorgung [m² BGF]	–	–	–	–
397	Zusätzliche Maßnahmen [m² BGF]	7,20	7,70	8,20	0,5%
398	Provisorische Baukonstruktionen [m² BGF]	–	–	–	–
399	Sonstige Maßnahmen für Baukonstruktionen, sonst. [m² BGF]	–	8,80	–	0,3%
410	**Abwasser-, Wasser-, Gasanlagen**				
411	Abwasseranlagen [m² BGF]	–	19,00	–	0,6%
412	Wasseranlagen [m² BGF]	–	50,00	–	1,6%
420	**Wärmeversorgungsanlagen**				
421	Wärmeerzeugungsanlagen [m² BGF]	–	2,90	–	0,0%
422	Wärmeverteilnetze [m² BGF]	–	29,00	–	0,9%
423	Raumheizflächen [m² BGF]	–	21,00	–	0,6%
429	Wärmeversorgungsanlagen, sonstiges [m² BGF]	–	3,00	–	0,1%
430	**Lufttechnische Anlagen**				
431	Lüftungsanlagen [m² BGF]	–	17,00	–	0,5%
440	**Starkstromanlagen**				
443	Niederspannungsschaltanlagen [m² BGF]	–	1,90	–	0,0%
444	Niederspannungsinstallationsanlagen [m² BGF]	–	36,00	–	1,1%
445	Beleuchtungsanlagen [m² BGF]	–	7,50	–	0,2%
446	Blitzschutz- und Erdungsanlagen [m² BGF]	–	1,50	–	0,0%
450	**Fernmelde- und informationstechnische Anlagen**				
451	Telekommunikationsanlagen [m² BGF]	–	0,10	–	0,0%
452	Such- und Signalanlagen [m² BGF]	–	1,70	–	0,0%
455	Fernseh- und Antennenanlagen [m² BGF]	–	1,20	–	0,0%
456	Gefahrenmelde- und Alarmanlagen [m² BGF]	–	–	–	–
460	**Förderanlagen**				
461	Aufzugsanlagen [m² BGF]	–	25,00	–	0,8%
470	**Nutzungsspezifische Anlagen**				
471	Küchentechnische Anlagen [m² BGF]	–	–	–	–
473	Medienversorgungsanlagen [m² BGF]	–	–	–	–
475	Feuerlöschanlagen [m² BGF]	–	–	–	–
	Weitere Kosten für Technische Anlagen [m² BGF]	–	–	–	–

© BKI Baukosteninformationszentrum; Erläuterungen zu den Tabellen siehe Seite 48   Kosten: 1.Quartal 2018, Bundesdurchschnitt, **inkl. 19% MwSt.**

Wohnhäuser mit mehr als 15% Mischnutzung

Kosten: Stand 1. Quartal 2018 Bundesdurchschnitt inkl. 19% MwSt.

▷ von
ø Mittel
◁ bis

Kostengruppen	▷	€/Einheit	◁	KG an 300+400
310 Baugrube				
311 Baugrubenherstellung [m³]	10,00	**21,00**	39,00	1,5%
312 Baugrubenumschließung [m²]	–	–	–	–
313 Wasserhaltung [m²]	–	–	–	–
319 Baugrube, sonstiges [m³]	–	–	–	–
320 Gründung				
321 Baugrundverbesserung [m²]	–	–	–	–
322 Flachgründungen [m²]	73,00	**101,00**	142,00	1,1%
323 Tiefgründungen [m²]	–	–	–	–
324 Unterböden und Bodenplatten [m²]	79,00	**80,00**	81,00	1,5%
325 Bodenbeläge [m²]	20,00	**66,00**	157,00	1,6%
326 Bauwerksabdichtungen [m²]	44,00	**46,00**	51,00	1,0%
327 Dränagen [m²]	–	**10,00**	–	0,0%
329 Gründung, sonstiges [m²]	–	–	–	–
330 Außenwände				
331 Tragende Außenwände [m²]	116,00	**138,00**	176,00	4,8%
332 Nichttragende Außenwände [m²]	123,00	**177,00**	230,00	1,0%
333 Außenstützen [m]	–	–	–	–
334 Außentüren und -fenster [m²]	338,00	**384,00**	456,00	5,8%
335 Außenwandbekleidungen außen [m²]	83,00	**165,00**	212,00	6,7%
336 Außenwandbekleidungen innen [m²]	36,00	**42,00**	53,00	1,2%
337 Elementierte Außenwände [m²]	545,00	**694,00**	789,00	7,5%
338 Sonnenschutz [m²]	–	–	–	–
339 Außenwände, sonstiges [m²]	3,20	**28,00**	77,00	1,4%
340 Innenwände				
341 Tragende Innenwände [m²]	78,00	**154,00**	296,00	3,7%
342 Nichttragende Innenwände [m²]	57,00	**64,00**	69,00	3,0%
343 Innenstützen [m]	–	**133,00**	–	0,0%
344 Innentüren und -fenster [m²]	352,00	**400,00**	469,00	2,9%
345 Innenwandbekleidungen [m²]	21,00	**30,00**	47,00	3,4%
346 Elementierte Innenwände [m²]	–	–	–	–
349 Innenwände, sonstiges [m²]	0,90	**4,30**	7,80	0,2%
350 Decken				
351 Deckenkonstruktionen [m²]	112,00	**160,00**	255,00	7,0%
352 Deckenbeläge [m²]	46,00	**99,00**	185,00	4,3%
353 Deckenbekleidungen [m²]	5,60	**19,00**	33,00	0,4%
359 Decken, sonstiges [m²]	6,30	**11,00**	18,00	0,4%
360 Dächer				
361 Dachkonstruktionen [m²]	105,00	**146,00**	224,00	3,4%
362 Dachfenster, Dachöffnungen [m²]	749,00	**1.260,00**	1.530,00	1,9%
363 Dachbeläge [m²]	74,00	**157,00**	211,00	3,1%
364 Dachbekleidungen [m²]	43,00	**46,00**	49,00	0,6%
369 Dächer, sonstiges [m²]	0,70	**4,20**	7,80	0,0%

Wohnhäuser mit mehr als 15% Mischnutzung

Kostengruppen	▷	€/Einheit	◁	KG an 300+400
370 Baukonstruktive Einbauten				
371 Allgemeine Einbauten [m² BGF]	3,00	**8,20**	13,00	0,4%
372 Besondere Einbauten [m² BGF]	–	**18,00**	–	0,4%
379 Baukonstruktive Einbauten, sonstiges [m² BGF]	–	**–**	–	–
390 Sonstige Maßnahmen für Baukonstruktionen				
391 Baustelleneinrichtung [m² BGF]	11,00	**21,00**	40,00	1,5%
392 Gerüste [m² BGF]	9,80	**15,00**	24,00	1,2%
393 Sicherungsmaßnahmen [m² BGF]	–	**–**	–	–
394 Abbruchmaßnahmen [m² BGF]	–	**–**	–	–
395 Instandsetzungen [m² BGF]	–	**–**	–	–
396 Materialentsorgung [m² BGF]	–	**–**	–	–
397 Zusätzliche Maßnahmen [m² BGF]	0,20	**3,70**	7,20	0,2%
398 Provisorische Baukonstruktionen [m² BGF]	–	**–**	–	–
399 Sonstige Maßnahmen für Baukonstruktionen, sonst. [m² BGF]	–	**–**	–	–
410 Abwasser-, Wasser-, Gasanlagen				
411 Abwasseranlagen [m² BGF]	25,00	**34,00**	43,00	1,6%
412 Wasseranlagen [m² BGF]	36,00	**54,00**	71,00	2,6%
420 Wärmeversorgungsanlagen				
421 Wärmeerzeugungsanlagen [m² BGF]	–	**11,00**	–	0,3%
422 Wärmeverteilnetze [m² BGF]	–	**23,00**	–	0,7%
423 Raumheizflächen [m² BGF]	–	**28,00**	–	0,8%
429 Wärmeversorgungsanlagen, sonstiges [m² BGF]	–	**–**	–	–
430 Lufttechnische Anlagen				
431 Lüftungsanlagen [m² BGF]	–	**3,70**	–	0,1%
440 Starkstromanlagen				
443 Niederspannungsschaltanlagen [m² BGF]	–	**–**	–	–
444 Niederspannungsinstallationsanlagen [m² BGF]	53,00	**82,00**	110,00	3,9%
445 Beleuchtungsanlagen [m² BGF]	–	**6,70**	–	0,2%
446 Blitzschutz- und Erdungsanlagen [m² BGF]	2,20	**2,80**	3,40	0,1%
450 Fernmelde- und informationstechnische Anlagen				
451 Telekommunikationsanlagen [m² BGF]	–	**2,40**	–	0,0%
452 Such- und Signalanlagen [m² BGF]	1,50	**1,60**	1,70	0,0%
455 Fernseh- und Antennenanlagen [m² BGF]	–	**3,00**	–	0,0%
456 Gefahrenmelde- und Alarmanlagen [m² BGF]	–	**11,00**	–	0,2%
460 Förderanlagen				
461 Aufzugsanlagen [m² BGF]	–	**–**	–	–
470 Nutzungsspezifische Anlagen				
471 Küchentechnische Anlagen [m² BGF]	–	**58,00**	–	1,5%
473 Medienversorgungsanlagen [m² BGF]	–	**–**	–	–
475 Feuerlöschanlagen [m² BGF]	–	**–**	–	–
Weitere Kosten für Technische Anlagen [m² BGF]	–	**127,00**	–	3,2%

© BKI Baukosteninformationszentrum; Erläuterungen zu den Tabellen siehe Seite 48   Kosten: 1.Quartal 2018, Bundesdurchschnitt, **inkl. 19% MwSt.**

Seniorenwohnungen, mittlerer Standard

Kosten:
Stand 1.Quartal 2018
Bundesdurchschnitt
inkl. 19% MwSt.

▷ von
ø Mittel
◁ bis

Kostengruppen	▷	€/Einheit	◁	KG an 300+400
310 Baugrube				
311 Baugrubenherstellung [m³]	15,00	**25,00**	67,00	1,5%
312 Baugrubenumschließung [m²]	–	–	–	–
313 Wasserhaltung [m²]	–	**2,00**	–	0,0%
319 Baugrube, sonstiges [m³]	0,40	**0,40**	0,40	0,0%
320 Gründung				
321 Baugrundverbesserung [m²]	7,20	**36,00**	93,00	0,3%
322 Flachgründungen [m²]	27,00	**70,00**	96,00	1,4%
323 Tiefgründungen [m²]	–	–	–	–
324 Unterböden und Bodenplatten [m²]	34,00	**57,00**	86,00	1,0%
325 Bodenbeläge [m²]	58,00	**83,00**	112,00	1,4%
326 Bauwerksabdichtungen [m²]	11,00	**23,00**	66,00	0,4%
327 Dränagen [m²]	–	**17,00**	–	0,0%
329 Gründung, sonstiges [m²]	–	–	–	–
330 Außenwände				
331 Tragende Außenwände [m²]	90,00	**99,00**	118,00	5,3%
332 Nichttragende Außenwände [m²]	61,00	**103,00**	186,00	0,0%
333 Außenstützen [m]	89,00	**148,00**	167,00	0,1%
334 Außentüren und -fenster [m²]	379,00	**409,00**	514,00	6,1%
335 Außenwandbekleidungen außen [m²]	82,00	**93,00**	107,00	5,2%
336 Außenwandbekleidungen innen [m²]	24,00	**29,00**	32,00	1,3%
337 Elementierte Außenwände [m²]	–	–	–	–
338 Sonnenschutz [m²]	191,00	**479,00**	762,00	2,9%
339 Außenwände, sonstiges [m²]	6,00	**13,00**	36,00	0,6%
340 Innenwände				
341 Tragende Innenwände [m²]	71,00	**84,00**	94,00	4,7%
342 Nichttragende Innenwände [m²]	53,00	**63,00**	82,00	2,2%
343 Innenstützen [m]	111,00	**135,00**	156,00	0,0%
344 Innentüren und -fenster [m²]	251,00	**331,00**	409,00	3,5%
345 Innenwandbekleidungen [m²]	24,00	**30,00**	37,00	4,6%
346 Elementierte Innenwände [m²]	31,00	**42,00**	47,00	0,1%
349 Innenwände, sonstiges [m²]	1,00	**1,60**	2,80	0,0%
350 Decken				
351 Deckenkonstruktionen [m²]	83,00	**111,00**	139,00	8,1%
352 Deckenbeläge [m²]	72,00	**98,00**	123,00	6,4%
353 Deckenbekleidungen [m²]	12,00	**16,00**	17,00	0,9%
359 Decken, sonstiges [m²]	21,00	**38,00**	117,00	2,8%
360 Dächer				
361 Dachkonstruktionen [m²]	59,00	**89,00**	147,00	2,4%
362 Dachfenster, Dachöffnungen [m²]	699,00	**825,00**	1.277,00	0,3%
363 Dachbeläge [m²]	85,00	**131,00**	185,00	3,6%
364 Dachbekleidungen [m²]	13,00	**28,00**	38,00	0,6%
369 Dächer, sonstiges [m²]	6,10	**18,00**	41,00	0,4%

Seniorenwohnungen, mittlerer Standard

Kostengruppen	▷	€/Einheit	◁	KG an 300+400
370 Baukonstruktive Einbauten				
371 Allgemeine Einbauten [m² BGF]	4,40	**26,00**	47,00	0,7%
372 Besondere Einbauten [m² BGF]	–	–	–	–
379 Baukonstruktive Einbauten, sonstiges [m² BGF]	1,10	**1,80**	2,40	0,0%
390 Sonstige Maßnahmen für Baukonstruktionen				
391 Baustelleneinrichtung [m² BGF]	9,40	**24,00**	52,00	2,2%
392 Gerüste [m² BGF]	4,90	**8,40**	13,00	0,8%
393 Sicherungsmaßnahmen [m² BGF]	–	**2,50**	–	0,0%
394 Abbruchmaßnahmen [m² BGF]	–	–	–	–
395 Instandsetzungen [m² BGF]	–	**7,40**	–	0,1%
396 Materialentsorgung [m² BGF]	–	–	–	–
397 Zusätzliche Maßnahmen [m² BGF]	1,70	**4,50**	9,90	0,4%
398 Provisorische Baukonstruktionen [m² BGF]	–	–	–	–
399 Sonstige Maßnahmen für Baukonstruktionen, sonst. [m² BGF]	0,50	**0,80**	1,00	0,0%
410 Abwasser-, Wasser-, Gasanlagen				
411 Abwasseranlagen [m² BGF]	28,00	**36,00**	51,00	3,6%
412 Wasseranlagen [m² BGF]	23,00	**34,00**	42,00	3,3%
420 Wärmeversorgungsanlagen				
421 Wärmeerzeugungsanlagen [m² BGF]	3,60	**14,00**	24,00	1,3%
422 Wärmeverteilnetze [m² BGF]	12,00	**21,00**	30,00	2,0%
423 Raumheizflächen [m² BGF]	13,00	**16,00**	20,00	1,6%
429 Wärmeversorgungsanlagen, sonstiges [m² BGF]	0,20	**0,40**	0,70	0,0%
430 Lufttechnische Anlagen				
431 Lüftungsanlagen [m² BGF]	7,70	**9,50**	13,00	0,9%
440 Starkstromanlagen				
443 Niederspannungsschaltanlagen [m² BGF]	–	**7,60**	–	0,1%
444 Niederspannungsinstallationsanlagen [m² BGF]	31,00	**42,00**	51,00	4,1%
445 Beleuchtungsanlagen [m² BGF]	8,10	**10,00**	15,00	1,0%
446 Blitzschutz- und Erdungsanlagen [m² BGF]	2,50	**3,80**	7,00	0,3%
450 Fernmelde- und informationstechnische Anlagen				
451 Telekommunikationsanlagen [m² BGF]	1,40	**2,50**	4,00	0,1%
452 Such- und Signalanlagen [m² BGF]	2,50	**7,80**	17,00	0,6%
455 Fernseh- und Antennenanlagen [m² BGF]	1,30	**2,70**	5,10	0,2%
456 Gefahrenmelde- und Alarmanlagen [m² BGF]	2,40	**4,10**	8,10	0,4%
460 Förderanlagen				
461 Aufzugsanlagen [m² BGF]	19,00	**37,00**	72,00	3,7%
470 Nutzungsspezifische Anlagen				
471 Küchentechnische Anlagen [m² BGF]	–	–	–	–
473 Medienversorgungsanlagen [m² BGF]	–	–	–	–
475 Feuerlöschanlagen [m² BGF]	0,30	**0,60**	1,50	0,0%
Weitere Kosten für Technische Anlagen [m² BGF]	6,30	**21,00**	92,00	1,8%

© BKI Baukosteninformationszentrum; Erläuterungen zu den Tabellen siehe Seite 48   Kosten: 1.Quartal 2018, Bundesdurchschnitt, **inkl. 19% MwSt.**

Seniorenwohnungen, hoher Standard

Kosten:
Stand 1.Quartal 2018
Bundesdurchschnitt
inkl. 19% MwSt.

▷ von
ø Mittel
◁ bis

Kostengruppen		▷	€/Einheit	◁	KG an 300+400
310	**Baugrube**				
311	Baugrubenherstellung [m³]	32,00	**65,00**	97,00	3,5%
312	Baugrubenumschließung [m²]	–	**–**	–	–
313	Wasserhaltung [m²]	–	**–**	–	–
319	Baugrube, sonstiges [m³]	–	**–**	–	–
320	**Gründung**				
321	Baugrundverbesserung [m²]	–	**45,00**	–	0,4%
322	Flachgründungen [m²]	39,00	**56,00**	73,00	1,1%
323	Tiefgründungen [m²]	–	**–**	–	–
324	Unterböden und Bodenplatten [m²]	69,00	**79,00**	89,00	1,6%
325	Bodenbeläge [m²]	56,00	**65,00**	75,00	1,1%
326	Bauwerksabdichtungen [m²]	17,00	**24,00**	31,00	0,4%
327	Dränagen [m²]	16,00	**18,00**	20,00	0,3%
329	Gründung, sonstiges [m²]	–	**–**	–	–
330	**Außenwände**				
331	Tragende Außenwände [m²]	91,00	**126,00**	161,00	5,4%
332	Nichttragende Außenwände [m²]	–	**129,00**	–	0,0%
333	Außenstützen [m]	–	**100,00**	–	0,1%
334	Außentüren und -fenster [m²]	298,00	**380,00**	462,00	5,0%
335	Außenwandbekleidungen außen [m²]	85,00	**115,00**	145,00	5,0%
336	Außenwandbekleidungen innen [m²]	24,00	**32,00**	40,00	1,3%
337	Elementierte Außenwände [m²]	–	**818,00**	–	0,6%
338	Sonnenschutz [m²]	148,00	**295,00**	441,00	2,1%
339	Außenwände, sonstiges [m²]	10,00	**20,00**	30,00	0,9%
340	**Innenwände**				
341	Tragende Innenwände [m²]	95,00	**100,00**	106,00	2,5%
342	Nichttragende Innenwände [m²]	70,00	**80,00**	89,00	2,8%
343	Innenstützen [m]	79,00	**118,00**	158,00	0,4%
344	Innentüren und -fenster [m²]	396,00	**421,00**	446,00	3,2%
345	Innenwandbekleidungen [m²]	27,00	**29,00**	32,00	3,4%
346	Elementierte Innenwände [m²]	–	**45,00**	–	0,1%
349	Innenwände, sonstiges [m²]	0,10	**1,00**	1,90	0,0%
350	**Decken**				
351	Deckenkonstruktionen [m²]	115,00	**155,00**	195,00	10,2%
352	Deckenbeläge [m²]	73,00	**84,00**	95,00	4,9%
353	Deckenbekleidungen [m²]	15,00	**22,00**	28,00	1,2%
359	Decken, sonstiges [m²]	36,00	**36,00**	36,00	2,4%
360	**Dächer**				
361	Dachkonstruktionen [m²]	82,00	**112,00**	142,00	3,1%
362	Dachfenster, Dachöffnungen [m²]	743,00	**1.130,00**	1.516,00	0,2%
363	Dachbeläge [m²]	152,00	**157,00**	162,00	4,5%
364	Dachbekleidungen [m²]	25,00	**44,00**	63,00	1,0%
369	Dächer, sonstiges [m²]	1,10	**2,80**	4,40	0,0%

Seniorenwohnungen, hoher Standard

Kostengruppen	▷	€/Einheit	◁	KG an 300+400
370 Baukonstruktive Einbauten				
371 Allgemeine Einbauten [m² BGF]	–	**6,30**	–	0,2%
372 Besondere Einbauten [m² BGF]	–	–	–	–
379 Baukonstruktive Einbauten, sonstiges [m² BGF]	–	–	–	–
390 Sonstige Maßnahmen für Baukonstruktionen				
391 Baustelleneinrichtung [m² BGF]	9,70	**12,00**	15,00	1,1%
392 Gerüste [m² BGF]	10,00	**13,00**	17,00	1,1%
393 Sicherungsmaßnahmen [m² BGF]	–	–	–	–
394 Abbruchmaßnahmen [m² BGF]	–	–	–	–
395 Instandsetzungen [m² BGF]	–	–	–	–
396 Materialentsorgung [m² BGF]	–	–	–	–
397 Zusätzliche Maßnahmen [m² BGF]	2,10	**4,60**	7,20	0,4%
398 Provisorische Baukonstruktionen [m² BGF]	–	–	–	–
399 Sonstige Maßnahmen für Baukonstruktionen, sonst. [m² BGF]	–	–	–	–
410 Abwasser-, Wasser-, Gasanlagen				
411 Abwasseranlagen [m² BGF]	15,00	**25,00**	35,00	2,2%
412 Wasseranlagen [m² BGF]	43,00	**61,00**	79,00	5,5%
420 Wärmeversorgungsanlagen				
421 Wärmeerzeugungsanlagen [m² BGF]	36,00	**40,00**	44,00	3,5%
422 Wärmeverteilnetze [m² BGF]	23,00	**34,00**	46,00	2,9%
423 Raumheizflächen [m² BGF]	20,00	**23,00**	27,00	2,0%
429 Wärmeversorgungsanlagen, sonstiges [m² BGF]	4,40	**5,00**	5,60	0,4%
430 Lufttechnische Anlagen				
431 Lüftungsanlagen [m² BGF]	–	**2,90**	–	0,1%
440 Starkstromanlagen				
443 Niederspannungsschaltanlagen [m² BGF]	–	–	–	–
444 Niederspannungsinstallationsanlagen [m² BGF]	41,00	**48,00**	55,00	4,2%
445 Beleuchtungsanlagen [m² BGF]	1,70	**3,00**	4,30	0,2%
446 Blitzschutz- und Erdungsanlagen [m² BGF]	3,70	**4,30**	4,80	0,3%
450 Fernmelde- und informationstechnische Anlagen				
451 Telekommunikationsanlagen [m² BGF]	1,90	**4,10**	6,20	0,3%
452 Such- und Signalanlagen [m² BGF]	3,50	**6,80**	10,00	0,6%
455 Fernseh- und Antennenanlagen [m² BGF]	2,40	**2,40**	2,40	0,2%
456 Gefahrenmelde- und Alarmanlagen [m² BGF]	–	**1,00**	–	0,0%
460 Förderanlagen				
461 Aufzugsanlagen [m² BGF]	20,00	**40,00**	60,00	3,6%
470 Nutzungsspezifische Anlagen				
471 Küchentechnische Anlagen [m² BGF]	–	–	–	–
473 Medienversorgungsanlagen [m² BGF]	–	–	–	–
475 Feuerlöschanlagen [m² BGF]	0,20	**0,60**	1,00	0,0%
Weitere Kosten für Technische Anlagen [m² BGF]	–	**2,00**	–	0,0%

© BKI Baukosteninformationszentrum; Erläuterungen zu den Tabellen siehe Seite 48   Kosten: 1.Quartal 2018, Bundesdurchschnitt, **inkl.** 19% MwSt.

Wohnheime und Internate

Kosten:
Stand 1.Quartal 2018
Bundesdurchschnitt
inkl. 19% MwSt.

▷ von
Ø Mittel
◁ bis

Kostengruppen		▷	€/Einheit	◁	KG an 300+400
310	**Baugrube**				
311	Baugrubenherstellung [m³]	20,00	**30,00**	65,00	1,2%
312	Baugrubenumschließung [m²]	–	**211,00**	–	0,0%
313	Wasserhaltung [m²]	–	**5,30**	–	0,0%
319	Baugrube, sonstiges [m³]	–	–	–	–
320	**Gründung**				
321	Baugrundverbesserung [m²]	6,80	**32,00**	57,00	0,3%
322	Flachgründungen [m²]	30,00	**56,00**	96,00	1,4%
323	Tiefgründungen [m²]	–	**212,00**	–	0,5%
324	Unterböden und Bodenplatten [m²]	81,00	**99,00**	160,00	1,8%
325	Bodenbeläge [m²]	58,00	**102,00**	147,00	1,7%
326	Bauwerksabdichtungen [m²]	12,00	**23,00**	54,00	0,5%
327	Dränagen [m²]	2,80	**5,50**	8,20	0,0%
329	Gründung, sonstiges [m²]	–	–	–	–
330	**Außenwände**				
331	Tragende Außenwände [m²]	113,00	**132,00**	167,00	4,2%
332	Nichttragende Außenwände [m²]	112,00	**220,00**	344,00	1,3%
333	Außenstützen [m]	88,00	**129,00**	199,00	0,2%
334	Außentüren und -fenster [m²]	472,00	**598,00**	801,00	5,4%
335	Außenwandbekleidungen außen [m²]	94,00	**140,00**	235,00	4,9%
336	Außenwandbekleidungen innen [m²]	23,00	**34,00**	48,00	0,9%
337	Elementierte Außenwände [m²]	536,00	**721,00**	910,00	5,8%
338	Sonnenschutz [m²]	111,00	**216,00**	337,00	0,8%
339	Außenwände, sonstiges [m²]	11,00	**17,00**	25,00	0,8%
340	**Innenwände**				
341	Tragende Innenwände [m²]	80,00	**98,00**	117,00	3,1%
342	Nichttragende Innenwände [m²]	68,00	**78,00**	89,00	2,0%
343	Innenstützen [m]	116,00	**157,00**	177,00	0,4%
344	Innentüren und -fenster [m²]	498,00	**598,00**	708,00	4,2%
345	Innenwandbekleidungen [m²]	27,00	**39,00**	61,00	3,9%
346	Elementierte Innenwände [m²]	343,00	**479,00**	747,00	0,7%
349	Innenwände, sonstiges [m²]	0,80	**2,90**	4,00	0,1%
350	**Decken**				
351	Deckenkonstruktionen [m²]	133,00	**173,00**	232,00	7,4%
352	Deckenbeläge [m²]	75,00	**120,00**	160,00	4,3%
353	Deckenbekleidungen [m²]	22,00	**53,00**	114,00	1,4%
359	Decken, sonstiges [m²]	12,00	**23,00**	45,00	1,2%
360	**Dächer**				
361	Dachkonstruktionen [m²]	77,00	**119,00**	165,00	2,7%
362	Dachfenster, Dachöffnungen [m²]	1.093,00	**1.597,00**	2.545,00	0,5%
363	Dachbeläge [m²]	84,00	**173,00**	223,00	4,0%
364	Dachbekleidungen [m²]	17,00	**50,00**	85,00	1,2%
369	Dächer, sonstiges [m²]	9,00	**30,00**	69,00	0,6%

Wohnheime und Internate

Kostengruppen	▷ €/Einheit ◁			KG an 300+400
370 Baukonstruktive Einbauten				
371 Allgemeine Einbauten [m² BGF]	12,00	**37,00**	57,00	2,2%
372 Besondere Einbauten [m² BGF]	–	–	–	–
379 Baukonstruktive Einbauten, sonstiges [m² BGF]	–	–	–	–
390 Sonstige Maßnahmen für Baukonstruktionen				
391 Baustelleneinrichtung [m² BGF]	14,00	**45,00**	182,00	3,1%
392 Gerüste [m² BGF]	3,90	**11,00**	19,00	0,7%
393 Sicherungsmaßnahmen [m² BGF]	–	**29,00**	–	0,3%
394 Abbruchmaßnahmen [m² BGF]	0,10	**14,00**	28,00	0,3%
395 Instandsetzungen [m² BGF]	–	**0,30**	–	0,0%
396 Materialentsorgung [m² BGF]	–	**4,20**	–	0,0%
397 Zusätzliche Maßnahmen [m² BGF]	3,30	**7,10**	11,00	0,4%
398 Provisorische Baukonstruktionen [m² BGF]	–	**0,30**	–	0,0%
399 Sonstige Maßnahmen für Baukonstruktionen, sonst. [m² BGF]	–	–	–	–
410 Abwasser-, Wasser-, Gasanlagen				
411 Abwasseranlagen [m² BGF]	15,00	**29,00**	42,00	1,8%
412 Wasseranlagen [m² BGF]	35,00	**55,00**	95,00	3,4%
420 Wärmeversorgungsanlagen				
421 Wärmeerzeugungsanlagen [m² BGF]	16,00	**32,00**	51,00	2,1%
422 Wärmeverteilnetze [m² BGF]	9,60	**17,00**	23,00	1,1%
423 Raumheizflächen [m² BGF]	18,00	**26,00**	34,00	1,9%
429 Wärmeversorgungsanlagen, sonstiges [m² BGF]	–	–	–	–
430 Lufttechnische Anlagen				
431 Lüftungsanlagen [m² BGF]	6,50	**32,00**	71,00	1,5%
440 Starkstromanlagen				
443 Niederspannungsschaltanlagen [m² BGF]	–	–	–	–
444 Niederspannungsinstallationsanlagen [m² BGF]	41,00	**54,00**	79,00	3,6%
445 Beleuchtungsanlagen [m² BGF]	10,00	**23,00**	72,00	1,3%
446 Blitzschutz- und Erdungsanlagen [m² BGF]	1,60	**3,00**	6,40	0,1%
450 Fernmelde- und informationstechnische Anlagen				
451 Telekommunikationsanlagen [m² BGF]	0,80	**1,10**	1,90	0,0%
452 Such- und Signalanlagen [m² BGF]	1,50	**2,30**	3,60	0,1%
455 Fernseh- und Antennenanlagen [m² BGF]	0,60	**1,50**	2,40	0,0%
456 Gefahrenmelde- und Alarmanlagen [m² BGF]	6,10	**11,00**	13,00	0,6%
460 Förderanlagen				
461 Aufzugsanlagen [m² BGF]	7,00	**21,00**	30,00	0,7%
470 Nutzungsspezifische Anlagen				
471 Küchentechnische Anlagen [m² BGF]	–	**28,00**	–	0,2%
473 Medienversorgungsanlagen [m² BGF]	–	–	–	–
475 Feuerlöschanlagen [m² BGF]	0,30	**0,60**	0,90	0,0%
Weitere Kosten für Technische Anlagen [m² BGF]	23,00	**42,00**	57,00	2,3%

© BKI Baukosteninformationszentrum; Erläuterungen zu den Tabellen siehe Seite 48 Kosten: 1.Quartal 2018, Bundesdurchschnitt, inkl. 19% MwSt.

Gaststätten, Kantinen und Mensen

Kosten:
Stand 1.Quartal 2018
Bundesdurchschnitt
inkl. 19% MwSt.

▷ von
Ø Mittel
◁ bis

Kostengruppen	▷	€/Einheit	◁	KG an 300+400
310 Baugrube				
311 Baugrubenherstellung [m³]	22,00	**37,00**	45,00	2,0%
312 Baugrubenumschließung [m²]	–	–	–	–
313 Wasserhaltung [m²]	–	**1,20**	–	0,0%
319 Baugrube, sonstiges [m³]	–	–	–	–
320 Gründung				
321 Baugrundverbesserung [m²]	–	–	–	–
322 Flachgründungen [m²]	58,00	**92,00**	159,00	3,9%
323 Tiefgründungen [m²]	–	–	–	–
324 Unterböden und Bodenplatten [m²]	57,00	**78,00**	121,00	2,1%
325 Bodenbeläge [m²]	87,00	**92,00**	94,00	2,3%
326 Bauwerksabdichtungen [m²]	9,90	**31,00**	65,00	0,5%
327 Dränagen [m²]	10,00	**13,00**	17,00	0,1%
329 Gründung, sonstiges [m²]	–	**10,00**	–	0,0%
330 Außenwände				
331 Tragende Außenwände [m²]	102,00	**123,00**	165,00	2,6%
332 Nichttragende Außenwände [m²]	–	**165,00**	–	0,0%
333 Außenstützen [m]	39,00	**320,00**	472,00	0,2%
334 Außentüren und -fenster [m²]	640,00	**822,00**	1.138,00	5,7%
335 Außenwandbekleidungen außen [m²]	153,00	**196,00**	218,00	4,3%
336 Außenwandbekleidungen innen [m²]	37,00	**61,00**	106,00	0,8%
337 Elementierte Außenwände [m²]	797,00	**874,00**	951,00	7,5%
338 Sonnenschutz [m²]	83,00	**183,00**	246,00	1,0%
339 Außenwände, sonstiges [m²]	5,80	**22,00**	52,00	0,9%
340 Innenwände				
341 Tragende Innenwände [m²]	87,00	**126,00**	193,00	2,0%
342 Nichttragende Innenwände [m²]	59,00	**84,00**	96,00	1,7%
343 Innenstützen [m]	170,00	**322,00**	539,00	0,4%
344 Innentüren und -fenster [m²]	543,00	**800,00**	1.286,00	2,3%
345 Innenwandbekleidungen [m²]	24,00	**45,00**	87,00	2,5%
346 Elementierte Innenwände [m²]	409,00	**586,00**	939,00	1,9%
349 Innenwände, sonstiges [m²]	–	**15,00**	–	0,1%
350 Decken				
351 Deckenkonstruktionen [m²]	135,00	**201,00**	242,00	4,6%
352 Deckenbeläge [m²]	55,00	**117,00**	160,00	3,1%
353 Deckenbekleidungen [m²]	68,00	**71,00**	75,00	1,5%
359 Decken, sonstiges [m²]	47,00	**67,00**	107,00	1,4%
360 Dächer				
361 Dachkonstruktionen [m²]	50,00	**157,00**	210,00	4,2%
362 Dachfenster, Dachöffnungen [m²]	422,00	**775,00**	1.470,00	0,3%
363 Dachbeläge [m²]	109,00	**130,00**	140,00	4,6%
364 Dachbekleidungen [m²]	52,00	**105,00**	211,00	2,7%
369 Dächer, sonstiges [m²]	1,50	**17,00**	49,00	0,3%

Gaststätten, Kantinen und Mensen

Kostengruppen		▷	€/Einheit	◁	KG an 300+400
370	**Baukonstruktive Einbauten**				
371	Allgemeine Einbauten [m² BGF]	–	**0,80**	–	0,0%
372	Besondere Einbauten [m² BGF]	–	**0,90**	–	0,0%
379	Baukonstruktive Einbauten, sonstiges [m² BGF]	–	**4,40**	–	0,0%
390	**Sonstige Maßnahmen für Baukonstruktionen**				
391	Baustelleneinrichtung [m² BGF]	2,70	**25,00**	37,00	1,3%
392	Gerüste [m² BGF]	4,30	**11,00**	15,00	0,6%
393	Sicherungsmaßnahmen [m² BGF]	–	**2,20**	–	0,0%
394	Abbruchmaßnahmen [m² BGF]	–	**0,80**	–	0,0%
395	Instandsetzungen [m² BGF]	–	–	–	–
396	Materialentsorgung [m² BGF]	–	**7,60**	–	0,1%
397	Zusätzliche Maßnahmen [m² BGF]	3,80	**5,20**	6,60	0,1%
398	Provisorische Baukonstruktionen [m² BGF]	–	–	–	–
399	Sonstige Maßnahmen für Baukonstruktionen, sonst. [m² BGF]	–	**28,00**	–	0,4%
410	**Abwasser-, Wasser-, Gasanlagen**				
411	Abwasseranlagen [m² BGF]	15,00	**35,00**	70,00	1,7%
412	Wasseranlagen [m² BGF]	35,00	**51,00**	67,00	1,7%
420	**Wärmeversorgungsanlagen**				
421	Wärmeerzeugungsanlagen [m² BGF]	14,00	**23,00**	31,00	0,7%
422	Wärmeverteilnetze [m² BGF]	15,00	**30,00**	45,00	0,9%
423	Raumheizflächen [m² BGF]	23,00	**23,00**	24,00	0,8%
429	Wärmeversorgungsanlagen, sonstiges [m² BGF]	3,00	**37,00**	106,00	2,7%
430	**Lufttechnische Anlagen**				
431	Lüftungsanlagen [m² BGF]	20,00	**106,00**	192,00	3,1%
440	**Starkstromanlagen**				
443	Niederspannungsschaltanlagen [m² BGF]	–	**28,00**	–	0,4%
444	Niederspannungsinstallationsanlagen [m² BGF]	30,00	**37,00**	44,00	1,3%
445	Beleuchtungsanlagen [m² BGF]	34,00	**49,00**	64,00	1,6%
446	Blitzschutz- und Erdungsanlagen [m² BGF]	1,30	**2,80**	3,80	0,1%
450	**Fernmelde- und informationstechnische Anlagen**				
451	Telekommunikationsanlagen [m² BGF]	–	**4,40**	–	0,0%
452	Such- und Signalanlagen [m² BGF]	–	**0,50**	–	0,0%
455	Fernseh- und Antennenanlagen [m² BGF]	1,60	**2,10**	2,70	0,0%
456	Gefahrenmelde- und Alarmanlagen [m² BGF]	9,60	**10,00**	11,00	0,3%
460	**Förderanlagen**				
461	Aufzugsanlagen [m² BGF]	45,00	**56,00**	68,00	2,1%
470	**Nutzungsspezifische Anlagen**				
471	Küchentechnische Anlagen [m² BGF]	63,00	**65,00**	70,00	3,9%
473	Medienversorgungsanlagen [m² BGF]	–	–	–	–
475	Feuerlöschanlagen [m² BGF]	–	**0,80**	–	0,0%
	Weitere Kosten für Technische Anlagen [m² BGF]	25,00	**84,00**	191,00	5,6%

© BKI Baukosteninformationszentrum; Erläuterungen zu den Tabellen siehe Seite 48   Kosten: 1.Quartal 2018, Bundesdurchschnitt, inkl. 19% MwSt.

Industrielle Produktionsgebäude, Massivbauweise

Kosten:
Stand 1.Quartal 2018
Bundesdurchschnitt
inkl. 19% MwSt.

▷ von
Ø Mittel
◁ bis

Kostengruppen		▷	€/Einheit	◁	KG an 300+400
310	**Baugrube**				
311	Baugrubenherstellung [m³]	7,10	**14,00**	17,00	0,9%
312	Baugrubenumschließung [m²]	–	–	–	–
313	Wasserhaltung [m²]	–	–	–	–
319	Baugrube, sonstiges [m³]	–	–	–	–
320	**Gründung**				
321	Baugrundverbesserung [m²]	–	**11,00**	–	0,2%
322	Flachgründungen [m²]	72,00	**82,00**	101,00	4,5%
323	Tiefgründungen [m²]	–	**51,00**	–	0,8%
324	Unterböden und Bodenplatten [m²]	67,00	**88,00**	98,00	4,7%
325	Bodenbeläge [m²]	37,00	**65,00**	80,00	2,9%
326	Bauwerksabdichtungen [m²]	2,10	**13,00**	19,00	0,6%
327	Dränagen [m²]	–	**15,00**	–	0,3%
329	Gründung, sonstiges [m²]	–	–	–	–
330	**Außenwände**				
331	Tragende Außenwände [m²]	104,00	**142,00**	212,00	4,7%
332	Nichttragende Außenwände [m²]	63,00	**84,00**	105,00	1,3%
333	Außenstützen [m]	–	–	–	–
334	Außentüren und -fenster [m²]	393,00	**492,00**	672,00	4,8%
335	Außenwandbekleidungen außen [m²]	88,00	**121,00**	139,00	6,2%
336	Außenwandbekleidungen innen [m²]	17,00	**33,00**	64,00	1,1%
337	Elementierte Außenwände [m²]	573,00	**665,00**	758,00	6,3%
338	Sonnenschutz [m²]	122,00	**295,00**	468,00	0,9%
339	Außenwände, sonstiges [m²]	–	**11,00**	–	0,2%
340	**Innenwände**				
341	Tragende Innenwände [m²]	77,00	**125,00**	218,00	1,6%
342	Nichttragende Innenwände [m²]	64,00	**77,00**	103,00	2,0%
343	Innenstützen [m]	106,00	**160,00**	267,00	0,6%
344	Innentüren und -fenster [m²]	378,00	**541,00**	864,00	1,9%
345	Innenwandbekleidungen [m²]	13,00	**38,00**	53,00	2,0%
346	Elementierte Innenwände [m²]	–	**490,00**	–	1,8%
349	Innenwände, sonstiges [m²]	–	–	–	–
350	**Decken**				
351	Deckenkonstruktionen [m²]	132,00	**159,00**	204,00	4,3%
352	Deckenbeläge [m²]	95,00	**100,00**	109,00	2,6%
353	Deckenbekleidungen [m²]	4,80	**38,00**	55,00	0,5%
359	Decken, sonstiges [m²]	20,00	**40,00**	67,00	0,9%
360	**Dächer**				
361	Dachkonstruktionen [m²]	103,00	**112,00**	127,00	6,4%
362	Dachfenster, Dachöffnungen [m²]	199,00	**431,00**	547,00	1,3%
363	Dachbeläge [m²]	105,00	**119,00**	128,00	6,8%
364	Dachbekleidungen [m²]	21,00	**36,00**	65,00	0,4%
369	Dächer, sonstiges [m²]	3,90	**5,00**	6,10	0,2%

© BKI Baukosteninformationszentrum; Erläuterungen zu den Tabellen siehe Seite 48

Industrielle Produktionsgebäude, Massivbauweise

Kostengruppen		€/Einheit		KG an 300+400
370	**Baukonstruktive Einbauten**			
371	Allgemeine Einbauten [m² BGF]	–	**33,00**	–	0,8%
372	Besondere Einbauten [m² BGF]	–	–	–	–
379	Baukonstruktive Einbauten, sonstiges [m² BGF]	–	–	–	–
390	**Sonstige Maßnahmen für Baukonstruktionen**				
391	Baustelleneinrichtung [m² BGF]	16,00	**20,00**	23,00	1,7%
392	Gerüste [m² BGF]	5,10	**7,70**	9,10	0,6%
393	Sicherungsmaßnahmen [m² BGF]	–	–	–	–
394	Abbruchmaßnahmen [m² BGF]	–	–	–	–
395	Instandsetzungen [m² BGF]	–	–	–	–
396	Materialentsorgung [m² BGF]	–	–	–	–
397	Zusätzliche Maßnahmen [m² BGF]	1,90	**2,20**	2,50	0,1%
398	Provisorische Baukonstruktionen [m² BGF]	–	–	–	–
399	Sonstige Maßnahmen für Baukonstruktionen, sonst. [m² BGF]	–	–	–	–
410	**Abwasser-, Wasser-, Gasanlagen**				
411	Abwasseranlagen [m² BGF]	14,00	**17,00**	23,00	1,5%
412	Wasseranlagen [m² BGF]	22,00	**29,00**	34,00	2,5%
420	**Wärmeversorgungsanlagen**				
421	Wärmeerzeugungsanlagen [m² BGF]	5,60	**22,00**	31,00	1,9%
422	Wärmeverteilnetze [m² BGF]	14,00	**17,00**	24,00	1,4%
423	Raumheizflächen [m² BGF]	13,00	**23,00**	40,00	1,9%
429	Wärmeversorgungsanlagen, sonstiges [m² BGF]	–	**5,20**	–	0,1%
430	**Lufttechnische Anlagen**				
431	Lüftungsanlagen [m² BGF]	–	**9,80**	–	0,2%
440	**Starkstromanlagen**				
443	Niederspannungsschaltanlagen [m² BGF]	5,70	**20,00**	34,00	1,2%
444	Niederspannungsinstallationsanlagen [m² BGF]	35,00	**52,00**	80,00	4,6%
445	Beleuchtungsanlagen [m² BGF]	23,00	**27,00**	35,00	2,3%
446	Blitzschutz- und Erdungsanlagen [m² BGF]	3,10	**4,80**	8,10	0,4%
450	**Fernmelde- und informationstechnische Anlagen**				
451	Telekommunikationsanlagen [m² BGF]	1,20	**2,20**	3,20	0,1%
452	Such- und Signalanlagen [m² BGF]	–	**4,10**	–	0,1%
455	Fernseh- und Antennenanlagen [m² BGF]	–	–	–	–
456	Gefahrenmelde- und Alarmanlagen [m² BGF]	–	–	–	–
460	**Förderanlagen**				
461	Aufzugsanlagen [m² BGF]	–	**26,00**	–	0,8%
470	**Nutzungsspezifische Anlagen**				
471	Küchentechnische Anlagen [m² BGF]	–	–	–	–
473	Medienversorgungsanlagen [m² BGF]	–	**8,50**	–	0,2%
475	Feuerlöschanlagen [m² BGF]	–	**0,70**	–	0,0%
	Weitere Kosten für Technische Anlagen [m² BGF]	5,70	**36,00**	66,00	1,9%

© BKI Baukosteninformationszentrum; Erläuterungen zu den Tabellen siehe Seite 48   Kosten: 1.Quartal 2018, Bundesdurchschnitt, **inkl. 19% MwSt.**

Industrielle Produktionsgebäude, überwiegend Skelettbauweise

Kosten:
Stand 1. Quartal 2018
Bundesdurchschnitt
inkl. 19% MwSt.

▷ von
ø Mittel
◁ bis

Kostengruppen		▷	€/Einheit	◁	KG an 300+400
310	**Baugrube**				
311	Baugrubenherstellung [m³]	7,40	**25,00**	39,00	2,1%
312	Baugrubenumschließung [m²]	–	**–**	–	–
313	Wasserhaltung [m²]	–	**2,40**	–	0,0%
319	Baugrube, sonstiges [m³]	0,20	**0,40**	0,70	0,0%
320	**Gründung**				
321	Baugrundverbesserung [m²]	4,20	**27,00**	49,00	0,5%
322	Flachgründungen [m²]	47,00	**117,00**	170,00	7,8%
323	Tiefgründungen [m²]	–	**257,00**	–	2,0%
324	Unterböden und Bodenplatten [m²]	58,00	**96,00**	233,00	6,6%
325	Bodenbeläge [m²]	46,00	**79,00**	122,00	0,8%
326	Bauwerksabdichtungen [m²]	14,00	**26,00**	30,00	2,0%
327	Dränagen [m²]	3,80	**7,60**	9,60	0,3%
329	Gründung, sonstiges [m²]	–	**–**	–	–
330	**Außenwände**				
331	Tragende Außenwände [m²]	133,00	**170,00**	203,00	7,4%
332	Nichttragende Außenwände [m²]	103,00	**127,00**	176,00	2,6%
333	Außenstützen [m]	87,00	**211,00**	302,00	1,3%
334	Außentüren und -fenster [m²]	395,00	**495,00**	660,00	2,3%
335	Außenwandbekleidungen außen [m²]	34,00	**56,00**	82,00	2,7%
336	Außenwandbekleidungen innen [m²]	6,50	**12,00**	19,00	0,2%
337	Elementierte Außenwände [m²]	–	**506,00**	–	1,9%
338	Sonnenschutz [m²]	219,00	**263,00**	293,00	0,1%
339	Außenwände, sonstiges [m²]	1,70	**7,00**	18,00	0,2%
340	**Innenwände**				
341	Tragende Innenwände [m²]	104,00	**141,00**	175,00	2,6%
342	Nichttragende Innenwände [m²]	67,00	**75,00**	82,00	0,3%
343	Innenstützen [m]	104,00	**220,00**	482,00	1,0%
344	Innentüren und -fenster [m²]	515,00	**637,00**	749,00	2,1%
345	Innenwandbekleidungen [m²]	13,00	**25,00**	30,00	0,6%
346	Elementierte Innenwände [m²]	301,00	**456,00**	764,00	0,7%
349	Innenwände, sonstiges [m²]	0,40	**5,30**	10,00	0,0%
350	**Decken**				
351	Deckenkonstruktionen [m²]	141,00	**180,00**	268,00	1,9%
352	Deckenbeläge [m²]	74,00	**104,00**	120,00	0,5%
353	Deckenbekleidungen [m²]	5,70	**48,00**	93,00	0,2%
359	Decken, sonstiges [m²]	15,00	**22,00**	30,00	0,1%
360	**Dächer**				
361	Dachkonstruktionen [m²]	87,00	**125,00**	182,00	9,6%
362	Dachfenster, Dachöffnungen [m²]	421,00	**656,00**	997,00	1,7%
363	Dachbeläge [m²]	79,00	**86,00**	111,00	7,3%
364	Dachbekleidungen [m²]	5,60	**45,00**	86,00	0,2%
369	Dächer, sonstiges [m²]	2,60	**4,40**	6,10	0,2%

Industrielle Produktionsgebäude, überwiegend Skelettbauweise

Kostengruppen		▷ €/Einheit ◁		KG an 300+400	
370	**Baukonstruktive Einbauten**				
371	Allgemeine Einbauten [m² BGF]	–	–	–	–
372	Besondere Einbauten [m² BGF]	–	–	–	–
379	Baukonstruktive Einbauten, sonstiges [m² BGF]	–	–	–	–
390	**Sonstige Maßnahmen für Baukonstruktionen**				
391	Baustelleneinrichtung [m² BGF]	7,80	**19,00**	55,00	1,2%
392	Gerüste [m² BGF]	2,10	**4,10**	5,50	0,4%
393	Sicherungsmaßnahmen [m² BGF]	–	–	–	–
394	Abbruchmaßnahmen [m² BGF]	–	**5,30**	–	0,1%
395	Instandsetzungen [m² BGF]	–	**0,60**	–	0,0%
396	Materialentsorgung [m² BGF]	–	–	–	–
397	Zusätzliche Maßnahmen [m² BGF]	1,80	**4,20**	9,60	0,3%
398	Provisorische Baukonstruktionen [m² BGF]	–	–	–	–
399	Sonstige Maßnahmen für Baukonstruktionen, sonst. [m² BGF]	–	–	–	–
410	**Abwasser-, Wasser-, Gasanlagen**				
411	Abwasseranlagen [m² BGF]	9,70	**17,00**	22,00	1,5%
412	Wasseranlagen [m² BGF]	8,10	**12,00**	15,00	0,9%
420	**Wärmeversorgungsanlagen**				
421	Wärmeerzeugungsanlagen [m² BGF]	3,10	**11,00**	26,00	0,6%
422	Wärmeverteilnetze [m² BGF]	8,40	**17,00**	27,00	1,0%
423	Raumheizflächen [m² BGF]	10,00	**16,00**	27,00	0,9%
429	Wärmeversorgungsanlagen, sonstiges [m² BGF]	0,30	**0,60**	1,20	0,0%
430	**Lufttechnische Anlagen**				
431	Lüftungsanlagen [m² BGF]	4,10	**13,00**	26,00	0,6%
440	**Starkstromanlagen**				
443	Niederspannungsschaltanlagen [m² BGF]	1,50	**11,00**	21,00	0,3%
444	Niederspannungsinstallationsanlagen [m² BGF]	29,00	**74,00**	146,00	5,8%
445	Beleuchtungsanlagen [m² BGF]	4,80	**14,00**	23,00	1,1%
446	Blitzschutz- und Erdungsanlagen [m² BGF]	2,00	**4,80**	7,80	0,5%
450	**Fernmelde- und informationstechnische Anlagen**				
451	Telekommunikationsanlagen [m² BGF]	0,40	**1,40**	2,30	0,1%
452	Such- und Signalanlagen [m² BGF]	–	**0,70**	–	0,0%
455	Fernseh- und Antennenanlagen [m² BGF]	–	–	–	–
456	Gefahrenmelde- und Alarmanlagen [m² BGF]	2,30	**4,90**	9,20	0,3%
460	**Förderanlagen**				
461	Aufzugsanlagen [m² BGF]	–	–	–	–
470	**Nutzungsspezifische Anlagen**				
471	Küchentechnische Anlagen [m² BGF]	–	–	–	–
473	Medienversorgungsanlagen [m² BGF]	–	**7,70**	–	0,2%
475	Feuerlöschanlagen [m² BGF]	0,40	**1,30**	2,90	0,1%
	Weitere Kosten für Technische Anlagen [m² BGF]	58,00	**163,00**	523,00	11,5%

© BKI Baukosteninformationszentrum; Erläuterungen zu den Tabellen siehe Seite 48   Kosten: 1.Quartal 2018, Bundesdurchschnitt, inkl. 19% MwSt.

Betriebs- und Werkstätten, eingeschossig

Kosten:
Stand 1.Quartal 2018
Bundesdurchschnitt
inkl. 19% MwSt.

▷ von
Ø Mittel
◁ bis

Kostengruppen		▷	€/Einheit	◁	KG an 300+400
310	**Baugrube**				
311	Baugrubenherstellung [m³]	3,00	**15,00**	21,00	1,5%
312	Baugrubenumschließung [m²]	–	**403,00**	–	1,7%
313	Wasserhaltung [m²]	–	**–**	–	–
319	Baugrube, sonstiges [m³]	–	**–**	–	–
320	**Gründung**				
321	Baugrundverbesserung [m²]	28,00	**49,00**	70,00	2,6%
322	Flachgründungen [m²]	32,00	**57,00**	100,00	3,3%
323	Tiefgründungen [m²]	–	**–**	–	–
324	Unterböden und Bodenplatten [m²]	48,00	**53,00**	56,00	3,3%
325	Bodenbeläge [m²]	57,00	**70,00**	92,00	4,0%
326	Bauwerksabdichtungen [m²]	16,00	**22,00**	26,00	1,4%
327	Dränagen [m²]	–	**6,20**	–	0,1%
329	Gründung, sonstiges [m²]	4,90	**7,30**	9,70	0,2%
330	**Außenwände**				
331	Tragende Außenwände [m²]	133,00	**149,00**	165,00	1,8%
332	Nichttragende Außenwände [m²]	37,00	**100,00**	162,00	2,7%
333	Außenstützen [m]	–	**199,00**	–	0,0%
334	Außentüren und -fenster [m²]	555,00	**1.006,00**	1.285,00	6,2%
335	Außenwandbekleidungen außen [m²]	122,00	**148,00**	174,00	1,5%
336	Außenwandbekleidungen innen [m²]	8,00	**15,00**	23,00	0,1%
337	Elementierte Außenwände [m²]	–	**678,00**	–	1,3%
338	Sonnenschutz [m²]	140,00	**233,00**	285,00	1,4%
339	Außenwände, sonstiges [m²]	0,90	**2,20**	3,50	0,0%
340	**Innenwände**				
341	Tragende Innenwände [m²]	142,00	**167,00**	192,00	1,2%
342	Nichttragende Innenwände [m²]	48,00	**78,00**	133,00	2,6%
343	Innenstützen [m]	65,00	**163,00**	260,00	0,2%
344	Innentüren und -fenster [m²]	385,00	**674,00**	877,00	3,0%
345	Innenwandbekleidungen [m²]	15,00	**16,00**	20,00	1,2%
346	Elementierte Innenwände [m²]	145,00	**195,00**	246,00	0,5%
349	Innenwände, sonstiges [m²]	–	**14,00**	–	0,2%
350	**Decken**				
351	Deckenkonstruktionen [m²]	–	**155,00**	–	1,2%
352	Deckenbeläge [m²]	–	**96,00**	–	0,7%
353	Deckenbekleidungen [m²]	–	**25,00**	–	0,1%
359	Decken, sonstiges [m²]	–	**–**	–	–
360	**Dächer**				
361	Dachkonstruktionen [m²]	71,00	**160,00**	206,00	10,2%
362	Dachfenster, Dachöffnungen [m²]	386,00	**1.107,00**	1.515,00	2,3%
363	Dachbeläge [m²]	80,00	**109,00**	128,00	6,1%
364	Dachbekleidungen [m²]	43,00	**59,00**	88,00	1,4%
369	Dächer, sonstiges [m²]	0,80	**2,20**	4,90	0,2%

Betriebs- und Werkstätten, eingeschossig

Kostengruppen	€/Einheit			KG an 300+400
370 Baukonstruktive Einbauten				
371 Allgemeine Einbauten [m² BGF]	5,30	**9,00**	13,00	0,3%
372 Besondere Einbauten [m² BGF]	–	**21,00**	–	0,4%
379 Baukonstruktive Einbauten, sonstiges [m² BGF]	–	**–**	–	–
390 Sonstige Maßnahmen für Baukonstruktionen				
391 Baustelleneinrichtung [m² BGF]	8,50	**22,00**	49,00	1,5%
392 Gerüste [m² BGF]	0,50	**3,00**	5,60	0,1%
393 Sicherungsmaßnahmen [m² BGF]	–	**–**	–	–
394 Abbruchmaßnahmen [m² BGF]	–	**–**	–	–
395 Instandsetzungen [m² BGF]	–	**–**	–	–
396 Materialentsorgung [m² BGF]	–	**–**	–	–
397 Zusätzliche Maßnahmen [m² BGF]	–	**2,60**	–	0,0%
398 Provisorische Baukonstruktionen [m² BGF]	–	**–**	–	–
399 Sonstige Maßnahmen für Baukonstruktionen, sonst. [m² BGF]	–	**7,60**	–	0,1%
410 Abwasser-, Wasser-, Gasanlagen				
411 Abwasseranlagen [m² BGF]	6,90	**30,00**	47,00	1,8%
412 Wasseranlagen [m² BGF]	31,00	**45,00**	52,00	3,2%
420 Wärmeversorgungsanlagen				
421 Wärmeerzeugungsanlagen [m² BGF]	–	**9,20**	–	0,2%
422 Wärmeverteilnetze [m² BGF]	40,00	**42,00**	44,00	1,6%
423 Raumheizflächen [m² BGF]	12,00	**21,00**	29,00	0,7%
429 Wärmeversorgungsanlagen, sonstiges [m² BGF]	0,50	**2,40**	4,40	0,0%
430 Lufttechnische Anlagen				
431 Lüftungsanlagen [m² BGF]	122,00	**166,00**	210,00	6,4%
440 Starkstromanlagen				
443 Niederspannungsschaltanlagen [m² BGF]	–	**21,00**	–	0,4%
444 Niederspannungsinstallationsanlagen [m² BGF]	59,00	**77,00**	86,00	5,7%
445 Beleuchtungsanlagen [m² BGF]	13,00	**15,00**	17,00	0,6%
446 Blitzschutz- und Erdungsanlagen [m² BGF]	0,80	**1,70**	2,20	0,1%
450 Fernmelde- und informationstechnische Anlagen				
451 Telekommunikationsanlagen [m² BGF]	–	**4,70**	–	0,1%
452 Such- und Signalanlagen [m² BGF]	0,10	**0,80**	1,60	0,0%
455 Fernseh- und Antennenanlagen [m² BGF]	–	**0,10**	–	0,0%
456 Gefahrenmelde- und Alarmanlagen [m² BGF]	2,80	**15,00**	27,00	0,6%
460 Förderanlagen				
461 Aufzugsanlagen [m² BGF]	–	**9,00**	–	0,2%
470 Nutzungsspezifische Anlagen				
471 Küchentechnische Anlagen [m² BGF]	–	**–**	–	–
473 Medienversorgungsanlagen [m² BGF]	3,80	**9,30**	15,00	0,4%
475 Feuerlöschanlagen [m² BGF]	–	**5,80**	–	0,1%
Weitere Kosten für Technische Anlagen [m² BGF]	146,00	**149,00**	152,00	5,9%

© BKI Baukosteninformationszentrum; Erläuterungen zu den Tabellen siehe Seite 48   Kosten: 1.Quartal 2018, Bundesdurchschnitt, inkl. 19% MwSt.

Betriebs- und Werkstätten, mehrgeschossig, geringer Hallenanteil

Kosten:
Stand 1.Quartal 2018
Bundesdurchschnitt
inkl. 19% MwSt.

▷ von
ø Mittel
◁ bis

Kostengruppen		▷	€/Einheit	◁	KG an 300+400
310	**Baugrube**				
311	Baugrubenherstellung [m³]	8,40	**19,00**	23,00	2,1%
312	Baugrubenumschließung [m²]	–	–	–	–
313	Wasserhaltung [m²]	0,20	**1,80**	3,40	0,0%
319	Baugrube, sonstiges [m³]	–	–	–	–
320	**Gründung**				
321	Baugrundverbesserung [m²]	–	**6,00**	–	0,0%
322	Flachgründungen [m²]	48,00	**84,00**	138,00	3,0%
323	Tiefgründungen [m²]	–	–	–	–
324	Unterböden und Bodenplatten [m²]	54,00	**65,00**	78,00	3,0%
325	Bodenbeläge [m²]	67,00	**83,00**	107,00	3,7%
326	Bauwerksabdichtungen [m²]	18,00	**30,00**	65,00	1,6%
327	Dränagen [m²]	1,60	**9,20**	13,00	0,2%
329	Gründung, sonstiges [m²]	–	–	–	–
330	**Außenwände**				
331	Tragende Außenwände [m²]	129,00	**158,00**	255,00	8,2%
332	Nichttragende Außenwände [m²]	–	**264,00**	–	0,1%
333	Außenstützen [m]	139,00	**184,00**	270,00	0,2%
334	Außentüren und -fenster [m²]	354,00	**446,00**	784,00	4,2%
335	Außenwandbekleidungen außen [m²]	95,00	**135,00**	160,00	7,4%
336	Außenwandbekleidungen innen [m²]	15,00	**25,00**	37,00	0,8%
337	Elementierte Außenwände [m²]	421,00	**493,00**	628,00	3,3%
338	Sonnenschutz [m²]	142,00	**211,00**	308,00	1,9%
339	Außenwände, sonstiges [m²]	–	**4,50**	–	0,0%
340	**Innenwände**				
341	Tragende Innenwände [m²]	77,00	**131,00**	216,00	2,4%
342	Nichttragende Innenwände [m²]	70,00	**91,00**	106,00	1,8%
343	Innenstützen [m]	102,00	**191,00**	258,00	0,6%
344	Innentüren und -fenster [m²]	433,00	**539,00**	694,00	2,5%
345	Innenwandbekleidungen [m²]	22,00	**32,00**	46,00	1,6%
346	Elementierte Innenwände [m²]	265,00	**295,00**	312,00	1,1%
349	Innenwände, sonstiges [m²]	–	–	–	–
350	**Decken**				
351	Deckenkonstruktionen [m²]	115,00	**143,00**	184,00	5,6%
352	Deckenbeläge [m²]	48,00	**74,00**	106,00	2,5%
353	Deckenbekleidungen [m²]	19,00	**46,00**	89,00	1,3%
359	Decken, sonstiges [m²]	8,50	**24,00**	47,00	0,7%
360	**Dächer**				
361	Dachkonstruktionen [m²]	77,00	**123,00**	189,00	6,0%
362	Dachfenster, Dachöffnungen [m²]	435,00	**713,00**	1.204,00	1,0%
363	Dachbeläge [m²]	65,00	**111,00**	144,00	5,3%
364	Dachbekleidungen [m²]	42,00	**71,00**	105,00	1,4%
369	Dächer, sonstiges [m²]	9,20	**10,00**	13,00	0,3%

Betriebs- und Werkstätten, mehrgeschossig, geringer Hallenanteil

Kostengruppen	▷	€/Einheit	◁	KG an 300+400
370 Baukonstruktive Einbauten				
371 Allgemeine Einbauten [m² BGF]	6,20	**44,00**	119,00	1,9%
372 Besondere Einbauten [m² BGF]	–	–	–	–
379 Baukonstruktive Einbauten, sonstiges [m² BGF]	–	–	–	–
390 Sonstige Maßnahmen für Baukonstruktionen				
391 Baustelleneinrichtung [m² BGF]	11,00	**23,00**	34,00	2,1%
392 Gerüste [m² BGF]	2,50	**5,80**	10,00	0,5%
393 Sicherungsmaßnahmen [m² BGF]	–	**2,60**	–	0,0%
394 Abbruchmaßnahmen [m² BGF]	–	**0,40**	–	0,0%
395 Instandsetzungen [m² BGF]	–	–	–	–
396 Materialentsorgung [m² BGF]	–	–	–	–
397 Zusätzliche Maßnahmen [m² BGF]	4,60	**5,20**	6,40	0,3%
398 Provisorische Baukonstruktionen [m² BGF]	–	**0,40**	–	0,0%
399 Sonstige Maßnahmen für Baukonstruktionen, sonst. [m² BGF]	–	–	–	–
410 Abwasser-, Wasser-, Gasanlagen				
411 Abwasseranlagen [m² BGF]	4,30	**10,00**	19,00	1,0%
412 Wasseranlagen [m² BGF]	7,00	**17,00**	20,00	1,2%
420 Wärmeversorgungsanlagen				
421 Wärmeerzeugungsanlagen [m² BGF]	11,00	**27,00**	77,00	1,7%
422 Wärmeverteilnetze [m² BGF]	5,90	**8,60**	10,00	0,5%
423 Raumheizflächen [m² BGF]	15,00	**25,00**	37,00	1,7%
429 Wärmeversorgungsanlagen, sonstiges [m² BGF]	1,00	**1,60**	2,70	0,1%
430 Lufttechnische Anlagen				
431 Lüftungsanlagen [m² BGF]	5,30	**32,00**	111,00	1,9%
440 Starkstromanlagen				
443 Niederspannungsschaltanlagen [m² BGF]	2,50	**17,00**	32,00	0,7%
444 Niederspannungsinstallationsanlagen [m² BGF]	14,00	**32,00**	54,00	2,9%
445 Beleuchtungsanlagen [m² BGF]	12,00	**29,00**	46,00	1,8%
446 Blitzschutz- und Erdungsanlagen [m² BGF]	1,50	**4,80**	10,00	0,3%
450 Fernmelde- und informationstechnische Anlagen				
451 Telekommunikationsanlagen [m² BGF]	1,10	**1,20**	1,20	0,0%
452 Such- und Signalanlagen [m² BGF]	0,50	**1,20**	1,70	0,0%
455 Fernseh- und Antennenanlagen [m² BGF]	0,50	**0,60**	0,70	0,0%
456 Gefahrenmelde- und Alarmanlagen [m² BGF]	–	**16,00**	–	0,3%
460 Förderanlagen				
461 Aufzugsanlagen [m² BGF]	8,50	**13,00**	15,00	0,6%
470 Nutzungsspezifische Anlagen				
471 Küchentechnische Anlagen [m² BGF]	–	–	–	–
473 Medienversorgungsanlagen [m² BGF]	–	–	–	–
475 Feuerlöschanlagen [m² BGF]	–	**1,20**	–	0,0%
Weitere Kosten für Technische Anlagen [m² BGF]	40,00	**99,00**	210,00	4,3%

© BKI Baukosteninformationszentrum; Erläuterungen zu den Tabellen siehe Seite 48   Kosten: 1.Quartal 2018, Bundesdurchschnitt, inkl. 19% MwSt.

Betriebs- und Werkstätten, mehrgeschossig, hoher Hallenanteil

Kosten:
Stand 1.Quartal 2018
Bundesdurchschnitt
inkl. 19% MwSt.

▷ von
ø Mittel
◁ bis

Kostengruppen		▷	€/Einheit	◁	KG an 300+400
310	**Baugrube**				
311	Baugrubenherstellung [m³]	12,00	**24,00**	39,00	1,3%
312	Baugrubenumschließung [m²]	–	**–**	–	–
313	Wasserhaltung [m²]	0,30	**4,50**	8,80	0,2%
319	Baugrube, sonstiges [m³]	–	**–**	–	–
320	**Gründung**				
321	Baugrundverbesserung [m²]	9,20	**35,00**	57,00	2,4%
322	Flachgründungen [m²]	38,00	**74,00**	118,00	4,4%
323	Tiefgründungen [m²]	–	**82,00**	–	1,1%
324	Unterböden und Bodenplatten [m²]	52,00	**90,00**	119,00	5,0%
325	Bodenbeläge [m²]	45,00	**71,00**	97,00	3,6%
326	Bauwerksabdichtungen [m²]	4,00	**14,00**	39,00	1,0%
327	Dränagen [m²]	0,70	**2,90**	5,60	0,2%
329	Gründung, sonstiges [m²]	–	**–**	–	–
330	**Außenwände**				
331	Tragende Außenwände [m²]	91,00	**143,00**	221,00	6,1%
332	Nichttragende Außenwände [m²]	59,00	**154,00**	248,00	0,0%
333	Außenstützen [m]	91,00	**130,00**	208,00	0,7%
334	Außentüren und -fenster [m²]	409,00	**498,00**	877,00	4,6%
335	Außenwandbekleidungen außen [m²]	74,00	**129,00**	385,00	4,7%
336	Außenwandbekleidungen innen [m²]	17,00	**36,00**	48,00	1,2%
337	Elementierte Außenwände [m²]	114,00	**277,00**	401,00	1,9%
338	Sonnenschutz [m²]	152,00	**270,00**	371,00	0,6%
339	Außenwände, sonstiges [m²]	0,60	**16,00**	31,00	0,4%
340	**Innenwände**				
341	Tragende Innenwände [m²]	56,00	**93,00**	151,00	2,6%
342	Nichttragende Innenwände [m²]	62,00	**87,00**	96,00	0,7%
343	Innenstützen [m]	108,00	**152,00**	226,00	0,6%
344	Innentüren und -fenster [m²]	205,00	**348,00**	514,00	1,4%
345	Innenwandbekleidungen [m²]	32,00	**44,00**	57,00	3,0%
346	Elementierte Innenwände [m²]	299,00	**350,00**	400,00	0,0%
349	Innenwände, sonstiges [m²]	–	**1,40**	–	0,0%
350	**Decken**				
351	Deckenkonstruktionen [m²]	89,00	**112,00**	148,00	1,4%
352	Deckenbeläge [m²]	67,00	**90,00**	108,00	1,1%
353	Deckenbekleidungen [m²]	28,00	**61,00**	82,00	0,7%
359	Decken, sonstiges [m²]	23,00	**52,00**	107,00	0,2%
360	**Dächer**				
361	Dachkonstruktionen [m²]	71,00	**94,00**	142,00	8,5%
362	Dachfenster, Dachöffnungen [m²]	269,00	**506,00**	1.044,00	1,6%
363	Dachbeläge [m²]	59,00	**95,00**	116,00	8,9%
364	Dachbekleidungen [m²]	36,00	**55,00**	82,00	1,4%
369	Dächer, sonstiges [m²]	1,70	**7,50**	15,00	0,4%

Betriebs- und Werkstätten, mehrgeschossig, hoher Hallenanteil

Kostengruppen	▷	€/Einheit	◁	KG an 300+400
370 Baukonstruktive Einbauten				
371 Allgemeine Einbauten [m² BGF]	–	**6,10**	–	0,1%
372 Besondere Einbauten [m² BGF]	–	**1,40**	–	0,0%
379 Baukonstruktive Einbauten, sonstiges [m² BGF]	–	**–**	–	–
390 Sonstige Maßnahmen für Baukonstruktionen				
391 Baustelleneinrichtung [m² BGF]	4,80	**13,00**	28,00	0,8%
392 Gerüste [m² BGF]	7,80	**11,00**	14,00	1,0%
393 Sicherungsmaßnahmen [m² BGF]	–	**–**	–	–
394 Abbruchmaßnahmen [m² BGF]	–	**0,60**	–	0,0%
395 Instandsetzungen [m² BGF]	–	**0,10**	–	0,0%
396 Materialentsorgung [m² BGF]	–	**–**	–	–
397 Zusätzliche Maßnahmen [m² BGF]	0,70	**2,80**	5,10	0,1%
398 Provisorische Baukonstruktionen [m² BGF]	–	**–**	–	–
399 Sonstige Maßnahmen für Baukonstruktionen, sonst. [m² BGF]	5,40	**7,10**	8,80	0,1%
410 Abwasser-, Wasser-, Gasanlagen				
411 Abwasseranlagen [m² BGF]	7,00	**19,00**	45,00	1,5%
412 Wasseranlagen [m² BGF]	14,00	**28,00**	51,00	1,9%
420 Wärmeversorgungsanlagen				
421 Wärmeerzeugungsanlagen [m² BGF]	8,50	**27,00**	47,00	2,4%
422 Wärmeverteilnetze [m² BGF]	9,30	**35,00**	64,00	1,8%
423 Raumheizflächen [m² BGF]	14,00	**21,00**	28,00	2,1%
429 Wärmeversorgungsanlagen, sonstiges [m² BGF]	1,10	**5,10**	9,00	0,1%
430 Lufttechnische Anlagen				
431 Lüftungsanlagen [m² BGF]	0,20	**36,00**	54,00	1,4%
440 Starkstromanlagen				
443 Niederspannungsschaltanlagen [m² BGF]	8,50	**12,00**	18,00	0,5%
444 Niederspannungsinstallationsanlagen [m² BGF]	23,00	**58,00**	85,00	5,4%
445 Beleuchtungsanlagen [m² BGF]	9,90	**26,00**	37,00	1,9%
446 Blitzschutz- und Erdungsanlagen [m² BGF]	1,30	**3,40**	6,70	0,2%
450 Fernmelde- und informationstechnische Anlagen				
451 Telekommunikationsanlagen [m² BGF]	1,60	**2,90**	6,50	0,1%
452 Such- und Signalanlagen [m² BGF]	0,40	**1,20**	4,00	0,0%
455 Fernseh- und Antennenanlagen [m² BGF]	–	**4,80**	–	0,0%
456 Gefahrenmelde- und Alarmanlagen [m² BGF]	–	**18,00**	–	0,2%
460 Förderanlagen				
461 Aufzugsanlagen [m² BGF]	–	**3,50**	–	0,0%
470 Nutzungsspezifische Anlagen				
471 Küchentechnische Anlagen [m² BGF]	–	**–**	–	–
473 Medienversorgungsanlagen [m² BGF]	2,80	**8,60**	20,00	0,4%
475 Feuerlöschanlagen [m² BGF]	–	**11,00**	–	0,1%
Weitere Kosten für Technische Anlagen [m² BGF]	24,00	**56,00**	91,00	3,5%

© BKI Baukosteninformationszentrum; Erläuterungen zu den Tabellen siehe Seite 48   Kosten: 1.Quartal 2018, Bundesdurchschnitt, inkl. 19% MwSt.

Geschäftshäuser, mit Wohnungen

Kosten:
Stand 1.Quartal 2018
Bundesdurchschnitt
inkl. 19% MwSt.

▷ von
ø Mittel
◁ bis

Kostengruppen		▷	€/Einheit	◁	KG an 300+400
310	**Baugrube**				
311	Baugrubenherstellung [m³]	14,00	**15,00**	17,00	1,6%
312	Baugrubenumschließung [m²]	–	**553,00**	–	3,0%
313	Wasserhaltung [m²]	–	**–**	–	–
319	Baugrube, sonstiges [m³]	–	**–**	–	–
320	**Gründung**				
321	Baugrundverbesserung [m²]	–	**6,80**	–	0,0%
322	Flachgründungen [m²]	85,00	**201,00**	431,00	2,6%
323	Tiefgründungen [m²]	–	**–**	–	–
324	Unterböden und Bodenplatten [m²]	42,00	**57,00**	72,00	0,8%
325	Bodenbeläge [m²]	73,00	**78,00**	84,00	1,0%
326	Bauwerksabdichtungen [m²]	13,00	**17,00**	19,00	0,3%
327	Dränagen [m²]	–	**4,20**	–	0,0%
329	Gründung, sonstiges [m²]	–	**–**	–	–
330	**Außenwände**				
331	Tragende Außenwände [m²]	112,00	**149,00**	204,00	5,5%
332	Nichttragende Außenwände [m²]	–	**–**	–	–
333	Außenstützen [m]	116,00	**136,00**	170,00	0,1%
334	Außentüren und -fenster [m²]	278,00	**851,00**	1.207,00	4,3%
335	Außenwandbekleidungen außen [m²]	123,00	**144,00**	154,00	4,9%
336	Außenwandbekleidungen innen [m²]	40,00	**41,00**	41,00	1,6%
337	Elementierte Außenwände [m²]	716,00	**815,00**	970,00	7,0%
338	Sonnenschutz [m²]	112,00	**156,00**	201,00	0,8%
339	Außenwände, sonstiges [m²]	3,70	**24,00**	34,00	1,2%
340	**Innenwände**				
341	Tragende Innenwände [m²]	98,00	**154,00**	260,00	2,7%
342	Nichttragende Innenwände [m²]	61,00	**84,00**	99,00	2,6%
343	Innenstützen [m]	130,00	**199,00**	338,00	0,9%
344	Innentüren und -fenster [m²]	479,00	**511,00**	558,00	2,9%
345	Innenwandbekleidungen [m²]	22,00	**25,00**	33,00	2,1%
346	Elementierte Innenwände [m²]	–	**504,00**	–	0,1%
349	Innenwände, sonstiges [m²]	–	**25,00**	–	0,2%
350	**Decken**				
351	Deckenkonstruktionen [m²]	175,00	**195,00**	207,00	11,8%
352	Deckenbeläge [m²]	81,00	**107,00**	151,00	5,2%
353	Deckenbekleidungen [m²]	43,00	**49,00**	62,00	2,3%
359	Decken, sonstiges [m²]	13,00	**20,00**	24,00	1,1%
360	**Dächer**				
361	Dachkonstruktionen [m²]	65,00	**109,00**	132,00	2,5%
362	Dachfenster, Dachöffnungen [m²]	488,00	**785,00**	1.082,00	0,5%
363	Dachbeläge [m²]	77,00	**127,00**	162,00	2,7%
364	Dachbekleidungen [m²]	25,00	**40,00**	55,00	1,0%
369	Dächer, sonstiges [m²]	8,60	**21,00**	33,00	0,4%

Geschäftshäuser, mit Wohnungen

Kostengruppen			€/Einheit		KG an 300+400
370	**Baukonstruktive Einbauten**				
371	Allgemeine Einbauten [m² BGF]	–	**4,40**	–	0,1%
372	Besondere Einbauten [m² BGF]	–	**0,30**	–	0,0%
379	Baukonstruktive Einbauten, sonstiges [m² BGF]	–	**–**	–	–
390	**Sonstige Maßnahmen für Baukonstruktionen**				
391	Baustelleneinrichtung [m² BGF]	13,00	**20,00**	34,00	1,6%
392	Gerüste [m² BGF]	8,40	**8,80**	9,00	0,7%
393	Sicherungsmaßnahmen [m² BGF]	–	**–**	–	–
394	Abbruchmaßnahmen [m² BGF]	–	**–**	–	–
395	Instandsetzungen [m² BGF]	–	**–**	–	–
396	Materialentsorgung [m² BGF]	–	**–**	–	–
397	Zusätzliche Maßnahmen [m² BGF]	–	**0,90**	–	0,0%
398	Provisorische Baukonstruktionen [m² BGF]	–	**–**	–	–
399	Sonstige Maßnahmen für Baukonstruktionen, sonst. [m² BGF]	–	**–**	–	–
410	**Abwasser-, Wasser-, Gasanlagen**				
411	Abwasseranlagen [m² BGF]	15,00	**17,00**	21,00	1,4%
412	Wasseranlagen [m² BGF]	9,60	**21,00**	28,00	1,8%
420	**Wärmeversorgungsanlagen**				
421	Wärmeerzeugungsanlagen [m² BGF]	15,00	**22,00**	34,00	1,8%
422	Wärmeverteilnetze [m² BGF]	12,00	**14,00**	15,00	1,1%
423	Raumheizflächen [m² BGF]	3,50	**12,00**	17,00	1,0%
429	Wärmeversorgungsanlagen, sonstiges [m² BGF]	–	**1,10**	–	0,0%
430	**Lufttechnische Anlagen**				
431	Lüftungsanlagen [m² BGF]	2,20	**7,40**	18,00	0,5%
440	**Starkstromanlagen**				
443	Niederspannungsschaltanlagen [m² BGF]	–	**1,20**	–	0,0%
444	Niederspannungsinstallationsanlagen [m² BGF]	23,00	**54,00**	75,00	4,4%
445	Beleuchtungsanlagen [m² BGF]	14,00	**23,00**	34,00	1,9%
446	Blitzschutz- und Erdungsanlagen [m² BGF]	0,60	**1,40**	1,80	0,1%
450	**Fernmelde- und informationstechnische Anlagen**				
451	Telekommunikationsanlagen [m² BGF]	1,80	**2,40**	3,00	0,1%
452	Such- und Signalanlagen [m² BGF]	0,20	**3,80**	7,40	0,2%
455	Fernseh- und Antennenanlagen [m² BGF]	0,10	**0,60**	1,00	0,0%
456	Gefahrenmelde- und Alarmanlagen [m² BGF]	–	**7,80**	–	0,2%
460	**Förderanlagen**				
461	Aufzugsanlagen [m² BGF]	24,00	**26,00**	28,00	1,4%
470	**Nutzungsspezifische Anlagen**				
471	Küchentechnische Anlagen [m² BGF]	–	**–**	–	–
473	Medienversorgungsanlagen [m² BGF]	–	**–**	–	–
475	Feuerlöschanlagen [m² BGF]	0,60	**21,00**	41,00	1,0%
	Weitere Kosten für Technische Anlagen [m² BGF]	23,00	**90,00**	157,00	4,7%

© **BKI** Baukosteninformationszentrum; Erläuterungen zu den Tabellen siehe Seite 48   Kosten: 1.Quartal 2018, Bundesdurchschnitt, **inkl. 19% MwSt.**

Geschäftshäuser, ohne Wohnungen

Kosten:
Stand 1. Quartal 2018
Bundesdurchschnitt
inkl. 19% MwSt.

▷ von
Ø Mittel
◁ bis

Kostengruppen	▷	€/Einheit	◁	KG an 300+400
310 Baugrube				
311 Baugrubenherstellung [m³]	25,00	**34,00**	42,00	3,1%
312 Baugrubenumschließung [m²]	–	–	–	–
313 Wasserhaltung [m²]	–	–	–	–
319 Baugrube, sonstiges [m³]	–	–	–	–
320 Gründung				
321 Baugrundverbesserung [m²]	–	–	–	–
322 Flachgründungen [m²]	36,00	**95,00**	153,00	2,0%
323 Tiefgründungen [m²]	–	–	–	–
324 Unterböden und Bodenplatten [m²]	40,00	**43,00**	46,00	0,9%
325 Bodenbeläge [m²]	66,00	**68,00**	70,00	1,3%
326 Bauwerksabdichtungen [m²]	11,00	**13,00**	14,00	0,2%
327 Dränagen [m²]	–	**16,00**	–	0,1%
329 Gründung, sonstiges [m²]	–	–	–	–
330 Außenwände				
331 Tragende Außenwände [m²]	124,00	**129,00**	133,00	9,2%
332 Nichttragende Außenwände [m²]	–	–	–	–
333 Außenstützen [m]	–	**308,00**	–	0,2%
334 Außentüren und -fenster [m²]	561,00	**694,00**	827,00	9,5%
335 Außenwandbekleidungen außen [m²]	65,00	**79,00**	92,00	5,8%
336 Außenwandbekleidungen innen [m²]	26,00	**26,00**	27,00	1,5%
337 Elementierte Außenwände [m²]	–	–	–	–
338 Sonnenschutz [m²]	–	**508,00**	–	1,2%
339 Außenwände, sonstiges [m²]	1,30	**4,80**	8,20	0,3%
340 Innenwände				
341 Tragende Innenwände [m²]	86,00	**125,00**	164,00	1,5%
342 Nichttragende Innenwände [m²]	69,00	**71,00**	73,00	2,6%
343 Innenstützen [m]	178,00	**202,00**	227,00	0,5%
344 Innentüren und -fenster [m²]	509,00	**514,00**	518,00	3,3%
345 Innenwandbekleidungen [m²]	38,00	**40,00**	42,00	3,4%
346 Elementierte Innenwände [m²]	56,00	**372,00**	689,00	2,7%
349 Innenwände, sonstiges [m²]	–	**25,00**	–	0,8%
350 Decken				
351 Deckenkonstruktionen [m²]	123,00	**134,00**	144,00	8,3%
352 Deckenbeläge [m²]	135,00	**142,00**	149,00	7,5%
353 Deckenbekleidungen [m²]	24,00	**29,00**	34,00	1,5%
359 Decken, sonstiges [m²]	–	**41,00**	–	1,2%
360 Dächer				
361 Dachkonstruktionen [m²]	75,00	**82,00**	88,00	2,8%
362 Dachfenster, Dachöffnungen [m²]	–	**929,00**	–	0,0%
363 Dachbeläge [m²]	164,00	**172,00**	181,00	4,7%
364 Dachbekleidungen [m²]	40,00	**54,00**	69,00	1,0%
369 Dächer, sonstiges [m²]	4,00	**6,50**	8,90	0,1%

Geschäftshäuser, ohne Wohnungen

Kostengruppen	▷	€/Einheit	◁	KG an 300+400
370 Baukonstruktive Einbauten				
371 Allgemeine Einbauten [m² BGF]	–	**1,50**	–	0,0%
372 Besondere Einbauten [m² BGF]	–	**1,20**	–	0,0%
379 Baukonstruktive Einbauten, sonstiges [m² BGF]	–	–	–	–
390 Sonstige Maßnahmen für Baukonstruktionen				
391 Baustelleneinrichtung [m² BGF]	4,80	**5,70**	6,60	0,4%
392 Gerüste [m² BGF]	11,00	**11,00**	11,00	0,9%
393 Sicherungsmaßnahmen [m² BGF]	–	–	–	–
394 Abbruchmaßnahmen [m² BGF]	–	–	–	–
395 Instandsetzungen [m² BGF]	–	–	–	–
396 Materialentsorgung [m² BGF]	–	–	–	–
397 Zusätzliche Maßnahmen [m² BGF]	2,50	**4,10**	5,70	0,3%
398 Provisorische Baukonstruktionen [m² BGF]	–	–	–	–
399 Sonstige Maßnahmen für Baukonstruktionen, sonst. [m² BGF]	–	–	–	–
410 Abwasser-, Wasser-, Gasanlagen				
411 Abwasseranlagen [m² BGF]	19,00	**27,00**	34,00	2,2%
412 Wasseranlagen [m² BGF]	36,00	**38,00**	40,00	3,2%
420 Wärmeversorgungsanlagen				
421 Wärmeerzeugungsanlagen [m² BGF]	8,20	**12,00**	15,00	0,9%
422 Wärmeverteilnetze [m² BGF]	20,00	**28,00**	36,00	2,4%
423 Raumheizflächen [m² BGF]	21,00	**25,00**	29,00	2,1%
429 Wärmeversorgungsanlagen, sonstiges [m² BGF]	3,00	**7,50**	12,00	0,6%
430 Lufttechnische Anlagen				
431 Lüftungsanlagen [m² BGF]	2,40	**3,00**	3,60	0,2%
440 Starkstromanlagen				
443 Niederspannungsschaltanlagen [m² BGF]	–	–	–	–
444 Niederspannungsinstallationsanlagen [m² BGF]	34,00	**41,00**	48,00	3,5%
445 Beleuchtungsanlagen [m² BGF]	3,30	**3,40**	3,40	0,2%
446 Blitzschutz- und Erdungsanlagen [m² BGF]	1,50	**2,60**	3,70	0,2%
450 Fernmelde- und informationstechnische Anlagen				
451 Telekommunikationsanlagen [m² BGF]	1,00	**1,40**	1,90	0,1%
452 Such- und Signalanlagen [m² BGF]	1,70	**1,80**	1,80	0,1%
455 Fernseh- und Antennenanlagen [m² BGF]	–	**1,50**	–	0,0%
456 Gefahrenmelde- und Alarmanlagen [m² BGF]	–	**9,80**	–	0,4%
460 Förderanlagen				
461 Aufzugsanlagen [m² BGF]	–	**65,00**	–	2,7%
470 Nutzungsspezifische Anlagen				
471 Küchentechnische Anlagen [m² BGF]	–	–	–	–
473 Medienversorgungsanlagen [m² BGF]	–	–	–	–
475 Feuerlöschanlagen [m² BGF]	–	–	–	–
Weitere Kosten für Technische Anlagen [m² BGF]	–	**0,30**	–	0,0%

© BKI Baukosteninformationszentrum; Erläuterungen zu den Tabellen siehe Seite 48 Kosten: 1.Quartal 2018, Bundesdurchschnitt, inkl. 19% MwSt.

Verbrauchermärkte

Kosten:
Stand 1.Quartal 2018
Bundesdurchschnitt
inkl. 19% MwSt.

▷ von
ø Mittel
◁ bis

Kostengruppen		▷	€/Einheit	◁	KG an 300+400
310	**Baugrube**				
311	Baugrubenherstellung [m³]	7,40	**21,00**	34,00	0,5%
312	Baugrubenumschließung [m²]	–	**–**	–	–
313	Wasserhaltung [m²]	–	**–**	–	–
319	Baugrube, sonstiges [m³]	–	**–**	–	–
320	**Gründung**				
321	Baugrundverbesserung [m²]	–	**32,00**	–	0,9%
322	Flachgründungen [m²]	25,00	**47,00**	69,00	3,3%
323	Tiefgründungen [m²]	–	**–**	–	–
324	Unterböden und Bodenplatten [m²]	59,00	**65,00**	70,00	4,8%
325	Bodenbeläge [m²]	93,00	**142,00**	190,00	7,0%
326	Bauwerksabdichtungen [m²]	17,00	**29,00**	41,00	2,0%
327	Dränagen [m²]	–	**1,10**	–	0,0%
329	Gründung, sonstiges [m²]	–	**–**	–	–
330	**Außenwände**				
331	Tragende Außenwände [m²]	127,00	**156,00**	184,00	6,7%
332	Nichttragende Außenwände [m²]	–	**–**	–	–
333	Außenstützen [m]	–	**–**	–	–
334	Außentüren und -fenster [m²]	956,00	**1.101,00**	1.245,00	5,3%
335	Außenwandbekleidungen außen [m²]	96,00	**159,00**	223,00	6,8%
336	Außenwandbekleidungen innen [m²]	18,00	**37,00**	55,00	0,5%
337	Elementierte Außenwände [m²]	–	**–**	–	–
338	Sonnenschutz [m²]	–	**76,00**	–	0,0%
339	Außenwände, sonstiges [m²]	5,20	**8,30**	11,00	0,3%
340	**Innenwände**				
341	Tragende Innenwände [m²]	83,00	**95,00**	108,00	2,0%
342	Nichttragende Innenwände [m²]	65,00	**68,00**	72,00	1,1%
343	Innenstützen [m]	91,00	**141,00**	190,00	0,2%
344	Innentüren und -fenster [m²]	591,00	**620,00**	649,00	2,9%
345	Innenwandbekleidungen [m²]	26,00	**37,00**	49,00	2,7%
346	Elementierte Innenwände [m²]	230,00	**325,00**	421,00	0,8%
349	Innenwände, sonstiges [m²]	9,10	**12,00**	15,00	0,5%
350	**Decken**				
351	Deckenkonstruktionen [m²]	–	**–**	–	–
352	Deckenbeläge [m²]	–	**–**	–	–
353	Deckenbekleidungen [m²]	–	**–**	–	–
359	Decken, sonstiges [m²]	–	**–**	–	–
360	**Dächer**				
361	Dachkonstruktionen [m²]	83,00	**83,00**	83,00	8,6%
362	Dachfenster, Dachöffnungen [m²]	–	**–**	–	–
363	Dachbeläge [m²]	65,00	**74,00**	83,00	7,6%
364	Dachbekleidungen [m²]	31,00	**33,00**	35,00	2,5%
369	Dächer, sonstiges [m²]	2,30	**5,00**	7,70	0,4%

Verbrauchermärkte

Kostengruppen		€/Einheit	KG an 300+400	
370	**Baukonstruktive Einbauten**			
371	Allgemeine Einbauten [m² BGF]	–	**1,00**	–	0,0%
372	Besondere Einbauten [m² BGF]	–	**11,00**	–	0,5%
379	Baukonstruktive Einbauten, sonstiges [m² BGF]	–	**–**	–	–
390	**Sonstige Maßnahmen für Baukonstruktionen**			
391	Baustelleneinrichtung [m² BGF]	4,50	**6,70**	8,90	0,6%
392	Gerüste [m² BGF]	6,90	**11,00**	16,00	1,0%
393	Sicherungsmaßnahmen [m² BGF]	–	**–**	–	–
394	Abbruchmaßnahmen [m² BGF]	–	**–**	–	–
395	Instandsetzungen [m² BGF]	–	**–**	–	–
396	Materialentsorgung [m² BGF]	–	**–**	–	–
397	Zusätzliche Maßnahmen [m² BGF]	–	**0,70**	–	0,0%
398	Provisorische Baukonstruktionen [m² BGF]	–	**–**	–	–
399	Sonstige Maßnahmen für Baukonstruktionen, sonst. [m² BGF]	–	**–**	–	–
410	**Abwasser-, Wasser-, Gasanlagen**			
411	Abwasseranlagen [m² BGF]	18,00	**22,00**	25,00	1,9%
412	Wasseranlagen [m² BGF]	22,00	**32,00**	43,00	2,8%
420	**Wärmeversorgungsanlagen**			
421	Wärmeerzeugungsanlagen [m² BGF]	–	**20,00**	–	0,8%
422	Wärmeverteilnetze [m² BGF]	–	**72,00**	–	2,9%
423	Raumheizflächen [m² BGF]	–	**23,00**	–	0,9%
429	Wärmeversorgungsanlagen, sonstiges [m² BGF]	–	**4,40**	–	0,1%
430	**Lufttechnische Anlagen**			
431	Lüftungsanlagen [m² BGF]	–	**68,00**	–	2,8%
440	**Starkstromanlagen**			
443	Niederspannungsschaltanlagen [m² BGF]	–	**3,30**	–	0,1%
444	Niederspannungsinstallationsanlagen [m² BGF]	74,00	**76,00**	78,00	6,8%
445	Beleuchtungsanlagen [m² BGF]	7,30	**16,00**	24,00	1,3%
446	Blitzschutz- und Erdungsanlagen [m² BGF]	2,70	**4,00**	5,30	0,3%
450	**Fernmelde- und informationstechnische Anlagen**			
451	Telekommunikationsanlagen [m² BGF]	–	**0,60**	–	0,0%
452	Such- und Signalanlagen [m² BGF]	–	**1,50**	–	0,0%
455	Fernseh- und Antennenanlagen [m² BGF]	–	**–**	–	–
456	Gefahrenmelde- und Alarmanlagen [m² BGF]	–	**5,60**	–	0,2%
460	**Förderanlagen**			
461	Aufzugsanlagen [m² BGF]	–	**–**	–	–
470	**Nutzungsspezifische Anlagen**			
471	Küchentechnische Anlagen [m² BGF]	–	**–**	–	–
473	Medienversorgungsanlagen [m² BGF]	–	**–**	–	–
475	Feuerlöschanlagen [m² BGF]	–	**–**	–	–
	Weitere Kosten für Technische Anlagen [m² BGF]	–	**44,00**	–	1,8%

© **BKI** Baukosteninformationszentrum; Erläuterungen zu den Tabellen siehe Seite 48   Kosten: 1.Quartal 2018, Bundesdurchschnitt, **inkl. 19% MwSt.**

Autohäuser

Kosten:
Stand 1.Quartal 2018
Bundesdurchschnitt
inkl. 19% MwSt.

▷ von
ø Mittel
◁ bis

Kostengruppen	▷	€/Einheit	◁	KG an 300+400
310 Baugrube				
311 Baugrubenherstellung [m³]	6,60	**11,00**	16,00	5,1%
312 Baugrubenumschließung [m²]	–	**809,00**	–	17,1%
313 Wasserhaltung [m²]	–	**–**	–	–
319 Baugrube, sonstiges [m³]				
320 Gründung				
321 Baugrundverbesserung [m²]	–	**61,00**	–	1,8%
322 Flachgründungen [m²]	56,00	**84,00**	112,00	3,9%
323 Tiefgründungen [m²]	–	**–**	–	–
324 Unterböden und Bodenplatten [m²]	82,00	**87,00**	92,00	4,2%
325 Bodenbeläge [m²]	34,00	**61,00**	88,00	3,0%
326 Bauwerksabdichtungen [m²]	32,00	**38,00**	43,00	1,9%
327 Dränagen [m²]	3,10	**6,30**	9,40	0,2%
329 Gründung, sonstiges [m²]	–	**–**	–	
330 Außenwände				
331 Tragende Außenwände [m²]	176,00	**183,00**	190,00	2,6%
332 Nichttragende Außenwände [m²]	–	**105,00**	–	2,4%
333 Außenstützen [m]	–	**1.329,00**	–	1,3%
334 Außentüren und -fenster [m²]	484,00	**549,00**	614,00	3,8%
335 Außenwandbekleidungen außen [m²]	102,00	**225,00**	348,00	5,2%
336 Außenwandbekleidungen innen [m²]	57,00	**68,00**	79,00	1,0%
337 Elementierte Außenwände [m²]	436,00	**491,00**	546,00	4,3%
338 Sonnenschutz [m²]	–	**1.016,00**	–	0,1%
339 Außenwände, sonstiges [m²]	–	**1,00**	–	0,0%
340 Innenwände				
341 Tragende Innenwände [m²]	139,00	**158,00**	177,00	3,0%
342 Nichttragende Innenwände [m²]	69,00	**81,00**	93,00	1,2%
343 Innenstützen [m]	153,00	**229,00**	305,00	0,7%
344 Innentüren und -fenster [m²]	454,00	**565,00**	677,00	1,5%
345 Innenwandbekleidungen [m²]	16,00	**18,00**	21,00	1,4%
346 Elementierte Innenwände [m²]	136,00	**216,00**	296,00	0,8%
349 Innenwände, sonstiges [m²]	–	**–**	–	–
350 Decken				
351 Deckenkonstruktionen [m²]	87,00	**133,00**	178,00	2,0%
352 Deckenbeläge [m²]	57,00	**88,00**	120,00	1,2%
353 Deckenbekleidungen [m²]	57,00	**73,00**	89,00	0,2%
359 Decken, sonstiges [m²]	40,00	**55,00**	69,00	0,8%
360 Dächer				
361 Dachkonstruktionen [m²]	85,00	**116,00**	147,00	5,9%
362 Dachfenster, Dachöffnungen [m²]	1.312,00	**1.522,00**	1.731,00	0,9%
363 Dachbeläge [m²]	122,00	**124,00**	127,00	6,6%
364 Dachbekleidungen [m²]	–	**12,00**	–	0,3%
369 Dächer, sonstiges [m²]				

Autohäuser

Kostengruppen	▷ €/Einheit ◁			KG an 300+400
370 Baukonstruktive Einbauten				
371 Allgemeine Einbauten [m² BGF]	–	–	–	–
372 Besondere Einbauten [m² BGF]	–	**3,10**	–	0,1%
379 Baukonstruktive Einbauten, sonstiges [m² BGF]	–	–	–	–
390 Sonstige Maßnahmen für Baukonstruktionen				
391 Baustelleneinrichtung [m² BGF]	9,10	**13,00**	18,00	0,9%
392 Gerüste [m² BGF]	10,00	**12,00**	14,00	0,8%
393 Sicherungsmaßnahmen [m² BGF]	–	–	–	–
394 Abbruchmaßnahmen [m² BGF]	–	–	–	–
395 Instandsetzungen [m² BGF]	–	–	–	–
396 Materialentsorgung [m² BGF]	–	–	–	–
397 Zusätzliche Maßnahmen [m² BGF]	–	**6,00**	–	0,2%
398 Provisorische Baukonstruktionen [m² BGF]	–	–	–	–
399 Sonstige Maßnahmen für Baukonstruktionen, sonst. [m² BGF]	–	–	–	–
410 Abwasser-, Wasser-, Gasanlagen				
411 Abwasseranlagen [m² BGF]	8,40	**25,00**	42,00	1,7%
412 Wasseranlagen [m² BGF]	8,90	**15,00**	22,00	1,0%
420 Wärmeversorgungsanlagen				
421 Wärmeerzeugungsanlagen [m² BGF]	7,80	**11,00**	15,00	0,7%
422 Wärmeverteilnetze [m² BGF]	7,80	**18,00**	28,00	1,2%
423 Raumheizflächen [m² BGF]	8,50	**13,00**	18,00	0,9%
429 Wärmeversorgungsanlagen, sonstiges [m² BGF]	1,40	**1,40**	1,50	0,1%
430 Lufttechnische Anlagen				
431 Lüftungsanlagen [m² BGF]	0,60	**2,10**	3,60	0,1%
440 Starkstromanlagen				
443 Niederspannungsschaltanlagen [m² BGF]	–	–	–	–
444 Niederspannungsinstallationsanlagen [m² BGF]	21,00	**57,00**	93,00	3,9%
445 Beleuchtungsanlagen [m² BGF]	16,00	**21,00**	26,00	1,4%
446 Blitzschutz- und Erdungsanlagen [m² BGF]	0,90	**1,10**	1,30	0,0%
450 Fernmelde- und informationstechnische Anlagen				
451 Telekommunikationsanlagen [m² BGF]	–	**6,00**	–	0,2%
452 Such- und Signalanlagen [m² BGF]	–	–	–	–
455 Fernseh- und Antennenanlagen [m² BGF]	–	–	–	–
456 Gefahrenmelde- und Alarmanlagen [m² BGF]	–	–	–	–
460 Förderanlagen				
461 Aufzugsanlagen [m² BGF]	–	–	–	–
470 Nutzungsspezifische Anlagen				
471 Küchentechnische Anlagen [m² BGF]	–	–	–	–
473 Medienversorgungsanlagen [m² BGF]	–	–	–	–
475 Feuerlöschanlagen [m² BGF]	–	–	–	–
Weitere Kosten für Technische Anlagen [m² BGF]	0,90	**9,30**	18,00	0,6%

© BKI Baukosteninformationszentrum; Erläuterungen zu den Tabellen siehe Seite 48   Kosten: 1.Quartal 2018, Bundesdurchschnitt, **inkl. 19% MwSt.**

Lagergebäude, ohne Mischnutzung

Kosten:
Stand 1.Quartal 2018
Bundesdurchschnitt
inkl. 19% MwSt.

▷ von
ø Mittel
◁ bis

Kostengruppen		▷	€/Einheit	◁	KG an 300+400
310	**Baugrube**				
311	Baugrubenherstellung [m³]	9,90	**21,00**	46,00	2,7%
312	Baugrubenumschließung [m²]	–	–	–	–
313	Wasserhaltung [m²]	–	–	–	–
319	Baugrube, sonstiges [m³]	–	–	–	–
320	**Gründung**				
321	Baugrundverbesserung [m²]	6,00	**19,00**	37,00	1,5%
322	Flachgründungen [m²]	29,00	**74,00**	177,00	3,9%
323	Tiefgründungen [m²]	–	**71,00**	–	0,9%
324	Unterböden und Bodenplatten [m²]	50,00	**67,00**	93,00	8,9%
325	Bodenbeläge [m²]	26,00	**41,00**	72,00	1,8%
326	Bauwerksabdichtungen [m²]	11,00	**20,00**	31,00	2,6%
327	Dränagen [m²]	1,20	**1,90**	2,60	0,0%
329	Gründung, sonstiges [m²]	–	–	–	–
330	**Außenwände**				
331	Tragende Außenwände [m²]	67,00	**116,00**	279,00	5,0%
332	Nichttragende Außenwände [m²]	69,00	**82,00**	94,00	0,6%
333	Außenstützen [m]	105,00	**208,00**	299,00	3,7%
334	Außentüren und -fenster [m²]	246,00	**394,00**	523,00	8,2%
335	Außenwandbekleidungen außen [m²]	59,00	**88,00**	117,00	8,7%
336	Außenwandbekleidungen innen [m²]	13,00	**30,00**	46,00	0,5%
337	Elementierte Außenwände [m²]	100,00	**137,00**	174,00	3,2%
338	Sonnenschutz [m²]	–	**258,00**	–	0,0%
339	Außenwände, sonstiges [m²]	2,60	**3,50**	4,50	0,1%
340	**Innenwände**				
341	Tragende Innenwände [m²]	53,00	**68,00**	87,00	1,0%
342	Nichttragende Innenwände [m²]	71,00	**81,00**	101,00	0,5%
343	Innenstützen [m]	117,00	**205,00**	319,00	1,0%
344	Innentüren und -fenster [m²]	478,00	**632,00**	819,00	1,6%
345	Innenwandbekleidungen [m²]	8,20	**26,00**	32,00	0,5%
346	Elementierte Innenwände [m²]	133,00	**172,00**	225,00	1,0%
349	Innenwände, sonstiges [m²]	–	**3,50**	–	0,0%
350	**Decken**				
351	Deckenkonstruktionen [m²]	61,00	**111,00**	183,00	1,3%
352	Deckenbeläge [m²]	24,00	**43,00**	77,00	0,4%
353	Deckenbekleidungen [m²]	9,20	**34,00**	83,00	0,2%
359	Decken, sonstiges [m²]	24,00	**57,00**	120,00	0,1%
360	**Dächer**				
361	Dachkonstruktionen [m²]	32,00	**72,00**	134,00	8,0%
362	Dachfenster, Dachöffnungen [m²]	332,00	**431,00**	726,00	1,4%
363	Dachbeläge [m²]	30,00	**70,00**	102,00	9,5%
364	Dachbekleidungen [m²]	6,50	**26,00**	45,00	0,9%
369	Dächer, sonstiges [m²]	1,10	**8,40**	12,00	0,5%

Lagergebäude, ohne Mischnutzung

Kostengruppen	▷	€/Einheit	◁	KG an 300+400
370 **Baukonstruktive Einbauten**				
371 Allgemeine Einbauten [m² BGF]	–	**0,40**	–	0,0%
372 Besondere Einbauten [m² BGF]	1,10	**1,40**	1,70	0,0%
379 Baukonstruktive Einbauten, sonstiges [m² BGF]	–	**–**	–	–
390 **Sonstige Maßnahmen für Baukonstruktionen**				
391 Baustelleneinrichtung [m² BGF]	5,90	**17,00**	26,00	2,0%
392 Gerüste [m² BGF]	7,90	**12,00**	17,00	1,5%
393 Sicherungsmaßnahmen [m² BGF]	–	**–**	–	–
394 Abbruchmaßnahmen [m² BGF]	–	**3,80**	–	0,0%
395 Instandsetzungen [m² BGF]	–	**1,00**	–	0,0%
396 Materialentsorgung [m² BGF]	–	**–**	–	–
397 Zusätzliche Maßnahmen [m² BGF]	0,20	**0,50**	0,80	0,0%
398 Provisorische Baukonstruktionen [m² BGF]	–	**3,30**	–	0,0%
399 Sonstige Maßnahmen für Baukonstruktionen, sonst. [m² BGF]	0,90	**3,30**	5,70	0,1%
410 **Abwasser-, Wasser-, Gasanlagen**				
411 Abwasseranlagen [m² BGF]	4,70	**9,60**	12,00	1,0%
412 Wasseranlagen [m² BGF]	4,70	**7,60**	17,00	0,4%
420 **Wärmeversorgungsanlagen**				
421 Wärmeerzeugungsanlagen [m² BGF]	5,10	**12,00**	23,00	0,9%
422 Wärmeverteilnetze [m² BGF]	10,00	**18,00**	45,00	1,3%
423 Raumheizflächen [m² BGF]	8,50	**15,00**	25,00	1,2%
429 Wärmeversorgungsanlagen, sonstiges [m² BGF]	0,70	**2,10**	3,70	0,1%
430 **Lufttechnische Anlagen**				
431 Lüftungsanlagen [m² BGF]	1,40	**32,00**	93,00	1,0%
440 **Starkstromanlagen**				
443 Niederspannungsschaltanlagen [m² BGF]	–	**12,00**	–	0,1%
444 Niederspannungsinstallationsanlagen [m² BGF]	16,00	**31,00**	71,00	3,0%
445 Beleuchtungsanlagen [m² BGF]	7,30	**13,00**	22,00	1,1%
446 Blitzschutz- und Erdungsanlagen [m² BGF]	1,20	**2,00**	5,10	0,2%
450 **Fernmelde- und informationstechnische Anlagen**				
451 Telekommunikationsanlagen [m² BGF]	–	**1,30**	–	0,0%
452 Such- und Signalanlagen [m² BGF]	1,30	**1,80**	2,10	0,0%
455 Fernseh- und Antennenanlagen [m² BGF]	–	**–**	–	–
456 Gefahrenmelde- und Alarmanlagen [m² BGF]	10,00	**22,00**	44,00	0,7%
460 **Förderanlagen**				
461 Aufzugsanlagen [m² BGF]	–	**–**	–	–
470 **Nutzungsspezifische Anlagen**				
471 Küchentechnische Anlagen [m² BGF]	–	**–**	–	–
473 Medienversorgungsanlagen [m² BGF]	–	**9,60**	–	0,0%
475 Feuerlöschanlagen [m² BGF]	0,50	**6,70**	13,00	0,1%
Weitere Kosten für Technische Anlagen [m² BGF]	1,70	**66,00**	194,00	2,0%

© **BKI** Baukosteninformationszentrum; Erläuterungen zu den Tabellen siehe Seite 48   Kosten: 1.Quartal 2018, Bundesdurchschnitt, **inkl. 19% MwSt.**

Lagergebäude, mit bis zu 25% Mischnutzung

Kosten:
Stand 1.Quartal 2018
Bundesdurchschnitt
inkl. 19% MwSt.

▷ von
ø Mittel
◁ bis

Kostengruppen		▷	€/Einheit	◁	KG an 300+400
310	**Baugrube**				
311	Baugrubenherstellung [m³]	7,30	**15,00**	28,00	0,7%
312	Baugrubenumschließung [m²]	–	–	–	–
313	Wasserhaltung [m²]	–	–	–	–
319	Baugrube, sonstiges [m³]	–	–	–	–
320	**Gründung**				
321	Baugrundverbesserung [m²]	5,40	**8,80**	14,00	0,9%
322	Flachgründungen [m²]	28,00	**36,00**	52,00	3,7%
323	Tiefgründungen [m²]	–	–	–	–
324	Unterböden und Bodenplatten [m²]	66,00	**76,00**	95,00	7,8%
325	Bodenbeläge [m²]	99,00	**111,00**	134,00	1,2%
326	Bauwerksabdichtungen [m²]	9,90	**29,00**	39,00	3,3%
327	Dränagen [m²]	–	–	–	–
329	Gründung, sonstiges [m²]	–	–	–	–
330	**Außenwände**				
331	Tragende Außenwände [m²]	135,00	**154,00**	193,00	6,0%
332	Nichttragende Außenwände [m²]	–	**244,00**	–	0,0%
333	Außenstützen [m]	–	**396,00**	–	0,4%
334	Außentüren und -fenster [m²]	529,00	**743,00**	1.110,00	5,9%
335	Außenwandbekleidungen außen [m²]	70,00	**110,00**	150,00	3,7%
336	Außenwandbekleidungen innen [m²]	9,10	**21,00**	33,00	0,6%
337	Elementierte Außenwände [m²]	158,00	**342,00**	671,00	7,1%
338	Sonnenschutz [m²]	–	**975,00**	–	0,4%
339	Außenwände, sonstiges [m²]	7,20	**19,00**	31,00	0,9%
340	**Innenwände**				
341	Tragende Innenwände [m²]	86,00	**121,00**	141,00	2,4%
342	Nichttragende Innenwände [m²]	87,00	**125,00**	145,00	1,6%
343	Innenstützen [m]	321,00	**366,00**	411,00	2,5%
344	Innentüren und -fenster [m²]	605,00	**689,00**	839,00	1,7%
345	Innenwandbekleidungen [m²]	10,00	**22,00**	45,00	1,0%
346	Elementierte Innenwände [m²]	–	**484,00**	–	0,1%
349	Innenwände, sonstiges [m²]	–	–	–	–
350	**Decken**				
351	Deckenkonstruktionen [m²]	109,00	**156,00**	237,00	1,9%
352	Deckenbeläge [m²]	–	**125,00**	–	0,4%
353	Deckenbekleidungen [m²]	37,00	**70,00**	86,00	0,5%
359	Decken, sonstiges [m²]	36,00	**39,00**	41,00	0,3%
360	**Dächer**				
361	Dachkonstruktionen [m²]	37,00	**83,00**	108,00	9,9%
362	Dachfenster, Dachöffnungen [m²]	180,00	**371,00**	754,00	1,8%
363	Dachbeläge [m²]	84,00	**109,00**	121,00	10,6%
364	Dachbekleidungen [m²]	–	**27,00**	–	0,2%
369	Dächer, sonstiges [m²]	0,40	**4,90**	7,80	0,4%

Lagergebäude, mit bis zu 25% Mischnutzung

Kostengruppen	▷	€/Einheit	◁	KG an 300+400
370 Baukonstruktive Einbauten				
371 Allgemeine Einbauten [m² BGF]	–	**20,00**	–	0,5%
372 Besondere Einbauten [m² BGF]	–	**5,60**	–	0,1%
379 Baukonstruktive Einbauten, sonstiges [m² BGF]	–	–	–	–
390 Sonstige Maßnahmen für Baukonstruktionen				
391 Baustelleneinrichtung [m² BGF]	6,40	**7,40**	9,20	0,8%
392 Gerüste [m² BGF]	4,30	**13,00**	28,00	1,4%
393 Sicherungsmaßnahmen [m² BGF]	–	–	–	–
394 Abbruchmaßnahmen [m² BGF]	–	**0,40**	–	0,0%
395 Instandsetzungen [m² BGF]	–	–	–	–
396 Materialentsorgung [m² BGF]	–	–	–	–
397 Zusätzliche Maßnahmen [m² BGF]	–	**0,30**	–	0,0%
398 Provisorische Baukonstruktionen [m² BGF]	–	–	–	–
399 Sonstige Maßnahmen für Baukonstruktionen, sonst. [m² BGF]	–	–	–	–
410 Abwasser-, Wasser-, Gasanlagen				
411 Abwasseranlagen [m² BGF]	5,30	**10,00**	20,00	1,0%
412 Wasseranlagen [m² BGF]	8,30	**15,00**	28,00	1,4%
420 Wärmeversorgungsanlagen				
421 Wärmeerzeugungsanlagen [m² BGF]	3,40	**5,80**	8,20	0,3%
422 Wärmeverteilnetze [m² BGF]	6,80	**14,00**	22,00	0,8%
423 Raumheizflächen [m² BGF]	17,00	**24,00**	31,00	1,3%
429 Wärmeversorgungsanlagen, sonstiges [m² BGF]	0,80	**0,90**	1,00	0,0%
430 Lufttechnische Anlagen				
431 Lüftungsanlagen [m² BGF]	7,40	**16,00**	24,00	0,8%
440 Starkstromanlagen				
443 Niederspannungsschaltanlagen [m² BGF]	–	**15,00**	–	0,3%
444 Niederspannungsinstallationsanlagen [m² BGF]	17,00	**38,00**	52,00	3,8%
445 Beleuchtungsanlagen [m² BGF]	7,90	**20,00**	41,00	1,8%
446 Blitzschutz- und Erdungsanlagen [m² BGF]	1,40	**3,90**	5,20	0,3%
450 Fernmelde- und informationstechnische Anlagen				
451 Telekommunikationsanlagen [m² BGF]	–	**0,30**	–	0,0%
452 Such- und Signalanlagen [m² BGF]	1,10	**2,10**	3,00	0,1%
455 Fernseh- und Antennenanlagen [m² BGF]	–	**0,50**	–	0,0%
456 Gefahrenmelde- und Alarmanlagen [m² BGF]	2,20	**12,00**	22,00	0,6%
460 Förderanlagen				
461 Aufzugsanlagen [m² BGF]	–	–	–	–
470 Nutzungsspezifische Anlagen				
471 Küchentechnische Anlagen [m² BGF]	–	–	–	–
473 Medienversorgungsanlagen [m² BGF]	–	–	–	–
475 Feuerlöschanlagen [m² BGF]	–	**8,30**	–	0,2%
Weitere Kosten für Technische Anlagen [m² BGF]	12,00	**39,00**	67,00	2,1%

© **BKI** Baukosteninformationszentrum; Erläuterungen zu den Tabellen siehe Seite 48   Kosten: 1.Quartal 2018, Bundesdurchschnitt, **inkl. 19% MwSt.**

Lagergebäude, mit mehr als 25% Mischnutzung

Kosten:
Stand 1. Quartal 2018
Bundesdurchschnitt
inkl. 19% MwSt.

▷ von
ø Mittel
◁ bis

Kostengruppen	▷	€/Einheit	◁	KG an 300+400
310 Baugrube				
311 Baugrubenherstellung [m³]	6,60	**21,00**	34,00	0,2%
312 Baugrubenumschließung [m²]	–	–	–	–
313 Wasserhaltung [m²]	–	–	–	–
319 Baugrube, sonstiges [m³]	–	–	–	–
320 Gründung				
321 Baugrundverbesserung [m²]	10,00	**15,00**	20,00	1,1%
322 Flachgründungen [m²]	46,00	**54,00**	61,00	3,9%
323 Tiefgründungen [m²]	–	–	–	–
324 Unterböden und Bodenplatten [m²]	61,00	**68,00**	75,00	5,0%
325 Bodenbeläge [m²]	26,00	**46,00**	65,00	2,3%
326 Bauwerksabdichtungen [m²]	5,20	**7,40**	9,50	0,5%
327 Dränagen [m²]	–	–	–	–
329 Gründung, sonstiges [m²]	–	–	–	–
330 Außenwände				
331 Tragende Außenwände [m²]	98,00	**149,00**	201,00	3,9%
332 Nichttragende Außenwände [m²]	–	–	–	–
333 Außenstützen [m]	190,00	**353,00**	515,00	2,3%
334 Außentüren und -fenster [m²]	376,00	**578,00**	779,00	6,4%
335 Außenwandbekleidungen außen [m²]	–	**59,00**	–	1,9%
336 Außenwandbekleidungen innen [m²]	–	**35,00**	–	0,7%
337 Elementierte Außenwände [m²]	–	**197,00**	–	3,6%
338 Sonnenschutz [m²]	–	**318,00**	–	0,4%
339 Außenwände, sonstiges [m²]	–	–	–	–
340 Innenwände				
341 Tragende Innenwände [m²]	80,00	**90,00**	99,00	2,5%
342 Nichttragende Innenwände [m²]	99,00	**120,00**	140,00	0,9%
343 Innenstützen [m]	195,00	**431,00**	666,00	1,0%
344 Innentüren und -fenster [m²]	359,00	**558,00**	758,00	2,9%
345 Innenwandbekleidungen [m²]	42,00	**76,00**	109,00	2,1%
346 Elementierte Innenwände [m²]	193,00	**277,00**	361,00	0,1%
349 Innenwände, sonstiges [m²]	–	**10,00**	–	0,1%
350 Decken				
351 Deckenkonstruktionen [m²]	213,00	**228,00**	243,00	5,4%
352 Deckenbeläge [m²]	104,00	**109,00**	113,00	1,3%
353 Deckenbekleidungen [m²]	–	**57,00**	–	0,6%
359 Decken, sonstiges [m²]	–	**20,00**	–	0,2%
360 Dächer				
361 Dachkonstruktionen [m²]	40,00	**164,00**	289,00	14,5%
362 Dachfenster, Dachöffnungen [m²]	1.018,00	**1.301,00**	1.584,00	6,0%
363 Dachbeläge [m²]	95,00	**98,00**	102,00	8,3%
364 Dachbekleidungen [m²]	–	**144,00**	–	0,0%
369 Dächer, sonstiges [m²]	–	–	–	–

Lagergebäude, mit mehr als 25% Mischnutzung

Kostengruppen	▷	€/Einheit	◁	KG an 300+400
370 Baukonstruktive Einbauten				
371 Allgemeine Einbauten [m² BGF]	–	**6,20**	–	0,3%
372 Besondere Einbauten [m² BGF]	–	**94,00**	–	4,9%
379 Baukonstruktive Einbauten, sonstiges [m² BGF]	–	–	–	–
390 Sonstige Maßnahmen für Baukonstruktionen				
391 Baustelleneinrichtung [m² BGF]	12,00	**24,00**	36,00	2,5%
392 Gerüste [m² BGF]	–	**7,80**	–	0,3%
393 Sicherungsmaßnahmen [m² BGF]	–	–	–	–
394 Abbruchmaßnahmen [m² BGF]	–	–	–	–
395 Instandsetzungen [m² BGF]	–	–	–	–
396 Materialentsorgung [m² BGF]	–	–	–	–
397 Zusätzliche Maßnahmen [m² BGF]	–	**1,50**	–	0,0%
398 Provisorische Baukonstruktionen [m² BGF]	–	–	–	–
399 Sonstige Maßnahmen für Baukonstruktionen, sonst. [m² BGF]	–	**1,10**	–	0,0%
410 Abwasser-, Wasser-, Gasanlagen				
411 Abwasseranlagen [m² BGF]	5,00	**13,00**	21,00	1,2%
412 Wasseranlagen [m² BGF]	12,00	**23,00**	34,00	2,3%
420 Wärmeversorgungsanlagen				
421 Wärmeerzeugungsanlagen [m² BGF]	9,30	**11,00**	13,00	1,1%
422 Wärmeverteilnetze [m² BGF]	8,50	**8,80**	9,00	0,8%
423 Raumheizflächen [m² BGF]	4,00	**13,00**	21,00	1,2%
429 Wärmeversorgungsanlagen, sonstiges [m² BGF]	–	**0,80**	–	0,0%
430 Lufttechnische Anlagen				
431 Lüftungsanlagen [m² BGF]	–	**1,70**	–	0,0%
440 Starkstromanlagen				
443 Niederspannungsschaltanlagen [m² BGF]	–	**6,00**	–	0,3%
444 Niederspannungsinstallationsanlagen [m² BGF]	24,00	**26,00**	28,00	2,5%
445 Beleuchtungsanlagen [m² BGF]	9,10	**20,00**	31,00	1,9%
446 Blitzschutz- und Erdungsanlagen [m² BGF]	1,10	**1,90**	2,70	0,1%
450 Fernmelde- und informationstechnische Anlagen				
451 Telekommunikationsanlagen [m² BGF]	–	**0,40**	–	0,0%
452 Such- und Signalanlagen [m² BGF]	–	–	–	–
455 Fernseh- und Antennenanlagen [m² BGF]	–	–	–	–
456 Gefahrenmelde- und Alarmanlagen [m² BGF]	–	**8,70**	–	0,4%
460 Förderanlagen				
461 Aufzugsanlagen [m² BGF]	–	–	–	–
470 Nutzungsspezifische Anlagen				
471 Küchentechnische Anlagen [m² BGF]	–	–	–	–
473 Medienversorgungsanlagen [m² BGF]	–	–	–	–
475 Feuerlöschanlagen [m² BGF]	–	**1,20**	–	0,0%
Weitere Kosten für Technische Anlagen [m² BGF]	–	–	–	–

© BKI Baukosteninformationszentrum; Erläuterungen zu den Tabellen siehe Seite 48   Kosten: 1.Quartal 2018, Bundesdurchschnitt, **inkl. 19% MwSt.**

Einzel-, Mehrfach- und Hochgaragen

Kosten:
Stand 1.Quartal 2018
Bundesdurchschnitt
inkl. 19% MwSt.

▷ von
Ø Mittel
◁ bis

Kostengruppen	▷	€/Einheit	◁	KG an 300+400
310 Baugrube				
311 Baugrubenherstellung [m³]	3,20	**12,00**	29,00	0,2%
312 Baugrubenumschließung [m²]	–	**–**	–	–
313 Wasserhaltung [m²]	–	**–**	–	–
319 Baugrube, sonstiges [m³]	–	**–**	–	–
320 Gründung				
321 Baugrundverbesserung [m²]	13,00	**15,00**	16,00	0,7%
322 Flachgründungen [m²]	29,00	**46,00**	78,00	4,0%
323 Tiefgründungen [m²]	–	**–**	–	–
324 Unterböden und Bodenplatten [m²]	50,00	**78,00**	161,00	9,2%
325 Bodenbeläge [m²]	8,90	**23,00**	47,00	1,5%
326 Bauwerksabdichtungen [m²]	4,80	**13,00**	19,00	2,0%
327 Dränagen [m²]	–	**59,00**	–	1,9%
329 Gründung, sonstiges [m²]	–	**–**	–	–
330 Außenwände				
331 Tragende Außenwände [m²]	81,00	**94,00**	117,00	8,2%
332 Nichttragende Außenwände [m²]	–	**89,00**	–	3,5%
333 Außenstützen [m]	–	**258,00**	–	2,2%
334 Außentüren und -fenster [m²]	284,00	**370,00**	619,00	9,8%
335 Außenwandbekleidungen außen [m²]	24,00	**35,00**	47,00	3,8%
336 Außenwandbekleidungen innen [m²]	24,00	**40,00**	71,00	0,7%
337 Elementierte Außenwände [m²]	–	**133,00**	–	2,2%
338 Sonnenschutz [m²]	–	**–**	–	–
339 Außenwände, sonstiges [m²]	–	**9,70**	–	0,5%
340 Innenwände				
341 Tragende Innenwände [m²]	84,00	**147,00**	189,00	1,4%
342 Nichttragende Innenwände [m²]	–	**237,00**	–	0,0%
343 Innenstützen [m]	–	**–**	–	–
344 Innentüren und -fenster [m²]	–	**–**	–	–
345 Innenwandbekleidungen [m²]	13,00	**32,00**	43,00	0,8%
346 Elementierte Innenwände [m²]	–	**144,00**	–	0,0%
349 Innenwände, sonstiges [m²]	–	**–**	–	–
350 Decken				
351 Deckenkonstruktionen [m²]	167,00	**211,00**	289,00	5,0%
352 Deckenbeläge [m²]	30,00	**46,00**	62,00	1,4%
353 Deckenbekleidungen [m²]	6,30	**40,00**	74,00	0,1%
359 Decken, sonstiges [m²]	–	**–**	–	–
360 Dächer				
361 Dachkonstruktionen [m²]	77,00	**100,00**	168,00	13,8%
362 Dachfenster, Dachöffnungen [m²]	–	**–**	–	–
363 Dachbeläge [m²]	71,00	**106,00**	210,00	15,7%
364 Dachbekleidungen [m²]	–	**6,20**	–	0,1%
369 Dächer, sonstiges [m²]	30,00	**52,00**	74,00	3,0%

Einzel-, Mehrfach- und Hochgaragen

Kostengruppen		▷ €/Einheit	◁ KG an 300+400		
370	**Baukonstruktive Einbauten**				
371	Allgemeine Einbauten [m² BGF]	–	–	–	–
372	Besondere Einbauten [m² BGF]	–	**10,00**	–	0,6%
379	Baukonstruktive Einbauten, sonstiges [m² BGF]	–	–	–	–
390	**Sonstige Maßnahmen für Baukonstruktionen**				
391	Baustelleneinrichtung [m² BGF]	2,30	**2,80**	3,20	0,2%
392	Gerüste [m² BGF]	0,60	**2,50**	4,40	0,2%
393	Sicherungsmaßnahmen [m² BGF]	–	–	–	–
394	Abbruchmaßnahmen [m² BGF]	–	–	–	–
395	Instandsetzungen [m² BGF]	–	–	–	–
396	Materialentsorgung [m² BGF]	–	–	–	–
397	Zusätzliche Maßnahmen [m² BGF]	–	**0,60**	–	0,0%
398	Provisorische Baukonstruktionen [m² BGF]	–	–	–	–
399	Sonstige Maßnahmen für Baukonstruktionen, sonst. [m² BGF]	–	–	–	–
410	**Abwasser-, Wasser-, Gasanlagen**				
411	Abwasseranlagen [m² BGF]	3,20	**10,00**	18,00	2,0%
412	Wasseranlagen [m² BGF]	–	**2,00**	–	0,0%
420	**Wärmeversorgungsanlagen**				
421	Wärmeerzeugungsanlagen [m² BGF]	–	–	–	–
422	Wärmeverteilnetze [m² BGF]	–	–	–	–
423	Raumheizflächen [m² BGF]	–	**0,10**	–	0,0%
429	Wärmeversorgungsanlagen, sonstiges [m² BGF]	–	–	–	–
430	**Lufttechnische Anlagen**				
431	Lüftungsanlagen [m² BGF]	–	–	–	–
440	**Starkstromanlagen**				
443	Niederspannungsschaltanlagen [m² BGF]	–	–	–	–
444	Niederspannungsinstallationsanlagen [m² BGF]	3,30	**6,20**	12,00	0,8%
445	Beleuchtungsanlagen [m² BGF]	1,40	**2,30**	2,90	0,3%
446	Blitzschutz- und Erdungsanlagen [m² BGF]	1,20	**2,80**	5,80	0,4%
450	**Fernmelde- und informationstechnische Anlagen**				
451	Telekommunikationsanlagen [m² BGF]	0,10	**0,20**	0,20	0,0%
452	Such- und Signalanlagen [m² BGF]	–	–	–	–
455	Fernseh- und Antennenanlagen [m² BGF]	–	–	–	–
456	Gefahrenmelde- und Alarmanlagen [m² BGF]	–	–	–	–
460	**Förderanlagen**				
461	Aufzugsanlagen [m² BGF]	–	–	–	–
470	**Nutzungsspezifische Anlagen**				
471	Küchentechnische Anlagen [m² BGF]	–	–	–	–
473	Medienversorgungsanlagen [m² BGF]	–	–	–	–
475	Feuerlöschanlagen [m² BGF]	–	–	–	–
	Weitere Kosten für Technische Anlagen [m² BGF]	–	**40,00**	–	1,8%

© BKI Baukosteninformationszentrum; Erläuterungen zu den Tabellen siehe Seite 48   Kosten: 1.Quartal 2018, Bundesdurchschnitt, inkl. 19% MwSt.

Tiefgaragen

Kosten:
Stand 1.Quartal 2018
Bundesdurchschnitt
inkl. 19% MwSt.

▷ von
ø Mittel
◁ bis

Kostengruppen		▷	€/Einheit	◁	KG an 300+400
310	**Baugrube**				
311	Baugrubenherstellung [m³]	9,20	**17,00**	30,00	7,7%
312	Baugrubenumschließung [m²]	–	–	–	–
313	Wasserhaltung [m²]	–	–	–	–
319	Baugrube, sonstiges [m³]	–	–	–	–
320	**Gründung**				
321	Baugrundverbesserung [m²]	–	–	–	–
322	Flachgründungen [m²]	30,00	**57,00**	106,00	7,6%
323	Tiefgründungen [m²]	–	–	–	–
324	Unterböden und Bodenplatten [m²]	59,00	**175,00**	406,00	7,8%
325	Bodenbeläge [m²]	11,00	**36,00**	50,00	2,4%
326	Bauwerksabdichtungen [m²]	–	**18,00**	–	0,8%
327	Dränagen [m²]	0,60	**4,50**	8,40	0,4%
329	Gründung, sonstiges [m²]	–	–	–	–
330	**Außenwände**				
331	Tragende Außenwände [m²]	151,00	**168,00**	194,00	12,1%
332	Nichttragende Außenwände [m²]	–	–	–	–
333	Außenstützen [m]	–	**304,00**	–	0,0%
334	Außentüren und -fenster [m²]	824,00	**1.087,00**	1.349,00	0,9%
335	Außenwandbekleidungen außen [m²]	10,00	**27,00**	35,00	1,6%
336	Außenwandbekleidungen innen [m²]	4,40	**8,20**	12,00	0,2%
337	Elementierte Außenwände [m²]	–	–	–	–
338	Sonnenschutz [m²]	–	–	–	–
339	Außenwände, sonstiges [m²]	3,60	**12,00**	28,00	1,3%
340	**Innenwände**				
341	Tragende Innenwände [m²]	104,00	**151,00**	198,00	0,8%
342	Nichttragende Innenwände [m²]	–	**127,00**	–	0,4%
343	Innenstützen [m]	150,00	**188,00**	258,00	1,6%
344	Innentüren und -fenster [m²]	240,00	**466,00**	692,00	0,5%
345	Innenwandbekleidungen [m²]	–	**6,60**	–	0,0%
346	Elementierte Innenwände [m²]	–	–	–	–
349	Innenwände, sonstiges [m²]	–	**3,90**	–	0,0%
350	**Decken**				
351	Deckenkonstruktionen [m²]	–	–	–	–
352	Deckenbeläge [m²]	–	–	–	–
353	Deckenbekleidungen [m²]	–	–	–	–
359	Decken, sonstiges [m²]	–	–	–	–
360	**Dächer**				
361	Dachkonstruktionen [m²]	160,00	**173,00**	193,00	26,1%
362	Dachfenster, Dachöffnungen [m²]	–	–	–	–
363	Dachbeläge [m²]	52,00	**70,00**	105,00	10,7%
364	Dachbekleidungen [m²]	–	**2,80**	–	0,1%
369	Dächer, sonstiges [m²]	–	**3,30**	–	0,1%

Tiefgaragen

Kostengruppen	€/Einheit		KG an 300+400	
370 Baukonstruktive Einbauten				
371 Allgemeine Einbauten [m² BGF]	–	–	–	–
372 Besondere Einbauten [m² BGF]	–	–	–	–
379 Baukonstruktive Einbauten, sonstiges [m² BGF]	–	–	–	–
390 Sonstige Maßnahmen für Baukonstruktionen				
391 Baustelleneinrichtung [m² BGF]	16,00	**50,00**	71,00	7,3%
392 Gerüste [m² BGF]	–	–	–	–
393 Sicherungsmaßnahmen [m² BGF]	–	–	–	–
394 Abbruchmaßnahmen [m² BGF]	–	–	–	–
395 Instandsetzungen [m² BGF]	–	–	–	–
396 Materialentsorgung [m² BGF]	–	–	–	–
397 Zusätzliche Maßnahmen [m² BGF]	–	–	–	–
398 Provisorische Baukonstruktionen [m² BGF]	–	–	–	–
399 Sonstige Maßnahmen für Baukonstruktionen, sonst. [m² BGF]	–	–	–	–
410 Abwasser-, Wasser-, Gasanlagen				
411 Abwasseranlagen [m² BGF]	10,00	**15,00**	26,00	2,1%
412 Wasseranlagen [m² BGF]	0,20	**2,40**	4,60	0,2%
420 Wärmeversorgungsanlagen				
421 Wärmeerzeugungsanlagen [m² BGF]	–	–	–	–
422 Wärmeverteilnetze [m² BGF]	–	–	–	–
423 Raumheizflächen [m² BGF]	–	–	–	–
429 Wärmeversorgungsanlagen, sonstiges [m² BGF]	–	–	–	–
430 Lufttechnische Anlagen				
431 Lüftungsanlagen [m² BGF]	–	–	–	–
440 Starkstromanlagen				
443 Niederspannungsschaltanlagen [m² BGF]	–	–	–	–
444 Niederspannungsinstallationsanlagen [m² BGF]	–	**8,20**	–	0,3%
445 Beleuchtungsanlagen [m² BGF]	–	**0,60**	–	0,0%
446 Blitzschutz- und Erdungsanlagen [m² BGF]	–	**1,50**	–	0,0%
450 Fernmelde- und informationstechnische Anlagen				
451 Telekommunikationsanlagen [m² BGF]	–	–	–	–
452 Such- und Signalanlagen [m² BGF]	–	–	–	–
455 Fernseh- und Antennenanlagen [m² BGF]	–	–	–	–
456 Gefahrenmelde- und Alarmanlagen [m² BGF]	–	–	–	–
460 Förderanlagen				
461 Aufzugsanlagen [m² BGF]	–	–	–	–
470 Nutzungsspezifische Anlagen				
471 Küchentechnische Anlagen [m² BGF]	–	–	–	–
473 Medienversorgungsanlagen [m² BGF]	–	–	–	–
475 Feuerlöschanlagen [m² BGF]	–	–	–	–
Weitere Kosten für Technische Anlagen [m² BGF]	–	–	–	–

© **BKI** Baukosteninformationszentrum; Erläuterungen zu den Tabellen siehe Seite 48   Kosten: 1.Quartal 2018, Bundesdurchschnitt, **inkl. 19% MwSt.**

Feuerwehrhäuser

Kosten:
Stand 1.Quartal 2018
Bundesdurchschnitt
inkl. 19% MwSt.

▷ von
ø Mittel
◁ bis

Kostengruppen		▷	€/Einheit	◁	KG an 300+400
310	**Baugrube**				
311	Baugrubenherstellung [m³]	10,00	**12,00**	16,00	0,8%
312	Baugrubenumschließung [m²]	–	**–**	–	–
313	Wasserhaltung [m²]	–	**0,50**	–	0,0%
319	Baugrube, sonstiges [m³]	–	**–**	–	–
320	**Gründung**				
321	Baugrundverbesserung [m²]	41,00	**44,00**	47,00	1,6%
322	Flachgründungen [m²]	54,00	**59,00**	64,00	2,2%
323	Tiefgründungen [m²]	–	**45,00**	–	0,8%
324	Unterböden und Bodenplatten [m²]	30,00	**44,00**	59,00	1,5%
325	Bodenbeläge [m²]	35,00	**70,00**	138,00	3,7%
326	Bauwerksabdichtungen [m²]	14,00	**22,00**	38,00	1,3%
327	Dränagen [m²]	3,20	**4,20**	5,20	0,1%
329	Gründung, sonstiges [m²]	–	**1,20**	–	0,0%
330	**Außenwände**				
331	Tragende Außenwände [m²]	98,00	**124,00**	139,00	5,4%
332	Nichttragende Außenwände [m²]	92,00	**118,00**	165,00	0,5%
333	Außenstützen [m]	121,00	**152,00**	183,00	0,2%
334	Außentüren und -fenster [m²]	566,00	**671,00**	871,00	6,7%
335	Außenwandbekleidungen außen [m²]	121,00	**128,00**	132,00	7,5%
336	Außenwandbekleidungen innen [m²]	20,00	**31,00**	38,00	1,0%
337	Elementierte Außenwände [m²]	561,00	**726,00**	891,00	2,0%
338	Sonnenschutz [m²]	–	**87,00**	–	0,1%
339	Außenwände, sonstiges [m²]	1,40	**6,00**	15,00	0,3%
340	**Innenwände**				
341	Tragende Innenwände [m²]	81,00	**103,00**	138,00	2,4%
342	Nichttragende Innenwände [m²]	65,00	**85,00**	95,00	1,5%
343	Innenstützen [m]	98,00	**114,00**	141,00	0,3%
344	Innentüren und -fenster [m²]	517,00	**629,00**	816,00	3,5%
345	Innenwandbekleidungen [m²]	32,00	**36,00**	44,00	2,2%
346	Elementierte Innenwände [m²]	287,00	**336,00**	384,00	1,5%
349	Innenwände, sonstiges [m²]	0,40	**1,00**	1,60	0,0%
350	**Decken**				
351	Deckenkonstruktionen [m²]	79,00	**124,00**	168,00	2,1%
352	Deckenbeläge [m²]	88,00	**92,00**	96,00	1,3%
353	Deckenbekleidungen [m²]	70,00	**77,00**	84,00	0,6%
359	Decken, sonstiges [m²]	11,00	**12,00**	13,00	0,2%
360	**Dächer**				
361	Dachkonstruktionen [m²]	72,00	**90,00**	100,00	5,2%
362	Dachfenster, Dachöffnungen [m²]	650,00	**1.161,00**	1.938,00	1,7%
363	Dachbeläge [m²]	108,00	**118,00**	135,00	6,7%
364	Dachbekleidungen [m²]	20,00	**37,00**	72,00	0,6%
369	Dächer, sonstiges [m²]	20,00	**24,00**	29,00	0,9%

Feuerwehrhäuser

Kostengruppen	€/Einheit		KG an 300+400	
370	**Baukonstruktive Einbauten**				
371	Allgemeine Einbauten [m² BGF]	8,30	**21,00**	44,00	1,7%
372	Besondere Einbauten [m² BGF]	2,60	**5,70**	8,80	0,2%
379	Baukonstruktive Einbauten, sonstiges [m² BGF]	–	**–**	–	–
390	**Sonstige Maßnahmen für Baukonstruktionen**				
391	Baustelleneinrichtung [m² BGF]	17,00	**25,00**	37,00	1,8%
392	Gerüste [m² BGF]	1,10	**8,60**	12,00	0,6%
393	Sicherungsmaßnahmen [m² BGF]	–	**–**	–	–
394	Abbruchmaßnahmen [m² BGF]	–	**–**	–	–
395	Instandsetzungen [m² BGF]	–	**–**	–	–
396	Materialentsorgung [m² BGF]	–	**–**	–	–
397	Zusätzliche Maßnahmen [m² BGF]	6,00	**6,50**	7,00	0,3%
398	Provisorische Baukonstruktionen [m² BGF]	–	**–**	–	–
399	Sonstige Maßnahmen für Baukonstruktionen, sonst. [m² BGF]	–	**4,10**	–	0,1%
410	**Abwasser-, Wasser-, Gasanlagen**				
411	Abwasseranlagen [m² BGF]	16,00	**34,00**	47,00	2,5%
412	Wasseranlagen [m² BGF]	23,00	**32,00**	36,00	2,4%
420	**Wärmeversorgungsanlagen**				
421	Wärmeerzeugungsanlagen [m² BGF]	4,30	**6,80**	11,00	0,5%
422	Wärmeverteilnetze [m² BGF]	14,00	**21,00**	25,00	1,5%
423	Raumheizflächen [m² BGF]	15,00	**23,00**	27,00	1,6%
429	Wärmeversorgungsanlagen, sonstiges [m² BGF]	0,60	**1,00**	1,50	0,0%
430	**Lufttechnische Anlagen**				
431	Lüftungsanlagen [m² BGF]	19,00	**37,00**	46,00	2,8%
440	**Starkstromanlagen**				
443	Niederspannungsschaltanlagen [m² BGF]	–	**–**	–	–
444	Niederspannungsinstallationsanlagen [m² BGF]	49,00	**51,00**	53,00	3,8%
445	Beleuchtungsanlagen [m² BGF]	25,00	**32,00**	44,00	2,3%
446	Blitzschutz- und Erdungsanlagen [m² BGF]	3,20	**6,20**	12,00	0,4%
450	**Fernmelde- und informationstechnische Anlagen**				
451	Telekommunikationsanlagen [m² BGF]	2,70	**5,10**	9,70	0,3%
452	Such- und Signalanlagen [m² BGF]	0,50	**7,50**	14,00	0,3%
455	Fernseh- und Antennenanlagen [m² BGF]	1,30	**2,70**	5,60	0,2%
456	Gefahrenmelde- und Alarmanlagen [m² BGF]	4,90	**16,00**	36,00	1,1%
460	**Förderanlagen**				
461	Aufzugsanlagen [m² BGF]	–	**16,00**	–	0,3%
470	**Nutzungsspezifische Anlagen**				
471	Küchentechnische Anlagen [m² BGF]	–	**–**	–	–
473	Medienversorgungsanlagen [m² BGF]	–	**–**	–	–
475	Feuerlöschanlagen [m² BGF]	4,00	**11,00**	24,00	0,8%
	Weitere Kosten für Technische Anlagen [m² BGF]	38,00	**71,00**	120,00	5,4%

© BKI Baukosteninformationszentrum; Erläuterungen zu den Tabellen siehe Seite 48   Kosten: 1.Quartal 2018, Bundesdurchschnitt, inkl. 19% MwSt.

Öffentliche Bereitschaftsdienste

Kosten:
Stand 1.Quartal 2018
Bundesdurchschnitt
inkl. 19% MwSt.

▷ von
ø Mittel
◁ bis

Kostengruppen		▷	€/Einheit	◁	KG an 300+400
310	**Baugrube**				
311	Baugrubenherstellung [m³]	15,00	**26,00**	34,00	2,4%
312	Baugrubenumschließung [m²]	–	–	–	–
313	Wasserhaltung [m²]	–	**0,40**	–	0,0%
319	Baugrube, sonstiges [m³]	–	–	–	–
320	**Gründung**				
321	Baugrundverbesserung [m²]	10,00	**16,00**	25,00	0,8%
322	Flachgründungen [m²]	71,00	**147,00**	359,00	2,1%
323	Tiefgründungen [m²]	–	**196,00**	–	1,5%
324	Unterböden und Bodenplatten [m²]	60,00	**90,00**	122,00	6,3%
325	Bodenbeläge [m²]	61,00	**88,00**	157,00	1,3%
326	Bauwerksabdichtungen [m²]	28,00	**39,00**	44,00	2,3%
327	Dränagen [m²]	–	**1,20**	–	0,0%
329	Gründung, sonstiges [m²]	0,70	**3,50**	6,30	0,0%
330	**Außenwände**				
331	Tragende Außenwände [m²]	97,00	**129,00**	159,00	6,3%
332	Nichttragende Außenwände [m²]	95,00	**112,00**	129,00	0,1%
333	Außenstützen [m]	194,00	**353,00**	632,00	1,8%
334	Außentüren und -fenster [m²]	499,00	**764,00**	1.469,00	7,5%
335	Außenwandbekleidungen außen [m²]	91,00	**158,00**	344,00	6,9%
336	Außenwandbekleidungen innen [m²]	24,00	**40,00**	86,00	1,7%
337	Elementierte Außenwände [m²]	178,00	**538,00**	897,00	2,1%
338	Sonnenschutz [m²]	182,00	**256,00**	401,00	0,3%
339	Außenwände, sonstiges [m²]	3,80	**4,00**	4,20	0,1%
340	**Innenwände**				
341	Tragende Innenwände [m²]	78,00	**93,00**	135,00	1,5%
342	Nichttragende Innenwände [m²]	53,00	**86,00**	182,00	0,9%
343	Innenstützen [m]	172,00	**278,00**	578,00	1,3%
344	Innentüren und -fenster [m²]	506,00	**672,00**	1.055,00	2,0%
345	Innenwandbekleidungen [m²]	22,00	**41,00**	63,00	1,6%
346	Elementierte Innenwände [m²]	353,00	**382,00**	411,00	0,4%
349	Innenwände, sonstiges [m²]	–	**1,90**	–	0,0%
350	**Decken**				
351	Deckenkonstruktionen [m²]	90,00	**113,00**	132,00	2,7%
352	Deckenbeläge [m²]	24,00	**60,00**	82,00	0,9%
353	Deckenbekleidungen [m²]	4,30	**33,00**	52,00	0,2%
359	Decken, sonstiges [m²]	24,00	**40,00**	66,00	0,8%
360	**Dächer**				
361	Dachkonstruktionen [m²]	74,00	**113,00**	149,00	7,4%
362	Dachfenster, Dachöffnungen [m²]	481,00	**4.460,00**	8.440,00	0,6%
363	Dachbeläge [m²]	57,00	**105,00**	236,00	5,5%
364	Dachbekleidungen [m²]	38,00	**41,00**	47,00	0,9%
369	Dächer, sonstiges [m²]	1,60	**4,40**	9,20	0,1%

Öffentliche Bereitschaftsdienste

Kostengruppen	▷	€/Einheit	◁	KG an 300+400
370 Baukonstruktive Einbauten				
371 Allgemeine Einbauten [m² BGF]	–	**38,00**	–	0,6%
372 Besondere Einbauten [m² BGF]	19,00	**44,00**	69,00	1,5%
379 Baukonstruktive Einbauten, sonstiges [m² BGF]	–	–	–	–
390 Sonstige Maßnahmen für Baukonstruktionen				
391 Baustelleneinrichtung [m² BGF]	19,00	**21,00**	24,00	1,7%
392 Gerüste [m² BGF]	12,00	**16,00**	26,00	1,3%
393 Sicherungsmaßnahmen [m² BGF]	–	–	–	–
394 Abbruchmaßnahmen [m² BGF]	–	**38,00**	–	0,8%
395 Instandsetzungen [m² BGF]	–	–	–	–
396 Materialentsorgung [m² BGF]	–	–	–	–
397 Zusätzliche Maßnahmen [m² BGF]	0,90	**1,90**	3,40	0,1%
398 Provisorische Baukonstruktionen [m² BGF]	–	**0,10**	–	0,0%
399 Sonstige Maßnahmen für Baukonstruktionen, sonst. [m² BGF]	–	**0,70**	–	0,0%
410 Abwasser-, Wasser-, Gasanlagen				
411 Abwasseranlagen [m² BGF]	9,50	**12,00**	17,00	0,8%
412 Wasseranlagen [m² BGF]	5,40	**10,00**	19,00	0,6%
420 Wärmeversorgungsanlagen				
421 Wärmeerzeugungsanlagen [m² BGF]	8,50	**9,70**	12,00	0,6%
422 Wärmeverteilnetze [m² BGF]	11,00	**13,00**	17,00	0,8%
423 Raumheizflächen [m² BGF]	4,60	**7,50**	13,00	0,5%
429 Wärmeversorgungsanlagen, sonstiges [m² BGF]	–	**1,00**	–	0,0%
430 Lufttechnische Anlagen				
431 Lüftungsanlagen [m² BGF]	–	**25,00**	–	0,4%
440 Starkstromanlagen				
443 Niederspannungsschaltanlagen [m² BGF]	–	–	–	–
444 Niederspannungsinstallationsanlagen [m² BGF]	40,00	**50,00**	69,00	3,4%
445 Beleuchtungsanlagen [m² BGF]	12,00	**16,00**	18,00	1,1%
446 Blitzschutz- und Erdungsanlagen [m² BGF]	1,50	**4,00**	8,80	0,2%
450 Fernmelde- und informationstechnische Anlagen				
451 Telekommunikationsanlagen [m² BGF]	0,90	**1,40**	2,00	0,0%
452 Such- und Signalanlagen [m² BGF]	0,50	**0,70**	0,90	0,0%
455 Fernseh- und Antennenanlagen [m² BGF]	–	**1,30**	–	0,0%
456 Gefahrenmelde- und Alarmanlagen [m² BGF]	7,30	**20,00**	33,00	1,1%
460 Förderanlagen				
461 Aufzugsanlagen [m² BGF]	–	–	–	–
470 Nutzungsspezifische Anlagen				
471 Küchentechnische Anlagen [m² BGF]	–	–	–	–
473 Medienversorgungsanlagen [m² BGF]	–	**8,20**	–	0,1%
475 Feuerlöschanlagen [m² BGF]	–	–	–	–
Weitere Kosten für Technische Anlagen [m² BGF]	10,00	**70,00**	243,00	5,7%

© BKI Baukosteninformationszentrum; Erläuterungen zu den Tabellen siehe Seite 48   Kosten: 1.Quartal 2018, Bundesdurchschnitt, **inkl. 19% MwSt.**

Bibliotheken, Museen und Ausstellungen

Kosten:
Stand 1. Quartal 2018
Bundesdurchschnitt
inkl. 19% MwSt.

▷ von
ø Mittel
◁ bis

Kostengruppen	▷	€/Einheit	◁	KG an 300+400
310 Baugrube				
311 Baugrubenherstellung [m³]	17,00	**41,00**	124,00	1,4%
312 Baugrubenumschließung [m²]	–	**32,00**	–	0,0%
313 Wasserhaltung [m²]	–	**3,40**	–	0,0%
319 Baugrube, sonstiges [m³]	–	**–**	–	–
320 Gründung				
321 Baugrundverbesserung [m²]	4,90	**14,00**	33,00	0,3%
322 Flachgründungen [m²]	46,00	**233,00**	489,00	2,6%
323 Tiefgründungen [m²]	49,00	**272,00**	496,00	1,1%
324 Unterböden und Bodenplatten [m²]	56,00	**123,00**	258,00	2,7%
325 Bodenbeläge [m²]	126,00	**183,00**	341,00	4,4%
326 Bauwerksabdichtungen [m²]	13,00	**38,00**	80,00	0,8%
327 Dränagen [m²]	0,60	**8,80**	17,00	0,0%
329 Gründung, sonstiges [m²]	0,30	**0,80**	1,30	0,0%
330 Außenwände				
331 Tragende Außenwände [m²]	123,00	**146,00**	181,00	5,4%
332 Nichttragende Außenwände [m²]	115,00	**176,00**	279,00	0,5%
333 Außenstützen [m]	99,00	**161,00**	195,00	0,5%
334 Außentüren und -fenster [m²]	699,00	**1.108,00**	1.371,00	4,4%
335 Außenwandbekleidungen außen [m²]	162,00	**309,00**	395,00	10,9%
336 Außenwandbekleidungen innen [m²]	31,00	**49,00**	69,00	1,5%
337 Elementierte Außenwände [m²]	650,00	**888,00**	1.241,00	5,2%
338 Sonnenschutz [m²]	82,00	**183,00**	234,00	0,5%
339 Außenwände, sonstiges [m²]	4,70	**12,00**	20,00	0,5%
340 Innenwände				
341 Tragende Innenwände [m²]	91,00	**110,00**	130,00	1,4%
342 Nichttragende Innenwände [m²]	63,00	**107,00**	161,00	1,1%
343 Innenstützen [m]	76,00	**81,00**	85,00	0,1%
344 Innentüren und -fenster [m²]	688,00	**1.058,00**	2.279,00	3,0%
345 Innenwandbekleidungen [m²]	52,00	**65,00**	97,00	1,9%
346 Elementierte Innenwände [m²]	292,00	**447,00**	681,00	1,0%
349 Innenwände, sonstiges [m²]	0,50	**1,40**	2,30	0,0%
350 Decken				
351 Deckenkonstruktionen [m²]	80,00	**168,00**	226,00	1,9%
352 Deckenbeläge [m²]	21,00	**120,00**	182,00	1,3%
353 Deckenbekleidungen [m²]	29,00	**56,00**	110,00	0,4%
359 Decken, sonstiges [m²]	2,80	**5,40**	9,70	0,0%
360 Dächer				
361 Dachkonstruktionen [m²]	129,00	**170,00**	236,00	5,3%
362 Dachfenster, Dachöffnungen [m²]	840,00	**3.195,00**	5.550,00	0,3%
363 Dachbeläge [m²]	149,00	**239,00**	571,00	6,1%
364 Dachbekleidungen [m²]	66,00	**128,00**	225,00	3,2%
369 Dächer, sonstiges [m²]	2,50	**8,50**	21,00	0,3%

Bibliotheken, Museen und Ausstellungen

Kostengruppen	▷	€/Einheit	◁	KG an 300+400
370 Baukonstruktive Einbauten				
371 Allgemeine Einbauten [m² BGF]	31,00	**55,00**	80,00	1,8%
372 Besondere Einbauten [m² BGF]	–	**157,00**	–	1,2%
379 Baukonstruktive Einbauten, sonstiges [m² BGF]	–	**4,60**	–	0,0%
390 Sonstige Maßnahmen für Baukonstruktionen				
391 Baustelleneinrichtung [m² BGF]	35,00	**60,00**	97,00	2,3%
392 Gerüste [m² BGF]	15,00	**23,00**	53,00	0,9%
393 Sicherungsmaßnahmen [m² BGF]	–	**–**	–	–
394 Abbruchmaßnahmen [m² BGF]	–	**–**	–	–
395 Instandsetzungen [m² BGF]	–	**–**	–	–
396 Materialentsorgung [m² BGF]	–	**–**	–	–
397 Zusätzliche Maßnahmen [m² BGF]	3,10	**8,00**	14,00	0,2%
398 Provisorische Baukonstruktionen [m² BGF]	0,90	**6,00**	11,00	0,0%
399 Sonstige Maßnahmen für Baukonstruktionen, sonst. [m² BGF]	–	**–**	–	–
410 Abwasser-, Wasser-, Gasanlagen				
411 Abwasseranlagen [m² BGF]	16,00	**23,00**	30,00	0,8%
412 Wasseranlagen [m² BGF]	21,00	**33,00**	49,00	1,1%
420 Wärmeversorgungsanlagen				
421 Wärmeerzeugungsanlagen [m² BGF]	11,00	**21,00**	30,00	0,8%
422 Wärmeverteilnetze [m² BGF]	11,00	**13,00**	18,00	0,4%
423 Raumheizflächen [m² BGF]	22,00	**30,00**	38,00	1,1%
429 Wärmeversorgungsanlagen, sonstiges [m² BGF]	4,30	**5,70**	7,10	0,1%
430 Lufttechnische Anlagen				
431 Lüftungsanlagen [m² BGF]	2,70	**4,00**	5,30	0,0%
440 Starkstromanlagen				
443 Niederspannungsschaltanlagen [m² BGF]	–	**14,00**	–	0,1%
444 Niederspannungsinstallationsanlagen [m² BGF]	61,00	**78,00**	96,00	2,9%
445 Beleuchtungsanlagen [m² BGF]	17,00	**48,00**	79,00	1,6%
446 Blitzschutz- und Erdungsanlagen [m² BGF]	4,40	**11,00**	18,00	0,4%
450 Fernmelde- und informationstechnische Anlagen				
451 Telekommunikationsanlagen [m² BGF]	0,90	**5,60**	10,00	0,0%
452 Such- und Signalanlagen [m² BGF]	0,60	**1,20**	1,70	0,0%
455 Fernseh- und Antennenanlagen [m² BGF]	–	**1,00**	–	0,0%
456 Gefahrenmelde- und Alarmanlagen [m² BGF]	17,00	**22,00**	27,00	0,4%
460 Förderanlagen				
461 Aufzugsanlagen [m² BGF]	–	**–**	–	–
470 Nutzungsspezifische Anlagen				
471 Küchentechnische Anlagen [m² BGF]	–	**45,00**	–	0,3%
473 Medienversorgungsanlagen [m² BGF]	–	**–**	–	–
475 Feuerlöschanlagen [m² BGF]	0,40	**1,90**	2,80	0,0%
Weitere Kosten für Technische Anlagen [m² BGF]	4,90	**23,00**	89,00	0,7%

© BKI Baukosteninformationszentrum; Erläuterungen zu den Tabellen siehe Seite 48
Kosten: 1.Quartal 2018, Bundesdurchschnitt, **inkl. 19% MwSt.**

Theater

Kostengruppen		▷	€/Einheit	◁	KG an 300+400
310	**Baugrube**				
311	Baugrubenherstellung [m³]	20,00	**23,00**	26,00	1,4%
312	Baugrubenumschließung [m²]	–	–	–	–
313	Wasserhaltung [m²]	–	**8,90**	–	0,1%
319	Baugrube, sonstiges [m³]	–	–	–	–
320	**Gründung**				
321	Baugrundverbesserung [m²]	–	–	–	–
322	Flachgründungen [m²]	129,00	**163,00**	197,00	3,9%
323	Tiefgründungen [m²]	–	**82,00**	–	1,3%
324	Unterböden und Bodenplatten [m²]	71,00	**75,00**	79,00	1,6%
325	Bodenbeläge [m²]	115,00	**126,00**	136,00	2,2%
326	Bauwerksabdichtungen [m²]	9,00	**41,00**	73,00	0,5%
327	Dränagen [m²]	–	**10,00**	–	0,0%
329	Gründung, sonstiges [m²]	–	**1,60**	–	0,0%
330	**Außenwände**				
331	Tragende Außenwände [m²]	242,00	**259,00**	276,00	2,2%
332	Nichttragende Außenwände [m²]	166,00	**193,00**	219,00	0,9%
333	Außenstützen [m]	138,00	**664,00**	1.189,00	0,7%
334	Außentüren und -fenster [m²]	548,00	**611,00**	673,00	6,6%
335	Außenwandbekleidungen außen [m²]	144,00	**166,00**	187,00	3,2%
336	Außenwandbekleidungen innen [m²]	15,00	**57,00**	99,00	0,9%
337	Elementierte Außenwände [m²]	–	**1.571,00**	–	5,2%
338	Sonnenschutz [m²]	147,00	**189,00**	231,00	0,3%
339	Außenwände, sonstiges [m²]	–	**8,30**	–	0,0%
340	**Innenwände**				
341	Tragende Innenwände [m²]	–	**297,00**	–	2,4%
342	Nichttragende Innenwände [m²]	148,00	**157,00**	167,00	2,7%
343	Innenstützen [m]	218,00	**719,00**	1.220,00	1,4%
344	Innentüren und -fenster [m²]	477,00	**1.078,00**	1.679,00	3,4%
345	Innenwandbekleidungen [m²]	52,00	**76,00**	101,00	4,2%
346	Elementierte Innenwände [m²]	142,00	**395,00**	648,00	0,6%
349	Innenwände, sonstiges [m²]	–	**34,00**	–	0,4%
350	**Decken**				
351	Deckenkonstruktionen [m²]	147,00	**246,00**	345,00	3,7%
352	Deckenbeläge [m²]	–	**173,00**	–	1,1%
353	Deckenbekleidungen [m²]	136,00	**143,00**	149,00	1,5%
359	Decken, sonstiges [m²]	–	–	–	–
360	**Dächer**				
361	Dachkonstruktionen [m²]	364,00	**387,00**	410,00	8,2%
362	Dachfenster, Dachöffnungen [m²]	–	**1.693,00**	–	0,3%
363	Dachbeläge [m²]	171,00	**205,00**	238,00	4,8%
364	Dachbekleidungen [m²]	132,00	**152,00**	171,00	1,5%
369	Dächer, sonstiges [m²]	–	**12,00**	–	0,0%

Kosten:
Stand 1.Quartal 2018
Bundesdurchschnitt
inkl. 19% MwSt.

▷ von
ø Mittel
◁ bis

Kostengruppen	€/Einheit		KG an 300+400	
370 Baukonstruktive Einbauten				
371 Allgemeine Einbauten [m² BGF]	27,00	**40,00**	53,00	1,3%
372 Besondere Einbauten [m² BGF]	–	**59,00**	–	0,8%
379 Baukonstruktive Einbauten, sonstiges [m² BGF]	–	**6,80**	–	0,1%
390 Sonstige Maßnahmen für Baukonstruktionen				
391 Baustelleneinrichtung [m² BGF]	39,00	**48,00**	58,00	1,8%
392 Gerüste [m² BGF]	38,00	**41,00**	45,00	1,4%
393 Sicherungsmaßnahmen [m² BGF]	–	**–**	–	–
394 Abbruchmaßnahmen [m² BGF]	–	**–**	–	–
395 Instandsetzungen [m² BGF]	–	**–**	–	–
396 Materialentsorgung [m² BGF]	–	**–**	–	–
397 Zusätzliche Maßnahmen [m² BGF]	–	**4,60**	–	0,0%
398 Provisorische Baukonstruktionen [m² BGF]	–	**–**	–	–
399 Sonstige Maßnahmen für Baukonstruktionen, sonst. [m² BGF]	–	**–**	–	–
410 Abwasser-, Wasser-, Gasanlagen				
411 Abwasseranlagen [m² BGF]	40,00	**54,00**	69,00	2,1%
412 Wasseranlagen [m² BGF]	34,00	**54,00**	74,00	1,8%
420 Wärmeversorgungsanlagen				
421 Wärmeerzeugungsanlagen [m² BGF]	–	**4,90**	–	0,0%
422 Wärmeverteilnetze [m² BGF]	–	**53,00**	–	0,7%
423 Raumheizflächen [m² BGF]	–	**62,00**	–	0,8%
429 Wärmeversorgungsanlagen, sonstiges [m² BGF]	–	**–**	–	–
430 Lufttechnische Anlagen				
431 Lüftungsanlagen [m² BGF]	–	**244,00**	–	3,4%
440 Starkstromanlagen				
443 Niederspannungsschaltanlagen [m² BGF]	–	**–**	–	–
444 Niederspannungsinstallationsanlagen [m² BGF]	73,00	**91,00**	109,00	3,1%
445 Beleuchtungsanlagen [m² BGF]	50,00	**55,00**	60,00	1,9%
446 Blitzschutz- und Erdungsanlagen [m² BGF]	1,50	**4,10**	6,70	0,1%
450 Fernmelde- und informationstechnische Anlagen				
451 Telekommunikationsanlagen [m² BGF]	0,40	**10,00**	20,00	0,2%
452 Such- und Signalanlagen [m² BGF]	–	**0,80**	–	0,0%
455 Fernseh- und Antennenanlagen [m² BGF]	–	**–**	–	–
456 Gefahrenmelde- und Alarmanlagen [m² BGF]	–	**13,00**	–	0,1%
460 Förderanlagen				
461 Aufzugsanlagen [m² BGF]	–	**37,00**	–	0,5%
470 Nutzungsspezifische Anlagen				
471 Küchentechnische Anlagen [m² BGF]	–	**–**	–	–
473 Medienversorgungsanlagen [m² BGF]	–	**–**	–	–
475 Feuerlöschanlagen [m² BGF]	–	**30,00**	–	0,4%
Weitere Kosten für Technische Anlagen [m² BGF]	3,60	**325,00**	647,00	9,1%

© **BKI** Baukosteninformationszentrum; Erläuterungen zu den Tabellen siehe Seite 48   Kosten: 1.Quartal 2018, Bundesdurchschnitt, **inkl. 19% MwSt.**

Gemeindezentren, einfacher Standard

Kosten:
Stand 1.Quartal 2018
Bundesdurchschnitt
inkl. 19% MwSt.

▷ von
ø Mittel
◁ bis

Kostengruppen	▷	€/Einheit	◁	KG an 300+400
310 Baugrube				
311 Baugrubenherstellung [m³]	10,00	**21,00**	42,00	3,2%
312 Baugrubenumschließung [m²]	–	–	–	–
313 Wasserhaltung [m²]	–	–	–	–
319 Baugrube, sonstiges [m³]	–	**0,90**	–	0,0%
320 Gründung				
321 Baugrundverbesserung [m²]	–	**12,00**	–	0,2%
322 Flachgründungen [m²]	30,00	**47,00**	80,00	2,7%
323 Tiefgründungen [m²]	–	–	–	–
324 Unterböden und Bodenplatten [m²]	37,00	**45,00**	53,00	1,5%
325 Bodenbeläge [m²]	59,00	**83,00**	97,00	4,2%
326 Bauwerksabdichtungen [m²]	11,00	**17,00**	28,00	1,0%
327 Dränagen [m²]	–	–	–	–
329 Gründung, sonstiges [m²]	–	–	–	–
330 Außenwände				
331 Tragende Außenwände [m²]	129,00	**139,00**	159,00	6,9%
332 Nichttragende Außenwände [m²]	–	–	–	–
333 Außenstützen [m]	163,00	**232,00**	301,00	0,5%
334 Außentüren und -fenster [m²]	396,00	**438,00**	465,00	7,2%
335 Außenwandbekleidungen außen [m²]	83,00	**128,00**	152,00	7,7%
336 Außenwandbekleidungen innen [m²]	22,00	**30,00**	41,00	1,1%
337 Elementierte Außenwände [m²]	–	–	–	–
338 Sonnenschutz [m²]	146,00	**201,00**	257,00	1,3%
339 Außenwände, sonstiges [m²]	–	**12,00**	–	0,2%
340 Innenwände				
341 Tragende Innenwände [m²]	74,00	**80,00**	84,00	1,7%
342 Nichttragende Innenwände [m²]	39,00	**58,00**	68,00	1,7%
343 Innenstützen [m]	133,00	**152,00**	172,00	0,0%
344 Innentüren und -fenster [m²]	417,00	**528,00**	725,00	3,2%
345 Innenwandbekleidungen [m²]	30,00	**38,00**	56,00	3,8%
346 Elementierte Innenwände [m²]	254,00	**339,00**	425,00	2,2%
349 Innenwände, sonstiges [m²]	–	–	–	–
350 Decken				
351 Deckenkonstruktionen [m²]	147,00	**191,00**	277,00	4,5%
352 Deckenbeläge [m²]	85,00	**89,00**	93,00	2,0%
353 Deckenbekleidungen [m²]	14,00	**34,00**	64,00	0,1%
359 Decken, sonstiges [m²]	12,00	**48,00**	83,00	0,8%
360 Dächer				
361 Dachkonstruktionen [m²]	56,00	**111,00**	222,00	7,3%
362 Dachfenster, Dachöffnungen [m²]	1.040,00	**1.103,00**	1.137,00	1,5%
363 Dachbeläge [m²]	76,00	**93,00**	122,00	6,1%
364 Dachbekleidungen [m²]	63,00	**78,00**	103,00	4,5%
369 Dächer, sonstiges [m²]	–	**5,80**	–	0,1%

Gemeindezentren, einfacher Standard

Kostengruppen	▷ €/Einheit	◁	KG an 300+400

370	**Baukonstruktive Einbauten**				
371	Allgemeine Einbauten [m² BGF]	18,00	**57,00**	134,00	4,3%
372	Besondere Einbauten [m² BGF]	8,70	**18,00**	26,00	1,0%
379	Baukonstruktive Einbauten, sonstiges [m² BGF]	–	–	–	–

390	**Sonstige Maßnahmen für Baukonstruktionen**				
391	Baustelleneinrichtung [m² BGF]	10,00	**14,00**	17,00	1,1%
392	Gerüste [m² BGF]	2,70	**6,10**	12,00	0,5%
393	Sicherungsmaßnahmen [m² BGF]	–	–	–	–
394	Abbruchmaßnahmen [m² BGF]	–	–	–	–
395	Instandsetzungen [m² BGF]	–	–	–	–
396	Materialentsorgung [m² BGF]	–	–	–	–
397	Zusätzliche Maßnahmen [m² BGF]	–	**2,30**	–	0,0%
398	Provisorische Baukonstruktionen [m² BGF]	–	–	–	–
399	Sonstige Maßnahmen für Baukonstruktionen, sonst. [m² BGF]	–	–	–	–

410	**Abwasser-, Wasser-, Gasanlagen**				
411	Abwasseranlagen [m² BGF]	13,00	**17,00**	20,00	1,4%
412	Wasseranlagen [m² BGF]	25,00	**33,00**	48,00	2,6%

420	**Wärmeversorgungsanlagen**				
421	Wärmeerzeugungsanlagen [m² BGF]	7,70	**19,00**	27,00	1,4%
422	Wärmeverteilnetze [m² BGF]	3,00	**10,00**	14,00	0,7%
423	Raumheizflächen [m² BGF]	16,00	**20,00**	30,00	1,7%
429	Wärmeversorgungsanlagen, sonstiges [m² BGF]	1,40	**7,20**	13,00	0,3%

430	**Lufttechnische Anlagen**				
431	Lüftungsanlagen [m² BGF]	1,00	**7,00**	13,00	0,3%

440	**Starkstromanlagen**				
443	Niederspannungsschaltanlagen [m² BGF]	–	–	–	–
444	Niederspannungsinstallationsanlagen [m² BGF]	14,00	**20,00**	28,00	1,5%
445	Beleuchtungsanlagen [m² BGF]	14,00	**25,00**	47,00	1,9%
446	Blitzschutz- und Erdungsanlagen [m² BGF]	2,00	**3,40**	5,40	0,2%

450	**Fernmelde- und informationstechnische Anlagen**				
451	Telekommunikationsanlagen [m² BGF]	0,70	**0,80**	0,90	0,0%
452	Such- und Signalanlagen [m² BGF]	0,40	**0,90**	1,50	0,0%
455	Fernseh- und Antennenanlagen [m² BGF]	1,60	**1,70**	1,80	0,0%
456	Gefahrenmelde- und Alarmanlagen [m² BGF]	–	–	–	–

460	**Förderanlagen**				
461	Aufzugsanlagen [m² BGF]	–	**10,00**	–	0,3%

470	**Nutzungsspezifische Anlagen**				
471	Küchentechnische Anlagen [m² BGF]	–	**33,00**	–	1,1%
473	Medienversorgungsanlagen [m² BGF]	–	–	–	–
475	Feuerlöschanlagen [m² BGF]	0,20	**0,50**	1,20	0,0%
	Weitere Kosten für Technische Anlagen [m² BGF]	–	**1,60**	–	0,0%

© BKI Baukosteninformationszentrum; Erläuterungen zu den Tabellen siehe Seite 48 — Kosten: 1.Quartal 2018, Bundesdurchschnitt, **inkl. 19% MwSt.**

Gemeindezentren, mittlerer Standard

Kosten:
Stand 1.Quartal 2018
Bundesdurchschnitt
inkl. 19% MwSt.

▷ von
ø Mittel
◁ bis

Kostengruppen		▷	€/Einheit	◁	KG an 300+400
310	**Baugrube**				
311	Baugrubenherstellung [m³]	20,00	**28,00**	51,00	1,6%
312	Baugrubenumschließung [m²]	–	–	–	–
313	Wasserhaltung [m²]	–	–	–	–
319	Baugrube, sonstiges [m³]	–	–	–	–
320	**Gründung**				
321	Baugrundverbesserung [m²]	3,00	**13,00**	24,00	0,2%
322	Flachgründungen [m²]	22,00	**51,00**	74,00	1,8%
323	Tiefgründungen [m²]	–	–	–	–
324	Unterböden und Bodenplatten [m²]	56,00	**76,00**	96,00	3,1%
325	Bodenbeläge [m²]	74,00	**142,00**	177,00	5,2%
326	Bauwerksabdichtungen [m²]	14,00	**32,00**	66,00	1,2%
327	Dränagen [m²]	6,90	**13,00**	26,00	0,2%
329	Gründung, sonstiges [m²]	–	–	–	–
330	**Außenwände**				
331	Tragende Außenwände [m²]	135,00	**157,00**	178,00	5,6%
332	Nichttragende Außenwände [m²]	76,00	**212,00**	347,00	0,4%
333	Außenstützen [m]	88,00	**158,00**	330,00	0,4%
334	Außentüren und -fenster [m²]	577,00	**706,00**	827,00	7,4%
335	Außenwandbekleidungen außen [m²]	114,00	**147,00**	204,00	6,1%
336	Außenwandbekleidungen innen [m²]	25,00	**37,00**	45,00	1,2%
337	Elementierte Außenwände [m²]	610,00	**779,00**	1.254,00	4,6%
338	Sonnenschutz [m²]	166,00	**289,00**	529,00	1,2%
339	Außenwände, sonstiges [m²]	5,70	**13,00**	21,00	0,4%
340	**Innenwände**				
341	Tragende Innenwände [m²]	90,00	**142,00**	169,00	1,9%
342	Nichttragende Innenwände [m²]	67,00	**86,00**	120,00	1,2%
343	Innenstützen [m]	69,00	**128,00**	187,00	0,0%
344	Innentüren und -fenster [m²]	559,00	**720,00**	873,00	2,8%
345	Innenwandbekleidungen [m²]	37,00	**42,00**	52,00	2,2%
346	Elementierte Innenwände [m²]	441,00	**617,00**	898,00	2,4%
349	Innenwände, sonstiges [m²]	3,10	**3,80**	4,50	0,0%
350	**Decken**				
351	Deckenkonstruktionen [m²]	107,00	**160,00**	240,00	2,8%
352	Deckenbeläge [m²]	47,00	**83,00**	101,00	1,5%
353	Deckenbekleidungen [m²]	28,00	**73,00**	122,00	1,4%
359	Decken, sonstiges [m²]	14,00	**28,00**	41,00	0,4%
360	**Dächer**				
361	Dachkonstruktionen [m²]	70,00	**100,00**	119,00	5,0%
362	Dachfenster, Dachöffnungen [m²]	1.178,00	**1.504,00**	2.104,00	0,2%
363	Dachbeläge [m²]	95,00	**127,00**	156,00	6,3%
364	Dachbekleidungen [m²]	43,00	**74,00**	101,00	3,0%
369	Dächer, sonstiges [m²]	4,10	**5,60**	6,30	0,1%

Gemeindezentren, mittlerer Standard

Kostengruppen		▷ €/Einheit ◁		KG an 300+400	
370	**Baukonstruktive Einbauten**				
371	Allgemeine Einbauten [m² BGF]	7,00	**31,00**	90,00	1,6%
372	Besondere Einbauten [m² BGF]	0,70	**2,30**	3,90	0,0%
379	Baukonstruktive Einbauten, sonstiges [m² BGF]	–	–	–	–
390	**Sonstige Maßnahmen für Baukonstruktionen**				
391	Baustelleneinrichtung [m² BGF]	19,00	**30,00**	51,00	1,9%
392	Gerüste [m² BGF]	9,60	**17,00**	25,00	1,0%
393	Sicherungsmaßnahmen [m² BGF]	–	–	–	–
394	Abbruchmaßnahmen [m² BGF]	–	–	–	–
395	Instandsetzungen [m² BGF]	–	**1,80**	–	0,0%
396	Materialentsorgung [m² BGF]	–	–	–	–
397	Zusätzliche Maßnahmen [m² BGF]	2,20	**4,20**	8,10	0,2%
398	Provisorische Baukonstruktionen [m² BGF]	–	–	–	–
399	Sonstige Maßnahmen für Baukonstruktionen, sonst. [m² BGF]	–	–	–	–
410	**Abwasser-, Wasser-, Gasanlagen**				
411	Abwasseranlagen [m² BGF]	15,00	**33,00**	55,00	1,9%
412	Wasseranlagen [m² BGF]	26,00	**40,00**	64,00	2,3%
420	**Wärmeversorgungsanlagen**				
421	Wärmeerzeugungsanlagen [m² BGF]	23,00	**32,00**	74,00	2,0%
422	Wärmeverteilnetze [m² BGF]	9,70	**17,00**	23,00	1,0%
423	Raumheizflächen [m² BGF]	22,00	**36,00**	56,00	2,1%
429	Wärmeversorgungsanlagen, sonstiges [m² BGF]	1,00	**1,90**	2,40	0,0%
430	**Lufttechnische Anlagen**				
431	Lüftungsanlagen [m² BGF]	17,00	**56,00**	117,00	1,9%
440	**Starkstromanlagen**				
443	Niederspannungsschaltanlagen [m² BGF]	–	–	–	–
444	Niederspannungsinstallationsanlagen [m² BGF]	31,00	**56,00**	84,00	3,3%
445	Beleuchtungsanlagen [m² BGF]	33,00	**57,00**	85,00	3,3%
446	Blitzschutz- und Erdungsanlagen [m² BGF]	2,50	**4,70**	9,70	0,2%
450	**Fernmelde- und informationstechnische Anlagen**				
451	Telekommunikationsanlagen [m² BGF]	0,80	**2,90**	5,80	0,1%
452	Such- und Signalanlagen [m² BGF]	0,70	**1,50**	2,30	0,0%
455	Fernseh- und Antennenanlagen [m² BGF]	0,30	**0,90**	2,60	0,0%
456	Gefahrenmelde- und Alarmanlagen [m² BGF]	0,90	**3,00**	4,20	0,0%
460	**Förderanlagen**				
461	Aufzugsanlagen [m² BGF]	46,00	**48,00**	51,00	1,1%
470	**Nutzungsspezifische Anlagen**				
471	Küchentechnische Anlagen [m² BGF]	29,00	**35,00**	41,00	0,8%
473	Medienversorgungsanlagen [m² BGF]	–	–	–	–
475	Feuerlöschanlagen [m² BGF]	0,60	**0,70**	0,80	0,0%
	Weitere Kosten für Technische Anlagen [m² BGF]	3,00	**8,60**	20,00	0,5%

© BKI Baukosteninformationszentrum; Erläuterungen zu den Tabellen siehe Seite 48 Kosten: 1.Quartal 2018, Bundesdurchschnitt, **inkl. 19% MwSt.**

Gemeindezentren, hoher Standard

Kosten: Stand 1.Quartal 2018 Bundesdurchschnitt inkl. 19% MwSt.

▷ von
ø Mittel
◁ bis

Kostengruppen	▷	€/Einheit	◁	KG an 300+400
310 Baugrube				
311 Baugrubenherstellung [m³]	11,00	**27,00**	59,00	2,1%
312 Baugrubenumschließung [m²]	–	**358,00**	–	0,5%
313 Wasserhaltung [m²]	–	**–**	–	–
319 Baugrube, sonstiges [m³]	–	**1,10**	–	0,0%
320 Gründung				
321 Baugrundverbesserung [m²]	5,80	**21,00**	35,00	0,4%
322 Flachgründungen [m²]	40,00	**80,00**	151,00	2,5%
323 Tiefgründungen [m²]	–	**–**	–	–
324 Unterböden und Bodenplatten [m²]	73,00	**87,00**	108,00	2,5%
325 Bodenbeläge [m²]	100,00	**132,00**	180,00	3,6%
326 Bauwerksabdichtungen [m²]	4,70	**10,00**	14,00	0,3%
327 Dränagen [m²]	–	**9,90**	–	0,1%
329 Gründung, sonstiges [m²]	–	**–**	–	–
330 Außenwände				
331 Tragende Außenwände [m²]	147,00	**199,00**	281,00	6,0%
332 Nichttragende Außenwände [m²]	–	**164,00**	–	0,0%
333 Außenstützen [m]	134,00	**258,00**	507,00	0,3%
334 Außentüren und -fenster [m²]	685,00	**856,00**	1.186,00	4,6%
335 Außenwandbekleidungen außen [m²]	91,00	**157,00**	282,00	5,3%
336 Außenwandbekleidungen innen [m²]	50,00	**59,00**	76,00	1,7%
337 Elementierte Außenwände [m²]	–	**654,00**	–	2,2%
338 Sonnenschutz [m²]	–	**–**	–	–
339 Außenwände, sonstiges [m²]	4,70	**28,00**	43,00	1,3%
340 Innenwände				
341 Tragende Innenwände [m²]	73,00	**113,00**	188,00	1,8%
342 Nichttragende Innenwände [m²]	126,00	**194,00**	330,00	2,2%
343 Innenstützen [m]	99,00	**172,00**	210,00	1,1%
344 Innentüren und -fenster [m²]	889,00	**1.069,00**	1.183,00	3,8%
345 Innenwandbekleidungen [m²]	32,00	**45,00**	52,00	2,3%
346 Elementierte Innenwände [m²]	225,00	**343,00**	532,00	1,5%
349 Innenwände, sonstiges [m²]	8,50	**21,00**	33,00	0,5%
350 Decken				
351 Deckenkonstruktionen [m²]	182,00	**259,00**	311,00	3,9%
352 Deckenbeläge [m²]	150,00	**167,00**	201,00	1,8%
353 Deckenbekleidungen [m²]	14,00	**47,00**	64,00	0,5%
359 Decken, sonstiges [m²]	14,00	**31,00**	49,00	0,4%
360 Dächer				
361 Dachkonstruktionen [m²]	113,00	**164,00**	253,00	5,9%
362 Dachfenster, Dachöffnungen [m²]	1.614,00	**2.347,00**	3.079,00	1,2%
363 Dachbeläge [m²]	121,00	**149,00**	192,00	5,4%
364 Dachbekleidungen [m²]	56,00	**90,00**	144,00	3,5%
369 Dächer, sonstiges [m²]	3,90	**9,80**	16,00	0,2%

Gemeindezentren, hoher Standard

Kostengruppen		▷ €/Einheit ◁		KG an 300+400	
370	**Baukonstruktive Einbauten**				
371	Allgemeine Einbauten [m² BGF]	10,00	**32,00**	74,00	1,6%
372	Besondere Einbauten [m² BGF]	11,00	**28,00**	56,00	1,3%
379	Baukonstruktive Einbauten, sonstiges [m² BGF]	–	–	–	–
390	**Sonstige Maßnahmen für Baukonstruktionen**				
391	Baustelleneinrichtung [m² BGF]	3,80	**19,00**	30,00	0,9%
392	Gerüste [m² BGF]	10,00	**18,00**	35,00	0,8%
393	Sicherungsmaßnahmen [m² BGF]	–	**7,60**	–	0,1%
394	Abbruchmaßnahmen [m² BGF]	–	–	–	–
395	Instandsetzungen [m² BGF]	–	–	–	–
396	Materialentsorgung [m² BGF]	–	–	–	–
397	Zusätzliche Maßnahmen [m² BGF]	1,80	**6,20**	8,50	0,3%
398	Provisorische Baukonstruktionen [m² BGF]	–	**0,20**	–	0,0%
399	Sonstige Maßnahmen für Baukonstruktionen, sonst. [m² BGF]	–	–	–	–
410	**Abwasser-, Wasser-, Gasanlagen**				
411	Abwasseranlagen [m² BGF]	25,00	**35,00**	52,00	1,7%
412	Wasseranlagen [m² BGF]	35,00	**49,00**	78,00	2,4%
420	**Wärmeversorgungsanlagen**				
421	Wärmeerzeugungsanlagen [m² BGF]	38,00	**49,00**	70,00	2,3%
422	Wärmeverteilnetze [m² BGF]	18,00	**21,00**	22,00	1,0%
423	Raumheizflächen [m² BGF]	25,00	**30,00**	37,00	1,5%
429	Wärmeversorgungsanlagen, sonstiges [m² BGF]	3,60	**15,00**	27,00	0,5%
430	**Lufttechnische Anlagen**				
431	Lüftungsanlagen [m² BGF]	16,00	**47,00**	108,00	2,4%
440	**Starkstromanlagen**				
443	Niederspannungsschaltanlagen [m² BGF]	–	–	–	–
444	Niederspannungsinstallationsanlagen [m² BGF]	52,00	**69,00**	101,00	3,4%
445	Beleuchtungsanlagen [m² BGF]	35,00	**76,00**	100,00	3,7%
446	Blitzschutz- und Erdungsanlagen [m² BGF]	1,20	**4,20**	5,70	0,2%
450	**Fernmelde- und informationstechnische Anlagen**				
451	Telekommunikationsanlagen [m² BGF]	1,10	**3,10**	5,10	0,1%
452	Such- und Signalanlagen [m² BGF]	–	**0,90**	–	0,0%
455	Fernseh- und Antennenanlagen [m² BGF]	–	**1,20**	–	0,0%
456	Gefahrenmelde- und Alarmanlagen [m² BGF]	–	**5,80**	–	0,0%
460	**Förderanlagen**				
461	Aufzugsanlagen [m² BGF]	–	**96,00**	–	1,6%
470	**Nutzungsspezifische Anlagen**				
471	Küchentechnische Anlagen [m² BGF]	–	**53,00**	–	0,7%
473	Medienversorgungsanlagen [m² BGF]	–	–	–	–
475	Feuerlöschanlagen [m² BGF]	–	**0,90**	–	0,0%
	Weitere Kosten für Technische Anlagen [m² BGF]	0,30	**9,10**	18,00	0,3%

© BKI Baukosteninformationszentrum; Erläuterungen zu den Tabellen siehe Seite 48   Kosten: 1.Quartal 2018, Bundesdurchschnitt, inkl. 19% MwSt.

Sakralbauten

Kosten:
Stand 1.Quartal 2018
Bundesdurchschnitt
inkl. 19% MwSt.

▷ von
ø Mittel
◁ bis

Kostengruppen	▷	€/Einheit	◁	KG an 300+400
310 Baugrube				
311 Baugrubenherstellung [m³]	–	23,00	–	1,6%
312 Baugrubenumschließung [m²]	–	–	–	–
313 Wasserhaltung [m²]	–	–	–	–
319 Baugrube, sonstiges [m³]	–	–	–	–
320 Gründung				
321 Baugrundverbesserung [m²]	–	–	–	–
322 Flachgründungen [m²]	–	146,00	–	2,4%
323 Tiefgründungen [m²]	–	–	–	–
324 Unterböden und Bodenplatten [m²]	–	114,00	–	1,7%
325 Bodenbeläge [m²]	–	120,00	–	1,8%
326 Bauwerksabdichtungen [m²]	–	13,00	–	0,2%
327 Dränagen [m²]	–	2,70	–	0,0%
329 Gründung, sonstiges [m²]	–	–	–	–
330 Außenwände				
331 Tragende Außenwände [m²]	–	249,00	–	3,9%
332 Nichttragende Außenwände [m²]	–	182,00	–	3,6%
333 Außenstützen [m]	–	307,00	–	2,6%
334 Außentüren und -fenster [m²]	–	921,00	–	13,0%
335 Außenwandbekleidungen außen [m²]	–	109,00	–	4,8%
336 Außenwandbekleidungen innen [m²]	–	66,00	–	1,7%
337 Elementierte Außenwände [m²]	–	773,00	–	0,9%
338 Sonnenschutz [m²]	–	545,00	–	0,1%
339 Außenwände, sonstiges [m²]	–	5,60	–	0,3%
340 Innenwände				
341 Tragende Innenwände [m²]	–	108,00	–	0,1%
342 Nichttragende Innenwände [m²]	–	117,00	–	1,4%
343 Innenstützen [m]	–	446,00	–	0,3%
344 Innentüren und -fenster [m²]	–	605,00	–	2,5%
345 Innenwandbekleidungen [m²]	–	56,00	–	1,5%
346 Elementierte Innenwände [m²]	–	773,00	–	0,9%
349 Innenwände, sonstiges [m²]	–	11,00	–	0,2%
350 Decken				
351 Deckenkonstruktionen [m²]	–	375,00	–	5,9%
352 Deckenbeläge [m²]	–	85,00	–	1,3%
353 Deckenbekleidungen [m²]	–	113,00	–	1,6%
359 Decken, sonstiges [m²]	–	122,00	–	1,9%
360 Dächer				
361 Dachkonstruktionen [m²]	–	195,00	–	5,8%
362 Dachfenster, Dachöffnungen [m²]	–	1.868,00	–	3,9%
363 Dachbeläge [m²]	–	131,00	–	3,6%
364 Dachbekleidungen [m²]	–	189,00	–	5,3%
369 Dächer, sonstiges [m²]	–	20,00	–	0,6%

Sakralbauten

Kostengruppen	€/Einheit	KG an 300+400
370 Baukonstruktive Einbauten		
371 Allgemeine Einbauten [m² BGF]	– 68,00 –	2,3%
372 Besondere Einbauten [m² BGF]	– 167,00 –	5,9%
379 Baukonstruktive Einbauten, sonstiges [m² BGF]	– – –	–
390 Sonstige Maßnahmen für Baukonstruktionen		
391 Baustelleneinrichtung [m² BGF]	– 38,00 –	1,3%
392 Gerüste [m² BGF]	– 35,00 –	1,2%
393 Sicherungsmaßnahmen [m² BGF]	– – –	–
394 Abbruchmaßnahmen [m² BGF]	– – –	–
395 Instandsetzungen [m² BGF]	– – –	–
396 Materialentsorgung [m² BGF]	– – –	–
397 Zusätzliche Maßnahmen [m² BGF]	– 21,00 –	0,7%
398 Provisorische Baukonstruktionen [m² BGF]	– – –	–
399 Sonstige Maßnahmen für Baukonstruktionen, sonst. [m² BGF]	– – –	–
410 Abwasser-, Wasser-, Gasanlagen		
411 Abwasseranlagen [m² BGF]	– 27,00 –	0,9%
412 Wasseranlagen [m² BGF]	– 32,00 –	1,1%
420 Wärmeversorgungsanlagen		
421 Wärmeerzeugungsanlagen [m² BGF]	– 26,00 –	0,9%
422 Wärmeverteilnetze [m² BGF]	– 34,00 –	1,2%
423 Raumheizflächen [m² BGF]	– 46,00 –	1,6%
429 Wärmeversorgungsanlagen, sonstiges [m² BGF]	– 26,00 –	0,9%
430 Lufttechnische Anlagen		
431 Lüftungsanlagen [m² BGF]	– – –	–
440 Starkstromanlagen		
443 Niederspannungsschaltanlagen [m² BGF]	– – –	–
444 Niederspannungsinstallationsanlagen [m² BGF]	– 35,00 –	1,2%
445 Beleuchtungsanlagen [m² BGF]	– 87,00 –	3,0%
446 Blitzschutz- und Erdungsanlagen [m² BGF]	– 14,00 –	0,4%
450 Fernmelde- und informationstechnische Anlagen		
451 Telekommunikationsanlagen [m² BGF]	– 1,90 –	0,0%
452 Such- und Signalanlagen [m² BGF]	– – –	–
455 Fernseh- und Antennenanlagen [m² BGF]	– – –	–
456 Gefahrenmelde- und Alarmanlagen [m² BGF]	– – –	–
460 Förderanlagen		
461 Aufzugsanlagen [m² BGF]	– – –	–
470 Nutzungsspezifische Anlagen		
471 Küchentechnische Anlagen [m² BGF]	– – –	–
473 Medienversorgungsanlagen [m² BGF]	– – –	–
475 Feuerlöschanlagen [m² BGF]	– 0,70 –	0,0%
Weitere Kosten für Technische Anlagen [m² BGF]	– 4,40 –	0,1%

Friedhofsgebäude

Kosten:
Stand 1.Quartal 2018
Bundesdurchschnitt
inkl. 19% MwSt.

▷ von
ø Mittel
◁ bis

Kostengruppen		▷	€/Einheit	◁	KG an 300+400
310	**Baugrube**				
311	Baugrubenherstellung [m³]	25,00	**35,00**	46,00	1,1%
312	Baugrubenumschließung [m²]	–	–	–	–
313	Wasserhaltung [m²]	–	–	–	–
319	Baugrube, sonstiges [m³]	–	–	–	–
320	**Gründung**				
321	Baugrundverbesserung [m²]	–	–	–	–
322	Flachgründungen [m²]	67,00	**72,00**	78,00	2,3%
323	Tiefgründungen [m²]	–	–	–	–
324	Unterböden und Bodenplatten [m²]	76,00	**81,00**	86,00	2,3%
325	Bodenbeläge [m²]	80,00	**138,00**	197,00	4,5%
326	Bauwerksabdichtungen [m²]	11,00	**17,00**	23,00	0,4%
327	Dränagen [m²]	12,00	**12,00**	13,00	0,4%
329	Gründung, sonstiges [m²]	–	–	–	–
330	**Außenwände**				
331	Tragende Außenwände [m²]	119,00	**209,00**	300,00	8,5%
332	Nichttragende Außenwände [m²]	–	**51,00**	–	0,3%
333	Außenstützen [m]	190,00	**267,00**	343,00	1,7%
334	Außentüren und -fenster [m²]	697,00	**733,00**	769,00	10,0%
335	Außenwandbekleidungen außen [m²]	63,00	**77,00**	90,00	4,7%
336	Außenwandbekleidungen innen [m²]	43,00	**68,00**	93,00	3,3%
337	Elementierte Außenwände [m²]	–	**633,00**	–	1,1%
338	Sonnenschutz [m²]	–	–	–	–
339	Außenwände, sonstiges [m²]	–	**2,50**	–	0,1%
340	**Innenwände**				
341	Tragende Innenwände [m²]	86,00	**165,00**	244,00	2,5%
342	Nichttragende Innenwände [m²]	47,00	**118,00**	189,00	0,9%
343	Innenstützen [m]	–	**329,00**	–	0,3%
344	Innentüren und -fenster [m²]	743,00	**903,00**	1.064,00	5,5%
345	Innenwandbekleidungen [m²]	18,00	**48,00**	79,00	1,9%
346	Elementierte Innenwände [m²]	–	**449,00**	–	0,7%
349	Innenwände, sonstiges [m²]	–	**12,00**	–	0,2%
350	**Decken**				
351	Deckenkonstruktionen [m²]	–	**87,00**	–	0,8%
352	Deckenbeläge [m²]	–	**232,00**	–	1,8%
353	Deckenbekleidungen [m²]	–	**4,60**	–	0,0%
359	Decken, sonstiges [m²]	–	–	–	–
360	**Dächer**				
361	Dachkonstruktionen [m²]	84,00	**117,00**	149,00	7,0%
362	Dachfenster, Dachöffnungen [m²]	–	**629,00**	–	1,6%
363	Dachbeläge [m²]	181,00	**188,00**	196,00	10,9%
364	Dachbekleidungen [m²]	39,00	**83,00**	127,00	4,1%
369	Dächer, sonstiges [m²]	4,90	**5,80**	6,70	0,3%

Friedhofsgebäude

Kostengruppen	€/Einheit		KG an 300+400	

KG	Bezeichnung		€/Einheit		%
370	**Baukonstruktive Einbauten**				
371	Allgemeine Einbauten [m² BGF]	–	**15,00**	–	0,4%
372	Besondere Einbauten [m² BGF]	–	–	–	–
379	Baukonstruktive Einbauten, sonstiges [m² BGF]	–	–	–	–
390	**Sonstige Maßnahmen für Baukonstruktionen**				
391	Baustelleneinrichtung [m² BGF]	48,00	**57,00**	66,00	2,9%
392	Gerüste [m² BGF]	–	**25,00**	–	0,7%
393	Sicherungsmaßnahmen [m² BGF]	–	–	–	–
394	Abbruchmaßnahmen [m² BGF]	–	–	–	–
395	Instandsetzungen [m² BGF]	–	–	–	–
396	Materialentsorgung [m² BGF]	–	–	–	–
397	Zusätzliche Maßnahmen [m² BGF]	–	–	–	–
398	Provisorische Baukonstruktionen [m² BGF]	–	–	–	–
399	Sonstige Maßnahmen für Baukonstruktionen, sonst. [m² BGF]	–	–	–	–
410	**Abwasser-, Wasser-, Gasanlagen**				
411	Abwasseranlagen [m² BGF]	23,00	**38,00**	53,00	1,9%
412	Wasseranlagen [m² BGF]	33,00	**36,00**	39,00	1,8%
420	**Wärmeversorgungsanlagen**				
421	Wärmeerzeugungsanlagen [m² BGF]	–	–	–	–
422	Wärmeverteilnetze [m² BGF]	–	–	–	–
423	Raumheizflächen [m² BGF]	–	–	–	–
429	Wärmeversorgungsanlagen, sonstiges [m² BGF]	–	–	–	–
430	**Lufttechnische Anlagen**				
431	Lüftungsanlagen [m² BGF]	–	**4,90**	–	0,1%
440	**Starkstromanlagen**				
443	Niederspannungsschaltanlagen [m² BGF]	–	–	–	–
444	Niederspannungsinstallationsanlagen [m² BGF]	–	**62,00**	–	1,7%
445	Beleuchtungsanlagen [m² BGF]	–	**9,50**	–	0,2%
446	Blitzschutz- und Erdungsanlagen [m² BGF]	–	**8,90**	–	0,2%
450	**Fernmelde- und informationstechnische Anlagen**				
451	Telekommunikationsanlagen [m² BGF]	–	–	–	–
452	Such- und Signalanlagen [m² BGF]	–	–	–	–
455	Fernseh- und Antennenanlagen [m² BGF]	–	–	–	–
456	Gefahrenmelde- und Alarmanlagen [m² BGF]	–	–	–	–
460	**Förderanlagen**				
461	Aufzugsanlagen [m² BGF]	–	–	–	–
470	**Nutzungsspezifische Anlagen**				
471	Küchentechnische Anlagen [m² BGF]	–	–	–	–
473	Medienversorgungsanlagen [m² BGF]	–	–	–	–
475	Feuerlöschanlagen [m² BGF]	–	–	–	–
	Weitere Kosten für Technische Anlagen [m² BGF]	–	**171,00**	–	4,8%

© BKI Baukosteninformationszentrum; Erläuterungen zu den Tabellen siehe Seite 48   Kosten: 1.Quartal 2018, Bundesdurchschnitt, **inkl. 19% MwSt.**

Bauelemente
Neubau
nach Kostengruppen

Kostenkennwerte für die Kostengruppen
der 3. Ebene DIN 276

311 Baugrubenherstellung

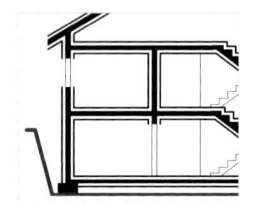

Kosten:
Stand 1.Quartal 2018
Bundesdurchschnitt
inkl. 19% MwSt.

Einheit: m³
Baugrubenrauminhalt

▷ von
ø Mittel
◁ bis

Gebäudeart	▷	€/Einheit	◁	KG an 300
1 Büro- und Verwaltungsgebäude				
Büro- und Verwaltungsgebäude, einfacher Standard	10,00	**19,00**	30,00	2,1%
Büro- und Verwaltungsgebäude, mittlerer Standard	16,00	**25,00**	50,00	1,3%
Büro- und Verwaltungsgebäude, hoher Standard	14,00	**29,00**	45,00	1,2%
2 Gebäude für Forschung und Lehre				
Instituts- und Laborgebäude	15,00	**21,00**	26,00	0,2%
3 Gebäude des Gesundheitswesens				
Medizinische Einrichtungen	14,00	**19,00**	29,00	1,0%
Pflegeheime	17,00	**23,00**	27,00	2,5%
4 Schulen und Kindergärten				
Allgemeinbildende Schulen	17,00	**28,00**	41,00	2,3%
Berufliche Schulen	15,00	**20,00**	31,00	1,2%
Förder- und Sonderschulen	20,00	**28,00**	49,00	1,6%
Weiterbildungseinrichtungen	16,00	**18,00**	19,00	1,9%
Kindergärten, nicht unterkellert, einfacher Standard	22,00	**39,00**	70,00	2,2%
Kindergärten, nicht unterkellert, mittlerer Standard	8,20	**12,00**	19,00	0,1%
Kindergärten, nicht unterkellert, hoher Standard	4,60	**9,30**	14,00	0,2%
Kindergärten, Holzbauweise, nicht unterkellert	18,00	**22,00**	27,00	1,5%
Kindergärten, unterkellert	12,00	**25,00**	33,00	2,2%
5 Sportbauten				
Sport- und Mehrzweckhallen	11,00	**22,00**	38,00	1,8%
Sporthallen (Einfeldhallen)	5,20	**15,00**	25,00	1,9%
Sporthallen (Dreifeldhallen)	13,00	**19,00**	24,00	2,6%
Schwimmhallen	24,00	**24,00**	25,00	2,6%
6 Wohngebäude				
Ein- und Zweifamilienhäuser				
Ein- und Zweifamilienhäuser, unterkellert, einfacher Standard	16,00	**24,00**	33,00	3,8%
Ein- und Zweifamilienhäuser, unterkellert, mittlerer Standard	19,00	**26,00**	38,00	3,5%
Ein- und Zweifamilienhäuser, unterkellert, hoher Standard	5,40	**19,00**	24,00	2,5%
Ein- und Zweifamilienhäuser, nicht unterkellert, einfacher Standard	18,00	**19,00**	19,00	1,0%
Ein- und Zweifamilienhäuser, nicht unterkellert, mittlerer Standard	14,00	**25,00**	50,00	0,9%
Ein- und Zweifamilienhäuser, nicht unterkellert, hoher Standard	14,00	**24,00**	39,00	1,2%
Ein- und Zweifamilienhäuser, Passivhausstandard, Massivbau	11,00	**23,00**	33,00	2,3%
Ein- und Zweifamilienhäuser, Passivhausstandard, Holzbau	18,00	**24,00**	32,00	1,4%
Ein- und Zweifamilienhäuser, Holzbauweise, unterkellert	14,00	**19,00**	26,00	2,4%
Ein- und Zweifamilienhäuser, Holzbauweise, nicht unterkellert	12,00	**25,00**	47,00	0,8%
Doppel- und Reihenendhäuser, einfacher Standard	10,00	**34,00**	57,00	1,5%
Doppel- und Reihenendhäuser, mittlerer Standard	12,00	**26,00**	61,00	1,5%
Doppel- und Reihenendhäuser, hoher Standard	20,00	**27,00**	38,00	2,5%
Reihenhäuser, einfacher Standard	9,50	**31,00**	53,00	0,6%
Reihenhäuser, mittlerer Standard	24,00	**35,00**	55,00	3,4%
Reihenhäuser, hoher Standard	9,70	**25,00**	52,00	2,0%
Mehrfamilienhäuser				
Mehrfamilienhäuser, mit bis zu 6 WE, einfacher Standard	5,00	**13,00**	17,00	1,3%
Mehrfamilienhäuser, mit bis zu 6 WE, mittlerer Standard	22,00	**27,00**	34,00	3,3%
Mehrfamilienhäuser, mit bis zu 6 WE, hoher Standard	17,00	**33,00**	59,00	2,3%

311 Baugrubenherstellung

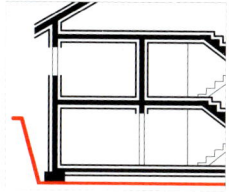

Gebäudeart	▷	€/Einheit	◁	KG an 300	
Mehrfamilienhäuser (Fortsetzung)					
Mehrfamilienhäuser, mit 6 bis 19 WE, einfacher Standard	25,00	**33,00**	41,00	2,6%	
Mehrfamilienhäuser, mit 6 bis 19 WE, mittlerer Standard	17,00	**27,00**	51,00	2,9%	
Mehrfamilienhäuser, mit 6 bis 19 WE, hoher Standard	26,00	**34,00**	45,00	3,3%	
Mehrfamilienhäuser, mit 20 oder mehr WE, mittlerer Standard	18,00	**33,00**	85,00	2,3%	
Mehrfamilienhäuser, mit 20 oder mehr WE, hoher Standard	15,00	**19,00**	27,00	3,0%	
Mehrfamilienhäuser, Passivhäuser	19,00	**24,00**	37,00	2,5%	
Wohnhäuser, mit bis zu 15% Mischnutzung, einfacher Standard	27,00	**34,00**	41,00	2,6%	
Wohnhäuser, mit bis zu 15% Mischnutzung, mittlerer Standard	8,80	**19,00**	24,00	1,0%	
Wohnhäuser, mit bis zu 15% Mischnutzung, hoher Standard	24,00	**26,00**	28,00	1,7%	
Wohnhäuser mit mehr als 15% Mischnutzung	10,00	**21,00**	39,00	1,9%	
Seniorenwohnungen					
Seniorenwohnungen, mittlerer Standard	15,00	**25,00**	67,00	2,1%	
Seniorenwohnungen, hoher Standard	32,00	**65,00**	97,00	4,8%	
Beherbergung					
Wohnheime und Internate	20,00	**30,00**	65,00	1,5%	
7 Gewerbegebäude					
Gaststätten und Kantinen					
Gaststätten, Kantinen und Mensen	22,00	**37,00**	45,00	2,9%	
Gebäude für Produktion					
Industrielle Produktionsgebäude, Massivbauweise	7,10	**14,00**	17,00	1,1%	
Industrielle Produktionsgebäude, überwiegend Skelettbauweise	7,40	**25,00**	39,00	2,7%	
Betriebs- und Werkstätten, eingeschossig	3,00	**15,00**	21,00	2,2%	
Betriebs- und Werkstätten, mehrgeschossig, geringer Hallenanteil	8,40	**19,00**	23,00	2,6%	
Betriebs- und Werkstätten, mehrgeschossig, hoher Hallenanteil	12,00	**24,00**	39,00	1,6%	
Gebäude für Handel und Lager					
Geschäftshäuser mit Wohnungen	14,00	**15,00**	17,00	2,0%	
Geschäftshäuser ohne Wohnungen	25,00	**34,00**	42,00	3,9%	
Verbrauchermärkte	7,40	**21,00**	34,00	0,7%	
Autohäuser	6,60	**11,00**	16,00	5,5%	
Lagergebäude, ohne Mischnutzung	9,90	**21,00**	46,00	3,0%	
Lagergebäude, mit bis zu 25% Mischnutzung	7,30	**15,00**	28,00	0,9%	
Lagergebäude, mit mehr als 25% Mischnutzung	6,60	**21,00**	34,00	0,2%	
Garagen und Bereitschaftsdienste					
Einzel-, Mehrfach- und Hochgaragen	3,20	**12,00**	29,00	0,2%	
Tiefgaragen	9,20	**17,00**	30,00	8,3%	
Feuerwehrhäuser	10,00	**12,00**	16,00	1,2%	
Öffentliche Bereitschaftsdienste	15,00	**26,00**	34,00	2,9%	
9 Kulturgebäude					
Gebäude für kulturelle Zwecke					
Bibliotheken, Museen und Ausstellungen	17,00	**41,00**	124,00	1,9%	
Theater	20,00	**23,00**	26,00	1,8%	
Gemeindezentren, einfacher Standard	10,00	**21,00**	42,00	3,8%	
Gemeindezentren, mittlerer Standard	20,00	**28,00**	51,00	2,2%	
Gemeindezentren, hoher Standard	11,00	**27,00**	59,00	2,8%	
Gebäude für religiöse Zwecke					
Sakralbauten	–	**23,00**	–	1,8%	
Friedhofsgebäude	25,00	**35,00**	46,00	1,3%	

Einheit: m³
Baugrubenrauminhalt

© **BKI** Baukosteninformationszentrum; Erläuterungen zu den Tabellen siehe Seite 50   Kosten: 1.Quartal 2018, Bundesdurchschnitt, **inkl. 19% MwSt.**

312 Baugrubenumschließung

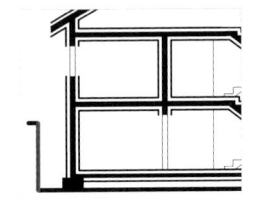

Kosten:
Stand 1.Quartal 2018
Bundesdurchschnitt
inkl. 19% MwSt.

Einheit: m² Verbaute Fläche

▷ von
Ø Mittel
◁ bis

Gebäudeart	▷	€/Einheit	◁	KG an 300
1 Büro- und Verwaltungsgebäude				
Büro- und Verwaltungsgebäude, einfacher Standard	–	–	–	–
Büro- und Verwaltungsgebäude, mittlerer Standard	96,00	**317,00**	668,00	0,2%
Büro- und Verwaltungsgebäude, hoher Standard	373,00	**416,00**	458,00	0,9%
2 Gebäude für Forschung und Lehre				
Instituts- und Laborgebäude	–	–	–	–
3 Gebäude des Gesundheitswesens				
Medizinische Einrichtungen	–	**257,00**	–	0,7%
Pflegeheime	–	–	–	–
4 Schulen und Kindergärten				
Allgemeinbildende Schulen	223,00	**223,00**	223,00	0,1%
Berufliche Schulen	–	**349,00**	–	0,1%
Förder- und Sonderschulen	–	**122,00**	–	0,0%
Weiterbildungseinrichtungen	–	**271,00**	–	0,0%
Kindergärten, nicht unterkellert, einfacher Standard	–	–	–	–
Kindergärten, nicht unterkellert, mittlerer Standard	–	–	–	–
Kindergärten, nicht unterkellert, hoher Standard	–	–	–	–
Kindergärten, Holzbauweise, nicht unterkellert	–	–	–	–
Kindergärten, unterkellert	–	–	–	–
5 Sportbauten				
Sport- und Mehrzweckhallen	–	–	–	–
Sporthallen (Einfeldhallen)	–	–	–	–
Sporthallen (Dreifeldhallen)	–	**742,00**	–	0,0%
Schwimmhallen	–	–	–	–
6 Wohngebäude				
Ein- und Zweifamilienhäuser				
Ein- und Zweifamilienhäuser, unterkellert, einfacher Standard	–	–	–	–
Ein- und Zweifamilienhäuser, unterkellert, mittlerer Standard	–	–	–	–
Ein- und Zweifamilienhäuser, unterkellert, hoher Standard	–	–	–	–
Ein- und Zweifamilienhäuser, nicht unterkellert, einfacher Standard	–	–	–	–
Ein- und Zweifamilienhäuser, nicht unterkellert, mittlerer Standard	–	–	–	–
Ein- und Zweifamilienhäuser, nicht unterkellert, hoher Standard	–	–	–	–
Ein- und Zweifamilienhäuser, Passivhausstandard, Massivbau	–	**181,00**	–	0,7%
Ein- und Zweifamilienhäuser, Passivhausstandard, Holzbau	–	–	–	–
Ein- und Zweifamilienhäuser, Holzbauweise, unterkellert	–	–	–	–
Ein- und Zweifamilienhäuser, Holzbauweise, nicht unterkellert	–	–	–	–
Doppel- und Reihenendhäuser, einfacher Standard	–	–	–	–
Doppel- und Reihenendhäuser, mittlerer Standard	–	–	–	–
Doppel- und Reihenendhäuser, hoher Standard	–	**4,10**	–	0,0%
Reihenhäuser, einfacher Standard	–	–	–	–
Reihenhäuser, mittlerer Standard	–	–	–	–
Reihenhäuser, hoher Standard	–	–	–	–
Mehrfamilienhäuser				
Mehrfamilienhäuser, mit bis zu 6 WE, einfacher Standard	–	–	–	–
Mehrfamilienhäuser, mit bis zu 6 WE, mittlerer Standard	–	–	–	–
Mehrfamilienhäuser, mit bis zu 6 WE, hoher Standard	–	**259,00**	–	0,7%

© **BKI** Baukosteninformationszentrum; Erläuterungen zu den Tabellen siehe Seite 50

Kosten: 1.Quartal 2018, Bundesdurchschnitt, **inkl. 19% MwSt.**

312 Baugrubenumschließung

Gebäudeart	▷	€/Einheit	◁	KG an 300
Mehrfamilienhäuser (Fortsetzung)				
Mehrfamilienhäuser, mit 6 bis 19 WE, einfacher Standard	–	–	–	–
Mehrfamilienhäuser, mit 6 bis 19 WE, mittlerer Standard	–	–	–	–
Mehrfamilienhäuser, mit 6 bis 19 WE, hoher Standard	152,00	**184,00**	215,00	0,4%
Mehrfamilienhäuser, mit 20 oder mehr WE, mittlerer Standard	114,00	**208,00**	368,00	1,4%
Mehrfamilienhäuser, mit 20 oder mehr WE, hoher Standard	–	–	–	–
Mehrfamilienhäuser, Passivhäuser	–	–	–	–
Wohnhäuser, mit bis zu 15% Mischnutzung, einfacher Standard	–	**314,00**	–	0,2%
Wohnhäuser, mit bis zu 15% Mischnutzung, mittlerer Standard	–	–	–	–
Wohnhäuser, mit bis zu 15% Mischnutzung, hoher Standard	–	**553,00**	–	2,4%
Wohnhäuser mit mehr als 15% Mischnutzung	–	–	–	–
Seniorenwohnungen				
Seniorenwohnungen, mittlerer Standard	–	–	–	–
Seniorenwohnungen, hoher Standard	–	–	–	–
Beherbergung				
Wohnheime und Internate	–	**211,00**	–	0,0%
7 Gewerbegebäude				
Gaststätten und Kantinen				
Gaststätten, Kantinen und Mensen	–	–	–	–
Gebäude für Produktion				
Industrielle Produktionsgebäude, Massivbauweise	–	–	–	–
Industrielle Produktionsgebäude, überwiegend Skelettbauweise	–	–	–	–
Betriebs- und Werkstätten, eingeschossig	–	**403,00**	–	2,5%
Betriebs- und Werkstätten, mehrgeschossig, geringer Hallenanteil	–	–	–	–
Betriebs- und Werkstätten, mehrgeschossig, hoher Hallenanteil	–	–	–	–
Gebäude für Handel und Lager				
Geschäftshäuser mit Wohnungen	–	**553,00**	–	4,0%
Geschäftshäuser ohne Wohnungen	–	–	–	–
Verbrauchermärkte	–	–	–	–
Autohäuser	–	**809,00**	–	18,1%
Lagergebäude, ohne Mischnutzung	–	–	–	–
Lagergebäude, mit bis zu 25% Mischnutzung	–	–	–	–
Lagergebäude, mit mehr als 25% Mischnutzung	–	–	–	–
Garagen und Bereitschaftsdienste				
Einzel-, Mehrfach- und Hochgaragen	–	–	–	–
Tiefgaragen	–	–	–	–
Feuerwehrhäuser	–	–	–	–
Öffentliche Bereitschaftsdienste	–	–	–	–
9 Kulturgebäude				
Gebäude für kulturelle Zwecke				
Bibliotheken, Museen und Ausstellungen	–	**32,00**	–	0,0%
Theater	–	–	–	–
Gemeindezentren, einfacher Standard	–	–	–	–
Gemeindezentren, mittlerer Standard	–	–	–	–
Gemeindezentren, hoher Standard	–	**358,00**	–	0,6%
Gebäude für religiöse Zwecke				
Sakralbauten	–	–	–	–
Friedhofsgebäude	–	–	–	–

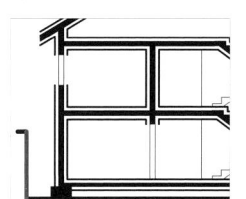

Einheit: m² Verbaute Fläche

© BKI Baukosteninformationszentrum; Erläuterungen zu den Tabellen siehe Seite 50   Kosten: 1.Quartal 2018, Bundesdurchschnitt, inkl. 19% MwSt.

313 Wasserhaltung

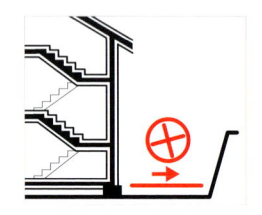

Kosten:
Stand 1.Quartal 2018
Bundesdurchschnitt
inkl. 19% MwSt.

Einheit: m² Gründungsfläche

▷ von
Ø Mittel
◁ bis

Gebäudeart	▷	€/Einheit	◁	KG an 300
1 Büro- und Verwaltungsgebäude				
Büro- und Verwaltungsgebäude, einfacher Standard	–	1,50	–	0,0%
Büro- und Verwaltungsgebäude, mittlerer Standard	3,60	13,00	40,00	0,0%
Büro- und Verwaltungsgebäude, hoher Standard	0,90	38,00	111,00	0,1%
2 Gebäude für Forschung und Lehre				
Instituts- und Laborgebäude	–	19,00	–	0,1%
3 Gebäude des Gesundheitswesens				
Medizinische Einrichtungen	–	69,00	–	0,4%
Pflegeheime	1,60	9,40	17,00	0,1%
4 Schulen und Kindergärten				
Allgemeinbildende Schulen	–	1,80	–	0,0%
Berufliche Schulen	–	0,30	–	0,0%
Förder- und Sonderschulen	0,90	1,30	1,60	0,0%
Weiterbildungseinrichtungen	–	–	–	–
Kindergärten, nicht unterkellert, einfacher Standard	–	–	–	–
Kindergärten, nicht unterkellert, mittlerer Standard	–	–	–	–
Kindergärten, nicht unterkellert, hoher Standard	–	–	–	–
Kindergärten, Holzbauweise, nicht unterkellert	–	–	–	–
Kindergärten, unterkellert	–	–	–	–
5 Sportbauten				
Sport- und Mehrzweckhallen	–	–	–	–
Sporthallen (Einfeldhallen)	–	–	–	–
Sporthallen (Dreifeldhallen)	–	2,00	–	0,0%
Schwimmhallen	–	55,00	–	1,1%
6 Wohngebäude				
Ein- und Zweifamilienhäuser				
Ein- und Zweifamilienhäuser, unterkellert, einfacher Standard	0,50	3,50	6,50	0,0%
Ein- und Zweifamilienhäuser, unterkellert, mittlerer Standard	6,70	47,00	87,00	0,2%
Ein- und Zweifamilienhäuser, unterkellert, hoher Standard	–	–	–	–
Ein- und Zweifamilienhäuser, nicht unterkellert, einfacher Standard	–	–	–	–
Ein- und Zweifamilienhäuser, nicht unterkellert, mittlerer Standard	–	–	–	–
Ein- und Zweifamilienhäuser, nicht unterkellert, hoher Standard	–	–	–	–
Ein- und Zweifamilienhäuser, Passivhausstandard, Massivbau	–	99,00	–	0,2%
Ein- und Zweifamilienhäuser, Passivhausstandard, Holzbau	–	15,00	–	0,0%
Ein- und Zweifamilienhäuser, Holzbauweise, unterkellert	–	9,60	–	0,0%
Ein- und Zweifamilienhäuser, Holzbauweise, nicht unterkellert	–	–	–	–
Doppel- und Reihenendhäuser, einfacher Standard	–	–	–	–
Doppel- und Reihenendhäuser, mittlerer Standard	–	14,00	–	0,0%
Doppel- und Reihenendhäuser, hoher Standard	–	–	–	–
Reihenhäuser, einfacher Standard	–	–	–	–
Reihenhäuser, mittlerer Standard	–	–	–	–
Reihenhäuser, hoher Standard	–	–	–	–
Mehrfamilienhäuser				
Mehrfamilienhäuser, mit bis zu 6 WE, einfacher Standard	–	–	–	–
Mehrfamilienhäuser, mit bis zu 6 WE, mittlerer Standard	–	4,10	–	0,0%
Mehrfamilienhäuser, mit bis zu 6 WE, hoher Standard	–	–	–	–

313 Wasserhaltung

Gebäudeart	▷	€/Einheit	◁	KG an 300
Mehrfamilienhäuser (Fortsetzung)				
Mehrfamilienhäuser, mit 6 bis 19 WE, einfacher Standard	–	7,70	–	0,0%
Mehrfamilienhäuser, mit 6 bis 19 WE, mittlerer Standard	–	1,40	–	0,0%
Mehrfamilienhäuser, mit 6 bis 19 WE, hoher Standard	2,90	8,10	13,00	0,1%
Mehrfamilienhäuser, mit 20 oder mehr WE, mittlerer Standard	2,00	12,00	18,00	0,3%
Mehrfamilienhäuser, mit 20 oder mehr WE, hoher Standard	2,20	3,60	5,00	0,0%
Mehrfamilienhäuser, Passivhäuser	4,50	11,00	28,00	0,1%
Wohnhäuser, mit bis zu 15% Mischnutzung, einfacher Standard	7,90	19,00	30,00	0,2%
Wohnhäuser, mit bis zu 15% Mischnutzung, mittlerer Standard	–	–	–	–
Wohnhäuser, mit bis zu 15% Mischnutzung, hoher Standard	–	44,00	–	0,2%
Wohnhäuser mit mehr als 15% Mischnutzung	–	–	–	–
Seniorenwohnungen				
Seniorenwohnungen, mittlerer Standard	–	2,00	–	0,0%
Seniorenwohnungen, hoher Standard	–	–	–	–
Beherbergung				
Wohnheime und Internate	–	5,30	–	0,0%
7 Gewerbegebäude				
Gaststätten und Kantinen				
Gaststätten, Kantinen und Mensen	–	1,20	–	0,0%
Gebäude für Produktion				
Industrielle Produktionsgebäude, Massivbauweise	–	–	–	–
Industrielle Produktionsgebäude, überwiegend Skelettbauweise	–	2,40	–	0,0%
Betriebs- und Werkstätten, eingeschossig	–	–	–	–
Betriebs- und Werkstätten, mehrgeschossig, geringer Hallenanteil	0,20	1,80	3,40	0,0%
Betriebs- und Werkstätten, mehrgeschossig, hoher Hallenanteil	0,30	4,50	8,80	0,2%
Gebäude für Handel und Lager				
Geschäftshäuser mit Wohnungen	–	–	–	–
Geschäftshäuser ohne Wohnungen	–	–	–	–
Verbrauchermärkte	–	–	–	–
Autohäuser	–	–	–	–
Lagergebäude, ohne Mischnutzung	–	–	–	–
Lagergebäude, mit bis zu 25% Mischnutzung	–	–	–	–
Lagergebäude, mit mehr als 25% Mischnutzung	–	–	–	–
Garagen und Bereitschaftsdienste				
Einzel-, Mehrfach- und Hochgaragen	–	–	–	–
Tiefgaragen	–	–	–	–
Feuerwehrhäuser	–	0,50	–	0,0%
Öffentliche Bereitschaftsdienste	–	0,40	–	0,0%
9 Kulturgebäude				
Gebäude für kulturelle Zwecke				
Bibliotheken, Museen und Ausstellungen	–	3,40	–	0,0%
Theater	–	8,90	–	0,1%
Gemeindezentren, einfacher Standard	–	–	–	–
Gemeindezentren, mittlerer Standard	–	–	–	–
Gemeindezentren, hoher Standard	–	–	–	–
Gebäude für religiöse Zwecke				
Sakralbauten	–	–	–	–
Friedhofsgebäude	–	–	–	–

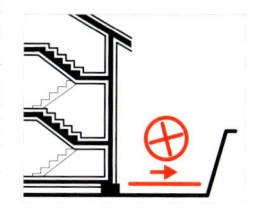

Einheit: m² Gründungsfläche

© BKI Baukosteninformationszentrum; Erläuterungen zu den Tabellen siehe Seite 50
Kosten: 1.Quartal 2018, Bundesdurchschnitt, inkl. 19% MwSt.

319 Baugrube, sonstiges

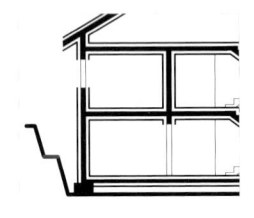

Kosten:
Stand 1.Quartal 2018
Bundesdurchschnitt
inkl. 19% MwSt.

Einheit: m³
Baugrubenrauminhalt

▷ von
Ø Mittel
◁ bis

Gebäudeart	▷	€/Einheit	◁	KG an 300
1 Büro- und Verwaltungsgebäude				
Büro- und Verwaltungsgebäude, einfacher Standard	–	–	–	–
Büro- und Verwaltungsgebäude, mittlerer Standard	0,50	**2,20**	5,40	0,0%
Büro- und Verwaltungsgebäude, hoher Standard	0,00	**0,30**	0,60	0,0%
2 Gebäude für Forschung und Lehre				
Instituts- und Laborgebäude	–	–	–	–
3 Gebäude des Gesundheitswesens				
Medizinische Einrichtungen	–	**0,20**	–	0,0%
Pflegeheime	0,60	**2,30**	5,50	0,3%
4 Schulen und Kindergärten				
Allgemeinbildende Schulen	–	**0,10**	–	0,0%
Berufliche Schulen	–	–	–	–
Förder- und Sonderschulen	–	**0,10**	–	0,0%
Weiterbildungseinrichtungen	–	–	–	–
Kindergärten, nicht unterkellert, einfacher Standard	–	**2,00**	–	0,0%
Kindergärten, nicht unterkellert, mittlerer Standard	–	–	–	–
Kindergärten, nicht unterkellert, hoher Standard	–	–	–	–
Kindergärten, Holzbauweise, nicht unterkellert	–	–	–	–
Kindergärten, unterkellert	0,80	**0,90**	1,10	0,0%
5 Sportbauten				
Sport- und Mehrzweckhallen	–	–	–	–
Sporthallen (Einfeldhallen)	–	–	–	–
Sporthallen (Dreifeldhallen)	0,30	**0,90**	1,90	0,0%
Schwimmhallen	–	–	–	–
6 Wohngebäude				
Ein- und Zweifamilienhäuser				
Ein- und Zweifamilienhäuser, unterkellert, einfacher Standard	–	–	–	–
Ein- und Zweifamilienhäuser, unterkellert, mittlerer Standard	–	–	–	–
Ein- und Zweifamilienhäuser, unterkellert, hoher Standard	1,30	**1,40**	1,40	0,0%
Ein- und Zweifamilienhäuser, nicht unterkellert, einfacher Standard	–	–	–	–
Ein- und Zweifamilienhäuser, nicht unterkellert, mittlerer Standard	–	–	–	–
Ein- und Zweifamilienhäuser, nicht unterkellert, hoher Standard	–	**0,20**	–	0,0%
Ein- und Zweifamilienhäuser, Passivhausstandard, Massivbau	–	–	–	–
Ein- und Zweifamilienhäuser, Passivhausstandard, Holzbau	–	–	–	–
Ein- und Zweifamilienhäuser, Holzbauweise, unterkellert	–	–	–	–
Ein- und Zweifamilienhäuser, Holzbauweise, nicht unterkellert	–	–	–	–
Doppel- und Reihenendhäuser, einfacher Standard	–	–	–	–
Doppel- und Reihenendhäuser, mittlerer Standard	1,10	**2,00**	2,80	0,0%
Doppel- und Reihenendhäuser, hoher Standard	–	–	–	–
Reihenhäuser, einfacher Standard	–	–	–	–
Reihenhäuser, mittlerer Standard	–	–	–	–
Reihenhäuser, hoher Standard	–	–	–	–
Mehrfamilienhäuser				
Mehrfamilienhäuser, mit bis zu 6 WE, einfacher Standard	–	–	–	–
Mehrfamilienhäuser, mit bis zu 6 WE, mittlerer Standard	–	–	–	–
Mehrfamilienhäuser, mit bis zu 6 WE, hoher Standard	0,70	**0,90**	1,00	0,0%

319 Baugrube, sonstiges

Gebäudeart	▷	€/Einheit	◁	KG an 300
Mehrfamilienhäuser (Fortsetzung)				
Mehrfamilienhäuser, mit 6 bis 19 WE, einfacher Standard	–	–	–	–
Mehrfamilienhäuser, mit 6 bis 19 WE, mittlerer Standard	–	–	–	–
Mehrfamilienhäuser, mit 6 bis 19 WE, hoher Standard	–	–	–	–
Mehrfamilienhäuser, mit 20 oder mehr WE, mittlerer Standard	–	–	–	–
Mehrfamilienhäuser, mit 20 oder mehr WE, hoher Standard	–	–	–	–
Mehrfamilienhäuser, Passivhäuser	–	–	–	–
Wohnhäuser, mit bis zu 15% Mischnutzung, einfacher Standard	–	–	–	–
Wohnhäuser, mit bis zu 15% Mischnutzung, mittlerer Standard	–	–	–	–
Wohnhäuser, mit bis zu 15% Mischnutzung, hoher Standard	–	–	–	–
Wohnhäuser mit mehr als 15% Mischnutzung	–	–	–	–
Seniorenwohnungen				
Seniorenwohnungen, mittlerer Standard	0,40	**0,40**	0,40	0,0%
Seniorenwohnungen, hoher Standard	–	–	–	–
Beherbergung				
Wohnheime und Internate	–	–	–	–
7 Gewerbegebäude				
Gaststätten und Kantinen				
Gaststätten, Kantinen und Mensen	–	–	–	–
Gebäude für Produktion				
Industrielle Produktionsgebäude, Massivbauweise	–	–	–	–
Industrielle Produktionsgebäude, überwiegend Skelettbauweise	0,20	**0,40**	0,70	0,0%
Betriebs- und Werkstätten, eingeschossig	–	–	–	–
Betriebs- und Werkstätten, mehrgeschossig, geringer Hallenanteil	–	–	–	–
Betriebs- und Werkstätten, mehrgeschossig, hoher Hallenanteil	–	–	–	–
Gebäude für Handel und Lager				
Geschäftshäuser mit Wohnungen	–	–	–	–
Geschäftshäuser ohne Wohnungen	–	–	–	–
Verbrauchermärkte	–	–	–	–
Autohäuser	–	–	–	–
Lagergebäude, ohne Mischnutzung	–	–	–	–
Lagergebäude, mit bis zu 25% Mischnutzung	–	–	–	–
Lagergebäude, mit mehr als 25% Mischnutzung	–	–	–	–
Garagen und Bereitschaftsdienste				
Einzel-, Mehrfach- und Hochgaragen	–	–	–	–
Tiefgaragen	–	–	–	–
Feuerwehrhäuser	–	–	–	–
Öffentliche Bereitschaftsdienste	–	–	–	–
9 Kulturgebäude				
Gebäude für kulturelle Zwecke				
Bibliotheken, Museen und Ausstellungen	–	–	–	–
Theater	–	–	–	–
Gemeindezentren, einfacher Standard	–	**0,90**	–	0,0%
Gemeindezentren, mittlerer Standard	–	–	–	–
Gemeindezentren, hoher Standard	–	**1,10**	–	0,0%
Gebäude für religiöse Zwecke				
Sakralbauten	–	–	–	–
Friedhofsgebäude	–	–	–	–

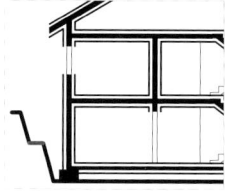

Einheit: m³
Baugrubenrauminhalt

© BKI Baukosteninformationszentrum; Erläuterungen zu den Tabellen siehe Seite 50   Kosten: 1.Quartal 2018, Bundesdurchschnitt, inkl. 19% MwSt.

321 Baugrundverbesserung

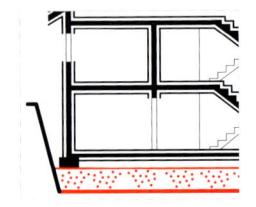

Kosten:
Stand 1. Quartal 2018
Bundesdurchschnitt
inkl. 19% MwSt.

Einheit: m² Gründungsfläche

▷ von
Ø Mittel
◁ bis

Gebäudeart	▷	€/Einheit	◁	KG an 300
1 Büro- und Verwaltungsgebäude				
Büro- und Verwaltungsgebäude, einfacher Standard	14,00	**14,00**	15,00	0,2%
Büro- und Verwaltungsgebäude, mittlerer Standard	9,50	**29,00**	75,00	0,4%
Büro- und Verwaltungsgebäude, hoher Standard	14,00	**26,00**	58,00	0,2%
2 Gebäude für Forschung und Lehre				
Instituts- und Laborgebäude	0,60	**16,00**	32,00	0,5%
3 Gebäude des Gesundheitswesens				
Medizinische Einrichtungen	4,90	**14,00**	32,00	0,5%
Pflegeheime	1,10	**13,00**	25,00	0,2%
4 Schulen und Kindergärten				
Allgemeinbildende Schulen	7,40	**16,00**	31,00	0,3%
Berufliche Schulen	–	**28,00**	–	0,7%
Förder- und Sonderschulen	5,90	**30,00**	54,00	0,8%
Weiterbildungseinrichtungen	–	**–**	–	–
Kindergärten, nicht unterkellert, einfacher Standard	8,00	**27,00**	47,00	1,5%
Kindergärten, nicht unterkellert, mittlerer Standard	–	**–**	–	–
Kindergärten, nicht unterkellert, hoher Standard	24,00	**48,00**	72,00	1,9%
Kindergärten, Holzbauweise, nicht unterkellert	4,20	**34,00**	63,00	0,7%
Kindergärten, unterkellert	–	**–**	–	–
5 Sportbauten				
Sport- und Mehrzweckhallen	–	**24,00**	–	0,4%
Sporthallen (Einfeldhallen)	–	**7,20**	–	0,3%
Sporthallen (Dreifeldhallen)	5,10	**5,50**	5,80	0,1%
Schwimmhallen	–	**–**	–	–
6 Wohngebäude				
Ein- und Zweifamilienhäuser				
Ein- und Zweifamilienhäuser, unterkellert, einfacher Standard	–	**2,50**	–	0,0%
Ein- und Zweifamilienhäuser, unterkellert, mittlerer Standard	–	**7,50**	–	0,0%
Ein- und Zweifamilienhäuser, unterkellert, hoher Standard	9,20	**10,00**	11,00	0,0%
Ein- und Zweifamilienhäuser, nicht unterkellert, einfacher Standard	–	**63,00**	–	1,7%
Ein- und Zweifamilienhäuser, nicht unterkellert, mittlerer Standard	7,30	**24,00**	30,00	0,3%
Ein- und Zweifamilienhäuser, nicht unterkellert, hoher Standard	23,00	**40,00**	59,00	0,8%
Ein- und Zweifamilienhäuser, Passivhausstandard, Massivbau	12,00	**36,00**	49,00	0,3%
Ein- und Zweifamilienhäuser, Passivhausstandard, Holzbau	13,00	**25,00**	32,00	0,3%
Ein- und Zweifamilienhäuser, Holzbauweise, unterkellert	–	**–**	–	–
Ein- und Zweifamilienhäuser, Holzbauweise, nicht unterkellert	16,00	**45,00**	60,00	0,8%
Doppel- und Reihenendhäuser, einfacher Standard	–	**–**	–	–
Doppel- und Reihenendhäuser, mittlerer Standard	–	**–**	–	–
Doppel- und Reihenendhäuser, hoher Standard	–	**–**	–	–
Reihenhäuser, einfacher Standard	–	**–**	–	–
Reihenhäuser, mittlerer Standard	23,00	**23,00**	24,00	0,5%
Reihenhäuser, hoher Standard	–	**3,50**	–	0,0%
Mehrfamilienhäuser				
Mehrfamilienhäuser, mit bis zu 6 WE, einfacher Standard	–	**28,00**	–	0,4%
Mehrfamilienhäuser, mit bis zu 6 WE, mittlerer Standard	8,60	**20,00**	32,00	0,2%
Mehrfamilienhäuser, mit bis zu 6 WE, hoher Standard	–	**–**	–	–

Gebäudeart	▷	€/Einheit	◁	KG an 300
Mehrfamilienhäuser (Fortsetzung)				
Mehrfamilienhäuser, mit 6 bis 19 WE, einfacher Standard	–	–	–	–
Mehrfamilienhäuser, mit 6 bis 19 WE, mittlerer Standard	–	–	–	–
Mehrfamilienhäuser, mit 6 bis 19 WE, hoher Standard	3,20	**7,80**	10,00	0,1%
Mehrfamilienhäuser, mit 20 oder mehr WE, mittlerer Standard	2,10	**72,00**	142,00	0,7%
Mehrfamilienhäuser, mit 20 oder mehr WE, hoher Standard	–	**45,00**	–	0,4%
Mehrfamilienhäuser, Passivhäuser	4,50	**12,00**	19,00	0,1%
Wohnhäuser, mit bis zu 15% Mischnutzung, einfacher Standard	–	**21,00**	–	0,1%
Wohnhäuser, mit bis zu 15% Mischnutzung, mittlerer Standard	–	–	–	–
Wohnhäuser, mit bis zu 15% Mischnutzung, hoher Standard	–	**48,00**	–	0,2%
Wohnhäuser mit mehr als 15% Mischnutzung	–	–	–	–
Seniorenwohnungen				
Seniorenwohnungen, mittlerer Standard	7,20	**36,00**	93,00	0,4%
Seniorenwohnungen, hoher Standard	–	**45,00**	–	0,5%
Beherbergung				
Wohnheime und Internate	6,80	**32,00**	57,00	0,3%
7 Gewerbegebäude				
Gaststätten und Kantinen				
Gaststätten, Kantinen und Mensen	–	–	–	–
Gebäude für Produktion				
Industrielle Produktionsgebäude, Massivbauweise	–	**11,00**	–	0,3%
Industrielle Produktionsgebäude, überwiegend Skelettbauweise	4,20	**27,00**	49,00	0,7%
Betriebs- und Werkstätten, eingeschossig	28,00	**49,00**	70,00	3,4%
Betriebs- und Werkstätten, mehrgeschossig, geringer Hallenanteil	–	**6,00**	–	0,0%
Betriebs- und Werkstätten, mehrgeschossig, hoher Hallenanteil	9,20	**35,00**	57,00	3,0%
Gebäude für Handel und Lager				
Geschäftshäuser mit Wohnungen	–	**6,80**	–	0,0%
Geschäftshäuser ohne Wohnungen	–	–	–	–
Verbrauchermärkte	–	**32,00**	–	1,5%
Autohäuser	–	**61,00**	–	2,2%
Lagergebäude, ohne Mischnutzung	6,00	**19,00**	37,00	1,6%
Lagergebäude, mit bis zu 25% Mischnutzung	5,40	**8,80**	14,00	1,1%
Lagergebäude, mit mehr als 25% Mischnutzung	10,00	**15,00**	20,00	1,3%
Garagen und Bereitschaftsdienste				
Einzel-, Mehrfach- und Hochgaragen	13,00	**15,00**	16,00	0,8%
Tiefgaragen	–	–	–	–
Feuerwehrhäuser	41,00	**44,00**	47,00	2,2%
Öffentliche Bereitschaftsdienste	10,00	**16,00**	25,00	1,1%
9 Kulturgebäude				
Gebäude für kulturelle Zwecke				
Bibliotheken, Museen und Ausstellungen	4,90	**14,00**	33,00	0,4%
Theater	–	–	–	–
Gemeindezentren, einfacher Standard	–	**12,00**	–	0,2%
Gemeindezentren, mittlerer Standard	3,00	**13,00**	24,00	0,3%
Gemeindezentren, hoher Standard	5,80	**21,00**	35,00	0,5%
Gebäude für religiöse Zwecke				
Sakralbauten	–	–	–	–
Friedhofsgebäude	–	–	–	–

321 Baugrundverbesserung

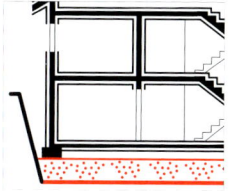

Einheit: m² Gründungsfläche

© BKI Baukosteninformationszentrum; Erläuterungen zu den Tabellen siehe Seite 50   Kosten: 1.Quartal 2018, Bundesdurchschnitt, **inkl. 19% MwSt.**

322 Flachgründungen

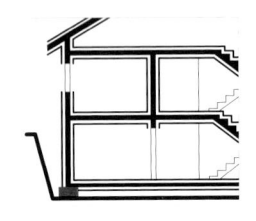

Kosten:
Stand 1.Quartal 2018
Bundesdurchschnitt
inkl. 19% MwSt.

Einheit: m² Flachgründungsfläche

▷ von
Ø Mittel
◁ bis

Gebäudeart	▷	€/Einheit	◁	KG an 300
1 Büro- und Verwaltungsgebäude				
Büro- und Verwaltungsgebäude, einfacher Standard	81,00	**170,00**	310,00	3,8%
Büro- und Verwaltungsgebäude, mittlerer Standard	48,00	**108,00**	236,00	2,6%
Büro- und Verwaltungsgebäude, hoher Standard	70,00	**153,00**	281,00	1,6%
2 Gebäude für Forschung und Lehre				
Instituts- und Laborgebäude	77,00	**141,00**	219,00	4,5%
3 Gebäude des Gesundheitswesens				
Medizinische Einrichtungen	51,00	**147,00**	337,00	3,3%
Pflegeheime	73,00	**160,00**	204,00	4,5%
4 Schulen und Kindergärten				
Allgemeinbildende Schulen	68,00	**102,00**	139,00	4,5%
Berufliche Schulen	66,00	**133,00**	375,00	3,1%
Förder- und Sonderschulen	48,00	**88,00**	130,00	2,9%
Weiterbildungseinrichtungen	67,00	**171,00**	378,00	3,0%
Kindergärten, nicht unterkellert, einfacher Standard	58,00	**93,00**	111,00	6,9%
Kindergärten, nicht unterkellert, mittlerer Standard	47,00	**61,00**	79,00	4,5%
Kindergärten, nicht unterkellert, hoher Standard	7,50	**24,00**	32,00	1,5%
Kindergärten, Holzbauweise, nicht unterkellert	15,00	**48,00**	79,00	3,1%
Kindergärten, unterkellert	50,00	**82,00**	98,00	4,3%
5 Sportbauten				
Sport- und Mehrzweckhallen	34,00	**60,00**	76,00	3,4%
Sporthallen (Einfeldhallen)	41,00	**64,00**	87,00	2,6%
Sporthallen (Dreifeldhallen)	9,70	**28,00**	53,00	1,4%
Schwimmhallen	28,00	**29,00**	29,00	0,9%
6 Wohngebäude				
Ein- und Zweifamilienhäuser				
Ein- und Zweifamilienhäuser, unterkellert, einfacher Standard	6,30	**34,00**	62,00	1,3%
Ein- und Zweifamilienhäuser, unterkellert, mittlerer Standard	33,00	**75,00**	116,00	2,5%
Ein- und Zweifamilienhäuser, unterkellert, hoher Standard	46,00	**98,00**	146,00	2,9%
Ein- und Zweifamilienhäuser, nicht unterkellert, einfacher Standard	65,00	**79,00**	92,00	4,5%
Ein- und Zweifamilienhäuser, nicht unterkellert, mittlerer Standard	46,00	**82,00**	236,00	3,1%
Ein- und Zweifamilienhäuser, nicht unterkellert, hoher Standard	28,00	**89,00**	158,00	3,0%
Ein- und Zweifamilienhäuser, Passivhausstandard, Massivbau	54,00	**94,00**	138,00	1,9%
Ein- und Zweifamilienhäuser, Passivhausstandard, Holzbau	25,00	**61,00**	124,00	1,6%
Ein- und Zweifamilienhäuser, Holzbauweise, unterkellert	18,00	**71,00**	99,00	2,0%
Ein- und Zweifamilienhäuser, Holzbauweise, nicht unterkellert	52,00	**103,00**	414,00	2,7%
Doppel- und Reihenendhäuser, einfacher Standard	45,00	**69,00**	92,00	3,6%
Doppel- und Reihenendhäuser, mittlerer Standard	54,00	**76,00**	117,00	3,3%
Doppel- und Reihenendhäuser, hoher Standard	50,00	**84,00**	107,00	1,5%
Reihenhäuser, einfacher Standard	52,00	**67,00**	89,00	3,5%
Reihenhäuser, mittlerer Standard	17,00	**54,00**	91,00	0,2%
Reihenhäuser, hoher Standard	67,00	**202,00**	471,00	1,8%
Mehrfamilienhäuser				
Mehrfamilienhäuser, mit bis zu 6 WE, einfacher Standard	77,00	**144,00**	276,00	4,1%
Mehrfamilienhäuser, mit bis zu 6 WE, mittlerer Standard	54,00	**109,00**	151,00	2,3%
Mehrfamilienhäuser, mit bis zu 6 WE, hoher Standard	64,00	**83,00**	101,00	1,5%

322 Flachgründungen

Gebäudeart	▷	€/Einheit	◁	KG an 300
Mehrfamilienhäuser (Fortsetzung)				
Mehrfamilienhäuser, mit 6 bis 19 WE, einfacher Standard	46,00	**64,00**	110,00	2,2%
Mehrfamilienhäuser, mit 6 bis 19 WE, mittlerer Standard	27,00	**68,00**	121,00	2,0%
Mehrfamilienhäuser, mit 6 bis 19 WE, hoher Standard	35,00	**66,00**	89,00	1,6%
Mehrfamilienhäuser, mit 20 oder mehr WE, mittlerer Standard	36,00	**98,00**	182,00	3,4%
Mehrfamilienhäuser, mit 20 oder mehr WE, hoher Standard	33,00	**62,00**	76,00	1,5%
Mehrfamilienhäuser, Passivhäuser	48,00	**88,00**	118,00	2,2%
Wohnhäuser, mit bis zu 15% Mischnutzung, einfacher Standard	7,00	**84,00**	123,00	1,1%
Wohnhäuser, mit bis zu 15% Mischnutzung, mittlerer Standard	39,00	**69,00**	114,00	3,1%
Wohnhäuser, mit bis zu 15% Mischnutzung, hoher Standard	–	**30,00**	–	0,4%
Wohnhäuser mit mehr als 15% Mischnutzung	73,00	**101,00**	142,00	1,4%
Seniorenwohnungen				
Seniorenwohnungen, mittlerer Standard	27,00	**70,00**	96,00	1,9%
Seniorenwohnungen, hoher Standard	39,00	**56,00**	73,00	1,5%
Beherbergung				
Wohnheime und Internate	30,00	**56,00**	96,00	1,7%
7 Gewerbegebäude				
Gaststätten und Kantinen				
Gaststätten, Kantinen und Mensen	58,00	**92,00**	159,00	5,5%
Gebäude für Produktion				
Industrielle Produktionsgebäude, Massivbauweise	72,00	**82,00**	101,00	5,7%
Industrielle Produktionsgebäude, überwiegend Skelettbauweise	47,00	**117,00**	170,00	10,5%
Betriebs- und Werkstätten, eingeschossig	32,00	**57,00**	100,00	4,9%
Betriebs- und Werkstätten, mehrgeschossig, geringer Hallenanteil	48,00	**84,00**	138,00	3,7%
Betriebs- und Werkstätten, mehrgeschossig, hoher Hallenanteil	38,00	**74,00**	118,00	5,7%
Gebäude für Handel und Lager				
Geschäftshäuser mit Wohnungen	85,00	**201,00**	431,00	3,4%
Geschäftshäuser ohne Wohnungen	36,00	**95,00**	153,00	2,6%
Verbrauchermärkte	25,00	**47,00**	69,00	4,8%
Autohäuser	56,00	**84,00**	112,00	4,4%
Lagergebäude, ohne Mischnutzung	29,00	**74,00**	177,00	4,5%
Lagergebäude, mit bis zu 25% Mischnutzung	28,00	**36,00**	52,00	4,3%
Lagergebäude, mit mehr als 25% Mischnutzung	46,00	**54,00**	61,00	4,5%
Garagen und Bereitschaftsdienste				
Einzel-, Mehrfach- und Hochgaragen	29,00	**46,00**	78,00	4,3%
Tiefgaragen	30,00	**57,00**	106,00	8,5%
Feuerwehrhäuser	54,00	**59,00**	64,00	3,0%
Öffentliche Bereitschaftsdienste	71,00	**147,00**	359,00	2,6%
9 Kulturgebäude				
Gebäude für kulturelle Zwecke				
Bibliotheken, Museen und Ausstellungen	46,00	**233,00**	489,00	3,0%
Theater	129,00	**163,00**	197,00	4,8%
Gemeindezentren, einfacher Standard	30,00	**47,00**	80,00	3,1%
Gemeindezentren, mittlerer Standard	22,00	**51,00**	74,00	2,3%
Gemeindezentren, hoher Standard	40,00	**80,00**	151,00	3,3%
Gebäude für religiöse Zwecke				
Sakralbauten	–	**146,00**	–	2,8%
Friedhofsgebäude	67,00	**72,00**	78,00	2,8%

Einheit: m² Flachgründungsfläche

324 Unterböden und Bodenplatten

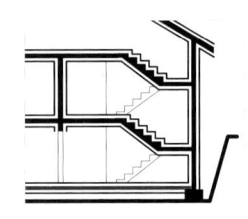

Kosten: Stand 1. Quartal 2018, Bundesdurchschnitt inkl. 19% MwSt.

Einheit: m² Bodenplattenfläche

▷ von
ø Mittel
◁ bis

Gebäudeart	▷	€/Einheit	◁	KG an 300
1 Büro- und Verwaltungsgebäude				
Büro- und Verwaltungsgebäude, einfacher Standard	37,00	**70,00**	167,00	2,8%
Büro- und Verwaltungsgebäude, mittlerer Standard	70,00	**101,00**	130,00	2,7%
Büro- und Verwaltungsgebäude, hoher Standard	60,00	**100,00**	130,00	1,4%
2 Gebäude für Forschung und Lehre				
Instituts- und Laborgebäude	57,00	**73,00**	82,00	2,5%
3 Gebäude des Gesundheitswesens				
Medizinische Einrichtungen	73,00	**113,00**	194,00	2,0%
Pflegeheime	45,00	**63,00**	81,00	0,7%
4 Schulen und Kindergärten				
Allgemeinbildende Schulen	54,00	**77,00**	119,00	3,9%
Berufliche Schulen	44,00	**53,00**	80,00	2,5%
Förder- und Sonderschulen	62,00	**87,00**	112,00	2,1%
Weiterbildungseinrichtungen	77,00	**110,00**	144,00	2,0%
Kindergärten, nicht unterkellert, einfacher Standard	53,00	**65,00**	77,00	2,4%
Kindergärten, nicht unterkellert, mittlerer Standard	34,00	**81,00**	116,00	6,4%
Kindergärten, nicht unterkellert, hoher Standard	45,00	**62,00**	72,00	4,0%
Kindergärten, Holzbauweise, nicht unterkellert	76,00	**80,00**	84,00	1,8%
Kindergärten, unterkellert	50,00	**57,00**	64,00	1,9%
5 Sportbauten				
Sport- und Mehrzweckhallen	46,00	**80,00**	97,00	4,5%
Sporthallen (Einfeldhallen)	50,00	**52,00**	55,00	3,5%
Sporthallen (Dreifeldhallen)	42,00	**62,00**	86,00	3,2%
Schwimmhallen	198,00	**272,00**	347,00	7,3%
6 Wohngebäude				
Ein- und Zweifamilienhäuser				
Ein- und Zweifamilienhäuser, unterkellert, einfacher Standard	68,00	**78,00**	97,00	2,5%
Ein- und Zweifamilienhäuser, unterkellert, mittlerer Standard	57,00	**73,00**	90,00	1,8%
Ein- und Zweifamilienhäuser, unterkellert, hoher Standard	72,00	**83,00**	101,00	1,6%
Ein- und Zweifamilienhäuser, nicht unterkellert, einfacher Standard	42,00	**60,00**	77,00	3,3%
Ein- und Zweifamilienhäuser, nicht unterkellert, mittlerer Standard	63,00	**79,00**	94,00	3,1%
Ein- und Zweifamilienhäuser, nicht unterkellert, hoher Standard	66,00	**103,00**	180,00	3,0%
Ein- und Zweifamilienhäuser, Passivhausstandard, Massivbau	64,00	**89,00**	126,00	1,9%
Ein- und Zweifamilienhäuser, Passivhausstandard, Holzbau	64,00	**94,00**	153,00	3,2%
Ein- und Zweifamilienhäuser, Holzbauweise, unterkellert	48,00	**83,00**	115,00	1,6%
Ein- und Zweifamilienhäuser, Holzbauweise, nicht unterkellert	57,00	**76,00**	94,00	2,5%
Doppel- und Reihenendhäuser, einfacher Standard	37,00	**46,00**	52,00	1,7%
Doppel- und Reihenendhäuser, mittlerer Standard	53,00	**60,00**	68,00	0,8%
Doppel- und Reihenendhäuser, hoher Standard	46,00	**76,00**	101,00	2,4%
Reihenhäuser, einfacher Standard	–	**54,00**	–	1,0%
Reihenhäuser, mittlerer Standard	84,00	**90,00**	103,00	3,6%
Reihenhäuser, hoher Standard	56,00	**63,00**	73,00	2,1%
Mehrfamilienhäuser				
Mehrfamilienhäuser, mit bis zu 6 WE, einfacher Standard	–	**58,00**	–	0,9%
Mehrfamilienhäuser, mit bis zu 6 WE, mittlerer Standard	54,00	**64,00**	89,00	1,3%
Mehrfamilienhäuser, mit bis zu 6 WE, hoher Standard	58,00	**79,00**	109,00	2,8%

324 Unterböden und Bodenplatten

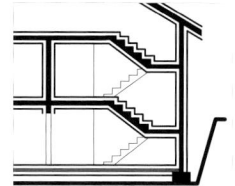

Gebäudeart	▷	€/Einheit	◁	KG an 300
Mehrfamilienhäuser (Fortsetzung)				
Mehrfamilienhäuser, mit 6 bis 19 WE, einfacher Standard	62,00	**74,00**	80,00	2,2%
Mehrfamilienhäuser, mit 6 bis 19 WE, mittlerer Standard	38,00	**124,00**	189,00	3,3%
Mehrfamilienhäuser, mit 6 bis 19 WE, hoher Standard	49,00	**79,00**	99,00	3,0%
Mehrfamilienhäuser, mit 20 oder mehr WE, mittlerer Standard	58,00	**99,00**	171,00	1,7%
Mehrfamilienhäuser, mit 20 oder mehr WE, hoher Standard	60,00	**106,00**	131,00	2,9%
Mehrfamilienhäuser, Passivhäuser	72,00	**109,00**	141,00	1,8%
Wohnhäuser, mit bis zu 15% Mischnutzung, einfacher Standard	58,00	**115,00**	189,00	2,6%
Wohnhäuser, mit bis zu 15% Mischnutzung, mittlerer Standard	40,00	**72,00**	93,00	4,0%
Wohnhäuser, mit bis zu 15% Mischnutzung, hoher Standard	46,00	**105,00**	165,00	1,5%
Wohnhäuser mit mehr als 15% Mischnutzung	79,00	**80,00**	81,00	2,2%
Seniorenwohnungen				
Seniorenwohnungen, mittlerer Standard	34,00	**57,00**	86,00	1,4%
Seniorenwohnungen, hoher Standard	69,00	**79,00**	89,00	2,2%
Beherbergung				
Wohnheime und Internate	81,00	**99,00**	160,00	2,3%
7 Gewerbegebäude				
Gaststätten und Kantinen				
Gaststätten, Kantinen und Mensen	57,00	**78,00**	121,00	2,9%
Gebäude für Produktion				
Industrielle Produktionsgebäude, Massivbauweise	67,00	**88,00**	98,00	6,0%
Industrielle Produktionsgebäude, überwiegend Skelettbauweise	58,00	**96,00**	233,00	9,0%
Betriebs- und Werkstätten, eingeschossig	48,00	**53,00**	56,00	4,7%
Betriebs- und Werkstätten, mehrgeschossig, geringer Hallenanteil	54,00	**65,00**	78,00	3,8%
Betriebs- und Werkstätten, mehrgeschossig, hoher Hallenanteil	52,00	**90,00**	119,00	6,1%
Gebäude für Handel und Lager				
Geschäftshäuser mit Wohnungen	42,00	**57,00**	72,00	1,0%
Geschäftshäuser ohne Wohnungen	40,00	**43,00**	46,00	1,1%
Verbrauchermärkte	59,00	**65,00**	70,00	6,8%
Autohäuser	82,00	**87,00**	92,00	4,9%
Lagergebäude, ohne Mischnutzung	50,00	**67,00**	93,00	10,2%
Lagergebäude, mit bis zu 25% Mischnutzung	66,00	**76,00**	95,00	9,3%
Lagergebäude, mit mehr als 25% Mischnutzung	61,00	**68,00**	75,00	5,7%
Garagen und Bereitschaftsdienste				
Einzel-, Mehrfach- und Hochgaragen	50,00	**78,00**	161,00	9,7%
Tiefgaragen	59,00	**175,00**	406,00	8,7%
Feuerwehrhäuser	30,00	**44,00**	59,00	2,1%
Öffentliche Bereitschaftsdienste	60,00	**90,00**	122,00	8,0%
9 Kulturgebäude				
Gebäude für kulturelle Zwecke				
Bibliotheken, Museen und Ausstellungen	56,00	**123,00**	258,00	3,5%
Theater	71,00	**75,00**	79,00	2,0%
Gemeindezentren, einfacher Standard	37,00	**45,00**	53,00	1,9%
Gemeindezentren, mittlerer Standard	56,00	**76,00**	96,00	3,9%
Gemeindezentren, hoher Standard	73,00	**87,00**	108,00	3,4%
Gebäude für religiöse Zwecke				
Sakralbauten	–	**114,00**	–	1,9%
Friedhofsgebäude	76,00	**81,00**	86,00	2,6%

Einheit: m²
Bodenplattenfläche

© BKI Baukosteninformationszentrum; Erläuterungen zu den Tabellen siehe Seite 50   Kosten: 1.Quartal 2018, Bundesdurchschnitt, **inkl. 19% MwSt.**

325 Bodenbeläge

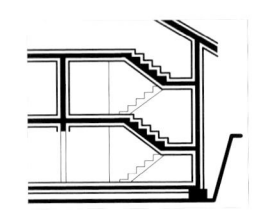

Kosten:
Stand 1.Quartal 2018
Bundesdurchschnitt
inkl. 19% MwSt.

Einheit: m²
Bodenbelagsfläche

▷ von
ø Mittel
◁ bis

Gebäudeart	▷	€/Einheit	◁	KG an 300
1 Büro- und Verwaltungsgebäude				
Büro- und Verwaltungsgebäude, einfacher Standard	86,00	**99,00**	146,00	4,8%
Büro- und Verwaltungsgebäude, mittlerer Standard	77,00	**116,00**	154,00	3,5%
Büro- und Verwaltungsgebäude, hoher Standard	91,00	**167,00**	278,00	2,8%
2 Gebäude für Forschung und Lehre				
Instituts- und Laborgebäude	75,00	**101,00**	126,00	4,2%
3 Gebäude des Gesundheitswesens				
Medizinische Einrichtungen	80,00	**102,00**	146,00	3,0%
Pflegeheime	88,00	**103,00**	111,00	2,2%
4 Schulen und Kindergärten				
Allgemeinbildende Schulen	91,00	**130,00**	161,00	4,6%
Berufliche Schulen	40,00	**71,00**	92,00	4,1%
Förder- und Sonderschulen	100,00	**118,00**	149,00	3,2%
Weiterbildungseinrichtungen	59,00	**110,00**	136,00	2,8%
Kindergärten, nicht unterkellert, einfacher Standard	89,00	**102,00**	109,00	6,5%
Kindergärten, nicht unterkellert, mittlerer Standard	77,00	**107,00**	153,00	6,3%
Kindergärten, nicht unterkellert, hoher Standard	88,00	**115,00**	129,00	6,4%
Kindergärten, Holzbauweise, nicht unterkellert	101,00	**138,00**	168,00	7,1%
Kindergärten, unterkellert	117,00	**127,00**	134,00	5,7%
5 Sportbauten				
Sport- und Mehrzweckhallen	116,00	**136,00**	170,00	7,5%
Sporthallen (Einfeldhallen)	141,00	**145,00**	148,00	8,6%
Sporthallen (Dreifeldhallen)	109,00	**123,00**	156,00	6,0%
Schwimmhallen	78,00	**93,00**	108,00	3,3%
6 Wohngebäude				
Ein- und Zweifamilienhäuser				
Ein- und Zweifamilienhäuser, unterkellert, einfacher Standard	34,00	**70,00**	104,00	2,3%
Ein- und Zweifamilienhäuser, unterkellert, mittlerer Standard	47,00	**92,00**	119,00	2,4%
Ein- und Zweifamilienhäuser, unterkellert, hoher Standard	57,00	**110,00**	181,00	2,2%
Ein- und Zweifamilienhäuser, nicht unterkellert, einfacher Standard	111,00	**115,00**	118,00	4,8%
Ein- und Zweifamilienhäuser, nicht unterkellert, mittlerer Standard	82,00	**138,00**	176,00	5,9%
Ein- und Zweifamilienhäuser, nicht unterkellert, hoher Standard	112,00	**158,00**	211,00	5,0%
Ein- und Zweifamilienhäuser, Passivhausstandard, Massivbau	63,00	**126,00**	197,00	3,1%
Ein- und Zweifamilienhäuser, Passivhausstandard, Holzbau	67,00	**126,00**	201,00	4,1%
Ein- und Zweifamilienhäuser, Holzbauweise, unterkellert	54,00	**83,00**	119,00	1,5%
Ein- und Zweifamilienhäuser, Holzbauweise, nicht unterkellert	67,00	**123,00**	158,00	4,5%
Doppel- und Reihenendhäuser, einfacher Standard	38,00	**66,00**	119,00	2,3%
Doppel- und Reihenendhäuser, mittlerer Standard	14,00	**73,00**	120,00	2,7%
Doppel- und Reihenendhäuser, hoher Standard	111,00	**126,00**	171,00	2,8%
Reihenhäuser, einfacher Standard	42,00	**73,00**	128,00	3,4%
Reihenhäuser, mittlerer Standard	54,00	**84,00**	141,00	2,5%
Reihenhäuser, hoher Standard	101,00	**152,00**	202,00	2,7%
Mehrfamilienhäuser				
Mehrfamilienhäuser, mit bis zu 6 WE, einfacher Standard	35,00	**50,00**	78,00	1,3%
Mehrfamilienhäuser, mit bis zu 6 WE, mittlerer Standard	34,00	**58,00**	101,00	1,7%
Mehrfamilienhäuser, mit bis zu 6 WE, hoher Standard	51,00	**92,00**	152,00	1,5%

Gebäudeart	▷	€/Einheit	◁	KG an 300
Mehrfamilienhäuser (Fortsetzung)				
Mehrfamilienhäuser, mit 6 bis 19 WE, einfacher Standard	23,00	**30,00**	37,00	0,5%
Mehrfamilienhäuser, mit 6 bis 19 WE, mittlerer Standard	37,00	**53,00**	71,00	1,2%
Mehrfamilienhäuser, mit 6 bis 19 WE, hoher Standard	30,00	**42,00**	61,00	0,5%
Mehrfamilienhäuser, mit 20 oder mehr WE, mittlerer Standard	39,00	**67,00**	120,00	1,7%
Mehrfamilienhäuser, mit 20 oder mehr WE, hoher Standard	35,00	**46,00**	61,00	1,1%
Mehrfamilienhäuser, Passivhäuser	47,00	**82,00**	139,00	1,6%
Wohnhäuser, mit bis zu 15% Mischnutzung, einfacher Standard	38,00	**79,00**	117,00	1,3%
Wohnhäuser, mit bis zu 15% Mischnutzung, mittlerer Standard	111,00	**120,00**	136,00	5,5%
Wohnhäuser, mit bis zu 15% Mischnutzung, hoher Standard	37,00	**55,00**	73,00	1,0%
Wohnhäuser mit mehr als 15% Mischnutzung	20,00	**66,00**	157,00	2,5%
Seniorenwohnungen				
Seniorenwohnungen, mittlerer Standard	58,00	**83,00**	112,00	2,0%
Seniorenwohnungen, hoher Standard	56,00	**65,00**	75,00	1,5%
Beherbergung				
Wohnheime und Internate	58,00	**102,00**	147,00	2,2%
7 Gewerbegebäude				
Gaststätten und Kantinen				
Gaststätten, Kantinen und Mensen	87,00	**92,00**	94,00	3,3%
Gebäude für Produktion				
Industrielle Produktionsgebäude, Massivbauweise	37,00	**65,00**	80,00	3,7%
Industrielle Produktionsgebäude, überwiegend Skelettbauweise	46,00	**79,00**	122,00	1,1%
Betriebs- und Werkstätten, eingeschossig	57,00	**70,00**	92,00	5,7%
Betriebs- und Werkstätten, mehrgeschossig, geringer Hallenanteil	67,00	**83,00**	107,00	4,7%
Betriebs- und Werkstätten, mehrgeschossig, hoher Hallenanteil	45,00	**71,00**	97,00	4,7%
Gebäude für Handel und Lager				
Geschäftshäuser mit Wohnungen	73,00	**78,00**	84,00	1,3%
Geschäftshäuser ohne Wohnungen	66,00	**68,00**	70,00	1,6%
Verbrauchermärkte	93,00	**142,00**	190,00	9,9%
Autohäuser	34,00	**61,00**	88,00	3,6%
Lagergebäude, ohne Mischnutzung	26,00	**41,00**	72,00	2,2%
Lagergebäude, mit bis zu 25% Mischnutzung	99,00	**111,00**	134,00	1,5%
Lagergebäude, mit mehr als 25% Mischnutzung	26,00	**46,00**	65,00	2,7%
Garagen und Bereitschaftsdienste				
Einzel-, Mehrfach- und Hochgaragen	8,90	**23,00**	47,00	1,6%
Tiefgaragen	11,00	**36,00**	50,00	2,6%
Feuerwehrhäuser	35,00	**70,00**	138,00	5,0%
Öffentliche Bereitschaftsdienste	61,00	**88,00**	157,00	1,9%
9 Kulturgebäude				
Gebäude für kulturelle Zwecke				
Bibliotheken, Museen und Ausstellungen	126,00	**183,00**	341,00	5,6%
Theater	115,00	**126,00**	136,00	2,8%
Gemeindezentren, einfacher Standard	59,00	**83,00**	97,00	4,9%
Gemeindezentren, mittlerer Standard	74,00	**142,00**	177,00	6,6%
Gemeindezentren, hoher Standard	100,00	**132,00**	180,00	4,8%
Gebäude für religiöse Zwecke				
Sakralbauten	–	**120,00**	–	2,0%
Friedhofsgebäude	80,00	**138,00**	197,00	5,2%

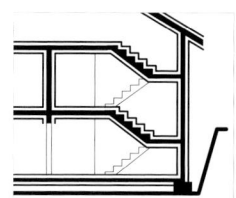

325 Bodenbeläge

Einheit: m² Bodenbelagsfläche

© BKI Baukosteninformationszentrum; Erläuterungen zu den Tabellen siehe Seite 50   Kosten: 1.Quartal 2018, Bundesdurchschnitt, **inkl. 19% MwSt.**

326 Bauwerksabdichtungen

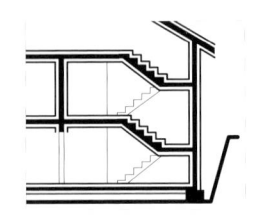

Kosten:
Stand 1.Quartal 2018
Bundesdurchschnitt
inkl. 19% MwSt.

Einheit: m² Gründungsfläche

▷ von
ø Mittel
◁ bis

Gebäudeart	▷	€/Einheit	◁	KG an 300
1 Büro- und Verwaltungsgebäude				
Büro- und Verwaltungsgebäude, einfacher Standard	15,00	**20,00**	38,00	1,0%
Büro- und Verwaltungsgebäude, mittlerer Standard	15,00	**28,00**	45,00	0,8%
Büro- und Verwaltungsgebäude, hoher Standard	25,00	**56,00**	125,00	1,0%
2 Gebäude für Forschung und Lehre				
Instituts- und Laborgebäude	22,00	**31,00**	55,00	1,7%
3 Gebäude des Gesundheitswesens				
Medizinische Einrichtungen	16,00	**30,00**	39,00	0,9%
Pflegeheime	5,60	**30,00**	44,00	0,8%
4 Schulen und Kindergärten				
Allgemeinbildende Schulen	17,00	**42,00**	110,00	1,2%
Berufliche Schulen	18,00	**31,00**	58,00	1,9%
Förder- und Sonderschulen	19,00	**39,00**	79,00	1,3%
Weiterbildungseinrichtungen	50,00	**78,00**	132,00	2,2%
Kindergärten, nicht unterkellert, einfacher Standard	6,80	**8,60**	10,00	0,4%
Kindergärten, nicht unterkellert, mittlerer Standard	12,00	**24,00**	46,00	0,7%
Kindergärten, nicht unterkellert, hoher Standard	8,90	**29,00**	39,00	1,7%
Kindergärten, Holzbauweise, nicht unterkellert	11,00	**24,00**	38,00	1,6%
Kindergärten, unterkellert	27,00	**54,00**	108,00	2,9%
5 Sportbauten				
Sport- und Mehrzweckhallen	7,50	**13,00**	15,00	0,7%
Sporthallen (Einfeldhallen)	13,00	**17,00**	22,00	1,0%
Sporthallen (Dreifeldhallen)	4,80	**28,00**	36,00	1,4%
Schwimmhallen	–	**–**	–	–
6 Wohngebäude				
Ein- und Zweifamilienhäuser				
Ein- und Zweifamilienhäuser, unterkellert, einfacher Standard	17,00	**22,00**	33,00	0,8%
Ein- und Zweifamilienhäuser, unterkellert, mittlerer Standard	16,00	**29,00**	55,00	1,0%
Ein- und Zweifamilienhäuser, unterkellert, hoher Standard	16,00	**33,00**	45,00	1,0%
Ein- und Zweifamilienhäuser, nicht unterkellert, einfacher Standard	10,00	**15,00**	20,00	0,8%
Ein- und Zweifamilienhäuser, nicht unterkellert, mittlerer Standard	16,00	**30,00**	48,00	1,5%
Ein- und Zweifamilienhäuser, nicht unterkellert, hoher Standard	22,00	**39,00**	69,00	1,5%
Ein- und Zweifamilienhäuser, Passivhausstandard, Massivbau	39,00	**78,00**	137,00	2,7%
Ein- und Zweifamilienhäuser, Passivhausstandard, Holzbau	13,00	**48,00**	103,00	1,7%
Ein- und Zweifamilienhäuser, Holzbauweise, unterkellert	17,00	**31,00**	59,00	1,1%
Ein- und Zweifamilienhäuser, Holzbauweise, nicht unterkellert	14,00	**31,00**	57,00	1,4%
Doppel- und Reihenendhäuser, einfacher Standard	8,00	**23,00**	52,00	1,2%
Doppel- und Reihenendhäuser, mittlerer Standard	5,80	**34,00**	52,00	1,6%
Doppel- und Reihenendhäuser, hoher Standard	11,00	**25,00**	34,00	0,7%
Reihenhäuser, einfacher Standard	12,00	**26,00**	41,00	0,9%
Reihenhäuser, mittlerer Standard	23,00	**33,00**	51,00	1,1%
Reihenhäuser, hoher Standard	3,60	**9,90**	13,00	0,3%
Mehrfamilienhäuser				
Mehrfamilienhäuser, mit bis zu 6 WE, einfacher Standard	7,40	**14,00**	25,00	0,6%
Mehrfamilienhäuser, mit bis zu 6 WE, mittlerer Standard	14,00	**30,00**	66,00	0,9%
Mehrfamilienhäuser, mit bis zu 6 WE, hoher Standard	13,00	**29,00**	41,00	0,9%

© **BKI** Baukosteninformationszentrum; Erläuterungen zu den Tabellen siehe Seite 50   Kosten: 1.Quartal 2018, Bundesdurchschnitt, **inkl. 19% MwSt.**

326 Bauwerksabdichtungen

Gebäudeart	▷	€/Einheit	◁	KG an 300
Mehrfamilienhäuser (Fortsetzung)				
Mehrfamilienhäuser, mit 6 bis 19 WE, einfacher Standard	8,20	**17,00**	44,00	0,7%
Mehrfamilienhäuser, mit 6 bis 19 WE, mittlerer Standard	11,00	**17,00**	24,00	0,6%
Mehrfamilienhäuser, mit 6 bis 19 WE, hoher Standard	11,00	**19,00**	30,00	0,7%
Mehrfamilienhäuser, mit 20 oder mehr WE, mittlerer Standard	10,00	**18,00**	24,00	0,6%
Mehrfamilienhäuser, mit 20 oder mehr WE, hoher Standard	28,00	**37,00**	53,00	1,0%
Mehrfamilienhäuser, Passivhäuser	13,00	**29,00**	55,00	0,9%
Wohnhäuser, mit bis zu 15% Mischnutzung, einfacher Standard	7,70	**17,00**	21,00	0,2%
Wohnhäuser, mit bis zu 15% Mischnutzung, mittlerer Standard	1,70	**21,00**	31,00	0,9%
Wohnhäuser, mit bis zu 15% Mischnutzung, hoher Standard	12,00	**16,00**	21,00	0,2%
Wohnhäuser mit mehr als 15% Mischnutzung	44,00	**46,00**	51,00	1,5%
Seniorenwohnungen				
Seniorenwohnungen, mittlerer Standard	11,00	**23,00**	66,00	0,6%
Seniorenwohnungen, hoher Standard	17,00	**24,00**	31,00	0,6%
Beherbergung				
Wohnheime und Internate	12,00	**23,00**	54,00	0,6%
7 Gewerbegebäude				
Gaststätten und Kantinen				
Gaststätten, Kantinen und Mensen	9,90	**31,00**	65,00	0,7%
Gebäude für Produktion				
Industrielle Produktionsgebäude, Massivbauweise	2,10	**13,00**	19,00	0,8%
Industrielle Produktionsgebäude, überwiegend Skelettbauweise	14,00	**26,00**	30,00	2,7%
Betriebs- und Werkstätten, eingeschossig	16,00	**22,00**	26,00	2,0%
Betriebs- und Werkstätten, mehrgeschossig, geringer Hallenanteil	18,00	**30,00**	65,00	1,9%
Betriebs- und Werkstätten, mehrgeschossig, hoher Hallenanteil	4,00	**14,00**	39,00	1,3%
Gebäude für Handel und Lager				
Geschäftshäuser mit Wohnungen	13,00	**17,00**	19,00	0,4%
Geschäftshäuser ohne Wohnungen	11,00	**13,00**	14,00	0,3%
Verbrauchermärkte	17,00	**29,00**	41,00	3,0%
Autohäuser	32,00	**38,00**	43,00	2,2%
Lagergebäude, ohne Mischnutzung	11,00	**20,00**	31,00	3,1%
Lagergebäude, mit bis zu 25% Mischnutzung	9,90	**29,00**	39,00	3,8%
Lagergebäude, mit mehr als 25% Mischnutzung	5,20	**7,40**	9,50	0,6%
Garagen und Bereitschaftsdienste				
Einzel-, Mehrfach- und Hochgaragen	4,80	**13,00**	19,00	2,1%
Tiefgaragen	–	**18,00**	–	0,8%
Feuerwehrhäuser	14,00	**22,00**	38,00	1,7%
Öffentliche Bereitschaftsdienste	28,00	**39,00**	44,00	3,0%
9 Kulturgebäude				
Gebäude für kulturelle Zwecke				
Bibliotheken, Museen und Ausstellungen	13,00	**38,00**	80,00	1,1%
Theater	9,00	**41,00**	73,00	0,8%
Gemeindezentren, einfacher Standard	11,00	**17,00**	28,00	1,2%
Gemeindezentren, mittlerer Standard	14,00	**32,00**	66,00	1,5%
Gemeindezentren, hoher Standard	4,70	**10,00**	14,00	0,4%
Gebäude für religiöse Zwecke				
Sakralbauten	–	**13,00**	–	0,2%
Friedhofsgebäude	11,00	**17,00**	23,00	0,5%

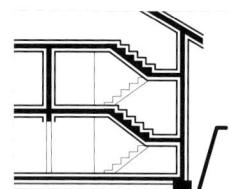

Einheit: m² Gründungsfläche

Kosten: 1.Quartal 2018, Bundesdurchschnitt, inkl. 19% MwSt.

327 Dränagen

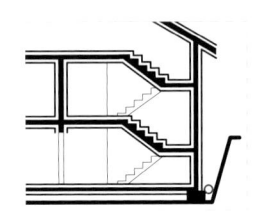

Kosten:
Stand 1.Quartal 2018
Bundesdurchschnitt
inkl. 19% MwSt.

Einheit: m² Gründungsfläche

▷ von
ø Mittel
◁ bis

Gebäudeart	▷	€/Einheit	◁	KG an 300
1 Büro- und Verwaltungsgebäude				
Büro- und Verwaltungsgebäude, einfacher Standard	–	**6,60**	–	0,1%
Büro- und Verwaltungsgebäude, mittlerer Standard	5,50	**11,00**	19,00	0,1%
Büro- und Verwaltungsgebäude, hoher Standard	2,20	**20,00**	29,00	0,1%
2 Gebäude für Forschung und Lehre				
Instituts- und Laborgebäude	–	**6,60**	–	0,0%
3 Gebäude des Gesundheitswesens				
Medizinische Einrichtungen	–	**2,00**	–	0,0%
Pflegeheime	–	**17,00**	–	0,1%
4 Schulen und Kindergärten				
Allgemeinbildende Schulen	4,80	**45,00**	126,00	0,4%
Berufliche Schulen	–	**2,20**	–	0,0%
Förder- und Sonderschulen	6,70	**14,00**	25,00	0,2%
Weiterbildungseinrichtungen	19,00	**30,00**	41,00	0,5%
Kindergärten, nicht unterkellert, einfacher Standard	–	**2,00**	–	0,0%
Kindergärten, nicht unterkellert, mittlerer Standard	–	**–**	–	–
Kindergärten, nicht unterkellert, hoher Standard	–	**7,50**	–	0,1%
Kindergärten, Holzbauweise, nicht unterkellert	6,30	**14,00**	22,00	0,3%
Kindergärten, unterkellert	–	**–**	–	–
5 Sportbauten				
Sport- und Mehrzweckhallen	3,40	**5,80**	8,20	0,2%
Sporthallen (Einfeldhallen)	–	**6,40**	–	0,1%
Sporthallen (Dreifeldhallen)	13,00	**19,00**	37,00	1,0%
Schwimmhallen	–	**–**	–	–
6 Wohngebäude				
Ein- und Zweifamilienhäuser				
Ein- und Zweifamilienhäuser, unterkellert, einfacher Standard	10,00	**61,00**	111,00	1,2%
Ein- und Zweifamilienhäuser, unterkellert, mittlerer Standard	7,90	**20,00**	48,00	0,4%
Ein- und Zweifamilienhäuser, unterkellert, hoher Standard	10,00	**18,00**	30,00	0,3%
Ein- und Zweifamilienhäuser, nicht unterkellert, einfacher Standard	–	**–**	–	–
Ein- und Zweifamilienhäuser, nicht unterkellert, mittlerer Standard	14,00	**16,00**	18,00	0,1%
Ein- und Zweifamilienhäuser, nicht unterkellert, hoher Standard	8,70	**23,00**	50,00	0,3%
Ein- und Zweifamilienhäuser, Passivhausstandard, Massivbau	3,70	**11,00**	17,00	0,1%
Ein- und Zweifamilienhäuser, Passivhausstandard, Holzbau	7,70	**13,00**	18,00	0,2%
Ein- und Zweifamilienhäuser, Holzbauweise, unterkellert	12,00	**27,00**	47,00	0,4%
Ein- und Zweifamilienhäuser, Holzbauweise, nicht unterkellert	–	**1,20**	–	0,0%
Doppel- und Reihenendhäuser, einfacher Standard	–	**10,00**	–	0,1%
Doppel- und Reihenendhäuser, mittlerer Standard	–	**–**	–	–
Doppel- und Reihenendhäuser, hoher Standard	8,00	**12,00**	19,00	0,1%
Reihenhäuser, einfacher Standard	–	**–**	–	–
Reihenhäuser, mittlerer Standard	–	**8,60**	–	0,0%
Reihenhäuser, hoher Standard	5,20	**6,20**	7,20	0,1%
Mehrfamilienhäuser				
Mehrfamilienhäuser, mit bis zu 6 WE, einfacher Standard	11,00	**17,00**	22,00	0,5%
Mehrfamilienhäuser, mit bis zu 6 WE, mittlerer Standard	7,20	**12,00**	17,00	0,1%
Mehrfamilienhäuser, mit bis zu 6 WE, hoher Standard	15,00	**18,00**	21,00	0,1%

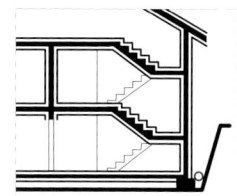

327 Dränagen

Gebäudeart	▷	€/Einheit	◁	KG an 300
Mehrfamilienhäuser (Fortsetzung)				
Mehrfamilienhäuser, mit 6 bis 19 WE, einfacher Standard	2,30	**13,00**	26,00	0,4%
Mehrfamilienhäuser, mit 6 bis 19 WE, mittlerer Standard	2,30	**6,80**	11,00	0,1%
Mehrfamilienhäuser, mit 6 bis 19 WE, hoher Standard	4,40	**9,30**	22,00	0,2%
Mehrfamilienhäuser, mit 20 oder mehr WE, mittlerer Standard	11,00	**13,00**	15,00	0,1%
Mehrfamilienhäuser, mit 20 oder mehr WE, hoher Standard	12,00	**13,00**	15,00	0,2%
Mehrfamilienhäuser, Passivhäuser	5,60	**13,00**	24,00	0,2%
Wohnhäuser, mit bis zu 15% Mischnutzung, einfacher Standard	9,10	**9,40**	9,70	0,0%
Wohnhäuser, mit bis zu 15% Mischnutzung, mittlerer Standard	–	**12,00**	–	0,1%
Wohnhäuser, mit bis zu 15% Mischnutzung, hoher Standard	13,00	**32,00**	52,00	0,4%
Wohnhäuser mit mehr als 15% Mischnutzung	–	**10,00**	–	0,0%
Seniorenwohnungen				
Seniorenwohnungen, mittlerer Standard	–	**17,00**	–	0,0%
Seniorenwohnungen, hoher Standard	16,00	**18,00**	20,00	0,5%
Beherbergung				
Wohnheime und Internate	2,80	**5,50**	8,20	0,0%
7 Gewerbegebäude				
Gaststätten und Kantinen				
Gaststätten, Kantinen und Mensen	10,00	**13,00**	17,00	0,2%
Gebäude für Produktion				
Industrielle Produktionsgebäude, Massivbauweise	–	**15,00**	–	0,4%
Industrielle Produktionsgebäude, überwiegend Skelettbauweise	3,80	**7,60**	9,60	0,5%
Betriebs- und Werkstätten, eingeschossig	–	**6,20**	–	0,1%
Betriebs- und Werkstätten, mehrgeschossig, geringer Hallenanteil	1,60	**9,20**	13,00	0,3%
Betriebs- und Werkstätten, mehrgeschossig, hoher Hallenanteil	0,70	**2,90**	5,60	0,2%
Gebäude für Handel und Lager				
Geschäftshäuser mit Wohnungen	–	**4,20**	–	0,0%
Geschäftshäuser ohne Wohnungen	–	**16,00**	–	0,2%
Verbrauchermärkte	–	**1,10**	–	0,0%
Autohäuser	3,10	**6,30**	9,40	0,3%
Lagergebäude, ohne Mischnutzung	1,20	**1,90**	2,60	0,0%
Lagergebäude, mit bis zu 25% Mischnutzung	–	–	–	–
Lagergebäude, mit mehr als 25% Mischnutzung	–	–	–	–
Garagen und Bereitschaftsdienste				
Einzel-, Mehrfach- und Hochgaragen	–	**59,00**	–	2,2%
Tiefgaragen	0,60	**4,50**	8,40	0,4%
Feuerwehrhäuser	3,20	**4,20**	5,20	0,2%
Öffentliche Bereitschaftsdienste	–	**1,20**	–	0,0%
9 Kulturgebäude				
Gebäude für kulturelle Zwecke				
Bibliotheken, Museen und Ausstellungen	0,60	**8,80**	17,00	0,0%
Theater	–	**10,00**	–	0,0%
Gemeindezentren, einfacher Standard	–	–	–	–
Gemeindezentren, mittlerer Standard	6,90	**13,00**	26,00	0,3%
Gemeindezentren, hoher Standard	–	**9,90**	–	0,1%
Gebäude für religiöse Zwecke				
Sakralbauten	–	**2,70**	–	0,0%
Friedhofsgebäude	12,00	**12,00**	13,00	0,4%

Einheit: m² Gründungsfläche

© BKI Baukosteninformationszentrum; Erläuterungen zu den Tabellen siehe Seite 50   Kosten: 1.Quartal 2018, Bundesdurchschnitt, **inkl. 19% MwSt.**

329 Gründung, sonstiges

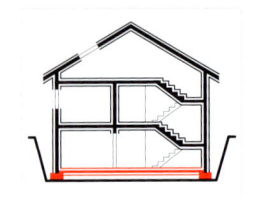

Kosten:
Stand 1.Quartal 2018
Bundesdurchschnitt
inkl. 19% MwSt.

Einheit: m² Gründungsfläche

▷ von
ø Mittel
◁ bis

Gebäudeart	▷	€/Einheit	◁	KG an 300
1 Büro- und Verwaltungsgebäude				
Büro- und Verwaltungsgebäude, einfacher Standard	–	8,00	–	0,0%
Büro- und Verwaltungsgebäude, mittlerer Standard		–		–
Büro- und Verwaltungsgebäude, hoher Standard	–	2,40	–	0,0%
2 Gebäude für Forschung und Lehre				
Instituts- und Laborgebäude	–	3,90	–	0,0%
3 Gebäude des Gesundheitswesens				
Medizinische Einrichtungen	–	0,80	–	0,0%
Pflegeheime		–		–
4 Schulen und Kindergärten				
Allgemeinbildende Schulen		–		–
Berufliche Schulen		–		–
Förder- und Sonderschulen	–	5,00	–	0,0%
Weiterbildungseinrichtungen	–	17,00	–	0,2%
Kindergärten, nicht unterkellert, einfacher Standard		–		–
Kindergärten, nicht unterkellert, mittlerer Standard		–		–
Kindergärten, nicht unterkellert, hoher Standard	–	8,90	–	0,1%
Kindergärten, Holzbauweise, nicht unterkellert	–	1,40	–	0,0%
Kindergärten, unterkellert		–		–
5 Sportbauten				
Sport- und Mehrzweckhallen		–		–
Sporthallen (Einfeldhallen)		–		–
Sporthallen (Dreifeldhallen)	0,20	2,60	5,00	0,0%
Schwimmhallen		–		–
6 Wohngebäude				
Ein- und Zweifamilienhäuser				
Ein- und Zweifamilienhäuser, unterkellert, einfacher Standard	–	–	–	–
Ein- und Zweifamilienhäuser, unterkellert, mittlerer Standard	–	–	–	–
Ein- und Zweifamilienhäuser, unterkellert, hoher Standard	–	–	–	–
Ein- und Zweifamilienhäuser, nicht unterkellert, einfacher Standard	–	–	–	–
Ein- und Zweifamilienhäuser, nicht unterkellert, mittlerer Standard	–	18,00	–	0,0%
Ein- und Zweifamilienhäuser, nicht unterkellert, hoher Standard	–	3,90	–	0,0%
Ein- und Zweifamilienhäuser, Passivhausstandard, Massivbau	–	–	–	–
Ein- und Zweifamilienhäuser, Passivhausstandard, Holzbau	–	–	–	–
Ein- und Zweifamilienhäuser, Holzbauweise, unterkellert	–	6,40	–	0,0%
Ein- und Zweifamilienhäuser, Holzbauweise, nicht unterkellert	–	–	–	–
Doppel- und Reihenendhäuser, einfacher Standard	–	–	–	–
Doppel- und Reihenendhäuser, mittlerer Standard	–	32,00	–	0,3%
Doppel- und Reihenendhäuser, hoher Standard	–	–	–	–
Reihenhäuser, einfacher Standard	–	–	–	–
Reihenhäuser, mittlerer Standard	–	–	–	–
Reihenhäuser, hoher Standard	–	–	–	–
Mehrfamilienhäuser				
Mehrfamilienhäuser, mit bis zu 6 WE, einfacher Standard	–	2,00	–	0,0%
Mehrfamilienhäuser, mit bis zu 6 WE, mittlerer Standard	–	–	–	–
Mehrfamilienhäuser, mit bis zu 6 WE, hoher Standard	–	–	–	–

329 Gründung, sonstiges

Gebäudeart	▷	€/Einheit	◁	KG an 300
Mehrfamilienhäuser (Fortsetzung)				
Mehrfamilienhäuser, mit 6 bis 19 WE, einfacher Standard	–	–	–	–
Mehrfamilienhäuser, mit 6 bis 19 WE, mittlerer Standard	–	–	–	–
Mehrfamilienhäuser, mit 6 bis 19 WE, hoher Standard	–	–	–	–
Mehrfamilienhäuser, mit 20 oder mehr WE, mittlerer Standard	–	**0,30**	–	0,0%
Mehrfamilienhäuser, mit 20 oder mehr WE, hoher Standard	–	–	–	–
Mehrfamilienhäuser, Passivhäuser	–	–	–	–
Wohnhäuser, mit bis zu 15% Mischnutzung, einfacher Standard	–	–	–	–
Wohnhäuser, mit bis zu 15% Mischnutzung, mittlerer Standard	–	–	–	–
Wohnhäuser, mit bis zu 15% Mischnutzung, hoher Standard	–	–	–	–
Wohnhäuser mit mehr als 15% Mischnutzung	–	–	–	–
Seniorenwohnungen				
Seniorenwohnungen, mittlerer Standard	–	–	–	–
Seniorenwohnungen, hoher Standard	–	–	–	–
Beherbergung				
Wohnheime und Internate	–	–	–	–
7 Gewerbegebäude				
Gaststätten und Kantinen				
Gaststätten, Kantinen und Mensen	–	**10,00**	–	0,0%
Gebäude für Produktion				
Industrielle Produktionsgebäude, Massivbauweise	–	–	–	–
Industrielle Produktionsgebäude, überwiegend Skelettbauweise	–	–	–	–
Betriebs- und Werkstätten, eingeschossig	4,90	**7,30**	9,70	0,3%
Betriebs- und Werkstätten, mehrgeschossig, geringer Hallenanteil	–	–	–	–
Betriebs- und Werkstätten, mehrgeschossig, hoher Hallenanteil	–	–	–	–
Gebäude für Handel und Lager				
Geschäftshäuser mit Wohnungen	–	–	–	–
Geschäftshäuser ohne Wohnungen	–	–	–	–
Verbrauchermärkte	–	–	–	–
Autohäuser	–	–	–	–
Lagergebäude, ohne Mischnutzung	–	–	–	–
Lagergebäude, mit bis zu 25% Mischnutzung	–	–	–	–
Lagergebäude, mit mehr als 25% Mischnutzung	–	–	–	–
Garagen und Bereitschaftsdienste				
Einzel-, Mehrfach- und Hochgaragen	–	–	–	–
Tiefgaragen	–	–	–	–
Feuerwehrhäuser	–	**1,20**	–	0,0%
Öffentliche Bereitschaftsdienste	0,70	**3,50**	6,30	0,0%
9 Kulturgebäude				
Gebäude für kulturelle Zwecke				
Bibliotheken, Museen und Ausstellungen	0,30	**0,80**	1,30	0,0%
Theater	–	**1,60**	–	0,0%
Gemeindezentren, einfacher Standard	–	–	–	–
Gemeindezentren, mittlerer Standard	–	–	–	–
Gemeindezentren, hoher Standard	–	–	–	–
Gebäude für religiöse Zwecke				
Sakralbauten	–	–	–	–
Friedhofsgebäude	–	–	–	–

Einheit: m² Gründungsfläche

331 Tragende Außenwände

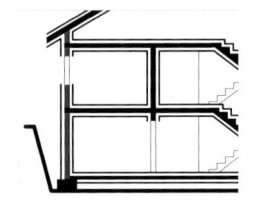

Kosten:
Stand 1.Quartal 2018
Bundesdurchschnitt
inkl. 19% MwSt.

Einheit: m² Außenwandfläche, tragend

▷ von
Ø Mittel
◁ bis

Gebäudeart	▷	€/Einheit	◁	KG an 300
1 Büro- und Verwaltungsgebäude				
Büro- und Verwaltungsgebäude, einfacher Standard	106,00	**117,00**	153,00	8,1%
Büro- und Verwaltungsgebäude, mittlerer Standard	114,00	**157,00**	234,00	6,1%
Büro- und Verwaltungsgebäude, hoher Standard	126,00	**167,00**	264,00	4,0%
2 Gebäude für Forschung und Lehre				
Instituts- und Laborgebäude	55,00	**102,00**	148,00	5,1%
3 Gebäude des Gesundheitswesens				
Medizinische Einrichtungen	96,00	**135,00**	197,00	4,4%
Pflegeheime	109,00	**146,00**	170,00	4,5%
4 Schulen und Kindergärten				
Allgemeinbildende Schulen	131,00	**174,00**	212,00	6,5%
Berufliche Schulen	130,00	**278,00**	499,00	4,4%
Förder- und Sonderschulen	102,00	**172,00**	205,00	4,6%
Weiterbildungseinrichtungen	182,00	**201,00**	237,00	4,4%
Kindergärten, nicht unterkellert, einfacher Standard	88,00	**118,00**	174,00	6,1%
Kindergärten, nicht unterkellert, mittlerer Standard	113,00	**137,00**	157,00	9,9%
Kindergärten, nicht unterkellert, hoher Standard	162,00	**188,00**	240,00	6,1%
Kindergärten, Holzbauweise, nicht unterkellert	119,00	**204,00**	263,00	3,9%
Kindergärten, unterkellert	133,00	**139,00**	141,00	6,6%
5 Sportbauten				
Sport- und Mehrzweckhallen	149,00	**160,00**	166,00	5,8%
Sporthallen (Einfeldhallen)	101,00	**183,00**	264,00	7,7%
Sporthallen (Dreifeldhallen)	69,00	**168,00**	206,00	3,6%
Schwimmhallen	215,00	**245,00**	276,00	8,7%
6 Wohngebäude				
Ein- und Zweifamilienhäuser				
Ein- und Zweifamilienhäuser, unterkellert, einfacher Standard	118,00	**132,00**	145,00	13,1%
Ein- und Zweifamilienhäuser, unterkellert, mittlerer Standard	96,00	**124,00**	170,00	10,8%
Ein- und Zweifamilienhäuser, unterkellert, hoher Standard	113,00	**135,00**	166,00	9,9%
Ein- und Zweifamilienhäuser, nicht unterkellert, einfacher Standard	74,00	**93,00**	113,00	10,6%
Ein- und Zweifamilienhäuser, nicht unterkellert, mittlerer Standard	85,00	**121,00**	160,00	9,3%
Ein- und Zweifamilienhäuser, nicht unterkellert, hoher Standard	93,00	**122,00**	185,00	8,6%
Ein- und Zweifamilienhäuser, Passivhausstandard, Massivbau	95,00	**110,00**	128,00	9,8%
Ein- und Zweifamilienhäuser, Passivhausstandard, Holzbau	160,00	**186,00**	238,00	15,1%
Ein- und Zweifamilienhäuser, Holzbauweise, unterkellert	97,00	**146,00**	214,00	13,8%
Ein- und Zweifamilienhäuser, Holzbauweise, nicht unterkellert	91,00	**156,00**	193,00	9,5%
Doppel- und Reihenendhäuser, einfacher Standard	79,00	**89,00**	100,00	11,1%
Doppel- und Reihenendhäuser, mittlerer Standard	71,00	**100,00**	113,00	8,7%
Doppel- und Reihenendhäuser, hoher Standard	111,00	**124,00**	139,00	9,9%
Reihenhäuser, einfacher Standard	65,00	**92,00**	106,00	9,1%
Reihenhäuser, mittlerer Standard	97,00	**113,00**	139,00	10,6%
Reihenhäuser, hoher Standard	118,00	**153,00**	206,00	8,9%
Mehrfamilienhäuser				
Mehrfamilienhäuser, mit bis zu 6 WE, einfacher Standard	79,00	**107,00**	122,00	9,6%
Mehrfamilienhäuser, mit bis zu 6 WE, mittlerer Standard	90,00	**131,00**	174,00	10,0%
Mehrfamilienhäuser, mit bis zu 6 WE, hoher Standard	103,00	**117,00**	134,00	7,6%

331 Tragende Außenwände

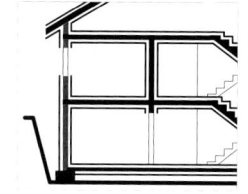

Gebäudeart	▷	€/Einheit	◁	KG an 300
Mehrfamilienhäuser (Fortsetzung)				
Mehrfamilienhäuser, mit 6 bis 19 WE, einfacher Standard	93,00	**116,00**	136,00	8,4%
Mehrfamilienhäuser, mit 6 bis 19 WE, mittlerer Standard	111,00	**136,00**	168,00	10,6%
Mehrfamilienhäuser, mit 6 bis 19 WE, hoher Standard	104,00	**126,00**	168,00	9,4%
Mehrfamilienhäuser, mit 20 oder mehr WE, mittlerer Standard	80,00	**120,00**	184,00	6,5%
Mehrfamilienhäuser, mit 20 oder mehr WE, hoher Standard	80,00	**101,00**	137,00	8,8%
Mehrfamilienhäuser, Passivhäuser	88,00	**107,00**	136,00	7,0%
Wohnhäuser, mit bis zu 15% Mischnutzung, einfacher Standard	91,00	**131,00**	170,00	4,3%
Wohnhäuser, mit bis zu 15% Mischnutzung, mittlerer Standard	103,00	**123,00**	156,00	13,6%
Wohnhäuser, mit bis zu 15% Mischnutzung, hoher Standard	144,00	**191,00**	237,00	8,7%
Wohnhäuser mit mehr als 15% Mischnutzung	116,00	**138,00**	176,00	6,7%
Seniorenwohnungen				
Seniorenwohnungen, mittlerer Standard	90,00	**99,00**	118,00	7,1%
Seniorenwohnungen, hoher Standard	91,00	**126,00**	161,00	7,3%
Beherbergung				
Wohnheime und Internate	113,00	**132,00**	167,00	5,4%
7 Gewerbegebäude				
Gaststätten und Kantinen				
Gaststätten, Kantinen und Mensen	102,00	**123,00**	165,00	3,7%
Gebäude für Produktion				
Industrielle Produktionsgebäude, Massivbauweise	104,00	**142,00**	212,00	6,1%
Industrielle Produktionsgebäude, überwiegend Skelettbauweise	133,00	**170,00**	203,00	9,9%
Betriebs- und Werkstätten, eingeschossig	133,00	**149,00**	165,00	3,0%
Betriebs- und Werkstätten, mehrgeschossig, geringer Hallenanteil	129,00	**158,00**	255,00	10,0%
Betriebs- und Werkstätten, mehrgeschossig, hoher Hallenanteil	91,00	**143,00**	221,00	8,2%
Gebäude für Handel und Lager				
Geschäftshäuser mit Wohnungen	112,00	**149,00**	204,00	7,1%
Geschäftshäuser ohne Wohnungen	124,00	**129,00**	133,00	11,5%
Verbrauchermärkte	127,00	**156,00**	184,00	9,8%
Autohäuser	176,00	**183,00**	190,00	3,1%
Lagergebäude, ohne Mischnutzung	67,00	**116,00**	279,00	5,3%
Lagergebäude, mit bis zu 25% Mischnutzung	135,00	**154,00**	193,00	7,6%
Lagergebäude, mit mehr als 25% Mischnutzung	98,00	**149,00**	201,00	4,5%
Garagen und Bereitschaftsdienste				
Einzel-, Mehrfach- und Hochgaragen	81,00	**94,00**	117,00	8,5%
Tiefgaragen	151,00	**168,00**	194,00	13,0%
Feuerwehrhäuser	98,00	**124,00**	139,00	7,5%
Öffentliche Bereitschaftsdienste	97,00	**129,00**	159,00	7,7%
9 Kulturgebäude				
Gebäude für kulturelle Zwecke				
Bibliotheken, Museen und Ausstellungen	123,00	**146,00**	181,00	6,7%
Theater	242,00	**259,00**	276,00	3,1%
Gemeindezentren, einfacher Standard	129,00	**139,00**	159,00	8,1%
Gemeindezentren, mittlerer Standard	135,00	**157,00**	178,00	7,1%
Gemeindezentren, hoher Standard	147,00	**199,00**	281,00	7,9%
Gebäude für religiöse Zwecke				
Sakralbauten	–	**249,00**	–	4,4%
Friedhofsgebäude	119,00	**209,00**	300,00	10,0%

Einheit: m² Außenwandfläche, tragend

© BKI Baukosteninformationszentrum; Erläuterungen zu den Tabellen siehe Seite 50 Kosten: 1.Quartal 2018, Bundesdurchschnitt, **inkl.** 19% MwSt.

332 Nichttragende Außenwände

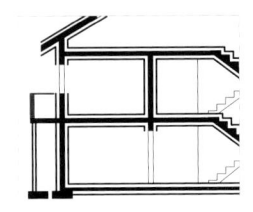

Kosten:
Stand 1.Quartal 2018
Bundesdurchschnitt
inkl. 19% MwSt.

Einheit: m² Außenwandfläche, nichttragend

▷ von
Ø Mittel
◁ bis

Gebäudeart	▷	€/Einheit	◁	KG an 300
1 Büro- und Verwaltungsgebäude				
Büro- und Verwaltungsgebäude, einfacher Standard	62,00	**63,00**	64,00	0,1%
Büro- und Verwaltungsgebäude, mittlerer Standard	93,00	**175,00**	282,00	0,5%
Büro- und Verwaltungsgebäude, hoher Standard	132,00	**194,00**	354,00	0,3%
2 Gebäude für Forschung und Lehre				
Instituts- und Laborgebäude	–	**155,00**	–	0,1%
3 Gebäude des Gesundheitswesens				
Medizinische Einrichtungen	175,00	**343,00**	510,00	0,2%
Pflegeheime	145,00	**186,00**	227,00	0,1%
4 Schulen und Kindergärten				
Allgemeinbildende Schulen	136,00	**139,00**	145,00	0,2%
Berufliche Schulen	104,00	**150,00**	196,00	0,8%
Förder- und Sonderschulen	83,00	**140,00**	196,00	0,1%
Weiterbildungseinrichtungen	–	**568,00**	–	0,0%
Kindergärten, nicht unterkellert, einfacher Standard	–	**163,00**	–	0,3%
Kindergärten, nicht unterkellert, mittlerer Standard	174,00	**193,00**	212,00	0,3%
Kindergärten, nicht unterkellert, hoher Standard	–	**160,00**	–	0,2%
Kindergärten, Holzbauweise, nicht unterkellert	–	**115,00**	–	0,1%
Kindergärten, unterkellert	–	**104,00**	–	0,3%
5 Sportbauten				
Sport- und Mehrzweckhallen	–	**731,00**	–	0,1%
Sporthallen (Einfeldhallen)	–	–	–	–
Sporthallen (Dreifeldhallen)	176,00	**185,00**	194,00	0,1%
Schwimmhallen	–	–	–	–
6 Wohngebäude				
Ein- und Zweifamilienhäuser				
Ein- und Zweifamilienhäuser, unterkellert, einfacher Standard	58,00	**120,00**	182,00	0,1%
Ein- und Zweifamilienhäuser, unterkellert, mittlerer Standard	95,00	**140,00**	225,00	0,1%
Ein- und Zweifamilienhäuser, unterkellert, hoher Standard	86,00	**130,00**	201,00	0,2%
Ein- und Zweifamilienhäuser, nicht unterkellert, einfacher Standard	–	–	–	–
Ein- und Zweifamilienhäuser, nicht unterkellert, mittlerer Standard	73,00	**95,00**	116,00	0,2%
Ein- und Zweifamilienhäuser, nicht unterkellert, hoher Standard	108,00	**160,00**	257,00	0,3%
Ein- und Zweifamilienhäuser, Passivhausstandard, Massivbau	62,00	**111,00**	160,00	0,1%
Ein- und Zweifamilienhäuser, Passivhausstandard, Holzbau	–	**82,00**	–	0,0%
Ein- und Zweifamilienhäuser, Holzbauweise, unterkellert	–	**153,00**	–	0,0%
Ein- und Zweifamilienhäuser, Holzbauweise, nicht unterkellert	–	**261,00**	–	0,3%
Doppel- und Reihenendhäuser, einfacher Standard	105,00	**111,00**	116,00	0,1%
Doppel- und Reihenendhäuser, mittlerer Standard	–	–	–	–
Doppel- und Reihenendhäuser, hoher Standard	85,00	**109,00**	158,00	0,2%
Reihenhäuser, einfacher Standard	–	**116,00**	–	0,1%
Reihenhäuser, mittlerer Standard	–	–	–	–
Reihenhäuser, hoher Standard	–	–	–	–
Mehrfamilienhäuser				
Mehrfamilienhäuser, mit bis zu 6 WE, einfacher Standard	–	–	–	–
Mehrfamilienhäuser, mit bis zu 6 WE, mittlerer Standard	–	**60,00**	–	0,0%
Mehrfamilienhäuser, mit bis zu 6 WE, hoher Standard	93,00	**224,00**	355,00	0,1%

332 Nichttragende Außenwände

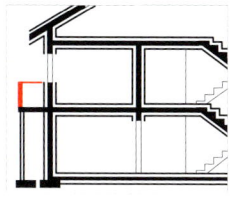

Gebäudeart	▷	€/Einheit	◁	KG an 300
Mehrfamilienhäuser (Fortsetzung)				
Mehrfamilienhäuser, mit 6 bis 19 WE, einfacher Standard	–	–	–	–
Mehrfamilienhäuser, mit 6 bis 19 WE, mittlerer Standard	75,00	**147,00**	219,00	0,2%
Mehrfamilienhäuser, mit 6 bis 19 WE, hoher Standard	–	**152,00**	–	0,3%
Mehrfamilienhäuser, mit 20 oder mehr WE, mittlerer Standard	85,00	**163,00**	242,00	0,5%
Mehrfamilienhäuser, mit 20 oder mehr WE, hoher Standard	102,00	**127,00**	168,00	0,4%
Mehrfamilienhäuser, Passivhäuser	92,00	**173,00**	377,00	0,5%
Wohnhäuser, mit bis zu 15% Mischnutzung, einfacher Standard	237,00	**299,00**	361,00	0,1%
Wohnhäuser, mit bis zu 15% Mischnutzung, mittlerer Standard	–	**103,00**	–	0,1%
Wohnhäuser, mit bis zu 15% Mischnutzung, hoher Standard	–	–	–	–
Wohnhäuser mit mehr als 15% Mischnutzung	123,00	**177,00**	230,00	1,2%
Seniorenwohnungen				
Seniorenwohnungen, mittlerer Standard	61,00	**103,00**	186,00	0,0%
Seniorenwohnungen, hoher Standard	–	**129,00**	–	0,0%
Beherbergung				
Wohnheime und Internate	112,00	**220,00**	344,00	1,6%
7 Gewerbegebäude				
Gaststätten und Kantinen				
Gaststätten, Kantinen und Mensen	–	**165,00**	–	0,0%
Gebäude für Produktion				
Industrielle Produktionsgebäude, Massivbauweise	63,00	**84,00**	105,00	1,6%
Industrielle Produktionsgebäude, überwiegend Skelettbauweise	103,00	**127,00**	176,00	3,7%
Betriebs- und Werkstätten, eingeschossig	37,00	**100,00**	162,00	3,5%
Betriebs- und Werkstätten, mehrgeschossig, geringer Hallenanteil	–	**264,00**	–	0,1%
Betriebs- und Werkstätten, mehrgeschossig, hoher Hallenanteil	59,00	**154,00**	248,00	0,1%
Gebäude für Handel und Lager				
Geschäftshäuser mit Wohnungen	–	–	–	–
Geschäftshäuser ohne Wohnungen	–	–	–	–
Verbrauchermärkte	–	–	–	–
Autohäuser	–	**105,00**	–	2,6%
Lagergebäude, ohne Mischnutzung	69,00	**82,00**	94,00	1,0%
Lagergebäude, mit bis zu 25% Mischnutzung	–	**244,00**	–	0,0%
Lagergebäude, mit mehr als 25% Mischnutzung	–	–	–	–
Garagen und Bereitschaftsdienste				
Einzel-, Mehrfach- und Hochgaragen	–	**89,00**	–	3,7%
Tiefgaragen	–	–	–	–
Feuerwehrhäuser	92,00	**118,00**	165,00	0,7%
Öffentliche Bereitschaftsdienste	95,00	**112,00**	129,00	0,1%
9 Kulturgebäude				
Gebäude für kulturelle Zwecke				
Bibliotheken, Museen und Ausstellungen	115,00	**176,00**	279,00	0,6%
Theater	166,00	**193,00**	219,00	1,1%
Gemeindezentren, einfacher Standard	–	–	–	–
Gemeindezentren, mittlerer Standard	76,00	**212,00**	347,00	0,5%
Gemeindezentren, hoher Standard	–	**164,00**	–	0,0%
Gebäude für religiöse Zwecke				
Sakralbauten	–	**182,00**	–	4,0%
Friedhofsgebäude	–	**51,00**	–	0,3%

Einheit: m² Außenwandfläche, nichttragend

© BKI Baukosteninformationszentrum; Erläuterungen zu den Tabellen siehe Seite 50 Kosten: 1.Quartal 2018, Bundesdurchschnitt, **inkl. 19% MwSt.**

333 Außenstützen

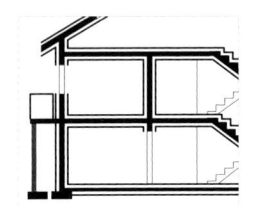

Kosten:
Stand 1.Quartal 2018
Bundesdurchschnitt
inkl. 19% MwSt.

Einheit: m
Außenstützenlänge

▷ von
Ø Mittel
◁ bis

Gebäudeart	▷	€/Einheit	◁	KG an 300
1 Büro- und Verwaltungsgebäude				
Büro- und Verwaltungsgebäude, einfacher Standard	115,00	**182,00**	246,00	0,5%
Büro- und Verwaltungsgebäude, mittlerer Standard	126,00	**199,00**	266,00	0,7%
Büro- und Verwaltungsgebäude, hoher Standard	105,00	**128,00**	199,00	0,3%
2 Gebäude für Forschung und Lehre				
Instituts- und Laborgebäude	174,00	**192,00**	227,00	0,2%
3 Gebäude des Gesundheitswesens				
Medizinische Einrichtungen	157,00	**356,00**	738,00	0,3%
Pflegeheime	–	**164,00**	–	0,0%
4 Schulen und Kindergärten				
Allgemeinbildende Schulen	142,00	**229,00**	315,00	0,4%
Berufliche Schulen	87,00	**180,00**	334,00	0,6%
Förder- und Sonderschulen	113,00	**138,00**	163,00	0,3%
Weiterbildungseinrichtungen	123,00	**138,00**	168,00	0,6%
Kindergärten, nicht unterkellert, einfacher Standard	–	**143,00**	–	0,0%
Kindergärten, nicht unterkellert, mittlerer Standard	127,00	**135,00**	143,00	0,0%
Kindergärten, nicht unterkellert, hoher Standard	175,00	**178,00**	184,00	0,5%
Kindergärten, Holzbauweise, nicht unterkellert	–	**15,00**	–	0,0%
Kindergärten, unterkellert	–	**56,00**	–	0,0%
5 Sportbauten				
Sport- und Mehrzweckhallen	–	**306,00**	–	0,2%
Sporthallen (Einfeldhallen)	–	**252,00**	–	0,8%
Sporthallen (Dreifeldhallen)	154,00	**217,00**	270,00	0,6%
Schwimmhallen	–	**115,00**	–	0,3%
6 Wohngebäude				
Ein- und Zweifamilienhäuser				
Ein- und Zweifamilienhäuser, unterkellert, einfacher Standard	–	**79,00**	–	0,1%
Ein- und Zweifamilienhäuser, unterkellert, mittlerer Standard	92,00	**137,00**	226,00	0,1%
Ein- und Zweifamilienhäuser, unterkellert, hoher Standard	82,00	**111,00**	170,00	0,3%
Ein- und Zweifamilienhäuser, nicht unterkellert, einfacher Standard	–	**–**	–	–
Ein- und Zweifamilienhäuser, nicht unterkellert, mittlerer Standard	68,00	**113,00**	147,00	0,2%
Ein- und Zweifamilienhäuser, nicht unterkellert, hoher Standard	148,00	**261,00**	455,00	0,3%
Ein- und Zweifamilienhäuser, Passivhausstandard, Massivbau	105,00	**216,00**	512,00	0,1%
Ein- und Zweifamilienhäuser, Passivhausstandard, Holzbau	91,00	**126,00**	162,00	0,0%
Ein- und Zweifamilienhäuser, Holzbauweise, unterkellert	24,00	**92,00**	119,00	0,5%
Ein- und Zweifamilienhäuser, Holzbauweise, nicht unterkellert	40,00	**111,00**	189,00	0,1%
Doppel- und Reihenendhäuser, einfacher Standard	69,00	**89,00**	110,00	0,5%
Doppel- und Reihenendhäuser, mittlerer Standard	–	**47,00**	–	0,0%
Doppel- und Reihenendhäuser, hoher Standard	75,00	**100,00**	113,00	0,3%
Reihenhäuser, einfacher Standard	–	**44,00**	–	0,0%
Reihenhäuser, mittlerer Standard	–	**–**	–	–
Reihenhäuser, hoher Standard	–	**–**	–	–
Mehrfamilienhäuser				
Mehrfamilienhäuser, mit bis zu 6 WE, einfacher Standard	133,00	**165,00**	198,00	0,2%
Mehrfamilienhäuser, mit bis zu 6 WE, mittlerer Standard	52,00	**91,00**	129,00	0,0%
Mehrfamilienhäuser, mit bis zu 6 WE, hoher Standard	89,00	**166,00**	197,00	0,3%

333 Außenstützen

Gebäudeart	€/Einheit			KG an 300
Mehrfamilienhäuser (Fortsetzung)				
Mehrfamilienhäuser, mit 6 bis 19 WE, einfacher Standard	–	–	–	–
Mehrfamilienhäuser, mit 6 bis 19 WE, mittlerer Standard	105,00	**159,00**	190,00	0,1%
Mehrfamilienhäuser, mit 6 bis 19 WE, hoher Standard	–	**357,00**	–	0,0%
Mehrfamilienhäuser, mit 20 oder mehr WE, mittlerer Standard	87,00	**138,00**	179,00	0,2%
Mehrfamilienhäuser, mit 20 oder mehr WE, hoher Standard	–	**135,00**	–	0,1%
Mehrfamilienhäuser, Passivhäuser	122,00	**153,00**	209,00	0,3%
Wohnhäuser, mit bis zu 15% Mischnutzung, einfacher Standard	–	–	–	–
Wohnhäuser, mit bis zu 15% Mischnutzung, mittlerer Standard	–	**103,00**	–	0,1%
Wohnhäuser, mit bis zu 15% Mischnutzung, hoher Standard	–	**221,00**	–	0,2%
Wohnhäuser mit mehr als 15% Mischnutzung	–	–	–	–
Seniorenwohnungen				
Seniorenwohnungen, mittlerer Standard	89,00	**148,00**	167,00	0,2%
Seniorenwohnungen, hoher Standard	–	**100,00**	–	0,2%
Beherbergung				
Wohnheime und Internate	88,00	**129,00**	199,00	0,3%
7 Gewerbegebäude				
Gaststätten und Kantinen				
Gaststätten, Kantinen und Mensen	39,00	**320,00**	472,00	0,3%
Gebäude für Produktion				
Industrielle Produktionsgebäude, Massivbauweise	–	–	–	–
Industrielle Produktionsgebäude, überwiegend Skelettbauweise	87,00	**211,00**	302,00	1,8%
Betriebs- und Werkstätten, eingeschossig	–	**199,00**	–	0,0%
Betriebs- und Werkstätten, mehrgeschossig, geringer Hallenanteil	139,00	**184,00**	270,00	0,3%
Betriebs- und Werkstätten, mehrgeschossig, hoher Hallenanteil	91,00	**130,00**	208,00	0,9%
Gebäude für Handel und Lager				
Geschäftshäuser mit Wohnungen	116,00	**136,00**	170,00	0,1%
Geschäftshäuser ohne Wohnungen	–	**308,00**	–	0,3%
Verbrauchermärkte	–	–	–	–
Autohäuser	–	**1.329,00**	–	1,6%
Lagergebäude, ohne Mischnutzung	105,00	**208,00**	299,00	4,5%
Lagergebäude, mit bis zu 25% Mischnutzung	–	**396,00**	–	0,5%
Lagergebäude, mit mehr als 25% Mischnutzung	190,00	**353,00**	515,00	2,6%
Garagen und Bereitschaftsdienste				
Einzel-, Mehrfach- und Hochgaragen	–	**258,00**	–	2,3%
Tiefgaragen	–	**304,00**	–	0,0%
Feuerwehrhäuser	121,00	**152,00**	183,00	0,2%
Öffentliche Bereitschaftsdienste	194,00	**353,00**	632,00	2,4%
9 Kulturgebäude				
Gebäude für kulturelle Zwecke				
Bibliotheken, Museen und Ausstellungen	99,00	**161,00**	195,00	0,6%
Theater	138,00	**664,00**	1.189,00	0,9%
Gemeindezentren, einfacher Standard	163,00	**232,00**	301,00	0,6%
Gemeindezentren, mittlerer Standard	88,00	**158,00**	330,00	0,5%
Gemeindezentren, hoher Standard	134,00	**258,00**	507,00	0,4%
Gebäude für religiöse Zwecke				
Sakralbauten	–	**307,00**	–	2,9%
Friedhofsgebäude	190,00	**267,00**	343,00	2,0%

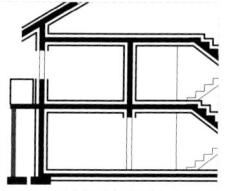

Einheit: m Außenstützenlänge

334 Außentüren und -fenster

Kosten:
Stand 1.Quartal 2018
Bundesdurchschnitt
inkl. 19% MwSt.

Einheit: m²
Außentüren- und
-fensterfläche

▷ von
Ø Mittel
◁ bis

Gebäudeart	▷	€/Einheit Ø	◁	KG an 300
1 Büro- und Verwaltungsgebäude				
Büro- und Verwaltungsgebäude, einfacher Standard	270,00	**344,00**	392,00	9,1%
Büro- und Verwaltungsgebäude, mittlerer Standard	390,00	**616,00**	950,00	9,7%
Büro- und Verwaltungsgebäude, hoher Standard	742,00	**972,00**	2.194,00	8,5%
2 Gebäude für Forschung und Lehre				
Instituts- und Laborgebäude	765,00	**1.052,00**	1.871,00	5,3%
3 Gebäude des Gesundheitswesens				
Medizinische Einrichtungen	308,00	**467,00**	547,00	7,1%
Pflegeheime	400,00	**546,00**	786,00	7,7%
4 Schulen und Kindergärten				
Allgemeinbildende Schulen	506,00	**868,00**	1.274,00	7,2%
Berufliche Schulen	662,00	**1.057,00**	1.400,00	4,2%
Förder- und Sonderschulen	572,00	**840,00**	1.119,00	4,0%
Weiterbildungseinrichtungen	1.080,00	**1.714,00**	2.348,00	0,8%
Kindergärten, nicht unterkellert, einfacher Standard	669,00	**709,00**	780,00	6,8%
Kindergärten, nicht unterkellert, mittlerer Standard	538,00	**725,00**	1.051,00	8,1%
Kindergärten, nicht unterkellert, hoher Standard	485,00	**674,00**	768,00	3,3%
Kindergärten, Holzbauweise, nicht unterkellert	489,00	**716,00**	941,00	6,5%
Kindergärten, unterkellert	692,00	**810,00**	993,00	9,4%
5 Sportbauten				
Sport- und Mehrzweckhallen	374,00	**639,00**	774,00	3,0%
Sporthallen (Einfeldhallen)	595,00	**884,00**	1.173,00	5,9%
Sporthallen (Dreifeldhallen)	939,00	**1.290,00**	1.695,00	1,0%
Schwimmhallen	543,00	**558,00**	574,00	5,4%
6 Wohngebäude				
Ein- und Zweifamilienhäuser				
Ein- und Zweifamilienhäuser, unterkellert, einfacher Standard	478,00	**540,00**	594,00	8,2%
Ein- und Zweifamilienhäuser, unterkellert, mittlerer Standard	415,00	**509,00**	669,00	9,7%
Ein- und Zweifamilienhäuser, unterkellert, hoher Standard	532,00	**665,00**	785,00	10,6%
Ein- und Zweifamilienhäuser, nicht unterkellert, einfacher Standard	380,00	**436,00**	493,00	9,1%
Ein- und Zweifamilienhäuser, nicht unterkellert, mittlerer Standard	443,00	**589,00**	721,00	11,8%
Ein- und Zweifamilienhäuser, nicht unterkellert, hoher Standard	513,00	**586,00**	665,00	13,1%
Ein- und Zweifamilienhäuser, Passivhausstandard, Massivbau	530,00	**665,00**	783,00	12,8%
Ein- und Zweifamilienhäuser, Passivhausstandard, Holzbau	620,00	**707,00**	1.135,00	12,9%
Ein- und Zweifamilienhäuser, Holzbauweise, unterkellert	449,00	**495,00**	607,00	9,4%
Ein- und Zweifamilienhäuser, Holzbauweise, nicht unterkellert	467,00	**556,00**	662,00	9,7%
Doppel- und Reihenendhäuser, einfacher Standard	287,00	**435,00**	631,00	10,0%
Doppel- und Reihenendhäuser, mittlerer Standard	441,00	**565,00**	734,00	9,1%
Doppel- und Reihenendhäuser, hoher Standard	418,00	**467,00**	620,00	8,5%
Reihenhäuser, einfacher Standard	283,00	**365,00**	526,00	8,6%
Reihenhäuser, mittlerer Standard	412,00	**618,00**	735,00	12,3%
Reihenhäuser, hoher Standard	403,00	**600,00**	707,00	7,1%
Mehrfamilienhäuser				
Mehrfamilienhäuser, mit bis zu 6 WE, einfacher Standard	294,00	**369,00**	415,00	7,2%
Mehrfamilienhäuser, mit bis zu 6 WE, mittlerer Standard	307,00	**477,00**	551,00	7,7%
Mehrfamilienhäuser, mit bis zu 6 WE, hoher Standard	396,00	**512,00**	586,00	7,8%

334 Außentüren und -fenster

Gebäudeart	▷	€/Einheit	◁	KG an 300
Mehrfamilienhäuser (Fortsetzung)				
Mehrfamilienhäuser, mit 6 bis 19 WE, einfacher Standard	322,00	**485,00**	690,00	6,8%
Mehrfamilienhäuser, mit 6 bis 19 WE, mittlerer Standard	252,00	**319,00**	366,00	5,7%
Mehrfamilienhäuser, mit 6 bis 19 WE, hoher Standard	269,00	**366,00**	455,00	6,3%
Mehrfamilienhäuser, mit 20 oder mehr WE, mittlerer Standard	241,00	**407,00**	538,00	6,3%
Mehrfamilienhäuser, mit 20 oder mehr WE, hoher Standard	319,00	**396,00**	550,00	6,4%
Mehrfamilienhäuser, Passivhäuser	466,00	**549,00**	719,00	10,7%
Wohnhäuser, mit bis zu 15% Mischnutzung, einfacher Standard	413,00	**507,00**	628,00	9,5%
Wohnhäuser, mit bis zu 15% Mischnutzung, mittlerer Standard	428,00	**459,00**	518,00	9,7%
Wohnhäuser, mit bis zu 15% Mischnutzung, hoher Standard	682,00	**707,00**	733,00	10,5%
Wohnhäuser mit mehr als 15% Mischnutzung	338,00	**384,00**	456,00	7,5%
Seniorenwohnungen				
Seniorenwohnungen, mittlerer Standard	379,00	**409,00**	514,00	8,3%
Seniorenwohnungen, hoher Standard	298,00	**380,00**	462,00	6,9%
Beherbergung				
Wohnheime und Internate	472,00	**598,00**	801,00	6,9%
7 Gewerbegebäude				
Gaststätten und Kantinen				
Gaststätten, Kantinen und Mensen	640,00	**822,00**	1.138,00	7,8%
Gebäude für Produktion				
Industrielle Produktionsgebäude, Massivbauweise	393,00	**492,00**	672,00	6,3%
Industrielle Produktionsgebäude, überwiegend Skelettbauweise	395,00	**495,00**	660,00	3,0%
Betriebs- und Werkstätten, eingeschossig	555,00	**1.006,00**	1.285,00	8,6%
Betriebs- und Werkstätten, mehrgeschossig, geringer Hallenanteil	354,00	**446,00**	784,00	5,4%
Betriebs- und Werkstätten, mehrgeschossig, hoher Hallenanteil	409,00	**498,00**	877,00	6,2%
Gebäude für Handel und Lager				
Geschäftshäuser mit Wohnungen	278,00	**851,00**	1.207,00	5,3%
Geschäftshäuser ohne Wohnungen	561,00	**694,00**	827,00	11,8%
Verbrauchermärkte	956,00	**1.101,00**	1.245,00	7,4%
Autohäuser	484,00	**549,00**	614,00	4,5%
Lagergebäude, ohne Mischnutzung	246,00	**394,00**	523,00	9,5%
Lagergebäude, mit bis zu 25% Mischnutzung	529,00	**743,00**	1.110,00	7,0%
Lagergebäude, mit mehr als 25% Mischnutzung	376,00	**578,00**	779,00	7,3%
Garagen und Bereitschaftsdienste				
Einzel-, Mehrfach- und Hochgaragen	284,00	**370,00**	619,00	10,6%
Tiefgaragen	824,00	**1.087,00**	1.349,00	1,0%
Feuerwehrhäuser	566,00	**671,00**	871,00	9,3%
Öffentliche Bereitschaftsdienste	499,00	**764,00**	1.469,00	9,5%
9 Kulturgebäude				
Gebäude für kulturelle Zwecke				
Bibliotheken, Museen und Ausstellungen	699,00	**1.108,00**	1.371,00	5,6%
Theater	548,00	**611,00**	673,00	7,5%
Gemeindezentren, einfacher Standard	396,00	**438,00**	465,00	8,4%
Gemeindezentren, mittlerer Standard	577,00	**706,00**	827,00	9,2%
Gemeindezentren, hoher Standard	685,00	**856,00**	1.186,00	6,1%
Gebäude für religiöse Zwecke				
Sakralbauten	–	**921,00**	–	14,7%
Friedhofsgebäude	697,00	**733,00**	769,00	12,0%

Einheit: m² Außentüren- und -fensterfläche

© BKI Baukosteninformationszentrum; Erläuterungen zu den Tabellen siehe Seite 50   Kosten: 1.Quartal 2018, Bundesdurchschnitt, inkl. 19% MwSt.

335 Außenwandbekleidungen außen

Kosten:
Stand 1.Quartal 2018
Bundesdurchschnitt
inkl. 19% MwSt.

Einheit: m²
Außenbekleidungsfläche
Außenwand

▷ von
Ø Mittel
◁ bis

Gebäudeart	▷	€/Einheit	◁	KG an 300
1 Büro- und Verwaltungsgebäude				
Büro- und Verwaltungsgebäude, einfacher Standard	57,00	**90,00**	149,00	5,6%
Büro- und Verwaltungsgebäude, mittlerer Standard	101,00	**169,00**	299,00	8,1%
Büro- und Verwaltungsgebäude, hoher Standard	163,00	**325,00**	720,00	9,5%
2 Gebäude für Forschung und Lehre				
Instituts- und Laborgebäude	193,00	**264,00**	291,00	15,2%
3 Gebäude des Gesundheitswesens				
Medizinische Einrichtungen	256,00	**264,00**	278,00	11,6%
Pflegeheime	118,00	**206,00**	266,00	6,9%
4 Schulen und Kindergärten				
Allgemeinbildende Schulen	101,00	**165,00**	260,00	5,0%
Berufliche Schulen	89,00	**156,00**	262,00	4,3%
Förder- und Sonderschulen	97,00	**175,00**	222,00	6,8%
Weiterbildungseinrichtungen	234,00	**284,00**	360,00	5,6%
Kindergärten, nicht unterkellert, einfacher Standard	109,00	**148,00**	167,00	9,6%
Kindergärten, nicht unterkellert, mittlerer Standard	102,00	**120,00**	176,00	10,0%
Kindergärten, nicht unterkellert, hoher Standard	102,00	**127,00**	177,00	5,2%
Kindergärten, Holzbauweise, nicht unterkellert	115,00	**175,00**	242,00	6,6%
Kindergärten, unterkellert	100,00	**128,00**	147,00	7,7%
5 Sportbauten				
Sport- und Mehrzweckhallen	64,00	**89,00**	136,00	3,7%
Sporthallen (Einfeldhallen)	99,00	**129,00**	158,00	8,1%
Sporthallen (Dreifeldhallen)	64,00	**117,00**	183,00	2,8%
Schwimmhallen	39,00	**69,00**	99,00	2,2%
6 Wohngebäude				
Ein- und Zweifamilienhäuser				
Ein- und Zweifamilienhäuser, unterkellert, einfacher Standard	43,00	**69,00**	143,00	6,8%
Ein- und Zweifamilienhäuser, unterkellert, mittlerer Standard	63,00	**111,00**	149,00	10,4%
Ein- und Zweifamilienhäuser, unterkellert, hoher Standard	86,00	**110,00**	147,00	8,9%
Ein- und Zweifamilienhäuser, nicht unterkellert, einfacher Standard	58,00	**97,00**	136,00	11,0%
Ein- und Zweifamilienhäuser, nicht unterkellert, mittlerer Standard	76,00	**104,00**	144,00	9,6%
Ein- und Zweifamilienhäuser, nicht unterkellert, hoher Standard	76,00	**102,00**	131,00	7,9%
Ein- und Zweifamilienhäuser, Passivhausstandard, Massivbau	98,00	**137,00**	179,00	13,1%
Ein- und Zweifamilienhäuser, Passivhausstandard, Holzbau	78,00	**110,00**	152,00	9,1%
Ein- und Zweifamilienhäuser, Holzbauweise, unterkellert	75,00	**99,00**	128,00	9,1%
Ein- und Zweifamilienhäuser, Holzbauweise, nicht unterkellert	51,00	**80,00**	130,00	7,4%
Doppel- und Reihenendhäuser, einfacher Standard	65,00	**76,00**	85,00	9,1%
Doppel- und Reihenendhäuser, mittlerer Standard	78,00	**112,00**	191,00	10,2%
Doppel- und Reihenendhäuser, hoher Standard	101,00	**123,00**	150,00	10,7%
Reihenhäuser, einfacher Standard	74,00	**86,00**	111,00	7,2%
Reihenhäuser, mittlerer Standard	47,00	**74,00**	88,00	7,5%
Reihenhäuser, hoher Standard	87,00	**96,00**	113,00	6,2%
Mehrfamilienhäuser				
Mehrfamilienhäuser, mit bis zu 6 WE, einfacher Standard	52,00	**70,00**	79,00	6,2%
Mehrfamilienhäuser, mit bis zu 6 WE, mittlerer Standard	54,00	**89,00**	142,00	7,2%
Mehrfamilienhäuser, mit bis zu 6 WE, hoher Standard	96,00	**129,00**	249,00	9,1%

335 Außenwandbekleidungen außen

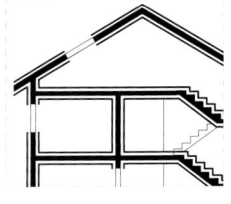

Gebäudeart	▷	€/Einheit	◁	KG an 300
Mehrfamilienhäuser (Fortsetzung)				
Mehrfamilienhäuser, mit 6 bis 19 WE, einfacher Standard	75,00	**112,00**	152,00	7,8%
Mehrfamilienhäuser, mit 6 bis 19 WE, mittlerer Standard	78,00	**101,00**	116,00	7,7%
Mehrfamilienhäuser, mit 6 bis 19 WE, hoher Standard	75,00	**133,00**	356,00	9,7%
Mehrfamilienhäuser, mit 20 oder mehr WE, mittlerer Standard	80,00	**114,00**	174,00	7,5%
Mehrfamilienhäuser, mit 20 oder mehr WE, hoher Standard	102,00	**106,00**	113,00	10,0%
Mehrfamilienhäuser, Passivhäuser	92,00	**125,00**	196,00	9,3%
Wohnhäuser, mit bis zu 15% Mischnutzung, einfacher Standard	91,00	**131,00**	165,00	6,4%
Wohnhäuser, mit bis zu 15% Mischnutzung, mittlerer Standard	91,00	**126,00**	161,00	7,1%
Wohnhäuser, mit bis zu 15% Mischnutzung, hoher Standard	52,00	**138,00**	224,00	5,1%
Wohnhäuser mit mehr als 15% Mischnutzung	83,00	**165,00**	212,00	8,8%
Seniorenwohnungen				
Seniorenwohnungen, mittlerer Standard	82,00	**93,00**	107,00	7,1%
Seniorenwohnungen, hoher Standard	85,00	**115,00**	145,00	6,9%
Beherbergung				
Wohnheime und Internate	94,00	**140,00**	235,00	6,3%
7 Gewerbegebäude				
Gaststätten und Kantinen				
Gaststätten, Kantinen und Mensen	153,00	**196,00**	218,00	6,1%
Gebäude für Produktion				
Industrielle Produktionsgebäude, Massivbauweise	88,00	**121,00**	139,00	8,0%
Industrielle Produktionsgebäude, überwiegend Skelettbauweise	34,00	**56,00**	82,00	3,6%
Betriebs- und Werkstätten, eingeschossig	122,00	**148,00**	174,00	2,3%
Betriebs- und Werkstätten, mehrgeschossig, geringer Hallenanteil	95,00	**135,00**	160,00	9,0%
Betriebs- und Werkstätten, mehrgeschossig, hoher Hallenanteil	74,00	**129,00**	385,00	6,4%
Gebäude für Handel und Lager				
Geschäftshäuser mit Wohnungen	123,00	**144,00**	154,00	6,2%
Geschäftshäuser ohne Wohnungen	65,00	**79,00**	92,00	7,3%
Verbrauchermärkte	96,00	**159,00**	223,00	9,3%
Autohäuser	102,00	**225,00**	348,00	6,3%
Lagergebäude, ohne Mischnutzung	59,00	**88,00**	117,00	9,8%
Lagergebäude, mit bis zu 25% Mischnutzung	70,00	**110,00**	150,00	4,9%
Lagergebäude, mit mehr als 25% Mischnutzung	–	**59,00**	–	2,2%
Garagen und Bereitschaftsdienste				
Einzel-, Mehrfach- und Hochgaragen	24,00	**35,00**	47,00	3,9%
Tiefgaragen	10,00	**27,00**	35,00	1,8%
Feuerwehrhäuser	121,00	**128,00**	132,00	10,2%
Öffentliche Bereitschaftsdienste	91,00	**158,00**	344,00	8,8%
9 Kulturgebäude				
Gebäude für kulturelle Zwecke				
Bibliotheken, Museen und Ausstellungen	162,00	**309,00**	395,00	13,7%
Theater	144,00	**166,00**	187,00	4,3%
Gemeindezentren, einfacher Standard	83,00	**128,00**	152,00	8,9%
Gemeindezentren, mittlerer Standard	114,00	**147,00**	204,00	7,8%
Gemeindezentren, hoher Standard	91,00	**157,00**	282,00	6,9%
Gebäude für religiöse Zwecke				
Sakralbauten	–	**109,00**	–	5,4%
Friedhofsgebäude	63,00	**77,00**	90,00	5,7%

Einheit: m² Außenbekleidungsfläche Außenwand

Kosten: 1.Quartal 2018, Bundesdurchschnitt, inkl. 19% MwSt.

336 Außenwandbekleidungen innen

Kosten:
Stand 1.Quartal 2018
Bundesdurchschnitt
inkl. 19% MwSt.

Einheit: m²
Innenbekleidungsfläche
Außenwand

▷ von
Ø Mittel
◁ bis

Gebäudeart	▷	€/Einheit	◁	KG an 300
1 Büro- und Verwaltungsgebäude				
Büro- und Verwaltungsgebäude, einfacher Standard	21,00	**34,00**	43,00	1,9%
Büro- und Verwaltungsgebäude, mittlerer Standard	20,00	**35,00**	53,00	1,4%
Büro- und Verwaltungsgebäude, hoher Standard	22,00	**41,00**	57,00	0,9%
2 Gebäude für Forschung und Lehre				
Instituts- und Laborgebäude	16,00	**35,00**	53,00	1,2%
3 Gebäude des Gesundheitswesens				
Medizinische Einrichtungen	32,00	**37,00**	44,00	1,1%
Pflegeheime	24,00	**49,00**	100,00	1,0%
4 Schulen und Kindergärten				
Allgemeinbildende Schulen	25,00	**52,00**	109,00	1,1%
Berufliche Schulen	22,00	**89,00**	180,00	0,9%
Förder- und Sonderschulen	35,00	**52,00**	93,00	0,9%
Weiterbildungseinrichtungen	14,00	**37,00**	82,00	0,3%
Kindergärten, nicht unterkellert, einfacher Standard	49,00	**51,00**	54,00	2,8%
Kindergärten, nicht unterkellert, mittlerer Standard	36,00	**39,00**	51,00	2,4%
Kindergärten, nicht unterkellert, hoher Standard	31,00	**37,00**	39,00	1,0%
Kindergärten, Holzbauweise, nicht unterkellert	40,00	**55,00**	70,00	1,6%
Kindergärten, unterkellert	35,00	**36,00**	37,00	1,6%
5 Sportbauten				
Sport- und Mehrzweckhallen	6,70	**39,00**	61,00	1,5%
Sporthallen (Einfeldhallen)	61,00	**72,00**	83,00	3,4%
Sporthallen (Dreifeldhallen)	40,00	**86,00**	105,00	1,3%
Schwimmhallen	43,00	**66,00**	90,00	1,6%
6 Wohngebäude				
Ein- und Zweifamilienhäuser				
Ein- und Zweifamilienhäuser, unterkellert, einfacher Standard	19,00	**24,00**	27,00	2,3%
Ein- und Zweifamilienhäuser, unterkellert, mittlerer Standard	27,00	**35,00**	48,00	2,4%
Ein- und Zweifamilienhäuser, unterkellert, hoher Standard	28,00	**40,00**	61,00	2,4%
Ein- und Zweifamilienhäuser, nicht unterkellert, einfacher Standard	40,00	**43,00**	45,00	3,7%
Ein- und Zweifamilienhäuser, nicht unterkellert, mittlerer Standard	26,00	**41,00**	52,00	2,5%
Ein- und Zweifamilienhäuser, nicht unterkellert, hoher Standard	27,00	**33,00**	43,00	2,1%
Ein- und Zweifamilienhäuser, Passivhausstandard, Massivbau	35,00	**44,00**	53,00	3,1%
Ein- und Zweifamilienhäuser, Passivhausstandard, Holzbau	17,00	**39,00**	54,00	2,4%
Ein- und Zweifamilienhäuser, Holzbauweise, unterkellert	25,00	**39,00**	49,00	3,0%
Ein- und Zweifamilienhäuser, Holzbauweise, nicht unterkellert	21,00	**36,00**	51,00	2,7%
Doppel- und Reihenendhäuser, einfacher Standard	7,10	**15,00**	24,00	1,3%
Doppel- und Reihenendhäuser, mittlerer Standard	22,00	**30,00**	38,00	2,0%
Doppel- und Reihenendhäuser, hoher Standard	36,00	**46,00**	66,00	2,8%
Reihenhäuser, einfacher Standard	9,90	**34,00**	79,00	2,1%
Reihenhäuser, mittlerer Standard	10,00	**29,00**	38,00	2,2%
Reihenhäuser, hoher Standard	9,30	**43,00**	63,00	1,8%
Mehrfamilienhäuser				
Mehrfamilienhäuser, mit bis zu 6 WE, einfacher Standard	27,00	**32,00**	40,00	2,5%
Mehrfamilienhäuser, mit bis zu 6 WE, mittlerer Standard	21,00	**27,00**	33,00	1,9%
Mehrfamilienhäuser, mit bis zu 6 WE, hoher Standard	25,00	**31,00**	35,00	1,6%

336 Außenwandbekleidungen innen

Gebäudeart	▷	€/Einheit	◁	KG an 300
Mehrfamilienhäuser (Fortsetzung)				
Mehrfamilienhäuser, mit 6 bis 19 WE, einfacher Standard	20,00	**27,00**	32,00	1,7%
Mehrfamilienhäuser, mit 6 bis 19 WE, mittlerer Standard	21,00	**27,00**	32,00	1,6%
Mehrfamilienhäuser, mit 6 bis 19 WE, hoher Standard	20,00	**26,00**	36,00	1,4%
Mehrfamilienhäuser, mit 20 oder mehr WE, mittlerer Standard	19,00	**27,00**	39,00	1,4%
Mehrfamilienhäuser, mit 20 oder mehr WE, hoher Standard	17,00	**26,00**	31,00	2,2%
Mehrfamilienhäuser, Passivhäuser	29,00	**34,00**	50,00	1,7%
Wohnhäuser, mit bis zu 15% Mischnutzung, einfacher Standard	42,00	**73,00**	156,00	3,0%
Wohnhäuser, mit bis zu 15% Mischnutzung, mittlerer Standard	13,00	**35,00**	49,00	2,3%
Wohnhäuser, mit bis zu 15% Mischnutzung, hoher Standard	39,00	**40,00**	42,00	1,8%
Wohnhäuser mit mehr als 15% Mischnutzung	36,00	**42,00**	53,00	1,8%
Seniorenwohnungen				
Seniorenwohnungen, mittlerer Standard	24,00	**29,00**	32,00	1,8%
Seniorenwohnungen, hoher Standard	24,00	**32,00**	40,00	1,7%
Beherbergung				
Wohnheime und Internate	23,00	**34,00**	48,00	1,2%
7 Gewerbegebäude				
Gaststätten und Kantinen				
Gaststätten, Kantinen und Mensen	37,00	**61,00**	106,00	1,2%
Gebäude für Produktion				
Industrielle Produktionsgebäude, Massivbauweise	17,00	**33,00**	64,00	1,4%
Industrielle Produktionsgebäude, überwiegend Skelettbauweise	6,50	**12,00**	19,00	0,3%
Betriebs- und Werkstätten, eingeschossig	8,00	**15,00**	23,00	0,2%
Betriebs- und Werkstätten, mehrgeschossig, geringer Hallenanteil	15,00	**25,00**	37,00	1,1%
Betriebs- und Werkstätten, mehrgeschossig, hoher Hallenanteil	17,00	**36,00**	48,00	1,5%
Gebäude für Handel und Lager				
Geschäftshäuser mit Wohnungen	40,00	**41,00**	41,00	2,0%
Geschäftshäuser ohne Wohnungen	26,00	**26,00**	27,00	1,9%
Verbrauchermärkte	18,00	**37,00**	55,00	0,8%
Autohäuser	57,00	**68,00**	79,00	1,3%
Lagergebäude, ohne Mischnutzung	13,00	**30,00**	46,00	0,6%
Lagergebäude, mit bis zu 25% Mischnutzung	9,10	**21,00**	33,00	0,7%
Lagergebäude, mit mehr als 25% Mischnutzung	–	**35,00**	–	0,8%
Garagen und Bereitschaftsdienste				
Einzel-, Mehrfach- und Hochgaragen	24,00	**40,00**	71,00	0,8%
Tiefgaragen	4,40	**8,20**	12,00	0,2%
Feuerwehrhäuser	20,00	**31,00**	38,00	1,3%
Öffentliche Bereitschaftsdienste	24,00	**40,00**	86,00	2,1%
9 Kulturgebäude				
Gebäude für kulturelle Zwecke				
Bibliotheken, Museen und Ausstellungen	31,00	**49,00**	69,00	1,9%
Theater	15,00	**57,00**	99,00	1,1%
Gemeindezentren, einfacher Standard	22,00	**30,00**	41,00	1,3%
Gemeindezentren, mittlerer Standard	25,00	**37,00**	45,00	1,5%
Gemeindezentren, hoher Standard	50,00	**59,00**	76,00	2,3%
Gebäude für religiöse Zwecke				
Sakralbauten	–	**66,00**	–	2,0%
Friedhofsgebäude	43,00	**68,00**	93,00	3,9%

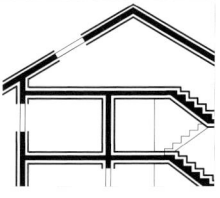

Einheit: m² Innenbekleidungsfläche Außenwand

337 Elementierte Außenwände

Kosten:
Stand 1.Quartal 2018
Bundesdurchschnitt
inkl. 19% MwSt.

Einheit: m²
Elementierte
Außenwandfläche

▷ von
ø Mittel
◁ bis

Gebäudeart	▷	€/Einheit	◁	KG an 300
1 Büro- und Verwaltungsgebäude				
Büro- und Verwaltungsgebäude, einfacher Standard	–	–	–	–
Büro- und Verwaltungsgebäude, mittlerer Standard	534,00	**666,00**	814,00	4,4%
Büro- und Verwaltungsgebäude, hoher Standard	513,00	**801,00**	989,00	7,0%
2 Gebäude für Forschung und Lehre				
Instituts- und Laborgebäude	648,00	**1.173,00**	1.699,00	8,1%
3 Gebäude des Gesundheitswesens				
Medizinische Einrichtungen	680,00	**711,00**	741,00	1,7%
Pflegeheime	584,00	**674,00**	763,00	2,9%
4 Schulen und Kindergärten				
Allgemeinbildende Schulen	491,00	**702,00**	1.786,00	8,8%
Berufliche Schulen	365,00	**567,00**	681,00	11,1%
Förder- und Sonderschulen	542,00	**656,00**	786,00	8,5%
Weiterbildungseinrichtungen	607,00	**741,00**	811,00	19,2%
Kindergärten, nicht unterkellert, einfacher Standard	–	**1.131,00**	–	3,0%
Kindergärten, nicht unterkellert, mittlerer Standard	653,00	**707,00**	760,00	4,4%
Kindergärten, nicht unterkellert, hoher Standard	505,00	**615,00**	827,00	10,3%
Kindergärten, Holzbauweise, nicht unterkellert	164,00	**623,00**	785,00	7,8%
Kindergärten, unterkellert	–	**353,00**	–	0,5%
5 Sportbauten				
Sport- und Mehrzweckhallen	590,00	**669,00**	710,00	15,4%
Sporthallen (Einfeldhallen)	–	–	–	–
Sporthallen (Dreifeldhallen)	459,00	**547,00**	635,00	10,3%
Schwimmhallen	–	–	–	–
6 Wohngebäude				
Ein- und Zweifamilienhäuser				
Ein- und Zweifamilienhäuser, unterkellert, einfacher Standard	–	–	–	–
Ein- und Zweifamilienhäuser, unterkellert, mittlerer Standard	–	**212,00**	–	0,7%
Ein- und Zweifamilienhäuser, unterkellert, hoher Standard	484,00	**746,00**	951,00	3,4%
Ein- und Zweifamilienhäuser, nicht unterkellert, einfacher Standard	–	–	–	–
Ein- und Zweifamilienhäuser, nicht unterkellert, mittlerer Standard	138,00	**272,00**	407,00	0,6%
Ein- und Zweifamilienhäuser, nicht unterkellert, hoher Standard	413,00	**516,00**	619,00	1,2%
Ein- und Zweifamilienhäuser, Passivhausstandard, Massivbau	–	**254,00**	–	1,2%
Ein- und Zweifamilienhäuser, Passivhausstandard, Holzbau	–	**1.157,00**	–	0,6%
Ein- und Zweifamilienhäuser, Holzbauweise, unterkellert	230,00	**432,00**	634,00	1,8%
Ein- und Zweifamilienhäuser, Holzbauweise, nicht unterkellert	148,00	**387,00**	861,00	6,3%
Doppel- und Reihenendhäuser, einfacher Standard	–	–	–	–
Doppel- und Reihenendhäuser, mittlerer Standard	–	–	–	–
Doppel- und Reihenendhäuser, hoher Standard	160,00	**209,00**	258,00	0,8%
Reihenhäuser, einfacher Standard	–	–	–	–
Reihenhäuser, mittlerer Standard	–	**139,00**	–	2,1%
Reihenhäuser, hoher Standard	–	**295,00**	–	1,9%
Mehrfamilienhäuser				
Mehrfamilienhäuser, mit bis zu 6 WE, einfacher Standard	–	–	–	–
Mehrfamilienhäuser, mit bis zu 6 WE, mittlerer Standard	187,00	**422,00**	657,00	0,8%
Mehrfamilienhäuser, mit bis zu 6 WE, hoher Standard	240,00	**493,00**	784,00	1,9%

337 Elementierte Außenwände

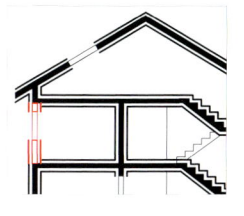

Gebäudeart	▷	€/Einheit	◁	KG an 300
Mehrfamilienhäuser (Fortsetzung)				
Mehrfamilienhäuser, mit 6 bis 19 WE, einfacher Standard	–	–	–	–
Mehrfamilienhäuser, mit 6 bis 19 WE, mittlerer Standard	550,00	**916,00**	1.102,00	0,8%
Mehrfamilienhäuser, mit 6 bis 19 WE, hoher Standard	907,00	**917,00**	927,00	1,4%
Mehrfamilienhäuser, mit 20 oder mehr WE, mittlerer Standard	512,00	**764,00**	1.129,00	2,9%
Mehrfamilienhäuser, mit 20 oder mehr WE, hoher Standard	–	**880,00**	–	0,8%
Mehrfamilienhäuser, Passivhäuser	388,00	**729,00**	1.321,00	0,8%
Wohnhäuser, mit bis zu 15% Mischnutzung, einfacher Standard	239,00	**352,00**	577,00	5,1%
Wohnhäuser, mit bis zu 15% Mischnutzung, mittlerer Standard	–	–	–	–
Wohnhäuser, mit bis zu 15% Mischnutzung, hoher Standard	–	–	–	–
Wohnhäuser mit mehr als 15% Mischnutzung	545,00	**694,00**	789,00	9,7%
Seniorenwohnungen				
Seniorenwohnungen, mittlerer Standard	–	–	–	–
Seniorenwohnungen, hoher Standard	–	**818,00**	–	0,8%
Beherbergung				
Wohnheime und Internate	536,00	**721,00**	910,00	7,2%
7 Gewerbegebäude				
Gaststätten und Kantinen				
Gaststätten, Kantinen und Mensen	797,00	**874,00**	951,00	10,2%
Gebäude für Produktion				
Industrielle Produktionsgebäude, Massivbauweise	573,00	**665,00**	758,00	7,8%
Industrielle Produktionsgebäude, überwiegend Skelettbauweise	–	**506,00**	–	2,7%
Betriebs- und Werkstätten, eingeschossig	–	**678,00**	–	2,1%
Betriebs- und Werkstätten, mehrgeschossig, geringer Hallenanteil	421,00	**493,00**	628,00	4,2%
Betriebs- und Werkstätten, mehrgeschossig, hoher Hallenanteil	114,00	**277,00**	401,00	2,5%
Gebäude für Handel und Lager				
Geschäftshäuser mit Wohnungen	716,00	**815,00**	970,00	9,2%
Geschäftshäuser ohne Wohnungen	–	–	–	–
Verbrauchermärkte	–	–	–	–
Autohäuser	436,00	**491,00**	546,00	5,0%
Lagergebäude, ohne Mischnutzung	100,00	**137,00**	174,00	3,7%
Lagergebäude, mit bis zu 25% Mischnutzung	158,00	**342,00**	671,00	8,2%
Lagergebäude, mit mehr als 25% Mischnutzung	–	**197,00**	–	4,2%
Garagen und Bereitschaftsdienste				
Einzel-, Mehrfach- und Hochgaragen	–	**133,00**	–	2,6%
Tiefgaragen	–	–	–	–
Feuerwehrhäuser	561,00	**726,00**	891,00	2,9%
Öffentliche Bereitschaftsdienste	178,00	**538,00**	897,00	3,0%
9 Kulturgebäude				
Gebäude für kulturelle Zwecke				
Bibliotheken, Museen und Ausstellungen	650,00	**888,00**	1.241,00	6,5%
Theater	–	**1.571,00**	–	8,7%
Gemeindezentren, einfacher Standard	–	–	–	–
Gemeindezentren, mittlerer Standard	610,00	**779,00**	1.254,00	6,1%
Gemeindezentren, hoher Standard	–	**654,00**	–	2,8%
Gebäude für religiöse Zwecke				
Sakralbauten	–	**773,00**	–	1,0%
Friedhofsgebäude	–	**633,00**	–	1,3%

Einheit: m² Elementierte Außenwandfläche

© **BKI** Baukosteninformationszentrum; Erläuterungen zu den Tabellen siehe Seite 50   Kosten: 1.Quartal 2018, Bundesdurchschnitt, **inkl. 19% MwSt.**

338 Sonnenschutz

Kosten:
Stand 1.Quartal 2018
Bundesdurchschnitt
inkl. 19% MwSt.

Einheit: m²
Sonnengeschützte Fläche

▷ von
Ø Mittel
◁ bis

Gebäudeart	▷	€/Einheit	◁	KG an 300
1 Büro- und Verwaltungsgebäude				
Büro- und Verwaltungsgebäude, einfacher Standard	127,00	**186,00**	266,00	2,7%
Büro- und Verwaltungsgebäude, mittlerer Standard	119,00	**207,00**	474,00	2,5%
Büro- und Verwaltungsgebäude, hoher Standard	214,00	**387,00**	778,00	2,6%
2 Gebäude für Forschung und Lehre				
Instituts- und Laborgebäude	176,00	**252,00**	396,00	1,0%
3 Gebäude des Gesundheitswesens				
Medizinische Einrichtungen	119,00	**155,00**	192,00	0,7%
Pflegeheime	189,00	**232,00**	318,00	2,1%
4 Schulen und Kindergärten				
Allgemeinbildende Schulen	164,00	**253,00**	403,00	1,5%
Berufliche Schulen	121,00	**179,00**	202,00	1,2%
Förder- und Sonderschulen	122,00	**171,00**	227,00	1,2%
Weiterbildungseinrichtungen	104,00	**128,00**	175,00	1,2%
Kindergärten, nicht unterkellert, einfacher Standard	157,00	**205,00**	254,00	1,1%
Kindergärten, nicht unterkellert, mittlerer Standard	129,00	**361,00**	594,00	0,9%
Kindergärten, nicht unterkellert, hoher Standard	92,00	**283,00**	474,00	1,3%
Kindergärten, Holzbauweise, nicht unterkellert	182,00	**248,00**	446,00	1,6%
Kindergärten, unterkellert	215,00	**227,00**	239,00	1,3%
5 Sportbauten				
Sport- und Mehrzweckhallen	–	**153,00**	–	0,3%
Sporthallen (Einfeldhallen)	–	**–**	–	
Sporthallen (Dreifeldhallen)	126,00	**152,00**	200,00	1,2%
Schwimmhallen	–	**–**	–	
6 Wohngebäude				
Ein- und Zweifamilienhäuser				
Ein- und Zweifamilienhäuser, unterkellert, einfacher Standard	73,00	**263,00**	338,00	1,8%
Ein- und Zweifamilienhäuser, unterkellert, mittlerer Standard	169,00	**254,00**	416,00	2,0%
Ein- und Zweifamilienhäuser, unterkellert, hoher Standard	197,00	**311,00**	629,00	3,1%
Ein- und Zweifamilienhäuser, nicht unterkellert, einfacher Standard	294,00	**359,00**	425,00	3,2%
Ein- und Zweifamilienhäuser, nicht unterkellert, mittlerer Standard	69,00	**218,00**	421,00	1,2%
Ein- und Zweifamilienhäuser, nicht unterkellert, hoher Standard	249,00	**403,00**	507,00	1,3%
Ein- und Zweifamilienhäuser, Passivhausstandard, Massivbau	165,00	**277,00**	394,00	3,1%
Ein- und Zweifamilienhäuser, Passivhausstandard, Holzbau	138,00	**208,00**	337,00	3,0%
Ein- und Zweifamilienhäuser, Holzbauweise, unterkellert	127,00	**181,00**	263,00	1,9%
Ein- und Zweifamilienhäuser, Holzbauweise, nicht unterkellert	154,00	**276,00**	408,00	1,3%
Doppel- und Reihenendhäuser, einfacher Standard	71,00	**76,00**	81,00	0,8%
Doppel- und Reihenendhäuser, mittlerer Standard	77,00	**174,00**	238,00	2,1%
Doppel- und Reihenendhäuser, hoher Standard	134,00	**169,00**	224,00	1,7%
Reihenhäuser, einfacher Standard	75,00	**83,00**	92,00	1,2%
Reihenhäuser, mittlerer Standard	119,00	**125,00**	136,00	1,7%
Reihenhäuser, hoher Standard	–	**122,00**	–	0,5%
Mehrfamilienhäuser				
Mehrfamilienhäuser, mit bis zu 6 WE, einfacher Standard	–	**123,00**	–	0,2%
Mehrfamilienhäuser, mit bis zu 6 WE, mittlerer Standard	143,00	**205,00**	253,00	1,0%
Mehrfamilienhäuser, mit bis zu 6 WE, hoher Standard	120,00	**147,00**	158,00	1,4%

338 Sonnenschutz

Gebäudeart	▷	€/Einheit	◁	KG an 300
Mehrfamilienhäuser (Fortsetzung)				
Mehrfamilienhäuser, mit 6 bis 19 WE, einfacher Standard	131,00	**186,00**	280,00	1,4%
Mehrfamilienhäuser, mit 6 bis 19 WE, mittlerer Standard	81,00	**205,00**	674,00	1,7%
Mehrfamilienhäuser, mit 6 bis 19 WE, hoher Standard	90,00	**168,00**	247,00	1,1%
Mehrfamilienhäuser, mit 20 oder mehr WE, mittlerer Standard	114,00	**253,00**	406,00	1,3%
Mehrfamilienhäuser, mit 20 oder mehr WE, hoher Standard	320,00	**493,00**	580,00	2,7%
Mehrfamilienhäuser, Passivhäuser	141,00	**261,00**	512,00	2,4%
Wohnhäuser, mit bis zu 15% Mischnutzung, einfacher Standard	92,00	**122,00**	181,00	1,3%
Wohnhäuser, mit bis zu 15% Mischnutzung, mittlerer Standard	139,00	**166,00**	219,00	2,8%
Wohnhäuser, mit bis zu 15% Mischnutzung, hoher Standard	128,00	**195,00**	262,00	1,8%
Wohnhäuser mit mehr als 15% Mischnutzung	–	–	–	–
Seniorenwohnungen				
Seniorenwohnungen, mittlerer Standard	191,00	**479,00**	762,00	3,9%
Seniorenwohnungen, hoher Standard	148,00	**295,00**	441,00	2,9%
Beherbergung				
Wohnheime und Internate	111,00	**216,00**	337,00	1,1%
7 Gewerbegebäude				
Gaststätten und Kantinen				
Gaststätten, Kantinen und Mensen	83,00	**183,00**	246,00	1,3%
Gebäude für Produktion				
Industrielle Produktionsgebäude, Massivbauweise	122,00	**295,00**	468,00	1,1%
Industrielle Produktionsgebäude, überwiegend Skelettbauweise	219,00	**263,00**	293,00	0,2%
Betriebs- und Werkstätten, eingeschossig	140,00	**233,00**	285,00	2,0%
Betriebs- und Werkstätten, mehrgeschossig, geringer Hallenanteil	142,00	**211,00**	308,00	2,5%
Betriebs- und Werkstätten, mehrgeschossig, hoher Hallenanteil	152,00	**270,00**	371,00	0,8%
Gebäude für Handel und Lager				
Geschäftshäuser mit Wohnungen	112,00	**156,00**	201,00	1,0%
Geschäftshäuser ohne Wohnungen	–	**508,00**	–	1,4%
Verbrauchermärkte	–	**76,00**	–	0,0%
Autohäuser	–	**1.016,00**	–	0,1%
Lagergebäude, ohne Mischnutzung	–	**258,00**	–	0,1%
Lagergebäude, mit bis zu 25% Mischnutzung	–	**975,00**	–	0,6%
Lagergebäude, mit mehr als 25% Mischnutzung	–	**318,00**	–	0,5%
Garagen und Bereitschaftsdienste				
Einzel-, Mehrfach- und Hochgaragen	–	–	–	–
Tiefgaragen	–	–	–	–
Feuerwehrhäuser	–	**87,00**	–	0,2%
Öffentliche Bereitschaftsdienste	182,00	**256,00**	401,00	0,4%
9 Kulturgebäude				
Gebäude für kulturelle Zwecke				
Bibliotheken, Museen und Ausstellungen	82,00	**183,00**	234,00	0,6%
Theater	147,00	**189,00**	231,00	0,6%
Gemeindezentren, einfacher Standard	146,00	**201,00**	257,00	1,5%
Gemeindezentren, mittlerer Standard	166,00	**289,00**	529,00	1,5%
Gemeindezentren, hoher Standard	–	–	–	–
Gebäude für religiöse Zwecke				
Sakralbauten	–	**545,00**	–	0,2%
Friedhofsgebäude	–	–	–	–

Einheit: m² Sonnengeschützte Fläche

© BKI Baukosteninformationszentrum; Erläuterungen zu den Tabellen siehe Seite 50   Kosten: 1.Quartal 2018, Bundesdurchschnitt, inkl. 19% MwSt.

339 Außenwände, sonstiges

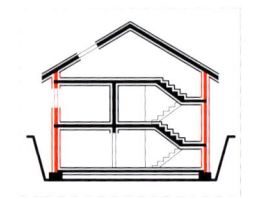

Kosten:
Stand 1. Quartal 2018
Bundesdurchschnitt
inkl. 19% MwSt.

Einheit: m² Außenwandfläche

▷ von
ø Mittel
◁ bis

Gebäudeart	▷	€/Einheit	◁	KG an 300
1 Büro- und Verwaltungsgebäude				
Büro- und Verwaltungsgebäude, einfacher Standard	3,50	5,10	8,10	0,3%
Büro- und Verwaltungsgebäude, mittlerer Standard	3,60	12,00	36,00	0,4%
Büro- und Verwaltungsgebäude, hoher Standard	13,00	24,00	73,00	1,0%
2 Gebäude für Forschung und Lehre				
Instituts- und Laborgebäude	0,40	5,00	8,20	0,2%
3 Gebäude des Gesundheitswesens				
Medizinische Einrichtungen	6,70	9,70	13,00	0,3%
Pflegeheime	13,00	19,00	33,00	1,0%
4 Schulen und Kindergärten				
Allgemeinbildende Schulen	11,00	24,00	39,00	0,7%
Berufliche Schulen	20,00	59,00	98,00	0,8%
Förder- und Sonderschulen	1,60	9,50	25,00	0,3%
Weiterbildungseinrichtungen	2,30	12,00	32,00	0,5%
Kindergärten, nicht unterkellert, einfacher Standard	–	–	–	–
Kindergärten, nicht unterkellert, mittlerer Standard	–	30,00	–	0,3%
Kindergärten, nicht unterkellert, hoher Standard	–	–	–	–
Kindergärten, Holzbauweise, nicht unterkellert	6,30	49,00	103,00	2,4%
Kindergärten, unterkellert	8,10	21,00	28,00	1,3%
5 Sportbauten				
Sport- und Mehrzweckhallen	–	–	–	–
Sporthallen (Einfeldhallen)	–	38,00	–	0,9%
Sporthallen (Dreifeldhallen)	4,20	11,00	17,00	0,4%
Schwimmhallen	0,90	4,60	8,20	0,1%
6 Wohngebäude				
Ein- und Zweifamilienhäuser				
Ein- und Zweifamilienhäuser, unterkellert, einfacher Standard	2,10	6,00	10,00	0,7%
Ein- und Zweifamilienhäuser, unterkellert, mittlerer Standard	6,70	19,00	51,00	1,8%
Ein- und Zweifamilienhäuser, unterkellert, hoher Standard	10,00	27,00	65,00	2,5%
Ein- und Zweifamilienhäuser, nicht unterkellert, einfacher Standard	–	1,90	–	0,1%
Ein- und Zweifamilienhäuser, nicht unterkellert, mittlerer Standard	7,40	16,00	56,00	0,8%
Ein- und Zweifamilienhäuser, nicht unterkellert, hoher Standard	4,10	10,00	18,00	0,7%
Ein- und Zweifamilienhäuser, Passivhausstandard, Massivbau	3,40	9,50	16,00	0,7%
Ein- und Zweifamilienhäuser, Passivhausstandard, Holzbau	12,00	39,00	97,00	2,0%
Ein- und Zweifamilienhäuser, Holzbauweise, unterkellert	3,80	15,00	27,00	1,4%
Ein- und Zweifamilienhäuser, Holzbauweise, nicht unterkellert	4,80	12,00	23,00	1,0%
Doppel- und Reihenendhäuser, einfacher Standard	2,10	7,70	13,00	0,5%
Doppel- und Reihenendhäuser, mittlerer Standard	5,00	19,00	47,00	1,6%
Doppel- und Reihenendhäuser, hoher Standard	6,20	23,00	51,00	1,5%
Reihenhäuser, einfacher Standard	7,20	11,00	16,00	0,9%
Reihenhäuser, mittlerer Standard	9,10	19,00	36,00	2,4%
Reihenhäuser, hoher Standard	3,20	34,00	66,00	2,0%
Mehrfamilienhäuser				
Mehrfamilienhäuser, mit bis zu 6 WE, einfacher Standard	1,50	3,80	7,80	0,4%
Mehrfamilienhäuser, mit bis zu 6 WE, mittlerer Standard	6,30	29,00	64,00	2,2%
Mehrfamilienhäuser, mit bis zu 6 WE, hoher Standard	25,00	35,00	45,00	2,5%

Gebäudeart	▷	€/Einheit	◁	KG an 300
Mehrfamilienhäuser (Fortsetzung)				
Mehrfamilienhäuser, mit 6 bis 19 WE, einfacher Standard	3,80	**13,00**	33,00	1,0%
Mehrfamilienhäuser, mit 6 bis 19 WE, mittlerer Standard	9,50	**17,00**	27,00	1,6%
Mehrfamilienhäuser, mit 6 bis 19 WE, hoher Standard	5,80	**7,40**	12,00	0,6%
Mehrfamilienhäuser, mit 20 oder mehr WE, mittlerer Standard	18,00	**33,00**	69,00	2,1%
Mehrfamilienhäuser, mit 20 oder mehr WE, hoher Standard	0,30	**3,60**	5,50	0,3%
Mehrfamilienhäuser, Passivhäuser	6,40	**27,00**	87,00	1,8%
Wohnhäuser, mit bis zu 15% Mischnutzung, einfacher Standard	3,30	**49,00**	94,00	2,4%
Wohnhäuser, mit bis zu 15% Mischnutzung, mittlerer Standard	13,00	**27,00**	35,00	2,8%
Wohnhäuser, mit bis zu 15% Mischnutzung, hoher Standard	8,10	**14,00**	20,00	0,8%
Wohnhäuser mit mehr als 15% Mischnutzung	3,20	**28,00**	77,00	2,2%
Seniorenwohnungen				
Seniorenwohnungen, mittlerer Standard	6,00	**13,00**	36,00	0,9%
Seniorenwohnungen, hoher Standard	10,00	**20,00**	30,00	1,2%
Beherbergung				
Wohnheime und Internate	11,00	**17,00**	25,00	1,0%
7 Gewerbegebäude				
Gaststätten und Kantinen				
Gaststätten, Kantinen und Mensen	5,80	**22,00**	52,00	1,2%
Gebäude für Produktion				
Industrielle Produktionsgebäude, Massivbauweise	–	**11,00**	–	0,4%
Industrielle Produktionsgebäude, überwiegend Skelettbauweise	1,70	**7,00**	18,00	0,4%
Betriebs- und Werkstätten, eingeschossig	0,90	**2,20**	3,50	0,0%
Betriebs- und Werkstätten, mehrgeschossig, geringer Hallenanteil	–	**4,50**	–	0,0%
Betriebs- und Werkstätten, mehrgeschossig, hoher Hallenanteil	0,60	**16,00**	31,00	0,5%
Gebäude für Handel und Lager				
Geschäftshäuser mit Wohnungen	3,70	**24,00**	34,00	1,5%
Geschäftshäuser ohne Wohnungen	1,30	**4,80**	8,20	0,4%
Verbrauchermärkte	5,20	**8,30**	11,00	0,5%
Autohäuser	–	**1,00**	–	0,0%
Lagergebäude, ohne Mischnutzung	2,60	**3,50**	4,50	0,1%
Lagergebäude, mit bis zu 25% Mischnutzung	7,20	**19,00**	31,00	1,2%
Lagergebäude, mit mehr als 25% Mischnutzung	–	–	–	–
Garagen und Bereitschaftsdienste				
Einzel-, Mehrfach- und Hochgaragen	–	**9,70**	–	0,5%
Tiefgaragen	3,60	**12,00**	28,00	1,4%
Feuerwehrhäuser	1,40	**6,00**	15,00	0,5%
Öffentliche Bereitschaftsdienste	3,80	**4,00**	4,20	0,1%
9 Kulturgebäude				
Gebäude für kulturelle Zwecke				
Bibliotheken, Museen und Ausstellungen	4,70	**12,00**	20,00	0,6%
Theater	–	**8,30**	–	0,1%
Gemeindezentren, einfacher Standard	–	**12,00**	–	0,3%
Gemeindezentren, mittlerer Standard	5,70	**13,00**	21,00	0,5%
Gemeindezentren, hoher Standard	4,70	**28,00**	43,00	1,7%
Gebäude für religiöse Zwecke				
Sakralbauten	–	**5,60**	–	0,3%
Friedhofsgebäude	–	**2,50**	–	0,1%

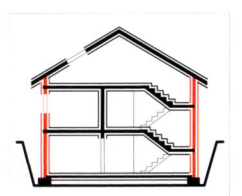

Einheit: m²
Außenwandfläche

Kosten: 1.Quartal 2018, Bundesdurchschnitt, **inkl. 19% MwSt.**

341 Tragende Innenwände

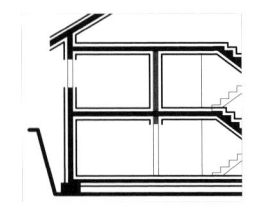

Kosten:
Stand 1.Quartal 2018
Bundesdurchschnitt
inkl. 19% MwSt.

Einheit: m²
Tragende Innenwandfläche

▷ von
Ø Mittel
◁ bis

Gebäudeart	▷	€/Einheit	◁	KG an 300
1 Büro- und Verwaltungsgebäude				
Büro- und Verwaltungsgebäude, einfacher Standard	83,00	**111,00**	139,00	2,7%
Büro- und Verwaltungsgebäude, mittlerer Standard	86,00	**144,00**	269,00	3,9%
Büro- und Verwaltungsgebäude, hoher Standard	137,00	**180,00**	281,00	2,2%
2 Gebäude für Forschung und Lehre				
Instituts- und Laborgebäude	112,00	**129,00**	144,00	1,8%
3 Gebäude des Gesundheitswesens				
Medizinische Einrichtungen	86,00	**97,00**	102,00	2,9%
Pflegeheime	97,00	**133,00**	151,00	6,2%
4 Schulen und Kindergärten				
Allgemeinbildende Schulen	127,00	**150,00**	178,00	2,9%
Berufliche Schulen	93,00	**140,00**	176,00	2,7%
Förder- und Sonderschulen	98,00	**171,00**	209,00	6,4%
Weiterbildungseinrichtungen	176,00	**211,00**	228,00	3,8%
Kindergärten, nicht unterkellert, einfacher Standard	124,00	**146,00**	190,00	4,8%
Kindergärten, nicht unterkellert, mittlerer Standard	78,00	**87,00**	96,00	1,2%
Kindergärten, nicht unterkellert, hoher Standard	98,00	**154,00**	183,00	6,6%
Kindergärten, Holzbauweise, nicht unterkellert	92,00	**134,00**	251,00	3,6%
Kindergärten, unterkellert	81,00	**108,00**	122,00	5,8%
5 Sportbauten				
Sport- und Mehrzweckhallen	75,00	**169,00**	357,00	1,5%
Sporthallen (Einfeldhallen)	54,00	**82,00**	110,00	2,0%
Sporthallen (Dreifeldhallen)	106,00	**123,00**	139,00	2,2%
Schwimmhallen	178,00	**202,00**	226,00	5,0%
6 Wohngebäude				
Ein- und Zweifamilienhäuser				
Ein- und Zweifamilienhäuser, unterkellert, einfacher Standard	79,00	**103,00**	127,00	2,6%
Ein- und Zweifamilienhäuser, unterkellert, mittlerer Standard	63,00	**84,00**	121,00	3,0%
Ein- und Zweifamilienhäuser, unterkellert, hoher Standard	78,00	**93,00**	121,00	2,8%
Ein- und Zweifamilienhäuser, nicht unterkellert, einfacher Standard	58,00	**60,00**	62,00	1,9%
Ein- und Zweifamilienhäuser, nicht unterkellert, mittlerer Standard	56,00	**75,00**	89,00	2,5%
Ein- und Zweifamilienhäuser, nicht unterkellert, hoher Standard	79,00	**95,00**	134,00	1,4%
Ein- und Zweifamilienhäuser, Passivhausstandard, Massivbau	37,00	**75,00**	97,00	2,0%
Ein- und Zweifamilienhäuser, Passivhausstandard, Holzbau	85,00	**117,00**	146,00	2,3%
Ein- und Zweifamilienhäuser, Holzbauweise, unterkellert	63,00	**81,00**	103,00	6,8%
Ein- und Zweifamilienhäuser, Holzbauweise, nicht unterkellert	82,00	**106,00**	155,00	3,3%
Doppel- und Reihenendhäuser, einfacher Standard	67,00	**86,00**	108,00	7,2%
Doppel- und Reihenendhäuser, mittlerer Standard	69,00	**101,00**	156,00	4,1%
Doppel- und Reihenendhäuser, hoher Standard	74,00	**88,00**	108,00	4,6%
Reihenhäuser, einfacher Standard	70,00	**79,00**	98,00	9,2%
Reihenhäuser, mittlerer Standard	67,00	**98,00**	113,00	5,6%
Reihenhäuser, hoher Standard	94,00	**105,00**	126,00	6,1%
Mehrfamilienhäuser				
Mehrfamilienhäuser, mit bis zu 6 WE, einfacher Standard	75,00	**89,00**	97,00	4,0%
Mehrfamilienhäuser, mit bis zu 6 WE, mittlerer Standard	64,00	**87,00**	184,00	2,8%
Mehrfamilienhäuser, mit bis zu 6 WE, hoher Standard	82,00	**106,00**	122,00	3,8%

341 Tragende Innenwände

Gebäudeart	▷	€/Einheit	◁	KG an 300	
Mehrfamilienhäuser (Fortsetzung)					
Mehrfamilienhäuser, mit 6 bis 19 WE, einfacher Standard	76,00	**89,00**	100,00		3,7%
Mehrfamilienhäuser, mit 6 bis 19 WE, mittlerer Standard	86,00	**98,00**	107,00		6,3%
Mehrfamilienhäuser, mit 6 bis 19 WE, hoher Standard	80,00	**118,00**	166,00		4,4%
Mehrfamilienhäuser, mit 20 oder mehr WE, mittlerer Standard	77,00	**99,00**	170,00		5,1%
Mehrfamilienhäuser, mit 20 oder mehr WE, hoher Standard	71,00	**84,00**	105,00		3,5%
Mehrfamilienhäuser, Passivhäuser	72,00	**102,00**	123,00		3,7%
Wohnhäuser, mit bis zu 15% Mischnutzung, einfacher Standard	88,00	**114,00**	138,00		6,8%
Wohnhäuser, mit bis zu 15% Mischnutzung, mittlerer Standard	–	**98,00**	–		1,8%
Wohnhäuser, mit bis zu 15% Mischnutzung, hoher Standard	88,00	**108,00**	127,00		3,5%
Wohnhäuser mit mehr als 15% Mischnutzung	78,00	**154,00**	296,00		5,0%
Seniorenwohnungen					
Seniorenwohnungen, mittlerer Standard	71,00	**84,00**	94,00		6,3%
Seniorenwohnungen, hoher Standard	95,00	**100,00**	106,00		3,6%
Beherbergung					
Wohnheime und Internate	80,00	**98,00**	117,00		4,1%
7 Gewerbegebäude					
Gaststätten und Kantinen					
Gaststätten, Kantinen und Mensen	87,00	**126,00**	193,00		2,9%
Gebäude für Produktion					
Industrielle Produktionsgebäude, Massivbauweise	77,00	**125,00**	218,00		2,1%
Industrielle Produktionsgebäude, überwiegend Skelettbauweise	104,00	**141,00**	175,00		3,5%
Betriebs- und Werkstätten, eingeschossig	142,00	**167,00**	192,00		2,0%
Betriebs- und Werkstätten, mehrgeschossig, geringer Hallenanteil	77,00	**131,00**	216,00		2,8%
Betriebs- und Werkstätten, mehrgeschossig, hoher Hallenanteil	56,00	**93,00**	151,00		3,5%
Gebäude für Handel und Lager					
Geschäftshäuser mit Wohnungen	98,00	**154,00**	260,00		3,6%
Geschäftshäuser ohne Wohnungen	86,00	**125,00**	164,00		1,8%
Verbrauchermärkte	83,00	**95,00**	108,00		3,0%
Autohäuser	139,00	**158,00**	177,00		3,5%
Lagergebäude, ohne Mischnutzung	53,00	**68,00**	87,00		1,2%
Lagergebäude, mit bis zu 25% Mischnutzung	86,00	**121,00**	141,00		3,2%
Lagergebäude, mit mehr als 25% Mischnutzung	80,00	**90,00**	99,00		2,8%
Garagen und Bereitschaftsdienste					
Einzel-, Mehrfach- und Hochgaragen	84,00	**147,00**	189,00		1,6%
Tiefgaragen	104,00	**151,00**	198,00		1,0%
Feuerwehrhäuser	81,00	**103,00**	138,00		3,2%
Öffentliche Bereitschaftsdienste	78,00	**93,00**	135,00		2,0%
9 Kulturgebäude					
Gebäude für kulturelle Zwecke					
Bibliotheken, Museen und Ausstellungen	91,00	**110,00**	130,00		1,9%
Theater	–	**297,00**	–		4,0%
Gemeindezentren, einfacher Standard	74,00	**80,00**	84,00		2,0%
Gemeindezentren, mittlerer Standard	90,00	**142,00**	169,00		2,5%
Gemeindezentren, hoher Standard	73,00	**113,00**	188,00		2,3%
Gebäude für religiöse Zwecke					
Sakralbauten	–	**108,00**	–		0,1%
Friedhofsgebäude	86,00	**165,00**	244,00		2,9%

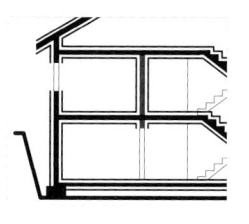

Einheit: m² Tragende Innenwandfläche

© BKI Baukosteninformationszentrum; Erläuterungen zu den Tabellen siehe Seite 50   Kosten: 1.Quartal 2018, Bundesdurchschnitt, **inkl.** 19% MwSt.

342 Nichttragende Innenwände

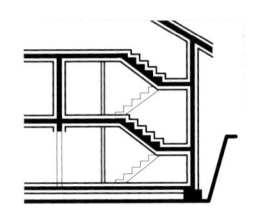

Kosten:
Stand 1. Quartal 2018
Bundesdurchschnitt
inkl. 19% MwSt.

Einheit: m²
Nichttragende Innenwandfläche

▷ von
ø Mittel
◁ bis

Gebäudeart	▷	€/Einheit	◁	KG an 300
1 Büro- und Verwaltungsgebäude				
Büro- und Verwaltungsgebäude, einfacher Standard	61,00	**75,00**	96,00	5,5%
Büro- und Verwaltungsgebäude, mittlerer Standard	67,00	**84,00**	116,00	3,0%
Büro- und Verwaltungsgebäude, hoher Standard	75,00	**88,00**	109,00	1,9%
2 Gebäude für Forschung und Lehre				
Instituts- und Laborgebäude	61,00	**85,00**	115,00	3,1%
3 Gebäude des Gesundheitswesens				
Medizinische Einrichtungen	57,00	**79,00**	94,00	5,8%
Pflegeheime	44,00	**66,00**	78,00	4,3%
4 Schulen und Kindergärten				
Allgemeinbildende Schulen	87,00	**107,00**	141,00	2,0%
Berufliche Schulen	94,00	**143,00**	279,00	1,9%
Förder- und Sonderschulen	92,00	**102,00**	113,00	2,3%
Weiterbildungseinrichtungen	106,00	**192,00**	359,00	3,6%
Kindergärten, nicht unterkellert, einfacher Standard	63,00	**79,00**	106,00	2,3%
Kindergärten, nicht unterkellert, mittlerer Standard	59,00	**85,00**	106,00	4,3%
Kindergärten, nicht unterkellert, hoher Standard	54,00	**74,00**	103,00	1,3%
Kindergärten, Holzbauweise, nicht unterkellert	91,00	**102,00**	124,00	2,3%
Kindergärten, unterkellert	60,00	**100,00**	177,00	1,1%
5 Sportbauten				
Sport- und Mehrzweckhallen	55,00	**98,00**	120,00	1,0%
Sporthallen (Einfeldhallen)	55,00	**62,00**	68,00	1,6%
Sporthallen (Dreifeldhallen)	69,00	**86,00**	103,00	1,0%
Schwimmhallen	119,00	**120,00**	120,00	1,5%
6 Wohngebäude				
Ein- und Zweifamilienhäuser				
Ein- und Zweifamilienhäuser, unterkellert, einfacher Standard	53,00	**72,00**	90,00	2,9%
Ein- und Zweifamilienhäuser, unterkellert, mittlerer Standard	59,00	**69,00**	89,00	2,3%
Ein- und Zweifamilienhäuser, unterkellert, hoher Standard	66,00	**85,00**	129,00	2,3%
Ein- und Zweifamilienhäuser, nicht unterkellert, einfacher Standard	56,00	**71,00**	87,00	3,0%
Ein- und Zweifamilienhäuser, nicht unterkellert, mittlerer Standard	58,00	**74,00**	84,00	2,4%
Ein- und Zweifamilienhäuser, nicht unterkellert, hoher Standard	66,00	**86,00**	106,00	2,7%
Ein- und Zweifamilienhäuser, Passivhausstandard, Massivbau	60,00	**67,00**	83,00	2,1%
Ein- und Zweifamilienhäuser, Passivhausstandard, Holzbau	68,00	**95,00**	133,00	2,9%
Ein- und Zweifamilienhäuser, Holzbauweise, unterkellert	61,00	**76,00**	99,00	1,1%
Ein- und Zweifamilienhäuser, Holzbauweise, nicht unterkellert	42,00	**75,00**	123,00	1,9%
Doppel- und Reihenendhäuser, einfacher Standard	57,00	**67,00**	71,00	3,1%
Doppel- und Reihenendhäuser, mittlerer Standard	47,00	**68,00**	78,00	3,6%
Doppel- und Reihenendhäuser, hoher Standard	58,00	**88,00**	142,00	2,8%
Reihenhäuser, einfacher Standard	56,00	**71,00**	79,00	4,8%
Reihenhäuser, mittlerer Standard	66,00	**81,00**	90,00	4,1%
Reihenhäuser, hoher Standard	74,00	**83,00**	95,00	3,4%
Mehrfamilienhäuser				
Mehrfamilienhäuser, mit bis zu 6 WE, einfacher Standard	62,00	**69,00**	82,00	4,0%
Mehrfamilienhäuser, mit bis zu 6 WE, mittlerer Standard	60,00	**69,00**	77,00	4,5%
Mehrfamilienhäuser, mit bis zu 6 WE, hoher Standard	51,00	**78,00**	98,00	2,7%

342 Nichttragende Innenwände

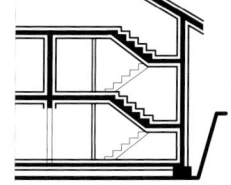

Gebäudeart	▷	€/Einheit	◁	KG an 300
Mehrfamilienhäuser (Fortsetzung)				
Mehrfamilienhäuser, mit 6 bis 19 WE, einfacher Standard	62,00	**71,00**	74,00	3,8%
Mehrfamilienhäuser, mit 6 bis 19 WE, mittlerer Standard	53,00	**61,00**	66,00	3,0%
Mehrfamilienhäuser, mit 6 bis 19 WE, hoher Standard	53,00	**63,00**	77,00	3,9%
Mehrfamilienhäuser, mit 20 oder mehr WE, mittlerer Standard	52,00	**58,00**	68,00	3,3%
Mehrfamilienhäuser, mit 20 oder mehr WE, hoher Standard	64,00	**72,00**	76,00	4,0%
Mehrfamilienhäuser, Passivhäuser	57,00	**73,00**	96,00	3,5%
Wohnhäuser, mit bis zu 15% Mischnutzung, einfacher Standard	57,00	**69,00**	101,00	4,0%
Wohnhäuser, mit bis zu 15% Mischnutzung, mittlerer Standard	74,00	**86,00**	105,00	4,8%
Wohnhäuser, mit bis zu 15% Mischnutzung, hoher Standard	81,00	**93,00**	104,00	5,8%
Wohnhäuser mit mehr als 15% Mischnutzung	57,00	**64,00**	69,00	3,9%
Seniorenwohnungen				
Seniorenwohnungen, mittlerer Standard	53,00	**63,00**	82,00	2,9%
Seniorenwohnungen, hoher Standard	70,00	**80,00**	89,00	3,8%
Beherbergung				
Wohnheime und Internate	68,00	**78,00**	89,00	2,6%
7 Gewerbegebäude				
Gaststätten und Kantinen				
Gaststätten, Kantinen und Mensen	59,00	**84,00**	96,00	2,4%
Gebäude für Produktion				
Industrielle Produktionsgebäude, Massivbauweise	64,00	**77,00**	103,00	2,6%
Industrielle Produktionsgebäude, überwiegend Skelettbauweise	67,00	**75,00**	82,00	0,5%
Betriebs- und Werkstätten, eingeschossig	48,00	**78,00**	133,00	3,8%
Betriebs- und Werkstätten, mehrgeschossig, geringer Hallenanteil	70,00	**91,00**	106,00	2,3%
Betriebs- und Werkstätten, mehrgeschossig, hoher Hallenanteil	62,00	**87,00**	96,00	1,1%
Gebäude für Handel und Lager				
Geschäftshäuser mit Wohnungen	61,00	**84,00**	99,00	3,4%
Geschäftshäuser ohne Wohnungen	69,00	**71,00**	73,00	3,2%
Verbrauchermärkte	65,00	**68,00**	72,00	1,4%
Autohäuser	69,00	**81,00**	93,00	1,4%
Lagergebäude, ohne Mischnutzung	71,00	**81,00**	101,00	0,6%
Lagergebäude, mit bis zu 25% Mischnutzung	87,00	**125,00**	145,00	2,0%
Lagergebäude, mit mehr als 25% Mischnutzung	99,00	**120,00**	140,00	1,0%
Garagen und Bereitschaftsdienste				
Einzel-, Mehrfach- und Hochgaragen	–	**237,00**	–	0,0%
Tiefgaragen	–	**127,00**	–	0,4%
Feuerwehrhäuser	65,00	**85,00**	95,00	2,0%
Öffentliche Bereitschaftsdienste	53,00	**86,00**	182,00	1,3%
9 Kulturgebäude				
Gebäude für kulturelle Zwecke				
Bibliotheken, Museen und Ausstellungen	63,00	**107,00**	161,00	1,5%
Theater	148,00	**157,00**	167,00	3,3%
Gemeindezentren, einfacher Standard	39,00	**58,00**	68,00	2,0%
Gemeindezentren, mittlerer Standard	67,00	**86,00**	120,00	1,6%
Gemeindezentren, hoher Standard	126,00	**194,00**	330,00	2,9%
Gebäude für religiöse Zwecke				
Sakralbauten	–	**117,00**	–	1,6%
Friedhofsgebäude	47,00	**118,00**	189,00	1,0%

Einheit: m² Nichttragende Innenwandfläche

343 Innenstützen

Kosten:
Stand 1. Quartal 2018
Bundesdurchschnitt
inkl. 19% MwSt.

Einheit: m
Innenstützenlänge

▷ von
Ø Mittel
◁ bis

Gebäudeart	▷	€/Einheit	◁	KG an 300
1 Büro- und Verwaltungsgebäude				
Büro- und Verwaltungsgebäude, einfacher Standard	79,00	**124,00**	167,00	0,4%
Büro- und Verwaltungsgebäude, mittlerer Standard	93,00	**147,00**	236,00	0,5%
Büro- und Verwaltungsgebäude, hoher Standard	148,00	**197,00**	252,00	0,5%
2 Gebäude für Forschung und Lehre				
Instituts- und Laborgebäude	97,00	**179,00**	210,00	0,5%
3 Gebäude des Gesundheitswesens				
Medizinische Einrichtungen	92,00	**113,00**	154,00	0,5%
Pflegeheime	76,00	**109,00**	166,00	0,5%
4 Schulen und Kindergärten				
Allgemeinbildende Schulen	103,00	**155,00**	260,00	0,4%
Berufliche Schulen	93,00	**146,00**	202,00	0,5%
Förder- und Sonderschulen	148,00	**203,00**	308,00	0,3%
Weiterbildungseinrichtungen	141,00	**260,00**	323,00	1,0%
Kindergärten, nicht unterkellert, einfacher Standard	143,00	**191,00**	238,00	0,2%
Kindergärten, nicht unterkellert, mittlerer Standard	25,00	**103,00**	182,00	0,1%
Kindergärten, nicht unterkellert, hoher Standard	17,00	**61,00**	105,00	0,1%
Kindergärten, Holzbauweise, nicht unterkellert	16,00	**94,00**	136,00	0,1%
Kindergärten, unterkellert	–	**–**	–	
5 Sportbauten				
Sport- und Mehrzweckhallen	95,00	**283,00**	472,00	0,1%
Sporthallen (Einfeldhallen)	–	**97,00**	–	0,1%
Sporthallen (Dreifeldhallen)	99,00	**201,00**	339,00	0,3%
Schwimmhallen	164,00	**166,00**	168,00	0,5%
6 Wohngebäude				
Ein- und Zweifamilienhäuser				
Ein- und Zweifamilienhäuser, unterkellert, einfacher Standard	–	**34,00**	–	0,0%
Ein- und Zweifamilienhäuser, unterkellert, mittlerer Standard	58,00	**88,00**	115,00	0,1%
Ein- und Zweifamilienhäuser, unterkellert, hoher Standard	90,00	**125,00**	142,00	0,2%
Ein- und Zweifamilienhäuser, nicht unterkellert, einfacher Standard	–	**–**	–	–
Ein- und Zweifamilienhäuser, nicht unterkellert, mittlerer Standard	100,00	**134,00**	192,00	0,1%
Ein- und Zweifamilienhäuser, nicht unterkellert, hoher Standard	88,00	**176,00**	322,00	0,2%
Ein- und Zweifamilienhäuser, Passivhausstandard, Massivbau	121,00	**148,00**	217,00	0,0%
Ein- und Zweifamilienhäuser, Passivhausstandard, Holzbau	99,00	**132,00**	186,00	0,1%
Ein- und Zweifamilienhäuser, Holzbauweise, unterkellert	–	**17,00**	–	0,0%
Ein- und Zweifamilienhäuser, Holzbauweise, nicht unterkellert	32,00	**48,00**	88,00	0,1%
Doppel- und Reihenendhäuser, einfacher Standard	–	**117,00**	–	0,1%
Doppel- und Reihenendhäuser, mittlerer Standard	130,00	**154,00**	195,00	0,1%
Doppel- und Reihenendhäuser, hoher Standard	36,00	**98,00**	169,00	0,1%
Reihenhäuser, einfacher Standard	–	**133,00**	–	0,2%
Reihenhäuser, mittlerer Standard	94,00	**175,00**	219,00	0,3%
Reihenhäuser, hoher Standard	–	**40,00**	–	0,0%
Mehrfamilienhäuser				
Mehrfamilienhäuser, mit bis zu 6 WE, einfacher Standard	75,00	**124,00**	173,00	0,1%
Mehrfamilienhäuser, mit bis zu 6 WE, mittlerer Standard	109,00	**191,00**	399,00	0,3%
Mehrfamilienhäuser, mit bis zu 6 WE, hoher Standard	100,00	**147,00**	224,00	0,0%

343 Innenstützen

Gebäudeart	▷	€/Einheit	◁	KG an 300
Mehrfamilienhäuser (Fortsetzung)				
Mehrfamilienhäuser, mit 6 bis 19 WE, einfacher Standard	102,00	**172,00**	237,00	0,6%
Mehrfamilienhäuser, mit 6 bis 19 WE, mittlerer Standard	94,00	**118,00**	144,00	0,3%
Mehrfamilienhäuser, mit 6 bis 19 WE, hoher Standard	109,00	**187,00**	230,00	0,8%
Mehrfamilienhäuser, mit 20 oder mehr WE, mittlerer Standard	128,00	**178,00**	273,00	0,2%
Mehrfamilienhäuser, mit 20 oder mehr WE, hoher Standard	114,00	**120,00**	126,00	0,0%
Mehrfamilienhäuser, Passivhäuser	91,00	**124,00**	181,00	0,2%
Wohnhäuser, mit bis zu 15% Mischnutzung, einfacher Standard	137,00	**171,00**	224,00	0,3%
Wohnhäuser, mit bis zu 15% Mischnutzung, mittlerer Standard	130,00	**135,00**	140,00	0,2%
Wohnhäuser, mit bis zu 15% Mischnutzung, hoher Standard	102,00	**140,00**	179,00	0,3%
Wohnhäuser mit mehr als 15% Mischnutzung	–	**133,00**	–	0,0%
Seniorenwohnungen				
Seniorenwohnungen, mittlerer Standard	111,00	**135,00**	156,00	0,0%
Seniorenwohnungen, hoher Standard	79,00	**118,00**	158,00	0,6%
Beherbergung				
Wohnheime und Internate	116,00	**157,00**	177,00	0,5%
7 Gewerbegebäude				
Gaststätten und Kantinen				
Gaststätten, Kantinen und Mensen	170,00	**322,00**	539,00	0,6%
Gebäude für Produktion				
Industrielle Produktionsgebäude, Massivbauweise	106,00	**160,00**	267,00	0,7%
Industrielle Produktionsgebäude, überwiegend Skelettbauweise	104,00	**220,00**	482,00	1,3%
Betriebs- und Werkstätten, eingeschossig	65,00	**163,00**	260,00	0,3%
Betriebs- und Werkstätten, mehrgeschossig, geringer Hallenanteil	102,00	**191,00**	258,00	0,8%
Betriebs- und Werkstätten, mehrgeschossig, hoher Hallenanteil	108,00	**152,00**	226,00	0,7%
Gebäude für Handel und Lager				
Geschäftshäuser mit Wohnungen	130,00	**199,00**	338,00	1,2%
Geschäftshäuser ohne Wohnungen	178,00	**202,00**	227,00	0,6%
Verbrauchermärkte	91,00	**141,00**	190,00	0,3%
Autohäuser	153,00	**229,00**	305,00	0,8%
Lagergebäude, ohne Mischnutzung	117,00	**205,00**	319,00	1,3%
Lagergebäude, mit bis zu 25% Mischnutzung	321,00	**366,00**	411,00	3,1%
Lagergebäude, mit mehr als 25% Mischnutzung	195,00	**431,00**	666,00	1,1%
Garagen und Bereitschaftsdienste				
Einzel-, Mehrfach- und Hochgaragen	–	**–**	–	–
Tiefgaragen	150,00	**188,00**	258,00	1,8%
Feuerwehrhäuser	98,00	**114,00**	141,00	0,4%
Öffentliche Bereitschaftsdienste	172,00	**278,00**	578,00	1,7%
9 Kulturgebäude				
Gebäude für kulturelle Zwecke				
Bibliotheken, Museen und Ausstellungen	76,00	**81,00**	85,00	0,1%
Theater	218,00	**719,00**	1.220,00	1,6%
Gemeindezentren, einfacher Standard	133,00	**152,00**	172,00	0,0%
Gemeindezentren, mittlerer Standard	69,00	**128,00**	187,00	0,0%
Gemeindezentren, hoher Standard	99,00	**172,00**	210,00	1,5%
Gebäude für religiöse Zwecke				
Sakralbauten	–	**446,00**	–	0,3%
Friedhofsgebäude	–	**329,00**	–	0,4%

Einheit: m Innenstützenlänge

© BKI Baukosteninformationszentrum; Erläuterungen zu den Tabellen siehe Seite 50   Kosten: 1.Quartal 2018, Bundesdurchschnitt, inkl. 19% MwSt.

344 Innentüren und -fenster

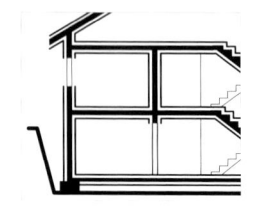

Kosten:
Stand 1. Quartal 2018
Bundesdurchschnitt
inkl. 19% MwSt.

Einheit: m² Innentüren- und -fensterfläche

▷ von
ø Mittel
◁ bis

Gebäudeart	▷	€/Einheit	◁	KG an 300
1 Büro- und Verwaltungsgebäude				
Büro- und Verwaltungsgebäude, einfacher Standard	183,00	**435,00**	602,00	4,7%
Büro- und Verwaltungsgebäude, mittlerer Standard	409,00	**599,00**	773,00	5,1%
Büro- und Verwaltungsgebäude, hoher Standard	786,00	**954,00**	1.161,00	6,1%
2 Gebäude für Forschung und Lehre				
Instituts- und Laborgebäude	596,00	**816,00**	1.033,00	4,8%
3 Gebäude des Gesundheitswesens				
Medizinische Einrichtungen	291,00	**664,00**	855,00	5,9%
Pflegeheime	400,00	**492,00**	545,00	8,0%
4 Schulen und Kindergärten				
Allgemeinbildende Schulen	604,00	**894,00**	1.115,00	4,2%
Berufliche Schulen	678,00	**786,00**	1.007,00	3,3%
Förder- und Sonderschulen	657,00	**777,00**	886,00	5,3%
Weiterbildungseinrichtungen	732,00	**1.110,00**	1.777,00	4,4%
Kindergärten, nicht unterkellert, einfacher Standard	297,00	**399,00**	461,00	2,9%
Kindergärten, nicht unterkellert, mittlerer Standard	285,00	**584,00**	803,00	4,1%
Kindergärten, nicht unterkellert, hoher Standard	438,00	**485,00**	572,00	3,6%
Kindergärten, Holzbauweise, nicht unterkellert	604,00	**729,00**	890,00	4,5%
Kindergärten, unterkellert	492,00	**632,00**	702,00	4,1%
5 Sportbauten				
Sport- und Mehrzweckhallen	122,00	**427,00**	593,00	2,2%
Sporthallen (Einfeldhallen)	529,00	**635,00**	740,00	3,6%
Sporthallen (Dreifeldhallen)	495,00	**707,00**	953,00	2,1%
Schwimmhallen	791,00	**987,00**	1.184,00	3,7%
6 Wohngebäude				
Ein- und Zweifamilienhäuser				
Ein- und Zweifamilienhäuser, unterkellert, einfacher Standard	200,00	**238,00**	270,00	2,8%
Ein- und Zweifamilienhäuser, unterkellert, mittlerer Standard	298,00	**375,00**	451,00	3,1%
Ein- und Zweifamilienhäuser, unterkellert, hoher Standard	322,00	**516,00**	731,00	3,6%
Ein- und Zweifamilienhäuser, nicht unterkellert, einfacher Standard	248,00	**288,00**	328,00	2,9%
Ein- und Zweifamilienhäuser, nicht unterkellert, mittlerer Standard	255,00	**404,00**	647,00	2,4%
Ein- und Zweifamilienhäuser, nicht unterkellert, hoher Standard	362,00	**545,00**	768,00	4,5%
Ein- und Zweifamilienhäuser, Passivhausstandard, Massivbau	231,00	**292,00**	404,00	2,0%
Ein- und Zweifamilienhäuser, Passivhausstandard, Holzbau	236,00	**333,00**	438,00	2,1%
Ein- und Zweifamilienhäuser, Holzbauweise, unterkellert	240,00	**334,00**	676,00	2,4%
Ein- und Zweifamilienhäuser, Holzbauweise, nicht unterkellert	273,00	**380,00**	620,00	2,6%
Doppel- und Reihenendhäuser, einfacher Standard	164,00	**226,00**	410,00	2,5%
Doppel- und Reihenendhäuser, mittlerer Standard	215,00	**292,00**	333,00	3,2%
Doppel- und Reihenendhäuser, hoher Standard	179,00	**311,00**	390,00	2,6%
Reihenhäuser, einfacher Standard	165,00	**293,00**	548,00	2,7%
Reihenhäuser, mittlerer Standard	164,00	**220,00**	257,00	1,6%
Reihenhäuser, hoher Standard	322,00	**390,00**	425,00	2,8%
Mehrfamilienhäuser				
Mehrfamilienhäuser, mit bis zu 6 WE, einfacher Standard	251,00	**337,00**	460,00	4,5%
Mehrfamilienhäuser, mit bis zu 6 WE, mittlerer Standard	188,00	**311,00**	374,00	3,1%
Mehrfamilienhäuser, mit bis zu 6 WE, hoher Standard	426,00	**699,00**	1.168,00	5,1%

344 Innentüren und -fenster

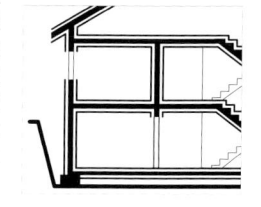

Gebäudeart	▷	€/Einheit	◁	KG an 300
Mehrfamilienhäuser (Fortsetzung)				
Mehrfamilienhäuser, mit 6 bis 19 WE, einfacher Standard	306,00	**330,00**	340,00	3,8%
Mehrfamilienhäuser, mit 6 bis 19 WE, mittlerer Standard	241,00	**281,00**	360,00	3,4%
Mehrfamilienhäuser, mit 6 bis 19 WE, hoher Standard	301,00	**392,00**	450,00	3,9%
Mehrfamilienhäuser, mit 20 oder mehr WE, mittlerer Standard	258,00	**336,00**	432,00	4,3%
Mehrfamilienhäuser, mit 20 oder mehr WE, hoher Standard	327,00	**371,00**	454,00	4,2%
Mehrfamilienhäuser, Passivhäuser	228,00	**294,00**	436,00	2,8%
Wohnhäuser, mit bis zu 15% Mischnutzung, einfacher Standard	221,00	**265,00**	307,00	2,6%
Wohnhäuser, mit bis zu 15% Mischnutzung, mittlerer Standard	295,00	**432,00**	661,00	4,6%
Wohnhäuser, mit bis zu 15% Mischnutzung, hoher Standard	332,00	**406,00**	480,00	3,5%
Wohnhäuser mit mehr als 15% Mischnutzung	352,00	**400,00**	469,00	3,8%
Seniorenwohnungen				
Seniorenwohnungen, mittlerer Standard	251,00	**331,00**	409,00	4,8%
Seniorenwohnungen, hoher Standard	396,00	**421,00**	446,00	4,4%
Beherbergung				
Wohnheime und Internate	498,00	**598,00**	708,00	5,4%
7 Gewerbegebäude				
Gaststätten und Kantinen				
Gaststätten, Kantinen und Mensen	543,00	**800,00**	1.286,00	3,2%
Gebäude für Produktion				
Industrielle Produktionsgebäude, Massivbauweise	378,00	**541,00**	864,00	2,5%
Industrielle Produktionsgebäude, überwiegend Skelettbauweise	515,00	**637,00**	749,00	2,9%
Betriebs- und Werkstätten, eingeschossig	385,00	**674,00**	877,00	4,4%
Betriebs- und Werkstätten, mehrgeschossig, geringer Hallenanteil	433,00	**539,00**	694,00	3,1%
Betriebs- und Werkstätten, mehrgeschossig, hoher Hallenanteil	205,00	**348,00**	514,00	2,1%
Gebäude für Handel und Lager				
Geschäftshäuser mit Wohnungen	479,00	**511,00**	558,00	3,6%
Geschäftshäuser ohne Wohnungen	509,00	**514,00**	518,00	4,1%
Verbrauchermärkte	591,00	**620,00**	649,00	4,1%
Autohäuser	454,00	**565,00**	677,00	1,8%
Lagergebäude, ohne Mischnutzung	478,00	**632,00**	819,00	1,9%
Lagergebäude, mit bis zu 25% Mischnutzung	605,00	**689,00**	839,00	2,2%
Lagergebäude, mit mehr als 25% Mischnutzung	359,00	**558,00**	758,00	3,3%
Garagen und Bereitschaftsdienste				
Einzel-, Mehrfach- und Hochgaragen	–	–	–	–
Tiefgaragen	240,00	**466,00**	692,00	0,6%
Feuerwehrhäuser	517,00	**629,00**	816,00	4,8%
Öffentliche Bereitschaftsdienste	506,00	**672,00**	1.055,00	2,7%
9 Kulturgebäude				
Gebäude für kulturelle Zwecke				
Bibliotheken, Museen und Ausstellungen	688,00	**1.058,00**	2.279,00	3,9%
Theater	477,00	**1.078,00**	1.679,00	4,9%
Gemeindezentren, einfacher Standard	417,00	**528,00**	725,00	3,7%
Gemeindezentren, mittlerer Standard	559,00	**720,00**	873,00	3,7%
Gemeindezentren, hoher Standard	889,00	**1.069,00**	1.183,00	5,0%
Gebäude für religiöse Zwecke				
Sakralbauten	–	**605,00**	–	2,8%
Friedhofsgebäude	743,00	**903,00**	1.064,00	6,5%

Einheit: m² Innentüren- und -fensterfläche

345 Innenwandbekleidungen

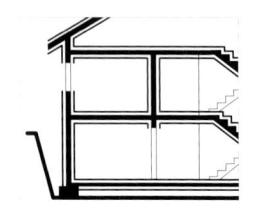

Kosten:
Stand 1.Quartal 2018
Bundesdurchschnitt
inkl. 19% MwSt.

Einheit: m²
Innenwand-
Bekleidungsfläche

▷ von
∅ Mittel
◁ bis

Gebäudeart	▷	€/Einheit	◁	KG an 300
1 Büro- und Verwaltungsgebäude				
Büro- und Verwaltungsgebäude, einfacher Standard	14,00	**19,00**	39,00	3,9%
Büro- und Verwaltungsgebäude, mittlerer Standard	22,00	**32,00**	46,00	3,3%
Büro- und Verwaltungsgebäude, hoher Standard	25,00	**42,00**	80,00	2,6%
2 Gebäude für Forschung und Lehre				
Instituts- und Laborgebäude	31,00	**45,00**	60,00	2,9%
3 Gebäude des Gesundheitswesens				
Medizinische Einrichtungen	24,00	**27,00**	28,00	4,5%
Pflegeheime	25,00	**32,00**	35,00	5,9%
4 Schulen und Kindergärten				
Allgemeinbildende Schulen	40,00	**57,00**	68,00	3,2%
Berufliche Schulen	20,00	**51,00**	76,00	2,7%
Förder- und Sonderschulen	29,00	**53,00**	109,00	3,3%
Weiterbildungseinrichtungen	23,00	**40,00**	73,00	1,5%
Kindergärten, nicht unterkellert, einfacher Standard	33,00	**49,00**	58,00	5,3%
Kindergärten, nicht unterkellert, mittlerer Standard	25,00	**54,00**	158,00	3,2%
Kindergärten, nicht unterkellert, hoher Standard	16,00	**30,00**	38,00	3,2%
Kindergärten, Holzbauweise, nicht unterkellert	27,00	**36,00**	46,00	3,4%
Kindergärten, unterkellert	22,00	**37,00**	46,00	4,5%
5 Sportbauten				
Sport- und Mehrzweckhallen	20,00	**54,00**	116,00	2,9%
Sporthallen (Einfeldhallen)	44,00	**62,00**	80,00	5,0%
Sporthallen (Dreifeldhallen)	55,00	**70,00**	86,00	7,8%
Schwimmhallen	76,00	**79,00**	82,00	5,8%
6 Wohngebäude				
Ein- und Zweifamilienhäuser				
Ein- und Zweifamilienhäuser, unterkellert, einfacher Standard	33,00	**37,00**	46,00	5,4%
Ein- und Zweifamilienhäuser, unterkellert, mittlerer Standard	32,00	**38,00**	50,00	4,0%
Ein- und Zweifamilienhäuser, unterkellert, hoher Standard	26,00	**40,00**	52,00	3,8%
Ein- und Zweifamilienhäuser, nicht unterkellert, einfacher Standard	37,00	**40,00**	44,00	4,1%
Ein- und Zweifamilienhäuser, nicht unterkellert, mittlerer Standard	26,00	**39,00**	51,00	4,8%
Ein- und Zweifamilienhäuser, nicht unterkellert, hoher Standard	23,00	**32,00**	50,00	2,5%
Ein- und Zweifamilienhäuser, Passivhausstandard, Massivbau	27,00	**43,00**	66,00	3,7%
Ein- und Zweifamilienhäuser, Passivhausstandard, Holzbau	21,00	**33,00**	44,00	2,7%
Ein- und Zweifamilienhäuser, Holzbauweise, unterkellert	24,00	**33,00**	45,00	4,7%
Ein- und Zweifamilienhäuser, Holzbauweise, nicht unterkellert	25,00	**46,00**	77,00	3,1%
Doppel- und Reihenendhäuser, einfacher Standard	15,00	**19,00**	28,00	4,0%
Doppel- und Reihenendhäuser, mittlerer Standard	27,00	**38,00**	50,00	5,9%
Doppel- und Reihenendhäuser, hoher Standard	24,00	**41,00**	62,00	5,2%
Reihenhäuser, einfacher Standard	15,00	**22,00**	34,00	5,1%
Reihenhäuser, mittlerer Standard	23,00	**31,00**	45,00	3,5%
Reihenhäuser, hoher Standard	11,00	**32,00**	43,00	4,6%
Mehrfamilienhäuser				
Mehrfamilienhäuser, mit bis zu 6 WE, einfacher Standard	28,00	**44,00**	68,00	7,9%
Mehrfamilienhäuser, mit bis zu 6 WE, mittlerer Standard	19,00	**28,00**	37,00	4,6%
Mehrfamilienhäuser, mit bis zu 6 WE, hoher Standard	25,00	**33,00**	38,00	4,0%

345 Innenwandbekleidungen

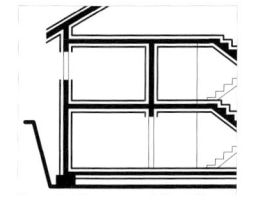

Gebäudeart	▷	€/Einheit	◁	KG an 300
Mehrfamilienhäuser (Fortsetzung)				
Mehrfamilienhäuser, mit 6 bis 19 WE, einfacher Standard	21,00	**30,00**	41,00	5,0%
Mehrfamilienhäuser, mit 6 bis 19 WE, mittlerer Standard	21,00	**28,00**	33,00	5,2%
Mehrfamilienhäuser, mit 6 bis 19 WE, hoher Standard	24,00	**33,00**	50,00	4,8%
Mehrfamilienhäuser, mit 20 oder mehr WE, mittlerer Standard	15,00	**21,00**	30,00	3,7%
Mehrfamilienhäuser, mit 20 oder mehr WE, hoher Standard	24,00	**27,00**	33,00	3,8%
Mehrfamilienhäuser, Passivhäuser	23,00	**31,00**	42,00	4,3%
Wohnhäuser, mit bis zu 15% Mischnutzung, einfacher Standard	10,00	**29,00**	36,00	5,5%
Wohnhäuser, mit bis zu 15% Mischnutzung, mittlerer Standard	14,00	**33,00**	46,00	4,6%
Wohnhäuser, mit bis zu 15% Mischnutzung, hoher Standard	40,00	**41,00**	41,00	5,5%
Wohnhäuser mit mehr als 15% Mischnutzung	21,00	**30,00**	47,00	5,0%
Seniorenwohnungen				
Seniorenwohnungen, mittlerer Standard	24,00	**30,00**	37,00	6,2%
Seniorenwohnungen, hoher Standard	27,00	**29,00**	32,00	4,7%
Beherbergung				
Wohnheime und Internate	27,00	**39,00**	61,00	5,1%
7 Gewerbegebäude				
Gaststätten und Kantinen				
Gaststätten, Kantinen und Mensen	24,00	**45,00**	87,00	3,5%
Gebäude für Produktion				
Industrielle Produktionsgebäude, Massivbauweise	13,00	**38,00**	53,00	2,6%
Industrielle Produktionsgebäude, überwiegend Skelettbauweise	13,00	**25,00**	30,00	0,8%
Betriebs- und Werkstätten, eingeschossig	15,00	**16,00**	20,00	1,8%
Betriebs- und Werkstätten, mehrgeschossig, geringer Hallenanteil	22,00	**32,00**	46,00	2,0%
Betriebs- und Werkstätten, mehrgeschossig, hoher Hallenanteil	32,00	**44,00**	57,00	3,8%
Gebäude für Handel und Lager				
Geschäftshäuser mit Wohnungen	22,00	**25,00**	33,00	2,7%
Geschäftshäuser ohne Wohnungen	38,00	**40,00**	42,00	4,2%
Verbrauchermärkte	26,00	**37,00**	49,00	3,7%
Autohäuser	16,00	**18,00**	21,00	1,6%
Lagergebäude, ohne Mischnutzung	8,20	**26,00**	32,00	0,6%
Lagergebäude, mit bis zu 25% Mischnutzung	10,00	**22,00**	45,00	1,3%
Lagergebäude, mit mehr als 25% Mischnutzung	42,00	**76,00**	109,00	2,4%
Garagen und Bereitschaftsdienste				
Einzel-, Mehrfach- und Hochgaragen	13,00	**32,00**	43,00	0,9%
Tiefgaragen	–	**6,60**	–	0,0%
Feuerwehrhäuser	32,00	**36,00**	44,00	3,0%
Öffentliche Bereitschaftsdienste	22,00	**41,00**	63,00	2,1%
9 Kulturgebäude				
Gebäude für kulturelle Zwecke				
Bibliotheken, Museen und Ausstellungen	52,00	**65,00**	97,00	2,6%
Theater	52,00	**76,00**	101,00	5,3%
Gemeindezentren, einfacher Standard	30,00	**38,00**	56,00	4,5%
Gemeindezentren, mittlerer Standard	37,00	**42,00**	52,00	2,8%
Gemeindezentren, hoher Standard	32,00	**45,00**	52,00	3,0%
Gebäude für religiöse Zwecke				
Sakralbauten	–	**56,00**	–	1,7%
Friedhofsgebäude	18,00	**48,00**	79,00	2,3%

Einheit: m² Innenwand-Bekleidungsfläche

© BKI Baukosteninformationszentrum; Erläuterungen zu den Tabellen siehe Seite 50   Kosten: 1.Quartal 2018, Bundesdurchschnitt, inkl. 19% MwSt.

346 Elementierte Innenwände

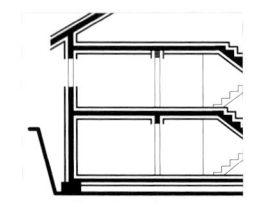

Kosten:
Stand 1.Quartal 2018
Bundesdurchschnitt
inkl. 19% MwSt.

Einheit: m²
Elementierte
Innenwandfläche

▷ von
Ø Mittel
◁ bis

Gebäudeart	▷	€/Einheit	◁	KG an 300
1 Büro- und Verwaltungsgebäude				
Büro- und Verwaltungsgebäude, einfacher Standard	159,00	**352,00**	539,00	2,3%
Büro- und Verwaltungsgebäude, mittlerer Standard	247,00	**398,00**	910,00	1,5%
Büro- und Verwaltungsgebäude, hoher Standard	397,00	**657,00**	967,00	5,6%
2 Gebäude für Forschung und Lehre				
Instituts- und Laborgebäude	672,00	**809,00**	1.082,00	3,2%
3 Gebäude des Gesundheitswesens				
Medizinische Einrichtungen	750,00	**1.128,00**	1.745,00	2,7%
Pflegeheime	724,00	**813,00**	867,00	0,9%
4 Schulen und Kindergärten				
Allgemeinbildende Schulen	272,00	**553,00**	917,00	1,8%
Berufliche Schulen	202,00	**272,00**	383,00	2,3%
Förder- und Sonderschulen	366,00	**486,00**	697,00	0,7%
Weiterbildungseinrichtungen	594,00	**666,00**	804,00	1,4%
Kindergärten, nicht unterkellert, einfacher Standard	385,00	**509,00**	743,00	2,3%
Kindergärten, nicht unterkellert, mittlerer Standard	239,00	**302,00**	403,00	1,7%
Kindergärten, nicht unterkellert, hoher Standard	452,00	**534,00**	682,00	2,4%
Kindergärten, Holzbauweise, nicht unterkellert	254,00	**536,00**	823,00	2,0%
Kindergärten, unterkellert	179,00	**261,00**	318,00	0,4%
5 Sportbauten				
Sport- und Mehrzweckhallen	101,00	**150,00**	199,00	0,3%
Sporthallen (Einfeldhallen)	–	**302,00**	–	0,4%
Sporthallen (Dreifeldhallen)	232,00	**495,00**	1.273,00	2,9%
Schwimmhallen	247,00	**320,00**	393,00	0,7%
6 Wohngebäude				
Ein- und Zweifamilienhäuser				
Ein- und Zweifamilienhäuser, unterkellert, einfacher Standard	–	–	–	–
Ein- und Zweifamilienhäuser, unterkellert, mittlerer Standard	–	–	–	–
Ein- und Zweifamilienhäuser, unterkellert, hoher Standard	–	**926,00**	–	0,0%
Ein- und Zweifamilienhäuser, nicht unterkellert, einfacher Standard	–	–	–	–
Ein- und Zweifamilienhäuser, nicht unterkellert, mittlerer Standard	355,00	**493,00**	630,00	0,2%
Ein- und Zweifamilienhäuser, nicht unterkellert, hoher Standard	–	**345,00**	–	0,0%
Ein- und Zweifamilienhäuser, Passivhausstandard, Massivbau	548,00	**633,00**	718,00	0,3%
Ein- und Zweifamilienhäuser, Passivhausstandard, Holzbau	–	**691,00**	–	0,1%
Ein- und Zweifamilienhäuser, Holzbauweise, unterkellert	–	**567,00**	–	0,1%
Ein- und Zweifamilienhäuser, Holzbauweise, nicht unterkellert	51,00	**52,00**	52,00	0,7%
Doppel- und Reihenendhäuser, einfacher Standard	–	**199,00**	–	0,1%
Doppel- und Reihenendhäuser, mittlerer Standard	–	–	–	–
Doppel- und Reihenendhäuser, hoher Standard	–	–	–	–
Reihenhäuser, einfacher Standard	–	–	–	–
Reihenhäuser, mittlerer Standard	–	–	–	–
Reihenhäuser, hoher Standard	–	**157,00**	–	0,3%
Mehrfamilienhäuser				
Mehrfamilienhäuser, mit bis zu 6 WE, einfacher Standard	–	**80,00**	–	0,0%
Mehrfamilienhäuser, mit bis zu 6 WE, mittlerer Standard	–	**169,00**	–	0,0%
Mehrfamilienhäuser, mit bis zu 6 WE, hoher Standard	29,00	**46,00**	63,00	0,1%

346 Elementierte Innenwände

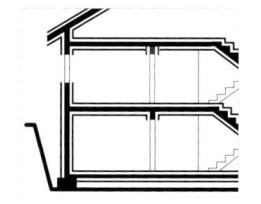

Gebäudeart	▷	€/Einheit	◁	KG an 300
Mehrfamilienhäuser (Fortsetzung)				
Mehrfamilienhäuser, mit 6 bis 19 WE, einfacher Standard	54,00	**70,00**	87,00	0,3%
Mehrfamilienhäuser, mit 6 bis 19 WE, mittlerer Standard	28,00	**43,00**	59,00	0,2%
Mehrfamilienhäuser, mit 6 bis 19 WE, hoher Standard	–	**104,00**	–	0,1%
Mehrfamilienhäuser, mit 20 oder mehr WE, mittlerer Standard	38,00	**44,00**	49,00	0,3%
Mehrfamilienhäuser, mit 20 oder mehr WE, hoher Standard	–	**122,00**	–	0,4%
Mehrfamilienhäuser, Passivhäuser	29,00	**140,00**	472,00	0,7%
Wohnhäuser, mit bis zu 15% Mischnutzung, einfacher Standard	34,00	**95,00**	155,00	0,1%
Wohnhäuser, mit bis zu 15% Mischnutzung, mittlerer Standard	–	**–**	–	–
Wohnhäuser, mit bis zu 15% Mischnutzung, hoher Standard	–	**–**	–	–
Wohnhäuser mit mehr als 15% Mischnutzung	–	**–**	–	–
Seniorenwohnungen				
Seniorenwohnungen, mittlerer Standard	31,00	**42,00**	47,00	0,2%
Seniorenwohnungen, hoher Standard	–	**45,00**	–	0,2%
Beherbergung				
Wohnheime und Internate	343,00	**479,00**	747,00	0,9%
7 Gewerbegebäude				
Gaststätten und Kantinen				
Gaststätten, Kantinen und Mensen	409,00	**586,00**	939,00	2,7%
Gebäude für Produktion				
Industrielle Produktionsgebäude, Massivbauweise	–	**490,00**	–	2,2%
Industrielle Produktionsgebäude, überwiegend Skelettbauweise	301,00	**456,00**	764,00	0,9%
Betriebs- und Werkstätten, eingeschossig	145,00	**195,00**	246,00	0,8%
Betriebs- und Werkstätten, mehrgeschossig, geringer Hallenanteil	265,00	**295,00**	312,00	1,3%
Betriebs- und Werkstätten, mehrgeschossig, hoher Hallenanteil	299,00	**350,00**	400,00	0,1%
Gebäude für Handel und Lager				
Geschäftshäuser mit Wohnungen	–	**504,00**	–	0,2%
Geschäftshäuser ohne Wohnungen	56,00	**372,00**	689,00	3,3%
Verbrauchermärkte	230,00	**325,00**	421,00	1,1%
Autohäuser	136,00	**216,00**	296,00	0,9%
Lagergebäude, ohne Mischnutzung	133,00	**172,00**	225,00	1,3%
Lagergebäude, mit bis zu 25% Mischnutzung	–	**484,00**	–	0,1%
Lagergebäude, mit mehr als 25% Mischnutzung	193,00	**277,00**	361,00	0,1%
Garagen und Bereitschaftsdienste				
Einzel-, Mehrfach- und Hochgaragen	–	**144,00**	–	0,0%
Tiefgaragen	–	**–**	–	–
Feuerwehrhäuser	287,00	**336,00**	384,00	2,2%
Öffentliche Bereitschaftsdienste	353,00	**382,00**	411,00	0,6%
9 Kulturgebäude				
Gebäude für kulturelle Zwecke				
Bibliotheken, Museen und Ausstellungen	292,00	**447,00**	681,00	1,3%
Theater	142,00	**395,00**	648,00	0,9%
Gemeindezentren, einfacher Standard	254,00	**339,00**	425,00	2,6%
Gemeindezentren, mittlerer Standard	441,00	**617,00**	898,00	3,1%
Gemeindezentren, hoher Standard	225,00	**343,00**	532,00	1,9%
Gebäude für religiöse Zwecke				
Sakralbauten	–	**773,00**	–	1,0%
Friedhofsgebäude	–	**449,00**	–	0,9%

Einheit: m² Elementierte Innenwandfläche

© BKI Baukosteninformationszentrum; Erläuterungen zu den Tabellen siehe Seite 50   Kosten: 1.Quartal 2018, Bundesdurchschnitt, inkl. 19% MwSt.

349 Innenwände, sonstiges

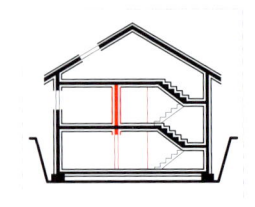

Kosten:
Stand 1.Quartal 2018
Bundesdurchschnitt
inkl. 19% MwSt.

Einheit: m² Innenwandfläche

▷ von
ø Mittel
◁ bis

Gebäudeart	▷	€/Einheit	◁	KG an 300
1 Büro- und Verwaltungsgebäude				
Büro- und Verwaltungsgebäude, einfacher Standard	–	**4,30**	–	0,1%
Büro- und Verwaltungsgebäude, mittlerer Standard	2,30	**4,60**	9,90	0,1%
Büro- und Verwaltungsgebäude, hoher Standard	0,90	**2,40**	5,40	0,0%
2 Gebäude für Forschung und Lehre				
Instituts- und Laborgebäude	–	–	–	–
3 Gebäude des Gesundheitswesens				
Medizinische Einrichtungen	0,50	**3,00**	5,40	0,1%
Pflegeheime	5,10	**5,50**	6,40	0,7%
4 Schulen und Kindergärten				
Allgemeinbildende Schulen	0,60	**1,30**	1,80	0,0%
Berufliche Schulen	0,10	**2,90**	4,40	0,0%
Förder- und Sonderschulen	0,40	**3,20**	6,20	0,1%
Weiterbildungseinrichtungen	–	**8,10**	–	0,1%
Kindergärten, nicht unterkellert, einfacher Standard	–	–	–	–
Kindergärten, nicht unterkellert, mittlerer Standard	–	**1,70**	–	0,0%
Kindergärten, nicht unterkellert, hoher Standard	–	**3,90**	–	0,0%
Kindergärten, Holzbauweise, nicht unterkellert	–	–	–	–
Kindergärten, unterkellert	0,30	**1,60**	2,90	0,0%
5 Sportbauten				
Sport- und Mehrzweckhallen	12,00	**20,00**	28,00	0,5%
Sporthallen (Einfeldhallen)	1,70	**10,00**	19,00	0,3%
Sporthallen (Dreifeldhallen)	2,10	**4,70**	8,40	0,1%
Schwimmhallen	–	**5,10**	–	0,0%
6 Wohngebäude				
Ein- und Zweifamilienhäuser				
Ein- und Zweifamilienhäuser, unterkellert, einfacher Standard	–	**7,50**	–	0,1%
Ein- und Zweifamilienhäuser, unterkellert, mittlerer Standard	1,60	**6,50**	11,00	0,0%
Ein- und Zweifamilienhäuser, unterkellert, hoher Standard	3,30	**19,00**	51,00	0,1%
Ein- und Zweifamilienhäuser, nicht unterkellert, einfacher Standard	–	–	–	–
Ein- und Zweifamilienhäuser, nicht unterkellert, mittlerer Standard	2,50	**4,50**	5,80	0,1%
Ein- und Zweifamilienhäuser, nicht unterkellert, hoher Standard	–	**2,90**	–	0,0%
Ein- und Zweifamilienhäuser, Passivhausstandard, Massivbau	–	**4,90**	–	0,0%
Ein- und Zweifamilienhäuser, Passivhausstandard, Holzbau	–	–	–	–
Ein- und Zweifamilienhäuser, Holzbauweise, unterkellert	1,50	**2,90**	4,20	0,0%
Ein- und Zweifamilienhäuser, Holzbauweise, nicht unterkellert	–	–	–	–
Doppel- und Reihenendhäuser, einfacher Standard	–	–	–	–
Doppel- und Reihenendhäuser, mittlerer Standard	2,00	**2,20**	2,40	0,1%
Doppel- und Reihenendhäuser, hoher Standard	–	**6,90**	–	0,1%
Reihenhäuser, einfacher Standard	–	–	–	–
Reihenhäuser, mittlerer Standard	–	–	–	–
Reihenhäuser, hoher Standard	–	–	–	–
Mehrfamilienhäuser				
Mehrfamilienhäuser, mit bis zu 6 WE, einfacher Standard	0,80	**1,40**	2,00	0,1%
Mehrfamilienhäuser, mit bis zu 6 WE, mittlerer Standard	–	–	–	–
Mehrfamilienhäuser, mit bis zu 6 WE, hoher Standard	–	–	–	–

Gebäudeart	▷	€/Einheit	◁	KG an 300
Mehrfamilienhäuser (Fortsetzung)				
Mehrfamilienhäuser, mit 6 bis 19 WE, einfacher Standard	–	0,80	–	0,0%
Mehrfamilienhäuser, mit 6 bis 19 WE, mittlerer Standard	0,30	0,70	1,00	0,0%
Mehrfamilienhäuser, mit 6 bis 19 WE, hoher Standard	–	1,40	–	0,0%
Mehrfamilienhäuser, mit 20 oder mehr WE, mittlerer Standard	1,70	2,00	2,30	0,1%
Mehrfamilienhäuser, mit 20 oder mehr WE, hoher Standard	–	–	–	–
Mehrfamilienhäuser, Passivhäuser	5,80	5,80	5,80	0,1%
Wohnhäuser, mit bis zu 15% Mischnutzung, einfacher Standard	–	0,10	–	0,0%
Wohnhäuser, mit bis zu 15% Mischnutzung, mittlerer Standard	–	–	–	–
Wohnhäuser, mit bis zu 15% Mischnutzung, hoher Standard	1,20	1,40	1,60	0,1%
Wohnhäuser mit mehr als 15% Mischnutzung	0,90	4,30	7,80	0,2%
Seniorenwohnungen				
Seniorenwohnungen, mittlerer Standard	1,00	1,60	2,80	0,1%
Seniorenwohnungen, hoher Standard	0,10	1,00	1,90	0,0%
Beherbergung				
Wohnheime und Internate	0,80	2,90	4,00	0,1%
7 Gewerbegebäude				
Gaststätten und Kantinen				
Gaststätten, Kantinen und Mensen	–	15,00	–	0,2%
Gebäude für Produktion				
Industrielle Produktionsgebäude, Massivbauweise	–	–	–	–
Industrielle Produktionsgebäude, überwiegend Skelettbauweise	0,40	5,30	10,00	0,1%
Betriebs- und Werkstätten, eingeschossig	–	14,00	–	0,3%
Betriebs- und Werkstätten, mehrgeschossig, geringer Hallenanteil	–	–	–	–
Betriebs- und Werkstätten, mehrgeschossig, hoher Hallenanteil	–	1,40	–	0,0%
Gebäude für Handel und Lager				
Geschäftshäuser mit Wohnungen	–	25,00	–	0,3%
Geschäftshäuser ohne Wohnungen	–	25,00	–	1,0%
Verbrauchermärkte	9,10	12,00	15,00	0,7%
Autohäuser	–	–	–	–
Lagergebäude, ohne Mischnutzung	–	3,50	–	0,0%
Lagergebäude, mit bis zu 25% Mischnutzung	–	–	–	–
Lagergebäude, mit mehr als 25% Mischnutzung	–	10,00	–	0,1%
Garagen und Bereitschaftsdienste				
Einzel-, Mehrfach- und Hochgaragen	–	–	–	–
Tiefgaragen	–	3,90	–	0,0%
Feuerwehrhäuser	0,40	1,00	1,60	0,0%
Öffentliche Bereitschaftsdienste	–	1,90	–	0,0%
9 Kulturgebäude				
Gebäude für kulturelle Zwecke				
Bibliotheken, Museen und Ausstellungen	0,50	1,40	2,30	0,0%
Theater	–	34,00	–	0,7%
Gemeindezentren, einfacher Standard	–	–	–	–
Gemeindezentren, mittlerer Standard	3,10	3,80	4,50	0,0%
Gemeindezentren, hoher Standard	8,50	21,00	33,00	0,7%
Gebäude für religiöse Zwecke				
Sakralbauten	–	11,00	–	0,2%
Friedhofsgebäude	–	12,00	–	0,2%

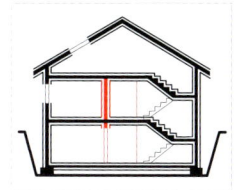

Einheit: m² Innenwandfläche

351 Deckenkonstruktionen

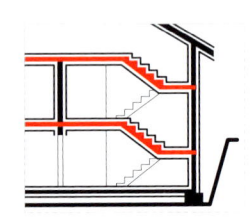

Kosten:
Stand 1.Quartal 2018
Bundesdurchschnitt
inkl. 19% MwSt.

Einheit: m²
Deckenkonstruktionsfläche

▷ von
Ø Mittel
◁ bis

Gebäudeart	▷	€/Einheit	◁	KG an 300
1 Büro- und Verwaltungsgebäude				
Büro- und Verwaltungsgebäude, einfacher Standard	81,00	**115,00**	161,00	7,3%
Büro- und Verwaltungsgebäude, mittlerer Standard	143,00	**186,00**	368,00	9,1%
Büro- und Verwaltungsgebäude, hoher Standard	139,00	**169,00**	232,00	6,4%
2 Gebäude für Forschung und Lehre				
Instituts- und Laborgebäude	165,00	**221,00**	292,00	6,5%
3 Gebäude des Gesundheitswesens				
Medizinische Einrichtungen	130,00	**146,00**	172,00	9,4%
Pflegeheime	103,00	**114,00**	135,00	10,1%
4 Schulen und Kindergärten				
Allgemeinbildende Schulen	141,00	**161,00**	198,00	5,1%
Berufliche Schulen	108,00	**198,00**	248,00	5,3%
Förder- und Sonderschulen	123,00	**166,00**	199,00	6,7%
Weiterbildungseinrichtungen	225,00	**262,00**	337,00	9,5%
Kindergärten, nicht unterkellert, einfacher Standard	268,00	**304,00**	373,00	6,1%
Kindergärten, nicht unterkellert, mittlerer Standard	151,00	**168,00**	184,00	2,3%
Kindergärten, nicht unterkellert, hoher Standard	173,00	**289,00**	367,00	2,5%
Kindergärten, Holzbauweise, nicht unterkellert	216,00	**502,00**	788,00	1,8%
Kindergärten, unterkellert	121,00	**167,00**	254,00	2,9%
5 Sportbauten				
Sport- und Mehrzweckhallen	118,00	**168,00**	218,00	2,0%
Sporthallen (Einfeldhallen)	67,00	**178,00**	290,00	1,4%
Sporthallen (Dreifeldhallen)	139,00	**159,00**	168,00	2,5%
Schwimmhallen	151,00	**212,00**	273,00	5,6%
6 Wohngebäude				
Ein- und Zweifamilienhäuser				
Ein- und Zweifamilienhäuser, unterkellert, einfacher Standard	125,00	**137,00**	164,00	10,8%
Ein- und Zweifamilienhäuser, unterkellert, mittlerer Standard	135,00	**172,00**	249,00	10,7%
Ein- und Zweifamilienhäuser, unterkellert, hoher Standard	127,00	**159,00**	197,00	8,2%
Ein- und Zweifamilienhäuser, nicht unterkellert, einfacher Standard	120,00	**130,00**	139,00	10,6%
Ein- und Zweifamilienhäuser, nicht unterkellert, mittlerer Standard	111,00	**155,00**	187,00	6,7%
Ein- und Zweifamilienhäuser, nicht unterkellert, hoher Standard	155,00	**197,00**	227,00	7,8%
Ein- und Zweifamilienhäuser, Passivhausstandard, Massivbau	127,00	**159,00**	200,00	8,6%
Ein- und Zweifamilienhäuser, Passivhausstandard, Holzbau	148,00	**187,00**	250,00	7,2%
Ein- und Zweifamilienhäuser, Holzbauweise, unterkellert	123,00	**154,00**	206,00	10,9%
Ein- und Zweifamilienhäuser, Holzbauweise, nicht unterkellert	134,00	**179,00**	228,00	7,3%
Doppel- und Reihenendhäuser, einfacher Standard	129,00	**144,00**	184,00	14,3%
Doppel- und Reihenendhäuser, mittlerer Standard	117,00	**172,00**	218,00	11,1%
Doppel- und Reihenendhäuser, hoher Standard	136,00	**173,00**	193,00	10,4%
Reihenhäuser, einfacher Standard	119,00	**127,00**	132,00	15,6%
Reihenhäuser, mittlerer Standard	116,00	**134,00**	162,00	10,9%
Reihenhäuser, hoher Standard	203,00	**216,00**	239,00	14,3%
Mehrfamilienhäuser				
Mehrfamilienhäuser, mit bis zu 6 WE, einfacher Standard	143,00	**159,00**	189,00	15,0%
Mehrfamilienhäuser, mit bis zu 6 WE, mittlerer Standard	145,00	**174,00**	234,00	14,2%
Mehrfamilienhäuser, mit bis zu 6 WE, hoher Standard	145,00	**174,00**	276,00	11,1%

351 Deckenkonstruktionen

Gebäudeart	▷	€/Einheit	◁	KG an 300
Mehrfamilienhäuser (Fortsetzung)				
Mehrfamilienhäuser, mit 6 bis 19 WE, einfacher Standard	151,00	**161,00**	188,00	14,8%
Mehrfamilienhäuser, mit 6 bis 19 WE, mittlerer Standard	106,00	**132,00**	152,00	12,7%
Mehrfamilienhäuser, mit 6 bis 19 WE, hoher Standard	124,00	**142,00**	169,00	12,0%
Mehrfamilienhäuser, mit 20 oder mehr WE, mittlerer Standard	117,00	**154,00**	213,00	14,3%
Mehrfamilienhäuser, mit 20 oder mehr WE, hoher Standard	138,00	**165,00**	219,00	14,0%
Mehrfamilienhäuser, Passivhäuser	130,00	**154,00**	187,00	12,2%
Wohnhäuser, mit bis zu 15% Mischnutzung, einfacher Standard	141,00	**164,00**	194,00	16,8%
Wohnhäuser, mit bis zu 15% Mischnutzung, mittlerer Standard	72,00	**102,00**	151,00	7,0%
Wohnhäuser, mit bis zu 15% Mischnutzung, hoher Standard	125,00	**150,00**	174,00	10,0%
Wohnhäuser mit mehr als 15% Mischnutzung	112,00	**160,00**	255,00	9,1%
Seniorenwohnungen				
Seniorenwohnungen, mittlerer Standard	83,00	**111,00**	139,00	10,9%
Seniorenwohnungen, hoher Standard	115,00	**155,00**	195,00	13,9%
Beherbergung				
Wohnheime und Internate	133,00	**173,00**	232,00	9,5%
7 Gewerbegebäude				
Gaststätten und Kantinen				
Gaststätten, Kantinen und Mensen	135,00	**201,00**	242,00	6,5%
Gebäude für Produktion				
Industrielle Produktionsgebäude, Massivbauweise	132,00	**159,00**	204,00	5,5%
Industrielle Produktionsgebäude, überwiegend Skelettbauweise	141,00	**180,00**	268,00	2,6%
Betriebs- und Werkstätten, eingeschossig	–	**155,00**	–	2,1%
Betriebs- und Werkstätten, mehrgeschossig, geringer Hallenanteil	115,00	**143,00**	184,00	6,9%
Betriebs- und Werkstätten, mehrgeschossig, hoher Hallenanteil	89,00	**112,00**	148,00	1,9%
Gebäude für Handel und Lager				
Geschäftshäuser mit Wohnungen	175,00	**195,00**	207,00	15,3%
Geschäftshäuser ohne Wohnungen	123,00	**134,00**	144,00	10,3%
Verbrauchermärkte	–	–	–	–
Autohäuser	87,00	**133,00**	178,00	2,2%
Lagergebäude, ohne Mischnutzung	61,00	**111,00**	183,00	1,7%
Lagergebäude, mit bis zu 25% Mischnutzung	109,00	**156,00**	237,00	2,4%
Lagergebäude, mit mehr als 25% Mischnutzung	213,00	**228,00**	243,00	6,1%
Garagen und Bereitschaftsdienste				
Einzel-, Mehrfach- und Hochgaragen	167,00	**211,00**	289,00	5,2%
Tiefgaragen	–	–	–	–
Feuerwehrhäuser	79,00	**124,00**	168,00	3,0%
Öffentliche Bereitschaftsdienste	90,00	**113,00**	132,00	3,5%
9 Kulturgebäude				
Gebäude für kulturelle Zwecke				
Bibliotheken, Museen und Ausstellungen	80,00	**168,00**	226,00	2,6%
Theater	147,00	**246,00**	345,00	5,8%
Gemeindezentren, einfacher Standard	147,00	**191,00**	277,00	5,3%
Gemeindezentren, mittlerer Standard	107,00	**160,00**	240,00	3,7%
Gemeindezentren, hoher Standard	182,00	**259,00**	311,00	5,2%
Gebäude für religiöse Zwecke				
Sakralbauten	–	**375,00**	–	6,7%
Friedhofsgebäude	–	**87,00**	–	1,0%

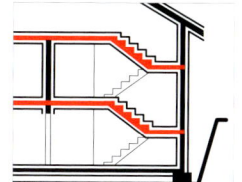

Einheit: m² Deckenkonstruktionsfläche

Kosten: 1. Quartal 2018, Bundesdurchschnitt, inkl. 19% MwSt.

352 Deckenbeläge

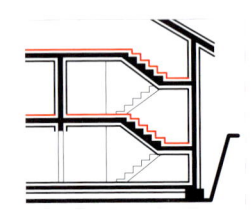

Kosten:
Stand 1. Quartal 2018
Bundesdurchschnitt
inkl. 19% MwSt.

Einheit: m²
Deckenbelagsfläche

▷ von
ø Mittel
◁ bis

Gebäudeart	▷	€/Einheit	◁	KG an 300
1 Büro- und Verwaltungsgebäude				
Büro- und Verwaltungsgebäude, einfacher Standard	79,00	**94,00**	108,00	5,2%
Büro- und Verwaltungsgebäude, mittlerer Standard	104,00	**117,00**	137,00	5,2%
Büro- und Verwaltungsgebäude, hoher Standard	124,00	**162,00**	208,00	5,8%
2 Gebäude für Forschung und Lehre				
Instituts- und Laborgebäude	40,00	**101,00**	125,00	2,9%
3 Gebäude des Gesundheitswesens				
Medizinische Einrichtungen	84,00	**114,00**	163,00	5,4%
Pflegeheime	72,00	**92,00**	131,00	6,6%
4 Schulen und Kindergärten				
Allgemeinbildende Schulen	91,00	**100,00**	108,00	2,4%
Berufliche Schulen	150,00	**187,00**	257,00	4,3%
Förder- und Sonderschulen	84,00	**117,00**	156,00	3,6%
Weiterbildungseinrichtungen	119,00	**142,00**	177,00	4,3%
Kindergärten, nicht unterkellert, einfacher Standard	106,00	**112,00**	116,00	2,0%
Kindergärten, nicht unterkellert, mittlerer Standard	75,00	**98,00**	122,00	1,3%
Kindergärten, nicht unterkellert, hoher Standard	37,00	**61,00**	98,00	0,4%
Kindergärten, Holzbauweise, nicht unterkellert	124,00	**131,00**	139,00	1,1%
Kindergärten, unterkellert	78,00	**86,00**	97,00	1,4%
5 Sportbauten				
Sport- und Mehrzweckhallen	99,00	**220,00**	342,00	2,1%
Sporthallen (Einfeldhallen)	–	**103,00**	–	0,4%
Sporthallen (Dreifeldhallen)	127,00	**153,00**	166,00	1,8%
Schwimmhallen	158,00	**178,00**	197,00	4,4%
6 Wohngebäude				
Ein- und Zweifamilienhäuser				
Ein- und Zweifamilienhäuser, unterkellert, einfacher Standard	109,00	**130,00**	138,00	8,4%
Ein- und Zweifamilienhäuser, unterkellert, mittlerer Standard	85,00	**121,00**	153,00	6,4%
Ein- und Zweifamilienhäuser, unterkellert, hoher Standard	117,00	**165,00**	221,00	7,0%
Ein- und Zweifamilienhäuser, nicht unterkellert, einfacher Standard	86,00	**99,00**	111,00	5,5%
Ein- und Zweifamilienhäuser, nicht unterkellert, mittlerer Standard	94,00	**123,00**	162,00	4,2%
Ein- und Zweifamilienhäuser, nicht unterkellert, hoher Standard	125,00	**170,00**	226,00	4,8%
Ein- und Zweifamilienhäuser, Passivhausstandard, Massivbau	100,00	**120,00**	137,00	5,1%
Ein- und Zweifamilienhäuser, Passivhausstandard, Holzbau	113,00	**131,00**	163,00	4,3%
Ein- und Zweifamilienhäuser, Holzbauweise, unterkellert	63,00	**92,00**	131,00	5,2%
Ein- und Zweifamilienhäuser, Holzbauweise, nicht unterkellert	59,00	**95,00**	133,00	3,1%
Doppel- und Reihenendhäuser, einfacher Standard	59,00	**83,00**	108,00	6,2%
Doppel- und Reihenendhäuser, mittlerer Standard	90,00	**104,00**	130,00	5,3%
Doppel- und Reihenendhäuser, hoher Standard	107,00	**133,00**	164,00	6,3%
Reihenhäuser, einfacher Standard	51,00	**82,00**	143,00	5,5%
Reihenhäuser, mittlerer Standard	75,00	**96,00**	137,00	6,1%
Reihenhäuser, hoher Standard	115,00	**163,00**	194,00	9,2%
Mehrfamilienhäuser				
Mehrfamilienhäuser, mit bis zu 6 WE, einfacher Standard	52,00	**122,00**	171,00	7,6%
Mehrfamilienhäuser, mit bis zu 6 WE, mittlerer Standard	93,00	**123,00**	157,00	7,9%
Mehrfamilienhäuser, mit bis zu 6 WE, hoher Standard	121,00	**154,00**	175,00	8,7%

© BKI Baukosteninformationszentrum; Erläuterungen zu den Tabellen siehe Seite 50

Kosten: 1.Quartal 2018, Bundesdurchschnitt, **inkl. 19% MwSt.**

352 Deckenbeläge

Gebäudeart	▷	€/Einheit	◁	KG an 300
Mehrfamilienhäuser (Fortsetzung)				
Mehrfamilienhäuser, mit 6 bis 19 WE, einfacher Standard	68,00	**97,00**	120,00	7,7%
Mehrfamilienhäuser, mit 6 bis 19 WE, mittlerer Standard	82,00	**104,00**	114,00	8,4%
Mehrfamilienhäuser, mit 6 bis 19 WE, hoher Standard	89,00	**102,00**	120,00	6,5%
Mehrfamilienhäuser, mit 20 oder mehr WE, mittlerer Standard	66,00	**81,00**	109,00	5,9%
Mehrfamilienhäuser, mit 20 oder mehr WE, hoher Standard	99,00	**112,00**	138,00	8,7%
Mehrfamilienhäuser, Passivhäuser	94,00	**116,00**	171,00	7,1%
Wohnhäuser, mit bis zu 15% Mischnutzung, einfacher Standard	43,00	**62,00**	108,00	4,7%
Wohnhäuser, mit bis zu 15% Mischnutzung, mittlerer Standard	20,00	**86,00**	119,00	4,7%
Wohnhäuser, mit bis zu 15% Mischnutzung, hoher Standard	123,00	**135,00**	147,00	8,5%
Wohnhäuser mit mehr als 15% Mischnutzung	46,00	**99,00**	185,00	5,7%
Seniorenwohnungen				
Seniorenwohnungen, mittlerer Standard	72,00	**98,00**	123,00	8,5%
Seniorenwohnungen, hoher Standard	73,00	**84,00**	95,00	6,8%
Beherbergung				
Wohnheime und Internate	75,00	**120,00**	160,00	5,5%
7 Gewerbegebäude				
Gaststätten und Kantinen				
Gaststätten, Kantinen und Mensen	55,00	**117,00**	160,00	4,3%
Gebäude für Produktion				
Industrielle Produktionsgebäude, Massivbauweise	95,00	**100,00**	109,00	3,4%
Industrielle Produktionsgebäude, überwiegend Skelettbauweise	74,00	**104,00**	120,00	0,7%
Betriebs- und Werkstätten, eingeschossig	–	**96,00**	–	1,2%
Betriebs- und Werkstätten, mehrgeschossig, geringer Hallenanteil	48,00	**74,00**	106,00	3,0%
Betriebs- und Werkstätten, mehrgeschossig, hoher Hallenanteil	67,00	**90,00**	108,00	1,4%
Gebäude für Handel und Lager				
Geschäftshäuser mit Wohnungen	81,00	**107,00**	151,00	6,7%
Geschäftshäuser ohne Wohnungen	135,00	**142,00**	149,00	9,3%
Verbrauchermärkte	–	–	–	–
Autohäuser	57,00	**88,00**	120,00	1,4%
Lagergebäude, ohne Mischnutzung	24,00	**43,00**	77,00	0,4%
Lagergebäude, mit bis zu 25% Mischnutzung	–	**125,00**	–	0,6%
Lagergebäude, mit mehr als 25% Mischnutzung	104,00	**109,00**	113,00	1,5%
Garagen und Bereitschaftsdienste				
Einzel-, Mehrfach- und Hochgaragen	30,00	**46,00**	62,00	1,5%
Tiefgaragen	–	–	–	–
Feuerwehrhäuser	88,00	**92,00**	96,00	1,8%
Öffentliche Bereitschaftsdienste	24,00	**60,00**	82,00	1,2%
9 Kulturgebäude				
Gebäude für kulturelle Zwecke				
Bibliotheken, Museen und Ausstellungen	21,00	**120,00**	182,00	1,7%
Theater	–	**173,00**	–	1,9%
Gemeindezentren, einfacher Standard	85,00	**89,00**	93,00	2,3%
Gemeindezentren, mittlerer Standard	47,00	**83,00**	101,00	2,0%
Gemeindezentren, hoher Standard	150,00	**167,00**	201,00	2,4%
Gebäude für religiöse Zwecke				
Sakralbauten	–	**85,00**	–	1,5%
Friedhofsgebäude	–	**232,00**	–	2,3%

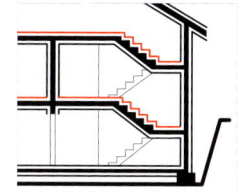

Einheit: m² Deckenbelagsfläche

© BKI Baukosteninformationszentrum; Erläuterungen zu den Tabellen siehe Seite 50   Kosten: 1.Quartal 2018, Bundesdurchschnitt, **inkl. 19% MwSt.**

353 Deckenbekleidungen

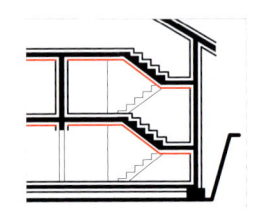

Kosten:
Stand 1. Quartal 2018
Bundesdurchschnitt
inkl. 19% MwSt.

Einheit: m²
Deckenbekleidungsfläche

▷ von
Ø Mittel
◁ bis

Gebäudeart	▷	€/Einheit	◁	KG an 300
1 Büro- und Verwaltungsgebäude				
Büro- und Verwaltungsgebäude, einfacher Standard	15,00	**29,00**	44,00	1,9%
Büro- und Verwaltungsgebäude, mittlerer Standard	41,00	**61,00**	95,00	2,2%
Büro- und Verwaltungsgebäude, hoher Standard	44,00	**73,00**	134,00	2,4%
2 Gebäude für Forschung und Lehre				
Instituts- und Laborgebäude	77,00	**166,00**	431,00	1,8%
3 Gebäude des Gesundheitswesens				
Medizinische Einrichtungen	39,00	**68,00**	83,00	3,2%
Pflegeheime	34,00	**67,00**	89,00	4,7%
4 Schulen und Kindergärten				
Allgemeinbildende Schulen	82,00	**94,00**	105,00	2,1%
Berufliche Schulen	63,00	**122,00**	153,00	2,3%
Förder- und Sonderschulen	97,00	**152,00**	301,00	3,4%
Weiterbildungseinrichtungen	23,00	**42,00**	56,00	1,0%
Kindergärten, nicht unterkellert, einfacher Standard	–	**74,00**	–	0,8%
Kindergärten, nicht unterkellert, mittlerer Standard	47,00	**56,00**	65,00	0,7%
Kindergärten, nicht unterkellert, hoher Standard	44,00	**57,00**	69,00	0,3%
Kindergärten, Holzbauweise, nicht unterkellert	8,20	**80,00**	153,00	0,1%
Kindergärten, unterkellert	27,00	**69,00**	152,00	0,6%
5 Sportbauten				
Sport- und Mehrzweckhallen	64,00	**78,00**	92,00	0,8%
Sporthallen (Einfeldhallen)	39,00	**50,00**	60,00	0,3%
Sporthallen (Dreifeldhallen)	40,00	**49,00**	58,00	0,5%
Schwimmhallen	5,90	**24,00**	42,00	0,5%
6 Wohngebäude				
Ein- und Zweifamilienhäuser				
Ein- und Zweifamilienhäuser, unterkellert, einfacher Standard	10,00	**25,00**	42,00	1,3%
Ein- und Zweifamilienhäuser, unterkellert, mittlerer Standard	13,00	**26,00**	84,00	0,8%
Ein- und Zweifamilienhäuser, unterkellert, hoher Standard	22,00	**45,00**	72,00	1,7%
Ein- und Zweifamilienhäuser, nicht unterkellert, einfacher Standard	22,00	**29,00**	36,00	2,0%
Ein- und Zweifamilienhäuser, nicht unterkellert, mittlerer Standard	12,00	**28,00**	48,00	1,0%
Ein- und Zweifamilienhäuser, nicht unterkellert, hoher Standard	16,00	**28,00**	38,00	0,8%
Ein- und Zweifamilienhäuser, Passivhausstandard, Massivbau	15,00	**22,00**	32,00	0,9%
Ein- und Zweifamilienhäuser, Passivhausstandard, Holzbau	18,00	**45,00**	69,00	1,2%
Ein- und Zweifamilienhäuser, Holzbauweise, unterkellert	23,00	**30,00**	42,00	1,0%
Ein- und Zweifamilienhäuser, Holzbauweise, nicht unterkellert	20,00	**37,00**	54,00	0,7%
Doppel- und Reihenendhäuser, einfacher Standard	6,20	**12,00**	28,00	1,0%
Doppel- und Reihenendhäuser, mittlerer Standard	17,00	**23,00**	36,00	1,1%
Doppel- und Reihenendhäuser, hoher Standard	22,00	**26,00**	30,00	0,8%
Reihenhäuser, einfacher Standard	6,60	**18,00**	40,00	2,2%
Reihenhäuser, mittlerer Standard	7,90	**22,00**	49,00	1,2%
Reihenhäuser, hoher Standard	14,00	**16,00**	20,00	0,9%
Mehrfamilienhäuser				
Mehrfamilienhäuser, mit bis zu 6 WE, einfacher Standard	13,00	**15,00**	21,00	1,0%
Mehrfamilienhäuser, mit bis zu 6 WE, mittlerer Standard	11,00	**22,00**	33,00	1,2%
Mehrfamilienhäuser, mit bis zu 6 WE, hoher Standard	10,00	**21,00**	28,00	1,1%

353 Deckenbekleidungen

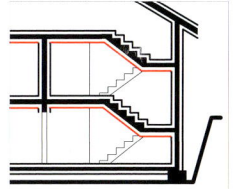

Gebäudeart	▷	€/Einheit	◁	KG an 300
Mehrfamilienhäuser (Fortsetzung)				
Mehrfamilienhäuser, mit 6 bis 19 WE, einfacher Standard	16,00	**31,00**	72,00	2,6%
Mehrfamilienhäuser, mit 6 bis 19 WE, mittlerer Standard	14,00	**20,00**	34,00	1,7%
Mehrfamilienhäuser, mit 6 bis 19 WE, hoher Standard	19,00	**23,00**	27,00	1,4%
Mehrfamilienhäuser, mit 20 oder mehr WE, mittlerer Standard	16,00	**24,00**	34,00	1,6%
Mehrfamilienhäuser, mit 20 oder mehr WE, hoher Standard	6,80	**11,00**	14,00	0,8%
Mehrfamilienhäuser, Passivhäuser	26,00	**29,00**	35,00	1,7%
Wohnhäuser, mit bis zu 15% Mischnutzung, einfacher Standard	19,00	**26,00**	34,00	2,1%
Wohnhäuser, mit bis zu 15% Mischnutzung, mittlerer Standard	14,00	**25,00**	43,00	1,8%
Wohnhäuser, mit bis zu 15% Mischnutzung, hoher Standard	38,00	**45,00**	52,00	2,9%
Wohnhäuser mit mehr als 15% Mischnutzung	5,60	**19,00**	33,00	0,6%
Seniorenwohnungen				
Seniorenwohnungen, mittlerer Standard	12,00	**16,00**	17,00	1,2%
Seniorenwohnungen, hoher Standard	15,00	**22,00**	28,00	1,7%
Beherbergung				
Wohnheime und Internate	22,00	**53,00**	114,00	1,9%
7 Gewerbegebäude				
Gaststätten und Kantinen				
Gaststätten, Kantinen und Mensen	68,00	**71,00**	75,00	2,1%
Gebäude für Produktion				
Industrielle Produktionsgebäude, Massivbauweise	4,80	**38,00**	55,00	0,6%
Industrielle Produktionsgebäude, überwiegend Skelettbauweise	5,70	**48,00**	93,00	0,2%
Betriebs- und Werkstätten, eingeschossig	–	**25,00**	–	0,2%
Betriebs- und Werkstätten, mehrgeschossig, geringer Hallenanteil	19,00	**46,00**	89,00	1,7%
Betriebs- und Werkstätten, mehrgeschossig, hoher Hallenanteil	28,00	**61,00**	82,00	0,9%
Gebäude für Handel und Lager				
Geschäftshäuser mit Wohnungen	43,00	**49,00**	62,00	2,9%
Geschäftshäuser ohne Wohnungen	24,00	**29,00**	34,00	1,9%
Verbrauchermärkte	–	–	–	–
Autohäuser	57,00	**73,00**	89,00	0,3%
Lagergebäude, ohne Mischnutzung	9,20	**34,00**	83,00	0,3%
Lagergebäude, mit bis zu 25% Mischnutzung	37,00	**70,00**	86,00	0,7%
Lagergebäude, mit mehr als 25% Mischnutzung	–	**57,00**	–	0,6%
Garagen und Bereitschaftsdienste				
Einzel-, Mehrfach- und Hochgaragen	6,30	**40,00**	74,00	0,1%
Tiefgaragen	–	–	–	–
Feuerwehrhäuser	70,00	**77,00**	84,00	0,9%
Öffentliche Bereitschaftsdienste	4,30	**33,00**	52,00	0,4%
9 Kulturgebäude				
Gebäude für kulturelle Zwecke				
Bibliotheken, Museen und Ausstellungen	29,00	**56,00**	110,00	0,5%
Theater	136,00	**143,00**	149,00	2,2%
Gemeindezentren, einfacher Standard	14,00	**34,00**	64,00	0,1%
Gemeindezentren, mittlerer Standard	28,00	**73,00**	122,00	1,7%
Gemeindezentren, hoher Standard	14,00	**47,00**	64,00	0,7%
Gebäude für religiöse Zwecke				
Sakralbauten	–	**113,00**	–	1,8%
Friedhofsgebäude	–	**4,60**	–	0,0%

Einheit: m² Deckenbekleidungsfläche

359 Decken, sonstiges

Kosten:
Stand 1. Quartal 2018
Bundesdurchschnitt
inkl. 19% MwSt.

Einheit: m² Deckenfläche

▷ von
Ø Mittel
◁ bis

Gebäudeart	▷	€/Einheit	◁	KG an 300
1 Büro- und Verwaltungsgebäude				
Büro- und Verwaltungsgebäude, einfacher Standard	3,60	**12,00**	29,00	0,5%
Büro- und Verwaltungsgebäude, mittlerer Standard	12,00	**31,00**	107,00	1,1%
Büro- und Verwaltungsgebäude, hoher Standard	11,00	**31,00**	49,00	1,0%
2 Gebäude für Forschung und Lehre				
Instituts- und Laborgebäude	35,00	**55,00**	108,00	1,3%
3 Gebäude des Gesundheitswesens				
Medizinische Einrichtungen	8,90	**11,00**	13,00	0,6%
Pflegeheime	4,70	**8,30**	10,00	0,7%
4 Schulen und Kindergärten				
Allgemeinbildende Schulen	21,00	**27,00**	34,00	0,8%
Berufliche Schulen	21,00	**109,00**	284,00	0,4%
Förder- und Sonderschulen	17,00	**35,00**	98,00	1,2%
Weiterbildungseinrichtungen	17,00	**61,00**	146,00	1,9%
Kindergärten, nicht unterkellert, einfacher Standard	80,00	**109,00**	153,00	1,8%
Kindergärten, nicht unterkellert, mittlerer Standard	6,40	**9,90**	13,00	0,1%
Kindergärten, nicht unterkellert, hoher Standard	62,00	**119,00**	230,00	1,0%
Kindergärten, Holzbauweise, nicht unterkellert	–	**41,00**	–	0,3%
Kindergärten, unterkellert	30,00	**107,00**	185,00	0,6%
5 Sportbauten				
Sport- und Mehrzweckhallen	30,00	**32,00**	34,00	0,3%
Sporthallen (Einfeldhallen)	–	**23,00**	–	0,1%
Sporthallen (Dreifeldhallen)	57,00	**74,00**	93,00	1,1%
Schwimmhallen	–	**41,00**	–	0,5%
6 Wohngebäude				
Ein- und Zweifamilienhäuser				
Ein- und Zweifamilienhäuser, unterkellert, einfacher Standard	4,90	**16,00**	37,00	0,9%
Ein- und Zweifamilienhäuser, unterkellert, mittlerer Standard	5,90	**16,00**	45,00	0,7%
Ein- und Zweifamilienhäuser, unterkellert, hoher Standard	17,00	**31,00**	112,00	0,9%
Ein- und Zweifamilienhäuser, nicht unterkellert, einfacher Standard	3,50	**5,00**	6,50	0,4%
Ein- und Zweifamilienhäuser, nicht unterkellert, mittlerer Standard	7,20	**21,00**	49,00	0,6%
Ein- und Zweifamilienhäuser, nicht unterkellert, hoher Standard	9,40	**24,00**	37,00	0,9%
Ein- und Zweifamilienhäuser, Passivhausstandard, Massivbau	7,60	**17,00**	26,00	0,4%
Ein- und Zweifamilienhäuser, Passivhausstandard, Holzbau	6,40	**13,00**	22,00	0,3%
Ein- und Zweifamilienhäuser, Holzbauweise, unterkellert	7,20	**16,00**	31,00	0,4%
Ein- und Zweifamilienhäuser, Holzbauweise, nicht unterkellert	4,60	**12,00**	47,00	0,4%
Doppel- und Reihenendhäuser, einfacher Standard	7,70	**19,00**	33,00	1,7%
Doppel- und Reihenendhäuser, mittlerer Standard	9,40	**23,00**	51,00	1,6%
Doppel- und Reihenendhäuser, hoher Standard	11,00	**24,00**	48,00	1,4%
Reihenhäuser, einfacher Standard	5,80	**12,00**	25,00	1,5%
Reihenhäuser, mittlerer Standard	11,00	**15,00**	21,00	1,1%
Reihenhäuser, hoher Standard	4,70	**5,70**	6,70	0,2%
Mehrfamilienhäuser				
Mehrfamilienhäuser, mit bis zu 6 WE, einfacher Standard	11,00	**27,00**	57,00	2,2%
Mehrfamilienhäuser, mit bis zu 6 WE, mittlerer Standard	4,60	**28,00**	43,00	1,7%
Mehrfamilienhäuser, mit bis zu 6 WE, hoher Standard	17,00	**33,00**	73,00	1,4%

359 Decken, sonstiges

Gebäudeart	▷	€/Einheit	◁	KG an 300
Mehrfamilienhäuser (Fortsetzung)				
Mehrfamilienhäuser, mit 6 bis 19 WE, einfacher Standard	8,30	**23,00**	36,00	2,0%
Mehrfamilienhäuser, mit 6 bis 19 WE, mittlerer Standard	14,00	**22,00**	33,00	2,1%
Mehrfamilienhäuser, mit 6 bis 19 WE, hoher Standard	15,00	**23,00**	34,00	2,0%
Mehrfamilienhäuser, mit 20 oder mehr WE, mittlerer Standard	9,40	**32,00**	53,00	2,6%
Mehrfamilienhäuser, mit 20 oder mehr WE, hoher Standard	22,00	**39,00**	50,00	3,2%
Mehrfamilienhäuser, Passivhäuser	5,10	**26,00**	51,00	1,9%
Wohnhäuser, mit bis zu 15% Mischnutzung, einfacher Standard	11,00	**24,00**	36,00	2,5%
Wohnhäuser, mit bis zu 15% Mischnutzung, mittlerer Standard	2,30	**2,80**	3,40	0,1%
Wohnhäuser, mit bis zu 15% Mischnutzung, hoher Standard	22,00	**25,00**	27,00	1,6%
Wohnhäuser mit mehr als 15% Mischnutzung	6,30	**11,00**	18,00	0,6%
Seniorenwohnungen				
Seniorenwohnungen, mittlerer Standard	21,00	**38,00**	117,00	3,7%
Seniorenwohnungen, hoher Standard	36,00	**36,00**	36,00	3,3%
Beherbergung				
Wohnheime und Internate	12,00	**23,00**	45,00	1,6%
7 Gewerbegebäude				
Gaststätten und Kantinen				
Gaststätten, Kantinen und Mensen	47,00	**67,00**	107,00	2,0%
Gebäude für Produktion				
Industrielle Produktionsgebäude, Massivbauweise	20,00	**40,00**	67,00	1,1%
Industrielle Produktionsgebäude, überwiegend Skelettbauweise	15,00	**22,00**	30,00	0,2%
Betriebs- und Werkstätten, eingeschossig	–	**–**	–	–
Betriebs- und Werkstätten, mehrgeschossig, geringer Hallenanteil	8,50	**24,00**	47,00	0,9%
Betriebs- und Werkstätten, mehrgeschossig, hoher Hallenanteil	23,00	**52,00**	107,00	0,3%
Gebäude für Handel und Lager				
Geschäftshäuser mit Wohnungen	13,00	**20,00**	24,00	1,5%
Geschäftshäuser ohne Wohnungen	–	**41,00**	–	1,5%
Verbrauchermärkte	–	**–**	–	–
Autohäuser	40,00	**55,00**	69,00	0,9%
Lagergebäude, ohne Mischnutzung	24,00	**57,00**	120,00	0,2%
Lagergebäude, mit bis zu 25% Mischnutzung	36,00	**39,00**	41,00	0,4%
Lagergebäude, mit mehr als 25% Mischnutzung	–	**20,00**	–	0,2%
Garagen und Bereitschaftsdienste				
Einzel-, Mehrfach- und Hochgaragen	–	**–**	–	–
Tiefgaragen	–	**–**	–	–
Feuerwehrhäuser	11,00	**12,00**	13,00	0,3%
Öffentliche Bereitschaftsdienste	24,00	**40,00**	66,00	1,1%
9 Kulturgebäude				
Gebäude für kulturelle Zwecke				
Bibliotheken, Museen und Ausstellungen	2,80	**5,40**	9,70	0,0%
Theater	–	**–**	–	–
Gemeindezentren, einfacher Standard	12,00	**48,00**	83,00	0,9%
Gemeindezentren, mittlerer Standard	14,00	**28,00**	41,00	0,5%
Gemeindezentren, hoher Standard	14,00	**31,00**	49,00	0,6%
Gebäude für religiöse Zwecke				
Sakralbauten	–	**–**	–	–
Friedhofsgebäude	–	**–**	–	–

Einheit: m² Deckenfläche

© BKI Baukosteninformationszentrum; Erläuterungen zu den Tabellen siehe Seite 50 Kosten: 1.Quartal 2018, Bundesdurchschnitt, **inkl. 19% MwSt.**

361 Dachkonstruktionen

Kosten:
Stand 1.Quartal 2018
Bundesdurchschnitt
inkl. 19% MwSt.

Einheit: m² Dachkonstruktionsfläche

▷ von
ø Mittel
◁ bis

Gebäudeart	▷	€/Einheit	◁	KG an 300
1 Büro- und Verwaltungsgebäude				
Büro- und Verwaltungsgebäude, einfacher Standard	48,00	**77,00**	128,00	4,7%
Büro- und Verwaltungsgebäude, mittlerer Standard	97,00	**136,00**	184,00	4,3%
Büro- und Verwaltungsgebäude, hoher Standard	144,00	**198,00**	246,00	4,4%
2 Gebäude für Forschung und Lehre				
Instituts- und Laborgebäude	67,00	**93,00**	117,00	4,5%
3 Gebäude des Gesundheitswesens				
Medizinische Einrichtungen	66,00	**96,00**	141,00	2,8%
Pflegeheime	77,00	**107,00**	122,00	3,5%
4 Schulen und Kindergärten				
Allgemeinbildende Schulen	103,00	**144,00**	194,00	7,3%
Berufliche Schulen	110,00	**152,00**	217,00	8,8%
Förder- und Sonderschulen	99,00	**141,00**	185,00	5,9%
Weiterbildungseinrichtungen	141,00	**189,00**	282,00	7,1%
Kindergärten, nicht unterkellert, einfacher Standard	56,00	**78,00**	94,00	6,0%
Kindergärten, nicht unterkellert, mittlerer Standard	61,00	**129,00**	148,00	10,5%
Kindergärten, nicht unterkellert, hoher Standard	97,00	**132,00**	153,00	11,5%
Kindergärten, Holzbauweise, nicht unterkellert	120,00	**158,00**	258,00	10,2%
Kindergärten, unterkellert	72,00	**106,00**	126,00	6,2%
5 Sportbauten				
Sport- und Mehrzweckhallen	114,00	**169,00**	206,00	11,3%
Sporthallen (Einfeldhallen)	158,00	**200,00**	242,00	16,5%
Sporthallen (Dreifeldhallen)	93,00	**128,00**	143,00	10,1%
Schwimmhallen	133,00	**142,00**	151,00	6,7%
6 Wohngebäude				
Ein- und Zweifamilienhäuser				
Ein- und Zweifamilienhäuser, unterkellert, einfacher Standard	57,00	**66,00**	74,00	4,6%
Ein- und Zweifamilienhäuser, unterkellert, mittlerer Standard	46,00	**73,00**	102,00	3,4%
Ein- und Zweifamilienhäuser, unterkellert, hoher Standard	55,00	**94,00**	164,00	3,2%
Ein- und Zweifamilienhäuser, nicht unterkellert, einfacher Standard	34,00	**45,00**	56,00	3,4%
Ein- und Zweifamilienhäuser, nicht unterkellert, mittlerer Standard	67,00	**82,00**	104,00	6,0%
Ein- und Zweifamilienhäuser, nicht unterkellert, hoher Standard	87,00	**118,00**	159,00	5,5%
Ein- und Zweifamilienhäuser, Passivhausstandard, Massivbau	66,00	**98,00**	145,00	4,1%
Ein- und Zweifamilienhäuser, Passivhausstandard, Holzbau	123,00	**151,00**	184,00	6,3%
Ein- und Zweifamilienhäuser, Holzbauweise, unterkellert	68,00	**110,00**	159,00	5,1%
Ein- und Zweifamilienhäuser, Holzbauweise, nicht unterkellert	84,00	**127,00**	149,00	7,8%
Doppel- und Reihenendhäuser, einfacher Standard	48,00	**69,00**	95,00	4,2%
Doppel- und Reihenendhäuser, mittlerer Standard	57,00	**83,00**	106,00	4,8%
Doppel- und Reihenendhäuser, hoher Standard	76,00	**109,00**	149,00	4,8%
Reihenhäuser, einfacher Standard	33,00	**57,00**	106,00	3,7%
Reihenhäuser, mittlerer Standard	97,00	**135,00**	157,00	5,0%
Reihenhäuser, hoher Standard	77,00	**128,00**	215,00	4,5%
Mehrfamilienhäuser				
Mehrfamilienhäuser, mit bis zu 6 WE, einfacher Standard	55,00	**90,00**	108,00	5,7%
Mehrfamilienhäuser, mit bis zu 6 WE, mittlerer Standard	67,00	**90,00**	115,00	3,8%
Mehrfamilienhäuser, mit bis zu 6 WE, hoher Standard	84,00	**115,00**	184,00	4,0%

361 Dachkonstruktionen

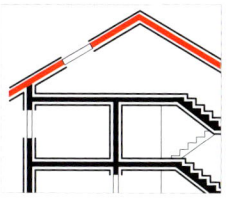

Gebäudeart	▷	€/Einheit	◁	KG an 300
Mehrfamilienhäuser (Fortsetzung)				
Mehrfamilienhäuser, mit 6 bis 19 WE, einfacher Standard	51,00	**83,00**	109,00	3,9%
Mehrfamilienhäuser, mit 6 bis 19 WE, mittlerer Standard	64,00	**83,00**	97,00	3,9%
Mehrfamilienhäuser, mit 6 bis 19 WE, hoher Standard	106,00	**125,00**	154,00	4,8%
Mehrfamilienhäuser, mit 20 oder mehr WE, mittlerer Standard	88,00	**139,00**	182,00	5,0%
Mehrfamilienhäuser, mit 20 oder mehr WE, hoher Standard	82,00	**95,00**	108,00	2,1%
Mehrfamilienhäuser, Passivhäuser	117,00	**154,00**	273,00	5,3%
Wohnhäuser, mit bis zu 15% Mischnutzung, einfacher Standard	69,00	**138,00**	162,00	2,9%
Wohnhäuser, mit bis zu 15% Mischnutzung, mittlerer Standard	24,00	**82,00**	140,00	2,2%
Wohnhäuser, mit bis zu 15% Mischnutzung, hoher Standard	96,00	**126,00**	155,00	2,8%
Wohnhäuser mit mehr als 15% Mischnutzung	105,00	**146,00**	224,00	4,7%
Seniorenwohnungen				
Seniorenwohnungen, mittlerer Standard	59,00	**89,00**	147,00	3,3%
Seniorenwohnungen, hoher Standard	82,00	**112,00**	142,00	4,2%
Beherbergung				
Wohnheime und Internate	77,00	**119,00**	165,00	3,5%
7 Gewerbegebäude				
Gaststätten und Kantinen				
Gaststätten, Kantinen und Mensen	50,00	**157,00**	210,00	5,8%
Gebäude für Produktion				
Industrielle Produktionsgebäude, Massivbauweise	103,00	**112,00**	127,00	8,2%
Industrielle Produktionsgebäude, überwiegend Skelettbauweise	87,00	**125,00**	182,00	13,0%
Betriebs- und Werkstätten, eingeschossig	71,00	**160,00**	206,00	14,8%
Betriebs- und Werkstätten, mehrgeschossig, geringer Hallenanteil	77,00	**123,00**	189,00	7,9%
Betriebs- und Werkstätten, mehrgeschossig, hoher Hallenanteil	71,00	**94,00**	142,00	11,4%
Gebäude für Handel und Lager				
Geschäftshäuser mit Wohnungen	65,00	**109,00**	132,00	3,3%
Geschäftshäuser ohne Wohnungen	75,00	**82,00**	88,00	3,5%
Verbrauchermärkte	83,00	**83,00**	83,00	12,1%
Autohäuser	85,00	**116,00**	147,00	6,7%
Lagergebäude, ohne Mischnutzung	32,00	**72,00**	134,00	9,8%
Lagergebäude, mit bis zu 25% Mischnutzung	37,00	**83,00**	108,00	11,5%
Lagergebäude, mit mehr als 25% Mischnutzung	40,00	**164,00**	289,00	16,5%
Garagen und Bereitschaftsdienste				
Einzel-, Mehrfach- und Hochgaragen	77,00	**100,00**	168,00	14,8%
Tiefgaragen	160,00	**173,00**	193,00	28,6%
Feuerwehrhäuser	72,00	**90,00**	100,00	7,1%
Öffentliche Bereitschaftsdienste	74,00	**113,00**	149,00	9,5%
9 Kulturgebäude				
Gebäude für kulturelle Zwecke				
Bibliotheken, Museen und Ausstellungen	129,00	**170,00**	236,00	6,6%
Theater	364,00	**387,00**	410,00	10,3%
Gemeindezentren, einfacher Standard	56,00	**111,00**	222,00	8,4%
Gemeindezentren, mittlerer Standard	70,00	**100,00**	119,00	6,4%
Gemeindezentren, hoher Standard	113,00	**164,00**	253,00	7,8%
Gebäude für religiöse Zwecke				
Sakralbauten	–	**195,00**	–	6,5%
Friedhofsgebäude	84,00	**117,00**	149,00	8,3%

Einheit: m² Dachkonstruktionsfläche

© BKI Baukosteninformationszentrum; Erläuterungen zu den Tabellen siehe Seite 50   Kosten: 1.Quartal 2018, Bundesdurchschnitt, **inkl. 19% MwSt.**

362 Dachfenster, Dachöffnungen

Kosten:
Stand 1.Quartal 2018
Bundesdurchschnitt
inkl. 19% MwSt.

Einheit: m² Dachfenster-/Dachöffnungsfläche

▷ von
ø Mittel
◁ bis

Gebäudeart	▷	€/Einheit	◁	KG an 300
1 Büro- und Verwaltungsgebäude				
Büro- und Verwaltungsgebäude, einfacher Standard	1.049,00	**1.240,00**	1.430,00	2,4%
Büro- und Verwaltungsgebäude, mittlerer Standard	1.088,00	**1.949,00**	4.297,00	0,7%
Büro- und Verwaltungsgebäude, hoher Standard	1.548,00	**2.174,00**	3.163,00	0,5%
2 Gebäude für Forschung und Lehre				
Instituts- und Laborgebäude	847,00	**952,00**	1.126,00	0,5%
3 Gebäude des Gesundheitswesens				
Medizinische Einrichtungen	4.612,00	**8.603,00**	15.648,00	0,2%
Pflegeheime	–	**337,00**	–	0,1%
4 Schulen und Kindergärten				
Allgemeinbildende Schulen	1.963,00	**2.377,00**	4.090,00	0,4%
Berufliche Schulen	1.164,00	**3.602,00**	12.816,00	2,0%
Förder- und Sonderschulen	1.200,00	**1.833,00**	3.089,00	0,7%
Weiterbildungseinrichtungen	638,00	**1.268,00**	1.638,00	0,0%
Kindergärten, nicht unterkellert, einfacher Standard	490,00	**733,00**	866,00	0,5%
Kindergärten, nicht unterkellert, mittlerer Standard	977,00	**1.281,00**	1.475,00	0,8%
Kindergärten, nicht unterkellert, hoher Standard	1.162,00	**1.991,00**	2.410,00	2,9%
Kindergärten, Holzbauweise, nicht unterkellert	994,00	**1.508,00**	2.323,00	1,3%
Kindergärten, unterkellert	684,00	**2.765,00**	4.846,00	0,2%
5 Sportbauten				
Sport- und Mehrzweckhallen	514,00	**1.403,00**	3.175,00	3,8%
Sporthallen (Einfeldhallen)	281,00	**335,00**	388,00	1,4%
Sporthallen (Dreifeldhallen)	504,00	**695,00**	1.160,00	4,8%
Schwimmhallen	630,00	**1.066,00**	1.502,00	1,1%
6 Wohngebäude				
Ein- und Zweifamilienhäuser				
Ein- und Zweifamilienhäuser, unterkellert, einfacher Standard	549,00	**844,00**	1.167,00	1,1%
Ein- und Zweifamilienhäuser, unterkellert, mittlerer Standard	752,00	**1.213,00**	1.901,00	1,0%
Ein- und Zweifamilienhäuser, unterkellert, hoher Standard	717,00	**1.123,00**	2.038,00	1,0%
Ein- und Zweifamilienhäuser, nicht unterkellert, einfacher Standard	–	**745,00**	–	0,0%
Ein- und Zweifamilienhäuser, nicht unterkellert, mittlerer Standard	804,00	**1.284,00**	1.914,00	0,9%
Ein- und Zweifamilienhäuser, nicht unterkellert, hoher Standard	488,00	**916,00**	1.385,00	0,7%
Ein- und Zweifamilienhäuser, Passivhausstandard, Massivbau	1.336,00	**1.466,00**	1.596,00	0,1%
Ein- und Zweifamilienhäuser, Passivhausstandard, Holzbau	1.135,00	**1.908,00**	3.451,00	0,2%
Ein- und Zweifamilienhäuser, Holzbauweise, unterkellert	736,00	**750,00**	770,00	0,5%
Ein- und Zweifamilienhäuser, Holzbauweise, nicht unterkellert	1.014,00	**1.194,00**	1.864,00	2,2%
Doppel- und Reihenendhäuser, einfacher Standard	258,00	**510,00**	880,00	0,7%
Doppel- und Reihenendhäuser, mittlerer Standard	257,00	**773,00**	1.082,00	0,9%
Doppel- und Reihenendhäuser, hoher Standard	778,00	**1.149,00**	1.525,00	1,1%
Reihenhäuser, einfacher Standard	507,00	**522,00**	538,00	0,6%
Reihenhäuser, mittlerer Standard	1.309,00	**1.449,00**	1.589,00	0,6%
Reihenhäuser, hoher Standard	754,00	**891,00**	1.029,00	1,2%
Mehrfamilienhäuser				
Mehrfamilienhäuser, mit bis zu 6 WE, einfacher Standard	546,00	**601,00**	656,00	0,8%
Mehrfamilienhäuser, mit bis zu 6 WE, mittlerer Standard	442,00	**748,00**	1.176,00	1,5%
Mehrfamilienhäuser, mit bis zu 6 WE, hoher Standard	1.073,00	**1.301,00**	1.737,00	0,8%

362 Dachfenster, Dachöffnungen

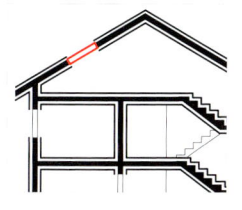

Gebäudeart	▷	€/Einheit	◁	KG an 300
Mehrfamilienhäuser (Fortsetzung)				
Mehrfamilienhäuser, mit 6 bis 19 WE, einfacher Standard	595,00	828,00	945,00	0,8%
Mehrfamilienhäuser, mit 6 bis 19 WE, mittlerer Standard	751,00	2.518,00	6.922,00	1,0%
Mehrfamilienhäuser, mit 6 bis 19 WE, hoher Standard	285,00	839,00	1.407,00	0,6%
Mehrfamilienhäuser, mit 20 oder mehr WE, mittlerer Standard	1.036,00	1.609,00	2.141,00	0,4%
Mehrfamilienhäuser, mit 20 oder mehr WE, hoher Standard	–	922,00	–	0,1%
Mehrfamilienhäuser, Passivhäuser	–	1.741,00	–	0,0%
Wohnhäuser, mit bis zu 15% Mischnutzung, einfacher Standard	718,00	1.110,00	1.316,00	0,2%
Wohnhäuser, mit bis zu 15% Mischnutzung, mittlerer Standard	–	3.921,00	–	0,2%
Wohnhäuser, mit bis zu 15% Mischnutzung, hoher Standard	1.309,00	1.586,00	1.863,00	0,9%
Wohnhäuser mit mehr als 15% Mischnutzung	749,00	1.260,00	1.530,00	2,4%
Seniorenwohnungen				
Seniorenwohnungen, mittlerer Standard	699,00	825,00	1.277,00	0,4%
Seniorenwohnungen, hoher Standard	743,00	1.130,00	1.516,00	0,3%
Beherbergung				
Wohnheime und Internate	1.093,00	1.597,00	2.545,00	0,7%
7 Gewerbegebäude				
Gaststätten und Kantinen				
Gaststätten, Kantinen und Mensen	422,00	775,00	1.470,00	0,4%
Gebäude für Produktion				
Industrielle Produktionsgebäude, Massivbauweise	199,00	431,00	547,00	1,6%
Industrielle Produktionsgebäude, überwiegend Skelettbauweise	421,00	656,00	997,00	2,3%
Betriebs- und Werkstätten, eingeschossig	386,00	1.107,00	1.515,00	3,4%
Betriebs- und Werkstätten, mehrgeschossig, geringer Hallenanteil	435,00	713,00	1.204,00	1,2%
Betriebs- und Werkstätten, mehrgeschossig, hoher Hallenanteil	269,00	506,00	1.044,00	2,1%
Gebäude für Handel und Lager				
Geschäftshäuser mit Wohnungen	488,00	785,00	1.082,00	0,6%
Geschäftshäuser ohne Wohnungen	–	929,00	–	0,0%
Verbrauchermärkte	–	–	–	–
Autohäuser	1.312,00	1.522,00	1.731,00	1,0%
Lagergebäude, ohne Mischnutzung	332,00	431,00	726,00	1,8%
Lagergebäude, mit bis zu 25% Mischnutzung	180,00	371,00	754,00	2,2%
Lagergebäude, mit mehr als 25% Mischnutzung	1.018,00	1.301,00	1.584,00	6,9%
Garagen und Bereitschaftsdienste				
Einzel-, Mehrfach- und Hochgaragen	–	–	–	–
Tiefgaragen	–	–	–	–
Feuerwehrhäuser	650,00	1.161,00	1.938,00	2,5%
Öffentliche Bereitschaftsdienste	481,00	4.460,00	8.440,00	0,9%
9 Kulturgebäude				
Gebäude für kulturelle Zwecke				
Bibliotheken, Museen und Ausstellungen	840,00	3.195,00	5.550,00	0,5%
Theater	–	1.693,00	–	0,6%
Gemeindezentren, einfacher Standard	1.040,00	1.103,00	1.137,00	1,7%
Gemeindezentren, mittlerer Standard	1.178,00	1.504,00	2.104,00	0,2%
Gemeindezentren, hoher Standard	1.614,00	2.347,00	3.079,00	1,5%
Gebäude für religiöse Zwecke				
Sakralbauten	–	1.868,00	–	4,4%
Friedhofsgebäude	–	629,00	–	1,9%

Einheit: m² Dachfenster-/Dachöffnungsfläche

© BKI Baukosteninformationszentrum; Erläuterungen zu den Tabellen siehe Seite 50   Kosten: 1.Quartal 2018, Bundesdurchschnitt, **inkl. 19% MwSt.**

364 Dachbekleidungen

Kosten:
Stand 1.Quartal 2018
Bundesdurchschnitt
inkl. 19% MwSt.

Einheit: m²
Dachbekleidungsfläche

▷ von
ø Mittel
◁ bis

Gebäudeart	▷	€/Einheit	◁	KG an 300
1 Büro- und Verwaltungsgebäude				
Büro- und Verwaltungsgebäude, einfacher Standard	24,00	**54,00**	79,00	2,8%
Büro- und Verwaltungsgebäude, mittlerer Standard	15,00	**42,00**	75,00	1,0%
Büro- und Verwaltungsgebäude, hoher Standard	62,00	**92,00**	158,00	1,2%
2 Gebäude für Forschung und Lehre				
Instituts- und Laborgebäude	20,00	**44,00**	63,00	1,4%
3 Gebäude des Gesundheitswesens				
Medizinische Einrichtungen	65,00	**73,00**	89,00	2,0%
Pflegeheime	23,00	**33,00**	53,00	0,7%
4 Schulen und Kindergärten				
Allgemeinbildende Schulen	33,00	**69,00**	92,00	2,6%
Berufliche Schulen	37,00	**99,00**	152,00	1,8%
Förder- und Sonderschulen	68,00	**101,00**	145,00	3,4%
Weiterbildungseinrichtungen	22,00	**46,00**	83,00	0,5%
Kindergärten, nicht unterkellert, einfacher Standard	67,00	**71,00**	74,00	3,2%
Kindergärten, nicht unterkellert, mittlerer Standard	16,00	**48,00**	71,00	2,6%
Kindergärten, nicht unterkellert, hoher Standard	76,00	**105,00**	134,00	4,6%
Kindergärten, Holzbauweise, nicht unterkellert	33,00	**65,00**	97,00	3,5%
Kindergärten, unterkellert	80,00	**85,00**	88,00	4,5%
5 Sportbauten				
Sport- und Mehrzweckhallen	5,40	**50,00**	73,00	4,1%
Sporthallen (Einfeldhallen)	50,00	**61,00**	72,00	5,2%
Sporthallen (Dreifeldhallen)	68,00	**157,00**	203,00	3,1%
Schwimmhallen	97,00	**99,00**	101,00	4,5%
6 Wohngebäude				
Ein- und Zweifamilienhäuser				
Ein- und Zweifamilienhäuser, unterkellert, einfacher Standard	27,00	**60,00**	95,00	3,1%
Ein- und Zweifamilienhäuser, unterkellert, mittlerer Standard	29,00	**59,00**	95,00	1,9%
Ein- und Zweifamilienhäuser, unterkellert, hoher Standard	31,00	**72,00**	119,00	2,0%
Ein- und Zweifamilienhäuser, nicht unterkellert, einfacher Standard	–	**44,00**	–	0,3%
Ein- und Zweifamilienhäuser, nicht unterkellert, mittlerer Standard	23,00	**54,00**	75,00	3,2%
Ein- und Zweifamilienhäuser, nicht unterkellert, hoher Standard	8,80	**51,00**	84,00	2,6%
Ein- und Zweifamilienhäuser, Passivhausstandard, Massivbau	46,00	**80,00**	138,00	2,5%
Ein- und Zweifamilienhäuser, Passivhausstandard, Holzbau	39,00	**60,00**	110,00	1,6%
Ein- und Zweifamilienhäuser, Holzbauweise, unterkellert	23,00	**55,00**	97,00	2,1%
Ein- und Zweifamilienhäuser, Holzbauweise, nicht unterkellert	25,00	**48,00**	79,00	2,5%
Doppel- und Reihenendhäuser, einfacher Standard	27,00	**62,00**	131,00	1,2%
Doppel- und Reihenendhäuser, mittlerer Standard	27,00	**54,00**	68,00	2,6%
Doppel- und Reihenendhäuser, hoher Standard	33,00	**48,00**	59,00	1,5%
Reihenhäuser, einfacher Standard	20,00	**62,00**	104,00	0,4%
Reihenhäuser, mittlerer Standard	6,80	**22,00**	53,00	0,6%
Reihenhäuser, hoher Standard	7,00	**81,00**	127,00	2,8%
Mehrfamilienhäuser				
Mehrfamilienhäuser, mit bis zu 6 WE, einfacher Standard	56,00	**69,00**	83,00	1,8%
Mehrfamilienhäuser, mit bis zu 6 WE, mittlerer Standard	55,00	**72,00**	90,00	2,5%
Mehrfamilienhäuser, mit bis zu 6 WE, hoher Standard	32,00	**53,00**	67,00	1,5%

364 Dachbekleidungen

Gebäudeart	▷	€/Einheit	◁	KG an 300
Mehrfamilienhäuser (Fortsetzung)				
Mehrfamilienhäuser, mit 6 bis 19 WE, einfacher Standard	29,00	**71,00**	89,00	2,7%
Mehrfamilienhäuser, mit 6 bis 19 WE, mittlerer Standard	36,00	**62,00**	142,00	2,3%
Mehrfamilienhäuser, mit 6 bis 19 WE, hoher Standard	17,00	**32,00**	55,00	0,9%
Mehrfamilienhäuser, mit 20 oder mehr WE, mittlerer Standard	8,80	**24,00**	37,00	0,4%
Mehrfamilienhäuser, mit 20 oder mehr WE, hoher Standard	17,00	**19,00**	22,00	0,3%
Mehrfamilienhäuser, Passivhäuser	14,00	**30,00**	53,00	0,8%
Wohnhäuser, mit bis zu 15% Mischnutzung, einfacher Standard	22,00	**67,00**	204,00	0,5%
Wohnhäuser, mit bis zu 15% Mischnutzung, mittlerer Standard	–	**0,00**	–	0,0%
Wohnhäuser, mit bis zu 15% Mischnutzung, hoher Standard	52,00	**59,00**	66,00	1,4%
Wohnhäuser mit mehr als 15% Mischnutzung	43,00	**46,00**	49,00	0,9%
Seniorenwohnungen				
Seniorenwohnungen, mittlerer Standard	13,00	**28,00**	38,00	0,9%
Seniorenwohnungen, hoher Standard	25,00	**44,00**	63,00	1,4%
Beherbergung				
Wohnheime und Internate	17,00	**50,00**	85,00	1,5%
7 Gewerbegebäude				
Gaststätten und Kantinen				
Gaststätten, Kantinen und Mensen	52,00	**105,00**	211,00	3,9%
Gebäude für Produktion				
Industrielle Produktionsgebäude, Massivbauweise	21,00	**36,00**	65,00	0,5%
Industrielle Produktionsgebäude, überwiegend Skelettbauweise	5,60	**45,00**	86,00	0,2%
Betriebs- und Werkstätten, eingeschossig	43,00	**59,00**	88,00	2,0%
Betriebs- und Werkstätten, mehrgeschossig, geringer Hallenanteil	42,00	**71,00**	105,00	1,5%
Betriebs- und Werkstätten, mehrgeschossig, hoher Hallenanteil	36,00	**55,00**	82,00	1,7%
Gebäude für Handel und Lager				
Geschäftshäuser mit Wohnungen	25,00	**40,00**	55,00	1,2%
Geschäftshäuser ohne Wohnungen	40,00	**54,00**	69,00	1,2%
Verbrauchermärkte	31,00	**33,00**	35,00	3,5%
Autohäuser	–	**12,00**	–	0,3%
Lagergebäude, ohne Mischnutzung	6,50	**26,00**	45,00	1,0%
Lagergebäude, mit bis zu 25% Mischnutzung	–	**27,00**	–	0,4%
Lagergebäude, mit mehr als 25% Mischnutzung	–	**144,00**	–	0,0%
Garagen und Bereitschaftsdienste				
Einzel-, Mehrfach- und Hochgaragen	–	**6,20**	–	0,1%
Tiefgaragen	–	**2,80**	–	0,1%
Feuerwehrhäuser	20,00	**37,00**	72,00	0,8%
Öffentliche Bereitschaftsdienste	38,00	**41,00**	47,00	1,1%
9 Kulturgebäude				
Gebäude für kulturelle Zwecke				
Bibliotheken, Museen und Ausstellungen	66,00	**128,00**	225,00	4,1%
Theater	132,00	**152,00**	171,00	2,1%
Gemeindezentren, einfacher Standard	63,00	**78,00**	103,00	5,3%
Gemeindezentren, mittlerer Standard	43,00	**74,00**	101,00	3,8%
Gemeindezentren, hoher Standard	56,00	**90,00**	144,00	4,7%
Gebäude für religiöse Zwecke				
Sakralbauten	–	**189,00**	–	6,0%
Friedhofsgebäude	39,00	**83,00**	127,00	4,8%

Einheit: m²
Dachbekleidungsfläche

© BKI Baukosteninformationszentrum; Erläuterungen zu den Tabellen siehe Seite 50   Kosten: 1.Quartal 2018, Bundesdurchschnitt, **inkl. 19% MwSt.**

369 Dächer, sonstiges

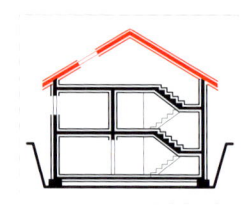

Kosten:
Stand 1. Quartal 2018
Bundesdurchschnitt
inkl. 19% MwSt.

Einheit: m²
Dachfläche

▷ von
Ø Mittel
◁ bis

Gebäudeart	▷	€/Einheit	◁	KG an 300
1 Büro- und Verwaltungsgebäude				
Büro- und Verwaltungsgebäude, einfacher Standard	0,50	**12,00**	23,00	0,2%
Büro- und Verwaltungsgebäude, mittlerer Standard	7,30	**23,00**	47,00	0,3%
Büro- und Verwaltungsgebäude, hoher Standard	7,00	**23,00**	61,00	0,4%
2 Gebäude für Forschung und Lehre				
Instituts- und Laborgebäude	8,90	**19,00**	30,00	0,3%
3 Gebäude des Gesundheitswesens				
Medizinische Einrichtungen	4,70	**16,00**	21,00	0,4%
Pflegeheime	2,10	**8,60**	21,00	0,3%
4 Schulen und Kindergärten				
Allgemeinbildende Schulen	2,20	**10,00**	19,00	0,3%
Berufliche Schulen	19,00	**28,00**	32,00	0,9%
Förder- und Sonderschulen	4,50	**7,30**	9,80	0,3%
Weiterbildungseinrichtungen	7,70	**14,00**	18,00	0,5%
Kindergärten, nicht unterkellert, einfacher Standard	0,30	**0,90**	1,60	0,0%
Kindergärten, nicht unterkellert, mittlerer Standard	1,30	**2,80**	4,20	0,0%
Kindergärten, nicht unterkellert, hoher Standard	3,60	**8,60**	18,00	0,6%
Kindergärten, Holzbauweise, nicht unterkellert	3,10	**5,60**	11,00	0,3%
Kindergärten, unterkellert	4,80	**11,00**	17,00	0,3%
5 Sportbauten				
Sport- und Mehrzweckhallen	–	**1,10**	–	0,0%
Sporthallen (Einfeldhallen)	–	**6,40**	–	0,2%
Sporthallen (Dreifeldhallen)	3,40	**13,00**	33,00	0,7%
Schwimmhallen	–	**15,00**	–	0,3%
6 Wohngebäude				
Ein- und Zweifamilienhäuser				
Ein- und Zweifamilienhäuser, unterkellert, einfacher Standard	3,90	**6,70**	9,50	0,2%
Ein- und Zweifamilienhäuser, unterkellert, mittlerer Standard	3,40	**17,00**	33,00	0,3%
Ein- und Zweifamilienhäuser, unterkellert, hoher Standard	4,40	**9,70**	17,00	0,1%
Ein- und Zweifamilienhäuser, nicht unterkellert, einfacher Standard	–	**–**	–	–
Ein- und Zweifamilienhäuser, nicht unterkellert, mittlerer Standard	2,90	**15,00**	51,00	0,2%
Ein- und Zweifamilienhäuser, nicht unterkellert, hoher Standard	15,00	**36,00**	98,00	0,7%
Ein- und Zweifamilienhäuser, Passivhausstandard, Massivbau	3,00	**3,70**	4,50	0,0%
Ein- und Zweifamilienhäuser, Passivhausstandard, Holzbau	5,00	**9,60**	27,00	0,1%
Ein- und Zweifamilienhäuser, Holzbauweise, unterkellert	2,70	**12,00**	26,00	0,2%
Ein- und Zweifamilienhäuser, Holzbauweise, nicht unterkellert	0,80	**3,50**	6,40	0,1%
Doppel- und Reihenendhäuser, einfacher Standard	1,90	**10,00**	18,00	0,3%
Doppel- und Reihenendhäuser, mittlerer Standard	5,50	**7,20**	10,00	0,2%
Doppel- und Reihenendhäuser, hoher Standard	1,10	**5,20**	9,30	0,0%
Reihenhäuser, einfacher Standard	1,90	**2,60**	3,30	0,1%
Reihenhäuser, mittlerer Standard	0,70	**1,80**	2,80	0,0%
Reihenhäuser, hoher Standard	4,30	**17,00**	41,00	0,6%
Mehrfamilienhäuser				
Mehrfamilienhäuser, mit bis zu 6 WE, einfacher Standard	5,10	**6,90**	8,70	0,3%
Mehrfamilienhäuser, mit bis zu 6 WE, mittlerer Standard	3,00	**13,00**	24,00	0,5%
Mehrfamilienhäuser, mit bis zu 6 WE, hoher Standard	2,20	**6,70**	19,00	0,2%

369 Dächer, sonstiges

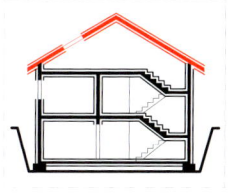

Einheit: m² Dachfläche

Gebäudeart	▷	€/Einheit	◁	KG an 300
Mehrfamilienhäuser (Fortsetzung)				
Mehrfamilienhäuser, mit 6 bis 19 WE, einfacher Standard	1,50	**8,10**	17,00	0,3%
Mehrfamilienhäuser, mit 6 bis 19 WE, mittlerer Standard	2,20	**4,60**	8,00	0,2%
Mehrfamilienhäuser, mit 6 bis 19 WE, hoher Standard	6,20	**21,00**	42,00	0,9%
Mehrfamilienhäuser, mit 20 oder mehr WE, mittlerer Standard	3,40	**10,00**	36,00	0,2%
Mehrfamilienhäuser, mit 20 oder mehr WE, hoher Standard	–	**2,00**	–	0,0%
Mehrfamilienhäuser, Passivhäuser	8,30	**28,00**	75,00	0,6%
Wohnhäuser, mit bis zu 15% Mischnutzung, einfacher Standard	1,90	**41,00**	61,00	0,5%
Wohnhäuser, mit bis zu 15% Mischnutzung, mittlerer Standard	–	**16,00**	–	0,1%
Wohnhäuser, mit bis zu 15% Mischnutzung, hoher Standard	24,00	**143,00**	261,00	1,6%
Wohnhäuser mit mehr als 15% Mischnutzung	0,70	**4,20**	7,80	0,0%
Seniorenwohnungen				
Seniorenwohnungen, mittlerer Standard	6,10	**18,00**	41,00	0,5%
Seniorenwohnungen, hoher Standard	1,10	**2,80**	4,40	0,1%
Beherbergung				
Wohnheime und Internate	9,00	**30,00**	69,00	0,7%
7 Gewerbegebäude				
Gaststätten und Kantinen				
Gaststätten, Kantinen und Mensen	1,50	**17,00**	49,00	0,5%
Gebäude für Produktion				
Industrielle Produktionsgebäude, Massivbauweise	3,90	**5,00**	6,10	0,2%
Industrielle Produktionsgebäude, überwiegend Skelettbauweise	2,60	**4,40**	6,10	0,3%
Betriebs- und Werkstätten, eingeschossig	0,80	**2,20**	4,90	0,3%
Betriebs- und Werkstätten, mehrgeschossig, geringer Hallenanteil	9,20	**10,00**	13,00	0,4%
Betriebs- und Werkstätten, mehrgeschossig, hoher Hallenanteil	1,70	**7,50**	15,00	0,6%
Gebäude für Handel und Lager				
Geschäftshäuser mit Wohnungen	8,60	**21,00**	33,00	0,6%
Geschäftshäuser ohne Wohnungen	4,00	**6,50**	8,90	0,2%
Verbrauchermärkte	2,30	**5,00**	7,70	0,7%
Autohäuser	–	–	–	–
Lagergebäude, ohne Mischnutzung	1,10	**8,40**	12,00	0,6%
Lagergebäude, mit bis zu 25% Mischnutzung	0,40	**4,90**	7,80	0,5%
Lagergebäude, mit mehr als 25% Mischnutzung	–	–	–	–
Garagen und Bereitschaftsdienste				
Einzel-, Mehrfach- und Hochgaragen	30,00	**52,00**	74,00	3,1%
Tiefgaragen	–	**3,30**	–	0,1%
Feuerwehrhäuser	20,00	**24,00**	29,00	1,2%
Öffentliche Bereitschaftsdienste	1,60	**4,40**	9,20	0,1%
9 Kulturgebäude				
Gebäude für kulturelle Zwecke				
Bibliotheken, Museen und Ausstellungen	2,50	**8,50**	21,00	0,4%
Theater	–	**12,00**	–	0,1%
Gemeindezentren, einfacher Standard	–	**5,80**	–	0,1%
Gemeindezentren, mittlerer Standard	4,10	**5,60**	6,30	0,1%
Gemeindezentren, hoher Standard	3,90	**9,80**	16,00	0,2%
Gebäude für religiöse Zwecke				
Sakralbauten	–	**20,00**	–	0,7%
Friedhofsgebäude	4,90	**5,80**	6,70	0,3%

© BKI Baukosteninformationszentrum; Erläuterungen zu den Tabellen siehe Seite 50 Kosten: 1.Quartal 2018, Bundesdurchschnitt, **inkl. 19% MwSt.**

371 Allgemeine Einbauten

Kosten:
Stand 1.Quartal 2018
Bundesdurchschnitt
inkl. 19% MwSt.

Einheit: m²
Brutto-Grundfläche

▷ von
Ø Mittel
◁ bis

Gebäudeart	▷	€/Einheit	◁	KG an 300
1 Büro- und Verwaltungsgebäude				
Büro- und Verwaltungsgebäude, einfacher Standard	0,50	**2,50**	5,30	0,2%
Büro- und Verwaltungsgebäude, mittlerer Standard	17,00	**32,00**	52,00	1,0%
Büro- und Verwaltungsgebäude, hoher Standard	9,90	**35,00**	130,00	1,4%
2 Gebäude für Forschung und Lehre				
Instituts- und Laborgebäude	0,50	**13,00**	25,00	0,4%
3 Gebäude des Gesundheitswesens				
Medizinische Einrichtungen	18,00	**27,00**	36,00	1,4%
Pflegeheime	0,40	**3,60**	10,00	0,4%
4 Schulen und Kindergärten				
Allgemeinbildende Schulen	2,70	**9,70**	35,00	0,4%
Berufliche Schulen	0,60	**13,00**	39,00	0,6%
Förder- und Sonderschulen	10,00	**32,00**	83,00	2,3%
Weiterbildungseinrichtungen	36,00	**36,00**	37,00	1,7%
Kindergärten, nicht unterkellert, einfacher Standard	7,60	**21,00**	29,00	1,9%
Kindergärten, nicht unterkellert, mittlerer Standard	0,80	**23,00**	36,00	1,1%
Kindergärten, nicht unterkellert, hoher Standard	31,00	**50,00**	68,00	2,4%
Kindergärten, Holzbauweise, nicht unterkellert	52,00	**66,00**	103,00	4,5%
Kindergärten, unterkellert	16,00	**66,00**	92,00	5,1%
5 Sportbauten				
Sport- und Mehrzweckhallen	–	**21,00**	–	0,5%
Sporthallen (Einfeldhallen)	–	**–**	–	
Sporthallen (Dreifeldhallen)	13,00	**19,00**	30,00	0,9%
Schwimmhallen	–	**–**	–	
6 Wohngebäude				
Ein- und Zweifamilienhäuser				
Ein- und Zweifamilienhäuser, unterkellert, einfacher Standard	–	**–**	–	–
Ein- und Zweifamilienhäuser, unterkellert, mittlerer Standard	3,80	**16,00**	40,00	0,2%
Ein- und Zweifamilienhäuser, unterkellert, hoher Standard	8,10	**24,00**	55,00	0,7%
Ein- und Zweifamilienhäuser, nicht unterkellert, einfacher Standard	–	**–**	–	–
Ein- und Zweifamilienhäuser, nicht unterkellert, mittlerer Standard	35,00	**45,00**	55,00	0,8%
Ein- und Zweifamilienhäuser, nicht unterkellert, hoher Standard	12,00	**20,00**	30,00	1,0%
Ein- und Zweifamilienhäuser, Passivhausstandard, Massivbau	4,90	**8,00**	11,00	0,1%
Ein- und Zweifamilienhäuser, Passivhausstandard, Holzbau	12,00	**36,00**	71,00	0,9%
Ein- und Zweifamilienhäuser, Holzbauweise, unterkellert	–	**49,00**	–	0,4%
Ein- und Zweifamilienhäuser, Holzbauweise, nicht unterkellert	0,70	**8,50**	13,00	0,3%
Doppel- und Reihenendhäuser, einfacher Standard	–	**–**	–	–
Doppel- und Reihenendhäuser, mittlerer Standard	–	**53,00**	–	1,2%
Doppel- und Reihenendhäuser, hoher Standard	6,60	**15,00**	24,00	0,4%
Reihenhäuser, einfacher Standard	–	**0,80**	–	0,0%
Reihenhäuser, mittlerer Standard	–	**–**	–	–
Reihenhäuser, hoher Standard	–	**–**	–	–
Mehrfamilienhäuser				
Mehrfamilienhäuser, mit bis zu 6 WE, einfacher Standard	1,70	**2,40**	3,10	0,2%
Mehrfamilienhäuser, mit bis zu 6 WE, mittlerer Standard	–	**1,10**	–	0,0%
Mehrfamilienhäuser, mit bis zu 6 WE, hoher Standard	–	**4,10**	–	0,0%

Gebäudeart	▷	€/Einheit	◁	KG an 300
Mehrfamilienhäuser (Fortsetzung)				
Mehrfamilienhäuser, mit 6 bis 19 WE, einfacher Standard	–	**24,00**	–	0,6%
Mehrfamilienhäuser, mit 6 bis 19 WE, mittlerer Standard	1,80	**5,40**	7,60	0,2%
Mehrfamilienhäuser, mit 6 bis 19 WE, hoher Standard	4,20	**12,00**	27,00	0,8%
Mehrfamilienhäuser, mit 20 oder mehr WE, mittlerer Standard	1,90	**6,10**	17,00	0,5%
Mehrfamilienhäuser, mit 20 oder mehr WE, hoher Standard	–	**1,60**	–	0,0%
Mehrfamilienhäuser, Passivhäuser	4,40	**12,00**	19,00	0,3%
Wohnhäuser, mit bis zu 15% Mischnutzung, einfacher Standard	1,90	**12,00**	23,00	0,7%
Wohnhäuser, mit bis zu 15% Mischnutzung, mittlerer Standard	9,50	**15,00**	21,00	1,2%
Wohnhäuser, mit bis zu 15% Mischnutzung, hoher Standard	–	–	–	–
Wohnhäuser mit mehr als 15% Mischnutzung	3,00	**8,20**	13,00	0,6%
Seniorenwohnungen				
Seniorenwohnungen, mittlerer Standard	4,40	**26,00**	47,00	1,0%
Seniorenwohnungen, hoher Standard	–	**6,30**	–	0,3%
Beherbergung				
Wohnheime und Internate	12,00	**37,00**	57,00	2,8%
7 Gewerbegebäude				
Gaststätten und Kantinen				
Gaststätten, Kantinen und Mensen	–	**0,80**	–	0,0%
Gebäude für Produktion				
Industrielle Produktionsgebäude, Massivbauweise	–	**33,00**	–	1,0%
Industrielle Produktionsgebäude, überwiegend Skelettbauweise	–	–	–	–
Betriebs- und Werkstätten, eingeschossig	5,30	**9,00**	13,00	0,5%
Betriebs- und Werkstätten, mehrgeschossig, geringer Hallenanteil	6,20	**44,00**	119,00	2,6%
Betriebs- und Werkstätten, mehrgeschossig, hoher Hallenanteil	–	**6,10**	–	0,2%
Gebäude für Handel und Lager				
Geschäftshäuser mit Wohnungen	–	**4,40**	–	0,1%
Geschäftshäuser ohne Wohnungen	–	**1,50**	–	0,0%
Verbrauchermärkte	–	**1,00**	–	0,0%
Autohäuser	–	–	–	–
Lagergebäude, ohne Mischnutzung	–	**0,40**	–	0,0%
Lagergebäude, mit bis zu 25% Mischnutzung	–	**20,00**	–	0,7%
Lagergebäude, mit mehr als 25% Mischnutzung	–	**6,20**	–	0,3%
Garagen und Bereitschaftsdienste				
Einzel-, Mehrfach- und Hochgaragen	–	–	–	–
Tiefgaragen	–	–	–	–
Feuerwehrhäuser	8,30	**21,00**	44,00	2,4%
Öffentliche Bereitschaftsdienste	–	**38,00**	–	0,8%
9 Kulturgebäude				
Gebäude für kulturelle Zwecke				
Bibliotheken, Museen und Ausstellungen	31,00	**55,00**	80,00	2,3%
Theater	27,00	**40,00**	53,00	1,9%
Gemeindezentren, einfacher Standard	18,00	**57,00**	134,00	5,1%
Gemeindezentren, mittlerer Standard	7,00	**31,00**	90,00	2,0%
Gemeindezentren, hoher Standard	10,00	**32,00**	74,00	2,1%
Gebäude für religiöse Zwecke				
Sakralbauten	–	**68,00**	–	2,7%
Friedhofsgebäude	–	**15,00**	–	0,5%

371 Allgemeine Einbauten

Einheit: m² Brutto-Grundfläche

Kosten: 1.Quartal 2018, Bundesdurchschnitt, inkl. 19% MwSt.

372 Besondere Einbauten

Kosten:
Stand 1.Quartal 2018
Bundesdurchschnitt
inkl. 19% MwSt.

Einheit: m² Brutto-Grundfläche

▷ von
ø Mittel
◁ bis

Gebäudeart	▷	€/Einheit	◁	KG an 300
1 Büro- und Verwaltungsgebäude				
Büro- und Verwaltungsgebäude, einfacher Standard	–	–	–	–
Büro- und Verwaltungsgebäude, mittlerer Standard	1,80	3,00	3,50	0,0%
Büro- und Verwaltungsgebäude, hoher Standard	–	–	–	–
2 Gebäude für Forschung und Lehre				
Instituts- und Laborgebäude	–	13,00	–	0,2%
3 Gebäude des Gesundheitswesens				
Medizinische Einrichtungen	0,30	0,60	0,80	0,0%
Pflegeheime	–	–	–	–
4 Schulen und Kindergärten				
Allgemeinbildende Schulen	4,80	12,00	19,00	0,3%
Berufliche Schulen	2,30	34,00	97,00	1,2%
Förder- und Sonderschulen	5,90	22,00	69,00	1,0%
Weiterbildungseinrichtungen	0,50	1,30	2,10	0,0%
Kindergärten, nicht unterkellert, einfacher Standard	–	–	–	–
Kindergärten, nicht unterkellert, mittlerer Standard	–	–	–	–
Kindergärten, nicht unterkellert, hoher Standard	–	–	–	–
Kindergärten, Holzbauweise, nicht unterkellert	–	–	–	–
Kindergärten, unterkellert	–	2,70	–	0,0%
5 Sportbauten				
Sport- und Mehrzweckhallen	–	8,20	–	0,2%
Sporthallen (Einfeldhallen)	–	36,00	–	1,1%
Sporthallen (Dreifeldhallen)	55,00	75,00	89,00	5,2%
Schwimmhallen	–	–	–	–
6 Wohngebäude				
Ein- und Zweifamilienhäuser				
Ein- und Zweifamilienhäuser, unterkellert, einfacher Standard	–	–	–	–
Ein- und Zweifamilienhäuser, unterkellert, mittlerer Standard	–	5,80	–	0,0%
Ein- und Zweifamilienhäuser, unterkellert, hoher Standard	9,40	14,00	27,00	0,3%
Ein- und Zweifamilienhäuser, nicht unterkellert, einfacher Standard	–	–	–	–
Ein- und Zweifamilienhäuser, nicht unterkellert, mittlerer Standard	–	–	–	–
Ein- und Zweifamilienhäuser, nicht unterkellert, hoher Standard	–	–	–	–
Ein- und Zweifamilienhäuser, Passivhausstandard, Massivbau	–	–	–	–
Ein- und Zweifamilienhäuser, Passivhausstandard, Holzbau	–	–	–	–
Ein- und Zweifamilienhäuser, Holzbauweise, unterkellert	1,20	2,30	3,50	0,0%
Ein- und Zweifamilienhäuser, Holzbauweise, nicht unterkellert	–	5,60	–	0,0%
Doppel- und Reihenendhäuser, einfacher Standard	–	–	–	–
Doppel- und Reihenendhäuser, mittlerer Standard	–	–	–	–
Doppel- und Reihenendhäuser, hoher Standard	–	–	–	–
Reihenhäuser, einfacher Standard	–	–	–	–
Reihenhäuser, mittlerer Standard	–	–	–	–
Reihenhäuser, hoher Standard	–	–	–	–
Mehrfamilienhäuser				
Mehrfamilienhäuser, mit bis zu 6 WE, einfacher Standard	–	–	–	–
Mehrfamilienhäuser, mit bis zu 6 WE, mittlerer Standard	–	–	–	–
Mehrfamilienhäuser, mit bis zu 6 WE, hoher Standard	–	4,60	–	0,0%

372 Besondere Einbauten

Gebäudeart	▷	€/Einheit	◁	KG an 300
Mehrfamilienhäuser (Fortsetzung)				
Mehrfamilienhäuser, mit 6 bis 19 WE, einfacher Standard	–	–	–	–
Mehrfamilienhäuser, mit 6 bis 19 WE, mittlerer Standard	–	–	–	–
Mehrfamilienhäuser, mit 6 bis 19 WE, hoher Standard	–	–	–	–
Mehrfamilienhäuser, mit 20 oder mehr WE, mittlerer Standard	–	–	–	–
Mehrfamilienhäuser, mit 20 oder mehr WE, hoher Standard	–	–	–	–
Mehrfamilienhäuser, Passivhäuser	–	–	–	–
Wohnhäuser, mit bis zu 15% Mischnutzung, einfacher Standard	–	–	–	–
Wohnhäuser, mit bis zu 15% Mischnutzung, mittlerer Standard	–	–	–	–
Wohnhäuser, mit bis zu 15% Mischnutzung, hoher Standard	–	–	–	–
Wohnhäuser mit mehr als 15% Mischnutzung	–	**18,00**	–	0,7%
Seniorenwohnungen				
Seniorenwohnungen, mittlerer Standard	–	–	–	–
Seniorenwohnungen, hoher Standard	–	–	–	–
Beherbergung				
Wohnheime und Internate	–	–	–	–
7 Gewerbegebäude				
Gaststätten und Kantinen				
Gaststätten, Kantinen und Mensen	–	**0,90**	–	0,0%
Gebäude für Produktion				
Industrielle Produktionsgebäude, Massivbauweise	–	–	–	–
Industrielle Produktionsgebäude, überwiegend Skelettbauweise	–	–	–	–
Betriebs- und Werkstätten, eingeschossig	–	**21,00**	–	0,7%
Betriebs- und Werkstätten, mehrgeschossig, geringer Hallenanteil	–	–	–	–
Betriebs- und Werkstätten, mehrgeschossig, hoher Hallenanteil	–	**1,40**	–	0,0%
Gebäude für Handel und Lager				
Geschäftshäuser mit Wohnungen	–	**0,30**	–	0,0%
Geschäftshäuser ohne Wohnungen	–	**1,20**	–	0,0%
Verbrauchermärkte	–	**11,00**	–	0,6%
Autohäuser	–	**3,10**	–	0,1%
Lagergebäude, ohne Mischnutzung	1,10	**1,40**	1,70	0,0%
Lagergebäude, mit bis zu 25% Mischnutzung	–	**5,60**	–	0,2%
Lagergebäude, mit mehr als 25% Mischnutzung	–	–	–	–
Garagen und Bereitschaftsdienste				
Einzel-, Mehrfach- und Hochgaragen	–	**10,00**	–	0,6%
Tiefgaragen	–	–	–	–
Feuerwehrhäuser	2,60	**5,70**	8,80	0,4%
Öffentliche Bereitschaftsdienste	19,00	**44,00**	69,00	2,0%
9 Kulturgebäude				
Gebäude für kulturelle Zwecke				
Bibliotheken, Museen und Ausstellungen	–	**157,00**	–	1,6%
Theater	–	**59,00**	–	1,3%
Gemeindezentren, einfacher Standard	8,70	**18,00**	26,00	1,2%
Gemeindezentren, mittlerer Standard	0,70	**2,30**	3,90	0,0%
Gemeindezentren, hoher Standard	23,00	**40,00**	56,00	1,6%
Gebäude für religiöse Zwecke				
Sakralbauten	–	**167,00**	–	6,7%
Friedhofsgebäude	–	–	–	–

Einheit: m² Brutto-Grundfläche

Kosten: 1.Quartal 2018, Bundesdurchschnitt, inkl. 19% MwSt.

379 Baukonstruktive Einbauten, sonstiges

Kosten:
Stand 1.Quartal 2018
Bundesdurchschnitt
inkl. 19% MwSt.

Einheit: m²
Brutto-Grundfläche

▷ von
Ø Mittel
◁ bis

Gebäudeart	▷	€/Einheit	◁	KG an 300
1 Büro- und Verwaltungsgebäude				
Büro- und Verwaltungsgebäude, einfacher Standard	–	–	–	–
Büro- und Verwaltungsgebäude, mittlerer Standard	1,90	2,70	3,90	0,0%
Büro- und Verwaltungsgebäude, hoher Standard	–	–	–	–
2 Gebäude für Forschung und Lehre				
Instituts- und Laborgebäude	–	–	–	–
3 Gebäude des Gesundheitswesens				
Medizinische Einrichtungen	–	3,20	–	0,0%
Pflegeheime	–	–	–	–
4 Schulen und Kindergärten				
Allgemeinbildende Schulen	–	0,30	–	0,0%
Berufliche Schulen	–	–	–	–
Förder- und Sonderschulen	–	–	–	–
Weiterbildungseinrichtungen	–	–	–	–
Kindergärten, nicht unterkellert, einfacher Standard	–	7,80	–	0,2%
Kindergärten, nicht unterkellert, mittlerer Standard	–	–	–	–
Kindergärten, nicht unterkellert, hoher Standard	–	–	–	–
Kindergärten, Holzbauweise, nicht unterkellert	–	–	–	–
Kindergärten, unterkellert	–	–	–	–
5 Sportbauten				
Sport- und Mehrzweckhallen	–	–	–	–
Sporthallen (Einfeldhallen)	–	–	–	–
Sporthallen (Dreifeldhallen)	–	–	–	–
Schwimmhallen	–	–	–	–
6 Wohngebäude				
Ein- und Zweifamilienhäuser				
Ein- und Zweifamilienhäuser, unterkellert, einfacher Standard	–	–	–	–
Ein- und Zweifamilienhäuser, unterkellert, mittlerer Standard	–	2,70	–	0,0%
Ein- und Zweifamilienhäuser, unterkellert, hoher Standard	4,80	5,60	6,40	0,0%
Ein- und Zweifamilienhäuser, nicht unterkellert, einfacher Standard	–	–	–	–
Ein- und Zweifamilienhäuser, nicht unterkellert, mittlerer Standard	–	–	–	–
Ein- und Zweifamilienhäuser, nicht unterkellert, hoher Standard	–	–	–	–
Ein- und Zweifamilienhäuser, Passivhausstandard, Massivbau	–	–	–	–
Ein- und Zweifamilienhäuser, Passivhausstandard, Holzbau	–	–	–	–
Ein- und Zweifamilienhäuser, Holzbauweise, unterkellert	–	–	–	–
Ein- und Zweifamilienhäuser, Holzbauweise, nicht unterkellert	–	–	–	–
Doppel- und Reihenendhäuser, einfacher Standard	–	–	–	–
Doppel- und Reihenendhäuser, mittlerer Standard	–	–	–	–
Doppel- und Reihenendhäuser, hoher Standard	–	–	–	–
Reihenhäuser, einfacher Standard	–	–	–	–
Reihenhäuser, mittlerer Standard	–	–	–	–
Reihenhäuser, hoher Standard	–	–	–	–
Mehrfamilienhäuser				
Mehrfamilienhäuser, mit bis zu 6 WE, einfacher Standard	–	–	–	–
Mehrfamilienhäuser, mit bis zu 6 WE, mittlerer Standard	–	–	–	–
Mehrfamilienhäuser, mit bis zu 6 WE, hoher Standard	–	–	–	–

379 Baukonstruktive Einbauten, sonstiges

Gebäudeart	▷	€/Einheit	◁	KG an 300
Mehrfamilienhäuser (Fortsetzung)				
Mehrfamilienhäuser, mit 6 bis 19 WE, einfacher Standard	–	–	–	–
Mehrfamilienhäuser, mit 6 bis 19 WE, mittlerer Standard	–	–	–	–
Mehrfamilienhäuser, mit 6 bis 19 WE, hoher Standard	–	–	–	–
Mehrfamilienhäuser, mit 20 oder mehr WE, mittlerer Standard	–	**0,90**	–	0,0%
Mehrfamilienhäuser, mit 20 oder mehr WE, hoher Standard	–	–	–	–
Mehrfamilienhäuser, Passivhäuser	–	**2,20**	–	0,0%
Wohnhäuser, mit bis zu 15% Mischnutzung, einfacher Standard	–	**0,40**	–	0,0%
Wohnhäuser, mit bis zu 15% Mischnutzung, mittlerer Standard	–	–	–	–
Wohnhäuser, mit bis zu 15% Mischnutzung, hoher Standard	–	–	–	–
Wohnhäuser mit mehr als 15% Mischnutzung	–	–	–	–
Seniorenwohnungen				
Seniorenwohnungen, mittlerer Standard	1,10	**1,80**	2,40	0,0%
Seniorenwohnungen, hoher Standard	–	–	–	–
Beherbergung				
Wohnheime und Internate	–	–	–	–
7 Gewerbegebäude				
Gaststätten und Kantinen				
Gaststätten, Kantinen und Mensen	–	**4,40**	–	0,0%
Gebäude für Produktion				
Industrielle Produktionsgebäude, Massivbauweise	–	–	–	–
Industrielle Produktionsgebäude, überwiegend Skelettbauweise	–	–	–	–
Betriebs- und Werkstätten, eingeschossig	–	–	–	–
Betriebs- und Werkstätten, mehrgeschossig, geringer Hallenanteil	–	–	–	–
Betriebs- und Werkstätten, mehrgeschossig, hoher Hallenanteil	–	–	–	–
Gebäude für Handel und Lager				
Geschäftshäuser mit Wohnungen	–	–	–	–
Geschäftshäuser ohne Wohnungen	–	–	–	–
Verbrauchermärkte	–	–	–	–
Autohäuser	–	–	–	–
Lagergebäude, ohne Mischnutzung	–	–	–	–
Lagergebäude, mit bis zu 25% Mischnutzung	–	–	–	–
Lagergebäude, mit mehr als 25% Mischnutzung	–	–	–	–
Garagen und Bereitschaftsdienste				
Einzel-, Mehrfach- und Hochgaragen	–	–	–	–
Tiefgaragen	–	–	–	–
Feuerwehrhäuser	–	–	–	–
Öffentliche Bereitschaftsdienste	–	–	–	–
9 Kulturgebäude				
Gebäude für kulturelle Zwecke				
Bibliotheken, Museen und Ausstellungen	–	**4,60**	–	0,0%
Theater	–	**6,80**	–	0,1%
Gemeindezentren, einfacher Standard	–	–	–	–
Gemeindezentren, mittlerer Standard	–	–	–	–
Gemeindezentren, hoher Standard	–	–	–	–
Gebäude für religiöse Zwecke				
Sakralbauten	–	–	–	–
Friedhofsgebäude	–	–	–	–

Einheit: m² Brutto-Grundfläche

© BKI Baukosteninformationszentrum; Erläuterungen zu den Tabellen siehe Seite 50 — Kosten: 1.Quartal 2018, Bundesdurchschnitt, **inkl.** 19% MwSt.

391 Baustelleneinrichtung

Kosten:
Stand 1.Quartal 2018
Bundesdurchschnitt
inkl. 19% MwSt.

Einheit: m² Brutto-Grundfläche

▷ von
ø Mittel
◁ bis

Gebäudeart	▷	€/Einheit	◁	KG an 300
1 Büro- und Verwaltungsgebäude				
Büro- und Verwaltungsgebäude, einfacher Standard	16,00	**21,00**	36,00	2,4%
Büro- und Verwaltungsgebäude, mittlerer Standard	18,00	**32,00**	51,00	2,7%
Büro- und Verwaltungsgebäude, hoher Standard	36,00	**72,00**	104,00	3,9%
2 Gebäude für Forschung und Lehre				
Instituts- und Laborgebäude	23,00	**35,00**	46,00	2,7%
3 Gebäude des Gesundheitswesens				
Medizinische Einrichtungen	23,00	**30,00**	44,00	2,8%
Pflegeheime	5,80	**12,00**	21,00	1,4%
4 Schulen und Kindergärten				
Allgemeinbildende Schulen	24,00	**46,00**	69,00	3,4%
Berufliche Schulen	12,00	**43,00**	89,00	3,7%
Förder- und Sonderschulen	30,00	**41,00**	61,00	3,0%
Weiterbildungseinrichtungen	8,90	**38,00**	52,00	2,7%
Kindergärten, nicht unterkellert, einfacher Standard	2,90	**11,00**	26,00	0,9%
Kindergärten, nicht unterkellert, mittlerer Standard	16,00	**21,00**	30,00	1,8%
Kindergärten, nicht unterkellert, hoher Standard	22,00	**28,00**	38,00	2,1%
Kindergärten, Holzbauweise, nicht unterkellert	27,00	**33,00**	51,00	2,3%
Kindergärten, unterkellert	47,00	**55,00**	67,00	4,0%
5 Sportbauten				
Sport- und Mehrzweckhallen	6,70	**24,00**	56,00	1,8%
Sporthallen (Einfeldhallen)	21,00	**22,00**	23,00	1,6%
Sporthallen (Dreifeldhallen)	45,00	**69,00**	96,00	4,8%
Schwimmhallen	19,00	**28,00**	38,00	1,8%
6 Wohngebäude				
Ein- und Zweifamilienhäuser				
Ein- und Zweifamilienhäuser, unterkellert, einfacher Standard	4,40	**9,00**	17,00	0,8%
Ein- und Zweifamilienhäuser, unterkellert, mittlerer Standard	9,10	**20,00**	47,00	2,0%
Ein- und Zweifamilienhäuser, unterkellert, hoher Standard	12,00	**24,00**	47,00	1,9%
Ein- und Zweifamilienhäuser, nicht unterkellert, einfacher Standard	13,00	**21,00**	28,00	3,0%
Ein- und Zweifamilienhäuser, nicht unterkellert, mittlerer Standard	6,70	**16,00**	33,00	1,5%
Ein- und Zweifamilienhäuser, nicht unterkellert, hoher Standard	8,70	**20,00**	40,00	1,6%
Ein- und Zweifamilienhäuser, Passivhausstandard, Massivbau	10,00	**20,00**	39,00	1,9%
Ein- und Zweifamilienhäuser, Passivhausstandard, Holzbau	15,00	**21,00**	28,00	1,7%
Ein- und Zweifamilienhäuser, Holzbauweise, unterkellert	11,00	**15,00**	26,00	1,6%
Ein- und Zweifamilienhäuser, Holzbauweise, nicht unterkellert	5,20	**20,00**	49,00	1,7%
Doppel- und Reihenendhäuser, einfacher Standard	1,90	**7,30**	11,00	0,7%
Doppel- und Reihenendhäuser, mittlerer Standard	4,20	**12,00**	22,00	1,3%
Doppel- und Reihenendhäuser, hoher Standard	6,00	**23,00**	32,00	2,4%
Reihenhäuser, einfacher Standard	1,90	**2,50**	3,10	0,2%
Reihenhäuser, mittlerer Standard	8,60	**13,00**	21,00	1,4%
Reihenhäuser, hoher Standard	7,90	**16,00**	21,00	1,6%
Mehrfamilienhäuser				
Mehrfamilienhäuser, mit bis zu 6 WE, einfacher Standard	8,10	**8,20**	8,50	1,2%
Mehrfamilienhäuser, mit bis zu 6 WE, mittlerer Standard	8,50	**16,00**	33,00	1,9%
Mehrfamilienhäuser, mit bis zu 6 WE, hoher Standard	14,00	**18,00**	24,00	1,8%

Gebäudeart	▷	€/Einheit	◁	KG an 300	
Mehrfamilienhäuser (Fortsetzung)					
Mehrfamilienhäuser, mit 6 bis 19 WE, einfacher Standard	6,50	**18,00**	51,00	2,2%	
Mehrfamilienhäuser, mit 6 bis 19 WE, mittlerer Standard	6,50	**8,70**	13,00	1,1%	
Mehrfamilienhäuser, mit 6 bis 19 WE, hoher Standard	14,00	**23,00**	55,00	2,7%	
Mehrfamilienhäuser, mit 20 oder mehr WE, mittlerer Standard	14,00	**28,00**	49,00	3,4%	
Mehrfamilienhäuser, mit 20 oder mehr WE, hoher Standard	5,10	**7,90**	13,00	0,9%	
Mehrfamilienhäuser, Passivhäuser	11,00	**18,00**	35,00	2,2%	
Wohnhäuser, mit bis zu 15% Mischnutzung, einfacher Standard	8,50	**21,00**	53,00	2,7%	
Wohnhäuser, mit bis zu 15% Mischnutzung, mittlerer Standard	14,00	**16,00**	19,00	1,2%	
Wohnhäuser, mit bis zu 15% Mischnutzung, hoher Standard	13,00	**38,00**	63,00	3,0%	
Wohnhäuser mit mehr als 15% Mischnutzung	11,00	**21,00**	40,00	2,0%	
Seniorenwohnungen					
Seniorenwohnungen, mittlerer Standard	9,40	**24,00**	52,00	3,0%	
Seniorenwohnungen, hoher Standard	9,70	**12,00**	15,00	1,5%	
Beherbergung					
Wohnheime und Internate	14,00	**45,00**	182,00	4,1%	
7 Gewerbegebäude					
Gaststätten und Kantinen					
Gaststätten, Kantinen und Mensen	2,70	**25,00**	37,00	1,8%	
Gebäude für Produktion					
Industrielle Produktionsgebäude, Massivbauweise	16,00	**20,00**	23,00	2,2%	
Industrielle Produktionsgebäude, überwiegend Skelettbauweise	7,80	**19,00**	55,00	1,8%	
Betriebs- und Werkstätten, eingeschossig	8,50	**22,00**	49,00	2,4%	
Betriebs- und Werkstätten, mehrgeschossig, geringer Hallenanteil	11,00	**23,00**	34,00	2,6%	
Betriebs- und Werkstätten, mehrgeschossig, hoher Hallenanteil	4,80	**13,00**	28,00	1,2%	
Gebäude für Handel und Lager					
Geschäftshäuser mit Wohnungen	13,00	**20,00**	34,00	2,1%	
Geschäftshäuser ohne Wohnungen	4,80	**5,70**	6,60	0,6%	
Verbrauchermärkte	4,50	**6,70**	8,90	0,8%	
Autohäuser	9,10	**13,00**	18,00	1,0%	
Lagergebäude, ohne Mischnutzung	5,90	**17,00**	26,00	2,3%	
Lagergebäude, mit bis zu 25% Mischnutzung	6,40	**7,40**	9,20	1,0%	
Lagergebäude, mit mehr als 25% Mischnutzung	12,00	**24,00**	36,00	2,8%	
Garagen und Bereitschaftsdienste					
Einzel-, Mehrfach- und Hochgaragen	2,30	**2,80**	3,20	0,3%	
Tiefgaragen	16,00	**50,00**	71,00	8,1%	
Feuerwehrhäuser	17,00	**25,00**	37,00	2,5%	
Öffentliche Bereitschaftsdienste	19,00	**21,00**	24,00	2,2%	
9 Kulturgebäude					
Gebäude für kulturelle Zwecke					
Bibliotheken, Museen und Ausstellungen	35,00	**60,00**	97,00	2,9%	
Theater	39,00	**48,00**	58,00	2,3%	
Gemeindezentren, einfacher Standard	10,00	**14,00**	17,00	1,3%	
Gemeindezentren, mittlerer Standard	19,00	**30,00**	51,00	2,5%	
Gemeindezentren, hoher Standard	3,80	**19,00**	30,00	1,2%	
Gebäude für religiöse Zwecke					
Sakralbauten	–	**38,00**	–	1,5%	
Friedhofsgebäude	48,00	**57,00**	66,00	3,5%	

391 Baustelleneinrichtung

Einheit: m² Brutto-Grundfläche

© BKI Baukosteninformationszentrum; Erläuterungen zu den Tabellen siehe Seite 50   Kosten: 1.Quartal 2018, Bundesdurchschnitt, **inkl. 19% MwSt.**

392 Gerüste

Kosten:
Stand 1.Quartal 2018
Bundesdurchschnitt
inkl. 19% MwSt.

Einheit: m²
Brutto-Grundfläche

▷ von
Ø Mittel
◁ bis

Gebäudeart	▷	€/Einheit	◁	KG an 300
1 Büro- und Verwaltungsgebäude				
Büro- und Verwaltungsgebäude, einfacher Standard	6,30	**8,40**	11,00	1,0%
Büro- und Verwaltungsgebäude, mittlerer Standard	9,10	**15,00**	22,00	1,2%
Büro- und Verwaltungsgebäude, hoher Standard	7,70	**18,00**	28,00	0,9%
2 Gebäude für Forschung und Lehre				
Instituts- und Laborgebäude	11,00	**21,00**	52,00	1,7%
3 Gebäude des Gesundheitswesens				
Medizinische Einrichtungen	14,00	**16,00**	18,00	1,5%
Pflegeheime	3,90	**10,00**	21,00	1,0%
4 Schulen und Kindergärten				
Allgemeinbildende Schulen	9,00	**19,00**	29,00	1,2%
Berufliche Schulen	7,20	**13,00**	32,00	0,9%
Förder- und Sonderschulen	12,00	**25,00**	41,00	1,7%
Weiterbildungseinrichtungen	1,80	**25,00**	41,00	1,4%
Kindergärten, nicht unterkellert, einfacher Standard	1,20	**3,90**	5,30	0,3%
Kindergärten, nicht unterkellert, mittlerer Standard	0,60	**10,00**	15,00	0,5%
Kindergärten, nicht unterkellert, hoher Standard	8,70	**9,70**	11,00	0,4%
Kindergärten, Holzbauweise, nicht unterkellert	11,00	**14,00**	21,00	1,0%
Kindergärten, unterkellert	11,00	**14,00**	15,00	1,0%
5 Sportbauten				
Sport- und Mehrzweckhallen	26,00	**30,00**	34,00	1,5%
Sporthallen (Einfeldhallen)	20,00	**35,00**	50,00	2,4%
Sporthallen (Dreifeldhallen)	9,10	**27,00**	46,00	1,8%
Schwimmhallen	–	–	–	–
6 Wohngebäude				
Ein- und Zweifamilienhäuser				
Ein- und Zweifamilienhäuser, unterkellert, einfacher Standard	3,50	**5,80**	8,70	0,7%
Ein- und Zweifamilienhäuser, unterkellert, mittlerer Standard	7,30	**12,00**	16,00	1,2%
Ein- und Zweifamilienhäuser, unterkellert, hoher Standard	6,60	**10,00**	15,00	0,8%
Ein- und Zweifamilienhäuser, nicht unterkellert, einfacher Standard	13,00	**13,00**	13,00	1,8%
Ein- und Zweifamilienhäuser, nicht unterkellert, mittlerer Standard	10,00	**15,00**	22,00	1,4%
Ein- und Zweifamilienhäuser, nicht unterkellert, hoher Standard	9,20	**13,00**	16,00	1,0%
Ein- und Zweifamilienhäuser, Passivhausstandard, Massivbau	9,00	**13,00**	20,00	1,2%
Ein- und Zweifamilienhäuser, Passivhausstandard, Holzbau	9,20	**13,00**	21,00	0,9%
Ein- und Zweifamilienhäuser, Holzbauweise, unterkellert	8,80	**11,00**	13,00	1,1%
Ein- und Zweifamilienhäuser, Holzbauweise, nicht unterkellert	9,00	**12,00**	19,00	0,9%
Doppel- und Reihenendhäuser, einfacher Standard	4,50	**7,80**	11,00	1,1%
Doppel- und Reihenendhäuser, mittlerer Standard	11,00	**15,00**	18,00	1,6%
Doppel- und Reihenendhäuser, hoher Standard	4,00	**8,00**	13,00	0,8%
Reihenhäuser, einfacher Standard	5,40	**7,10**	9,40	1,1%
Reihenhäuser, mittlerer Standard	7,00	**8,10**	9,80	0,9%
Reihenhäuser, hoher Standard	9,80	**13,00**	15,00	0,8%
Mehrfamilienhäuser				
Mehrfamilienhäuser, mit bis zu 6 WE, einfacher Standard	2,50	**4,80**	6,10	0,7%
Mehrfamilienhäuser, mit bis zu 6 WE, mittlerer Standard	5,70	**7,60**	11,00	0,9%
Mehrfamilienhäuser, mit bis zu 6 WE, hoher Standard	6,50	**14,00**	20,00	1,3%

392 Gerüste

Gebäudeart	▷	€/Einheit	◁	KG an 300
Mehrfamilienhäuser (Fortsetzung)				
Mehrfamilienhäuser, mit 6 bis 19 WE, einfacher Standard	4,10	**7,70**	15,00	0,7%
Mehrfamilienhäuser, mit 6 bis 19 WE, mittlerer Standard	6,40	**10,00**	16,00	0,9%
Mehrfamilienhäuser, mit 6 bis 19 WE, hoher Standard	5,20	**9,00**	15,00	1,0%
Mehrfamilienhäuser, mit 20 oder mehr WE, mittlerer Standard	3,00	**7,20**	13,00	1,0%
Mehrfamilienhäuser, mit 20 oder mehr WE, hoher Standard	6,60	**9,90**	12,00	1,1%
Mehrfamilienhäuser, Passivhäuser	7,40	**13,00**	19,00	1,3%
Wohnhäuser, mit bis zu 15% Mischnutzung, einfacher Standard	2,60	**7,20**	11,00	0,9%
Wohnhäuser, mit bis zu 15% Mischnutzung, mittlerer Standard	–	**7,40**	–	0,3%
Wohnhäuser, mit bis zu 15% Mischnutzung, hoher Standard	3,40	**11,00**	20,00	0,9%
Wohnhäuser mit mehr als 15% Mischnutzung	9,80	**15,00**	24,00	1,6%
Seniorenwohnungen				
Seniorenwohnungen, mittlerer Standard	4,90	**8,40**	13,00	1,1%
Seniorenwohnungen, hoher Standard	10,00	**13,00**	17,00	1,5%
Beherbergung				
Wohnheime und Internate	3,90	**11,00**	19,00	0,9%
7 Gewerbegebäude				
Gaststätten und Kantinen				
Gaststätten, Kantinen und Mensen	4,30	**11,00**	15,00	0,8%
Gebäude für Produktion				
Industrielle Produktionsgebäude, Massivbauweise	5,10	**7,70**	9,10	0,8%
Industrielle Produktionsgebäude, überwiegend Skelettbauweise	2,10	**4,10**	5,50	0,5%
Betriebs- und Werkstätten, eingeschossig	0,50	**3,00**	5,60	0,2%
Betriebs- und Werkstätten, mehrgeschossig, geringer Hallenanteil	2,50	**5,80**	10,00	0,6%
Betriebs- und Werkstätten, mehrgeschossig, hoher Hallenanteil	7,80	**11,00**	14,00	1,4%
Gebäude für Handel und Lager				
Geschäftshäuser mit Wohnungen	8,40	**8,80**	9,00	0,9%
Geschäftshäuser ohne Wohnungen	11,00	**11,00**	11,00	1,1%
Verbrauchermärkte	6,90	**11,00**	16,00	1,4%
Autohäuser	10,00	**12,00**	14,00	0,9%
Lagergebäude, ohne Mischnutzung	7,90	**12,00**	17,00	1,7%
Lagergebäude, mit bis zu 25% Mischnutzung	4,30	**13,00**	28,00	1,6%
Lagergebäude, mit mehr als 25% Mischnutzung	–	**7,80**	–	0,4%
Garagen und Bereitschaftsdienste				
Einzel-, Mehrfach- und Hochgaragen	0,60	**2,50**	4,40	0,2%
Tiefgaragen	–	–	–	–
Feuerwehrhäuser	1,10	**8,60**	12,00	0,8%
Öffentliche Bereitschaftsdienste	12,00	**16,00**	26,00	1,6%
9 Kulturgebäude				
Gebäude für kulturelle Zwecke				
Bibliotheken, Museen und Ausstellungen	15,00	**23,00**	53,00	1,2%
Theater	38,00	**41,00**	45,00	2,0%
Gemeindezentren, einfacher Standard	2,70	**6,10**	12,00	0,6%
Gemeindezentren, mittlerer Standard	9,60	**17,00**	25,00	1,3%
Gemeindezentren, hoher Standard	10,00	**18,00**	35,00	1,1%
Gebäude für religiöse Zwecke				
Sakralbauten	–	**35,00**	–	1,4%
Friedhofsgebäude	–	**25,00**	–	0,8%

Einheit: m² Brutto-Grundfläche

© BKI Baukosteninformationszentrum; Erläuterungen zu den Tabellen siehe Seite 50   Kosten: 1.Quartal 2018, Bundesdurchschnitt, **inkl.** 19% MwSt.

393 Sicherungsmaßnahmen

Kosten:
Stand 1.Quartal 2018
Bundesdurchschnitt
inkl. 19% MwSt.

Einheit: m² Brutto-Grundfläche

▷ von
Ø Mittel
◁ bis

Gebäudeart	▷	€/Einheit	◁	KG an 300
1 Büro- und Verwaltungsgebäude				
Büro- und Verwaltungsgebäude, einfacher Standard	–	0,20	–	0,0%
Büro- und Verwaltungsgebäude, mittlerer Standard	–	3,40	–	0,0%
Büro- und Verwaltungsgebäude, hoher Standard	–	–	–	–
2 Gebäude für Forschung und Lehre				
Instituts- und Laborgebäude	–	4,40	–	0,0%
3 Gebäude des Gesundheitswesens				
Medizinische Einrichtungen	–	–	–	–
Pflegeheime	–	–	–	–
4 Schulen und Kindergärten				
Allgemeinbildende Schulen	–	–	–	–
Berufliche Schulen	–	–	–	–
Förder- und Sonderschulen	1,30	2,00	2,80	0,0%
Weiterbildungseinrichtungen	–	–	–	–
Kindergärten, nicht unterkellert, einfacher Standard	–	–	–	–
Kindergärten, nicht unterkellert, mittlerer Standard	–	–	–	–
Kindergärten, nicht unterkellert, hoher Standard	–	–	–	–
Kindergärten, Holzbauweise, nicht unterkellert	–	–	–	–
Kindergärten, unterkellert	–	–	–	–
5 Sportbauten				
Sport- und Mehrzweckhallen	–	–	–	–
Sporthallen (Einfeldhallen)	–	–	–	–
Sporthallen (Dreifeldhallen)	–	–	–	–
Schwimmhallen	–	–	–	–
6 Wohngebäude				
Ein- und Zweifamilienhäuser				
Ein- und Zweifamilienhäuser, unterkellert, einfacher Standard	–	–	–	–
Ein- und Zweifamilienhäuser, unterkellert, mittlerer Standard	–	–	–	–
Ein- und Zweifamilienhäuser, unterkellert, hoher Standard	2,10	7,10	12,00	0,1%
Ein- und Zweifamilienhäuser, nicht unterkellert, einfacher Standard	–	–	–	–
Ein- und Zweifamilienhäuser, nicht unterkellert, mittlerer Standard	–	–	–	–
Ein- und Zweifamilienhäuser, nicht unterkellert, hoher Standard	–	–	–	–
Ein- und Zweifamilienhäuser, Passivhausstandard, Massivbau	–	–	–	–
Ein- und Zweifamilienhäuser, Passivhausstandard, Holzbau	–	–	–	–
Ein- und Zweifamilienhäuser, Holzbauweise, unterkellert	–	–	–	–
Ein- und Zweifamilienhäuser, Holzbauweise, nicht unterkellert	–	–	–	–
Doppel- und Reihenendhäuser, einfacher Standard	–	–	–	–
Doppel- und Reihenendhäuser, mittlerer Standard	–	–	–	–
Doppel- und Reihenendhäuser, hoher Standard	–	2,00	–	0,0%
Reihenhäuser, einfacher Standard	–	–	–	–
Reihenhäuser, mittlerer Standard	–	–	–	–
Reihenhäuser, hoher Standard	–	–	–	–
Mehrfamilienhäuser				
Mehrfamilienhäuser, mit bis zu 6 WE, einfacher Standard	–	–	–	–
Mehrfamilienhäuser, mit bis zu 6 WE, mittlerer Standard	–	–	–	–
Mehrfamilienhäuser, mit bis zu 6 WE, hoher Standard	–	4,80	–	0,0%

393 Sicherungsmaßnahmen

Gebäudeart	▷	€/Einheit	◁	KG an 300
Mehrfamilienhäuser (Fortsetzung)				
Mehrfamilienhäuser, mit 6 bis 19 WE, einfacher Standard	–	**1,00**	–	0,0%
Mehrfamilienhäuser, mit 6 bis 19 WE, mittlerer Standard	–	**0,20**	–	0,0%
Mehrfamilienhäuser, mit 6 bis 19 WE, hoher Standard	4,10	**12,00**	20,00	0,5%
Mehrfamilienhäuser, mit 20 oder mehr WE, mittlerer Standard	–	**–**	–	–
Mehrfamilienhäuser, mit 20 oder mehr WE, hoher Standard	–	**–**	–	–
Mehrfamilienhäuser, Passivhäuser	3,60	**9,50**	15,00	0,3%
Wohnhäuser, mit bis zu 15% Mischnutzung, einfacher Standard	–	**–**	–	–
Wohnhäuser, mit bis zu 15% Mischnutzung, mittlerer Standard	–	**–**	–	–
Wohnhäuser, mit bis zu 15% Mischnutzung, hoher Standard	–	**–**	–	–
Wohnhäuser mit mehr als 15% Mischnutzung	–	**–**	–	–
Seniorenwohnungen				
Seniorenwohnungen, mittlerer Standard	–	**2,50**	–	0,0%
Seniorenwohnungen, hoher Standard	–	**–**	–	–
Beherbergung				
Wohnheime und Internate	–	**29,00**	–	0,4%
7 Gewerbegebäude				
Gaststätten und Kantinen				
Gaststätten, Kantinen und Mensen	–	**2,20**	–	0,0%
Gebäude für Produktion				
Industrielle Produktionsgebäude, Massivbauweise	–	**–**	–	–
Industrielle Produktionsgebäude, überwiegend Skelettbauweise	–	**–**	–	–
Betriebs- und Werkstätten, eingeschossig	–	**–**	–	–
Betriebs- und Werkstätten, mehrgeschossig, geringer Hallenanteil	–	**2,60**	–	0,0%
Betriebs- und Werkstätten, mehrgeschossig, hoher Hallenanteil	–	**–**	–	–
Gebäude für Handel und Lager				
Geschäftshäuser mit Wohnungen	–	**–**	–	–
Geschäftshäuser ohne Wohnungen	–	**–**	–	–
Verbrauchermärkte	–	**–**	–	–
Autohäuser	–	**–**	–	–
Lagergebäude, ohne Mischnutzung	–	**–**	–	–
Lagergebäude, mit bis zu 25% Mischnutzung	–	**–**	–	–
Lagergebäude, mit mehr als 25% Mischnutzung	–	**–**	–	–
Garagen und Bereitschaftsdienste				
Einzel-, Mehrfach- und Hochgaragen	–	**–**	–	–
Tiefgaragen	–	**–**	–	–
Feuerwehrhäuser	–	**–**	–	–
Öffentliche Bereitschaftsdienste	–	**–**	–	–
9 Kulturgebäude				
Gebäude für kulturelle Zwecke				
Bibliotheken, Museen und Ausstellungen	–	**–**	–	–
Theater	–	**–**	–	–
Gemeindezentren, einfacher Standard	–	**–**	–	–
Gemeindezentren, mittlerer Standard	–	**–**	–	–
Gemeindezentren, hoher Standard	–	**7,60**	–	0,1%
Gebäude für religiöse Zwecke				
Sakralbauten	–	**–**	–	–
Friedhofsgebäude	–	**–**	–	–

Einheit: m² Brutto-Grundfläche

© BKI Baukosteninformationszentrum; Erläuterungen zu den Tabellen siehe Seite 50

Kosten: 1.Quartal 2018, Bundesdurchschnitt, **inkl. 19% MwSt.**

394 Abbruchmaßnahmen

Kosten:
Stand 1.Quartal 2018
Bundesdurchschnitt
inkl. 19% MwSt.

Einheit: m²
Brutto-Grundfläche

▷ von
Ø Mittel
◁ bis

Gebäudeart	▷	€/Einheit	◁	KG an 300
1 Büro- und Verwaltungsgebäude				
Büro- und Verwaltungsgebäude, einfacher Standard	–	9,30	–	0,2%
Büro- und Verwaltungsgebäude, mittlerer Standard	–	1,70	–	0,0%
Büro- und Verwaltungsgebäude, hoher Standard	2,70	2,90	3,00	0,0%
2 Gebäude für Forschung und Lehre				
Instituts- und Laborgebäude		0,10		0,0%
3 Gebäude des Gesundheitswesens				
Medizinische Einrichtungen	–	0,60	–	0,0%
Pflegeheime	–	–	–	–
4 Schulen und Kindergärten				
Allgemeinbildende Schulen	–	–	–	–
Berufliche Schulen	0,20	4,00	7,70	0,1%
Förder- und Sonderschulen	2,50	7,00	12,00	0,1%
Weiterbildungseinrichtungen	–	0,20	–	0,0%
Kindergärten, nicht unterkellert, einfacher Standard	–	–	–	–
Kindergärten, nicht unterkellert, mittlerer Standard	–	1,90	–	0,0%
Kindergärten, nicht unterkellert, hoher Standard	–	–	–	–
Kindergärten, Holzbauweise, nicht unterkellert	–	3,50	–	0,0%
Kindergärten, unterkellert	–	2,40	–	0,0%
5 Sportbauten				
Sport- und Mehrzweckhallen	–	–	–	–
Sporthallen (Einfeldhallen)	–	–	–	–
Sporthallen (Dreifeldhallen)	–	–	–	–
Schwimmhallen	–	–	–	–
6 Wohngebäude				
Ein- und Zweifamilienhäuser				
Ein- und Zweifamilienhäuser, unterkellert, einfacher Standard	–	–	–	–
Ein- und Zweifamilienhäuser, unterkellert, mittlerer Standard	–	–	–	–
Ein- und Zweifamilienhäuser, unterkellert, hoher Standard	3,50	4,30	5,20	0,0%
Ein- und Zweifamilienhäuser, nicht unterkellert, einfacher Standard	–	–	–	–
Ein- und Zweifamilienhäuser, nicht unterkellert, mittlerer Standard	–	1,00	–	0,0%
Ein- und Zweifamilienhäuser, nicht unterkellert, hoher Standard	–	2,70	–	0,0%
Ein- und Zweifamilienhäuser, Passivhausstandard, Massivbau	–	–	–	–
Ein- und Zweifamilienhäuser, Passivhausstandard, Holzbau	–	37,00	–	0,2%
Ein- und Zweifamilienhäuser, Holzbauweise, unterkellert	–	–	–	–
Ein- und Zweifamilienhäuser, Holzbauweise, nicht unterkellert	–	44,00	–	0,5%
Doppel- und Reihenendhäuser, einfacher Standard	–	–	–	–
Doppel- und Reihenendhäuser, mittlerer Standard	–	–	–	–
Doppel- und Reihenendhäuser, hoher Standard	–	4,10	–	0,0%
Reihenhäuser, einfacher Standard	–	1,50	–	0,0%
Reihenhäuser, mittlerer Standard	–	–	–	–
Reihenhäuser, hoher Standard	–	–	–	–
Mehrfamilienhäuser				
Mehrfamilienhäuser, mit bis zu 6 WE, einfacher Standard	–	0,30	–	0,0%
Mehrfamilienhäuser, mit bis zu 6 WE, mittlerer Standard	–	–	–	–
Mehrfamilienhäuser, mit bis zu 6 WE, hoher Standard	–	–	–	–

394 Abbruchmaßnahmen

Gebäudeart	▷	€/Einheit	◁	KG an 300
Mehrfamilienhäuser (Fortsetzung)				
Mehrfamilienhäuser, mit 6 bis 19 WE, einfacher Standard	–	2,30	–	0,0%
Mehrfamilienhäuser, mit 6 bis 19 WE, mittlerer Standard	–	2,30	–	0,0%
Mehrfamilienhäuser, mit 6 bis 19 WE, hoher Standard	–	3,20	–	0,0%
Mehrfamilienhäuser, mit 20 oder mehr WE, mittlerer Standard	–	2,40	–	0,0%
Mehrfamilienhäuser, mit 20 oder mehr WE, hoher Standard	–	–	–	–
Mehrfamilienhäuser, Passivhäuser	–	5,20	–	0,0%
Wohnhäuser, mit bis zu 15% Mischnutzung, einfacher Standard	–	0,20	–	0,0%
Wohnhäuser, mit bis zu 15% Mischnutzung, mittlerer Standard	–	–	–	–
Wohnhäuser, mit bis zu 15% Mischnutzung, hoher Standard	–	0,40	–	0,0%
Wohnhäuser mit mehr als 15% Mischnutzung	–	–	–	–
Seniorenwohnungen				
Seniorenwohnungen, mittlerer Standard	–	–	–	–
Seniorenwohnungen, hoher Standard	–	–	–	–
Beherbergung				
Wohnheime und Internate	0,10	14,00	28,00	0,4%
7 Gewerbegebäude				
Gaststätten und Kantinen				
Gaststätten, Kantinen und Mensen	–	0,80	–	0,0%
Gebäude für Produktion				
Industrielle Produktionsgebäude, Massivbauweise	–	–	–	–
Industrielle Produktionsgebäude, überwiegend Skelettbauweise	–	5,30	–	0,1%
Betriebs- und Werkstätten, eingeschossig	–	–	–	–
Betriebs- und Werkstätten, mehrgeschossig, geringer Hallenanteil	–	0,40	–	0,0%
Betriebs- und Werkstätten, mehrgeschossig, hoher Hallenanteil	–	0,60	–	0,0%
Gebäude für Handel und Lager				
Geschäftshäuser mit Wohnungen	–	–	–	–
Geschäftshäuser ohne Wohnungen	–	–	–	–
Verbrauchermärkte	–	–	–	–
Autohäuser	–	–	–	–
Lagergebäude, ohne Mischnutzung	–	3,80	–	0,0%
Lagergebäude, mit bis zu 25% Mischnutzung	–	0,40	–	0,0%
Lagergebäude, mit mehr als 25% Mischnutzung	–	–	–	–
Garagen und Bereitschaftsdienste				
Einzel-, Mehrfach- und Hochgaragen	–	–	–	–
Tiefgaragen	–	–	–	–
Feuerwehrhäuser	–	–	–	–
Öffentliche Bereitschaftsdienste	–	38,00	–	0,9%
9 Kulturgebäude				
Gebäude für kulturelle Zwecke				
Bibliotheken, Museen und Ausstellungen	–	–	–	–
Theater	–	–	–	–
Gemeindezentren, einfacher Standard	–	–	–	–
Gemeindezentren, mittlerer Standard	–	–	–	–
Gemeindezentren, hoher Standard	–	–	–	–
Gebäude für religiöse Zwecke				
Sakralbauten	–	–	–	–
Friedhofsgebäude	–	–	–	–

Einheit: m² Brutto-Grundfläche

© BKI Baukosteninformationszentrum; Erläuterungen zu den Tabellen siehe Seite 50   Kosten: 1.Quartal 2018, Bundesdurchschnitt, **inkl. 19% MwSt.**

395 Instandsetzungen

Kosten:
Stand 1.Quartal 2018
Bundesdurchschnitt
inkl. 19% MwSt.

Einheit: m² Brutto-Grundfläche

▷ von
Ø Mittel
◁ bis

Gebäudeart	▷	€/Einheit	◁	KG an 300
1 Büro- und Verwaltungsgebäude				
Büro- und Verwaltungsgebäude, einfacher Standard	–	–	–	–
Büro- und Verwaltungsgebäude, mittlerer Standard	–	2,60	–	0,0%
Büro- und Verwaltungsgebäude, hoher Standard	0,50	0,60	0,70	0,0%
2 Gebäude für Forschung und Lehre				
Instituts- und Laborgebäude	–	–	–	–
3 Gebäude des Gesundheitswesens				
Medizinische Einrichtungen	–	14,00	–	0,3%
Pflegeheime	–	–	–	–
4 Schulen und Kindergärten				
Allgemeinbildende Schulen	1,60	2,10	2,60	0,0%
Berufliche Schulen	–	1,60	–	0,0%
Förder- und Sonderschulen	–	28,00	–	0,2%
Weiterbildungseinrichtungen	–	1,30	–	0,0%
Kindergärten, nicht unterkellert, einfacher Standard	–	–	–	–
Kindergärten, nicht unterkellert, mittlerer Standard	–	–	–	–
Kindergärten, nicht unterkellert, hoher Standard	–	1,20	–	0,0%
Kindergärten, Holzbauweise, nicht unterkellert	–	–	–	–
Kindergärten, unterkellert	1,50	4,30	7,20	0,1%
5 Sportbauten				
Sport- und Mehrzweckhallen	–	12,00	–	0,3%
Sporthallen (Einfeldhallen)	–	0,30	–	0,0%
Sporthallen (Dreifeldhallen)	–	–	–	–
Schwimmhallen	–	–	–	–
6 Wohngebäude				
Ein- und Zweifamilienhäuser				
Ein- und Zweifamilienhäuser, unterkellert, einfacher Standard	–	–	–	–
Ein- und Zweifamilienhäuser, unterkellert, mittlerer Standard	–	–	–	–
Ein- und Zweifamilienhäuser, unterkellert, hoher Standard	–	17,00	–	0,0%
Ein- und Zweifamilienhäuser, nicht unterkellert, einfacher Standard	–	–	–	–
Ein- und Zweifamilienhäuser, nicht unterkellert, mittlerer Standard	–	–	–	–
Ein- und Zweifamilienhäuser, nicht unterkellert, hoher Standard	–	71,00	–	0,7%
Ein- und Zweifamilienhäuser, Passivhausstandard, Massivbau	–	–	–	–
Ein- und Zweifamilienhäuser, Passivhausstandard, Holzbau	–	–	–	–
Ein- und Zweifamilienhäuser, Holzbauweise, unterkellert	–	–	–	–
Ein- und Zweifamilienhäuser, Holzbauweise, nicht unterkellert	–	–	–	–
Doppel- und Reihenendhäuser, einfacher Standard	–	–	–	–
Doppel- und Reihenendhäuser, mittlerer Standard	–	–	–	–
Doppel- und Reihenendhäuser, hoher Standard	–	–	–	–
Reihenhäuser, einfacher Standard	–	–	–	–
Reihenhäuser, mittlerer Standard	–	–	–	–
Reihenhäuser, hoher Standard	–	–	–	–
Mehrfamilienhäuser				
Mehrfamilienhäuser, mit bis zu 6 WE, einfacher Standard	–	–	–	–
Mehrfamilienhäuser, mit bis zu 6 WE, mittlerer Standard	–	–	–	–
Mehrfamilienhäuser, mit bis zu 6 WE, hoher Standard	–	–	–	–

Instandsetzungen

Gebäudeart	▷	€/Einheit	◁	KG an 300
Mehrfamilienhäuser (Fortsetzung)				
Mehrfamilienhäuser, mit 6 bis 19 WE, einfacher Standard	–	0,80	–	0,0%
Mehrfamilienhäuser, mit 6 bis 19 WE, mittlerer Standard	–	–	–	–
Mehrfamilienhäuser, mit 6 bis 19 WE, hoher Standard	–	–	–	–
Mehrfamilienhäuser, mit 20 oder mehr WE, mittlerer Standard	0,10	0,50	1,00	0,0%
Mehrfamilienhäuser, mit 20 oder mehr WE, hoher Standard	–	–	–	–
Mehrfamilienhäuser, Passivhäuser	–	–	–	–
Wohnhäuser, mit bis zu 15% Mischnutzung, einfacher Standard	–	0,10	–	0,0%
Wohnhäuser, mit bis zu 15% Mischnutzung, mittlerer Standard	–	–	–	–
Wohnhäuser, mit bis zu 15% Mischnutzung, hoher Standard	–	–	–	–
Wohnhäuser mit mehr als 15% Mischnutzung	–	–	–	–
Seniorenwohnungen				
Seniorenwohnungen, mittlerer Standard	–	7,40	–	0,1%
Seniorenwohnungen, hoher Standard	–	–	–	–
Beherbergung				
Wohnheime und Internate	–	0,30	–	0,0%
7 Gewerbegebäude				
Gaststätten und Kantinen				
Gaststätten, Kantinen und Mensen	–	–	–	–
Gebäude für Produktion				
Industrielle Produktionsgebäude, Massivbauweise	–	–	–	–
Industrielle Produktionsgebäude, überwiegend Skelettbauweise	–	0,60	–	0,0%
Betriebs- und Werkstätten, eingeschossig	–	–	–	–
Betriebs- und Werkstätten, mehrgeschossig, geringer Hallenanteil	–	–	–	–
Betriebs- und Werkstätten, mehrgeschossig, hoher Hallenanteil	–	0,10	–	0,0%
Gebäude für Handel und Lager				
Geschäftshäuser mit Wohnungen	–	–	–	–
Geschäftshäuser ohne Wohnungen	–	–	–	–
Verbrauchermärkte	–	–	–	–
Autohäuser	–	–	–	–
Lagergebäude, ohne Mischnutzung	–	1,00	–	0,0%
Lagergebäude, mit bis zu 25% Mischnutzung	–	–	–	–
Lagergebäude, mit mehr als 25% Mischnutzung	–	–	–	–
Garagen und Bereitschaftsdienste				
Einzel-, Mehrfach- und Hochgaragen	–	–	–	–
Tiefgaragen	–	–	–	–
Feuerwehrhäuser	–	–	–	–
Öffentliche Bereitschaftsdienste	–	–	–	–
9 Kulturgebäude				
Gebäude für kulturelle Zwecke				
Bibliotheken, Museen und Ausstellungen	–	–	–	–
Theater	–	–	–	–
Gemeindezentren, einfacher Standard	–	–	–	–
Gemeindezentren, mittlerer Standard	–	1,80	–	0,0%
Gemeindezentren, hoher Standard	–	–	–	–
Gebäude für religiöse Zwecke				
Sakralbauten	–	–	–	–
Friedhofsgebäude	–	–	–	–

Einheit: m² Brutto-Grundfläche

© BKI Baukosteninformationszentrum; Erläuterungen zu den Tabellen siehe Seite 50   Kosten: 1.Quartal 2018, Bundesdurchschnitt, inkl. 19% MwSt.

396 Materialentsorgung

Kosten:
Stand 1.Quartal 2018
Bundesdurchschnitt
inkl. 19% MwSt.

Einheit: m²
Brutto-Grundfläche

▷ von
ø Mittel
◁ bis

Gebäudeart	▷	€/Einheit	◁	KG an 300
1 Büro- und Verwaltungsgebäude				
Büro- und Verwaltungsgebäude, einfacher Standard	–	5,80	–	0,1%
Büro- und Verwaltungsgebäude, mittlerer Standard	–	–	–	–
Büro- und Verwaltungsgebäude, hoher Standard	0,70	0,80	1,00	0,0%
2 Gebäude für Forschung und Lehre				
Instituts- und Laborgebäude	–	–	–	–
3 Gebäude des Gesundheitswesens				
Medizinische Einrichtungen	–	3,50	–	0,1%
Pflegeheime	–	–	–	–
4 Schulen und Kindergärten				
Allgemeinbildende Schulen	0,30	1,60	2,30	0,0%
Berufliche Schulen	–	1,20	–	0,0%
Förder- und Sonderschulen	0,10	1,00	1,60	0,0%
Weiterbildungseinrichtungen	–	–	–	–
Kindergärten, nicht unterkellert, einfacher Standard	–	–	–	–
Kindergärten, nicht unterkellert, mittlerer Standard	–	11,00	–	0,2%
Kindergärten, nicht unterkellert, hoher Standard	–	–	–	–
Kindergärten, Holzbauweise, nicht unterkellert	–	–	–	–
Kindergärten, unterkellert	–	3,10	–	0,0%
5 Sportbauten				
Sport- und Mehrzweckhallen	–	–	–	–
Sporthallen (Einfeldhallen)	–	–	–	–
Sporthallen (Dreifeldhallen)	–	3,50	–	0,0%
Schwimmhallen	–	–	–	–
6 Wohngebäude				
Ein- und Zweifamilienhäuser				
Ein- und Zweifamilienhäuser, unterkellert, einfacher Standard	–	–	–	–
Ein- und Zweifamilienhäuser, unterkellert, mittlerer Standard	–	–	–	–
Ein- und Zweifamilienhäuser, unterkellert, hoher Standard	–	–	–	–
Ein- und Zweifamilienhäuser, nicht unterkellert, einfacher Standard	–	–	–	–
Ein- und Zweifamilienhäuser, nicht unterkellert, mittlerer Standard	–	0,40	–	0,0%
Ein- und Zweifamilienhäuser, nicht unterkellert, hoher Standard	–	–	–	–
Ein- und Zweifamilienhäuser, Passivhausstandard, Massivbau	–	–	–	–
Ein- und Zweifamilienhäuser, Passivhausstandard, Holzbau	–	–	–	–
Ein- und Zweifamilienhäuser, Holzbauweise, unterkellert	–	1,90	–	0,0%
Ein- und Zweifamilienhäuser, Holzbauweise, nicht unterkellert	–	–	–	–
Doppel- und Reihenendhäuser, einfacher Standard	–	–	–	–
Doppel- und Reihenendhäuser, mittlerer Standard	–	–	–	–
Doppel- und Reihenendhäuser, hoher Standard	–	0,70	–	0,0%
Reihenhäuser, einfacher Standard	–	0,10	–	0,0%
Reihenhäuser, mittlerer Standard	–	–	–	–
Reihenhäuser, hoher Standard	–	–	–	–
Mehrfamilienhäuser				
Mehrfamilienhäuser, mit bis zu 6 WE, einfacher Standard	–	–	–	–
Mehrfamilienhäuser, mit bis zu 6 WE, mittlerer Standard	–	–	–	–
Mehrfamilienhäuser, mit bis zu 6 WE, hoher Standard	–	–	–	–

396 Materialentsorgung

Gebäudeart	€/Einheit	KG an 300
Mehrfamilienhäuser (Fortsetzung)		
Mehrfamilienhäuser, mit 6 bis 19 WE, einfacher Standard	2,60	0,1%
Mehrfamilienhäuser, mit 6 bis 19 WE, mittlerer Standard	0,70	0,0%
Mehrfamilienhäuser, mit 6 bis 19 WE, hoher Standard	1,50	0,0%
Mehrfamilienhäuser, mit 20 oder mehr WE, mittlerer Standard	0,20	0,0%
Mehrfamilienhäuser, mit 20 oder mehr WE, hoher Standard	–	–
Mehrfamilienhäuser, Passivhäuser	2,20	0,0%
Wohnhäuser, mit bis zu 15% Mischnutzung, einfacher Standard	–	–
Wohnhäuser, mit bis zu 15% Mischnutzung, mittlerer Standard	–	–
Wohnhäuser, mit bis zu 15% Mischnutzung, hoher Standard	–	–
Wohnhäuser mit mehr als 15% Mischnutzung	–	–
Seniorenwohnungen		
Seniorenwohnungen, mittlerer Standard	–	–
Seniorenwohnungen, hoher Standard	–	–
Beherbergung		
Wohnheime und Internate	4,20	0,0%
7 Gewerbegebäude		
Gaststätten und Kantinen		
Gaststätten, Kantinen und Mensen	7,60	0,1%
Gebäude für Produktion		
Industrielle Produktionsgebäude, Massivbauweise	–	–
Industrielle Produktionsgebäude, überwiegend Skelettbauweise	–	–
Betriebs- und Werkstätten, eingeschossig	–	–
Betriebs- und Werkstätten, mehrgeschossig, geringer Hallenanteil	–	–
Betriebs- und Werkstätten, mehrgeschossig, hoher Hallenanteil	–	–
Gebäude für Handel und Lager		
Geschäftshäuser mit Wohnungen	–	–
Geschäftshäuser ohne Wohnungen	–	–
Verbrauchermärkte	–	–
Autohäuser	–	–
Lagergebäude, ohne Mischnutzung	–	–
Lagergebäude, mit bis zu 25% Mischnutzung	–	–
Lagergebäude, mit mehr als 25% Mischnutzung	–	–
Garagen und Bereitschaftsdienste		
Einzel-, Mehrfach- und Hochgaragen	–	–
Tiefgaragen	–	–
Feuerwehrhäuser	–	–
Öffentliche Bereitschaftsdienste	–	–
9 Kulturgebäude		
Gebäude für kulturelle Zwecke		
Bibliotheken, Museen und Ausstellungen	–	–
Theater	–	–
Gemeindezentren, einfacher Standard	–	–
Gemeindezentren, mittlerer Standard	–	–
Gemeindezentren, hoher Standard	–	–
Gebäude für religiöse Zwecke		
Sakralbauten	–	–
Friedhofsgebäude	–	–

Einheit: m² Brutto-Grundfläche

© BKI Baukosteninformationszentrum; Erläuterungen zu den Tabellen siehe Seite 50   Kosten: 1.Quartal 2018, Bundesdurchschnitt, inkl. 19% MwSt.

397 Zusätzliche Maßnahmen

Kosten:
Stand 1.Quartal 2018
Bundesdurchschnitt
inkl. 19% MwSt.

Einheit: m²
Brutto-Grundfläche

▷ von
Ø Mittel
◁ bis

Gebäudeart	▷	€/Einheit	◁	KG an 300
1 Büro- und Verwaltungsgebäude				
Büro- und Verwaltungsgebäude, einfacher Standard	3,20	**5,20**	7,10	0,2%
Büro- und Verwaltungsgebäude, mittlerer Standard	2,90	**6,90**	18,00	0,5%
Büro- und Verwaltungsgebäude, hoher Standard	15,00	**36,00**	82,00	1,6%
2 Gebäude für Forschung und Lehre				
Instituts- und Laborgebäude	4,50	**8,20**	13,00	0,6%
3 Gebäude des Gesundheitswesens				
Medizinische Einrichtungen	3,80	**9,40**	18,00	0,8%
Pflegeheime	2,20	**4,20**	8,10	0,4%
4 Schulen und Kindergärten				
Allgemeinbildende Schulen	6,90	**13,00**	22,00	0,8%
Berufliche Schulen	5,20	**7,40**	9,70	0,4%
Förder- und Sonderschulen	2,80	**7,20**	12,00	0,5%
Weiterbildungseinrichtungen	2,50	**4,80**	7,20	0,2%
Kindergärten, nicht unterkellert, einfacher Standard	–	–	–	–
Kindergärten, nicht unterkellert, mittlerer Standard	–	**5,80**	–	0,1%
Kindergärten, nicht unterkellert, hoher Standard	1,80	**2,30**	2,80	0,1%
Kindergärten, Holzbauweise, nicht unterkellert	2,30	**5,50**	7,60	0,2%
Kindergärten, unterkellert	3,80	**8,60**	12,00	0,6%
5 Sportbauten				
Sport- und Mehrzweckhallen	1,80	**3,20**	5,30	0,2%
Sporthallen (Einfeldhallen)	–	**0,20**	–	0,0%
Sporthallen (Dreifeldhallen)	7,10	**27,00**	85,00	1,8%
Schwimmhallen	–	–	–	–
6 Wohngebäude				
Ein- und Zweifamilienhäuser				
Ein- und Zweifamilienhäuser, unterkellert, einfacher Standard	–	–	–	–
Ein- und Zweifamilienhäuser, unterkellert, mittlerer Standard	1,10	**6,90**	15,00	0,2%
Ein- und Zweifamilienhäuser, unterkellert, hoher Standard	1,30	**6,00**	13,00	0,1%
Ein- und Zweifamilienhäuser, nicht unterkellert, einfacher Standard	–	–	–	–
Ein- und Zweifamilienhäuser, nicht unterkellert, mittlerer Standard	0,30	**2,20**	3,50	0,0%
Ein- und Zweifamilienhäuser, nicht unterkellert, hoher Standard	–	**5,50**	–	0,0%
Ein- und Zweifamilienhäuser, Passivhausstandard, Massivbau	2,00	**3,80**	5,90	0,1%
Ein- und Zweifamilienhäuser, Passivhausstandard, Holzbau	1,10	**1,80**	2,50	0,1%
Ein- und Zweifamilienhäuser, Holzbauweise, unterkellert	0,80	**1,10**	1,30	0,0%
Ein- und Zweifamilienhäuser, Holzbauweise, nicht unterkellert	–	**1,90**	–	0,0%
Doppel- und Reihenendhäuser, einfacher Standard	–	**2,90**	–	0,1%
Doppel- und Reihenendhäuser, mittlerer Standard	1,40	**3,20**	4,10	0,1%
Doppel- und Reihenendhäuser, hoher Standard	0,70	**2,50**	5,70	0,1%
Reihenhäuser, einfacher Standard	2,10	**2,50**	2,80	0,2%
Reihenhäuser, mittlerer Standard	4,60	**5,60**	6,60	0,4%
Reihenhäuser, hoher Standard	–	**7,30**	–	0,2%
Mehrfamilienhäuser				
Mehrfamilienhäuser, mit bis zu 6 WE, einfacher Standard	0,70	**3,70**	6,70	0,4%
Mehrfamilienhäuser, mit bis zu 6 WE, mittlerer Standard	1,50	**3,30**	6,70	0,1%
Mehrfamilienhäuser, mit bis zu 6 WE, hoher Standard	0,10	**3,40**	5,00	0,1%

© BKI Baukosteninformationszentrum; Erläuterungen zu den Tabellen siehe Seite 50

Kosten: 1.Quartal 2018, Bundesdurchschnitt, **inkl. 19% MwSt.**

Gebäudeart	▷	€/Einheit	◁	KG an 300
Mehrfamilienhäuser (Fortsetzung)				
Mehrfamilienhäuser, mit 6 bis 19 WE, einfacher Standard	0,90	**4,60**	8,30	0,2%
Mehrfamilienhäuser, mit 6 bis 19 WE, mittlerer Standard	1,40	**5,10**	7,00	0,2%
Mehrfamilienhäuser, mit 6 bis 19 WE, hoher Standard	0,90	**2,80**	4,50	0,2%
Mehrfamilienhäuser, mit 20 oder mehr WE, mittlerer Standard	3,00	**6,10**	11,00	0,8%
Mehrfamilienhäuser, mit 20 oder mehr WE, hoher Standard	2,30	**2,60**	2,80	0,2%
Mehrfamilienhäuser, Passivhäuser	1,00	**4,00**	12,00	0,4%
Wohnhäuser, mit bis zu 15% Mischnutzung, einfacher Standard	0,80	**2,30**	5,10	0,2%
Wohnhäuser, mit bis zu 15% Mischnutzung, mittlerer Standard	–	**7,80**	–	0,3%
Wohnhäuser, mit bis zu 15% Mischnutzung, hoher Standard	7,20	**7,70**	8,20	0,6%
Wohnhäuser mit mehr als 15% Mischnutzung	0,20	**3,70**	7,20	0,2%
Seniorenwohnungen				
Seniorenwohnungen, mittlerer Standard	1,70	**4,50**	9,90	0,5%
Seniorenwohnungen, hoher Standard	2,10	**4,60**	7,20	0,5%
Beherbergung				
Wohnheime und Internate	3,30	**7,10**	11,00	0,6%
7 Gewerbegebäude				
Gaststätten und Kantinen				
Gaststätten, Kantinen und Mensen	3,80	**5,20**	6,60	0,2%
Gebäude für Produktion				
Industrielle Produktionsgebäude, Massivbauweise	1,90	**2,20**	2,50	0,1%
Industrielle Produktionsgebäude, überwiegend Skelettbauweise	1,80	**4,20**	9,60	0,4%
Betriebs- und Werkstätten, eingeschossig	–	**2,60**	–	0,1%
Betriebs- und Werkstätten, mehrgeschossig, geringer Hallenanteil	4,60	**5,20**	6,40	0,3%
Betriebs- und Werkstätten, mehrgeschossig, hoher Hallenanteil	0,70	**2,80**	5,10	0,2%
Gebäude für Handel und Lager				
Geschäftshäuser mit Wohnungen	–	**0,90**	–	0,0%
Geschäftshäuser ohne Wohnungen	2,50	**4,10**	5,70	0,4%
Verbrauchermärkte	–	**0,70**	–	0,0%
Autohäuser	–	**6,00**	–	0,2%
Lagergebäude, ohne Mischnutzung	0,20	**0,50**	0,80	0,0%
Lagergebäude, mit bis zu 25% Mischnutzung	–	**0,30**	–	0,0%
Lagergebäude, mit mehr als 25% Mischnutzung	–	**1,50**	–	0,0%
Garagen und Bereitschaftsdienste				
Einzel-, Mehrfach- und Hochgaragen	–	**0,60**	–	0,0%
Tiefgaragen	–	–	–	–
Feuerwehrhäuser	6,00	**6,50**	7,00	0,4%
Öffentliche Bereitschaftsdienste	0,90	**1,90**	3,40	0,1%
9 Kulturgebäude				
Gebäude für kulturelle Zwecke				
Bibliotheken, Museen und Ausstellungen	3,10	**8,00**	14,00	0,3%
Theater	–	**4,60**	–	0,1%
Gemeindezentren, einfacher Standard	–	**2,30**	–	0,0%
Gemeindezentren, mittlerer Standard	2,20	**4,20**	8,10	0,3%
Gemeindezentren, hoher Standard	1,80	**6,20**	8,50	0,4%
Gebäude für religiöse Zwecke				
Sakralbauten	–	**21,00**	–	0,8%
Friedhofsgebäude	–	–	–	–

Einheit: m² Brutto-Grundfläche

Kosten: 1.Quartal 2018, Bundesdurchschnitt, **inkl.** 19% MwSt.

398 Provisorische Baukonstruktionen

Kosten:
Stand 1.Quartal 2018
Bundesdurchschnitt
inkl. 19% MwSt.

Einheit: m²
Brutto-Grundfläche

▷ von
Ø Mittel
◁ bis

Gebäudeart	▷	€/Einheit	◁	KG an 300
1 Büro- und Verwaltungsgebäude				
Büro- und Verwaltungsgebäude, einfacher Standard	–	–	–	–
Büro- und Verwaltungsgebäude, mittlerer Standard	0,30	**2,40**	6,50	0,0%
Büro- und Verwaltungsgebäude, hoher Standard	0,90	**2,80**	3,70	0,0%
2 Gebäude für Forschung und Lehre				
Instituts- und Laborgebäude	–	–	–	–
3 Gebäude des Gesundheitswesens				
Medizinische Einrichtungen	0,40	**1,00**	1,50	0,0%
Pflegeheime	–	**0,10**	–	0,0%
4 Schulen und Kindergärten				
Allgemeinbildende Schulen	–	**1,00**	–	0,0%
Berufliche Schulen	–	–	–	–
Förder- und Sonderschulen	0,40	**1,10**	1,70	0,0%
Weiterbildungseinrichtungen	–	**0,50**	–	0,0%
Kindergärten, nicht unterkellert, einfacher Standard	–	–	–	–
Kindergärten, nicht unterkellert, mittlerer Standard	–	–	–	–
Kindergärten, nicht unterkellert, hoher Standard	–	–	–	–
Kindergärten, Holzbauweise, nicht unterkellert	–	**0,50**	–	0,0%
Kindergärten, unterkellert	–	–	–	–
5 Sportbauten				
Sport- und Mehrzweckhallen	–	–	–	–
Sporthallen (Einfeldhallen)	–	–	–	–
Sporthallen (Dreifeldhallen)	–	–	–	–
Schwimmhallen	–	–	–	–
6 Wohngebäude				
Ein- und Zweifamilienhäuser				
Ein- und Zweifamilienhäuser, unterkellert, einfacher Standard	–	–	–	–
Ein- und Zweifamilienhäuser, unterkellert, mittlerer Standard	–	–	–	–
Ein- und Zweifamilienhäuser, unterkellert, hoher Standard	–	**0,60**	–	0,0%
Ein- und Zweifamilienhäuser, nicht unterkellert, einfacher Standard	–	–	–	–
Ein- und Zweifamilienhäuser, nicht unterkellert, mittlerer Standard	–	**1,20**	–	0,0%
Ein- und Zweifamilienhäuser, nicht unterkellert, hoher Standard	–	–	–	–
Ein- und Zweifamilienhäuser, Passivhausstandard, Massivbau	–	–	–	–
Ein- und Zweifamilienhäuser, Passivhausstandard, Holzbau	–	–	–	–
Ein- und Zweifamilienhäuser, Holzbauweise, unterkellert	–	–	–	–
Ein- und Zweifamilienhäuser, Holzbauweise, nicht unterkellert	–	–	–	–
Doppel- und Reihenendhäuser, einfacher Standard	–	–	–	–
Doppel- und Reihenendhäuser, mittlerer Standard	–	**0,10**	–	0,0%
Doppel- und Reihenendhäuser, hoher Standard	–	**0,40**	–	0,0%
Reihenhäuser, einfacher Standard	–	–	–	–
Reihenhäuser, mittlerer Standard	–	–	–	–
Reihenhäuser, hoher Standard	–	–	–	–
Mehrfamilienhäuser				
Mehrfamilienhäuser, mit bis zu 6 WE, einfacher Standard	–	–	–	–
Mehrfamilienhäuser, mit bis zu 6 WE, mittlerer Standard	–	–	–	–
Mehrfamilienhäuser, mit bis zu 6 WE, hoher Standard	–	**2,20**	–	0,0%

398 Provisorische Baukonstruktionen

Gebäudeart	▷	€/Einheit	◁	KG an 300
Mehrfamilienhäuser (Fortsetzung)				
Mehrfamilienhäuser, mit 6 bis 19 WE, einfacher Standard	–	–	–	–
Mehrfamilienhäuser, mit 6 bis 19 WE, mittlerer Standard	–	**0,10**	–	0,0%
Mehrfamilienhäuser, mit 6 bis 19 WE, hoher Standard	–	–	–	–
Mehrfamilienhäuser, mit 20 oder mehr WE, mittlerer Standard	–	**0,10**	–	0,0%
Mehrfamilienhäuser, mit 20 oder mehr WE, hoher Standard	–	–	–	–
Mehrfamilienhäuser, Passivhäuser	–	**0,50**	–	0,0%
Wohnhäuser, mit bis zu 15% Mischnutzung, einfacher Standard	–	–	–	–
Wohnhäuser, mit bis zu 15% Mischnutzung, mittlerer Standard	–	–	–	–
Wohnhäuser, mit bis zu 15% Mischnutzung, hoher Standard	–	–	–	–
Wohnhäuser mit mehr als 15% Mischnutzung	–	–	–	–
Seniorenwohnungen				
Seniorenwohnungen, mittlerer Standard	–	–	–	–
Seniorenwohnungen, hoher Standard	–	–	–	–
Beherbergung				
Wohnheime und Internate	–	**0,30**	–	0,0%
7 Gewerbegebäude				
Gaststätten und Kantinen				
Gaststätten, Kantinen und Mensen	–	–	–	–
Gebäude für Produktion				
Industrielle Produktionsgebäude, Massivbauweise	–	–	–	–
Industrielle Produktionsgebäude, überwiegend Skelettbauweise	–	–	–	–
Betriebs- und Werkstätten, eingeschossig	–	–	–	–
Betriebs- und Werkstätten, mehrgeschossig, geringer Hallenanteil	–	**0,40**	–	0,0%
Betriebs- und Werkstätten, mehrgeschossig, hoher Hallenanteil	–	–	–	–
Gebäude für Handel und Lager				
Geschäftshäuser mit Wohnungen	–	–	–	–
Geschäftshäuser ohne Wohnungen	–	–	–	–
Verbrauchermärkte	–	–	–	–
Autohäuser	–	–	–	–
Lagergebäude, ohne Mischnutzung	–	**3,30**	–	0,0%
Lagergebäude, mit bis zu 25% Mischnutzung	–	–	–	–
Lagergebäude, mit mehr als 25% Mischnutzung	–	–	–	–
Garagen und Bereitschaftsdienste				
Einzel-, Mehrfach- und Hochgaragen	–	–	–	–
Tiefgaragen	–	–	–	–
Feuerwehrhäuser	–	–	–	–
Öffentliche Bereitschaftsdienste	–	**0,10**	–	0,0%
9 Kulturgebäude				
Gebäude für kulturelle Zwecke				
Bibliotheken, Museen und Ausstellungen	0,90	**6,00**	11,00	0,1%
Theater	–	–	–	–
Gemeindezentren, einfacher Standard	–	–	–	–
Gemeindezentren, mittlerer Standard	–	–	–	–
Gemeindezentren, hoher Standard	–	**0,20**	–	0,0%
Gebäude für religiöse Zwecke				
Sakralbauten	–	–	–	–
Friedhofsgebäude	–	–	–	–

Einheit: m² Brutto-Grundfläche

© BKI Baukosteninformationszentrum; Erläuterungen zu den Tabellen siehe Seite 50   Kosten: 1.Quartal 2018, Bundesdurchschnitt, inkl. **19% MwSt.**

399 Sonstige Maßnahmen für Baukonstruktionen, sonstiges

Kosten:
Stand 1.Quartal 2018
Bundesdurchschnitt
inkl. 19% MwSt.

Einheit: m² Brutto-Grundfläche

▷ von
ø Mittel
◁ bis

Gebäudeart	▷	€/Einheit	◁	KG an 300
1 Büro- und Verwaltungsgebäude				
Büro- und Verwaltungsgebäude, einfacher Standard	–	–	–	–
Büro- und Verwaltungsgebäude, mittlerer Standard	–	2,30	–	0,0%
Büro- und Verwaltungsgebäude, hoher Standard	–	2,10	–	0,0%
2 Gebäude für Forschung und Lehre				
Instituts- und Laborgebäude	–	–	–	–
3 Gebäude des Gesundheitswesens				
Medizinische Einrichtungen	–	–	–	–
Pflegeheime	–	1,80	–	0,0%
4 Schulen und Kindergärten				
Allgemeinbildende Schulen	0,90	8,40	16,00	0,1%
Berufliche Schulen	–	–	–	–
Förder- und Sonderschulen	2,70	2,80	3,00	0,0%
Weiterbildungseinrichtungen	–	–	–	–
Kindergärten, nicht unterkellert, einfacher Standard	–	1,60	–	0,0%
Kindergärten, nicht unterkellert, mittlerer Standard	–	–	–	–
Kindergärten, nicht unterkellert, hoher Standard	–	–	–	–
Kindergärten, Holzbauweise, nicht unterkellert	–	–	–	–
Kindergärten, unterkellert	–	–	–	–
5 Sportbauten				
Sport- und Mehrzweckhallen	–	–	–	–
Sporthallen (Einfeldhallen)	–	–	–	–
Sporthallen (Dreifeldhallen)	–	–	–	–
Schwimmhallen	–	–	–	–
6 Wohngebäude				
Ein- und Zweifamilienhäuser				
Ein- und Zweifamilienhäuser, unterkellert, einfacher Standard	–	–	–	–
Ein- und Zweifamilienhäuser, unterkellert, mittlerer Standard	–	–	–	–
Ein- und Zweifamilienhäuser, unterkellert, hoher Standard	–	–	–	–
Ein- und Zweifamilienhäuser, nicht unterkellert, einfacher Standard	–	–	–	–
Ein- und Zweifamilienhäuser, nicht unterkellert, mittlerer Standard	–	9,80	–	0,1%
Ein- und Zweifamilienhäuser, nicht unterkellert, hoher Standard	–	–	–	–
Ein- und Zweifamilienhäuser, Passivhausstandard, Massivbau	–	–	–	–
Ein- und Zweifamilienhäuser, Passivhausstandard, Holzbau	–	–	–	–
Ein- und Zweifamilienhäuser, Holzbauweise, unterkellert	–	–	–	–
Ein- und Zweifamilienhäuser, Holzbauweise, nicht unterkellert	8,20	9,70	11,00	0,2%
Doppel- und Reihenendhäuser, einfacher Standard	–	15,00	–	0,5%
Doppel- und Reihenendhäuser, mittlerer Standard	–	10,00	–	0,2%
Doppel- und Reihenendhäuser, hoher Standard	–	–	–	–
Reihenhäuser, einfacher Standard	–	–	–	–
Reihenhäuser, mittlerer Standard	–	–	–	–
Reihenhäuser, hoher Standard	–	–	–	–
Mehrfamilienhäuser				
Mehrfamilienhäuser, mit bis zu 6 WE, einfacher Standard	–	1,20	–	0,0%
Mehrfamilienhäuser, mit bis zu 6 WE, mittlerer Standard	–	3,30	–	0,0%
Mehrfamilienhäuser, mit bis zu 6 WE, hoher Standard	–	–	–	–

399 Sonstige Maßnahmen für Baukonstruktionen, sonstiges

Einheit: m² Brutto-Grundfläche

Gebäudeart	▷	€/Einheit	◁	KG an 300
Mehrfamilienhäuser (Fortsetzung)				
Mehrfamilienhäuser, mit 6 bis 19 WE, einfacher Standard	–	**7,50**	–	0,3%
Mehrfamilienhäuser, mit 6 bis 19 WE, mittlerer Standard	–	–	–	–
Mehrfamilienhäuser, mit 6 bis 19 WE, hoher Standard	–	–	–	–
Mehrfamilienhäuser, mit 20 oder mehr WE, mittlerer Standard	–	**1,90**	–	0,0%
Mehrfamilienhäuser, mit 20 oder mehr WE, hoher Standard	–	–	–	–
Mehrfamilienhäuser, Passivhäuser	–	–	–	–
Wohnhäuser, mit bis zu 15% Mischnutzung, einfacher Standard	–	**3,10**	–	0,1%
Wohnhäuser, mit bis zu 15% Mischnutzung, mittlerer Standard	–	–	–	–
Wohnhäuser, mit bis zu 15% Mischnutzung, hoher Standard	–	**8,80**	–	0,4%
Wohnhäuser mit mehr als 15% Mischnutzung	–	–	–	–
Seniorenwohnungen				
Seniorenwohnungen, mittlerer Standard	0,50	**0,80**	1,00	0,0%
Seniorenwohnungen, hoher Standard	–	–	–	–
Beherbergung				
Wohnheime und Internate	–	–	–	–
7 Gewerbegebäude				
Gaststätten und Kantinen				
Gaststätten, Kantinen und Mensen	–	**28,00**	–	0,6%
Gebäude für Produktion				
Industrielle Produktionsgebäude, Massivbauweise	–	–	–	–
Industrielle Produktionsgebäude, überwiegend Skelettbauweise	–	–	–	–
Betriebs- und Werkstätten, eingeschossig	–	**7,60**	–	0,2%
Betriebs- und Werkstätten, mehrgeschossig, geringer Hallenanteil	–	–	–	–
Betriebs- und Werkstätten, mehrgeschossig, hoher Hallenanteil	5,40	**7,10**	8,80	0,2%
Gebäude für Handel und Lager				
Geschäftshäuser mit Wohnungen	–	–	–	–
Geschäftshäuser ohne Wohnungen	–	–	–	–
Verbrauchermärkte	–	–	–	–
Autohäuser	–	–	–	–
Lagergebäude, ohne Mischnutzung	0,90	**3,30**	5,70	0,1%
Lagergebäude, mit bis zu 25% Mischnutzung	–	–	–	–
Lagergebäude, mit mehr als 25% Mischnutzung	–	**1,10**	–	0,0%
Garagen und Bereitschaftsdienste				
Einzel-, Mehrfach- und Hochgaragen	–	–	–	–
Tiefgaragen	–	–	–	–
Feuerwehrhäuser	–	**4,10**	–	0,1%
Öffentliche Bereitschaftsdienste	–	**0,70**	–	0,0%
9 Kulturgebäude				
Gebäude für kulturelle Zwecke				
Bibliotheken, Museen und Ausstellungen	–	–	–	–
Theater	–	–	–	–
Gemeindezentren, einfacher Standard	–	–	–	–
Gemeindezentren, mittlerer Standard	–	–	–	–
Gemeindezentren, hoher Standard	–	–	–	–
Gebäude für religiöse Zwecke				
Sakralbauten	–	–	–	–
Friedhofsgebäude	–	–	–	–

© BKI Baukosteninformationszentrum; Erläuterungen zu den Tabellen siehe Seite 50   Kosten: 1.Quartal 2018, Bundesdurchschnitt, **inkl. 19% MwSt.**

411 Abwasseranlagen

Kosten:
Stand 1. Quartal 2018
Bundesdurchschnitt
inkl. 19% MwSt.

Einheit: m²
Brutto-Grundfläche

▷ von
Ø Mittel
◁ bis

Gebäudeart	▷	€/Einheit	◁	KG an 400
1 Büro- und Verwaltungsgebäude				
Büro- und Verwaltungsgebäude, einfacher Standard	11,00	**24,00**	47,00	11,8%
Büro- und Verwaltungsgebäude, mittlerer Standard	18,00	**26,00**	40,00	7,2%
Büro- und Verwaltungsgebäude, hoher Standard	17,00	**24,00**	33,00	3,8%
2 Gebäude für Forschung und Lehre				
Instituts- und Laborgebäude	17,00	**37,00**	58,00	3,4%
3 Gebäude des Gesundheitswesens				
Medizinische Einrichtungen	32,00	**39,00**	48,00	8,5%
Pflegeheime	41,00	**46,00**	55,00	7,5%
4 Schulen und Kindergärten				
Allgemeinbildende Schulen	6,20	**25,00**	32,00	6,9%
Berufliche Schulen	23,00	**35,00**	81,00	6,6%
Förder- und Sonderschulen	18,00	**26,00**	39,00	6,6%
Weiterbildungseinrichtungen	20,00	**38,00**	55,00	5,1%
Kindergärten, nicht unterkellert, einfacher Standard	16,00	**18,00**	21,00	7,6%
Kindergärten, nicht unterkellert, mittlerer Standard	17,00	**26,00**	33,00	9,5%
Kindergärten, nicht unterkellert, hoher Standard	12,00	**14,00**	18,00	4,4%
Kindergärten, Holzbauweise, nicht unterkellert	26,00	**39,00**	51,00	12,4%
Kindergärten, unterkellert	21,00	**30,00**	36,00	10,9%
5 Sportbauten				
Sport- und Mehrzweckhallen	38,00	**43,00**	53,00	16,3%
Sporthallen (Einfeldhallen)	18,00	**24,00**	30,00	8,2%
Sporthallen (Dreifeldhallen)	33,00	**37,00**	44,00	7,5%
Schwimmhallen	35,00	**77,00**	119,00	6,3%
6 Wohngebäude				
Ein- und Zweifamilienhäuser				
Ein- und Zweifamilienhäuser, unterkellert, einfacher Standard	8,30	**15,00**	22,00	11,0%
Ein- und Zweifamilienhäuser, unterkellert, mittlerer Standard	12,00	**22,00**	38,00	10,3%
Ein- und Zweifamilienhäuser, unterkellert, hoher Standard	21,00	**34,00**	58,00	10,5%
Ein- und Zweifamilienhäuser, nicht unterkellert, einfacher Standard	10,00	**20,00**	29,00	11,9%
Ein- und Zweifamilienhäuser, nicht unterkellert, mittlerer Standard	19,00	**29,00**	48,00	11,6%
Ein- und Zweifamilienhäuser, nicht unterkellert, hoher Standard	19,00	**33,00**	56,00	10,5%
Ein- und Zweifamilienhäuser, Passivhausstandard, Massivbau	14,00	**26,00**	41,00	8,3%
Ein- und Zweifamilienhäuser, Passivhausstandard, Holzbau	19,00	**33,00**	59,00	9,3%
Ein- und Zweifamilienhäuser, Holzbauweise, unterkellert	16,00	**28,00**	47,00	11,9%
Ein- und Zweifamilienhäuser, Holzbauweise, nicht unterkellert	12,00	**22,00**	39,00	9,5%
Doppel- und Reihenendhäuser, einfacher Standard	6,30	**17,00**	21,00	11,8%
Doppel- und Reihenendhäuser, mittlerer Standard	19,00	**31,00**	55,00	12,8%
Doppel- und Reihenendhäuser, hoher Standard	21,00	**31,00**	77,00	12,2%
Reihenhäuser, einfacher Standard	6,90	**20,00**	29,00	12,0%
Reihenhäuser, mittlerer Standard	18,00	**25,00**	36,00	12,6%
Reihenhäuser, hoher Standard	25,00	**33,00**	38,00	11,8%
Mehrfamilienhäuser				
Mehrfamilienhäuser, mit bis zu 6 WE, einfacher Standard	15,00	**19,00**	27,00	14,9%
Mehrfamilienhäuser, mit bis zu 6 WE, mittlerer Standard	16,00	**22,00**	33,00	10,5%
Mehrfamilienhäuser, mit bis zu 6 WE, hoher Standard	20,00	**27,00**	36,00	12,0%

411 Abwasseranlagen

Gebäudeart	▷	€/Einheit	◁	KG an 400
Mehrfamilienhäuser (Fortsetzung)				
Mehrfamilienhäuser, mit 6 bis 19 WE, einfacher Standard	14,00	**20,00**	26,00	12,4%
Mehrfamilienhäuser, mit 6 bis 19 WE, mittlerer Standard	18,00	**28,00**	35,00	16,3%
Mehrfamilienhäuser, mit 6 bis 19 WE, hoher Standard	18,00	**23,00**	29,00	11,6%
Mehrfamilienhäuser, mit 20 oder mehr WE, mittlerer Standard	14,00	**20,00**	27,00	8,0%
Mehrfamilienhäuser, mit 20 oder mehr WE, hoher Standard	15,00	**21,00**	24,00	8,8%
Mehrfamilienhäuser, Passivhäuser	17,00	**23,00**	39,00	10,5%
Wohnhäuser, mit bis zu 15% Mischnutzung, einfacher Standard	19,00	**25,00**	30,00	13,6%
Wohnhäuser, mit bis zu 15% Mischnutzung, mittlerer Standard	8,10	**24,00**	35,00	11,9%
Wohnhäuser, mit bis zu 15% Mischnutzung, hoher Standard	–	**19,00**	–	4,3%
Wohnhäuser mit mehr als 15% Mischnutzung	25,00	**34,00**	43,00	8,5%
Seniorenwohnungen				
Seniorenwohnungen, mittlerer Standard	28,00	**36,00**	51,00	14,3%
Seniorenwohnungen, hoher Standard	15,00	**25,00**	35,00	8,0%
Beherbergung				
Wohnheime und Internate	15,00	**29,00**	42,00	8,4%
7 Gewerbegebäude				
Gaststätten und Kantinen				
Gaststätten, Kantinen und Mensen	15,00	**35,00**	70,00	6,1%
Gebäude für Produktion				
Industrielle Produktionsgebäude, Massivbauweise	14,00	**17,00**	23,00	6,7%
Industrielle Produktionsgebäude, überwiegend Skelettbauweise	9,70	**17,00**	22,00	6,5%
Betriebs- und Werkstätten, eingeschossig	6,90	**30,00**	47,00	5,6%
Betriebs- und Werkstätten, mehrgeschossig, geringer Hallenanteil	4,30	**10,00**	19,00	7,5%
Betriebs- und Werkstätten, mehrgeschossig, hoher Hallenanteil	7,00	**19,00**	45,00	6,0%
Gebäude für Handel und Lager				
Geschäftshäuser mit Wohnungen	15,00	**17,00**	21,00	6,8%
Geschäftshäuser ohne Wohnungen	19,00	**27,00**	34,00	11,4%
Verbrauchermärkte	18,00	**22,00**	25,00	6,6%
Autohäuser	8,40	**25,00**	42,00	12,7%
Lagergebäude, ohne Mischnutzung	4,70	**9,60**	12,00	18,3%
Lagergebäude, mit bis zu 25% Mischnutzung	5,30	**10,00**	20,00	6,1%
Lagergebäude, mit mehr als 25% Mischnutzung	5,00	**13,00**	21,00	9,7%
Garagen und Bereitschaftsdienste				
Einzel-, Mehrfach- und Hochgaragen	3,20	**10,00**	18,00	42,4%
Tiefgaragen	10,00	**15,00**	26,00	31,0%
Feuerwehrhäuser	16,00	**34,00**	47,00	9,7%
Öffentliche Bereitschaftsdienste	9,50	**12,00**	17,00	4,3%
9 Kulturgebäude				
Gebäude für kulturelle Zwecke				
Bibliotheken, Museen und Ausstellungen	16,00	**23,00**	30,00	5,4%
Theater	40,00	**54,00**	69,00	15,3%
Gemeindezentren, einfacher Standard	13,00	**17,00**	20,00	10,1%
Gemeindezentren, mittlerer Standard	15,00	**33,00**	55,00	8,5%
Gemeindezentren, hoher Standard	25,00	**35,00**	52,00	7,2%
Gebäude für religiöse Zwecke				
Sakralbauten	–	**27,00**	–	8,0%
Friedhofsgebäude	23,00	**38,00**	53,00	13,4%

Einheit: m² Brutto-Grundfläche

© BKI Baukosteninformationszentrum; Erläuterungen zu den Tabellen siehe Seite 50   Kosten: 1.Quartal 2018, Bundesdurchschnitt, inkl. 19% MwSt.

412 Wasseranlagen

Kosten:
Stand 1. Quartal 2018
Bundesdurchschnitt
inkl. 19% MwSt.

Einheit: m²
Brutto-Grundfläche

▷ von
Ø Mittel
◁ bis

Gebäudeart	▷	€/Einheit	◁	KG an 400
1 Büro- und Verwaltungsgebäude				
Büro- und Verwaltungsgebäude, einfacher Standard	9,20	**16,00**	21,00	8,9%
Büro- und Verwaltungsgebäude, mittlerer Standard	20,00	**26,00**	42,00	7,0%
Büro- und Verwaltungsgebäude, hoher Standard	25,00	**34,00**	48,00	5,4%
2 Gebäude für Forschung und Lehre				
Instituts- und Laborgebäude	22,00	**44,00**	110,00	4,1%
3 Gebäude des Gesundheitswesens				
Medizinische Einrichtungen	37,00	**42,00**	50,00	8,9%
Pflegeheime	42,00	**63,00**	95,00	10,2%
4 Schulen und Kindergärten				
Allgemeinbildende Schulen	19,00	**28,00**	34,00	8,7%
Berufliche Schulen	24,00	**43,00**	107,00	7,5%
Förder- und Sonderschulen	26,00	**40,00**	68,00	9,4%
Weiterbildungseinrichtungen	20,00	**24,00**	28,00	3,5%
Kindergärten, nicht unterkellert, einfacher Standard	37,00	**40,00**	43,00	16,4%
Kindergärten, nicht unterkellert, mittlerer Standard	40,00	**57,00**	69,00	21,1%
Kindergärten, nicht unterkellert, hoher Standard	41,00	**53,00**	59,00	17,2%
Kindergärten, Holzbauweise, nicht unterkellert	35,00	**45,00**	54,00	14,8%
Kindergärten, unterkellert	32,00	**47,00**	75,00	14,5%
5 Sportbauten				
Sport- und Mehrzweckhallen	37,00	**46,00**	62,00	14,9%
Sporthallen (Einfeldhallen)	47,00	**50,00**	53,00	16,6%
Sporthallen (Dreifeldhallen)	34,00	**47,00**	56,00	9,8%
Schwimmhallen	70,00	**93,00**	116,00	9,3%
6 Wohngebäude				
Ein- und Zweifamilienhäuser				
Ein- und Zweifamilienhäuser, unterkellert, einfacher Standard	26,00	**30,00**	34,00	23,3%
Ein- und Zweifamilienhäuser, unterkellert, mittlerer Standard	33,00	**44,00**	66,00	20,3%
Ein- und Zweifamilienhäuser, unterkellert, hoher Standard	31,00	**54,00**	86,00	17,1%
Ein- und Zweifamilienhäuser, nicht unterkellert, einfacher Standard	27,00	**34,00**	41,00	22,4%
Ein- und Zweifamilienhäuser, nicht unterkellert, mittlerer Standard	43,00	**53,00**	75,00	22,0%
Ein- und Zweifamilienhäuser, nicht unterkellert, hoher Standard	33,00	**58,00**	92,00	19,4%
Ein- und Zweifamilienhäuser, Passivhausstandard, Massivbau	37,00	**53,00**	81,00	17,5%
Ein- und Zweifamilienhäuser, Passivhausstandard, Holzbau	45,00	**69,00**	101,00	20,0%
Ein- und Zweifamilienhäuser, Holzbauweise, unterkellert	32,00	**47,00**	72,00	21,1%
Ein- und Zweifamilienhäuser, Holzbauweise, nicht unterkellert	24,00	**40,00**	58,00	16,6%
Doppel- und Reihenendhäuser, einfacher Standard	24,00	**30,00**	47,00	22,8%
Doppel- und Reihenendhäuser, mittlerer Standard	22,00	**39,00**	49,00	16,5%
Doppel- und Reihenendhäuser, hoher Standard	42,00	**54,00**	84,00	20,5%
Reihenhäuser, einfacher Standard	32,00	**36,00**	44,00	24,3%
Reihenhäuser, mittlerer Standard	32,00	**43,00**	64,00	22,2%
Reihenhäuser, hoher Standard	52,00	**62,00**	68,00	22,0%
Mehrfamilienhäuser				
Mehrfamilienhäuser, mit bis zu 6 WE, einfacher Standard	25,00	**32,00**	36,00	24,8%
Mehrfamilienhäuser, mit bis zu 6 WE, mittlerer Standard	45,00	**53,00**	68,00	26,3%
Mehrfamilienhäuser, mit bis zu 6 WE, hoher Standard	47,00	**52,00**	72,00	23,1%

412 Wasseranlagen

Einheit: m² Brutto-Grundfläche

Gebäudeart	▷	€/Einheit	◁	KG an 400
Mehrfamilienhäuser (Fortsetzung)				
Mehrfamilienhäuser, mit 6 bis 19 WE, einfacher Standard	37,00	**42,00**	57,00	26,3%
Mehrfamilienhäuser, mit 6 bis 19 WE, mittlerer Standard	28,00	**34,00**	44,00	21,2%
Mehrfamilienhäuser, mit 6 bis 19 WE, hoher Standard	31,00	**40,00**	47,00	20,5%
Mehrfamilienhäuser, mit 20 oder mehr WE, mittlerer Standard	25,00	**31,00**	37,00	12,9%
Mehrfamilienhäuser, mit 20 oder mehr WE, hoher Standard	44,00	**59,00**	83,00	24,1%
Mehrfamilienhäuser, Passivhäuser	32,00	**37,00**	44,00	17,7%
Wohnhäuser, mit bis zu 15% Mischnutzung, einfacher Standard	31,00	**40,00**	48,00	21,9%
Wohnhäuser, mit bis zu 15% Mischnutzung, mittlerer Standard	15,00	**39,00**	54,00	20,0%
Wohnhäuser, mit bis zu 15% Mischnutzung, hoher Standard	–	**50,00**	–	11,4%
Wohnhäuser mit mehr als 15% Mischnutzung	36,00	**54,00**	71,00	13,2%
Seniorenwohnungen				
Seniorenwohnungen, mittlerer Standard	23,00	**34,00**	42,00	13,0%
Seniorenwohnungen, hoher Standard	43,00	**61,00**	79,00	19,9%
Beherbergung				
Wohnheime und Internate	35,00	**55,00**	95,00	15,9%
7 Gewerbegebäude				
Gaststätten und Kantinen				
Gaststätten, Kantinen und Mensen	35,00	**51,00**	67,00	6,1%
Gebäude für Produktion				
Industrielle Produktionsgebäude, Massivbauweise	22,00	**29,00**	34,00	11,8%
Industrielle Produktionsgebäude, überwiegend Skelettbauweise	8,10	**12,00**	15,00	4,3%
Betriebs- und Werkstätten, eingeschossig	31,00	**45,00**	52,00	12,2%
Betriebs- und Werkstätten, mehrgeschossig, geringer Hallenanteil	7,00	**17,00**	20,00	5,6%
Betriebs- und Werkstätten, mehrgeschossig, hoher Hallenanteil	14,00	**28,00**	51,00	10,9%
Gebäude für Handel und Lager				
Geschäftshäuser mit Wohnungen	9,60	**21,00**	28,00	8,6%
Geschäftshäuser ohne Wohnungen	36,00	**38,00**	40,00	16,6%
Verbrauchermärkte	22,00	**32,00**	43,00	9,4%
Autohäuser	8,90	**15,00**	22,00	9,4%
Lagergebäude, ohne Mischnutzung	4,70	**7,60**	17,00	2,7%
Lagergebäude, mit bis zu 25% Mischnutzung	8,30	**15,00**	28,00	8,3%
Lagergebäude, mit mehr als 25% Mischnutzung	12,00	**23,00**	34,00	19,3%
Garagen und Bereitschaftsdienste				
Einzel-, Mehrfach- und Hochgaragen	–	**2,00**	–	0,6%
Tiefgaragen	0,20	**2,40**	4,60	3,1%
Feuerwehrhäuser	23,00	**32,00**	36,00	8,9%
Öffentliche Bereitschaftsdienste	5,40	**10,00**	19,00	3,1%
9 Kulturgebäude				
Gebäude für kulturelle Zwecke				
Bibliotheken, Museen und Ausstellungen	21,00	**33,00**	49,00	7,6%
Theater	34,00	**54,00**	74,00	9,5%
Gemeindezentren, einfacher Standard	25,00	**33,00**	48,00	18,9%
Gemeindezentren, mittlerer Standard	26,00	**40,00**	64,00	11,1%
Gemeindezentren, hoher Standard	35,00	**49,00**	78,00	10,2%
Gebäude für religiöse Zwecke				
Sakralbauten	–	**32,00**	–	9,5%
Friedhofsgebäude	33,00	**36,00**	39,00	12,5%

Kosten: 1.Quartal 2018, Bundesdurchschnitt, **inkl. 19% MwSt.**

413 Gasanlagen

Kosten:
Stand 1.Quartal 2018
Bundesdurchschnitt
inkl. 19% MwSt.

Einheit: m² Brutto-Grundfläche

▷ von
Ø Mittel
◁ bis

Gebäudeart	▷	€/Einheit	◁	KG an 400
1 Büro- und Verwaltungsgebäude				
Büro- und Verwaltungsgebäude, einfacher Standard	–	–	–	–
Büro- und Verwaltungsgebäude, mittlerer Standard	–	–	–	–
Büro- und Verwaltungsgebäude, hoher Standard	0,70	**0,80**	0,90	0,0%
2 Gebäude für Forschung und Lehre				
Instituts- und Laborgebäude	–	–	–	–
3 Gebäude des Gesundheitswesens				
Medizinische Einrichtungen	–	–	–	–
Pflegeheime	–	–	–	–
4 Schulen und Kindergärten				
Allgemeinbildende Schulen	–	**4,40**	–	0,1%
Berufliche Schulen	–	**0,90**	–	0,0%
Förder- und Sonderschulen	0,30	**3,10**	6,00	0,2%
Weiterbildungseinrichtungen	–	**2,10**	–	0,1%
Kindergärten, nicht unterkellert, einfacher Standard	–	**0,40**	–	0,0%
Kindergärten, nicht unterkellert, mittlerer Standard	–	–	–	–
Kindergärten, nicht unterkellert, hoher Standard	–	–	–	–
Kindergärten, Holzbauweise, nicht unterkellert	–	–	–	–
Kindergärten, unterkellert	–	–	–	–
5 Sportbauten				
Sport- und Mehrzweckhallen	–	–	–	–
Sporthallen (Einfeldhallen)	–	–	–	–
Sporthallen (Dreifeldhallen)	–	–	–	–
Schwimmhallen	–	–	–	–
6 Wohngebäude				
Ein- und Zweifamilienhäuser				
Ein- und Zweifamilienhäuser, unterkellert, einfacher Standard	–	–	–	–
Ein- und Zweifamilienhäuser, unterkellert, mittlerer Standard	–	–	–	–
Ein- und Zweifamilienhäuser, unterkellert, hoher Standard	–	**2,20**	–	0,0%
Ein- und Zweifamilienhäuser, nicht unterkellert, einfacher Standard	–	–	–	–
Ein- und Zweifamilienhäuser, nicht unterkellert, mittlerer Standard	–	–	–	–
Ein- und Zweifamilienhäuser, nicht unterkellert, hoher Standard	–	–	–	–
Ein- und Zweifamilienhäuser, Passivhausstandard, Massivbau	–	**5,30**	–	0,1%
Ein- und Zweifamilienhäuser, Passivhausstandard, Holzbau	–	–	–	–
Ein- und Zweifamilienhäuser, Holzbauweise, unterkellert	–	**1,60**	–	0,0%
Ein- und Zweifamilienhäuser, Holzbauweise, nicht unterkellert	–	**1,40**	–	0,1%
Doppel- und Reihenendhäuser, einfacher Standard	–	–	–	–
Doppel- und Reihenendhäuser, mittlerer Standard	–	–	–	–
Doppel- und Reihenendhäuser, hoher Standard	–	**1,00**	–	0,0%
Reihenhäuser, einfacher Standard	–	–	–	–
Reihenhäuser, mittlerer Standard	–	–	–	–
Reihenhäuser, hoher Standard	–	–	–	–
Mehrfamilienhäuser				
Mehrfamilienhäuser, mit bis zu 6 WE, einfacher Standard	–	–	–	–
Mehrfamilienhäuser, mit bis zu 6 WE, mittlerer Standard	–	–	–	–
Mehrfamilienhäuser, mit bis zu 6 WE, hoher Standard	–	–	–	–

413 Gasanlagen

Gebäudeart	▷	€/Einheit	◁	KG an 400
Mehrfamilienhäuser (Fortsetzung)				
Mehrfamilienhäuser, mit 6 bis 19 WE, einfacher Standard	–	–	–	–
Mehrfamilienhäuser, mit 6 bis 19 WE, mittlerer Standard	–	–	–	–
Mehrfamilienhäuser, mit 6 bis 19 WE, hoher Standard	–	–	–	–
Mehrfamilienhäuser, mit 20 oder mehr WE, mittlerer Standard	–	–	–	–
Mehrfamilienhäuser, mit 20 oder mehr WE, hoher Standard	–	–	–	–
Mehrfamilienhäuser, Passivhäuser	–	1,50	–	0,1%
Wohnhäuser, mit bis zu 15% Mischnutzung, einfacher Standard	–	0,70	–	0,1%
Wohnhäuser, mit bis zu 15% Mischnutzung, mittlerer Standard	–	–	–	–
Wohnhäuser, mit bis zu 15% Mischnutzung, hoher Standard	–	–	–	–
Wohnhäuser mit mehr als 15% Mischnutzung	–	–	–	–
Seniorenwohnungen				
Seniorenwohnungen, mittlerer Standard	–	–	–	–
Seniorenwohnungen, hoher Standard	–	–	–	–
Beherbergung				
Wohnheime und Internate	–	–	–	–
7 Gewerbegebäude				
Gaststätten und Kantinen				
Gaststätten, Kantinen und Mensen	–	0,40	–	0,0%
Gebäude für Produktion				
Industrielle Produktionsgebäude, Massivbauweise	–	–	–	–
Industrielle Produktionsgebäude, überwiegend Skelettbauweise	–	–	–	–
Betriebs- und Werkstätten, eingeschossig	–	–	–	–
Betriebs- und Werkstätten, mehrgeschossig, geringer Hallenanteil	–	–	–	–
Betriebs- und Werkstätten, mehrgeschossig, hoher Hallenanteil	–	6,90	–	0,2%
Gebäude für Handel und Lager				
Geschäftshäuser mit Wohnungen	–	–	–	–
Geschäftshäuser ohne Wohnungen	–	–	–	–
Verbrauchermärkte	–	–	–	–
Autohäuser	–	–	–	–
Lagergebäude, ohne Mischnutzung	–	–	–	–
Lagergebäude, mit bis zu 25% Mischnutzung	–	–	–	–
Lagergebäude, mit mehr als 25% Mischnutzung	–	–	–	–
Garagen und Bereitschaftsdienste				
Einzel-, Mehrfach- und Hochgaragen	–	–	–	–
Tiefgaragen	–	–	–	–
Feuerwehrhäuser	–	–	–	–
Öffentliche Bereitschaftsdienste	–	–	–	–
9 Kulturgebäude				
Gebäude für kulturelle Zwecke				
Bibliotheken, Museen und Ausstellungen	–	–	–	–
Theater	–	7,00	–	0,2%
Gemeindezentren, einfacher Standard	–	–	–	–
Gemeindezentren, mittlerer Standard	–	–	–	–
Gemeindezentren, hoher Standard	–	2,20	–	0,1%
Gebäude für religiöse Zwecke				
Sakralbauten	–	–	–	–
Friedhofsgebäude	–	–	–	–

Einheit: m² Brutto-Grundfläche

419 Abwasser-, Wasser- und Gasanlagen, sonstiges

Kosten:
Stand 1.Quartal 2018
Bundesdurchschnitt
inkl. 19% MwSt.

Einheit: m²
Brutto-Grundfläche

▷ von
ø Mittel
◁ bis

Gebäudeart	▷	€/Einheit	◁	KG an 400
1 Büro- und Verwaltungsgebäude				
Büro- und Verwaltungsgebäude, einfacher Standard	–	–	–	–
Büro- und Verwaltungsgebäude, mittlerer Standard	2,10	**3,80**	5,90	0,7%
Büro- und Verwaltungsgebäude, hoher Standard	2,00	**3,00**	4,90	0,3%
2 Gebäude für Forschung und Lehre				
Instituts- und Laborgebäude	1,30	**1,70**	2,10	0,1%
3 Gebäude des Gesundheitswesens				
Medizinische Einrichtungen	–	**3,70**	–	0,3%
Pflegeheime	32,00	**69,00**	130,00	12,0%
4 Schulen und Kindergärten				
Allgemeinbildende Schulen	2,10	**3,90**	7,60	0,5%
Berufliche Schulen	–	**3,90**	–	0,2%
Förder- und Sonderschulen	2,20	**2,90**	3,60	0,2%
Weiterbildungseinrichtungen	1,70	**2,30**	3,00	0,3%
Kindergärten, nicht unterkellert, einfacher Standard	–	–	–	–
Kindergärten, nicht unterkellert, mittlerer Standard	7,40	**8,40**	10,00	2,1%
Kindergärten, nicht unterkellert, hoher Standard	–	**12,00**	–	1,1%
Kindergärten, Holzbauweise, nicht unterkellert	5,00	**7,50**	9,90	1,3%
Kindergärten, unterkellert	4,00	**4,80**	5,60	0,8%
5 Sportbauten				
Sport- und Mehrzweckhallen	–	–	–	–
Sporthallen (Einfeldhallen)	–	–	–	–
Sporthallen (Dreifeldhallen)	–	–	–	–
Schwimmhallen	–	–	–	–
6 Wohngebäude				
Ein- und Zweifamilienhäuser				
Ein- und Zweifamilienhäuser, unterkellert, einfacher Standard	–	**1,00**	–	0,1%
Ein- und Zweifamilienhäuser, unterkellert, mittlerer Standard	1,10	**2,10**	2,70	0,3%
Ein- und Zweifamilienhäuser, unterkellert, hoher Standard	1,10	**2,20**	3,60	0,3%
Ein- und Zweifamilienhäuser, nicht unterkellert, einfacher Standard	–	**2,40**	–	0,6%
Ein- und Zweifamilienhäuser, nicht unterkellert, mittlerer Standard	2,80	**4,40**	5,30	0,6%
Ein- und Zweifamilienhäuser, nicht unterkellert, hoher Standard	1,50	**1,70**	1,80	0,2%
Ein- und Zweifamilienhäuser, Passivhausstandard, Massivbau	4,00	**6,80**	8,30	1,0%
Ein- und Zweifamilienhäuser, Passivhausstandard, Holzbau	2,40	**3,70**	5,40	0,3%
Ein- und Zweifamilienhäuser, Holzbauweise, unterkellert	2,50	**4,00**	5,70	0,6%
Ein- und Zweifamilienhäuser, Holzbauweise, nicht unterkellert	2,30	**3,70**	4,80	0,9%
Doppel- und Reihenendhäuser, einfacher Standard	3,20	**4,60**	5,90	2,0%
Doppel- und Reihenendhäuser, mittlerer Standard	3,40	**4,90**	7,60	0,9%
Doppel- und Reihenendhäuser, hoher Standard	–	**4,60**	–	0,3%
Reihenhäuser, einfacher Standard	–	**8,00**	–	2,4%
Reihenhäuser, mittlerer Standard	–	**4,20**	–	0,5%
Reihenhäuser, hoher Standard	–	–	–	–
Mehrfamilienhäuser				
Mehrfamilienhäuser, mit bis zu 6 WE, einfacher Standard	–	–	–	–
Mehrfamilienhäuser, mit bis zu 6 WE, mittlerer Standard	–	**2,30**	–	0,2%
Mehrfamilienhäuser, mit bis zu 6 WE, hoher Standard	1,50	**2,80**	4,00	0,4%

419 Abwasser-, Wasser- und Gasanlagen, sonstiges

Gebäudeart	▷	€/Einheit	◁	KG an 400
Mehrfamilienhäuser (Fortsetzung)				
Mehrfamilienhäuser, mit 6 bis 19 WE, einfacher Standard	–	**3,00**	–	0,4%
Mehrfamilienhäuser, mit 6 bis 19 WE, mittlerer Standard	5,60	**8,20**	15,00	2,3%
Mehrfamilienhäuser, mit 6 bis 19 WE, hoher Standard	5,20	**6,40**	7,00	1,9%
Mehrfamilienhäuser, mit 20 oder mehr WE, mittlerer Standard	3,50	**14,00**	45,00	5,2%
Mehrfamilienhäuser, mit 20 oder mehr WE, hoher Standard	1,40	**2,40**	4,20	0,9%
Mehrfamilienhäuser, Passivhäuser	1,30	**4,30**	8,90	1,2%
Wohnhäuser, mit bis zu 15% Mischnutzung, einfacher Standard	–	–	–	–
Wohnhäuser, mit bis zu 15% Mischnutzung, mittlerer Standard	–	**10,00**	–	1,3%
Wohnhäuser, mit bis zu 15% Mischnutzung, hoher Standard	–	–	–	–
Wohnhäuser mit mehr als 15% Mischnutzung	–	–	–	–
Seniorenwohnungen				
Seniorenwohnungen, mittlerer Standard	6,80	**28,00**	92,00	5,7%
Seniorenwohnungen, hoher Standard	–	–	–	–
Beherbergung				
Wohnheime und Internate	6,60	**20,00**	47,00	2,8%
7 Gewerbegebäude				
Gaststätten und Kantinen				
Gaststätten, Kantinen und Mensen	–	**53,00**	–	4,6%
Gebäude für Produktion				
Industrielle Produktionsgebäude, Massivbauweise	–	–	–	–
Industrielle Produktionsgebäude, überwiegend Skelettbauweise	0,60	**1,10**	2,00	0,2%
Betriebs- und Werkstätten, eingeschossig	–	–	–	–
Betriebs- und Werkstätten, mehrgeschossig, geringer Hallenanteil	2,10	**2,20**	2,40	0,3%
Betriebs- und Werkstätten, mehrgeschossig, hoher Hallenanteil	1,10	**2,50**	5,30	0,2%
Gebäude für Handel und Lager				
Geschäftshäuser mit Wohnungen	–	–	–	–
Geschäftshäuser ohne Wohnungen	–	–	–	–
Verbrauchermärkte	–	–	–	–
Autohäuser	–	**0,90**	–	0,5%
Lagergebäude, ohne Mischnutzung	–	–	–	–
Lagergebäude, mit bis zu 25% Mischnutzung	0,50	**0,60**	0,60	0,2%
Lagergebäude, mit mehr als 25% Mischnutzung	–	–	–	–
Garagen und Bereitschaftsdienste				
Einzel-, Mehrfach- und Hochgaragen	–	–	–	–
Tiefgaragen	–	–	–	–
Feuerwehrhäuser	2,10	**4,10**	5,10	1,1%
Öffentliche Bereitschaftsdienste	–	**1,60**	–	0,0%
9 Kulturgebäude				
Gebäude für kulturelle Zwecke				
Bibliotheken, Museen und Ausstellungen	2,60	**4,20**	8,50	0,8%
Theater	–	**5,20**	–	1,0%
Gemeindezentren, einfacher Standard	–	**0,30**	–	0,0%
Gemeindezentren, mittlerer Standard	5,00	**7,50**	11,00	1,3%
Gemeindezentren, hoher Standard	–	–	–	–
Gebäude für religiöse Zwecke				
Sakralbauten	–	–	–	–
Friedhofsgebäude	–	–	–	–

Einheit: m² Brutto-Grundfläche

421 Wärmeerzeugungsanlagen

Kosten:
Stand 1.Quartal 2018
Bundesdurchschnitt
inkl. 19% MwSt.

Einheit: m² Brutto-Grundfläche

▷ von
Ø Mittel
◁ bis

Gebäudeart	▷	€/Einheit	◁	KG an 400
1 Büro- und Verwaltungsgebäude				
Büro- und Verwaltungsgebäude, einfacher Standard	11,00	**17,00**	23,00	9,8%
Büro- und Verwaltungsgebäude, mittlerer Standard	7,80	**20,00**	58,00	5,3%
Büro- und Verwaltungsgebäude, hoher Standard	18,00	**37,00**	52,00	6,2%
2 Gebäude für Forschung und Lehre				
Instituts- und Laborgebäude	9,70	**56,00**	148,00	3,2%
3 Gebäude des Gesundheitswesens				
Medizinische Einrichtungen	8,70	**14,00**	24,00	2,7%
Pflegeheime	6,20	**8,00**	9,20	1,3%
4 Schulen und Kindergärten				
Allgemeinbildende Schulen	7,80	**17,00**	40,00	4,7%
Berufliche Schulen	6,70	**21,00**	31,00	2,7%
Förder- und Sonderschulen	8,00	**28,00**	58,00	7,0%
Weiterbildungseinrichtungen	4,90	**10,00**	16,00	1,8%
Kindergärten, nicht unterkellert, einfacher Standard	10,00	**14,00**	16,00	5,6%
Kindergärten, nicht unterkellert, mittlerer Standard	37,00	**42,00**	52,00	10,1%
Kindergärten, nicht unterkellert, hoher Standard	19,00	**22,00**	29,00	7,4%
Kindergärten, Holzbauweise, nicht unterkellert	11,00	**17,00**	23,00	6,0%
Kindergärten, unterkellert	9,20	**23,00**	50,00	6,7%
5 Sportbauten				
Sport- und Mehrzweckhallen	7,20	**24,00**	34,00	6,2%
Sporthallen (Einfeldhallen)	6,50	**11,00**	15,00	3,5%
Sporthallen (Dreifeldhallen)	–	**54,00**	–	3,2%
Schwimmhallen	–	**–**	–	–
6 Wohngebäude				
Ein- und Zweifamilienhäuser				
Ein- und Zweifamilienhäuser, unterkellert, einfacher Standard	18,00	**22,00**	26,00	17,5%
Ein- und Zweifamilienhäuser, unterkellert, mittlerer Standard	21,00	**51,00**	86,00	21,4%
Ein- und Zweifamilienhäuser, unterkellert, hoher Standard	36,00	**67,00**	95,00	21,2%
Ein- und Zweifamilienhäuser, nicht unterkellert, einfacher Standard	16,00	**30,00**	44,00	18,5%
Ein- und Zweifamilienhäuser, nicht unterkellert, mittlerer Standard	26,00	**46,00**	82,00	18,5%
Ein- und Zweifamilienhäuser, nicht unterkellert, hoher Standard	34,00	**80,00**	137,00	25,0%
Ein- und Zweifamilienhäuser, Passivhausstandard, Massivbau	22,00	**61,00**	82,00	21,4%
Ein- und Zweifamilienhäuser, Passivhausstandard, Holzbau	51,00	**79,00**	112,00	15,0%
Ein- und Zweifamilienhäuser, Holzbauweise, unterkellert	27,00	**41,00**	62,00	14,5%
Ein- und Zweifamilienhäuser, Holzbauweise, nicht unterkellert	35,00	**60,00**	97,00	24,1%
Doppel- und Reihenendhäuser, einfacher Standard	21,00	**38,00**	89,00	22,8%
Doppel- und Reihenendhäuser, mittlerer Standard	16,00	**37,00**	56,00	15,2%
Doppel- und Reihenendhäuser, hoher Standard	36,00	**43,00**	66,00	12,1%
Reihenhäuser, einfacher Standard	26,00	**33,00**	45,00	21,1%
Reihenhäuser, mittlerer Standard	31,00	**33,00**	35,00	10,4%
Reihenhäuser, hoher Standard	34,00	**54,00**	66,00	18,7%
Mehrfamilienhäuser				
Mehrfamilienhäuser, mit bis zu 6 WE, einfacher Standard	5,70	**7,60**	8,80	6,3%
Mehrfamilienhäuser, mit bis zu 6 WE, mittlerer Standard	15,00	**25,00**	36,00	12,2%
Mehrfamilienhäuser, mit bis zu 6 WE, hoher Standard	18,00	**22,00**	29,00	9,8%

© BKI Baukosteninformationszentrum; Erläuterungen zu den Tabellen siehe Seite 50   Kosten: 1.Quartal 2018, Bundesdurchschnitt, inkl. **19% MwSt.**

421 Wärmeerzeugungsanlagen

Gebäudeart	▷	€/Einheit	◁	KG an 400
Mehrfamilienhäuser (Fortsetzung)				
Mehrfamilienhäuser, mit 6 bis 19 WE, einfacher Standard	3,90	**13,00**	23,00	8,9%
Mehrfamilienhäuser, mit 6 bis 19 WE, mittlerer Standard	8,10	**28,00**	48,00	11,2%
Mehrfamilienhäuser, mit 6 bis 19 WE, hoher Standard	8,60	**12,00**	22,00	6,1%
Mehrfamilienhäuser, mit 20 oder mehr WE, mittlerer Standard	5,00	**8,80**	11,00	3,0%
Mehrfamilienhäuser, mit 20 oder mehr WE, hoher Standard	4,90	**7,80**	14,00	3,0%
Mehrfamilienhäuser, Passivhäuser	12,00	**30,00**	79,00	9,7%
Wohnhäuser, mit bis zu 15% Mischnutzung, einfacher Standard	8,50	**26,00**	61,00	9,5%
Wohnhäuser, mit bis zu 15% Mischnutzung, mittlerer Standard	22,00	**28,00**	37,00	18,5%
Wohnhäuser, mit bis zu 15% Mischnutzung, hoher Standard	–	**2,90**	–	0,6%
Wohnhäuser mit mehr als 15% Mischnutzung	–	**11,00**	–	1,8%
Seniorenwohnungen				
Seniorenwohnungen, mittlerer Standard	3,60	**14,00**	24,00	5,4%
Seniorenwohnungen, hoher Standard	36,00	**40,00**	44,00	13,2%
Beherbergung				
Wohnheime und Internate	16,00	**32,00**	51,00	10,2%
7 Gewerbegebäude				
Gaststätten und Kantinen				
Gaststätten, Kantinen und Mensen	14,00	**23,00**	31,00	2,6%
Gebäude für Produktion				
Industrielle Produktionsgebäude, Massivbauweise	5,60	**22,00**	31,00	8,7%
Industrielle Produktionsgebäude, überwiegend Skelettbauweise	3,10	**11,00**	26,00	2,7%
Betriebs- und Werkstätten, eingeschossig	–	**9,20**	–	0,5%
Betriebs- und Werkstätten, mehrgeschossig, geringer Hallenanteil	11,00	**27,00**	77,00	6,9%
Betriebs- und Werkstätten, mehrgeschossig, hoher Hallenanteil	8,50	**27,00**	47,00	9,9%
Gebäude für Handel und Lager				
Geschäftshäuser mit Wohnungen	15,00	**22,00**	34,00	9,1%
Geschäftshäuser ohne Wohnungen	8,20	**12,00**	15,00	4,9%
Verbrauchermärkte	–	**20,00**	–	2,4%
Autohäuser	7,80	**11,00**	15,00	7,4%
Lagergebäude, ohne Mischnutzung	5,10	**12,00**	23,00	5,6%
Lagergebäude, mit bis zu 25% Mischnutzung	3,40	**5,80**	8,20	2,4%
Lagergebäude, mit mehr als 25% Mischnutzung	9,30	**11,00**	13,00	8,9%
Garagen und Bereitschaftsdienste				
Einzel-, Mehrfach- und Hochgaragen	–	–	–	–
Tiefgaragen	–	–	–	–
Feuerwehrhäuser	4,30	**6,80**	11,00	1,9%
Öffentliche Bereitschaftsdienste	8,50	**9,70**	12,00	3,9%
9 Kulturgebäude				
Gebäude für kulturelle Zwecke				
Bibliotheken, Museen und Ausstellungen	11,00	**21,00**	30,00	5,5%
Theater	–	**4,90**	–	0,1%
Gemeindezentren, einfacher Standard	7,70	**19,00**	27,00	10,8%
Gemeindezentren, mittlerer Standard	23,00	**32,00**	74,00	9,0%
Gemeindezentren, hoher Standard	38,00	**49,00**	70,00	10,0%
Gebäude für religiöse Zwecke				
Sakralbauten	–	**26,00**	–	7,6%
Friedhofsgebäude	–	–	–	–

Einheit: m² Brutto-Grundfläche

422 Wärmeverteilnetze

Kosten:
Stand 1. Quartal 2018
Bundesdurchschnitt
inkl. 19% MwSt.

Einheit: m²
Brutto-Grundfläche

▷ von
Ø Mittel
◁ bis

Gebäudeart	▷	€/Einheit	◁	KG an 400
1 Büro- und Verwaltungsgebäude				
Büro- und Verwaltungsgebäude, einfacher Standard	6,40	**13,00**	24,00	6,1%
Büro- und Verwaltungsgebäude, mittlerer Standard	17,00	**27,00**	52,00	6,8%
Büro- und Verwaltungsgebäude, hoher Standard	41,00	**61,00**	86,00	9,5%
2 Gebäude für Forschung und Lehre				
Instituts- und Laborgebäude	19,00	**58,00**	98,00	5,3%
3 Gebäude des Gesundheitswesens				
Medizinische Einrichtungen	12,00	**15,00**	17,00	3,3%
Pflegeheime	22,00	**23,00**	24,00	3,9%
4 Schulen und Kindergärten				
Allgemeinbildende Schulen	14,00	**23,00**	37,00	8,2%
Berufliche Schulen	4,40	**18,00**	24,00	2,2%
Förder- und Sonderschulen	14,00	**26,00**	39,00	6,2%
Weiterbildungseinrichtungen	10,00	**19,00**	28,00	3,2%
Kindergärten, nicht unterkellert, einfacher Standard	15,00	**21,00**	25,00	8,6%
Kindergärten, nicht unterkellert, mittlerer Standard	13,00	**17,00**	19,00	4,1%
Kindergärten, nicht unterkellert, hoher Standard	9,30	**18,00**	23,00	5,7%
Kindergärten, Holzbauweise, nicht unterkellert	8,50	**13,00**	18,00	4,7%
Kindergärten, unterkellert	16,00	**18,00**	22,00	6,6%
5 Sportbauten				
Sport- und Mehrzweckhallen	4,90	**20,00**	29,00	5,0%
Sporthallen (Einfeldhallen)	25,00	**37,00**	48,00	12,6%
Sporthallen (Dreifeldhallen)	–	**27,00**	–	1,6%
Schwimmhallen	–	**–**	–	–
6 Wohngebäude				
Ein- und Zweifamilienhäuser				
Ein- und Zweifamilienhäuser, unterkellert, einfacher Standard	5,90	**9,10**	12,00	6,8%
Ein- und Zweifamilienhäuser, unterkellert, mittlerer Standard	6,60	**12,00**	18,00	5,3%
Ein- und Zweifamilienhäuser, unterkellert, hoher Standard	7,70	**15,00**	24,00	4,4%
Ein- und Zweifamilienhäuser, nicht unterkellert, einfacher Standard	10,00	**13,00**	15,00	9,1%
Ein- und Zweifamilienhäuser, nicht unterkellert, mittlerer Standard	5,50	**9,50**	15,00	2,9%
Ein- und Zweifamilienhäuser, nicht unterkellert, hoher Standard	6,00	**10,00**	19,00	2,9%
Ein- und Zweifamilienhäuser, Passivhausstandard, Massivbau	5,60	**9,60**	16,00	2,2%
Ein- und Zweifamilienhäuser, Passivhausstandard, Holzbau	4,70	**7,50**	12,00	1,8%
Ein- und Zweifamilienhäuser, Holzbauweise, unterkellert	5,90	**11,00**	15,00	3,5%
Ein- und Zweifamilienhäuser, Holzbauweise, nicht unterkellert	7,80	**14,00**	25,00	6,1%
Doppel- und Reihenendhäuser, einfacher Standard	0,90	**8,60**	13,00	5,4%
Doppel- und Reihenendhäuser, mittlerer Standard	16,00	**23,00**	51,00	7,5%
Doppel- und Reihenendhäuser, hoher Standard	14,00	**15,00**	18,00	4,1%
Reihenhäuser, einfacher Standard	1,10	**9,20**	14,00	5,2%
Reihenhäuser, mittlerer Standard	2,90	**11,00**	19,00	2,9%
Reihenhäuser, hoher Standard	13,00	**22,00**	38,00	7,3%
Mehrfamilienhäuser				
Mehrfamilienhäuser, mit bis zu 6 WE, einfacher Standard	13,00	**18,00**	26,00	14,0%
Mehrfamilienhäuser, mit bis zu 6 WE, mittlerer Standard	13,00	**19,00**	23,00	7,7%
Mehrfamilienhäuser, mit bis zu 6 WE, hoher Standard	9,20	**18,00**	33,00	7,7%

© **BKI** Baukosteninformationszentrum; Erläuterungen zu den Tabellen siehe Seite 50

Kosten: 1.Quartal 2018, Bundesdurchschnitt, **inkl. 19% MwSt.**

422 Wärmeverteilnetze

Gebäudeart	▷	€/Einheit	◁	KG an 400
Mehrfamilienhäuser (Fortsetzung)				
Mehrfamilienhäuser, mit 6 bis 19 WE, einfacher Standard	13,00	**16,00**	23,00	9,9%
Mehrfamilienhäuser, mit 6 bis 19 WE, mittlerer Standard	4,00	**13,00**	18,00	5,5%
Mehrfamilienhäuser, mit 6 bis 19 WE, hoher Standard	11,00	**15,00**	17,00	7,5%
Mehrfamilienhäuser, mit 20 oder mehr WE, mittlerer Standard	11,00	**18,00**	25,00	7,1%
Mehrfamilienhäuser, mit 20 oder mehr WE, hoher Standard	7,20	**8,40**	11,00	3,5%
Mehrfamilienhäuser, Passivhäuser	6,60	**10,00**	13,00	2,8%
Wohnhäuser, mit bis zu 15% Mischnutzung, einfacher Standard	13,00	**13,00**	14,00	4,3%
Wohnhäuser, mit bis zu 15% Mischnutzung, mittlerer Standard	5,50	**11,00**	22,00	5,4%
Wohnhäuser, mit bis zu 15% Mischnutzung, hoher Standard	–	**29,00**	–	6,6%
Wohnhäuser mit mehr als 15% Mischnutzung	–	**23,00**	–	3,9%
Seniorenwohnungen				
Seniorenwohnungen, mittlerer Standard	12,00	**21,00**	30,00	8,0%
Seniorenwohnungen, hoher Standard	23,00	**34,00**	46,00	12,0%
Beherbergung				
Wohnheime und Internate	9,60	**17,00**	23,00	5,3%
7 Gewerbegebäude				
Gaststätten und Kantinen				
Gaststätten, Kantinen und Mensen	15,00	**30,00**	45,00	3,3%
Gebäude für Produktion				
Industrielle Produktionsgebäude, Massivbauweise	14,00	**17,00**	24,00	7,0%
Industrielle Produktionsgebäude, überwiegend Skelettbauweise	8,40	**17,00**	27,00	4,0%
Betriebs- und Werkstätten, eingeschossig	40,00	**42,00**	44,00	4,6%
Betriebs- und Werkstätten, mehrgeschossig, geringer Hallenanteil	5,90	**8,60**	10,00	2,7%
Betriebs- und Werkstätten, mehrgeschossig, hoher Hallenanteil	9,30	**35,00**	64,00	5,8%
Gebäude für Handel und Lager				
Geschäftshäuser mit Wohnungen	12,00	**14,00**	15,00	5,4%
Geschäftshäuser ohne Wohnungen	20,00	**28,00**	36,00	12,7%
Verbrauchermärkte	–	**72,00**	–	8,6%
Autohäuser	7,80	**18,00**	28,00	9,9%
Lagergebäude, ohne Mischnutzung	10,00	**18,00**	45,00	8,3%
Lagergebäude, mit bis zu 25% Mischnutzung	6,80	**14,00**	22,00	3,8%
Lagergebäude, mit mehr als 25% Mischnutzung	8,50	**8,80**	9,00	7,0%
Garagen und Bereitschaftsdienste				
Einzel-, Mehrfach- und Hochgaragen	–	**–**	–	–
Tiefgaragen	–	**–**	–	–
Feuerwehrhäuser	14,00	**21,00**	25,00	5,8%
Öffentliche Bereitschaftsdienste	11,00	**13,00**	17,00	4,7%
9 Kulturgebäude				
Gebäude für kulturelle Zwecke				
Bibliotheken, Museen und Ausstellungen	11,00	**13,00**	18,00	2,6%
Theater	–	**53,00**	–	1,8%
Gemeindezentren, einfacher Standard	3,00	**10,00**	14,00	6,3%
Gemeindezentren, mittlerer Standard	9,70	**17,00**	23,00	5,1%
Gemeindezentren, hoher Standard	18,00	**21,00**	22,00	4,3%
Gebäude für religiöse Zwecke				
Sakralbauten	–	**34,00**	–	10,2%
Friedhofsgebäude	–	**–**	–	–

Einheit: m² Brutto-Grundfläche

423 Raumheizflächen

Kosten:
Stand 1.Quartal 2018
Bundesdurchschnitt
inkl. 19% MwSt.

Einheit: m²
Brutto-Grundfläche

▷ von
ø Mittel
◁ bis

Gebäudeart	▷	€/Einheit	◁	KG an 400
1 Büro- und Verwaltungsgebäude				
Büro- und Verwaltungsgebäude, einfacher Standard	14,00	**21,00**	31,00	13,0%
Büro- und Verwaltungsgebäude, mittlerer Standard	24,00	**38,00**	60,00	10,2%
Büro- und Verwaltungsgebäude, hoher Standard	11,00	**39,00**	59,00	6,1%
2 Gebäude für Forschung und Lehre				
Instituts- und Laborgebäude	16,00	**21,00**	33,00	2,1%
3 Gebäude des Gesundheitswesens				
Medizinische Einrichtungen	8,10	**11,00**	15,00	2,4%
Pflegeheime	12,00	**13,00**	13,00	2,1%
4 Schulen und Kindergärten				
Allgemeinbildende Schulen	11,00	**20,00**	41,00	6,2%
Berufliche Schulen	6,40	**19,00**	27,00	2,4%
Förder- und Sonderschulen	22,00	**35,00**	50,00	8,4%
Weiterbildungseinrichtungen	13,00	**21,00**	29,00	3,5%
Kindergärten, nicht unterkellert, einfacher Standard	34,00	**46,00**	69,00	18,8%
Kindergärten, nicht unterkellert, mittlerer Standard	15,00	**18,00**	20,00	4,5%
Kindergärten, nicht unterkellert, hoher Standard	3,20	**40,00**	61,00	12,6%
Kindergärten, Holzbauweise, nicht unterkellert	14,00	**20,00**	26,00	7,0%
Kindergärten, unterkellert	14,00	**27,00**	33,00	9,3%
5 Sportbauten				
Sport- und Mehrzweckhallen	10,00	**21,00**	42,00	5,6%
Sporthallen (Einfeldhallen)	9,60	**30,00**	50,00	10,7%
Sporthallen (Dreifeldhallen)	–	**37,00**	–	2,2%
Schwimmhallen	–	**–**	–	–
6 Wohngebäude				
Ein- und Zweifamilienhäuser				
Ein- und Zweifamilienhäuser, unterkellert, einfacher Standard	11,00	**15,00**	18,00	11,3%
Ein- und Zweifamilienhäuser, unterkellert, mittlerer Standard	20,00	**27,00**	37,00	12,6%
Ein- und Zweifamilienhäuser, unterkellert, hoher Standard	21,00	**31,00**	39,00	10,4%
Ein- und Zweifamilienhäuser, nicht unterkellert, einfacher Standard	8,60	**10,00**	12,00	7,2%
Ein- und Zweifamilienhäuser, nicht unterkellert, mittlerer Standard	21,00	**35,00**	52,00	14,9%
Ein- und Zweifamilienhäuser, nicht unterkellert, hoher Standard	30,00	**40,00**	55,00	14,1%
Ein- und Zweifamilienhäuser, Passivhausstandard, Massivbau	13,00	**22,00**	26,00	7,2%
Ein- und Zweifamilienhäuser, Passivhausstandard, Holzbau	12,00	**22,00**	35,00	5,0%
Ein- und Zweifamilienhäuser, Holzbauweise, unterkellert	17,00	**27,00**	44,00	8,6%
Ein- und Zweifamilienhäuser, Holzbauweise, nicht unterkellert	14,00	**23,00**	29,00	9,8%
Doppel- und Reihenendhäuser, einfacher Standard	13,00	**17,00**	21,00	12,7%
Doppel- und Reihenendhäuser, mittlerer Standard	14,00	**23,00**	40,00	9,8%
Doppel- und Reihenendhäuser, hoher Standard	18,00	**24,00**	31,00	6,7%
Reihenhäuser, einfacher Standard	16,00	**19,00**	24,00	12,8%
Reihenhäuser, mittlerer Standard	15,00	**21,00**	27,00	7,3%
Reihenhäuser, hoher Standard	18,00	**22,00**	30,00	7,6%
Mehrfamilienhäuser				
Mehrfamilienhäuser, mit bis zu 6 WE, einfacher Standard	12,00	**14,00**	17,00	10,8%
Mehrfamilienhäuser, mit bis zu 6 WE, mittlerer Standard	25,00	**34,00**	42,00	16,7%
Mehrfamilienhäuser, mit bis zu 6 WE, hoher Standard	22,00	**26,00**	33,00	11,4%

© **BKI** Baukosteninformationszentrum; Erläuterungen zu den Tabellen siehe Seite 50   Kosten: 1.Quartal 2018, Bundesdurchschnitt, **inkl. 19% MwSt.**

423 Raumheizflächen

Gebäudeart	▷ €/Einheit ◁			KG an 400
Mehrfamilienhäuser (Fortsetzung)				
Mehrfamilienhäuser, mit 6 bis 19 WE, einfacher Standard	11,00	**14,00**	18,00	9,2%
Mehrfamilienhäuser, mit 6 bis 19 WE, mittlerer Standard	11,00	**14,00**	18,00	7,8%
Mehrfamilienhäuser, mit 6 bis 19 WE, hoher Standard	11,00	**20,00**	34,00	9,9%
Mehrfamilienhäuser, mit 20 oder mehr WE, mittlerer Standard	8,70	**12,00**	17,00	4,8%
Mehrfamilienhäuser, mit 20 oder mehr WE, hoher Standard	29,00	**44,00**	73,00	17,4%
Mehrfamilienhäuser, Passivhäuser	9,60	**17,00**	25,00	6,0%
Wohnhäuser, mit bis zu 15% Mischnutzung, einfacher Standard	14,00	**18,00**	25,00	7,5%
Wohnhäuser, mit bis zu 15% Mischnutzung, mittlerer Standard	12,00	**16,00**	26,00	9,6%
Wohnhäuser, mit bis zu 15% Mischnutzung, hoher Standard	–	**21,00**	–	4,9%
Wohnhäuser mit mehr als 15% Mischnutzung	–	**28,00**	–	4,7%
Seniorenwohnungen				
Seniorenwohnungen, mittlerer Standard	13,00	**16,00**	20,00	6,4%
Seniorenwohnungen, hoher Standard	20,00	**23,00**	27,00	8,0%
Beherbergung				
Wohnheime und Internate	18,00	**26,00**	34,00	9,2%
7 Gewerbegebäude				
Gaststätten und Kantinen				
Gaststätten, Kantinen und Mensen	23,00	**23,00**	24,00	3,2%
Gebäude für Produktion				
Industrielle Produktionsgebäude, Massivbauweise	13,00	**23,00**	40,00	9,8%
Industrielle Produktionsgebäude, überwiegend Skelettbauweise	10,00	**16,00**	27,00	4,3%
Betriebs- und Werkstätten, eingeschossig	12,00	**21,00**	29,00	2,2%
Betriebs- und Werkstätten, mehrgeschossig, geringer Hallenanteil	15,00	**25,00**	37,00	7,9%
Betriebs- und Werkstätten, mehrgeschossig, hoher Hallenanteil	14,00	**21,00**	28,00	11,7%
Gebäude für Handel und Lager				
Geschäftshäuser mit Wohnungen	3,50	**12,00**	17,00	4,9%
Geschäftshäuser ohne Wohnungen	21,00	**25,00**	29,00	10,8%
Verbrauchermärkte	–	**23,00**	–	2,7%
Autohäuser	8,50	**13,00**	18,00	8,5%
Lagergebäude, ohne Mischnutzung	8,50	**15,00**	25,00	8,1%
Lagergebäude, mit bis zu 25% Mischnutzung	17,00	**24,00**	31,00	7,3%
Lagergebäude, mit mehr als 25% Mischnutzung	4,00	**13,00**	21,00	9,4%
Garagen und Bereitschaftsdienste				
Einzel-, Mehrfach- und Hochgaragen	–	**0,10**	–	0,0%
Tiefgaragen	–	**–**	–	–
Feuerwehrhäuser	15,00	**23,00**	27,00	6,2%
Öffentliche Bereitschaftsdienste	4,60	**7,50**	13,00	2,8%
9 Kulturgebäude				
Gebäude für kulturelle Zwecke				
Bibliotheken, Museen und Ausstellungen	22,00	**30,00**	38,00	7,4%
Theater	–	**62,00**	–	2,1%
Gemeindezentren, einfacher Standard	16,00	**20,00**	30,00	12,2%
Gemeindezentren, mittlerer Standard	22,00	**36,00**	56,00	9,6%
Gemeindezentren, hoher Standard	25,00	**30,00**	37,00	6,2%
Gebäude für religiöse Zwecke				
Sakralbauten	–	**46,00**	–	13,8%
Friedhofsgebäude	–	**–**	–	–

Einheit: m² Brutto-Grundfläche

© BKI Baukosteninformationszentrum; Erläuterungen zu den Tabellen siehe Seite 50   Kosten: 1.Quartal 2018, Bundesdurchschnitt, inkl. 19% MwSt.

429 Wärmeversorgungsanlagen, sonstiges

Kosten:
Stand 1.Quartal 2018
Bundesdurchschnitt
inkl. 19% MwSt.

Einheit: m²
Brutto-Grundfläche

▷ von
Ø Mittel
◁ bis

Gebäudeart	▷	€/Einheit	◁	KG an 400
1 Büro- und Verwaltungsgebäude				
Büro- und Verwaltungsgebäude, einfacher Standard	2,60	**4,60**	6,60	0,8%
Büro- und Verwaltungsgebäude, mittlerer Standard	2,40	**8,80**	32,00	0,9%
Büro- und Verwaltungsgebäude, hoher Standard	3,20	**4,20**	5,90	0,2%
2 Gebäude für Forschung und Lehre				
Instituts- und Laborgebäude	0,90	**9,60**	27,00	0,5%
3 Gebäude des Gesundheitswesens				
Medizinische Einrichtungen	0,70	**1,20**	1,70	0,2%
Pflegeheime	–	**1,60**	–	0,0%
4 Schulen und Kindergärten				
Allgemeinbildende Schulen	–	**1,70**	–	0,0%
Berufliche Schulen	0,90	**1,20**	1,40	0,1%
Förder- und Sonderschulen	4,40	**5,50**	6,50	0,3%
Weiterbildungseinrichtungen	0,50	**0,60**	0,70	0,0%
Kindergärten, nicht unterkellert, einfacher Standard	–	**–**	–	–
Kindergärten, nicht unterkellert, mittlerer Standard	–	**2,40**	–	0,1%
Kindergärten, nicht unterkellert, hoher Standard	1,50	**6,50**	12,00	1,4%
Kindergärten, Holzbauweise, nicht unterkellert	–	**0,20**	–	0,0%
Kindergärten, unterkellert	1,10	**2,30**	3,50	0,6%
5 Sportbauten				
Sport- und Mehrzweckhallen	–	**10,00**	–	0,7%
Sporthallen (Einfeldhallen)	–	**0,90**	–	0,1%
Sporthallen (Dreifeldhallen)	–	**5,70**	–	0,3%
Schwimmhallen	–	**–**	–	–
6 Wohngebäude				
Ein- und Zweifamilienhäuser				
Ein- und Zweifamilienhäuser, unterkellert, einfacher Standard	5,80	**10,00**	13,00	6,0%
Ein- und Zweifamilienhäuser, unterkellert, mittlerer Standard	8,00	**14,00**	30,00	4,8%
Ein- und Zweifamilienhäuser, unterkellert, hoher Standard	7,30	**17,00**	39,00	5,4%
Ein- und Zweifamilienhäuser, nicht unterkellert, einfacher Standard	–	**14,00**	–	6,1%
Ein- und Zweifamilienhäuser, nicht unterkellert, mittlerer Standard	2,60	**11,00**	34,00	2,2%
Ein- und Zweifamilienhäuser, nicht unterkellert, hoher Standard	16,00	**24,00**	33,00	6,6%
Ein- und Zweifamilienhäuser, Passivhausstandard, Massivbau	–	**8,80**	–	0,2%
Ein- und Zweifamilienhäuser, Passivhausstandard, Holzbau	11,00	**17,00**	34,00	2,3%
Ein- und Zweifamilienhäuser, Holzbauweise, unterkellert	9,50	**17,00**	28,00	3,2%
Ein- und Zweifamilienhäuser, Holzbauweise, nicht unterkellert	5,80	**12,00**	19,00	2,6%
Doppel- und Reihenendhäuser, einfacher Standard	–	**2,70**	–	0,4%
Doppel- und Reihenendhäuser, mittlerer Standard	4,20	**9,70**	20,00	3,1%
Doppel- und Reihenendhäuser, hoher Standard	7,20	**16,00**	19,00	4,2%
Reihenhäuser, einfacher Standard	–	**2,70**	–	0,5%
Reihenhäuser, mittlerer Standard	3,80	**3,80**	3,80	1,2%
Reihenhäuser, hoher Standard	–	**43,00**	–	4,1%
Mehrfamilienhäuser				
Mehrfamilienhäuser, mit bis zu 6 WE, einfacher Standard	2,30	**3,60**	6,30	3,1%
Mehrfamilienhäuser, mit bis zu 6 WE, mittlerer Standard	3,70	**8,70**	15,00	4,4%
Mehrfamilienhäuser, mit bis zu 6 WE, hoher Standard	1,60	**3,10**	4,80	1,0%

429 Wärmeversorgungsanlagen, sonstiges

Gebäudeart	▷	€/Einheit	◁	KG an 400
Mehrfamilienhäuser (Fortsetzung)				
Mehrfamilienhäuser, mit 6 bis 19 WE, einfacher Standard	1,00	**7,20**	19,00	3,2%
Mehrfamilienhäuser, mit 6 bis 19 WE, mittlerer Standard	4,40	**7,10**	8,90	1,5%
Mehrfamilienhäuser, mit 6 bis 19 WE, hoher Standard	–	**3,70**	–	0,3%
Mehrfamilienhäuser, mit 20 oder mehr WE, mittlerer Standard	1,50	**1,70**	1,80	0,3%
Mehrfamilienhäuser, mit 20 oder mehr WE, hoher Standard	0,40	**0,80**	1,20	0,2%
Mehrfamilienhäuser, Passivhäuser	0,60	**1,30**	2,40	0,1%
Wohnhäuser, mit bis zu 15% Mischnutzung, einfacher Standard	0,90	**1,90**	3,00	0,6%
Wohnhäuser, mit bis zu 15% Mischnutzung, mittlerer Standard	–	**2,70**	–	0,3%
Wohnhäuser, mit bis zu 15% Mischnutzung, hoher Standard	–	**3,00**	–	0,6%
Wohnhäuser mit mehr als 15% Mischnutzung	–	–	–	–
Seniorenwohnungen				
Seniorenwohnungen, mittlerer Standard	0,20	**0,40**	0,70	0,0%
Seniorenwohnungen, hoher Standard	4,40	**5,00**	5,60	1,6%
Beherbergung				
Wohnheime und Internate	–	–	–	–
7 Gewerbegebäude				
Gaststätten und Kantinen				
Gaststätten, Kantinen und Mensen	3,00	**37,00**	106,00	9,7%
Gebäude für Produktion				
Industrielle Produktionsgebäude, Massivbauweise	–	**5,20**	–	0,5%
Industrielle Produktionsgebäude, überwiegend Skelettbauweise	0,30	**0,60**	1,20	0,1%
Betriebs- und Werkstätten, eingeschossig	0,50	**2,40**	4,40	0,2%
Betriebs- und Werkstätten, mehrgeschossig, geringer Hallenanteil	1,00	**1,60**	2,70	0,5%
Betriebs- und Werkstätten, mehrgeschossig, hoher Hallenanteil	1,10	**5,10**	9,00	0,9%
Gebäude für Handel und Lager				
Geschäftshäuser mit Wohnungen	–	**1,10**	–	0,1%
Geschäftshäuser ohne Wohnungen	3,00	**7,50**	12,00	3,5%
Verbrauchermärkte	–	**4,40**	–	0,5%
Autohäuser	1,40	**1,40**	1,50	1,1%
Lagergebäude, ohne Mischnutzung	0,70	**2,10**	3,70	0,8%
Lagergebäude, mit bis zu 25% Mischnutzung	0,80	**0,90**	1,00	0,3%
Lagergebäude, mit mehr als 25% Mischnutzung	–	**0,80**	–	0,3%
Garagen und Bereitschaftsdienste				
Einzel-, Mehrfach- und Hochgaragen	–	–	–	–
Tiefgaragen	–	–	–	–
Feuerwehrhäuser	0,60	**1,00**	1,50	0,2%
Öffentliche Bereitschaftsdienste	–	**1,00**	–	0,0%
9 Kulturgebäude				
Gebäude für kulturelle Zwecke				
Bibliotheken, Museen und Ausstellungen	4,30	**5,70**	7,10	0,8%
Theater	–	–	–	–
Gemeindezentren, einfacher Standard	1,40	**7,20**	13,00	2,1%
Gemeindezentren, mittlerer Standard	1,00	**1,90**	2,40	0,3%
Gemeindezentren, hoher Standard	3,60	**15,00**	27,00	2,1%
Gebäude für religiöse Zwecke				
Sakralbauten	–	**26,00**	–	7,6%
Friedhofsgebäude	–	–	–	–

Einheit: m² Brutto-Grundfläche

© BKI Baukosteninformationszentrum; Erläuterungen zu den Tabellen siehe Seite 50   Kosten: 1.Quartal 2018, Bundesdurchschnitt, **inkl. 19% MwSt.**

431 Lüftungsanlagen

Kosten:
Stand 1.Quartal 2018
Bundesdurchschnitt
inkl. 19% MwSt.

Einheit: m²
Brutto-Grundfläche

▷ von
Ø Mittel
◁ bis

Gebäudeart	▷	€/Einheit	◁	KG an 400
1 Büro- und Verwaltungsgebäude				
Büro- und Verwaltungsgebäude, einfacher Standard	1,40	**2,30**	4,90	0,8%
Büro- und Verwaltungsgebäude, mittlerer Standard	4,80	**26,00**	56,00	4,4%
Büro- und Verwaltungsgebäude, hoher Standard	5,20	**54,00**	112,00	5,9%
2 Gebäude für Forschung und Lehre				
Instituts- und Laborgebäude	97,00	**192,00**	248,00	20,1%
3 Gebäude des Gesundheitswesens				
Medizinische Einrichtungen	–	**7,40**	–	0,6%
Pflegeheime	22,00	**79,00**	109,00	12,7%
4 Schulen und Kindergärten				
Allgemeinbildende Schulen	13,00	**53,00**	116,00	12,5%
Berufliche Schulen	40,00	**59,00**	85,00	7,8%
Förder- und Sonderschulen	12,00	**25,00**	57,00	5,9%
Weiterbildungseinrichtungen	48,00	**61,00**	75,00	9,8%
Kindergärten, nicht unterkellert, einfacher Standard	3,30	**6,00**	8,80	1,8%
Kindergärten, nicht unterkellert, mittlerer Standard	–	**5,00**	–	0,3%
Kindergärten, nicht unterkellert, hoher Standard	3,80	**33,00**	90,00	11,5%
Kindergärten, Holzbauweise, nicht unterkellert	14,00	**64,00**	118,00	19,1%
Kindergärten, unterkellert	3,00	**33,00**	94,00	10,2%
5 Sportbauten				
Sport- und Mehrzweckhallen	9,70	**52,00**	74,00	12,5%
Sporthallen (Einfeldhallen)	10,00	**26,00**	41,00	8,0%
Sporthallen (Dreifeldhallen)	18,00	**38,00**	58,00	5,2%
Schwimmhallen	–	–	–	–
6 Wohngebäude				
Ein- und Zweifamilienhäuser				
Ein- und Zweifamilienhäuser, unterkellert, einfacher Standard	–	**0,30**	–	0,0%
Ein- und Zweifamilienhäuser, unterkellert, mittlerer Standard	2,70	**18,00**	35,00	3,2%
Ein- und Zweifamilienhäuser, unterkellert, hoher Standard	12,00	**28,00**	41,00	3,9%
Ein- und Zweifamilienhäuser, nicht unterkellert, einfacher Standard	–	**22,00**	–	5,7%
Ein- und Zweifamilienhäuser, nicht unterkellert, mittlerer Standard	25,00	**32,00**	45,00	4,6%
Ein- und Zweifamilienhäuser, nicht unterkellert, hoher Standard	–	–	–	–
Ein- und Zweifamilienhäuser, Passivhausstandard, Massivbau	43,00	**68,00**	123,00	17,6%
Ein- und Zweifamilienhäuser, Passivhausstandard, Holzbau	49,00	**74,00**	117,00	19,7%
Ein- und Zweifamilienhäuser, Holzbauweise, unterkellert	15,00	**27,00**	44,00	6,3%
Ein- und Zweifamilienhäuser, Holzbauweise, nicht unterkellert	24,00	**31,00**	38,00	9,9%
Doppel- und Reihenendhäuser, einfacher Standard	–	–	–	–
Doppel- und Reihenendhäuser, mittlerer Standard	8,60	**27,00**	35,00	10,8%
Doppel- und Reihenendhäuser, hoher Standard	8,10	**17,00**	28,00	5,8%
Reihenhäuser, einfacher Standard	0,90	**2,70**	4,40	1,2%
Reihenhäuser, mittlerer Standard	4,20	**35,00**	51,00	19,1%
Reihenhäuser, hoher Standard	30,00	**37,00**	48,00	13,7%
Mehrfamilienhäuser				
Mehrfamilienhäuser, mit bis zu 6 WE, einfacher Standard	1,20	**2,80**	4,30	1,3%
Mehrfamilienhäuser, mit bis zu 6 WE, mittlerer Standard	2,60	**13,00**	46,00	3,8%
Mehrfamilienhäuser, mit bis zu 6 WE, hoher Standard	2,00	**6,90**	21,00	2,3%

431 Lüftungsanlagen

Gebäudeart	▷	€/Einheit	◁	KG an 400
Mehrfamilienhäuser (Fortsetzung)				
Mehrfamilienhäuser, mit 6 bis 19 WE, einfacher Standard	3,50	**10,00**	24,00	4,3%
Mehrfamilienhäuser, mit 6 bis 19 WE, mittlerer Standard	1,90	**5,20**	8,30	2,2%
Mehrfamilienhäuser, mit 6 bis 19 WE, hoher Standard	5,00	**9,80**	19,00	4,8%
Mehrfamilienhäuser, mit 20 oder mehr WE, mittlerer Standard	3,30	**6,80**	16,00	2,5%
Mehrfamilienhäuser, mit 20 oder mehr WE, hoher Standard	13,00	**27,00**	56,00	12,0%
Mehrfamilienhäuser, Passivhäuser	23,00	**53,00**	69,00	18,7%
Wohnhäuser, mit bis zu 15% Mischnutzung, einfacher Standard	0,60	**2,60**	8,80	1,4%
Wohnhäuser, mit bis zu 15% Mischnutzung, mittlerer Standard	14,00	**19,00**	23,00	5,2%
Wohnhäuser, mit bis zu 15% Mischnutzung, hoher Standard	–	**17,00**	–	3,9%
Wohnhäuser mit mehr als 15% Mischnutzung	–	**3,70**	–	0,6%
Seniorenwohnungen				
Seniorenwohnungen, mittlerer Standard	7,70	**9,50**	13,00	3,7%
Seniorenwohnungen, hoher Standard	–	**2,90**	–	0,4%
Beherbergung				
Wohnheime und Internate	6,50	**32,00**	71,00	6,3%
7 Gewerbegebäude				
Gaststätten und Kantinen				
Gaststätten, Kantinen und Mensen	20,00	**106,00**	192,00	10,3%
Gebäude für Produktion				
Industrielle Produktionsgebäude, Massivbauweise	–	**9,80**	–	1,4%
Industrielle Produktionsgebäude, überwiegend Skelettbauweise	4,10	**13,00**	26,00	2,6%
Betriebs- und Werkstätten, eingeschossig	122,00	**166,00**	210,00	18,3%
Betriebs- und Werkstätten, mehrgeschossig, geringer Hallenanteil	5,30	**32,00**	111,00	7,2%
Betriebs- und Werkstätten, mehrgeschossig, hoher Hallenanteil	0,20	**36,00**	54,00	3,5%
Gebäude für Handel und Lager				
Geschäftshäuser mit Wohnungen	2,20	**7,40**	18,00	2,3%
Geschäftshäuser ohne Wohnungen	2,40	**3,00**	3,60	1,3%
Verbrauchermärkte	–	**68,00**	–	8,2%
Autohäuser	0,60	**2,10**	3,60	1,0%
Lagergebäude, ohne Mischnutzung	1,40	**32,00**	93,00	2,6%
Lagergebäude, mit bis zu 25% Mischnutzung	7,40	**16,00**	24,00	4,1%
Lagergebäude, mit mehr als 25% Mischnutzung	–	**1,70**	–	0,6%
Garagen und Bereitschaftsdienste				
Einzel-, Mehrfach- und Hochgaragen	–	**–**	–	–
Tiefgaragen	–	**–**	–	–
Feuerwehrhäuser	19,00	**37,00**	46,00	10,6%
Öffentliche Bereitschaftsdienste	–	**25,00**	–	1,4%
9 Kulturgebäude				
Gebäude für kulturelle Zwecke				
Bibliotheken, Museen und Ausstellungen	2,70	**4,00**	5,30	0,5%
Theater	–	**244,00**	–	8,6%
Gemeindezentren, einfacher Standard	1,00	**7,00**	13,00	2,0%
Gemeindezentren, mittlerer Standard	17,00	**56,00**	117,00	7,2%
Gemeindezentren, hoher Standard	16,00	**47,00**	108,00	9,7%
Gebäude für religiöse Zwecke				
Sakralbauten	–	**–**	–	–
Friedhofsgebäude	–	**4,90**	–	0,7%

Einheit: m² Brutto-Grundfläche

432 Teilklimaanlagen

Kosten:
Stand 1.Quartal 2018
Bundesdurchschnitt
inkl. 19% MwSt.

Einheit: m²
Brutto-Grundfläche

▷ von
Ø Mittel
◁ bis

Gebäudeart	▷	€/Einheit	◁	KG an 400
1 Büro- und Verwaltungsgebäude				
Büro- und Verwaltungsgebäude, einfacher Standard	–	–	–	–
Büro- und Verwaltungsgebäude, mittlerer Standard	2,10	**5,60**	9,60	0,2%
Büro- und Verwaltungsgebäude, hoher Standard	–	**79,00**	–	1,5%
2 Gebäude für Forschung und Lehre				
Instituts- und Laborgebäude	–	–	–	–
3 Gebäude des Gesundheitswesens				
Medizinische Einrichtungen	0,70	**69,00**	104,00	13,3%
Pflegeheime	–	**0,90**	–	0,0%
4 Schulen und Kindergärten				
Allgemeinbildende Schulen	–	**3,40**	–	0,0%
Berufliche Schulen	–	–	–	–
Förder- und Sonderschulen	–	**1,10**	–	0,0%
Weiterbildungseinrichtungen	–	–	–	–
Kindergärten, nicht unterkellert, einfacher Standard	–	–	–	–
Kindergärten, nicht unterkellert, mittlerer Standard	–	–	–	–
Kindergärten, nicht unterkellert, hoher Standard	–	–	–	–
Kindergärten, Holzbauweise, nicht unterkellert	–	–	–	–
Kindergärten, unterkellert	–	–	–	–
5 Sportbauten				
Sport- und Mehrzweckhallen	–	–	–	–
Sporthallen (Einfeldhallen)	–	–	–	–
Sporthallen (Dreifeldhallen)	–	–	–	–
Schwimmhallen	–	–	–	–
6 Wohngebäude				
Ein- und Zweifamilienhäuser				
Ein- und Zweifamilienhäuser, unterkellert, einfacher Standard	–	–	–	–
Ein- und Zweifamilienhäuser, unterkellert, mittlerer Standard	–	–	–	–
Ein- und Zweifamilienhäuser, unterkellert, hoher Standard	–	–	–	–
Ein- und Zweifamilienhäuser, nicht unterkellert, einfacher Standard	–	–	–	–
Ein- und Zweifamilienhäuser, nicht unterkellert, mittlerer Standard	–	–	–	–
Ein- und Zweifamilienhäuser, nicht unterkellert, hoher Standard	–	–	–	–
Ein- und Zweifamilienhäuser, Passivhausstandard, Massivbau	–	–	–	–
Ein- und Zweifamilienhäuser, Passivhausstandard, Holzbau	–	–	–	–
Ein- und Zweifamilienhäuser, Holzbauweise, unterkellert	–	–	–	–
Ein- und Zweifamilienhäuser, Holzbauweise, nicht unterkellert	–	–	–	–
Doppel- und Reihenendhäuser, einfacher Standard	–	–	–	–
Doppel- und Reihenendhäuser, mittlerer Standard	–	–	–	–
Doppel- und Reihenendhäuser, hoher Standard	–	–	–	–
Reihenhäuser, einfacher Standard	–	–	–	–
Reihenhäuser, mittlerer Standard	–	–	–	–
Reihenhäuser, hoher Standard	–	–	–	–
Mehrfamilienhäuser				
Mehrfamilienhäuser, mit bis zu 6 WE, einfacher Standard	–	–	–	–
Mehrfamilienhäuser, mit bis zu 6 WE, mittlerer Standard	–	–	–	–
Mehrfamilienhäuser, mit bis zu 6 WE, hoher Standard	–	–	–	–

432 Teilklimaanlagen

Gebäudeart	▷	€/Einheit	◁	KG an 400
Mehrfamilienhäuser (Fortsetzung)				
Mehrfamilienhäuser, mit 6 bis 19 WE, einfacher Standard	–	2,50	–	0,3%
Mehrfamilienhäuser, mit 6 bis 19 WE, mittlerer Standard	–	–	–	–
Mehrfamilienhäuser, mit 6 bis 19 WE, hoher Standard	–	–	–	–
Mehrfamilienhäuser, mit 20 oder mehr WE, mittlerer Standard	–	–	–	–
Mehrfamilienhäuser, mit 20 oder mehr WE, hoher Standard	–	–	–	–
Mehrfamilienhäuser, Passivhäuser	–	–	–	–
Wohnhäuser, mit bis zu 15% Mischnutzung, einfacher Standard	–	–	–	–
Wohnhäuser, mit bis zu 15% Mischnutzung, mittlerer Standard	–	–	–	–
Wohnhäuser, mit bis zu 15% Mischnutzung, hoher Standard	–	–	–	–
Wohnhäuser mit mehr als 15% Mischnutzung	–	–	–	–
Seniorenwohnungen				
Seniorenwohnungen, mittlerer Standard	–	–	–	–
Seniorenwohnungen, hoher Standard	–	–	–	–
Beherbergung				
Wohnheime und Internate	–	–	–	–
7 Gewerbegebäude				
Gaststätten und Kantinen				
Gaststätten, Kantinen und Mensen	–	–	–	–
Gebäude für Produktion				
Industrielle Produktionsgebäude, Massivbauweise	–	43,00	–	6,2%
Industrielle Produktionsgebäude, überwiegend Skelettbauweise	–	–	–	–
Betriebs- und Werkstätten, eingeschossig	–	–	–	–
Betriebs- und Werkstätten, mehrgeschossig, geringer Hallenanteil	–	4,50	–	0,4%
Betriebs- und Werkstätten, mehrgeschossig, hoher Hallenanteil	–	–	–	–
Gebäude für Handel und Lager				
Geschäftshäuser mit Wohnungen	–	53,00	–	5,1%
Geschäftshäuser ohne Wohnungen	–	–	–	–
Verbrauchermärkte	–	–	–	–
Autohäuser	–	–	–	–
Lagergebäude, ohne Mischnutzung	–	–	–	–
Lagergebäude, mit bis zu 25% Mischnutzung	–	–	–	–
Lagergebäude, mit mehr als 25% Mischnutzung	–	–	–	–
Garagen und Bereitschaftsdienste				
Einzel-, Mehrfach- und Hochgaragen	–	–	–	–
Tiefgaragen	–	–	–	–
Feuerwehrhäuser	–	3,20	–	0,2%
Öffentliche Bereitschaftsdienste	–	1,60	–	0,1%
9 Kulturgebäude				
Gebäude für kulturelle Zwecke				
Bibliotheken, Museen und Ausstellungen	–	–	–	–
Theater	–	–	–	–
Gemeindezentren, einfacher Standard	–	–	–	–
Gemeindezentren, mittlerer Standard	–	–	–	–
Gemeindezentren, hoher Standard	–	–	–	–
Gebäude für religiöse Zwecke				
Sakralbauten	–	–	–	–
Friedhofsgebäude	–	–	–	–

Einheit: m² Brutto-Grundfläche

Kosten: 1.Quartal 2018, Bundesdurchschnitt, **inkl. 19% MwSt.**

433 Klimaanlagen

Kosten:
Stand 1.Quartal 2018
Bundesdurchschnitt
inkl. 19% MwSt.

Einheit: m²
Brutto-Grundfläche

▷ von
Ø Mittel
◁ bis

Gebäudeart	▷	€/Einheit	◁	KG an 400
1 Büro- und Verwaltungsgebäude				
Büro- und Verwaltungsgebäude, einfacher Standard	–	**2,10**	–	0,1%
Büro- und Verwaltungsgebäude, mittlerer Standard	7,00	**18,00**	56,00	0,9%
Büro- und Verwaltungsgebäude, hoher Standard	34,00	**70,00**	109,00	6,8%
2 Gebäude für Forschung und Lehre				
Instituts- und Laborgebäude	–	**352,00**	–	5,7%
3 Gebäude des Gesundheitswesens				
Medizinische Einrichtungen	–	–	–	–
Pflegeheime	–	–	–	–
4 Schulen und Kindergärten				
Allgemeinbildende Schulen	–	–	–	–
Berufliche Schulen	–	–	–	–
Förder- und Sonderschulen	–	–	–	–
Weiterbildungseinrichtungen	–	–	–	–
Kindergärten, nicht unterkellert, einfacher Standard	–	–	–	–
Kindergärten, nicht unterkellert, mittlerer Standard	–	–	–	–
Kindergärten, nicht unterkellert, hoher Standard	–	–	–	–
Kindergärten, Holzbauweise, nicht unterkellert	–	–	–	–
Kindergärten, unterkellert	–	–	–	–
5 Sportbauten				
Sport- und Mehrzweckhallen	–	–	–	–
Sporthallen (Einfeldhallen)	–	–	–	–
Sporthallen (Dreifeldhallen)	–	–	–	–
Schwimmhallen	–	–	–	–
6 Wohngebäude				
Ein- und Zweifamilienhäuser				
Ein- und Zweifamilienhäuser, unterkellert, einfacher Standard	–	–	–	–
Ein- und Zweifamilienhäuser, unterkellert, mittlerer Standard	–	–	–	–
Ein- und Zweifamilienhäuser, unterkellert, hoher Standard	–	**65,00**	–	1,2%
Ein- und Zweifamilienhäuser, nicht unterkellert, einfacher Standard	–	–	–	–
Ein- und Zweifamilienhäuser, nicht unterkellert, mittlerer Standard	–	–	–	–
Ein- und Zweifamilienhäuser, nicht unterkellert, hoher Standard	–	–	–	–
Ein- und Zweifamilienhäuser, Passivhausstandard, Massivbau	–	–	–	–
Ein- und Zweifamilienhäuser, Passivhausstandard, Holzbau	–	–	–	–
Ein- und Zweifamilienhäuser, Holzbauweise, unterkellert	–	–	–	–
Ein- und Zweifamilienhäuser, Holzbauweise, nicht unterkellert	–	–	–	–
Doppel- und Reihenendhäuser, einfacher Standard	–	–	–	–
Doppel- und Reihenendhäuser, mittlerer Standard	–	–	–	–
Doppel- und Reihenendhäuser, hoher Standard	–	–	–	–
Reihenhäuser, einfacher Standard	–	**8,80**	–	1,4%
Reihenhäuser, mittlerer Standard	–	–	–	–
Reihenhäuser, hoher Standard	–	–	–	–
Mehrfamilienhäuser				
Mehrfamilienhäuser, mit bis zu 6 WE, einfacher Standard	–	–	–	–
Mehrfamilienhäuser, mit bis zu 6 WE, mittlerer Standard	–	–	–	–
Mehrfamilienhäuser, mit bis zu 6 WE, hoher Standard	–	–	–	–

433 Klimaanlagen

Gebäudeart	▷	€/Einheit	◁	KG an 400
Mehrfamilienhäuser (Fortsetzung)				
Mehrfamilienhäuser, mit 6 bis 19 WE, einfacher Standard	–	–	–	–
Mehrfamilienhäuser, mit 6 bis 19 WE, mittlerer Standard	–	–	–	–
Mehrfamilienhäuser, mit 6 bis 19 WE, hoher Standard	–	–	–	–
Mehrfamilienhäuser, mit 20 oder mehr WE, mittlerer Standard	–	–	–	–
Mehrfamilienhäuser, mit 20 oder mehr WE, hoher Standard	–	–	–	–
Mehrfamilienhäuser, Passivhäuser	–	–	–	–
Wohnhäuser, mit bis zu 15% Mischnutzung, einfacher Standard	–	–	–	–
Wohnhäuser, mit bis zu 15% Mischnutzung, mittlerer Standard	–	–	–	–
Wohnhäuser, mit bis zu 15% Mischnutzung, hoher Standard	–	–	–	–
Wohnhäuser mit mehr als 15% Mischnutzung	–	–	–	–
Seniorenwohnungen				
Seniorenwohnungen, mittlerer Standard	–	–	–	–
Seniorenwohnungen, hoher Standard	–	–	–	–
Beherbergung				
Wohnheime und Internate	–	**1,90**	–	0,0%
7 Gewerbegebäude				
Gaststätten und Kantinen				
Gaststätten, Kantinen und Mensen	–	–	–	–
Gebäude für Produktion				
Industrielle Produktionsgebäude, Massivbauweise	–	–	–	–
Industrielle Produktionsgebäude, überwiegend Skelettbauweise	8,20	**51,00**	134,00	4,6%
Betriebs- und Werkstätten, eingeschossig	–	–	–	–
Betriebs- und Werkstätten, mehrgeschossig, geringer Hallenanteil	1,90	**94,00**	185,00	8,6%
Betriebs- und Werkstätten, mehrgeschossig, hoher Hallenanteil	–	**2,60**	–	0,0%
Gebäude für Handel und Lager				
Geschäftshäuser mit Wohnungen	–	–	–	–
Geschäftshäuser ohne Wohnungen	–	–	–	–
Verbrauchermärkte	–	–	–	–
Autohäuser	–	–	–	–
Lagergebäude, ohne Mischnutzung	–	–	–	–
Lagergebäude, mit bis zu 25% Mischnutzung	–	–	–	–
Lagergebäude, mit mehr als 25% Mischnutzung	–	–	–	–
Garagen und Bereitschaftsdienste				
Einzel-, Mehrfach- und Hochgaragen	–	–	–	–
Tiefgaragen	–	–	–	–
Feuerwehrhäuser	–	–	–	–
Öffentliche Bereitschaftsdienste	–	–	–	–
9 Kulturgebäude				
Gebäude für kulturelle Zwecke				
Bibliotheken, Museen und Ausstellungen	–	**92,00**	–	2,6%
Theater	–	–	–	–
Gemeindezentren, einfacher Standard	–	–	–	–
Gemeindezentren, mittlerer Standard	–	–	–	–
Gemeindezentren, hoher Standard	–	–	–	–
Gebäude für religiöse Zwecke				
Sakralbauten	–	–	–	–
Friedhofsgebäude	–	–	–	–

Einheit: m² Brutto-Grundfläche

Kosten: 1.Quartal 2018, Bundesdurchschnitt, inkl. 19% MwSt.

434 Kälteanlagen

Kosten:
Stand 1.Quartal 2018
Bundesdurchschnitt
inkl. 19% MwSt.

Einheit: m² Brutto-Grundfläche

▷ von
ø Mittel
◁ bis

Gebäudeart	▷	€/Einheit	◁	KG an 400
1 Büro- und Verwaltungsgebäude				
Büro- und Verwaltungsgebäude, einfacher Standard	–	–	–	–
Büro- und Verwaltungsgebäude, mittlerer Standard	28,00	**45,00**	95,00	1,6%
Büro- und Verwaltungsgebäude, hoher Standard	11,00	**36,00**	60,00	1,1%
2 Gebäude für Forschung und Lehre				
Instituts- und Laborgebäude	119,00	**220,00**	418,00	13,0%
3 Gebäude des Gesundheitswesens				
Medizinische Einrichtungen	–	**42,00**	–	2,0%
Pflegeheime	–	**13,00**	–	0,7%
4 Schulen und Kindergärten				
Allgemeinbildende Schulen	–	–	–	–
Berufliche Schulen	–	–	–	–
Förder- und Sonderschulen	–	–	–	–
Weiterbildungseinrichtungen	–	–	–	–
Kindergärten, nicht unterkellert, einfacher Standard	–	–	–	–
Kindergärten, nicht unterkellert, mittlerer Standard	–	–	–	–
Kindergärten, nicht unterkellert, hoher Standard	–	–	–	–
Kindergärten, Holzbauweise, nicht unterkellert	–	–	–	–
Kindergärten, unterkellert	–	–	–	–
5 Sportbauten				
Sport- und Mehrzweckhallen	–	–	–	–
Sporthallen (Einfeldhallen)	–	–	–	–
Sporthallen (Dreifeldhallen)	–	–	–	–
Schwimmhallen	–	–	–	–
6 Wohngebäude				
Ein- und Zweifamilienhäuser				
Ein- und Zweifamilienhäuser, unterkellert, einfacher Standard	–	–	–	–
Ein- und Zweifamilienhäuser, unterkellert, mittlerer Standard	–	–	–	–
Ein- und Zweifamilienhäuser, unterkellert, hoher Standard	–	–	–	–
Ein- und Zweifamilienhäuser, nicht unterkellert, einfacher Standard	–	–	–	–
Ein- und Zweifamilienhäuser, nicht unterkellert, mittlerer Standard	–	–	–	–
Ein- und Zweifamilienhäuser, nicht unterkellert, hoher Standard	–	–	–	–
Ein- und Zweifamilienhäuser, Passivhausstandard, Massivbau	–	–	–	–
Ein- und Zweifamilienhäuser, Passivhausstandard, Holzbau	–	–	–	–
Ein- und Zweifamilienhäuser, Holzbauweise, unterkellert	–	–	–	–
Ein- und Zweifamilienhäuser, Holzbauweise, nicht unterkellert	–	–	–	–
Doppel- und Reihenendhäuser, einfacher Standard	–	–	–	–
Doppel- und Reihenendhäuser, mittlerer Standard	–	–	–	–
Doppel- und Reihenendhäuser, hoher Standard	–	–	–	–
Reihenhäuser, einfacher Standard	–	–	–	–
Reihenhäuser, mittlerer Standard	–	–	–	–
Reihenhäuser, hoher Standard	–	–	–	–
Mehrfamilienhäuser				
Mehrfamilienhäuser, mit bis zu 6 WE, einfacher Standard	–	–	–	–
Mehrfamilienhäuser, mit bis zu 6 WE, mittlerer Standard	–	–	–	–
Mehrfamilienhäuser, mit bis zu 6 WE, hoher Standard	–	–	–	–

434 Kälteanlagen

Gebäudeart	▷	€/Einheit	◁	KG an 400
Mehrfamilienhäuser (Fortsetzung)				
Mehrfamilienhäuser, mit 6 bis 19 WE, einfacher Standard	–	–	–	–
Mehrfamilienhäuser, mit 6 bis 19 WE, mittlerer Standard	–	–	–	–
Mehrfamilienhäuser, mit 6 bis 19 WE, hoher Standard	–	–	–	–
Mehrfamilienhäuser, mit 20 oder mehr WE, mittlerer Standard	–	–	–	–
Mehrfamilienhäuser, mit 20 oder mehr WE, hoher Standard	–	–	–	–
Mehrfamilienhäuser, Passivhäuser	–	–	–	–
Wohnhäuser, mit bis zu 15% Mischnutzung, einfacher Standard	–	–	–	–
Wohnhäuser, mit bis zu 15% Mischnutzung, mittlerer Standard	–	–	–	–
Wohnhäuser, mit bis zu 15% Mischnutzung, hoher Standard	–	–	–	–
Wohnhäuser mit mehr als 15% Mischnutzung	–	–	–	–
Seniorenwohnungen				
Seniorenwohnungen, mittlerer Standard	–	–	–	–
Seniorenwohnungen, hoher Standard	–	–	–	–
Beherbergung				
Wohnheime und Internate	–	–	–	–
7 Gewerbegebäude				
Gaststätten und Kantinen				
Gaststätten, Kantinen und Mensen	–	–	–	–
Gebäude für Produktion				
Industrielle Produktionsgebäude, Massivbauweise	–	–	–	–
Industrielle Produktionsgebäude, überwiegend Skelettbauweise	–	**179,00**	–	4,5%
Betriebs- und Werkstätten, eingeschossig	–	**47,00**	–	2,6%
Betriebs- und Werkstätten, mehrgeschossig, geringer Hallenanteil	–	–	–	–
Betriebs- und Werkstätten, mehrgeschossig, hoher Hallenanteil	–	–	–	–
Gebäude für Handel und Lager				
Geschäftshäuser mit Wohnungen	–	**21,00**	–	2,0%
Geschäftshäuser ohne Wohnungen	–	**0,30**	–	0,0%
Verbrauchermärkte	–	–	–	–
Autohäuser	–	–	–	–
Lagergebäude, ohne Mischnutzung	–	**23,00**	–	0,5%
Lagergebäude, mit bis zu 25% Mischnutzung	–	**18,00**	–	1,7%
Lagergebäude, mit mehr als 25% Mischnutzung	–	–	–	–
Garagen und Bereitschaftsdienste				
Einzel-, Mehrfach- und Hochgaragen	–	–	–	–
Tiefgaragen	–	–	–	–
Feuerwehrhäuser	–	–	–	–
Öffentliche Bereitschaftsdienste	–	**26,00**	–	3,8%
9 Kulturgebäude				
Gebäude für kulturelle Zwecke				
Bibliotheken, Museen und Ausstellungen	–	**29,00**	–	0,8%
Theater	–	–	–	–
Gemeindezentren, einfacher Standard	–	–	–	–
Gemeindezentren, mittlerer Standard	–	–	–	–
Gemeindezentren, hoher Standard	–	–	–	–
Gebäude für religiöse Zwecke				
Sakralbauten	–	–	–	–
Friedhofsgebäude	–	**171,00**	–	27,4%

Einheit: m² Brutto-Grundfläche

© BKI Baukosteninformationszentrum; Erläuterungen zu den Tabellen siehe Seite 50 — Kosten: 1.Quartal 2018, Bundesdurchschnitt, **inkl. 19% MwSt.**

439 Lufttechnische Anlagen, sonstiges

Kosten:
Stand 1.Quartal 2018
Bundesdurchschnitt
inkl. 19% MwSt.

Einheit: m²
Brutto-Grundfläche

▷ von
ø Mittel
◁ bis

Gebäudeart	▷	€/Einheit	◁	KG an 400
1 Büro- und Verwaltungsgebäude				
Büro- und Verwaltungsgebäude, einfacher Standard	–	–	–	–
Büro- und Verwaltungsgebäude, mittlerer Standard	–	**1,30**	–	0,0%
Büro- und Verwaltungsgebäude, hoher Standard	–	–	–	–
2 Gebäude für Forschung und Lehre				
Instituts- und Laborgebäude	–	–	–	–
3 Gebäude des Gesundheitswesens				
Medizinische Einrichtungen	–	**6,50**	–	0,3%
Pflegeheime	–	–	–	–
4 Schulen und Kindergärten				
Allgemeinbildende Schulen	–	–	–	–
Berufliche Schulen	–	**0,30**	–	0,0%
Förder- und Sonderschulen	–	–	–	–
Weiterbildungseinrichtungen	–	–	–	–
Kindergärten, nicht unterkellert, einfacher Standard	–	–	–	–
Kindergärten, nicht unterkellert, mittlerer Standard	–	–	–	–
Kindergärten, nicht unterkellert, hoher Standard	–	–	–	–
Kindergärten, Holzbauweise, nicht unterkellert	–	–	–	–
Kindergärten, unterkellert	–	–	–	–
5 Sportbauten				
Sport- und Mehrzweckhallen	–	–	–	–
Sporthallen (Einfeldhallen)	–	–	–	–
Sporthallen (Dreifeldhallen)	–	–	–	–
Schwimmhallen	–	–	–	–
6 Wohngebäude				
Ein- und Zweifamilienhäuser				
Ein- und Zweifamilienhäuser, unterkellert, einfacher Standard	–	–	–	–
Ein- und Zweifamilienhäuser, unterkellert, mittlerer Standard	–	–	–	–
Ein- und Zweifamilienhäuser, unterkellert, hoher Standard	–	–	–	–
Ein- und Zweifamilienhäuser, nicht unterkellert, einfacher Standard	–	–	–	–
Ein- und Zweifamilienhäuser, nicht unterkellert, mittlerer Standard	–	–	–	–
Ein- und Zweifamilienhäuser, nicht unterkellert, hoher Standard	–	–	–	–
Ein- und Zweifamilienhäuser, Passivhausstandard, Massivbau	–	–	–	–
Ein- und Zweifamilienhäuser, Passivhausstandard, Holzbau	–	–	–	–
Ein- und Zweifamilienhäuser, Holzbauweise, unterkellert	–	–	–	–
Ein- und Zweifamilienhäuser, Holzbauweise, nicht unterkellert	–	–	–	–
Doppel- und Reihenendhäuser, einfacher Standard	–	–	–	–
Doppel- und Reihenendhäuser, mittlerer Standard	–	–	–	–
Doppel- und Reihenendhäuser, hoher Standard	–	–	–	–
Reihenhäuser, einfacher Standard	–	–	–	–
Reihenhäuser, mittlerer Standard	–	–	–	–
Reihenhäuser, hoher Standard	–	–	–	–
Mehrfamilienhäuser				
Mehrfamilienhäuser, mit bis zu 6 WE, einfacher Standard	–	–	–	–
Mehrfamilienhäuser, mit bis zu 6 WE, mittlerer Standard	–	–	–	–
Mehrfamilienhäuser, mit bis zu 6 WE, hoher Standard	–	–	–	–

439 Lufttechnische Anlagen, sonstiges

Gebäudeart	▷	€/Einheit	◁	KG an 400
Mehrfamilienhäuser (Fortsetzung)				
Mehrfamilienhäuser, mit 6 bis 19 WE, einfacher Standard	–	–	–	–
Mehrfamilienhäuser, mit 6 bis 19 WE, mittlerer Standard	–	–	–	–
Mehrfamilienhäuser, mit 6 bis 19 WE, hoher Standard	–	–	–	–
Mehrfamilienhäuser, mit 20 oder mehr WE, mittlerer Standard	–	–	–	–
Mehrfamilienhäuser, mit 20 oder mehr WE, hoher Standard	–	–	–	–
Mehrfamilienhäuser, Passivhäuser	–	–	–	–
Wohnhäuser, mit bis zu 15% Mischnutzung, einfacher Standard	–	–	–	–
Wohnhäuser, mit bis zu 15% Mischnutzung, mittlerer Standard	–	–	–	–
Wohnhäuser, mit bis zu 15% Mischnutzung, hoher Standard	–	–	–	–
Wohnhäuser mit mehr als 15% Mischnutzung	–	–	–	–
Seniorenwohnungen				
Seniorenwohnungen, mittlerer Standard	–	–	–	–
Seniorenwohnungen, hoher Standard	–	–	–	–
Beherbergung				
Wohnheime und Internate	–	–	–	–
7 Gewerbegebäude				
Gaststätten und Kantinen				
Gaststätten, Kantinen und Mensen	–	35,00	–	3,0%
Gebäude für Produktion				
Industrielle Produktionsgebäude, Massivbauweise	–	–	–	–
Industrielle Produktionsgebäude, überwiegend Skelettbauweise	–	10,00	–	0,2%
Betriebs- und Werkstätten, eingeschossig	–	–	–	–
Betriebs- und Werkstätten, mehrgeschossig, geringer Hallenanteil	–	–	–	–
Betriebs- und Werkstätten, mehrgeschossig, hoher Hallenanteil	–	–	–	–
Gebäude für Handel und Lager				
Geschäftshäuser mit Wohnungen	–	–	–	–
Geschäftshäuser ohne Wohnungen	–	–	–	–
Verbrauchermärkte	–	–	–	–
Autohäuser	–	–	–	–
Lagergebäude, ohne Mischnutzung	–	–	–	–
Lagergebäude, mit bis zu 25% Mischnutzung	–	–	–	–
Lagergebäude, mit mehr als 25% Mischnutzung	–	–	–	–
Garagen und Bereitschaftsdienste				
Einzel-, Mehrfach- und Hochgaragen	–	–	–	–
Tiefgaragen	–	–	–	–
Feuerwehrhäuser	–	–	–	–
Öffentliche Bereitschaftsdienste	–	–	–	–
9 Kulturgebäude				
Gebäude für kulturelle Zwecke				
Bibliotheken, Museen und Ausstellungen	–	–	–	–
Theater	–	–	–	–
Gemeindezentren, einfacher Standard	–	–	–	–
Gemeindezentren, mittlerer Standard	–	0,60	–	0,0%
Gemeindezentren, hoher Standard	–	–	–	–
Gebäude für religiöse Zwecke				
Sakralbauten	–	–	–	–
Friedhofsgebäude	–	–	–	–

Einheit: m² Brutto-Grundfläche

© BKI Baukosteninformationszentrum; Erläuterungen zu den Tabellen siehe Seite 50   Kosten: 1.Quartal 2018, Bundesdurchschnitt, **inkl. 19% MwSt.**

441 Hoch- und Mittelspannungsanlagen

Kosten:
Stand 1.Quartal 2018
Bundesdurchschnitt
inkl. 19% MwSt.

Einheit: m²
Brutto-Grundfläche

▷ von
Ø Mittel
◁ bis

Gebäudeart	▷	€/Einheit	◁	KG an 400
1 Büro- und Verwaltungsgebäude				
Büro- und Verwaltungsgebäude, einfacher Standard	–	–	–	–
Büro- und Verwaltungsgebäude, mittlerer Standard	–	–	–	–
Büro- und Verwaltungsgebäude, hoher Standard	–	6,70	–	0,1%
2 Gebäude für Forschung und Lehre				
Instituts- und Laborgebäude	–	57,00	–	0,9%
3 Gebäude des Gesundheitswesens				
Medizinische Einrichtungen	–	–	–	–
Pflegeheime	–	–	–	–
4 Schulen und Kindergärten				
Allgemeinbildende Schulen	–	–	–	–
Berufliche Schulen	–	–	–	–
Förder- und Sonderschulen	–	–	–	–
Weiterbildungseinrichtungen	–	5,90	–	0,5%
Kindergärten, nicht unterkellert, einfacher Standard	–	–	–	–
Kindergärten, nicht unterkellert, mittlerer Standard	–	–	–	–
Kindergärten, nicht unterkellert, hoher Standard	–	–	–	–
Kindergärten, Holzbauweise, nicht unterkellert	–	–	–	–
Kindergärten, unterkellert	–	–	–	–
5 Sportbauten				
Sport- und Mehrzweckhallen	–	–	–	–
Sporthallen (Einfeldhallen)	–	–	–	–
Sporthallen (Dreifeldhallen)	–	8,40	–	0,5%
Schwimmhallen	–	–	–	–
6 Wohngebäude				
Ein- und Zweifamilienhäuser				
Ein- und Zweifamilienhäuser, unterkellert, einfacher Standard	–	–	–	–
Ein- und Zweifamilienhäuser, unterkellert, mittlerer Standard	–	–	–	–
Ein- und Zweifamilienhäuser, unterkellert, hoher Standard	–	–	–	–
Ein- und Zweifamilienhäuser, nicht unterkellert, einfacher Standard	–	–	–	–
Ein- und Zweifamilienhäuser, nicht unterkellert, mittlerer Standard	–	–	–	–
Ein- und Zweifamilienhäuser, nicht unterkellert, hoher Standard	–	–	–	–
Ein- und Zweifamilienhäuser, Passivhausstandard, Massivbau	–	–	–	–
Ein- und Zweifamilienhäuser, Passivhausstandard, Holzbau	–	–	–	–
Ein- und Zweifamilienhäuser, Holzbauweise, unterkellert	–	–	–	–
Ein- und Zweifamilienhäuser, Holzbauweise, nicht unterkellert	–	–	–	–
Doppel- und Reihenendhäuser, einfacher Standard	–	–	–	–
Doppel- und Reihenendhäuser, mittlerer Standard	–	–	–	–
Doppel- und Reihenendhäuser, hoher Standard	–	–	–	–
Reihenhäuser, einfacher Standard	–	–	–	–
Reihenhäuser, mittlerer Standard	–	–	–	–
Reihenhäuser, hoher Standard	–	–	–	–
Mehrfamilienhäuser				
Mehrfamilienhäuser, mit bis zu 6 WE, einfacher Standard	–	–	–	–
Mehrfamilienhäuser, mit bis zu 6 WE, mittlerer Standard	–	–	–	–
Mehrfamilienhäuser, mit bis zu 6 WE, hoher Standard	–	–	–	–

441 Hoch- und Mittelspannungsanlagen

Gebäudeart	▷	€/Einheit	◁	KG an 400
Mehrfamilienhäuser (Fortsetzung)				
Mehrfamilienhäuser, mit 6 bis 19 WE, einfacher Standard	–	–	–	–
Mehrfamilienhäuser, mit 6 bis 19 WE, mittlerer Standard	–	–	–	–
Mehrfamilienhäuser, mit 6 bis 19 WE, hoher Standard	–	–	–	–
Mehrfamilienhäuser, mit 20 oder mehr WE, mittlerer Standard	–	–	–	–
Mehrfamilienhäuser, mit 20 oder mehr WE, hoher Standard	–	–	–	–
Mehrfamilienhäuser, Passivhäuser	–	–	–	–
Wohnhäuser, mit bis zu 15% Mischnutzung, einfacher Standard	–	–	–	–
Wohnhäuser, mit bis zu 15% Mischnutzung, mittlerer Standard	–	–	–	–
Wohnhäuser, mit bis zu 15% Mischnutzung, hoher Standard	–	–	–	–
Wohnhäuser mit mehr als 15% Mischnutzung	–	–	–	–
Seniorenwohnungen				
Seniorenwohnungen, mittlerer Standard	–	–	–	–
Seniorenwohnungen, hoher Standard	–	–	–	–
Beherbergung				
Wohnheime und Internate	–	–	–	–
7 Gewerbegebäude				
Gaststätten und Kantinen				
Gaststätten, Kantinen und Mensen	–	–	–	–
Gebäude für Produktion				
Industrielle Produktionsgebäude, Massivbauweise	–	–	–	–
Industrielle Produktionsgebäude, überwiegend Skelettbauweise	–	22,00	–	1,5%
Betriebs- und Werkstätten, eingeschossig	20,00	40,00	59,00	4,3%
Betriebs- und Werkstätten, mehrgeschossig, geringer Hallenanteil	–	–	–	–
Betriebs- und Werkstätten, mehrgeschossig, hoher Hallenanteil	–	–	–	–
Gebäude für Handel und Lager				
Geschäftshäuser mit Wohnungen	–	–	–	–
Geschäftshäuser ohne Wohnungen	–	–	–	–
Verbrauchermärkte	–	–	–	–
Autohäuser	–	–	–	–
Lagergebäude, ohne Mischnutzung	–	–	–	–
Lagergebäude, mit bis zu 25% Mischnutzung	–	–	–	–
Lagergebäude, mit mehr als 25% Mischnutzung	–	–	–	–
Garagen und Bereitschaftsdienste				
Einzel-, Mehrfach- und Hochgaragen	–	–	–	–
Tiefgaragen	–	–	–	–
Feuerwehrhäuser	–	–	–	–
Öffentliche Bereitschaftsdienste	–	–	–	–
9 Kulturgebäude				
Gebäude für kulturelle Zwecke				
Bibliotheken, Museen und Ausstellungen	–	29,00	–	0,8%
Theater	–	–	–	–
Gemeindezentren, einfacher Standard	–	–	–	–
Gemeindezentren, mittlerer Standard	–	–	–	–
Gemeindezentren, hoher Standard	–	–	–	–
Gebäude für religiöse Zwecke				
Sakralbauten	–	–	–	–
Friedhofsgebäude	–	–	–	–

Einheit: m² Brutto-Grundfläche

Kosten: 1.Quartal 2018, Bundesdurchschnitt, inkl. 19% MwSt.

442 Eigenstromversorgungsanlagen

Kosten:
Stand 1.Quartal 2018
Bundesdurchschnitt
inkl. 19% MwSt.

Einheit: m² Brutto-Grundfläche

▷ von
ø Mittel
◁ bis

Gebäudeart	▷	€/Einheit	◁	KG an 400
1 Büro- und Verwaltungsgebäude				
Büro- und Verwaltungsgebäude, einfacher Standard	–	–	–	–
Büro- und Verwaltungsgebäude, mittlerer Standard	7,30	**31,00**	78,00	3,4%
Büro- und Verwaltungsgebäude, hoher Standard	14,00	**29,00**	81,00	2,6%
2 Gebäude für Forschung und Lehre				
Instituts- und Laborgebäude	–	**5,20**	–	0,1%
3 Gebäude des Gesundheitswesens				
Medizinische Einrichtungen	12,00	**20,00**	28,00	2,9%
Pflegeheime	3,20	**5,40**	9,80	0,9%
4 Schulen und Kindergärten				
Allgemeinbildende Schulen	4,30	**10,00**	34,00	1,7%
Berufliche Schulen	–	**5,80**	–	0,2%
Förder- und Sonderschulen	5,00	**14,00**	39,00	2,5%
Weiterbildungseinrichtungen	–	**6,20**	–	0,3%
Kindergärten, nicht unterkellert, einfacher Standard	–	–	–	–
Kindergärten, nicht unterkellert, mittlerer Standard	–	**4,00**	–	0,2%
Kindergärten, nicht unterkellert, hoher Standard	–	–	–	–
Kindergärten, Holzbauweise, nicht unterkellert	–	**84,00**	–	4,7%
Kindergärten, unterkellert	–	–	–	–
5 Sportbauten				
Sport- und Mehrzweckhallen	9,50	**16,00**	22,00	2,2%
Sporthallen (Einfeldhallen)	–	**11,00**	–	2,0%
Sporthallen (Dreifeldhallen)	–	**17,00**	–	1,0%
Schwimmhallen	–	–	–	–
6 Wohngebäude				
Ein- und Zweifamilienhäuser				
Ein- und Zweifamilienhäuser, unterkellert, einfacher Standard	–	–	–	–
Ein- und Zweifamilienhäuser, unterkellert, mittlerer Standard	–	**82,00**	–	1,4%
Ein- und Zweifamilienhäuser, unterkellert, hoher Standard	–	–	–	–
Ein- und Zweifamilienhäuser, nicht unterkellert, einfacher Standard	–	–	–	–
Ein- und Zweifamilienhäuser, nicht unterkellert, mittlerer Standard	–	–	–	–
Ein- und Zweifamilienhäuser, nicht unterkellert, hoher Standard	–	–	–	–
Ein- und Zweifamilienhäuser, Passivhausstandard, Massivbau	–	**178,00**	–	3,4%
Ein- und Zweifamilienhäuser, Passivhausstandard, Holzbau	1,80	**78,00**	103,00	4,9%
Ein- und Zweifamilienhäuser, Holzbauweise, unterkellert	–	–	–	–
Ein- und Zweifamilienhäuser, Holzbauweise, nicht unterkellert	–	–	–	–
Doppel- und Reihenendhäuser, einfacher Standard	–	**55,00**	–	5,2%
Doppel- und Reihenendhäuser, mittlerer Standard	–	–	–	–
Doppel- und Reihenendhäuser, hoher Standard	–	–	–	–
Reihenhäuser, einfacher Standard	–	–	–	–
Reihenhäuser, mittlerer Standard	–	–	–	–
Reihenhäuser, hoher Standard	–	–	–	–
Mehrfamilienhäuser				
Mehrfamilienhäuser, mit bis zu 6 WE, einfacher Standard	–	–	–	–
Mehrfamilienhäuser, mit bis zu 6 WE, mittlerer Standard	–	–	–	–
Mehrfamilienhäuser, mit bis zu 6 WE, hoher Standard	–	–	–	–

442 Eigenstromversorgungsanlagen

Einheit: m² Brutto-Grundfläche

Gebäudeart	€/Einheit	KG an 400
Mehrfamilienhäuser (Fortsetzung)		
Mehrfamilienhäuser, mit 6 bis 19 WE, einfacher Standard	–	–
Mehrfamilienhäuser, mit 6 bis 19 WE, mittlerer Standard	–	–
Mehrfamilienhäuser, mit 6 bis 19 WE, hoher Standard	–	–
Mehrfamilienhäuser, mit 20 oder mehr WE, mittlerer Standard	–	–
Mehrfamilienhäuser, mit 20 oder mehr WE, hoher Standard	3,00	0,4%
Mehrfamilienhäuser, Passivhäuser	–	–
Wohnhäuser, mit bis zu 15% Mischnutzung, einfacher Standard	–	–
Wohnhäuser, mit bis zu 15% Mischnutzung, mittlerer Standard	21,00	2,6%
Wohnhäuser, mit bis zu 15% Mischnutzung, hoher Standard	–	–
Wohnhäuser mit mehr als 15% Mischnutzung	–	–
Seniorenwohnungen		
Seniorenwohnungen, mittlerer Standard	2,10	0,1%
Seniorenwohnungen, hoher Standard	2,00	0,3%
Beherbergung		
Wohnheime und Internate	27,00	2,0%
7 Gewerbegebäude		
Gaststätten und Kantinen		
Gaststätten, Kantinen und Mensen	–	–
Gebäude für Produktion		
Industrielle Produktionsgebäude, Massivbauweise	19,00	2,7%
Industrielle Produktionsgebäude, überwiegend Skelettbauweise	2,90	0,2%
Betriebs- und Werkstätten, eingeschossig	1,40	0,0%
Betriebs- und Werkstätten, mehrgeschossig, geringer Hallenanteil	1,20	0,0%
Betriebs- und Werkstätten, mehrgeschossig, hoher Hallenanteil	0,70	0,0%
Gebäude für Handel und Lager		
Geschäftshäuser mit Wohnungen	15,00	1,4%
Geschäftshäuser ohne Wohnungen	–	–
Verbrauchermärkte	–	–
Autohäuser	–	–
Lagergebäude, ohne Mischnutzung	3,00	0,0%
Lagergebäude, mit bis zu 25% Mischnutzung	4,80	0,4%
Lagergebäude, mit mehr als 25% Mischnutzung	–	–
Garagen und Bereitschaftsdienste		
Einzel-, Mehrfach- und Hochgaragen	–	–
Tiefgaragen	–	–
Feuerwehrhäuser	23,00	1,8%
Öffentliche Bereitschaftsdienste	2,30	0,1%
9 Kulturgebäude		
Gebäude für kulturelle Zwecke		
Bibliotheken, Museen und Ausstellungen	13,00	0,3%
Theater	4,00	0,8%
Gemeindezentren, einfacher Standard	–	–
Gemeindezentren, mittlerer Standard	25,00	0,8%
Gemeindezentren, hoher Standard	12,00	0,8%
Gebäude für religiöse Zwecke		
Sakralbauten	–	–
Friedhofsgebäude	–	–

© BKI Baukosteninformationszentrum; Erläuterungen zu den Tabellen siehe Seite 50 Kosten: 1.Quartal 2018, Bundesdurchschnitt, **inkl. 19% MwSt.**

443 Niederspannungsschaltanlagen

Kosten:
Stand 1.Quartal 2018
Bundesdurchschnitt
inkl. 19% MwSt.

Einheit: m²
Brutto-Grundfläche

▷ von
ø Mittel
◁ bis

Gebäudeart	▷	€/Einheit	◁	KG an 400
1 Büro- und Verwaltungsgebäude				
Büro- und Verwaltungsgebäude, einfacher Standard	–	**9,70**	–	0,7%
Büro- und Verwaltungsgebäude, mittlerer Standard	5,40	**9,30**	14,00	0,5%
Büro- und Verwaltungsgebäude, hoher Standard	9,90	**15,00**	20,00	1,3%
2 Gebäude für Forschung und Lehre				
Instituts- und Laborgebäude	14,00	**58,00**	103,00	2,9%
3 Gebäude des Gesundheitswesens				
Medizinische Einrichtungen	–	**–**	–	–
Pflegeheime	7,60	**8,30**	9,00	0,9%
4 Schulen und Kindergärten				
Allgemeinbildende Schulen	15,00	**18,00**	20,00	1,2%
Berufliche Schulen	–	**13,00**	–	0,5%
Förder- und Sonderschulen	12,00	**12,00**	12,00	1,0%
Weiterbildungseinrichtungen	–	**18,00**	–	1,0%
Kindergärten, nicht unterkellert, einfacher Standard	4,30	**4,90**	5,50	1,2%
Kindergärten, nicht unterkellert, mittlerer Standard	–	**8,20**	–	0,5%
Kindergärten, nicht unterkellert, hoher Standard	–	**6,60**	–	0,7%
Kindergärten, Holzbauweise, nicht unterkellert	–	**–**	–	–
Kindergärten, unterkellert	–	**–**	–	–
5 Sportbauten				
Sport- und Mehrzweckhallen	–	**9,00**	–	0,6%
Sporthallen (Einfeldhallen)	–	**–**	–	–
Sporthallen (Dreifeldhallen)	–	**–**	–	–
Schwimmhallen	–	**–**	–	–
6 Wohngebäude				
Ein- und Zweifamilienhäuser				
Ein- und Zweifamilienhäuser, unterkellert, einfacher Standard	–	**3,60**	–	0,6%
Ein- und Zweifamilienhäuser, unterkellert, mittlerer Standard	–	**–**	–	–
Ein- und Zweifamilienhäuser, unterkellert, hoher Standard	–	**–**	–	–
Ein- und Zweifamilienhäuser, nicht unterkellert, einfacher Standard	–	**–**	–	–
Ein- und Zweifamilienhäuser, nicht unterkellert, mittlerer Standard	–	**–**	–	–
Ein- und Zweifamilienhäuser, nicht unterkellert, hoher Standard	–	**–**	–	–
Ein- und Zweifamilienhäuser, Passivhausstandard, Massivbau	–	**–**	–	–
Ein- und Zweifamilienhäuser, Passivhausstandard, Holzbau	–	**–**	–	–
Ein- und Zweifamilienhäuser, Holzbauweise, unterkellert	–	**–**	–	–
Ein- und Zweifamilienhäuser, Holzbauweise, nicht unterkellert	–	**–**	–	–
Doppel- und Reihenendhäuser, einfacher Standard	–	**–**	–	–
Doppel- und Reihenendhäuser, mittlerer Standard	–	**–**	–	–
Doppel- und Reihenendhäuser, hoher Standard	–	**–**	–	–
Reihenhäuser, einfacher Standard	–	**12,00**	–	2,0%
Reihenhäuser, mittlerer Standard	–	**–**	–	–
Reihenhäuser, hoher Standard	–	**–**	–	–
Mehrfamilienhäuser				
Mehrfamilienhäuser, mit bis zu 6 WE, einfacher Standard	1,90	**4,10**	6,20	2,0%
Mehrfamilienhäuser, mit bis zu 6 WE, mittlerer Standard	–	**3,50**	–	0,3%
Mehrfamilienhäuser, mit bis zu 6 WE, hoher Standard	–	**–**	–	–

443 Niederspannungsschaltanlagen

Gebäudeart	▷	€/Einheit	◁	KG an 400
Mehrfamilienhäuser (Fortsetzung)				
Mehrfamilienhäuser, mit 6 bis 19 WE, einfacher Standard	–	**3,10**	–	0,4%
Mehrfamilienhäuser, mit 6 bis 19 WE, mittlerer Standard	–	–	–	–
Mehrfamilienhäuser, mit 6 bis 19 WE, hoher Standard	–	–	–	–
Mehrfamilienhäuser, mit 20 oder mehr WE, mittlerer Standard	–	–	–	–
Mehrfamilienhäuser, mit 20 oder mehr WE, hoher Standard	–	–	–	–
Mehrfamilienhäuser, Passivhäuser	–	–	–	–
Wohnhäuser, mit bis zu 15% Mischnutzung, einfacher Standard	–	–	–	–
Wohnhäuser, mit bis zu 15% Mischnutzung, mittlerer Standard	–	–	–	–
Wohnhäuser, mit bis zu 15% Mischnutzung, hoher Standard	–	**1,90**	–	0,4%
Wohnhäuser mit mehr als 15% Mischnutzung	–	–	–	–
Seniorenwohnungen				
Seniorenwohnungen, mittlerer Standard	–	**7,60**	–	0,3%
Seniorenwohnungen, hoher Standard	–	–	–	–
Beherbergung				
Wohnheime und Internate	–	–	–	–
7 Gewerbegebäude				
Gaststätten und Kantinen				
Gaststätten, Kantinen und Mensen	–	**28,00**	–	1,2%
Gebäude für Produktion				
Industrielle Produktionsgebäude, Massivbauweise	5,70	**20,00**	34,00	4,7%
Industrielle Produktionsgebäude, überwiegend Skelettbauweise	1,50	**11,00**	21,00	1,6%
Betriebs- und Werkstätten, eingeschossig	–	**21,00**	–	1,2%
Betriebs- und Werkstätten, mehrgeschossig, geringer Hallenanteil	2,50	**17,00**	32,00	3,4%
Betriebs- und Werkstätten, mehrgeschossig, hoher Hallenanteil	8,50	**12,00**	18,00	1,5%
Gebäude für Handel und Lager				
Geschäftshäuser mit Wohnungen	–	**1,20**	–	0,1%
Geschäftshäuser ohne Wohnungen	–	–	–	–
Verbrauchermärkte	–	**3,30**	–	0,3%
Autohäuser	–	–	–	–
Lagergebäude, ohne Mischnutzung	–	**12,00**	–	0,2%
Lagergebäude, mit bis zu 25% Mischnutzung	–	**15,00**	–	1,4%
Lagergebäude, mit mehr als 25% Mischnutzung	–	**6,00**	–	2,6%
Garagen und Bereitschaftsdienste				
Einzel-, Mehrfach- und Hochgaragen	–	–	–	–
Tiefgaragen	–	–	–	–
Feuerwehrhäuser	–	–	–	–
Öffentliche Bereitschaftsdienste	–	–	–	–
9 Kulturgebäude				
Gebäude für kulturelle Zwecke				
Bibliotheken, Museen und Ausstellungen	–	**14,00**	–	0,4%
Theater	–	–	–	–
Gemeindezentren, einfacher Standard	–	–	–	–
Gemeindezentren, mittlerer Standard	–	–	–	–
Gemeindezentren, hoher Standard	–	–	–	–
Gebäude für religiöse Zwecke				
Sakralbauten	–	–	–	–
Friedhofsgebäude	–	–	–	–

Einheit: m² Brutto-Grundfläche

Kosten: 1.Quartal 2018, Bundesdurchschnitt, inkl. 19% MwSt.

444 Niederspannungsinstallationsanlagen

Kosten:
Stand 1. Quartal 2018
Bundesdurchschnitt
inkl. 19% MwSt.

Einheit: m² Brutto-Grundfläche

▷ von
ø Mittel
◁ bis

Gebäudeart	▷	€/Einheit	◁	KG an 400
1 Büro- und Verwaltungsgebäude				
Büro- und Verwaltungsgebäude, einfacher Standard	23,00	**39,00**	51,00	20,2%
Büro- und Verwaltungsgebäude, mittlerer Standard	48,00	**69,00**	101,00	19,0%
Büro- und Verwaltungsgebäude, hoher Standard	63,00	**83,00**	134,00	12,2%
2 Gebäude für Forschung und Lehre				
Instituts- und Laborgebäude	31,00	**69,00**	101,00	8,2%
3 Gebäude des Gesundheitswesens				
Medizinische Einrichtungen	62,00	**90,00**	143,00	17,8%
Pflegeheime	35,00	**58,00**	70,00	9,3%
4 Schulen und Kindergärten				
Allgemeinbildende Schulen	35,00	**53,00**	73,00	15,4%
Berufliche Schulen	64,00	**84,00**	123,00	15,3%
Förder- und Sonderschulen	59,00	**86,00**	196,00	20,3%
Weiterbildungseinrichtungen	58,00	**115,00**	228,00	19,9%
Kindergärten, nicht unterkellert, einfacher Standard	16,00	**27,00**	33,00	11,0%
Kindergärten, nicht unterkellert, mittlerer Standard	39,00	**54,00**	109,00	19,5%
Kindergärten, nicht unterkellert, hoher Standard	24,00	**29,00**	33,00	9,6%
Kindergärten, Holzbauweise, nicht unterkellert	18,00	**31,00**	45,00	10,0%
Kindergärten, unterkellert	31,00	**61,00**	118,00	17,0%
5 Sportbauten				
Sport- und Mehrzweckhallen	30,00	**76,00**	168,00	20,1%
Sporthallen (Einfeldhallen)	21,00	**23,00**	25,00	7,5%
Sporthallen (Dreifeldhallen)	32,00	**33,00**	34,00	5,1%
Schwimmhallen	–	–	–	–
6 Wohngebäude				
Ein- und Zweifamilienhäuser				
Ein- und Zweifamilienhäuser, unterkellert, einfacher Standard	19,00	**22,00**	32,00	17,3%
Ein- und Zweifamilienhäuser, unterkellert, mittlerer Standard	22,00	**33,00**	52,00	14,8%
Ein- und Zweifamilienhäuser, unterkellert, hoher Standard	29,00	**48,00**	93,00	14,4%
Ein- und Zweifamilienhäuser, nicht unterkellert, einfacher Standard	19,00	**19,00**	19,00	13,2%
Ein- und Zweifamilienhäuser, nicht unterkellert, mittlerer Standard	27,00	**38,00**	53,00	15,6%
Ein- und Zweifamilienhäuser, nicht unterkellert, hoher Standard	28,00	**44,00**	62,00	15,0%
Ein- und Zweifamilienhäuser, Passivhausstandard, Massivbau	29,00	**33,00**	41,00	11,9%
Ein- und Zweifamilienhäuser, Passivhausstandard, Holzbau	35,00	**49,00**	65,00	14,2%
Ein- und Zweifamilienhäuser, Holzbauweise, unterkellert	24,00	**32,00**	41,00	14,3%
Ein- und Zweifamilienhäuser, Holzbauweise, nicht unterkellert	19,00	**31,00**	35,00	13,0%
Doppel- und Reihenendhäuser, einfacher Standard	12,00	**22,00**	31,00	14,3%
Doppel- und Reihenendhäuser, mittlerer Standard	33,00	**39,00**	63,00	15,8%
Doppel- und Reihenendhäuser, hoher Standard	23,00	**40,00**	65,00	14,8%
Reihenhäuser, einfacher Standard	16,00	**21,00**	31,00	14,2%
Reihenhäuser, mittlerer Standard	21,00	**26,00**	37,00	15,7%
Reihenhäuser, hoher Standard	25,00	**33,00**	44,00	11,5%
Mehrfamilienhäuser				
Mehrfamilienhäuser, mit bis zu 6 WE, einfacher Standard	18,00	**23,00**	33,00	18,3%
Mehrfamilienhäuser, mit bis zu 6 WE, mittlerer Standard	21,00	**27,00**	35,00	13,0%
Mehrfamilienhäuser, mit bis zu 6 WE, hoher Standard	32,00	**39,00**	45,00	17,9%

444 Niederspannungsinstallationsanlagen

Einheit: m² Brutto-Grundfläche

Gebäudeart	▷	€/Einheit	◁	KG an 400
Mehrfamilienhäuser (Fortsetzung)				
Mehrfamilienhäuser, mit 6 bis 19 WE, einfacher Standard	23,00	**28,00**	40,00	17,1%
Mehrfamilienhäuser, mit 6 bis 19 WE, mittlerer Standard	21,00	**31,00**	43,00	18,1%
Mehrfamilienhäuser, mit 6 bis 19 WE, hoher Standard	20,00	**28,00**	34,00	14,0%
Mehrfamilienhäuser, mit 20 oder mehr WE, mittlerer Standard	32,00	**37,00**	42,00	15,4%
Mehrfamilienhäuser, mit 20 oder mehr WE, hoher Standard	28,00	**32,00**	40,00	13,2%
Mehrfamilienhäuser, Passivhäuser	30,00	**38,00**	50,00	14,5%
Wohnhäuser, mit bis zu 15% Mischnutzung, einfacher Standard	30,00	**32,00**	35,00	18,0%
Wohnhäuser, mit bis zu 15% Mischnutzung, mittlerer Standard	16,00	**27,00**	33,00	15,0%
Wohnhäuser, mit bis zu 15% Mischnutzung, hoher Standard	–	**36,00**	–	8,3%
Wohnhäuser mit mehr als 15% Mischnutzung	53,00	**82,00**	110,00	19,9%
Seniorenwohnungen				
Seniorenwohnungen, mittlerer Standard	31,00	**42,00**	51,00	16,2%
Seniorenwohnungen, hoher Standard	41,00	**48,00**	55,00	16,4%
Beherbergung				
Wohnheime und Internate	41,00	**54,00**	79,00	17,4%
7 Gewerbegebäude				
Gaststätten und Kantinen				
Gaststätten, Kantinen und Mensen	30,00	**37,00**	44,00	5,3%
Gebäude für Produktion				
Industrielle Produktionsgebäude, Massivbauweise	35,00	**52,00**	80,00	20,4%
Industrielle Produktionsgebäude, überwiegend Skelettbauweise	29,00	**74,00**	146,00	21,8%
Betriebs- und Werkstätten, eingeschossig	59,00	**77,00**	86,00	20,5%
Betriebs- und Werkstätten, mehrgeschossig, geringer Hallenanteil	14,00	**32,00**	54,00	13,6%
Betriebs- und Werkstätten, mehrgeschossig, hoher Hallenanteil	23,00	**58,00**	85,00	24,3%
Gebäude für Handel und Lager				
Geschäftshäuser mit Wohnungen	23,00	**54,00**	75,00	22,2%
Geschäftshäuser ohne Wohnungen	34,00	**41,00**	48,00	18,5%
Verbrauchermärkte	74,00	**76,00**	78,00	24,1%
Autohäuser	21,00	**57,00**	93,00	29,6%
Lagergebäude, ohne Mischnutzung	16,00	**31,00**	71,00	21,8%
Lagergebäude, mit bis zu 25% Mischnutzung	17,00	**38,00**	52,00	23,6%
Lagergebäude, mit mehr als 25% Mischnutzung	24,00	**26,00**	28,00	20,7%
Garagen und Bereitschaftsdienste				
Einzel-, Mehrfach- und Hochgaragen	3,30	**6,20**	12,00	21,7%
Tiefgaragen	–	**8,20**	–	12,7%
Feuerwehrhäuser	49,00	**51,00**	53,00	14,1%
Öffentliche Bereitschaftsdienste	40,00	**50,00**	69,00	21,2%
9 Kulturgebäude				
Gebäude für kulturelle Zwecke				
Bibliotheken, Museen und Ausstellungen	61,00	**78,00**	96,00	18,8%
Theater	73,00	**91,00**	109,00	18,6%
Gemeindezentren, einfacher Standard	14,00	**20,00**	28,00	11,2%
Gemeindezentren, mittlerer Standard	31,00	**56,00**	84,00	15,5%
Gemeindezentren, hoher Standard	52,00	**69,00**	101,00	14,2%
Gebäude für religiöse Zwecke				
Sakralbauten	–	**35,00**	–	10,5%
Friedhofsgebäude	–	**62,00**	–	10,0%

© BKI Baukosteninformationszentrum; Erläuterungen zu den Tabellen siehe Seite 50   Kosten: 1.Quartal 2018, Bundesdurchschnitt, **inkl.** 19% MwSt.

445 Beleuchtungsanlagen

Kosten:
Stand 1.Quartal 2018
Bundesdurchschnitt
inkl. 19% MwSt.

Einheit: m² Brutto-Grundfläche

▷ von
Ø Mittel
◁ bis

Gebäudeart	▷	€/Einheit	◁	KG an 400
1 Büro- und Verwaltungsgebäude				
Büro- und Verwaltungsgebäude, einfacher Standard	9,50	**27,00**	37,00	13,0%
Büro- und Verwaltungsgebäude, mittlerer Standard	18,00	**33,00**	44,00	8,3%
Büro- und Verwaltungsgebäude, hoher Standard	58,00	**79,00**	107,00	12,0%
2 Gebäude für Forschung und Lehre				
Instituts- und Laborgebäude	28,00	**38,00**	59,00	4,2%
3 Gebäude des Gesundheitswesens				
Medizinische Einrichtungen	50,00	**62,00**	81,00	13,7%
Pflegeheime	40,00	**45,00**	53,00	7,6%
4 Schulen und Kindergärten				
Allgemeinbildende Schulen	24,00	**35,00**	45,00	10,5%
Berufliche Schulen	31,00	**48,00**	54,00	7,6%
Förder- und Sonderschulen	24,00	**37,00**	64,00	9,3%
Weiterbildungseinrichtungen	19,00	**46,00**	61,00	8,0%
Kindergärten, nicht unterkellert, einfacher Standard	27,00	**32,00**	35,00	13,5%
Kindergärten, nicht unterkellert, mittlerer Standard	11,00	**18,00**	38,00	5,2%
Kindergärten, nicht unterkellert, hoher Standard	43,00	**54,00**	61,00	17,7%
Kindergärten, Holzbauweise, nicht unterkellert	32,00	**38,00**	45,00	13,6%
Kindergärten, unterkellert	29,00	**43,00**	68,00	13,1%
5 Sportbauten				
Sport- und Mehrzweckhallen	15,00	**36,00**	73,00	8,9%
Sporthallen (Einfeldhallen)	33,00	**78,00**	122,00	24,3%
Sporthallen (Dreifeldhallen)	35,00	**38,00**	42,00	5,8%
Schwimmhallen	–	**28,00**	–	2,3%
6 Wohngebäude				
Ein- und Zweifamilienhäuser				
Ein- und Zweifamilienhäuser, unterkellert, einfacher Standard	0,40	**1,20**	2,70	0,6%
Ein- und Zweifamilienhäuser, unterkellert, mittlerer Standard	1,60	**2,90**	9,40	0,6%
Ein- und Zweifamilienhäuser, unterkellert, hoher Standard	3,40	**12,00**	33,00	2,3%
Ein- und Zweifamilienhäuser, nicht unterkellert, einfacher Standard	–	**3,00**	–	0,7%
Ein- und Zweifamilienhäuser, nicht unterkellert, mittlerer Standard	3,10	**5,10**	18,00	1,2%
Ein- und Zweifamilienhäuser, nicht unterkellert, hoher Standard	0,90	**2,60**	5,00	0,7%
Ein- und Zweifamilienhäuser, Passivhausstandard, Massivbau	1,10	**4,50**	6,50	0,4%
Ein- und Zweifamilienhäuser, Passivhausstandard, Holzbau	1,60	**6,40**	11,00	0,7%
Ein- und Zweifamilienhäuser, Holzbauweise, unterkellert	0,90	**1,50**	3,10	0,2%
Ein- und Zweifamilienhäuser, Holzbauweise, nicht unterkellert	2,80	**6,70**	12,00	1,5%
Doppel- und Reihenendhäuser, einfacher Standard	–	**1,00**	–	0,2%
Doppel- und Reihenendhäuser, mittlerer Standard	2,80	**9,80**	17,00	1,3%
Doppel- und Reihenendhäuser, hoher Standard	2,10	**6,00**	9,70	1,4%
Reihenhäuser, einfacher Standard	–	**0,70**	–	0,1%
Reihenhäuser, mittlerer Standard	0,40	**4,70**	9,00	1,1%
Reihenhäuser, hoher Standard	2,90	**3,40**	3,80	0,7%
Mehrfamilienhäuser				
Mehrfamilienhäuser, mit bis zu 6 WE, einfacher Standard	1,00	**1,60**	2,10	0,9%
Mehrfamilienhäuser, mit bis zu 6 WE, mittlerer Standard	1,10	**1,90**	4,60	0,7%
Mehrfamilienhäuser, mit bis zu 6 WE, hoher Standard	2,00	**8,40**	15,00	2,6%

445 Beleuchtungsanlagen

Gebäudeart	▷	€/Einheit	◁	KG an 400
Mehrfamilienhäuser (Fortsetzung)				
Mehrfamilienhäuser, mit 6 bis 19 WE, einfacher Standard	2,20	**5,20**	12,00	3,1%
Mehrfamilienhäuser, mit 6 bis 19 WE, mittlerer Standard	0,60	**2,70**	5,20	1,3%
Mehrfamilienhäuser, mit 6 bis 19 WE, hoher Standard	1,50	**2,80**	6,40	1,0%
Mehrfamilienhäuser, mit 20 oder mehr WE, mittlerer Standard	6,40	**9,20**	16,00	3,9%
Mehrfamilienhäuser, mit 20 oder mehr WE, hoher Standard	1,70	**6,10**	14,00	2,9%
Mehrfamilienhäuser, Passivhäuser	1,70	**2,80**	3,80	0,6%
Wohnhäuser, mit bis zu 15% Mischnutzung, einfacher Standard	1,00	**4,10**	7,30	2,4%
Wohnhäuser, mit bis zu 15% Mischnutzung, mittlerer Standard	0,40	**2,40**	6,60	1,0%
Wohnhäuser, mit bis zu 15% Mischnutzung, hoher Standard	–	**7,50**	–	1,7%
Wohnhäuser mit mehr als 15% Mischnutzung	–	**6,70**	–	1,1%
Seniorenwohnungen				
Seniorenwohnungen, mittlerer Standard	8,10	**10,00**	15,00	3,9%
Seniorenwohnungen, hoher Standard	1,70	**3,00**	4,30	1,0%
Beherbergung				
Wohnheime und Internate	10,00	**23,00**	72,00	6,0%
7 Gewerbegebäude				
Gaststätten und Kantinen				
Gaststätten, Kantinen und Mensen	34,00	**49,00**	64,00	5,9%
Gebäude für Produktion				
Industrielle Produktionsgebäude, Massivbauweise	23,00	**27,00**	35,00	11,2%
Industrielle Produktionsgebäude, überwiegend Skelettbauweise	4,80	**14,00**	23,00	4,3%
Betriebs- und Werkstätten, eingeschossig	13,00	**15,00**	17,00	1,6%
Betriebs- und Werkstätten, mehrgeschossig, geringer Hallenanteil	12,00	**29,00**	46,00	7,1%
Betriebs- und Werkstätten, mehrgeschossig, hoher Hallenanteil	9,90	**26,00**	37,00	8,3%
Gebäude für Handel und Lager				
Geschäftshäuser mit Wohnungen	14,00	**23,00**	34,00	8,9%
Geschäftshäuser ohne Wohnungen	3,30	**3,40**	3,40	1,5%
Verbrauchermärkte	7,30	**16,00**	24,00	4,3%
Autohäuser	16,00	**21,00**	26,00	14,4%
Lagergebäude, ohne Mischnutzung	7,30	**13,00**	22,00	7,4%
Lagergebäude, mit bis zu 25% Mischnutzung	7,90	**20,00**	41,00	9,4%
Lagergebäude, mit mehr als 25% Mischnutzung	9,10	**20,00**	31,00	15,2%
Garagen und Bereitschaftsdienste				
Einzel-, Mehrfach- und Hochgaragen	1,40	**2,30**	2,90	11,0%
Tiefgaragen	–	**0,60**	–	0,9%
Feuerwehrhäuser	25,00	**32,00**	44,00	8,6%
Öffentliche Bereitschaftsdienste	12,00	**16,00**	18,00	6,0%
9 Kulturgebäude				
Gebäude für kulturelle Zwecke				
Bibliotheken, Museen und Ausstellungen	17,00	**48,00**	79,00	8,9%
Theater	50,00	**55,00**	60,00	12,2%
Gemeindezentren, einfacher Standard	14,00	**25,00**	47,00	12,9%
Gemeindezentren, mittlerer Standard	33,00	**57,00**	85,00	16,4%
Gemeindezentren, hoher Standard	35,00	**76,00**	100,00	15,5%
Gebäude für religiöse Zwecke				
Sakralbauten	–	**87,00**	–	25,8%
Friedhofsgebäude	–	**9,50**	–	1,5%

Einheit: m² Brutto-Grundfläche

446 Blitzschutz- und Erdungsanlagen

Kosten:
Stand 1.Quartal 2018
Bundesdurchschnitt
inkl. 19% MwSt.

Einheit: m²
Brutto-Grundfläche

▷ von
Ø Mittel
◁ bis

Gebäudeart	▷	€/Einheit	◁	KG an 400
1 Büro- und Verwaltungsgebäude				
Büro- und Verwaltungsgebäude, einfacher Standard	1,20	**2,50**	3,50	1,5%
Büro- und Verwaltungsgebäude, mittlerer Standard	2,10	**4,40**	8,30	1,2%
Büro- und Verwaltungsgebäude, hoher Standard	4,20	**7,10**	15,00	1,0%
2 Gebäude für Forschung und Lehre				
Instituts- und Laborgebäude	2,50	**6,70**	10,00	0,8%
3 Gebäude des Gesundheitswesens				
Medizinische Einrichtungen	4,70	**7,20**	8,40	1,5%
Pflegeheime	1,70	**2,80**	3,50	0,4%
4 Schulen und Kindergärten				
Allgemeinbildende Schulen	2,80	**4,80**	11,00	1,6%
Berufliche Schulen	3,60	**9,40**	21,00	1,6%
Förder- und Sonderschulen	2,60	**4,40**	8,20	1,1%
Weiterbildungseinrichtungen	1,10	**3,70**	5,00	0,8%
Kindergärten, nicht unterkellert, einfacher Standard	5,20	**6,90**	10,00	2,8%
Kindergärten, nicht unterkellert, mittlerer Standard	4,20	**11,00**	22,00	4,4%
Kindergärten, nicht unterkellert, hoher Standard	2,10	**3,10**	5,20	1,0%
Kindergärten, Holzbauweise, nicht unterkellert	3,10	**5,90**	13,00	2,3%
Kindergärten, unterkellert	0,40	**5,90**	9,60	1,6%
5 Sportbauten				
Sport- und Mehrzweckhallen	3,60	**6,00**	11,00	1,6%
Sporthallen (Einfeldhallen)	4,50	**8,40**	12,00	2,6%
Sporthallen (Dreifeldhallen)	2,00	**2,50**	3,00	0,3%
Schwimmhallen	–	**–**	–	–
6 Wohngebäude				
Ein- und Zweifamilienhäuser				
Ein- und Zweifamilienhäuser, unterkellert, einfacher Standard	0,70	**1,50**	2,40	1,1%
Ein- und Zweifamilienhäuser, unterkellert, mittlerer Standard	1,40	**2,40**	4,70	1,0%
Ein- und Zweifamilienhäuser, unterkellert, hoher Standard	1,60	**3,40**	6,90	1,1%
Ein- und Zweifamilienhäuser, nicht unterkellert, einfacher Standard	1,10	**1,60**	2,20	1,0%
Ein- und Zweifamilienhäuser, nicht unterkellert, mittlerer Standard	1,30	**2,30**	3,90	0,9%
Ein- und Zweifamilienhäuser, nicht unterkellert, hoher Standard	0,90	**4,20**	9,80	1,3%
Ein- und Zweifamilienhäuser, Passivhausstandard, Massivbau	1,40	**2,70**	6,20	0,8%
Ein- und Zweifamilienhäuser, Passivhausstandard, Holzbau	1,30	**2,20**	5,00	0,5%
Ein- und Zweifamilienhäuser, Holzbauweise, unterkellert	1,50	**2,30**	3,70	1,0%
Ein- und Zweifamilienhäuser, Holzbauweise, nicht unterkellert	1,30	**2,00**	2,70	0,8%
Doppel- und Reihenendhäuser, einfacher Standard	0,50	**1,30**	1,70	0,6%
Doppel- und Reihenendhäuser, mittlerer Standard	2,10	**2,70**	4,20	1,1%
Doppel- und Reihenendhäuser, hoher Standard	2,20	**3,50**	5,30	1,2%
Reihenhäuser, einfacher Standard	0,50	**0,60**	0,80	0,2%
Reihenhäuser, mittlerer Standard	1,60	**1,80**	2,10	1,0%
Reihenhäuser, hoher Standard	0,80	**1,40**	2,60	0,4%
Mehrfamilienhäuser				
Mehrfamilienhäuser, mit bis zu 6 WE, einfacher Standard	0,50	**1,20**	2,50	0,9%
Mehrfamilienhäuser, mit bis zu 6 WE, mittlerer Standard	1,20	**1,70**	2,60	0,7%
Mehrfamilienhäuser, mit bis zu 6 WE, hoher Standard	0,90	**1,40**	2,50	0,6%

446 Blitzschutz- und Erdungsanlagen

Gebäudeart	▷	€/Einheit	◁	KG an 400
Mehrfamilienhäuser (Fortsetzung)				
Mehrfamilienhäuser, mit 6 bis 19 WE, einfacher Standard	0,70	**1,20**	2,30	0,6%
Mehrfamilienhäuser, mit 6 bis 19 WE, mittlerer Standard	0,40	**0,80**	1,10	0,6%
Mehrfamilienhäuser, mit 6 bis 19 WE, hoher Standard	0,70	**1,10**	1,40	0,5%
Mehrfamilienhäuser, mit 20 oder mehr WE, mittlerer Standard	1,60	**2,30**	3,00	0,9%
Mehrfamilienhäuser, mit 20 oder mehr WE, hoher Standard	1,40	**2,60**	4,50	1,0%
Mehrfamilienhäuser, Passivhäuser	1,40	**1,90**	4,00	0,7%
Wohnhäuser, mit bis zu 15% Mischnutzung, einfacher Standard	0,90	**1,60**	1,80	0,8%
Wohnhäuser, mit bis zu 15% Mischnutzung, mittlerer Standard	1,30	**1,90**	3,00	1,0%
Wohnhäuser, mit bis zu 15% Mischnutzung, hoher Standard	–	**1,50**	–	0,3%
Wohnhäuser mit mehr als 15% Mischnutzung	2,20	**2,80**	3,40	0,7%
Seniorenwohnungen				
Seniorenwohnungen, mittlerer Standard	2,50	**3,80**	7,00	1,5%
Seniorenwohnungen, hoher Standard	3,70	**4,30**	4,80	1,4%
Beherbergung				
Wohnheime und Internate	1,60	**3,00**	6,40	0,8%
7 Gewerbegebäude				
Gaststätten und Kantinen				
Gaststätten, Kantinen und Mensen	1,30	**2,80**	3,80	0,5%
Gebäude für Produktion				
Industrielle Produktionsgebäude, Massivbauweise	3,10	**4,80**	8,10	1,8%
Industrielle Produktionsgebäude, überwiegend Skelettbauweise	2,00	**4,80**	7,80	2,3%
Betriebs- und Werkstätten, eingeschossig	0,80	**1,70**	2,20	0,3%
Betriebs- und Werkstätten, mehrgeschossig, geringer Hallenanteil	1,50	**4,80**	10,00	2,9%
Betriebs- und Werkstätten, mehrgeschossig, hoher Hallenanteil	1,30	**3,40**	6,70	1,2%
Gebäude für Handel und Lager				
Geschäftshäuser mit Wohnungen	0,60	**1,40**	1,80	0,4%
Geschäftshäuser ohne Wohnungen	1,50	**2,60**	3,70	1,2%
Verbrauchermärkte	2,70	**4,00**	5,30	1,3%
Autohäuser	0,90	**1,10**	1,30	0,8%
Lagergebäude, ohne Mischnutzung	1,20	**2,00**	5,10	4,0%
Lagergebäude, mit bis zu 25% Mischnutzung	1,40	**3,90**	5,20	2,4%
Lagergebäude, mit mehr als 25% Mischnutzung	1,10	**1,90**	2,70	1,5%
Garagen und Bereitschaftsdienste				
Einzel-, Mehrfach- und Hochgaragen	1,20	**2,80**	5,80	10,4%
Tiefgaragen	–	**1,50**	–	2,3%
Feuerwehrhäuser	3,20	**6,20**	12,00	1,7%
Öffentliche Bereitschaftsdienste	1,50	**4,00**	8,80	1,0%
9 Kulturgebäude				
Gebäude für kulturelle Zwecke				
Bibliotheken, Museen und Ausstellungen	4,40	**11,00**	18,00	2,8%
Theater	1,50	**4,10**	6,70	1,4%
Gemeindezentren, einfacher Standard	2,00	**3,40**	5,40	2,2%
Gemeindezentren, mittlerer Standard	2,50	**4,70**	9,70	1,3%
Gemeindezentren, hoher Standard	1,20	**4,20**	5,70	0,8%
Gebäude für religiöse Zwecke				
Sakralbauten	–	**14,00**	–	4,1%
Friedhofsgebäude	–	**8,90**	–	1,4%

Einheit: m² Brutto-Grundfläche

© BKI Baukosteninformationszentrum; Erläuterungen zu den Tabellen siehe Seite 50   Kosten: 1.Quartal 2018, Bundesdurchschnitt, **inkl. 19% MwSt.**

449 Starkstromanlagen, sonstiges

Kosten:
Stand 1.Quartal 2018
Bundesdurchschnitt
inkl. 19% MwSt.

Einheit: m²
Brutto-Grundfläche

▷ von
ø Mittel
◁ bis

Gebäudeart	▷	€/Einheit	◁	KG an 400
1 Büro- und Verwaltungsgebäude				
Büro- und Verwaltungsgebäude, einfacher Standard	–	–	–	–
Büro- und Verwaltungsgebäude, mittlerer Standard	–	–	–	–
Büro- und Verwaltungsgebäude, hoher Standard	–	–	–	–
2 Gebäude für Forschung und Lehre				
Instituts- und Laborgebäude	–	–	–	–
3 Gebäude des Gesundheitswesens				
Medizinische Einrichtungen	–	–	–	–
Pflegeheime	–	–	–	–
4 Schulen und Kindergärten				
Allgemeinbildende Schulen	–	–	–	–
Berufliche Schulen	–	–	–	–
Förder- und Sonderschulen	–	–	–	–
Weiterbildungseinrichtungen	–	–	–	–
Kindergärten, nicht unterkellert, einfacher Standard	–	–	–	–
Kindergärten, nicht unterkellert, mittlerer Standard	–	0,50	–	0,0%
Kindergärten, nicht unterkellert, hoher Standard	–	–	–	–
Kindergärten, Holzbauweise, nicht unterkellert	–	–	–	–
Kindergärten, unterkellert	–	–	–	–
5 Sportbauten				
Sport- und Mehrzweckhallen	–	–	–	–
Sporthallen (Einfeldhallen)	–	–	–	–
Sporthallen (Dreifeldhallen)	–	–	–	–
Schwimmhallen	–	139,00	–	12,0%
6 Wohngebäude				
Ein- und Zweifamilienhäuser				
Ein- und Zweifamilienhäuser, unterkellert, einfacher Standard	–	–	–	–
Ein- und Zweifamilienhäuser, unterkellert, mittlerer Standard	–	–	–	–
Ein- und Zweifamilienhäuser, unterkellert, hoher Standard	–	–	–	–
Ein- und Zweifamilienhäuser, nicht unterkellert, einfacher Standard	–	–	–	–
Ein- und Zweifamilienhäuser, nicht unterkellert, mittlerer Standard	–	5,40	–	0,1%
Ein- und Zweifamilienhäuser, nicht unterkellert, hoher Standard	–	–	–	–
Ein- und Zweifamilienhäuser, Passivhausstandard, Massivbau	–	–	–	–
Ein- und Zweifamilienhäuser, Passivhausstandard, Holzbau	–	–	–	–
Ein- und Zweifamilienhäuser, Holzbauweise, unterkellert	–	–	–	–
Ein- und Zweifamilienhäuser, Holzbauweise, nicht unterkellert	–	–	–	–
Doppel- und Reihenendhäuser, einfacher Standard	–	–	–	–
Doppel- und Reihenendhäuser, mittlerer Standard	–	5,80	–	0,3%
Doppel- und Reihenendhäuser, hoher Standard	–	–	–	–
Reihenhäuser, einfacher Standard	–	–	–	–
Reihenhäuser, mittlerer Standard	–	–	–	–
Reihenhäuser, hoher Standard	–	–	–	–
Mehrfamilienhäuser				
Mehrfamilienhäuser, mit bis zu 6 WE, einfacher Standard	–	0,30	–	0,0%
Mehrfamilienhäuser, mit bis zu 6 WE, mittlerer Standard	–	–	–	–
Mehrfamilienhäuser, mit bis zu 6 WE, hoher Standard	–	–	–	–

449 Starkstromanlagen, sonstiges

Gebäudeart	▷	€/Einheit	◁	KG an 400
Mehrfamilienhäuser (Fortsetzung)				
Mehrfamilienhäuser, mit 6 bis 19 WE, einfacher Standard	–	–	–	–
Mehrfamilienhäuser, mit 6 bis 19 WE, mittlerer Standard	–	–	–	–
Mehrfamilienhäuser, mit 6 bis 19 WE, hoher Standard	–	–	–	–
Mehrfamilienhäuser, mit 20 oder mehr WE, mittlerer Standard	–	–	–	–
Mehrfamilienhäuser, mit 20 oder mehr WE, hoher Standard	–	–	–	–
Mehrfamilienhäuser, Passivhäuser	–	–	–	–
Wohnhäuser, mit bis zu 15% Mischnutzung, einfacher Standard	–	–	–	–
Wohnhäuser, mit bis zu 15% Mischnutzung, mittlerer Standard	–	–	–	–
Wohnhäuser, mit bis zu 15% Mischnutzung, hoher Standard	–	–	–	–
Wohnhäuser mit mehr als 15% Mischnutzung	–	–	–	–
Seniorenwohnungen				
Seniorenwohnungen, mittlerer Standard	–	–	–	–
Seniorenwohnungen, hoher Standard	–	–	–	–
Beherbergung				
Wohnheime und Internate	–	–	–	–
7 Gewerbegebäude				
Gaststätten und Kantinen				
Gaststätten, Kantinen und Mensen	–	**104,00**	–	9,0%
Gebäude für Produktion				
Industrielle Produktionsgebäude, Massivbauweise	–	–	–	–
Industrielle Produktionsgebäude, überwiegend Skelettbauweise	–	–	–	–
Betriebs- und Werkstätten, eingeschossig	–	–	–	–
Betriebs- und Werkstätten, mehrgeschossig, geringer Hallenanteil	–	–	–	–
Betriebs- und Werkstätten, mehrgeschossig, hoher Hallenanteil	–	–	–	–
Gebäude für Handel und Lager				
Geschäftshäuser mit Wohnungen	–	–	–	–
Geschäftshäuser ohne Wohnungen	–	–	–	–
Verbrauchermärkte	–	–	–	–
Autohäuser	–	–	–	–
Lagergebäude, ohne Mischnutzung	–	–	–	–
Lagergebäude, mit bis zu 25% Mischnutzung	–	–	–	–
Lagergebäude, mit mehr als 25% Mischnutzung	–	–	–	–
Garagen und Bereitschaftsdienste				
Einzel-, Mehrfach- und Hochgaragen	–	–	–	–
Tiefgaragen	–	–	–	–
Feuerwehrhäuser	–	–	–	–
Öffentliche Bereitschaftsdienste	–	–	–	–
9 Kulturgebäude				
Gebäude für kulturelle Zwecke				
Bibliotheken, Museen und Ausstellungen	–	–	–	–
Theater	–	–	–	–
Gemeindezentren, einfacher Standard	–	–	–	–
Gemeindezentren, mittlerer Standard	–	–	–	–
Gemeindezentren, hoher Standard	–	**18,00**	–	1,2%
Gebäude für religiöse Zwecke				
Sakralbauten	–	–	–	–
Friedhofsgebäude	–	–	–	–

Einheit: m² Brutto-Grundfläche

451 Telekommunikationsanlagen

Gebäudeart	▷	€/Einheit	◁	KG an 400
1 Büro- und Verwaltungsgebäude				
Büro- und Verwaltungsgebäude, einfacher Standard	0,60	**2,30**	4,60	1,0%
Büro- und Verwaltungsgebäude, mittlerer Standard	2,30	**6,40**	17,00	1,7%
Büro- und Verwaltungsgebäude, hoher Standard	3,50	**11,00**	23,00	1,2%
2 Gebäude für Forschung und Lehre				
Instituts- und Laborgebäude	2,30	**2,40**	2,40	0,1%
3 Gebäude des Gesundheitswesens				
Medizinische Einrichtungen	0,70	**1,90**	4,10	0,3%
Pflegeheime	10,00	**13,00**	17,00	2,1%
4 Schulen und Kindergärten				
Allgemeinbildende Schulen	1,30	**1,90**	2,20	0,2%
Berufliche Schulen	4,40	**6,30**	8,30	0,6%
Förder- und Sonderschulen	2,20	**4,80**	17,00	1,3%
Weiterbildungseinrichtungen	1,80	**5,30**	8,80	0,6%
Kindergärten, nicht unterkellert, einfacher Standard	–	**0,80**	–	0,1%
Kindergärten, nicht unterkellert, mittlerer Standard	1,20	**1,30**	1,40	0,2%
Kindergärten, nicht unterkellert, hoher Standard	2,60	**2,90**	3,20	0,6%
Kindergärten, Holzbauweise, nicht unterkellert	0,20	**2,80**	4,10	0,6%
Kindergärten, unterkellert	0,30	**2,70**	4,30	0,7%
5 Sportbauten				
Sport- und Mehrzweckhallen	0,50	**1,40**	2,40	0,2%
Sporthallen (Einfeldhallen)	–	**0,10**	–	0,0%
Sporthallen (Dreifeldhallen)	–	**0,20**	–	0,0%
Schwimmhallen	–	**–**	–	–
6 Wohngebäude				
Ein- und Zweifamilienhäuser				
Ein- und Zweifamilienhäuser, unterkellert, einfacher Standard	0,60	**1,10**	2,00	0,6%
Ein- und Zweifamilienhäuser, unterkellert, mittlerer Standard	0,70	**1,30**	2,80	0,3%
Ein- und Zweifamilienhäuser, unterkellert, hoher Standard	0,80	**1,90**	3,00	0,5%
Ein- und Zweifamilienhäuser, nicht unterkellert, einfacher Standard	–	**0,30**	–	0,1%
Ein- und Zweifamilienhäuser, nicht unterkellert, mittlerer Standard	0,50	**1,00**	2,00	0,1%
Ein- und Zweifamilienhäuser, nicht unterkellert, hoher Standard	0,70	**3,60**	8,80	0,6%
Ein- und Zweifamilienhäuser, Passivhausstandard, Massivbau	0,20	**1,10**	2,00	0,3%
Ein- und Zweifamilienhäuser, Passivhausstandard, Holzbau	0,90	**2,20**	5,50	0,4%
Ein- und Zweifamilienhäuser, Holzbauweise, unterkellert	0,60	**1,30**	2,40	0,4%
Ein- und Zweifamilienhäuser, Holzbauweise, nicht unterkellert	2,00	**2,20**	2,50	0,5%
Doppel- und Reihenendhäuser, einfacher Standard	–	**0,20**	–	0,0%
Doppel- und Reihenendhäuser, mittlerer Standard	0,50	**0,90**	1,50	0,3%
Doppel- und Reihenendhäuser, hoher Standard	0,80	**1,40**	1,90	0,3%
Reihenhäuser, einfacher Standard	–	**–**	–	–
Reihenhäuser, mittlerer Standard	1,20	**1,40**	1,70	0,7%
Reihenhäuser, hoher Standard	–	**0,90**	–	0,1%
Mehrfamilienhäuser				
Mehrfamilienhäuser, mit bis zu 6 WE, einfacher Standard	–	**0,60**	–	0,1%
Mehrfamilienhäuser, mit bis zu 6 WE, mittlerer Standard	0,30	**0,60**	0,80	0,1%
Mehrfamilienhäuser, mit bis zu 6 WE, hoher Standard	0,50	**1,50**	1,80	0,7%

Kosten:
Stand 1. Quartal 2018
Bundesdurchschnitt
inkl. 19% MwSt.

Einheit: m² Brutto-Grundfläche

▷ von
Ø Mittel
◁ bis

451 Telekommunikationsanlagen

Gebäudeart	▷	€/Einheit	◁	KG an 400
Mehrfamilienhäuser (Fortsetzung)				
Mehrfamilienhäuser, mit 6 bis 19 WE, einfacher Standard	0,60	**0,90**	1,30	0,5%
Mehrfamilienhäuser, mit 6 bis 19 WE, mittlerer Standard	0,60	**1,00**	1,50	0,5%
Mehrfamilienhäuser, mit 6 bis 19 WE, hoher Standard	0,70	**1,90**	2,30	0,7%
Mehrfamilienhäuser, mit 20 oder mehr WE, mittlerer Standard	0,70	**1,20**	1,90	0,4%
Mehrfamilienhäuser, mit 20 oder mehr WE, hoher Standard	0,90	**1,20**	1,60	0,5%
Mehrfamilienhäuser, Passivhäuser	0,80	**1,30**	1,80	0,5%
Wohnhäuser, mit bis zu 15% Mischnutzung, einfacher Standard	–	**0,90**	–	0,1%
Wohnhäuser, mit bis zu 15% Mischnutzung, mittlerer Standard	1,10	**1,20**	1,40	0,8%
Wohnhäuser, mit bis zu 15% Mischnutzung, hoher Standard	–	**0,10**	–	0,0%
Wohnhäuser mit mehr als 15% Mischnutzung	–	**2,40**	–	0,4%
Seniorenwohnungen				
Seniorenwohnungen, mittlerer Standard	1,40	**2,50**	4,00	0,7%
Seniorenwohnungen, hoher Standard	1,90	**4,10**	6,20	1,2%
Beherbergung				
Wohnheime und Internate	0,80	**1,10**	1,90	0,3%
7 Gewerbegebäude				
Gaststätten und Kantinen				
Gaststätten, Kantinen und Mensen	–	**4,40**	–	0,2%
Gebäude für Produktion				
Industrielle Produktionsgebäude, Massivbauweise	1,20	**2,20**	3,20	0,6%
Industrielle Produktionsgebäude, überwiegend Skelettbauweise	0,40	**1,40**	2,30	0,4%
Betriebs- und Werkstätten, eingeschossig	–	**4,70**	–	0,2%
Betriebs- und Werkstätten, mehrgeschossig, geringer Hallenanteil	1,10	**1,20**	1,20	0,2%
Betriebs- und Werkstätten, mehrgeschossig, hoher Hallenanteil	1,60	**2,90**	6,50	0,6%
Gebäude für Handel und Lager				
Geschäftshäuser mit Wohnungen	1,80	**2,40**	3,00	0,5%
Geschäftshäuser ohne Wohnungen	1,00	**1,40**	1,90	0,6%
Verbrauchermärkte	–	**0,60**	–	0,0%
Autohäuser	–	**6,00**	–	1,0%
Lagergebäude, ohne Mischnutzung	–	**1,30**	–	0,2%
Lagergebäude, mit bis zu 25% Mischnutzung	–	**0,30**	–	0,0%
Lagergebäude, mit mehr als 25% Mischnutzung	–	**0,40**	–	0,1%
Garagen und Bereitschaftsdienste				
Einzel-, Mehrfach- und Hochgaragen	0,10	**0,20**	0,20	0,3%
Tiefgaragen	–	–	–	–
Feuerwehrhäuser	2,70	**5,10**	9,70	1,3%
Öffentliche Bereitschaftsdienste	0,90	**1,40**	2,00	0,2%
9 Kulturgebäude				
Gebäude für kulturelle Zwecke				
Bibliotheken, Museen und Ausstellungen	0,90	**5,60**	10,00	0,6%
Theater	0,40	**10,00**	20,00	0,7%
Gemeindezentren, einfacher Standard	0,70	**0,80**	0,90	0,2%
Gemeindezentren, mittlerer Standard	0,80	**2,90**	5,80	0,4%
Gemeindezentren, hoher Standard	1,10	**3,10**	5,10	0,4%
Gebäude für religiöse Zwecke				
Sakralbauten	–	**1,90**	–	0,5%
Friedhofsgebäude	–	–	–	–

Einheit: m² Brutto-Grundfläche

© BKI Baukosteninformationszentrum; Erläuterungen zu den Tabellen siehe Seite 50   Kosten: 1.Quartal 2018, Bundesdurchschnitt, **inkl.** 19% MwSt.

452 Such- und Signalanlagen

Kosten:
Stand 1.Quartal 2018
Bundesdurchschnitt
inkl. 19% MwSt.

Einheit: m²
Brutto-Grundfläche

▷ von
Ø Mittel
◁ bis

Gebäudeart	▷	€/Einheit	◁	KG an 400
1 Büro- und Verwaltungsgebäude				
Büro- und Verwaltungsgebäude, einfacher Standard	0,70	**1,40**	3,30	0,4%
Büro- und Verwaltungsgebäude, mittlerer Standard	1,30	**2,60**	7,10	0,5%
Büro- und Verwaltungsgebäude, hoher Standard	0,90	**3,60**	5,70	0,5%
2 Gebäude für Forschung und Lehre				
Instituts- und Laborgebäude	1,60	**4,10**	9,10	0,3%
3 Gebäude des Gesundheitswesens				
Medizinische Einrichtungen	3,30	**10,00**	24,00	2,4%
Pflegeheime	17,00	**18,00**	22,00	3,0%
4 Schulen und Kindergärten				
Allgemeinbildende Schulen	0,40	**0,60**	1,30	0,1%
Berufliche Schulen	0,30	**0,60**	0,80	0,0%
Förder- und Sonderschulen	0,80	**1,40**	2,30	0,3%
Weiterbildungseinrichtungen	–	**2,00**	–	0,1%
Kindergärten, nicht unterkellert, einfacher Standard	–	**0,50**	–	0,0%
Kindergärten, nicht unterkellert, mittlerer Standard	1,10	**1,50**	1,80	0,2%
Kindergärten, nicht unterkellert, hoher Standard	0,60	**2,60**	4,50	0,5%
Kindergärten, Holzbauweise, nicht unterkellert	0,70	**1,30**	1,90	0,4%
Kindergärten, unterkellert	1,00	**3,10**	6,90	0,7%
5 Sportbauten				
Sport- und Mehrzweckhallen	–	**0,60**	–	0,0%
Sporthallen (Einfeldhallen)	–	**–**	–	
Sporthallen (Dreifeldhallen)	–	**–**	–	
Schwimmhallen	–	**–**	–	
6 Wohngebäude				
Ein- und Zweifamilienhäuser				
Ein- und Zweifamilienhäuser, unterkellert, einfacher Standard	0,80	**1,40**	1,90	1,0%
Ein- und Zweifamilienhäuser, unterkellert, mittlerer Standard	1,20	**2,60**	4,10	0,9%
Ein- und Zweifamilienhäuser, unterkellert, hoher Standard	1,80	**4,00**	11,00	1,1%
Ein- und Zweifamilienhäuser, nicht unterkellert, einfacher Standard	0,90	**1,10**	1,20	0,7%
Ein- und Zweifamilienhäuser, nicht unterkellert, mittlerer Standard	0,70	**1,60**	2,60	0,4%
Ein- und Zweifamilienhäuser, nicht unterkellert, hoher Standard	1,00	**3,40**	6,50	0,8%
Ein- und Zweifamilienhäuser, Passivhausstandard, Massivbau	1,20	**2,60**	5,00	0,8%
Ein- und Zweifamilienhäuser, Passivhausstandard, Holzbau	1,80	**3,30**	5,90	0,7%
Ein- und Zweifamilienhäuser, Holzbauweise, unterkellert	0,70	**2,00**	3,00	0,8%
Ein- und Zweifamilienhäuser, Holzbauweise, nicht unterkellert	0,20	**1,60**	3,50	0,5%
Doppel- und Reihenendhäuser, einfacher Standard	0,20	**1,40**	2,20	0,6%
Doppel- und Reihenendhäuser, mittlerer Standard	1,30	**2,40**	4,30	1,0%
Doppel- und Reihenendhäuser, hoher Standard	1,60	**2,30**	2,60	0,9%
Reihenhäuser, einfacher Standard	1,00	**1,40**	1,80	0,7%
Reihenhäuser, mittlerer Standard	1,10	**1,90**	3,50	0,9%
Reihenhäuser, hoher Standard	2,50	**3,00**	3,50	0,6%
Mehrfamilienhäuser				
Mehrfamilienhäuser, mit bis zu 6 WE, einfacher Standard	1,60	**2,00**	2,40	1,1%
Mehrfamilienhäuser, mit bis zu 6 WE, mittlerer Standard	2,40	**3,50**	6,40	1,2%
Mehrfamilienhäuser, mit bis zu 6 WE, hoher Standard	1,40	**5,10**	7,80	2,0%

452 Such- und Signalanlagen

Gebäudeart	▷	€/Einheit	◁	KG an 400
Mehrfamilienhäuser (Fortsetzung)				
Mehrfamilienhäuser, mit 6 bis 19 WE, einfacher Standard	1,40	**1,70**	2,20	1,0%
Mehrfamilienhäuser, mit 6 bis 19 WE, mittlerer Standard	1,20	**2,20**	5,80	0,8%
Mehrfamilienhäuser, mit 6 bis 19 WE, hoher Standard	2,00	**3,40**	4,80	1,3%
Mehrfamilienhäuser, mit 20 oder mehr WE, mittlerer Standard	1,20	**1,50**	1,80	0,6%
Mehrfamilienhäuser, mit 20 oder mehr WE, hoher Standard	2,40	**6,40**	14,00	2,9%
Mehrfamilienhäuser, Passivhäuser	1,60	**2,40**	3,30	0,9%
Wohnhäuser, mit bis zu 15% Mischnutzung, einfacher Standard	0,60	**2,10**	3,60	0,7%
Wohnhäuser, mit bis zu 15% Mischnutzung, mittlerer Standard	0,90	**1,60**	2,40	0,4%
Wohnhäuser, mit bis zu 15% Mischnutzung, hoher Standard	–	**1,70**	–	0,3%
Wohnhäuser mit mehr als 15% Mischnutzung	1,50	**1,60**	1,70	0,4%
Seniorenwohnungen				
Seniorenwohnungen, mittlerer Standard	2,50	**7,80**	17,00	2,3%
Seniorenwohnungen, hoher Standard	3,50	**6,80**	10,00	2,1%
Beherbergung				
Wohnheime und Internate	1,50	**2,30**	3,60	0,8%
7 Gewerbegebäude				
Gaststätten und Kantinen				
Gaststätten, Kantinen und Mensen	–	**0,50**	–	0,0%
Gebäude für Produktion				
Industrielle Produktionsgebäude, Massivbauweise	–	**4,10**	–	0,6%
Industrielle Produktionsgebäude, überwiegend Skelettbauweise	–	**0,70**	–	0,0%
Betriebs- und Werkstätten, eingeschossig	0,10	**0,80**	1,60	0,0%
Betriebs- und Werkstätten, mehrgeschossig, geringer Hallenanteil	0,50	**1,20**	1,70	0,3%
Betriebs- und Werkstätten, mehrgeschossig, hoher Hallenanteil	0,40	**1,20**	4,00	0,5%
Gebäude für Handel und Lager				
Geschäftshäuser mit Wohnungen	0,20	**3,80**	7,40	0,9%
Geschäftshäuser ohne Wohnungen	1,70	**1,80**	1,80	0,7%
Verbrauchermärkte	–	**1,50**	–	0,1%
Autohäuser	–	**–**	–	–
Lagergebäude, ohne Mischnutzung	1,30	**1,80**	2,10	0,6%
Lagergebäude, mit bis zu 25% Mischnutzung	1,10	**2,10**	3,00	0,5%
Lagergebäude, mit mehr als 25% Mischnutzung	–	**–**	–	–
Garagen und Bereitschaftsdienste				
Einzel-, Mehrfach- und Hochgaragen	–	**–**	–	–
Tiefgaragen	–	**–**	–	–
Feuerwehrhäuser	0,50	**7,50**	14,00	1,2%
Öffentliche Bereitschaftsdienste	0,50	**0,70**	0,90	0,2%
9 Kulturgebäude				
Gebäude für kulturelle Zwecke				
Bibliotheken, Museen und Ausstellungen	0,60	**1,20**	1,70	0,1%
Theater	–	**0,80**	–	0,1%
Gemeindezentren, einfacher Standard	0,40	**0,90**	1,50	0,3%
Gemeindezentren, mittlerer Standard	0,70	**1,50**	2,30	0,3%
Gemeindezentren, hoher Standard	–	**0,90**	–	0,0%
Gebäude für religiöse Zwecke				
Sakralbauten	–	**–**	–	–
Friedhofsgebäude	–	**–**	–	–

Einheit: m² Brutto-Grundfläche

453 Zeitdienstanlagen

Kosten:
Stand 1. Quartal 2018
Bundesdurchschnitt
inkl. 19% MwSt.

Einheit: m²
Brutto-Grundfläche

▷ von
ø Mittel
◁ bis

Gebäudeart	▷	€/Einheit	◁	KG an 400
1 Büro- und Verwaltungsgebäude				
Büro- und Verwaltungsgebäude, einfacher Standard	–	0,20	–	0,0%
Büro- und Verwaltungsgebäude, mittlerer Standard	12,00	14,00	15,00	0,3%
Büro- und Verwaltungsgebäude, hoher Standard	–	–	–	–
2 Gebäude für Forschung und Lehre				
Instituts- und Laborgebäude	–	1,70	–	0,0%
3 Gebäude des Gesundheitswesens				
Medizinische Einrichtungen	–	–	–	–
Pflegeheime	–	–	–	–
4 Schulen und Kindergärten				
Allgemeinbildende Schulen	0,30	0,80	2,10	0,1%
Berufliche Schulen	–	2,20	–	0,1%
Förder- und Sonderschulen	1,20	4,40	11,00	0,4%
Weiterbildungseinrichtungen	–	–	–	–
Kindergärten, nicht unterkellert, einfacher Standard	–	–	–	–
Kindergärten, nicht unterkellert, mittlerer Standard	–	–	–	–
Kindergärten, nicht unterkellert, hoher Standard	–	–	–	–
Kindergärten, Holzbauweise, nicht unterkellert	–	–	–	–
Kindergärten, unterkellert	–	0,40	–	0,0%
5 Sportbauten				
Sport- und Mehrzweckhallen	–	0,20	–	0,0%
Sporthallen (Einfeldhallen)	–	–	–	–
Sporthallen (Dreifeldhallen)	0,20	0,80	1,40	0,1%
Schwimmhallen	–	–	–	–
6 Wohngebäude				
Ein- und Zweifamilienhäuser				
Ein- und Zweifamilienhäuser, unterkellert, einfacher Standard	–	–	–	–
Ein- und Zweifamilienhäuser, unterkellert, mittlerer Standard	–	–	–	–
Ein- und Zweifamilienhäuser, unterkellert, hoher Standard	–	–	–	–
Ein- und Zweifamilienhäuser, nicht unterkellert, einfacher Standard	–	–	–	–
Ein- und Zweifamilienhäuser, nicht unterkellert, mittlerer Standard	–	–	–	–
Ein- und Zweifamilienhäuser, nicht unterkellert, hoher Standard	–	–	–	–
Ein- und Zweifamilienhäuser, Passivhausstandard, Massivbau	–	–	–	–
Ein- und Zweifamilienhäuser, Passivhausstandard, Holzbau	–	–	–	–
Ein- und Zweifamilienhäuser, Holzbauweise, unterkellert	–	–	–	–
Ein- und Zweifamilienhäuser, Holzbauweise, nicht unterkellert	–	–	–	–
Doppel- und Reihenendhäuser, einfacher Standard	–	–	–	–
Doppel- und Reihenendhäuser, mittlerer Standard	–	–	–	–
Doppel- und Reihenendhäuser, hoher Standard	–	–	–	–
Reihenhäuser, einfacher Standard	–	–	–	–
Reihenhäuser, mittlerer Standard	–	–	–	–
Reihenhäuser, hoher Standard	–	–	–	–
Mehrfamilienhäuser				
Mehrfamilienhäuser, mit bis zu 6 WE, einfacher Standard	–	–	–	–
Mehrfamilienhäuser, mit bis zu 6 WE, mittlerer Standard	–	–	–	–
Mehrfamilienhäuser, mit bis zu 6 WE, hoher Standard	–	–	–	–

453 Zeitdienstanlagen

Gebäudeart	▷	€/Einheit	◁	KG an 400
Mehrfamilienhäuser (Fortsetzung)				
Mehrfamilienhäuser, mit 6 bis 19 WE, einfacher Standard	–	–	–	–
Mehrfamilienhäuser, mit 6 bis 19 WE, mittlerer Standard	–	–	–	–
Mehrfamilienhäuser, mit 6 bis 19 WE, hoher Standard	–	–	–	–
Mehrfamilienhäuser, mit 20 oder mehr WE, mittlerer Standard	–	–	–	–
Mehrfamilienhäuser, mit 20 oder mehr WE, hoher Standard	–	–	–	–
Mehrfamilienhäuser, Passivhäuser	–	–	–	–
Wohnhäuser, mit bis zu 15% Mischnutzung, einfacher Standard	–	–	–	–
Wohnhäuser, mit bis zu 15% Mischnutzung, mittlerer Standard	–	–	–	–
Wohnhäuser, mit bis zu 15% Mischnutzung, hoher Standard	–	–	–	–
Wohnhäuser mit mehr als 15% Mischnutzung	–	–	–	–
Seniorenwohnungen				
Seniorenwohnungen, mittlerer Standard	–	–	–	–
Seniorenwohnungen, hoher Standard	–	–	–	–
Beherbergung				
Wohnheime und Internate	–	–	–	–
7 Gewerbegebäude				
Gaststätten und Kantinen				
Gaststätten, Kantinen und Mensen	–	–	–	–
Gebäude für Produktion				
Industrielle Produktionsgebäude, Massivbauweise	–	–	–	–
Industrielle Produktionsgebäude, überwiegend Skelettbauweise	–	–	–	–
Betriebs- und Werkstätten, eingeschossig	–	0,20	–	0,0%
Betriebs- und Werkstätten, mehrgeschossig, geringer Hallenanteil	–	–	–	–
Betriebs- und Werkstätten, mehrgeschossig, hoher Hallenanteil	–	–	–	–
Gebäude für Handel und Lager				
Geschäftshäuser mit Wohnungen	–	–	–	–
Geschäftshäuser ohne Wohnungen	–	–	–	–
Verbrauchermärkte	–	–	–	–
Autohäuser	–	–	–	–
Lagergebäude, ohne Mischnutzung	–	0,40	–	0,0%
Lagergebäude, mit bis zu 25% Mischnutzung	–	–	–	–
Lagergebäude, mit mehr als 25% Mischnutzung	–	–	–	–
Garagen und Bereitschaftsdienste				
Einzel-, Mehrfach- und Hochgaragen	–	–	–	–
Tiefgaragen	–	–	–	–
Feuerwehrhäuser	–	2,40	–	0,2%
Öffentliche Bereitschaftsdienste	–	–	–	–
9 Kulturgebäude				
Gebäude für kulturelle Zwecke				
Bibliotheken, Museen und Ausstellungen	–	–	–	–
Theater	–	–	–	–
Gemeindezentren, einfacher Standard	–	–	–	–
Gemeindezentren, mittlerer Standard	–	–	–	–
Gemeindezentren, hoher Standard	–	–	–	–
Gebäude für religiöse Zwecke				
Sakralbauten	–	–	–	–
Friedhofsgebäude	–	–	–	–

Einheit: m² Brutto-Grundfläche

© BKI Baukosteninformationszentrum; Erläuterungen zu den Tabellen siehe Seite 50   Kosten: 1.Quartal 2018, Bundesdurchschnitt, **inkl. 19% MwSt.**

454 Elektroakustische Anlagen

Kosten:
Stand 1. Quartal 2018
Bundesdurchschnitt
inkl. 19% MwSt.

Einheit: m² Brutto-Grundfläche

▷ von
Ø Mittel
◁ bis

Gebäudeart	▷	€/Einheit	◁	KG an 400
1 Büro- und Verwaltungsgebäude				
Büro- und Verwaltungsgebäude, einfacher Standard	–	–	–	–
Büro- und Verwaltungsgebäude, mittlerer Standard	–	–	–	–
Büro- und Verwaltungsgebäude, hoher Standard	–	–	–	–
2 Gebäude für Forschung und Lehre				
Instituts- und Laborgebäude	–	–	–	–
3 Gebäude des Gesundheitswesens				
Medizinische Einrichtungen	3,90	**4,80**	5,60	0,6%
Pflegeheime	2,10	**6,10**	10,00	0,6%
4 Schulen und Kindergärten				
Allgemeinbildende Schulen	0,80	**4,80**	7,80	1,0%
Berufliche Schulen	6,60	**7,20**	7,70	0,7%
Förder- und Sonderschulen	2,30	**5,60**	12,00	0,7%
Weiterbildungseinrichtungen	–	–	–	–
Kindergärten, nicht unterkellert, einfacher Standard	–	–	–	–
Kindergärten, nicht unterkellert, mittlerer Standard	–	**14,00**	–	0,9%
Kindergärten, nicht unterkellert, hoher Standard	–	–	–	–
Kindergärten, Holzbauweise, nicht unterkellert	–	–	–	–
Kindergärten, unterkellert	–	–	–	–
5 Sportbauten				
Sport- und Mehrzweckhallen	2,80	**4,10**	5,30	0,5%
Sporthallen (Einfeldhallen)	0,70	**3,50**	6,30	1,0%
Sporthallen (Dreifeldhallen)	7,40	**8,60**	9,80	1,3%
Schwimmhallen	–	–	–	–
6 Wohngebäude				
Ein- und Zweifamilienhäuser				
Ein- und Zweifamilienhäuser, unterkellert, einfacher Standard	–	–	–	–
Ein- und Zweifamilienhäuser, unterkellert, mittlerer Standard	1,80	**5,40**	12,00	0,4%
Ein- und Zweifamilienhäuser, unterkellert, hoher Standard	1,00	**2,60**	11,00	0,3%
Ein- und Zweifamilienhäuser, nicht unterkellert, einfacher Standard	–	–	–	–
Ein- und Zweifamilienhäuser, nicht unterkellert, mittlerer Standard	0,60	**1,50**	4,10	0,2%
Ein- und Zweifamilienhäuser, nicht unterkellert, hoher Standard	0,30	**0,60**	1,30	0,0%
Ein- und Zweifamilienhäuser, Passivhausstandard, Massivbau	–	–	–	–
Ein- und Zweifamilienhäuser, Passivhausstandard, Holzbau	–	–	–	–
Ein- und Zweifamilienhäuser, Holzbauweise, unterkellert	–	**3,40**	–	0,1%
Ein- und Zweifamilienhäuser, Holzbauweise, nicht unterkellert	–	**0,90**	–	0,0%
Doppel- und Reihenendhäuser, einfacher Standard	–	–	–	–
Doppel- und Reihenendhäuser, mittlerer Standard	–	–	–	–
Doppel- und Reihenendhäuser, hoher Standard	0,20	**0,50**	0,90	0,0%
Reihenhäuser, einfacher Standard	–	–	–	–
Reihenhäuser, mittlerer Standard	–	**0,60**	–	0,0%
Reihenhäuser, hoher Standard	–	–	–	–
Mehrfamilienhäuser				
Mehrfamilienhäuser, mit bis zu 6 WE, einfacher Standard	–	–	–	–
Mehrfamilienhäuser, mit bis zu 6 WE, mittlerer Standard	–	–	–	–
Mehrfamilienhäuser, mit bis zu 6 WE, hoher Standard	–	**0,60**	–	0,0%

454 Elektroakustische Anlagen

Gebäudeart	▷	€/Einheit	◁	KG an 400
Mehrfamilienhäuser (Fortsetzung)				
Mehrfamilienhäuser, mit 6 bis 19 WE, einfacher Standard	–	–	–	–
Mehrfamilienhäuser, mit 6 bis 19 WE, mittlerer Standard	–	–	–	–
Mehrfamilienhäuser, mit 6 bis 19 WE, hoher Standard	–	0,80	–	0,0%
Mehrfamilienhäuser, mit 20 oder mehr WE, mittlerer Standard	–	–	–	–
Mehrfamilienhäuser, mit 20 oder mehr WE, hoher Standard	–	–	–	–
Mehrfamilienhäuser, Passivhäuser	–	0,10	–	0,0%
Wohnhäuser, mit bis zu 15% Mischnutzung, einfacher Standard	0,70	0,80	0,90	0,2%
Wohnhäuser, mit bis zu 15% Mischnutzung, mittlerer Standard	–	0,60	–	0,2%
Wohnhäuser, mit bis zu 15% Mischnutzung, hoher Standard	–	–	–	–
Wohnhäuser mit mehr als 15% Mischnutzung				
Seniorenwohnungen				
Seniorenwohnungen, mittlerer Standard	–	–	–	–
Seniorenwohnungen, hoher Standard	–	–	–	–
Beherbergung				
Wohnheime und Internate	–	9,60	–	0,2%
7 Gewerbegebäude				
Gaststätten und Kantinen				
Gaststätten, Kantinen und Mensen	1,70	6,50	11,00	0,6%
Gebäude für Produktion				
Industrielle Produktionsgebäude, Massivbauweise	–	–	–	–
Industrielle Produktionsgebäude, überwiegend Skelettbauweise	–	–	–	–
Betriebs- und Werkstätten, eingeschossig	–	0,60	–	0,0%
Betriebs- und Werkstätten, mehrgeschossig, geringer Hallenanteil	–	–	–	–
Betriebs- und Werkstätten, mehrgeschossig, hoher Hallenanteil	–	0,20	–	0,0%
Gebäude für Handel und Lager				
Geschäftshäuser mit Wohnungen				
Geschäftshäuser ohne Wohnungen				
Verbrauchermärkte	–	1,10	–	0,1%
Autohäuser				
Lagergebäude, ohne Mischnutzung				
Lagergebäude, mit bis zu 25% Mischnutzung				
Lagergebäude, mit mehr als 25% Mischnutzung				
Garagen und Bereitschaftsdienste				
Einzel-, Mehrfach- und Hochgaragen	–	–	–	–
Tiefgaragen	–	–	–	–
Feuerwehrhäuser	–	6,60	–	0,5%
Öffentliche Bereitschaftsdienste	–	–	–	–
9 Kulturgebäude				
Gebäude für kulturelle Zwecke				
Bibliotheken, Museen und Ausstellungen	10,00	39,00	69,00	2,9%
Theater	–	16,00	–	0,5%
Gemeindezentren, einfacher Standard	–	1,60	–	0,2%
Gemeindezentren, mittlerer Standard	5,10	11,00	24,00	1,8%
Gemeindezentren, hoher Standard	–	36,00	–	2,4%
Gebäude für religiöse Zwecke				
Sakralbauten	–	1,70	–	0,5%
Friedhofsgebäude	–	–	–	–

Einheit: m² Brutto-Grundfläche

455 Fernseh- und Antennenanlagen

Kosten:
Stand 1.Quartal 2018
Bundesdurchschnitt
inkl. 19% MwSt.

Einheit: m² Brutto-Grundfläche

▷ von
ø Mittel
◁ bis

Gebäudeart	▷	€/Einheit	◁	KG an 400
1 Büro- und Verwaltungsgebäude				
Büro- und Verwaltungsgebäude, einfacher Standard	–	**4,20**	–	0,5%
Büro- und Verwaltungsgebäude, mittlerer Standard	0,20	**1,50**	3,90	0,0%
Büro- und Verwaltungsgebäude, hoher Standard	1,00	**3,20**	14,00	0,3%
2 Gebäude für Forschung und Lehre				
Instituts- und Laborgebäude	–	**–**	–	–
3 Gebäude des Gesundheitswesens				
Medizinische Einrichtungen	0,10	**1,10**	1,60	0,2%
Pflegeheime	2,50	**3,10**	3,40	0,5%
4 Schulen und Kindergärten				
Allgemeinbildende Schulen	–	**0,40**	–	0,0%
Berufliche Schulen	–	**2,10**	–	0,0%
Förder- und Sonderschulen	0,50	**0,80**	1,20	0,1%
Weiterbildungseinrichtungen	–	**1,80**	–	0,1%
Kindergärten, nicht unterkellert, einfacher Standard	–	**0,50**	–	0,0%
Kindergärten, nicht unterkellert, mittlerer Standard	–	**–**	–	–
Kindergärten, nicht unterkellert, hoher Standard	–	**3,40**	–	0,3%
Kindergärten, Holzbauweise, nicht unterkellert	–	**0,60**	–	0,0%
Kindergärten, unterkellert	–	**0,40**	–	0,0%
5 Sportbauten				
Sport- und Mehrzweckhallen	0,70	**0,90**	1,00	0,1%
Sporthallen (Einfeldhallen)	–	**–**	–	–
Sporthallen (Dreifeldhallen)	–	**–**	–	–
Schwimmhallen	–	**–**	–	–
6 Wohngebäude				
Ein- und Zweifamilienhäuser				
Ein- und Zweifamilienhäuser, unterkellert, einfacher Standard	1,20	**2,50**	5,70	1,9%
Ein- und Zweifamilienhäuser, unterkellert, mittlerer Standard	2,40	**3,40**	4,50	1,1%
Ein- und Zweifamilienhäuser, unterkellert, hoher Standard	3,00	**4,10**	5,50	1,0%
Ein- und Zweifamilienhäuser, nicht unterkellert, einfacher Standard	0,40	**2,50**	4,60	1,3%
Ein- und Zweifamilienhäuser, nicht unterkellert, mittlerer Standard	2,70	**4,40**	6,10	1,4%
Ein- und Zweifamilienhäuser, nicht unterkellert, hoher Standard	1,10	**3,80**	7,50	0,9%
Ein- und Zweifamilienhäuser, Passivhausstandard, Massivbau	1,10	**2,80**	4,70	0,7%
Ein- und Zweifamilienhäuser, Passivhausstandard, Holzbau	2,30	**4,20**	7,00	0,7%
Ein- und Zweifamilienhäuser, Holzbauweise, unterkellert	1,20	**2,60**	4,80	1,0%
Ein- und Zweifamilienhäuser, Holzbauweise, nicht unterkellert	2,10	**3,50**	5,70	1,5%
Doppel- und Reihenendhäuser, einfacher Standard	0,20	**1,30**	3,40	0,4%
Doppel- und Reihenendhäuser, mittlerer Standard	1,80	**4,10**	6,20	1,7%
Doppel- und Reihenendhäuser, hoher Standard	0,80	**2,50**	5,70	0,8%
Reihenhäuser, einfacher Standard	0,40	**0,70**	1,10	0,2%
Reihenhäuser, mittlerer Standard	1,80	**3,90**	7,90	2,3%
Reihenhäuser, hoher Standard	1,30	**2,30**	3,40	0,5%
Mehrfamilienhäuser				
Mehrfamilienhäuser, mit bis zu 6 WE, einfacher Standard	0,60	**1,50**	2,40	0,7%
Mehrfamilienhäuser, mit bis zu 6 WE, mittlerer Standard	2,20	**3,10**	4,60	1,3%
Mehrfamilienhäuser, mit bis zu 6 WE, hoher Standard	1,60	**2,30**	2,70	1,0%

455 Fernseh- und Antennenanlagen

Einheit: m² Brutto-Grundfläche

Gebäudeart	▷	€/Einheit	◁	KG an 400
Mehrfamilienhäuser (Fortsetzung)				
Mehrfamilienhäuser, mit 6 bis 19 WE, einfacher Standard	1,20	**2,60**	6,40	1,4%
Mehrfamilienhäuser, mit 6 bis 19 WE, mittlerer Standard	1,30	**1,80**	2,50	1,0%
Mehrfamilienhäuser, mit 6 bis 19 WE, hoher Standard	1,80	**2,50**	3,30	0,9%
Mehrfamilienhäuser, mit 20 oder mehr WE, mittlerer Standard	1,40	**4,20**	13,00	1,7%
Mehrfamilienhäuser, mit 20 oder mehr WE, hoher Standard	2,10	**4,80**	9,80	1,8%
Mehrfamilienhäuser, Passivhäuser	1,60	**4,10**	6,40	1,5%
Wohnhäuser, mit bis zu 15% Mischnutzung, einfacher Standard	1,50	**2,20**	2,90	1,1%
Wohnhäuser, mit bis zu 15% Mischnutzung, mittlerer Standard	1,80	**5,40**	12,00	2,4%
Wohnhäuser, mit bis zu 15% Mischnutzung, hoher Standard	–	**1,20**	–	0,2%
Wohnhäuser mit mehr als 15% Mischnutzung	–	**3,00**	–	0,5%
Seniorenwohnungen				
Seniorenwohnungen, mittlerer Standard	1,30	**2,70**	5,10	0,8%
Seniorenwohnungen, hoher Standard	2,40	**2,40**	2,40	0,8%
Beherbergung				
Wohnheime und Internate	0,60	**1,50**	2,40	0,3%
7 Gewerbegebäude				
Gaststätten und Kantinen				
Gaststätten, Kantinen und Mensen	1,60	**2,10**	2,70	0,2%
Gebäude für Produktion				
Industrielle Produktionsgebäude, Massivbauweise	–	–	–	–
Industrielle Produktionsgebäude, überwiegend Skelettbauweise	–	–	–	–
Betriebs- und Werkstätten, eingeschossig	–	**0,10**	–	0,0%
Betriebs- und Werkstätten, mehrgeschossig, geringer Hallenanteil	0,50	**0,60**	0,70	0,1%
Betriebs- und Werkstätten, mehrgeschossig, hoher Hallenanteil	–	**4,80**	–	0,4%
Gebäude für Handel und Lager				
Geschäftshäuser mit Wohnungen	0,10	**0,60**	1,00	0,1%
Geschäftshäuser ohne Wohnungen	–	**1,50**	–	0,3%
Verbrauchermärkte	–	–	–	–
Autohäuser	–	–	–	–
Lagergebäude, ohne Mischnutzung	–	–	–	–
Lagergebäude, mit bis zu 25% Mischnutzung	–	**0,50**	–	0,1%
Lagergebäude, mit mehr als 25% Mischnutzung	–	–	–	–
Garagen und Bereitschaftsdienste				
Einzel-, Mehrfach- und Hochgaragen	–	–	–	–
Tiefgaragen	–	–	–	–
Feuerwehrhäuser	1,30	**2,70**	5,60	0,7%
Öffentliche Bereitschaftsdienste	–	**1,30**	–	0,1%
9 Kulturgebäude				
Gebäude für kulturelle Zwecke				
Bibliotheken, Museen und Ausstellungen	–	**1,00**	–	0,0%
Theater	–	–	–	–
Gemeindezentren, einfacher Standard	1,60	**1,70**	1,80	0,5%
Gemeindezentren, mittlerer Standard	0,30	**0,90**	2,60	0,1%
Gemeindezentren, hoher Standard	–	**1,20**	–	0,0%
Gebäude für religiöse Zwecke				
Sakralbauten	–	–	–	–
Friedhofsgebäude	–	–	–	–

Kosten: 1.Quartal 2018, Bundesdurchschnitt, inkl. 19% MwSt.

456 Gefahrenmelde- und Alarmanlagen

Kosten:
Stand 1.Quartal 2018
Bundesdurchschnitt
inkl. 19% MwSt.

Einheit: m² Brutto-Grundfläche

▷ von
Ø Mittel
◁ bis

Gebäudeart	▷	€/Einheit	◁	KG an 400
1 Büro- und Verwaltungsgebäude				
Büro- und Verwaltungsgebäude, einfacher Standard	–	**0,20**	–	0,0%
Büro- und Verwaltungsgebäude, mittlerer Standard	9,70	**22,00**	73,00	4,2%
Büro- und Verwaltungsgebäude, hoher Standard	21,00	**39,00**	62,00	5,6%
2 Gebäude für Forschung und Lehre				
Instituts- und Laborgebäude	4,60	**22,00**	39,00	2,2%
3 Gebäude des Gesundheitswesens				
Medizinische Einrichtungen	9,60	**18,00**	32,00	3,3%
Pflegeheime	14,00	**28,00**	36,00	4,5%
4 Schulen und Kindergärten				
Allgemeinbildende Schulen	2,40	**6,50**	10,00	1,4%
Berufliche Schulen	14,00	**15,00**	17,00	2,2%
Förder- und Sonderschulen	2,90	**10,00**	14,00	2,6%
Weiterbildungseinrichtungen	0,10	**7,60**	15,00	0,8%
Kindergärten, nicht unterkellert, einfacher Standard	4,20	**5,70**	7,30	1,5%
Kindergärten, nicht unterkellert, mittlerer Standard	1,40	**9,20**	17,00	1,3%
Kindergärten, nicht unterkellert, hoher Standard	8,10	**11,00**	14,00	2,4%
Kindergärten, Holzbauweise, nicht unterkellert	6,60	**9,90**	13,00	1,8%
Kindergärten, unterkellert	2,10	**4,40**	8,20	1,3%
5 Sportbauten				
Sport- und Mehrzweckhallen	–	**16,00**	–	1,1%
Sporthallen (Einfeldhallen)	4,30	**6,50**	8,70	2,2%
Sporthallen (Dreifeldhallen)	–	**5,80**	–	0,3%
Schwimmhallen	–	**–**	–	–
6 Wohngebäude				
Ein- und Zweifamilienhäuser				
Ein- und Zweifamilienhäuser, unterkellert, einfacher Standard	–	**1,20**	–	0,2%
Ein- und Zweifamilienhäuser, unterkellert, mittlerer Standard	0,80	**2,30**	3,80	0,1%
Ein- und Zweifamilienhäuser, unterkellert, hoher Standard	1,70	**5,70**	9,40	0,4%
Ein- und Zweifamilienhäuser, nicht unterkellert, einfacher Standard	–	**–**	–	–
Ein- und Zweifamilienhäuser, nicht unterkellert, mittlerer Standard	1,90	**7,00**	17,00	0,8%
Ein- und Zweifamilienhäuser, nicht unterkellert, hoher Standard	1,60	**6,70**	17,00	0,6%
Ein- und Zweifamilienhäuser, Passivhausstandard, Massivbau	0,50	**5,00**	8,00	0,3%
Ein- und Zweifamilienhäuser, Passivhausstandard, Holzbau	0,30	**0,80**	1,30	0,0%
Ein- und Zweifamilienhäuser, Holzbauweise, unterkellert	–	**0,60**	–	0,0%
Ein- und Zweifamilienhäuser, Holzbauweise, nicht unterkellert	–	**1,00**	–	0,0%
Doppel- und Reihenendhäuser, einfacher Standard	–	**–**	–	–
Doppel- und Reihenendhäuser, mittlerer Standard	–	**2,20**	–	0,1%
Doppel- und Reihenendhäuser, hoher Standard	–	**–**	–	–
Reihenhäuser, einfacher Standard	–	**4,70**	–	0,7%
Reihenhäuser, mittlerer Standard	–	**1,10**	–	0,1%
Reihenhäuser, hoher Standard	–	**–**	–	–
Mehrfamilienhäuser				
Mehrfamilienhäuser, mit bis zu 6 WE, einfacher Standard	–	**–**	–	–
Mehrfamilienhäuser, mit bis zu 6 WE, mittlerer Standard	–	**0,50**	–	0,0%
Mehrfamilienhäuser, mit bis zu 6 WE, hoher Standard	–	**–**	–	–

456 Gefahrenmelde- und Alarmanlagen

Gebäudeart	▷	€/Einheit	◁	KG an 400
Mehrfamilienhäuser (Fortsetzung)				
Mehrfamilienhäuser, mit 6 bis 19 WE, einfacher Standard	–	**0,90**	–	0,1%
Mehrfamilienhäuser, mit 6 bis 19 WE, mittlerer Standard	0,30	**1,10**	1,90	0,1%
Mehrfamilienhäuser, mit 6 bis 19 WE, hoher Standard	0,70	**1,80**	2,90	0,3%
Mehrfamilienhäuser, mit 20 oder mehr WE, mittlerer Standard	0,70	**1,50**	2,30	0,5%
Mehrfamilienhäuser, mit 20 oder mehr WE, hoher Standard	–	**7,10**	–	1,1%
Mehrfamilienhäuser, Passivhäuser	0,20	**1,00**	1,80	0,1%
Wohnhäuser, mit bis zu 15% Mischnutzung, einfacher Standard	–	**–**	–	–
Wohnhäuser, mit bis zu 15% Mischnutzung, mittlerer Standard	–	**1,30**	–	0,1%
Wohnhäuser, mit bis zu 15% Mischnutzung, hoher Standard	–	**–**	–	–
Wohnhäuser mit mehr als 15% Mischnutzung	–	**11,00**	–	1,1%
Seniorenwohnungen				
Seniorenwohnungen, mittlerer Standard	2,40	**4,10**	8,10	1,7%
Seniorenwohnungen, hoher Standard	–	**1,00**	–	0,1%
Beherbergung				
Wohnheime und Internate	6,10	**11,00**	13,00	2,9%
7 Gewerbegebäude				
Gaststätten und Kantinen				
Gaststätten, Kantinen und Mensen	9,60	**10,00**	11,00	1,3%
Gebäude für Produktion				
Industrielle Produktionsgebäude, Massivbauweise	–	**–**	–	–
Industrielle Produktionsgebäude, überwiegend Skelettbauweise	2,30	**4,90**	9,20	1,9%
Betriebs- und Werkstätten, eingeschossig	2,80	**15,00**	27,00	1,7%
Betriebs- und Werkstätten, mehrgeschossig, geringer Hallenanteil	–	**16,00**	–	1,5%
Betriebs- und Werkstätten, mehrgeschossig, hoher Hallenanteil	–	**18,00**	–	0,5%
Gebäude für Handel und Lager				
Geschäftshäuser mit Wohnungen	–	**7,80**	–	0,7%
Geschäftshäuser ohne Wohnungen	–	**9,80**	–	2,4%
Verbrauchermärkte	–	**5,60**	–	0,6%
Autohäuser	–	**–**	–	–
Lagergebäude, ohne Mischnutzung	10,00	**22,00**	44,00	4,4%
Lagergebäude, mit bis zu 25% Mischnutzung	2,20	**12,00**	22,00	2,6%
Lagergebäude, mit mehr als 25% Mischnutzung	–	**8,70**	–	3,8%
Garagen und Bereitschaftsdienste				
Einzel-, Mehrfach- und Hochgaragen	–	**–**	–	–
Tiefgaragen	–	**–**	–	–
Feuerwehrhäuser	4,90	**16,00**	36,00	4,5%
Öffentliche Bereitschaftsdienste	7,30	**20,00**	33,00	5,2%
9 Kulturgebäude				
Gebäude für kulturelle Zwecke				
Bibliotheken, Museen und Ausstellungen	17,00	**22,00**	27,00	2,0%
Theater	–	**13,00**	–	0,4%
Gemeindezentren, einfacher Standard	–	**–**	–	–
Gemeindezentren, mittlerer Standard	0,90	**3,00**	4,20	0,4%
Gemeindezentren, hoher Standard	–	**5,80**	–	0,3%
Gebäude für religiöse Zwecke				
Sakralbauten	–	**–**	–	–
Friedhofsgebäude	–	**–**	–	–

Einheit: m² Brutto-Grundfläche

457 Übertragungsnetze

Kosten:
Stand 1.Quartal 2018
Bundesdurchschnitt
inkl. 19% MwSt.

Einheit: m² Brutto-Grundfläche

▷ von
Ø Mittel
◁ bis

Gebäudeart	▷	€/Einheit	◁	KG an 400
1 Büro- und Verwaltungsgebäude				
Büro- und Verwaltungsgebäude, einfacher Standard	8,30	**18,00**	37,00	4,8%
Büro- und Verwaltungsgebäude, mittlerer Standard	14,00	**23,00**	45,00	6,1%
Büro- und Verwaltungsgebäude, hoher Standard	15,00	**39,00**	82,00	4,4%
2 Gebäude für Forschung und Lehre				
Instituts- und Laborgebäude	13,00	**19,00**	25,00	2,0%
3 Gebäude des Gesundheitswesens				
Medizinische Einrichtungen	11,00	**18,00**	22,00	3,6%
Pflegeheime	2,00	**2,60**	3,70	0,4%
4 Schulen und Kindergärten				
Allgemeinbildende Schulen	3,80	**12,00**	17,00	2,7%
Berufliche Schulen	2,80	**7,20**	15,00	0,9%
Förder- und Sonderschulen	6,00	**10,00**	12,00	2,1%
Weiterbildungseinrichtungen	–	**14,00**	–	1,3%
Kindergärten, nicht unterkellert, einfacher Standard	–	**–**	–	–
Kindergärten, nicht unterkellert, mittlerer Standard	–	**10,00**	–	0,7%
Kindergärten, nicht unterkellert, hoher Standard	–	**16,00**	–	1,6%
Kindergärten, Holzbauweise, nicht unterkellert	1,70	**2,10**	2,40	0,4%
Kindergärten, unterkellert	3,20	**4,10**	5,10	0,7%
5 Sportbauten				
Sport- und Mehrzweckhallen	–	**15,00**	–	1,0%
Sporthallen (Einfeldhallen)	–	**0,50**	–	0,0%
Sporthallen (Dreifeldhallen)	–	**–**	–	–
Schwimmhallen	–	**–**	–	–
6 Wohngebäude				
Ein- und Zweifamilienhäuser				
Ein- und Zweifamilienhäuser, unterkellert, einfacher Standard	–	**–**	–	–
Ein- und Zweifamilienhäuser, unterkellert, mittlerer Standard	2,20	**2,70**	3,80	0,2%
Ein- und Zweifamilienhäuser, unterkellert, hoher Standard	3,40	**5,60**	13,00	1,3%
Ein- und Zweifamilienhäuser, nicht unterkellert, einfacher Standard	–	**3,50**	–	0,9%
Ein- und Zweifamilienhäuser, nicht unterkellert, mittlerer Standard	4,00	**6,40**	9,40	1,2%
Ein- und Zweifamilienhäuser, nicht unterkellert, hoher Standard	2,00	**3,20**	5,60	0,6%
Ein- und Zweifamilienhäuser, Passivhausstandard, Massivbau	1,00	**3,20**	4,80	0,6%
Ein- und Zweifamilienhäuser, Passivhausstandard, Holzbau	2,50	**4,10**	6,80	0,4%
Ein- und Zweifamilienhäuser, Holzbauweise, unterkellert	0,30	**1,50**	3,10	0,3%
Ein- und Zweifamilienhäuser, Holzbauweise, nicht unterkellert	2,00	**3,70**	6,30	0,5%
Doppel- und Reihenendhäuser, einfacher Standard	–	**–**	–	–
Doppel- und Reihenendhäuser, mittlerer Standard	2,40	**5,30**	11,00	1,0%
Doppel- und Reihenendhäuser, hoher Standard	–	**–**	–	–
Reihenhäuser, einfacher Standard	–	**–**	–	–
Reihenhäuser, mittlerer Standard	0,30	**4,40**	8,50	1,1%
Reihenhäuser, hoher Standard	–	**2,50**	–	0,3%
Mehrfamilienhäuser				
Mehrfamilienhäuser, mit bis zu 6 WE, einfacher Standard	–	**–**	–	–
Mehrfamilienhäuser, mit bis zu 6 WE, mittlerer Standard	–	**0,80**	–	0,0%
Mehrfamilienhäuser, mit bis zu 6 WE, hoher Standard	0,40	**1,90**	4,80	0,4%

© BKI Baukosteninformationszentrum; Erläuterungen zu den Tabellen siehe Seite 50

Kosten: 1.Quartal 2018, Bundesdurchschnitt, inkl. 19% MwSt.

457 Übertragungsnetze

Gebäudeart	▷	€/Einheit	◁	KG an 400
Mehrfamilienhäuser (Fortsetzung)				
Mehrfamilienhäuser, mit 6 bis 19 WE, einfacher Standard	–	–	–	–
Mehrfamilienhäuser, mit 6 bis 19 WE, mittlerer Standard	–	–	–	–
Mehrfamilienhäuser, mit 6 bis 19 WE, hoher Standard	–	**1,70**	–	0,1%
Mehrfamilienhäuser, mit 20 oder mehr WE, mittlerer Standard	1,60	**2,10**	2,60	0,4%
Mehrfamilienhäuser, mit 20 oder mehr WE, hoher Standard	–	**3,50**	–	0,4%
Mehrfamilienhäuser, Passivhäuser	1,50	**2,90**	5,80	0,5%
Wohnhäuser, mit bis zu 15% Mischnutzung, einfacher Standard	3,00	**3,50**	4,00	0,8%
Wohnhäuser, mit bis zu 15% Mischnutzung, mittlerer Standard	–	**2,00**	–	0,2%
Wohnhäuser, mit bis zu 15% Mischnutzung, hoher Standard	–	–	–	–
Wohnhäuser mit mehr als 15% Mischnutzung	–	–	–	–
Seniorenwohnungen				
Seniorenwohnungen, mittlerer Standard	0,40	**2,20**	4,00	0,2%
Seniorenwohnungen, hoher Standard	–	–	–	–
Beherbergung				
Wohnheime und Internate	4,70	**10,00**	13,00	1,2%
7 Gewerbegebäude				
Gaststätten und Kantinen				
Gaststätten, Kantinen und Mensen	–	**6,70**	–	0,6%
Gebäude für Produktion				
Industrielle Produktionsgebäude, Massivbauweise	–	**3,20**	–	0,4%
Industrielle Produktionsgebäude, überwiegend Skelettbauweise	2,20	**5,70**	9,30	1,2%
Betriebs- und Werkstätten, eingeschossig	8,00	**9,90**	12,00	1,1%
Betriebs- und Werkstätten, mehrgeschossig, geringer Hallenanteil	9,80	**11,00**	12,00	1,6%
Betriebs- und Werkstätten, mehrgeschossig, hoher Hallenanteil	5,50	**7,20**	11,00	0,9%
Gebäude für Handel und Lager				
Geschäftshäuser mit Wohnungen	–	**8,90**	–	1,1%
Geschäftshäuser ohne Wohnungen	–	–	–	–
Verbrauchermärkte	–	**0,40**	–	0,0%
Autohäuser	–	**12,00**	–	2,1%
Lagergebäude, ohne Mischnutzung	1,20	**3,90**	8,30	0,7%
Lagergebäude, mit bis zu 25% Mischnutzung	11,00	**11,00**	12,00	3,9%
Lagergebäude, mit mehr als 25% Mischnutzung	–	–	–	–
Garagen und Bereitschaftsdienste				
Einzel-, Mehrfach- und Hochgaragen	–	–	–	–
Tiefgaragen	–	–	–	–
Feuerwehrhäuser	1,90	**5,30**	12,00	1,3%
Öffentliche Bereitschaftsdienste	3,20	**3,50**	4,00	1,3%
9 Kulturgebäude				
Gebäude für kulturelle Zwecke				
Bibliotheken, Museen und Ausstellungen	5,90	**10,00**	18,00	1,6%
Theater	–	**3,60**	–	0,7%
Gemeindezentren, einfacher Standard	–	**1,30**	–	0,2%
Gemeindezentren, mittlerer Standard	1,20	**5,30**	13,00	0,6%
Gemeindezentren, hoher Standard	–	**0,30**	–	0,0%
Gebäude für religiöse Zwecke				
Sakralbauten	–	–	–	–
Friedhofsgebäude	–	–	–	–

Einheit: m² Brutto-Grundfläche

© BKI Baukosteninformationszentrum; Erläuterungen zu den Tabellen siehe Seite 50   Kosten: 1.Quartal 2018, Bundesdurchschnitt, **inkl. 19% MwSt.**

461 Aufzugsanlagen

Kosten:
Stand 1. Quartal 2018
Bundesdurchschnitt
inkl. 19% MwSt.

Einheit: m² Brutto-Grundfläche

▷ von
ø Mittel
◁ bis

Gebäudeart	▷	€/Einheit	◁	KG an 400
1 Büro- und Verwaltungsgebäude				
Büro- und Verwaltungsgebäude, einfacher Standard	22,00	**31,00**	40,00	5,5%
Büro- und Verwaltungsgebäude, mittlerer Standard	23,00	**34,00**	60,00	2,3%
Büro- und Verwaltungsgebäude, hoher Standard	23,00	**34,00**	52,00	3,6%
2 Gebäude für Forschung und Lehre				
Instituts- und Laborgebäude	–	**17,00**	–	0,5%
3 Gebäude des Gesundheitswesens				
Medizinische Einrichtungen	17,00	**29,00**	35,00	6,1%
Pflegeheime	27,00	**31,00**	38,00	5,1%
4 Schulen und Kindergärten				
Allgemeinbildende Schulen	11,00	**17,00**	22,00	3,3%
Berufliche Schulen	12,00	**36,00**	83,00	3,0%
Förder- und Sonderschulen	13,00	**27,00**	37,00	5,8%
Weiterbildungseinrichtungen	15,00	**31,00**	59,00	5,1%
Kindergärten, nicht unterkellert, einfacher Standard	–	**11,00**	–	1,3%
Kindergärten, nicht unterkellert, mittlerer Standard	–	–	–	–
Kindergärten, nicht unterkellert, hoher Standard	–	–	–	–
Kindergärten, Holzbauweise, nicht unterkellert	–	–	–	–
Kindergärten, unterkellert	–	–	–	–
5 Sportbauten				
Sport- und Mehrzweckhallen	–	–	–	–
Sporthallen (Einfeldhallen)	–	–	–	–
Sporthallen (Dreifeldhallen)	–	–	–	–
Schwimmhallen	–	–	–	–
6 Wohngebäude				
Ein- und Zweifamilienhäuser				
Ein- und Zweifamilienhäuser, unterkellert, einfacher Standard	–	–	–	–
Ein- und Zweifamilienhäuser, unterkellert, mittlerer Standard	–	–	–	–
Ein- und Zweifamilienhäuser, unterkellert, hoher Standard	–	–	–	–
Ein- und Zweifamilienhäuser, nicht unterkellert, einfacher Standard	–	–	–	–
Ein- und Zweifamilienhäuser, nicht unterkellert, mittlerer Standard	–	–	–	–
Ein- und Zweifamilienhäuser, nicht unterkellert, hoher Standard	–	–	–	–
Ein- und Zweifamilienhäuser, Passivhausstandard, Massivbau	–	–	–	–
Ein- und Zweifamilienhäuser, Passivhausstandard, Holzbau	–	–	–	–
Ein- und Zweifamilienhäuser, Holzbauweise, unterkellert	–	–	–	–
Ein- und Zweifamilienhäuser, Holzbauweise, nicht unterkellert	–	–	–	–
Doppel- und Reihenendhäuser, einfacher Standard	–	–	–	–
Doppel- und Reihenendhäuser, mittlerer Standard	–	–	–	–
Doppel- und Reihenendhäuser, hoher Standard	–	–	–	–
Reihenhäuser, einfacher Standard	–	–	–	–
Reihenhäuser, mittlerer Standard	–	–	–	–
Reihenhäuser, hoher Standard	–	–	–	–
Mehrfamilienhäuser				
Mehrfamilienhäuser, mit bis zu 6 WE, einfacher Standard	–	–	–	–
Mehrfamilienhäuser, mit bis zu 6 WE, mittlerer Standard	–	–	–	–
Mehrfamilienhäuser, mit bis zu 6 WE, hoher Standard	36,00	**40,00**	43,00	6,5%

461 Aufzugsanlagen

Gebäudeart	▷	€/Einheit	◁	KG an 400
Mehrfamilienhäuser (Fortsetzung)				
Mehrfamilienhäuser, mit 6 bis 19 WE, einfacher Standard	–	–	–	–
Mehrfamilienhäuser, mit 6 bis 19 WE, mittlerer Standard	21,00	**35,00**	61,00	5,9%
Mehrfamilienhäuser, mit 6 bis 19 WE, hoher Standard	28,00	**32,00**	35,00	16,8%
Mehrfamilienhäuser, mit 20 oder mehr WE, mittlerer Standard	13,00	**42,00**	57,00	11,3%
Mehrfamilienhäuser, mit 20 oder mehr WE, hoher Standard	16,00	**18,00**	20,00	5,0%
Mehrfamilienhäuser, Passivhäuser	13,00	**23,00**	34,00	3,0%
Wohnhäuser, mit bis zu 15% Mischnutzung, einfacher Standard	15,00	**22,00**	27,00	8,1%
Wohnhäuser, mit bis zu 15% Mischnutzung, mittlerer Standard	–	**28,00**	–	3,4%
Wohnhäuser, mit bis zu 15% Mischnutzung, hoher Standard	–	**25,00**	–	5,7%
Wohnhäuser mit mehr als 15% Mischnutzung	–	–	–	–
Seniorenwohnungen				
Seniorenwohnungen, mittlerer Standard	19,00	**37,00**	72,00	14,3%
Seniorenwohnungen, hoher Standard	20,00	**40,00**	60,00	12,7%
Beherbergung				
Wohnheime und Internate	7,00	**21,00**	30,00	3,7%
7 Gewerbegebäude				
Gaststätten und Kantinen				
Gaststätten, Kantinen und Mensen	45,00	**56,00**	68,00	8,1%
Gebäude für Produktion				
Industrielle Produktionsgebäude, Massivbauweise	–	**26,00**	–	2,9%
Industrielle Produktionsgebäude, überwiegend Skelettbauweise	–	–	–	–
Betriebs- und Werkstätten, eingeschossig	–	**9,00**	–	0,5%
Betriebs- und Werkstätten, mehrgeschossig, geringer Hallenanteil	8,50	**13,00**	15,00	16,3%
Betriebs- und Werkstätten, mehrgeschossig, hoher Hallenanteil	–	**3,50**	–	0,1%
Gebäude für Handel und Lager				
Geschäftshäuser mit Wohnungen	24,00	**26,00**	28,00	5,8%
Geschäftshäuser ohne Wohnungen	–	**65,00**	–	12,9%
Verbrauchermärkte	–	–	–	–
Autohäuser	–	–	–	–
Lagergebäude, ohne Mischnutzung	–	–	–	–
Lagergebäude, mit bis zu 25% Mischnutzung	–	–	–	–
Lagergebäude, mit mehr als 25% Mischnutzung	–	–	–	–
Garagen und Bereitschaftsdienste				
Einzel-, Mehrfach- und Hochgaragen	–	–	–	–
Tiefgaragen	–	–	–	–
Feuerwehrhäuser	–	**16,00**	–	1,3%
Öffentliche Bereitschaftsdienste	–	–	–	–
9 Kulturgebäude				
Gebäude für kulturelle Zwecke				
Bibliotheken, Museen und Ausstellungen	–	–	–	–
Theater	–	**37,00**	–	1,3%
Gemeindezentren, einfacher Standard	–	**10,00**	–	2,0%
Gemeindezentren, mittlerer Standard	46,00	**48,00**	51,00	5,7%
Gemeindezentren, hoher Standard	–	**96,00**	–	6,7%
Gebäude für religiöse Zwecke				
Sakralbauten	–	–	–	–
Friedhofsgebäude	–	–	–	–

Einheit: m² Brutto-Grundfläche

© BKI Baukosteninformationszentrum; Erläuterungen zu den Tabellen siehe Seite 50   Kosten: 1.Quartal 2018, Bundesdurchschnitt, inkl. 19% MwSt.

471 Küchentechnische Anlagen

Kosten:
Stand 1.Quartal 2018
Bundesdurchschnitt
inkl. 19% MwSt.

Einheit: m²
Brutto-Grundfläche

▷ von
ø Mittel
◁ bis

Gebäudeart	▷	€/Einheit	◁	KG an 400
1 Büro- und Verwaltungsgebäude				
Büro- und Verwaltungsgebäude, einfacher Standard	–	–	–	–
Büro- und Verwaltungsgebäude, mittlerer Standard	1,90	**14,00**	38,00	0,3%
Büro- und Verwaltungsgebäude, hoher Standard	–	**1,40**	–	0,0%
2 Gebäude für Forschung und Lehre				
Instituts- und Laborgebäude	–	–	–	–
3 Gebäude des Gesundheitswesens				
Medizinische Einrichtungen	–	**2,20**	–	0,1%
Pflegeheime	43,00	**65,00**	108,00	10,5%
4 Schulen und Kindergärten				
Allgemeinbildende Schulen	9,20	**50,00**	92,00	5,2%
Berufliche Schulen	19,00	**57,00**	95,00	3,0%
Förder- und Sonderschulen	5,30	**7,80**	10,00	0,7%
Weiterbildungseinrichtungen	3,90	**49,00**	138,00	8,4%
Kindergärten, nicht unterkellert, einfacher Standard	23,00	**33,00**	44,00	8,3%
Kindergärten, nicht unterkellert, mittlerer Standard	–	–	–	–
Kindergärten, nicht unterkellert, hoher Standard	–	**27,00**	–	3,0%
Kindergärten, Holzbauweise, nicht unterkellert	–	–	–	–
Kindergärten, unterkellert	–	–	–	–
5 Sportbauten				
Sport- und Mehrzweckhallen	–	**0,80**	–	0,0%
Sporthallen (Einfeldhallen)	–	–	–	–
Sporthallen (Dreifeldhallen)	–	–	–	–
Schwimmhallen	–	**38,00**	–	3,3%
6 Wohngebäude				
Ein- und Zweifamilienhäuser				
Ein- und Zweifamilienhäuser, unterkellert, einfacher Standard	–	–	–	–
Ein- und Zweifamilienhäuser, unterkellert, mittlerer Standard	–	–	–	–
Ein- und Zweifamilienhäuser, unterkellert, hoher Standard	–	–	–	–
Ein- und Zweifamilienhäuser, nicht unterkellert, einfacher Standard	–	–	–	–
Ein- und Zweifamilienhäuser, nicht unterkellert, mittlerer Standard	–	–	–	–
Ein- und Zweifamilienhäuser, nicht unterkellert, hoher Standard	–	–	–	–
Ein- und Zweifamilienhäuser, Passivhausstandard, Massivbau	–	–	–	–
Ein- und Zweifamilienhäuser, Passivhausstandard, Holzbau	–	–	–	–
Ein- und Zweifamilienhäuser, Holzbauweise, unterkellert	–	–	–	–
Ein- und Zweifamilienhäuser, Holzbauweise, nicht unterkellert	–	–	–	–
Doppel- und Reihenendhäuser, einfacher Standard	–	–	–	–
Doppel- und Reihenendhäuser, mittlerer Standard	–	–	–	–
Doppel- und Reihenendhäuser, hoher Standard	–	–	–	–
Reihenhäuser, einfacher Standard	–	–	–	–
Reihenhäuser, mittlerer Standard	–	–	–	–
Reihenhäuser, hoher Standard	–	–	–	–
Mehrfamilienhäuser				
Mehrfamilienhäuser, mit bis zu 6 WE, einfacher Standard	–	–	–	–
Mehrfamilienhäuser, mit bis zu 6 WE, mittlerer Standard	–	–	–	–
Mehrfamilienhäuser, mit bis zu 6 WE, hoher Standard	–	–	–	–

471 Küchentechnische Anlagen

Gebäudeart	▷	€/Einheit	◁	KG an 400
Mehrfamilienhäuser (Fortsetzung)				
Mehrfamilienhäuser, mit 6 bis 19 WE, einfacher Standard	–	–	–	–
Mehrfamilienhäuser, mit 6 bis 19 WE, mittlerer Standard	–	–	–	–
Mehrfamilienhäuser, mit 6 bis 19 WE, hoher Standard	–	–	–	–
Mehrfamilienhäuser, mit 20 oder mehr WE, mittlerer Standard	–	–	–	–
Mehrfamilienhäuser, mit 20 oder mehr WE, hoher Standard	–	–	–	–
Mehrfamilienhäuser, Passivhäuser	–	–	–	–
Wohnhäuser, mit bis zu 15% Mischnutzung, einfacher Standard	–	–	–	–
Wohnhäuser, mit bis zu 15% Mischnutzung, mittlerer Standard	–	–	–	–
Wohnhäuser, mit bis zu 15% Mischnutzung, hoher Standard	–	–	–	–
Wohnhäuser mit mehr als 15% Mischnutzung	–	58,00	–	4,1%
Seniorenwohnungen				
Seniorenwohnungen, mittlerer Standard	–	–	–	–
Seniorenwohnungen, hoher Standard	–	–	–	–
Beherbergung				
Wohnheime und Internate	–	28,00	–	1,1%
7 Gewerbegebäude				
Gaststätten und Kantinen				
Gaststätten, Kantinen und Mensen	63,00	65,00	70,00	14,7%
Gebäude für Produktion				
Industrielle Produktionsgebäude, Massivbauweise	–	–	–	–
Industrielle Produktionsgebäude, überwiegend Skelettbauweise	–	–	–	–
Betriebs- und Werkstätten, eingeschossig	–	–	–	–
Betriebs- und Werkstätten, mehrgeschossig, geringer Hallenanteil	–	–	–	–
Betriebs- und Werkstätten, mehrgeschossig, hoher Hallenanteil	–	–	–	–
Gebäude für Handel und Lager				
Geschäftshäuser mit Wohnungen	–	–	–	–
Geschäftshäuser ohne Wohnungen	–	–	–	–
Verbrauchermärkte	–	–	–	–
Autohäuser	–	–	–	–
Lagergebäude, ohne Mischnutzung	–	–	–	–
Lagergebäude, mit bis zu 25% Mischnutzung	–	–	–	–
Lagergebäude, mit mehr als 25% Mischnutzung	–	–	–	–
Garagen und Bereitschaftsdienste				
Einzel-, Mehrfach- und Hochgaragen	–	–	–	–
Tiefgaragen	–	–	–	–
Feuerwehrhäuser	–	–	–	–
Öffentliche Bereitschaftsdienste	–	–	–	–
9 Kulturgebäude				
Gebäude für kulturelle Zwecke				
Bibliotheken, Museen und Ausstellungen	–	45,00	–	1,3%
Theater	–	–	–	–
Gemeindezentren, einfacher Standard	–	33,00	–	6,6%
Gemeindezentren, mittlerer Standard	29,00	35,00	41,00	2,7%
Gemeindezentren, hoher Standard	–	53,00	–	3,5%
Gebäude für religiöse Zwecke				
Sakralbauten	–	–	–	–
Friedhofsgebäude	–	–	–	–

Einheit: m² Brutto-Grundfläche

© BKI Baukosteninformationszentrum; Erläuterungen zu den Tabellen siehe Seite 50   Kosten: 1.Quartal 2018, Bundesdurchschnitt, inkl. 19% MwSt.

473 Medienversorgungsanlagen

Kosten:
Stand 1.Quartal 2018
Bundesdurchschnitt
inkl. 19% MwSt.

Einheit: m²
Brutto-Grundfläche

▷ von
Ø Mittel
◁ bis

Gebäudeart	▷	€/Einheit	◁	KG an 400
1 Büro- und Verwaltungsgebäude				
Büro- und Verwaltungsgebäude, einfacher Standard	–	–	–	–
Büro- und Verwaltungsgebäude, mittlerer Standard	–	–	–	–
Büro- und Verwaltungsgebäude, hoher Standard	–	–	–	–
2 Gebäude für Forschung und Lehre				
Instituts- und Laborgebäude	38,00	**54,00**	69,00	2,3%
3 Gebäude des Gesundheitswesens				
Medizinische Einrichtungen	–	**31,00**	–	1,5%
Pflegeheime	–	–	–	–
4 Schulen und Kindergärten				
Allgemeinbildende Schulen	–	–	–	–
Berufliche Schulen	–	**1,80**	–	0,0%
Förder- und Sonderschulen	–	–	–	–
Weiterbildungseinrichtungen	–	**0,30**	–	0,0%
Kindergärten, nicht unterkellert, einfacher Standard	–	–	–	–
Kindergärten, nicht unterkellert, mittlerer Standard	–	–	–	–
Kindergärten, nicht unterkellert, hoher Standard	–	–	–	–
Kindergärten, Holzbauweise, nicht unterkellert	–	–	–	–
Kindergärten, unterkellert	–	–	–	–
5 Sportbauten				
Sport- und Mehrzweckhallen	–	–	–	–
Sporthallen (Einfeldhallen)	–	–	–	–
Sporthallen (Dreifeldhallen)	–	–	–	–
Schwimmhallen	–	–	–	–
6 Wohngebäude				
Ein- und Zweifamilienhäuser				
Ein- und Zweifamilienhäuser, unterkellert, einfacher Standard	–	–	–	–
Ein- und Zweifamilienhäuser, unterkellert, mittlerer Standard	–	–	–	–
Ein- und Zweifamilienhäuser, unterkellert, hoher Standard	–	–	–	–
Ein- und Zweifamilienhäuser, nicht unterkellert, einfacher Standard	–	–	–	–
Ein- und Zweifamilienhäuser, nicht unterkellert, mittlerer Standard	–	–	–	–
Ein- und Zweifamilienhäuser, nicht unterkellert, hoher Standard	–	–	–	–
Ein- und Zweifamilienhäuser, Passivhausstandard, Massivbau	–	–	–	–
Ein- und Zweifamilienhäuser, Passivhausstandard, Holzbau	–	–	–	–
Ein- und Zweifamilienhäuser, Holzbauweise, unterkellert	–	–	–	–
Ein- und Zweifamilienhäuser, Holzbauweise, nicht unterkellert	–	–	–	–
Doppel- und Reihenendhäuser, einfacher Standard	–	–	–	–
Doppel- und Reihenendhäuser, mittlerer Standard	–	–	–	–
Doppel- und Reihenendhäuser, hoher Standard	–	–	–	–
Reihenhäuser, einfacher Standard	–	–	–	–
Reihenhäuser, mittlerer Standard	–	–	–	–
Reihenhäuser, hoher Standard	–	–	–	–
Mehrfamilienhäuser				
Mehrfamilienhäuser, mit bis zu 6 WE, einfacher Standard	–	–	–	–
Mehrfamilienhäuser, mit bis zu 6 WE, mittlerer Standard	–	–	–	–
Mehrfamilienhäuser, mit bis zu 6 WE, hoher Standard	–	–	–	–

473 Medienversorgungsanlagen

Gebäudeart	▷	€/Einheit	◁	KG an 400
Mehrfamilienhäuser (Fortsetzung)				
Mehrfamilienhäuser, mit 6 bis 19 WE, einfacher Standard	–	–	–	–
Mehrfamilienhäuser, mit 6 bis 19 WE, mittlerer Standard	–	–	–	–
Mehrfamilienhäuser, mit 6 bis 19 WE, hoher Standard	–	–	–	–
Mehrfamilienhäuser, mit 20 oder mehr WE, mittlerer Standard	–	–	–	–
Mehrfamilienhäuser, mit 20 oder mehr WE, hoher Standard	–	–	–	–
Mehrfamilienhäuser, Passivhäuser	–	–	–	–
Wohnhäuser, mit bis zu 15% Mischnutzung, einfacher Standard	–	–	–	–
Wohnhäuser, mit bis zu 15% Mischnutzung, mittlerer Standard	–	–	–	–
Wohnhäuser, mit bis zu 15% Mischnutzung, hoher Standard	–	–	–	–
Wohnhäuser mit mehr als 15% Mischnutzung	–	–	–	–
Seniorenwohnungen				
Seniorenwohnungen, mittlerer Standard	–	–	–	–
Seniorenwohnungen, hoher Standard	–	–	–	–
Beherbergung				
Wohnheime und Internate	–	–	–	–
7 Gewerbegebäude				
Gaststätten und Kantinen				
Gaststätten, Kantinen und Mensen	–	–	–	–
Gebäude für Produktion				
Industrielle Produktionsgebäude, Massivbauweise	–	**8,50**	–	0,9%
Industrielle Produktionsgebäude, überwiegend Skelettbauweise	–	**7,70**	–	0,8%
Betriebs- und Werkstätten, eingeschossig	3,80	**9,30**	15,00	1,0%
Betriebs- und Werkstätten, mehrgeschossig, geringer Hallenanteil	–	–	–	–
Betriebs- und Werkstätten, mehrgeschossig, hoher Hallenanteil	2,80	**8,60**	20,00	1,0%
Gebäude für Handel und Lager				
Geschäftshäuser mit Wohnungen	–	–	–	–
Geschäftshäuser ohne Wohnungen	–	–	–	–
Verbrauchermärkte	–	–	–	–
Autohäuser	–	–	–	–
Lagergebäude, ohne Mischnutzung	–	**9,60**	–	0,2%
Lagergebäude, mit bis zu 25% Mischnutzung	–	–	–	–
Lagergebäude, mit mehr als 25% Mischnutzung	–	–	–	–
Garagen und Bereitschaftsdienste				
Einzel-, Mehrfach- und Hochgaragen	–	–	–	–
Tiefgaragen	–	–	–	–
Feuerwehrhäuser	–	–	–	–
Öffentliche Bereitschaftsdienste	–	**8,20**	–	0,4%
9 Kulturgebäude				
Gebäude für kulturelle Zwecke				
Bibliotheken, Museen und Ausstellungen	–	–	–	–
Theater	–	–	–	–
Gemeindezentren, einfacher Standard	–	–	–	–
Gemeindezentren, mittlerer Standard	–	–	–	–
Gemeindezentren, hoher Standard	–	–	–	–
Gebäude für religiöse Zwecke				
Sakralbauten	–	–	–	–
Friedhofsgebäude	–	–	–	–

Einheit: m² Brutto-Grundfläche

© BKI Baukosteninformationszentrum; Erläuterungen zu den Tabellen siehe Seite 50 Kosten: 1.Quartal 2018, Bundesdurchschnitt, **inkl. 19% MwSt.**

474 Medizin- und labortechnische Anlagen

Kosten:
Stand 1.Quartal 2018
Bundesdurchschnitt
inkl. 19% MwSt.

Einheit: m² Brutto-Grundfläche

▷ von
ø Mittel
◁ bis

Gebäudeart	▷	€/Einheit	◁	KG an 400
1 Büro- und Verwaltungsgebäude				
Büro- und Verwaltungsgebäude, einfacher Standard	–	–	–	–
Büro- und Verwaltungsgebäude, mittlerer Standard	–	**0,40**	–	0,0%
Büro- und Verwaltungsgebäude, hoher Standard	–	–	–	–
2 Gebäude für Forschung und Lehre				
Instituts- und Laborgebäude	116,00	**180,00**	244,00	10,1%
3 Gebäude des Gesundheitswesens				
Medizinische Einrichtungen	–	–	–	–
Pflegeheime	–	**19,00**	–	1,1%
4 Schulen und Kindergärten				
Allgemeinbildende Schulen	–	**15,00**	–	0,7%
Berufliche Schulen	–	**109,00**	–	3,9%
Förder- und Sonderschulen	–	–	–	–
Weiterbildungseinrichtungen	–	–	–	–
Kindergärten, nicht unterkellert, einfacher Standard	–	–	–	–
Kindergärten, nicht unterkellert, mittlerer Standard	–	–	–	–
Kindergärten, nicht unterkellert, hoher Standard	–	–	–	–
Kindergärten, Holzbauweise, nicht unterkellert	–	–	–	–
Kindergärten, unterkellert	–	–	–	–
5 Sportbauten				
Sport- und Mehrzweckhallen	–	–	–	–
Sporthallen (Einfeldhallen)	–	–	–	–
Sporthallen (Dreifeldhallen)	–	–	–	–
Schwimmhallen	–	–	–	–
6 Wohngebäude				
Ein- und Zweifamilienhäuser				
Ein- und Zweifamilienhäuser, unterkellert, einfacher Standard	–	–	–	–
Ein- und Zweifamilienhäuser, unterkellert, mittlerer Standard	–	–	–	–
Ein- und Zweifamilienhäuser, unterkellert, hoher Standard	–	–	–	–
Ein- und Zweifamilienhäuser, nicht unterkellert, einfacher Standard	–	–	–	–
Ein- und Zweifamilienhäuser, nicht unterkellert, mittlerer Standard	–	–	–	–
Ein- und Zweifamilienhäuser, nicht unterkellert, hoher Standard	–	–	–	–
Ein- und Zweifamilienhäuser, Passivhausstandard, Massivbau	–	–	–	–
Ein- und Zweifamilienhäuser, Passivhausstandard, Holzbau	–	–	–	–
Ein- und Zweifamilienhäuser, Holzbauweise, unterkellert	–	–	–	–
Ein- und Zweifamilienhäuser, Holzbauweise, nicht unterkellert	–	–	–	–
Doppel- und Reihenendhäuser, einfacher Standard	–	–	–	–
Doppel- und Reihenendhäuser, mittlerer Standard	–	–	–	–
Doppel- und Reihenendhäuser, hoher Standard	–	–	–	–
Reihenhäuser, einfacher Standard	–	–	–	–
Reihenhäuser, mittlerer Standard	–	–	–	–
Reihenhäuser, hoher Standard	–	–	–	–
Mehrfamilienhäuser				
Mehrfamilienhäuser, mit bis zu 6 WE, einfacher Standard	–	–	–	–
Mehrfamilienhäuser, mit bis zu 6 WE, mittlerer Standard	–	–	–	–
Mehrfamilienhäuser, mit bis zu 6 WE, hoher Standard	–	–	–	–

474 Medizin- und labortechnische Anlagen

Gebäudeart	▷	€/Einheit	◁	KG an 400
Mehrfamilienhäuser (Fortsetzung)				
Mehrfamilienhäuser, mit 6 bis 19 WE, einfacher Standard	–	–	–	–
Mehrfamilienhäuser, mit 6 bis 19 WE, mittlerer Standard	–	–	–	–
Mehrfamilienhäuser, mit 6 bis 19 WE, hoher Standard	–	–	–	–
Mehrfamilienhäuser, mit 20 oder mehr WE, mittlerer Standard	–	–	–	–
Mehrfamilienhäuser, mit 20 oder mehr WE, hoher Standard	–	–	–	–
Mehrfamilienhäuser, Passivhäuser	–	–	–	–
Wohnhäuser, mit bis zu 15% Mischnutzung, einfacher Standard	–	–	–	–
Wohnhäuser, mit bis zu 15% Mischnutzung, mittlerer Standard	–	–	–	–
Wohnhäuser, mit bis zu 15% Mischnutzung, hoher Standard	–	–	–	–
Wohnhäuser mit mehr als 15% Mischnutzung	–	–	–	–
Seniorenwohnungen				
Seniorenwohnungen, mittlerer Standard	–	–	–	–
Seniorenwohnungen, hoher Standard	–	–	–	–
Beherbergung				
Wohnheime und Internate	–	**52,00**	–	2,0%
7 Gewerbegebäude				
Gaststätten und Kantinen				
Gaststätten, Kantinen und Mensen	–	–	–	–
Gebäude für Produktion				
Industrielle Produktionsgebäude, Massivbauweise	–	–	–	–
Industrielle Produktionsgebäude, überwiegend Skelettbauweise	–	–	–	–
Betriebs- und Werkstätten, eingeschossig	–	–	–	–
Betriebs- und Werkstätten, mehrgeschossig, geringer Hallenanteil	–	–	–	–
Betriebs- und Werkstätten, mehrgeschossig, hoher Hallenanteil	–	–	–	–
Gebäude für Handel und Lager				
Geschäftshäuser mit Wohnungen	–	–	–	–
Geschäftshäuser ohne Wohnungen	–	–	–	–
Verbrauchermärkte	–	–	–	–
Autohäuser	–	–	–	–
Lagergebäude, ohne Mischnutzung	–	–	–	–
Lagergebäude, mit bis zu 25% Mischnutzung	–	–	–	–
Lagergebäude, mit mehr als 25% Mischnutzung	–	–	–	–
Garagen und Bereitschaftsdienste				
Einzel-, Mehrfach- und Hochgaragen	–	–	–	–
Tiefgaragen	–	–	–	–
Feuerwehrhäuser	–	–	–	–
Öffentliche Bereitschaftsdienste	–	–	–	–
9 Kulturgebäude				
Gebäude für kulturelle Zwecke				
Bibliotheken, Museen und Ausstellungen	–	–	–	–
Theater	–	–	–	–
Gemeindezentren, einfacher Standard	–	–	–	–
Gemeindezentren, mittlerer Standard	–	–	–	–
Gemeindezentren, hoher Standard	–	–	–	–
Gebäude für religiöse Zwecke				
Sakralbauten	–	–	–	–
Friedhofsgebäude	–	–	–	–

Einheit: m² Brutto-Grundfläche

475 Feuerlöschanlagen

Kosten:
Stand 1.Quartal 2018
Bundesdurchschnitt
inkl. 19% MwSt.

Einheit: m²
Brutto-Grundfläche

▷ von
Ø Mittel
◁ bis

Gebäudeart	▷	€/Einheit	◁	KG an 400
1 Büro- und Verwaltungsgebäude				
Büro- und Verwaltungsgebäude, einfacher Standard	0,70	**2,10**	3,50	0,3%
Büro- und Verwaltungsgebäude, mittlerer Standard	1,60	**7,80**	43,00	0,5%
Büro- und Verwaltungsgebäude, hoher Standard	1,10	**2,20**	5,00	0,2%
2 Gebäude für Forschung und Lehre				
Instituts- und Laborgebäude	0,40	**1,40**	2,40	0,0%
3 Gebäude des Gesundheitswesens				
Medizinische Einrichtungen	–	**3,20**	–	0,1%
Pflegeheime	–	**0,20**	–	0,0%
4 Schulen und Kindergärten				
Allgemeinbildende Schulen	0,50	**0,70**	0,90	0,0%
Berufliche Schulen	1,00	**2,30**	5,00	0,2%
Förder- und Sonderschulen	0,50	**0,90**	1,80	0,1%
Weiterbildungseinrichtungen	0,70	**0,90**	1,20	0,1%
Kindergärten, nicht unterkellert, einfacher Standard	–	**1,10**	–	0,1%
Kindergärten, nicht unterkellert, mittlerer Standard	–	**0,70**	–	0,0%
Kindergärten, nicht unterkellert, hoher Standard	0,30	**0,40**	0,50	0,0%
Kindergärten, Holzbauweise, nicht unterkellert	0,20	**0,30**	0,30	0,0%
Kindergärten, unterkellert	0,80	**0,90**	1,00	0,3%
5 Sportbauten				
Sport- und Mehrzweckhallen	–	**0,40**	–	0,0%
Sporthallen (Einfeldhallen)	–	–	–	–
Sporthallen (Dreifeldhallen)	0,20	**0,60**	0,80	0,1%
Schwimmhallen	1,50	**4,10**	6,70	0,3%
6 Wohngebäude				
Ein- und Zweifamilienhäuser				
Ein- und Zweifamilienhäuser, unterkellert, einfacher Standard	–	–	–	–
Ein- und Zweifamilienhäuser, unterkellert, mittlerer Standard	–	–	–	–
Ein- und Zweifamilienhäuser, unterkellert, hoher Standard	–	–	–	–
Ein- und Zweifamilienhäuser, nicht unterkellert, einfacher Standard	–	–	–	–
Ein- und Zweifamilienhäuser, nicht unterkellert, mittlerer Standard	–	–	–	–
Ein- und Zweifamilienhäuser, nicht unterkellert, hoher Standard	–	–	–	–
Ein- und Zweifamilienhäuser, Passivhausstandard, Massivbau	–	–	–	–
Ein- und Zweifamilienhäuser, Passivhausstandard, Holzbau	–	–	–	–
Ein- und Zweifamilienhäuser, Holzbauweise, unterkellert	–	–	–	–
Ein- und Zweifamilienhäuser, Holzbauweise, nicht unterkellert	–	–	–	–
Doppel- und Reihenendhäuser, einfacher Standard	–	–	–	–
Doppel- und Reihenendhäuser, mittlerer Standard	–	–	–	–
Doppel- und Reihenendhäuser, hoher Standard	–	–	–	–
Reihenhäuser, einfacher Standard	–	–	–	–
Reihenhäuser, mittlerer Standard	–	–	–	–
Reihenhäuser, hoher Standard	–	–	–	–
Mehrfamilienhäuser				
Mehrfamilienhäuser, mit bis zu 6 WE, einfacher Standard	–	**0,20**	–	0,0%
Mehrfamilienhäuser, mit bis zu 6 WE, mittlerer Standard	–	–	–	–
Mehrfamilienhäuser, mit bis zu 6 WE, hoher Standard	–	–	–	–

475 Feuerlöschanlagen

Gebäudeart	▷	€/Einheit	◁	KG an 400
Mehrfamilienhäuser (Fortsetzung)				
Mehrfamilienhäuser, mit 6 bis 19 WE, einfacher Standard	–	–	–	–
Mehrfamilienhäuser, mit 6 bis 19 WE, mittlerer Standard	–	**0,30**	–	0,0%
Mehrfamilienhäuser, mit 6 bis 19 WE, hoher Standard	–	**0,30**	–	0,0%
Mehrfamilienhäuser, mit 20 oder mehr WE, mittlerer Standard	–	**2,00**	–	0,1%
Mehrfamilienhäuser, mit 20 oder mehr WE, hoher Standard	–	–	–	–
Mehrfamilienhäuser, Passivhäuser	–	–	–	–
Wohnhäuser, mit bis zu 15% Mischnutzung, einfacher Standard	–	**0,20**	–	0,0%
Wohnhäuser, mit bis zu 15% Mischnutzung, mittlerer Standard	–	–	–	–
Wohnhäuser, mit bis zu 15% Mischnutzung, hoher Standard	–	–	–	–
Wohnhäuser mit mehr als 15% Mischnutzung	–	–	–	–
Seniorenwohnungen				
Seniorenwohnungen, mittlerer Standard	0,30	**0,60**	1,50	0,1%
Seniorenwohnungen, hoher Standard	0,20	**0,60**	1,00	0,2%
Beherbergung				
Wohnheime und Internate	0,30	**0,60**	0,90	0,0%
7 Gewerbegebäude				
Gaststätten und Kantinen				
Gaststätten, Kantinen und Mensen	–	**0,80**	–	0,0%
Gebäude für Produktion				
Industrielle Produktionsgebäude, Massivbauweise	–	**0,70**	–	0,1%
Industrielle Produktionsgebäude, überwiegend Skelettbauweise	0,40	**1,30**	2,90	0,5%
Betriebs- und Werkstätten, eingeschossig	–	**5,80**	–	0,3%
Betriebs- und Werkstätten, mehrgeschossig, geringer Hallenanteil	–	**1,20**	–	0,1%
Betriebs- und Werkstätten, mehrgeschossig, hoher Hallenanteil	–	**11,00**	–	0,3%
Gebäude für Handel und Lager				
Geschäftshäuser mit Wohnungen	0,60	**21,00**	41,00	4,1%
Geschäftshäuser ohne Wohnungen	–	–	–	–
Verbrauchermärkte	–	–	–	–
Autohäuser	–	–	–	–
Lagergebäude, ohne Mischnutzung	0,50	**6,70**	13,00	0,3%
Lagergebäude, mit bis zu 25% Mischnutzung	–	**8,30**	–	0,8%
Lagergebäude, mit mehr als 25% Mischnutzung	–	**1,20**	–	0,5%
Garagen und Bereitschaftsdienste				
Einzel-, Mehrfach- und Hochgaragen	–	–	–	–
Tiefgaragen	–	–	–	–
Feuerwehrhäuser	4,00	**11,00**	24,00	3,0%
Öffentliche Bereitschaftsdienste	–	–	–	–
9 Kulturgebäude				
Gebäude für kulturelle Zwecke				
Bibliotheken, Museen und Ausstellungen	0,40	**1,90**	2,80	0,4%
Theater	–	**30,00**	–	1,0%
Gemeindezentren, einfacher Standard	0,20	**0,50**	1,20	0,3%
Gemeindezentren, mittlerer Standard	0,60	**0,70**	0,80	0,1%
Gemeindezentren, hoher Standard	–	**0,90**	–	0,0%
Gebäude für religiöse Zwecke				
Sakralbauten	–	**0,70**	–	0,2%
Friedhofsgebäude	–	–	–	–

Einheit: m² Brutto-Grundfläche

477 Prozesswärme-, -kälte- und -luftanlagen

Kosten:
Stand 1.Quartal 2018
Bundesdurchschnitt
inkl. 19% MwSt.

Einheit: m²
Brutto-Grundfläche

▷ von
ø Mittel
◁ bis

Gebäudeart	▷	€/Einheit	◁	KG an 400
1 Büro- und Verwaltungsgebäude				
Büro- und Verwaltungsgebäude, einfacher Standard	–	–	–	–
Büro- und Verwaltungsgebäude, mittlerer Standard	–	–	–	–
Büro- und Verwaltungsgebäude, hoher Standard	–	–	–	–
2 Gebäude für Forschung und Lehre				
Instituts- und Laborgebäude	–	**61,00**	–	0,9%
3 Gebäude des Gesundheitswesens				
Medizinische Einrichtungen	–	–	–	–
Pflegeheime	–	–	–	–
4 Schulen und Kindergärten				
Allgemeinbildende Schulen	–	–	–	–
Berufliche Schulen	–	–	–	–
Förder- und Sonderschulen	–	–	–	–
Weiterbildungseinrichtungen	–	–	–	–
Kindergärten, nicht unterkellert, einfacher Standard	–	–	–	–
Kindergärten, nicht unterkellert, mittlerer Standard	–	–	–	–
Kindergärten, nicht unterkellert, hoher Standard	–	–	–	–
Kindergärten, Holzbauweise, nicht unterkellert	–	–	–	–
Kindergärten, unterkellert	–	–	–	–
5 Sportbauten				
Sport- und Mehrzweckhallen	–	–	–	–
Sporthallen (Einfeldhallen)	–	–	–	–
Sporthallen (Dreifeldhallen)	–	–	–	–
Schwimmhallen	–	–	–	–
6 Wohngebäude				
Ein- und Zweifamilienhäuser				
Ein- und Zweifamilienhäuser, unterkellert, einfacher Standard	–	–	–	–
Ein- und Zweifamilienhäuser, unterkellert, mittlerer Standard	–	–	–	–
Ein- und Zweifamilienhäuser, unterkellert, hoher Standard	–	–	–	–
Ein- und Zweifamilienhäuser, nicht unterkellert, einfacher Standard	–	–	–	–
Ein- und Zweifamilienhäuser, nicht unterkellert, mittlerer Standard	–	–	–	–
Ein- und Zweifamilienhäuser, nicht unterkellert, hoher Standard	–	–	–	–
Ein- und Zweifamilienhäuser, Passivhausstandard, Massivbau	–	–	–	–
Ein- und Zweifamilienhäuser, Passivhausstandard, Holzbau	–	–	–	–
Ein- und Zweifamilienhäuser, Holzbauweise, unterkellert	–	–	–	–
Ein- und Zweifamilienhäuser, Holzbauweise, nicht unterkellert	–	–	–	–
Doppel- und Reihenendhäuser, einfacher Standard	–	–	–	–
Doppel- und Reihenendhäuser, mittlerer Standard	–	–	–	–
Doppel- und Reihenendhäuser, hoher Standard	–	–	–	–
Reihenhäuser, einfacher Standard	–	–	–	–
Reihenhäuser, mittlerer Standard	–	–	–	–
Reihenhäuser, hoher Standard	–	–	–	–
Mehrfamilienhäuser				
Mehrfamilienhäuser, mit bis zu 6 WE, einfacher Standard	–	–	–	–
Mehrfamilienhäuser, mit bis zu 6 WE, mittlerer Standard	–	–	–	–
Mehrfamilienhäuser, mit bis zu 6 WE, hoher Standard	–	–	–	–

477
Prozesswärme-, -kälte- und -luftanlagen

Gebäudeart	▷	€/Einheit	◁	KG an 400
Mehrfamilienhäuser (Fortsetzung)				
Mehrfamilienhäuser, mit 6 bis 19 WE, einfacher Standard	–	–	–	–
Mehrfamilienhäuser, mit 6 bis 19 WE, mittlerer Standard	–	–	–	–
Mehrfamilienhäuser, mit 6 bis 19 WE, hoher Standard	–	–	–	–
Mehrfamilienhäuser, mit 20 oder mehr WE, mittlerer Standard	–	–	–	–
Mehrfamilienhäuser, mit 20 oder mehr WE, hoher Standard	–	–	–	–
Mehrfamilienhäuser, Passivhäuser	–	–	–	–
Wohnhäuser, mit bis zu 15% Mischnutzung, einfacher Standard	–	–	–	–
Wohnhäuser, mit bis zu 15% Mischnutzung, mittlerer Standard	–	–	–	–
Wohnhäuser, mit bis zu 15% Mischnutzung, hoher Standard	–	–	–	–
Wohnhäuser mit mehr als 15% Mischnutzung	–	–	–	–
Seniorenwohnungen				
Seniorenwohnungen, mittlerer Standard	–	–	–	–
Seniorenwohnungen, hoher Standard	–	–	–	–
Beherbergung				
Wohnheime und Internate	–	–	–	–
7 Gewerbegebäude				
Gaststätten und Kantinen				
Gaststätten, Kantinen und Mensen	–	**31,00**	–	1,3%
Gebäude für Produktion				
Industrielle Produktionsgebäude, Massivbauweise	–	–	–	–
Industrielle Produktionsgebäude, überwiegend Skelettbauweise	–	–	–	–
Betriebs- und Werkstätten, eingeschossig	–	–	–	–
Betriebs- und Werkstätten, mehrgeschossig, geringer Hallenanteil	–	**9,70**	–	0,5%
Betriebs- und Werkstätten, mehrgeschossig, hoher Hallenanteil	–	–	–	–
Gebäude für Handel und Lager				
Geschäftshäuser mit Wohnungen	–	–	–	–
Geschäftshäuser ohne Wohnungen	–	–	–	–
Verbrauchermärkte	–	**43,00**	–	5,2%
Autohäuser	–	–	–	–
Lagergebäude, ohne Mischnutzung	–	**110,00**	–	2,5%
Lagergebäude, mit bis zu 25% Mischnutzung	–	–	–	–
Lagergebäude, mit mehr als 25% Mischnutzung	–	–	–	–
Garagen und Bereitschaftsdienste				
Einzel-, Mehrfach- und Hochgaragen	–	–	–	–
Tiefgaragen	–	–	–	–
Feuerwehrhäuser	–	**36,00**	–	2,9%
Öffentliche Bereitschaftsdienste	–	**12,00**	–	0,7%
9 Kulturgebäude				
Gebäude für kulturelle Zwecke				
Bibliotheken, Museen und Ausstellungen	–	–	–	–
Theater	–	–	–	–
Gemeindezentren, einfacher Standard	–	–	–	–
Gemeindezentren, mittlerer Standard	–	–	–	–
Gemeindezentren, hoher Standard	–	–	–	–
Gebäude für religiöse Zwecke				
Sakralbauten	–	–	–	–
Friedhofsgebäude	–	–	–	–

Einheit: m² Brutto-Grundfläche

478 Entsorgungsanlagen

Kosten:
Stand 1.Quartal 2018
Bundesdurchschnitt
inkl. 19% MwSt.

Einheit: m²
Brutto-Grundfläche

▷ von
ø Mittel
◁ bis

Gebäudeart	▷	€/Einheit	◁	KG an 400
1 Büro- und Verwaltungsgebäude				
Büro- und Verwaltungsgebäude, einfacher Standard	–	–	–	–
Büro- und Verwaltungsgebäude, mittlerer Standard	–	**10,00**	–	0,2%
Büro- und Verwaltungsgebäude, hoher Standard	–	–	–	–
2 Gebäude für Forschung und Lehre				
Instituts- und Laborgebäude				
3 Gebäude des Gesundheitswesens				
Medizinische Einrichtungen	–	–	–	–
Pflegeheime	–	–	–	–
4 Schulen und Kindergärten				
Allgemeinbildende Schulen	–	–	–	–
Berufliche Schulen	–	**8,40**	–	0,3%
Förder- und Sonderschulen	–	–	–	–
Weiterbildungseinrichtungen	–	–	–	–
Kindergärten, nicht unterkellert, einfacher Standard	–	–	–	–
Kindergärten, nicht unterkellert, mittlerer Standard	–	–	–	–
Kindergärten, nicht unterkellert, hoher Standard	–	–	–	–
Kindergärten, Holzbauweise, nicht unterkellert	–	–	–	–
Kindergärten, unterkellert	–	–	–	–
5 Sportbauten				
Sport- und Mehrzweckhallen				
Sporthallen (Einfeldhallen)				
Sporthallen (Dreifeldhallen)				
Schwimmhallen				
6 Wohngebäude				
Ein- und Zweifamilienhäuser				
Ein- und Zweifamilienhäuser, unterkellert, einfacher Standard	–	–	–	–
Ein- und Zweifamilienhäuser, unterkellert, mittlerer Standard	–	–	–	–
Ein- und Zweifamilienhäuser, unterkellert, hoher Standard	–	–	–	–
Ein- und Zweifamilienhäuser, nicht unterkellert, einfacher Standard	–	–	–	–
Ein- und Zweifamilienhäuser, nicht unterkellert, mittlerer Standard	–	–	–	–
Ein- und Zweifamilienhäuser, nicht unterkellert, hoher Standard	–	–	–	–
Ein- und Zweifamilienhäuser, Passivhausstandard, Massivbau	–	–	–	–
Ein- und Zweifamilienhäuser, Passivhausstandard, Holzbau	6,90	**8,50**	10,00	0,3%
Ein- und Zweifamilienhäuser, Holzbauweise, unterkellert	–	**6,30**	–	0,2%
Ein- und Zweifamilienhäuser, Holzbauweise, nicht unterkellert	–	**7,50**	–	0,3%
Doppel- und Reihenendhäuser, einfacher Standard				
Doppel- und Reihenendhäuser, mittlerer Standard				
Doppel- und Reihenendhäuser, hoher Standard				
Reihenhäuser, einfacher Standard				
Reihenhäuser, mittlerer Standard				
Reihenhäuser, hoher Standard				
Mehrfamilienhäuser				
Mehrfamilienhäuser, mit bis zu 6 WE, einfacher Standard	–	–	–	–
Mehrfamilienhäuser, mit bis zu 6 WE, mittlerer Standard	–	–	–	–
Mehrfamilienhäuser, mit bis zu 6 WE, hoher Standard	–	–	–	–

478
Entsorgungsanlagen

Gebäudeart	▷	€/Einheit	◁	KG an 400
Mehrfamilienhäuser (Fortsetzung)				
Mehrfamilienhäuser, mit 6 bis 19 WE, einfacher Standard	–	–	–	–
Mehrfamilienhäuser, mit 6 bis 19 WE, mittlerer Standard	–	–	–	–
Mehrfamilienhäuser, mit 6 bis 19 WE, hoher Standard	–	–	–	–
Mehrfamilienhäuser, mit 20 oder mehr WE, mittlerer Standard	–	–	–	–
Mehrfamilienhäuser, mit 20 oder mehr WE, hoher Standard	–	–	–	–
Mehrfamilienhäuser, Passivhäuser	–	–	–	–
Wohnhäuser, mit bis zu 15% Mischnutzung, einfacher Standard	–	–	–	–
Wohnhäuser, mit bis zu 15% Mischnutzung, mittlerer Standard	–	–	–	–
Wohnhäuser, mit bis zu 15% Mischnutzung, hoher Standard	–	–	–	–
Wohnhäuser mit mehr als 15% Mischnutzung	–	–	–	–
Seniorenwohnungen				
Seniorenwohnungen, mittlerer Standard	–	–	–	–
Seniorenwohnungen, hoher Standard	–	–	–	–
Beherbergung				
Wohnheime und Internate	–	–	–	–
7 Gewerbegebäude				
Gaststätten und Kantinen				
Gaststätten, Kantinen und Mensen	–	–	–	–
Gebäude für Produktion				
Industrielle Produktionsgebäude, Massivbauweise	–	–	–	–
Industrielle Produktionsgebäude, überwiegend Skelettbauweise	–	–	–	–
Betriebs- und Werkstätten, eingeschossig	–	**76,00**	–	4,0%
Betriebs- und Werkstätten, mehrgeschossig, geringer Hallenanteil	–	–	–	–
Betriebs- und Werkstätten, mehrgeschossig, hoher Hallenanteil	–	–	–	–
Gebäude für Handel und Lager				
Geschäftshäuser mit Wohnungen	–	–	–	–
Geschäftshäuser ohne Wohnungen	–	–	–	–
Verbrauchermärkte	–	–	–	–
Autohäuser	–	–	–	–
Lagergebäude, ohne Mischnutzung	–	–	–	–
Lagergebäude, mit bis zu 25% Mischnutzung	–	–	–	–
Lagergebäude, mit mehr als 25% Mischnutzung	–	–	–	–
Garagen und Bereitschaftsdienste				
Einzel-, Mehrfach- und Hochgaragen	–	–	–	–
Tiefgaragen	–	–	–	–
Feuerwehrhäuser	–	**16,00**	–	1,5%
Öffentliche Bereitschaftsdienste	–	–	–	–
9 Kulturgebäude				
Gebäude für kulturelle Zwecke				
Bibliotheken, Museen und Ausstellungen	–	–	–	–
Theater	–	–	–	–
Gemeindezentren, einfacher Standard	–	–	–	–
Gemeindezentren, mittlerer Standard	–	–	–	–
Gemeindezentren, hoher Standard	–	–	–	–
Gebäude für religiöse Zwecke				
Sakralbauten	–	–	–	–
Friedhofsgebäude	–	–	–	–

Einheit: m² Brutto-Grundfläche

479 Nutzungsspezifische Anlagen, sonstiges

Kosten:
Stand 1.Quartal 2018
Bundesdurchschnitt
inkl. 19% MwSt.

Einheit: m²
Brutto-Grundfläche

▷ von
ø Mittel
◁ bis

Gebäudeart	▷	€/Einheit	◁	KG an 400
1 Büro- und Verwaltungsgebäude				
Büro- und Verwaltungsgebäude, einfacher Standard	–	–	–	–
Büro- und Verwaltungsgebäude, mittlerer Standard	0,60	**24,00**	47,00	0,4%
Büro- und Verwaltungsgebäude, hoher Standard	1,40	**18,00**	34,00	0,8%
2 Gebäude für Forschung und Lehre				
Instituts- und Laborgebäude	–	–	–	–
3 Gebäude des Gesundheitswesens				
Medizinische Einrichtungen	–	–	–	–
Pflegeheime	–	–	–	–
4 Schulen und Kindergärten				
Allgemeinbildende Schulen	–	**1,10**	–	0,0%
Berufliche Schulen	0,40	**1,30**	2,10	0,1%
Förder- und Sonderschulen	–	–	–	–
Weiterbildungseinrichtungen	–	**11,00**	–	1,0%
Kindergärten, nicht unterkellert, einfacher Standard	–	–	–	–
Kindergärten, nicht unterkellert, mittlerer Standard	–	–	–	–
Kindergärten, nicht unterkellert, hoher Standard	–	–	–	–
Kindergärten, Holzbauweise, nicht unterkellert	–	–	–	–
Kindergärten, unterkellert	–	–	–	–
5 Sportbauten				
Sport- und Mehrzweckhallen	–	–	–	–
Sporthallen (Einfeldhallen)	–	–	–	–
Sporthallen (Dreifeldhallen)	–	**3,00**	–	0,2%
Schwimmhallen	–	–	–	–
6 Wohngebäude				
Ein- und Zweifamilienhäuser				
Ein- und Zweifamilienhäuser, unterkellert, einfacher Standard	–	–	–	–
Ein- und Zweifamilienhäuser, unterkellert, mittlerer Standard	–	–	–	–
Ein- und Zweifamilienhäuser, unterkellert, hoher Standard	–	–	–	–
Ein- und Zweifamilienhäuser, nicht unterkellert, einfacher Standard	–	–	–	–
Ein- und Zweifamilienhäuser, nicht unterkellert, mittlerer Standard	–	–	–	–
Ein- und Zweifamilienhäuser, nicht unterkellert, hoher Standard	–	–	–	–
Ein- und Zweifamilienhäuser, Passivhausstandard, Massivbau	–	–	–	–
Ein- und Zweifamilienhäuser, Passivhausstandard, Holzbau	–	–	–	–
Ein- und Zweifamilienhäuser, Holzbauweise, unterkellert	–	–	–	–
Ein- und Zweifamilienhäuser, Holzbauweise, nicht unterkellert	–	–	–	–
Doppel- und Reihenendhäuser, einfacher Standard	–	–	–	–
Doppel- und Reihenendhäuser, mittlerer Standard	–	–	–	–
Doppel- und Reihenendhäuser, hoher Standard	–	–	–	–
Reihenhäuser, einfacher Standard	–	–	–	–
Reihenhäuser, mittlerer Standard	–	–	–	–
Reihenhäuser, hoher Standard	–	–	–	–
Mehrfamilienhäuser				
Mehrfamilienhäuser, mit bis zu 6 WE, einfacher Standard	–	–	–	–
Mehrfamilienhäuser, mit bis zu 6 WE, mittlerer Standard	–	–	–	–
Mehrfamilienhäuser, mit bis zu 6 WE, hoher Standard	–	–	–	–

479 Nutzungsspezifische Anlagen, sonstiges

Einheit: m² Brutto-Grundfläche

Gebäudeart	▷	€/Einheit	◁	KG an 400
Mehrfamilienhäuser (Fortsetzung)				
Mehrfamilienhäuser, mit 6 bis 19 WE, einfacher Standard	–	–	–	–
Mehrfamilienhäuser, mit 6 bis 19 WE, mittlerer Standard	–	–	–	–
Mehrfamilienhäuser, mit 6 bis 19 WE, hoher Standard	–	–	–	–
Mehrfamilienhäuser, mit 20 oder mehr WE, mittlerer Standard	–	–	–	–
Mehrfamilienhäuser, mit 20 oder mehr WE, hoher Standard	–	–	–	–
Mehrfamilienhäuser, Passivhäuser	–	–	–	–
Wohnhäuser, mit bis zu 15% Mischnutzung, einfacher Standard	–	–	–	–
Wohnhäuser, mit bis zu 15% Mischnutzung, mittlerer Standard	–	–	–	–
Wohnhäuser, mit bis zu 15% Mischnutzung, hoher Standard	–	–	–	–
Wohnhäuser mit mehr als 15% Mischnutzung	–	**127,00**	–	9,0%
Seniorenwohnungen				
Seniorenwohnungen, mittlerer Standard	–	–	–	–
Seniorenwohnungen, hoher Standard	–	–	–	–
Beherbergung				
Wohnheime und Internate	–	**0,00**	–	0,0%
7 Gewerbegebäude				
Gaststätten und Kantinen				
Gaststätten, Kantinen und Mensen	–	–	–	–
Gebäude für Produktion				
Industrielle Produktionsgebäude, Massivbauweise	–	**5,70**	–	0,8%
Industrielle Produktionsgebäude, überwiegend Skelettbauweise	35,00	**79,00**	122,00	23,7%
Betriebs- und Werkstätten, eingeschossig	–	–	–	–
Betriebs- und Werkstätten, mehrgeschossig, geringer Hallenanteil	7,20	**21,00**	35,00	2,5%
Betriebs- und Werkstätten, mehrgeschossig, hoher Hallenanteil	–	**4,50**	–	0,1%
Gebäude für Handel und Lager				
Geschäftshäuser mit Wohnungen	–	**14,00**	–	1,3%
Geschäftshäuser ohne Wohnungen	–	–	–	–
Verbrauchermärkte	–	–	–	–
Autohäuser	–	**6,10**	–	1,1%
Lagergebäude, ohne Mischnutzung	–	–	–	–
Lagergebäude, mit bis zu 25% Mischnutzung	–	**4,00**	–	0,3%
Lagergebäude, mit mehr als 25% Mischnutzung	–	–	–	–
Garagen und Bereitschaftsdienste				
Einzel-, Mehrfach- und Hochgaragen	–	**40,00**	–	13,3%
Tiefgaragen	–	–	–	–
Feuerwehrhäuser	7,00	**21,00**	47,00	6,2%
Öffentliche Bereitschaftsdienste	1,10	**101,00**	200,00	12,0%
9 Kulturgebäude				
Gebäude für kulturelle Zwecke				
Bibliotheken, Museen und Ausstellungen	–	**72,00**	–	2,1%
Theater	–	**640,00**	–	22,7%
Gemeindezentren, einfacher Standard	–	–	–	–
Gemeindezentren, mittlerer Standard	–	**8,30**	–	0,3%
Gemeindezentren, hoher Standard	–	**36,00**	–	2,4%
Gebäude für religiöse Zwecke				
Sakralbauten	–	–	–	–
Friedhofsgebäude	–	–	–	–

© BKI Baukosteninformationszentrum; Erläuterungen zu den Tabellen siehe Seite 50   Kosten: 1.Quartal 2018, Bundesdurchschnitt, inkl. 19% MwSt.

481 Automationssysteme

Kosten:
Stand 1.Quartal 2018
Bundesdurchschnitt
inkl. 19% MwSt.

Einheit: m²
Brutto-Grundfläche

▷ von
Ø Mittel
◁ bis

Gebäudeart	▷	€/Einheit	◁	KG an 400
1 Büro- und Verwaltungsgebäude				
Büro- und Verwaltungsgebäude, einfacher Standard	–	–	–	–
Büro- und Verwaltungsgebäude, mittlerer Standard	13,00	**18,00**	27,00	1,0%
Büro- und Verwaltungsgebäude, hoher Standard	17,00	**40,00**	80,00	3,8%
2 Gebäude für Forschung und Lehre				
Instituts- und Laborgebäude	6,30	**61,00**	116,00	2,8%
3 Gebäude des Gesundheitswesens				
Medizinische Einrichtungen	9,40	**19,00**	28,00	2,1%
Pflegeheime	0,90	**2,90**	4,80	0,3%
4 Schulen und Kindergärten				
Allgemeinbildende Schulen	7,20	**20,00**	25,00	2,2%
Berufliche Schulen	–	**84,00**	–	3,7%
Förder- und Sonderschulen	5,60	**15,00**	26,00	2,5%
Weiterbildungseinrichtungen	12,00	**52,00**	92,00	6,3%
Kindergärten, nicht unterkellert, einfacher Standard	–	–	–	–
Kindergärten, nicht unterkellert, mittlerer Standard	–	–	–	–
Kindergärten, nicht unterkellert, hoher Standard	–	**3,90**	–	0,3%
Kindergärten, Holzbauweise, nicht unterkellert	–	–	–	–
Kindergärten, unterkellert	–	**7,90**	–	0,8%
5 Sportbauten				
Sport- und Mehrzweckhallen	–	**16,00**	–	1,0%
Sporthallen (Einfeldhallen)	–	–	–	–
Sporthallen (Dreifeldhallen)	–	**17,00**	–	0,9%
Schwimmhallen	–	–	–	–
6 Wohngebäude				
Ein- und Zweifamilienhäuser				
Ein- und Zweifamilienhäuser, unterkellert, einfacher Standard	–	–	–	–
Ein- und Zweifamilienhäuser, unterkellert, mittlerer Standard	–	–	–	–
Ein- und Zweifamilienhäuser, unterkellert, hoher Standard	34,00	**35,00**	36,00	2,2%
Ein- und Zweifamilienhäuser, nicht unterkellert, einfacher Standard	–	–	–	–
Ein- und Zweifamilienhäuser, nicht unterkellert, mittlerer Standard	–	–	–	–
Ein- und Zweifamilienhäuser, nicht unterkellert, hoher Standard	–	–	–	–
Ein- und Zweifamilienhäuser, Passivhausstandard, Massivbau	6,40	**24,00**	34,00	1,8%
Ein- und Zweifamilienhäuser, Passivhausstandard, Holzbau	–	–	–	–
Ein- und Zweifamilienhäuser, Holzbauweise, unterkellert	–	–	–	–
Ein- und Zweifamilienhäuser, Holzbauweise, nicht unterkellert	–	**13,00**	–	1,0%
Doppel- und Reihenendhäuser, einfacher Standard	–	–	–	–
Doppel- und Reihenendhäuser, mittlerer Standard	–	–	–	–
Doppel- und Reihenendhäuser, hoher Standard	–	–	–	–
Reihenhäuser, einfacher Standard	–	–	–	–
Reihenhäuser, mittlerer Standard	–	–	–	–
Reihenhäuser, hoher Standard	–	–	–	–
Mehrfamilienhäuser				
Mehrfamilienhäuser, mit bis zu 6 WE, einfacher Standard	–	–	–	–
Mehrfamilienhäuser, mit bis zu 6 WE, mittlerer Standard	–	–	–	–
Mehrfamilienhäuser, mit bis zu 6 WE, hoher Standard	–	–	–	–

481 Automationssysteme

Gebäudeart	▷	€/Einheit	◁	KG an 400
Mehrfamilienhäuser (Fortsetzung)				
Mehrfamilienhäuser, mit 6 bis 19 WE, einfacher Standard	–	–	–	–
Mehrfamilienhäuser, mit 6 bis 19 WE, mittlerer Standard	–	–	–	–
Mehrfamilienhäuser, mit 6 bis 19 WE, hoher Standard	–	–	–	–
Mehrfamilienhäuser, mit 20 oder mehr WE, mittlerer Standard	–	–	–	–
Mehrfamilienhäuser, mit 20 oder mehr WE, hoher Standard	–	–	–	–
Mehrfamilienhäuser, Passivhäuser	–	–	–	–
Wohnhäuser, mit bis zu 15% Mischnutzung, einfacher Standard	–	–	–	–
Wohnhäuser, mit bis zu 15% Mischnutzung, mittlerer Standard	–	–	–	–
Wohnhäuser, mit bis zu 15% Mischnutzung, hoher Standard	–	–	–	–
Wohnhäuser mit mehr als 15% Mischnutzung	–	–	–	–
Seniorenwohnungen				
Seniorenwohnungen, mittlerer Standard	–	–	–	–
Seniorenwohnungen, hoher Standard	–	–	–	–
Beherbergung				
Wohnheime und Internate	7,70	**7,90**	8,00	0,8%
7 Gewerbegebäude				
Gaststätten und Kantinen				
Gaststätten, Kantinen und Mensen	–	**3,00**	–	0,1%
Gebäude für Produktion				
Industrielle Produktionsgebäude, Massivbauweise	–	–	–	–
Industrielle Produktionsgebäude, überwiegend Skelettbauweise	8,60	**22,00**	36,00	1,5%
Betriebs- und Werkstätten, eingeschossig	–	**63,00**	–	3,5%
Betriebs- und Werkstätten, mehrgeschossig, geringer Hallenanteil	–	–	–	–
Betriebs- und Werkstätten, mehrgeschossig, hoher Hallenanteil	–	**18,00**	–	0,5%
Gebäude für Handel und Lager				
Geschäftshäuser mit Wohnungen	–	–	–	–
Geschäftshäuser ohne Wohnungen	–	–	–	–
Verbrauchermärkte	–	–	–	–
Autohäuser	–	–	–	–
Lagergebäude, ohne Mischnutzung	–	**25,00**	–	0,5%
Lagergebäude, mit bis zu 25% Mischnutzung	–	**28,00**	–	2,7%
Lagergebäude, mit mehr als 25% Mischnutzung	–	–	–	–
Garagen und Bereitschaftsdienste				
Einzel-, Mehrfach- und Hochgaragen	–	–	–	–
Tiefgaragen	–	–	–	–
Feuerwehrhäuser	–	**22,00**	–	1,8%
Öffentliche Bereitschaftsdienste	–	**4,00**	–	0,2%
9 Kulturgebäude				
Gebäude für kulturelle Zwecke				
Bibliotheken, Museen und Ausstellungen	–	**14,00**	–	0,4%
Theater	–	–	–	–
Gemeindezentren, einfacher Standard	–	–	–	–
Gemeindezentren, mittlerer Standard	–	**6,40**	–	0,2%
Gemeindezentren, hoher Standard	–	**18,00**	–	1,1%
Gebäude für religiöse Zwecke				
Sakralbauten	–	–	–	–
Friedhofsgebäude	–	–	–	–

Einheit: m² Brutto-Grundfläche

482 Schaltschränke

Kosten:
Stand 1.Quartal 2018
Bundesdurchschnitt
inkl. 19% MwSt.

Einheit: m² Brutto-Grundfläche

▷ von
ø Mittel
◁ bis

Gebäudeart	▷	€/Einheit	◁	KG an 400
1 Büro- und Verwaltungsgebäude				
Büro- und Verwaltungsgebäude, einfacher Standard	–	–	–	–
Büro- und Verwaltungsgebäude, mittlerer Standard	4,20	**6,30**	10,00	0,2%
Büro- und Verwaltungsgebäude, hoher Standard	5,30	**6,50**	7,60	0,3%
2 Gebäude für Forschung und Lehre				
Instituts- und Laborgebäude	6,70	**12,00**	17,00	1,0%
3 Gebäude des Gesundheitswesens				
Medizinische Einrichtungen	–	–	–	–
Pflegeheime	–	**1,20**	–	0,0%
4 Schulen und Kindergärten				
Allgemeinbildende Schulen	7,70	**8,70**	9,30	0,6%
Berufliche Schulen	–	–	–	–
Förder- und Sonderschulen	7,40	**9,00**	11,00	0,9%
Weiterbildungseinrichtungen	–	**12,00**	–	1,1%
Kindergärten, nicht unterkellert, einfacher Standard	–	–	–	–
Kindergärten, nicht unterkellert, mittlerer Standard	–	–	–	–
Kindergärten, nicht unterkellert, hoher Standard	–	–	–	–
Kindergärten, Holzbauweise, nicht unterkellert	–	–	–	–
Kindergärten, unterkellert	–	**18,00**	–	1,8%
5 Sportbauten				
Sport- und Mehrzweckhallen	–	**7,00**	–	0,4%
Sporthallen (Einfeldhallen)	–	–	–	–
Sporthallen (Dreifeldhallen)	–	–	–	–
Schwimmhallen	–	–	–	–
6 Wohngebäude				
Ein- und Zweifamilienhäuser				
Ein- und Zweifamilienhäuser, unterkellert, einfacher Standard	–	–	–	–
Ein- und Zweifamilienhäuser, unterkellert, mittlerer Standard	–	–	–	–
Ein- und Zweifamilienhäuser, unterkellert, hoher Standard	–	–	–	–
Ein- und Zweifamilienhäuser, nicht unterkellert, einfacher Standard	–	–	–	–
Ein- und Zweifamilienhäuser, nicht unterkellert, mittlerer Standard	–	–	–	–
Ein- und Zweifamilienhäuser, nicht unterkellert, hoher Standard	–	–	–	–
Ein- und Zweifamilienhäuser, Passivhausstandard, Massivbau	–	–	–	–
Ein- und Zweifamilienhäuser, Passivhausstandard, Holzbau	–	–	–	–
Ein- und Zweifamilienhäuser, Holzbauweise, unterkellert	–	–	–	–
Ein- und Zweifamilienhäuser, Holzbauweise, nicht unterkellert	–	–	–	–
Doppel- und Reihenendhäuser, einfacher Standard	–	–	–	–
Doppel- und Reihenendhäuser, mittlerer Standard	–	–	–	–
Doppel- und Reihenendhäuser, hoher Standard	–	–	–	–
Reihenhäuser, einfacher Standard	–	–	–	–
Reihenhäuser, mittlerer Standard	–	–	–	–
Reihenhäuser, hoher Standard	–	–	–	–
Mehrfamilienhäuser				
Mehrfamilienhäuser, mit bis zu 6 WE, einfacher Standard	–	–	–	–
Mehrfamilienhäuser, mit bis zu 6 WE, mittlerer Standard	–	–	–	–
Mehrfamilienhäuser, mit bis zu 6 WE, hoher Standard	–	–	–	–

482 Schaltschränke

Gebäudeart	▷	€/Einheit	◁	KG an 400
Mehrfamilienhäuser (Fortsetzung)				
Mehrfamilienhäuser, mit 6 bis 19 WE, einfacher Standard	–	–	–	–
Mehrfamilienhäuser, mit 6 bis 19 WE, mittlerer Standard	–	–	–	–
Mehrfamilienhäuser, mit 6 bis 19 WE, hoher Standard	–	–	–	–
Mehrfamilienhäuser, mit 20 oder mehr WE, mittlerer Standard	–	–	–	–
Mehrfamilienhäuser, mit 20 oder mehr WE, hoher Standard	–	–	–	–
Mehrfamilienhäuser, Passivhäuser	–	–	–	–
Wohnhäuser, mit bis zu 15% Mischnutzung, einfacher Standard	–	–	–	–
Wohnhäuser, mit bis zu 15% Mischnutzung, mittlerer Standard	–	–	–	–
Wohnhäuser, mit bis zu 15% Mischnutzung, hoher Standard	–	–	–	–
Wohnhäuser mit mehr als 15% Mischnutzung	–	–	–	–
Seniorenwohnungen				
Seniorenwohnungen, mittlerer Standard	–	–	–	–
Seniorenwohnungen, hoher Standard	–	–	–	–
Beherbergung				
Wohnheime und Internate	3,60	**3,80**	3,90	0,4%
7 Gewerbegebäude				
Gaststätten und Kantinen				
Gaststätten, Kantinen und Mensen	–	–	–	–
Gebäude für Produktion				
Industrielle Produktionsgebäude, Massivbauweise	–	–	–	–
Industrielle Produktionsgebäude, überwiegend Skelettbauweise	–	**14,00**	–	0,3%
Betriebs- und Werkstätten, eingeschossig	–	–	–	–
Betriebs- und Werkstätten, mehrgeschossig, geringer Hallenanteil	–	–	–	–
Betriebs- und Werkstätten, mehrgeschossig, hoher Hallenanteil	–	**1,30**	–	0,0%
Gebäude für Handel und Lager				
Geschäftshäuser mit Wohnungen	–	–	–	–
Geschäftshäuser ohne Wohnungen	–	–	–	–
Verbrauchermärkte	–	–	–	–
Autohäuser	–	–	–	–
Lagergebäude, ohne Mischnutzung	–	**12,00**	–	0,2%
Lagergebäude, mit bis zu 25% Mischnutzung	–	–	–	–
Lagergebäude, mit mehr als 25% Mischnutzung	–	–	–	–
Garagen und Bereitschaftsdienste				
Einzel-, Mehrfach- und Hochgaragen	–	–	–	–
Tiefgaragen	–	–	–	–
Feuerwehrhäuser	–	**3,60**	–	0,3%
Öffentliche Bereitschaftsdienste	–	**6,10**	–	0,3%
9 Kulturgebäude				
Gebäude für kulturelle Zwecke				
Bibliotheken, Museen und Ausstellungen	–	**6,20**	–	0,1%
Theater	–	–	–	–
Gemeindezentren, einfacher Standard	–	–	–	–
Gemeindezentren, mittlerer Standard	–	–	–	–
Gemeindezentren, hoher Standard	–	–	–	–
Gebäude für religiöse Zwecke				
Sakralbauten	–	–	–	–
Friedhofsgebäude	–	–	–	–

Einheit: m²
Brutto-Grundfläche

483 Management- und Bedieneinrichtungen

Kosten:
Stand 1.Quartal 2018
Bundesdurchschnitt
inkl. 19% MwSt.

Einheit: m² Brutto-Grundfläche

▷ von
ø Mittel
◁ bis

Gebäudeart	▷	€/Einheit	◁	KG an 400
1 Büro- und Verwaltungsgebäude				
Büro- und Verwaltungsgebäude, einfacher Standard	–	–	–	–
Büro- und Verwaltungsgebäude, mittlerer Standard	3,50	**6,40**	11,00	0,2%
Büro- und Verwaltungsgebäude, hoher Standard	–	–	–	–
2 Gebäude für Forschung und Lehre				
Instituts- und Laborgebäude	–	**10,00**	–	0,3%
3 Gebäude des Gesundheitswesens				
Medizinische Einrichtungen	–	–	–	–
Pflegeheime	–	–	–	–
4 Schulen und Kindergärten				
Allgemeinbildende Schulen	2,40	**3,90**	6,00	0,3%
Berufliche Schulen	–	–	–	–
Förder- und Sonderschulen	–	–	–	–
Weiterbildungseinrichtungen	–	–	–	–
Kindergärten, nicht unterkellert, einfacher Standard	–	–	–	–
Kindergärten, nicht unterkellert, mittlerer Standard	–	–	–	–
Kindergärten, nicht unterkellert, hoher Standard	–	–	–	–
Kindergärten, Holzbauweise, nicht unterkellert	–	–	–	–
Kindergärten, unterkellert	–	–	–	–
5 Sportbauten				
Sport- und Mehrzweckhallen	–	–	–	–
Sporthallen (Einfeldhallen)	–	–	–	–
Sporthallen (Dreifeldhallen)	–	–	–	–
Schwimmhallen	–	–	–	–
6 Wohngebäude				
Ein- und Zweifamilienhäuser				
Ein- und Zweifamilienhäuser, unterkellert, einfacher Standard	–	–	–	–
Ein- und Zweifamilienhäuser, unterkellert, mittlerer Standard	–	–	–	–
Ein- und Zweifamilienhäuser, unterkellert, hoher Standard	–	**7,20**	–	0,1%
Ein- und Zweifamilienhäuser, nicht unterkellert, einfacher Standard	–	–	–	–
Ein- und Zweifamilienhäuser, nicht unterkellert, mittlerer Standard	–	–	–	–
Ein- und Zweifamilienhäuser, nicht unterkellert, hoher Standard	–	–	–	–
Ein- und Zweifamilienhäuser, Passivhausstandard, Massivbau	–	–	–	–
Ein- und Zweifamilienhäuser, Passivhausstandard, Holzbau	–	–	–	–
Ein- und Zweifamilienhäuser, Holzbauweise, unterkellert	–	–	–	–
Ein- und Zweifamilienhäuser, Holzbauweise, nicht unterkellert	–	–	–	–
Doppel- und Reihenendhäuser, einfacher Standard	–	–	–	–
Doppel- und Reihenendhäuser, mittlerer Standard	–	–	–	–
Doppel- und Reihenendhäuser, hoher Standard	–	–	–	–
Reihenhäuser, einfacher Standard	–	–	–	–
Reihenhäuser, mittlerer Standard	–	–	–	–
Reihenhäuser, hoher Standard	–	–	–	–
Mehrfamilienhäuser				
Mehrfamilienhäuser, mit bis zu 6 WE, einfacher Standard	–	–	–	–
Mehrfamilienhäuser, mit bis zu 6 WE, mittlerer Standard	–	–	–	–
Mehrfamilienhäuser, mit bis zu 6 WE, hoher Standard	–	–	–	–

Gebäudeart	▷	€/Einheit	◁	KG an 400
Mehrfamilienhäuser (Fortsetzung)				
Mehrfamilienhäuser, mit 6 bis 19 WE, einfacher Standard	–	–	–	–
Mehrfamilienhäuser, mit 6 bis 19 WE, mittlerer Standard	–	–	–	–
Mehrfamilienhäuser, mit 6 bis 19 WE, hoher Standard	–	–	–	–
Mehrfamilienhäuser, mit 20 oder mehr WE, mittlerer Standard	–	–	–	–
Mehrfamilienhäuser, mit 20 oder mehr WE, hoher Standard	–	–	–	–
Mehrfamilienhäuser, Passivhäuser	–	–	–	–
Wohnhäuser, mit bis zu 15% Mischnutzung, einfacher Standard	–	–	–	–
Wohnhäuser, mit bis zu 15% Mischnutzung, mittlerer Standard	–	–	–	–
Wohnhäuser, mit bis zu 15% Mischnutzung, hoher Standard	–	–	–	–
Wohnhäuser mit mehr als 15% Mischnutzung	–	–	–	–
Seniorenwohnungen				
Seniorenwohnungen, mittlerer Standard	–	–	–	–
Seniorenwohnungen, hoher Standard	–	–	–	–
Beherbergung				
Wohnheime und Internate	–	–	–	–
7 Gewerbegebäude				
Gaststätten und Kantinen				
Gaststätten, Kantinen und Mensen	–	–	–	–
Gebäude für Produktion				
Industrielle Produktionsgebäude, Massivbauweise	–	–	–	–
Industrielle Produktionsgebäude, überwiegend Skelettbauweise	–	5,60	–	0,1%
Betriebs- und Werkstätten, eingeschossig	–	–	–	–
Betriebs- und Werkstätten, mehrgeschossig, geringer Hallenanteil	–	25,00	–	1,1%
Betriebs- und Werkstätten, mehrgeschossig, hoher Hallenanteil	–	–	–	–
Gebäude für Handel und Lager				
Geschäftshäuser mit Wohnungen	–	–	–	–
Geschäftshäuser ohne Wohnungen	–	–	–	–
Verbrauchermärkte	–	–	–	–
Autohäuser	–	–	–	–
Lagergebäude, ohne Mischnutzung	–	–	–	–
Lagergebäude, mit bis zu 25% Mischnutzung	–	–	–	–
Lagergebäude, mit mehr als 25% Mischnutzung	–	–	–	–
Garagen und Bereitschaftsdienste				
Einzel-, Mehrfach- und Hochgaragen	–	–	–	–
Tiefgaragen	–	–	–	–
Feuerwehrhäuser	–	8,90	–	0,7%
Öffentliche Bereitschaftsdienste	–	5,20	–	0,3%
9 Kulturgebäude				
Gebäude für kulturelle Zwecke				
Bibliotheken, Museen und Ausstellungen	–	–	–	–
Theater	–	–	–	–
Gemeindezentren, einfacher Standard	–	–	–	–
Gemeindezentren, mittlerer Standard	–	–	–	–
Gemeindezentren, hoher Standard	–	–	–	–
Gebäude für religiöse Zwecke				
Sakralbauten	–	–	–	–
Friedhofsgebäude	–	–	–	–

483 Management- und Bedieneinrichtungen

Einheit: m² Brutto-Grundfläche

485 Übertragungsnetze

Kosten:
Stand 1.Quartal 2018
Bundesdurchschnitt
inkl. 19% MwSt.

Einheit: m²
Brutto-Grundfläche

▷ von
ø Mittel
◁ bis

Gebäudeart	▷	€/Einheit	◁	KG an 400
1 Büro- und Verwaltungsgebäude				
Büro- und Verwaltungsgebäude, einfacher Standard	–	–	–	–
Büro- und Verwaltungsgebäude, mittlerer Standard	3,60	**9,40**	15,00	0,3%
Büro- und Verwaltungsgebäude, hoher Standard	2,70	**7,90**	18,00	0,5%
2 Gebäude für Forschung und Lehre				
Instituts- und Laborgebäude	16,00	**30,00**	44,00	1,2%
3 Gebäude des Gesundheitswesens				
Medizinische Einrichtungen	–	–	–	–
Pflegeheime	–	–	–	–
4 Schulen und Kindergärten				
Allgemeinbildende Schulen	0,40	**5,00**	9,70	0,5%
Berufliche Schulen	–	–	–	–
Förder- und Sonderschulen	–	**0,90**	–	0,0%
Weiterbildungseinrichtungen	–	–	–	–
Kindergärten, nicht unterkellert, einfacher Standard	–	–	–	–
Kindergärten, nicht unterkellert, mittlerer Standard	–	–	–	–
Kindergärten, nicht unterkellert, hoher Standard	–	–	–	–
Kindergärten, Holzbauweise, nicht unterkellert	–	–	–	–
Kindergärten, unterkellert	–	**5,90**	–	0,6%
5 Sportbauten				
Sport- und Mehrzweckhallen	–	–	–	–
Sporthallen (Einfeldhallen)	–	–	–	–
Sporthallen (Dreifeldhallen)	–	–	–	–
Schwimmhallen	–	–	–	–
6 Wohngebäude				
Ein- und Zweifamilienhäuser				
Ein- und Zweifamilienhäuser, unterkellert, einfacher Standard	–	–	–	–
Ein- und Zweifamilienhäuser, unterkellert, mittlerer Standard	–	–	–	–
Ein- und Zweifamilienhäuser, unterkellert, hoher Standard	–	**1,00**	–	0,0%
Ein- und Zweifamilienhäuser, nicht unterkellert, einfacher Standard	–	–	–	–
Ein- und Zweifamilienhäuser, nicht unterkellert, mittlerer Standard	–	–	–	–
Ein- und Zweifamilienhäuser, nicht unterkellert, hoher Standard	–	–	–	–
Ein- und Zweifamilienhäuser, Passivhausstandard, Massivbau	–	**3,20**	–	0,0%
Ein- und Zweifamilienhäuser, Passivhausstandard, Holzbau	–	–	–	–
Ein- und Zweifamilienhäuser, Holzbauweise, unterkellert	–	–	–	–
Ein- und Zweifamilienhäuser, Holzbauweise, nicht unterkellert	–	–	–	–
Doppel- und Reihenendhäuser, einfacher Standard	–	–	–	–
Doppel- und Reihenendhäuser, mittlerer Standard	–	–	–	–
Doppel- und Reihenendhäuser, hoher Standard	–	–	–	–
Reihenhäuser, einfacher Standard	–	–	–	–
Reihenhäuser, mittlerer Standard	–	–	–	–
Reihenhäuser, hoher Standard	–	–	–	–
Mehrfamilienhäuser				
Mehrfamilienhäuser, mit bis zu 6 WE, einfacher Standard	–	–	–	–
Mehrfamilienhäuser, mit bis zu 6 WE, mittlerer Standard	–	–	–	–
Mehrfamilienhäuser, mit bis zu 6 WE, hoher Standard	–	–	–	–

485
Übertragungsnetze

Gebäudeart	▷	€/Einheit	◁	KG an 400
Mehrfamilienhäuser (Fortsetzung)				
Mehrfamilienhäuser, mit 6 bis 19 WE, einfacher Standard	–	–	–	–
Mehrfamilienhäuser, mit 6 bis 19 WE, mittlerer Standard	–	–	–	–
Mehrfamilienhäuser, mit 6 bis 19 WE, hoher Standard	–	–	–	–
Mehrfamilienhäuser, mit 20 oder mehr WE, mittlerer Standard	–	–	–	–
Mehrfamilienhäuser, mit 20 oder mehr WE, hoher Standard	–	–	–	–
Mehrfamilienhäuser, Passivhäuser	–	–	–	–
Wohnhäuser, mit bis zu 15% Mischnutzung, einfacher Standard	–	–	–	–
Wohnhäuser, mit bis zu 15% Mischnutzung, mittlerer Standard	–	–	–	–
Wohnhäuser, mit bis zu 15% Mischnutzung, hoher Standard	–	–	–	–
Wohnhäuser mit mehr als 15% Mischnutzung	–	–	–	–
Seniorenwohnungen				
Seniorenwohnungen, mittlerer Standard	–	–	–	–
Seniorenwohnungen, hoher Standard	–	–	–	–
Beherbergung				
Wohnheime und Internate	–	6,20	–	0,1%
7 Gewerbegebäude				
Gaststätten und Kantinen				
Gaststätten, Kantinen und Mensen	–	–	–	–
Gebäude für Produktion				
Industrielle Produktionsgebäude, Massivbauweise	–	–	–	–
Industrielle Produktionsgebäude, überwiegend Skelettbauweise	–	3,60	–	0,0%
Betriebs- und Werkstätten, eingeschossig	–	–	–	–
Betriebs- und Werkstätten, mehrgeschossig, geringer Hallenanteil	–	–	–	–
Betriebs- und Werkstätten, mehrgeschossig, hoher Hallenanteil	–	–	–	–
Gebäude für Handel und Lager				
Geschäftshäuser mit Wohnungen	–	–	–	–
Geschäftshäuser ohne Wohnungen	–	–	–	–
Verbrauchermärkte	–	–	–	–
Autohäuser	–	–	–	–
Lagergebäude, ohne Mischnutzung	–	4,20	–	0,1%
Lagergebäude, mit bis zu 25% Mischnutzung	–	–	–	–
Lagergebäude, mit mehr als 25% Mischnutzung	–	–	–	–
Garagen und Bereitschaftsdienste				
Einzel-, Mehrfach- und Hochgaragen	–	–	–	–
Tiefgaragen	–	–	–	–
Feuerwehrhäuser	–	1,10	–	0,0%
Öffentliche Bereitschaftsdienste	–	6,50	–	0,3%
9 Kulturgebäude				
Gebäude für kulturelle Zwecke				
Bibliotheken, Museen und Ausstellungen	–	–	–	–
Theater	–	–	–	–
Gemeindezentren, einfacher Standard	–	–	–	–
Gemeindezentren, mittlerer Standard	–	2,80	–	0,1%
Gemeindezentren, hoher Standard	–	–	–	–
Gebäude für religiöse Zwecke				
Sakralbauten	–	–	–	–
Friedhofsgebäude	–	–	–	–

Einheit: m²
Brutto-Grundfläche

© **BKI** Baukosteninformationszentrum; Erläuterungen zu den Tabellen siehe Seite 50   Kosten: 1.Quartal 2018, Bundesdurchschnitt, **inkl.** 19% MwSt.

491 Baustelleneinrichtung

Kosten:
Stand 1.Quartal 2018
Bundesdurchschnitt
inkl. 19% MwSt.

Einheit: m²
Brutto-Grundfläche

▷ von
ø Mittel
◁ bis

Gebäudeart	▷	€/Einheit	◁	KG an 400
1 Büro- und Verwaltungsgebäude				
Büro- und Verwaltungsgebäude, einfacher Standard	–	–	–	–
Büro- und Verwaltungsgebäude, mittlerer Standard	–	**1,30**	–	0,0%
Büro- und Verwaltungsgebäude, hoher Standard	0,10	**0,90**	1,70	0,0%
2 Gebäude für Forschung und Lehre				
Instituts- und Laborgebäude	0,30	**1,50**	2,70	0,0%
3 Gebäude des Gesundheitswesens				
Medizinische Einrichtungen	–	**2,80**	–	0,2%
Pflegeheime	–	–	–	–
4 Schulen und Kindergärten				
Allgemeinbildende Schulen	0,60	**1,00**	1,30	0,0%
Berufliche Schulen	–	–	–	–
Förder- und Sonderschulen	0,20	**1,60**	3,00	0,1%
Weiterbildungseinrichtungen	–	–	–	–
Kindergärten, nicht unterkellert, einfacher Standard	–	**0,70**	–	0,0%
Kindergärten, nicht unterkellert, mittlerer Standard	–	**2,00**	–	0,1%
Kindergärten, nicht unterkellert, hoher Standard	–	–	–	–
Kindergärten, Holzbauweise, nicht unterkellert	–	–	–	–
Kindergärten, unterkellert	–	**0,40**	–	0,0%
5 Sportbauten				
Sport- und Mehrzweckhallen	–	–	–	–
Sporthallen (Einfeldhallen)	–	–	–	–
Sporthallen (Dreifeldhallen)	–	–	–	–
Schwimmhallen	–	–	–	–
6 Wohngebäude				
Ein- und Zweifamilienhäuser				
Ein- und Zweifamilienhäuser, unterkellert, einfacher Standard	–	–	–	–
Ein- und Zweifamilienhäuser, unterkellert, mittlerer Standard	–	–	–	–
Ein- und Zweifamilienhäuser, unterkellert, hoher Standard	–	–	–	–
Ein- und Zweifamilienhäuser, nicht unterkellert, einfacher Standard	–	–	–	–
Ein- und Zweifamilienhäuser, nicht unterkellert, mittlerer Standard	–	**0,60**	–	0,0%
Ein- und Zweifamilienhäuser, nicht unterkellert, hoher Standard	–	**4,90**	–	0,1%
Ein- und Zweifamilienhäuser, Passivhausstandard, Massivbau	–	–	–	–
Ein- und Zweifamilienhäuser, Passivhausstandard, Holzbau	–	–	–	–
Ein- und Zweifamilienhäuser, Holzbauweise, unterkellert	–	–	–	–
Ein- und Zweifamilienhäuser, Holzbauweise, nicht unterkellert	–	–	–	–
Doppel- und Reihenendhäuser, einfacher Standard	–	**0,70**	–	0,1%
Doppel- und Reihenendhäuser, mittlerer Standard	–	–	–	–
Doppel- und Reihenendhäuser, hoher Standard	–	–	–	–
Reihenhäuser, einfacher Standard	–	**0,70**	–	0,1%
Reihenhäuser, mittlerer Standard	–	–	–	–
Reihenhäuser, hoher Standard	–	–	–	–
Mehrfamilienhäuser				
Mehrfamilienhäuser, mit bis zu 6 WE, einfacher Standard	–	–	–	–
Mehrfamilienhäuser, mit bis zu 6 WE, mittlerer Standard	–	–	–	–
Mehrfamilienhäuser, mit bis zu 6 WE, hoher Standard	–	–	–	–

© BKI Baukosteninformationszentrum; Erläuterungen zu den Tabellen siehe Seite 50

Kosten: 1.Quartal 2018, Bundesdurchschnitt, inkl. 19% MwSt.

491 Baustelleneinrichtung

Gebäudeart	▷	€/Einheit	◁	KG an 400
Mehrfamilienhäuser (Fortsetzung)				
Mehrfamilienhäuser, mit 6 bis 19 WE, einfacher Standard	–	1,50	–	0,2%
Mehrfamilienhäuser, mit 6 bis 19 WE, mittlerer Standard	–	–	–	–
Mehrfamilienhäuser, mit 6 bis 19 WE, hoher Standard	–	–	–	–
Mehrfamilienhäuser, mit 20 oder mehr WE, mittlerer Standard	0,10	0,10	0,10	0,0%
Mehrfamilienhäuser, mit 20 oder mehr WE, hoher Standard	–	–	–	–
Mehrfamilienhäuser, Passivhäuser	–	–	–	–
Wohnhäuser, mit bis zu 15% Mischnutzung, einfacher Standard	–	–	–	–
Wohnhäuser, mit bis zu 15% Mischnutzung, mittlerer Standard	–	–	–	–
Wohnhäuser, mit bis zu 15% Mischnutzung, hoher Standard	–	–	–	–
Wohnhäuser mit mehr als 15% Mischnutzung	–	–	–	–
Seniorenwohnungen				
Seniorenwohnungen, mittlerer Standard	–	–	–	–
Seniorenwohnungen, hoher Standard	–	–	–	–
Beherbergung				
Wohnheime und Internate	–	2,00	–	0,0%
7 Gewerbegebäude				
Gaststätten und Kantinen				
Gaststätten, Kantinen und Mensen	–	0,80	–	0,0%
Gebäude für Produktion				
Industrielle Produktionsgebäude, Massivbauweise	–	–	–	–
Industrielle Produktionsgebäude, überwiegend Skelettbauweise	–	0,30	–	0,0%
Betriebs- und Werkstätten, eingeschossig	–	2,90	–	0,1%
Betriebs- und Werkstätten, mehrgeschossig, geringer Hallenanteil	–	0,20	–	0,0%
Betriebs- und Werkstätten, mehrgeschossig, hoher Hallenanteil	0,20	0,50	0,80	0,0%
Gebäude für Handel und Lager				
Geschäftshäuser mit Wohnungen	–	–	–	–
Geschäftshäuser ohne Wohnungen	–	–	–	–
Verbrauchermärkte	–	–	–	–
Autohäuser	–	–	–	–
Lagergebäude, ohne Mischnutzung	–	0,20	–	0,0%
Lagergebäude, mit bis zu 25% Mischnutzung	–	–	–	–
Lagergebäude, mit mehr als 25% Mischnutzung	–	–	–	–
Garagen und Bereitschaftsdienste				
Einzel-, Mehrfach- und Hochgaragen	–	–	–	–
Tiefgaragen	–	–	–	–
Feuerwehrhäuser	–	–	–	–
Öffentliche Bereitschaftsdienste	–	0,20	–	0,0%
9 Kulturgebäude				
Gebäude für kulturelle Zwecke				
Bibliotheken, Museen und Ausstellungen	–	1,90	–	0,1%
Theater	–	–	–	–
Gemeindezentren, einfacher Standard	–	–	–	–
Gemeindezentren, mittlerer Standard	–	1,30	–	0,0%
Gemeindezentren, hoher Standard	–	–	–	–
Gebäude für religiöse Zwecke				
Sakralbauten	–	–	–	–
Friedhofsgebäude	–	–	–	–

Einheit: m² Brutto-Grundfläche

© BKI Baukosteninformationszentrum; Erläuterungen zu den Tabellen siehe Seite 50   Kosten: 1.Quartal 2018, Bundesdurchschnitt, **inkl. 19% MwSt.**

492 Gerüste

Kosten:
Stand 1.Quartal 2018
Bundesdurchschnitt
inkl. 19% MwSt.

Einheit: m²
Brutto-Grundfläche

▷ von
ø Mittel
◁ bis

Gebäudeart	▷	€/Einheit	◁	KG an 400
1 Büro- und Verwaltungsgebäude				
Büro- und Verwaltungsgebäude, einfacher Standard	–	–	–	–
Büro- und Verwaltungsgebäude, mittlerer Standard	–	0,50	–	0,0%
Büro- und Verwaltungsgebäude, hoher Standard	–	–	–	–
2 Gebäude für Forschung und Lehre				
Instituts- und Laborgebäude	–	–	–	–
3 Gebäude des Gesundheitswesens				
Medizinische Einrichtungen	–	0,70	–	0,0%
Pflegeheime	–	–	–	–
4 Schulen und Kindergärten				
Allgemeinbildende Schulen	0,30	0,40	0,40	0,0%
Berufliche Schulen	–	–	–	–
Förder- und Sonderschulen	–	0,10	–	0,0%
Weiterbildungseinrichtungen	0,10	0,30	0,40	0,0%
Kindergärten, nicht unterkellert, einfacher Standard	–	–	–	–
Kindergärten, nicht unterkellert, mittlerer Standard	–	–	–	–
Kindergärten, nicht unterkellert, hoher Standard	–	–	–	–
Kindergärten, Holzbauweise, nicht unterkellert	–	–	–	–
Kindergärten, unterkellert	–	1,70	–	0,1%
5 Sportbauten				
Sport- und Mehrzweckhallen	–	–	–	–
Sporthallen (Einfeldhallen)	–	–	–	–
Sporthallen (Dreifeldhallen)	–	–	–	–
Schwimmhallen	–	–	–	–
6 Wohngebäude				
Ein- und Zweifamilienhäuser				
Ein- und Zweifamilienhäuser, unterkellert, einfacher Standard	–	–	–	–
Ein- und Zweifamilienhäuser, unterkellert, mittlerer Standard	–	–	–	–
Ein- und Zweifamilienhäuser, unterkellert, hoher Standard	–	–	–	–
Ein- und Zweifamilienhäuser, nicht unterkellert, einfacher Standard	–	–	–	–
Ein- und Zweifamilienhäuser, nicht unterkellert, mittlerer Standard	–	–	–	–
Ein- und Zweifamilienhäuser, nicht unterkellert, hoher Standard	–	–	–	–
Ein- und Zweifamilienhäuser, Passivhausstandard, Massivbau	–	–	–	–
Ein- und Zweifamilienhäuser, Passivhausstandard, Holzbau	–	–	–	–
Ein- und Zweifamilienhäuser, Holzbauweise, unterkellert	–	–	–	–
Ein- und Zweifamilienhäuser, Holzbauweise, nicht unterkellert	–	–	–	–
Doppel- und Reihenendhäuser, einfacher Standard	–	–	–	–
Doppel- und Reihenendhäuser, mittlerer Standard	–	–	–	–
Doppel- und Reihenendhäuser, hoher Standard	–	–	–	–
Reihenhäuser, einfacher Standard	–	–	–	–
Reihenhäuser, mittlerer Standard	–	–	–	–
Reihenhäuser, hoher Standard	–	–	–	–
Mehrfamilienhäuser				
Mehrfamilienhäuser, mit bis zu 6 WE, einfacher Standard	–	–	–	–
Mehrfamilienhäuser, mit bis zu 6 WE, mittlerer Standard	–	–	–	–
Mehrfamilienhäuser, mit bis zu 6 WE, hoher Standard	–	–	–	–

492 Gerüste

Gebäudeart	▷	€/Einheit	◁	KG an 400
Mehrfamilienhäuser (Fortsetzung)				
Mehrfamilienhäuser, mit 6 bis 19 WE, einfacher Standard	–	–	–	–
Mehrfamilienhäuser, mit 6 bis 19 WE, mittlerer Standard	–	–	–	–
Mehrfamilienhäuser, mit 6 bis 19 WE, hoher Standard	–	–	–	–
Mehrfamilienhäuser, mit 20 oder mehr WE, mittlerer Standard	–	–	–	–
Mehrfamilienhäuser, mit 20 oder mehr WE, hoher Standard	–	–	–	–
Mehrfamilienhäuser, Passivhäuser	–	–	–	–
Wohnhäuser, mit bis zu 15% Mischnutzung, einfacher Standard	–	–	–	–
Wohnhäuser, mit bis zu 15% Mischnutzung, mittlerer Standard	–	–	–	–
Wohnhäuser, mit bis zu 15% Mischnutzung, hoher Standard	–	–	–	–
Wohnhäuser mit mehr als 15% Mischnutzung	–	–	–	–
Seniorenwohnungen				
Seniorenwohnungen, mittlerer Standard	–	–	–	–
Seniorenwohnungen, hoher Standard	–	–	–	–
Beherbergung				
Wohnheime und Internate	–	–	–	–
7 Gewerbegebäude				
Gaststätten und Kantinen				
Gaststätten, Kantinen und Mensen	–	–	–	–
Gebäude für Produktion				
Industrielle Produktionsgebäude, Massivbauweise	–	–	–	–
Industrielle Produktionsgebäude, überwiegend Skelettbauweise	–	–	–	–
Betriebs- und Werkstätten, eingeschossig	–	–	–	–
Betriebs- und Werkstätten, mehrgeschossig, geringer Hallenanteil	–	–	–	–
Betriebs- und Werkstätten, mehrgeschossig, hoher Hallenanteil	–	–	–	–
Gebäude für Handel und Lager				
Geschäftshäuser mit Wohnungen	–	–	–	–
Geschäftshäuser ohne Wohnungen	–	–	–	–
Verbrauchermärkte	–	–	–	–
Autohäuser	–	–	–	–
Lagergebäude, ohne Mischnutzung	–	–	–	–
Lagergebäude, mit bis zu 25% Mischnutzung	–	–	–	–
Lagergebäude, mit mehr als 25% Mischnutzung	–	–	–	–
Garagen und Bereitschaftsdienste				
Einzel-, Mehrfach- und Hochgaragen	–	–	–	–
Tiefgaragen	–	–	–	–
Feuerwehrhäuser	0,20	2,90	5,60	0,5%
Öffentliche Bereitschaftsdienste	–	0,70	–	0,0%
9 Kulturgebäude				
Gebäude für kulturelle Zwecke				
Bibliotheken, Museen und Ausstellungen	–	0,80	–	0,0%
Theater	–	–	–	–
Gemeindezentren, einfacher Standard	–	–	–	–
Gemeindezentren, mittlerer Standard	–	–	–	–
Gemeindezentren, hoher Standard	–	–	–	–
Gebäude für religiöse Zwecke				
Sakralbauten	–	–	–	–
Friedhofsgebäude	–	–	–	–

Einheit: m² Brutto-Grundfläche

© BKI Baukosteninformationszentrum; Erläuterungen zu den Tabellen siehe Seite 50 Kosten: 1.Quartal 2018, Bundesdurchschnitt, **inkl. 19% MwSt.**

494 Abbruchmaßnahmen

Kosten:
Stand 1.Quartal 2018
Bundesdurchschnitt
inkl. 19% MwSt.

Einheit: m²
Brutto-Grundfläche

▷ von
ø Mittel
◁ bis

Gebäudeart	▷	€/Einheit	◁	KG an 400
1 Büro- und Verwaltungsgebäude				
Büro- und Verwaltungsgebäude, einfacher Standard	–	–	–	–
Büro- und Verwaltungsgebäude, mittlerer Standard	–	–	–	–
Büro- und Verwaltungsgebäude, hoher Standard	–	–	–	–
2 Gebäude für Forschung und Lehre				
Instituts- und Laborgebäude	–	–	–	–
3 Gebäude des Gesundheitswesens				
Medizinische Einrichtungen	–	–	–	–
Pflegeheime	–	**1,70**	–	0,0%
4 Schulen und Kindergärten				
Allgemeinbildende Schulen	–	**26,00**	–	1,6%
Berufliche Schulen	0,90	**1,90**	2,80	0,1%
Förder- und Sonderschulen	–	**0,70**	–	0,0%
Weiterbildungseinrichtungen	–	–	–	–
Kindergärten, nicht unterkellert, einfacher Standard	–	–	–	–
Kindergärten, nicht unterkellert, mittlerer Standard	–	–	–	–
Kindergärten, nicht unterkellert, hoher Standard	–	–	–	–
Kindergärten, Holzbauweise, nicht unterkellert	–	–	–	–
Kindergärten, unterkellert	–	–	–	–
5 Sportbauten				
Sport- und Mehrzweckhallen	–	**0,40**	–	0,0%
Sporthallen (Einfeldhallen)	–	–	–	–
Sporthallen (Dreifeldhallen)	–	**0,40**	–	0,0%
Schwimmhallen	–	–	–	–
6 Wohngebäude				
Ein- und Zweifamilienhäuser				
Ein- und Zweifamilienhäuser, unterkellert, einfacher Standard	–	–	–	–
Ein- und Zweifamilienhäuser, unterkellert, mittlerer Standard	–	–	–	–
Ein- und Zweifamilienhäuser, unterkellert, hoher Standard	–	–	–	–
Ein- und Zweifamilienhäuser, nicht unterkellert, einfacher Standard	–	–	–	–
Ein- und Zweifamilienhäuser, nicht unterkellert, mittlerer Standard	–	–	–	–
Ein- und Zweifamilienhäuser, nicht unterkellert, hoher Standard	–	–	–	–
Ein- und Zweifamilienhäuser, Passivhausstandard, Massivbau	–	–	–	–
Ein- und Zweifamilienhäuser, Passivhausstandard, Holzbau	–	–	–	–
Ein- und Zweifamilienhäuser, Holzbauweise, unterkellert	–	–	–	–
Ein- und Zweifamilienhäuser, Holzbauweise, nicht unterkellert	–	–	–	–
Doppel- und Reihenendhäuser, einfacher Standard	–	–	–	–
Doppel- und Reihenendhäuser, mittlerer Standard	–	–	–	–
Doppel- und Reihenendhäuser, hoher Standard	–	–	–	–
Reihenhäuser, einfacher Standard	–	–	–	–
Reihenhäuser, mittlerer Standard	–	–	–	–
Reihenhäuser, hoher Standard	–	–	–	–
Mehrfamilienhäuser				
Mehrfamilienhäuser, mit bis zu 6 WE, einfacher Standard	–	–	–	–
Mehrfamilienhäuser, mit bis zu 6 WE, mittlerer Standard	–	–	–	–
Mehrfamilienhäuser, mit bis zu 6 WE, hoher Standard	–	–	–	–

Abbruchmaßnahmen

Gebäudeart	▷	€/Einheit	◁	KG an 400
Mehrfamilienhäuser (Fortsetzung)				
Mehrfamilienhäuser, mit 6 bis 19 WE, einfacher Standard	–	**0,10**	–	0,0%
Mehrfamilienhäuser, mit 6 bis 19 WE, mittlerer Standard	–	–	–	–
Mehrfamilienhäuser, mit 6 bis 19 WE, hoher Standard	–	–	–	–
Mehrfamilienhäuser, mit 20 oder mehr WE, mittlerer Standard	–	–	–	–
Mehrfamilienhäuser, mit 20 oder mehr WE, hoher Standard	–	–	–	–
Mehrfamilienhäuser, Passivhäuser	–	–	–	–
Wohnhäuser, mit bis zu 15% Mischnutzung, einfacher Standard	–	–	–	–
Wohnhäuser, mit bis zu 15% Mischnutzung, mittlerer Standard	–	–	–	–
Wohnhäuser, mit bis zu 15% Mischnutzung, hoher Standard	–	–	–	–
Wohnhäuser mit mehr als 15% Mischnutzung	–	–	–	–
Seniorenwohnungen				
Seniorenwohnungen, mittlerer Standard	–	–	–	–
Seniorenwohnungen, hoher Standard	–	–	–	–
Beherbergung				
Wohnheime und Internate	–	**6,50**	–	0,3%
7 Gewerbegebäude				
Gaststätten und Kantinen				
Gaststätten, Kantinen und Mensen	–	–	–	–
Gebäude für Produktion				
Industrielle Produktionsgebäude, Massivbauweise	–	–	–	–
Industrielle Produktionsgebäude, überwiegend Skelettbauweise	–	–	–	–
Betriebs- und Werkstätten, eingeschossig	–	–	–	–
Betriebs- und Werkstätten, mehrgeschossig, geringer Hallenanteil	–	–	–	–
Betriebs- und Werkstätten, mehrgeschossig, hoher Hallenanteil	–	–	–	–
Gebäude für Handel und Lager				
Geschäftshäuser mit Wohnungen	–	–	–	–
Geschäftshäuser ohne Wohnungen	–	–	–	–
Verbrauchermärkte	–	–	–	–
Autohäuser	–	–	–	–
Lagergebäude, ohne Mischnutzung	–	**1,90**	–	0,0%
Lagergebäude, mit bis zu 25% Mischnutzung	–	–	–	–
Lagergebäude, mit mehr als 25% Mischnutzung	–	–	–	–
Garagen und Bereitschaftsdienste				
Einzel-, Mehrfach- und Hochgaragen	–	–	–	–
Tiefgaragen	–	–	–	–
Feuerwehrhäuser	–	–	–	–
Öffentliche Bereitschaftsdienste	–	**0,00**	–	0,0%
9 Kulturgebäude				
Gebäude für kulturelle Zwecke				
Bibliotheken, Museen und Ausstellungen	–	–	–	–
Theater	–	–	–	–
Gemeindezentren, einfacher Standard	–	–	–	–
Gemeindezentren, mittlerer Standard	–	–	–	–
Gemeindezentren, hoher Standard	–	–	–	–
Gebäude für religiöse Zwecke				
Sakralbauten	–	–	–	–
Friedhofsgebäude	–	–	–	–

Einheit: m² Brutto-Grundfläche

© BKI Baukosteninformationszentrum; Erläuterungen zu den Tabellen siehe Seite 50   Kosten: 1.Quartal 2018, Bundesdurchschnitt, **inkl. 19% MwSt.**

495 Instandsetzungen

Kosten:
Stand 1.Quartal 2018
Bundesdurchschnitt
inkl. 19% MwSt.

Einheit: m²
Brutto-Grundfläche

▷ von
ø Mittel
◁ bis

Gebäudeart	▷	€/Einheit	◁	KG an 400
1 Büro- und Verwaltungsgebäude				
Büro- und Verwaltungsgebäude, einfacher Standard	–	–	–	–
Büro- und Verwaltungsgebäude, mittlerer Standard	–	0,30	–	0,0%
Büro- und Verwaltungsgebäude, hoher Standard	–	–	–	–
2 Gebäude für Forschung und Lehre				
Instituts- und Laborgebäude	–	–	–	–
3 Gebäude des Gesundheitswesens				
Medizinische Einrichtungen	–	1,80	–	0,0%
Pflegeheime	–	–	–	–
4 Schulen und Kindergärten				
Allgemeinbildende Schulen	–	0,30	–	0,0%
Berufliche Schulen	–	–	–	–
Förder- und Sonderschulen	–	–	–	–
Weiterbildungseinrichtungen	–	–	–	–
Kindergärten, nicht unterkellert, einfacher Standard	–	–	–	–
Kindergärten, nicht unterkellert, mittlerer Standard	–	–	–	–
Kindergärten, nicht unterkellert, hoher Standard	–	0,80	–	0,0%
Kindergärten, Holzbauweise, nicht unterkellert	–	–	–	–
Kindergärten, unterkellert	0,90	3,00	5,10	0,4%
5 Sportbauten				
Sport- und Mehrzweckhallen	–	–	–	–
Sporthallen (Einfeldhallen)	–	–	–	–
Sporthallen (Dreifeldhallen)	–	–	–	–
Schwimmhallen	–	–	–	–
6 Wohngebäude				
Ein- und Zweifamilienhäuser				
Ein- und Zweifamilienhäuser, unterkellert, einfacher Standard	–	–	–	–
Ein- und Zweifamilienhäuser, unterkellert, mittlerer Standard	–	–	–	–
Ein- und Zweifamilienhäuser, unterkellert, hoher Standard	–	–	–	–
Ein- und Zweifamilienhäuser, nicht unterkellert, einfacher Standard	–	–	–	–
Ein- und Zweifamilienhäuser, nicht unterkellert, mittlerer Standard	–	–	–	–
Ein- und Zweifamilienhäuser, nicht unterkellert, hoher Standard	–	–	–	–
Ein- und Zweifamilienhäuser, Passivhausstandard, Massivbau	–	–	–	–
Ein- und Zweifamilienhäuser, Passivhausstandard, Holzbau	–	–	–	–
Ein- und Zweifamilienhäuser, Holzbauweise, unterkellert	–	–	–	–
Ein- und Zweifamilienhäuser, Holzbauweise, nicht unterkellert	–	–	–	–
Doppel- und Reihenendhäuser, einfacher Standard	–	–	–	–
Doppel- und Reihenendhäuser, mittlerer Standard	–	–	–	–
Doppel- und Reihenendhäuser, hoher Standard	–	–	–	–
Reihenhäuser, einfacher Standard	–	–	–	–
Reihenhäuser, mittlerer Standard	–	0,70	–	0,1%
Reihenhäuser, hoher Standard	–	–	–	–
Mehrfamilienhäuser				
Mehrfamilienhäuser, mit bis zu 6 WE, einfacher Standard	–	–	–	–
Mehrfamilienhäuser, mit bis zu 6 WE, mittlerer Standard	–	–	–	–
Mehrfamilienhäuser, mit bis zu 6 WE, hoher Standard	–	–	–	–

© BKI Baukosteninformationszentrum; Erläuterungen zu den Tabellen siehe Seite 50   Kosten: 1.Quartal 2018, Bundesdurchschnitt, **inkl. 19% MwSt.**

Gebäudeart	▷	€/Einheit	◁	KG an 400
Mehrfamilienhäuser (Fortsetzung)				
Mehrfamilienhäuser, mit 6 bis 19 WE, einfacher Standard	–	–	–	–
Mehrfamilienhäuser, mit 6 bis 19 WE, mittlerer Standard	–	–	–	–
Mehrfamilienhäuser, mit 6 bis 19 WE, hoher Standard	–	–	–	–
Mehrfamilienhäuser, mit 20 oder mehr WE, mittlerer Standard	–	**0,30**	–	0,0%
Mehrfamilienhäuser, mit 20 oder mehr WE, hoher Standard	–	–	–	–
Mehrfamilienhäuser, Passivhäuser	–	–	–	–
Wohnhäuser, mit bis zu 15% Mischnutzung, einfacher Standard	–	–	–	–
Wohnhäuser, mit bis zu 15% Mischnutzung, mittlerer Standard	–	–	–	–
Wohnhäuser, mit bis zu 15% Mischnutzung, hoher Standard	–	–	–	–
Wohnhäuser mit mehr als 15% Mischnutzung	–	–	–	–
Seniorenwohnungen				
Seniorenwohnungen, mittlerer Standard	–	–	–	–
Seniorenwohnungen, hoher Standard	–	–	–	–
Beherbergung				
Wohnheime und Internate	–	–	–	–
7 Gewerbegebäude				
Gaststätten und Kantinen				
Gaststätten, Kantinen und Mensen	–	–	–	–
Gebäude für Produktion				
Industrielle Produktionsgebäude, Massivbauweise	–	–	–	–
Industrielle Produktionsgebäude, überwiegend Skelettbauweise	–	–	–	–
Betriebs- und Werkstätten, eingeschossig	–	–	–	–
Betriebs- und Werkstätten, mehrgeschossig, geringer Hallenanteil	–	–	–	–
Betriebs- und Werkstätten, mehrgeschossig, hoher Hallenanteil	–	–	–	–
Gebäude für Handel und Lager				
Geschäftshäuser mit Wohnungen	–	–	–	–
Geschäftshäuser ohne Wohnungen	–	–	–	–
Verbrauchermärkte	–	–	–	–
Autohäuser	–	–	–	–
Lagergebäude, ohne Mischnutzung	–	–	–	–
Lagergebäude, mit bis zu 25% Mischnutzung	–	–	–	–
Lagergebäude, mit mehr als 25% Mischnutzung	–	–	–	–
Garagen und Bereitschaftsdienste				
Einzel-, Mehrfach- und Hochgaragen	–	–	–	–
Tiefgaragen	–	–	–	–
Feuerwehrhäuser	–	–	–	–
Öffentliche Bereitschaftsdienste	–	–	–	–
9 Kulturgebäude				
Gebäude für kulturelle Zwecke				
Bibliotheken, Museen und Ausstellungen	–	**20,00**	–	1,2%
Theater	–	–	–	–
Gemeindezentren, einfacher Standard	–	–	–	–
Gemeindezentren, mittlerer Standard	–	–	–	–
Gemeindezentren, hoher Standard	–	–	–	–
Gebäude für religiöse Zwecke				
Sakralbauten	–	**4,40**	–	1,3%
Friedhofsgebäude	–	–	–	–

Einheit: m² Brutto-Grundfläche

497 Zusätzliche Maßnahmen

Kosten:
Stand 1.Quartal 2018
Bundesdurchschnitt
inkl. 19% MwSt.

Einheit: m²
Brutto-Grundfläche

▷ von
Ø Mittel
◁ bis

Gebäudeart	▷	€/Einheit	◁	KG an 400
1 Büro- und Verwaltungsgebäude				
Büro- und Verwaltungsgebäude, einfacher Standard	–	–	–	–
Büro- und Verwaltungsgebäude, mittlerer Standard	–	**0,40**	–	0,0%
Büro- und Verwaltungsgebäude, hoher Standard	–	–	–	–
2 Gebäude für Forschung und Lehre				
Instituts- und Laborgebäude	–	–	–	–
3 Gebäude des Gesundheitswesens				
Medizinische Einrichtungen	–	–	–	–
Pflegeheime	–	**1,20**	–	0,0%
4 Schulen und Kindergärten				
Allgemeinbildende Schulen	–	**2,60**	–	0,0%
Berufliche Schulen	–	–	–	–
Förder- und Sonderschulen	–	**1,30**	–	0,0%
Weiterbildungseinrichtungen	–	–	–	–
Kindergärten, nicht unterkellert, einfacher Standard	–	**1,40**	–	0,1%
Kindergärten, nicht unterkellert, mittlerer Standard	–	**4,30**	–	0,3%
Kindergärten, nicht unterkellert, hoher Standard	–	–	–	–
Kindergärten, Holzbauweise, nicht unterkellert	–	–	–	–
Kindergärten, unterkellert	–	**0,20**	–	0,0%
5 Sportbauten				
Sport- und Mehrzweckhallen	–	–	–	–
Sporthallen (Einfeldhallen)	–	–	–	–
Sporthallen (Dreifeldhallen)	–	–	–	–
Schwimmhallen	–	–	–	–
6 Wohngebäude				
Ein- und Zweifamilienhäuser				
Ein- und Zweifamilienhäuser, unterkellert, einfacher Standard	–	–	–	–
Ein- und Zweifamilienhäuser, unterkellert, mittlerer Standard	–	–	–	–
Ein- und Zweifamilienhäuser, unterkellert, hoher Standard	–	–	–	–
Ein- und Zweifamilienhäuser, nicht unterkellert, einfacher Standard	–	–	–	–
Ein- und Zweifamilienhäuser, nicht unterkellert, mittlerer Standard	–	–	–	–
Ein- und Zweifamilienhäuser, nicht unterkellert, hoher Standard	–	–	–	–
Ein- und Zweifamilienhäuser, Passivhausstandard, Massivbau	–	–	–	–
Ein- und Zweifamilienhäuser, Passivhausstandard, Holzbau	–	–	–	–
Ein- und Zweifamilienhäuser, Holzbauweise, unterkellert	–	–	–	–
Ein- und Zweifamilienhäuser, Holzbauweise, nicht unterkellert	–	–	–	–
Doppel- und Reihenendhäuser, einfacher Standard	–	–	–	–
Doppel- und Reihenendhäuser, mittlerer Standard	–	–	–	–
Doppel- und Reihenendhäuser, hoher Standard	–	–	–	–
Reihenhäuser, einfacher Standard	–	–	–	–
Reihenhäuser, mittlerer Standard	–	–	–	–
Reihenhäuser, hoher Standard	–	–	–	–
Mehrfamilienhäuser				
Mehrfamilienhäuser, mit bis zu 6 WE, einfacher Standard	–	–	–	–
Mehrfamilienhäuser, mit bis zu 6 WE, mittlerer Standard	–	–	–	–
Mehrfamilienhäuser, mit bis zu 6 WE, hoher Standard	–	–	–	–

© **BKI** Baukosteninformationszentrum; Erläuterungen zu den Tabellen siehe Seite 50   Kosten: 1.Quartal 2018, Bundesdurchschnitt, **inkl. 19% MwSt.**

Gebäudeart	▷	€/Einheit	◁	KG an 400

497 Zusätzliche Maßnahmen

Mehrfamilienhäuser (Fortsetzung)

Mehrfamilienhäuser, mit 6 bis 19 WE, einfacher Standard	–	–	–	–
Mehrfamilienhäuser, mit 6 bis 19 WE, mittlerer Standard	–	–	–	–
Mehrfamilienhäuser, mit 6 bis 19 WE, hoher Standard	–	–	–	–
Mehrfamilienhäuser, mit 20 oder mehr WE, mittlerer Standard	–	–	–	–
Mehrfamilienhäuser, mit 20 oder mehr WE, hoher Standard	–	–	–	–
Mehrfamilienhäuser, Passivhäuser	–	–	–	–
Wohnhäuser, mit bis zu 15% Mischnutzung, einfacher Standard	–	–	–	–
Wohnhäuser, mit bis zu 15% Mischnutzung, mittlerer Standard	–	–	–	–
Wohnhäuser, mit bis zu 15% Mischnutzung, hoher Standard	–	–	–	–
Wohnhäuser mit mehr als 15% Mischnutzung	–	–	–	–

Seniorenwohnungen

Seniorenwohnungen, mittlerer Standard	–	–	–	–
Seniorenwohnungen, hoher Standard	–	–	–	–

Beherbergung

Wohnheime und Internate	–	–	–	–

7 Gewerbegebäude

Gaststätten und Kantinen

Gaststätten, Kantinen und Mensen	–	**12,00**	–	0,5%

Gebäude für Produktion

Industrielle Produktionsgebäude, Massivbauweise	–	–	–	–
Industrielle Produktionsgebäude, überwiegend Skelettbauweise	–	**10,00**	–	0,2%
Betriebs- und Werkstätten, eingeschossig	–	–	–	–
Betriebs- und Werkstätten, mehrgeschossig, geringer Hallenanteil	–	–	–	–
Betriebs- und Werkstätten, mehrgeschossig, hoher Hallenanteil	–	**2,10**	–	0,0%

Einheit: m² Brutto-Grundfläche

Gebäude für Handel und Lager

Geschäftshäuser mit Wohnungen	–	–	–	–
Geschäftshäuser ohne Wohnungen	–	–	–	–
Verbrauchermärkte	–	–	–	–
Autohäuser	–	–	–	–
Lagergebäude, ohne Mischnutzung	–	–	–	–
Lagergebäude, mit bis zu 25% Mischnutzung	–	–	–	–
Lagergebäude, mit mehr als 25% Mischnutzung	–	–	–	–

Garagen und Bereitschaftsdienste

Einzel-, Mehrfach- und Hochgaragen	–	–	–	–
Tiefgaragen	–	–	–	–
Feuerwehrhäuser	–	–	–	–
Öffentliche Bereitschaftsdienste	–	–	–	–

9 Kulturgebäude

Gebäude für kulturelle Zwecke

Bibliotheken, Museen und Ausstellungen	–	–	–	–
Theater	–	–	–	–
Gemeindezentren, einfacher Standard	–	–	–	–
Gemeindezentren, mittlerer Standard	–	–	–	–
Gemeindezentren, hoher Standard	–	–	–	–

Gebäude für religiöse Zwecke

Sakralbauten	–	–	–	–
Friedhofsgebäude	–	–	–	–

© BKI Baukosteninformationszentrum; Erläuterungen zu den Tabellen siehe Seite 50   Kosten: 1.Quartal 2018, Bundesdurchschnitt, **inkl. 19% MwSt.**

Ausführungsarten
Neubau

Kostenkennwerte für von BKI gebildete
Untergliederung der 3. Ebene DIN 276

211 Sicherungsmaßnahmen

KG.AK.AA	▷	€/Einheit	◁ LB an AA

211.31.00 Schutz von Bäumen und Gehölzen

01 **Baumschutz herstellen, gegen mechanische Schäden während der Bauzeit, nach Ablauf der Bauzeit abbauen, laden, abfahren (6 Objekte)** — 100,00 | **110,00** | 120,00
Einheit: St Bäume
004 Landschaftsbauarbeiten; Pflanzen — 100,0%

02 **Stammschutz aus Brettermantel, h=2,00m, d=24cm, Polsterung zwischen Baum und Schalung, vorhalten, beseitigen (4 Objekte)** — 26,00 | **49,00** | 67,00
Einheit: St Bäume
003 Landschaftsbauarbeiten — 50,0%
004 Landschaftsbauarbeiten; Pflanzen — 50,0%

Kosten:
Stand 1.Quartal 2018
Bundesdurchschnitt
inkl. 19% MwSt.

▷ von
ø Mittel
◁ bis

212 Abbruchmaßnahmen

KG.AK.AA	▷	€/Einheit	◁ LB an AA
212.11.00 Abbruch von Bauwerken			
01 **Komplettabbruch eines bestehenden Gebäudes; Entsorgung, Deponiegebühren (5 Objekte)** Einheit: m³ Bruttorauminhalt	19,00	**25,00**	31,00
012 Mauerarbeiten			100,0%
02 **Abbruch von Mauerwerk und Beton im Boden; Entsorgung, Deponiegebühren (6 Objekte)** Einheit: m³ Abbruchvolumen	73,00	**90,00**	110,00
012 Mauerarbeiten			100,0%
03 **Abbruch von Stb-Bodenplatten, d=15-30cm; Entsorgung, Deponiegebühren (4 Objekte)** Einheit: m² Plattenfläche	21,00	**27,00**	33,00
012 Mauerarbeiten			50,0%
080 Straßen, Wege, Plätze			50,0%
212.41.00 Abbruch von Einfriedungen			
01 **Abbruch von Maschendrahtzaun, Pfosten, Tore, Türen; Entsorgung, Deponiegebühren (6 Objekte)** Einheit: m² Zaunfläche	2,40	**3,10**	3,60
012 Mauerarbeiten			100,0%
212.51.00 Abbruch von Verkehrsanlagen			
01 **Abbruch von Asphaltflächen, d=10-15cm, Unterbau; Entsorgung, Deponiegebühren (6 Objekte)** Einheit: m² Asphaltfläche	7,10	**8,40**	11,00
012 Mauerarbeiten			50,0%
080 Straßen, Wege, Plätze			50,0%
02 **Abbruch von Betonflächen, d=20-30cm; Entsorgung, Deponiegebühren (3 Objekte)** Einheit: m² Betonfläche	24,00	**28,00**	35,00
002 Erdarbeiten			33,0%
012 Mauerarbeiten			34,0%
080 Straßen, Wege, Plätze			33,0%
03 **Abbruch von Plattenflächen, aus Rasengittersteinen, Waschbetonplatten oder Verbundsteinpflaster, Unterbau; Entsorgung, Deponiegebühren (8 Objekte)** Einheit: m² Plattenfläche	6,20	**8,00**	11,00
012 Mauerarbeiten			50,0%
080 Straßen, Wege, Plätze			50,0%

© **BKI** Baukosteninformationszentrum; Erläuterungen zu den Tabellen siehe Seite 52   Kostenstand: 1.Quartal 2018, Bundesdurchschnitt, **inkl. 19% MwSt.**

214 Herrichten der Geländeoberfläche

Kosten:
Stand 1.Quartal 2018
Bundesdurchschnitt
inkl. 19% MwSt.

▷ von
ø Mittel
◁ bis

KG.AK.AA	▷	€/Einheit	◁	LB an AA
214.21.00 Roden von Sträuchern				
01 **Roden von Sträuchern, Büschen, Bäumen, Stammdurchmesser bis 10cm, mit Wurzeln, laden, entsorgen (8 Objekte)**	3,50	6,30	11,00	
Einheit: m² Grundstücksfläche				
002 Erdarbeiten				100,0%
214.31.00 Roden von Bäumen				
01 **Bäume fällen, entasten, zerkleinern, Stammdurchmesser 10-15cm, Wurzelstock roden, laden, entsorgen (7 Objekte)**	35,00	51,00	71,00	
Einheit: St Bäume				
002 Erdarbeiten				51,0%
012 Mauerarbeiten				49,0%
02 **Bäume fällen, entasten, zerkleinern, Stammdurchmesser 15-20cm, Wurzelstock roden, laden, entsorgen (6 Objekte)**	110,00	140,00	170,00	
Einheit: St Bäume				
002 Erdarbeiten				50,0%
003 Landschaftsbauarbeiten				50,0%
03 **Bäume fällen, entasten, zerkleinern, Stammdurchmesser 25-50cm, Wurzelstock roden, laden, entsorgen (4 Objekte)**	190,00	260,00	320,00	
Einheit: St Bäume				
002 Erdarbeiten				34,0%
003 Landschaftsbauarbeiten				33,0%
080 Straßen, Wege, Plätze				33,0%
214.41.00 Abräumen des Baugrundstücks				
01 **Abräumen des Baugrundstücks von Gehölz, Unrat, Unkrautbewuchs, Abtransport (6 Objekte)**	0,60	0,90	1,20	
Einheit: m² Grundstücksfläche				
002 Erdarbeiten				51,0%
003 Landschaftsbauarbeiten				49,0%
02 **Grasnarbe abtragen, zerkleinern, Schichtdicke 5-10cm, laden, entsorgen (8 Objekte)**	1,10	1,90	3,10	
Einheit: m² Rasenfläche				
003 Landschaftsbauarbeiten				100,0%
214.51.00 Oberbodenabtrag				
01 **Oberboden abtragen, d=20-30cm, seitlich lagern, Förderweg 50-100m (9 Objekte)**	3,00	3,40	4,20	
Einheit: m³ Oberboden				
002 Erdarbeiten				100,0%
02 **Oberboden abtragen, d=20-40cm, seitlich lagern, Förderweg bis 150m, nach Bauende wieder auftragen (4 Objekte)**	6,40	7,90	9,40	
Einheit: m³ Oberboden				
002 Erdarbeiten				34,0%
003 Landschaftsbauarbeiten				33,0%
012 Mauerarbeiten				33,0%

214 Herrichten der Geländeoberfläche

KG.AK.AA	▷	€/Einheit	◁	LB an AA
214.61.00 Oberbodenabfuhr				
01 **Oberboden abtragen, verkrautet, d=30-50cm, laden, entsorgen (6 Objekte)**	8,00	**12,00**	15,00	
Einheit: m³ Oberboden				
002 Erdarbeiten				100,0%

311 Baugrubenherstellung

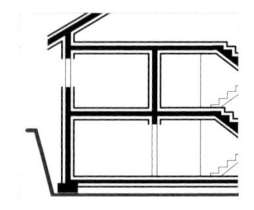

Kosten:
Stand 1.Quartal 2018
Bundesdurchschnitt
inkl. 19% MwSt.

▷ von
ø Mittel
◁ bis

KG.AK.AA	▷	€/Einheit	◁	LB an AA
311.11.00 Oberboden, abtragen				
01 **Oberboden, abtragen (5 Objekte)**	0,70	**1,00**	1,10	
Einheit: m² Abtragsfläche				
002 Erdarbeiten				100,0%
311.12.00 Oberboden, abtragen, lagern				
01 **Oberboden, abtragen, lagern (12 Objekte)**	0,70	**0,80**	1,10	
Einheit: m² Abtragsfläche				
002 Erdarbeiten				100,0%
311.13.00 Oberboden, abtragen, lagern, einbauen				
01 **Oberboden, abtragen, lagern, einbauen (16 Objekte)**	1,90	**3,70**	6,30	
Einheit: m² Abtragsfläche				
002 Erdarbeiten				100,0%
311.14.00 Oberboden, abtragen, laden, entsorgen				
01 **Oberboden, abtragen, laden, entsorgen (14 Objekte)**	2,60	**3,50**	4,90	
Einheit: m² Abtragsfläche				
002 Erdarbeiten				100,0%
311.21.00 Baugrube, ausheben				
01 **Baugrube, ausheben (5 Objekte)**	3,50	**4,10**	4,50	
Einheit: m³ Aushub				
002 Erdarbeiten				100,0%
311.22.00 Baugrube, ausheben, lagern				
01 **Baugrube, ausheben, lagern (10 Objekte)**	4,20	**6,50**	9,90	
Einheit: m³ Aushub				
002 Erdarbeiten				100,0%
311.23.00 Baugrube, ausheben, lagern, hinterfüllen				
01 **Baugrube, ausheben, lagern, hinterfüllen (18 Objekte)**	11,00	**15,00**	18,00	
Einheit: m³ Aushub				
002 Erdarbeiten				100,0%
311.24.00 Baugrube, ausheben, entsorgen				
01 **Baugrube, ausheben, laden, entsorgen (26 Objekte)**	21,00	**28,00**	37,00	
Einheit: m³ Aushub				
002 Erdarbeiten				100,0%
311.25.00 Baugrube, ausheben, entsorgen, hinterfüllen				
01 **Baugrube, ausheben, z. T. entsorgen, hinterfüllen (8 Objekte)**	16,00	**21,00**	31,00	
Einheit: m³ Aushub				
002 Erdarbeiten				100,0%
311.31.00 Baugrube, ausheben, mit erhöhtem Aufwand lösbar				
01 **Baugrube, ausheben, Felsarten, entsorgen (3 Objekte)**	8,50	**13,00**	23,00	
Einheit: m³ Aushub				
002 Erdarbeiten				100,0%

311 Baugrubenherstellung

KG.AK.AA	▷	€/Einheit	◁	LB an AA

311.34.00 Baugrube, ausheben, Felsarten, entsorgen
- 01 **Baugrube, ausheben, Felsarten, laden, entsorgen (7 Objekte)** — 23,00 | **26,00** | 31,00
  Einheit: m³ Aushub
  002 Erdarbeiten — 100,0%

311.41.00 Hinterfüllung, Liefermaterial
- 01 **Hinterfüllung, Arbeitsräume, Schotter/Kies, geliefert (19 Objekte)** — 22,00 | **32,00** | 41,00
  Einheit: m³ Auffüllmenge
  002 Erdarbeiten — 100,0%
- 02 **Hinterfüllung, Arbeitsräume, Material lagernd (8 Objekte)** — 10,00 | **16,00** | 28,00
  Einheit: m³ Auffüllmenge
  002 Erdarbeiten — 100,0%
- 04 **Hinterfüllung, Arbeitsräume, Siebschutt, geliefert (7 Objekte)** — 28,00 | **34,00** | 38,00
  Einheit: m³ Auffüllmenge
  002 Erdarbeiten — 100,0%
- 05 **Hinterfüllung, Arbeitsräume, Recyclingmaterial, geliefert (7 Objekte)** — 30,00 | **34,00** | 38,00
  Einheit: m³ Auffüllmenge
  002 Erdarbeiten — 100,0%

311.42.00 Hinterfüllung, Beton
- 01 **Hinterfüllung, Beton (8 Objekte)** — 150,00 | **170,00** | 220,00
  Einheit: m³ Auffüllmenge
  013 Betonarbeiten — 100,0%

311.91.00 Sonstige Baugrubenherstellung
- 82 **Teils Oberbodenabtrag, Baugrubenaushub, Abtransport, auch Lagerung und Verfüllung; leicht lösbare Bodenarten (26 Objekte)** — 10,00 | **18,00** | 27,00
  Einheit: m³ Baugrubenrauminhalt
  002 Erdarbeiten — 100,0%
- 83 **Teils Oberbodenabtrag, Baugrubenaushub, Abtransport, auch Lagerung und Verfüllung; mittelschwer lösbare Bodenarten (16 Objekte)** — 19,00 | **29,00** | 46,00
  Einheit: m³ Baugrubenrauminhalt
  002 Erdarbeiten — 100,0%
- 85 **Teils Oberbodenabtrag, Baugrubenaushub, Abtransport, auch Lagerung und Verfüllung; leicht lösbarer Fels und vergleichbare Bodenarten (3 Objekte)** — 37,00 | **58,00** | 68,00
  Einheit: m³ Baugrubenrauminhalt
  002 Erdarbeiten — 100,0%

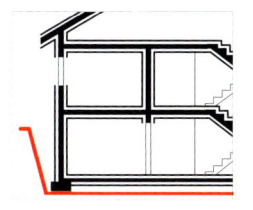

312 Baugrubenumschließung

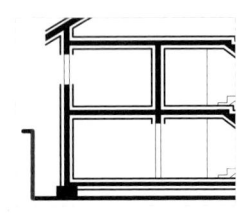

Kosten:
Stand 1.Quartal 2018
Bundesdurchschnitt
inkl. 19% MwSt.

KG.AK.AA	▷	€/Einheit	◁	LB an AA
312.11.00 Spundwände				
01 **Spundwände, einschl. Anker, Absteifungen, Verbindungen (3 Objekte)**	92,00	**150,00**	180,00	
Einheit: m² Verbaute Fläche				
006 Spezialtiefbauarbeiten				100,0%
312.31.00 Trägerbohlwände				
01 **Baugrubenverbau mit Trägerbohlwänden (Berliner Verbau), einschl. Verankerungen (5 Objekte)**	220,00	**250,00**	300,00	
Einheit: m² Verbaute Fläche				
006 Spezialtiefbauarbeiten				100,0%
312.61.00 Spritzbetonwände				
01 **Böschungssicherung durch Spritzbetonwände, d=20-30cm, Bewehrung, Erdnägel (3 Objekte)**	790,00	**800,00**	810,00	
Einheit: m² Verbaute Fläche				
006 Spezialtiefbauarbeiten				42,0%
013 Betonarbeiten				58,0%

▷ von
ø Mittel
◁ bis

KG.AK.AA	▷ €/Einheit	◁ LB an AA

313 Wasserhaltung

313.11.00 Leitungen für Wasserhaltung

01 **Rohrleitungen, Saugleitung DN80-150, Armaturen, Form- und Passstücke, Abbau (4 Objekte)**   19,00   **23,00**   28,00
Einheit: m Leitung
008 Wasserhaltungsarbeiten   49,0%
009 Entwässerungskanalarbeiten   51,0%

313.21.00 Schächte für Wasserhaltung

01 **Erdaushub, Pumpensumpf innerhalb von Baugruben, Betonbrunnenringe, Wiederverfüllung (5 Objekte)**   350,00   **560,00**   690,00
Einheit: St Anzahl
008 Wasserhaltungsarbeiten   100,0%

313.31.00 Geräte für Wasserhaltung

01 **Pumpe mit Elektromotor für Pumpensümpfe, Fördermenge 30-60m^3/h, ein- und ausbauen (4 Objekte)**   110,00   **150,00**   210,00
Einheit: St Anzahl
008 Wasserhaltungsarbeiten   100,0%

313.41.00 Geräte für Wasserhaltung betreiben

01 **Tauchpumpe betreiben, Förderweg bis 10m, Förderleistung bis 36m^3/h (9 Objekte)**   5,00   **6,70**   8,20
Einheit: h Stunden
008 Wasserhaltungsarbeiten   100,0%

319 Baugrube, sonstiges

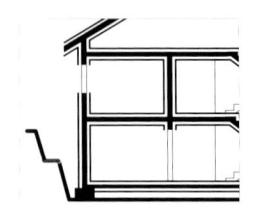

KG.AK.AA	▷	€/Einheit	◁ LB an AA
319.11.00 Baugrube, sonstiges			
01 **Böschung mit Folie abdecken (8 Objekte)**	1,70	**2,70**	3,60
Einheit: m² abgedeckte Fläche			
002 Erdarbeiten			100,0%

Kosten:
Stand 1.Quartal 2018
Bundesdurchschnitt
inkl. 19% MwSt.

▷ von
Ø Mittel
◁ bis

321 Baugrundverbesserung

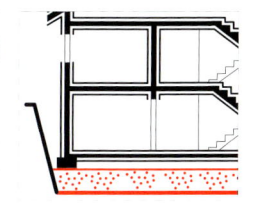

KG.AK.AA		▷	€/Einheit	◁	LB an AA
321.11.00	Bodenaustausch				
01	**Bodeneinbau als Bodenaustausch, lagenweise verdichten, Schichtdicke bis 40cm (9 Objekte)**	12,00	**21,00**	30,00	
	Einheit: m³ Auffüllvolumen				
	002 Erdarbeiten				100,0%
321.21.00	Bodenauffüllung, Schotter				
01	**Bodenauffüllungen mit Schotter zur Erhöhung der Tragfähigkeit des Baugrundes, d=30-50cm (9 Objekte)**	31,00	**41,00**	53,00	
	Einheit: m³ Auffüllvolumen				
	002 Erdarbeiten				50,0%
	013 Betonarbeiten				50,0%
321.22.00	Bodenauffüllung, Magerbeton				
01	**Auffüllungen Beton, teilweise Schalung, zur Erhöhung der Tragfähigkeit des Baugrunds (10 Objekte)**	130,00	**160,00**	220,00	
	Einheit: m³ Auffüllvolumen				
	013 Betonarbeiten				100,0%
321.23.00	Bodenauffüllung, Kies				
01	**Bodenauffüllungen mit geliefertem Kies (9 Objekte)**	15,00	**22,00**	36,00	
	Einheit: m³ Auffüllvolumen				
	002 Erdarbeiten				100,0%
321.31.00	Bodenverdichtung				
01	**Verdichtung der Gründungssohle zur Erhöhung der Tragfähigkeit des Baugrunds (3 Objekte)**	3,10	**5,10**	9,00	
	Einheit: m² Verdichtete Fläche				
	002 Erdarbeiten				100,0%

© **BKI** Baukosteninformationszentrum; Erläuterungen zu den Tabellen siehe Seite 52   Kostenstand: 1.Quartal 2018, Bundesdurchschnitt, **inkl. 19% MwSt.**

322 Flachgründungen

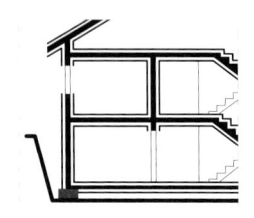

Kosten:
Stand 1. Quartal 2018
Bundesdurchschnitt
inkl. 19% MwSt.

▷ von
Ø Mittel
◁ bis

KG.AK.AA		▷	€/Einheit	◁	LB an AA
322.11.00	Einzelfundamente und Streifenfundamente				
01	**Aushub, Fundamente, entsorgen (14 Objekte)**	40,00	**50,00**	61,00	
	Einheit: m³ Aushub				
	002 Erdarbeiten				100,0%
02	**Aushub, Einzel- und Streifenfundamente, Ortbeton, Schalung, teilweise Bewehrung (22 Objekte)**	290,00	**370,00**	480,00	
	Einheit: m³ Fundamentvolumen				
	002 Erdarbeiten				13,0%
	013 Betonarbeiten				87,0%
04	**Einzel- und Streifenfundamente, Schalung, Bewehrung (7 Objekte)**	230,00	**300,00**	390,00	
	Einheit: m³ Fundamentvolumen				
	013 Betonarbeiten				100,0%
10	**Aushub, Fundamente für ein- bis zweigeschossige Bauten, Ortbeton, Schalung, Bewehrung (11 Objekte)**	220,00	**320,00**	420,00	
	Einheit: m³ Fundamentvolumen				
	002 Erdarbeiten				41,0%
	013 Betonarbeiten				59,0%
11	**Aushub, Fundamente für bis zu achtgeschossige Bauten, Ortbeton, Schalung, Bewehrung (20 Objekte)**	340,00	**410,00**	520,00	
	Einheit: m³ Fundamentvolumen				
	002 Erdarbeiten				15,0%
	013 Betonarbeiten				85,0%
322.12.00	Einzelfundamente				
01	**Aushub, Einzelfundament, z. T. hinterfüllen (8 Objekte)**	35,00	**51,00**	70,00	
	Einheit: m³ Aushub				
	002 Erdarbeiten				100,0%
02	**Aushub, Einzelfundamente, Ortbeton, Schalung, teilweise Bewehrung (18 Objekte)**	300,00	**370,00**	440,00	
	Einheit: m³ Fundamentvolumen				
	002 Erdarbeiten				4,0%
	013 Betonarbeiten				96,0%
322.14.00	Streifenfundamente				
01	**Aushub für Streifenfundamente, lösen, lagern, teilweise hinterfüllen (10 Objekte)**	17,00	**36,00**	58,00	
	Einheit: m³ Aushub				
	002 Erdarbeiten				100,0%
02	**Streifenfundamente, Ortbeton, Schalung, teilweise Bewehrung (18 Objekte)**	250,00	**370,00**	470,00	
	Einheit: m³ Fundamentvolumen				
	013 Betonarbeiten				100,0%
04	**Aushub, Frostschürze, Ortbeton, Schalung, Bewehrung (5 Objekte)**	360,00	**450,00**	520,00	
	Einheit: m³ Fundamentvolumen				
	002 Erdarbeiten				7,0%
	013 Betonarbeiten				93,0%

KG.AK.AA	▷	€/Einheit	◁ LB an AA

322 Flachgründungen

322.15.00 Köcherfundamente
  02 **Aushub, Köcherfundamente, Ortbeton, Schalung, teilweise Bewehrung (6 Objekte)** — 360,00 | **490,00** | 730,00
  Einheit: m³ Fundamentvolumen
    013 Betonarbeiten — 100,0%

322.21.00 Fundamentplatten
  01 **Fundamentplatten, Ortbeton, d=20-30cm, Schalung, Bewehrung (4 Objekte)** — 100,00 | **110,00** | 140,00
  Einheit: m² Plattenfläche
    013 Betonarbeiten — 100,0%
  02 **Fundamentplatten, WU-Ortbeton, d=18-35cm, Schalung, Bewehrung (10 Objekte)** — 100,00 | **130,00** | 160,00
  Einheit: m² Plattenfläche
    013 Betonarbeiten — 100,0%

322.51.00 Frostschürze als Fertigteil
  01 **Aushub, Frostschürze, Fertigteil (5 Objekte)** — 270,00 | **330,00** | 400,00
  Einheit: m³ Fundamentvolumen
    002 Erdarbeiten — 4,0%
    013 Betonarbeiten — 96,0%

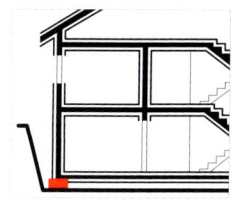

323 Tiefgründungen

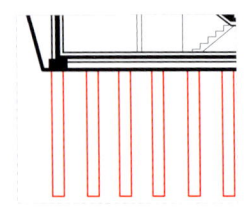

KG.AK.AA		▷ €/Einheit	◁ LB an AA
323.11.00	Bohrpfähle		
02	**Pfahlgründung mit Großbohrpfählen, d=62-130cm mit Pfahlgurt, Schalung, Bewehrung, Baustelleneinrichtung, statische Berechnung (4 Objekte)** Einheit: m Pfahllänge	260,00 **380,00** 690,00	
	005 Brunnenbauarbeiten und Aufschlussbohrungen		34,0%
	006 Spezialtiefbauarbeiten		41,0%
	013 Betonarbeiten		25,0%

Kosten:
Stand 1.Quartal 2018
Bundesdurchschnitt
inkl. 19% MwSt.

▷ von
Ø Mittel
◁ bis

324 Unterböden und Bodenplatten

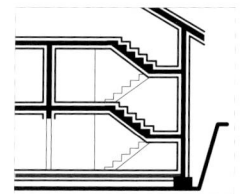

KG.AK.AA	▷ €/Einheit ◁	LB an AA

324.15.00 Stahlbeton, Ortbeton, Platten

01 **Bodenplatte, Ortbeton, d=15cm, Schalung, Bewehrung (22 Objekte)** — 38,00 **50,00** 65,00
 Einheit: m² Plattenfläche
 013 Betonarbeiten — 100,0%

08 **Bodenplatte, Ortbeton, d=20cm, Schalung, Bewehrung (9 Objekte)** — 52,00 **64,00** 83,00
 Einheit: m² Plattenfläche
 013 Betonarbeiten — 100,0%

09 **Bodenplatte, WU-Ortbeton, d=25-30cm, Schalung, Bewehrung (10 Objekte)** — 79,00 **100,00** 120,00
 Einheit: m² Plattenfläche
 013 Betonarbeiten — 100,0%

10 **Bodenplatte, Ortbeton, d=25cm, Schalung, Bewehrung (4 Objekte)** — 62,00 **69,00** 89,00
 Einheit: m² Plattenfläche
 013 Betonarbeiten — 100,0%

11 **Bodenplatte, Ortbeton, d=15-30cm, Schalung, Bewehrung (8 Objekte)** — 56,00 **72,00** 100,00
 Einheit: m² Plattenfläche
 013 Betonarbeiten — 100,0%

12 **Bodenplatte, WU-Ortbeton, d bis 35cm, Schalung, Bewehrung (3 Objekte)** — 140,00 **190,00** 280,00
 Einheit: m² Plattenfläche
 013 Betonarbeiten — 100,0%

14 **Bodenplatte, Stahlfaserbeton, d=15cm, Schalung, Randdämmung (4 Objekte)** — 55,00 **59,00** 63,00
 Einheit: m² Plattenfläche
 013 Betonarbeiten — 100,0%

15 **Bodenplatte, Stahlfaserbeton, d=20-25cm, Schalung (4 Objekte)** — 59,00 **69,00** 73,00
 Einheit: m² Plattenfläche
 013 Betonarbeiten — 100,0%

16 **Bodenplatte, WU-Ortbeton, d=25-30cm, Oberfläche glätten für fertige Fußbodenoberfläche, Fugenband, Randschalung, Bewehrung (4 Objekte)** — 100,00 **120,00** 160,00
 Einheit: m² Plattenfläche
 013 Betonarbeiten — 100,0%

324.61.00 Kanäle in Bodenplatten

01 **Kanäle in Bodenplatte, Schalung, Bewehrung (4 Objekte)** — 96,00 **140,00** 180,00
 Einheit: m Kanal
 013 Betonarbeiten — 100,0%

324.62.00 Rinnen in Bodenplatten

01 **Rinnen in Bodenplatte, Schalung, Bewehrung (7 Objekte)** — 110,00 **140,00** 190,00
 Einheit: m Rinne
 013 Betonarbeiten — 100,0%

© BKI Baukosteninformationszentrum; Erlauterungen zu den Tabellen siehe Seite 52 — Kostenstand: 1.Quartal 2018, Bundesdurchschnitt, **inkl. 19% MwSt.**

324 Unterböden und Bodenplatten

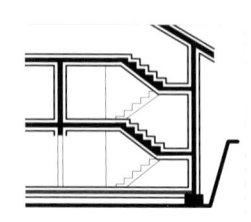

KG.AK.AA	▷	€/Einheit	◁ LB an AA
324.63.00 Schächte in Bodenplatten			
01 **Schächte mit Abdeckungen (3 Objekte)**	170,00	390,00	530,00
Einheit: St Anzahl			
031 Metallbauarbeiten			100,0%
02 **Pumpensümpfe in Bodenplatte, Größe bis 1,00x1,00m (5 Objekte)**	390,00	660,00	1.100,00
Einheit: St Anzahl			
013 Betonarbeiten			100,0%
324.64.00 Rampen auf Bodenplatten			
01 **Rampe, Ortbeton, Schalung, Länge bis 5m, Breite bis 1,60m, Dicke im Mittel bis 32cm (5 Objekte)**	250,00	500,00	830,00
Einheit: m³ Rampenvolumen			
013 Betonarbeiten			100,0%
324.65.00 Treppen in Bodenplatten			
01 **Differenztreppe, bis 3 Stufen, Schalung, Bewehrung (4 Objekte)**	220,00	400,00	530,00
Einheit: m² Treppenfläche			
013 Betonarbeiten			100,0%

Kosten:
Stand 1.Quartal 2018
Bundesdurchschnitt
inkl. 19% MwSt.

▷ von
ø Mittel
◁ bis

325 Bodenbeläge

KG.AK.AA		▷ €/Einheit ◁	LB an AA

325.11.00 Beschichtung

01 **Beschichtung, ölbeständig, Untergrundvorbehandlung, Sockel (7 Objekte)** — 16,00 · **18,00** · 24,00
Einheit: m² Belegte Fläche
034 Maler- und Lackierarbeiten - Beschichtungen — 100,0%

02 **Beschichtung, Acryl, Untergrundvorbehandlung, Sockel (7 Objekte)** — 12,00 · **14,00** · 19,00
Einheit: m² Belegte Fläche
034 Maler- und Lackierarbeiten - Beschichtungen — 100,0%

03 **Beschichtung, staubbindend, auf Betonoberfläche oder Estrich, Untergrundvorbehandlung (5 Objekte)** — 8,40 · **9,80** · 11,00
Einheit: m² Belegte Fläche
034 Maler- und Lackierarbeiten - Beschichtungen — 100,0%

04 **Epoxidharz-Dispersionsbeschichtung, tritt- und abriebfest, für einfache Belastungen, auf Betonoberfläche (8 Objekte)** — 9,90 · **13,00** · 16,00
Einheit: m² Belegte Fläche
034 Maler- und Lackierarbeiten - Beschichtungen — 100,0%

05 **Fahrbahnmarkierungen, b=12-15cm, auf Betonoberfläche (3 Objekte)** — 3,40 · **5,60** · 6,80
Einheit: m Markierung
034 Maler- und Lackierarbeiten - Beschichtungen — 100,0%

325.12.00 Beschichtung, Estrich

01 **Zementestrich, d=40-50mm, Beschichtung (14 Objekte)** — 27,00 · **32,00** · 44,00
Einheit: m² Belegte Fläche
025 Estricharbeiten — 58,0%
034 Maler- und Lackierarbeiten - Beschichtungen — 42,0%

325.13.00 Beschichtung, Estrich, Abdichtung

01 **Bitumenschweißbahn, Zementestrich, d=50-70mm, Beschichtung, scheuerbeständig, abriebfest (6 Objekte)** — 30,00 · **44,00** · 63,00
Einheit: m² Belegte Fläche
018 Abdichtungsarbeiten — 18,0%
025 Estricharbeiten — 66,0%
034 Maler- und Lackierarbeiten - Beschichtungen — 16,0%

325.14.00 Beschichtung, Estrich, Abdichtung, Dämmung

01 **Wärme- und Trittschalldämmung, d=60mm, Abdichtung, Zementestrich, d=40-100mm, Beschichtung (5 Objekte)** — 43,00 · **58,00** · 65,00
Einheit: m² Belegte Fläche
018 Abdichtungsarbeiten — 30,0%
025 Estricharbeiten — 54,0%
034 Maler- und Lackierarbeiten - Beschichtungen — 16,0%

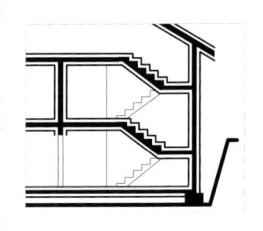

© BKI Baukosteninformationszentrum; Erläuterungen zu den Tabellen siehe Seite 52 — Kostenstand: 1.Quartal 2018, Bundesdurchschnitt, **inkl.** 19% MwSt.

325 Bodenbeläge

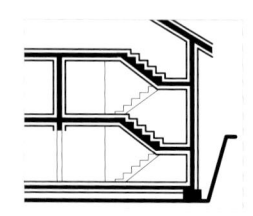

Kosten:
Stand 1.Quartal 2018
Bundesdurchschnitt
inkl. 19% MwSt.

▷ von
ø Mittel
◁ bis

KG.AK.AA		▷	€/Einheit	◁	LB an AA
325.15.00	Beschichtung, Estrich, Dämmung				
01	**Wärme- und Trittschalldämmung, d=60mm, Estrich, Beschichtung (4 Objekte)**	29,00	**38,00**	51,00	
	Einheit: m² Belegte Fläche				
	025 Estricharbeiten				75,0%
	034 Maler- und Lackierarbeiten - Beschichtungen				25,0%
325.17.00	Abdichtung				
01	**Feuchtigkeitsabdichtung, Bitumenschweißbahnen, einlagig (11 Objekte)**	7,30	**10,00**	14,00	
	Einheit: m² Belegte Fläche				
	018 Abdichtungsarbeiten				49,0%
	025 Estricharbeiten				51,0%
325.21.00	Estrich				
01	**Gussasphalt, d=25-35mm, Oberfläche glätten, mit Quarzsand abreiben (8 Objekte)**	28,00	**32,00**	37,00	
	Einheit: m² Belegte Fläche				
	025 Estricharbeiten				100,0%
02	**Schwimmender Anhydritestrich, d=50-65mm (8 Objekte)**	19,00	**21,00**	23,00	
	Einheit: m² Belegte Fläche				
	025 Estricharbeiten				100,0%
03	**Zementestrich, d=40-60mm, bewehrt (13 Objekte)**	23,00	**31,00**	40,00	
	Einheit: m² Belegte Fläche				
	025 Estricharbeiten				100,0%
04	**Zementestrich, Mehrstärken 10mm (4 Objekte)**	1,80	**2,10**	2,40	
	Einheit: m² Belegte Fläche				
	025 Estricharbeiten				100,0%
05	**Industrieestrich auf Betonfläche, d=15-20mm, öl- und wasserbeständig, Untergrundvorbereitung (4 Objekte)**	26,00	**34,00**	44,00	
	Einheit: m² Belegte Fläche				
	025 Estricharbeiten				100,0%
10	**Calciumsulfatestrich, d=45mm (4 Objekte)**	17,00	**19,00**	21,00	
	Einheit: m² Belegte Fläche				
	025 Estricharbeiten				100,0%
325.22.00	Estrich, Abdichtung				
01	**Abdichtung, Haftbrücke, Zementestrich, d=50mm (4 Objekte)**	26,00	**35,00**	44,00	
	Einheit: m² Belegte Fläche				
	025 Estricharbeiten				70,0%
	034 Maler- und Lackierarbeiten - Beschichtungen				30,0%
02	**Abdichtung, Zementestrich als Sichtestrich, d=45-70mm (3 Objekte)**	25,00	**32,00**	43,00	
	Einheit: m² Belegte Fläche				
	018 Abdichtungsarbeiten				1,0%
	025 Estricharbeiten				99,0%

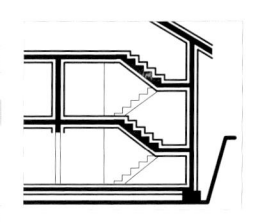

325 Bodenbeläge

KG.AK.AA	▷	€/Einheit	◁	LB an AA

325.23.00 Estrich, Abdichtung, Dämmung

01 **Wärme- und Trittschalldämmung, d=50-70mm, Feuchtigkeitsisolierung aus Bitumenbahnen, schwimmender Zementestrich, d=50-65mm (6 Objekte)** — 33,00 | **43,00** | 55,00
Einheit: m² Belegte Fläche
025 Estricharbeiten — 100,0%

325.24.00 Estrich, Dämmung

01 **Wärme- und Trittschalldämmung, d bis 100mm, schwimmender Zementestrich (4 Objekte)** — 26,00 | **35,00** | 41,00
Einheit: m² Belegte Fläche
025 Estricharbeiten — 100,0%

03 **Dämmung, d=30-65mm, Gussasphaltestrich, d=25-50mm (5 Objekte)** — 53,00 | **61,00** | 66,00
Einheit: m² Belegte Fläche
025 Estricharbeiten — 100,0%

325.25.00 Abdichtung

01 **Abdichtungen auf Kunststoffbasis, Epoxydharz-Voranstrich (8 Objekte)** — 12,00 | **18,00** | 30,00
Einheit: m² Belegte Fläche
018 Abdichtungsarbeiten — 53,0%
024 Fliesen- und Plattenarbeiten — 47,0%

02 **Bitumenschweißbahnen, d=4mm, Stöße überlappen und verschweißen, Bitumen-Voranstrich (20 Objekte)** — 12,00 | **16,00** | 20,00
Einheit: m² Belegte Fläche
018 Abdichtungsarbeiten — 100,0%

325.26.00 Dämmung

04 **Wärme- und Trittschalldämmung WLG 035, aus mineralischem Faserdämmstoff, d=50-90mm (17 Objekte)** — 8,70 | **13,00** | 18,00
Einheit: m² Belegte Fläche
025 Estricharbeiten — 100,0%

325.31.00 Fliesen und Platten

01 **Plattenbeläge im Dünnbett, Verfugung, Sockelfliesen, Untergrundvorbereitung (14 Objekte)** — 69,00 | **93,00** | 120,00
Einheit: m² Belegte Fläche
024 Fliesen- und Plattenarbeiten — 100,0%

03 **Plattenbeläge im Mörtelbett, Verfugung, Sockelfliesen, Untergrundvorbereitung (7 Objekte)** — 95,00 | **110,00** | 130,00
Einheit: m² Belegte Fläche
024 Fliesen- und Plattenarbeiten — 100,0%

04 **Mosaikfliesen im Dünnbett, Verfugung, Sockelfliesen (3 Objekte)** — 120,00 | **130,00** | 150,00
Einheit: m² Belegte Fläche
024 Fliesen- und Plattenarbeiten — 100,0%

325 Bodenbeläge

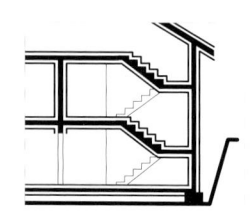

Kosten:
Stand 1.Quartal 2018
Bundesdurchschnitt
inkl. 19% MwSt.

▷ von
Ø Mittel
◁ bis

KG.AK.AA	▷	€/Einheit	◁ LB an AA

325.32.00 Fliesen und Platten, Estrich

02 **Zementestrich, Bodenfliesen im Dünnbett, Sockelfliesen (5 Objekte)** — 78,00 | 110,00 | 120,00
Einheit: m² Belegte Fläche
024 Fliesen- und Plattenarbeiten — 68,0%
025 Estricharbeiten — 32,0%

325.33.00 Fliesen und Platten, Estrich, Abdichtung

01 **Bitumenbahnen, Zementestrich, Bodenfliesen, Sockelfliesen (4 Objekte)** — 120,00 | 130,00 | 140,00
Einheit: m² Belegte Fläche
018 Abdichtungsarbeiten — 4,0%
024 Fliesen- und Plattenarbeiten — 67,0%
025 Estricharbeiten — 29,0%

325.34.00 Fliesen und Platten, Estrich, Abdichtung, Dämmung

02 **Untergrundvorbereitung, Wärme- und Trittschalldämmung, d=50mm, Bitumenschweißbahnen, Zementestrich, d=40-50mm, Bodenfliesen, Sockelfliesen (18 Objekte)** — 120,00 | 170,00 | 220,00
Einheit: m² Belegte Fläche
018 Abdichtungsarbeiten — 11,0%
024 Fliesen- und Plattenarbeiten — 56,0%
025 Estricharbeiten — 33,0%

325.35.00 Fliesen und Platten, Estrich, Dämmung

01 **Wärme- und Trittschalldämmung, Zementestrich, d=50-70mm, Bodenfliesen (10 Objekte)** — 98,00 | 130,00 | 160,00
Einheit: m² Belegte Fläche
024 Fliesen- und Plattenarbeiten — 58,0%
025 Estricharbeiten — 42,0%

325.36.00 Fliesen und Platten, Abdichtung

01 **Abdichtung auf Bitumen-, Kunststoffbasis, Steinzeugfliesen im Mörtelbett (8 Objekte)** — 120,00 | 140,00 | 170,00
Einheit: m² Belegte Fläche
018 Abdichtungsarbeiten — 17,0%
024 Fliesen- und Plattenarbeiten — 83,0%

325.37.00 Fliesen und Platten, Abdichtung, Dämmung

01 **Dämmung, d=40-60mm, Abdichtung, Bodenfliesen (4 Objekte)** — 97,00 | 110,00 | 120,00
Einheit: m² Belegte Fläche
013 Betonarbeiten — 40,0%
018 Abdichtungsarbeiten — 7,0%
024 Fliesen- und Plattenarbeiten — 24,0%
025 Estricharbeiten — 29,0%

325 Bodenbeläge

KG.AK.AA		€/Einheit	LB an AA

325.41.00 Naturstein
01 Natursteinbelag auf Rohdecke, Natursteinsockel (22 Objekte) — 120,00 / **150,00** / 210,00
Einheit: m² Belegte Fläche
014 Natur-, Betonwerksteinarbeiten — 100,0%

325.43.00 Naturstein, Estrich, Abdichtung
01 Abdichtung, Estrich, Natursteinbelag, Natursteinsockel (7 Objekte) — 170,00 / **170,00** / 180,00
Einheit: m² Belegte Fläche
014 Natur-, Betonwerksteinarbeiten — 90,0%
018 Abdichtungsarbeiten — 3,0%
025 Estricharbeiten — 7,0%

325.44.00 Naturstein, Estrich, Abdichtung, Dämmung
01 Abdichtung gegen Bodenfeuchtigkeit, Wärme- und Trittschalldämmung, Zementestrich, Natursteinbelag im Mörtelbett, Natursteinsockel, geschliffen, poliert (7 Objekte) — 180,00 / **200,00** / 220,00
Einheit: m² Belegte Fläche
014 Natur-, Betonwerksteinarbeiten — 90,0%
018 Abdichtungsarbeiten — 4,0%
025 Estricharbeiten — 6,0%

325.45.00 Naturstein, Estrich, Dämmung
01 Wärme- und Trittschalldämmung, Estrich, Natursteinbelag, Natursteinsockel (10 Objekte) — 150,00 / **180,00** / 230,00
Einheit: m² Belegte Fläche
014 Natur-, Betonwerksteinarbeiten — 90,0%
025 Estricharbeiten — 10,0%

325.51.00 Betonwerkstein
03 Betonpflastersteine im Splittbett, d=8cm, Untergrundvorbereitung (4 Objekte) — 26,00 / **45,00** / 61,00
Einheit: m² Belegte Fläche
014 Natur-, Betonwerksteinarbeiten — 99,0%
025 Estricharbeiten — 1,0%

325.52.00 Betonwerkstein, Estrich
81 Schwimmender Estrich, Betonwerksteinbelag (3 Objekte) — 200,00 / **230,00** / 240,00
Einheit: m² Belegte Fläche
014 Natur-, Betonwerksteinarbeiten — 75,0%
025 Estricharbeiten — 25,0%

325.61.00 Textil
01 Textilbelag als Tuftingteppich, Untergrundvorbereitung, Sockelleisten (10 Objekte) — 30,00 / **41,00** / 52,00
Einheit: m² Belegte Fläche
036 Bodenbelagarbeiten — 100,0%

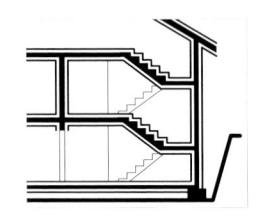

325 Bodenbeläge

Kosten:
Stand 1.Quartal 2018
Bundesdurchschnitt
inkl. 19% MwSt.

▷ von
ø Mittel
◁ bis

KG.AK.AA	▷	€/Einheit	◁ LB an AA
325.62.00 Textil, Estrich			
01 **Schwimmender Estrich, Textilbelag (4 Objekte)**	28,00	**64,00**	79,00
Einheit: m² Belegte Fläche			
025 Estricharbeiten			50,0%
036 Bodenbelagarbeiten			50,0%
81 **Schwimmender Estrich, auch auf Gussasphalt, Textilbelag (29 Objekte)**	65,00	**83,00**	110,00
Einheit: m² Belegte Fläche			
025 Estricharbeiten			38,0%
036 Bodenbelagarbeiten			62,0%
325.64.00 Textil, Estrich, Abdichtung, Dämmung			
01 **Wärmedämmung, Abdichtung, schwimmender Estrich, Textilbelag, Textilsockel (10 Objekte)**	84,00	**99,00**	120,00
Einheit: m² Belegte Fläche			
018 Abdichtungsarbeiten			19,0%
025 Estricharbeiten			39,0%
036 Bodenbelagarbeiten			42,0%
325.65.00 Textil, Estrich, Dämmung			
01 **Wärme- und Trittschalldämmung, schwimmender Estrich, Textilbelag, Textilsockel (6 Objekte)**	53,00	**64,00**	86,00
Einheit: m² Belegte Fläche			
025 Estricharbeiten			29,0%
036 Bodenbelagarbeiten			71,0%
325.69.00 Textil, sonstiges			
81 **Textilbelag auf Spanplatten (3 Objekte)**	89,00	**120,00**	140,00
Einheit: m² Belegte Fläche			
016 Zimmer- und Holzbauarbeiten			28,0%
027 Tischlerarbeiten			8,0%
034 Maler- und Lackierarbeiten - Beschichtungen			2,0%
036 Bodenbelagarbeiten			17,0%
039 Trockenbauarbeiten			45,0%
325.71.00 Holz			
01 **Parkettbelag, Eiche, d=20-25mm, Versiegelung, Sockelleisten (8 Objekte)**	81,00	**100,00**	130,00
Einheit: m² Belegte Fläche			
028 Parkett-, Holzpflasterarbeiten			100,0%
04 **Hochkantlamellenparkett, d=8mm, Versiegelung, Sockelleisten (4 Objekte)**	66,00	**80,00**	97,00
Einheit: m² Belegte Fläche			
028 Parkett-, Holzpflasterarbeiten			100,0%
325.72.00 Holz, Estrich			
82 **Holzpflaster auf Rohdecke, auch auf schwimmendem Estrich (8 Objekte)**	110,00	**160,00**	210,00
Einheit: m² Belegte Fläche			
025 Estricharbeiten			24,0%
028 Parkett-, Holzpflasterarbeiten			76,0%

KG.AK.AA	€/Einheit	LB an AA

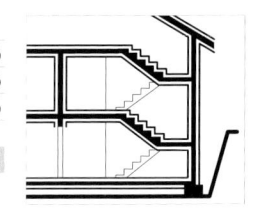

325 Bodenbeläge

325.73.00 Holz, Estrich, Abdichtung

01 Untergrundvorbereitung, Voranstrich, Bitumenschweißbahnen, PE-Folie, Zementestrich, d=45-70mm, Bewehrung, Parkett, Versiegelung, Holzsockelleisten (5 Objekte) — 150,00 | **160,00** | 220,00

Einheit: m² Belegte Fläche

Code	Gewerk	Anteil
018	Abdichtungsarbeiten	10,0%
025	Estricharbeiten	20,0%
028	Parkett-, Holzpflasterarbeiten	70,0%

325.74.00 Holz, Estrich, Abdichtung, Dämmung

01 Untergrundvorbereitung, Voranstrich, Bitumenschweißbahnen, PE-Folie, Estrich, d=50-70mm, Bewehrung, Wärme- und Trittschalldämmung, d=60-90mm, Parkett, Versiegelung, Holzsockelleisten (10 Objekte) — 120,00 | **150,00** | 170,00

Einheit: m² Belegte Fläche

Code	Gewerk	Anteil
018	Abdichtungsarbeiten	10,0%
025	Estricharbeiten	33,0%
028	Parkett-, Holzpflasterarbeiten	57,0%

325.75.00 Holz, Estrich, Dämmung

01 Untergrundvorbereitung, Wärme- und Trittschalldämmung, Estrich, Parkett, Oberflächenbehandlung (4 Objekte) — 110,00 | **150,00** | 180,00

Einheit: m² Belegte Fläche

Code	Gewerk	Anteil
025	Estricharbeiten	23,0%
028	Parkett-, Holzpflasterarbeiten	74,0%
034	Maler- und Lackierarbeiten - Beschichtungen	3,0%

325.78.00 Holz, Dämmung

01 Holz-Unterkonstruktion, Dämmung, Holzdielen oder Holzwerkstoffplatten mit Hartbelag (3 Objekte) — 90,00 | **100,00** | 120,00

Einheit: m² Belegte Fläche

Code	Gewerk	Anteil
016	Zimmer- und Holzbauarbeiten	7,0%
028	Parkett-, Holzpflasterarbeiten	43,0%
036	Bodenbelagarbeiten	46,0%
039	Trockenbauarbeiten	4,0%

325.81.00 Hartbeläge

01 Untergrund ganzflächig spachteln, Linoleum, d=2,5mm, Verfugung mit Schmelzdraht, Sockelleisten (6 Objekte) — 39,00 | **55,00** | 72,00

Einheit: m² Belegte Fläche

Code	Gewerk	Anteil
036	Bodenbelagarbeiten	100,0%

Kostenstand: 1.Quartal 2018, Bundesdurchschnitt, inkl. 19% MwSt.

325 Bodenbeläge

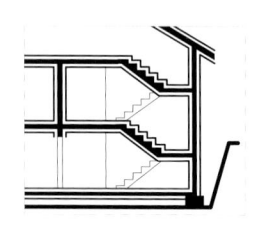

Kosten:
Stand 1. Quartal 2018
Bundesdurchschnitt
inkl. 19% MwSt.

▷ von
ø Mittel
◁ bis

KG.AK.AA		▷	€/Einheit	◁	LB an AA
325.82.00	**Hartbeläge, Estrich**				
81	**Estrich, auch auf Gussasphalt, Kunststoffbelag, teilweise elektrisch leitfähig (29 Objekte)**	62,00	**76,00**	110,00	
	Einheit: m² Belegte Fläche				
	025 Estricharbeiten				43,0%
	036 Bodenbelagarbeiten				57,0%
82	**Estrich, auch auf Gussasphalt, Kunststoff-Noppenbelag (5 Objekte)**	87,00	**91,00**	100,00	
	Einheit: m² Belegte Fläche				
	025 Estricharbeiten				28,0%
	036 Bodenbelagarbeiten				72,0%
83	**Schwimmender Estrich, Linoleum (4 Objekte)**	84,00	**94,00**	100,00	
	Einheit: m² Belegte Fläche				
	025 Estricharbeiten				25,0%
	027 Tischlerarbeiten				33,0%
	036 Bodenbelagarbeiten				42,0%
325.83.00	**Hartbeläge, Estrich, Abdichtung**				
81	**Abdichtung, Estrich, auch auf Gussasphalt, Kunststoffbelag, teilweise elektrisch leitfähig (11 Objekte)**	70,00	**93,00**	140,00	
	Einheit: m² Belegte Fläche				
	018 Abdichtungsarbeiten				10,0%
	025 Estricharbeiten				37,0%
	036 Bodenbelagarbeiten				53,0%
325.84.00	**Hartbeläge, Estrich, Abdichtung, Dämmung**				
01	**Untergrundvorbereitung, Voranstrich, Bitumenschweißbahnen, Wärme- und Trittschalldämmung, d=50-90mm, PE-Folie, Zementestrich, d=50-80mm, Bewehrung, Linoleum, d=2,5-3,2mm, Fugen verschweißen, PVC- oder Holzsockelleisten (11 Objekte)**	88,00	**100,00**	120,00	
	Einheit: m² Belegte Fläche				
	018 Abdichtungsarbeiten				18,0%
	025 Estricharbeiten				42,0%
	036 Bodenbelagarbeiten				40,0%
325.85.00	**Hartbeläge, Estrich, Dämmung**				
02	**Wärme- und Trittschalldämmung, Zementestrich, d=50-80mm, vollflächige Spachtelung, Kautschukbelag, Sockelleisten (4 Objekte)**	72,00	**83,00**	95,00	
	Einheit: m² Belegte Fläche				
	025 Estricharbeiten				36,0%
	036 Bodenbelagarbeiten				64,0%
03	**Wärme- und Trittschalldämmung, Zementestrich, d=45-50mm, Linoleum, Sockelleisten (3 Objekte)**	56,00	**76,00**	86,00	
	Einheit: m² Belegte Fläche				
	025 Estricharbeiten				58,0%
	034 Maler- und Lackierarbeiten - Beschichtungen				1,0%
	036 Bodenbelagarbeiten				41,0%

KG.AK.AA		▷ €/Einheit ◁	LB an AA

325 Bodenbeläge

325.93.00 Sportböden

02 Sportboden als punktelastische Konstruktion auf Estrich, Oberbelag Linoleum, d=4mm, beschichtet oder Parkett (4 Objekte) — 120,00 **160,00** 200,00
Einheit: m² Belegte Fläche
- 018 Abdichtungsarbeiten — 5,0%
- 025 Estricharbeiten — 6,0%
- 027 Tischlerarbeiten — 2,0%
- 028 Parkett-, Holzpflasterarbeiten — 37,0%
- 036 Bodenbelagarbeiten — 50,0%

81 Schwingboden, Linoleum-/Kunststoffbeschichtet, auf Unterkonstruktion (3 Objekte) — 91,00 **110,00** 150,00
Einheit: m² Belegte Fläche
- 016 Zimmer- und Holzbauarbeiten — 45,0%
- 025 Estricharbeiten — 20,0%
- 034 Maler- und Lackierarbeiten - Beschichtungen — 1,0%
- 036 Bodenbelagarbeiten — 34,0%

82 Schwingboden, Linoleum-/Kunststoffbeschichtet, auf Unterkonstruktion, Abdichtung (6 Objekte) — 120,00 **130,00** 150,00
Einheit: m² Belegte Fläche
- 016 Zimmer- und Holzbauarbeiten — 11,0%
- 018 Abdichtungsarbeiten — 11,0%
- 025 Estricharbeiten — 35,0%
- 036 Bodenbelagarbeiten — 43,0%

325.94.00 Heizestrich

01 Zementestrich, einschichtig, als schwimmender Heizestrich, d=60-90mm, Untergrundvorbereitung (11 Objekte) — 25,00 **30,00** 40,00
Einheit: m² Belegte Fläche
- 025 Estricharbeiten — 100,0%

325.95.00 Kunststoff-Beschichtung

01 Voranstrich als Haftbrücke, Kunststoff-Hartstoff-verschleißschicht, Imprägnierung (4 Objekte) — 32,00 **45,00** 50,00
Einheit: m² Belegte Fläche
- 025 Estricharbeiten — 50,0%
- 036 Bodenbelagarbeiten — 50,0%

325.96.00 Doppelböden

01 Doppelbodenanlage für Installationen, h=150-400mm, höhenverstellbare Stahlstützen, Saugheber (4 Objekte) — 71,00 **98,00** 160,00
Einheit: m² Belegte Fläche
- 036 Bodenbelagarbeiten — 49,0%
- 039 Trockenbauarbeiten — 51,0%

325.97.00 Fußabstreifer

01 Fußabstreifer, Reinlaufmatten oder Kokosmatten, teilweise mit Winkelrahmen (18 Objekte) — 440,00 **570,00** 850,00
Einheit: m² Belegte Fläche
- 024 Fliesen- und Plattenarbeiten — 100,0%

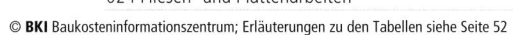

© **BKI** Baukosteninformationszentrum; Erläuterungen zu den Tabellen siehe Seite 52   Kostenstand: 1.Quartal 2018, Bundesdurchschnitt, **inkl. 19% MwSt.**

326 Bauwerksabdichtungen

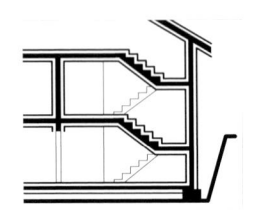

Kosten:
Stand 1.Quartal 2018
Bundesdurchschnitt
inkl. 19% MwSt.

KG.AK.AA	▷	€/Einheit	◁	LB an AA
326.11.00 Abdichtung				
01 **PE-Folie, d=0,2-0,4mm, unter Bodenplatte (30 Objekte)**	1,40	**1,80**	2,90	
Einheit: m² Schichtfläche				
013 Betonarbeiten				100,0%
02 **PE-Folie, zweilagig, d=0,2-0,3mm je Lage, unter Bodenplatte (6 Objekte)**	4,00	**4,80**	5,70	
Einheit: m² Schichtfläche				
013 Betonarbeiten				100,0%
326.12.00 Abdichtung, Dämmung				
01 **Wärmedämmung, d=60mm, PE-Folie als Feuchtigkeitssperre, unter Bodenplatte (4 Objekte)**	30,00	**32,00**	34,00	
Einheit: m² Schichtfläche				
013 Betonarbeiten				45,0%
018 Abdichtungsarbeiten				55,0%
326.13.00 Dämmungen				
01 **Wärmedämmung, d=50-100mm, unter Bodenplatte, Dämmstreifen (10 Objekte)**	22,00	**30,00**	37,00	
Einheit: m² Schichtfläche				
013 Betonarbeiten				100,0%
02 **Perimeterdämmung WLG 035, d=60-100mm, unter Bodenplatte (8 Objekte)**	26,00	**33,00**	44,00	
Einheit: m² Schichtfläche				
013 Betonarbeiten				50,0%
018 Abdichtungsarbeiten				50,0%
03 **Perimeterdämmung WLG 045, d=140-200mm, unter Bodenplatte (4 Objekte)**	29,00	**35,00**	42,00	
Einheit: m² Schichtfläche				
013 Betonarbeiten				50,0%
018 Abdichtungsarbeiten				50,0%
04 **Schaumglasschotter, einbauen, verdichten (3 Objekte)**	88,00	**130,00**	150,00	
Einheit: m³ Einbauvolumen				
002 Erdarbeiten				34,0%
010 Drän- und Versickerarbeiten				33,0%
013 Betonarbeiten				33,0%

▷ von
ø Mittel
◁ bis

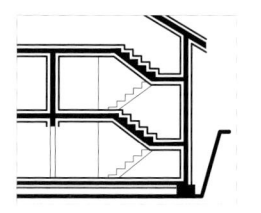

KG.AK.AA	▷	€/Einheit	◁	LB an AA

326 Bauwerksabdichtungen

326.21.00 Filterschicht

01 **Kiesfilterschicht aus gewaschenem Kies, d=20-25cm, einbauen, verdichten (10 Objekte)** — 5,80 | **9,20** | 14,00
Einheit: m² Schichtfläche
002 Erdarbeiten — 100,0%

02 **Kiesfilterschicht, Körnung 0/32mm, d=15cm, einbauen, verdichten (10 Objekte)** — 6,50 | **8,30** | 10,00
Einheit: m² Schichtfläche
012 Mauerarbeiten — 50,0%
013 Betonarbeiten — 50,0%

04 **Kiesfilterschicht, Körnung 0/32mm, d=30cm, einbauen, verdichten (5 Objekte)** — 8,30 | **11,00** | 14,00
Einheit: m² Schichtfläche
012 Mauerarbeiten — 50,0%
013 Betonarbeiten — 50,0%

05 **Kiesfilterschicht, Körnung 0/32mm, einbauen, verdichten (6 Objekte)** — 26,00 | **37,00** | 47,00
Einheit: m³ Auffüllvolumen
002 Erdarbeiten — 34,0%
012 Mauerarbeiten — 33,0%
013 Betonarbeiten — 33,0%

326.22.00 Filterschicht, Abdichtung

02 **Kiesfilterschicht, Körnung 8-16/32mm, d=10-25cm, PE-Folie (4 Objekte)** — 12,00 | **14,00** | 15,00
Einheit: m² Schichtfläche
002 Erdarbeiten — 36,0%
012 Mauerarbeiten — 46,0%
013 Betonarbeiten — 18,0%

326.24.00 Filterschicht, Sauberkeitsschicht

01 **Kiesfilterschicht, d=10-20cm, Sauberkeitsschicht, d=5-10cm (6 Objekte)** — 20,00 | **24,00** | 33,00
Einheit: m² Schichtfläche
002 Erdarbeiten — 32,0%
013 Betonarbeiten — 68,0%

326.26.00 Filterschicht, Sauberkeitsschicht, Dämm., Abdicht.

01 **Kiesfilterschicht, Wärmedämmung, d=50-100mm, PE-Folie, Sauberkeitsschicht, d=5-10cm (12 Objekte)** — 53,00 | **70,00** | 91,00
Einheit: m² Schichtfläche
002 Erdarbeiten — 15,0%
012 Mauerarbeiten — 35,0%
013 Betonarbeiten — 37,0%
018 Abdichtungsarbeiten — 13,0%

326.28.00 Folie auf Filterschicht

01 **PE-Folie als Trennschicht, zweilagig, d=0,25-0,5mm, Stöße überlappend (13 Objekte)** — 1,40 | **2,60** | 3,60
Einheit: m² Schichtfläche
013 Betonarbeiten — 100,0%

© BKI Baukosteninformationszentrum; Erläuterungen zu den Tabellen siehe Seite 52 — Kostenstand: 1.Quartal 2018, Bundesdurchschnitt, inkl. 19% MwSt.

326 Bauwerksabdichtungen

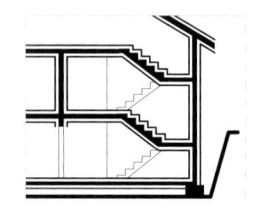

Kosten:
Stand 1.Quartal 2018
Bundesdurchschnitt
inkl. 19% MwSt.

▷ von
Ø Mittel
◁ bis

KG.AK.AA		▷	€/Einheit	◁ LB an AA
326.31.00	Sauberkeitsschicht			
01	**Sauberkeitsschicht, Ortbeton, d=5-10cm, unbewehrt (41 Objekte)**	7,70	**9,70**	12,00
	Einheit: m² Schichtfläche			
	013 Betonarbeiten			100,0%
326.32.00	Sauberkeitsschicht, Abdichtung			
01	**Trennlage aus PE-Folie, d=0,3mm, Sauberkeitsschicht, unbewehrt (13 Objekte)**	7,80	**12,00**	16,00
	Einheit: m² Plattenfläche			
	013 Betonarbeiten			100,0%
326.34.00	Sauberkeitsschicht, Dämmung			
01	**Perimeterdämmung, d=50mm, Sauberkeitsschicht, d=5cm (6 Objekte)**	35,00	**40,00**	47,00
	Einheit: m² Plattenfläche			
	013 Betonarbeiten			100,0%
02	**Perimeterdämmung, d=100-200mm, Sauberkeitsschicht, d=5cm (5 Objekte)**	35,00	**40,00**	48,00
	Einheit: m² Schichtfläche			
	013 Betonarbeiten			100,0%
326.41.00	Ausgleichsschicht			
01	**Auffüllung im Erdreich, Ortbeton, unbewehrt, Oberfläche waagrecht (5 Objekte)**	150,00	**170,00**	180,00
	Einheit: m³ Auffüllvolumen			
	013 Betonarbeiten			100,0%
02	**Auffüllung im Erdreich, Schotter, Schütthöhe 30-50cm, verdichten, Oberfläche waagrecht (3 Objekte)**	26,00	**32,00**	43,00
	Einheit: m³ Auffüllvolumen			
	002 Erdarbeiten			100,0%
03	**Auffüllung im Erdreich, Kies 16/32mm, Schütthöhe bis 30cm, verdichten, Oberfläche waagrecht (5 Objekte)**	27,00	**46,00**	63,00
	Einheit: m³ Auffüllvolumen			
	002 Erdarbeiten			50,0%
	013 Betonarbeiten			50,0%
326.51.00	Planum herstellen			
01	**Planum der Baugrubensohle, Höhendifferenz max. +/-2cm (17 Objekte)**	1,00	**1,70**	3,00
	Einheit: m² Planumfläche			
	002 Erdarbeiten			100,0%

KG.AK.AA	▷	€/Einheit	◁	LB an AA

327 Dränagen

327.11.00 Dränageleitungen
01 **Dränageleitungen DN100, PVC, gewellt (16 Objekte)**   6,50   **9,90**   13,00
Einheit: m Leitung
010 Drän- und Versickerarbeiten   100,0%

327.12.00 Dränageleitungen mit Kiesumhüllung
01 **Dränageleitungen DN100, PVC, Kiesumhüllung (14 Objekte)**   20,00   **27,00**   38,00
Einheit: m Leitung
009 Entwässerungskanalarbeiten   50,0%
010 Drän- und Versickerarbeiten   50,0%

327.21.00 Dränageschächte
01 **Dränageschächte DN1.000, Betonfertigteile (5 Objekte)**   210,00   **280,00**   320,00
Einheit: m Tiefe
010 Drän- und Versickerarbeiten   100,0%
02 **Dränageschächte, D=315mm, PVC (10 Objekte)**   130,00   **210,00**   310,00
Einheit: m Tiefe
009 Entwässerungskanalarbeiten   47,0%
010 Drän- und Versickerarbeiten   53,0%

327.31.00 Dränfilter, Kies
01 **Filterschichten aus gewaschenem Kies, Körnung 8/32-16/33mm (5 Objekte)**   10,00   **15,00**   18,00
Einheit: m^2 Schichtfläche
010 Drän- und Versickerarbeiten   100,0%

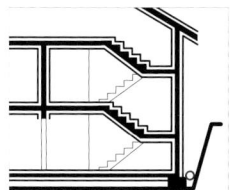

331 Tragende Außenwände

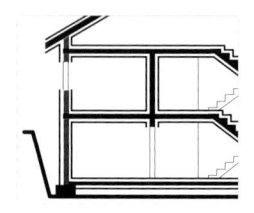

Kosten:
Stand 1.Quartal 2018
Bundesdurchschnitt
inkl. 19% MwSt.

KG.AK.AA	▷	€/Einheit	◁	LB an AA
331.12.00 Mauerwerkswand, Porenbetonsteine				
01 **Porenbeton-Mauerwerk, d=30cm, im Giebelbereich (4 Objekte)** Einheit: m² Wandfläche	100,00	**110,00**	120,00	
012 Mauerarbeiten				100,0%
02 **Porenbeton-Mauerwerk, d=24cm (4 Objekte)** Einheit: m² Wandfläche	80,00	**88,00**	96,00	
012 Mauerarbeiten				100,0%
331.14.00 Mauerwerkswand, Kalksandsteine				
01 **Kalksandstein-Mauerwerk, d=36,5cm, Mörtelgruppe II (4 Objekte)** Einheit: m² Wandfläche	60,00	**91,00**	100,00	
012 Mauerarbeiten				100,0%
02 **KSL-Mauerwerk, d=24-30cm, KS-Flachstürze für Öffnungen, waagrechte Mauerwerksabdichtung (8 Objekte)** Einheit: m² Wandfläche	77,00	**97,00**	110,00	
012 Mauerarbeiten				80,0%
013 Betonarbeiten				16,0%
018 Abdichtungsarbeiten				4,0%
08 **Kalksandstein-Mauerwerk, d=24cm, Mörtelgruppe II (9 Objekte)** Einheit: m² Wandfläche	76,00	**93,00**	110,00	
012 Mauerarbeiten				100,0%
11 **Kalksandstein-Mauerwerk, d=17,5cm, Mörtelgruppe II (14 Objekte)** Einheit: m² Wandfläche	62,00	**70,00**	76,00	
012 Mauerarbeiten				100,0%
12 **Kalksandstein-Mauerwerk, d=30cm, Mörtelgruppe II, Kellerwände (3 Objekte)** Einheit: m² Wandfläche	93,00	**110,00**	110,00	
012 Mauerarbeiten				100,0%
14 **Kalksandstein-Mauerwerk, d=24cm, Mörtelgruppe II, zweiseitiges Sichtmauerwerk (3 Objekte)** Einheit: m² Wandfläche	73,00	**99,00**	110,00	
012 Mauerarbeiten				100,0%

▷ von
ø Mittel
◁ bis

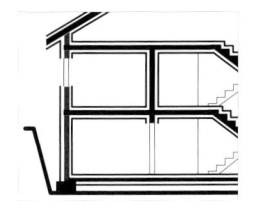

331 Tragende Außenwände

KG.AK.AA		▷ €/Einheit ◁	LB an AA
331.15.00	Mauerwerkswand, Leichtbetonsteine		
01	**Leichthochlochziegel, d=30-36,5cm, mit Öffnungen und Aussparungen (7 Objekte)**	88,00 **110,00** 130,00	
	Einheit: m² Wandfläche		
	012 Mauerarbeiten		100,0%
02	**Leichtbetonsteine 0,8kg/m³, d=24cm, U-Steine, Bewehrung, Endsteine, Abdichtungsbahnen (3 Objekte)**	90,00 **110,00** 140,00	
	Einheit: m² Wandfläche		
	012 Mauerarbeiten		99,0%
	018 Abdichtungsarbeiten		1,0%
03	**Leichthochlochziegel, d=24cm, mit Öffnungen und Aussparungen (5 Objekte)**	55,00 **74,00** 84,00	
	Einheit: m² Wandfläche		
	012 Mauerarbeiten		100,0%
331.16.00	Mauerwerkswand, Mauerziegel		
01	**Ziegelmauerwerk mit Stürzen, Rollladenkästen, Horizontalsperre, teilweise mit Ringbalken, d=24-49cm (10 Objekte)**	100,00 **140,00** 170,00	
	Einheit: m² Wandfläche		
	012 Mauerarbeiten		73,0%
	013 Betonarbeiten		25,0%
	018 Abdichtungsarbeiten		2,0%
07	**Wärmedämmziegel, d=24cm, Mörtelgruppe II (9 Objekte)**	70,00 **80,00** 110,00	
	Einheit: m² Wandfläche		
	012 Mauerarbeiten		100,0%
08	**Wärmedämmziegel, d=36,5cm, Mörtelgruppe II, Öffnungen, Sturzüberdeckungen (9 Objekte)**	110,00 **130,00** 150,00	
	Einheit: m² Wandfläche		
	012 Mauerarbeiten		100,0%
09	**Porenbeton-Plansteine, d=24-36,5cm, mit Nut und Feder im Dünnbettmörtel-Verfahren (5 Objekte)**	91,00 **100,00** 110,00	
	Einheit: m² Wandfläche		
	012 Mauerarbeiten		100,0%
10	**Wärmedämmziegel, d=30cm, Mörtelgruppe II (4 Objekte)**	110,00 **120,00** 130,00	
	Einheit: m² Wandfläche		
	012 Mauerarbeiten		88,0%
	013 Betonarbeiten		12,0%

© **BKI** Baukosteninformationszentrum; Erläuterungen zu den Tabellen siehe Seite 52   Kostenstand: 1.Quartal 2018, Bundesdurchschnitt, **inkl. 19% MwSt.**

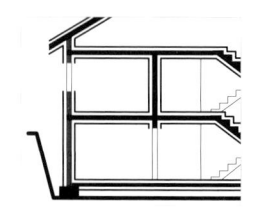

331 Tragende Außenwände

Kosten:
Stand 1.Quartal 2018
Bundesdurchschnitt
inkl. 19% MwSt.

▷ von
ø Mittel
◁ bis

KG.AK.AA	▷	€/Einheit	◁	LB an AA
331.21.00 Betonwand, Ortbetonwand, schwer				
02 **Betonwände, Ortbeton, d=20cm, Schalung, Bewehrung, Aussparungen (6 Objekte)** Einheit: m² Wandfläche 013 Betonarbeiten	120,00	**160,00**	190,00	100,0%
03 **Betonwände, Ortbeton, d=15-35cm, Schalung, Bewehrung (23 Objekte)** Einheit: m² Wandfläche 013 Betonarbeiten	160,00	**200,00**	240,00	100,0%
04 **Betonwände, WU-Ortbeton, d=15-30cm, Schalung, Bewehrung (10 Objekte)** Einheit: m² Wandfläche 013 Betonarbeiten	150,00	**220,00**	280,00	100,0%
05 **Betonwände, Ortbeton, d=24cm, Schalung, Bewehrung, Aussparungen (10 Objekte)** Einheit: m² Wandfläche 013 Betonarbeiten	140,00	**170,00**	200,00	100,0%
06 **Betonwände, Ortbeton, d=30cm, Schalung, Bewehrung, Aussparungen (12 Objekte)** Einheit: m² Wandfläche 013 Betonarbeiten	180,00	**200,00**	230,00	100,0%
07 **Betonwände aus vorgefertigten Platten, d=20cm, Einbau auf Bodenplatte, Öffnungen (4 Objekte)** Einheit: m² Wandfläche 012 Mauerarbeiten 013 Betonarbeiten	100,00	**120,00**	130,00	2,0% 98,0%
10 **Stb-Ringanker in Außenwänden, d=30-35cm, Schalung (3 Objekte)** Einheit: m² Wandfläche 013 Betonarbeiten	190,00	**210,00**	230,00	100,0%
11 **Betonwände, WU-Sichtbeton, d=25cm, Schalung, Bewehrung (3 Objekte)** Einheit: m² Wandfläche 013 Betonarbeiten	130,00	**130,00**	130,00	100,0%
331.24.00 Betonwand, Fertigteil, schwer				
01 **Betonfertigteil-Wände, d=16-30cm, Bewehrung (6 Objekte)** Einheit: m² Wandfläche 013 Betonarbeiten	120,00	**150,00**	170,00	100,0%
02 **Sandwich-Wandplatten, d=30cm, Vorsatzschalen, Dämmung, Tragschale, Bewehrung (3 Objekte)** Einheit: m² Wandfläche 013 Betonarbeiten	140,00	**150,00**	160,00	100,0%
331.26.00 Betonwand, Fertigteil, mehrschichtig				
01 **Betonfertigteil-Wände, mehrschichtig, Bewehrung (4 Objekte)** Einheit: m² Wandfläche 013 Betonarbeiten	130,00	**140,00**	170,00	100,0%

331 Tragende Außenwände

KG.AK.AA	▷ €/Einheit ◁	LB an AA
331.33.00 Holzwand, Rahmenkonstruktion, Vollholz		
01 **Holzrahmenkonstruktion, Konstruktionsvollholz, Dämmung, Beplankung mit Holzwerkstoffplatten (4 Objekte)** Einheit: m² Wandfläche	110,00 **120,00** 150,00	
016 Zimmer- und Holzbauarbeiten		100,0%
02 **Geschosshohe Holz-Fertigteilwände, d=391-395mm: KVH-Träger, Zelluloseeinblasdämmung WLG 040, d=360mm, OSB-Platten, d=15mm, Holzweichfaserplatten, d=16mm (6 Objekte)** Einheit: m² Wandfläche	150,00 **170,00** 180,00	
016 Zimmer- und Holzbauarbeiten		100,0%
03 **Geschosshohe Holz-Fertigteilwände, d=356-384mm: Doppelstegträger, Zelluloseeinblasdämmung, d=356mm, OSB-Platten, d=15mm, DWD-Platten, d=16mm, innenseitig GK-Platten, d=12,5mm, malerfertig gespachtelt (7 Objekte)** Einheit: m² Wandfläche	190,00 **210,00** 230,00	
013 Betonarbeiten		1,0%
016 Zimmer- und Holzbauarbeiten		99,0%
331.34.00 Holzwand, Rahmenkonstruktion, Brettschichtholz		
01 **Holzwände, Pfetten und Träger verleimtes Brettschichtholz, allseitig gehobelt, Nadelholz, Güteklasse I, abbinden und aufstellen, Verankerungsschrauben, Winkelverbinder (3 Objekte)** Einheit: m³ Holzvolumen	1.600,00 **1.820,00** 1.920,00	
016 Zimmer- und Holzbauarbeiten		100,0%
331.35.00 Holzwand, Fachwerk inkl. Ausfachung		
81 **Fachwerk, Holz (3 Objekte)** Einheit: m² Wandfläche	110,00 **200,00** 250,00	
016 Zimmer- und Holzbauarbeiten		100,0%
331.91.00 Sonstige tragende Außenwände		
02 **Rollladenkasten aus Polystyrol-Hartschaum, Außenseiten als Putzträger (4 Objekte)** Einheit: m Rollladenkasten	63,00 **72,00** 76,00	
012 Maurerarbeiten		52,0%
013 Betonarbeiten		48,0%

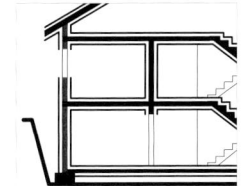

332 Nichttragende Außenwände

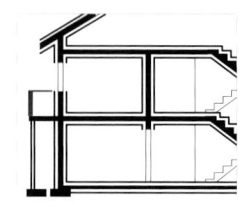

Kosten:
Stand 1.Quartal 2018
Bundesdurchschnitt
inkl. 19% MwSt.

▷ von
ø Mittel
◁ bis

KG.AK.AA		▷	€/Einheit	◁	LB an AA
332.12.00	**Mauerwerkswand, Porenbeton**				
02	**Porenbeton-Mauerwerk, d=17,5-20cm, Schneiden von Schrägen (5 Objekte)**	59,00	**84,00**	120,00	
	Einheit: m² Wandfläche				
	012 Mauerarbeiten				100,0%
332.14.00	**Mauerwerkswand, Kalksandsteine**				
01	**Kalksandstein-Mauerwerk, d=11,5cm (7 Objekte)**	67,00	**82,00**	100,00	
	Einheit: m² Wandfläche				
	012 Mauerarbeiten				100,0%
332.16.00	**Mauerwerkswand, Mauerziegel**				
01	**Brüstungen, Mauerwerk, überwiegend Hlz, verschiedene Stärken (5 Objekte)**	65,00	**75,00**	89,00	
	Einheit: m² Wandfläche				
	012 Mauerarbeiten				100,0%
81	**Wände geschlossen, Mauerwerk, auch mit Ringbalken, teilweise Brüstungen (10 Objekte)**	85,00	**120,00**	160,00	
	Einheit: m² Wandfläche				
	012 Mauerarbeiten				100,0%
332.21.00	**Betonwand, Ortbeton, schwer**				
01	**Brüstungen, Ortbeton, d=17cm, Schalung, Bewehrung (3 Objekte)**	68,00	**72,00**	80,00	
	Einheit: m² Wandfläche				
	013 Betonarbeiten				100,0%
02	**Attika, Ortbeton, d=20-25cm, Schalung, Bewehrung (3 Objekte)**	160,00	**180,00**	210,00	
	Einheit: m² Wandfläche				
	013 Betonarbeiten				100,0%
332.22.00	**Betonwand, Ortbeton, leicht**				
01	**Attika, Ortbeton, Schalung, Bewehrung (3 Objekte)**	160,00	**160,00**	170,00	
	Einheit: m² Wandfläche				
	013 Betonarbeiten				100,0%
81	**Brüstungen, Lichtschachtwände, Ortbeton, teilweise Betonfertigteile (22 Objekte)**	140,00	**190,00**	250,00	
	Einheit: m² Wandfläche				
	013 Betonarbeiten				100,0%
332.51.00	**Glaswand, Glasmauersteine**				
01	**Glassteinwand, d=8cm, klar oder farbig, Außenverfugung (3 Objekte)**	270,00	**360,00**	510,00	
	Einheit: m² Wandfläche				
	012 Mauerarbeiten				80,0%
	013 Betonarbeiten				20,0%

333 Außenstützen

KG.AK.AA	▷	€/Einheit	◁	LB an AA
333.21.00 Betonstütze, Ortbeton, schwer				
01 **Betonstütze, Ortbeton, Querschnitt bis 2.500cm², Schalung, Bewehrung (10 Objekte)**	170,00	**220,00**	290,00	
Einheit: m Stützenlänge				
013 Betonarbeiten				100,0%
02 **Betonstütze, Sichtbeton, Querschnitt rechteckig, Schalung, Bewehrung (3 Objekte)**	110,00	**140,00**	160,00	
Einheit: m Stützenlänge				
013 Betonarbeiten				100,0%
333.22.00 Betonstütze, Ortbeton, leicht				
81 **Betonstütze, Ortbeton, Schalung, Bewehrung (20 Objekte)**	120,00	**160,00**	190,00	
Einheit: m Stützenlänge				
013 Betonarbeiten				100,0%
333.24.00 Betonstütze, Fertigteil, schwer				
01 **Betonfertigteil-Stütze, bxd=24x36-70x70cm, l=8,50-12,28m, Bewehrung (4 Objekte)**	240,00	**270,00**	350,00	
Einheit: m Stützenlänge				
013 Betonarbeiten				100,0%
333.29.00 Betonstütze, sonstiges				
81 **Betonstütze, Sichtbeton, teilweise Betonfertigteile, Bewehrung, auch Rundstützen (8 Objekte)**	270,00	**330,00**	390,00	
Einheit: m Stützenlänge				
013 Betonarbeiten				85,0%
017 Stahlbauarbeiten				15,0%
333.31.00 Holzstütze, Vollholz				
01 **Holzstütze 10x12-16x16cm, Fichte/Tanne, Schnittklasse A, Güteklasse II, Abbund (4 Objekte)**	22,00	**30,00**	49,00	
Einheit: m Stützenlänge				
016 Zimmer- und Holzbauarbeiten				100,0%
333.32.00 Holzstütze, Brettschichtholz				
01 **Holzstütze, Brettschichtholz, Abbund, Kleineisenteile (3 Objekte)**	49,00	**77,00**	93,00	
Einheit: m Stützenlänge				
016 Zimmer- und Holzbauarbeiten				92,0%
022 Klempnerarbeiten				8,0%
333.41.00 Metallstütze, Profilstahl				
01 **Profilstahlstütze St37 für Dachkonstruktionen, Rostgrundbeschichtung (7 Objekte)**	60,00	**78,00**	93,00	
Einheit: m Stützenlänge				
017 Stahlbauarbeiten				50,0%
031 Metallbauarbeiten				50,0%

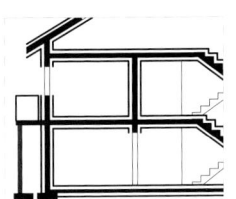

333 Außenstützen

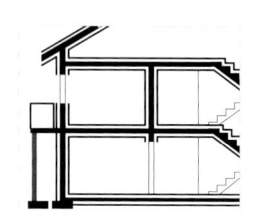

KG.AK.AA	▷	€/Einheit	◁ LB an AA
333.42.00 Metallstütze, Rohrprofil			
01 **Stahl-, Stahlrohrstützen verschiedener Abmessungen, feuerverzinkt (5 Objekte)**	91,00	**120,00**	170,00
Einheit: m Stützenlänge			
017 Stahlbauarbeiten			100,0%
81 **Stahl-, Stahlrohrstützen, einschl. Brandschutzmaßnahmen (7 Objekte)**	92,00	**160,00**	290,00
Einheit: m Stützenlänge			
017 Stahlbauarbeiten			93,0%
034 Maler- und Lackierarbeiten - Beschichtungen			7,0%

Kosten:
Stand 1.Quartal 2018
Bundesdurchschnitt
inkl. 19% MwSt.

▷ von
Ø Mittel
◁ bis

334 Außentüren und -fenster

KG.AK.AA		▷	€/Einheit	◁	LB an AA
334.11.00	Türen, Ganzglas				
01	**Ganzglastür, ESG, Bodentürschließer, Beschläge (5 Objekte)** Einheit: m² Türfläche	510,00	**890,00**	1.240,00	
	026 Fenster, Außentüren				100,0%
334.12.00	Türen, Holz				
04	**Haustüranlage, Holz, dreiteilig, mit feststehenden Seitenteilen, Isolierverglasung, Beschläge (11 Objekte)** Einheit: m² Türfläche	910,00	**1.080,00**	1.260,00	
	026 Fenster, Außentüren				100,0%
06	**Hauseingangstür, Holz, einflüglig, wärmegedämmt, Glaseinsatz, Beschläge (4 Objekte)** Einheit: m² Türfläche	910,00	**1.060,00**	1.110,00	
	026 Fenster, Außentüren				100,0%
08	**Nebeneingangstür, Holz, einflüglig, Beschläge (5 Objekte)** Einheit: m² Türfläche	650,00	**810,00**	1.040,00	
	026 Fenster, Außentüren				100,0%
09	**Passivhaus-Eingangstür, Holz, mehrteilig, gedämmt, Glasausschnitte Dreischeiben-WSG (7 Objekte)** Einheit: m² Türfläche	1.300,00	**1.670,00**	2.240,00	
	026 Fenster, Außentüren				94,0%
	027 Tischlerarbeiten				6,0%
334.13.00	Türen, Kunststoff				
02	**Haustüranlage, Kunststoff, dreiteilig, mit feststehenden Seitenteilen, Isolierverglasung, Beschläge (6 Objekte)** Einheit: m² Türfläche	780,00	**880,00**	1.280,00	
	026 Fenster, Außentüren				100,0%
03	**Nebeneingangstür, Kunststoff (3 Objekte)** Einheit: m² Türfläche	650,00	**880,00**	1.000,00	
	026 Fenster, Außentüren				100,0%

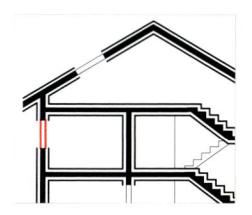

334 Außentüren und -fenster

Kosten:
Stand 1.Quartal 2018
Bundesdurchschnitt
inkl. 19% MwSt.

▷ von
Ø Mittel
◁ bis

KG.AK.AA		▷	€/Einheit	◁	LB an AA
334.14.00	**Türen, Metall**				
01	**Metalltür mit Stahlzarge, einflüglig, als Nebentür, Oberfläche endbehandelt (9 Objekte)**	290,00	**370,00**	440,00	
	Einheit: m² Türfläche				
	026 Fenster, Außentüren				100,0%
03	**Metallrahmentür mit Füllung, Aluminium, einflüglig, Stahlzarge, Beschläge (3 Objekte)**	1.090,00	**1.320,00**	1.760,00	
	Einheit: m² Türfläche				
	026 Fenster, Außentüren				93,0%
	029 Beschlagarbeiten				7,0%
04	**Metalltür mit Oberlicht, Aluminium, einflüglig, Stahlzarge, Beschläge (3 Objekte)**	630,00	**720,00**	870,00	
	Einheit: m² Türfläche				
	026 Fenster, Außentüren				100,0%
05	**Metalltür mit Glasausschnitt, einflüglig, Stahlzarge, Beschläge (4 Objekte)**	720,00	**950,00**	1.130,00	
	Einheit: m² Türfläche				
	026 Fenster, Außentüren				50,0%
	031 Metallbauarbeiten				50,0%
06	**Metalltür mit Glasausschnitt, zweiflüglig, Stahlzarge, Beschläge (4 Objekte)**	1.030,00	**1.340,00**	1.700,00	
	Einheit: m² Türfläche				
	026 Fenster, Außentüren				100,0%
07	**Metalltür mit Füllungen und Oberlicht, zweiflüglig, Stahlzarge, Beschläge (6 Objekte)**	530,00	**650,00**	870,00	
	Einheit: m² Türfläche				
	026 Fenster, Außentüren				100,0%
08	**Metallrahmentür mit Verglasung und Oberlicht, zweiflüglig, Stahlzarge, Beschläge (4 Objekte)**	590,00	**800,00**	980,00	
	Einheit: m² Türfläche				
	026 Fenster, Außentüren				100,0%
09	**Metall-Eingangstüranlage, vierteilig, verglast, Seitenteil, Oberlicht, Beschläge, Stoßgriff (3 Objekte)**	420,00	**530,00**	710,00	
	Einheit: m² Türfläche				
	026 Fenster, Außentüren				85,0%
	029 Beschlagarbeiten				15,0%
334.15.00	**Türen, Mischkonstruktionen**				
01	**Stahlrahmentür, vorbereitet für bauseitige Holzverkleidung, Alu-Riffelblech zur Aussteifung (7 Objekte)**	1.150,00	**1.340,00**	1.520,00	
	Einheit: m² Türfläche				
	026 Fenster, Außentüren				100,0%
334.16.00	**Türen, Metall, Aluminium**				
01	**Türelemente, Metall-Alu, großflächig verglast (3 Objekte)**	890,00	**970,00**	1.130,00	
	Einheit: m² Türfläche				
	026 Fenster, Außentüren				49,0%
	031 Metallbauarbeiten				51,0%

334 Außentüren und -fenster

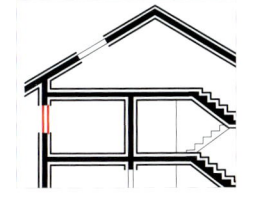

KG.AK.AA		▷	€/Einheit	◁	LB an AA
334.22.00	Fenstertüren, Holz				
01	**Holzfenstertüren, Isolierverglasung, Drehkipp-Beschlag (9 Objekte)**	280,00	**360,00**	460,00	
	Einheit: m² Türfläche				
	026 Fenster, Außentüren				100,0%
06	**Passivhaus-Holzfenstertüren, Wärmeschutz-verglasung, Beschläge (3 Objekte)**	420,00	**480,00**	590,00	
	Einheit: m² Türfläche				
	026 Fenster, Außentüren				100,0%
07	**Holzfenstertüren, einflüglig, Isolierverglasung, Beschläge (7 Objekte)**	310,00	**370,00**	420,00	
	Einheit: m² Türfläche				
	026 Fenster, Außentüren				100,0%
08	**Holzfenstertüren, zweiflüglig, Isolierverglasung, Beschläge (8 Objekte)**	300,00	**350,00**	420,00	
	Einheit: m² Türfläche				
	026 Fenster, Außentüren				100,0%
09	**Holzfenstertüren, dreiteilig, Isolierverglasung, Beschläge (3 Objekte)**	410,00	**460,00**	570,00	
	Einheit: m² Türfläche				
	026 Fenster, Außentüren				100,0%
334.23.00	Fenstertüren, Kunststoff				
01	**Kunststofffenstertüren, Isolierverglasung, Drehkipp-Beschlag (7 Objekte)**	250,00	**320,00**	510,00	
	Einheit: m² Türfläche				
	026 Fenster, Außentüren				100,0%
02	**Passivhaus-Kunststofffenstertüren, Wärmeschutz-verglasung, Beschläge (3 Objekte)**	290,00	**400,00**	600,00	
	Einheit: m² Türfläche				
	026 Fenster, Außentüren				94,0%
	029 Beschlagarbeiten				6,0%
334.24.00	Fenstertüren, Metall, Stahl				
81	**Leichtmetall, Isolierverglasung (3 Objekte)**	510,00	**640,00**	840,00	
	Einheit: m² Türfläche				
	026 Fenster, Außentüren				100,0%
334.25.00	Fenstertüren, Mischkonstruktionen				
01	**Fenstertüren, Holz-Alu, Beschläge (5 Objekte)**	410,00	**490,00**	590,00	
	Einheit: m² Türfläche				
	026 Fenster, Außentüren				100,0%
334.26.00	Fenstertüren, Metall, Aluminium				
01	**Alufenstertüren, Wärmeschutzglas, Drehkipp-Beschlag (3 Objekte)**	660,00	**890,00**	1.010,00	
	Einheit: m² Türfläche				
	026 Fenster, Außentüren				100,0%

© BKI Baukosteninformationszentrum; Erläuterungen zu den Tabellen siehe Seite 52   Kostenstand: 1.Quartal 2018, Bundesdurchschnitt, **inkl. 19% MwSt.**

334 Außentüren und -fenster

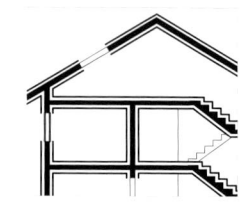

Kosten:
Stand 1. Quartal 2018
Bundesdurchschnitt
inkl. 19% MwSt.

▷ von
ø Mittel
◁ bis

KG.AK.AA	▷	€/Einheit	◁	LB an AA
334.31.00 Schiebetüren				
01 **Hebe-Schiebe-Tür mit Futter und wärmegedämmter Schwelle, Wärmeschutzglas (4 Objekte)**	420,00	**450,00**	520,00	
Einheit: m² Türfläche				
026 Fenster, Außentüren				100,0%
334.33.00 Eingangsanlagen				
01 **Hauseingangselemente, Leichtmetall, wärmegedämmt, Isolierverglasung, pulverbeschichtet, elektrischer Türöffner, Türschließer (5 Objekte)**	750,00	**940,00**	1.260,00	
Einheit: m² Elementfläche				
026 Fenster, Außentüren				100,0%
03 **Hauseingangselemente, Holz, wärmegedämmt, Isolierverglasung, gestrichen, elektrischer Türöffner, Türschließer (4 Objekte)**	490,00	**890,00**	1.290,00	
Einheit: m² Elementfläche				
016 Zimmer- und Holzbauarbeiten				53,0%
026 Fenster, Außentüren				37,0%
029 Beschlagarbeiten				3,0%
032 Verglasungsarbeiten				3,0%
034 Maler- und Lackierarbeiten - Beschichtungen				4,0%
04 **Automatik-Schiebetüren, Elektroantrieb, Radarbewegungsmelder, Notentriegelung, Beschläge (3 Objekte)**	1.310,00	**1.390,00**	1.430,00	
Einheit: m² Türfläche				
026 Fenster, Außentüren				100,0%
81 **Türelemente (Eingangsanlagen), Holz, Isolierverglasung (19 Objekte)**	750,00	**1.020,00**	1.330,00	
Einheit: m² Elementfläche				
026 Fenster, Außentüren				92,0%
029 Beschlagarbeiten				8,0%
82 **Türelemente (Eingangsanlagen), Leichtmetall, Isolierverglasung (24 Objekte)**	780,00	**1.050,00**	1.270,00	
Einheit: m² Elementfläche				
026 Fenster, Außentüren				91,0%
029 Beschlagarbeiten				9,0%
83 **Türelemente (Eingangsanlagen), Leichtmetall, beschusshemmende Isolierverglasung (8 Objekte)**	1.490,00	**2.110,00**	2.770,00	
Einheit: m² Elementfläche				
026 Fenster, Außentüren				98,0%
029 Beschlagarbeiten				2,0%
334.42.00 Brandschutztüren, -tore, T30				
01 **Feuerschutztür T30, Zarge, Beschichtung (7 Objekte)**	230,00	**270,00**	380,00	
Einheit: m² Türfläche				
012 Mauerarbeiten				44,0%
026 Fenster, Außentüren				44,0%
034 Maler- und Lackierarbeiten - Beschichtungen				12,0%

334 Außentüren und -fenster

KG.AK.AA		▷	€/Einheit	◁	LB an AA
334.44.00	Brandschutztüren, -tore, T90				
01	**Brandschutztür T90, Zarge (3 Objekte)**	750,00	**840,00**	890,00	
	Einheit: m² Türfläche				
	026 Fenster, Außentüren				100,0%
81	**Stahltüren, ein- oder mehrflüglig, teilweise selbstschließend, auch Feuerschutztüren T90, Stahlzargen (16 Objekte)**	560,00	**820,00**	1.330,00	
	Einheit: m² Türfläche				
	026 Fenster, Außentüren				89,0%
	029 Beschlagarbeiten				4,0%
	034 Maler- und Lackierarbeiten - Beschichtungen				7,0%
334.51.00	Falttore				
01	**Stahl-Falttore, Glasausschnitte, Steuerung, Beschichtung (3 Objekte)**	650,00	**810,00**	1.070,00	
	Einheit: m² Torfläche				
	026 Fenster, Außentüren				100,0%
334.52.00	Kipptore				
01	**Garagenschwingtor, verzinkte Stahlkonstruktion, Holzbekleidung, Beschichtung (4 Objekte)**	260,00	**290,00**	320,00	
	Einheit: m² Torfläche				
	016 Zimmer- und Holzbauarbeiten				22,0%
	026 Fenster, Außentüren				68,0%
	034 Maler- und Lackierarbeiten - Beschichtungen				10,0%
02	**Garagenschwingtor, verzinkte Stahlkonstruktion, Holzbekleidung, Beschichtung, Elektroantrieb, Handsender (3 Objekte)**	440,00	**560,00**	790,00	
	Einheit: m² Torfläche				
	026 Fenster, Außentüren				96,0%
	029 Beschlagarbeiten				4,0%
334.53.00	Rolltore, Glieder				
01	**Sektionaltore aus Stahl oder Aluminium, Elektroantrieb, Nebenarbeiten (14 Objekte)**	350,00	**440,00**	580,00	
	Einheit: m² Torfläche				
	026 Fenster, Außentüren				100,0%
334.54.00	Rolltore, Gitter				
01	**Rollgitter, Alu, Elektroantrieb (5 Objekte)**	790,00	**920,00**	990,00	
	Einheit: m² Torfläche				
	026 Fenster, Außentüren				51,0%
	031 Metallbauarbeiten				49,0%
334.55.00	Schiebetore				
81	**Schiebetore, Stahl (11 Objekte)**	720,00	**1.020,00**	1.400,00	
	Einheit: m² Torfläche				
	026 Fenster, Außentüren				87,0%
	029 Beschlagarbeiten				3,0%
	034 Maler- und Lackierarbeiten - Beschichtungen				10,0%

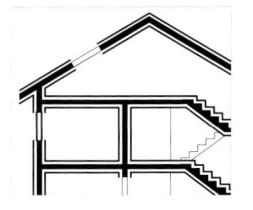

© **BKI** Baukosteninformationszentrum; Erläuterungen zu den Tabellen siehe Seite 52   Kostenstand: 1.Quartal 2018, Bundesdurchschnitt, **inkl. 19% MwSt.**

334 Außentüren und -fenster

Kosten:
Stand 1.Quartal 2018
Bundesdurchschnitt
inkl. 19% MwSt.

KG.AK.AA	▷	€/Einheit	◁	LB an AA
334.57.00 Schwingtore, Stahl				
01 **Schwingtor, Stahl, Holzbekleidung, Motorantrieb (3 Objekte)**	370,00	**410,00**	480,00	
Einheit: m² Torfläche				
026 Fenster, Außentüren				50,0%
030 Rollladenarbeiten				50,0%
81 **Schwingtor, Stahl (4 Objekte)**	130,00	**170,00**	210,00	
Einheit: m² Torfläche				
026 Fenster, Außentüren				93,0%
034 Maler- und Lackierarbeiten - Beschichtungen				7,0%
334.59.00 Tore, sonstiges				
81 **Falttore, Rolltore, Stahl (8 Objekte)**	620,00	**890,00**	1.290,00	
Einheit: m² Torfläche				
026 Fenster, Außentüren				47,0%
030 Rollladenarbeiten				53,0%

▷ von
Ø Mittel
◁ bis

KG.AK.AA	▷	€/Einheit	◁	LB an AA

334 Außentüren und -fenster

334.62.00 Fenster, Holz

01 Holzfenster, Isolierverglasung, Fensterbänke innen und außen, Beschichtung (11 Objekte) — 400,00 | **460,00** | 640,00
Einheit: m² Fensterfläche
- 014 Natur-, Betonwerksteinarbeiten — 6,0%
- 022 Klempnerarbeiten — 5,0%
- 026 Fenster, Außentüren — 81,0%
- 034 Maler- und Lackierarbeiten - Beschichtungen — 8,0%

02 Holzfenster, Kiefer, Dreh-Kipp-Beschläge, Futterkästen, Aluminium-Beschläge, Zweischeiben-Isolierglas, u-Wert=1,3W/m²K, 51x51 bis 101x101cm (5 Objekte) — 360,00 | **430,00** | 520,00
Einheit: m² Fensterfläche
- 026 Fenster, Außentüren — 100,0%

05 Holzfenster, hochwärmegedämmt, erhöhte Luftdichtigkeit, luftdichter Anschluss an Wand, Dreischeiben-Wärmeschutzglas, Gasfüllung Argon oder Krypton, u-Wert Glas =0,7W/m²K, g-Wert = 55-60%, TL-Wert 69% (20 Objekte) — 510,00 | **660,00** | 860,00
Einheit: m² Fensterfläche
- 022 Klempnerarbeiten — 4,0%
- 026 Fenster, Außentüren — 93,0%
- 027 Tischlerarbeiten — 3,0%

08 Holzfenster, einflüglig, Drehkipp- oder Kippflügel, Isolierverglasung, Beschläge (19 Objekte) — 370,00 | **420,00** | 490,00
Einheit: m² Fensterfläche
- 026 Fenster, Außentüren — 100,0%

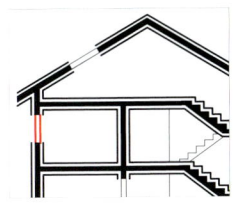

09 Holzfenster, zweiflüglig, Drehkipp- und Drehflügel, Isolierverglasung, Beschläge (10 Objekte) — 470,00 | **510,00** | 630,00
Einheit: m² Fensterfläche
- 026 Fenster, Außentüren — 100,0%

10 Holzfenster, dreiteilig, Isolierverglasung, Beschläge (9 Objekte) — 290,00 | **360,00** | 440,00
Einheit: m² Fensterfläche
- 026 Fenster, Außentüren — 100,0%

11 Holzfenster, vierteilig, Isolierverglasung, Beschläge (4 Objekte) — 310,00 | **330,00** | 390,00
Einheit: m² Fensterfläche
- 026 Fenster, Außentüren — 100,0%

12 Holzfenster, festverglast, Isolierverglasung, Beschläge (9 Objekte) — 250,00 | **340,00** | 370,00
Einheit: m² Fensterfläche
- 026 Fenster, Außentüren — 100,0%

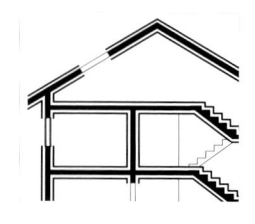

334 Außentüren und -fenster

Kosten:
Stand 1. Quartal 2018
Bundesdurchschnitt
inkl. 19% MwSt.

▷ von
Ø Mittel
◁ bis

KG.AK.AA	▷	€/Einheit	◁	LB an AA
334.63.00 Fenster, Kunststoff				
01 **Kunststofffenster, Isolierverglasung, Dreh-Kipp-Beschläge (8 Objekte)**	330,00	**370,00**	420,00	
Einheit: m² Fensterfläche				
026 Fenster, Außentüren				100,0%
02 **Kunststofffenster, Dreischeiben-Wärmeschutzverglasung, u-Wert=0,7W/m²K, Gasfüllung Krypton oder Argon, Beschläge (3 Objekte)**	600,00	**640,00**	650,00	
Einheit: m² Fensterfläche				
023 Putz- und Stuckarbeiten, Wärmedämmsysteme				6,0%
026 Fenster, Außentüren				94,0%
334.64.00 Fenster, Metall				
01 **Metallfenster, auch Leichtmetall, Isolierverglasung, Fensterbänke, innen und außen, pulverbeschichtet oder lackiert (6 Objekte)**	530,00	**720,00**	840,00	
Einheit: m² Fensterfläche				
014 Natur-, Betonwerksteinarbeiten				6,0%
026 Fenster, Außentüren				94,0%
81 **Metall-Einfachfenster, überwiegend öffenbar, Isolierverglasung (23 Objekte)**	750,00	**920,00**	1.180,00	
Einheit: m² Fensterfläche				
026 Fenster, Außentüren				100,0%
334.65.00 Fenster, Mischkonstruktionen				
03 **Holz-Alu-Fenster, hochwärmegedämmt, Dreischeiben-Wärmeschutzverglasung (11 Objekte)**	590,00	**770,00**	1.050,00	
Einheit: m² Fensterfläche				
022 Klempnerarbeiten				4,0%
026 Fenster, Außentüren				89,0%
027 Tischlerarbeiten				7,0%
334.66.00 Fenster, Metall, Aluminium				
01 **Alufensterelemente, thermisch getrennte Profile, Wärmeschutzverglasung, Öffnungsflügel (6 Objekte)**	450,00	**600,00**	760,00	
Einheit: m² Fensterfläche				
026 Fenster, Außentüren				100,0%
81 **Alu-Einfachfenster, überwiegend öffenbar, Isolierverglasung (26 Objekte)**	490,00	**650,00**	890,00	
Einheit: m² Fensterfläche				
014 Natur-, Betonwerksteinarbeiten				6,0%
026 Fenster, Außentüren				86,0%
034 Maler- und Lackierarbeiten - Beschichtungen				8,0%

334 Außentüren und -fenster

KG.AK.AA	▷	€/Einheit	◁	LB an AA

334.69.00 Fenster, sonstiges

02 **Fensterbank für Fensteranschluss, außen, Aluminium, eloxiert, seitliche Aufkantung (8 Objekte)**   37,00   **49,00**   68,00
Einheit: m Länge
026 Fenster, Außentüren   100,0%

03 **Fensterbank, innen, Holz oder Holzwerkstoff, Oberflächenbehandlung (7 Objekte)**   54,00   **68,00**   85,00
Einheit: m Länge
026 Fenster, Außentüren   50,0%
027 Tischlerarbeiten   50,0%

04 **Fensterbank, innen, Naturstein oder Naturwerkstein, d=20-30mm, geschliffen oder poliert (5 Objekte)**   42,00   **63,00**   100,00
Einheit: m Länge
014 Natur-, Betonwerksteinarbeiten   100,0%

334.74.00 Kellerfenster

01 **Kellerfenster, kleinteilig in Holz, Stahl oder Kunststoff, Drehflügel, Mäusegitter (11 Objekte)**   330,00   **410,00**   620,00
Einheit: m² Fensterfläche
013 Betonarbeiten   56,0%
026 Fenster, Außentüren   44,0%

81 **Einfachfenster (z.T. Kellerfenster), Holz bzw. Holz-Metall, kleinere Fensterformate, überwiegend öffenbar, Isolierverglasung (9 Objekte)**   430,00   **510,00**   600,00
Einheit: m² Fensterfläche
026 Fenster, Außentüren   94,0%
034 Maler- und Lackierarbeiten - Beschichtungen   6,0%

82 **Einfachfenster (z.T. Kellerfenster), Stahl oder Leichtmetall, kleinere Fensterformate, überwiegend öffenbar, Isolierverglasung (18 Objekte)**   340,00   **480,00**   620,00
Einheit: m² Fensterfläche
026 Fenster, Außentüren   91,0%
034 Maler- und Lackierarbeiten - Beschichtungen   9,0%

334.79.00 Sonderfenster, sonstiges

82 **Einfachfenster, Stahl, beschusshemmend (10 Objekte)**   1.580,00   **2.220,00**   2.790,00
Einheit: m² Fensterfläche
026 Fenster, Außentüren   98,0%
034 Maler- und Lackierarbeiten - Beschichtungen   2,0%

334.93.00 Schließanlage

01 **Doppel- und Halbzylinder für Schließanlage, Schlüssel, (Anteil für Außentüren) (7 Objekte)**   34,00   **62,00**   82,00
Einheit: St Schließzylinder
026 Fenster, Außentüren   50,0%
029 Beschlagarbeiten   50,0%

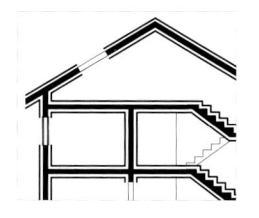

© BKI Baukosteninformationszentrum; Erläuterungen zu den Tabellen siehe Seite 52   Kostenstand: 1.Quartal 2018, Bundesdurchschnitt, **inkl. 19% MwSt.**

335 Außenwandbekleidungen außen

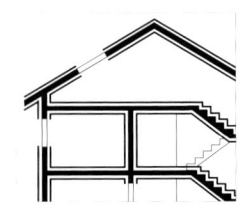

Kosten:
Stand 1.Quartal 2018
Bundesdurchschnitt
inkl. 19% MwSt.

▷ von
ø Mittel
◁ bis

KG.AK.AA		▷	€/Einheit	◁	LB an AA
335.11.00	Abdichtung				
01	**Bituminöse Abdichtung an erdberührten Bauteilen (16 Objekte)**	26,00	**30,00**	34,00	
	Einheit: m² Bekleidete Fläche				
	018 Abdichtungsarbeiten				100,0%
335.12.00	Abdichtung, Schutzschicht				
01	**Bituminöse Abdichtung an erdberührten Bauteilen, Hohlkehle, Abdeckung mit Noppenfolie (8 Objekte)**	40,00	**54,00**	72,00	
	Einheit: m² Bekleidete Fläche				
	013 Betonarbeiten				29,0%
	018 Abdichtungsarbeiten				71,0%
335.13.00	Abdichtung, Dämmung				
01	**Bituminöse Abdichtung an erdberührten Bauteilen, Bitumenbeschichtung, vierfach, Abdeckung mit Perimeterdämmung, d=50-70mm (11 Objekte)**	37,00	**48,00**	61,00	
	Einheit: m² Bekleidete Fläche				
	013 Betonarbeiten				56,0%
	018 Abdichtungsarbeiten				44,0%
03	**Bituminöse Abdichtung an erdberührten Bauteilen, Dickbeschichtung oder Schweißbahn, Perimeterdämmung, d=100-200mm (6 Objekte)**	51,00	**66,00**	79,00	
	Einheit: m² Bekleidete Fläche				
	013 Betonarbeiten				47,0%
	018 Abdichtungsarbeiten				21,0%
	023 Putz- und Stuckarbeiten, Wärmedämmsysteme				32,0%
335.14.00	Abdichtung, Dämmung, Schutzschicht				
01	**Abdichtung, Perimeterdämmung, Schutzschicht (9 Objekte)**	66,00	**73,00**	86,00	
	Einheit: m² Bekleidete Fläche				
	018 Abdichtungsarbeiten				100,0%
81	**Bitumen/Teer-Beschichtung, vorgesetzte Bekleidung, Dränplatten (13 Objekte)**	39,00	**55,00**	84,00	
	Einheit: m² Bekleidete Fläche				
	018 Abdichtungsarbeiten				100,0%
335.15.00	Schutzschicht				
01	**Perimeterdämmung oder Porwandsteine als Schutzschicht für Abdichtung erdberührter Außenwände (4 Objekte)**	19,00	**24,00**	35,00	
	Einheit: m² Bekleidete Fläche				
	010 Drän- und Versickerarbeiten				49,0%
	018 Abdichtungsarbeiten				51,0%

335 Außenwandbekleidungen außen

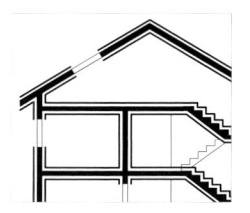

KG.AK.AA		▷ €/Einheit ◁		LB an AA
335.17.00	Dämmung			
01	**Wärmedämmung aus Mehrschichtdämmplatten, WLG 035 oder 040, d=20-50mm (7 Objekte)** Einheit: m² Bekleidete Fläche	22,00	**27,00**	31,00
	013 Betonarbeiten			47,0%
	016 Zimmer- und Holzbauarbeiten			53,0%
02	**Bitumen-Holzfaserplatten als Trennschicht zwischen zwei Bauteilen, d=20mm (3 Objekte)** Einheit: m² Bekleidete Fläche	13,00	**16,00**	22,00
	013 Betonarbeiten			100,0%
03	**Perimeterdämmung aus extrudiertem Hartschaum, WLG 040, d=40-70mm (12 Objekte)** Einheit: m² Bekleidete Fläche	25,00	**34,00**	43,00
	013 Betonarbeiten			50,0%
	018 Abdichtungsarbeiten			50,0%
04	**Wärmedämmschicht aus Polyurethan-Hartschaum, im Erdreich, WLG 040, d=40-60mm (7 Objekte)** Einheit: m² Bekleidete Fläche	27,00	**34,00**	39,00
	012 Mauerarbeiten			33,0%
	013 Betonarbeiten			33,0%
	018 Abdichtungsarbeiten			34,0%
05	**Mineralische Faserdämmstoffplatten, WLG 040, d=60-120mm (13 Objekte)** Einheit: m² Bekleidete Fläche	15,00	**22,00**	29,00
	012 Mauerarbeiten			50,0%
	016 Zimmer- und Holzbauarbeiten			50,0%
06	**Wärmedämmung aus Polystyrol-Hartschaum, WLG 030 oder 040, d=50-80mm (15 Objekte)** Einheit: m² Bekleidete Fläche	26,00	**33,00**	39,00
	012 Mauerarbeiten			50,0%
	013 Betonarbeiten			50,0%
07	**Wärmedämmung aus Schaumglasplatten, punktweise geklebt mit Spezialkleber, WLG 040, d=50-60mm (3 Objekte)** Einheit: m² Bekleidete Fläche	70,00	**75,00**	83,00
	013 Betonarbeiten			50,0%
	016 Zimmer- und Holzbauarbeiten			50,0%
08	**Wärmedämmung, PS-Hartschaumplatten, d=280-360mm, vorgerichtet für Armierung und Deckputz (3 Objekte)** Einheit: m² Bekleidete Fläche	52,00	**75,00**	120,00
	023 Putz- und Stuckarbeiten, Wärmedämmsysteme			100,0%
09	**Perimeterdämmung, PS-Hartschaumplatten, WLG 035-040, d=100-200mm (7 Objekte)** Einheit: m² Bekleidete Fläche	29,00	**36,00**	41,00
	012 Mauerarbeiten			33,0%
	013 Betonarbeiten			34,0%
	018 Abdichtungsarbeiten			33,0%

© **BKI** Baukosteninformationszentrum; Erläuterungen zu den Tabellen siehe Seite 52   Kostenstand: 1.Quartal 2018, Bundesdurchschnitt, **inkl. 19% MwSt.**

335 Außenwandbekleidungen außen

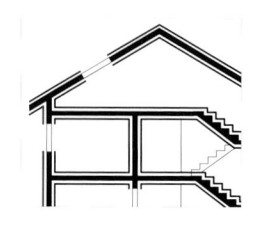

Kosten:
Stand 1.Quartal 2018
Bundesdurchschnitt
inkl. 19% MwSt.

▷ von
ø Mittel
◁ bis

KG.AK.AA		▷	€/Einheit	◁	LB an AA
335.21.00	Beschichtung				
01	**Beschichtung mineralischer Untergründe (Beton, Mauerwerk, Putz, Gipskarton), Untergrundvorbehandlung (4 Objekte)**	13,00	**16,00**	20,00	
	Einheit: m² Bekleidete Fläche				
	034 Maler- und Lackierarbeiten - Beschichtungen				100,0%
02	**Beschichtung metallischer Untergründe (Träger, Profile, Bleche), Untergrundvorbehandlung (3 Objekte)**	8,90	**16,00**	19,00	
	Einheit: m² Bekleidete Fläche				
	034 Maler- und Lackierarbeiten - Beschichtungen				100,0%
03	**Beschichtung, Lasur auf Holzflächen, Untergrundvorbehandlung, chemischer Holzschutz (8 Objekte)**	13,00	**18,00**	29,00	
	Einheit: m² Bekleidete Fläche				
	016 Zimmer- und Holzbauarbeiten				36,0%
	034 Maler- und Lackierarbeiten - Beschichtungen				64,0%
335.23.00	Betonschalung, Sichtzuschlag				
01	**Glatte Sichtschalung für Betonwände (3 Objekte)**	31,00	**45,00**	51,00	
	Einheit: m² Wandfläche				
	013 Betonarbeiten				100,0%
335.31.00	Putz				
01	**Außenputz, zweilagig, als Zementputz, Schutzschienen (11 Objekte)**	42,00	**51,00**	61,00	
	Einheit: m² Bekleidete Fläche				
	023 Putz- und Stuckarbeiten, Wärmedämmsysteme				100,0%
04	**Kratzputz, mineralisch, Armierung (4 Objekte)**	38,00	**40,00**	43,00	
	Einheit: m² Wandfläche				
	023 Putz- und Stuckarbeiten, Wärmedämmsysteme				100,0%
335.32.00	Putz, Beschichtung				
01	**Außenputz, zweilagig, als Zementputz mit Beschichtung, Schutzschienen (10 Objekte)**	42,00	**56,00**	67,00	
	Einheit: m² Bekleidete Fläche				
	023 Putz- und Stuckarbeiten, Wärmedämmsysteme				76,0%
	034 Maler- und Lackierarbeiten - Beschichtungen				24,0%
335.36.00	Wärmedämmung, Putz				
01	**Prüfen des Untergrundes auf Schmutz-, Staub-, Öl- und Fettfreiheit, Wärmedämmung, d=50-80mm, Putz (Kratzputzstruktur) (10 Objekte)**	65,00	**92,00**	100,00	
	Einheit: m² Bekleidete Fläche				
	023 Putz- und Stuckarbeiten, Wärmedämmsysteme				100,0%

KG.AK.AA	▷	€/Einheit	◁	LB an AA

335 Außenwandbekleidungen außen

335.37.00 Wärmedämmung, Putz, Beschichtung
   01 Vollwärmeschutz auf Polystyrol-Hartschaumplatten, d=50mm, Beschichtung, Silikonharz (5 Objekte)   90,00   **97,00**   110,00
    Einheit: m² Bekleidete Fläche
    023 Putz- und Stuckarbeiten, Wärmedämmsysteme   100,0%

   02 Wärmedämmendes Putzverbundsystem mit Mineralfaserdämmung, d=80mm, Oberputz mit Unterputz, mineralisch gebunden, Beschichtung, Mineralfarbe (5 Objekte)   89,00   **97,00**   110,00
    Einheit: m² Bekleidete Fläche
    023 Putz- und Stuckarbeiten, Wärmedämmsysteme   100,0%

   03 Wärmedämmverbundsystem, PS-Hartschaumplatten, d=280-360mm, Armierung, Oberputz, Beschichtung (4 Objekte)   110,00   **140,00**   160,00
    Einheit: m² Bekleidete Fläche
    023 Putz- und Stuckarbeiten, Wärmedämmsysteme   94,0%
    034 Maler- und Lackierarbeiten - Beschichtungen   6,0%

   04 Wärmedämmverbundsystem, mineralische Dämmung, d=120-200mm, Armierung, Kratzputz, Beschichtung, Egalisierung (3 Objekte)   88,00   **93,00**   100,00
    Einheit: m² Bekleidete Fläche
    023 Putz- und Stuckarbeiten, Wärmedämmsysteme   100,0%

   05 Wärmedämmverbundsystem, PS-Hartschaumplatten, d=120-240mm, Armierung, Oberputz, Beschichtung (4 Objekte)   91,00   **110,00**   120,00
    Einheit: m² Bekleidete Fläche
    023 Putz- und Stuckarbeiten, Wärmedämmsysteme   94,0%
    034 Maler- und Lackierarbeiten - Beschichtungen   6,0%

335.41.00 Bekleidung auf Unterkonstruktion, Faserzement
   01 Holzunterkonstruktion, Bekleidung mit Faserzementplatten (5 Objekte)   130,00   **180,00**   230,00
    Einheit: m² Bekleidete Fläche
    038 Vorgehängte hinterlüftete Fassaden   100,0%

   81 Unterkonstruktion, Schiefer-Bekleidung, Oberflächen endbehandelt (7 Objekte)   130,00   **180,00**   250,00
    Einheit: m² Bekleidete Fläche
    038 Vorgehängte hinterlüftete Fassaden   100,0%

335.42.00 Bekleidung auf Unterkonstruktion, Beton
   82 Bekleidung vorgesetzt, Betonfertigteile, Sandwichplatten, Sichtbeton, Beschichtung (15 Objekte)   280,00   **390,00**   580,00
    Einheit: m² Bekleidete Fläche
    038 Vorgehängte hinterlüftete Fassaden   100,0%

335 Außenwandbekleidungen außen

Kosten:
Stand 1.Quartal 2018
Bundesdurchschnitt
inkl. 19% MwSt.

▷ von
ø Mittel
◁ bis

KG.AK.AA		▷	€/Einheit	◁	LB an AA
335.44.00	Bekleidung auf Unterkonstruktion, Holz				
01	Nadelholz-Bekleidung auf Lattungen, hinterlüftet, Fensterlaibungen, Tierschutzgitter (12 Objekte)	82,00	**110,00**	130,00	
	Einheit: m² Bekleidete Fläche				
	038 Vorgehängte hinterlüftete Fassaden				100,0%
03	Unterkonstruktion Holz oder Metall, Wärmedämmung, Holzwerkstoffplatten, hinterlüftet (4 Objekte)	140,00	**190,00**	220,00	
	Einheit: m² Bekleidete Fläche				
	016 Zimmer- und Holzbauarbeiten				33,0%
	023 Putz- und Stuckarbeiten, Wärmedämmsysteme				13,0%
	027 Tischlerarbeiten				33,0%
	038 Vorgehängte hinterlüftete Fassaden				21,0%
82	Unterkonstruktion, Holzbekleidung, Beschichtung (5 Objekte)	110,00	**160,00**	250,00	
	Einheit: m² Bekleidete Fläche				
	038 Vorgehängte hinterlüftete Fassaden				100,0%
335.47.00	Bekleidung auf Unterkonstruktion, Metall				
01	Unterkonstruktion, Mineralfaserdämmung, Metall-Bekleidung (Wellblech), hinterlüftet (8 Objekte)	84,00	**110,00**	150,00	
	Einheit: m² Bekleidete Fläche				
	038 Vorgehängte hinterlüftete Fassaden				100,0%
03	Unterkonstruktion aus Holzlatten oder LM-Profilen, Alu-Trapezblech, hinterlüftet (6 Objekte)	96,00	**120,00**	150,00	
	Einheit: m² Bekleidete Fläche				
	038 Vorgehängte hinterlüftete Fassaden				100,0%
335.48.00	Bekleidung auf Unterkonstruktion, mineralisch				
01	Schiefer als Rechteck-Schablonen-Doppeldeckung im Querformat auf Schalung und Unterkonstruktion Stahl (3 Objekte)	260,00	**310,00**	380,00	
	Einheit: m² Bekleidete Fläche				
	038 Vorgehängte hinterlüftete Fassaden				100,0%
335.54.00	Verblendung, Mauerwerk				
01	Bekleidung mit Verblendmauerwerk, Luftschicht, Drahtanker, Mineralfaserdämmung, Fugenglattstrich (12 Objekte)	180,00	**200,00**	220,00	
	Einheit: m² Bekleidete Fläche				
	012 Mauerarbeiten				100,0%
335.91.00	Sonstige Außenwandbekleidungen außen				
81	Abdichtung, Beschichtung, wasserabweisender Putz, Bitumen/Teer-Beschichtung oder Bekleidung vorgesetzt, Mauerwerkschale, Bitumen/Teer-Beschichtung (4 Objekte)	73,00	**100,00**	140,00	
	Einheit: m² Bekleidete Fläche				
	012 Mauerarbeiten				21,0%
	018 Abdichtungsarbeiten				48,0%
	023 Putz- und Stuckarbeiten, Wärmedämmsysteme				31,0%

© BKI Baukosteninformationszentrum; Erläuterungen zu den Tabellen siehe Seite 52   Kostenstand: 1.Quartal 2018, Bundesdurchschnitt, inkl. **19% MwSt.**

336 Außenwandbekleidungen innen

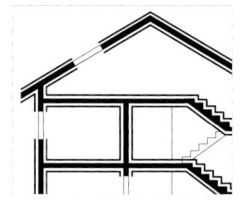

KG.AK.AA	▷	€/Einheit	◁	LB an AA
336.11.00 Abdichtung				
01 **Abdichtung von Wandflächen auf Bitumen-, Flüssigfolien-, Kunstharzbasis (12 Objekte)**	18,00	**21,00**	25,00	
Einheit: m² Bekleidete Fläche				
024 Fliesen- und Plattenarbeiten				100,0%
336.17.00 Dämmung				
01 **Wärmedämmung, d=30-80mm, auf der Wand befestigt, Befestigungsmaterial (8 Objekte)**	21,00	**32,00**	49,00	
Einheit: m² Bekleidete Fläche				
023 Putz- und Stuckarbeiten, Wärmedämmsysteme				100,0%
336.21.00 Beschichtung				
01 **Beschichtung mineralischer Untergründe (Gipskartonwände), Untergrundvorbehandlung (8 Objekte)**	4,30	**5,50**	6,80	
Einheit: m² Bekleidete Fläche				
034 Maler- und Lackierarbeiten - Beschichtungen				100,0%
03 **Beschichtung, Lasur auf Holzbekleidungen, Untergrundvorbehandlung (5 Objekte)**	11,00	**12,00**	12,00	
Einheit: m² Bekleidete Fläche				
034 Maler- und Lackierarbeiten - Beschichtungen				100,0%
08 **Beschichtung auf Betonwände, Untergrundvorbehandlung (12 Objekte)**	4,10	**5,10**	6,60	
Einheit: m² Wandfläche				
034 Maler- und Lackierarbeiten - Beschichtungen				100,0%
09 **Beschichtung, Dispersion auf Putzwände (12 Objekte)**	3,50	**4,70**	6,60	
Einheit: m² Wandfläche				
034 Maler- und Lackierarbeiten - Beschichtungen				100,0%
336.31.00 Putz				
01 **Innenputz als Maschinenputz, Putzgrundvorbereitung, Schutzschienen (12 Objekte)**	21,00	**26,00**	33,00	
Einheit: m² Bekleidete Fläche				
023 Putz- und Stuckarbeiten, Wärmedämmsysteme				100,0%
82 **Kunststoffputz (6 Objekte)**	40,00	**53,00**	67,00	
Einheit: m² Bekleidete Fläche				
023 Putz- und Stuckarbeiten, Wärmedämmsysteme				100,0%
336.32.00 Putz, Beschichtung				
01 **Maschinenputz, zweilagig, Beschichtung (36 Objekte)**	27,00	**34,00**	42,00	
Einheit: m² Bekleidete Fläche				
023 Putz- und Stuckarbeiten, Wärmedämmsysteme				83,0%
034 Maler- und Lackierarbeiten - Beschichtungen				17,0%
02 **Maschinenputz, einlagig, Beschichtung (6 Objekte)**	23,00	**27,00**	32,00	
Einheit: m² Bekleidete Fläche				
023 Putz- und Stuckarbeiten, Wärmedämmsysteme				64,0%
034 Maler- und Lackierarbeiten - Beschichtungen				36,0%
82 **Kunststoffputz, Beschichtung (3 Objekte)**	48,00	**56,00**	61,00	
Einheit: m² Bekleidete Fläche				
023 Putz- und Stuckarbeiten, Wärmedämmsysteme				82,0%
034 Maler- und Lackierarbeiten - Beschichtungen				18,0%

© BKI Baukosteninformationszentrum; Erläuterungen zu den Tabellen siehe Seite 52 Kostenstand: 1.Quartal 2018, Bundesdurchschnitt, inkl. 19% MwSt.

336 Außenwandbekleidungen innen

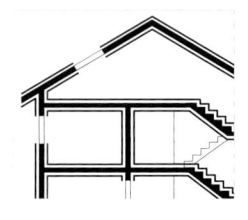

Kosten:
Stand 1.Quartal 2018
Bundesdurchschnitt
inkl. 19% MwSt.

▷ von
Ø Mittel
◁ bis

KG.AK.AA	▷	€/Einheit	◁	LB an AA
336.33.00 Putz, Fliesen und Platten				
02 **Wandputz, einlagig, d=10-15mm, Eckschutzschienen, Wandfliesen im Dünnbett, Schienen an Kanten, dauerelastische Verfugung (17 Objekte)**	72,00	**97,00**	120,00	
Einheit: m² Bekleidete Fläche				
023 Putz- und Stuckarbeiten, Wärmedämmsysteme				23,0%
024 Fliesen- und Plattenarbeiten				77,0%
336.35.00 Putz, Tapeten, Beschichtung				
01 **Gipsputz als Maschinenputz, einlagig, d=15mm, Eckschutzschienen, Raufasertapete, Beschichtung, Dispersion (11 Objekte)**	28,00	**31,00**	36,00	
Einheit: m² Bekleidete Fläche				
023 Putz- und Stuckarbeiten, Wärmedämmsysteme				52,0%
034 Maler- und Lackierarbeiten - Beschichtungen				29,0%
037 Tapezierarbeiten				19,0%
336.37.00 Putz, Fliesen und Platten, Abdichtung				
01 **Putz, streichbare Abdichtung, Wandfliesen, Fensterlaibungen (6 Objekte)**	110,00	**130,00**	150,00	
Einheit: m² Bekleidete Fläche				
023 Putz- und Stuckarbeiten, Wärmedämmsysteme				11,0%
024 Fliesen- und Plattenarbeiten				89,0%
336.44.00 Bekleidung auf Unterkonstruktion, Holz				
01 **Unterkonstruktion, mit Schallschluckmatten hinterlegt, Massivholz-Paneele, nordische Fichte oder Furnierplatten (4 Objekte)**	220,00	**240,00**	260,00	
Einheit: m² Bekleidete Fläche				
027 Tischlerarbeiten				100,0%
81 **Unterkonstruktion, Holzwerkstoff-Bekleidung, Oberflächen endbehandelt, schallabsorbierend (5 Objekte)**	120,00	**150,00**	200,00	
Einheit: m² Bekleidete Fläche				
027 Tischlerarbeiten				50,0%
039 Trockenbauarbeiten				50,0%
82 **Unterkonstruktion, Massivholz-Bekleidung, teilweise mit Türen, Oberflächen endbehandelt, schallabsorbierend (18 Objekte)**	150,00	**270,00**	420,00	
Einheit: m² Bekleidete Fläche				
027 Tischlerarbeiten				100,0%
336.46.00 Bekleidung auf Unterkonstruktion, Kunststoff				
81 **Unterkonstruktion, Bekleidung auf Holzwerkstoff, Kunststoff, schallabsorbierend, Oberflächen endbehandelt (5 Objekte)**	110,00	**160,00**	220,00	
Einheit: m² Bekleidete Fläche				
039 Trockenbauarbeiten				100,0%

336 Außenwandbekleidungen innen

KG.AK.AA		€/Einheit		LB an AA
336.48.00	Bekleidung auf Unterkonstruktion, mineralisch			
01	**Unterkonstruktion, Mineralwolldämmung WLG 040, d=40-80mm, Gipskartonverbundplatten, d=12,5mm (8 Objekte)**	50,00	**57,00**	68,00
	Einheit: m² Bekleidete Fläche			
	039 Trockenbauarbeiten			100,0%
336.53.00	Verblendung, Fliesen und Platten			
01	**Verblendung aus Steinzeugfliesen in verschiedenen Formaten, Verfugung (8 Objekte)**	56,00	**78,00**	110,00
	Einheit: m² Bekleidete Fläche			
	024 Fliesen- und Plattenarbeiten			100,0%
336.54.00	Verblendung, Mauerwerk			
81	**Verblendung aus Ziegelmauerwerk, Oberflächen endbehandelt (9 Objekte)**	150,00	**180,00**	210,00
	Einheit: m² Bekleidete Fläche			
	012 Mauerarbeiten			100,0%
336.57.00	Verblendung, mineralisch, Dämmung			
81	**Trockenputz mit Beschichtung: Gipskarton, Beschichtung, teilweise Tapete (16 Objekte)**	53,00	**77,00**	130,00
	Einheit: m² Bekleidete Fläche			
	034 Maler- und Lackierarbeiten - Beschichtungen			10,0%
	037 Tapezierarbeiten			21,0%
	039 Trockenbauarbeiten			69,0%
82	**Trockenputz: Gipskarton, teilweise Tapete (4 Objekte)**	61,00	**78,00**	120,00
	Einheit: m² Bekleidete Fläche			
	039 Trockenbauarbeiten			100,0%
336.61.00	Tapeten			
01	**Raufasertapete (6 Objekte)**	4,60	**7,30**	12,00
	Einheit: m² Bekleidete Fläche			
	034 Maler- und Lackierarbeiten - Beschichtungen			44,0%
	037 Tapezierarbeiten			56,0%
336.62.00	Tapeten, Beschichtung			
02	**Raufasertapete, Beschichtung, Dispersion (11 Objekte)**	8,00	**9,10**	10,00
	Einheit: m² Bekleidete Fläche			
	034 Maler- und Lackierarbeiten - Beschichtungen			47,0%
	037 Tapezierarbeiten			53,0%
336.64.00	Glasvlies, Beschichtung			
01	**Glasgewebetapete, Beschichtung (5 Objekte)**	11,00	**14,00**	17,00
	Einheit: m² Bekleidete Fläche			
	034 Maler- und Lackierarbeiten - Beschichtungen			51,0%
	037 Tapezierarbeiten			49,0%

© BKI Baukosteninformationszentrum; Erläuterungen zu den Tabellen siehe Seite 52   Kostenstand: 1.Quartal 2018, Bundesdurchschnitt, **inkl.** 19% MwSt.

336 Außenwandbekleidungen innen

Kosten:
Stand 1.Quartal 2018
Bundesdurchschnitt
inkl. 19% MwSt.

KG.AK.AA	▷	€/Einheit	◁	LB an AA
336.71.00 Textilbekleidung, Stoff				
81 **Beschichtung: Textilbespannung (3 Objekte)**	36,00	**49,00**	56,00	
Einheit: m² Bekleidete Fläche				
036 Bodenbelagarbeiten				50,0%
039 Trockenbauarbeiten				50,0%
336.92.00 Vorsatzschalen für Installationen				
01 **Vorsatzschale für Installationen, Unterkonstruktion, Dämmschicht, GK-Beplankung (6 Objekte)**	45,00	**50,00**	54,00	
Einheit: m² Bekleidete Fläche				
039 Trockenbauarbeiten				100,0%

▷ von
ø Mittel
◁ bis

337 Elementierte Außenwände

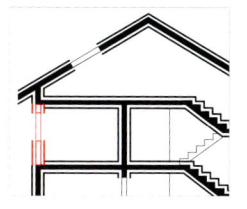

KG.AK.AA		▷	€/Einheit	◁	LB an AA
337.21.00	Holzkonstruktionen				
	01 **Fassadenelemente als Holzkonstruktion, teilweise in Pfosten-Riegel-Bauweise, Isolierverglasung, Brüstungselemente gedämmt (7 Objekte)**	420,00	**630,00**	780,00	
	Einheit: m² Elementierte Fläche				
	014 Natur-, Betonwerksteinarbeiten				4,0%
	016 Zimmer- und Holzbauarbeiten				20,0%
	027 Tischlerarbeiten				71,0%
	034 Maler- und Lackierarbeiten - Beschichtungen				5,0%
	02 **Holzrahmenwand, zweischalig, äußere Schale 14cm, innere Schale 6cm, nichttragend (Installationsebene), OSB 3 Platten, d=12mm, auf der Außenseite, Dampfbremspappe, Mineralwolldämmung WLG 040, d=140mm (3 Objekte)**	120,00	**120,00**	120,00	
	Einheit: m² Elementierte Fläche				
	016 Zimmer- und Holzbauarbeiten				100,0%
	03 **Holzrahmenwandelement, beidseitig beplankt, Wärmedämmung, Dampfsperre, Gesamtdicke 200-300mm (4 Objekte)**	170,00	**190,00**	210,00	
	Einheit: m² Elementierte Fläche				
	016 Zimmer- und Holzbauarbeiten				83,0%
	021 Dachabdichtungsarbeiten				17,0%
	81 **Fassadenelemente mit Brüstung und Fensterband, auch Türfensterelemente, Holz, Isolierglas, teilweise Reflektionsglas, teilweise Schallschutzglas, Beschichtung (3 Objekte)**	430,00	**740,00**	960,00	
	Einheit: m² Elementierte Fläche				
	027 Tischlerarbeiten				75,0%
	029 Beschlagarbeiten				1,0%
	032 Verglasungsarbeiten				23,0%
	034 Maler- und Lackierarbeiten - Beschichtungen				1,0%
337.22.00	Holz-Mischkonstruktionen				
	01 **Holz/Alu-Pfosten-Riegel-Fassade, Wärmeschutzverglasung, Öffnungsflügel (6 Objekte)**	410,00	**580,00**	740,00	
	Einheit: m² Elementierte Fläche				
	026 Fenster, Außentüren				100,0%

© **BKI** Baukosteninformationszentrum; Erläuterungen zu den Tabellen siehe Seite 52   Kostenstand: 1.Quartal 2018, Bundesdurchschnitt, **inkl. 19% MwSt.**

337 Elementierte Außenwände

Kosten:
Stand 1.Quartal 2018
Bundesdurchschnitt
inkl. 19% MwSt.

KG.AK.AA		▷	€/Einheit	◁	LB an AA
337.41.00	Metallkonstruktionen				
01	**Fassadenelemente als Pfosten-Riegel-Konstruktion mit Brüstung und Fensterband, Stahl, Leichtmetall, Isolierglas, Oberflächen endbehandelt (9 Objekte)**	650,00	**790,00**	1.200,00	
	Einheit: m² Elementierte Fläche				
	031 Metallbauarbeiten				79,0%
	032 Verglasungsarbeiten				21,0%
81	**Fassadenelemente mit Brüstung und Fensterband, auch Türfensterelemente, Stahl, Leichtmetall, Isolierglas, teilweise Reflektionsglas, teilweise Schallschutzglas, Oberflächenbehandlung dauerhaft (11 Objekte)**	570,00	**720,00**	920,00	
	Einheit: m² Elementierte Fläche				
	029 Beschlagarbeiten				3,0%
	031 Metallbauarbeiten				86,0%
	032 Verglasungsarbeiten				11,0%

▷ von
Ø Mittel
◁ bis

338 Sonnenschutz

KG.AK.AA	€/Einheit	LB an AA

338.11.00 Klappläden

01 Holzklappläden, ein- oder zweiflügelig, Beschläge, Beschichtung (7 Objekte) — 200,00 **310,00** 440,00
Einheit: m² Geschützte Fläche
- 027 Tischlerarbeiten — 46,0%
- 030 Rollladenarbeiten — 48,0%
- 034 Maler- und Lackierarbeiten - Beschichtungen — 6,0%

338.12.00 Rollläden

01 Holz-Rollläden mit Gurtband und Gurtwickler oder Kurbel, Führungsschienen und Anschlagwinkel (5 Objekte) — 140,00 **160,00** 180,00
Einheit: m² Geschützte Fläche
- 030 Rollladenarbeiten — 100,0%

02 Kunststoff-Rollläden, Hart-PVC-Profil 52/14mm, verschiedene Abmessungen, Handbetrieb (6 Objekte) — 84,00 **100,00** 120,00
Einheit: m² Geschützte Fläche
- 030 Rollladenarbeiten — 100,0%

05 Alu-Rollläden, verschiedene Abmessungen, Handbetrieb (3 Objekte) — 190,00 **200,00** 200,00
Einheit: m² Geschütze Fläche
- 012 Mauerarbeiten — 17,0%
- 030 Rollladenarbeiten — 83,0%

06 Vorbaurollläden, dreiseitig geschlossener Rollladenkasten, Führungsschienen, Gurtwickler (5 Objekte) — 85,00 **92,00** 110,00
Einheit: m² Geschützte Fläche
- 030 Rollladenarbeiten — 100,0%

09 Kunststoff-Rollläden, Hart-PVC-Profil, verschiedene Abmessungen, Elektroantrieb (7 Objekte) — 97,00 **140,00** 200,00
Einheit: m² Geschützte Fläche
- 030 Rollladenarbeiten — 100,0%

11 Alu-Rollläden, verschiedene Abmessungen, Elektroantrieb (3 Objekte) — 260,00 **320,00** 350,00
Einheit: m² Geschützte Fläche
- 030 Rollladenarbeiten — 97,0%
- 053 Niederspannungsanlagen; Kabel, Verlegesysteme — 3,0%

338.13.00 Schiebeläden

01 Schiebeläden, Metallrahmen, Holz-Bekleidung, Laufschienen (4 Objekte) — 400,00 **530,00** 680,00
Einheit: m² Geschützte Fläche
- 027 Tischlerarbeiten — 37,0%
- 030 Rollladenarbeiten — 23,0%
- 031 Metallbauarbeiten — 33,0%
- 034 Maler- und Lackierarbeiten - Beschichtungen — 7,0%

338 Sonnenschutz

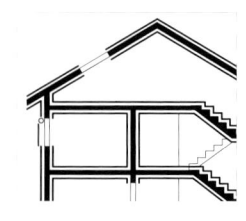

Kosten:
Stand 1.Quartal 2018
Bundesdurchschnitt
inkl. 19% MwSt.

▷ von
ø Mittel
◁ bis

KG.AK.AA	▷	€/Einheit	◁	LB an AA
338.21.00 Jalousien				
01 **Außenraffstores, Handbetrieb (3 Objekte)**	120,00	**150,00**	180,00	
Einheit: m² Geschützte Fläche				
030 Rollladenarbeiten				100,0%
03 **Sonnenschutzjalousien, Außenraffstore aus Aluminium- lamellen 80mm, Elektroantrieb (13 Objekte)**	160,00	**220,00**	390,00	
Einheit: m² Geschützte Fläche				
030 Rollladenarbeiten				100,0%
81 **Jalousetten, außen, Leichtmetall, Einzelhandbetrieb (14 Objekte)**	110,00	**150,00**	200,00	
Einheit: m² Geschützte Fläche				
030 Rollladenarbeiten				100,0%
82 **Jalousetten, außen, Leichtmetall, Elektroantrieb, teilweise automatisch (26 Objekte)**	200,00	**300,00**	510,00	
Einheit: m² Geschützte Fläche				
030 Rollladenarbeiten				100,0%
338.31.00 Fallarm-Markisen				
01 **Fallarmmarkisen, Elektroantrieb (5 Objekte)**	210,00	**270,00**	310,00	
Einheit: m² Geschützte Fläche				
030 Rollladenarbeiten				100,0%
02 **Fallarmmarkisen, Handkurbel (3 Objekte)**	230,00	**250,00**	290,00	
Einheit: m² Geschützte Fläche				
030 Rollladenarbeiten				100,0%
338.33.00 Rollmarkise				
01 **Senkrechtmarkisen als außenliegende Sonnenschutz- anlage, Handbetrieb (6 Objekte)**	190,00	**270,00**	340,00	
Einheit: m² Geschützte Fläche				
030 Rollladenarbeiten				100,0%
338.51.00 Lamellenstores				
81 **Lamellenstores, innen, Textil (6 Objekte)**	87,00	**150,00**	230,00	
Einheit: m² Geschützte Fläche				
030 Rollladenarbeiten				100,0%
338.91.00 Sonstiger Sonnenschutz				
01 **Sonnenschutzfolie, kratzfest, Intensivreinigung und Verschnitt (3 Objekte)**	69,00	**89,00**	100,00	
Einheit: m² Geschützte Fläche				
030 Rollladenarbeiten				100,0%

339 Außenwände, sonstiges

KG.AK.AA	▷	€/Einheit	◁	LB an AA
339.12.00 Kellerlichtschächte				
01 **Fertigteil-Kellerlichtschacht mit Fenster, Kunststoff (6 Objekte)**	150,00	**200,00**	300,00	
Einheit: St Anzahl				
012 Mauerarbeiten				51,0%
013 Betonarbeiten				49,0%
02 **Kellerlichtschacht, Ortbeton, Wangenstärke 10-15cm, Bewehrung (6 Objekte)**	170,00	**230,00**	350,00	
Einheit: m² Schachtfläche				
013 Betonarbeiten				100,0%
04 **Kellerlichtschacht, Kunststoff, Gitterrostabdeckung (9 Objekte)**	230,00	**310,00**	480,00	
Einheit: St Stück				
012 Mauerarbeiten				50,0%
013 Betonarbeiten				50,0%
339.21.00 Brüstungen				
01 **Brüstungsgitter, Stahl, feuerverzinkt, Stützen, horizontale Füllstäbe, Handlauf (7 Objekte)**	160,00	**220,00**	270,00	
Einheit: m² Brüstungsfläche				
031 Metallbauarbeiten				100,0%
339.22.00 Geländer				
01 **Brüstungs- und Balkongeländer, Metall, Füllungen, gestrichen (9 Objekte)**	230,00	**280,00**	430,00	
Einheit: m² Geländerfläche				
031 Metallbauarbeiten				100,0%
339.23.00 Handläufe				
01 **Stahlrohrhandläufe mit Wandbefestigung (4 Objekte)**	50,00	**61,00**	84,00	
Einheit: m Länge				
017 Stahlbauarbeiten				45,0%
031 Metallbauarbeiten				42,0%
034 Maler- und Lackierarbeiten - Beschichtungen				13,0%
339.31.00 Vordächer				
01 **Glasvordach, VSG, Stahlkonstruktion (4 Objekte)**	640,00	**880,00**	1.150,00	
Einheit: m² Vordachfläche				
017 Stahlbauarbeiten				50,0%
031 Metallbauarbeiten				50,0%
339.32.00 Gitterroste				
01 **Gitterroste, feuerverzinkt, Maschenweite 30x30mm, h=50mm, Auflagewinkel (5 Objekte)**	190,00	**270,00**	360,00	
Einheit: m² Gitterrostfläche				
031 Metallbauarbeiten				100,0%
339.33.00 Leitern, Steigeisen				
01 **Steigleiter, Metall, auch mit Rückenschutz (7 Objekte)**	140,00	**170,00**	250,00	
Einheit: m Leiterlänge				
031 Metallbauarbeiten				100,0%

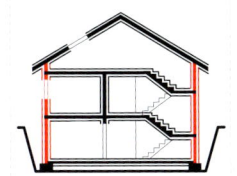

© BKI Baukosteninformationszentrum; Erläuterungen zu den Tabellen siehe Seite 52   Kostenstand: 1.Quartal 2018, Bundesdurchschnitt, **inkl. 19% MwSt.**

339 Außenwände, sonstiges

Kosten:
Stand 1.Quartal 2018
Bundesdurchschnitt
inkl. 19% MwSt.

▷ von
Ø Mittel
◁ bis

KG.AK.AA	▷	€/Einheit	◁	LB an AA
339.35.00 Sichtblenden, Schutzgitter				
02 **Schutzgitter, Stahl, verzinkt (3 Objekte)**	250,00	**430,00**	540,00	
Einheit: m² Schutzgitter				
031 Metallbauarbeiten				100,0%
339.36.00 Rankgerüste, außen				
01 **Rankgerüste aus Stahlrohren und Stahlseilen (5 Objekte)**	1,50	**2,90**	4,00	
Einheit: m² Außenwandfläche				
031 Metallbauarbeiten				100,0%
339.41.00 Eingangstreppen, -podeste				
01 **Eingangstreppen, Beton oder Stahl (6 Objekte)**	470,00	**550,00**	710,00	
Einheit: m² Treppenfläche				
013 Betonarbeiten				51,0%
031 Metallbauarbeiten				49,0%
339.42.00 Kelleraußentreppe				
01 **Kellertreppe, Sichtbeton, gerade, Bewehrung (3 Objekte)**	140,00	**180,00**	200,00	
Einheit: m² Treppenfläche				
013 Betonarbeiten				100,0%
339.51.00 Servicegänge				
01 **Servicegänge, Fluchtbalkone, verzinkt, Gitterrostauflagen, Schutzgeländer (4 Objekte)**	480,00	**570,00**	610,00	
Einheit: m² Gangfläche				
031 Metallbauarbeiten				100,0%
339.71.00 Balkone, Metall				
01 **Vorgesetzte Balkonanlage, Stahlkonstruktion, Stützen, Geländer, Beschichtung (7 Objekte)**	760,00	**930,00**	1.220,00	
Einheit: m² Balkonfläche				
017 Stahlbauarbeiten				43,0%
031 Metallbauarbeiten				57,0%
339.91.00 Sonstige Außenwände, sonstiges				
82 **Gitter, Roste, Geländer, Handläufe, Kleinbauteile aus Stahl (43 Objekte)**	2,90	**8,40**	25,00	
Einheit: m² Außenwandfläche				
031 Metallbauarbeiten				90,0%
034 Maler- und Lackierarbeiten - Beschichtungen				10,0%

341 Tragende Innenwände

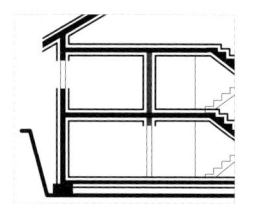

KG.AK.AA		▷	€/Einheit	◁	LB an AA
341.11.00	Mauerwerkswand, Betonsteine				
01	**Betonsteinwände, d=24cm (5 Objekte)**	73,00	**78,00**	88,00	
	Einheit: m² Wandfläche				
	012 Mauerarbeiten				100,0%
341.12.00	Mauerwerkswand, Porenbetonsteine				
01	**Porenbeton-Plansteine, d=17,5-24cm, Dünnbettmörtelverfahren (10 Objekte)**	74,00	**83,00**	96,00	
	Einheit: m² Wandfläche				
	012 Mauerarbeiten				100,0%
341.14.00	Mauerwerkswand, Kalksandsteine				
01	**KSL-Mauerwerk, d=24cm, Stürze für Öffnungen, waagrechte Mauerwerksabdichtung G 200 DD (4 Objekte)**	74,00	**110,00**	120,00	
	Einheit: m² Wandfläche				
	012 Mauerarbeiten				89,0%
	013 Betonarbeiten				11,0%
07	**KS-Mauerwerk, d=24cm, Mörtelgruppe II, Stürze für Öffnungen (21 Objekte)**	79,00	**92,00**	110,00	
	Einheit: m² Wandfläche				
	012 Mauerarbeiten				100,0%
08	**KS-Mauerwerk, d=17,5cm, Mörtelgruppe II, Stürze für Öffnungen (10 Objekte)**	60,00	**69,00**	76,00	
	Einheit: m² Wandfläche				
	012 Mauerarbeiten				100,0%
11	**KS-Mauerwerk, d=17,5-24cm, Mörtelgruppe II, Stürze für Öffnungen, Sichtmauerwerk, beidseitig (6 Objekte)**	86,00	**95,00**	130,00	
	Einheit: m² Wandfläche				
	012 Mauerarbeiten				100,0%
341.15.00	Mauerwerkswand, Leichtbetonsteine				
01	**Leichtbetonsteine, d=17,5-24cm, Mörtelgruppe II (5 Objekte)**	58,00	**73,00**	90,00	
	Einheit: m² Wandfläche				
	012 Mauerarbeiten				100,0%
341.16.00	Mauerwerkswand, Mauerziegel				
01	**Ziegelmauerwerk, d=24-30cm, teilweise mit Fertigstürzen, Teilbereiche mit Horizontalsperre (7 Objekte)**	31,00	**85,00**	100,00	
	Einheit: m² Wandfläche				
	012 Mauerarbeiten				100,0%
06	**Hlz-Mauerwerk, d=17,5cm, MG II-III (6 Objekte)**	59,00	**72,00**	87,00	
	Einheit: m² Wandfläche				
	012 Mauerarbeiten				100,0%
08	**Hlz-Mauerwerk, d=24cm, MG II (8 Objekte)**	73,00	**81,00**	94,00	
	Einheit: m² Wandfläche				
	012 Mauerarbeiten				100,0%

© BKI Baukosteninformationszentrum; Erläuterungen zu den Tabellen siehe Seite 52   Kostenstand: 1.Quartal 2018, Bundesdurchschnitt, **inkl.** 19% MwSt.

341 Tragende Innenwände

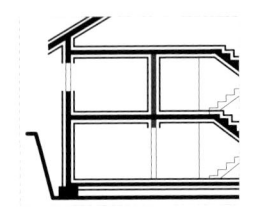

Kosten:
Stand 1.Quartal 2018
Bundesdurchschnitt
inkl. 19% MwSt.

KG.AK.AA		▷	€/Einheit	◁	LB an AA
341.21.00	Betonwand, Ortbeton, schwer				
01	**Betonwände, Ortbeton, Schalung, Bewehrung, d=17,5cm, Wandöffnungen (5 Objekte)**	110,00	**140,00**	150,00	
	Einheit: m² Wandfläche				
	013 Betonarbeiten				100,0%
03	**Betonwände, Ortbeton, d=20cm, Schalung, Bewehrung, Wandöffnungen, teilweise Sichtschalung (6 Objekte)**	120,00	**170,00**	230,00	
	Einheit: m² Wandfläche				
	013 Betonarbeiten				100,0%
04	**Betonwände, Ortbeton, d=24cm, Schalung, Bewehrung, Wandöffnungen (11 Objekte)**	140,00	**180,00**	230,00	
	Einheit: m² Wandfläche				
	013 Betonarbeiten				100,0%
05	**Betonwände, Ortbeton, d=30cm, Schalung, Bewehrung, Wandöffnungen (6 Objekte)**	180,00	**200,00**	230,00	
	Einheit: m² Wandfläche				
	013 Betonarbeiten				100,0%
341.24.00	Betonwand, Fertigteil, schwer				
01	**Betonfertigteil-Wände, d=12-30cm, Bewehrung, Kleineisenteile, Verfugung (9 Objekte)**	120,00	**140,00**	160,00	
	Einheit: m² Wandfläche				
	013 Betonarbeiten				100,0%
341.31.00	Holzwand, Blockkonstruktion, Vollholz				
01	**Holzrahmenkonstruktion, Dämmung, d=80-140mm, beidseitige Gipsfaser-Platten, d=15mm (6 Objekte)**	120,00	**130,00**	160,00	
	Einheit: m² Wandfläche				
	016 Zimmer- und Holzbauarbeiten				100,0%
341.33.00	Holzwand, Rahmenkonstruktion, Vollholz				
01	**Holzrahmenwände, d=120-180mm, KVH, Dämmung, beidseitige Beplankung (6 Objekte)**	72,00	**120,00**	140,00	
	Einheit: m² Wandfläche				
	016 Zimmer- und Holzbauarbeiten				55,0%
	039 Trockenbauarbeiten				45,0%

▷ von
∅ Mittel
◁ bis

342 Nichttragende Innenwände

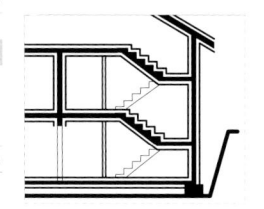

KG.AK.AA		€/Einheit		LB an AA
342.12.00 Mauerwerkswand, Porenbetonsteine				
01 **Porenbeton-Plansteinmauerwerk, d=10-12,5cm** (8 Objekte) Einheit: m² Wandfläche	57,00	**70,00**	93,00	
012 Mauerarbeiten				100,0%
342.14.00 Mauerwerkswand, Kalksandsteine				
02 **KS-Mauerwerk, d=11,5cm, Fertigteilstürze** (28 Objekte) Einheit: m² Wandfläche	52,00	**60,00**	72,00	
012 Mauerarbeiten				100,0%
81 **Massivwand, Sichtmauerwerk (ein- und/oder beidseitig) (7 Objekte)** Einheit: m² Wandfläche	180,00	**220,00**	270,00	
012 Mauerarbeiten				95,0%
018 Abdichtungsarbeiten				5,0%
342.15.00 Mauerwerkswand, Leichtbetonsteine				
01 **Vollsteine aus Leichtbeton, d=11,5cm, Mörtelgruppe II** (7 Objekte) Einheit: m² Wandfläche	45,00	**57,00**	69,00	
012 Mauerarbeiten				100,0%
342.16.00 Mauerwerkswand, Mauerziegel				
01 **Hlz-Mauerwerk, d=17,5cm, Fertigteilstürze** (11 Objekte) Einheit: m² Wandfläche	35,00	**74,00**	95,00	
012 Mauerarbeiten				100,0%
06 **Hlz-Mauerwerk, d=11,5cm, Fertigteilstürze** (30 Objekte) Einheit: m² Wandfläche	51,00	**60,00**	71,00	
012 Mauerarbeiten				100,0%
342.17.00 Mauerwerkswand, Gipswandbauplatten				
01 **Gipswandplattenwände, d=8-10cm, beidseitig malerfertig verspachtelt (9 Objekte)** Einheit: m² Wandfläche	49,00	**61,00**	70,00	
012 Mauerarbeiten				51,0%
039 Trockenbauarbeiten				49,0%
342.19.00 Mauerwerkswand, sonstiges				
02 **Innenwände aus Schwerlehmsteinen, d=11,5cm, beidseitiger Lehmputz, einlagig gerieben (4 Objekte)** Einheit: m² Wandfläche	110,00	**110,00**	120,00	
012 Mauerarbeiten				92,0%
034 Maler- und Lackierarbeiten - Beschichtungen				8,0%

© BKI Baukosteninformationszentrum; Erläuterungen zu den Tabellen siehe Seite 52   Kostenstand: 1.Quartal 2018, Bundesdurchschnitt, **inkl. 19% MwSt.**

342 Nichttragende Innenwände

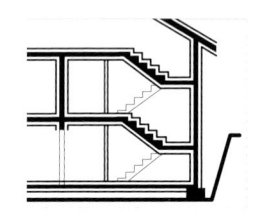

Kosten:
Stand 1.Quartal 2018
Bundesdurchschnitt
inkl. 19% MwSt.

▷ von
ø Mittel
◁ bis

KG.AK.AA	▷	€/Einheit	◁ LB an AA
342.21.00 Betonwand, Ortbeton, schwer			
02 **Betonwände, Ortbeton, d=10-15cm, Schalung, Bewehrung (3 Objekte)**	140,00	**150,00**	150,00
Einheit: m² Wandfläche			
012 Mauerarbeiten			6,0%
013 Betonarbeiten			94,0%
342.51.00 Holzständerwand, einfach beplankt			
02 **Holzständerwände mit Gipskarton oder Holzwerkstoffplatten, einseitig beplankt (5 Objekte)**	70,00	**74,00**	78,00
Einheit: m² Wandfläche			
016 Zimmer- und Holzbauarbeiten			50,0%
039 Trockenbauarbeiten			50,0%
342.52.00 Holzständerwand, doppelt beplankt			
01 **Holzständerwände mit Gipskarton oder Holzwerkstoffplatten, doppelt beplankt (7 Objekte)**	54,00	**68,00**	79,00
Einheit: m² Wandfläche			
016 Zimmer- und Holzbauarbeiten			54,0%
039 Trockenbauarbeiten			46,0%
342.61.00 Metallständerwand, einfach beplankt			
01 **Metallständerwände, Gipskartonplatten, einfach beplankt, d=125-250mm (11 Objekte)**	57,00	**75,00**	100,00
Einheit: m² Wandfläche			
039 Trockenbauarbeiten			100,0%
342.62.00 Metallständerwand, doppelt beplankt			
01 **Metallständerwände, Gipskartonplatten, doppelt beplankt, d=125-205mm (18 Objekte)**	65,00	**78,00**	92,00
Einheit: m² Wandfläche			
039 Trockenbauarbeiten			100,0%
342.63.00 Metallständerwand, F30			
01 **Metallständerwände, Gipskarton- oder Spanplatten F30 (5 Objekte)**	65,00	**82,00**	110,00
Einheit: m² Wandfläche			
039 Trockenbauarbeiten			100,0%
342.65.00 Metallständerwand, F90			
02 **Wohnungstrennwände, Mineralwolldämmung, Gipskartonplatten F90, doppelt beplankt, d=100-150mm (5 Objekte)**	64,00	**79,00**	98,00
Einheit: m² Wandfläche			
039 Trockenbauarbeiten			100,0%
342.69.00 Metallständerwand, sonstiges			
01 **Metallständerwände mit einseitiger Gipskarton-Beplankung (3 Objekte)**	61,00	**63,00**	67,00
Einheit: m² Wandfläche			
039 Trockenbauarbeiten			100,0%

342 Nichttragende Innenwände

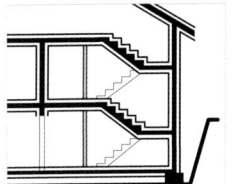

KG.AK.AA		▷ €/Einheit ◁	LB an AA
342.71.00	Glassteinkonstruktionen		
01	**Glasbausteinwände, Leichtmetall-U-Rahmen, Hartschaumstreifen als Dehnungsfuge (4 Objekte)**	450,00 **520,00** 590,00	
	Einheit: m² Wandfläche		
	012 Mauerarbeiten		51,0%
	032 Verglasungsarbeiten		49,0%
342.92.00	Vormauerung für Installationen		
01	**Installationsvormauerungen, Hlz oder Porenbeton, d=10-15cm (20 Objekte)**	63,00 **82,00** 100,00	
	Einheit: m² Wandfläche		
	012 Mauerarbeiten		100,0%
02	**GK-Vorwandschalen für Installationen aus Ständerwänden mit Gipskartonplatten, Dämmung (11 Objekte)**	55,00 **67,00** 82,00	
	Einheit: m² Wandfläche		
	039 Trockenbauarbeiten		100,0%

343 Innenstützen

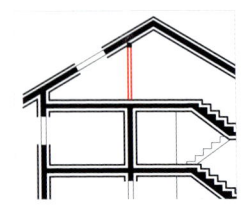

Kosten:
Stand 1.Quartal 2018
Bundesdurchschnitt
inkl. 19% MwSt.

KG.AK.AA		▷	€/Einheit	◁	LB an AA
343.21.00	Betonstütze, Ortbeton, schwer				
01	**Betonstütze, Ortbeton, Querschnitt bis 2.500cm², Schalung, Bewehrung (9 Objekte)**	120,00	**170,00**	240,00	
	Einheit: m Stützenlänge				
	013 Betonarbeiten				100,0%
02	**Betonstütze, Ortbeton, Querschnitt 24x24cm, Schalung, Bewehrung (5 Objekte)**	83,00	**110,00**	120,00	
	Einheit: m Stützenlänge				
	013 Betonarbeiten				100,0%
03	**Betonstütze, Ortbeton, Querschnitt 20x20cm, Schalung, Bewehrung (3 Objekte)**	88,00	**94,00**	100,00	
	Einheit: m Stützenlänge				
	013 Betonarbeiten				100,0%
04	**Rundstütze, Ortbeton, D=20-30cm, Schalung, Bewehrung (5 Objekte)**	120,00	**150,00**	170,00	
	Einheit: m Stützenlänge				
	013 Betonarbeiten				100,0%
343.24.00	Betonstütze, Fertigteil, schwer				
01	**Betonfertigteil-Stütze, bxd=40x40-70x70cm, l=8,50-12,28m, Bewehrung (3 Objekte)**	170,00	**240,00**	280,00	
	Einheit: m Stützenlänge				
	013 Betonarbeiten				100,0%
343.31.00	Holzstütze, Vollholz				
81	**Stütze, Holz (4 Objekte)**	53,00	**160,00**	200,00	
	Einheit: m Stützenlänge				
	016 Zimmer- und Holzbauarbeiten				100,0%
343.41.00	Metallstütze, Profilstahl				
01	**Profilstahlstütze mit Rostschutzbeschichtung, Schraub- und Schweißverbindungen (5 Objekte)**	110,00	**140,00**	190,00	
	Einheit: m Stützenlänge				
	031 Metallbauarbeiten				100,0%

▷ von
Ø Mittel
◁ bis

344 Innentüren und -fenster

KG.AK.AA		€/Einheit	LB an AA
344.11.00	**Türen, Ganzglas**		
01	**Ganzglastür, Einfachverglasung, Zarge, Beschläge (8 Objekte)**	360,00 **450,00** 530,00	
	Einheit: m² Türfläche		
	027 Tischlerarbeiten		100,0%
344.12.00	**Türen, Holz**		
02	**Holztür, Türblatt Röhrenspan, Zarge, Beschläge, Oberflächen endbehandelt (15 Objekte)**	300,00 **410,00** 600,00	
	Einheit: m² Türfläche		
	027 Tischlerarbeiten		95,0%
	034 Maler- und Lackierarbeiten - Beschichtungen		5,0%
06	**Holztür, Stahlzarge, Beschläge, Oberflächen lackiert (7 Objekte)**	230,00 **320,00** 390,00	
	Einheit: m² Türfläche		
	027 Tischlerarbeiten		64,0%
	031 Metallbauarbeiten		31,0%
	034 Maler- und Lackierarbeiten - Beschichtungen		5,0%
07	**Wohnungseingangstüren, Holz (9 Objekte)**	300,00 **360,00** 430,00	
	Einheit: m² Türfläche		
	027 Tischlerarbeiten		100,0%
84	**Holzfenstertürelement, Isolierverglasung (4 Objekte)**	460,00 **560,00** 650,00	
	Einheit: m² Türfläche		
	027 Tischlerarbeiten		72,0%
	029 Beschlagarbeiten		3,0%
	032 Verglasungsarbeiten		20,0%
	034 Maler- und Lackierarbeiten - Beschichtungen		5,0%
344.13.00	**Türen, Kunststoff**		
01	**Türelement, Oberfläche kunststoffbeschichtet, Stahlumfassungszarge, Beschläge (3 Objekte)**	250,00 **290,00** 360,00	
	Einheit: m² Türfläche		
	027 Tischlerarbeiten		50,0%
	039 Trockenbauarbeiten		50,0%
344.14.00	**Türen, Metall**		
01	**Stahltüren, ein- und zweiflüglig, Stahlzargen, Beschichtung (10 Objekte)**	200,00 **240,00** 290,00	
	Einheit: m² Türfläche		
	031 Metallbauarbeiten		78,0%
	034 Maler- und Lackierarbeiten - Beschichtungen		22,0%

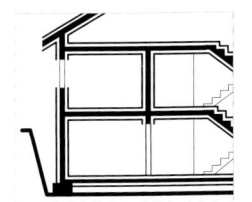

© BKI Baukosteninformationszentrum; Erläuterungen zu den Tabellen siehe Seite 52   Kostenstand: 1.Quartal 2018, Bundesdurchschnitt, **inkl. 19% MwSt.**

344 Innentüren und -fenster

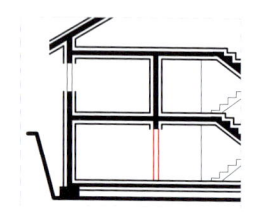

Kosten:
Stand 1.Quartal 2018
Bundesdurchschnitt
inkl. 19% MwSt.

KG.AK.AA	▷	€/Einheit	◁	LB an AA
344.15.00 Türen, Mischkonstruktionen				
01 **Holz-Alu-Türelemente, teilweise mit VSG-Ausschnitten, Zargen, Beschläge (3 Objekte)**	300,00	**510,00**	620,00	
Einheit: m² Türfläche				
012 Mauerarbeiten				4,0%
016 Zimmer- und Holzbauarbeiten				38,0%
027 Tischlerarbeiten				27,0%
031 Metallbauarbeiten				28,0%
032 Verglasungsarbeiten				1,0%
034 Maler- und Lackierarbeiten - Beschichtungen				2,0%
344.21.00 Schiebetüren				
01 **Holzschiebetür, Schiebegestänge und Beschläge in Leichtmetall (10 Objekte)**	390,00	**520,00**	830,00	
Einheit: m² Türfläche				
027 Tischlerarbeiten				100,0%
03 **Ganzglasschiebetür, Führungsschienen, Beschläge (3 Objekte)**	320,00	**370,00**	460,00	
Einheit: m² Türfläche				
027 Tischlerarbeiten				50,0%
032 Verglasungsarbeiten				50,0%
81 **Schiebetüren, Holzwerkstoff oder Stahlkonstruktion mit Holz beplankt (3 Objekte)**	670,00	**800,00**	1.050,00	
Einheit: m² Türfläche				
027 Tischlerarbeiten				50,0%
031 Metallbauarbeiten				49,0%
034 Maler- und Lackierarbeiten - Beschichtungen				1,0%
344.22.00 Schallschutztüren				
01 **Schallschutztür, ein- und zweiflüglig (4 Objekte)**	390,00	**490,00**	570,00	
Einheit: m² Türfläche				
027 Tischlerarbeiten				40,0%
029 Beschlagarbeiten				18,0%
031 Metallbauarbeiten				42,0%
02 **Holz-Schallschutztür P=32-40dB (6 Objekte)**	350,00	**390,00**	610,00	
Einheit: m² Türfläche				
027 Tischlerarbeiten				90,0%
029 Beschlagarbeiten				6,0%
034 Maler- und Lackierarbeiten - Beschichtungen				4,0%
82 **Schallschutztür, Holz, ein- oder mehrflüglig, Holzzarge, schalldämmend R´w >37dB (16 Objekte)**	740,00	**1.010,00**	1.190,00	
Einheit: m² Türfläche				
027 Tischlerarbeiten				90,0%
029 Beschlagarbeiten				6,0%
034 Maler- und Lackierarbeiten - Beschichtungen				4,0%

▷ von
ø Mittel
◁ bis

344 Innentüren und -fenster

KG.AK.AA	▷	€/Einheit	◁	LB an AA

344.23.00 Eingangsanlagen

01 Eingangsanlage, Leichtmetall, einflüglig, Seitenteile und Oberlicht mit VSG, Isolierverglasung, Sicherheitsschloss, Obentürschließer, Türbänder, Griffen (3 Objekte) — 500,00 | **750,00** | 880,00
Einheit: m² Elementfläche
- 026 Fenster, Außentüren — 50,0%
- 031 Metallbauarbeiten — 50,0%

344.31.00 Türen, Tore, rauchdicht

01 Türen, rauchdicht, Holz oder Metall, Oberflächen endbehandelt (9 Objekte) — 410,00 | **830,00** | 1.100,00
Einheit: m² Türfläche
- 027 Tischlerarbeiten — 23,0%
- 031 Metallbauarbeiten — 77,0%

81 Türen, rauchdicht, ein- oder mehrflüglig, Metall/Glas, VSG, selbstschließend, Stahlzargen (36 Objekte) — 730,00 | **980,00** | 1.290,00
Einheit: m² Türfläche
- 029 Beschlagarbeiten — 6,0%
- 031 Metallbauarbeiten — 78,0%
- 032 Verglasungsarbeiten — 13,0%
- 034 Maler- und Lackierarbeiten - Beschichtungen — 3,0%

82 Türen, rauchdicht, ein- oder mehrflüglig, Holz/Glas, VSG, selbstschließend, Stahlzarge (10 Objekte) — 650,00 | **820,00** | 1.050,00
Einheit: m² Türfläche
- 027 Tischlerarbeiten — 75,0%
- 029 Beschlagarbeiten — 9,0%
- 032 Verglasungsarbeiten — 11,0%
- 034 Maler- und Lackierarbeiten - Beschichtungen — 5,0%

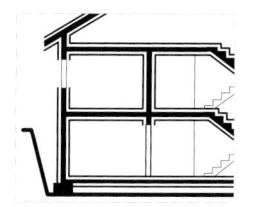

344.32.00 Brandschutztüren, -tore, T30

01 Stahltür T30 mit Zulassung, Stahlzarge, Beschläge, Türschließer, Beschichtung (13 Objekte) — 290,00 | **360,00** | 540,00
Einheit: m² Türfläche
- 031 Metallbauarbeiten — 88,0%
- 034 Maler- und Lackierarbeiten - Beschichtungen — 12,0%

02 Holztür T30 mit Zulassung, Stahlzarge, Beschläge, Türschließer (5 Objekte) — 520,00 | **810,00** | 1.090,00
Einheit: m² Türfläche
- 027 Tischlerarbeiten — 88,0%
- 034 Maler- und Lackierarbeiten - Beschichtungen — 12,0%

82 Feuerschutztür T30, Holz, einflüglig, Zarge, Metall oder Holz (46 Objekte) — 460,00 | **650,00** | 860,00
Einheit: m² Türfläche
- 029 Beschlagarbeiten — 11,0%
- 031 Metallbauarbeiten — 81,0%
- 034 Maler- und Lackierarbeiten - Beschichtungen — 8,0%

© BKI Baukosteninformationszentrum; Erläuterungen zu den Tabellen siehe Seite 52   Kostenstand: 1.Quartal 2018, Bundesdurchschnitt, inkl. 19% MwSt.

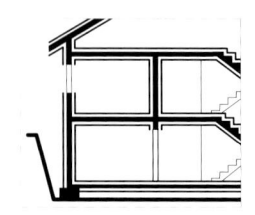

344 Innentüren und -fenster

Kosten:
Stand 1.Quartal 2018
Bundesdurchschnitt
inkl. 19% MwSt.

KG.AK.AA	▷	€/Einheit	◁	LB an AA
344.34.00 Brandschutztüren, -tore, T90				
01 **Stahltüren T90 mit Zulassung, ein- oder zweiflüglig, Stahlzargen, Beschläge, Türschließer (10 Objekte)**	680,00	**890,00**	1.230,00	
Einheit: m² Türfläche				
031 Metallbauarbeiten				100,0%
344.42.00 Kipptore				
01 **Kipptore für Sporthallen, Turnhallenbeschläge, Gegengewicht (3 Objekte)**	360,00	**380,00**	410,00	
Einheit: m² Torfläche				
016 Zimmer- und Holzbauarbeiten				33,0%
017 Stahlbauarbeiten				34,0%
027 Tischlerarbeiten				33,0%
344.44.00 Rolltore, Gittertore				
81 **Gittertore, Stahl (3 Objekte)**	490,00	**620,00**	700,00	
Einheit: m² Torfläche				
029 Beschlagarbeiten				2,0%
031 Metallbauarbeiten				98,0%
344.45.00 Schiebetore				
01 **Stahlschiebetore T30 oder T90, Schlupftür, Panikschloss (5 Objekte)**	510,00	**720,00**	990,00	
Einheit: m² Torfläche				
031 Metallbauarbeiten				100,0%
02 **Stahlschiebetore T90, Elektroantrieb, Beschichtung (3 Objekte)**	680,00	**880,00**	1.280,00	
Einheit: m² Torfläche				
031 Metallbauarbeiten				94,0%
034 Maler- und Lackierarbeiten - Beschichtungen				6,0%
344.47.00 Schwingtore				
81 **Schwingtore, teilweise mit Prallschutz (5 Objekte)**	440,00	**660,00**	970,00	
Einheit: m² Torfläche				
027 Tischlerarbeiten				38,0%
031 Metallbauarbeiten				58,0%
034 Maler- und Lackierarbeiten - Beschichtungen				4,0%

▷ von
ø Mittel
◁ bis

KG.AK.AA	▷	€/Einheit	◁	LB an AA

344 Innentüren und -fenster

344.52.00 Fenster, Holz

  02 **Holzfenster, Einfachverglasung, Beschichtung (7 Objekte)**   370,00   **500,00**   750,00
    Einheit: m² Fensterfläche
    027 Tischlerarbeiten   91,0%
    034 Maler- und Lackierarbeiten - Beschichtungen   9,0%

  81 **Holzfenster, festverglast (10 Objekte)**   450,00   **660,00**   910,00
    Einheit: m² Öffnungsfläche
    027 Tischlerarbeiten   59,0%
    032 Verglasungsarbeiten   36,0%
    034 Maler- und Lackierarbeiten - Beschichtungen   5,0%

  82 **Holzfenster, festverglast, teilweise Tür-, Fensterelemente, Sicherheitsverglasung, teilweise schusshemmend (3 Objekte)**   1.160,00   **1.760,00**   2.090,00
    Einheit: m² Öffnungsfläche
    027 Tischlerarbeiten   79,0%
    029 Beschlagarbeiten   3,0%
    032 Verglasungsarbeiten   18,0%

344.54.00 Fenster, Metall

  01 **Stahlfenster, Einfachverglasung, festverglast (3 Objekte)**   410,00   **450,00**   500,00
    Einheit: m² Fensterfläche
    017 Stahlbauarbeiten   33,0%
    031 Metallbauarbeiten   33,0%
    032 Verglasungsarbeiten   34,0%

  02 **Stahlfenster, ESG, d=6mm, teilweise ballwurfsicher (3 Objekte)**   400,00   **430,00**   440,00
    Einheit: m² Fensterfläche
    017 Stahlbauarbeiten   49,0%
    031 Metallbauarbeiten   1,0%
    032 Verglasungsarbeiten   50,0%

  82 **Stahlfenster, festverglast, teilweise Tür-, Fensterelemente, Sicherheitsverglasung, teilweise schusshemmend (3 Objekte)**   1.810,00   **2.290,00**   2.520,00
    Einheit: m² Öffnungsfläche
    029 Beschlagarbeiten   1,0%
    031 Metallbauarbeiten   73,0%
    032 Verglasungsarbeiten   26,0%

344.72.00 Brandschutzfenster, F30

  01 **Brandschutzfenster F30 (5 Objekte)**   770,00   **1.080,00**   1.530,00
    Einheit: m² Fensterfläche
    031 Metallbauarbeiten   100,0%

344.93.00 Schließanlage

  01 **Schließzylinder und Halbzylinder für Schließanlage, Schlüssel (Anteil für Innentüren) (8 Objekte)**   63,00   **90,00**   130,00
    Einheit: St Anzahl
    029 Beschlagarbeiten   100,0%

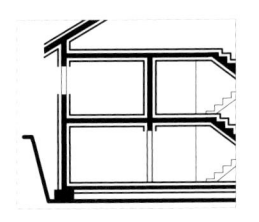

345 Innenwandbekleidungen

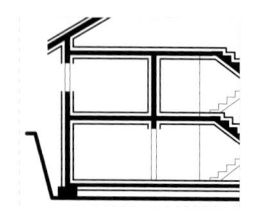

Kosten:
Stand 1.Quartal 2018
Bundesdurchschnitt
inkl. 19% MwSt.

▷ von
ø Mittel
◁ bis

KG.AK.AA		▷	€/Einheit	◁ LB an AA
345.11.00	Abdichtung			
01	Abdichtung Wandflächen auf Bitumen-, Flüssigfolien- oder Kunstharzbasis (20 Objekte) Einheit: m² Bekleidete Fläche 024 Fliesen- und Plattenarbeiten	17,00	**24,00**	36,00 100,0%
345.17.00	Dämmung			
01	Mineralische Faserdämmstoffplatten, d=30-50mm (6 Objekte) Einheit: m² Bekleidete Fläche 039 Trockenbauarbeiten	28,00	**38,00**	57,00 100,0%
345.21.00	Beschichtung			
01	Beschichtung, Dispersion auf Putzwandflächen, Untergrundvorbehandlung (15 Objekte) Einheit: m² Bekleidete Fläche 034 Maler- und Lackierarbeiten - Beschichtungen	3,30	**5,00**	6,70 100,0%
02	Beschichtung metallischer Untergründe (Türen, Stützen, Metalltreppen) (7 Objekte) Einheit: m² Bekleidete Fläche 034 Maler- und Lackierarbeiten - Beschichtungen	12,00	**15,00**	19,00 100,0%
03	Beschichtung hölzerner Untergründe (Stützen, Balken), Untergrundvorbehandlung (3 Objekte) Einheit: m² Bekleidete Fläche 034 Maler- und Lackierarbeiten - Beschichtungen	6,20	**6,50**	7,10 100,0%
11	Beschichtung auf Betonwandflächen, Untergrundvorbehandlung (14 Objekte) Einheit: m² Bekleidete Fläche 034 Maler- und Lackierarbeiten - Beschichtungen	4,60	**5,40**	6,20 100,0%
12	Beschichtung, Dispersion auf Gipskartonwände (11 Objekte) Einheit: m² Bekleidete Fläche 034 Maler- und Lackierarbeiten - Beschichtungen	4,00	**5,30**	8,30 100,0%
13	Beschichtung, Dispersion auf KS-Mauerwerk, Untergrundvorbehandlung (7 Objekte) Einheit: m² Bekleidete Fläche 034 Maler- und Lackierarbeiten - Beschichtungen	4,40	**4,90**	5,70 100,0%
14	Beschichtung, Silikatfarbe auf Putz oder Tapete, Untergrundvorbehandlung (4 Objekte) Einheit: m² Bekleidete Fläche 034 Maler- und Lackierarbeiten - Beschichtungen	6,40	**7,90**	11,00 100,0%
345.23.00	Betonschalung, Sichtzuschlag			
01	Zulage für Sichtschalung an Betonwänden (3 Objekte) Einheit: m² Wandflächen 013 Betonarbeiten	6,30	**9,10**	11,00 100,0%

345 Innenwandbekleidungen

KG.AK.AA	▷ €/Einheit ◁	LB an AA

345.24.00 Mauerwerk, Sichtzuschlag

01 **Zulage für Fugenglattstrich bei KS-Sichtmauerwerk (4 Objekte)** — 4,20 **5,90** 7,50
Einheit: m² Wandfläche
012 Mauerarbeiten — 51,0%
023 Putz- und Stuckarbeiten, Wärmedämmsysteme — 49,0%

345.29.00 Oberflächenbehandlung, sonstiges

02 **Spachtelung von Wandflächen (7 Objekte)** — 4,10 **10,00** 16,00
Einheit: m² Wandfläche
023 Putz- und Stuckarbeiten, Wärmedämmsysteme — 50,0%
034 Maler- und Lackierarbeiten - Beschichtungen — 50,0%

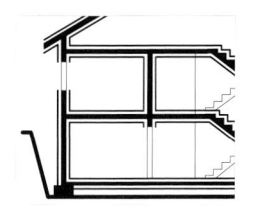

345.31.00 Putz

01 **Innenwandputz, zweilagig, Eckschutzschienen, Untergrundvorbehandlung (12 Objekte)** — 22,00 **24,00** 26,00
Einheit: m² Bekleidete Fläche
023 Putz- und Stuckarbeiten, Wärmedämmsysteme — 100,0%

02 **Gipsputz als Innenwandputz, einlagig, Oberfläche eben abgezogen, gefilzt, geglättet, Eckschutzschienen, Untergrundvorbehandlung (8 Objekte)** — 16,00 **19,00** 20,00
Einheit: m² Bekleidete Fläche
023 Putz- und Stuckarbeiten, Wärmedämmsysteme — 100,0%

03 **Kunstharz-Reibeputz, zweilagig, Eckschutzschienen, Untergrundvorbehandlung (5 Objekte)** — 19,00 **25,00** 29,00
Einheit: m² Bekleidete Fläche
034 Maler- und Lackierarbeiten - Beschichtungen — 100,0%

06 **Kalkzementputz als Fliesenputz, d=10-15mm, Putzabzugsleisten (26 Objekte)** — 18,00 **22,00** 25,00
Einheit: m² Bekleidete Fläche
023 Putz- und Stuckarbeiten, Wärmedämmsysteme — 100,0%

345.32.00 Putz, Beschichtung

02 **Innenwandputz aus Kalkgips, einlagig, Eckschutzschienen, Oberfläche eben abgerieben, gefilzt, Untergrundvorbehandlung, Beschichtung, Dispersion (6 Objekte)** — 21,00 **23,00** 26,00
Einheit: m² Bekleidete Fläche
023 Putz- und Stuckarbeiten, Wärmedämmsysteme — 89,0%
034 Maler- und Lackierarbeiten - Beschichtungen — 11,0%

03 **Innenwandputz als Kalkzementputz, d=15mm, zweilagig, Eckschutzschienen, Oberfläche eben abgerieben, gefilzt, geglättet, Untergrundvorbehandlung, Beschichtung, Dispersion (6 Objekte)** — 22,00 **24,00** 28,00
Einheit: m² Bekleidete Fläche
023 Putz- und Stuckarbeiten, Wärmedämmsysteme — 81,0%
034 Maler- und Lackierarbeiten - Beschichtungen — 19,0%

© BKI Baukosteninformationszentrum; Erläuterungen zu den Tabellen siehe Seite 52   Kostenstand: 1.Quartal 2018, Bundesdurchschnitt, **inkl. 19% MwSt.**

345 Innenwandbekleidungen

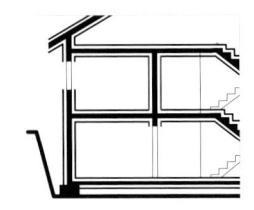

Kosten:
Stand 1.Quartal 2018
Bundesdurchschnitt
inkl. 19% MwSt.

▷ von
Ø Mittel
◁ bis

KG.AK.AA		▷	€/Einheit	◁	LB an AA
345.33.00	Putz, Fliesen und Platten				
01	Keramische Fliesen auf Kalkzementputz, Eckschutzschienen, Grundierung, verformungsfähiger Kleber/Fugenmörtel, dauerelastische Fugen (18 Objekte)	92,00	**110,00**	130,00	
	Einheit: m² Bekleidete Fläche				
	023 Putz- und Stuckarbeiten, Wärmedämmsysteme				20,0%
	024 Fliesen- und Plattenarbeiten				80,0%
06	Wandfliesen im Mörtelbett, dauerelastische Verfugung (5 Objekte)	90,00	**110,00**	120,00	
	Einheit: m² Bekleidete Fläche				
	024 Fliesen- und Plattenarbeiten				100,0%
345.35.00	Putz, Tapeten, Beschichtung				
02	Innenwandputz, d=12-15mm, Eckschutzschienen, Raufasertapete, Beschichtung, Dispersion (10 Objekte)	27,00	**29,00**	32,00	
	Einheit: m² Bekleidete Fläche				
	023 Putz- und Stuckarbeiten, Wärmedämmsysteme				48,0%
	034 Maler- und Lackierarbeiten - Beschichtungen				22,0%
	037 Tapezierarbeiten				30,0%
82	Trockenputz: Gipskarton mit Beschichtung auf Tapete (15 Objekte)	46,00	**77,00**	130,00	
	Einheit: m² Bekleidete Fläche				
	034 Maler- und Lackierarbeiten - Beschichtungen				16,0%
	037 Tapezierarbeiten				6,0%
	039 Trockenbauarbeiten				78,0%
345.37.00	Putz, Fliesen und Platten, Abdichtung				
01	Keramische Fliesen auf Kalkzementputz, Eckschutzschienen, Grundierung, Abdichtung mit streichbarer Abdichtung, Rohrdurchgänge abdichten, verformungsfähiger Kleber/Fugmörtel, dauerelastische Fugen (6 Objekte)	110,00	**130,00**	150,00	
	Einheit: m² Bekleidete Fläche				
	023 Putz- und Stuckarbeiten, Wärmedämmsysteme				17,0%
	024 Fliesen- und Plattenarbeiten				83,0%
345.44.00	Bekleidung auf Unterkonstruktion, Holz				
01	Massivholz-Paneele, nordische Fichte oder Furnierplatten, auf Unterkonstruktion, mit Schallschluckmatten hinterlegt (5 Objekte)	190,00	**250,00**	340,00	
	Einheit: m² Bekleidete Fläche				
	027 Tischlerarbeiten				100,0%
81	Bekleidung auf Unterkonstruktion, Holzwerkstoff, gestrichen, schallabsorbierend (5 Objekte)	110,00	**120,00**	160,00	
	Einheit: m² Bekleidete Fläche				
	039 Trockenbauarbeiten				100,0%
82	Bekleidung auf Unterkonstruktion, teilweise mit Türen, Massivholz, Oberflächen endbehandelt, schallabsorbierend (17 Objekte)	170,00	**280,00**	410,00	
	Einheit: m² Bekleidete Fläche				
	027 Tischlerarbeiten				100,0%

345 Innenwandbekleidungen

KG.AK.AA		▷ €/Einheit	◁ LB an AA

345.46.00 Bekleidung auf Unterkonstruktion, Kunststoff
81 Bekleidung auf Unterkonstruktion, Holzwerkstoff, Kunststoff, schallabsorbierend, Oberflächen endbehandelt (5 Objekte) — 110,00 — **160,00** — 220,00
Einheit: m² Bekleidete Fläche
039 Trockenbauarbeiten — 100,0%

345.48.00 Bekleidung auf Unterkonstruktion, mineralisch
01 Einseitige Bekleidung mit Gipskarton, d=12,5mm, Oberfläche malerfertig (16 Objekte) — 40,00 — **55,00** — 70,00
Einheit: m² Bekleidete Fläche
039 Trockenbauarbeiten — 100,0%

03 GK-Vorsatzschalen, feuchtraumgeeignet, in Sanitärbereichen (6 Objekte) — 50,00 — **64,00** — 81,00
Einheit: m² Bekleidete Fläche
039 Trockenbauarbeiten — 100,0%

05 Gipskartonbekleidung, zweilagig, d=12,5mm (4 Objekte) — 51,00 — **58,00** — 61,00
Einheit: m² Bekleidete Fläche
039 Trockenbauarbeiten — 100,0%

345.53.00 Verblendung, Fliesen und Platten
01 Steinzeugfliesen im Dünnbett verlegt, teils mit Bordüre oder Fries (15 Objekte) — 69,00 — **95,00** — 140,00
Einheit: m² Bekleidete Fläche
024 Fliesen- und Plattenarbeiten — 100,0%

345.54.00 Verblendung, Mauerwerk
81 Bekleidung vorgesetzt, Mauerwerk (Ziegel), Oberflächen endbehandelt (10 Objekte) — 140,00 — **170,00** — 200,00
Einheit: m² Bekleidete Fläche
012 Mauerarbeiten — 100,0%

345.61.00 Tapeten
01 Raufasertapete geliefert und tapeziert (11 Objekte) — 3,80 — **5,00** — 6,30
Einheit: m² Bekleidete Fläche
034 Maler- und Lackierarbeiten - Beschichtungen — 50,0%
037 Tapezierarbeiten — 50,0%

03 Glasfasertapete geliefert und tapeziert (7 Objekte) — 9,60 — **12,00** — 17,00
Einheit: m² Bekleidete Fläche
034 Maler- und Lackierarbeiten - Beschichtungen — 100,0%

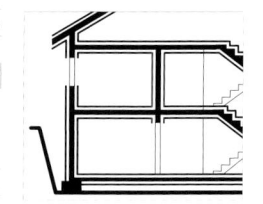

345 Innenwandbekleidungen

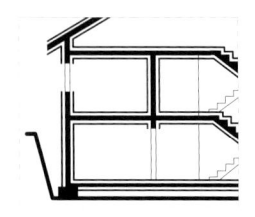

Kosten:
Stand 1.Quartal 2018
Bundesdurchschnitt
inkl. 19% MwSt.

KG.AK.AA	▷	€/Einheit	◁	LB an AA
345.62.00 Tapeten, Beschichtung				
01 **Raufasertapete tapezieren, Beschichtung, Dispersion (13 Objekte)**	8,20	**9,80**	12,00	
Einheit: m² Bekleidete Fläche				
034 Maler- und Lackierarbeiten - Beschichtungen				45,0%
037 Tapezierarbeiten				55,0%
02 **Grundierung, Glasfasergewebe-Tapete, Zwischen- und Schlussbeschichtung (8 Objekte)**	15,00	**20,00**	27,00	
Einheit: m² Bekleidete Fläche				
034 Maler- und Lackierarbeiten - Beschichtungen				100,0%
345.71.00 Textilbekleidung, Stoff				
81 **Beschichtung: Textilbespannung (3 Objekte)**	36,00	**49,00**	56,00	
Einheit: m² Bekleidete Fläche				
036 Bodenbelagarbeiten				50,0%
039 Trockenbauarbeiten				50,0%
345.92.00 Vorsatzschalen für Installationen				
01 **Vormauerung für Sanitärbereiche, Bimsplatten, d=6-15cm (4 Objekte)**	86,00	**92,00**	99,00	
Einheit: m² Bekleidete Fläche				
012 Mauerarbeiten				51,0%
039 Trockenbauarbeiten				49,0%
02 **Vorwandinstallation für Sanitärbereiche, einfaches Ständerwerk, GK-Bekleidung, d=12,5mm (21 Objekte)**	45,00	**55,00**	64,00	
Einheit: m² Bekleidete Fläche				
039 Trockenbauarbeiten				100,0%
04 **Vorwandinstallation für Sanitärbereiche, Ständerwerk, GK-Bekleidung, doppelt beplankt, d=12,5mm (11 Objekte)**	51,00	**67,00**	96,00	
Einheit: m² Bekleidete Fläche				
039 Trockenbauarbeiten				100,0%

▷ von
Ø Mittel
◁ bis

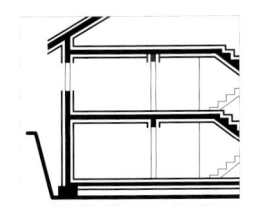

346 Elementierte Innenwände

KG.AK.AA	▷ €/Einheit ◁	LB an AA

346.11.00 Montagewände, Ganzglas
- **01 Ganzglastrennwände mit Türen, ESG-Verglasung, d=8-10mm (4 Objekte)**   280,00   **400,00**   520,00
  - Einheit: m² Elementierte Fläche
  - 031 Metallbauarbeiten   100,0%

346.12.00 Montagewände, Holz
- **01 Holztrennwände im Kellerbereich, Türen, Vorhängeschlösser (6 Objekte)**   26,00   **41,00**   57,00
  - Einheit: m² Elementierte Fläche
  - 016 Zimmer- und Holzbauarbeiten   51,0%
  - 039 Trockenbauarbeiten   49,0%

346.13.00 Montagewände, Holz-Mischkonstruktion
- **01 Holztrennwände mit Oberlichtverglasungen (4 Objekte)**   470,00   **630,00**   1.110,00
  - Einheit: m² Elementierte Fläche
  - 027 Tischlerarbeiten   92,0%
  - 034 Maler- und Lackierarbeiten - Beschichtungen   8,0%
- **03 Systemtrennwände, Vollspanplatten, Kunststoff beschichtet, Türen, Oberlichter (4 Objekte)**   210,00   **250,00**   280,00
  - Einheit: m² Elementierte Fläche
  - 027 Tischlerarbeiten   50,0%
  - 029 Beschlagarbeiten   1,0%
  - 039 Trockenbauarbeiten   49,0%

346.17.00 Montagewände, Metall-Mischkonstruktion
- **01 Metallständerwände mit Holzbekleidungen und Oberlichtverglasungen (5 Objekte)**   270,00   **490,00**   910,00
  - Einheit: m² Elementierte Fläche
  - 027 Tischlerarbeiten   51,0%
  - 031 Metallbauarbeiten   49,0%
- **81 Trennwandelemente mit Türen, Metall mit Verglasung (10 Objekte)**   440,00   **620,00**   830,00
  - Einheit: m² Elementierte Fläche
  - 027 Tischlerarbeiten   52,0%
  - 031 Metallbauarbeiten   44,0%
  - 034 Maler- und Lackierarbeiten - Beschichtungen   4,0%
- **82 Trennwandelemente mit Türen, Metall mit beschusshemmender Verglasung (4 Objekte)**   1.230,00   **1.420,00**   1.630,00
  - Einheit: m² Elementierte Fläche
  - 027 Tischlerarbeiten   47,0%
  - 029 Beschlagarbeiten   3,0%
  - 031 Metallbauarbeiten   40,0%
  - 032 Verglasungsarbeiten   10,0%

346.22.00 Faltwände, Schiebewände, Holz
- **02 Mobile Trennanlage, Durchgangselelement, Laufschienen (8 Objekte)**   810,00   **1.230,00**   1.450,00
  - Einheit: m² Elementierte Fläche
  - 027 Tischlerarbeiten   100,0%

© BKI Baukosteninformationszentrum; Erläuterungen zu den Tabellen siehe Seite 52   Kostenstand: 1.Quartal 2018, Bundesdurchschnitt, inkl. 19% MwSt.

346 Elementierte Innenwände

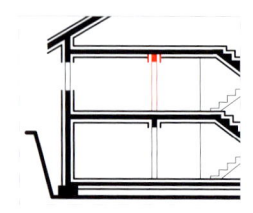

Kosten:
Stand 1.Quartal 2018
Bundesdurchschnitt
inkl. 19% MwSt.

▷ von
ø Mittel
◁ bis

KG.AK.AA		▷	€/Einheit	◁	LB an AA
346.24.00	Faltwände, Schiebewände, Kunststoff				
81	**Faltwände, Kunststoff, Oberflächen endbehandelt (10 Objekte)**	610,00	**740,00**	840,00	
	Einheit: m² Wandfläche				
	039 Trockenbauarbeiten				100,0%
346.31.00	Sanitärtrennwände, Ganzglas				
01	**Sanitärtrennwände Ganzglas, Beschläge, teilweise Siebdruck (3 Objekte)**	360,00	**660,00**	850,00	
	Einheit: m² Elementierte Fläche				
	027 Tischlerarbeiten				34,0%
	039 Trockenbauarbeiten				33,0%
	045 GWE; Einrichtungsgegenstände, Sanitärausstattungen				33,0%
346.32.00	Sanitärtrennwände, Holz				
01	**WC-Trennwände mit integrierten Türen aus Spanplatten, kunststoffbeschichtet (8 Objekte)**	230,00	**280,00**	320,00	
	Einheit: m² Elementierte Wandfläche				
	027 Tischlerarbeiten				49,0%
	039 Trockenbauarbeiten				51,0%
81	**Kabinenwand, Holzwerkstoff, Kunststoffbeschichtung, Oberflächen endbehandelt (38 Objekte)**	140,00	**190,00**	300,00	
	Einheit: m² Elementierte Wandfläche				
	039 Trockenbauarbeiten				100,0%
346.33.00	Sanitärtrennwände, Holz-Mischkonstruktion				
01	**WC-Trennwände, Verbundbauweise, d=30mm, h=2,00m Folienoberfläche (9 Objekte)**	180,00	**210,00**	240,00	
	Einheit: m² Elementierte Wandfläche				
	039 Trockenbauarbeiten				100,0%
346.34.00	Sanitärtrennwände, Kunststoff				
01	**WC-Trennwände in Vollkunststoffausführung mit Türen, h=2,00m (5 Objekte)**	200,00	**280,00**	330,00	
	Einheit: m² Elementierte Wandfläche				
	039 Trockenbauarbeiten				100,0%
346.36.00	Sanitärtrennwände, Metall				
81	**Kabinenwand, Metall, Oberflächen endbehandelt (12 Objekte)**	250,00	**300,00**	380,00	
	Einheit: m² Elementierte Wandfläche				
	039 Trockenbauarbeiten				100,0%

349 Innenwände, sonstiges

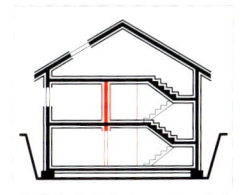

KG.AK.AA	▷	€/Einheit	◁ LB an AA

349.11.00 Schächte
01 **Installationsschachtbekleidungen mit Gipskartonplatten (5 Objekte)** — 65,00 | **73,00** | 98,00
Einheit: m² Bekleidete Fläche
039 Trockenbauarbeiten — 100,0%

349.21.00 Brüstungen
02 **Zuschauergaleriegeländer, Stahl, Geländerpfostenprofil; Ober- und Untergurt mit Winkel; Füllstäbe aus Rundstahl, Handlaufauflage aus Flachstahl, einschl. Montage, Beschichtung, Holzhandlauf aus Rundholz (3 Objekte)** — 290,00 | **310,00** | 360,00
Einheit: m² Brüstungsfläche
027 Tischlerarbeiten — 4,0%
031 Metallbauarbeiten — 96,0%

349.22.00 Geländer
01 **Geländer aus Füllstäben, auch mit Lochblechfüllung, Beschichtung (4 Objekte)** — 450,00 | **500,00** | 560,00
Einheit: m² Geländerfläche
031 Metallbauarbeiten — 93,0%
034 Maler- und Lackierarbeiten - Beschichtungen — 7,0%

349.23.00 Handläufe
01 **Handläufe, Metall mit Wandbefestigung, Beschichtung (3 Objekte)** — 150,00 | **170,00** | 200,00
Einheit: m Handlauflänge
031 Metallbauarbeiten — 99,0%
034 Maler- und Lackierarbeiten - Beschichtungen — 1,0%
02 **Holzhandlauf, Beschichtung (6 Objekte)** — 57,00 | **77,00** | 110,00
Einheit: m Handlauflänge
027 Tischlerarbeiten — 49,0%
031 Metallbauarbeiten — 51,0%

349.51.00 Lattenverschläge, Holz
01 **Lattenverschläge, Holz h=2,00m, Türen 80/200cm mit Überwurfschloss (3 Objekte)** — 39,00 | **52,00** | 76,00
Einheit: m² Wandfläche
016 Zimmer- und Holzbauarbeiten — 100,0%

349.61.00 Leitern, Steigeisen
01 **Leiter, Länge 1,00-2,10m, ohne Rückschutz (3 Objekte)** — 63,00 | **88,00** | 140,00
Einheit: m Länge
017 Stahlbauarbeiten — 51,0%
031 Metallbauarbeiten — 49,0%

349.91.00 Sonstige Innenwände sonstiges
81 **Gitter, Roste, Geländer, Kleinbauteile in Stahl, Beton oder Holz (21 Objekte)** — 0,80 | **2,70** | 7,30
Einheit: m² Innenwandfläche
030 Rollladenarbeiten — 16,0%
031 Metallbauarbeiten — 84,0%

© BKI Baukosteninformationszentrum; Erläuterungen zu den Tabellen siehe Seite 52   Kostenstand: 1.Quartal 2018, Bundesdurchschnitt, **inkl. 19% MwSt.**

351 Deckenkonstruktionen

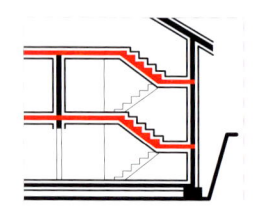

Kosten:
Stand 1.Quartal 2018
Bundesdurchschnitt
inkl. 19% MwSt.

▷ von
ø Mittel
◁ bis

KG.AK.AA		▷	€/Einheit	◁ LB an AA
351.71.00	**Treppen, gerade, Metall-Wangenkonstruktion**			
01	**Stahltreppe gerade mit Stahlwangen und Zwischenpodest, Stufen aus Gitterrosten oder gekantetem Stahlblech, Geländer, Beschichtung (9 Objekte)**	740,00	**1.090,00**	1.510,00
	Einheit: m² Treppenfläche			
	017 Stahlbauarbeiten			51,0%
	031 Metallbauarbeiten			49,0%
81	**Freitragende Treppe, Stahlkonstruktion, Gitterroste und Brüstungsgeländer (3 Objekte)**	910,00	**1.390,00**	1.730,00
	Einheit: m² Treppenfläche			
	031 Metallbauarbeiten			100,0%
351.72.00	**Treppen, gerade, Metall-Zweiholmkonstruktion**			
01	**Stahl-Zweiholmtreppe, gerade, Holztrittstufen (4 Objekte)**	560,00	**760,00**	850,00
	Einheit: m² Treppenfläche			
	031 Metallbauarbeiten			100,0%
351.74.00	**Treppen, gewendelt, Metall-Wangenkonstruktion**			
01	**Stahl-Wangentreppe, gewendelt, Holztrittstufen (5 Objekte)**	760,00	**960,00**	1.130,00
	Einheit: m² Treppenfläche			
	017 Stahlbauarbeiten			36,0%
	027 Tischlerarbeiten			24,0%
	031 Metallbauarbeiten			40,0%
351.77.00	**Treppen, Spindel, Metallkonstruktion**			
01	**Stahlspindeltreppe mit Geländer und Gitterroststufen oder Holzbelag (5 Objekte)**	2.030,00	**2.920,00**	4.090,00
	Einheit: m² Treppenfläche			
	031 Metallbauarbeiten			100,0%
82	**Freitragende Spindeltreppe, Stahl (4 Objekte)**	1.930,00	**3.640,00**	5.510,00
	Einheit: m² Treppenfläche			
	031 Metallbauarbeiten			100,0%
351.81.00	**Treppen, Holzkonstruktion, gestemmt**			
81	**Freitragende Treppe, gerade, Holzwerkstoff (4 Objekte)**	360,00	**690,00**	830,00
	Einheit: m² Treppenfläche			
	016 Zimmer- und Holzbauarbeiten			98,0%
	034 Maler- und Lackierarbeiten - Beschichtungen			2,0%
351.89.00	**Treppen, sonstiges**			
02	**Einschubtreppe, Holz, lxb=60x100cm-70x120cm, Handlauf und Schutzgeländer (6 Objekte)**	570,00	**840,00**	1.000,00
	Einheit: St Anzahl			
	016 Zimmer- und Holzbauarbeiten			100,0%

351 Deckenkonstruktionen

KG.AK.AA		▷	€/Einheit	◁ LB an AA
351.91.00	Sonstige Deckenkonstruktionen			
81	**Decken verschiedener Konstruktionsarten, (Plattendecke, Plattenbalkendecke), Ortbeton, teils Betonmischbauweise, Spannweiten bis 5m (26 Objekte)**	110,00	**140,00**	180,00
	Einheit: m² Deckenfläche			
	013 Betonarbeiten			100,0%
82	**Decken verschiedener Konstruktionsarten, (Plattendecke, Plattenbalkendecke, Balkendecke), Ortbeton, teils Betonmischbauweise, Spannweiten 5m bis 8m (20 Objekte)**	150,00	**200,00**	240,00
	Einheit: m² Deckenfläche			
	013 Betonarbeiten			100,0%
83	**Decken verschiedener Konstruktionsarten, (Plattendecke, Balken- bzw. Trägerdecke), Ortbeton, teils Betonmischbauweise, Spannweiten 8m bis 12m (3 Objekte)**	280,00	**300,00**	300,00
	Einheit: m² Deckenfläche			
	001 Gerüstarbeiten			6,0%
	013 Betonarbeiten			93,0%
	018 Abdichtungsarbeiten			1,0%

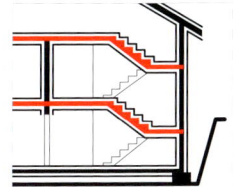

352 Deckenbeläge

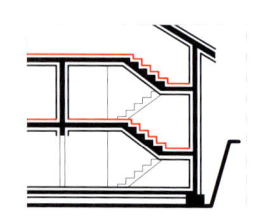

Kosten:
Stand 1.Quartal 2018
Bundesdurchschnitt
inkl. 19% MwSt.

▷ von
Ø Mittel
◁ bis

KG.AK.AA	▷	€/Einheit	◁	LB an AA
352.11.00 Beschichtung				
02 **Untergrundvorbehandlung, Beschichtung auf Betonoberfläche (3 Objekte)**	46,00	**50,00**	53,00	
Einheit: m² Belegte Fläche				
034 Maler- und Lackierarbeiten - Beschichtungen				22,0%
036 Bodenbelagarbeiten				78,0%
352.12.00 Beschichtung, Estrich				
01 **Zementestrich, d=40-50cm, Untergrundvorbehandlung, Bodenbeschichtung (4 Objekte)**	41,00	**47,00**	54,00	
Einheit: m² Belegte Fläche				
025 Estricharbeiten				39,0%
034 Maler- und Lackierarbeiten - Beschichtungen				41,0%
036 Bodenbelagarbeiten				20,0%
352.21.00 Estrich				
01 **Trennlage, Gussasphalt, d=25-30mm, Oberfläche glätten und mit Quarzsand abgerieben (4 Objekte)**	30,00	**41,00**	45,00	
Einheit: m² Belegte Fläche				
025 Estricharbeiten				100,0%
02 **Schwimmender Anhydritfließestrich, d=45-80mm (8 Objekte)**	17,00	**23,00**	27,00	
Einheit: m² Belegte Fläche				
025 Estricharbeiten				100,0%
03 **Zementestrich, d=40-50mm (5 Objekte)**	19,00	**20,00**	22,00	
Einheit: m² Belegte Fläche				
025 Estricharbeiten				100,0%
09 **Zementestrich, d=50-60mm (4 Objekte)**	18,00	**19,00**	20,00	
Einheit: m² Belegte Fläche				
025 Estricharbeiten				100,0%
352.22.00 Estrich, Abdichtung				
81 **Abdichtung, Verbundestrich (Zement) (7 Objekte)**	33,00	**41,00**	45,00	
Einheit: m² Belegte Fläche				
018 Abdichtungsarbeiten				13,0%
025 Estricharbeiten				87,0%
352.23.00 Estrich, Abdichtung, Dämmung				
01 **Trittschalldämmung, d=30-60mm, Abdichtung, flüssige Dichtfolie oder Bitumenschweißbahn, Zementestrich, 50-95mm (6 Objekte)**	54,00	**65,00**	80,00	
Einheit: m² Belegte Fläche				
018 Abdichtungsarbeiten				29,0%
024 Fliesen- und Plattenarbeiten				32,0%
025 Estricharbeiten				39,0%

352 Deckenbeläge

KG.AK.AA		▷ €/Einheit ◁	LB an AA

352.24.00 Estrich, Dämmung

01 Trittschall- oder Wärmedämmung, schwimmender Zementestrich, d=40-95mm (3 Objekte) — 28,00 **37,00** 56,00
Einheit: m² Belegte Fläche
025 Estricharbeiten — 100,0%

02 Trittschall- oder Wärmedämmung, Anhydritestrich, d=40-60mm (3 Objekte) — 27,00 **32,00** 40,00
Einheit: m² Belegte Fläche
025 Estricharbeiten — 100,0%

03 Trittschalldämmung, Gussasphaltestrich, d=25-40mm (3 Objekte) — 38,00 **43,00** 53,00
Einheit: m² Belegte Fläche
025 Estricharbeiten — 100,0%

352.25.00 Abdichtung

01 Abdichtung auf Deckenflächen auf Bitumen-, Flüssigfolien-, Kunstharzbasis (5 Objekte) — 20,00 **33,00** 57,00
Einheit: m² Belegte Fläche
024 Fliesen- und Plattenarbeiten — 100,0%

02 Streichabdichtung auf Estrich unter Fliesenbelägen, Fugenbänder (7 Objekte) — 25,00 **29,00** 32,00
Einheit: m² Belegte Fläche
024 Fliesen- und Plattenarbeiten — 100,0%

352.26.00 Dämmung

01 Wärme- und Trittschalldämmung, Polystyrolplatten, d=20-40mm (9 Objekte) — 6,20 **8,00** 10,00
Einheit: m² Belegte Fläche
025 Estricharbeiten — 100,0%

352.31.00 Fliesen und Platten

02 Deckenbeläge aus Steinzeugfliesen verschiedener Abmessungen, im Dünnbett (10 Objekte) — 85,00 **100,00** 120,00
Einheit: m² Belegte Fläche
024 Fliesen- und Plattenarbeiten — 100,0%

03 Fliesenbeläge, Steinzeug, auf Tritt- und Setzstufen sowie Podesten, im Mörtelbett (14 Objekte) — 250,00 **320,00** 430,00
Einheit: m² Belegte Fläche
024 Fliesen- und Plattenarbeiten — 100,0%

06 Bodenfliesen im Mörtelbett, d=20-40mm, Sockelfliesen (7 Objekte) — 83,00 **100,00** 110,00
Einheit: m² Belegte Fläche
024 Fliesen- und Plattenarbeiten — 100,0%

352.32.00 Fliesen und Platten, Estrich

02 Heizestrich, Fliesenbelag im Dünnbett, Sockelfliesen (5 Objekte) — 84,00 **97,00** 110,00
Einheit: m² Belegte Fläche
024 Fliesen- und Plattenarbeiten — 77,0%
025 Estricharbeiten — 23,0%

© BKI Baukosteninformationszentrum; Erläuterungen zu den Tabellen siehe Seite 52 — Kostenstand: 1.Quartal 2018, Bundesdurchschnitt, **inkl. 19% MwSt.**

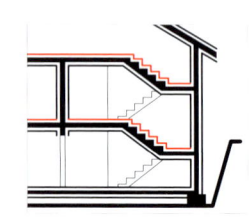

352 Deckenbeläge

Kosten:
Stand 1.Quartal 2018
Bundesdurchschnitt
inkl. 19% MwSt.

▷ von
ø Mittel
◁ bis

KG.AK.AA	▷	€/Einheit	◁	LB an AA
352.33.00 Fliesen und Platten, Estrich, Abdichtung				
01 **Abdichtung, schwimmender Estrich, Fliesenbelag im Dünnbett (4 Objekte)**	110,00	**140,00**	160,00	
Einheit: m² Belegte Fläche				
018 Abdichtungsarbeiten				15,0%
024 Fliesen- und Plattenarbeiten				66,0%
025 Estricharbeiten				19,0%
81 **Abdichtung, schwimmender Estrich, Keramikbelag (26 Objekte)**	130,00	**170,00**	220,00	
Einheit: m² Belegte Fläche				
018 Abdichtungsarbeiten				12,0%
024 Fliesen- und Plattenarbeiten				73,0%
025 Estricharbeiten				15,0%
352.34.00 Fliesen und Platten, Estrich, Abdichtung, Dämmung				
01 **Wärme- und Trittschalldämmung, Abdichtung, Zementestrich, d=50-70mm, Bodenfliesen, Sockelfliesen (8 Objekte)**	100,00	**140,00**	180,00	
Einheit: m² Belegte Fläche				
018 Abdichtungsarbeiten				8,0%
024 Fliesen- und Plattenarbeiten				68,0%
025 Estricharbeiten				24,0%
352.35.00 Fliesen und Platten, Estrich, Dämmung				
03 **Dämmung, Zementestrich, Fliesenbelag, Sockelfliesen (16 Objekte)**	98,00	**110,00**	130,00	
Einheit: m² Belegte Fläche				
024 Fliesen- und Plattenarbeiten				45,0%
025 Estricharbeiten				55,0%
81 **Dämmung, schwimmender Estrich, Keramikbelag (24 Objekte)**	100,00	**130,00**	200,00	
Einheit: m² Belegte Fläche				
024 Fliesen- und Plattenarbeiten				77,0%
025 Estricharbeiten				23,0%
84 **Keramikbelag auf Treppe, auf schwimmendem Estrich (4 Objekte)**	220,00	**290,00**	460,00	
Einheit: m² Belegte Fläche				
024 Fliesen- und Plattenarbeiten				83,0%
025 Estricharbeiten				17,0%
352.36.00 Fliesen und Platten, Abdichtung				
01 **Abdichtung, Fliesenbelag im Dünnbett (4 Objekte)**	92,00	**120,00**	150,00	
Einheit: m² Belegte Fläche				
024 Fliesen- und Plattenarbeiten				100,0%

352 Deckenbeläge

KG.AK.AA	▷	€/Einheit	◁	LB an AA
352.41.00 Naturstein				
01 **Natursteinbelag im Mörtelbett, Natursteinsockel, Oberfläche poliert (7 Objekte)**	110,00	**120,00**	130,00	
Einheit: m² Belegte Fläche				
014 Natur-, Betonwerksteinarbeiten				100,0%
02 **Natursteinbelag auf Treppen im Mörtelbett, Stufensockel (9 Objekte)**	360,00	**480,00**	650,00	
Einheit: m² Belegte Fläche				
014 Natur-, Betonwerksteinarbeiten				100,0%
352.42.00 Naturstein, Estrich				
01 **Estrich, Natursteinbelag (9 Objekte)**	140,00	**160,00**	230,00	
Einheit: m² Belegte Fläche				
014 Natur-, Betonwerksteinarbeiten				91,0%
025 Estricharbeiten				9,0%
352.43.00 Naturstein, Estrich, Abdichtung				
81 **Abdichtung, Estrich, Naturwerksteinbelag (4 Objekte)**	210,00	**250,00**	280,00	
Einheit: m² Belegte Fläche				
014 Natur-, Betonwerksteinarbeiten				71,0%
018 Abdichtungsarbeiten				6,0%
025 Estricharbeiten				23,0%
352.45.00 Naturstein, Estrich, Dämmung				
02 **Wärme- und Trittschalldämmung, Estrich, d=40-50mm, Natursteinbelag (6 Objekte)**	150,00	**220,00**	370,00	
Einheit: m² Belegte Fläche				
014 Natur-, Betonwerksteinarbeiten				42,0%
025 Estricharbeiten				58,0%
352.51.00 Betonwerkstein				
03 **Betonwerksteinbelag, Betonwerksteinsockel, Verfugung (17 Objekte)**	110,00	**140,00**	200,00	
Einheit: m² Belegte Fläche				
014 Natur-, Betonwerksteinarbeiten				100,0%
04 **Betonwerksteinbelag auf Treppen (29 Objekte)**	270,00	**360,00**	490,00	
Einheit: m² Belegte Fläche				
014 Natur-, Betonwerksteinarbeiten				100,0%
352.61.00 Textil				
01 **Teppichbelag, Sockelleisten, Untergrundvorbereitung (10 Objekte)**	32,00	**41,00**	60,00	
Einheit: m² Belegte Fläche				
036 Bodenbelagarbeiten				100,0%
02 **Teppichboden auf Treppenstufen (3 Objekte)**	170,00	**180,00**	190,00	
Einheit: m² Belegte Fläche				
036 Bodenbelagarbeiten				100,0%

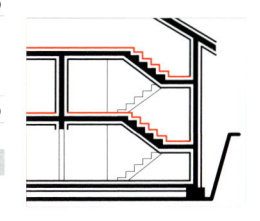

352 Deckenbeläge

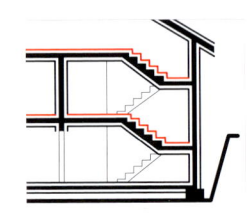

Kosten:
Stand 1.Quartal 2018
Bundesdurchschnitt
inkl. 19% MwSt.

KG.AK.AA	▷	€/Einheit	◁	LB an AA
352.64.00 Textil, Estrich, Abdichtung, Dämmung				
01 **Wärme- und Trittschalldämmung, Abdichtung, Zementestrich, d=50-65mm, Teppichboden, Sockelleisten (4 Objekte)**	72,00	**89,00**	110,00	
Einheit: m² Belegte Fläche				
018 Abdichtungsarbeiten				19,0%
025 Estricharbeiten				33,0%
036 Bodenbelagarbeiten				48,0%
352.65.00 Textil, Estrich, Dämmung				
02 **Wärme- und Trittschalldämmung, Zementestrich, d=40-50mm, Teppichboden, Sockelleisten (8 Objekte)**	56,00	**72,00**	82,00	
Einheit: m² Belegte Fläche				
025 Estricharbeiten				37,0%
036 Bodenbelagarbeiten				63,0%
352.69.00 Textil, sonstiges				
81 **Textilbelag auf Spanplatte (3 Objekte)**	89,00	**120,00**	140,00	
Einheit: m² Belegte Fläche				
016 Zimmer- und Holzbauarbeiten				28,0%
027 Tischlerarbeiten				8,0%
034 Maler- und Lackierarbeiten - Beschichtungen				2,0%
036 Bodenbelagarbeiten				17,0%
039 Trockenbauarbeiten				45,0%

▷ von
ø Mittel
◁ bis

352 Deckenbeläge

KG.AK.AA		€/Einheit	LB an AA

352.71.00 Holz

01 Parkettbelag, d=20-23mm, Eiche, schleifen, versiegeln, Sockelleisten (4 Objekte) — 89,00 | **100,00** | 150,00
Einheit: m² Belegte Fläche
- 027 Tischlerarbeiten — 2,0%
- 028 Parkett-, Holzpflasterarbeiten — 91,0%
- 034 Maler- und Lackierarbeiten - Beschichtungen — 3,0%
- 036 Bodenbelagarbeiten — 4,0%

02 Holzplanken oder Parkettbelag auf Treppen, Oberfläche endbehandelt (8 Objekte) — 170,00 | **300,00** | 460,00
Einheit: m² Belegte Fläche
- 027 Tischlerarbeiten — 58,0%
- 028 Parkett-, Holzpflasterarbeiten — 42,0%

04 Bohlen, d=50mm, gehobelt, auf vorhandene Balkenlage (3 Objekte) — 80,00 | **87,00** | 97,00
Einheit: m² Belegte Fläche
- 016 Zimmer- und Holzbauarbeiten — 100,0%

05 Fertigparkett, Untergrundvorbereitung, Sockelleisten (4 Objekte) — 60,00 | **79,00** | 86,00
Einheit: m² Belegte Fläche
- 028 Parkett-, Holzpflasterarbeiten — 100,0%

09 Industrieparkett, versiegeln, Grundreinigung, Erstpflege, Holzsockelleisten (4 Objekte) — 46,00 | **63,00** | 80,00
Einheit: m² Belegte Fläche
- 025 Estricharbeiten — 60,0%
- 028 Parkett-, Holzpflasterarbeiten — 40,0%

12 Massivholztrittstufen, d=30-50mm, Oberflächenbehandlung (7 Objekte) — 170,00 | **320,00** | 430,00
Einheit: m² Stufenfläche
- 027 Tischlerarbeiten — 51,0%
- 028 Parkett-, Holzpflasterarbeiten — 49,0%

352.72.00 Holz, Estrich

01 Untergrundvorbereitung, Estrich, d=50-70mm, Parkettbelag (6 Objekte) — 84,00 | **110,00** | 130,00
Einheit: m² Belegte Fläche
- 025 Estricharbeiten — 21,0%
- 028 Parkett-, Holzpflasterarbeiten — 79,0%

352.74.00 Holz, Estrich, Abdichtung, Dämmung

01 Dämmung, Abdichtung, Estrich, Parkettbelag, Sockelleisten (6 Objekte) — 75,00 | **110,00** | 160,00
Einheit: m² Belegte Fläche
- 018 Abdichtungsarbeiten — 9,0%
- 025 Estricharbeiten — 28,0%
- 028 Parkett-, Holzpflasterarbeiten — 63,0%

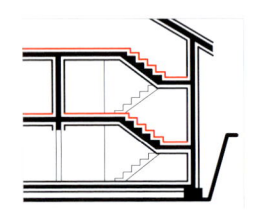

352 Deckenbeläge

Kosten:
Stand 1.Quartal 2018
Bundesdurchschnitt
inkl. 19% MwSt.

▷ von
ø Mittel
◁ bis

KG.AK.AA		▷	€/Einheit	◁	LB an AA
352.75.00	Holz, Estrich, Dämmung				
01	Trittschalldämmung, Parkett auf Estrich verschiedener Arten, Holzsockelleisten, geschraubt (8 Objekte)	97,00	**110,00**	130,00	
	Einheit: m² Belegte Fläche				
	025 Estricharbeiten				21,0%
	027 Tischlerarbeiten				29,0%
	028 Parkett-, Holzpflasterarbeiten				50,0%
81	Holzparkettbelag auf Rohdecke, auch auf schwimmendem Estrich (9 Objekte)	110,00	**150,00**	210,00	
	Einheit: m² Belegte Fläche				
	018 Abdichtungsarbeiten				4,0%
	025 Estricharbeiten				23,0%
	028 Parkett-, Holzpflasterarbeiten				73,0%
82	Holzpflasterbelag auf Rohdecke, auch auf schwimmendem Estrich (9 Objekte)	85,00	**160,00**	210,00	
	Einheit: m² Belegte Fläche				
	025 Estricharbeiten				24,0%
	028 Parkett-, Holzpflasterarbeiten				76,0%
352.81.00	Hartbeläge				
01	Linoleumbelag, d=2,5-3,2mm, Ausfugen mit Schmelzdraht, Sockelleisten, Untergrundvorbereitung (5 Objekte)	41,00	**56,00**	82,00	
	Einheit: m² Belegte Fläche				
	036 Bodenbelagarbeiten				100,0%
352.82.00	Hartbeläge, Estrich				
01	Kunststoffbeläge (PVC oder Linoleum) auf schwimmendem Estrich, Trittschalldämmung (6 Objekte)	56,00	**69,00**	82,00	
	Einheit: m² Belegte Fläche				
	025 Estricharbeiten				23,0%
	036 Bodenbelagarbeiten				77,0%
81	Kunststoffbelag, teilweise elektrisch leitfähig auf Estrich, auch auf Gussasphalt (32 Objekte)	51,00	**73,00**	110,00	
	Einheit: m² Belegte Fläche				
	025 Estricharbeiten				42,0%
	036 Bodenbelagarbeiten				58,0%
84	Kunststoffbelag auf Treppen auf Estrich (8 Objekte)	160,00	**200,00**	250,00	
	Einheit: m² Belegte Fläche				
	025 Estricharbeiten				26,0%
	036 Bodenbelagarbeiten				74,0%
352.83.00	Hartbeläge, Estrich, Abdichtung				
81	Kunststoffbelag, teilweise elektrisch leitfähig auf Estrich, auch auf Gussasphalt (9 Objekte)	76,00	**99,00**	150,00	
	Einheit: m² Belegte Fläche				
	018 Abdichtungsarbeiten				10,0%
	025 Estricharbeiten				38,0%
	036 Bodenbelagarbeiten				52,0%

352 Deckenbeläge

KG.AK.AA	▷	€/Einheit	◁	LB an AA

352.85.00 Hartbeläge, Estrich, Dämmung

02 Wärme- und Trittschalldämmung, Estrich, Linoleumbelag (7 Objekte) — 64,00 / **86,00** / 120,00
Einheit: m² Belegte Fläche
- 025 Estricharbeiten — 86,0%
- 036 Bodenbelagarbeiten — 14,0%

82 Kunststoff Noppenbelag (4 Objekte) — 87,00 / **91,00** / 100,00
Einheit: m² Belegte Fläche
- 025 Estricharbeiten — 29,0%
- 036 Bodenbelagarbeiten — 71,0%

83 Linoleumbelag auf schwimmendem Estrich (4 Objekte) — 23,00 / **73,00** / 91,00
Einheit: m² Belegte Fläche
- 025 Estricharbeiten — 45,0%
- 036 Bodenbelagarbeiten — 55,0%

352.93.00 Sportböden

02 Sportboden als punktelastische Konstruktion auf Estrich, Oberbelag Linoleum oder Parkett (4 Objekte) — 88,00 / **100,00** / 110,00
Einheit: m² Belegte Fläche
- 025 Estricharbeiten — 14,0%
- 028 Parkett-, Holzpflasterarbeiten — 45,0%
- 036 Bodenbelagarbeiten — 41,0%

81 Schwingboden, Linoleum-/kunststoffbeschichtet, auf Unterkonstruktion (8 Objekte) — 100,00 / **130,00** / 150,00
Einheit: m² Belegte Fläche
- 016 Zimmer- und Holzbauarbeiten — 23,0%
- 018 Abdichtungsarbeiten — 10,0%
- 025 Estricharbeiten — 29,0%
- 034 Maler- und Lackierarbeiten - Beschichtungen — 1,0%
- 036 Bodenbelagarbeiten — 37,0%

352.94.00 Heizestrich

01 Heizestrich als Zementestrich, d=50-85mm, Bewehrung (8 Objekte) — 20,00 / **26,00** / 32,00
Einheit: m² Belegte Fläche
- 025 Estricharbeiten — 100,0%

352.95.00 Kunststoff-Beschichtung

01 Kunststoffbeschichtung auf Estrich (3 Objekte) — 13,00 / **14,00** / 15,00
Einheit: m² Belegte Fläche
- 034 Maler- und Lackierarbeiten - Beschichtungen — 100,0%

352.96.00 Doppelböden

01 Aufgeständerter Boden, Unterkonstruktion, h=150-400mm, Saugheber, Kunststoffbelag (4 Objekte) — 130,00 / **150,00** / 170,00
Einheit: m² Belegte Fläche
- 031 Metallbauarbeiten — 4,0%
- 036 Bodenbelagarbeiten — 48,0%
- 039 Trockenbauarbeiten — 48,0%

© BKI Baukosteninformationszentrum; Erläuterungen zu den Tabellen siehe Seite 52 Kostenstand: 1.Quartal 2018, Bundesdurchschnitt, **inkl. 19% MwSt.**

352 Deckenbeläge

Kosten:
Stand 1.Quartal 2018
Bundesdurchschnitt
inkl. 19% MwSt.

KG.AK.AA	▷	€/Einheit	◁	LB an AA
352.97.00 Fußabstreifer				
01 **Sauberlaufmatte, Winkelprofilrahmen, verzinkt (8 Objekte)** Einheit: m² Belegte Fläche	300,00	**420,00**	540,00	
014 Natur-, Betonwerksteinarbeiten				34,0%
031 Metallbauarbeiten				34,0%
036 Bodenbelagarbeiten				32,0%

▷ von
Ø Mittel
◁ bis

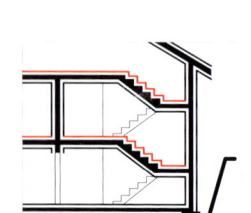

KG.AK.AA		▷	€/Einheit	◁	LB an AA

353 Deckenbekleidungen

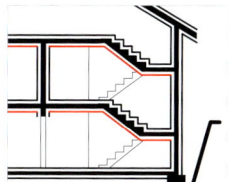

353.17.00	Dämmung				
	02 **Wärmedämmung aus Mehrschichtdämmplatten, Wärmeleitfähigkeitsgruppe 035 oder 040, d=50-100mm, in die Schalung eingelegt, Befestigungsmaterial (8 Objekte)** Einheit: m² Bekleidete Fläche	28,00	**33,00**	39,00	
	013 Betonarbeiten				100,0%
	03 **Mineralische Faserdämmstoffplatten, Wärmeleitfähigkeitsgruppe 035, d=50-120mm (3 Objekte)** Einheit: m² Bekleidete Fläche	14,00	**18,00**	21,00	
	016 Zimmer- und Holzbauarbeiten				49,0%
	039 Trockenbauarbeiten				51,0%
	04 **Wärmedämmung aus Polystyrol-Hartschaum, Wärmeleitfähigkeitsgruppe 040, d=50-100mm, geklebt (4 Objekte)** Einheit: m² Bekleidete Fläche	21,00	**25,00**	30,00	
	013 Betonarbeiten				33,0%
	016 Zimmer- und Holzbauarbeiten				33,0%
	023 Putz- und Stuckarbeiten, Wärmedämmsysteme				34,0%

353 Deckenbekleidungen

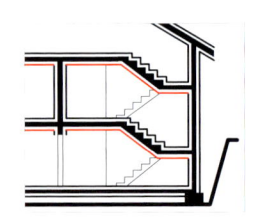

Kosten:
Stand 1.Quartal 2018
Bundesdurchschnitt
inkl. 19% MwSt.

▷ von
Ø Mittel
◁ bis

KG.AK.AA	▷	€/Einheit	◁	LB an AA
353.21.00 Beschichtung				
01 **Beschichtung, Dispersion auf Betondeckenflächen (22 Objekte)**	3,80	**5,20**	6,90	
Einheit: m² Bekleidete Fläche				
034 Maler- und Lackierarbeiten - Beschichtungen				100,0%
02 **Beschichtung auf GK-Decken, glatt oder gelocht, Untergrundvorbehandlung (10 Objekte)**	4,80	**6,10**	8,00	
Einheit: m² Bekleidete Fläche				
034 Maler- und Lackierarbeiten - Beschichtungen				100,0%
03 **Farblose Beschichtung hölzerner Untergründe (Stützen, Schalungen, Balken), Untergrundvorbehandlung (3 Objekte)**	2,90	**4,50**	5,50	
Einheit: m² Bekleidete Fläche				
034 Maler- und Lackierarbeiten - Beschichtungen				100,0%
10 **Beschichtung, Lasur auf Holzdecken und Balken, Untergrundvorbehandlung (3 Objekte)**	17,00	**23,00**	26,00	
Einheit: m² Bekleidete Fläche				
034 Maler- und Lackierarbeiten - Beschichtungen				100,0%
11 **Beschichtung, Naturharz auf Holzdecken (4 Objekte)**	9,50	**11,00**	12,00	
Einheit: m² Bekleidete Fläche				
034 Maler- und Lackierarbeiten - Beschichtungen				100,0%
12 **Beschichtung, Dispersion auf Betondeckenflächen, spachteln der Oberfläche, Deckenfugen nachspachteln (8 Objekte)**	6,80	**9,00**	14,00	
Einheit: m² Bekleidete Fläche				
034 Maler- und Lackierarbeiten - Beschichtungen				100,0%
13 **Beschichtung von Metalltreppen, Untergrundvorbehandlung (5 Objekte)**	18,00	**31,00**	41,00	
Einheit: m² Bekleidete Fläche				
034 Maler- und Lackierarbeiten - Beschichtungen				100,0%
14 **Beschichtung, Dispersion auf Deckenputz, Untergrundvorbehandlung (5 Objekte)**	3,40	**4,00**	6,50	
Einheit: m² Bekleidete Fläche				
034 Maler- und Lackierarbeiten - Beschichtungen				100,0%
15 **Beschichtung von Stb-Treppen- und Podestuntersichten, spachteln, nachschleifen (6 Objekte)**	4,40	**6,30**	8,50	
Einheit: m² Treppenfläche				
034 Maler- und Lackierarbeiten - Beschichtungen				100,0%
16 **Filigrandeckenfugen verspachteln (7 Objekte)**	4,50	**5,30**	6,00	
Einheit: m Deckenfuge				
034 Maler- und Lackierarbeiten - Beschichtungen				100,0%
17 **Untergrundvorbehandlung, Beschichtung, Silikatfarbe (4 Objekte)**	5,10	**6,40**	7,90	
Einheit: m² Bekleidete Fläche				
034 Maler- und Lackierarbeiten - Beschichtungen				100,0%
353.23.00 Betonschalung, Sichtzuschlag				
01 **Sichtschalung für Flachdecken, geordnete Schalungsstöße, möglichst absatzfrei und porenlos (9 Objekte)**	35,00	**48,00**	71,00	
Einheit: m² Sichtbetonfläche				
013 Betonarbeiten				100,0%

353 Deckenbekleidungen

KG.AK.AA	▷	€/Einheit	◁	LB an AA
353.31.00 Putz				
01 **Deckenputz als Maschinenputz, d=10mm, einlagig, mineralisch gebunden, Untergrundvorbehandlung (6 Objekte)**	20,00	**24,00**	26,00	
Einheit: m² Bekleidete Fläche				
023 Putz- und Stuckarbeiten, Wärmedämmsysteme				100,0%
02 **Innendeckenputz auf Treppenuntersichten und Podeste, gefilzt (6 Objekte)**	27,00	**33,00**	39,00	
Einheit: m² Bekleidete Fläche				
023 Putz- und Stuckarbeiten, Wärmedämmsysteme				100,0%
05 **Deckenputz als Maschinenputz aus Kalkzementputz, d=12-15mm, Untergrundvorbehandlung (5 Objekte)**	21,00	**23,00**	26,00	
Einheit: m² Bekleidete Fläche				
023 Putz- und Stuckarbeiten, Wärmedämmsysteme				100,0%
06 **Deckenputz als Maschinenputz aus Gipsputz, d=12-15mm, Untergrundvorbehandlung (8 Objekte)**	18,00	**22,00**	26,00	
Einheit: m² Bekleidete Fläche				
023 Putz- und Stuckarbeiten, Wärmedämmsysteme				100,0%
07 **Deckenputz als Maschinenputz aus Kalkgipsputz, d=10-15mm, Untergrundvorbehandlung (10 Objekte)**	18,00	**20,00**	23,00	
Einheit: m² Bekleidete Fläche				
023 Putz- und Stuckarbeiten, Wärmedämmsysteme				100,0%
08 **Verspachteln der Deckenfugen bei Filigrandecken (5 Objekte)**	3,30	**6,80**	12,00	
Einheit: m Fugenlänge				
023 Putz- und Stuckarbeiten, Wärmedämmsysteme				100,0%
353.32.00 Putz, Beschichtung				
01 **Innendeckenputz als Maschinenputz, einlagig mit Beschichtung, Dispersion oder Latex (12 Objekte)**	22,00	**27,00**	33,00	
Einheit: m² Bekleidete Fläche				
023 Putz- und Stuckarbeiten, Wärmedämmsysteme				75,0%
034 Maler- und Lackierarbeiten - Beschichtungen				25,0%
82 **Perl- und Akustikputz (4 Objekte)**	75,00	**80,00**	87,00	
Einheit: m² Bekleidete Fläche				
023 Putz- und Stuckarbeiten, Wärmedämmsysteme				78,0%
039 Trockenbauarbeiten				22,0%
353.35.00 Putz, Tapeten, Beschichtung				
01 **Deckenputz, Gipsputz, einlagig, d=15mm, Raufasertapete, Beschichtung, Dispersion (3 Objekte)**	28,00	**30,00**	34,00	
Einheit: m² Bekleidete Fläche				
023 Putz- und Stuckarbeiten, Wärmedämmsysteme				48,0%
034 Maler- und Lackierarbeiten - Beschichtungen				26,0%
037 Tapezierarbeiten				26,0%

353 Deckenbekleidungen

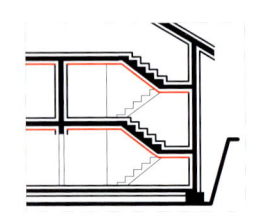

Kosten:
Stand 1.Quartal 2018
Bundesdurchschnitt
inkl. 19% MwSt.

▷ von
ø Mittel
◁ bis

KG.AK.AA		▷	€/Einheit	◁	LB an AA
353.44.00	Bekleidung auf Unterkonstruktion, Holz				
02	**Holz-Deckenverschalung, Unterkonstruktion (6 Objekte)**	89,00	**110,00**	130,00	
	Einheit: m² Bekleidete Fläche				
	027 Tischlerarbeiten				100,0%
81	**Profilholz, gestrichen (3 Objekte)**	55,00	**81,00**	96,00	
	Einheit: m² Bekleidete Fläche				
	016 Zimmer- und Holzbauarbeiten				42,0%
	027 Tischlerarbeiten				36,0%
	034 Maler- und Lackierarbeiten - Beschichtungen				22,0%
353.47.00	Bekleidung auf Unterkonstruktion, Metall				
01	**Alupaneeldecke, Holzunterkonstruktion, Befestigung an Stahlbetondecke (4 Objekte)**	46,00	**53,00**	61,00	
	Einheit: m² Bekleidete Fläche				
	039 Trockenbauarbeiten				100,0%
353.48.00	Bekleidung auf Unterkonstruktion, mineralisch				
01	**Unterkonstruktion, Gipskartonplatten, d=1x12,5mm (7 Objekte)**	36,00	**50,00**	61,00	
	Einheit: m² Bekleidete Fläche				
	039 Trockenbauarbeiten				100,0%
353.61.00	Tapeten				
01	**Raufasertapete, geklebt auf glatten Deckenflächen (9 Objekte)**	4,20	**5,90**	7,50	
	Einheit: m² Bekleidete Fläche				
	034 Maler- und Lackierarbeiten - Beschichtungen				49,0%
	037 Tapezierarbeiten				51,0%
353.62.00	Tapeten, Beschichtung				
01	**Raufasertapete, Beschichtung, Dispersion, waschbeständig (12 Objekte)**	7,50	**8,90**	9,90	
	Einheit: m² Bekleidete Fläche				
	034 Maler- und Lackierarbeiten - Beschichtungen				43,0%
	037 Tapezierarbeiten				57,0%
353.64.00	Glasvlies, Beschichtung				
01	**Glasfasertapete, Beschichtung, Dispersion (5 Objekte)**	13,00	**16,00**	21,00	
	Einheit: m² Bekleidete Fläche				
	034 Maler- und Lackierarbeiten - Beschichtungen				100,0%
353.82.00	Abgehängte Bekleidung, Holz				
81	**Abgehängte Decke (geschlossene Fläche), Holz (20 Objekte)**	120,00	**170,00**	230,00	
	Einheit: m² Bekleidete Fläche				
	027 Tischlerarbeiten				52,0%
	039 Trockenbauarbeiten				48,0%

353 Deckenbekleidungen

KG.AK.AA		▷	€/Einheit	◁	LB an AA
353.84.00	Abgehängte Bekleidung, Metall				
02	**Abgehängte Alu-Paneeldecke, Unterkonstruktion, Dämmschicht, d=30mm, Aussparungen für Öffnungen, Unterkonstruktion für Lampenbefestigung (6 Objekte)**	47,00	**60,00**	74,00	
	Einheit: m² Bekleidete Fläche				
	039 Trockenbauarbeiten				100,0%
82	**Abhängedecke aus Metall, Oberbehandlung dauerhaft, schallabsorbierend (4 Objekte)**	280,00	**290,00**	310,00	
	Einheit: m² Bekleidete Fläche				
	039 Trockenbauarbeiten				100,0%
353.85.00	Abgehängte Bekleidung, Putz, Stuck				
03	**Abgehängte Decken mit Gipskartonplatten, Unterkonstruktion Metall, Lampenaussparungen, Revisionsöffnungen, Beschichtung, Dispersion oder Latex (6 Objekte)**	53,00	**81,00**	110,00	
	Einheit: m² Bekleidete Fläche				
	034 Maler- und Lackierarbeiten - Beschichtungen				18,0%
	039 Trockenbauarbeiten				82,0%
353.87.00	Abgehängte Bekleidung, mineralisch				
01	**Abgehängte Decke F90, Unterkonstruktion, Öffnungen (3 Objekte)**	170,00	**200,00**	260,00	
	Einheit: m² Bekleidete Fläche				
	039 Trockenbauarbeiten				100,0%
03	**Abgehängte, schallabsorbierende Mineralfaserdecke in Einlegemontage, sichtbare Tragprofile (6 Objekte)**	50,00	**64,00**	74,00	
	Einheit: m² Bekleidete Fläche				
	034 Maler- und Lackierarbeiten - Beschichtungen				6,0%
	039 Trockenbauarbeiten				94,0%
05	**Abgehängte Gipsplattendecke, tapezierfertig, Unterkonstruktion (7 Objekte)**	64,00	**75,00**	99,00	
	Einheit: m² Bekleidete Fläche				
	039 Trockenbauarbeiten				100,0%

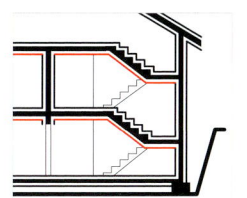

359 Decken, sonstiges

Kosten:
Stand 1.Quartal 2018
Bundesdurchschnitt
inkl. 19% MwSt.

▷ von
ø Mittel
◁ bis

KG.AK.AA		▷	€/Einheit	◁	LB an AA
359.21.00	**Brüstungen**				
01	**Brüstungsgeländer, Metall, Beschichtung (3 Objekte)**	150,00	**240,00**	290,00	
	Einheit: m² Brüstungsfläche				
	031 Metallbauarbeiten				98,0%
	034 Maler- und Lackierarbeiten - Beschichtungen				2,0%
359.22.00	**Geländer**				
01	**Geländer mit Füllstäben aus Metall, Beschichtung (6 Objekte)**	150,00	**230,00**	310,00	
	Einheit: m² Geländerfläche				
	031 Metallbauarbeiten				94,0%
	034 Maler- und Lackierarbeiten - Beschichtungen				6,0%
359.23.00	**Handläufe**				
01	**Handläufe aus Stahl oder Holz mit Wandbefestigung, gestrichen (8 Objekte)**	90,00	**110,00**	130,00	
	Einheit: m Handlauflänge				
	031 Metallbauarbeiten				100,0%
05	**Edelstahlhandläufe, geschliffen oder gebürstet, mit Wandbefestigung (5 Objekte)**	110,00	**130,00**	200,00	
	Einheit: m Handlauflänge				
	031 Metallbauarbeiten				100,0%
359.41.00	**Treppengeländer, Holz**				
01	**Treppengeländer als Absturzsicherung, mit senkrechten Geländerstäben, Handlauf, Holz, Befestigung (3 Objekte)**	67,00	**82,00**	110,00	
	Einheit: m² Geländerfläche				
	016 Zimmer- und Holzbauarbeiten				42,0%
	027 Tischlerarbeiten				45,0%
	034 Maler- und Lackierarbeiten - Beschichtungen				13,0%
359.43.00	**Treppengeländer, Metall**				
01	**Gurt- und Füllstabgeländer für Treppen, auch mit Füllungen aus Lochblech, Beschichtung mit Untergrundvorbehandlung (8 Objekte)**	310,00	**460,00**	670,00	
	Einheit: m² Geländerfläche				
	031 Metallbauarbeiten				94,0%
	034 Maler- und Lackierarbeiten - Beschichtungen				6,0%
359.51.00	**Servicegänge**				
01	**Wartungsstege aus Stahl mit Gitterrostbelag (3 Objekte)**	51,00	**140,00**	180,00	
	Einheit: m² Lauffläche				
	031 Metallbauarbeiten				100,0%
359.61.00	**Deckenluken, -Durchstiege**				
01	**Bodentreppe mit Lukenkasten, Deckel (4 Objekte)**	950,00	**1.170,00**	1.400,00	
	Einheit: m² Treppenfläche				
	027 Tischlerarbeiten				100,0%

KG.AK.AA	▷	€/Einheit	◁	LB an AA
359.91.00 Sonstige Decken, sonstiges				
81 **Brüstungen, Geländer, Gitter, Sondertreppen aus Beton, Metall oder Holz (37 Objekte)**	7,60	**15,00**	33,00	
Einheit: m² Deckenfläche				
031 Metallbauarbeiten				89,0%
034 Maler- und Lackierarbeiten - Beschichtungen				11,0%

359 Decken, sonstiges

361 Dachkonstruktionen

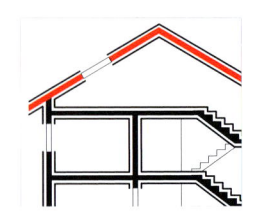

Kosten:
Stand 1.Quartal 2018
Bundesdurchschnitt
inkl. 19% MwSt.

▷ von
ø Mittel
◁ bis

KG.AK.AA	▷	€/Einheit	◁	LB an AA
361.15.00 Stahlbeton, Ortbeton, Platten				
01 **Betondach, Ortbeton, d=18-20cm, Unter- und Überzüge, Schalung, Bewehrung (14 Objekte)**	120,00	**140,00**	160,00	
Einheit: m² Dachfläche				
013 Betonarbeiten				100,0%
02 **Betondach, Ortbeton, d=25cm, Unter- und Überzüge, Schalung, Bewehrung (9 Objekte)**	120,00	**130,00**	150,00	
Einheit: m² Dachfläche				
013 Betonarbeiten				100,0%
03 **Betondach, Ortbeton, d=30-40cm, Unter- und Überzüge, Schalung, Bewehrung (3 Objekte)**	140,00	**150,00**	160,00	
Einheit: m² Dachfläche				
013 Betonarbeiten				100,0%
361.25.00 Stahlbeton, Fertigteil, Platten				
01 **Dach aus Stahlbeton-Fertigteilen mit Ortbetonergänzungen, Beischalung, Aufbeton aus Normalbeton, d=13-15cm (5 Objekte)**	72,00	**78,00**	84,00	
Einheit: m² Dachfläche				
013 Betonarbeiten				100,0%
02 **Dach aus Stahlbeton-Fertigteilen mit Ortbetonergänzungen, Beischalung, Aufbeton aus Normalbeton, d=25cm (3 Objekte)**	120,00	**140,00**	170,00	
Einheit: m² Dachfläche				
013 Betonarbeiten				100,0%
03 **Dach aus Stahlbeton-Fertigteilen mit Ortbetonergänzungen, Beischalung, Aufbeton aus Normalbeton, d=20-30cm (8 Objekte)**	110,00	**120,00**	140,00	
Einheit: m² Dachfläche				
013 Betonarbeiten				100,0%
361.34.00 Metallträger, Blechkonstruktion				
01 **Stahlträger aus Profilstahl verschiedener Dimensionen als tragende Dachkonstruktion (7 Objekte)**	88,00	**170,00**	210,00	
Einheit: m² Dachfläche				
017 Stahlbauarbeiten				100,0%
02 **Fachwerkträger aus Profilstahl als tragende Konstruktion für Trapezblechdächer, mit aussteifender Trapezblechschale (3 Objekte)**	280,00	**300,00**	340,00	
Einheit: m² Dachfläche				
017 Stahlbauarbeiten				71,0%
020 Dachdeckungsarbeiten				8,0%
022 Klempnerarbeiten				14,0%
034 Maler- und Lackierarbeiten - Beschichtungen				7,0%
361.42.00 Vollholzbalken, Schalung				
01 **Nadelholz-Dachkonstruktion, Holzschutz, Dachschalung, d=24mm (10 Objekte)**	68,00	**88,00**	110,00	
Einheit: m² Dachfläche				
016 Zimmer- und Holzbauarbeiten				100,0%

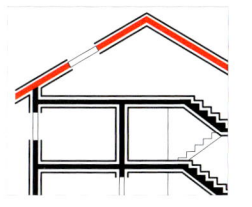

361 Dachkonstruktionen

KG.AK.AA	▷ €/Einheit ◁	LB an AA

361.49.00 Holzbalkenkonstruktionen, sonstiges

01 **Holz-Flachdach, d=351-455mm, Lattung, d=30mm, Dampfbremse, Doppelstegträger, h=356-406mm, Zelluloseeinblasdämmung, DWD-Platten, d=16mm, BSH-Teile, Stahlteile (9 Objekte)** — 180,00 **200,00** 230,00
Einheit: m² Dachfläche
016 Zimmer- und Holzbauarbeiten — 100,0%

361.61.00 Steildach, Vollholz, Sparrenkonstruktion

01 **Sparrendachkonstruktion, Bauholz Fichte/Tanne, b=19cm, h=19cm, Schnittklasse A, chemischer Holzschutz, Abbund, Aufstellen, Kleineisenteile (8 Objekte)** — 40,00 **47,00** 62,00
Einheit: m² Dachfläche
016 Zimmer- und Holzbauarbeiten — 100,0%

361.62.00 Steildach, Vollholz, Pfettenkonstruktion

01 **Kanthölzer aus Nadelholz GK II, Schnittklasse S für Dachkonstruktionen, Holzschutz (3 Objekte)** — 65,00 **80,00** 90,00
Einheit: m² Dachfläche
016 Zimmer- und Holzbauarbeiten — 100,0%

361.69.00 Steildach, Holzkonstruktion, sonstiges

01 **Holz-Steildach, d=402-460mm, Lattung, d=30mm, Dampfbremse, Doppelstegträger, h=356-400mm, Zelluloseeinblasdämmung, DWD-Platten, d=16mm; BSH-Teile, Stahlteile (5 Objekte)** — 160,00 **170,00** 170,00
Einheit: m² Dachfläche
016 Zimmer- und Holzbauarbeiten — 100,0%

81 **Giebeldächer, teils Satteldächer, Pfetten- bzw. Sparrenkonstruktion, Holz, Spannweiten bis 5m (16 Objekte)** — 54,00 **64,00** 81,00
Einheit: m² Dachfläche
016 Zimmer- und Holzbauarbeiten — 90,0%
017 Stahlbauarbeiten — 10,0%

361 Dachkonstruktionen

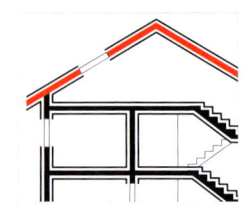

Kosten:
Stand 1.Quartal 2018
Bundesdurchschnitt
inkl. 19% MwSt.

KG.AK.AA	▷	€/Einheit	◁	LB an AA
361.91.00 Sonstige Dachkonstruktionen				
81 **Flachdächer verschiedener Konstruktionsarten (Plattendecke, Plattenbalkendecke, Balken- bzw. Trägerdecke), Ortbeton, teils Betonfertigteile, Spannweiten 5m bis 12m (15 Objekte)**	130,00	**170,00**	210,00	
Einheit: m² Dachfläche				
013 Betonarbeiten				100,0%
82 **Flachdächer, Ortbeton, Spannweiten >12m, Schalung und Bewehrung (7 Objekte)**	210,00	**240,00**	290,00	
Einheit: m² Dachfläche				
013 Betonarbeiten				100,0%
84 **Flachdächer, verleimte Brettschichtbinder, Spannweiten 5m bis 8m (6 Objekte)**	100,00	**140,00**	300,00	
Einheit: m² Dachfläche				
016 Zimmer- und Holzbauarbeiten				100,0%
87 **Flachdächer verschiedener Konstruktionsarten (Plattendecke, Plattenbalkendecke, Balken- bzw. Trägerdecke), Ortbeton, teils Betonfertigteile, Spannweiten 5m bis 12m (6 Objekte)**	110,00	**140,00**	190,00	
Einheit: m² Dachfläche				
017 Stahlbauarbeiten				54,0%
031 Metallbauarbeiten				46,0%

▷ von
ø Mittel
◁ bis

362 Dachfenster, Dachöffnungen

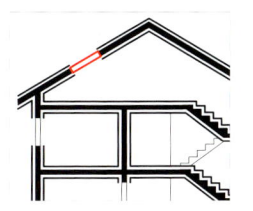

KG.AK.AA	▷	€/Einheit	◁	LB an AA
362.11.00 Dachflächenfenster, Holz				
02 **Dachflächenfenster, Isolierverglasung, Holz lasiert (8 Objekte)** Einheit: m² Öffnungsfläche	590,00	**720,00**	870,00	
020 Dachdeckungsarbeiten				100,0%
362.13.00 Dachflächenfenster, Holz-Metall				
01 **Wohnraumdachfenster, Klapp-Schwingfenster, Eindeckrahmen, Isolierverglasung, Alu-Außenabdeckung, kunststoffbeschichtet (10 Objekte)** Einheit: m² Öffnungsfläche	670,00	**800,00**	880,00	
020 Dachdeckungsarbeiten				100,0%
362.14.00 Dachflächenfenster, Kunststoff				
01 **Dachflächenfenster, Isolierverglasung, Kunststoff (4 Objekte)** Einheit: m² Öffnungsfläche	700,00	**870,00**	1.040,00	
020 Dachdeckungsarbeiten				50,0%
022 Klempnerarbeiten				50,0%
362.15.00 Dachflächenfenster, Metall				
01 **Dachflächenfenster, Isolierverglasung, Aluminium (6 Objekte)** Einheit: m² Öffnungsfläche	660,00	**770,00**	890,00	
020 Dachdeckungsarbeiten				100,0%
362.21.00 Lichtkuppeln, Holz				
01 **Lichtkuppel, Acrylglas, zweischalig, gewölbt, Spindelantrieb mit Elektromotor, Hubhöhe bis 40cm (6 Objekte)** Einheit: m² Öffnungsfläche	990,00	**1.450,00**	1.750,00	
021 Dachabdichtungsarbeiten				100,0%
362.23.00 Lichtkuppeln, Holz-Metall				
01 **Lichtkuppel, Acrylglas, zweischalig, starr, Alu-Hohlkammerprofil (3 Objekte)** Einheit: m² Fensterfläche	600,00	**690,00**	740,00	
020 Dachdeckungsarbeiten				50,0%
021 Dachabdichtungsarbeiten				49,0%
053 Niederspannungsanlagen; Kabel, Verlegesysteme				1,0%
362.24.00 Lichtkuppeln, Kunststoff				
01 **Lichtkuppel in starrer Ausführung, doppelschalig, Acrylglas, Aufsatzkranz (3 Objekte)** Einheit: m² Öffnungsfläche	380,00	**670,00**	1.250,00	
022 Klempnerarbeiten				100,0%
02 **Lichtkuppeln, rund, undurchsichtiges Acrylglas, Elektroantrieb (3 Objekte)** Einheit: m² Öffnungsfläche	1.760,00	**1.860,00**	1.930,00	
021 Dachabdichtungsarbeiten				87,0%
022 Klempnerarbeiten				13,0%

© **BKI** Baukosteninformationszentrum; Erläuterungen zu den Tabellen siehe Seite 52   Kostenstand: 1.Quartal 2018, Bundesdurchschnitt, **inkl. 19% MwSt.**

363 Dachbeläge

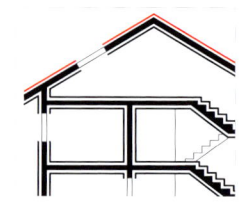

Kosten:
Stand 1. Quartal 2018
Bundesdurchschnitt
inkl. 19% MwSt.

KG.AK.AA	▷	€/Einheit	◁	LB an AA

363.11.00 Abdichtung

01 **Untergrund reinigen, Voranstrich, Bitumenschweißbahnen (8 Objekte)** — 13,00 / **27,00** / 33,00
Einheit: m² Belegte Fläche
021 Dachabdichtungsarbeiten — 100,0%

363.13.00 Abdichtung, Belag begehbar

01 **Untergrund reinigen, Voranstrich, Dampfsperre, Bitumenschweißbahnen, Betonplatten oder Holzrost (3 Objekte)** — 93,00 / **130,00** / 150,00
Einheit: m² Belegte Fläche
014 Natur-, Betonwerksteinarbeiten — 35,0%
021 Dachabdichtungsarbeiten — 44,0%
027 Tischlerarbeiten — 21,0%

363.16.00 Abdichtung, Belag, extensive Dachbegrünung

01 **Dachabdichtung, Drän- und Filterschicht, Durchwurzelungsschutz, Vegetationsschicht, Substratmischung, Fertigstellungspflege, Kiesrandstreifen, Randabdeckungen (13 Objekte)** — 97,00 / **140,00** / 170,00
Einheit: m² Belegte Fläche
021 Dachabdichtungsarbeiten — 88,0%
022 Klempnerarbeiten — 12,0%

363.21.00 Abdichtung, Wärmedämmung

02 **Voranstrich mit Bitumenlösung, Bitumen-Schweißbahnen, zweilagig, Dampfsperre PE-Folie, Wärmedämmung, d=80-120mm (10 Objekte)** — 62,00 / **72,00** / 88,00
Einheit: m² Belegte Fläche
021 Dachabdichtungsarbeiten — 100,0%

03 **Bitumen-Voranstrich, Dämmung Schaumglas, d=100mm, Bitumenschweißbahnen, zweilagig (3 Objekte)** — 89,00 / **97,00** / 110,00
Einheit: m² Belegte Fläche
021 Dachabdichtungsarbeiten — 100,0%

▷ von
ø Mittel
◁ bis

KG.AK.AA		▷ €/Einheit ◁	LB an AA

363 Dachbeläge

363.22.00 Abdichtung, Wärmedämmung, Kiesfilter

01 Dampfsperre, PS-Hartschaum-Dämmung, d=80-140mm Bitumenabdichtung, Kiesschicht, d=5cm (9 Objekte) — 63,00 **75,00** 87,00
Einheit: m² Belegte Fläche
021 Dachabdichtungsarbeiten — 100,0%

02 Dampfsperre, PS-Hartschaum-Dämmung, Kunststoffabdichtung, Kiesschicht, Verwahrungen (4 Objekte) — 85,00 **170,00** 210,00
Einheit: m² Belegte Fläche
021 Dachabdichtungsarbeiten — 84,0%
022 Klempnerarbeiten — 16,0%

04 Dampfsperre, Gefälledämmung, PS-Hartschaum-platten, d=120-300mm, Bitumenschweißbahn zweilagig, Schutzschicht, Kiesschicht (5 Objekte) — 78,00 **92,00** 120,00
Einheit: m² Belegte Fläche
003 Landschaftsbauarbeiten — 20,0%
021 Dachabdichtungsarbeiten — 80,0%

05 Dampfsperre, Gefälledämmung, PS-Hartschaum, d=130-300mm, Kunststoff-Folienabdichtung (3 Objekte) — 100,00 **110,00** 120,00
Einheit: m²
021 Dachabdichtungsarbeiten — 100,0%

81 Flachdachbelag einschalig, (Warmdach, teils Umkehrdach), Bitumen-Dachbahnen, Bekiesung (34 Objekte) — 130,00 **160,00** 210,00
Einheit: m² Belegte Fläche
021 Dachabdichtungsarbeiten — 80,0%
022 Klempnerarbeiten — 20,0%

82 Flachdachbelag einschalig, auf Trapezblech, (Warmdach, teils Umkehrdach), Bitumen-Dachbahnen, Bekiesung (3 Objekte) — 200,00 **220,00** 240,00
Einheit: m² Belegte Fläche
020 Dachdeckungsarbeiten — 14,0%
021 Dachabdichtungsarbeiten — 27,0%
022 Klempnerarbeiten — 41,0%
031 Metallbauarbeiten — 18,0%

363.23.00 Abdichtung, Wärmedämmung, Belag begehbar

01 Untergrundvorbehandlung, Bitumenabdichtung, Wärmedämmung, Betonwerkstein-Platten, begehbar (7 Objekte) — 120,00 **150,00** 170,00
Einheit: m² Belegte Fläche
020 Dachdeckungsarbeiten — 13,0%
021 Dachabdichtungsarbeiten — 87,0%

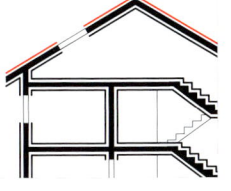

© BKI Baukosteninformationszentrum; Erläuterungen zu den Tabellen siehe Seite 52   Kostenstand: 1.Quartal 2018, Bundesdurchschnitt, **inkl. 19% MwSt.**

363 Dachbeläge

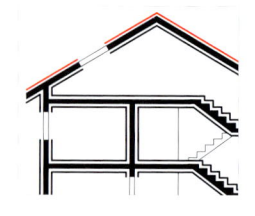

Kosten:
Stand 1.Quartal 2018
Bundesdurchschnitt
inkl. 19% MwSt.

▷ von
Ø Mittel
◁ bis

KG.AK.AA	▷	€/Einheit	◁ LB an AA
363.26.00 Abdichtung, Wärmedämmung, extensive Dachbegrünung			
01 Bitumen-Schweißbahn, Trennlage PE, d=0,2mm, zweilagig; Wärmedämmung, d=60-130mm; Dränagematte, Filterschicht, Vegetationsschicht für Ansaatflächen; Extensivbegrünung, Kiesstreifen (4 Objekte)	160,00	230,00	300,00
Einheit: m² Belegte Fläche			
001 Gerüstarbeiten			4,0%
020 Dachdeckungsarbeiten			35,0%
021 Dachabdichtungsarbeiten			60,0%
022 Klempnerarbeiten			1,0%
363.32.00 Ziegel, Wärmedämmung			
01 Ziegeldeckung auf Lattung, Mineralfaserdämmung, Unterspannbahn, Zinkverwahrungen (10 Objekte)	56,00	76,00	110,00
Einheit: m² Gedeckte Fläche			
016 Zimmer- und Holzbauarbeiten			36,0%
020 Dachdeckungsarbeiten			64,0%
81 Dachdeckung geneigtes Dach, Unterspannbahn, Dachlattung, Dachziegel, Mineralwolldämmung, verzinkte Dachrinnen (28 Objekte)	82,00	130,00	210,00
Einheit: m² Gedeckte Fläche			
020 Dachdeckungsarbeiten			80,0%
022 Klempnerarbeiten			20,0%
363.33.00 Betondachstein			
02 Unterspannbahn, Konter- und Dachlattung, Betondachsteine (6 Objekte)	47,00	54,00	61,00
Einheit: m² Gedeckte Fläche			
020 Dachdeckungsarbeiten			100,0%
363.34.00 Betondachstein, Wärmedämmung			
01 Dachdämmung WLG 040, d=100-160mm, Unterspannbahn, Konter- und Dachlattung, Betondachsteine (6 Objekte)	63,00	82,00	120,00
Einheit: m² Gedeckte Fläche			
016 Zimmer- und Holzbauarbeiten			39,0%
020 Dachdeckungsarbeiten			61,0%
363.51.00 Alu			
01 Aluminium-Deckung (6 Objekte)	45,00	67,00	93,00
Einheit: m² Gedeckte Fläche			
022 Klempnerarbeiten			100,0%
363.52.00 Alu, Wärmedämmung			
01 Dachdeckung mit Alu-Profiltafeln auf Schalung, Mineralfaserdämmung (6 Objekte)	120,00	140,00	150,00
Einheit: m² Gedeckte Fläche			
020 Dachdeckungsarbeiten			44,0%
022 Klempnerarbeiten			56,0%

KG.AK.AA	▷	€/Einheit	◁	LB an AA

363 Dachbeläge

363.55.00 Stahl
01 Stahltrapezbleche, Kehlbleche, Randabschlüsse, Ortgangwinkel (7 Objekte)   32,00   **42,00**   52,00
Einheit: m² Gedeckte Fläche
- 017 Stahlbauarbeiten — 33,0%
- 020 Dachdeckungsarbeiten — 35,0%
- 022 Klempnerarbeiten — 32,0%

363.56.00 Stahl, Wärmedämmung
01 Dampfsperre, Wärmedämmung, d=100mm, Stahltrapezblech (5 Objekte)   45,00   **76,00**   98,00
Einheit: m² Gedeckte Fläche
- 017 Stahlbauarbeiten — 100,0%

363.57.00 Zink
01 Titanzinkdeckung geneigter Dächer auf Schalung (9 Objekte)   87,00   **110,00**   120,00
Einheit: m² Gedeckte Fläche
- 016 Zimmer- und Holzbauarbeiten — 18,0%
- 022 Klempnerarbeiten — 82,0%

03 Attikaabdeckung, Titanzinkblech, Unterkonstruktion (9 Objekte)   120,00   **160,00**   250,00
Einheit: m² Gedeckte Fläche
- 022 Klempnerarbeiten — 100,0%

363.58.00 Zink, Wärmedämmung
01 Titanzinkdeckung geneigter Dächer, Doppelstehfalzdeckung, Ortgänge, Schalung, Holzschutz, Bitumenpappe, Mineralfaserdämmung, Wärmeleitfähigkeitsgruppe 035 oder 040, d=100-120mm (5 Objekte)   120,00   **140,00**   150,00
Einheit: m² Gedeckte Fläche
- 016 Zimmer- und Holzbauarbeiten — 41,0%
- 022 Klempnerarbeiten — 59,0%

363.63.00 Wellabdeckungen, Faserzement
02 Dachdeckung mit Wellfaserzementplatten, Ortgangplatten, Maueranschlussstücke (5 Objekte)   30,00   **37,00**   47,00
Einheit: m² Dachfläche
- 020 Dachdeckungsarbeiten — 100,0%

363.65.00 Wellabdeckungen, Metall
01 Trapezblech als Dachdeckung, feuerverzinkt, kunststoffbeschichtet (6 Objekte)   49,00   **54,00**   59,00
Einheit: m² Gedeckte Fläche
- 020 Dachdeckungsarbeiten — 100,0%

363 Dachbeläge

Kosten:
Stand 1.Quartal 2018
Bundesdurchschnitt
inkl. 19% MwSt.

KG.AK.AA		▷	€/Einheit	◁	LB an AA
363.66.00	Wellabdeckungen, Metall, Wärmedämmung				
01	**Wärmedämmung, d=80-120mm, Dampfsperre, Trapezblech-Oberschale, feuerverzinkt, kunststoffbeschichtet (3 Objekte)**	77,00	**100,00**	140,00	
	Einheit: m² Gedeckte Fläche				
	017 Stahlbauarbeiten				46,0%
	020 Dachdeckungsarbeiten				54,0%
363.71.00	Dachentwässerung, Titanzink				
01	**Hängerinne, Titanzink, halbrund, mit Rinnenstutzen, Endstücken, Formstücken und Einlaufblech (18 Objekte)**	39,00	**56,00**	79,00	
	Einheit: m Rinnenlänge				
	022 Klempnerarbeiten				100,0%
02	**Hängedachrinne, Titanzink, kastenförmig, Rinnenhalter, Endstücke, Abläufe (5 Objekte)**	69,00	**92,00**	100,00	
	Einheit: m Rinnenlänge				
	022 Klempnerarbeiten				100,0%
363.72.00	Dachentwässerung, Kupfer				
01	**Kupfer-Hängedachrinne, Rinnenhalter, Dehnungsausgleicher, Endstücke, Abläufe (6 Objekte)**	57,00	**61,00**	68,00	
	Einheit: m Rinnenlänge				
	022 Klempnerarbeiten				100,0%
363.79.00	Dachentwässerung, sonstiges				
01	**Notüberläufe, Wasserspeier (5 Objekte)**	93,00	**110,00**	140,00	
	Einheit: St Anzahl				
	022 Klempnerarbeiten				100,0%

▷ von
ø Mittel
◁ bis

KG.AK.AA	▷	€/Einheit	◁	LB an AA
364.17.00 Dämmung				
01 **Mineralwolle zwischen den Sparren, Wärmeleitfähigkeitsgruppe 035 oder 040, d=120mm (9 Objekte)** Einheit: m² Bekleidete Fläche	17,00	**19,00**	21,00	
016 Zimmer- und Holzbauarbeiten				50,0%
020 Dachdeckungsarbeiten				50,0%
03 **Zellulosedämmung, d=300-420mm, eingeblasen (3 Objekte)** Einheit: m² Bekleidete Fläche	42,00	**59,00**	91,00	
016 Zimmer- und Holzbauarbeiten				50,0%
020 Dachdeckungsarbeiten				50,0%
364.21.00 Beschichtung				
01 **Beschichtung mineralischer Oberflächen, Dispersion, Untergrundvorbehandlung (12 Objekte)** Einheit: m² Bekleidete Fläche	4,20	**6,50**	9,30	
034 Maler- und Lackierarbeiten - Beschichtungen				100,0%
02 **Beschichtung mineralischer Untergründe, Latex (4 Objekte)** Einheit: m² Bekleidete Fläche	6,40	**7,20**	8,80	
034 Maler- und Lackierarbeiten - Beschichtungen				100,0%
05 **Holzlasur von Balken und Schalungen, offenporig (8 Objekte)** Einheit: m² Bekleidete Fläche	21,00	**24,00**	27,00	
034 Maler- und Lackierarbeiten - Beschichtungen				100,0%
06 **Chemischer Holzschutz gegen Fäulnis, Pilze und Insekten (5 Objekte)** Einheit: m² Bekleidete Fläche	3,20	**3,80**	6,00	
034 Maler- und Lackierarbeiten - Beschichtungen				100,0%
07 **Reinigen und lackieren von Metallflächen wie Stahlbinder, Stahlpfetten, Stahlrundstützen, Stahldachkonstruktion (5 Objekte)** Einheit: m² Bekleidete Fläche	14,00	**17,00**	20,00	
034 Maler- und Lackierarbeiten - Beschichtungen				100,0%
08 **Feuerschutzbeschichtung F30 auf Metallflächen (6 Objekte)** Einheit: m² Bekleidete Fläche	32,00	**42,00**	57,00	
034 Maler- und Lackierarbeiten - Beschichtungen				100,0%
10 **Spachtelung von Betondecken, Beschichtung (3 Objekte)** Einheit: m² Bekleidete Fläche	10,00	**19,00**	31,00	
034 Maler- und Lackierarbeiten - Beschichtungen				100,0%
364.31.00 Putz				
01 **Deckenputz als Maschinenputz aus Gips-, Kalkgips- oder Kalkzementputz (11 Objekte)** Einheit: m² Bekleidete Fläche	21,00	**25,00**	30,00	
023 Putz- und Stuckarbeiten, Wärmedämmsysteme				100,0%

364 Dachbekleidungen

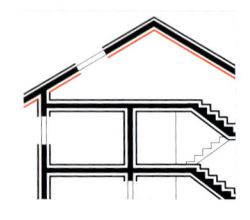

Kosten:
Stand 1.Quartal 2018
Bundesdurchschnitt
inkl. 19% MwSt.

▷ von
Ø Mittel
◁ bis

KG.AK.AA	▷	€/Einheit	◁	LB an AA
364.32.00 Putz, Beschichtung				
02 **Maschinenputz, Beschichtung, Dispersion, Untergrundvorbereitung (8 Objekte)**	27,00	**31,00**	37,00	
Einheit: m² Bekleidete Fläche				
023 Putz- und Stuckarbeiten, Wärmedämmsysteme				83,0%
034 Maler- und Lackierarbeiten - Beschichtungen				17,0%
81 **Putz, Beschichtung (21 Objekte)**	30,00	**38,00**	60,00	
Einheit: m² Bekleidete Fläche				
023 Putz- und Stuckarbeiten, Wärmedämmsysteme				84,0%
034 Maler- und Lackierarbeiten - Beschichtungen				16,0%
82 **Beschichtung, Putz, Perl- und Akustikputz (4 Objekte)**	70,00	**79,00**	86,00	
Einheit: m² Bekleidete Fläche				
023 Putz- und Stuckarbeiten, Wärmedämmsysteme				76,0%
039 Trockenbauarbeiten				24,0%
83 **Gipskarton, Beschichtung (7 Objekte)**	64,00	**81,00**	95,00	
Einheit: m² Bekleidete Fläche				
034 Maler- und Lackierarbeiten - Beschichtungen				10,0%
039 Trockenbauarbeiten				90,0%
364.35.00 Putz, Tapeten, Beschichtung				
81 **Maschinenputz, Tapete, Beschichtung (3 Objekte)**	34,00	**46,00**	54,00	
Einheit: m² Bekleidete Fläche				
023 Putz- und Stuckarbeiten, Wärmedämmsysteme				74,0%
034 Maler- und Lackierarbeiten - Beschichtungen				9,0%
037 Tapezierarbeiten				17,0%
364.44.00 Bekleidung auf Unterkonstruktion, Holz				
01 **Span- oder Furnierplatten als Dachuntersicht mit Unterkonstruktion, Oberfläche endbehandelt (3 Objekte)**	77,00	**110,00**	130,00	
Einheit: m² Bekleidete Fläche				
016 Zimmer- und Holzbauarbeiten				92,0%
034 Maler- und Lackierarbeiten - Beschichtungen				8,0%
02 **Ortgang und Traufe als Profilschalung, Oberfläche lasiert, Unterkonstruktion (3 Objekte)**	110,00	**140,00**	160,00	
Einheit: m² Bekleidete Fläche				
016 Zimmer- und Holzbauarbeiten				29,0%
022 Klempnerarbeiten				8,0%
027 Tischlerarbeiten				46,0%
034 Maler- und Lackierarbeiten - Beschichtungen				15,0%
038 Vorgehängte hinterlüftete Fassaden				2,0%
05 **Sichtschalung aus Nut+Feder Bretter, gehobelt, d=19-24mm, als Dachschrägenbekleidung, Beschichtung, Lasur (6 Objekte)**	43,00	**50,00**	56,00	
Einheit: m² Bekleidete Fläche				
016 Zimmer- und Holzbauarbeiten				100,0%
81 **Profilholz, gestrichen (3 Objekte)**	55,00	**81,00**	96,00	
Einheit: m² Bekleidete Fläche				
016 Zimmer- und Holzbauarbeiten				42,0%
027 Tischlerarbeiten				36,0%
034 Maler- und Lackierarbeiten - Beschichtungen				22,0%

364 Dachbekleidungen

KG.AK.AA		▷	€/Einheit	◁	LB an AA
364.47.00	Bekleidung auf Unterkonstruktion, Metall				
01	**Tragende trapezprofilierte Unterschale, feuerverzinkt, Formteile und Befestigungsmittel (3 Objekte)**	36,00	**52,00**	61,00	
	Einheit: m² Bekleidete Fläche				
	022 Klempnerarbeiten				100,0%
364.48.00	Bekleidung auf Unterkonstruktion, mineralisch				
01	**Gipskartonbekleidungen auf Unterkonstruktion, Dämmung, Beschichtung (24 Objekte)**	52,00	**63,00**	88,00	
	Einheit: m² Bekleidete Fläche				
	034 Maler- und Lackierarbeiten - Beschichtungen				9,0%
	039 Trockenbauarbeiten				91,0%
02	**Gipskartonbekleidung an Dachschrägen, Unterkonstruktion (8 Objekte)**	34,00	**44,00**	64,00	
	Einheit: m² Bekleidete Fläche				
	039 Trockenbauarbeiten				100,0%
364.62.00	Tapeten, Beschichtung				
01	**Raufasertapete an Dachschrägen, Beschichtung, Dispersion (15 Objekte)**	7,00	**9,60**	12,00	
	Einheit: m² Bekleidete Fläche				
	034 Maler- und Lackierarbeiten - Beschichtungen				46,0%
	037 Tapezierarbeiten				54,0%
364.64.00	Glasfaser, Beschichtung				
01	**Glasfaservlies in Dachschrägen, Beschichtung (3 Objekte)**	13,00	**15,00**	17,00	
	Einheit: m² Bekleidete Fläche				
	034 Maler- und Lackierarbeiten - Beschichtungen				50,0%
	037 Tapezierarbeiten				50,0%
364.82.00	Abgehängte Bekleidung, Holz				
01	**Holzpaneeldecke, Dampfbremse, Dämmschicht aus Mineralfaserplatten (3 Objekte)**	99,00	**130,00**	150,00	
	Einheit: m² Bekleidete Fläche				
	027 Tischlerarbeiten				50,0%
	039 Trockenbauarbeiten				50,0%
81	**Abhängedecke (geschlossene Fläche), Holz (21 Objekte)**	110,00	**180,00**	270,00	
	Einheit: m² Bekleidete Fläche				
	027 Tischlerarbeiten				56,0%
	039 Trockenbauarbeiten				44,0%

© **BKI** Baukosteninformationszentrum; Erläuterungen zu den Tabellen siehe Seite 52   Kostenstand: 1.Quartal 2018, Bundesdurchschnitt, **inkl. 19% MwSt.**

364 Dachbekleidungen

Kosten:
Stand 1.Quartal 2018
Bundesdurchschnitt
inkl. 19% MwSt.

▷ von
ø Mittel
◁ bis

KG.AK.AA		▷	€/Einheit	◁	LB an AA
364.84.00	Abgehängte Bekleidung, Metall				
81	**Abhängedecke (geschlossene Fläche), Metalllamellen (29 Objekte)**	63,00	**89,00**	120,00	
	Einheit: m² Bekleidete Fläche				
	039 Trockenbauarbeiten				100,0%
82	**Abhängedecke aus Metall, Oberflächen endbehandelt, schallabsorbierend (6 Objekte)**	270,00	**290,00**	310,00	
	Einheit: m² Bekleidete Fläche				
	039 Trockenbauarbeiten				100,0%
364.85.00	Abgehängte Bekleidung, Putz, Stuck				
01	**Abgehängte Decke, Metallunterkonstruktion, Gipskartonbekleidung, Lampenaussparungen, Revisionsöffnungen, Oberfläche gestrichen (6 Objekte)**	70,00	**100,00**	140,00	
	Einheit: m² Bekleidete Fläche				
	034 Maler- und Lackierarbeiten - Beschichtungen				10,0%
	039 Trockenbauarbeiten				90,0%
82	**Abhängedecke (geschlossene Fläche), Gipskarton (12 Objekte)**	74,00	**94,00**	120,00	
	Einheit: m² Bekleidete Fläche				
	039 Trockenbauarbeiten				100,0%
83	**Abgehängte Gipskartondecke, Beschichtung (13 Objekte)**	75,00	**93,00**	110,00	
	Einheit: m² Bekleidete Fläche				
	034 Maler- und Lackierarbeiten - Beschichtungen				6,0%
	039 Trockenbauarbeiten				94,0%
364.87.00	Abgehängte Bekleidung, mineralisch				
01	**Abgehängte, schallabsorbierende Mineralfaserdecke in Einlegemontage, sichtbare Tragprofile (4 Objekte)**	66,00	**75,00**	95,00	
	Einheit: m² Bekleidete Fläche				
	039 Trockenbauarbeiten				100,0%
81	**Abhängedecke (geschlossene Fläche), Mineralfaserplatten (14 Objekte)**	55,00	**76,00**	100,00	
	Einheit: m² Bekleidete Fläche				
	034 Maler- und Lackierarbeiten - Beschichtungen				6,0%
	039 Trockenbauarbeiten				94,0%

KG.AK.AA	▷	€/Einheit	◁	LB an AA
369.22.00 Geländer				
02 **Geländer an Dachterrasse (3 Objekte)**	220,00	**260,00**	320,00	
Einheit: m² Geländerfläche				
021 Dachabdichtungsarbeiten				13,0%
031 Metallbauarbeiten				87,0%
369.41.00 Sichtschutz, Sonnenschutz, außen				
01 **Schrägmarkisen an Dachöffnungen, elektrisch betrieben, Wind-, Sonnen-, Regenwächter (3 Objekte)**	220,00	**350,00**	410,00	
Einheit: m² geschützte Fläche				
030 Rollladenarbeiten				100,0%
369.51.00 Vordächer				
01 **Vordächer als Stahlkonstruktion, Metall- oder Glasdeckung (9 Objekte)**	410,00	**620,00**	1.000,00	
Einheit: m² Dachfläche				
017 Stahlbauarbeiten				46,0%
031 Metallbauarbeiten				54,0%
03 **Vordächer, Verbund-Sicherheitsglas, Stahlkonstruktion (3 Objekte)**	610,00	**760,00**	840,00	
Einheit: m² Dachfläche				
017 Stahlbauarbeiten				42,0%
031 Metallbauarbeiten				58,0%
04 **Vordächer, Holzkonstruktion, Dachdeckung aus OSB-Schalung mit Flachdachabdichtung, Drei-Schicht-Platten, Betondachsteinen (3 Objekte)**	320,00	**690,00**	900,00	
Einheit: m² Dachfläche				
016 Zimmer- und Holzbauarbeiten				40,0%
020 Dachdeckungsarbeiten				11,0%
021 Dachabdichtungsarbeiten				12,0%
022 Klempnerarbeiten				5,0%
031 Metallbauarbeiten				29,0%
034 Maler- und Lackierarbeiten - Beschichtungen				3,0%
369.83.00 Leitern, Steigeisen, Dachhaken				
01 **Ortsfeste Leiter für Schornsteinfeger, Alu oder Stahl, Befestigung (4 Objekte)**	90,00	**120,00**	150,00	
Einheit: m Leiterlänge				
020 Dachdeckungsarbeiten				33,0%
022 Klempnerarbeiten				33,0%
031 Metallbauarbeiten				34,0%
02 **Dachhaken verkupfert oder verzinkt (9 Objekte)**	11,00	**15,00**	21,00	
Einheit: St Anzahl				
020 Dachdeckungsarbeiten				100,0%
03 **Absturzsicherung (Sekuranten), Einzelanschlagpunkte mit Öse, inkl. Befestigung (5 Objekte)**	180,00	**240,00**	330,00	
Einheit: St Stück				
021 Dachabdichtungsarbeiten				100,0%

369 Dächer, sonstiges

Kosten:
Stand 1.Quartal 2018
Bundesdurchschnitt
inkl. 19% MwSt.

KG.AK.AA		▷	€/Einheit	◁	LB an AA
369.85.00	Schneefang				
01	**Schneefang auf geneigten Dächern aus Rundrohren, Halterungen (18 Objekte)**	28,00	**35,00**	48,00	
	Einheit: m Schneefanglänge				
	022 Klempnerarbeiten				100,0%
02	**Schneefanggitter mit Schneefangstützen, 20cm hoch (13 Objekte)**	29,00	**39,00**	55,00	
	Einheit: m Schneefanglänge				
	020 Dachdeckungsarbeiten				100,0%
369.91.00	Sonstige Dächer sonstiges				
81	**Geländer, Gitter, Dachleitern (20 Objekte)**	2,80	**7,90**	19,00	
	Einheit: m² Dachfläche				
	031 Metallbauarbeiten				100,0%

▷ von
Ø Mittel
◁ bis

371 Allgemeine Einbauten

KG.AK.AA	▷	€/Einheit	◁ LB an AA
371.11.00 Haushaltsküchen			
01 **Einbauküchen im Haushaltsstandard, ohne Elektrogeräte (5 Objekte)**	3,10	**5,20**	8,30
Einheit: m² Brutto-Grundfläche			
027 Tischlerarbeiten			100,0%
02 **Einbauküchen im Haushaltsstandard, Arbeitsplatte, komplett mit Einbaugeräten und Spüle (4 Objekte)**	4,30	**6,50**	13,00
Einheit: m² Brutto-Grundfläche			
027 Tischlerarbeiten			100,0%
371.12.00 Teeküchen, Kleinküchen			
01 **Teeküchen, komplett mit Geräten (5 Objekte)**	1,40	**5,00**	12,00
Einheit: m² Brutto-Grundfläche			
027 Tischlerarbeiten			100,0%
371.21.00 Einbauschränke, einschließlich Türen			
01 **Einbauschränke, an die baulichen Gegebenheiten geplant und angepasst (4 Objekte)**	7,50	**24,00**	71,00
Einheit: m² Brutto-Grundfläche			
027 Tischlerarbeiten			99,0%
029 Beschlagarbeiten			1,0%
371.22.00 Einbauregale			
01 **Einbauregale (6 Objekte)**	1,00	**5,20**	14,00
Einheit: m² Brutto-Grundfläche			
027 Tischlerarbeiten			100,0%
371.23.00 Einbautheken			
01 **Einbautheken (5 Objekte)**	6.950,00	**10.110,00**	12.480,00
Einheit: St Einbautheken			
027 Tischlerarbeiten			100,0%
371.29.00 Einbauschränke, Einbauregale, sonstiges			
81 **Einbaumöbel, wie Einbauschränke, Regale, Garderoben (48 Objekte)**	16,00	**43,00**	91,00
Einheit: m² Brutto-Grundfläche			
027 Tischlerarbeiten			100,0%
371.31.00 Garderobenleisten			
02 **Wandgarderoben mit Haken, Holz (4 Objekte)**	400,00	**480,00**	680,00
Einheit: St Garderoben			
027 Tischlerarbeiten			47,0%
999 Sonstige Leistungen			53,0%
03 **Garderobenhaken (4 Objekte)**	21,00	**26,00**	40,00
Einheit: St Garderoben			
027 Tischlerarbeiten			50,0%
045 GWE; Einrichtungsgegenstände, Sanitärausstattungen			50,0%

© BKI Baukosteninformationszentrum; Erläuterungen zu den Tabellen siehe Seite 52 Kostenstand: 1.Quartal 2018, Bundesdurchschnitt, **inkl.** 19% MwSt.

371 Allgemeine Einbauten

Kosten:
Stand 1. Quartal 2018
Bundesdurchschnitt
inkl. 19% MwSt.

KG.AK.AA	▷	€/Einheit	◁	LB an AA
371.32.00 Garderobenanlagen				
01 **Garderoben, zum Teil mit Schließfächern (3 Objekte)**	0,80	**6,50**	18,00	
Einheit: m² Brutto-Grundfläche				
027 Tischlerarbeiten				50,0%
031 Metallbauarbeiten				50,0%
02 **Garderoben und Garderobenschränke mit Sitzbänken (3 Objekte)**	2,30	**4,80**	9,20	
Einheit: m² Brutto-Grundfläche				
027 Tischlerarbeiten				79,0%
031 Metallbauarbeiten				21,0%
371.34.00 Briefkästen				
01 **Briefkästen für 1 WE (3 Objekte)**	170,00	**250,00**	290,00	
Einheit: St Briefkästen				
016 Zimmer- und Holzbauarbeiten				50,0%
031 Metallbauarbeiten				50,0%
371.35.00 Briefkastenanlagen				
01 **Briefkastenanlage mit Briefkästen und Klingel- und Sprechanlage für 11-26 WE (5 Objekte)**	2.630,00	**4.340,00**	6.670,00	
Einheit: St Briefkastenanlagen				
031 Metallbauarbeiten				100,0%
371.41.00 Eingebaute Sitzmöbel				
01 **Sitzbänke mit Massivholzunterkonstruktion (4 Objekte)**	1,10	**4,40**	7,80	
Einheit: m² Brutto-Grundfläche				
027 Tischlerarbeiten				100,0%

▷ von
Ø Mittel
◁ bis

KG.AK.AA		€/Einheit	LB an AA
372.54.00 Theken			
01 **Ausgabetheken, Empfangstheken mit Unterschränken (3 Objekte)** Einheit: m² Brutto-Grundfläche	4,80	**28,00**	74,00
027 Tischlerarbeiten			100,0%

372 Besondere Einbauten

379 Baukonstruktive Einbauten, sonstiges

Kosten:
Stand 1.Quartal 2018
Bundesdurchschnitt
inkl. 19% MwSt.

KG.AK.AA	▷	€/Einheit	◁	LB an AA
379.19.00 Sonstige baukonstruktive Einbauten, sonstiges				
01 **Waschtischplatten, Granit (4 Objekte)**	0,40	**1,30**	2,20	
Einheit: m² Brutto-Grundfläche				
014 Natur-, Betonwerksteinarbeiten				50,0%
031 Metallbauarbeiten				50,0%
02 **Waschtisch-Unterbauten (4 Objekte)**	5,40	**9,90**	23,00	
Einheit: m² Brutto-Grundfläche				
027 Tischlerarbeiten				51,0%
031 Metallbauarbeiten				49,0%
03 **Spiegel, Papierrollenhalter, Kleiderhaken für WC- und Waschräume (3 Objekte)**	0,40	**0,70**	1,40	
Einheit: m² Brutto-Grundfläche				
027 Tischlerarbeiten				35,0%
031 Metallbauarbeiten				44,0%
034 Maler- und Lackierarbeiten - Beschichtungen				4,0%
039 Trockenbauarbeiten				17,0%

▷ von
Ø Mittel
◁ bis

391 Baustelleneinrichtung

KG.AK.AA	▷	€/Einheit	◁	LB an AA
391.11.00 Baustelleneinrichtung, pauschal				
01 **Allgemeine Baustelleneinrichtung komplett einrichten, vorhalten und räumen, mit allen notwendigen Räumlichkeiten und Sicherheitseinrichtungen (20 Objekte)**	18,00	**36,00**	59,00	
Einheit: m² Brutto-Grundfläche				
000 Sicherheitseinrichtungen, Baustelleneinrichtungen				100,0%
391.21.00 Baustraße				
01 **Behelfsmäßige Baustraße einrichten und unterhalten (12 Objekte)**	12,00	**19,00**	27,00	
Einheit: m² Straßenfläche				
000 Sicherheitseinrichtungen, Baustelleneinrichtungen				58,0%
002 Erdarbeiten				42,0%
391.22.00 Schnurgerüst				
01 **Einmessen aller Gebäudeachsen, Schnurgerüst herstellen, vorhalten und wieder beseitigen (7 Objekte)**	0,70	**1,20**	1,90	
Einheit: m² Brutto-Grundfläche				
000 Sicherheitseinrichtungen, Baustelleneinrichtungen				100,0%
391.23.00 Baustellen-Büro, inkl. Einrichtung				
01 **Büro-Container einrichten und vorhalten (9 Objekte)**	1,70	**4,70**	18,00	
Einheit: m² Brutto-Grundfläche				
000 Sicherheitseinrichtungen, Baustelleneinrichtungen				100,0%
391.24.00 WC-Container mit Entsorgung				
01 **Sanitäreinrichtungen für die Handwerker einrichten und vorhalten (5 Objekte)**	1,30	**1,50**	1,90	
Einheit: m² Brutto-Grundfläche				
000 Sicherheitseinrichtungen, Baustelleneinrichtungen				100,0%
02 **WC-Einrichtung oder -Container einrichten, unterhalten, warten und reinigen (14 Objekte)**	0,60	**2,00**	6,10	
Einheit: m² Brutto-Grundfläche				
000 Sicherheitseinrichtungen, Baustelleneinrichtungen				100,0%
391.25.00 Kranstellung				
01 **Baukran, Aufstellung, Vorhalten und Abbau (8 Objekte)**	3,20	**5,40**	9,60	
Einheit: m² Brutto-Grundfläche				
000 Sicherheitseinrichtungen, Baustelleneinrichtungen				100,0%
391.29.00 Baustelleneinrichtung, Einzeleinrichtungen, sonstiges				
01 **Bautür (3 Objekte)**	0,20	**0,90**	1,20	
Einheit: m² Brutto-Grundfläche				
000 Sicherheitseinrichtungen, Baustelleneinrichtungen				100,0%

391 Baustelleneinrichtung

Kosten:
Stand 1.Quartal 2018
Bundesdurchschnitt
inkl. 19% MwSt.

▷ von
ø Mittel
◁ bis

KG.AK.AA		▷	€/Einheit	◁ LB an AA
391.31.00	Baustrom- und -wasseranschluss, pauschal			
01	**Gemeinsame pauschale Abrechnung von Bauwasser und Baustrom (13 Objekte)**	1,00	**4,60**	13,00
	Einheit: m² Brutto-Grundfläche			
	000 Sicherheitseinrichtungen, Baustelleneinrichtungen			100,0%
391.32.00	Baustellenbeleuchtung			
01	**Beleuchtungseinrichtungen einrichten und betreiben (6 Objekte)**	0,20	**1,00**	2,30
	Einheit: m² Brutto-Grundfläche			
	000 Sicherheitseinrichtungen, Baustelleneinrichtungen			100,0%
391.33.00	Baustromverbrauch			
01	**Abrechnung des Stromverbrauchs während der Bauzeit (10 Objekte)**	0,60	**1,40**	2,20
	Einheit: m² Brutto-Grundfläche			
	000 Sicherheitseinrichtungen, Baustelleneinrichtungen			100,0%
391.41.00	Bauschild			
01	**Bauschild mit Schrifttafeln herstellen, unterhalten und abbauen (26 Objekte)**	0,80	**2,20**	4,90
	Einheit: m² Brutto-Grundfläche			
	000 Sicherheitseinrichtungen, Baustelleneinrichtungen			100,0%
391.42.00	Bauzaun			
01	**Bauzaun als Schutzzaun aus Baustahlmatten oder Schalungen aufstellen, vorhalten und abbauen, h=2,00m (13 Objekte)**	19,00	**26,00**	44,00
	Einheit: m Länge			
	000 Sicherheitseinrichtungen, Baustelleneinrichtungen			100,0%
03	**Bautür zum Bauzaun oder als provisorische Gebäudetür einrichten und vorhalten (4 Objekte)**	160,00	**240,00**	330,00
	Einheit: St Anzahl			
	000 Sicherheitseinrichtungen, Baustelleneinrichtungen			100,0%
391.51.00	Bauschuttbeseitigung, inkl. Gebühren			
01	**Schuttcontainer zur allgemeinen Bauschuttentsorgung aufstellen, abfahren, mit Deponiegebühr (8 Objekte)**	37,00	**70,00**	100,00
	Einheit: m³ Abfuhrvolumen			
	000 Sicherheitseinrichtungen, Baustelleneinrichtungen			100,0%
391.59.00	Schuttbeseitigung, sonstiges			
01	**Bautreppen und Rampen zur sicheren Begehbarkeit der Baustelle herstellen, unterhalten und abbauen (3 Objekte)**	0,50	**17,00**	51,00
	Einheit: m² Brutto-Grundfläche			
	000 Sicherheitseinrichtungen, Baustelleneinrichtungen			35,0%
	016 Zimmer- und Holzbauarbeiten			33,0%
	017 Stahlbauarbeiten			32,0%

392 Gerüste

KG.AK.AA	▷ €/Einheit ◁ LB an AA

392.11.00 Standgerüste, Fassadengerüste

01 **Arbeits- und Schutzgerüst als Stand- und Fassadengerüst aus Stahlrohren im Umfang aufstellen, über die gesamte Bauzeit vorhalten und abbauen (19 Objekte)** 9,60 **15,00** 20,00
Einheit: m² Gerüstfläche
001 Gerüstarbeiten 100,0%

02 **Gebrauchsüberlassung des Fassadengerüsts über vertraglich vereinbarte Zeit hinaus (11 Objekte)** 0,40 **0,50** 0,70
Einheit: m²Wo Gerüstfläche pro Woche
001 Gerüstarbeiten 100,0%

81 **Gerüstarbeiten (43 Objekte)** 7,40 **15,00** 27,00
Einheit: m² Brutto-Grundfläche
001 Gerüstarbeiten 100,0%

392.12.00 Standgerüste, Innengerüste

01 **Arbeits- und Schutzgerüst als Standgerüst aus Stahlrohren im Innern von Gebäuden im notwendigen Umfang aufstellen, über die gesamte Bauzeit vorhalten und abbauen (6 Objekte)** 6,10 **14,00** 22,00
Einheit: m² Gerüstfläche
001 Gerüstarbeiten 100,0%

392.13.00 Schutznetze, Schutzabhängungen

01 **Schutznetze oder -folien im notwendigen Umfang aufhängen, über die gesamte Bauzeit vorhalten und abnehmen (5 Objekte)** 3,30 **8,20** 9,80
Einheit: m² Netzfläche
001 Gerüstarbeiten 100,0%

392.21.00 Fahrgerüste

01 **Fahrbare Arbeitsgerüste, Höhe der obersten Arbeitslage 3-5m, eingedeckte Arbeitslagen (2St) Gebrauchsüberlassung 4 Wochen (7 Objekte)** 0,30 **1,20** 3,80
Einheit: m² Gerüstfläche
001 Gerüstarbeiten 100,0%

© **BKI** Baukosteninformationszentrum; Erläuterungen zu den Tabellen siehe Seite 52   Kostenstand: 1.Quartal 2018, Bundesdurchschnitt, **inkl. 19% MwSt.**

393 Sicherungsmaßnahmen

KG.AK.AA		▷	€/Einheit	◁	LB an AA
393.11.00	Unterfangungen				
01	**Gebäudefundament-Unterfangungen mit Ortbeton, Schalung (4 Objekte)**	1,30	**4,20**	7,00	
	Einheit: m² Unterfangene Fläche				
	006 Spezialtiefbauarbeiten				50,0%
	013 Betonarbeiten				50,0%

Kosten:
Stand 1.Quartal 2018
Bundesdurchschnitt
inkl. 19% MwSt.

▷ von
∅ Mittel
◁ bis

397 Zusätzliche Maßnahmen

KG.AK.AA	▷	€/Einheit	◁	LB an AA
397.11.00 Schutz von Personen und Sachen, pauschal				
01 **Verkehrssicherung der Baustelle beantragen, einrichten, vorhalten und räumen, inkl. aller erforderlichen Verkehrszeichen (8 Objekte)**	0,20	**0,60**	1,50	
Einheit: m² Brutto-Grundfläche				
000 Sicherheitseinrichtungen, Baustelleneinrichtungen				50,0%
013 Betonarbeiten				50,0%
397.13.00 Schutz von fertiggestellten Bauteilen				
01 **Schutz von eingebauten Bauteilen gegen Verschmutzung und Beschädigung durch Abdeckung mit Folien (5 Objekte)**	0,50	**1,10**	1,90	
Einheit: m² Brutto-Grundfläche				
000 Sicherheitseinrichtungen, Baustelleneinrichtungen				10,0%
016 Zimmer- und Holzbauarbeiten				32,0%
022 Klempnerarbeiten				5,0%
023 Putz- und Stuckarbeiten, Wärmedämmsysteme				35,0%
024 Fliesen- und Plattenarbeiten				18,0%
02 **Schutz von eingebauten Bodenbelägen gegen Verschmutzung und Beschädigung durch Abdeckung mit Folien (3 Objekte)**	0,00	**0,20**	0,20	
Einheit: m² Brutto-Grundfläche				
000 Sicherheitseinrichtungen, Baustelleneinrichtungen				33,0%
024 Fliesen- und Plattenarbeiten				34,0%
034 Maler- und Lackierarbeiten - Beschichtungen				33,0%
397.21.00 Grobreinigung während der Bauzeit				
01 **Grobreinigungsarbeiten während der Bauzeit (6 Objekte)**	0,60	**1,80**	4,60	
Einheit: m² Brutto-Grundfläche				
033 Baureinigungsarbeiten				100,0%
397.22.00 Feinreinigung zur Bauübergabe				
01 **Endreinigung des Bauwerks vor Inbetriebnahme oder Übergabe (13 Objekte)**	0,80	**1,80**	3,30	
Einheit: m² Brutto-Grundfläche				
033 Baureinigungsarbeiten				100,0%
05 **Feinreinigung zur Bauübergabe, Wand- und Bodenfliesen (6 Objekte)**	0,50	**1,10**	1,40	
Einheit: m²				
033 Baureinigungsarbeiten				100,0%
81 **Reinigung vor Inbetriebnahme, Schutz vor Personen und Sachen (37 Objekte)**	2,20	**5,30**	11,00	
Einheit: m² Brutto-Grundfläche				
000 Sicherheitseinrichtungen, Baustelleneinrichtungen				100,0%
397.41.00 Schlechtwetterbau				
81 **Notverglasung, Abdeckungen und Umhüllungen (28 Objekte)**	0,80	**2,50**	5,00	
Einheit: m² Brutto-Grundfläche				
098 Witterungsschutzmaßnahmen				100,0%

© **BKI** Baukosteninformationszentrum; Erläuterungen zu den Tabellen siehe Seite 52   Kostenstand: 1.Quartal 2018, Bundesdurchschnitt, **inkl. 19% MwSt.**

397 Zusätzliche Maßnahmen

KG.AK.AA		▷ €/Einheit	◁ LB an AA
397.51.00	Künstliche Bautrocknung		
01	**Baustellenbeheizung im Rahmen von Winterbaumaß-nahmen zur Aufrechterhaltung der Bauarbeiten in der Winterperiode (11 Objekte)** Einheit: m² Brutto-Grundfläche	1,30 **3,20**	6,90
	000 Sicherheitseinrichtungen, Baustelleneinrichtungen		45,0%
	098 Witterungsschutzmaßnahmen		55,0%

Kosten:
Stand 1.Quartal 2018
Bundesdurchschnitt
inkl. 19% MwSt.

▷ von
ø Mittel
◁ bis

399 Sonstige Maßnahmen für Baukonstruktionen, sonstiges

KG.AK.AA	▷	€/Einheit	◁	LB an AA
399.21.00 Schließanlage				
81 **Schließanlage für Gesamtgebäude (6 Objekte)**	1,70	**2,70**	4,60	
Einheit: m² Brutto-Grundfläche				
029 Beschlagarbeiten				100,0%

Kostenstand: 1.Quartal 2018, Bundesdurchschnitt, **inkl. 19% MwSt.**

411 Abwasseranlagen

Kosten:
Stand 1.Quartal 2018
Bundesdurchschnitt
inkl. 19% MwSt.

▷ von
ø Mittel
◁ bis

KG.AK.AA	▷	€/Einheit	◁	LB an AA
411.11.00 Abwasserleitungen - Schmutz-/Regenwasser				
01 **PVC-Abwasserleitungen DN100-125, Formstücke (4 Objekte)**	43,00	**63,00**	81,00	
Einheit: m Abwasserleitung				
000 Sicherheitseinrichtungen, Baustelleneinrichtungen				27,0%
009 Entwässerungskanalarbeiten				73,0%
02 **SML-Rohr DN50-100, Formstücke (6 Objekte)**	43,00	**55,00**	67,00	
Einheit: m Abwasserleitung				
044 Abwasseranlagen - Leitungen, Abläufe, Armaturen				100,0%
411.12.00 Abwasserleitungen - Schmutzwasser				
01 **Abwasserleitungen, HT-Rohr DN50-100, Formstücke (14 Objekte)**	30,00	**35,00**	42,00	
Einheit: m Abwasserleitung				
044 Abwasseranlagen - Leitungen, Abläufe, Armaturen				100,0%
05 **PE-Abwasserleitungen DN70-100, Formstücke, Rohrdämmung (4 Objekte)**	47,00	**52,00**	58,00	
Einheit: m Abwasserleitung				
044 Abwasseranlagen - Leitungen, Abläufe, Armaturen				68,0%
047 Dämm- und Brandschutzarbeiten an Technischen Anlagen				32,0%
411.13.00 Abwasserleitungen - Regenwasser				
01 **Regenfallrohr Titanzinkblech DN100-150, Bögen, Winkel, Befestigungen (26 Objekte)**	27,00	**33,00**	43,00	
Einheit: m Abwasserleitung				
022 Klempnerarbeiten				100,0%
02 **Guss-Regenstandrohr DN100, l=1,00-1,50m, Rohrschellen (10 Objekte)**	49,00	**64,00**	81,00	
Einheit: m Abwasserleitung				
022 Klempnerarbeiten				100,0%
03 **Regenfallrohr Kupfer DN100, Bögen, Winkel, Befestigungen (6 Objekte)**	33,00	**44,00**	56,00	
Einheit: m Abwasserleitung				
022 Klempnerarbeiten				100,0%
07 **Regenfallrohrklappe DN100, Titanzink (9 Objekte)**	29,00	**44,00**	62,00	
Einheit: St Regenfallrohrklappe				
020 Dachdeckungsarbeiten				50,0%
022 Klempnerarbeiten				50,0%

411 Abwasseranlagen

KG.AK.AA	▷ €/Einheit ◁	LB an AA

411.14.00 Ab-/Einläufe für Abwasserleitungen

01 Guss-Bodenablauf DN70-100, Geruchsverschluss (5 Objekte) — 160,00 **170,00** 170,00
Einheit: St Ablauf
044 Abwasseranlagen - Leitungen, Abläufe, Armaturen — 100,0%

02 Kunststoff-Bodenablauf DN70-100, Geruchsverschluss, Dichtungen (6 Objekte) — 110,00 **140,00** 160,00
Einheit: St Ablauf
044 Abwasseranlagen - Leitungen, Abläufe, Armaturen — 100,0%

03 Flachdachabläufe DN50-100, Kunststoff oder Guss, Ablauf senkrecht (8 Objekte) — 230,00 **260,00** 340,00
Einheit: St Ablauf
044 Abwasseranlagen - Leitungen, Abläufe, Armaturen — 100,0%

411.21.00 Grundleitungen - Schmutz-/Regenwasser

01 Gräben für Entwässerungskanäle profilgerecht ausheben, seitlich lagern, wiederverfüllen des Grabens inkl. verdichten (14 Objekte) — 43,00 **56,00** 80,00
Einheit: m³ Grabenaushub
002 Erdarbeiten — 100,0%

02 Grabenaushub für Grundleitungen BK 3-5, 50-125cm tief (7 Objekte) — 20,00 **25,00** 30,00
Einheit: m³ Grabenaushub
002 Erdarbeiten — 50,0%
009 Entwässerungskanalarbeiten — 50,0%

03 Grundleitung Steinzeug DN100-150, Formstücke (4 Objekte) — 50,00 **73,00** 83,00
Einheit: m Grundleitung
009 Entwässerungskanalarbeiten — 100,0%

04 Grundleitungen, PVC DN100-150, Formstücke (22 Objekte) — 23,00 **29,00** 36,00
Einheit: m Grundleitung
009 Entwässerungskanalarbeiten — 100,0%

411.22.00 Grundleitungen - Schmutzwasser

01 PVC-Grundleitungen, Schmutzwasser, Formstücke (8 Objekte) — 30,00 **37,00** 47,00
Einheit: m Grundleitung
009 Entwässerungskanalarbeiten — 100,0%

411.24.00 Ab-/Einläufe für Grundleitungen

01 Bodenablauf DN70-100, Guss (8 Objekte) — 210,00 **270,00** 310,00
Einheit: St Bodenablauf
009 Entwässerungskanalarbeiten — 50,0%
044 Abwasseranlagen - Leitungen, Abläufe, Armaturen — 50,0%

411 Abwasseranlagen

Kosten:
Stand 1.Quartal 2018
Bundesdurchschnitt
inkl. 19% MwSt.

KG.AK.AA	▷	€/Einheit	◁	LB an AA
411.25.00 Kontrollschächte				
01 **Kontrollschacht DN1.000, Schachtunterteil Ortbeton, Stahlbetonringe, Fertigteile, Schachtabdeckung (9 Objekte)**	1.150,00	**1.330,00**	1.550,00	
Einheit: St Kontrollschacht				
009 Entwässerungskanalarbeiten				100,0%
411.45.00 Fettabscheider				
01 **Fettabscheideranlage mit Ölschlammfang (3 Objekte)**	4.190,00	**4.840,00**	5.180,00	
Einheit: St Fettabscheider				
009 Entwässerungskanalarbeiten				50,0%
044 Abwasseranlagen - Leitungen, Abläufe, Armaturen				50,0%
411.51.00 Abwassertauchpumpen				
01 **Schmutzwasser-Tauchpumpe, voll überflutbar, automatische Abschaltung (9 Objekte)**	520,00	**680,00**	890,00	
Einheit: St Anzahl				
044 Abwasseranlagen - Leitungen, Abläufe, Armaturen				100,0%
411.52.00 Abwasserhebeanlagen				
01 **Fäkalienhebeanlage mit Zubehör (11 Objekte)**	6.190,00	**7.710,00**	9.520,00	
Einheit: St Fäkalienhebeanlage				
044 Abwasseranlagen - Leitungen, Abläufe, Armaturen				52,0%
046 GWE; Betriebseinrichtungen				48,0%
411.91.00 Sonstige Abwasseranlagen				
01 **Regenwassernutzungsanlage zur Speicherung und Nutzung von Regenwasser mit Regenwassertank, Volumenfilter, Leitungen, Pumpensteuerung (3 Objekte)**	4.910,00	**9.060,00**	16.200,00	
Einheit: St Regenwasseranlage				
009 Entwässerungskanalarbeiten				34,0%
044 Abwasseranlagen - Leitungen, Abläufe, Armaturen				33,0%
046 GWE; Betriebseinrichtungen				33,0%

▷ von
Ø Mittel
◁ bis

412 Wasseranlagen

KG.AK.AA	▷	€/Einheit	◁ LB an AA

412.31.00 Druckerhöhungsanlagen

01 Druckerhöhungsanlage, Armaturen, Hochdruckleitungen, Zubehör (3 Objekte) — 7.580,00 **13.220,00** 16.050,00
Einheit: St Druckerhöhungsanlage
042 Gas- und Wasseranlagen; Leitungen, Armaturen — 29,0%
044 Abwasseranlagen - Leitungen, Abläufe, Armaturen — 29,0%
046 GWE; Betriebseinrichtungen — 42,0%

412.41.00 Wasserleitungen, Kaltwasser

01 Kupferleitungen 18x1 bis 35x1,5mm, Formstücke, Befestigungen (11 Objekte) — 25,00 **29,00** 33,00
Einheit: m Wasserleitung
042 Gas- und Wasseranlagen; Leitungen, Armaturen — 100,0%

02 Nahtloses Gewinderohr verzinkt DN15-50, Formstücke, Befestigungen (9 Objekte) — 24,00 **29,00** 39,00
Einheit: m Wasserleitung
042 Gas- und Wasseranlagen; Leitungen, Armaturen — 100,0%

04 PVC-Rohr DN15-50, Formstücke (6 Objekte) — 19,00 **22,00** 28,00
Einheit: m Wasserleitung
009 Entwässerungskanalarbeiten — 6,0%
042 Gas- und Wasseranlagen; Leitungen, Armaturen — 94,0%

05 HDPE-Druckrohre DN50-150 (3 Objekte) — 64,00 **81,00** 89,00
Einheit: m Wasserleitung
022 Klempnerarbeiten — 46,0%
040 Wärmeversorgungsanlagen - Betriebseinrichtungen — 5,0%
042 Gas- und Wasseranlagen; Leitungen, Armaturen — 49,0%

06 Dämmung von Kaltwasserleitungen DN15-50, zum Teil in Mauerschlitzen (11 Objekte) — 6,60 **9,50** 13,00
Einheit: m Wasserleitung
047 Dämm- und Brandschutzarbeiten an Technischen Anlagen — 100,0%

08 VPE-Rohr, 16x2,2-32x4,4mm, Formstücke (6 Objekte) — 22,00 **26,00** 35,00
Einheit: m Wasserleitung
042 Gas- und Wasseranlagen; Leitungen, Armaturen — 100,0%

09 Edelstahlrohr DN25-42, Formstücke, Befestigungen (8 Objekte) — 26,00 **28,00** 31,00
Einheit: m Wasserleitung
042 Gas- und Wasseranlagen; Leitungen, Armaturen — 100,0%

10 Metallverbundrohr DN15-32, Formstücke (8 Objekte) — 20,00 **25,00** 33,00
Einheit: m Wasserleitung
042 Gas- und Wasseranlagen; Leitungen, Armaturen — 100,0%

11 Kunststoff-Verbundrohre DN16-20, Formstücke (4 Objekte) — 20,00 **27,00** 34,00
Einheit: m Wasserleitung
042 Gas- und Wasseranlagen; Leitungen, Armaturen — 100,0%

412 Wasseranlagen

Kosten:
Stand 1.Quartal 2018
Bundesdurchschnitt
inkl. 19% MwSt.

▷ von
ø Mittel
◁ bis

KG.AK.AA		▷	€/Einheit	◁	LB an AA
412.42.00	Verteiler, Kaltwasser				
01	**Kaltwasserverteiler, Abzweig-T-Ventile, Entleerventile, Wandkonsole, Befestigungsmaterial (3 Objekte)**	240,00	**310,00**	350,00	
	Einheit: St Verteiler				
	042 Gas- und Wasseranlagen; Leitungen, Armaturen				50,0%
	044 Abwasseranlagen - Leitungen, Abläufe, Armaturen				50,0%
412.43.00	Wasserleitungen, Warmwasser/Zirkulation				
01	**Mineralfaserdämmung mit Alumantel für Warmwasserleitungen (6 Objekte)**	9,10	**14,00**	23,00	
	Einheit: m Wasserleitung				
	047 Dämm- und Brandschutzarbeiten an Technischen Anlagen				100,0%
04	**Warmwasserleitungen, Formstücke, Rohrdämmung (3 Objekte)**	32,00	**39,00**	44,00	
	Einheit: m Wasserleitung				
	042 Gas- und Wasseranlagen; Leitungen, Armaturen				82,0%
	047 Dämm- und Brandschutzarbeiten an Technischen Anlagen				18,0%
412.44.00	Verteiler, Warmwasser/Zirkulation				
01	**Zirkulationspumpe für Brauchwasser, wellenloser Wechselstrom-Kugelmotor 230V, Zeitschaltuhr (7 Objekte)**	180,00	**210,00**	230,00	
	Einheit: St Pumpe				
	042 Gas- und Wasseranlagen; Leitungen, Armaturen				100,0%
412.45.00	Wasserleitungen, Begleitheizung				
01	**Warmwasser-Begleitheizung, zwei parallelen, verzinnte Kupferlitzen, 1,2mm², selbstregelnd, Zeitschaltuhr mit Tages- und Wochenprogramm (4 Objekte)**	35,00	**37,00**	40,00	
	Einheit: m Wasserleitung				
	040 Wärmeversorgungsanlagen - Betriebseinrichtungen				33,0%
	042 Gas- und Wasseranlagen; Leitungen, Armaturen				34,0%
	045 GWE; Einrichtungsgegenstände, Sanitärausstattungen				33,0%
412.51.00	Elektrowarmwasserspeicher				
01	**Elektrowarmwasserspeicher 30-50l (3 Objekte)**	740,00	**830,00**	900,00	
	Einheit: St Warmwasserspeicher				
	045 GWE; Einrichtungsgegenstände, Sanitärausstattungen				100,0%
02	**Elektrowarmwasserspeicher 5l, drucklos für Untertischmontage, stufenlose Temperatureinstellung, Abschaltautomatik (10 Objekte)**	160,00	**190,00**	220,00	
	Einheit: St Warmwasserspeicher				
	045 GWE; Einrichtungsgegenstände, Sanitärausstattungen				100,0%

412 Wasseranlagen

KG.AK.AA		▷ €/Einheit ◁	LB an AA

412.52.00 Elektro-Durchlauferhitzer

01 Druck-Durchlauferhitzer 18-24kW, 380V, Anschlüsse (3 Objekte) — 620,00 | **770,00** | 850,00
Einheit: St Durchlauferhitzer
- 045 GWE; Einrichtungsgegenstände, Sanitärausstattungen — 49,0%
- 046 GWE; Betriebseinrichtungen — 50,0%
- 053 Niederspannungsanlagen; Kabel, Verlegesysteme — 1,0%

412.61.00 Ausgussbecken

01 Ausgussbecken aus Stahlblech, Einlegeroste (11 Objekte) — 73,00 | **85,00** | 96,00
Einheit: St Ausgussbecken
- 045 GWE; Einrichtungsgegenstände, Sanitärausstattungen — 100,0%

02 Ausgussbecken Edelstahl, mit Rückwand, Edelstahlabdeckung, Zweigriff-Wandbatterie mit Schwenkauslauf (4 Objekte) — 500,00 | **670,00** | 840,00
Einheit: St Ausgussbecken
- 042 Gas- und Wasseranlagen; Leitungen, Armaturen — 19,0%
- 045 GWE; Einrichtungsgegenstände, Sanitärausstattungen — 81,0%

412.62.00 Waschtische, Waschbecken

01 Handwaschbecken Gr. 50-60 mit Befestigungen, Eckventile, Geruchsverschluss, Hebelmischer (14 Objekte) — 310,00 | **350,00** | 400,00
Einheit: St Waschbecken
- 045 GWE; Einrichtungsgegenstände, Sanitärausstattungen — 100,0%

04 Einhandhebelmischer für Waschbecken, verchromt (9 Objekte) — 190,00 | **260,00** | 320,00
Einheit: St Armatur
- 045 GWE; Einrichtungsgegenstände, Sanitärausstattungen — 100,0%

412.63.00 Bidets

01 Bidet, wandhängend, Einhandmischer (6 Objekte) — 410,00 | **470,00** | 770,00
Einheit: St Bidet
- 045 GWE; Einrichtungsgegenstände, Sanitärausstattungen — 100,0%

412.64.00 Urinale

01 Urinal weiß, Anschlussgarnitur, Druckspüler (14 Objekte) — 310,00 | **380,00** | 420,00
Einheit: St Urinal
- 045 GWE; Einrichtungsgegenstände, Sanitärausstattungen — 100,0%

04 Urinal, Anschlussgarnitur, automatische Spülung durch Infrarot-Auslösung (9 Objekte) — 670,00 | **780,00** | 920,00
Einheit: St Urinal
- 045 GWE; Einrichtungsgegenstände, Sanitärausstattungen — 100,0%

412 Wasseranlagen

Kosten:
Stand 1.Quartal 2018
Bundesdurchschnitt
inkl. 19% MwSt.

▷ von
ø Mittel
◁ bis

KG.AK.AA	▷	€/Einheit	◁	LB an AA
412.65.00 WC-Becken				
01 **WC-Becken, wandhängend, WC-Sitz, Spülkasten (14 Objekte)**	430,00	**580,00**	870,00	
Einheit: St WC-Becken				
045 GWE; Einrichtungsgegenstände, Sanitärausstattungen				100,0%
02 **Tiefspülklosett, Spülkästen, Schallschutzset, Klosettsitz mit Deckel (13 Objekte)**	310,00	**420,00**	500,00	
Einheit: St WC-Becken				
045 GWE; Einrichtungsgegenstände, Sanitärausstattungen				100,0%
412.66.00 Duschen				
01 **Duschwannen 90x90cm, Stahl (10 Objekte)**	180,00	**210,00**	300,00	
Einheit: St Duschwanne				
045 GWE; Einrichtungsgegenstände, Sanitärausstattungen				100,0%
03 **Brausewanne, Einhand-Brausebatterie unter Putz, Wandstange, Schlauch, Handbrause (9 Objekte)**	410,00	**460,00**	490,00	
Einheit: St Duschwanne				
045 GWE; Einrichtungsgegenstände, Sanitärausstattungen				100,0%
05 **Einhebel-Brausebatterie, unter Putz, Wandstange 90cm, verchromt, Brauseschlauch, Handbrause, Halterung (12 Objekte)**	250,00	**300,00**	320,00	
Einheit: St Armatur				
045 GWE; Einrichtungsgegenstände, Sanitärausstattungen				100,0%
412.67.00 Badewannen				
01 **Einbauwanne 1,75m, Wannenfüße, Wannenab- und -überlauf, Einhebel-Wannenfüll- und Brausebatterie (8 Objekte)**	480,00	**620,00**	830,00	
Einheit: St Badewanne				
045 GWE; Einrichtungsgegenstände, Sanitärausstattungen				100,0%
04 **Badewanne, sechseckig (4 Objekte)**	1.310,00	**1.770,00**	3.160,00	
Einheit: St Badewanne				
045 GWE; Einrichtungsgegenstände, Sanitärausstattungen				100,0%
05 **Badewanne 175x75cm, Stahl, mit Wannenträger, ohne Armaturen (14 Objekte)**	300,00	**370,00**	530,00	
Einheit: St Badewanne				
045 GWE; Einrichtungsgegenstände, Sanitärausstattungen				100,0%
06 **Badewanne 180x80cm, Stahl, mit Wannenträger, ohne Armaturen (6 Objekte)**	570,00	**710,00**	840,00	
Einheit: St Badewanne				
045 GWE; Einrichtungsgegenstände, Sanitärausstattungen				100,0%
07 **Badewanne, Acryl, mit Wannenträger, ohne Armaturen (4 Objekte)**	950,00	**1.060,00**	1.370,00	
Einheit: St Badewanne				
045 GWE; Einrichtungsgegenstände, Sanitärausstattungen				100,0%

412 Wasseranlagen

KG.AK.AA	▷ €/Einheit ◁	LB an AA

412.68.00 Behinderten-Einrichtungen
- 01 **Tiefspül-WC, Waschtischanlage, Stützgriffe, Kristallglasspiegel, Klosettpapierhalter, Abfalleimer, Bürstengarnitur, Papierhandtuchspender, Drahtsammelkorb (6 Objekte)** — 1.870,00 **2.300,00** 2.530,00
  Einheit: St Behinderten-WC
  045 GWE; Einrichtungsgegenstände, Sanitärausstattungen — 100,0%
- 03 **Duschsitz, hochklappbar, Brausegarnitur, Vorhangstange, Badetuchhalter (3 Objekte)** — 2.200,00 **2.790,00** 3.200,00
  Einheit: St Behinderten-Dusche
  042 Gas- und Wasseranlagen; Leitungen, Armaturen — 57,0%
  045 GWE; Einrichtungsgegenstände, Sanitärausstattungen — 43,0%

412.71.00 Wasserspeicher
- 01 **Kunststoff-Regenwassertank, Fassungsvermögen 3.500-6.000l, Bedienungsdeckel, Überlaufstutzen, Schwimmer, Filterkorb (3 Objekte)** — 0,50 **0,50** 0,70
  Einheit: l Fassungsvermögen
  042 Gas- und Wasseranlagen; Leitungen, Armaturen — 50,0%
  046 GWE; Betriebseinrichtungen — 50,0%

412.92.00 Seifenspender
- 01 **Seifenspender für 950ml Einwegflaschen (12 Objekte)** — 63,00 **79,00** 100,00
  Einheit: St Seifenspender
  045 GWE; Einrichtungsgegenstände, Sanitärausstattungen — 100,0%

412.93.00 Handtuchspender
- 01 **Papierhandtuchspender für 300 Papierhandtücher (10 Objekte)** — 47,00 **56,00** 64,00
  Einheit: St Handtuchspender
  045 GWE; Einrichtungsgegenstände, Sanitärausstattungen — 100,0%

412.94.00 Sanitäreinrichtungen
- 02 **Kristallspiegel 50x40cm-60x45cm, Befestigung mit Klammern (11 Objekte)** — 18,00 **23,00** 39,00
  Einheit: St Spiegel
  045 GWE; Einrichtungsgegenstände, Sanitärausstattungen — 100,0%

© BKI Baukosteninformationszentrum; Erläuterungen zu den Tabellen siehe Seite 52   Kostenstand: 1.Quartal 2018, Bundesdurchschnitt, **inkl. 19% MwSt.**

419
Abwasser-, Wasser- und Gasanlagen, sonstiges

Kosten:
Stand 1.Quartal 2018
Bundesdurchschnitt
inkl. 19% MwSt.

KG.AK.AA	▷	€/Einheit	◁	LB an AA
419.11.00 Installationsblöcke				
01 **Installationsblock für Waschtische (7 Objekte)**	200,00	**210,00**	240,00	
Einheit: St Installationsblock				
045 GWE; Einrichtungsgegenstände, Sanitärausstattungen				100,0%
02 **Installationsblock für Urinale (9 Objekte)**	210,00	**250,00**	300,00	
Einheit: St Installationsblock				
045 GWE; Einrichtungsgegenstände, Sanitärausstattungen				100,0%
03 **Installationsblock für wandhängendes WC mit Spülkasten 6-9l (9 Objekte)**	250,00	**290,00**	310,00	
Einheit: St Installationsblock				
045 GWE; Einrichtungsgegenstände, Sanitärausstattungen				100,0%
04 **Installationsblock für wandhängendes Bidet (3 Objekte)**	200,00	**220,00**	230,00	
Einheit: St Installationsblock				
045 GWE; Einrichtungsgegenstände, Sanitärausstattungen				100,0%

▷ von
ø Mittel
◁ bis

421 Wärmeerzeugungsanlagen

KG.AK.AA	▷ €/Einheit	◁ LB an AA

421.12.00 Heizölversorgungsanlagen

03 Erdaushub, Stahl-Heizöltank, Leckanzeige, Tankinhaltsanzeiger, Füllleitung (4 Objekte) 0,60 **1,20** 1,90
Einheit: l Tankinhalt
002 Erdarbeiten — 7,0%
040 Wärmeversorgungsanlagen - Betriebseinrichtungen — 93,0%

421.21.00 Fernwärmeübergabestationen

02 Fernwärme-Kompaktstation, 100-200kW, für den indirekten Anschluss an Heizwasser-Fernwärmenetze, Zubehör (4 Objekte) 81,00 **94,00** 110,00
Einheit: kW Kesselleistung
040 Wärmeversorgungsanlagen - Betriebseinrichtungen — 100,0%

421.31.00 Heizkesselanlagen gasförmige/flüssige Brennstoffe

01 Gasheizkessel, Nennleistung 15,6-38kW, Warmwasserbereiter, Umwälzpumpe, Heizkreisverteiler, Zubehör (4 Objekte) 180,00 **200,00** 230,00
Einheit: kW Kesselleistung
040 Wärmeversorgungsanlagen - Betriebseinrichtungen — 100,0%

02 Gasheizkessel, Nennleistung 130-330kW, Gebläsebrenner, Zubehör (5 Objekte) 30,00 **43,00** 62,00
Einheit: kW Kesselleistung
040 Wärmeversorgungsanlagen - Betriebseinrichtungen — 100,0%

03 Gas-Brennwertkessel 26-48kW, Regelung, Wandheizkessel mit Trinkwassererwärmung (8 Objekte) 140,00 **160,00** 190,00
Einheit: kW Kesselleistung
040 Wärmeversorgungsanlagen - Betriebseinrichtungen — 100,0%

05 Gas-Brennwertkessel 3,4-35kW, Kompaktgerät mit Trinkwassererwärmung, Regelung, Druckausgleichsgefäß, Gasleitung, Abgasrohr, Elektroarbeiten (6 Objekte) 6.300,00 **6.850,00** 7.440,00
Einheit: St Heizkessel
040 Wärmeversorgungsanlagen - Betriebseinrichtungen — 100,0%

09 Gas-Brennwertkessel 25-110kW, Regelung, Wandheizkessel mit Trinkwassererwärmung (8 Objekte) 4.780,00 **6.430,00** 7.360,00
Einheit: St Heizkessel
040 Wärmeversorgungsanlagen - Betriebseinrichtungen — 100,0%

421.32.00 Heizkesselanlagen feste Brennstoffe

01 Holzpelletkessel, Leistung 3-10kW, Brennersteuerung, Zubehör (3 Objekte) 9.840,00 **10.120,00** 10.610,00
Einheit: St Kessel
040 Wärmeversorgungsanlagen - Betriebseinrichtungen — 100,0%

03 Holzpellet-Kessel mit Wärmetauscher, 2-10kW, in Kombination mit Solarkollektoren für WW; Speicher; Zubehör (7 Objekte) 22.050,00 **24.900,00** 29.520,00
Einheit: St Anlage
040 Wärmeversorgungsanlagen - Betriebseinrichtungen — 100,0%

421 Wärmeerzeugungsanlagen

Kosten:
Stand 1.Quartal 2018
Bundesdurchschnitt
inkl. 19% MwSt.

KG.AK.AA		▷	€/Einheit ø	◁	LB an AA
421.41.00	Wärmepumpenanlagen				
01	**Wärmepumpe mit Anschluss an einer Erdsonde (5 Objekte)**	590,00	**770,00**	990,00	
	Einheit: kW Abgabeleistung				
	040 Wärmeversorgungsanlagen - Betriebseinrichtungen				100,0%
02	**Erdsondenanlage, Bohrarbeiten, Doppel-U-Sonden, Tiefe 70-140m, Ringraumverfüllung, Verbindungsleitungen, Baustelleneinrichtung (5 Objekte)**	67,00	**79,00**	99,00	
	Einheit: m Erdsondenlänge				
	040 Wärmeversorgungsanlagen - Betriebseinrichtungen				100,0%
03	**Erdwärmetauscher, Erdaushub, PE-Rohre DN200 mit Gefälle verlegen, verfüllen, verdichten (3 Objekte)**	45,00	**75,00**	95,00	
	Einheit: m Leitungslänge				
	002 Erdarbeiten				36,0%
	040 Wärmeversorgungsanlagen - Betriebseinrichtungen				64,0%
04	**Sole-Wasser-Wärmepumpe mit integriertem Warmwasserspeicher, Zubehör (9 Objekte)**	22.410,00	**25.190,00**	28.170,00	
	Einheit: St Anlage				
	040 Wärmeversorgungsanlagen - Betriebseinrichtungen				100,0%
05	**Luft-Wasser-Wärmepumpe, Pufferspeicher; Zubehör (4 Objekte)**	12.700,00	**16.190,00**	20.380,00	
	Einheit: St Anlage				
	040 Wärmeversorgungsanlagen - Betriebseinrichtungen				100,0%
421.51.00	Solaranlagen				
01	**Solaranlage, Flachkollektoren, Befestigungsmaterial, Befüllung, Ausdehnungsgefäß, Anschlussleitungen (12 Objekte)**	770,00	**920,00**	1.190,00	
	Einheit: m² Absorberfläche				
	040 Wärmeversorgungsanlagen - Betriebseinrichtungen				98,0%
	053 Niederspannungsanlagen; Kabel, Verlegesysteme				2,0%
421.61.00	Wassererwärmungsanlagen				
01	**Speicher-Brauchwasserspeicher, Druckausdehnungsgefäß (12 Objekte)**	4,80	**7,30**	11,00	
	Einheit: l Speichervolumen				
	040 Wärmeversorgungsanlagen - Betriebseinrichtungen				100,0%
421.92.00	Kesselfundamente, Sockel				
01	**Kesselsockel, Fertigteil (3 Objekte)**	76,00	**87,00**	93,00	
	Einheit: St Kesselsockel				
	040 Wärmeversorgungsanlagen - Betriebseinrichtungen				100,0%

▷ von
ø Mittel
◁ bis

422 Wärmeverteilnetze

KG.AK.AA	▷	€/Einheit	◁	LB an AA

422.11.00 Verteiler, Pumpen für Raumheizflächen

01 Umwälzpumpe, wartungsfrei für Rohreinbau, Förderstrom 2,9-5,4m³/h, Förderhöhe 0,6-3,8mWS (15 Objekte) — 460,00 | **610,00** | 680,00
Einheit: St Umwälzpumpe
041 Wärmeversorgungsanlagen - Leitungen, Armaturen, Heizflächen — 100,0%

02 Heizkreisverteiler für 3-7 Gruppen, Messing, Zubehör (7 Objekte) — 38,00 | **49,00** | 60,00
Einheit: St Heizgruppe
041 Wärmeversorgungsanlagen - Leitungen, Armaturen, Heizflächen — 100,0%

03 Heizkreisverteiler, Ventile, Verteilerschrank für Unterputzmontage (5 Objekte) — 100,00 | **110,00** | 130,00
Einheit: St Heizgruppe
041 Wärmeversorgungsanlagen - Leitungen, Armaturen, Heizflächen — 100,0%

422.21.00 Rohrleitungen für Raumheizflächen

01 Nahtlose Gewinderohrleitungen DN10-40, Formstücke, Befestigungen (9 Objekte) — 17,00 | **21,00** | 29,00
Einheit: m Leitung
041 Wärmeversorgungsanlagen - Leitungen, Armaturen, Heizflächen — 100,0%

02 Kupfer-Rohr 15x1-22 x 1mm, hart, Formstücke, Befestigungen (14 Objekte) — 13,00 | **16,00** | 20,00
Einheit: m Leitung
041 Wärmeversorgungsanlagen - Leitungen, Armaturen, Heizflächen — 100,0%

03 Mineralfaserdämmung d=30mm mit Alu-Ummantelung für Rohre DN15-65 (7 Objekte) — 18,00 | **29,00** | 37,00
Einheit: m Rohrdämmung
041 Wärmeversorgungsanlagen - Leitungen, Armaturen, Heizflächen — 49,0%
047 Dämm- und Brandschutzarbeiten an Technischen Anlagen — 51,0%

08 Mineralfaserschalen für Rohre DN10-32 (4 Objekte) — 8,80 | **9,50** | 10,00
Einheit: m Rohrdämmung
047 Dämm- und Brandschutzarbeiten an Technischen Anlagen — 100,0%

423 Raumheizflächen

Kosten:
Stand 1.Quartal 2018
Bundesdurchschnitt
inkl. 19% MwSt.

KG.AK.AA	▷	€/Einheit	◁	LB an AA
423.11.00 Radiatoren				
02 **Röhrenradiatoren, Bautiefe: 105mm-225mm, Thermostatventile, Verschraubungen, Ventile, Standkonsolen, Demontage und Montage für Malerarbeiten (7 Objekte)**	220,00	**280,00**	360,00	
Einheit: m² Heizkörperfläche				
034 Maler- und Lackierarbeiten - Beschichtungen				5,0%
041 Wärmeversorgungsanlagen - Leitungen, Armaturen, Heizflächen				95,0%
423.12.00 Plattenheizkörper				
01 **Flachheizkörper, Bautiefe: 105mm-225mm, Thermostatventile, Verschraubungen, Ventile, Standkonsolen, Demontage und Montage für Malerarbeiten (6 Objekte)**	400,00	**430,00**	460,00	
Einheit: m² Heizkörperfläche				
041 Wärmeversorgungsanlagen - Leitungen, Armaturen, Heizflächen				100,0%
423.13.00 Konvektoren				
01 **Radiavektoren, Bautiefe: 134mm-250mm, Thermostatventile, Verschraubungen, Ventile, Standkonsolen, Demontage und Montage für Malerarbeiten (4 Objekte)**	1.840,00	**2.550,00**	3.240,00	
Einheit: m² Heizkörperfläche				
041 Wärmeversorgungsanlagen - Leitungen, Armaturen, Heizflächen				100,0%
423.21.00 Bodenheizflächen				
01 **Fußbodenheizung, PE-Folie, Dämmung, Befestigungen (22 Objekte)**	41,00	**58,00**	77,00	
Einheit: m² Beheizte Fläche				
041 Wärmeversorgungsanlagen - Leitungen, Armaturen, Heizflächen				100,0%
423.23.00 Deckenheizflächen				
01 **Deckenstrahlplatten mit Register aus Präzisionsstahlrohren, Befestigungen (4 Objekte)**	140,00	**170,00**	200,00	
Einheit: m² Heizsystemfläche				
041 Wärmeversorgungsanlagen - Leitungen, Armaturen, Heizflächen				100,0%

▷ von
ø Mittel
◁ bis

429 Wärmeversorgungsanlagen, sonstiges

KG.AK.AA	▷	€/Einheit	◁ LB an AA
429.11.00 Schornsteine, Mauerwerk			
01 **Hausschornstein aus Formsteinen, Putztüren, Schornsteinkopfabdeckung (8 Objekte)**	160,00	**230,00**	290,00
Einheit: m Schornsteinlänge			
012 Mauerarbeiten			100,0%
429.12.00 Schornsteine, Edelstahl			
01 **Edelstahl-Schornsteinanlage d=200, Mündungsabschluss, Wandbefestigungen (4 Objekte)**	380,00	**500,00**	600,00
Einheit: m Schornsteinlänge			
012 Mauerarbeiten			2,0%
040 Wärmeversorgungsanlagen - Betriebseinrichtungen			98,0%

431 Lüftungsanlagen

Kosten:
Stand 1.Quartal 2018
Bundesdurchschnitt
inkl. 19% MwSt.

▷ von
ø Mittel
◁ bis

KG.AK.AA	▷	€/Einheit	◁ LB an AA

431.11.00 Zuluftzentralgeräte

01 Lüftungszentralgerät, Lufterhitzer, Filter, Schalldämpfer (4 Objekte) — 1,00 / **1,40** / 2,40
Einheit: m³ Volumenstrom/h
075 Raumlufttechnische Anlagen — 100,0%

431.22.00 Ablufteinzelgeräte

04 Einzelraumlüfter für innenliegende Badezimmer oder WCs (13 Objekte) — 270,00 / **310,00** / 370,00
Einheit: St Lüfter
075 Raumlufttechnische Anlagen — 100,0%

431.31.00 Wärmerückgewinnungsanlagen, regenerativ

01 Zu- und Abluftanlage mit Wärmerückgewinnung, Wärmebereitstellungsgrad 85-92%; Erdwärmetauscher; bis 300m³/h; Zubehör (10 Objekte) — 11.550,00 / **16.040,00** / 20.980,00
Einheit: St Anlage
075 Raumlufttechnische Anlagen — 100,0%

431.39.00 Wärmerückgewinnungsanlagen, sonstiges

01 Komplettgerät zur zentralen Be- und Entlüftung, 80-230m³/h, Warmwasserspeicher 200-400l; Wärmerückgewinnung über Wärmetauscher und Luft/Wasser-Wärmepumpe (6 Objekte) — 22.560,00 / **26.500,00** / 34.980,00
Einheit: St Anlage
075 Raumlufttechnische Anlagen — 100,0%

02 Lüftungsanlage mit Wärmerückgewinnung, 75-250m³/h; Zubehör (6 Objekte) — 8.940,00 / **10.450,00** / 12.240,00
Einheit: St Anlage
053 Niederspannungsanlagen; Kabel, Verlegesysteme — 1,0%
075 Raumlufttechnische Anlagen — 99,0%

431.41.00 Zuluftleitungen, rund

01 Abluftrohre DN80-200, Bögen, Reduzierstücke, T-Stücke, Dichtungsmaterial (4 Objekte) — 56,00 / **62,00** / 64,00
Einheit: m Leitung
075 Raumlufttechnische Anlagen — 100,0%

04 Wickelfalzrohr, DN150-200, verzinkte Tragkonstruktion, Formstücke (4 Objekte) — 21,00 / **22,00** / 25,00
Einheit: m Leitung
075 Raumlufttechnische Anlagen — 100,0%

431.49.00 Zuluftleitungen, sonstiges

01 Wärmedämmung von Luftkanälen, diffusionsdicht, Alu-Kaschierung, Isolierstärke d=30mm (3 Objekte) — 35,00 / **53,00** / 89,00
Einheit: m Rohrdämmung
047 Dämm- und Brandschutzarbeiten an Technischen Anlagen — 49,0%
075 Raumlufttechnische Anlagen — 51,0%

KG.AK.AA	▷	€/Einheit	◁ LB an AA

431 Lüftungsanlagen

431.59.00 Abluftleitungen, sonstiges			
01 **Dämmung von Rechteckkanälen und Rundrohren mit alukaschierten Mineralfasermatten d=30-100mm (4 Objekte)**	38,00	**51,00**	88,00
Einheit: m² Rohrdämmung			
047 Dämm- und Brandschutzarbeiten an Technischen Anlagen			50,0%
075 Raumlufttechnische Anlagen			50,0%
431.99.00 Sonstige Lüftungsanlagen, sonstiges			
01 **Telefonieschalldämpfer, d=180-350mm (3 Objekte)**	770,00	**1.040,00**	1.180,00
Einheit: St Schalldämpfer			
075 Raumlufttechnische Anlagen			100,0%
02 **Feuerschutzklappe mit thermischem Auslöser für +70°C, Handschnellauslöser, Revisionsöffnung (7 Objekte)**	350,00	**490,00**	660,00
Einheit: St Feuerschutzklappe			
075 Raumlufttechnische Anlagen			100,0%

442 Eigenstromversorgungsanlagen

Kosten:
Stand 1.Quartal 2018
Bundesdurchschnitt
inkl. 19% MwSt.

KG.AK.AA		▷ €/Einheit ◁	LB an AA
442.31.00	Zentrale Batterieanlagen		
01	**Bleiakkumulatorenbatterie, wartungsarm, Kapazität 70-100 Ah, Lade- und Schaltgeräte, Signalgerät, Leitungsinstallation, Sicherheitsbeleuchtung (5 Objekte)** Einheit: St Batterieanlage	23.830,00 **26.350,00** 29.380,00	
	055 Ersatzstromversorgungsanlagen		100,0%
03	**Zentrale Batterieanlage, Meldetableau, Ausgangskreisgruppen mit Störmeldegruppen, Netzlichtabfragemodule, Lade- und Schaltgerät, Überwachungsbausteine (5 Objekte)** Einheit: St Zentrale Batterieanlage	19.920,00 **22.060,00** 24.780,00	
	055 Ersatzstromversorgungsanlagen		100,0%
442.41.00	Photovoltaikanlagen		
01	**Photovoltaikanlage, monokristalline Hochleistungszellen, Wechselrichter (6 Objekte)** Einheit: KW_p Leistung max.	1.810,00 **4.160,00** 5.580,00	
	054 Niederspannungsanlagen; Verteilersysteme und Einbaugeräte		50,0%
	055 Ersatzstromversorgungsanlagen		50,0%
02	**Photovoltaikanlage, 5,60-8,67kW_p, max. Wirkungsgrad 97,3% (6 Objekte)** Einheit: St Anlage	23.410,00 **32.680,00** 44.840,00	
	054 Niederspannungsanlagen; Verteilersysteme und Einbaugeräte		50,0%
	055 Ersatzstromversorgungsanlagen		50,0%

▷ von
Ø Mittel
◁ bis

444 Niederspannungsinstallationsanlagen

KG.AK.AA		▷	€/Einheit	◁	LB an AA
444.11.00	Kabel und Leitungen				
01	**Mantelleitungen NYM 3x1,5 bis 5x1,5mm² (15 Objekte)**	1,50	**2,00**	2,50	
	Einheit: m Leitung				
	053 Niederspannungsanlagen; Kabel, Verlegesysteme				100,0%
02	**Kabel, JY(ST)Y 2x2x0,6 bis 10x2x0,6mm² (4 Objekte)**	1,40	**1,70**	2,00	
	Einheit: m Leitung				
	053 Niederspannungsanlagen; Kabel, Verlegesysteme				100,0%
03	**Kabelschutzrohr aus PVC DN100, Bögen, Befestigungen (4 Objekte)**	13,00	**19,00**	25,00	
	Einheit: m Schutzrohr				
	009 Entwässerungskanalarbeiten				33,0%
	013 Betonarbeiten				34,0%
	053 Niederspannungsanlagen; Kabel, Verlegesysteme				33,0%
04	**Kabel, NYY 35-120mm²; drei- oder vieradrig (4 Objekte)**	22,00	**29,00**	35,00	
	Einheit: m Leitung				
	053 Niederspannungsanlagen; Kabel, Verlegesysteme				100,0%
09	**Mantelleitungen NYM 3x2,5 bis 5x2,5mm² (7 Objekte)**	2,40	**3,00**	3,60	
	Einheit: m Leitung				
	053 Niederspannungsanlagen; Kabel, Verlegesysteme				100,0%

444 Niederspannungs-installationsanlagen

Kosten:
Stand 1. Quartal 2018
Bundesdurchschnitt
inkl. 19% MwSt.

▷ von
ø Mittel
◁ bis

KG.AK.AA	▷	€/Einheit	◁	LB an AA
444.21.00 Unterverteiler				
01 **Einbauunterverteiler, 2 oder 3 reihig, Kunststoffgehäuse, Stahlblechtüre (6 Objekte)**	53,00	**78,00**	93,00	
Einheit: St Unterverteiler				
054 Niederspannungsanlagen; Verteilersysteme und Einbaugeräte				100,0%
02 **Leitungsschutzschalter, einpolig, 10-20A, Typ B, L oder LS Typ (14 Objekte)**	9,70	**14,00**	21,00	
Einheit: St Leitungsschutzschalter				
054 Niederspannungsanlagen; Verteilersysteme und Einbaugeräte				100,0%
03 **Fehlerstrom-Schutzschalter, 25-40A, Nennfehlerstrom 30mA (12 Objekte)**	46,00	**55,00**	65,00	
Einheit: St Fehlerstrom-Schutzschalter				
054 Niederspannungsanlagen; Verteilersysteme und Einbaugeräte				100,0%
04 **Leitungsschutzschalter, dreipolig, 16A, Typ B (6 Objekte)**	37,00	**47,00**	60,00	
Einheit: St Leitungsschutzschalter				
054 Niederspannungsanlagen; Verteilersysteme und Einbaugeräte				100,0%
05 **Einbauschütz, 230V, 40A, 4 polig (5 Objekte)**	70,00	**85,00**	110,00	
Einheit: St Schütz				
054 Niederspannungsanlagen; Verteilersysteme und Einbaugeräte				100,0%
06 **Stoßstromrelais, 230V, 10-16A, 1 polig (5 Objekte)**	23,00	**29,00**	34,00	
Einheit: St Relais				
054 Niederspannungsanlagen; Verteilersysteme und Einbaugeräte				100,0%
07 **Treppenhausautomat 220V, 10A, 50Hz, mit Raststellungen: Minutenlicht, Dauerlicht, Aus (9 Objekte)**	34,00	**44,00**	57,00	
Einheit: St Treppenhausautomat				
054 Niederspannungsanlagen; Verteilersysteme und Einbaugeräte				100,0%
08 **Schaltuhr 230V, 10A, Einbau auf Tragschiene (3 Objekte)**	54,00	**71,00**	80,00	
Einheit: St Schaltuhr				
054 Niederspannungsanlagen; Verteilersysteme und Einbaugeräte				100,0%
444.31.00 Leerrohre				
01 **Kabelkanäle, Stahlblech, Formstücke, Befestigungen (8 Objekte)**	27,00	**37,00**	46,00	
Einheit: m Kanallänge				
053 Niederspannungsanlagen; Kabel, Verlegesysteme				100,0%
02 **Leerrohr, PE hart, 13,5-29mm, Muffen, Bögen (6 Objekte)**	3,50	**4,30**	5,00	
Einheit: m Leerrohr				
053 Niederspannungsanlagen; Kabel, Verlegesysteme				100,0%
03 **Kunststoff-Panzerrohr flexibel, PG 13,5-26 (8 Objekte)**	3,50	**4,50**	6,10	
Einheit: m Leerrohr				
053 Niederspannungsanlagen; Kabel, Verlegesysteme				100,0%
04 **Kunststoff-Installationskanal, Eck-, Verbindungs-, Abdeck- und Zubehörteile, Größe 40x60-60x190mm (7 Objekte)**	8,70	**12,00**	15,00	
Einheit: m Kanallänge				
053 Niederspannungsanlagen; Kabel, Verlegesysteme				100,0%

444 Niederspannungsinstallationsanlagen

KG.AK.AA	▷ €/Einheit ◁	LB an AA
444.41.00 Installationsgeräte		
01 **Aus-, Wechsel-, Serien- und Kreuzschalter, Taster unter Putz, Schalterdose 55mm (22 Objekte)** Einheit: St Schalter	12,00 **16,00** 20,00	
054 Niederspannungsanlagen; Verteilersysteme und Einbaugeräte		100,0%
02 **Aus- und Wechselschalter, Taster, auf Putz, Feuchtraumausführung (11 Objekte)** Einheit: St Schalter	13,00 **18,00** 25,00	
054 Niederspannungsanlagen; Verteilersysteme und Einbaugeräte		100,0%
03 **Elektrosteckdosen 16A, unter Putz, Schalterdose 55mm (12 Objekte)** Einheit: St Steckdose	12,00 **17,00** 24,00	
054 Niederspannungsanlagen; Verteilersysteme und Einbaugeräte		100,0%
04 **Elektrosteckdosen 16A, auf Putz, Feuchtraumausführung (11 Objekte)** Einheit: St Steckdose	10,00 **14,00** 16,00	
054 Niederspannungsanlagen; Verteilersysteme und Einbaugeräte		100,0%
05 **CEE-Steckdosen 5x16A, auf Putz, Feuchtraumausführung (7 Objekte)** Einheit: St Steckdose	20,00 **23,00** 25,00	
053 Niederspannungsanlagen; Kabel, Verlegesysteme		48,0%
054 Niederspannungsanlagen; Verteilersysteme und Einbaugeräte		52,0%
08 **Herdanschlussdose, unter Putz, Verbindungsklemmen bis 5x2,5mm², Zugentlastung (9 Objekte)** Einheit: St Steckdose	9,20 **15,00** 17,00	
053 Niederspannungsanlagen; Kabel, Verlegesysteme		50,0%
054 Niederspannungsanlagen; Verteilersysteme und Einbaugeräte		50,0%

445 Beleuchtungsanlagen

Kosten:
Stand 1.Quartal 2018
Bundesdurchschnitt
inkl. 19% MwSt.

KG.AK.AA	▷	€/Einheit	◁	LB an AA
445.11.00 Ortsfeste Leuchten, Allgemeinbeleuchtung				
01 **Langfeldleuchten 1x58W freistrahlend, Feuchtraumausführung (7 Objekte)**	85,00	**95,00**	110,00	
Einheit: St Leuchte				
058 Leuchten und Lampen				100,0%
09 **Langfeldleuchte 1x58W, freistrahlend (4 Objekte)**	52,00	**65,00**	71,00	
Einheit: St Leuchte				
058 Leuchten und Lampen				100,0%
10 **Langfeldleuchte 1x36/58W, Prismenwanne (3 Objekte)**	75,00	**97,00**	110,00	
Einheit: St Leuchte				
058 Leuchten und Lampen				100,0%
11 **Schiffsarmatur 60/100W, Glühlampe (4 Objekte)**	13,00	**17,00**	21,00	
Einheit: St Leuchte				
058 Leuchten und Lampen				100,0%
12 **Nurglasleuchte, 25-75W, Fassung E 27, Glühlampe (3 Objekte)**	19,00	**22,00**	24,00	
Einheit: St Leuchte				
058 Leuchten und Lampen				100,0%
13 **Langfeldleuchte 1x58W mit Spiegelraster (4 Objekte)**	170,00	**190,00**	220,00	
Einheit: St Leuchte				
039 Trockenbauarbeiten				13,0%
058 Leuchten und Lampen				87,0%
445.21.00 Ortsfeste Leuchten, Sicherheitsbeleuchtung				
01 **Not- und Sicherheitsleuchte mit Batterie, Notlichtdauer 3h mit Leuchtstofflampe, 6-18W (6 Objekte)**	190,00	**240,00**	290,00	
Einheit: St Leuchte				
059 Sicherheitsbeleuchtungsanlagen				100,0%

▷ von
ø Mittel
◁ bis

446 Blitzschutz- und Erdungsanlagen

KG.AK.AA	▷	€/Einheit	◁	LB an AA
446.11.00 Auffangeinrichtungen, Ableitungen				
01 **Fangleitungen 8-10mm, massiv, Kupfer (7 Objekte)**	3,60	**5,50**	7,00	
Einheit: m Leitung				
050 Blitzschutz- / Erdungsanlagen, Überspannungsschutz				100,0%
02 **Ableitungen Runddraht 8mm Cu, Befestigungen (4 Objekte)**	7,30	**9,40**	11,00	
Einheit: m Leitung				
050 Blitzschutz- / Erdungsanlagen, Überspannungsschutz				100,0%
446.21.00 Erdungen				
01 **Fundamenterder, 30/3,5mm, feuerverzinkt, in vorhandenen Fundamentgräben verlegen, mit Anschlussfahnen für Potenzialausgleich (18 Objekte)**	5,90	**7,80**	9,90	
Einheit: m Leitung				
013 Betonarbeiten				50,0%
050 Blitzschutz- / Erdungsanlagen, Überspannungsschutz				50,0%
446.31.00 Potenzialausgleichsschienen				
01 **Potenzialausgleichsschiene, Anschlussmöglichkeiten für Rundleiter 6-16mm², und Bandeisen bis 40mm (13 Objekte)**	34,00	**42,00**	54,00	
Einheit: St Potenzialausgleich				
050 Blitzschutz- / Erdungsanlagen, Überspannungsschutz				100,0%
446.32.00 Erdung haustechnische Anlagen				
01 **Erdungsbandschelle, 3/8-1 1/2 Zoll (11 Objekte)**	5,40	**6,20**	7,50	
Einheit: St Schelle				
050 Blitzschutz- / Erdungsanlagen, Überspannungsschutz				100,0%
02 **Mantelleitung NYM-J, 1x4-10mm² (8 Objekte)**	1,70	**1,90**	2,30	
Einheit: m Leitung				
050 Blitzschutz- / Erdungsanlagen, Überspannungsschutz				48,0%
053 Niederspannungsanlagen; Kabel, Verlegesysteme				52,0%

451 Telekommunikationsanlagen

Kosten:
Stand 1.Quartal 2018
Bundesdurchschnitt
inkl. 19% MwSt.

KG.AK.AA		▷	€/Einheit	◁ LB an AA
451.11.00	Telekommunikationsanlagen			
01	**TAE-Anschlussdosen 1x6 bis 3x6, unter Putz (10 Objekte)** Einheit: St Anschlussdose	14,00	**19,00**	22,00
	060 Elektroakustische Anlagen, Sprechanlagen, Personenrufanlagen			49,0%
	061 Kommunikationsnetze			51,0%
02	**FM-Installationsleitung 2x2x0,6mm², verlegt in Kabelwannen oder Leerrohren (8 Objekte)** Einheit: m Leitung	1,60	**1,90**	2,20
	061 Kommunikationsnetze			100,0%
03	**FM-Installationsleitung 10x2x0,6 bis 20x2x0,6mm², verlegt in Kabelwannen oder Leerrohren (5 Objekte)** Einheit: m Leitung	3,30	**4,40**	5,90
	061 Kommunikationsnetze			100,0%
04	**Kunststoffleerrohr für FM-Leitungen PG 13,5-16, verlegt in Mauerschlitzen (3 Objekte)** Einheit: m Leerohr	11,00	**13,00**	17,00
	013 Betonarbeiten			50,0%
	061 Kommunikationsnetze			50,0%
07	**ISDN-Anschlussdosen RJ45, 2x8-polig (Western-Technik), unter Putz (5 Objekte)** Einheit: St Anschlussdose	26,00	**32,00**	35,00
	061 Kommunikationsnetze			100,0%

▷ von
Ø Mittel
◁ bis

KG.AK.AA		€/Einheit		LB an AA

452 Such- und Signalanlagen

452.31.00 Türsprech- und Türöffneranlagen
    02 **Türsprech- und Türöffneranlage, Türsprechstelle, Wohntelefon, Klingeltaster, Namensschild, Klingelleitungen (5 Objekte)**   180,00   **290,00**   460,00
        Einheit: St Sprechapparat
        060 Elektroakustische Anlagen, Sprechanlagen, Personenrufanlagen   100,0%

454 Elektroakustische Anlagen

KG.AK.AA	▷	€/Einheit	◁ LB an AA

454.11.00 Beschallungsanlagen

01 Deckeneinbaulautsprecher 6W, 50-20.000Hz (3 Objekte)   65,00   **77,00**   99,00
Einheit: St Lautsprecher
060 Elektroakustische Anlagen, Sprechanlagen, Personenrufanlagen   100,0%

02 Lautsprecherleitung 2x2x0,8mm², auf Kabelwannen verlegt (4 Objekte)   1,60   **2,50**   5,10
Einheit: m Leitung
060 Elektroakustische Anlagen, Sprechanlagen, Personenrufanlagen   100,0%

03 Mikrofonleitung YCTT 2x0,8 bis 4x0,8mm² (3 Objekte)   1,70   **2,00**   2,10
Einheit: m Leitung
060 Elektroakustische Anlagen, Sprechanlagen, Personenrufanlagen   100,0%

Kosten:
Stand 1.Quartal 2018
Bundesdurchschnitt
inkl. 19% MwSt.

▷ von
Ø Mittel
◁ bis

455 Fernseh- und Antennenanlagen

KG.AK.AA	▷ €/Einheit ◁		LB an AA
455.11.00 Fernseh- und Rundfunkempfangsanlagen			
01 **Antennensteckdose, End- oder Durchgangsdose (10 Objekte)**	19,00	**24,00**	31,00
Einheit: St Antennensteckdose			
061 Kommunikationsnetze			100,0%
02 **Koaxialkabel 75 Ohm abgeschirmt, in Leerrohren (9 Objekte)**	1,80	**2,80**	4,00
Einheit: m Leitung			
061 Kommunikationsnetze			100,0%
03 **Hausanschlussverstärker für BK-Anlagen (4 Objekte)**	340,00	**400,00**	460,00
Einheit: St Antennenverstärker			
061 Kommunikationsnetze			100,0%
05 **Mehrbereichsantenne, Koaxialkabel, Antennensteckdosen, Verstärker, Messprotokoll (3 Objekte)**	130,00	**150,00**	170,00
Einheit: St Anschlusseinheit			
061 Kommunikationsnetze			100,0%

456 Gefahrenmelde- und Alarmanlagen

Kosten:
Stand 1.Quartal 2018
Bundesdurchschnitt
inkl. 19% MwSt.

KG.AK.AA	▷	€/Einheit	◁	LB an AA
456.11.00 Brandmeldeanlagen				
01 **Druckknopfmelder, innen, auf Putz, mit auswechselbarer Glasscheibe 80x80cm, Leuchtdiode (8 Objekte)**	79,00	**96,00**	120,00	
Einheit: St Druckknopfmelder				
061 Kommunikationsnetze				51,0%
063 Gefahrenmeldeanlagen				49,0%
02 **Optische Rauchmelder, zur Früherkennung von Bränden, Streulichtprinzip, Betriebsspannung 12V DC (5 Objekte)**	170,00	**200,00**	230,00	
Einheit: St Rauchmelder				
063 Gefahrenmeldeanlagen				100,0%
03 **Brandmeldeleitung 2x2x0,8 oder 4x2x0,8mm², mit Aufdruck "Brandmeldekabel" (8 Objekte)**	2,00	**2,60**	3,70	
Einheit: m Leitung				
061 Kommunikationsnetze				51,0%
063 Gefahrenmeldeanlagen				49,0%
04 **Innensirene, Lautstärke 96 dB (A), Betriebsspannung: 12V DC (3 Objekte)**	74,00	**82,00**	93,00	
Einheit: St Sirene				
063 Gefahrenmeldeanlagen				100,0%

▷ von
Ø Mittel
◁ bis

KG.AK.AA	▷	€/Einheit	◁	LB an AA
457.99.00 Sonstige Übertragungsnetze, sonstiges				
01 **Koaxialkabel, abgeschirmt, für Datenübertragungsnetze (7 Objekte)**	2,10	**2,50**	3,00	
Einheit: m Leitung				
053 Niederspannungsanlagen; Kabel, Verlegesysteme				48,0%
061 Kommunikationsnetze				52,0%

**457
Übertragungsnetze**

461 Aufzugsanlagen

Kosten:
Stand 1.Quartal 2018
Bundesdurchschnitt
inkl. 19% MwSt.

KG.AK.AA	▷	€/Einheit	◁	LB an AA
461.11.00 Personenaufzüge				
01 **Personenaufzug, Tragkraft 630kg, 8 Personen, für Selbstfahrer, Hydraulikantrieb, Geschwindigkeit 0,67-1,00m/s (13 Objekte)**	7.610,00	**10.730,00**	14.510,00	
Einheit: St Haltestelle Personenaufzüge				
069 Aufzüge				100,0%
02 **Personenaufzug, Tragkraft 1.000kg, 13 Personen, Hydraulikantrieb, Geschwindigkeit 0,65m/s (7 Objekte)**	10.140,00	**13.640,00**	18.620,00	
Einheit: St Haltestelle Personenaufzüge				
069 Aufzüge				100,0%
461.21.00 Lastenaufzüge				
01 **Hydraulischer Lastenaufzug (7 Objekte)**	23,00	**28,00**	40,00	
Einheit: kg Belastung				
069 Aufzüge				100,0%
02 **Bettenaufzug, Tragkraft 800-1.600kg, Geschwindigkeit 0,60-1,00m/s, 4-5 Haltestellen (3 Objekte)**	71,00	**98,00**	150,00	
Einheit: kg Belastung				
069 Aufzüge				100,0%
461.31.00 Kleingüteraufzüge				
01 **Kleingüteraufzug (3 Objekte)**	7.750,00	**10.080,00**	11.430,00	
Einheit: St Kleingüteraufzug				
069 Aufzüge				100,0%

▷ von
ø Mittel
◁ bis

471 Küchentechnische Anlagen

KG.AK.AA		▷ €/Einheit ◁	LB an AA

471.11.00 Großküchenanlagen

01 Großküchenanlage mit Kühl-/Tiefkühlraum, Durchschub-Spülmaschine, Dunstabzugshaube, Großküchenherd, Bain Marie, Heißluftdämpfer, Kühlschrank, Speiserestekühler, Ausgabetheke, Tablettrutsche, Kühlvitrine, Tellerspender, Besteck- und Tablettwagen, Servierwagen, Küchenmöblierung, Kochutensilien (4 Objekte) — 1.840,00 **2.130,00** 2.510,00

Einheit: m² Netto-Grundfläche von Küche

045 GWE; Einrichtungsgegenstände, Sanitärausstattungen	2,0%
047 Dämm- und Brandschutzarbeiten an Technischen Anlagen	1,0%
053 Niederspannungsanlagen; Kabel, Verlegesysteme	2,0%
075 Raumlufttechnische Anlagen	10,0%
999 Sonstige Leistungen	85,0%

475 Feuerlöschanlagen

Kosten:
Stand 1.Quartal 2018
Bundesdurchschnitt
inkl. 19% MwSt.

KG.AK.AA	▷	€/Einheit	◁ LB an AA
475.31.00 Löschwasserleitungen			
01 **Löschwasserleitungen, verzinktes geschweißtes Stahlrohr DN50-80, Formstücke, Befestigungen, Beschichtung (4 Objekte)** Einheit: m Leitung	56,00	**69,00**	83,00
042 Gas- und Wasseranlagen; Leitungen, Armaturen			51,0%
049 Feuerlöschanlagen, Feuerlöschgeräte			49,0%
475.41.00 Wandhydranten			
01 **Wandhydranten im Einbauschrank (4 Objekte)** Einheit: St Hydrant	820,00	**850,00**	880,00
042 Gas- und Wasseranlagen; Leitungen, Armaturen			49,0%
049 Feuerlöschanlagen, Feuerlöschgeräte			51,0%
475.51.00 Handfeuerlöscher			
01 **Pulverfeuerlöscher 6kg, Brandklasse ABC (6 Objekte)** Einheit: St Feuerlöscher	130,00	**150,00**	170,00
049 Feuerlöschanlagen, Feuerlöschgeräte			100,0%

▷ von
Ø Mittel
◁ bis

511 Oberbodenarbeiten

KG.AK.AA	▷	€/Einheit	◁	LB an AA
511.11.00 Oberbodenabtrag, lagern				
01 **Oberboden, abtragen, seitlich lagern, Förderweg 30-100m (9 Objekte)**	6,90	**8,60**	11,00	
Einheit: m³ Aushub				
003 Landschaftsbauarbeiten				100,0%
02 **Oberboden, abtragen, seitlich lagern, Förderweg 30-100m, Aushubmaterial wieder einbauen, Einbauhöhe bis 30cm (8 Objekte)**	7,60	**12,00**	14,00	
Einheit: m³ Aushub				
002 Erdarbeiten				34,0%
003 Landschaftsbauarbeiten				33,0%
080 Straßen, Wege, Plätze				33,0%
511.12.00 Oberbodenabtrag, Abtransport				
01 **Oberbodenabtrag, Abtransport, Deponiegebühren (13 Objekte)**	19,00	**22,00**	25,00	
Einheit: m³ Aushub				
002 Erdarbeiten				50,0%
003 Landschaftsbauarbeiten				50,0%

512
Bodenarbeiten

Kosten:
Stand 1.Quartal 2018
Bundesdurchschnitt
inkl. 19% MwSt.

KG.AK.AA	▷	€/Einheit	◁ LB an AA
512.12.00 Bodenabtrag, abfahren			
02 **Bodenabtrag BK 3-5, Aushubtiefe 40-60 cm, Abtransport, Deponiegebühren (9 Objekte)** Einheit: m³ Aushub	22,00	**27,00**	34,00
002 Erdarbeiten			51,0%
003 Landschaftsbauarbeiten			49,0%
512.22.00 Bodenauftrag, Liefermaterial			
01 **Oberboden liefern und profilgerecht auftragen, Auftragsdicke über 20 bis 50cm (6 Objekte)** Einheit: m³ Auffüllmenge	12,00	**18,00**	25,00
002 Erdarbeiten			49,0%
003 Landschaftsbauarbeiten			51,0%
512.41.00 Geländeprofilierung			
01 **Rohplanum herstellen, maximale Abweichung von der Sollhöhe +/-5cm (8 Objekte)** Einheit: m² Geländefläche	0,80	**2,20**	3,10
003 Landschaftsbauarbeiten			100,0%
02 **Boden für Erdmodellierung BK 3-5, lageweise einbauen und verdichten, Einbauhöhe bis 0,5-1,25m (4 Objekte)** Einheit: m³ Auffüllmenge	23,00	**26,00**	29,00
002 Erdarbeiten			50,0%
003 Landschaftsbauarbeiten			50,0%

▷ von
ø Mittel
◁ bis

521 Wege

KG.AK.AA	▷ €/Einheit	◁ LB an AA

521.15.00 Untergrundverdichtung

01 Untergrund verdichten, Verdichtungsgrad DPr 103%, BK 3-5 (11 Objekte) — 0,30 **0,50** 0,80
Einheit: m² Wegefläche
080 Straßen, Wege, Plätze — 100,0%

521.21.00 Feinplanum

01 Planum für Wege, zulässige Abweichung von der Sollhöhe +/-2cm, Untergrund standfest verdichten (12 Objekte) — 1,60 **2,00** 2,90
Einheit: m² Wegefläche
003 Landschaftsbauarbeiten — 65,0%
080 Straßen, Wege, Plätze — 35,0%

521.31.00 Tragschicht

01 Tragschicht aus Mineralbeton, d=15cm, in Schichten einbauen, verdichten (8 Objekte) — 8,30 **9,90** 12,00
Einheit: m² Wegefläche
080 Straßen, Wege, Plätze — 100,0%

02 Schottertragschicht für Wege, d=15cm, einbauen, standfest verdichten (9 Objekte) — 7,50 **9,20** 11,00
Einheit: m² Wegefläche
080 Straßen, Wege, Plätze — 100,0%

04 Frostschutzschicht, Kies-Sand-Gemisch 0/32 oder Schotter-Splitt-Brechsand-Gemisch, d=15-20cm, einbauen, verdichten (6 Objekte) — 7,40 **9,40** 11,00
Einheit: m² Wegefläche
080 Straßen, Wege, Plätze — 100,0%

521.51.00 Deckschicht Pflaster

01 Granit-Mosaikpflaster, verlegen in Sand- oder Splittbett, einschlämmen (9 Objekte) — 84,00 **100,00** 120,00
Einheit: m² Wegefläche
080 Straßen, Wege, Plätze — 100,0%

04 Granitsteinpflaster 10x10cm, im Splittbett, Körnung 2/5mm, Dicke in verdichtetem Zustand 3cm (3 Objekte) — 59,00 **69,00** 87,00
Einheit: m² Wegefläche
080 Straßen, Wege, Plätze — 100,0%

521.54.00 Pflaster, Tragschicht, Frostschutzschicht

01 Planum, Frostschutzschicht, Mineralstoffgemisch, Schottertragschicht, Betonsteinpflastersteine, (5 Objekte) — 51,00 **68,00** 92,00
Einheit: m² Wegefläche
003 Landschaftsbauarbeiten — 7,0%
080 Straßen, Wege, Plätze — 93,0%

© BKI Baukosteninformationszentrum; Erläuterungen zu den Tabellen siehe Seite 52   Kostenstand: 1.Quartal 2018, Bundesdurchschnitt, **inkl.** 19% MwSt.

521 Wege

Kosten:
Stand 1.Quartal 2018
Bundesdurchschnitt
inkl. 19% MwSt.

▷ von
ø Mittel
◁ bis

KG.AK.AA		▷	€/Einheit	◁	LB an AA
521.71.00	**Deckschicht Plattenbelag**				
01	**Betongehwegplatten, Format 40x40cm oder 60x40cm, d=4-8cm, in Sand- oder Splittbett verlegen, Fugen mit Feinsand füllen (12 Objekte)**	42,00	**55,00**	74,00	
	Einheit: m² Wegefläche				
	080 Straßen, Wege, Plätze				100,0%
03	**Beton-Rasengittersteine, im Splittbett, Substratschicht, Rasenansaat (5 Objekte)**	42,00	**60,00**	90,00	
	Einheit: m² Wegefläche				
	080 Straßen, Wege, Plätze				100,0%
09	**Betonplattenbelag, 30x30cm, d=8cm, in Splittbett 2/5mm (3 Objekte)**	43,00	**45,00**	49,00	
	Einheit: m² Wegefläche				
	080 Straßen, Wege, Plätze				100,0%
521.81.00	**Beton-Bordsteine**				
01	**Betonhochbordsteine, Betonrückenstütze, l=50-100cm, h=20-30cm, b=4-8cm (12 Objekte)**	18,00	**23,00**	28,00	
	Einheit: m Begrenzung				
	080 Straßen, Wege, Plätze				100,0%
02	**Betonpflasterzeile als Wegabschluss (5 Objekte)**	29,00	**32,00**	39,00	
	Einheit: m Begrenzung				
	080 Straßen, Wege, Plätze				100,0%
04	**Granitpflasterstreifen, einzeilig, Betonrückenstütze, d=15-20cm (5 Objekte)**	30,00	**43,00**	60,00	
	Einheit: m Begrenzung				
	080 Straßen, Wege, Plätze				100,0%
521.83.00	**Wegebegrenzungen Metall**				
01	**Metall-Belagseinfassung, feuerverzinkt, h=5-10cm (3 Objekte)**	25,00	**26,00**	29,00	
	Einheit: m Begrenzung				
	017 Stahlbauarbeiten				50,0%
	080 Straßen, Wege, Plätze				50,0%
521.91.00	**Sonstige Wege**				
01	**Rollkies gewaschen, Körnung 32/64mm, d=15cm, an der Außenwand (3 Objekte)**	6,30	**11,00**	14,00	
	Einheit: m² Wegefläche				
	080 Straßen, Wege, Plätze				100,0%

KG.AK.AA	▷ €/Einheit ◁ LB an AA

522.31.00 Tragschicht

01 Schottertragschicht, Körnung 0/32-0/56mm, auf Planum, lagenweise verdichten, Schichtdicke d=25-46cm (11 Objekte) — 33,00 | **37,00** | 51,00
Einheit: m³ Straßenfläche
080 Straßen, Wege, Plätze — 100,0%

02 Frostschutzschicht aus Mineralstoffen, Kiessand oder Schotter-Splitt-Brechsandgemisch, Körnung 0/5-0/32mm, lagenweise verdichten, Schichtdicke d=15-30cm (6 Objekte) — 8,20 | **9,60** | 13,00
Einheit: m² Straßenfläche
080 Straßen, Wege, Plätze — 100,0%

03 Bituminöse Tragschicht, Körnung 0/32, verdichten, Schichtdicke d=8-15cm (5 Objekte) — 21,00 | **22,00** | 25,00
Einheit: m² Straßenfläche
080 Straßen, Wege, Plätze — 100,0%

522.41.00 Deckschicht Asphalt

01 Bitumen-Deckschicht, d=3-5cm (5 Objekte) — 8,80 | **11,00** | 15,00
Einheit: m² Straßenfläche
080 Straßen, Wege, Plätze — 100,0%

02 Asphaltbetondeckschicht, Heißeinbau, d=4cm, Bindemittel (4 Objekte) — 10,00 | **11,00** | 14,00
Einheit: m² Straßenfläche
080 Straßen, Wege, Plätze — 100,0%

522.47.00 Deckschicht Asphalt, Tragschicht, Frostschutzschicht, Feinplanum, Undergrundverdichtung

01 Untergrund verdichten, Feinplanie, Frostschutzschicht, d=30-40cm, Schottertragschicht, d=15cm, Bitumendeckschicht, Beton-Bordsteine (6 Objekte) — 43,00 | **61,00** | 81,00
Einheit: m² Straßenfläche
080 Straßen, Wege, Plätze — 100,0%

522.51.00 Deckschicht Pflaster

01 Betonpflastersteine, d=4-8cm, im Splittbett einbauen, befahrbar, abrütteln (9 Objekte) — 33,00 | **41,00** | 48,00
Einheit: m² Straßenfläche
080 Straßen, Wege, Plätze — 100,0%

522.53.00 Deckschicht Pflaster, Tragschicht, Feinplanum

01 Feinplanum, Untergrund verdichten, Filtervlies, Schottertragschicht, Betonsteinpflaster im Splittbett, Bordsteine (8 Objekte) — 60,00 | **81,00** | 97,00
Einheit: m² Straßenfläche
002 Erdarbeiten — 1,0%
003 Landschaftsbauarbeiten — 28,0%
044 Abwasseranlagen - Leitungen, Abläufe, Armaturen — 19,0%
080 Straßen, Wege, Plätze — 52,0%

© BKI Baukosteninformationszentrum; Erläuterungen zu den Tabellen siehe Seite 52 Kostenstand: 1.Quartal 2018, Bundesdurchschnitt, **inkl. 19% MwSt.**

522 Straßen

KG.AK.AA		▷	€/Einheit	◁	LB an AA
522.81.00	Beton-Bordsteine				
01	**Betonhochbordsteine als Straßenbegrenzung, Beton-Rückenstütze (18 Objekte)**	25,00	**30,00**	36,00	
	Einheit: m Begrenzung				
	080 Straßen, Wege, Plätze				100,0%
522.82.00	Naturstein-Bordsteine				
01	**Granitbordstein 150x300mm, Bettung und Rückenstütze Beton C12/15 (3 Objekte)**	45,00	**55,00**	74,00	
	Einheit: m Begrenzung				
	080 Straßen, Wege, Plätze				100,0%

Kosten:
Stand 1.Quartal 2018
Bundesdurchschnitt
inkl. 19% MwSt.

▷ von
Ø Mittel
◁ bis

523 Plätze, Höfe

KG.AK.AA	▷	€/Einheit	◁	LB an AA
523.51.00 Deckschicht Pflaster				
02 **Betonpflasterrinne, drei- bis vierzeilig, b=52cm, in Beton C12/15 versetzt, mit Verfugung (3 Objekte)**	32,00	**45,00**	70,00	
Einheit: m Rinnenlänge				
080 Straßen, Wege, Plätze				100,0%
523.52.00 Deckschicht Pflaster, Tragschicht				
01 **Schottertragschicht, d=30-50cm, Betonpflastersteine, Betonbordsteine mit Betonrückenstütze (5 Objekte)**	37,00	**48,00**	67,00	
Einheit: m² Befestigte Fläche				
080 Straßen, Wege, Plätze				100,0%
523.81.00 Beton-Bordsteine				
01 **Betonbordstein, h=16-18cm, Betonrückenstütze (5 Objekte)**	23,00	**28,00**	33,00	
Einheit: m Begrenzung				
080 Straßen, Wege, Plätze				100,0%
523.83.00 Platz-, Hofbegrenzungen Metall				
01 **Stahlband-Einfassung, d=4-6mm, h=10-20cm (5 Objekte)**	50,00	**60,00**	72,00	
Einheit: m Begrenzung				
031 Metallbauarbeiten				50,0%
080 Straßen, Wege, Plätze				50,0%

524 Stellplätze

KG.AK.AA		▷	€/Einheit	◁	LB an AA
524.51.00	Deckschicht Pflaster				
01	**Beton-Verbundsteinpflaster, d=8cm, PKW-Stellplatzmarkierungen durch farbige Pflastersteine, Randeinfassungen mit Tiefbordsteine (6 Objekte)** Einheit: m² Stellplatzfläche	34,00	**42,00**	60,00	
	080 Straßen, Wege, Plätze				100,0%
02	**Beton-Rasenverbundsteine, d=8cm, Humus anfüllen, ansäen mit Parkplatzrasen, PKW-Stellplatzmarkierungen durch einzeilige Vollstein-Pflastersteine, Randeinfassungen mit Tiefbordsteinen (5 Objekte)** Einheit: m² Stellplatzfläche	37,00	**42,00**	48,00	
	080 Straßen, Wege, Plätze				100,0%

Kosten:
Stand 1.Quartal 2018
Bundesdurchschnitt
inkl. 19% MwSt.

▷ von
Ø Mittel
◁ bis

526 Spielplatzflächen

KG.AK.AA	▷	€/Einheit	◁	LB an AA
526.99.00 Sonstige Spielplätze, sonstiges				
01 **Spielsand, Körnung 0/2-0/4mm, d=40-50cm (3 Objekte)**	10,00	**13,00**	18,00	
Einheit: m² Sandfläche				
003 Landschaftsbauarbeiten				49,0%
080 Straßen, Wege, Plätze				51,0%
02 **Fallschutzbelag, gewaschener Rundkies, Körnung 2/4-2/8mm, d=40cm (3 Objekte)**	14,00	**21,00**	24,00	
Einheit: m² Fallschutzfläche				
003 Landschaftsbauarbeiten				50,0%
080 Straßen, Wege, Plätze				50,0%

531 Einfriedungen

Kosten:
Stand 1.Quartal 2018
Bundesdurchschnitt
inkl. 19% MwSt.

▷ von
ø Mittel
◁ bis

KG.AK.AA	▷	€/Einheit	◁ LB an AA
531.12.00 Holzzäune			
01 **Holzlattenzaun, h=1,20m, Zaunpfosten, druckimprägniert (3 Objekte)**	99,00	**130,00**	150,00
Einheit: m Zaunlänge			
003 Landschaftsbauarbeiten			47,0%
080 Straßen, Wege, Plätze			53,0%
531.13.00 Drahtzäune			
01 **Maschendrahtzaun, h=1,10-1,80m, kunststoffummantelt, Stb-Pfostenlöcher, Metallpfosten (15 Objekte)**	31,00	**40,00**	63,00
Einheit: m Zaunlänge			
003 Landschaftsbauarbeiten			50,0%
031 Metallbauarbeiten			50,0%
531.14.00 Metallgitterzäune			
01 **Ballfangzaun, h=4-5m, Doppelstabmatten, Fundamente, Erdarbeiten (4 Objekte)**	180,00	**200,00**	230,00
Einheit: m Zaunlänge			
003 Landschaftsbauarbeiten			49,0%
012 Mauerarbeiten			5,0%
031 Metallbauarbeiten			46,0%
02 **Zaun mit Stabgitterfeldern, h=1,20-1,60m, Fundamente, Erdarbeiten (9 Objekte)**	77,00	**91,00**	110,00
Einheit: m Zaunlänge			
031 Metallbauarbeiten			49,0%
080 Straßen, Wege, Plätze			51,0%
531.45.00 Holzpoller			
01 **Holzpoller, Nadelholz kesseldruckimprägniert, D=20-30cm, l=80-100cm (3 Objekte)**	51,00	**55,00**	64,00
Einheit: St Poller			
003 Landschaftsbauarbeiten			51,0%
027 Tischlerarbeiten			49,0%
531.47.00 Betonpoller			
01 **Betonpoller, Fundamente, Erdarbeiten (3 Objekte)**	410,00	**420,00**	440,00
Einheit: St Poller			
013 Betonarbeiten			50,0%
080 Straßen, Wege, Plätze			50,0%
531.48.00 Metallpoller			
01 **Absperrpfosten, h=0,9-1,25m, herausnehmbar, Bodenhülse (6 Objekte)**	330,00	**370,00**	400,00
Einheit: St Poller			
003 Landschaftsbauarbeiten			50,0%
080 Straßen, Wege, Plätze			50,0%

533 Mauern, Wände

KG.AK.AA	▷	€/Einheit	◁	LB an AA
533.11.00 Stahlbetonwände komplett				
01 **Stb-Wände Ortbeton, d=14-17,5cm, Schalung, Bewehrung (5 Objekte)**	77,00	**100,00**	140,00	
Einheit: m² Wandfläche				
013 Betonarbeiten				50,0%
080 Straßen, Wege, Plätze				50,0%
02 **Stb-Wände Ortbeton, d=20-25cm, Schalung, Bewehrung (7 Objekte)**	190,00	**220,00**	250,00	
Einheit: m² Wandfläche				
013 Betonarbeiten				100,0%
03 **Einfassung mit L-Steinen aus Fertigteil-Einzelelemente, Sichtbeton, d=60cm (4 Objekte)**	210,00	**230,00**	280,00	
Einheit: m Wandlänge				
003 Landschaftsbauarbeiten				34,0%
013 Betonarbeiten				33,0%
080 Straßen, Wege, Plätze				33,0%
04 **Stützwände aus Betonpalisaden, h=60-100cm, Fundamentaushub, Fundamentbeton (3 Objekte)**	69,00	**120,00**	150,00	
Einheit: m Wandlänge				
013 Betonarbeiten				51,0%
080 Straßen, Wege, Plätze				49,0%
533.39.00 Natursteinwände, sonstiges				
01 **Naturstein-Trockenmauer, h=60-150cm, b=30-60cm (5 Objekte)**	240,00	**290,00**	360,00	
Einheit: m² Wandfläche				
003 Landschaftsbauarbeiten				49,0%
080 Straßen, Wege, Plätze				51,0%

534 Rampen, Treppen, Tribünen

Kosten:
Stand 1.Quartal 2018
Bundesdurchschnitt
inkl. 19% MwSt.

KG.AK.AA		▷	€/Einheit	◁ LB an AA
534.21.00	Treppen, Beton			
01	**Betonblockstufen, grau gestrahlt, Betonfundamente (4 Objekte)** Einheit: m² Treppenfläche	240,00	**300,00**	350,00
	003 Landschaftsbauarbeiten			50,0%
	013 Betonarbeiten			50,0%
534.22.00	Treppen, Beton-Fertigteil			
01	**Blockstufen, Betonfertigteil, sandgestrahlt (4 Objekte)** Einheit: m² Treppenfläche	380,00	**440,00**	520,00
	013 Betonarbeiten			50,0%
	080 Straßen, Wege, Plätze			50,0%
534.25.00	Treppen, Naturstein			
01	**Granitblockstufe, l=100-150cm, in Beton C12/15 versetzt (3 Objekte)** Einheit: m² Treppenfläche	420,00	**440,00**	470,00
	003 Landschaftsbauarbeiten			49,0%
	080 Straßen, Wege, Plätze			51,0%

▷ von
Ø Mittel
◁ bis

541 Abwasseranlagen

KG.AK.AA	▷	€/Einheit	◁ LB an AA

541.11.00 Abwasserleitungen - Schmutz-/Regenwasser

01 **Grabenaushub BK 3-5, t=0,8-1,80m, Aushubmaterial seitlich lagern, PVC-Abwasserleitungen, DN100-200, Formstücke, Sandbettung (24 Objekte)** — 57,00 | **76,00** | 110,00
Einheit: m Abwasserleitung
002 Erdarbeiten — 30,0%
009 Entwässerungskanalarbeiten — 70,0%

02 **Grabenaushub BK 3-5, t=0,8-1,25m, Aushubmaterial seitlich lagern, Steinzeug-Abwasserleitungen, DN100-150, Formstücke, Sandbettung (3 Objekte)** — 41,00 | **60,00** | 89,00
Einheit: m Abwasserleitungen
002 Erdarbeiten — 23,0%
009 Entwässerungskanalarbeiten — 27,0%
044 Abwasseranlagen - Leitungen, Abläufe, Armaturen — 50,0%

541.15.00 Ab-/Einläufe für Abwasserleitungen

01 **Entwässerungsrinne DN100 aus Beton, verzinkter Gitterrost, Anfangs- und Endscheibe, Betonauflager aus Ortbeton (17 Objekte)** — 110,00 | **180,00** | 1.280,00
Einheit: m Entwässerungsrinne
009 Entwässerungskanalarbeiten — 50,0%
080 Straßen, Wege, Plätze — 50,0%

02 **Hofablauf aus Betonteilen, Schlitzeimer, Abwasserleitung anschließen (7 Objekte)** — 100,00 | **130,00** | 150,00
Einheit: St Hofablauf
009 Entwässerungskanalarbeiten — 100,0%

03 **Einlaufkasten für Entwässerungsrinne, Geruchsverschluss, verzinkter Eimer, Gitterrostabdeckung (10 Objekte)** — 180,00 | **210,00** | 230,00
Einheit: St Einlaufkasten
009 Entwässerungskanalarbeiten — 50,0%
044 Abwasseranlagen - Leitungen, Abläufe, Armaturen — 50,0%

541.18.00 Kontrollschächte

01 **Beton-Kontrollschacht DN100, h=2,50m, Sohlenstück, Ringe, Konus, Gusseisen-Abdeckung Klasse D, Steigeisen (5 Objekte)** — 1.120,00 | **1.220,00** | 1.490,00
Einheit: St Schacht
009 Entwässerungskanalarbeiten — 100,0%

551 Allgemeine Einbauten

Kosten:
Stand 1.Quartal 2018
Bundesdurchschnitt
inkl. 19% MwSt.

KG.AK.AA		▷	€/Einheit	◁	LB an AA
551.21.00	Fahrradständer, Metall				
01	**Fahrradabstellbügel, Rundrohrmaterial, feuerverzinkt, Erd- und Fundamentarbeiten (14 Objekte)**	77,00	**100,00**	120,00	
	Einheit: St Fahrradabstellbügel				
	031 Metallbauarbeiten				100,0%
551.51.00	Abfallbehälter, Metall				
01	**Abfallbehälter ohne Deckel, Inhalt 35-56l, Edelstahl, Behälter verschließbar, einbauen in Betonfundament (13 Objekte)**	610,00	**720,00**	860,00	
	Einheit: St Abfallbehälter				
	003 Landschaftsbauarbeiten				51,0%
	080 Straßen, Wege, Plätze				49,0%
551.61.00	Fahnenmaste, Metall				
01	**Fahnenmasten aus Aluminiumrohr mit innenliegender Hissvorrichtung, h=6,70-9,00m, Betonfundament, Bodenhülse (8 Objekte)**	750,00	**1.040,00**	1.420,00	
	Einheit: St Fahnenmast				
	003 Landschaftsbauarbeiten				49,0%
	013 Betonarbeiten				6,0%
	031 Metallbauarbeiten				45,0%

▷ von
ø Mittel
◁ bis

571 Oberbodenarbeiten

KG.AK.AA		▷ €/Einheit ◁	LB an AA
571.12.00	Oberbodenarbeiten, Oberbodenauftrag, Lagermaterial		
01	**Oberboden an Lagerstelle aufladen, Entfernung bis 50m, transportieren und wieder einbauen, Auftragsdicke 25-30cm (6 Objekte)** Einheit: m² Geländefläche	1,80 **2,40** 2,80	
	002 Erdarbeiten		50,0%
	003 Landschaftsbauarbeiten		50,0%
571.13.00	Oberbodenarbeiten, Oberbodenauftrag, Liefermaterial		
01	**Oberboden, d=20-30cm, liefern, profilgerecht einbauen (16 Objekte)** Einheit: m³ Oberboden	21,00 **29,00** 37,00	
	002 Erdarbeiten		49,0%
	003 Landschaftsbauarbeiten		51,0%

© **BKI** Baukosteninformationszentrum; Erläuterungen zu den Tabellen siehe Seite 52   Kostenstand: 1.Quartal 2018, Bundesdurchschnitt, **inkl. 19% MwSt.**

572 Vegetationstechnische Bodenbearbeitung

Kosten:
Stand 1.Quartal 2018
Bundesdurchschnitt
inkl. 19% MwSt.

KG.AK.AA	▷ €/Einheit	◁ LB an AA

572.11.00 Bodenlockerung

01 Vegetationstragschicht, kreuzweise lockern durch Fräsen, Steine ab d=5cm und sonstige Fremdkörper aufnehmen (13 Objekte) 0,60 — **1,00** — 1,70
Einheit: m² Vegetationsfläche
003 Landschaftsbauarbeiten — 49,0%
004 Landschaftsbauarbeiten; Pflanzen — 51,0%

02 Vegetationsschicht für Pflanz- und Rasenflächen, d=10-30cm, liefern, einbauen (6 Objekte) 20,00 — **27,00** — 33,00
Einheit: m³ Auffüllmenge
003 Landschaftsbauarbeiten — 50,0%
004 Landschaftsbauarbeiten; Pflanzen — 50,0%

03 Boden lockern durch Aufreißen, BK 3-4, t=30-40cm, Steine absammeln, Unkraut entfernen, entsorgen (5 Objekte) 0,30 — **0,40** — 0,60
Einheit: m² Vegetationsfläche
003 Landschaftsbauarbeiten — 100,0%

572.21.00 Bodenverbesserung

01 Bodenverbesserung der Vegetationsfläche durch Kiessand oder Rindenhumus, gleichmäßig aufbringen, einarbeiten (6 Objekte) 1,70 — **2,40** — 3,30
Einheit: m² Vegetationsfläche
003 Landschaftsbauarbeiten — 49,0%
004 Landschaftsbauarbeiten; Pflanzen — 51,0%

02 Bodenverbesserung durch Hornspäne und Horngries, liefern, einarbeiten (3 Objekte) 0,60 — **0,70** — 1,00
Einheit: m² Vegetationsfläche
003 Landschaftsbauarbeiten — 100,0%

03 Bodenverbesserung durch Erdkompost, gleichmäßig aufbringen und einarbeiten (5 Objekte) 0,90 — **1,30** — 1,60
Einheit: m² Vegetationsfläche
003 Landschaftsbauarbeiten — 100,0%

▷ von
Ø Mittel
◁ bis

KG.AK.AA	▷ €/Einheit	◁ LB an AA

574 Pflanzen

574.11.00 Feinplanum für Pflanzflächen

01 Feinplanum für Pflanzflächen, maximale Abweichung von der Sollhöhe +-2cm (11 Objekte) — 0,70 | **1,10** | 1,70
Einheit: m² Vegetationsfläche
003 Landschaftsbauarbeiten — 100,0%

574.21.00 Bäume

01 Baumgruben ausheben, 80x80x60cm bis 100x100x80cm (6 Objekte) — 18,00 | **27,00** | 32,00
Einheit: St Baumgrube
003 Landschaftsbauarbeiten — 51,0%
004 Landschaftsbauarbeiten; Pflanzen — 49,0%

02 Bäume, Hochstamm, Stammumfang 16-20cm, 3 oder 4x verpflanzt, Drahtballierung (9 Objekte) — 310,00 | **380,00** | 520,00
Einheit: St Baum
004 Landschaftsbauarbeiten; Pflanzen — 100,0%

03 Bäume, Hochstamm, Stammumfang bis 55cm, 4x verpflanzt, Drahtballierung (3 Objekte) — 860,00 | **1.110,00** | 1.250,00
Einheit: St Baum
003 Landschaftsbauarbeiten — 33,0%
004 Landschaftsbauarbeiten; Pflanzen — 32,0%
080 Straßen, Wege, Plätze — 35,0%

04 Winterlinde, Tilia Cordata, Solitär, 4xv, mDB, StU=16-18cm, Pflanzgrube, verfüllen, düngen, Holzpfahlverankerung (3 Objekte) — 170,00 | **210,00** | 240,00
Einheit: St Baum
004 Landschaftsbauarbeiten; Pflanzen — 100,0%

574.28.00 Baumverankerungen

01 Baumverankerung mit Baumpfählen, l=2,00-2,50m, chemischer Holzschutz, Baumbefestigung mit Kokosband (8 Objekte) — 11,00 | **16,00** | 22,00
Einheit: St Verankerung
004 Landschaftsbauarbeiten; Pflanzen — 100,0%

02 Baumverankerung, Pfahl-Dreibock mit Lattenrahmen, l=2,50-3,00m, chemischer Holzschutz, Baumbefestigung mit Kokosband, Zopfdicke bis 10cm (18 Objekte) — 41,00 | **54,00** | 69,00
Einheit: St Verankerung
004 Landschaftsbauarbeiten; Pflanzen — 100,0%

574 Pflanzen

Kosten:
Stand 1.Quartal 2018
Bundesdurchschnitt
inkl. 19% MwSt.

▷ von
∅ Mittel
◁ bis

KG.AK.AA		▷	€/Einheit	◁	LB an AA
574.29.00	Bäume, sonstiges				
01	**Verdunstungsschutz für Bäume, h=2,00-5,00m, StD=25cm, mit Schilfrohrmatte (3 Objekte)** Einheit: St Baum	4,10	6,50	11,00	
	003 Landschaftsbauarbeiten				49,0%
	004 Landschaftsbauarbeiten; Pflanzen				51,0%
02	**Baum verpflanzen, StU=20cm, h=5,00m, Förderweg bis 500m, Baumscheibe, Bewässerungsring (3 Objekte)** Einheit: St Baum	68,00	80,00	88,00	
	004 Landschaftsbauarbeiten; Pflanzen				100,0%
03	**Baumbewässerungsset DN80, PVC, T-Stück, Endkappe (4 Objekte)** Einheit: St Bewässerungsset	50,00	57,00	64,00	
	003 Landschaftsbauarbeiten				100,0%
04	**Pflanzgrube ausheben, 100x100 bis 150x150cm, t=120-150cm, Sohle lockern (3 Objekte)** Einheit: St Baum	22,00	32,00	39,00	
	003 Landschaftsbauarbeiten				100,0%
08	**Baumscheibe mulchen, Rindenmulch 10/40mm, d=5-8cm (3 Objekte)** Einheit: m² Mulchfläche	2,50	3,20	4,50	
	004 Landschaftsbauarbeiten; Pflanzen				100,0%
574.31.00	Sträucher				
01	**Dauerblühende Strauchrosen (3 Objekte)** Einheit: St Rose	5,90	9,60	12,00	
	004 Landschaftsbauarbeiten; Pflanzen				100,0%
03	**Heckenpflanze, 2xv, h=125-150cm, Rückschnitt (3 Objekte)** Einheit: St Hecke	8,20	10,00	11,00	
	004 Landschaftsbauarbeiten; Pflanzen				100,0%
574.32.00	Sträucher, Feinplanum				
01	**Bodendecker, immergrün, winterfest, Bewässerung, verschiedene Sorten (3 Objekte)** Einheit: m² Pflanzfläche	10,00	24,00	31,00	
	004 Landschaftsbauarbeiten; Pflanzen				100,0%
02	**Kletterpflanzen, Efeu, Größe 40-100cm (4 Objekte)** Einheit: St Pflanze	5,60	9,80	12,00	
	004 Landschaftsbauarbeiten; Pflanzen				100,0%
03	**Verschiedene Sträucher (Liguster, Ranunkelstrauch, Blut-Johannisbeere, Herbst-Flieder, Größe 40-100cm, mit und ohne Ballen (7 Objekte)** Einheit: St Pflanze	4,70	7,30	11,00	
	004 Landschaftsbauarbeiten; Pflanzen				100,0%
574.39.00	Sträucher, sonstiges				
01	**Heckenschnitt, Grüngut laden, entsorgen, Pflanzfläche lockern (3 Objekte)** Einheit: m Hecke	1,70	2,70	3,30	
	004 Landschaftsbauarbeiten; Pflanzen				100,0%

574 Pflanzen

KG.AK.AA	▷ €/Einheit ◁	LB an AA

574.41.00 Stauden
01 **Verschiedene Stauden (Frauenmantel, Silberblaukissen, Anemone, Johanniskraut, Blauminze) mit und ohne Topfballen (8 Objekte)** 1,50 **1,90** 2,70
Einheit: St Pflanze
004 Landschaftsbauarbeiten; Pflanzen — 100,0%

574.51.00 Blumenzwiebeln
01 **Blumenzwiebeln pflanzen (6 Objekte)** 0,20 **0,30** 0,40
Einheit: St Blumenzwiebeln
004 Landschaftsbauarbeiten; Pflanzen — 100,0%

574.71.00 Fertigstellungspflege
01 **Pflanzfläche wässern, 25l/m², zehn Arbeitsgänge, Wasser liefern (3 Objekte)** 1,70 **2,20** 2,50
Einheit: m² Pflanzfläche
004 Landschaftsbauarbeiten; Pflanzen — 100,0%

575 Rasen und Ansaaten

Kosten:
Stand 1.Quartal 2018
Bundesdurchschnitt
inkl. 19% MwSt.

▷ von
ø Mittel
◁ bis

KG.AK.AA		▷	€/Einheit	◁ LB an AA
575.11.00	Feinplanum für Rasenflächen			
01	**Feinplanum für Rasenflächen, Abweichung von Sollhöhe +/-2cm, kreuzweise fräsen, Steine, Unkraut, Fremdkörper aufnehmen (10 Objekte)** Einheit: m² Rasenfläche	0,70	**1,30**	2,30
	003 Landschaftsbauarbeiten			50,0%
	004 Landschaftsbauarbeiten; Pflanzen			50,0%
575.31.00	Wohn- und Gebrauchsrasen			
01	**Gebrauchsrasen, einsäen, einigeln und walzen, auf ebenen Flächen (8 Objekte)** Einheit: m² Rasenfläche	0,50	**0,70**	0,90
	003 Landschaftsbauarbeiten			50,0%
	004 Landschaftsbauarbeiten; Pflanzen			50,0%
575.32.00	Wohn- und Gebrauchsrasen, Feinplanum			
03	**Feinplanum für Rasenflächen, kreuzweise fräsen, Gebrauchsrasen, einsäen, einigeln und walzen (14 Objekte)** Einheit: m² Rasenfläche	1,70	**2,30**	3,40
	003 Landschaftsbauarbeiten			50,0%
	004 Landschaftsbauarbeiten; Pflanzen			50,0%
575.33.00	Wohn- und Gebrauchsrasen, Fertigstellungspflege			
01	**Feinplanum für Rasenflächen, kreuzweise fräsen, Gebrauchsrasen, einsäen, einigeln und walzen, mähen, 3-6 Schnitte, Wuchshöhe 6 bis 10cm, düngen, wässern (6 Objekte)** Einheit: m² Rasenfläche	3,60	**4,10**	5,00
	003 Landschaftsbauarbeiten			48,0%
	004 Landschaftsbauarbeiten; Pflanzen			52,0%
575.71.00	Rollrasen			
01	**Fertig-Gebrauchsrasen (Rollrasen), auslegen, anwalzen, verfüllen der Fugen, wässern (9 Objekte)** Einheit: m² Rasenfläche	5,80	**7,60**	9,90
	004 Landschaftsbauarbeiten; Pflanzen			100,0%
03	**Rollrasen als Gebrauchsrasen, d=2cm, Regelsaatgutmischung, Anwalzen (3 Objekte)** Einheit: m² Rasenfläche	11,00	**11,00**	12,00
	003 Landschaftsbauarbeiten			50,0%
	004 Landschaftsbauarbeiten; Pflanzen			50,0%
575.79.00	Rollrasen, sonstiges			
01	**Rollrasen als Gebrauchsrasen, d=2cm, Regelsaatgutmischung, anwalzen, wässern (5 Objekte)** Einheit: m² Rasenfläche	11,00	**12,00**	17,00
	003 Landschaftsbauarbeiten			50,0%
	004 Landschaftsbauarbeiten; Pflanzen			50,0%

575 Rasen und Ansaaten

KG.AK.AA		▷ €/Einheit ◁	LB an AA
575.81.00	Fertigstellungspflege		
01	**Rasen mähen, Wuchshöhe 5-10cm, Schnitthöhe 3-4cm, zehn Arbeitsgänge, Schnittgut entsorgen (4 Objekte)** Einheit: m² Rasenfläche	0,60 **0,80** 0,90	
	003 Landschaftsbauarbeiten		50,0%
	004 Landschaftsbauarbeiten; Pflanzen		50,0%

579 Pflanz- und Saatflächen, sonstiges

KG.AK.AA		▷ €/Einheit ◁	LB an AA
579.11.00	Pflanz- und Saatflächen, sonstiges		
01	**Beeteinfassung, Kunststoff, 250x2,5mm, Erdnägel, Erdarbeiten (3 Objekte)** Einheit: m Begrenzung	7,60 **9,20** 12,00	
	003 Landschaftsbauarbeiten		100,0%

Kosten:
Stand 1.Quartal 2018
Bundesdurchschnitt
inkl. 19% MwSt.

▷ von
Ø Mittel
◁ bis

Anhang

Regionalfaktoren

Regionalfaktoren Deutschland

Diese Faktoren geben Aufschluss darüber, inwieweit die Baukosten in einer bestimmten Region Deutschlands teurer oder günstiger liegen als im Bundesdurchschnitt. Sie können dazu verwendet werden, die BKI Baukosten an das besondere Baupreisniveau einer Region anzupassen.

Hinweis: Alle Angaben wurden durch Untersuchungen des BKI weitgehend verifiziert. Dennoch können Abweichungen zu den angegebenen Werten entstehen. In Grenznähe zu einem Land-/Stadtkreis mit anderen Baupreisfaktoren sollte dessen Baupreisniveau mit berücksichtigt werden, da die Übergänge zwischen den Land-/Stadtkreisen fließend sind. Die Besonderheiten des Einzelfalls können ebenfalls zu Abweichungen führen.

Für die größeren Inseln Deutschlands wurden separate Regionalfaktoren ermittelt. Dazu wurde der zugehörige Landkreis in Festland und Inseln unterteilt. Alle Inseln eines Landkreises erhalten durch dieses Verfahren den gleichen Regionalfaktor. Der Regionalfaktor des Festlandes erhält keine Inseln mehr und ist daher gegenüber früheren Ausgaben verringert.

Land- / Stadtkreis / Insel	Bundeskorrekturfaktor
Ahrweiler	1,025
Aichach-Friedberg	1,083
Alb-Donau-Kreis	1,011
Altenburger Land	0,910
Altenkirchen	0,936
Altmarkkreis Salzwedel	0,834
Altötting	0,947
Alzey-Worms	1,003
Amberg, Stadt	0,988
Amberg-Sulzbach	0,991
Ammerland	0,907
Amrum, Insel	1,481
Anhalt-Bitterfeld	0,628
Ansbach	1,047
Ansbach, Stadt	1,092
Aschaffenburg	1,074
Aschaffenburg, Stadt	1,108
Augsburg	1,085
Augsburg, Stadt	1,076
Aurich, Festlandanteil	0,784
Aurich, Inselanteil	1,312
Bad Dürkheim	1,045
Bad Kissingen	1,071
Bad Kreuznach	1,058
Bad Tölz-Wolfratshausen	1,169
Baden-Baden, Stadt	1,033
Baltrum, Insel	1,312
Bamberg	1,057
Bamberg, Stadt	1,074
Barnim	0,910
Bautzen	0,884
Bayreuth	1,055
Bayreuth, Stadt	1,127
Berchtesgadener Land	1,079
Bergstraße	1,029
Berlin, Stadt	1,036
Bernkastel-Wittlich	1,103
Biberach	1,015
Bielefeld, Stadt	0,937
Birkenfeld	0,992
Bochum, Stadt	0,895
Bodenseekreis	1,030
Bonn, Stadt	1,006
Borken	0,920
Borkum, Insel	1,099
Bottrop, Stadt	0,906
Brandenburg an der Havel, Stadt	0,858
Braunschweig, Stadt	0,886
Breisgau-Hochschwarzwald	1,061
Bremen, Stadt	1,017
Bremerhaven, Stadt	0,936
Burgenlandkreis	0,821
Böblingen	1,073
Börde	0,822
Calw	1,024
Celle	0,859
Cham	0,895
Chemnitz, Stadt	0,893
Cloppenburg	0,794
Coburg	1,049
Coburg, Stadt	1,126
Cochem-Zell	1,002
Coesfeld	0,951
Cottbus, Stadt	0,801
Cuxhaven	0,856
Dachau	1,126
Dahme-Spreewald	0,906
Darmstadt, Stadt	1,067

Darmstadt-Dieburg	1,031
Deggendorf	1,001
Delmenhorst, Stadt	0,792
Dessau-Roßlau, Stadt	0,846
Diepholz	0,836
Dillingen a.d.Donau	1,054
Dingolfing-Landau	0,966
Dithmarschen	1,037
Donau-Ries	1,005
Donnersbergkreis	1,010
Dortmund, Stadt	0,849
Dresden, Stadt	0,868
Duisburg, Stadt	0,964
Düren	0,965
Düsseldorf, Stadt	0,971
Ebersberg	1,179
Eichsfeld	0,850
Eichstätt	1,090
Eifelkreis Bitburg-Prüm	1,019
Eisenach, Stadt	0,876
Elbe-Elster	0,836
Emden, Stadt	0,787
Emmendingen	1,062
Emsland	0,820
Ennepe-Ruhr-Kreis	0,932
Enzkreis	1,058
Erding	1,079
Erfurt, Stadt	0,871
Erlangen, Stadt	1,075
Erlangen-Höchstadt	1,015
Erzgebirgskreis	0,890
Essen, Stadt	0,942
Esslingen	1,049
Euskirchen	0,959
Fehmarn, Insel	1,195
Flensburg, Stadt	0,922
Forchheim	1,070
Frankenthal (Pfalz), Stadt	0,914
Frankfurt (Oder), Stadt	0,871
Frankfurt am Main, Stadt	1,097
Freiburg im Breisgau, Stadt	1,133
Freising	1,091
Freudenstadt	1,041
Freyung-Grafenau	0,920
Friesland, Festlandanteil	0,895
Friesland, Inselanteil	1,695
Fulda	1,012
Föhr, Insel	1,481
Fürstenfeldbruck	1,196
Fürth	1,103
Fürth, Stadt	0,959
Garmisch-Partenkirchen	1,213
Gelsenkirchen, Stadt	0,877
Gera, Stadt	0,911
Germersheim	1,011
Gießen	1,011
Gifhorn	0,891
Goslar	0,835
Gotha	0,959
Grafschaft Bentheim	0,847
Greiz	0,864
Groß-Gerau	1,020
Göppingen	1,028
Görlitz	0,829
Göttingen	0,837
Günzburg	1,095
Gütersloh	0,948
Hagen, Stadt	0,955
Halle (Saale), Stadt	0,869
Hamburg, Stadt	1,094
Hameln-Pyrmont	0,853
Hamm, Stadt	0,912
Hannover, Region	0,925
Harburg	1,058
Harz	0,800
Havelland	0,882
Haßberge	1,114
Heidekreis	0,872
Heidelberg, Stadt	1,060
Heidenheim	1,041
Heilbronn	1,021
Heilbronn, Stadt	1,021
Heinsberg	0,956
Helgoland, Insel	1,986
Helmstedt	0,900
Herford	0,942
Herne, Stadt	0,953
Hersfeld-Rotenburg	1,020
Herzogtum Lauenburg	0,962
Hiddensee, Insel	1,098
Hildburghausen	0,949
Hildesheim	0,860
Hochsauerlandkreis	0,924
Hochtaunuskreis	1,034
Hof	1,121
Hof, Stadt	1,218
Hohenlohekreis	1,025
Holzminden	0,955
Höxter	0,928
Ilm-Kreis	0,882
Ingolstadt, Stadt	1,094

Jena, Stadt 0,947
Jerichower Land 0,792
Juist, Insel 1,312

Kaiserslautern 0,992
Kaiserslautern, Stadt 0,992
Karlsruhe 1,022
Karlsruhe, Stadt 1,082
Kassel 1,013
Kassel, Stadt 1,020
Kaufbeuren, Stadt 1,074
Kelheim 1,016
Kempten (Allgäu), Stadt 1,008
Kiel, Stadt 0,978
Kitzingen 1,109
Kleve 0,935
Koblenz, Stadt 1,052
Konstanz 1,106
Krefeld, Stadt 0,962
Kronach 1,133
Kulmbach 1,074
Kusel 0,980
Kyffhäuserkreis 0,870
Köln, Stadt 0,940

Lahn-Dill-Kreis 1,021
Landau in der Pfalz, Stadt 1,002
Landsberg am Lech 1,137
Landshut 0,968
Landshut, Stadt 1,143
Langeoog, Insel 1,416
Leer, Festlandanteil 0,799
Leer, Inselanteil 1,099
Leipzig 0,966
Leipzig, Stadt 0,807
Leverkusen, Stadt 0,914
Lichtenfels 1,034
Limburg-Weilburg 0,996
Lindau (Bodensee) 1,115
Lippe 0,913
Ludwigsburg 1,031
Ludwigshafen am Rhein, Stadt 0,918
Ludwigslust-Parchim 0,931
Lörrach 1,111
Lübeck, Stadt 1,013
Lüchow-Dannenberg 0,866
Lüneburg 0,871

Magdeburg, Stadt 0,878
Main-Kinzig-Kreis 1,021
Main-Spessart 1,088
Main-Tauber-Kreis 1,065
Main-Taunus-Kreis 1,026

Mainz, Stadt 1,026
Mainz-Bingen 1,043
Mannheim, Stadt 0,972
Mansfeld-Südharz 0,829
Marburg-Biedenkopf 1,057
Mayen-Koblenz 1,019
Mecklenburgische Seenplatte 0,886
Meißen 0,920
Memmingen, Stadt 1,078
Merzig-Wadern 1,043
Mettmann 0,929
Miesbach 1,234
Miltenberg 1,103
Minden-Lübbecke 0,891
Mittelsachsen 0,924
Märkisch-Oderland 0,885
Märkischer Kreis 0,958
Mönchengladbach, Stadt 0,980
Mühldorf a.Inn 1,072
Mülheim an der Ruhr, Stadt 0,960
München 1,228
München, Stadt 1,459
Münster, Stadt 0,950

Neckar-Odenwald-Kreis 1,043
Neu-Ulm 1,131
Neuburg-Schrobenhausen 1,058
Neumarkt i.d.OPf. 1,039
Neumünster, Stadt 0,813
Neunkirchen 0,987
Neustadt a.d.Aisch-Bad Windsheim 1,133
Neustadt a.d.Waldnaab 0,982
Neustadt an der Weinstraße, Stadt 1,031
Neuwied 0,995
Nienburg (Weser) 0,594
Norderney, Insel 1,312
Nordfriesland, Festlandanteil 1,131
Nordfriesland, Inselanteil 1,481
Nordhausen 0,867
Nordsachsen 0,935
Nordwest-Mecklenburg, Festlandanteil 0,895
Nordwest-Mecklenburg, Inselanteil 1,145
Northeim 0,939
Nürnberg, Stadt 1,004
Nürnberger Land 0,999

Oberallgäu 1,060
Oberbergischer Kreis 0,961
Oberhausen, Stadt 0,892
Oberhavel 0,914
Oberspreewald-Lausitz 0,908
Odenwaldkreis 1,009
Oder-Spree 0,869

Offenbach	0,998
Offenbach am Main, Stadt	1,015
Oldenburg	0,853
Oldenburg, Stadt	0,942
Olpe	1,063
Ortenaukreis	1,040
Osnabrück	0,857
Osnabrück, Stadt	0,890
Ostalbkreis	1,055
Ostallgäu	1,077
Osterholz	0,891
Ostholstein, Festlandanteil	0,945
Ostholstein, Inselanteil	1,195
Ostprignitz-Ruppin	0,853
Paderborn	0,932
Passau	0,939
Passau, Stadt	1,045
Peine	0,879
Pellworm, Insel	1,481
Pfaffenhofen a.d.Ilm	1,061
Pforzheim, Stadt	1,005
Pinneberg, Festlandanteil	0,986
Pinneberg, Inselanteil	1,986
Pirmasens, Stadt	0,957
Plön	0,968
Poel, Insel	1,145
Potsdam, Stadt	0,948
Potsdam-Mittelmark	0,912
Prignitz	0,734
Rastatt	1,024
Ravensburg	1,049
Recklinghausen	0,899
Regen	0,990
Regensburg	1,029
Regensburg, Stadt	1,094
Regionalverband Saarbrücken	1,009
Rems-Murr-Kreis	1,003
Remscheid, Stadt	0,925
Rendsburg-Eckernförde	0,907
Reutlingen	1,057
Rhein-Erft-Kreis	0,972
Rhein-Hunsrück-Kreis	0,989
Rhein-Kreis Neuss	0,901
Rhein-Lahn-Kreis	0,986
Rhein-Neckar-Kreis	1,023
Rhein-Pfalz-Kreis	1,006
Rhein-Sieg-Kreis	0,977
Rheingau-Taunus-Kreis	1,016
Rheinisch-Bergischer Kreis	1,006
Rhön-Grabfeld	1,053
Rosenheim	1,141
Rosenheim, Stadt	1,116
Rostock	0,904
Rostock, Stadt	0,960
Rotenburg (Wümme)	0,806
Roth	1,074
Rottal-Inn	0,951
Rottweil	1,045
Rügen, Insel	1,098
Saale-Holzland-Kreis	0,905
Saale-Orla-Kreis	0,940
Saalekreis	0,912
Saalfeld-Rudolstadt	0,882
Saarlouis	1,015
Saarpfalz-Kreis	0,997
Salzgitter, Stadt	0,807
Salzlandkreis	0,818
Schaumburg	0,891
Schleswig-Flensburg	0,860
Schmalkalden-Meiningen	0,903
Schwabach, Stadt	1,052
Schwalm-Eder-Kreis	0,985
Schwandorf	0,971
Schwarzwald-Baar-Kreis	1,000
Schweinfurt	1,099
Schweinfurt, Stadt	1,029
Schwerin, Stadt	0,932
Schwäbisch Hall	1,013
Segeberg	0,958
Siegen-Wittgenstein	1,043
Sigmaringen	1,049
Soest	0,937
Solingen, Stadt	0,934
Sonneberg	1,006
Speyer, Stadt	1,021
Spiekeroog, Insel	1,416
Spree-Neiße	0,822
St. Wendel	0,997
Stade	0,863
Starnberg	1,336
Steinburg	0,914
Steinfurt	0,907
Stendal	0,745
Stormarn	1,026
Straubing, Stadt	1,121
Straubing-Bogen	0,984
Stuttgart, Stadt	1,108
Städteregion Aachen, Stadt	0,952
Suhl, Stadt	1,003
Sylt, Insel	1,481
Sächsische Schweiz-Osterzgebirge	0,945
Sömmerda	0,853
Südliche Weinstraße	1,025
Südwestpfalz	0,991

Teltow-Fläming	0,898
Tirschenreuth	1,006
Traunstein	1,103
Trier, Stadt	1,077
Trier-Saarburg	1,094
Tuttlingen	1,045
Tübingen	1,049
Uckermark	0,831
Uelzen	0,894
Ulm, Stadt	1,083
Unna	0,934
Unstrut-Hainich-Kreis	0,843
Unterallgäu	1,038
Usedom, Insel	1,086
Vechta	0,878
Verden	0,833
Viersen	0,958
Vogelsbergkreis	0,967
Vogtlandkreis	0,911
Vorpommern-Greifswald, Festlandanteil	0,836
Vorpommern-Greifswald, Inselanteil	1,086
Vorpommern-Rügen, Festlandanteil	0,848
Vorpommern-Rügen, Inselanteil	1,098
Vulkaneifel	1,022
Waldeck-Frankenberg	1,020
Waldshut	1,110
Wangerooge, Insel	1,695
Warendorf	0,946
Wartburgkreis	0,917
Weiden i.d.OPf., Stadt	0,951
Weilheim-Schongau	1,124
Weimar, Stadt	0,947
Weimarer Land	0,927
Weißenburg-Gunzenhausen	1,090
Werra-Meißner-Kreis	1,009
Wesel	0,939
Wesermarsch	0,830
Westerwaldkreis	0,971
Wetteraukreis	1,026
Wiesbaden, Stadt	1,002
Wilhelmshaven, Stadt	0,803
Wittenberg	0,800
Wittmund, Festlandanteil	0,786
Wittmund, Inselanteil	1,416
Wolfenbüttel	0,903
Wolfsburg, Stadt	0,998
Worms, Stadt	0,907
Wunsiedel i.Fichtelgebirge	1,050
Wuppertal, Stadt	0,923
Würzburg	1,092
Würzburg, Stadt	1,208
Zingst, Insel	1,098
Zollernalbkreis	1,062
Zweibrücken, Stadt	1,050
Zwickau	0,931

Regionalfaktoren Österreich

Bundesland	Korrekturfaktor
Burgenland	0,843
Kärnten	0,868
Niederösterreich	0,848
Oberösterreich	0,865
Salzburg	0,863
Steiermark	0,891
Tirol	0,871
Vorarlberg	0,901
Wien	0,866